チャート式® 基礎と演習 数学 II

チャート研究所 編著

JN096481

はじめに

CHART（チャート）とは 何？

C.O.D.(*The Concise Oxford Dictionary*)には，CHART —— Navigator's sea map, with coast outlines, rocks, shoals, *etc*. と説明してある。

海図 —— 浪風荒き問題の海に船出する若き船人に捧げられた海図 —— 問題海の全面をことごとく一瞬の中に収め，もっとも安らかな航路を示し，あわせて乗り上げやすい暗礁や浅瀬を一目瞭然たらしめる CHART!

—— 昭和初年チャート式代数学巻頭言

本書では，この CHART の意義に則り，下に示したチャート式編集方針で問題の急所がどこにあるか，その解法をいかにして思いつくかをわかりやすく示すことを主眼としています。

チャート式編集方針

1
基本となる事項を，定義や公式・定理という形で覚えるだけではなく，問題を解くうえで直接に役に立つ形でとらえるようにする。

▶

2
問題と基本となる事項の間につながりをつけることを考える——問題の条件を分析して既知の基本事項と結びつけて結論を導き出す。

▶

3
問題と基本となる事項を端的にわかりやすく示したものが **CHART** である。**CHART** によって基本となる事項を問題に活かす。

問.

成長の軌跡を
振り返ってみよう。

「自信」という、太く強い軌跡。

これまでの、数学の学びを振り返ってみよう。
どれだけの数の難しい問題と向き合い、
どんなに高い壁を乗り越えてきただろう。
同じスタートラインに立っていた仲間は、いまどこにいるだろう。
君の成長の軌跡は、あらゆる難題を乗り越えてきた
「自信」によって、太く強く描かれている。

現在地を把握しよう。

チャート式との学びの旅も、やがて中間地点。
1年前の自分と比べて、どれだけ成長して、
目標までの距離は、どれくらいあるだろう。
胸を張って得意だと言えること、誰かよりも苦手なことはなんだろう。
鉛筆を握る手を少し止めて、深呼吸して、いまの君と向き合ってみよう。
自分を知ることが、目標への近道になるはずだから。

「こうありたい」を描いてみよう。

1年後、どんな目標を達成していたいだろう?
仲間も、ライバルも、自分なりのゴールを目指して、前へ前へと進んでいる。
できるだけ遠くに、手が届かないような場所でもいいから、
君の目指すゴールに向かって、理想の軌跡を描いてみよう。
たとえ、厳しい道のりであったとしても、
どんな時もチャート式が君の背中を押し続けるから。

その答えが、
君の未来を前進させる解になる。

本書の構成

● Let's Start

その節で学習する内容の概要を示した。単に，基本事項（公式や定理など）だけを示すのではなく，それはどのような意味か，どのように考えるか，などをかみくだいて説明している。また，その節でどのようなことを学ぶのかを冒頭で説明している。

Play Back　　既習内容の復習を必要に応じて設けた。新しく学習する内容の土
(Play Back 中学)　　台となるので，しっかり確認しておこう。

● 例 題

基本例題，標準例題，**発展例題** の3種類がある。

基本例題　基礎力をつけるための問題。教科書の例，例題として扱われているタイプの問題が中心である。

標準例題　複数の知識を用いる等のやや応用力を必要とする問題。

発展例題　基本例題，標準例題の発展で重要な問題。教科書の章末に扱われているタイ
(発展学習)　プの問題が中心である。一部，学習指導要領の範囲を超えた内容も扱っている。

フィードバック・フォワード
関連する例題の番号を記してある。

CHART & GUIDE
例題の考え方や解法の手順を示した。大きい赤字の部分は解法の最重要ポイントである。

解 答
例題の模範解答を示した。解答の左側の ! の部分は特に重要で，CHART & GUIDE の ! の部分に対応している。

Lecture
例題の考え方について，その補足説明や，それを一般化した基本事項・公式などを示した。

質問コーナー
学習の際に疑問に思うようなことを，質問と回答の形式で説明した。

TRAINING
各ページで学習した内容の反復練習問題を1問取り上げた。

● コ ラ ム

「STEP forward」
　基本例題への導入を丁寧に説明している。

「STEP into ここで整理」
　問題のタイプに応じて定理や公式などをどのように使い分けるかを，見やすくまとめている。公式の確認・整理に利用できる。

「STEP into ここで解説」
　わかりにくい事柄を掘り下げて説明している。

「STEP UP!」
　学んだ事柄を発展させた内容などを紹介している。

「ズーム UP」
　考える力を多く必要とする例題について，その考え方を詳しく解説している。

「ズーム UP-review-」
　フィードバック先が複数ある例題について，フィードバック先に対応する部分の解答を丁寧に振り返っている。

「数学の扉」
　日常生活や身近な事柄に関連するような数学的内容を紹介している。

「STEP forward」の紙面例

● EXERCISES

各章の最後に例題の類題を扱った。「EXERCISES A」では標準例題の類題，「EXERCISES B」では発展例題の類題が中心である。

● 実 践 編

「大学入学共通テスト」の準備・対策のための長文問題を例題形式で扱った。なお，例題に関連する問題を「TRAINING 実践」として扱った。

▶ 例題のコンパスマークの個数や，TRAINING，EXERCISES の問題の番号につけた数字は，次のような **難易度** を示している。

　　🧭，① … 教科書の例レベル　　　　🧭🧭🧭🧭，④ … 教科書の章末レベル

　　🧭🧭，② … 教科書の例題レベル　　🧭🧭🧭🧭🧭，⑤ … 教科書を超えるレベル

　　🧭🧭🧭，③ … 教科書の応用例題，　　（数研出版発行の教科書「新編 数学」
　　　　　　　　　補充問題レベル　　　　　シリーズを基準としている。）

また，大学入学共通テストの準備・対策向きの問題には，★ の印をつけた。

本書の使用法

本書のメインとなる部分は「基本例題」と「標準例題」です。

また，基本例題，標準例題とそれ以外の構成要素は次のような関係があります。

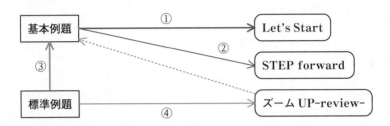

● 基本例題がよくわからないとき ⟶

① 各節は，基本事項をまとめた「Let's Start」のページからはじまります。
基本例題を解いていて，公式や性質などわからないことがあったとき，
「Let's Start」のページを確認しよう。

② 基本例題の中には，その例題につながる基本的な考え方などを説明した
「STEP forward」のページが直前に掲載されていることがあります。
「STEP forward」のページを参照することも有効です。

● 標準例題がよくわからないとき ⟶

③ 標準例題は基本例題の応用問題となっていることもあり，標準例題のもととなって
いる基本例題をきちんと理解できていないことが原因で標準例題がよくわからないの
かもしれません。
フィードバック(例題ページ上部に掲載)で基本例題が参照先として示されている場合，
その基本例題を参照してみよう。

④ 標準例題の中には，既習の例題などを振り返る「ズーム UP-review-」のページ
が右ページに掲載されていることがあり，そこを参照することも有効です。

(補足) 基本例題(標準例題)を解いたら，その反復問題である TRAINING を解いてみよう。例題
の内容をきちんと理解できているか確認できます。

(参考) **発展的なことを学習したいとき**
各章の後半には，発展例題と「EXERCISES」のページがあります。
基本例題，標準例題を理解した後，
さらに応用的な例題を学習したいときは，発展例題
同じようなタイプの問題を演習したいときは，EXERCISES のA問題
に取り組んでみよう。

デジタルコンテンツの活用方法

本書では，QR コード＊からアクセスできるデジタルコンテンツを用意しています。これらを活用することで，わかりにくいところの理解を補ったり，学習したことをさらに深めたりすることができます。

● 解説動画

一部の例題について，解説動画を配信しています。
数学講師が丁寧に解説しているので，本書と解説動画をあわせて学習することで，例題のポイントを確実に理解することができます。
例えば，

・例題を解いたあとに，その例題の理解を確認したいとき
・例題が解けなかったときや，解説を読んでも理解できなかったとき

といった場面で活用できます。
数学講師による解説を　いつでも，どこでも，何度でも　視聴することができます。
解説動画も活用しながら，チャート式とともに数学力を高めていってください。

● サポートコンテンツ

本書に掲載した問題や解説の理解を深めるための補助的なコンテンツも用意しています。
例えば，関数のグラフや図形の動きを考察する例題において，画面上で実際にグラフや図形を動かしてみることで，視覚的なイメージと数式を結びつけて学習できるなど，より深い理解につなげることができます。

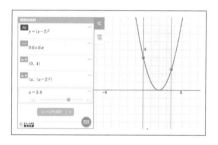

<デジタルコンテンツのご利用について>
デジタルコンテンツはインターネットに接続できるコンピュータやスマートフォン等でご利用いただけます。下記の URL，右の QR コード，もしくは Let's Start や一部の例題のページにある QR コードからアクセスできます。

　　https://cds.chart.co.jp/books/1l5xvzv68i

※追加費用なしにご利用いただけますが，通信料はお客様のご負担となります。Wi-Fi 環境でのご利用をおすすめいたします。学校や公共の場では，マナーを守ってスマートフォンなどをご利用ください。

＊　QR コードは，(株)デンソーウェーブの登録商標です。
※　上記コンテンツは，順次配信予定です。また，画像は制作中のものです。

8

目　次

目　次

	問題数
例 題	216 (基本：101，標準：63，発展：52)
TRAINING	216
EXERCISES	139 （A：67，B：72）
実践編	16 (実践例題：8，TRAINING 実践：8)

コラム一覧

式 と 証 明

1 3次式の展開と因数分解

数学Ⅰでは2次式を扱いました。数学Ⅱでは3次式など高い次数を扱います。そこで、まずは3次式の展開、因数分解について学びましょう。

↩ Play Back

■ これまでに学んだ展開・因数分解の公式

← 左の公式は

$$\begin{cases}(a+b)^2=a^2+2ab+b^2 \quad \text{[和の平方]}\\(a-b)^2=a^2-2ab+b^2 \quad \text{[差の平方]}\end{cases}$$

$\cdot (a+b)(a-b)=a^2-b^2$ [和と差の積]

$\cdot (x+a)(x+b)=x^2+(a+b)x+ab$

$\cdot (ax+b)(cx+d)=acx^2+(ad+bc)x+bd$

左辺 $\underset{\text{因数分解}}{\overset{\text{展開}}{\rightleftarrows}}$ 右辺

という形になっている。

■ 3次式の展開の公式，因数分解の公式

─ 展開の公式 ─

① $\begin{cases}(a+b)^3=a^3+3a^2b+3ab^2+b^3 \quad \text{[和の立方]}\\(a-b)^3=a^3-3a^2b+3ab^2-b^3 \quad \text{[差の立方]}\end{cases}$

← 3がつく位置に注意。
← －がつく位置に注意。

② 同符号

$(a+b)(a^2-ab+b^2)=a^3+b^3$ [立方の和になる]

異符号 ─ 関係なくプラス

$(a-b)(a^2+ab+b^2)=a^3-b^3$ [立方の差になる]

同符号

← ②の公式も，符号に要注意！

証明 ①，②は，左辺を展開することで証明できる。①の上側の公式については

$(a+b)^3=(a+b)(a+b)^2=(a+b)(a^2+2ab+b^2)$ ← 和の平方の公式を利用。

$=a(a^2+2ab+b^2)+b(a^2+2ab+b^2)$ ← 分配法則で計算。

$=a^3+2a^2b+ab^2+a^2b+2ab^2+b^3=a^3+3a^2b+3ab^2$

②の上側の公式については

$(a+b)(a^2-ab+b^2)=a(a^2-ab+b^2)+b(a^2-ab+b^2)$

$=a^3-a^2b+ab^2+a^2b-ab^2+b^3=a^3+b^3$

また、①，②の下側の公式は、①，②の上側の公式で、b を $-b$ とおくことにより導くことができる。各自試してみてほしい。 ← $(-b)^2=b^2$，$(-b)^3=-b^3$ に注意して計算。

②の公式の左辺と右辺を入れ替えることで、次の公式が導かれる。

─ 因数分解の公式 ─

③ $\begin{cases}a^3+b^3=(a+b)(a^2-ab+b^2)\\a^3-b^3=(a-b)(a^2+ab+b^2)\end{cases}$

基本 例題 1 3次式の展開，因数分解

(1) 次の式を展開せよ。

　(ア) $(x+5)^3$　　　(イ) $(3a-b)^3$　　　(ウ) $(3x+1)(9x^2-3x+1)$

(2) 次の式を因数分解せよ。

　(ア) x^3+8　　　(イ) $8a^3-125b^3$

CHART & GUIDE

3次式の展開，因数分解
公式を活用　符号に注意

展開の公式

① $\begin{cases} (a+b)^3=a^3+3a^2b+3ab^2+b^3 \\ (a-b)^3=a^3-3a^2b+3ab^2-b^3 \end{cases}$

② $\begin{cases} (a+b)(a^2-ab+b^2)=a^3+b^3 \\ (a-b)(a^2+ab+b^2)=a^3-b^3 \end{cases}$

因数分解の公式

③ $\begin{cases} a^3+b^3=(a+b)(a^2-ab+b^2) \\ a^3-b^3=(a-b)(a^2+ab+b^2) \end{cases}$

⬛，⬛ の符号に注意！

解答

(1) (ア) $(x+5)^3=x^3+3\cdot x^2\cdot 5+3\cdot x\cdot 5^2+5^3$
$$=x^3+15x^2+75x+125$$

　⟵公式① 上において $a=x,\ b=5$

(イ) $(3a-b)^3=(3a)^3-3\cdot(3a)^2\cdot b+3\cdot 3a\cdot b^2-b^3$
$$=27a^3-27a^2b+9ab^2-b^3$$

　⟵公式① 下において，a に $3a$ を代入。

(ウ) $(3x+1)(9x^2-3x+1)=(3x+1)\{(3x)^2-3x\cdot 1+1^2\}$
$$=(3x)^3+1^3=27x^3+1$$

　⟵公式② 上において $a=3x,\ b=1$

(2) (ア) $x^3+8=x^3+2^3=(x+2)(x^2-x\cdot 2+2^2)$
$$=(x+2)(x^2-2x+4)$$

　⟵$○^3+△^3$
$=(○+△)(○^2-○△+△^2)$
で $○=x,\ △=2$

(イ) $8a^3-125b^3=(2a)^3-(5b)^3$
$$=(2a-5b)\{(2a)^2+2a\cdot 5b+(5b)^2\}$$
$$=(2a-5b)(4a^2+10ab+25b^2)$$

　⟵$○^3-△^3$
$=(○-△)(○^2+○△+△^2)$
で $○=2a,\ △=5b$

注意 公式③ について，式 a^2+ab+b^2，a^2-ab+b^2 はこれ以上因数分解できない。なぜなら，掛けて 1，加えて 1 または -1 になる 2 つの整数はないからである。
なお，$(a+b)^3=a^3+b^3$ や $a^3+b^3=(a+b)(a^2-2ab+b^2)$ のようなミスをしないようにしよう。

TRAINING 1 ①

(1) 次の式を展開せよ。

　(ア) $(a+4)^3$　　　(イ) $(2a-3b)^3$　　　(ウ) $(2x-3y)(4x^2+6xy+9y^2)$

(2) 次の式を因数分解せよ。

　(ア) x^3+125　　　(イ) $27p^3-8q^3$

標準 例題 **2** おき換え，項の組み合わせによる因数分解 🕐🕐🕐

次の式を因数分解せよ。

(1) $x^6 - y^6$　　　　(2) $x^3 + 12x^2 + 48x + 64$

CHART & GUIDE

公式が使える形を導き出す

おき換え ⟶ (1)，項の組み合わせ ⟶ (2) などの工夫

(1) $x^6 = (x^3)^2$，$y^6 = (y^3)^2$ に注目して，$x^3 = a$，$y^3 = b$ とおくと

　　(与式) $= a^2 - b^2$ ⟵ 公式で因数分解できる。

(2) 2つずつ項を組み合わせて，共通因数を作り出す。…… !

　　(与式) $= (x^3 + 12x^2) + (48x + 64)$ や (与式) $= (x^3 + 48x) + (12x^2 + 64)$

のように組み合わせてもうまくいかないが，(与式) $= (x^3 + 64) + (12x^2 + 48x)$

のように組み合わせると，うまくいく。　　⟵ 公式 ③ で因数分解できる。

解答

(1) $x^6 - y^6 = (x^3)^2 - (y^3)^2$　　　　　　⟵ $a^{mn} = (a^m)^n$

$= (x^3 + y^3)(x^3 - y^3)$ ……(＊)　⟵ $x^3 = a$，$y^3 = b$ とおくと
$\qquad x^6 - y^6 = a^2 - b^2$

$= (x + y)(x^2 - xy + y^2)(x - y)(x^2 + xy + y^2)$　　$= (a+b)(a-b)$

$= \boldsymbol{(x + y)(x - y)(x^2 + xy + y^2)(x^2 - xy + y^2)}$　(＊) 公式 ③ で因数分解。

(2) $x^3 + 12x^2 + 48x + 64 = (x^3 + 64) + (12x^2 + 48x)$

! 　　　　　$= (x + 4)(x^2 - x \cdot 4 + 4^2) + 12x(x + 4)$　⟵ $\underline{x + 4}$ が共通因数。

$= (x + 4)\{(x^2 - 4x + 16) + 12x\}$

$= (x + 4)(x^2 + 8x + 16)$　　　　　⟵ $x^2 + 8x + 16$ はさらに因

$= (x + 4)(x + 4)^2 = \boldsymbol{(x + 4)^3}$　　　　数分解できる。

👆 **Lecture** 上の例題に関しての補足

(1) $x^6 = (x^2)^3$，$y^6 = (y^2)^3$ とみると，次のようにして因数分解できるが，計算は面倒である。

$$x^6 - y^6 = (x^2)^3 - (y^2)^3 = (x^2 - y^2)\{(x^2)^2 + x^2 \cdot y^2 + (y^2)^2\}$$
$$= (x + y)(x - y)(x^4 + x^2y^2 + y^4)$$

ここで　　$x^4 + x^2y^2 + y^4 = (x^4 + 2x^2y^2 + y^4) - x^2y^2 = (x^2 + y^2)^2 - (xy)^2$
$$= \{(x^2 + y^2) + xy\}\{(x^2 + y^2) - xy\}$$

したがって　　$x^6 - y^6 = \boldsymbol{(x + y)(x - y)(x^2 + xy + y^2)(x^2 - xy + y^2)}$

(2) 展開の公式 ① の逆の操作(右辺から左辺を導く)をしているといえる。

④ $\begin{cases} a^3 + 3a^2b + 3ab^2 + b^3 = (a + b)^3 \\ a^3 - 3a^2b + 3ab^2 - b^3 = (a - b)^3 \end{cases}$ を因数分解の公式として覚えておいてもよい。

TRAINING 2 ③

次の式を因数分解せよ。

(1) $2a^4b + 16ab^4$　　　　(2) $x^6 + 7x^3 - 8$　　　　(3) $27x^3 - 54x^2y + 36xy^2 - 8y^3$

2 二項定理

 これまで $(a+b)^2=a^2+2ab+b^2$, $(a+b)^3=a^3+3a^2b+3ab^2+b^3$ であることを学びました。では $(a+b)^4$ の展開式はどうなるのでしょうか。ここでは，$(a+b)^n$ の展開式について学んでいきましょう。

■ $(a+b)^n$ の展開式

$(a+b)^4$ の展開式を $(a+b)^4=(a+b)^3(a+b)$ とみて，縦書きで計算すると，次のようになる。

$$
\begin{array}{r}
a^3+3a^2b+3ab^2+b^3 \\
\times)\ a\ +b \\
\hline
a^4+3a^3b+3a^2b^2+\ ab^3 \\
a^3b+3a^2b^2+3ab^3+b^4 \\
\hline
a^4+4a^3b+6a^2b^2+4ab^3+b^4
\end{array}
$$

係数だけを取り出すと

$$
\begin{array}{r}
1\ 3\ 3\ 1 \\
\times)\ 1\ 1 \\
\hline
1\ 3\ 3\ 1 \\
1\ 3\ 3\ 1 \\
\hline
1\ 4\ 6\ 4\ 1
\end{array}
$$

同様にして，$(a+b)^5$ を計算すると

$(a+b)^5=a^5+5a^4b+10a^3b^2+10a^2b^3+5ab^4+b^5$　　　係数：　1　5　10　10　5　1

ここで，$(a+b)^1$ から $(a+b)^5$ までの展開式で，各項の係数だけを取り出して順に並べてみると……

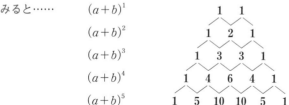

$(a+b)^1$　　　　　　　　1　1

$(a+b)^2$　　　　　　1　2　1

$(a+b)^3$　　　　1　3　3　1

$(a+b)^4$　　　1　4　6　4　1

$(a+b)^5$　1　5　10　10　5　1

この三角形状の数の配列を **パスカルの三角形** という。パスカルの三角形には次の性質がある。

> 1 各行の両端の数は 1 である。
> 2 2 行目以降の両端以外の各数は，その左上の数と右上の数の和に等しい。
> 3 左右対称である。

■ 二項定理

$(a+b)^4$ を展開するときの a^3b の項の係数について調べてみよう。

$(a+b)^4$ は $a+b$ を 4 個掛け合わせたものであるが，その 4 個の $a+b$ に，下のような①～④ の番号をつける。

$$
\begin{array}{cccc}
① & ② & ③ & ④
\end{array}
$$
$$(a+b)^4=(a+b)(a+b)(a+b)(a+b)$$

$(a+b)^4$ を展開するとき，例えば，①～③ の $(a+b)$ からそれぞれ a を取り，④ の $(a+b)$ から b を取って掛け合わせると，a^3b が 1 つ得られる。

a^3b が得られる a，b の取り方の総数は，①～④ の 4 個から b を取る 1 個を選ぶ組合せの総数に等しく，${}_4C_1$ で表される。

$$
\begin{array}{cccc}
① & ② & ③ & ④ \\
(a+b) & (a+b) & (a+b) & (a+b) \\
\downarrow & \downarrow & \downarrow & \downarrow \\
a & \times\ a & \times\ a & \times\ b
\end{array}
$$
$$\underbrace{}_{a^3b}$$

↩ **Play Back**

異なる n 個のものから異なる r 個のものを取る組合せの総数を ${}_nC_r$ で表す。（数学 A）

$$
{}_nC_r=\frac{n(n-1)\cdots(n-r+1)}{r(r-1)\cdots3\cdot2\cdot1}=\frac{n!}{r!(n-r)!}
\qquad
\text{ただし } n!=n(n-1)\cdots3\cdot2\cdot1, \ 0!=1
$$

よって，$(a+b)^4$ を展開するときの a^3b の項の係数は　${}_4C_1$

同様に，$(a+b)^4$ を展開するときの

　　　a^4　の項の係数は　　${}_4C_0$　　　a^2b^2 の項の係数は　　${}_4C_2$

　　　ab^3 の項の係数は　　${}_4C_3$　　　b^4　の項の係数は　　${}_4C_4$

したがって，次のことが成り立つ。

$$(a+b)^4={}_4C_0a^4+{}_4C_1a^3b+{}_4C_2a^2b^2+{}_4C_3ab^3+{}_4C_4b^4$$

同様に考えて，$(a+b)^n$ の展開式における $a^{n-r}b^r$ の項の係数は，n 個の $(a+b)$ から b を取る r 個を選ぶ組合せの総数 ${}_nC_r$ であり，次の二項定理が成り立つ。

▶**二項定理**◀

$$(a+b)^n={}_nC_0a^n+{}_nC_1a^{n-1}b+{}_nC_2a^{n-2}b^2+\cdots\cdots$$
$$\cdots\cdots+{}_nC_ra^{n-r}b^r+\cdots\cdots+{}_nC_nb^n$$

← $a^0=1$，$b^0=1$ と定めると，a^n の項の係数は ${}_nC_0=1$，b^n の項の係数は ${}_nC_n=1$ である。

$r+1$ 番目の項 ${}_nC_ra^{n-r}b^r$ を，$(a+b)^n$ の展開式の **一般項** といい，係数 ${}_nC_0$，${}_nC_1$，${}_nC_2$，$\cdots\cdots$，${}_nC_{n-1}$，${}_nC_n$ を **二項係数** という。

↩ **Play Back**

${}_nC_r$ の性質（数学 A）

$${}_nC_0={}_nC_n=1, \quad {}_nC_r={}_nC_{n-r} \ (0\le r\le n)$$

また，${}_nC_r={}_{n-1}C_{r-1}+{}_{n-1}C_r \ (1\le r\le n-1, \ n\ge2)$ も成り立つ。

証明　異なる n 個から r 個を取り出すとき，特定のもの a を含む組と含まない組ができる。

　　　a を含む組の総数は，$(n-1)$ 個から $(r-1)$ 個取る組合せの総数 ${}_{n-1}C_{r-1}$ に等しい。

　　　a を含まない組の総数は，$(n-1)$ 個から r 個取る組合せの総数 ${}_{n-1}C_r$ に等しい。

　　　よって，和の法則により，等式 ${}_nC_r={}_{n-1}C_{r-1}+{}_{n-1}C_r$ が成り立つ。

次のページからは，展開式における特定の項の係数を求めるなど，二項定理の利用について学習していきましょう。

基本 例題 **3** 展開式を求める

二項定理を用いて，次の式の展開式を求めよ。

(1) $(x-3)^4$ (2) $(2x+y)^6$

CHART & GUIDE

二項定理

$$(a+b)^n = {}_nC_0 a^n + {}_nC_1 a^{n-1}b + {}_nC_2 a^{n-2}b^2 + \cdots\cdots$$
$$\cdots\cdots + {}_nC_r a^{n-r}b^r + \cdots\cdots + {}_nC_n b^n$$

加えて n
$${}_nC_r a^{n-r} b^r$$

(1) $n=4$ として，a を x，b を -3 とおき換える。
(2) $n=6$ として，a を $2x$，b を y とおき換える。

解答

(1) $(x-3)^4$
$$= {}_4C_0 x^4 + {}_4C_1 x^3(-3) + {}_4C_2 x^2(-3)^2 + {}_4C_3 x(-3)^3 + {}_4C_4(-3)^4$$
$$= 1 \cdot x^4 + 4x^3(-3) + 6x^2 \cdot 9 + 4x(-27) + 1 \cdot 81$$
$$= \boldsymbol{x^4 - 12x^3 + 54x^2 - 108x + 81}$$

◆次のことに注意。
$(-1)^{偶数}=1$
$(-1)^{奇数}=-1$

(2) $(2x+y)^6 = {}_6C_0(2x)^6 + {}_6C_1(2x)^5 y + {}_6C_2(2x)^4 y^2$
$$+ {}_6C_3(2x)^3 y^3 + {}_6C_4(2x)^2 y^4 + {}_6C_5(2x)y^5 + {}_6C_6 y^6$$
$$= \boldsymbol{64x^6 + 192x^5 y + 240x^4 y^2 + 160x^3 y^3}$$
$$\boldsymbol{+ 60x^2 y^4 + 12xy^5 + y^6}$$

◆ ${}_6C_1 = {}_6C_5 = 6$,
${}_6C_2 = {}_6C_4 = 15$, ${}_6C_3 = 20$

Lecture 二項定理とパスカルの三角形

パスカルの三角形と，二項定理による各項の係数は次のようになる。

パスカルの三角形	二項定理

$(a+b)^1$
$(a+b)^2$
$(a+b)^3$
$(a+b)^4$

$$
\begin{array}{ccccccccc}
 & & & & 1 & & & & \\
 & & & 1 & & 2 & & & \\
 & & 1 & & 3 & & 1 & & \\
 & 1 & & 4 & & 6 & & 4 & & 1
\end{array}
$$

$${}_1C_0 \quad {}_1C_1$$
$${}_2C_0 \quad {}_2C_1 \quad {}_2C_2$$
$${}_3C_0 \quad {}_3C_1 \quad {}_3C_2 \quad {}_3C_3$$
$${}_4C_0 \quad {}_4C_1 \quad {}_4C_2 \quad {}_4C_3 \quad {}_4C_4$$

また，組合せの総数 ${}_nC_r$ について，次のことが成り立つ。

　　[1] ${}_nC_0 = {}_nC_n = 1$ 　　　[2] ${}_nC_r = {}_{n-1}C_{r-1} + {}_{n-1}C_r$ 　　　[3] ${}_nC_r = {}_nC_{n-r}$

これらのことから，パスカルの三角形の性質が成り立つことがわかる。

　① 各行の両端の数は1である。　　　　　　　　　　　　 ←─ 例 ${}_2C_0 = 1$, ${}_3C_3 = 1$
　② 両端以外の各数は，その左上の数と右上の数の和に等しい。←─ 例 ${}_4C_3 = {}_3C_2 + {}_3C_3$
　③ 左右対称である。　　　　　　　　　　　　　　　　　 ←─ 例 ${}_4C_1 = {}_4C_3$

TRAINING 3 ①

二項定理を用いて，次の式の展開式を求めよ。

(1) $(x-2)^6$ (2) $(3x+1)^5$ (3) $(2a-3b)^4$

基 例題
本 **4** 展開式のある項の係数を求める

≪ 基本例題 3　≫ 発展例題 27

次の式の展開式における [ ] 内の項の係数を求めよ。

(1) $(x+2)^7$ $[x^5]$　　　　(2) $(x-3y)^5$ $[x^2y^3]$　　　　(3) $(1+x^2)^6$ $[x^6]$

CHART & GUIDE

展開式の係数
$(a+b)^n$ の展開式の一般項は　$_nC_r a^{n-r}b^r$

1 一般項の式を作り，その式を整理する。…… $!$
2 指数部分に注目して，r の値を定める。
3 求めた r の値を代入して，係数を求める。

解答

(1) 展開式の一般項は
$$_7C_r x^{7-r}\cdot 2^r = {}_7C_r 2^r x^{7-r}$$
x^5 の項は $7-r=5$ すなわち $r=2$ のとき得られる。
よって，x^5 の項の係数は　$_7C_2 2^2 = 21\times 4 = \mathbf{84}$

← □$x^△$ の形に整理。
← 指数部分が　5
← ⋯ に，$r=2$ を代入。

(2) 展開式の一般項は
$$_5C_r x^{5-r}(-3y)^r = {}_5C_r x^{5-r}(-3)^r y^r$$
$$= {}_5C_r(-3)^r x^{5-r}y^r$$
x^2y^3 の項は $r=3$ のとき得られる。
よって，x^2y^3 の項の係数は　$_5C_3(-3)^3 = 10\times(-27) = \mathbf{-270}$

← $5-r=2$ としても
　　$r=3$
(2), (3) では，次の**指数法則**の [2], [3] を用いている。
m, n が自然数のとき
　[1] $a^m \times a^n = a^{m+n}$
　[2] $(a^m)^n = a^{mn}$
　[3] $(ab)^n = a^n b^n$

(3) 展開式の一般項は
$$_6C_r\cdot 1^{6-r}(x^2)^r = {}_6C_r\cdot 1\cdot x^{2r}$$
$$= {}_6C_r x^{2r}$$
x^6 の項は $2r=6$ すなわち $r=3$ のとき得られる。
よって，x^6 の項の係数は　$_6C_3 = \mathbf{20}$

✋ **Lecture** 展開式のある項の係数

上の例題のように，展開式のある特定の項の係数を求める問題では，二項定理を用いてすべての項を書き出してから求めるのは大変である。そこで，

$(a+b)^n$ の展開式の一般項は $_nC_r a^{n-r}b^r$

であることを利用し，求めたい項だけを取り出して調べる。

TRAINING 4 ②

次の式の展開式における [ ] 内の項の係数を求めよ。

(1) $(x-3)^6$ $[x^3]$　　　　(2) $(2x+3y)^5$ $[x^3y^2]$　　　　(3) $(x^3+1)^4$ $[x^6]$

[(3) 類 関西学院大]

基本 例題 **5** 二項係数に関する等式の証明 ◀

$(1+x)^n$ の二項定理による展開式を利用して，次の等式が成り立つことを証明せよ。ただし，n は自然数とする。

(1) $_nC_0+_nC_1+_nC_2+\cdots\cdots+_nC_r+\cdots\cdots+_nC_n=2^n$

(2) $_nC_0-_nC_1+_nC_2-\cdots\cdots+(-1)^r{}_nC_r+\cdots\cdots+(-1)^n{}_nC_n=0$

CHART & GUIDE

$_nC_r$ に関する等式
二項定理の等式の両辺に適当な値を代入

$(1+x)^n$ の展開式で (1) $x=1$, (2) $x=-1$ を代入する。

(参考) x に代入する値は，等式の $_nC_\bullet$ の係数の形や，$(1+x)^n$ の x にどんな値を代入すると 2^n や 0 になるかを考えると見つけやすい。

解答

二項定理により

$$(1+x)^n={}_nC_0+{}_nC_1x+{}_nC_2x^2+\cdots\cdots+{}_nC_rx^r+\cdots\cdots+{}_nC_nx^n$$
$$\cdots\cdots ①$$

◀ $(a+b)^n$ の展開式で，$a=1$, $b=x$ とおく。

(1) 等式 ① の両辺に，$x=1$ を代入すると

$$(1+1)^n={}_nC_0+{}_nC_1\cdot1+{}_nC_2\cdot1^2+\cdots+{}_nC_r\cdot1^r+\cdots+{}_nC_n\cdot1^n$$

よって $\quad {}_nC_0+{}_nC_1+{}_nC_2+\cdots\cdots+{}_nC_r+\cdots\cdots+{}_nC_n=2^n$

◀ 左辺は 2^n となる。

(2) 等式 ① の両辺に，$x=-1$ を代入すると

$$(1-1)^n={}_nC_0+{}_nC_1\cdot(-1)+{}_nC_2\cdot(-1)^2+\cdots\cdots+{}_nC_r\cdot(-1)^r+$$
$$\cdots\cdots+{}_nC_n\cdot(-1)^n$$

◀ 左辺は 0 となる。

よって

$$_nC_0-_nC_1+_nC_2-\cdots\cdots+(-1)^r{}_nC_r+\cdots\cdots+(-1)^n{}_nC_n=0$$

(補足) 上の例題の等式は，例えば $n=3$ のとき，

(1) $_3C_0+_3C_1+_3C_2+_3C_3=2^3$

(2) $_3C_0-_3C_1+_3C_2-_3C_3=0$

$(a+b)^3$
$={}_3C_0a^3+{}_3C_1a^2b+{}_3C_2ab^2+{}_3C_3b^3$

となる。(1)の等式は二項係数の和が 2^n であることを表している。

👆 **Lecture** 二項係数に関する等式の証明

上の例題の解答では，$(1+x)^n$ の展開式において，x に値を代入して証明したが，二項定理
$(a+b)^n={}_nC_0a^n+{}_nC_1a^{n-1}b+{}_nC_2a^{n-2}b^2+\cdots\cdots+{}_nC_ra^{n-r}b^r+\cdots\cdots+{}_nC_nb^n$ において，

$\qquad$ (1)は $a=1$, $b=1$, $\quad$ (2)は $a=1$, $b=-1$

を代入して証明することもできる。

TRAINING 5 ①

(1) $_9C_0+_9C_1+_9C_2+\cdots\cdots+_9C_9$ の値を求めよ。

(2) 等式 $_nC_0-2_nC_1+2^2{}_nC_2-\cdots\cdots+(-2)^n{}_nC_n=(-1)^n$ が成り立つことを証明せよ。ただし，n は自然数とする。

20

標準 例題 **6** $(a+b+c)^n$ の展開式の係数 〔◔◔◔〕

次の式の展開式における [ ] 内の項の係数を求めよ。

(1) $(a+b+c)^5$ $[ab^2c^2]$ (2) $(x-2y+3z)^6$ $[x^3y^2z]$

CHART & GUIDE

$(a+b+c)^n$ の展開式の係数
$(●+c)^n$ の形にみて扱う ← $●=a+b$

例えば，(1) は次の手順で求める。

1 $a+b=A$ とおくと，$(A+c)^5$ の形。
→ $(A+c)^5$ の展開式における A^3c^2〔すなわち $(a+b)^3c^2$〕の項の係数を求める。

2 $(a+b)^3$ の展開式における ab^2 の項の係数を求める。

3 **1**，**2** で求めた係数を掛け合わせたものが，求める係数である。

解答

(1) $\{(a+b)+c\}^5$ の展開式において c^2 を含む項は　　　$_5C_2(a+b)^3c^2$
$(a+b)^3$ の展開式において，ab^2 の項は　　　$_3C_2ab^2$
よって，ab^2c^2 の項の係数は　　　$_5C_2\times_3C_2=10\times3=\mathbf{30}$

(2) $\{(x-2y)+3z\}^6$ の展開式において，z を含む項は
$$_6C_1(x-2y)^5\cdot3z=3_6C_1(x-2y)^5z$$
$(x-2y)^5$ の展開式において，x^3y^2 の項は
$$_5C_2x^3(-2y)^2=_5C_2x^3(-2)^2y^2=4_5C_2x^3y^2$$
よって，x^3y^2z の項の係数は
$$3_6C_1\times4_5C_2=\mathbf{720}$$

参考 上の解答 (1)，(2) は求めたい項だけを取り出して調べている。
上の解答が理解しにくい場合は，すべての項を書き出して考えてみるとよい。
例えば，(1) の場合は次のようになる。

$$\{(a+b)+c\}^5$$
$$=_5C_0(a+b)^5+_5C_1(a+b)^4c+_5C_2(a+b)^3c^2$$
$$+_5C_3(a+b)^2c^3+_5C_4(a+b)c^4+_5C_5c^5$$
よって，$\{(a+b)+c\}^5$ の展開式において
c^2 を含む項は　　　$_5C_2(a+b)^3c^2$
$(a+b)^3=_3C_0a^3+_3C_1a^2b+_3C_2ab^2+_3C_3b^3$
であるから
$$_5C_2(a+b)^3c^2$$
$$=_5C_2c^2(a+b)^3$$
$$=_5C_2c^2(_3C_0a^3+_3C_1a^2b+_3C_2ab^2+_3C_3b^3)$$
$$=_5C_2\times_3C_0a^3c^2+_5C_2\times_3C_1a^2bc^2+_5C_2\times_3C_2ab^2c^2+_5C_2\times_3C_3b^3c^2$$
ゆえに，$\{(a+b)+c\}^5$ の展開式における ab^2c^2 の項の係数は　　　$_5C_2\times_3C_2$

$$\{(a+b)+c\}^5$$
$$=_5C_0(a+b)^5$$
$$+\cdots+_5C_2(a+b)^3c^2+\cdots+_5C_5c^5$$

$$_5C_2(a+b)^3c^2$$
$$=_5C_2\times_3C_0a^3c^2$$
$$+\cdots+_5C_2\times_3C_2ab^2c^2$$
$$+_5C_2\times_3C_3b^3c^2$$

[**別解**]　下の Lecture を利用すると，次のようにして求めることができる。

(1)　展開式における $a^p b^q c^r$ の項は　　$\dfrac{5!}{p!q!r!}a^p b^q c^r$

　　ただし，p，q，r は 0 以上の整数で　　$p+q+r=5$

　　ab^2c^2 の項の係数は $p=1$，$q=2$，$r=2$ のときで

$$\dfrac{5!}{1!2!2!}=\dfrac{5\cdot4\cdot3}{2\cdot1}=30$$

(2)　展開式における $x^p y^q z^r$ の項は

$$\dfrac{6!}{p!q!r!}x^p(-2y)^q(3z)^r=\dfrac{6!(-2)^q\cdot3^r}{p!q!r!}x^p y^q z^r$$

　　$\blacktriangleleft$ Lecture の式で $a=x$，$b=-2y$，$c=3z$，$n=6$ とおく。

　　ただし，p，q，r は 0 以上の整数で　　$p+q+r=6$

　　$x^3 y^2 z$ の項の係数は $p=3$，$q=2$，$r=1$ のときで

$$\dfrac{6!(-2)^2\cdot3}{3!2!1!}=\dfrac{6\cdot5\cdot4\times4\times3}{2\times1}=720$$

👆 **Lecture**　$(a+b+c)^n$ の展開式の一般項

$(a+b+c)^n$ の展開式における $a^p b^q c^r$（ただし $p+q+r=n$）の項について調べてみよう。

$$\{(a+b)+c\}^n={}_nC_0(a+b)^n+\cdots\cdots+\underbrace{{}_nC_r(a+b)^{n-r}c^r}_{c^r\text{を含む項}}+\cdots\cdots+{}_nC_nc^n$$

ここで，

$$(a+b)^{n-r}={}_{n-r}C_0a^{n-r}+\cdots\cdots+\underbrace{{}_{n-r}C_qa^{(n-r)-q}b^q}_{b^q\text{を含む項}}+\cdots\cdots+{}_{n-r}C_{n-r}b^{n-r}$$

であるから

$${}_nC_r(a+b)^{n-r}c^r={}_nC_rc^r(a+b)^{n-r}$$
$$={}_nC_rc^r\{{}_{n-r}C_0a^{n-r}+\cdots\cdots+{}_{n-r}C_qa^{(n-r)-q}b^q+\cdots\cdots+{}_{n-r}C_{n-r}b^{n-r}\}$$
$$={}_nC_r\times{}_{n-r}C_0a^{n-r}c^r+\cdots\cdots+\underbrace{{}_nC_r\times{}_{n-r}C_qa^{(n-r)-q}b^qc^r}_{b^qc^r\text{を含む項}}+\cdots\cdots+{}_nC_r\times{}_{n-r}C_{n-r}b^{n-r}c^r$$

$p+q+r=n$ であるから　　$(n-r)-q=p$

よって，$(a+b+c)^n$ の展開式における $a^p b^q c^r$ の項は　　${}_nC_r\times{}_{n-r}C_qa^p b^q c^r$

${}_nC_r=\dfrac{n!}{r!(n-r)!}$ より，

$${}_nC_r\times{}_{n-r}C_q=\dfrac{n!}{r!(n-r)!}\times\dfrac{(n-r)!}{q!(n-r-q)!}=\dfrac{n!}{r!}\times\dfrac{1}{q!p!}=\dfrac{n!}{p!q!r!}$$

であるから，次のことが成り立つ。

$(a+b+c)^n$ の展開式における $a^p b^q c^r$ の項（一般項）は

$$\dfrac{n!}{p!q!r!}a^p b^q c^r\qquad\text{ただし，}p,\ q,\ r\ \text{は 0 以上の整数で}\ p+q+r=n$$

TRAINING　6 ③

次の式の展開式における [ ] 内の項の係数を求めよ。

(1)　$(x+y+z)^8$　$[x^2y^3z^3]$　　　　(2)　$(x-y-2z)^7$　$[x^3y^2z^2]$

数学の扉 パスカルの三角形のおもしろい性質

$(a+b)^n$ の展開式における各項の係数を求める方法の1つとして，パスカルの三角形を学習しました。
ここでは，そのパスカルの三角形の一番上に1を加えてできる三角形を考え，そのおもしろい性質を見ていきましょう。

```
      1
     1 1
    1 2 1
   1 3 3 1
```

図1の模様は，パスカルの三角形をもとに作ったものです。どのように作ったのでしょうか。
実は，作り方は簡単で，パスカルの三角形に現れる偶数を ○，奇数を ● としたのです。
パスカルの三角形は

「2行目以降の両端以外の各数は，
　その左上の数と右上の数の和に等しい」

という特徴がありました。そして，2つの数の和は

[1] 偶数＋偶数＝偶数
[2] 偶数＋奇数＝奇数
[3] 奇数＋偶数＝奇数
[4] 奇数＋奇数＝偶数

の4パターンしかありませんから，○ と ● に直すと右の図2のようになり，図1の模様は，このたった4つの規則から成り立っていることがわかります。

図1

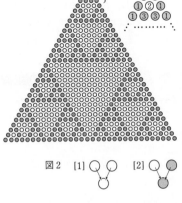

図2 [1] [2] [3] [4]

参考　この模様について，もう少し詳しく見ていきましょう。

図形 A　　　　　　　　　　　図形 A と相似なもの　　　　　図形 B

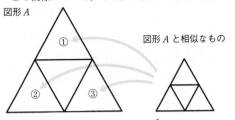

図形Aからスタートして，図形Aを $\frac{1}{4}$ に縮小した相似な図形を，図形Aの①～③に入れると，図形Bが得られます。この図形Bを $\frac{1}{4}$ に縮小した相似な図形を，再び図形Aの①～③に入れると，上の図1のような模様が得られます。このように，全体と一部分が同じ構造になっている図形を **自己相似形** といいます。なお，パスカルの三角形から得られたこの模様はシェルピンスキーのガスケットとよばれています。

Let's Start

3 多項式の割り算

中学では，（単項式）÷（単項式），（多項式）÷（単項式）の計算を学習しました。ここでは，多項式どうしの割り算について学習していきましょう。

■ 整数の割り算

例えば $278 \div 12$ を計算したときの商と余りは，右のようにして求められる。また，計算の結果から，$278 = 12 \times 23 + 2$ が成り立つことがわかる。

一般に，整数 a と正の整数 b について，a を b で割った商を q，余りを r とすると，次の等式が成り立つ。

$$a = bq + r \qquad ただし \quad 0 \leqq r < b$$

まずは，このことを押さえておこう。

$$
\begin{array}{r}
23 \quad \longleftarrow 商 \\
12\overline{)278} \\
24 \quad \cdots\cdots 12\times2 \\
\hline
38 \\
36 \quad \cdots\cdots 12\times3 \\
\hline
余り \rightarrow \quad 2 \quad \cdots\cdots 割る数12より \\
小さいから，こ \\
こで計算終了。
\end{array}
$$

■ 多項式の割り算

例 $A = x^2 + 6x + 8$，$B = x + 1$ とするとき，A を B で割って商と余りを求める計算。

$$
\begin{array}{r}
x + 5 \\
B \cdots\cdots\ x+1\overline{)x^2 + 6x + 8} \quad \cdots\cdots A \quad （割られる式）\\
(割る式) \quad \underline{x^2 +\ x} \quad \cdots\cdots B \times x \\
5x + 8 \quad \cdots\cdots A - B \times x \\
\underline{5x + 5} \quad \cdots\cdots B \times 5 \\
3 \quad \cdots\cdots A - B \times x - B \times 5
\end{array}
$$

◀ 多項式の割り算は，整数の割り算と似た方法で行う。

上の計算で，$x+5$ を A を B で割った**商**，3 を**余り**という。

また，$\underline{A - B \times x - B \times 5 = 3}$ であるから，$A = B \times (x+5) + 3$ が成り立つ。

多項式の割り算について，一般に，次の等式が成り立つ。

> 多項式 A を多項式 B で割ったときの商を Q，余りを R とすると
> $$A = BQ + R$$
> ただし，$R = 0$ または R は B より次数の低い多項式

左の等式 $A = BQ + R$ を，本書では「割り算の等式」と呼ぶことにする。

特に，$R = 0$ すなわち $A = BQ$ のとき，A は B で**割り切れる**という。

STEP *forward*

多項式の割り算をマスターして，例題**7**を攻略！

多項式の割り算も整数の割り算と同じような方法で行います。
具体的な問題を通して考えてみましょう。

Get ready

x^3+6x+8 を $x+1$ で割った商と余りを求めよ。

□ の中に数や文字を入れてみよう。

$$
\begin{array}{r}
x^2 \quad -^{ウ}\square +7 \\
x+1{\overline{\smash{\big)}\,x^3 \qquad\quad +6x+8}} \\
\end{array}
$$

x^3 を消す ⟶ $\underline{x^3+^{ア}\square^{イ}\square}$
$\qquad\qquad -x^2+6x+8$
$-x^2$ を消す ⟶ $\underline{-x^2 - x}$
$\qquad\qquad\quad {}^{エ}\square x+^{オ}\square$
${}^{エ}\square x$ を消す ⟶ $\underline{7x+7}$
$\qquad\qquad\qquad\qquad 1$

注意 同じ次数を縦にそろえるために，欠けている次数（この場合，x^2）の項がある場合，あけておく。

← $(x+1)\times x^2$
← $(x^3+6x+8)-(x^3+^{ア}\square^{イ}\square)$
← $(x+1)\times(-^{ウ}\square)$
← $(-x^2+6x+8)-(-x^2-x)$
← $(x+1)\times 7$

1 は，割る式 $x+1$ よりも次数が低いから，これ以上計算を続けることができない。よって，ここで計算をやめる。

整数の割り算の場合，割る数より小さくなったら，そこで計算終了となりましたが，多項式の割り算の場合，

「割る式より小さくなったら，計算終了」ではなく，
「割る式よりも 次数 が低くなったら，計算終了」

となります。このことをきちんと理解しておきましょう。

↩ Play Back

多項式において，最も次数の高い項の次数をその多項式の次数という。（数学Ⅰ）

例 $5x^2+4x+1$ について，$5x^2$ は 2 次，$4x$ は 1 次，1 は定数項（次数 0）であるから，$5x^2+4x+1$ の次数は 2 である。

まとめ

・同じ次数を縦にそろえることがポイント。
  ⟶ 欠けている次数の項があればあけておく。
・余りの次数が割る式の次数より低くなったら，計算終了。

Get ready 答：(ア) x　(イ) **2**　(ウ) x　(エ) **7**　(オ) **8**

基本 例題 7 多項式の割り算 ⟨◑⟩⟨◑⟩

次の多項式 A, B について，A を B で割った商と余りを求めよ。

(1) $A=2x^3+1-4x$, $B=3-2x+x^2$ (2) $A=3x^3+2x^2+5$, $B=3x+5$

CHART & GUIDE ▶

多項式の割り算
数の割り算と要領は同じ

1 式を降べきの順に整理する。

2 割り算を行う。なお，筆算では，同じ次数を縦にそろえるために，欠けている次数の項があればあけておく。…… **!**

3 余りの次数が割る式の次数より低くなったら，計算終了。

(2) 係数に分数が出てくるが，(1)と同様に計算する。

解答

(1)

$$
\begin{array}{r}
2x+4 \quad \cdots Q\,(商)\\
x^2-2x+3\,)\,\overline{2x^3-4x+1} \quad \cdots A\\
\underline{2x^3-4x^2+6x} \quad \cdots B\cdot 2x\\
4x^2-10x+1 \quad \cdots A-B\cdot 2x\\
\underline{4x^2-8x+12} \quad \cdots B\cdot 4\\
-2x-11 \quad \cdots (A-B\cdot 2x)-B\cdot 4
\end{array}
$$

! $B\cdots x^2-2x+3$　R(余り) ⟶

上の①→④，②←，③←，⑤←，⑥←，⑦

したがって　**商 $2x+4$, 余り $-2x-11$**

① $x^2\times\boxed{}=2x^3$ となる $\boxed{2x}$ を書く。
② $B\cdot 2x$ を計算。
③ $A-B\cdot 2x$ を計算。
④ $x^2\times\boxed{}=4x^2$ となる $\boxed{4}$ を書く。
⑤ $B\cdot 4$ を計算。
⑥ ③−⑤ を計算。
⑦ $-2x-11$ は，割る式 B より次数が低い。
⟶ ここで計算終了。

(2)

$$
\begin{array}{r}
x^2-x+\dfrac{5}{3}\\
3x+5\,)\,\overline{3x^3+2x^2+5}\\
\underline{3x^3+5x^2}\\
-3x^2\\
\underline{-3x^2-5x}\\
5x+5\\
\underline{5x+\dfrac{25}{3}}\\
-\dfrac{10}{3}
\end{array}
$$

したがって　**商 $x^2-x+\dfrac{5}{3}$, 余り $-\dfrac{10}{3}$**

注意 多項式の割り算の場合，余りが負の数になってもよい。

注意 多項式の割り算では，
割り算の等式
$$A=BQ+R$$
が成り立つ。
これを使って，割り算の検算ができる。例えば，
(1)は　(x^2-2x+3)
$\times(2x+4)-2x-11$
$=2x^3-4x+1$
となり，正しい。

TRAINING 7 ②

次の多項式 A, B について，A を B で割った商 Q と余り R を求めよ。また，その結果を $A=BQ+R$ の形に書け。

(1) $A=4x^3-3x-9$, $B=2x+3$ (2) $A=1+2x^2+2x^3$, $B=1+2x$

基本 例題 **8**　割り算の等式を用いて多項式を決定

解説動画へGO!!

次の条件を満たす多項式 A, B を求めよ。

(1)　A を x^2+x-3 で割ると，商が $4x-1$，余りが $13x-5$ である。

(2)　$2x^3-3x^2+2x+8$ を B で割ると，商が x^2-2x+2，余りが 6 である。

CHART
& GUIDE

割り算の問題

割り算の等式 $A=BQ+R$ が基本

割られる式＝割る式×商＋余り

1　問題の条件を，割り算の等式 $A=BQ+R$ に代入する。……　[!]

2　A を求めるなら，$BQ+R$ を計算。
　　B を求めるなら，$A-R=BQ$ として，$B=(A-R)\div Q$ から。

解答

(1)　条件から，次の等式が成り立つ。

[!]
$$A=(x^2+x-3)(4x-1)+13x-5$$

右辺を計算して

$$A=(4x^3-x^2+4x^2-x-12x+3)+13x-5$$
$$=4x^3+3x^2-2$$

(2)　条件から，次の等式が成り立つ。

[!]
$$2x^3-3x^2+2x+8=B\times(x^2-2x+2)+6$$

よって　$2x^3-3x^2+2x+2=B\times(x^2-2x+2)$

← 余りの 6 を左辺に移項する。

すなわち，B は，$2x^3-3x^2+2x+2$ を x^2-2x+2 で割った商である。

右の計算から

$B=2x+1$

$$
\begin{array}{r}
2x+1 \\
x^2-2x+2 \overline{\smash{)}\ 2x^3-3x^2+2x+2} \\
\underline{2x^3-4x^2+4x} \\
x^2-2x+2 \\
\underline{x^2-2x+2} \\
0
\end{array}
$$

← この場合は割り切れる。

(補足) 割り算の等式に次のように代入している。

(1)
$$A = BQ + R$$
割る式：$x^2 + x - 3$ ｜ 余り：$13x - 5$
商：$4x - 1$

(2)
$$A = BQ + R$$
割られる式
$2x^3 - 3x^2 + 2x + 8$ ｜ 余り：6
商：$x^2 - 2x + 2$

(参考) この例題のように，4つの多項式 A，B，Q，R のうち，

B，Q，R が与えられたとき A を，

A，Q，R が与えられたとき B を，

割り算の等式 $A = BQ + R$ を用いて，それぞれ求めることができる。

例題(1)のような割られる式 A を求めるタイプは，等式に代入し，展開して整理すればよい。また，(2)のような割る式 B を求めるタイプは，GUIDE で示したように，方程式を解く要領で進めるとよい。

Lecture　問題文からわかること

割り算の等式 $A = BQ + R$ が成り立つから，問題文を見ただけで求める式の次数がわかる。

(1) $A = (2次式)(1次式) + R$

割る式 B が x の2次式，商 Q が x の1次式であるから，割られる式 A は x の3次式である。

← 右辺が3次式。よって，左辺も3次式。

(2) $(3次式) = B \times (2次式) + R$

割られる式 A が x の3次式，商 Q が x の2次式であるから，割る式 B は x の1次式である。

← 左辺が3次式。よって，右辺も3次式。

(注意) R は割る式 B より次数の低い多項式であるから，右辺 $BQ + R$ の次数は BQ の次数と同じである。

TRAINING　8 ②

次の条件を満たす多項式 A，B を求めよ。

(1) A を $x^2 + 3x - 2$ で割ると，商が $3x - 4$，余りが $2x + 5$ である。

(2) $x^3 - x^2 + 3x + 1$ を B で割ると，商が $x + 1$，余りが $3x - 1$ である。

標準 例題 **9** 2種類の文字を含む多項式の割り算

$A=a^3-a^2x-8ax^2+6x^3$, $B=3x-a$ について，各式を x の多項式とみて，A を B で割った商と余りを求めよ。

★ は，大学入学共通テストの準備・対策向きの問題であることを示す。

CHART & GUIDE

2種類の文字を含む多項式の割り算
1つの文字について整理して計算

x について，降べきの順に整理する。このとき，a（x 以外の文字）は定数とみて計算する。

解答

$$
\begin{array}{r}
2x^2-2ax-a^2 \\
3x-a \overline{\smash{)}\ 6x^3-8ax^2-a^2x+a^3} \\
\underline{6x^3-2ax^2} \\
-6ax^2-a^2x \\
\underline{-6ax^2+2a^2x} \\
-3a^2x+a^3 \\
\underline{-3a^2x+a^3} \\
0
\end{array}
$$

…… 余り 0 ⟶ 割り切れる。

注意
例題の結果を割り算の等式で表すと
$6x^3-8ax^2-a^2x+a^3=(3x-a)(2x^2-2ax-a^2)$
すなわち
$a^3-xa^2-8x^2a+6x^3=(-a+3x)(-a^2-2xa+2x^2)$
したがって，a について整理して計算しても同じ結果が得られる。

したがって　商 $2x^2-2ax-a^2$，余り　**0**

👆 Lecture　2種類以上の文字を含む多項式の割り算

上の例題のように，割り切れる場合 は，x と a のどちらの文字に注目して割り算しても，結果は同じになる。しかし，割り切れない場合，例えば，$(a^2+2ab+3b^2)\div(a+b)$ の計算では，

　　a の式とみると　　商 $a+b$，余り $2b^2$　　← 計算は，下の TRAINING 9(1)
　　b の式とみると　　商 $3b-a$，余り $2a^2$　　で確認してみよう。

となって，結果が異なる。このように2種類以上の文字の多項式の割り算では，どの文字についての多項式であるかを定めておかないと，商や余りが異なる場合がある。

なお，問題文に文字の指定がないときは，どちらの文字で計算しても同じ結果になることが多い。つまり，**割り切れる場合** と考えてよい。

TRAINING 9 ③ ★

次の各場合について，A を B で割った商と余りを求めよ。

(1) $A=a^2+2ab+3b^2$，$B=a+b$ について
　(ア) a の式とみる。　　　　　　(イ) b の式とみる。

(2) $A=x^3+8a^3$，$B=x+2a$　　x の式とみる。

(3) $A=2a^3+13ab^2-9a^2b-6b^3$，$B=2a-3b$　　a の式とみる。

Let's Start

4 分数式とその計算

ここまで多項式の扱い方について学んできました。ここからは $\dfrac{多項式}{多項式}$ の形をした式について，その扱い方を学習していきましょう。

■ 分数式とは…

A，B を 2 つの多項式とするとき，$\dfrac{A}{B}$ の形に表され，B に文字を含む式を **分数式** といい，B をその **分母**，A をその **分子** という。

例 $\dfrac{2ax}{by}$，$\dfrac{1}{x+1}$，$\dfrac{2x+7}{x-5}$ などは分数式である。

◆ $\dfrac{3x+1}{2}$ は，分数式ではなく，係数が分数の多項式 $\dfrac{3}{2}x+\dfrac{1}{2}$ である。

■ 分数式の計算

分数式の計算は，分数の計算と同じように取り扱うことができる。

┌─ 分数式の基本性質 ─────────────────┐

$$\dfrac{A}{B}=\dfrac{A\times C}{B\times C}, \quad \dfrac{A}{B}=\dfrac{A\div D}{B\div D} \qquad \text{ただし} \quad C\neq 0, \ D\neq 0$$

◆ 分数式の分母と分子において，0 以外の同じ多項式を掛けても，同じ多項式で割っても，もとの分数式に等しい。

分数の計算と照らし合わせながら，分数式の計算の代表的な例を取り上げておこう。

❶ **約分** …… 分数式の分母と分子をその共通因数で割ることを **約分** するといい，それ以上約分できない分数式を **既約分数式** という。

例 $\dfrac{x^2+7x+12}{x^2+8x+15}=\dfrac{(x+3)(x+4)}{(x+3)(x+5)}=\dfrac{x+4}{x+5}$

$\dfrac{12}{15}=\dfrac{3\cdot 4}{3\cdot 5}=\dfrac{4}{5}$

❷ **乗法** …… 掛け算は，分母どうし・分子どうしを掛ける。

❸ **除法** …… 割り算は，割る式の **逆数**（分母と分子を入れ替えたもの）**を掛ける。**

例 $\dfrac{x+2}{x+5}\div\dfrac{x+3}{x+4}=\dfrac{x+2}{x+5}\times\dfrac{x+4}{x+3}=\dfrac{(x+2)(x+4)}{(x+5)(x+3)}$

$\dfrac{2}{5}\div\dfrac{3}{4}=\dfrac{2}{5}\times\dfrac{4}{3}=\dfrac{8}{15}$

❹ **加法，減法**

…… 分母が異なる分数式の加法，減法では，分母が同じ分数式に直してから計算する。2 つ以上の分数式の分母を同じにすることを，**通分** するという。

例 $\dfrac{x+2}{x+3}+\dfrac{x+5}{x+3}=\dfrac{(x+2)+(x+5)}{x+3}=\dfrac{2x+7}{x+3}$

$\dfrac{2}{3}+\dfrac{5}{3}=\dfrac{2+5}{3}=\dfrac{7}{3}$

$\dfrac{x+3}{x+5}-\dfrac{1}{x+4}=\dfrac{(x+3)(x+4)-1\cdot(x+5)}{(x+5)(x+4)}=\dfrac{x^2+6x+7}{(x+5)(x+4)}$

$\dfrac{3}{5}-\dfrac{1}{4}=\dfrac{3\cdot 4-1\cdot 5}{5\cdot 4}=\dfrac{7}{20}$

基本 例題 **10** 分数式の約分，乗法・除法

(1), (2) の分数式を約分せよ。また，(3), (4) の式を計算せよ。

(1) $\dfrac{8ab^2c}{2a^3b}$　(2) $\dfrac{3x^2-x-2}{x^2-3x+2}$　(3) $\dfrac{x^2-4}{x^2-x}\times\dfrac{x}{x+2}$　(4) $\dfrac{4a^2-b^2}{a^2-4b^2}\div\dfrac{2a+b}{a-2b}$

CHART & GUIDE

分数式の乗法・除法

規則　$\dfrac{A}{B}\times\dfrac{C}{D}=\dfrac{AC}{BD}$, $\dfrac{A}{B}\div\dfrac{C}{D}=\dfrac{A}{B}\times\dfrac{D}{C}=\dfrac{AD}{BC}$

1 (2)〜(4) では，まず，分母・分子の式を因数分解しておく。

2 乗法 ── 分母どうし，分子どうしを掛ける。

除法 ── 割る式の逆数(分母と分子を入れ替えたもの)を掛ける。…… [!]

3 分母・分子に共通因数があれば，約分しておく。

解答

(1) $\dfrac{8ab^2c}{2a^3b}=\dfrac{2ab\cdot 4bc}{2ab\cdot a^2}=\dfrac{\boldsymbol{4bc}}{\boldsymbol{a^2}}$　　←$2ab$ で約分。

(2) $\dfrac{3x^2-x-2}{x^2-3x+2}=\dfrac{(x-1)(3x+2)}{(x-1)(x-2)}=\dfrac{\boldsymbol{3x+2}}{\boldsymbol{x-2}}$　　←まず，分母・分子の式を因数分解する。

[分子の因数分解]

$$\begin{array}{ccc}1 & \diagdown & -1 \longrightarrow -3\\3 & \diagup & 2 \longrightarrow 2\\\hline 3 & & -2 \qquad -1\end{array}$$

(3) $\dfrac{x^2-4}{x^2-x}\times\dfrac{x}{x+2}=\dfrac{(x+2)(x-2)x}{x(x-1)(x+2)}=\dfrac{\boldsymbol{x-2}}{\boldsymbol{x-1}}$

[!] (4) $\dfrac{4a^2-b^2}{a^2-4b^2}\div\dfrac{2a+b}{a-2b}=\dfrac{(2a+b)(2a-b)}{(a+2b)(a-2b)}\times\dfrac{a-2b}{2a+b}$

　　$=\dfrac{(2a+b)(2a-b)(a-2b)}{(a+2b)(a-2b)(2a+b)}=\dfrac{\boldsymbol{2a-b}}{\boldsymbol{a+2b}}$

(4) 割り算は，まず掛け算に変形。

👆 *Lecture* 共通因数以外は約分できない

例えば，分数式 $\dfrac{ax}{ax+a}$ において，$\dfrac{ax}{ax+a}=\dfrac{1}{1+a}$ とするのは誤りである。ax は分母と分子の共通因数ではないため，ax では約分できない。分母を因数分解した $\dfrac{ax}{a(x+1)}$ における a が分母と分子の共通因数であるから，$\dfrac{ax}{a(x+1)}=\dfrac{x}{x+1}$ が正しい約分である。

TRAINING 10 ①

(1), (2) の分数式を約分せよ。また，(3)〜(5) の式を計算せよ。

(1) $\dfrac{8a^4b^3c}{12a^2c^3}$　　(2) $\dfrac{x^2+xy-2y^2}{3x^2-2xy-y^2}$　　(3) $\dfrac{x-1}{(x+1)^2}\times\dfrac{x^2+x}{x^2-1}$

(4) $\dfrac{x+2}{x-2}\div\dfrac{x^2-4}{x^2-x-2}$　　(5) $\dfrac{x^3-1}{x^2-x+1}\div\dfrac{x^2+x+1}{x^2-1}\times\dfrac{x^3+1}{x^2-2x+1}$

基本 例題 **11** 分数式の加法・減法 🌓🌓

次の式を計算せよ。

(1) $\dfrac{x^2}{x+1} - \dfrac{1}{x+1}$

(2) $\dfrac{x-2}{x^2-x} + \dfrac{3}{x^2+x-2}$

CHART & GUIDE

分数式の加法・減法
通分して（分母を同じにして）から計算する

規則 $\dfrac{A}{C} + \dfrac{B}{C} = \dfrac{A+B}{C}$, $\dfrac{A}{C} - \dfrac{B}{C} = \dfrac{A-B}{C}$

(1) 分母が同じであるから，分子の差を求める（分母はそのまま）。

(2) **1** 分母の式を因数分解する。

2 通分して（分母を同じにして），同じ分母の加法の形にする。…… [!]

3 分子の和を求める。計算結果は約分しておくことも忘れずに。

解答

(1) $\dfrac{x^2}{x+1} - \dfrac{1}{x+1} = \dfrac{x^2-1}{x+1}$ (*) $= \dfrac{(x+1)(x-1)}{x+1} = \boldsymbol{x-1}$

　◀ $\dfrac{A}{C} - \dfrac{B}{C} = \dfrac{A-B}{C}$

(2) $\dfrac{x-2}{x^2-x} + \dfrac{3}{x^2+x-2} = \dfrac{x-2}{x(x-1)} + \dfrac{3}{(x-1)(x+2)}$

$= \dfrac{(x-2)(x+2)}{x(x-1)(x+2)} + \dfrac{3x}{x(x-1)(x+2)}$

$= \dfrac{(x-2)(x+2)+3x}{x(x-1)(x+2)} = \dfrac{x^2+3x-4}{x(x-1)(x+2)}$ (*)

$= \dfrac{(x-1)(x+4)}{x(x-1)(x+2)} = \dfrac{\boldsymbol{x+4}}{\boldsymbol{x(x+2)}}$

　◀ 分母 $x(x-1)$,
　$(x-1)(x+2)$ に注目し，
　分母を $x(x-1)(x+2)$
　にそろえて

　$\dfrac{A}{C} + \dfrac{B}{C} = \dfrac{A+B}{C}$

（*）計算結果は約分して
　おく。

Lecture 因数分解して効率よく計算しよう

上の例題(2)で，$\dfrac{(x-2)(x^2+x-2)}{(x^2-x)(x^2+x-2)} + \dfrac{3(x^2-x)}{(x^2+x-2)(x^2-x)}$ と通分して計算すると，計算は面倒である。そこで，上の解答(2)では，まず **分母の式を因数分解** することで $(x-1)$ が共通因数であることを見つけ，分母を $x(x-1)(x+2)$ にそろえている。

TRAINING 11 ②

次の式を計算せよ。

(1) $\dfrac{2x}{x^2-a^2} - \dfrac{2a}{x^2-a^2}$

(2) $\dfrac{2}{x-1} - \dfrac{2x+5}{x^2+2x-3}$

(3) $\dfrac{2x-1}{x^2+4x} + \dfrac{8-x}{x^2+2x-8}$

(4) $\dfrac{2}{x+1} + \dfrac{2x}{x-1} - \dfrac{x^2+3}{x^2-1}$

標
準 **例題 12** 繁分数式の計算 ⟨🕐⟩⟨🕐⟩⟨🕐⟩⟨🕐⟩

次の式を簡単にせよ。

(1) $\dfrac{x-\dfrac{1}{x}}{1-\dfrac{1}{x}}$

(2) $\dfrac{a+3}{a-\dfrac{3}{a+2}}$

CHART & GUIDE

繁分数式

$$\dfrac{A}{B}\ \text{を}\ A \div B\ \text{に直すか,}\quad \dfrac{A}{B}=\dfrac{AC}{BC}\ \text{として計算}$$

A または B が分数式のとき,$\dfrac{A}{B}$ の形の式を繁分数式という。繁分数式の計算には,次の

2 通りの方法がある。

[方法 1] 分子 A,分母 B をそれぞれ計算し,(A の計算結果)÷(B の計算結果) とする。

[方法 2] 分子 A,分母 B に同じ式を掛けて,繁分数式でない分数式にする。

解答

(1) [方法 1] (分子)$=\dfrac{x^2-1}{x}$,(分母)$=\dfrac{x-1}{x}$ であるから ◀通分して計算。

$$(与式)=\dfrac{x^2-1}{x}\div\dfrac{x-1}{x}$$

$$=\dfrac{(x+1)(x-1)}{x}\times\dfrac{x}{x-1}$$ ◀$\div\dfrac{C}{D}$ は $\times\dfrac{D}{C}$ として掛け算に。

$$=x+1$$

[方法 2] $(与式)=\dfrac{x\left(x-\dfrac{1}{x}\right)}{x\left(1-\dfrac{1}{x}\right)}$ ◀分母・分子に x を掛ける。

$$=\dfrac{x^2-1}{x-1}=\dfrac{(x+1)(x-1)}{x-1}$$

$$=x+1$$

(2) [方法 1] (分母)$=\dfrac{a(a+2)-3}{a+2}=\dfrac{a^2+2a-3}{a+2}$ ◀通分して計算。

$$=\dfrac{(a-1)(a+3)}{a+2}$$

よって $(与式)=(a+3)\div\dfrac{(a-1)(a+3)}{a+2}$

$$=(a+3)\times\dfrac{a+2}{(a-1)(a+3)}=\dfrac{a+2}{a-1}$$ ◀$\div\dfrac{C}{D}$ は $\times\dfrac{D}{C}$ として掛け算に。

[方法2] $\quad$ (与式) $= \dfrac{(a+2)(a+3)}{\left(a-\dfrac{3}{a+2}\right) \times (a+2)}$ $\qquad$ ← 分母・分子に $a+2$ を掛ける。

$$= \dfrac{(a+2)(a+3)}{a \times (a+2) - \dfrac{3}{a+2} \times (a+2)}$$

$$= \dfrac{(a+2)(a+3)}{a(a+2)-3} = \dfrac{(a+2)(a+3)}{a^2+2a-3}$$

$$= \dfrac{(a+2)\cancel{(a+3)}}{(a-1)\cancel{(a+3)}} = \boldsymbol{\dfrac{a+2}{a-1}}$$

👆 *Lecture* **方法1 についての補足説明**

① $\dfrac{A}{B}$ は $A \div B$ のことである。

② $A \div B$ を計算する際，A，B それぞれを分数式の形で表す必要がある。そのため，方法1では，まず，分子，分母をそれぞれ計算している。

③ 分子，分母をそれぞれ計算するとき，$x = \dfrac{x}{1}$ ととらえ，通分する。例えば，(1)では

$$\dfrac{x}{1} - \dfrac{1}{x} = \dfrac{x^2}{x} - \dfrac{1}{x} = \dfrac{x^2-1}{x}$$

と計算している。

TRAINING 12 ③

次の式を簡単にせよ。

(1) $\dfrac{a+2}{a - \dfrac{2}{a+1}}$

(2) $\dfrac{1}{x + \dfrac{1}{x - \dfrac{1}{x}}}$

34

標準 例題 **13** 部分分数分解 ◔◔◔

$$\frac{1}{(x-1)(x+1)} + \frac{1}{(x+1)(x+3)} + \frac{1}{(x+3)(x+5)}$$ を計算せよ。

CHART & GUIDE

分数式の計算の工夫　部分分数分解

$a \neq b$ のとき $\quad \dfrac{1}{(x+a)(x+b)} = \dfrac{1}{b-a}\left(\dfrac{1}{x+a} - \dfrac{1}{x+b}\right)$ …… Ⓐ

0 各項の分数式に注目する。…… 分子は定数 1，分母は 2 式の積，
　　分母の 2 式の差が，例えば $x+1-(x-1)=x+3-(x+1)=2$ で一定。
1 各項の分数式を，上の等式 Ⓐ を用いて差の形に変形する。
2 計算する。…… うまく消し合って，和が求められる。

解答

$$(与式) = \frac{1}{2}\left(\frac{1}{x-1} - \frac{1}{x+1}\right) + \frac{1}{2}\left(\frac{1}{x+1} - \frac{1}{x+3}\right)$$
$$+ \frac{1}{2}\left(\frac{1}{x+3} - \frac{1}{x+5}\right)$$
$$= \frac{1}{2}\left(\frac{1}{x-1} - \frac{1}{x+5}\right) = \frac{1}{2}\cdot\frac{(x+5)-(x-1)}{(x-1)(x+5)} = \frac{3}{(x-1)(x+5)}$$

◀各項を部分分数に分解すると，間の項が 2 つずつ消し合って，最初と最後の項だけが残る。

◀通分してまとめる。

🖑 Lecture　部分分数分解

この例題の分数式を通分して計算するのは大変である。そこで，計算がらくになるように，上の等式 Ⓐ を用いて各項を変形する。この変形を，**部分分数に分解する** という。
手順の **0** で述べたように，

　　　　分数式の分子が定数，分母が 2 式の積，その 2 式の差が一定

のときは，部分分数分解を思いつくとよい。

なお，Ⓐ は，右辺を変形することで確かめることができる。

$$(右辺) = \frac{1}{b-a}\cdot\frac{(x+b)-(x+a)}{(x+a)(x+b)} = \frac{1}{b-a}\cdot\frac{b-a}{(x+a)(x+b)} = \frac{1}{(x+a)(x+b)} = (左辺)$$

(参考) 部分分数分解の操作は，例題のような計算の他にも，分数式の数列の和(数学B)，分数式で表された関数の積分(数学Ⅲ)で使われる重要な式変形である。

TRAINING 13 ③

次の式を計算せよ。

(1) $\dfrac{1}{(x+1)(x+2)} + \dfrac{1}{(x+2)(x+3)} + \dfrac{1}{(x+3)(x+4)}$

(2) $\dfrac{1}{(a-3)a} + \dfrac{1}{a(a+3)} + \dfrac{1}{(a+3)(a+6)}$

Let's Start

5 恒 等 式

今までいろいろな等式を扱ってきました。ここでは，$(x+2)(x+3)=x^2+5x+6$ のように，どのような x の値を代入しても成り立つ等式について，学んでいきましょう。

■ 恒等式の意味とその性質

$(x+1)^2=x^2+2x+1$，$a^2-b^2=(a+b)(a-b)$ といった乗法公式や因数分解の公式のように，

> その等式に含まれる文字にどのような値を代入しても，
> その両辺の式の値が存在する限り，常に成り立つ等式

を，その文字についての **恒等式** という。

一方，$x^2-3x-10=0$ すなわち $(x+2)(x-5)=0$ のように，文字 x が特定の値(この場合 -2, 5)のときだけ成り立つ等式を，**方程式** という。

特に，**恒等式の両辺が x の多項式** であるとき，次の性質が成り立つ。

恒等式の例
加減乗除の計算法則，
乗法公式，
因数分解の公式，
割り算の等式
　$A=BQ+R$
など。

> ### 恒 等 式 の 性 質
>
> 1　$ax^2+bx+c=a'x^2+b'x+c'$ が x についての恒等式
> $$\Longleftrightarrow \ a=a', \ b=b', \ c=c'$$
>
> 2　$ax^2+bx+c=0$ が x の恒等式 $\Longleftrightarrow a=b=c=0$

← 両辺の同じ次数の項の係数は，それぞれ等しい。

証明 2 が成り立つことを先に示す。[2 の証明]

$(\Longrightarrow)$ $ax^2+bx+c=0$ が x の恒等式であるから，$x=-1$, 0, 1 をそれぞれ代入すると　$a-b+c=0$, $c=0$, $a+b+c=0$
これを解いて　$a=b=c=0$

$(\Longleftarrow)$ 逆に，$a=b=c=0$ のとき，等式 $0\cdot x^2+0\cdot x+0=0$ は明らかに x の恒等式である。

[1 の証明]　$ax^2+bx+c=a'x^2+b'x+c'$ が x についての恒等式
$\Longleftrightarrow (a-a')x^2+(b-b')x+(c-c')=0$ が x についての恒等式
$\Longleftrightarrow a-a'=b-b'=c-c'=0 \Longleftrightarrow a=a', \ b=b', \ c=c'$
　└──2 の性質から。

← x についての恒等式ならば，x にどのような値を代入しても成り立つ。

← 移項して，x について整理する。

上の性質を，両辺が 3 次以上の多項式の場合にもあてはめると，次のように一般化される。

> ### 恒 等 式 の 性 質
>
> P, Q が x についての多項式のとき
>
> $P=Q$ が恒等式 $\Longleftrightarrow$ P と Q の次数は等しく，両辺の同じ次数の項の係数がそれぞれ等しい

>>> 発展例題 28, 29, 30

基本

例題

14 恒等式の係数決定 (1) …… 係数比較法

等式 $3x^2-2x-1=a(x+1)^2+b(x+1)+c$ が，x についての恒等式であるように，定数 a，b，c の値を定めよ。

解説動画へGO!!

CHART & GUIDE

係数比較法による恒等式の係数決定
同じ次数の項の係数が，それぞれ等しい

1 右辺を展開して，x について降べきの順に整理する。
2 両辺の同じ次数の項の係数を等しいとおく。…… !
3 2 でできた a，b，c の連立方程式を解く。

解答

等式の右辺を展開して整理すると
$$3x^2-2x-1=ax^2+(2a+b)x+a+b+c$$
この等式が x についての恒等式である条件は，両辺の同じ次数の項の係数がそれぞれ等しいことである。よって

! $\begin{cases} 3=a & \cdots\cdots ① \\ -2=2a+b & \cdots\cdots ② \\ -1=a+b+c & \cdots\cdots ③ \end{cases}$

これを解いて $a=3$，$b=-8$，$c=4$

① を ② に代入して
$$-2=6+b$$
よって $b=-8$
これと ① を ③ に代入して
$$-1=3-8+c$$
よって $c=4$

👆 **Lecture** **係数比較法による恒等式の係数決定**

与えられた等式が恒等式になるように係数を決定する方法(**未定係数法** という)には，
　　　　係数比較法(上の解答)，**数値代入法**(次ページで学ぶ)
の 2 通りがある。
係数比較法の手順は，GUIDE で示した通りであるが，これは，前ページでも紹介した多項式の場合の恒等式の性質
$$ax^2+bx+c=a'x^2+b'x+c' \text{ が } x \text{ の恒等式 } \iff a=a',\ b=b',\ c=c'$$
が根拠になっている。上の解答では，同じ次数の項の係数を比較しやすくするため，右辺を展開し，x について整理している。

TRAINING **14** ②

次の等式が x についての恒等式であるように，定数 a，b，c の値を定めよ。
(1) $(a+b-3)x^2+(2a-b)x+3b-c=0$
(2) $x^2-x-3=a(x-1)^2+b(x-1)+c$

>>> 発展例題 29

標準 例題 **15** 恒等式の係数決定 (2) …… 数値代入法

等式 $x^2+2x-1=a(x+3)^2+b(x+3)+c$ が, x についての恒等式であるように, 定数 a, b, c の値を定めよ。

CHART & GUIDE

数値代入法による恒等式の係数決定

計算がらくになる値を代入　逆の確認を忘れずに

1 いくつかの値を両辺の x に代入する。
2 1 でできた a, b, c の連立方程式を解く。
3 2 で得られた a, b, c に対し, 等式が恒等式であることを確認する。…… !

解答

$x^2+2x-1=a(x+3)^2+b(x+3)+c$ …… ①　とする。

① が x の恒等式であるならば, $x=-3$, -2, -4 を代入しても成り立つ。

$x=-3$ を代入すると　　$2=c$

$x=-2$ を代入すると　　$-1=a+b+c$ …… Ⓐ

$x=-4$ を代入すると　　$7=a-b+c$ …… Ⓑ

これを解いて　$a=1$, $b=-4$, $c=2$

! 逆に, このとき, ① の右辺は

$(x+3)^2-4(x+3)+2=(x^2+6x+9)-4x-12+2$
$\qquad\qquad\qquad\qquad =x^2+2x-1$

となり, 左辺と一致するから, ① は恒等式である。

よって　　$a=1$, $b=-4$, $c=2$

◀ $x+3=0$, ±1 となる値
　$x=-3$, -2, -4
　を代入する。

◀ Ⓐ+Ⓑ から $2(a+c)=6$
　Ⓐ-Ⓑ から $2b=-8$

◀ 恒等式になることの確認
　が必要。

? 質問コーナー　なぜ数値代入法は逆の確認が必要なのですか？

係数比較法は, 前例題の Lecture で示した根拠から, 得られた a, b, c の値をただちに答えとしてよい。一方, 数値代入法は,

　　　　x についての恒等式の定義：x にどんな値を代入しても成り立つ

が根拠になっている。上の例題では ① に $x=-2$, -3, -4 を代入したが, ここで得られた a, b, c の値は, $x=-2$, -3, -4 という特定の x の値について ① が成り立つように定めたもの(**必要条件**)であり, 他のすべての x の値について成り立つ保証はない。そこで, 「逆に」以下でその保証(**十分条件**)を示さなければならない。

① が恒等式

○ ⇓　⇑ ○ ？ × ？

$a=1$, $b=-4$, $c=2$

TRAINING 15 ③

等式 $x^3-1=a(x-1)(x-2)(x-3)+b(x-1)(x-2)+c(x-1)$ が, x についての恒等式であるように, 定数 a, b, c の値を定めよ。

標準 例題 **16** 分数式の恒等式 〇〇〇

次の等式が x についての恒等式であるように，定数 a，b の値を定めよ。

$$\frac{5x-1}{(x+1)(2x-1)} = \frac{a}{x+1} + \frac{b}{2x-1} \quad \cdots\cdots \text{Ⓐ}$$

CHART & GUIDE

分数式の恒等式
分母を払って，多項式の恒等式にして考える

1 両辺に $(x+1)(2x-1)$ を掛けて分母を払う。
2 右辺を x について整理し，係数比較法または数値代入法で a，b の値を決定。

解答

等式の両辺に $(x+1)(2x-1)$ を掛けると，次の等式が得られる。

$$5x-1 = a(2x-1) + b(x+1) \quad \cdots\cdots \text{Ⓑ}$$

この等式が x についての恒等式であればよい。右辺を整理すると

$$5x-1 = (2a+b)x - a + b$$

両辺の同じ次数の項の係数がそれぞれ等しいから

$$5 = 2a+b, \quad -1 = -a+b$$

これを解いて $a=2$，$b=1$

数値代入法 で解くと，

Ⓑ に $x = \frac{1}{2}$，-1 を代入

して $\frac{3}{2} = b \cdot \frac{3}{2}$,

$-6 = a(-3)$

これを解いて

$a=2$，$b=1$

逆の確認を忘れずに。

👉 *Lecture* Ⓑ が恒等式であれば，Ⓐ も恒等式である理由

分数式の等式 Ⓐ は，$x=-1$ と $x=\frac{1}{2}$ のとき，両辺の式の値が存在しない。よって，<u>等式 Ⓐ が $x=-1$，$\frac{1}{2}$ 以外のすべての x について成り立つとき，Ⓐ は恒等式であるといえる。</u>
―(*)

ここで，等式 Ⓐ の分母を払った等式 Ⓑ が恒等式であれば，

Ⓑ はすべての x について成り立つ。

$\Longrightarrow$ Ⓑ は $x=-1$，$\frac{1}{2}$ 以外のすべての x についても成り立つ。　← このとき $x \neq -1$，$x \neq \frac{1}{2}$

$\Longrightarrow$ Ⓑ の両辺を $(x+1)(2x-1)$ で割った Ⓐ は $x=-1$，$\frac{1}{2}$ 以外のすべての x について成り立つ。

$\Longrightarrow$ Ⓐ は恒等式　←(*)から。

したがって，Ⓑ が恒等式であるように定数を定めれば，Ⓐ も恒等式になる。なお，等式 Ⓐ の左辺を右辺の形に変形することは，部分分数に分解する操作と同じである（→ p.34）。

TRAINING 16 ③

次の等式が x についての恒等式であるように，定数 a，b，c の値を定めよ。

(1) $\dfrac{4x+5}{(x+2)(x-1)} = \dfrac{a}{x+2} + \dfrac{b}{x-1}$ 　　(2) $\dfrac{3x+2}{x^2(x+1)} = \dfrac{a}{x} + \dfrac{b}{x^2} + \dfrac{c}{x+1}$

[(1) 関東学院大]

Let's Start

6 等式・不等式の証明

証明については，中学でそのしくみを学び，数学Ⅰでは背理法などを利用して命題を証明することを学習してきました。ここでは，等式が成り立つこと，不等式が成り立つことを証明する方法を考えていきましょう。

■ 等式 $A=B$ を証明する3つの方法

ここでの等式 $A=B$ は，条件がつくこともあるが，基本的には恒等式である。そして，等式の証明の方法としては，次の3つのスタイルがある。

❶ 両辺を比較し，複雑な方の辺を変形して，簡単な方の辺を導く。

$A=\cdots\cdots$変形$\cdots\cdots=B$
（または $B=\cdots$変形$\cdots=A$）
よって　　$A=B$

❷ 両辺を別々に変形して，同じ式 C を導く。

$A=\cdots\cdots$変形$\cdots\cdots=C$
$B=\cdots\cdots$変形$\cdots\cdots=C$
よって　　$A=B$

❸ $A-B$ を変形して，$A-B=0$ を示す。

$A-B=\cdots\cdots$変形
$\cdots\cdots=0$
よって　　$A=B$

■ 不等式の基本性質

不等号 $>$ や $<$，$\geqq$ や $\leqq$ を使って，$-5<8$，$2x\leqq7$，$a^2+b^2\geqq2ab$ のように，数や式の大小関係を表した式を **不等式** という。

> **注意** 不等式においては，特に断らない限り，文字は実数を表すものとする。

不等式では，次の **❶**～**❹** の性質が基本となる。

⓪ 2つの実数 a，b については，
$$a>b,\quad a=b,\quad a<b$$
のうち，どれか1つの関係だけが成り立つ。

❶ $a>b$，$b>c \implies a>c$

❷ $a>b \implies \begin{cases} a+c>b+c \\ a-c>b-c \end{cases}$

❸ $a>b$，$c>0 \implies ac>bc$，$\dfrac{a}{c}>\dfrac{b}{c}$

❹ $a>b$，$c<0 \implies ac<bc$，$\dfrac{a}{c}<\dfrac{b}{c}$

← 性質 **❷**～**❹** については，1次不等式（数学Ⅰ）でも学習。

← 不等号の向きは変わらない。

← $c>0$ ならば，不等号の向きは変わらない。

← $c<0$ ならば，不等号の向きが変わる。

■ 不等式の証明の基本方針

不等式の基本性質 **❷** を用いると

$$A>B \implies A-B>0$$

$$A-B>0 \implies A>B$$

が導かれる（＊右の補足欄を参照）。
同じようにして，右の3つの事柄
が成り立つ。

大小比較の基本
$A>B \iff A-B>0$
$A=B \iff A-B=0$
$A<B \iff A-B<0$

（＊）　$A>B$ のとき，
両辺から B を引いて
　$A-B>B-B$
すなわち　$A-B>0$
$A-B>0$ のとき，両辺
に B を加えて
　$A-B+B>B$
すなわち　$A>B$

つまり，2つの式 A，B の大小は，その差 $A-B$ の符号を調べれ
ばよいことがわかる。したがって，不等式 $A>B$ の証明の基本は，
差 $A-B$ を変形して，$A-B>0$ を示す ことである。

■ 不等式の証明で利用する性質

┤実数の性質├

1　実数 a について　　$a^2 \geqq 0$　　　　等号は $a=0$ のとき成り立つ。

2　実数 a，b について　$a^2+b^2 \geqq 0$　　等号は $a=b=0$ のとき成り立つ。

(補足)　実数 a は，$a>0$，$a=0$，$a<0$ のいずれかの値をとる。
　　　このとき，それぞれの場合において $a^2>0$，$a^2=0$，$a^2>0$ となるから，1 が成り立つ。

┤平方の大小関係├

$A>0$，$B>0$ のとき
$$A>B \iff A^2>B^2$$
$$A \geqq B \iff A^2 \geqq B^2$$

（A，B がともに正なら，A，B の大小と A^2，B^2 の大小は一致する）

(証明)　$A^2-B^2=(A+B)(A-B)$ で，
　　　$A+B>0$ であるから，A^2-B^2 と $A-B$
　　　の符号（正，0，負）は一致する。

符号一致
$$A^2-B^2=\underset{正}{(A+B)}(A-B)$$

┤相加平均と相乗平均の大小関係├

$a>0$，$b>0$ のとき　　$\dfrac{a+b}{2} \geqq \sqrt{ab}$

等号は，$a=b$ のときに成り立つ。

◀ 2数 a，b について，
$\dfrac{a+b}{2}$ を a と b の相
加平均 という。また，
$a>0$，$b>0$ のとき，
$\sqrt{ab}$ を a と b の相乗
平均 という。

(証明)　$a+b-2\sqrt{ab}=(\sqrt{a})^2-2\sqrt{a}\sqrt{b}+(\sqrt{b})^2=(\sqrt{a}-\sqrt{b})^2 \geqq 0$
　　　等号は $\sqrt{a}-\sqrt{b}=0$ すなわち $\sqrt{a}=\sqrt{b}$ から $a=b$ のとき成
　　　立する。

例　2と50について，相加平均は $\dfrac{2+50}{2}=26$，相乗平均は $\sqrt{2 \cdot 50}=10$ であり，$26>10$ である。

証明では，根拠（性質）を的確に利用することが重要です。特に，不等式の証明で
は多くの性質を利用するため，どこでどの性質を利用しているのかを意識しなが
ら，次ページ以降の問題を考えていきましょう。

基本 例題 **17** 等式の証明 (1) …… 基本

次の等式を証明せよ。
(1) $(a+b)(a^3+b^3)-(a^2+b^2)^2=ab(a-b)^2$
(2) $(a^2-b^2)(c^2-d^2)=(ac+bd)^2-(ad+bc)^2$

CHART & GUIDE

等式 $A=B$ を証明するには，次の ❶〜❸ のいずれかの方法で進める。
❶ A を変形して B を導くか，B を変形して A を導く。 ←── (1)
❷ A と B をそれぞれ変形して，同じ式を導く。 ←── (2)
❸ $A-B=0$ であることを示す。

解答

(1) $(\text{左辺})=(a^4+ab^3+a^3b+b^4)-(a^4+2a^2b^2+b^4)$
$=ab^3+a^3b-2a^2b^2$
$=ab(b^2+a^2-2ab)$
$=ab(a-b)^2=(\text{右辺})$
したがって
$(a+b)(a^3+b^3)-(a^2+b^2)^2=ab(a-b)^2$

(2) $(\text{左辺})=\underline{a^2c^2-a^2d^2-b^2c^2+b^2d^2}$
$(\text{右辺})=(a^2c^2+2abcd+b^2d^2)-(a^2d^2+2abcd+b^2c^2)$
$=\underline{a^2c^2-a^2d^2-b^2c^2+b^2d^2}$
したがって
$(a^2-b^2)(c^2-d^2)=(ac+bd)^2-(ad+bc)^2$

(1) 両辺を比較すると，左辺の方が複雑であるから，左辺を変形し，右辺を導く。その際，目標の式（右辺）の形をみながら計算する。
(2) 両辺が同程度の複雑さとみて，それぞれを変形（展開）し，同じ式を導く。
← ___ は同じ式。

? 質問コーナー 問題文の等式から示せばよいのでは？

[(2) の正しくない証明]
$(a^2-b^2)(c^2-d^2)=(ac+bd)^2-(ad+bc)^2$ …… Ⓐ
よって $a^2c^2-a^2d^2-b^2c^2+b^2d^2=(a^2c^2+2abcd+b^2d^2)-(a^2d^2+2abcd+b^2c^2)$
ゆえに $a^2c^2-a^2d^2-b^2c^2+b^2d^2=a^2c^2-a^2d^2-b^2c^2+b^2d^2$ （証明終）
(2) の証明をこのようにしたとき，両辺に同じ式が現れたため，正しい証明と勘違いしてしまうかもしれない。しかし，証明したい式 Ⓐ を利用して進めているため，これでは，問題文の等式を証明したことにならない。
証明は，証明したい式・事柄を利用して進めてはいけない ことに注意しよう。

TRAINING 17 ②

次の等式を証明せよ。
(1) $a^4+4b^4=\{(a+b)^2+b^2\}\{(a-b)^2+b^2\}$
(2) $a^2+b^2+c^2-ab-bc-ca=\dfrac{1}{2}\{(a-b)^2+(b-c)^2+(c-a)^2\}$
(3) $(a^2+b^2)(c^2+d^2)=(ac+bd)^2+(ad-bc)^2$

基本 例題 **18**　等式の証明⑵ …… 条件式がつくもの　　🕐🕐

$a+b+c=0$ のとき，次の等式が成り立つことを証明せよ。
$$a^2-bc=b^2-ca$$

CHART & GUIDE

条件式の扱い　文字を減らす …… ⚠

■ 1つの文字を消去する。…… $a+b+c=0$ を c について解く。

② ■ でできた式を，左辺・右辺のそれぞれの式に代入する。

③ 左辺と右辺をそれぞれ変形して，同じ式を導く。

解答

⚠　$a+b+c=0$ から　　$c=-a-b$

　よって　　　（左辺）$=a^2-bc=a^2-b(-a-b)$
　　　　　　　　　　　$=a^2+ab+b^2$
　　　　　　　（右辺）$=b^2-ca=b^2-(-a-b)a$
　　　　　　　　　　　$=a^2+ab+b^2$
　したがって　　　$a^2-bc=b^2-ca$

[別解]　（左辺）$-$（右辺）$=a^2-bc-(b^2-ca)$
　　　　　　　　　　　　$=(a-b)c+(a^2-b^2)$
　　　　　　　　　　　　$=(a-b)c+(a+b)(a-b)$
　　　　　　　　　　　　$=(a-b)(c+a+b)$
　$a+b+c=0$ から　　$(a-b)(c+a+b)=0$
　したがって　　　$a^2-bc=b^2-ca$

② $A=\cdots$変形$\cdots=C$
　$B=\cdots$変形$\cdots=C$
　よって　$A=B$

← 次数の低い c で整理。

← $a-b$ が共通因数。

③ $A-B=\cdots$変形$\cdots$
　　　　　$=0$
　よって　$A=B$

👆 *Lecture*　**条件式がある場合の等式の証明**

上の例題の $a+b+c=0$ のような条件の式を **条件式** という。条件式がある場合の等式の証明は，条件式を利用して文字を減らす のが原則である。また，[**別解**]のように，条件そのものが利用できることもある。

条件式が $P=0$ のとき，等式 $A=B$ の証明については，次の方針で行うとよい。

　　① **文字を減らして，条件式のない等式の証明に帰着させる。** ⟵ これが原則。
　　② $A-B=PC=0\cdot C$ **の形に変形できることがある。**　　　⟵ [**別解**]参照。

TRAINING　18 ②

$a+b+c=0$ のとき，次の等式が成り立つことを証明せよ。

(1)　$a^2+b^2=c^2-2ab$　　　　　　　(2)　$(a+b)(b+c)(c+a)+abc=0$

(3)　$a^3+b^3+c^3-3abc=0$

標準 例題 19 等式の証明 (3) …… 条件が比例式

$\dfrac{a}{b}=\dfrac{c}{d}$ のとき，次の等式が成り立つことを証明せよ。

(1) $\dfrac{2a+c}{2b+d}=\dfrac{2a-c}{2b-d}$

(2) $ab(c^2+d^2)=cd(a^2+b^2)$

CHART & GUIDE

比例式の扱い （比例式）$=k$ とおく …… ①

① $\dfrac{a}{b}=\dfrac{c}{d}=k$ とおく。…… $a=bk$，$c=dk$ と表される。

② ① でできた式を，左辺・右辺のそれぞれの式に代入する。

③ 左辺と右辺をそれぞれ変形して，同じ式を導く。

解答

① $\dfrac{a}{b}=\dfrac{c}{d}=k$ とおくと $a=bk$，$c=dk$

(1) （左辺）$=\dfrac{2\cdot bk+dk}{2b+d}=\dfrac{(2b+d)k}{2b+d}=k$

（右辺）$=\dfrac{2\cdot bk-dk}{2b-d}=\dfrac{(2b-d)k}{2b-d}=k$

したがって $\dfrac{2a+c}{2b+d}=\dfrac{2a-c}{2b-d}$

(2) （左辺）$=bk\cdot b(d^2k^2+d^2)=b^2d^2k(k^2+1)$

（右辺）$=dk\cdot d(b^2k^2+b^2)=b^2d^2k(k^2+1)$

したがって $ab(c^2+d^2)=cd(a^2+b^2)$

条件式 $\dfrac{a}{b}=\dfrac{c}{d}$ から，

$c=\dfrac{ad}{b}$ として1文字を消去すると

(1) 左辺は

$\dfrac{2a+\dfrac{ad}{b}}{2b+d}=\dfrac{a(2b+d)}{b(2b+d)}$

$=\dfrac{a}{b}$

右辺も同様にして $\dfrac{a}{b}$

Lecture 比例式の扱いについて

$\dfrac{a}{b}=\dfrac{c}{d}$ （これを $a:b=c:d$ と書くこともある）のように，比の値が等しいことを示す等式を **比例式** という。

比例式が条件として与えられたとき，解答の右の補足欄のように，$\dfrac{a}{b}=\dfrac{c}{d}$ を条件式とみて，文字 c を減らしても証明できる。しかし，上の解答のように，比の値を k すなわち $\dfrac{a}{b}=\dfrac{c}{d}=k$ とおいて，$a=bk$，$c=dk$ を代入する方が，一般に計算はらくになる。

TRAINING 19 ③

$a:b=c:d$ のとき，次の等式が成り立つことを証明せよ。

(1) $\dfrac{a}{b}=\dfrac{2a+3c}{2b+3d}$

(2) $\dfrac{a+c}{b+d}=\dfrac{ad+bc}{2bd}$

基本 例題 20 不等式の証明(1) …… 実数の大小関係 ◉◉

$a>b$, $c>d$ のとき，次の不等式が成り立つことを証明せよ。

(1) $a+c>b+d$ (2) $8a-5b>5a-2b$ (3) $ac+bd>ad+bc$

CHART & GUIDE

不等式 $A>B$ の証明
$$A-B>0 \ \text{を示す} \ \cdots\cdots \boxed{!}$$

2つの式 A と B の大小比較の基本は，差 $A-B$ の符号を調べることである。

■ （左辺）−（右辺）の式を計算する。

■ ■ の式の値が正であることを示す。このとき，条件を利用する。
     …… 条件 $a>b$ は $a-b>0$ として，$c>d$ は $c-d>0$ として使う。

(1) $p.39$ の基本性質を用いる。

解答

(1) $c>d$ の両辺に a を加えて $a+c>a+d$ …… ①   ◀基本性質❷
    $a>b$ の両辺に d を加えて $a+d>b+d$ …… ②   ◀基本性質❷
    ①，② から $a+c>b+d$ ◀基本性質❶

(2) $a>b$ のとき $a-b>0$ ◀$A>B \Longleftrightarrow A-B>0$
     $(8a-5b)-(5a-2b)=3a-3b=3(a-b)$ ◀$8a-5b-5a+2b$

$\boxed{!}$ $a-b>0$ であるから $3(a-b)>0$
    したがって $8a-5b>5a-2b$

(3) $a>b$, $c>d$ のとき $a-b>0$, $c-d>0$ ◀$A>B \Longleftrightarrow A-B>0$
     $(ac+bd)-(ad+bc)=ac-ad+bd-bc$
                    $=a(c-d)-b(c-d)$
                    $=(c-d)(a-b)$

(3) 2つずつ項を組み合わせて，共通因数 $c-d$ を作る。

$\boxed{!}$ $a-b>0$, $c-d>0$ であるから $(c-d)(a-b)>0$ ◀（正の数）×（正の数）>0
    したがって $ac+bd>ad+bc$

注意 $p.41$ の質問コーナーで示したように，証明は，証明したい式・事柄を利用して進めてはいけない。したがって，例えば上の例題(2)について，次のような証明は誤りである。

$8a-5b>5a-2b$ から $(8a-5b)-(5a-2b)>0$ よって $3(a-b)>0$
      └──証明すべき不等式を使っているから×

$a-b>0$ であるから $8a-5b>5a-2b$ （証明終）   ←── 正しい証明ではない！

TRAINING 20 ②

次のことを証明せよ。

(1) $a>b>0$, $c>d>0$ のとき $ac>bd$, $\dfrac{a}{d}>\dfrac{b}{c}$

(2) $a>b$ のとき $\dfrac{8a+3b}{11}>\dfrac{a+b}{2}$

(3) $a>b>c>d$ のとき $ab+cd>ac+bd$

≪≪ 基本例題 **20**　≫≫ 発展例題 **32**

基本 例題 **21** 不等式の証明 (2) …… (実数)²≧0 の利用 [その1] 〔〕〔〕

次の不等式を証明せよ。また，等号が成り立つときを調べよ。

(1)　$a^2+b^2 \geqq ab$　　　　(2)　$x^2+y^2 \geqq 2(x+y-1)$

解説動画へGO!!

CHART & GUIDE　不等式の証明　(実数)²≧0 も活躍

1 （左辺）−（右辺）の式を計算する。
2 (実数)² または (実数)²+(実数)² の形を作る。…… !
3 等号が成り立つ条件は，$A^2+B^2=0 \iff A=0, B=0$ を利用。

解答

(1)　$a^2+b^2-ab = a^2-ba+b^2$

$\qquad = a^2-ba+\left(\dfrac{b}{2}\right)^2-\left(\dfrac{b}{2}\right)^2+b^2$

$\qquad = \left(a-\dfrac{b}{2}\right)^2+\dfrac{3}{4}b^2 \geqq 0$

◄ a の式とみて整理。
◄ a の係数 $(-b)$ の半分の 2乗 $\left(\dfrac{b}{2}\right)^2$ を加えて引く。
◄ $\left(a-\dfrac{b}{2}\right)^2 \geqq 0,\ \dfrac{3}{4}b^2 \geqq 0$

したがって　$a^2+b^2 \geqq ab$

等号が成り立つのは，$a-\dfrac{b}{2}=0$ かつ $b=0$ すなわち

$a=b=0$ のときである。

(2)　$x^2+y^2-2(x+y-1) = (x^2-2x+1)+(y^2-2y+1)$

$\qquad = (x-1)^2+(y-1)^2 \geqq 0$

◄ $(x-1)^2 \geqq 0,\ (y-1)^2 \geqq 0$

したがって　$x^2+y^2 \geqq 2(x+y-1)$

等号が成り立つのは，$x-1=0$ かつ $y-1=0$ すなわち

$x=y=1$ のときである。

注意 上の例題では，「等号が成り立つときを調べよ」と問題で要求されているが，一般に，不等式 $A \geqq B$ の証明において問題で要求されていない場合，等号が成り立つときについて書かなくてもよい。

Lecture (実数)²≧0 の利用

(1), (2) ともに（左辺）−（右辺）≧0 を示したいが，左辺から右辺を引いただけでは示すことができない。そこで，(実数)²≧0 が利用できるように，

(1)　**1つの文字について整理**　　(2)　**項の組み合わせを工夫**

といったことを考えている。

TRAINING 21 ②

次の不等式を証明せよ。また，(2), (3) は等号が成り立つときを調べよ。

(1)　$2x^2-4x+5>0$　　　　(2)　$a^2+2ab+4b^2 \geqq 0$

(3)　$(a^2+b^2)(x^2+y^2) \geqq (ax+by)^2$

46

標準 例題 **22** 不等式の証明(3) …… (実数)²≧0 の利用[その2] ◑◑◑

次の不等式を証明せよ。また，等号が成り立つときを調べよ。

$$a^2+b^2+c^2 \geqq ab+bc+ca$$

[類 公立はこだて未来大]

CHART & GUIDE

例題 21 と同様に，(実数)²≧0 を利用する。
この問題では，(実数)²+(実数)²+(実数)² の形を作る。 …… !
[別解]は，a の 2 次式とみて平方完成し，(実数)²+(実数)² の形を作っている。

解答

$a^2+b^2+c^2-(ab+bc+ca)$
$=a^2+b^2+c^2-ab-bc-ca$
$=\dfrac{1}{2}(2a^2+2b^2+2c^2-2ab-2bc-2ca)$ ← 2 倍して 2 で割る。
$=\dfrac{1}{2}\{(a^2-2ab+b^2)+(b^2-2bc+c^2)+(c^2-2ca+a^2)\}$

! $=\dfrac{1}{2}\{(a-b)^2+(b-c)^2+(c-a)^2\} \geqq 0$

← $(a-b)^2 \geqq 0$,
$(b-c)^2 \geqq 0$,
$(c-a)^2 \geqq 0$

したがって $a^2+b^2+c^2 \geqq ab+bc+ca$
等号が成り立つのは $a-b=0$ かつ $b-c=0$ かつ $c-a=0$ の
とき，すなわち **$a=b=c$ のときである。**

[別解] $a^2+b^2+c^2-ab-bc-ca$
$=a^2-(b+c)a+b^2-bc+c^2$ ← a の式とみて整理
$=\left(a-\dfrac{b+c}{2}\right)^2-\left(\dfrac{b+c}{2}\right)^2+b^2-bc+c^2$
$=\left(a-\dfrac{b+c}{2}\right)^2-\dfrac{1}{4}(b^2+2bc+c^2)+b^2-bc+c^2$
$=\left(a-\dfrac{b+c}{2}\right)^2+\dfrac{3}{4}b^2-\dfrac{3}{2}bc+\dfrac{3}{4}c^2$
$=\left(a-\dfrac{b+c}{2}\right)^2+\dfrac{3}{4}(b-c)^2 \geqq 0$

← $\left(a-\dfrac{b+c}{2}\right)^2 \geqq 0$,
$(b-c)^2 \geqq 0$

したがって $a^2+b^2+c^2 \geqq ab+bc+ca$
等号は $a-\dfrac{b+c}{2}=0$ かつ $b-c=0$ のときに成り立つ。
$c=b$ を $a-\dfrac{b+c}{2}=0$ に代入すると $a-b=0$
ゆえに $a=b$
よって，**等号が成り立つのは $a=b=c$ のときである。**

TRAINING 22 ③
$(a^2+b^2+c^2)(x^2+y^2+z^2) \geqq (ax+by+cz)^2$ が成り立つことを示せ。

基本 例題 23 不等式の証明 (4) …… 平方の大小関係の利用

$a>0$, $b>0$ のとき，次の不等式が成り立つことを証明せよ。

$$\sqrt{2(a+b)} \geqq \sqrt{a} + \sqrt{b}$$

CHART & GUIDE

根号を含む不等式
平方して差をとる

$\sqrt{2(a+b)} - (\sqrt{a} + \sqrt{b})$ から，$\geqq 0$ は示しにくい。そこで

$A>0$, $B>0$ のとき $A \geqq B \iff A^2 \geqq B^2$ …… !

を利用する。$\{\sqrt{2(a+b)}\}^2 - (\sqrt{a} + \sqrt{b})^2$ を変形して，$\geqq 0$ を示す。

解答

両辺の平方の差を考えると

$$\{\sqrt{2(a+b)}\}^2 - (\sqrt{a} + \sqrt{b})^2 = 2(a+b) - (a + 2\sqrt{ab} + b)$$
$$= a - 2\sqrt{ab} + b$$
$$= (\sqrt{a} - \sqrt{b})^2 \geqq 0$$

◆ $a = (\sqrt{a})^2$, $b = (\sqrt{b})^2$

◆ 等号は $a = b$ のときに成り立つ。

! したがって $\{\sqrt{2(a+b)}\}^2 \geqq (\sqrt{a} + \sqrt{b})^2$

$a>0$, $b>0$ のとき $\sqrt{2(a+b)} > 0$, $\sqrt{a} + \sqrt{b} > 0$

であるから $\sqrt{2(a+b)} \geqq \sqrt{a} + \sqrt{b}$

◆ 下線部分 ___ を記しておくことが重要。

👆 Lecture 平方の大小関係

平方の大小関係 $A \geqq B \iff A^2 \geqq B^2$ は，

「$A>0$, $B>0$」のときに成り立つ，

ということに注意が必要である。

例えば，

$A = -3$, $B = -2$ のとき，$A^2 \geqq B^2$ であるが，$A \leqq B$ である

$A = 2$, $B = -5$ のとき，$A \geqq B$ であるが，$A^2 \leqq B^2$ である

といったように，「$A<0$, $B<0$」，「$A>0$, $B<0$」のときには成り立たない。

TRAINING 23 ②

$a>0$, $b>0$ のとき，次の不等式が成り立つことを証明せよ。

(1) $\sqrt{a} + \sqrt{b} > \sqrt{a+b}$ 　　(2) $2\sqrt{a} + 3\sqrt{b} > \sqrt{4a+9b}$

(3) $a>b$ のとき $\sqrt{a} - \sqrt{b} < \sqrt{a-b}$

48

不等式の証明(5) …… 絶対値を含む不等式

次の不等式が成り立つことを証明せよ。

$$|a|-|b| \leqq |a+b| \leqq |a|+|b|$$

CHART & GUIDE

絶対値を含む不等式

絶対値の性質 $|A|^2 = A^2$, $|A| \geqq A$ を利用

不等式 $P \leqq Q \leqq R$ は, $P \leqq Q$ かつ $Q \leqq R$ のこと。2つに分けて証明する。

[1] $|a+b| \leqq |a|+|b|$ の証明 …… $(|a|+|b|)^2 - |a+b|^2$ を変形して $\geqq 0$ を示す。

[2] $|a|-|b| \leqq |a+b|$ の証明 …… $|a| \leqq |a+b|+|b|$ を示す。

[1] の不等式と似ているから, [1] で証明した不等式の結果を使う。

解答

[1] $|a+b| \leqq |a|+|b|$ の証明

$$(|a|+|b|)^2 - |a+b|^2 = (a^2 + 2|a||b| + b^2) - (a^2 + 2ab + b^2)$$
$$= 2(|ab| - ab)$$

$|ab| \geqq ab$ であるから $2(|ab| - ab) \geqq 0$

したがって $|a+b|^2 \leqq (|a|+|b|)^2$

$|a+b| \geqq 0$, $|a|+|b| \geqq 0$ であるから

$$|a+b| \leqq |a|+|b|$$

[2] $|a|-|b| \leqq |a+b|$ の証明

[1] の結果 $|\bigcirc + \triangle| \leqq |\bigcirc| + |\triangle|$ で $\bigcirc = a+b$, $\triangle = -b$

$$|a| = |(a+b)+(-b)| \leqq |a+b| + |-b|$$
$$= |a+b| + |b| \quad \longleftarrow |-b| = |b|$$

よって $|a| \leqq |a+b| + |b|$ すなわち $|a|-|b| \leqq |a+b|$

[1], [2] により $|a|-|b| \leqq |a+b| \leqq |a|+|b|$

$|a+b| \geqq 0$, $|a|+|b| \geqq 0$ であるから, 平方の差をとる方針で証明する。

◆等号は, $|ab| = ab$ すなわち $ab \geqq 0$ のとき成り立つ。このとき, a, b は同符号であるか, 少なくとも一方は 0 である。

[2] 常に, $|a|-|b| \geqq 0$ ではないから, [1] と同じ方針では証明できない。

Lecture 絶対値の性質

絶対値のついた不等式の証明には, 上の例題のように, 次の性質がよく使われる。

実数 a, b について

$$|a| \geqq 0, \quad |a| \geqq a, \quad |a| \geqq -a, \quad |a|^2 = a^2, \quad |ab| = |a||b|$$

TRAINING 24 ③

次の不等式が成り立つことを証明せよ。

(1) $|a|-|b| \leqq |a-b|$

(2) $|a+b+c| \leqq |a|+|b|+|c|$

(3) $|a|+|b| \leqq \sqrt{2}\sqrt{a^2+b^2}$

>>> 発展例題 31

基本 例題 25 (相加平均)≧(相乗平均) を利用した証明(1)

$a>0$ のとき，不等式 $a+\dfrac{1}{4a}\geqq 1$ が成り立つことを証明せよ。また，等号が成り立つときを調べよ。

CHART & GUIDE

○，△が正のとき，和 ○+△ に対し，積 ○△ が定数なら
(相加平均)≧(相乗平均) を利用

左辺 $a+\dfrac{1}{4a}$ において，$a>0$，$\dfrac{1}{4a}>0$ で，

和 $a+\dfrac{1}{4a}$ に対し，積 $a\cdot\dfrac{1}{4a}=\dfrac{1}{4}$ (定数)

であるから，(相加平均)≧(相乗平均) が利用できる。

解答

$a>0$，$\dfrac{1}{4a}>0$ であるから，(相加平均)≧(相乗平均) により

$$a+\frac{1}{4a}\geqq 2\sqrt{a\cdot\frac{1}{4a}}=2\cdot\frac{1}{2}=1$$

◆ ○+△≧$2\sqrt{○\times△}$ で，○$=a$，△$=\dfrac{1}{4a}$

よって $a+\dfrac{1}{4a}\geqq 1$

等号は，$a>0$ かつ $a=\dfrac{1}{4a}$ すなわち $a=\dfrac{1}{2}$ のときに成り立つ。

[別解] $a+\dfrac{1}{4a}-1=\dfrac{4a^2-4a+1}{4a}=\dfrac{(2a-1)^2}{4a}$

◆ $a=\dfrac{4a^2}{4a}$，$1=\dfrac{4a}{4a}$

$a>0$ であるから $\dfrac{(2a-1)^2}{4a}\geqq 0$

よって $a+\dfrac{1}{4a}-1\geqq 0$ すなわち $a+\dfrac{1}{4a}\geqq 1$

等号は，$2a-1=0$ すなわち $a=\dfrac{1}{2}$ のときに成り立つ。

(補足) 「$a>0$，$b>0$ のとき $\dfrac{a+b}{2}\geqq\sqrt{ab}$」は非常に重要で，**文字が正** であり，和に対し，**積が定数** などの特徴をもつときに有効である。なお，この不等式は，しばしば分母を払った $a+b\geqq 2\sqrt{ab}$ の形でも使われる。

TRAINING 25 ②

$a>0$，$b>0$ のとき，次の不等式が成り立つことを証明せよ。また，等号が成り立つときを調べよ。

(1) $a+\dfrac{9}{a}\geqq 6$ (2) $\dfrac{6b}{a}+\dfrac{2a}{3b}\geqq 4$

標準 例題
26 （相加平均）≧（相乗平均）を利用した証明 (2)

$x>0$，$y>0$ のとき，不等式 $\left(x+\dfrac{1}{y}\right)\left(y+\dfrac{4}{x}\right)≧9$ が成り立つことを証明せよ。

また，等号が成り立つときを調べよ。

［類 関西学院大］

CHART
& GUIDE ○，△ が正のとき，和 ○＋△ に対し，積 ○△ が定数なら
（相加平均）≧（相乗平均）を利用

一見，（相加平均）≧（相乗平均）が適用できそうにないが，左辺を展開する（…… ⚡）
と，$xy+\dfrac{4}{xy}$ の部分に，（相加平均）≧（相乗平均）が適用できる。

解答

⚡ 左辺を展開して

$$\left(x+\frac{1}{y}\right)\left(y+\frac{4}{x}\right)=xy+4+1+\frac{4}{xy}$$

$$=xy+\frac{4}{xy}+5$$

◆ 和 $xy+\dfrac{4}{xy}$ に対し，

積 $xy\cdot\dfrac{4}{xy}=4$ が一定。

ここで，$x>0$，$y>0$ から　　$xy>0$，$\dfrac{4}{xy}>0$

よって，（相加平均）≧（相乗平均）から

$$xy+\frac{4}{xy}+5≧2\sqrt{xy\cdot\frac{4}{xy}}+5=2\cdot2+5=9$$

◆ ○＋△≧$2\sqrt{○×△}$ で，
○＝xy，△＝$\dfrac{4}{xy}$

ゆえに　　$\left(x+\dfrac{1}{y}\right)\left(y+\dfrac{4}{x}\right)≧9$

等号は，$xy>0$ かつ $xy=\dfrac{4}{xy}$ すなわち $xy=2$ のときに成り
立つ。

◆ $xy=\dfrac{4}{xy}$ から
$(xy)^2=4$
$xy>0$ であるから
$xy=2$

TRAINING 26 ③ ★

$a>0$，$b>0$ のとき，不等式 $\left(\dfrac{a}{4}+\dfrac{1}{b}\right)\left(\dfrac{9}{a}+b\right)≧\dfrac{25}{4}$ が成り立つことを証明せよ。ま

た，等号が成り立つときを調べよ。

［類 摂南大］

STEP *into* ここで解説

（相加平均）≧（相乗平均）の使い方

前ページの例題を，不等式の性質

$$A \geq B > 0, \quad C \geq D > 0 \text{ のとき } AC \geq BD$$

[*p.*44 TRAINING20 (1)参照]

を使って解くと，どうなるのか考えてみましょう。

$x>0$, $y>0$ であるから，（相加平均）≧（相乗平均）により

$$x+\frac{1}{y} \geq 2\sqrt{\frac{x}{y}} \quad \cdots\cdots ① \qquad \leftarrow A \geq B$$

$$y+\frac{4}{x} \geq 2\sqrt{\frac{4y}{x}} \quad \cdots\cdots ② \qquad \leftarrow C \geq D$$

①，②の両辺は正であるから，辺々を掛けると

$$\left(x+\frac{1}{y}\right)\left(y+\frac{4}{x}\right) \geq 2\sqrt{\frac{x}{y}} \cdot 2\sqrt{\frac{4y}{x}} \qquad \leftarrow AC \geq BD$$

すなわち $\left(x+\dfrac{1}{y}\right)\left(y+\dfrac{4}{x}\right) \geq 8 \quad \cdots\cdots ③$

$\left(x+\dfrac{1}{y}\right)\left(y+\dfrac{4}{x}\right) \geq 8$ であることは示すことができましたが，これでは

$\left(x+\dfrac{1}{y}\right)\left(y+\dfrac{4}{x}\right) \geq 9$ を示したことにはなりません。

（相加平均）≧（相乗平均）を利用している点は共通していますが，前ページの解答と違う点があります。そのことを説明しましょう。

①は $x=\dfrac{1}{y}$ すなわち $xy=1$ のとき，②は $y=\dfrac{4}{x}$ すなわち $xy=4$ のとき等号が成り立つが，$xy=1$, $xy=4$ が同時に成り立つ正の数 x, y は存在しない。

──→ ③の等号が成り立つ，すなわち $\left(x+\dfrac{1}{y}\right)\left(y+\dfrac{4}{x}\right)=8$ となるのは，①と②の等号がともに成り立つときだが，そのような正の数 x, y は存在しない，ということである。

つまり，③は，$1 \geq 0$ のように不等式自体は成り立つが，等号は成り立たない不等式なのである。

このように，（相加平均）≧（相乗平均）を利用する場合，等号成立の確認がポイントとなります。しっかり理解しておきましょう。

STEP *into* ここで**整理**

不等式の証明のまとめ

例題 **20～26** で学習した不等式の証明の基本的な手法を整理しておきましょう。

不等式 $A>B$ の証明の基本は,

大小比較($A>B$)は　差($A-B$)を作る

$A>B \iff A-B>0$　←$A>B$ を示すには,$A-B>0$ を示せばよい。

である。そのための手法として,次のようなものがある。

① $A-B$ を $\begin{cases}(\text{正の数})+(\text{正の数}) \\ (\text{正の数})\times(\text{正の数})\end{cases}$ の形に変形する。　← 例題 20 (3)

② **実数の性質　(実数)$^2 \geqq 0$ を利用する。**
・(実数)^2,(実数)^2+(実数)^2 の形を作る。　← 例題 21
・(実数)^2+(実数)^2+(実数)^2 の形を作る。　← 例題 22

③ A, B に根号や絶対値を含むとき,左辺,右辺がともに正であることに着目して,平方して差をとる。　← 例題 23, 24

$A>0$, $B>0$ のとき　$A \geqq B \iff A^2 \geqq B^2$

④ 2数の和に対し,積が定数のとき,(相加平均)≧(相乗平均) を利用する。

$a>0$, $b>0$ のとき　$\dfrac{a+b}{2} \geqq \sqrt{ab}$　← 例題 25, 26

よく使われる不等式

1　$a^2+ab+b^2=\left(a+\dfrac{b}{2}\right)^2+\dfrac{3}{4}b^2 \geqq 0$, $a^2-ab+b^2=\left(a-\dfrac{b}{2}\right)^2+\dfrac{3}{4}b^2 \geqq 0$

[等号は $a=b=0$ のとき成立]

2　$a^2+b^2+c^2-ab-bc-ca=\dfrac{1}{2}\{(a-b)^2+(b-c)^2+(c-a)^2\} \geqq 0$

[等号は $a=b=c$ のとき成立]

3　$(a^2+b^2)(x^2+y^2) \geqq (ax+by)^2$ …… **シュワルツの不等式**　[等号は $ay=bx$ のとき成立]

数学の扉　調和平均

自転車通学のA君は，ある日，時速 12 km で学校に行き，帰りは自転車を押しながら，時速 6 km で友達と歩いて自宅に帰りました。さて，この日A君は，平均すると時速何 km で移動したことになるでしょうか。

時速12km →

← 時速6km

$\dfrac{12+6}{2}=9$ から，時速 9 km と考えた人はいませんか？これは誤りです。

まず，A君の自宅から学校までの距離を L km とします。このとき，移動にかかった時間は，行きが $\dfrac{L}{12}$（時間），帰りが $\dfrac{L}{6}$（時間）ですから，合計で $\dfrac{L}{12}+\dfrac{L}{6}$（時間）となります。

往復した $2L$ km を $\dfrac{L}{12}+\dfrac{L}{6}$ 時間かけて移動したことになりますから，平均では，

$$時速 \quad \frac{2L}{\dfrac{L}{12}+\dfrac{L}{6}}=\frac{2}{\dfrac{1}{4}}=8 \ (km)$$

で移動したということになります。

ここで，$12=a$，$6=b$ とすると，＿＿部は $\dfrac{2L}{\dfrac{L}{a}+\dfrac{L}{b}}=\dfrac{2}{\dfrac{1}{a}+\dfrac{1}{b}}=\dfrac{2ab}{a+b}$ となります。

このような逆数の（相加）平均の逆数を **調和平均** といいます。　　← 逆数の平均の逆数

2つの数 a，b について

相加平均 $\dfrac{a+b}{2}$ 　　　　相乗平均 $\sqrt{ab}$ 　　　　調和平均 $\dfrac{2ab}{a+b}$

この調和平均は，音楽の世界にも現れます。

ピンと張った弦を弾くと，弦の長さによっていろいろな音程が得られますが，ド，レ，ミといった音が，弦の長さの比によって決まることに初めて気づいたとされるのが，三平方の定理で有名なピタゴラスです。彼は，弦の長さの比が簡単な整数の比で表されるとき，その2つの音がきれいに響くこと（協和音）を発見しました。

例えば，弦の長さの比が

2：1 のときは，完全8度の協和音　←もとの音と1オクターブ上の音

3：2 のときは，完全5度の協和音　←ドとソのような，
　　　　　　　　　　　　　　　　　もとの音と5度上の音

が得られます。

現在のドレミの原型となったピタゴラス音階は，この 2：1 と 3：2 の関係から作られていて，右図のような長さの弦からドレミファソラシドが得られます。

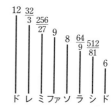

発展学習

発展 例題 **27** 分数式の展開式についてある項の係数を求める ! ! ! !

$\left(x^2+\dfrac{1}{x}\right)^9$ の展開式における定数項を求めよ。 〔東京電機大〕

CHART & GUIDE

展開式の係数

$(a+b)^n$ の展開式の一般項は $\quad {}_nC_r a^{n-r} b^r$

例題 4 の GUIDE **1**〜**3** と同じ手順で求める。

一般項の式は $A \cdot \dfrac{x^p}{x^q}$ の形に変形する。定数項は $\dfrac{x^p}{x^q}=1$ となるとき。

なお，下の Lecture も参照。

解答

$\left(x^2+\dfrac{1}{x}\right)^9$ の展開式の一般項は

$$ {}_9C_r(x^2)^{9-r}\left(\dfrac{1}{x}\right)^r = {}_9C_r \dfrac{x^{18-2r}}{x^r} \quad \cdots\cdots(*)$$

定数項は，$\dfrac{x^{18-2r}}{x^r}=1$ とすると $\quad x^{18-2r}=x^r$

よって $\quad 18-2r=r$

ゆえに $\quad r=6$

したがって，定数項は $\quad {}_9C_6={}_9C_3=\dfrac{9\cdot8\cdot7}{3\cdot2\cdot1}=84$

> ${}_nC_r a^{n-r} b^r$ において
> $a=x^2,\ b=\dfrac{1}{x},\ n=9$

> ← 両辺に x^r を掛ける。

Lecture 指数法則を拡張した考え方

0 や負の整数の指数は，次のように定義される（p.250 参照）。

$a\neq0$ で，n を正の整数とするとき $\quad a^0=1,\ \dfrac{1}{a^n}=a^{-n}$ 特に $\quad \dfrac{1}{a}=a^{-1}$

このことを利用すると，展開式の一般項[上の解答の$(*)$]は，次のように簡単に表される。

$$ {}_9C_r \dfrac{x^{18-2r}}{x^r} = {}_9C_r x^{18-2r}\cdot x^{-r} = {}_9C_r x^{18-3r}$$

さらに，定数項は x^0 の項であるとみて $18-3r=0$ から $r=6$ として r の値を求めてもよい。

TRAINING 27 ④

$\left(x^2-\dfrac{1}{x^2}\right)^8$ の展開式における x^4 の項の係数を求めよ。 〔立教大〕

≪≪ 基本例題 8, 14 ★

発展

例題

28 割り算の問題と恒等式

◇ ◇ ◇ ◇

x^3+ax^2+bx-8 を x^2+1 で割ったときの余りが $x-13$ であるという。定数 a, b の値を求めよ。

CHART & GUIDE

割り算の問題　割り算の等式 $A=BQ+R$ を活用

1 問題の条件を，割り算の等式 $A=BQ+R$ の形に書く。 …… ?
…… x^3 の項の係数が1であるから，商は $x+c$ とおける。

2 1 で書いた等式の右辺を展開して整理する。

3 両辺の同じ次数の項の係数が等しいことから，a, b の値を求める。

解 答

条件から，次の等式が成り立つ。ただし，c は定数である。

?

$$x^3+ax^2+bx-8=(x^2+1)(x+c)+x-13$$

割られる式　　　割る式　商　　余り

右辺を展開して整理すると

$$x^3+ax^2+bx-8=x^3+cx^2+2x+c-13$$

これが x についての恒等式であるから，両辺の係数を比較して

$$a=c, \quad b=2, \quad -8=c-13$$

これを解いて　　**$a=5$, $b=2$**　$(c=5)$

[別解]　右の割り算により

余りは　$(b-1)x-(a+8)$

$(b-1)x-(a+8)=x-13$

が x の恒等式であるから

$$b-1=1, \quad a+8=13$$

よって　　**$a=5$, $b=2$**

← 割り算の等式
$A=BQ+R$
この等式は恒等式である。

← 係数比較法。

← 実際に割り算を実行。

$$
\begin{array}{r}
x+a \\
x^2+1{\overline{\smash{\big)}\,x^3+ax^2+bx-8}} \\
\underline{x^3+x} \\
ax^2+(b-1)x-8 \\
\underline{ax^2+a} \\
(b-1)x-(a+8)
\end{array}
$$

← 余りについての恒等式。

← 係数比較法。

🖐 **Lecture** 割り算の等式の利用

上の例題のタイプのような問題では，まず与えられた条件を，割り算の等式の形に書き表す とよい。このとき，例えば，上の例題では，商 Q は条件として与えられていないが，A, B の次数や係数に注意すると

[次数について]　A …… x の3次式，　　B …… x の2次式　　⟶　Q は x の1次式

[係数について]　A …… x^3 の係数は1，B …… x^2 の係数は1　⟶　Q の x の係数は1

であるから，商 Q は $x+c$ と表される。

TRAINING **28** ④ ★

a, b は定数とする。多項式 x^3-x^2+ax+b が多項式 x^2+x+1 で割り切れるとき，a, b の値を求めよ。

[京都産大]

発展 例題 **29** 恒等式「どのような …… に対しても」の扱い ◇◇◇◇

$(k-1)x+(3-2k)y+4k-7=0$ が k のどのような値に対しても成り立つとき，x，y の値を求めよ。

CHART & GUIDE

どのような k に対しても成り立つ
k についての恒等式の問題と考える

[係数比較法] **1** k について整理する（x，y は定数とみる）。
2 係数比較により得られる x，y の連立方程式を解く。

[数値代入法] **1** $k=0$，1，2，…… など，k にいくつかの数値を代入する。
2 **1** でできた x，y の連立方程式を解く。
3 **2** で得られた x，y の値に対し，等式が恒等式であることを確認する。

解答

[解法1]

$(k-1)x+(3-2k)y+4k-7=0$ を k について整理すると

$$(x-2y+4)k+(-x+3y-7)=0 \quad \cdots\cdots ①$$

これが k のどのような値に対しても成り立つから，① は k についての恒等式である。

よって，両辺の係数を比較して

$$x-2y+4=0, \quad -x+3y-7=0$$

これを解いて **$x=2$，$y=3$**

← 係数比較法

← 整理した式 ① の左辺は，k の1次式と考えて，下線の部分は係数とみる。

[解法2]

$(k-1)x+(3-2k)y+4k-7=0$ が k のどのような値に対しても成り立つから，$k=0$，1 のときも成り立つ。

$k=0$ のとき $-x+3y-7=0$ $\cdots\cdots ②$

$k=1$ のとき $y+4-7=0$ $\cdots\cdots ③$

これを解いて $x=2$，$y=3$

逆に，$x=2$，$y=3$ を与式の左辺に代入すると

$$(左辺)=(k-1)\cdot2+(3-2k)\cdot3+4k-7=0$$

となり，与式は k のどのような値に対しても成り立つ。

したがって **$x=2$，$y=3$**

← 数値代入法

← ②，③ は必要条件。"逆に"以降で十分条件であることを示す。

← 数値代入法では，恒等式であることの確認を忘れないこと！

TRAINING **29** ④

$(k+2)x-(1-k)y-k-5=0$ が k のどのような値に対しても成り立つとき，x，y の値を求めよ。

[類 摂南大]

発展 例題 30　条件式がある場合の恒等式 ✓✓✓✓

$x+y=2$ を満たす x, y に対し，常に $ax^2+bx+cy^2=1$ が成立するように，定数 a, b, c の値を定めよ。　　　　　　　　　　　　　　　　　〔千葉経大〕

1章

発展学習

CHART & GUIDE

条件式の扱い　文字を減らす …… !

1　1つの文字を消去する。…… $x+y=2$ を y について解く。
2　1 でできた式を，$ax^2+bx+cy^2=1$ に代入する。── x の恒等式
3　x について降べきの順に整理して，係数を比較する。

解答

! $x+y=2$ から　　$y=2-x$

これを $ax^2+bx+cy^2=1$ に代入すると
$$ax^2+bx+c(2-x)^2=1$$
x について整理すると
$$(a+c)x^2+(b-4c)x+4c-1=0$$
これが x についての恒等式であるから
$$a+c=0 \cdots ①,\quad b-4c=0 \cdots ②,\quad 4c-1=0 \cdots ③$$
③ から　　$c=\dfrac{1}{4}$　　これを ①，② に代入して
$$a+\dfrac{1}{4}=0,\quad b-4\cdot\dfrac{1}{4}=0$$
したがって　　$a=-\dfrac{1}{4}$, $b=1$, $c=\dfrac{1}{4}$

← x を消去してもよいが，y を消去した方が $ax^2+bx+cy^2=1$ に代入したときの計算がらくである。

← $Ax^2+Bx+C=0$ が x の恒等式
$\iff A=B=C=0$

🖐 Lecture　条件式がある場合の恒等式

上の例題では，条件 $x+y=2$ があるから，x, y はそれぞれまったく任意の値をとるというわけにはいかない。しかし，$y=-x+2$（x の式）と表されるとき，x は任意の値をとることができて，x の値を1つ定めると，それに対応して y の値も1つ定まる。
したがって，y を消去して x だけの式で表すと，例題は **x についての恒等式の問題** となる。

条件式が	1つなら1文字 2つなら2文字	消去を考える

TRAINING　30 ④ ★

$2x+y-3=0$ を満たすすべての x, y に対して $ax^2+by^2-2cx+18=0$ が成り立つとき，定数 a, b, c の値を求めよ。

発展 例題 **31** （相加平均）≧（相乗平均）を利用した最大・最小

$x>0$ のとき，$x+\dfrac{9}{x}$ の最小値を求めよ。

CHART & GUIDE

（相加平均）≧（相乗平均）と最小値

最大値や最小値を求める場合，これまではグラフを利用することが多かったが，$y=x+\dfrac{9}{x}$ のグラフはただちにかくことができない（下の（参考）参照）。

そこで，式の形に着目する。$x>0$，$\dfrac{9}{x}>0$ で，和 $x+\dfrac{9}{x}$ に対し，積 $x\cdot\dfrac{9}{x}=9$（定数）であるから，（相加平均）≧（相乗平均）が利用できる。

等号は，$x=\dfrac{9}{x}$ のとき成り立つから，$x=\dfrac{9}{x}$ のとき最小値をとるといえる。

解答

$x>0$，$\dfrac{9}{x}>0$ であるから，（相加平均）≧（相乗平均）により

$$x+\dfrac{9}{x}\geqq 2\sqrt{x\cdot\dfrac{9}{x}}=2\cdot 3=6$$

← 和 $x+\dfrac{9}{x}$ に対し，積 $x\cdot\dfrac{9}{x}=9$ が一定。

したがって　$x+\dfrac{9}{x}\geqq 6$

等号は，$x>0$ かつ $x=\dfrac{9}{x}$ すなわち $x=3$ のときに成り立つ。

← 式の値が6になるような x の値が存在することを必ず確認する。

よって　**$x=3$ のとき最小値 6**

注意 不等式 $A\geqq m$ について，等号が成り立つことがなければ，m は A の最小値とはいえない。例えば，p.51 の ③の不等式 $\left(x+\dfrac{1}{y}\right)\left(y+\dfrac{4}{x}\right)\geqq 8$ は不等式自体は成り立つが，<u>等号が成り立つことはない</u>ので，左辺の **最小値は 8 でない**。したがって，このように不等式から最小値を求める場合は，等号が成立するかどうかを確認する必要がある。

参考 $y=x$ と $y=\dfrac{9}{x}$ のグラフから，$x>0$ における $y=x+\dfrac{9}{x}$ のグラフは右の青線のようになると考えられる（厳密には，数学Ⅲで学習）。

したがって，$x=3$ のとき最小値をとることがわかる。

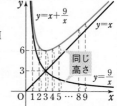

TRAINING 31 ③ ★

(1) $x>0$ のとき，$x+\dfrac{16}{x}$ の最小値を求めよ。

(2) $x>1$ のとき，$x+\dfrac{1}{x-1}$ の最小値を求めよ。

発展 例題 32 多くの式の大小比較　🕐🕐🕐🕐

a, b を実数とし，$a+b=2$ かつ $a \neq b$ のとき，1, ab, $\dfrac{a^2+b^2}{2}$ の大小を調べよ。

CHART & GUIDE

多くの式の大小比較
適当な数値を代入して，大小の見当をつける

$a+b=2$ かつ $a \neq b$ を満たす $a=0$, $b=2$ を代入すると，$ab=0$, $\dfrac{a^2+b^2}{2}=2$ となるから，$ab<1<\dfrac{a^2+b^2}{2}$ と予想される。この予想した不等式を証明することにより，大小比較ができる。

解答

$a+b=2$ から	$b=2-a$
$a \neq b$ であるから	$a \neq 2-a$
よって　$2a \neq 2$	ゆえに　$a \neq 1$

ここで
$$\frac{a^2+b^2}{2}-1=\frac{a^2+(2-a)^2-2}{2}$$
$$=a^2-2a+1=(a-1)^2>0$$

したがって　$1<\dfrac{a^2+b^2}{2}$ ……①

次に
$$1-ab=1-a(2-a)$$
$$=a^2-2a+1=(a-1)^2>0$$

したがって　$ab<1$ ……②

①，②から　　$ab<1<\dfrac{a^2+b^2}{2}$

条件式　文字を減らす

$a \neq b$ にも $b=2-a$ を代入して a の条件($a \neq 1$)に直す。
大小比較は差を作る

⬅ $a \neq 1$ であるから $(a-1)^2>0$

⬅ $a \neq 1$ である。

✋ Lecture 多くの式の大小比較

3つの式 A, B, C の大小を調べるために，2つずつ比べると，$_3C_2=3$(回) の比較(つまり，A と B, B と C, C と A の比較)が必要となる。しかし，大小の見当をあらかじめつけておいて，例えば，$A<B<C$ と予想されるなら，$C-B>0$, $B-A>0$ の2つの証明で済むことになる。

4つの式の大小比較となると，最大 $_4C_2=6$(回) の比較をしなければならない。ところが，大小の見当をつけておくと，3回の比較で済むことになるから，調べる手間が省ける。

TRAINING 32 ④

$0<a<b$, $a+b=1$ のとき，次の数の大小を調べよ。　[(2) 倉敷芸科大]

(1) $\dfrac{1}{2}$, b, $2ab$ 　　(2) 1, $\sqrt{a}+\sqrt{b}$, $\sqrt{b}-\sqrt{a}$, $\sqrt{b-a}$

EXERCISES

A

1③ $x^3+y^3=(x+y)^3-3xy(x+y)$ であることを用いて，$x^3+y^3-z^3+3xyz$ を因数分解せよ。

<<< 基本例題 **1**，標準例題 **2**

2② $(x-3y)^4$ を展開すると，x^2y^2 の係数は ア◻◻ である。また，x^4，x^3y，x^2y^2，xy^3，y^4 の係数の和は イ◻◻ である。

〔関西学院大〕

<<< 基本例題 **4**

3③ $(1+x)(1-2x)^5$ を展開した式における x^2，x^4，x^6 の各項の係数の和は ◻◻ である。

〔芝浦工大〕

<<< 基本例題 **4**

4② 二項定理を用いて，等式 $_n\mathrm{C}_0-\dfrac{_n\mathrm{C}_1}{2}+\dfrac{_n\mathrm{C}_2}{2^2}-\cdots\cdots+(-1)^n\cdot\dfrac{_n\mathrm{C}_n}{2^n}=\dfrac{1}{2^n}$ が成り立つことを証明せよ。ただし，n は自然数とする。

<<< 基本例題 **5**

5③ k を定数とする。$(a+kb+c)^5$ の展開式における a^2bc^2 の項の係数が 60 であるとき，k の値を求めよ。また，このとき，ac^4 の項の係数を求めよ。

<<< 標準例題 **6**

6③ $\dfrac{1}{(2n+1)(2n+3)}+\dfrac{1}{(2n+3)(2n+5)}+\dfrac{1}{(2n+5)(2n+7)}$ を計算せよ。

<<< 標準例題 **13**

7① 次の等式は，恒等式であるかどうかを調べよ。

(1) $(x-1)(x+2)=x^2-x+2$ (2) $(a+b)^2+(a-b)^2=2(a^2+b^2)$

(3) $\dfrac{1}{2}\left(\dfrac{1}{x+1}-\dfrac{1}{x+3}\right)=\dfrac{1}{(x+1)(x+3)}$

<<< *p*.35 Let's Start

HINT

3 $(1+x)(1-2x)^5$ を展開した式における x^2 の項は，「$(1-2x)^5$ の展開式における x^2 の項と 1 の積」と「$(1-2x)^5$ の展開式における x の項と x の積」の和である。

5 (前半) a^2bc^2 の項の係数を k で表し，k の方程式を解く。

EXERCISES

A **8**② 次の等式を証明せよ。

(1) $a^4+b^4+c^4+d^4-4abcd=(a^2-b^2)^2+(c^2-d^2)^2+2(ab-cd)^2$

(2) $(a^2+b^2+c^2)(x^2+y^2+z^2)$
$=(ax+by+cz)^2+(ay-bx)^2+(bz-cy)^2+(cx-az)^2$

<<< 基本例題 **17**

9② $a+b+c=0$ のとき，次の等式が成り立つことを証明せよ。

(1) $a^3+b^3+c^3+3(a+b)(b+c)(c+a)=0$ 〔成城大〕

(2) $a^3(b-c)+b^3(c-a)+c^3(a-b)=0$ <<< 基本例題 **18**

10② (1) 次の不等式が成り立つことを証明せよ。 〔(イ) 鹿児島大〕

(ア) $a\leqq b$, $x\leqq y$ のとき $2(ax+by)\geqq(a+b)(x+y)$

(イ) $x<1$, $y<1$, $z<1$ のとき $xyz+x+y+z<xy+yz+zx+1$

(2) $a>0$, $b>0$, $a\neq b$ のとき，a^3+b^3 と a^2b+b^2a の大小を調べよ。

〔(2) 類 東京医歯大〕 <<< 基本例題 **20**

11③ $|a|<1$, $|b|<1$ のとき，不等式 $|1+ab|>|a+b|$ が成り立つことを証明せよ。

<<< 標準例題 **24**

12③ ★ $a>0$, $b>0$, $c>0$, $d>0$ のとき，次の不等式が成り立つことを証明せよ。また，等号が成り立つときを調べよ。

(1) $a+b+\dfrac{1}{a+b}\geqq2$ (2) $a+\dfrac{4}{a+1}\geqq3$ (3) $\left(\dfrac{b}{a}+\dfrac{d}{c}\right)\left(\dfrac{a}{b}+\dfrac{c}{d}\right)\geqq4$

<<< 基本例題 **25**，標準例題 **26**

HINT

8 (2) 右辺を変形（展開）し，因数分解して左辺の形に導く。両辺を変形（展開）して，同じ式を導いてもよい。

10 (2) $(a^3+b^3)-(a^2b+b^2a)$ を計算してみて，これが >0 や <0 になるかどうか調べるとよい。なお，a, b に適当な値を代入して，大小の見当をつけてから進めるのもよい（→ 発展例題 32 参照）。

12 (2) 不等式の両辺に 1 を加えると，$a+1+\dfrac{4}{a+1}\geqq4$ となり，（相加平均）≧（相乗平均）が適用できる形が見えてくる。

EXERCISES

13④ $(20+1)^{100}$ の十の位の値を求めよ。 〔福島大〕 ≪≪ **基本例題 3**

14④ n は 2 以上の整数とする。二項定理を利用して，次のことを示せ。

(1) $a>0$ のとき $(1+a)^n>1+na$ (2) $\left(1+\dfrac{3}{n}\right)^n>4$ ≪≪ **基本例題 3, 5**

15④ $(1+x+x^2)^8$ の展開式における x^{11} の項の係数を求めよ。 〔防衛大〕

≪≪ **標準例題 6**

16④ $x+y+z=\dfrac{1}{x}+\dfrac{1}{y}+\dfrac{1}{z}=1$ ならば，x, y, z のうち少なくとも 1 つは 1 である

ことを証明せよ。 〔法政大〕 ≪≪ **基本例題 18**

17⑤ 次の不等式を証明せよ。また，等号が成り立つのはどのようなときか。

(1) $|ab+cd|\leqq\sqrt{a^2+c^2}\sqrt{b^2+d^2}$

(2) $\sqrt{(a+b)^2+(c+d)^2}\leqq\sqrt{a^2+c^2}+\sqrt{b^2+d^2}$ 〔京都産大〕

≪≪ **基本例題 23, 標準例題 24**

18③ ★ 多項式 $P=2x^2+xy-y^2+5x-y+k$ は，$k={}^{\text{ア}}\boxed{}$ のとき，整数を係数

とする 1 次式の積 $(2x-{}^{\text{イ}}\boxed{}y+{}^{\text{ウ}}\boxed{})(x+{}^{\text{エ}}\boxed{}y+{}^{\text{オ}}\boxed{})$ で表さ

れる。 〔近畿大〕 ≪≪ **発展例題 28**

19④ ★ $x-2y+z=4$ および $2x+y-3z=-7$ を満たす x, y, z のすべての値に

対して，$ax^2+2by^2+3cz^2=18$ が成り立つ。このとき，定数 a, b, c の値を

求めよ。 〔西南学院大〕 ≪≪ **発展例題 30**

20④ ★ $x>1$ のとき，$4x^2+\dfrac{1}{(x+1)(x-1)}$ の最小値は ${}^{\text{ア}}\boxed{}$ で，そのときの x

の値は $\dfrac{\sqrt{{}^{\text{イ}}\boxed{}}}{{}^{\text{ウ}}\boxed{}}$ である。 〔慶応大〕 ≪≪ **発展例題 31**

HINT

13 二項定理を利用して，$(20+1)^{100}=10^2\times(\text{自然数})+(2\text{桁以下の自然数})$ という形の式を
導く。

14 (1) 二項定理を用いて $(1+a)^n$ を展開する。 (2) (1) の結果を利用。

16 x, y, z のうち少なくとも 1 つが 1 $\iff$ $(x-1)(y-1)(z-1)=0$

18 $P=(2x-ay+b)(x+cy+d)$ が x, y の恒等式となる。右辺を展開して整理し，両辺
の対応する項の係数がそれぞれ等しいとおく。

20 $4x^2+\dfrac{1}{(x+1)(x-1)}$ を $4(x^2-1)+\dfrac{1}{x^2-1}+4$ に変形して考える。

数学II

複素数と2次方程式の解

2章

レベル ………… 各例題の難易度を表す🕐の個数(1〜5の5段階)。

★印 ………… 大学入学共通テストの準備・対策向き。

◉, ◎, ○印 … 各項目で重要度の高い例題につけた(◉, ◎, ○の順に重要度が高い)。
時間の余裕がない場合は, ◉, ◎, ○の例題を中心に勉強すると効果的である。
また, ◉の例題には, 解説動画がある。

7 複素数とその計算

2次方程式 $x^2=2$ は実数の範囲で解 $x=\pm\sqrt{2}$ をもちます。しかし，実数の2乗は負にならないから，2次方程式 $x^2=-2$ は，実数の範囲では解をもちません。そこで，2次方程式 $x^2=k$ が実数 k の符号に関係なく常に解をもつように，実数を含む新しい数の集合を考えることにしましょう。

■ 複素数

2乗して -1 になる新しい数を考え，これを文字 i で表す。

この i を **虚数単位** という。

[**定義**]　a，b を実数として，**$a+bi$** の形に表される新しい種類の数を
複素数 といい，a，b を，それぞれ，複素数 $a+bi$ の **実部**，
虚部 という。

$$\overset{\text{虚部}}{\underset{\text{実部}}{a}+b\,i}$$

虚部が0である複素数 $(a+0i=a)$ は実数にほかならない。
したがって，複素数の集合は，実数の集合を含む，より広い
範囲の数の集合になっている。

虚部が0でない複素数を **虚数**，特に，実部が0の虚数
$(0+bi=bi,\ b\neq0$ の形$)$ を **純虚数** という。

複素数 $a+bi$

虚数 $a+bi$ $(b\neq0)$	
純虚数 bi $(a=0)$	実数 a $(b=0)$

例　① $1-2i$ の実部は 1，虚部は -2

　　② $\dfrac{-3+\sqrt{5}\,i}{2}$ の実部は $-\dfrac{3}{2}$，虚部は $\dfrac{\sqrt{5}}{2}$

　　③ 5 の実部は5，虚部は 0　　← 5は，虚部が0の複素数である。

　　④ $-3i$ の実部は0，虚部は -3

(注意)　虚数については，大小関係や正，負は考えない。このことは，実数と虚数の大きな
違いである。

2つの複素数が **等しい** のは，実部，虚部がそれぞれ一致する場合とする。

複素数の相等

a，b，c，d は実数とする。
$$a+bi=c+di \iff a=c \text{ かつ } b=d$$
特に　$a+bi=0 \iff a=0 \text{ かつ } b=0$

注意 今後, $a+bi$, $c+di$ などでは文字 a, b, c, d は実数を表すものとする。

■ 複素数の加法・減法・乗法

複素数の加法・減法・乗法は, 一般に, 次のように行われる。

① **加法** $(a+bi)+(c+di)=(a+c)+(b+d)i$ ←—— 実部どうし・虚部どうしの和

② **減法** $(a+bi)-(c+di)=(a-c)+(b-d)i$ ←—— 実部どうし・虚部どうしの差

③ **乗法** $(a+bi)(c+di)=ac+(ad+bc)i+bdi^2$ ←—— 分配法則を利用。

                $=ac+(ad+bc)i+bd\cdot(-1)$ ←—— $i^2=-1$

                $=(ac-bd)+(ad+bc)i$

注意 計算過程で i^2 が出てきたら, それを -1 におき換える。

複素数 $a+bi$ の虚部の符号を変えた複素数 $a-bi$ を, $a+bi$ と**共役な複素数** という。また, $a-bi$ と共役な複素数は $a+bi$ であるから, $a+bi$ と $a-bi$ は**互いに共役**であるという。

■ 複素数の除法

複素数の除法は, 分母と共役な複素数を分母・分子に掛けて, 分母の実数化 を行う。

④ **除法** $\dfrac{a+bi}{c+di}=\dfrac{(a+bi)(c-di)}{(c+di)(c-di)}=\dfrac{ac+(bc-ad)i-bdi^2}{c^2-(di)^2}$ $i^2=-1$

            $=\dfrac{ac+(bc-ad)i-bd\cdot(-1)}{c^2-d^2\cdot(-1)}=\dfrac{ac+bd}{c^2+d^2}+\dfrac{bc-ad}{c^2+d^2}i$

■ 負の数の平方根

負の数の平方根は, 虚数単位 i を用いて表される。例えば,

$$(\sqrt{2}\,i)^2=(\sqrt{2}\,)^2i^2=2\cdot(-1)=-2,$$
$$(-\sqrt{2}\,i)^2=(-\sqrt{2}\,)^2i^2=2\cdot(-1)=-2$$

であるから, $\sqrt{2}\,i$ と $-\sqrt{2}\,i$ はともに -2 の平方根である。

一般に, $a>0$ のとき, 負の数 $-a$ の平方根は $\sqrt{a}\,i$ と $-\sqrt{a}\,i$ である。そこで, $a>0$ のとき, $\sqrt{-a}$ を $\sqrt{a}\,i$ と定める。   ←— $\sqrt{-1}=i$ である。

ここでは, 複素数の定義, 複素数の四則計算の結果を取り上げました。次ページからは, これらを利用した具体的な計算をすることで, 理解を深めていきましょう。

2章
7
複素数とその計算

基本 例題
33 複素数の加法・減法・乗法　⟐

次の計算をせよ。
(1) $(3-2i)+(2+5i)$ (2) $(3-2i)-(2+5i)$
(3) $(3-2i)(2+5i)$ (4) $(1+i)^4$

CHART & GUIDE

複素数の計算
i を文字と考えて，実数と同じように計算
i^2 が出てきたら，$i^2=-1$ とする …… !

$i^2=-1$

計算の結果は，$a+bi$（a, b は実数）の形にまとめる。

解答

(1) $(3-2i)+(2+5i)=(3+2)+(-2+5)i$
$=5+3i$

← 実部どうし・虚部どうしの和。

(2) $(3-2i)-(2+5i)=(3-2)+(-2-5)i$
$=1-7i$

← 実部どうし・虚部どうしの差。

! (3) $(3-2i)(2+5i)=6+(15-4)i-10i^2$
$=6+11i-10\cdot(-1)$
$=6+11i+10$
$=16+11i$

← $(a+bx)(c+dx)$
$=ac+(ad+bc)x+bdx^2$,
$i^2=-1$

! (4) $(1+i)^2=1+2i+i^2=1+2i-1=2i$ であるから
$(1+i)^4=\{(1+i)^2\}^2=(2i)^2$
$=4i^2=-4$

(4) 小刻みに計算。
$●^4=(●^2)^2$

TRAINING 33 ①

次の計算をせよ。
(1) $(7-3i)+(-2+11i)$ (2) $(5-2i)-(3-8i)$
(3) $(-6+5i)(1+2i)$ (4) $(3+4i)(3-4i)$
(5) $(1+i)(2-i)-(2+i)(3-i)$ (6) $(1-i)^8$

基本 例題 34 共役な複素数とその和・積 ◑◑

(1) 次の複素数と共役な複素数をいえ。

　(ア) $4+7i$　　　(イ) $-2-5i$　　　(ウ) $-4i$　　　(エ) 6

(2) $x=3+2i$, $y=3-2i$ とするとき, $x+y$, xy, x^2+y^2 の値を, それぞれ求めよ。

CHART & GUIDE

(1) 共役な複素数　　　　　　　　　　虚部の符号

$$a \boxed{+} bi \quad \text{だけが異なる} \quad a \boxed{-} bi$$

(2) x^2+y^2 は, x, y の対称式であるから, 基本対称式 $x+y$ と xy で表すことができる。 $\longrightarrow$ $x^2+y^2=(x+y)^2-2xy$ の利用。

解答

(1) (ア) $4-7i$

　(イ) $-2+5i$

　(ウ) $-4i=0-4i$ と表されるから, $-4i$ と共役な複素数は

　　　　　$0+4i$ すなわち $4i$

　(エ) $6=6+0i$ と表されるから, 6 と共役な複素数は

　　　　　$6-0i$ すなわち 6

　(エ) 一般に, **実数 a と共役な複素数は a 自身である。**

(2) $x+y=(3+2i)+(3-2i)=6$

　$xy=(3+2i)(3-2i)=3^2-(2i)^2$

　　$=9-4i^2=9-4\cdot(-1)=13$

　$x^2+y^2=(x+y)^2-2xy=6^2-2\cdot13=10$

◆ x と y は互いに共役な複素数である。

Lecture 共役な複素数について

互いに共役な複素数 $a+bi$ と $a-bi$ の和・積については, 次のようになる。

　　　① 和　$(a+bi)+(a-bi)=2a$
　　　② 積　$(a+bi)(a-bi)=a^2-(bi)^2=a^2-b^2i^2=a^2+b^2$

したがって, 互いに共役な複素数の和・積は, ともに実数 である。

なお, 複素数 α と共役な複素数を $\overline{\alpha}$ で表し, $\overline{\alpha}$ を α の **共役複素数** ということがある。

TRAINING 34 ②

次の各数と, それぞれに共役な複素数との和・積を求めよ。

(1) $-2+3i$　　　(2) $5-4i$　　　(3) $6i$　　　(4) -3

基本 例題 35 複素数の除法 ◔◔

次の計算の結果を $a+bi$ の形で表せ。

(1) $\dfrac{1+3i}{3+i}$　　　　(2) $\dfrac{1-2i}{3i}$　　　　(3) $\dfrac{3+i}{2-i}+\dfrac{2-i}{3+i}$

CHART & GUIDE

複素数の除法

分母の実数化 $(a+bi)(a-bi)=a^2+b^2$ を利用

分母が $a+bi$ $(b\neq0)$ であれば $a-bi$（分母と共役な複素数）を分母・分子に掛けて，分母を実数化する。—— 分母の有理化（数学 I）と同じ要領。

(3) 通常は，まずそれぞれの分母を実数化する。ここでは通分をしてもよい。

解答

(1) $\dfrac{1+3i}{3+i}=\dfrac{(1+3i)(3-i)}{(3+i)(3-i)}=\dfrac{3+(-1+9)i-3i^2}{3^2-i^2}$

$=\dfrac{6+8i}{10}=\dfrac{3}{5}+\dfrac{4}{5}i$

(2) $\dfrac{1-2i}{3i}=\dfrac{(1-2i)(-i)}{3i(-i)}=\dfrac{-i+2i^2}{-3i^2}$

$=\dfrac{-2-i}{3}=-\dfrac{2}{3}-\dfrac{1}{3}i$

(3) $\dfrac{3+i}{2-i}+\dfrac{2-i}{3+i}=\dfrac{(3+i)(2+i)}{(2-i)(2+i)}+\dfrac{(2-i)(3-i)}{(3+i)(3-i)}$

$=\dfrac{6+(3+2)i+i^2}{2^2-i^2}+\dfrac{6-(2+3)i+i^2}{3^2-i^2}$

$=\dfrac{5+5i}{5}+\dfrac{5-5i}{10}=1+i+\dfrac{1}{2}-\dfrac{1}{2}i$

$=\dfrac{3}{2}+\dfrac{1}{2}i$

(1) $3+i$ と共役な複素数 $3-i$ を分母・分子に掛ける。

(2) i と共役な複素数 $-i$ を分母・分子に掛ける。$-i$ でなく i を掛けると分母が負になり，符号が紛らわしい。

(3) 通分すると
$\dfrac{(3+i)^2+(2-i)^2}{(2-i)(3+i)}$
$=\dfrac{11+2i}{7-i}$
これの分母を実数化する，という計算でもよい。

👉 **Lecture** 複素数の四則計算

実数の和，差，積，商は，いずれも実数であるが，複素数の和，差，積，商($p.65$ 参照)もまた複素数である。

また，複素数 α，β に対して，実数の場合と同様，次のことが成り立つ。

$$\alpha\beta=0 \iff \alpha=0 \text{ または } \beta=0$$

TRAINING 35 ②

次の計算の結果を $a+bi$ の形で表せ。　　　　　　　　　　　　〔(3) 千葉工大〕

(1) $\dfrac{1}{i}$，$\dfrac{1}{i^2}$，$\dfrac{1}{i^3}$　　　(2) $\dfrac{5i}{3+i}$　　　(3) $\dfrac{9+2i}{1-2i}$　　　(4) $\dfrac{2-i}{3+i}-\dfrac{5+10i}{1-3i}$

>>> 発展例題 50

基本 例題 36 複素数の相等 🕐🕐

次の等式を満たす実数 x, y の値を求めよ。

$$(2+3i)x+(4+5i)y=6+7i$$

解説動画へGO!!

CHART & GUIDE

2つの複素数の相等
⟺ **実部どうし・虚部どうしが等しい**

すなわち a, b, c, d が実数のとき

$$a+bi=c+di \iff a=c \ \text{かつ} \ b=d \quad \cdots\cdots \boxed{!}$$

特に $a+bi=0 \iff a=0 \ \text{かつ} \ b=0 \quad \longleftarrow a+bi=0+0i$

解答

与えられた等式の左辺を i について整理して

$$(2x+4y)+(3x+5y)i=6+7i$$

x, y は実数であるから，<u>$2x+4y$, $3x+5y$ も実数である。</u>

$\boxed{!}$ よって $\begin{cases} 2x+4y=6 \\ 3x+5y=7 \end{cases}$ すなわち $\begin{cases} x+2y=3 & \cdots\cdots ① \\ 3x+5y=7 & \cdots\cdots ② \end{cases}$

①×3−② から $y=2$

このとき，① から $x=3-2\cdot2=-1$

$\boxed{1}$ i について整理。

← **下線の記述は重要！**

$\boxed{2}$ 実部どうし，虚部どうしが等しいとおく。

$\boxed{3}$ $\boxed{2}$ で得られる連立方程式を解く。

👆 **Lecture** 「実数である」の断り書きの意味

a, b, c, d が実数のとき

$$a+bi=c+di \iff a=c \ \text{かつ} \ b=d \quad \cdots\cdots(*)$$

を利用する際，「a, b, c, d が実数のとき」という条件があることに注意しよう。

・この条件がないと，($*$)の $\Longrightarrow$ は成り立たない。

　例えば，$a=-1$, $b=c=0$, $d=i$ とすると，$a+bi=-1$, $c+di=i^2=-1$ であり，
　$a+bi=c+di$ を満たすが，$a=c$, $b=d$ は満たさない。

・上の例題では，($*$)を利用するために，与えられた等式の左辺を i について整理して，
　　　　　　　(実数)+(実数)i=6+7i
　という形の式を導いている。

したがって，「**x, y は実数で……**」という断り書きは重要で，**必ず答案に書き添えておかなければならない**。

TRAINING 36 ②

次の等式を満たす実数 x, y の値を，それぞれ求めよ。 〔(1) 類 京都産大〕

(1) $(3+i)x+(1-i)y=5+3i$ (2) $(2+i)(x+yi)=3-2i$

基本 例題 **37** 負の数の平方根 ⚡

(1) 次の数の平方根を求めよ。

(ア) -7 (イ) -48

(2) 次の計算をせよ。

(ア) $\sqrt{-9}+\sqrt{-16}$ (イ) $\sqrt{-3}\times\sqrt{-27}$ (ウ) $\dfrac{\sqrt{15}}{\sqrt{-3}}$

CHART & GUIDE

負の数の平方根 $a>0$ のとき $\sqrt{-a}=\sqrt{a}\,i$

(2) $\sqrt{-a}$ を $\sqrt{a}\,i$ と変形した後は，複素数の計算となる。

解答

(1) (ア) -7 の平方根は $\pm\sqrt{-7}=\pm\sqrt{7}\,i$ ← $\pm\sqrt{7i}$ と書くのは誤り！

(イ) -48 の平方根は $\pm\sqrt{-48}=\pm\sqrt{48}\,i=\pm4\sqrt{3}\,i$ ← $48=4^2\cdot3$ に注意。

(2) (ア) $\sqrt{-9}+\sqrt{-16}=\sqrt{9}\,i+\sqrt{16}\,i=3i+4i=\boldsymbol{7i}$

(イ) $\sqrt{-3}\times\sqrt{-27}=\sqrt{3}\,i\times\sqrt{27}\,i=\sqrt{81}i^2=\boldsymbol{-9}$

(ウ) $\dfrac{\sqrt{15}}{\sqrt{-3}}=\dfrac{\sqrt{15}}{\sqrt{3}\,i}=\dfrac{\sqrt{15}\,i}{\sqrt{3}\,i^2}=-\dfrac{\sqrt{15}}{\sqrt{3}}i=-\sqrt{\dfrac{15}{3}}i=\boldsymbol{-\sqrt{5}\,i}$

? 質問 コーナー (2) (イ) は $\sqrt{-3}\times\sqrt{-27}=\sqrt{(-3)(-27)}$ となるのでは？

↩ Play Back 中学

a, b が正の数のとき $\sqrt{a}\times\sqrt{b}=\sqrt{ab}$, $\dfrac{\sqrt{a}}{\sqrt{b}}=\sqrt{\dfrac{a}{b}}$

$\sqrt{a}\times\sqrt{b}=\sqrt{ab}$ としてよいのは，a, b が正の数のときであり，

$\sqrt{-3}\times\sqrt{-27}=\sqrt{(-3)(-27)}$ とするのは誤りである。

このような計算の際には，CHART&GUIDE で示したように，$\sqrt{-3}=\sqrt{3}\,i$，$\sqrt{-27}=\sqrt{27}\,i$ と

変形し，$\sqrt{-3}\times\sqrt{-27}=\sqrt{3}\,i\times\sqrt{27}\,i$ と計算しなければいけない。

(補足) $\dfrac{\sqrt{a}}{\sqrt{b}}=\sqrt{\dfrac{a}{b}}$ としてよいのは，a, b が正の数のときであるから，(2) (ウ) を

$\dfrac{\sqrt{15}}{\sqrt{-3}}=\sqrt{\dfrac{15}{-3}}$ とするのも誤りである。

TRAINING 37 ①

(1)~(3) の数の平方根を求めよ。また，(4)~(6) の計算をせよ。

(1) -10 (2) -36 (3) -75

(4) $\sqrt{5}\times\sqrt{-20}$ (5) $\dfrac{\sqrt{-72}}{\sqrt{-8}}$ (6) $\dfrac{\sqrt{-28}}{\sqrt{7}}$

Let's Start

8 2次方程式の解

↻ **Play Back**

2次方程式の解の公式

2次方程式 $ax^2+bx+c=0$ は

$b^2-4ac \geqq 0$ のとき実数解をもち $x=\dfrac{-b \pm \sqrt{b^2-4ac}}{2a}$

$b^2-4ac<0$ のとき実数解をもたない ……（＊）

上の（＊）のように，数学Ⅰでは，解の公式において，$b^2-4ac<0$ のとき，「実数解をもたない」としてきました。
ここでは，数の範囲を複素数まで広げた場合の2次方程式の解について考えていきましょう。

■ 2次方程式 $x^2=k$ の解

負の数 $-a$ の平方根は，純虚数である $\sqrt{a}\,i$ と $-\sqrt{a}\,i$ の2つある（p.65 参照）。したがって，複素数の範囲では，2次方程式 $x^2=k$ はkの正・負に関係なく常に解をもち，その解は $x=\pm\sqrt{k}$ となる。

← $\sqrt{a}\,i>0$, $-\sqrt{a}\,i<0$ と考えてはダメ！
虚数では大小関係は考えない。

例 $x^2=-3$ の解は $x=\pm\sqrt{-3}=\pm\sqrt{3}\,i$

■ 解の公式

数の範囲を複素数にまで広げると，負の数の平方根が存在するから，$b^2-4ac<0$ のとき，2次方程式 $ax^2+bx+c=0$ は虚数解をもつ。よって，数学Ⅰで学んだ解の公式は，b^2-4ac の符号に関係なく成り立つ。

> ＞2次方程式の解の公式＞

2次方程式 $ax^2+bx+c=0$ の解は $x=\dfrac{-b \pm \sqrt{b^2-4ac}}{2a}$

← $b=2b'$ なら
$x=\dfrac{-b' \pm \sqrt{b'^2-ac}}{a}$

例 $3x^2+3x+1=0$ の解は
$$x=\frac{-3\pm\sqrt{3^2-4\cdot3\cdot1}}{2\cdot3}=\frac{-3\pm\sqrt{-3}}{6}$$
$$=\frac{-3\pm\sqrt{3}\,i}{6}$$

[方程式の扱いについての今後の注意点]

① 2次方程式 $ax^2+bx+c=0$ というときは，$a\ne0$ である。

② 特に断らない限り，方程式の係数は実数とし，解は複素数の範囲で考えるものとする。

← 単に「方程式」という場合は，$a=0$ のときも考える。

■ 2次方程式の解の種類の判別

方程式の解のうち，実数であるものを **実数解** といい，虚数であるものを **虚数解** という。

2次方程式 $ax^2+bx+c=0$ の解が実数であるか，虚数であるかなどは，実際にその方程式を解かなくても，解の公式

$x=\dfrac{-b\pm\sqrt{b^2-4ac}}{2a}$ の根号の中の式 b^2-4ac の符号を調べれば

わかる。

この b^2-4ac を2次方程式 $ax^2+bx+c=0$ の **判別式** といい，D で表す。そして，2次方程式 $ax^2+bx+c=0$ の解の種類と判別式 $D=b^2-4ac$ の符号の関係は次のようになる。

← Dは「判別式」を意味する英語
discriminant
の頭文字である。

╭─── **2次方程式の解の種類の判別** ───╮

$D>0$ $\iff$ 異なる2つの実数解 ⎫
$D=0$ $\iff$ 重解（実数）　　　　⎬ $D\geqq0$ $\iff$ 実数解
$D<0$ $\iff$ 異なる2つの虚数解 ⎭ ⟵ 互いに共役な複素数

2次方程式 $ax^2+2b'x+c=0$ では，
$$D=(2b')^2-4ac=4(b'^2-ac)$$

であるから，D の代わりに $\dfrac{D}{4}=b'^2-ac$ を用いても解の種類を判別できる。

次ページからは，具体的な問題を通して，数の範囲を複素数まで広げた場合の2次方程式の解について，学んでいきましょう。

基本 例題 38 2次方程式の解法 …… 基本

次の 2 次方程式を解け。

(1) $2x^2+48=0$

(2) $6x^2-x-2=0$

(3) $2x^2-5x+1=0$

(4) $6x^2-12x+15=0$

CHART & GUIDE

2次方程式の解法
因数分解 または 解の公式 を利用

(1) $x^2=k$ の解は $x=\pm\sqrt{k}$ (2) 左辺を因数分解。

(3), (4) 解の公式 [1] $x=\dfrac{-b\pm\sqrt{b^2-4ac}}{2a}$ [2] $x=\dfrac{-b'\pm\sqrt{b'^2-ac}}{a}$

x の係数 b が，$b=2b'$（2 の倍数）のとき，公式 [2] を使うとよい。

2章

8

2次方程式の解

解答

(1) $2x^2+48=0$ から $x^2=-24$

よって $x=\pm\sqrt{-24}=\pm\sqrt{24}i=\pm2\sqrt{6}\,i$

(2) 左辺を因数分解して $(2x+1)(3x-2)=0$

よって $x=-\dfrac{1}{2},\ \dfrac{2}{3}$

(3) $x=\dfrac{-(-5)\pm\sqrt{(-5)^2-4\cdot2\cdot1}}{2\cdot2}=\dfrac{5\pm\sqrt{17}}{4}$

(4) 方程式の両辺を 3 で割ると $2x^2-4x+5=0$

よって $x=\dfrac{-(-2)\pm\sqrt{(-2)^2-2\cdot5}}{2}=\dfrac{2\pm\sqrt{-6}}{2}$

$=\dfrac{2\pm\sqrt{6}\,i}{2}$

⬅ 両辺を 2 で割る。

⬅ $24=2^2\cdot6$

⬅ 2　　1 ⟶　3
　　3　　-2 ⟶ -4
　　6　-2　-1

⬅ $a=2,\ b=-5,\ c=1$

⬅ x の項の係数が 2 の倍数であるから，公式 [2] を利用する。
$a=2,\ b'=-2,\ c=5$

👆 Lecture 2次方程式の解が虚数解のとき

(4) の解は，$\dfrac{2+\sqrt{6}\,i}{2}$ と $\dfrac{2-\sqrt{6}\,i}{2}$ すなわち $1+\dfrac{\sqrt{6}}{2}i$ と $1-\dfrac{\sqrt{6}}{2}i$ で互いに共役な複素数となっている。2 次方程式 $ax^2+bx+c=0$ の解は，$b^2-4ac<0$ のとき，

$\dfrac{-b+\sqrt{b^2-4ac}}{2a}$ と $\dfrac{-b-\sqrt{b^2-4ac}}{2a}$ すなわち $-\dfrac{b}{2a}+\dfrac{\sqrt{4ac-b^2}}{2a}i$ と $-\dfrac{b}{2a}-\dfrac{\sqrt{4ac-b^2}}{2a}i$

であるから，2 次方程式が虚数解をもつとき，その虚数解は **互いに共役な複素数** である。

TRAINING 38 ①

次の 2 次方程式を解け。

(1) $9x^2+4=0$

(2) $2x^2+x-3=0$

(3) $x^2+x-1=0$

(4) $9x^2-8x+2=0$

(5) $x^2-\sqrt{2}\,x+4=0$

標準 例題 **39** 2次方程式の解の種類の判別(1) ◐◐◐

次の2次方程式の解の種類を判別せよ。ただし，(4)の k は定数とする。

(1) $x^2-5x+3=0$ (2) $4x^2+28x+49=0$

(3) $13x^2-12x+3=0$ (4) $x^2+6x+3k=0$

CHART & GUIDE

2次方程式 $ax^2+bx+c=0$ の解の種類の判別
判別式 $D=b^2-4ac$ の符号を調べる

$D>0 \iff$ 異なる2つの実数解をもつ $\Big\}$

$D=0 \iff$ 重解をもつ $D \geqq 0 \iff$ 実数解をもつ

$D<0 \iff$ 異なる2つの虚数解をもつ

(4) 係数に文字を含むから，場合分けして答える。…… !

解答

与えられた2次方程式の判別式を D とする。

(1) $D=(-5)^2-4\cdot1\cdot3=13>0$

    よって   **異なる2つの実数解**

(2) $\dfrac{D}{4}=14^2-4\cdot49=0$

    よって   **重解**

(3) $\dfrac{D}{4}=(-6)^2-13\cdot3=-3<0$

    よって   **異なる2つの虚数解**

(4) $\dfrac{D}{4}=3^2-1\cdot3k=3(3-k)$

!
$\begin{cases} D>0 \ \text{すなわち} \ \ k<3 \ \text{のとき} \ \ \text{異なる2つの実数解} \\ D=0 \ \text{すなわち} \ \ k=3 \ \text{のとき} \ \ \text{重解} \\ D<0 \ \text{すなわち} \ \ k>3 \ \text{のとき} \ \ \text{異なる2つの虚数解} \end{cases}$

> x の係数 b が $b=2b'$
> （2の倍数）のとき
> $D=(2b')^2-4ac$
> $=4(b'^2-ac)$
> であるから，
> $\dfrac{D}{4}=b'^2-ac$
> の符号を調べるとよい。

TRAINING 39 ③

次の2次方程式の解の種類を判別せよ。ただし，(4)の k は定数とする。

(1) $2x^2+3x-1=0$ (2) $25x^2+40x+16=0$

(3) $3x^2-4x+2=0$ (4) $x^2+2kx+4=0$

40 2 次方程式の解の種類の判別 (2) ◷◷◷

k は定数とする。x の方程式 $kx^2-2x-k=0$ の解の種類を判別せよ。

CHART
& GUIDE

2 次方程式 $ax^2+bx+c=0$ の解の種類の判別
判別式 $D=b^2-4ac$ の符号を調べる

「方程式」といっているだけなので，2 次方程式と決めつけてはいけない！
x^2 の係数が 0 の場合も考える。

2章
8

2次方程式の解

解答

[1] $k=0$ のとき
　方程式は　　$-2x=0$
　よって，1 つの実数解 $x=0$ をもつ。　　　　　　　　　　　　　← 1 次方程式になる。
[2] $k \neq 0$ のとき
　2 次方程式の判別式を D とすると
$$\frac{D}{4}=(-1)^2-k \cdot (-k)=k^2+1>0$$
　　　　　　　　　　　　　　　　　　　　　　　　　　← $k \neq 0$ であるから
　　　　　　　　　　　　　　　　　　　　　　　　　　　$k^2>0$
　ゆえに，異なる 2 つの実数解をもつ。
[1]，[2] から
　　　　　　　$k=0$ のとき　1 つの実数解
　　　　　　　$k \neq 0$ のとき　異なる 2 つの実数解

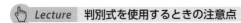 **Lecture** 判別式を使用するときの注意点

上の例題の場合，$k=0$ のときは，1 次方程式 $-2x=0$ となり，判別式は使えない（1 次方程式に判別式はない）。
判別式を使用するときは，**(2 次の係数) $\neq 0$** に注意しよう。

TRAINING **40** ③

k は定数とする。x の方程式 $kx^2+4x-4=0$ の解の種類を判別せよ。

基本 例題

41　2次方程式が虚数解，重解をもつ条件　⚫️⚫️

(1)　2次方程式 $x^2+2kx+k+2=0$ が虚数解をもつように，定数 k の値の範囲を定めよ。

(2)　2次方程式 $x^2+(5-k)x-2k+7=0$ が重解をもつように，定数 k の値を定めよ。また，そのときの重解を求めよ。

CHART & GUIDE

1　判別式 D を k の式で表す。
2　問題で指定された解をもつような D の条件を求める。
　(1)　虚数解をもつ $\iff D<0$
　(2)　重解をもつ $\iff D=0$
3　k についての (1) 2次不等式 (2) 2次方程式 を解く。

解答

与えられた2次方程式の判別式を D とする。

(1)　$\dfrac{D}{4}=k^2-1\cdot(k+2)=k^2-k-2=(k+1)(k-2)$

　虚数解をもつための条件は　　$D<0$
　すなわち　　$(k+1)(k-2)<0$
　よって　　**$-1<k<2$**

← 2次方程式
$ax^2+2b'x+c=0$ について $\dfrac{D}{4}=b'^2-ac$

(2)　$D=(5-k)^2-4\cdot1\cdot(-2k+7)=k^2-2k-3=(k+1)(k-3)$

　重解をもつための条件は　　$D=0$
　すなわち　　$(k+1)(k-3)=0$
　よって　　$k=-1,\ 3$

　また，重解は　　$x=-\dfrac{5-k}{2\cdot1}=\dfrac{k-5}{2}$

← Lecture 参照。

　したがって　　**$k=-1$ のとき　重解は $x=-3$**
　　　　　　　　　$k=3$ のとき　重解は $x=-1$

👆 **Lecture　2次方程式 $ax^2+bx+c=0$ の重解**

上の例題(2)では，$k=-1,\ 3$ をもとの方程式に代入して重解を求めてもよい。しかし，次のことを利用すると，計算がらく。

　　2次方程式 $ax^2+bx+c=0$ が重解をもつとき，その**重解**は

$$x=-\dfrac{b}{2a}$$

TRAINING　41 ② ★

2次方程式 $4x^2+4(m+2)x+9m=0$ について，次の問いに答えよ。
(1)　2つの虚数解をもつとき，定数 m の値の範囲を求めよ。
(2)　重解をもつとき，定数 m の値とそのときの重解を求めよ。

２次不等式の基本，重解について振り返ろう！

● ２次不等式の基本（数学Ⅰ）を振り返ろう！

２次不等式は，グラフを用いて 解きましょう。
ここでは，x についての２次不等式ではなく，k についての２次不等式ですから，グラフは x 軸ではなく k 軸になることに注意しましょう。

$y=(k+1)(k-2)$ のグラフで $y<0$ となる k の値の
範囲を求めて　　$-1<k<2$

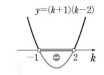

(補足)　一般に，２次不等式の解は次のようになる。
$\alpha<\beta$ のとき
$$(x-\alpha)(x-\beta)>0 \iff x<\alpha,\ \beta<x$$
$$(x-\alpha)(x-\beta)<0 \iff \alpha<x<\beta$$

2章
8
２次方程式の解

● 重解について振り返ろう！

重解とは，$b^2-4ac=0$ のときの実数解のことです。

２次方程式 $ax^2+bx+c=0$ の解の公式 $x=\dfrac{-b\pm\sqrt{b^2-4ac}}{2a}$ において，
$b^2-4ac=0$ のとき，$\sqrt{b^2-4ac}$ と $-\sqrt{b^2-4ac}$ はともに 0 であるから，解は
$x=-\dfrac{b}{2a}$ となる。

(補足)　$k=-1,\ 3$ をもとの方程式に代入して重解を求めると，次のようになる。
　　$k=-1$ のとき，方程式は　　$x^2+6x+9=0$
　　　　よって　　　　　　　　$(x+3)^2=0$
　　　　重解は　　　　　　　　$x=-3$
　　$k=3$ のとき，方程式は　　$x^2+2x+1=0$
　　　　よって　　　　　　　　$(x+1)^2=0$
　　　　重解は　　　　　　　　$x=-1$

←重解をもつ２次方程式
$ax^2+bx+c=0$ は，
$a(x-p)^2=0$ と変形できる。

9 解と係数の関係

前の節で，2次方程式の解は，解の公式によって，その係数で表されることを学習しました。ここでは，2次方程式の解と係数の間に成り立つ関係について学んでいきましょう。

■ 解と係数の関係とその意義

2次方程式 $ax^2+bx+c=0$ …… ① の解 α, β は，解の公式において，$D=b^2-4ac$ とおくと

$$\alpha=\frac{-b+\sqrt{D}}{2a}, \quad \beta=\frac{-b-\sqrt{D}}{2a}$$

であり，和 $\alpha+\beta$ と積 $\alpha\beta$ は次のようになる。

$$\alpha+\beta=\frac{-b+\sqrt{D}}{2a}+\frac{-b-\sqrt{D}}{2a}$$

$$=\frac{-2b}{2a}=-\frac{b}{a}$$

$$\alpha\beta=\frac{-b+\sqrt{D}}{2a}\cdot\frac{-b-\sqrt{D}}{2a}=\frac{(-b)^2-D}{4a^2}$$

$$=\frac{b^2-(b^2-4ac)}{4a^2}=\frac{4ac}{4a^2}=\frac{c}{a}$$

これが，2次方程式 ① の **解 α, β と係数 a, b, c の関係** とよばれるものである。

> **2次方程式の解と係数の関係**
>
> 2次方程式 $ax^2+bx+c=0$ の2つの解を α, β とすると
>
> $$\alpha+\beta=-\frac{b}{a}, \qquad \alpha\beta=\frac{c}{a}$$

今後，扱う2次方程式の問題は，

係数が文字 である，

条件が **解 α, β の対称式** で表されている，

などのタイプが主になり，解の公式を直接扱うよりは，解と係数の関係を多く使うことになる。

注意 以後，本書では，「2次方程式の解 α, β」「2つの解 α, β」という場合，$\alpha\neq\beta$ に限らず，$\alpha=\beta$（重解）のときも含めるものとする。

← この関係は，虚数解の場合も成り立つ。
$D<0$ のとき
$(\sqrt{D})^2=(\sqrt{-D}i)^2$
$=(-D)i^2=D$

● α と β を入れ替えても，もとの式と同じになる式を，2文字 α, β の **対称式** といい，特に，$\alpha+\beta$, $\alpha\beta$ を α, β の **基本対称式** という。

基本 例題 **42** 2次方程式の2つの解の和と積

次の2次方程式の2つの解の和と積を，それぞれ求めよ。

(1) $x^2+4x+7=0$　　　　(2) $2x^2-5x+1=0$

(3) $-x^2+3x-5=0$　　　(4) $9x^2+6x+1=0$

CHART & GUIDE

2次方程式 $ax^2+bx+c=0$ の解 $\alpha,\ \beta$ と係数の関係

$$\alpha+\beta=-\frac{b}{a},\qquad \alpha\beta=\frac{c}{a}$$

└── マイナスに注意

この関係は，(1) 解が虚数解　(4) 解が重解　のときにも成り立つ。

解答

解と係数の関係から

(1)　和は $-\dfrac{4}{1}=-4$　　積は $\dfrac{7}{1}=7$

(2)　和は $-\dfrac{-5}{2}=\dfrac{5}{2}$　　積は $\dfrac{1}{2}$

(3)　和は $-\dfrac{3}{-1}=3$　　積は $\dfrac{-5}{-1}=5$

(4)　和は $-\dfrac{6}{9}=-\dfrac{2}{3}$　　積は $\dfrac{1}{9}$

誤り

(1)　和 $\dfrac{4}{1}=4$

(2)　和 $\dfrac{-5}{2}$

(3)　和 $\dfrac{3}{-1}$，積 $\dfrac{-5}{1}$

などとしてしまうことが多い。注意！

Lecture　解の値とその和と積の値

(1)　方程式を解くと $x=-2\pm\sqrt{3}\,i$ となり，解は互いに共役な複素数(虚数)である。

解と係数の関係は，虚数解の場合も成り立ち，「**実数係数の2次方程式の解の和と積は常に実数である**」ことを表している。

(3)　方程式の両辺に -1 を掛けて $x^2-3x+5=0$ として求めても，もちろん同じ値になる。

$$和\ -\frac{-3}{1}=3\qquad 積\ \frac{5}{1}=5$$

(4)　方程式を解くと $(3x+1)^2=0$ から $x=-\dfrac{1}{3}$ となり，これは重解である。解は値としては1つであるが，2つの解 $\alpha,\ \beta$ が一致して $\alpha=\beta$ となった場合，と考えれば，解と係数の関係をそのまま当てはめることができる。

確かに，$\alpha+\beta=\left(-\dfrac{1}{3}\right)+\left(-\dfrac{1}{3}\right)=-\dfrac{2}{3}$, $\alpha\beta=\left(-\dfrac{1}{3}\right)\left(-\dfrac{1}{3}\right)=\dfrac{1}{9}$ となっている。

TRAINING 42 ①

次の2次方程式の2つの解の和と積を，それぞれ求めよ。

(1) $x^2-4x-3=0$　　(2) $2x^2-3x+6=0$　　(3) $3x^2=5-4x$

80

 例題 **43** 2つの解の対称式の値

2次方程式 $x^2-3x+4=0$ の2つの解を $\alpha,\ \beta$ とするとき，次の式の値を求めよ。

(1) $\alpha^2+\beta^2$ (2) $\alpha^3+\beta^3$ (3) $\left(\dfrac{1}{\alpha}-\dfrac{1}{\beta}\right)^2$

解説動画へGO!!

CHART & GUIDE

2次方程式の解 $\alpha,\ \beta$ の対称式
$\alpha+\beta,\ \alpha\beta$ で表す　解と係数の関係を利用

1 解と係数の関係により，$\alpha+\beta,\ \alpha\beta$ の値を求める。
2 与えられた式を $\alpha+\beta,\ \alpha\beta$ で表す。…… !
3 1 で求めた値を代入して計算する。

解答

解と係数の関係から
$$\alpha+\beta=3,\ \alpha\beta=4$$

◆ $\alpha+\beta=-\dfrac{-3}{1},\ \alpha\beta=\dfrac{4}{1}$

! (1) $\alpha^2+\beta^2=(\alpha+\beta)^2-2\alpha\beta=3^2-2\cdot4=\mathbf{1}$

! (2) $\alpha^3+\beta^3=(\alpha+\beta)^3-3\alpha\beta(\alpha+\beta)$
$$=3^3-3\cdot4\cdot3=\mathbf{-9}$$

(2) ［別解］
$\alpha^3+\beta^3=(\alpha+\beta)(\alpha^2-\alpha\beta+\beta^2)$
$=3(1-4)=\mathbf{-9}$

! (3) $\left(\dfrac{1}{\alpha}-\dfrac{1}{\beta}\right)^2=\left(\dfrac{\beta-\alpha}{\alpha\beta}\right)^2=\dfrac{(\alpha-\beta)^2}{(\alpha\beta)^2}=\dfrac{(\alpha+\beta)^2-4\alpha\beta}{(\alpha\beta)^2}$
$$=\dfrac{3^2-4\cdot4}{4^2}=\mathbf{-\dfrac{7}{16}}$$

◆ まず，$\dfrac{1}{\alpha}-\dfrac{1}{\beta}$ を通分する。

注意 2次方程式の解 $x=\dfrac{3\pm\sqrt{7}\,i}{2}$ を代入すると，計算が面倒になる。

Lecture　$\alpha,\ \beta$ の対称式の計算

解と係数の関係を使う問題では，対称式の扱いに慣れておくことが特に重要である。次のことは，必ず押さえておこう。

$\alpha,\ \beta$ の対称式は，基本対称式 $\alpha+\beta$ と $\alpha\beta$ で表される

なお，次の式変形はよく出てくるから覚えておこう。
$$\alpha^2+\beta^2=(\alpha+\beta)^2-2\alpha\beta,\ \alpha^3+\beta^3=(\alpha+\beta)^3-3\alpha\beta(\alpha+\beta),\ (\alpha-\beta)^2=(\alpha+\beta)^2-4\alpha\beta$$

TRAINING 43 ②

$2x^2-5x+4=0$ の2つの解を $\alpha,\ \beta$ とするとき，次の式の値を求めよ。

(1) $\alpha\beta^2+\alpha^2\beta$ (2) $\alpha^2+\beta^2$ (3) $\alpha^3+\beta^3$

(4) $(\alpha-\beta)^2$ (5) $\dfrac{1}{\alpha}+\dfrac{1}{\beta}$ (6) $\dfrac{\beta}{\alpha}+\dfrac{\alpha}{\beta}$

基本 例題 **44** 解の関係から 2 次方程式の係数決定 🕐🕐

2 次方程式 $x^2-3x-5m+22=0$ の 1 つの解が他の解の 2 倍であるとき，定数 m の値と 2 つの解を求めよ。

CHART & GUIDE

2 次方程式の 2 つの解の関係
2 つの解を 1 つの文字で表す

1 一方の解を α とすると，残りの解も α で表すことができる。…… ?

2 **1** を用いて，解と係数の関係を書き出す。

3 **2** で得られた $\alpha,\ m$ の連立方程式を解く。

解答

? 1 つの解が他の解の 2 倍であるから，2 つの解は，$\alpha,\ 2\alpha$ と表すことができる。

解と係数の関係から
$$\alpha+2\alpha=3, \qquad \alpha\cdot 2\alpha=-5m+22$$
すなわち $3\alpha=3$ …… ①，$2\alpha^2=-5m+22$ …… ②

① から $\alpha=1$ よって，他の解は $2\alpha=2\cdot 1=2$

また，$\alpha=1$ を ② に代入して $2=-5m+22$

これを解いて $m=4$

したがって **$m=4$，2 つの解は 1，2**

(検算)
$m=4$ のとき，方程式は
$x^2-3x+2=0$
$(x-1)(x-2)=0$
よって $x=1,\ 2$

👆 Lecture 変数が少なくなるようにスタート

上の例題で 2 つの解を $\alpha,\ \beta$ とすると，解と係数の関係により
$$\alpha+\beta=3 \ \cdots\cdots\ ①, \qquad \alpha\beta=-5m+22 \ \cdots\cdots\ ②$$
また，1 つの解が他の解の 2 倍であるから $\beta=2\alpha$ …… ③

この連立方程式 ①~③ を解いて，$m,\ \alpha,\ \beta$ の値を求めてもよい。

しかし，2 つの解を $\alpha,\ \beta$（ただし，$\beta=2\alpha$）とおくよりも，上の解答のように，直接 $\alpha,\ 2\alpha$ とおいた方が変数が少なくなる（方程式も少ない）から，計算がらくになる。

TRAINING 44 ② ★

2 次方程式 $3x^2+6x+m=0$ の 2 つの解が次の条件を満たすとき，定数 m の値と 2 つの解を，それぞれ求めよ。

(1) 1 つの解が他の解の 3 倍である。

(2) 2 つの解の比が 2:3 である。

◁◁ 基本例題 **38**　　▷▷ 発展例題 **51**

基本 例題 **45** 複素数の範囲での 2 次式の因数分解　🎯🎯

次の 2 次式を，複素数の範囲で因数分解せよ。

(1) $2x^2-3x-4$　　　　　　　(2) x^2-2x+2

CHART & GUIDE

2 次方程式 $ax^2+bx+c=0$ の 2 つの解を α, β とすると

$$ax^2+bx+c=a(x-\alpha)(x-\beta)$$

└── この a を忘れるな

2 次式の因数分解には，$=0$ とおいた方程式の解が利用される。

解答

(1) $2x^2-3x-4=0$ を解くと

$$x=\frac{-(-3)\pm\sqrt{(-3)^2-4\cdot2\cdot(-4)}}{2\cdot2}=\frac{3\pm\sqrt{41}}{4}$$

よって　$2x^2-3x-4=2\left(x-\dfrac{3+\sqrt{41}}{4}\right)\left(x-\dfrac{3-\sqrt{41}}{4}\right)$

(2) $x^2-2x+2=0$ を解くと

$$x=\frac{-(-1)\pm\sqrt{(-1)^2-1\cdot2}}{1}=1\pm i$$

よって　$x^2-2x+2=\{x-(1+i)\}\{x-(1-i)\}$
　　　　　　　　$=(x-1-i)(x-1+i)$

← (与式)$=0$ とおいた 2 次方程式を解く。

← 括弧の前の 2 を落とさない ように。

← 解が虚数の場合も，左の ように因数分解できる。

✋ Lecture　因数分解に方程式の解を利用

2 次方程式 $ax^2+bx+c=0$ の解と係数の関係 $\alpha+\beta=-\dfrac{b}{a}$, $\alpha\beta=\dfrac{c}{a}$ を利用すると

$$\begin{aligned}
ax^2+bx+c&=a\left(x^2+\frac{b}{a}x+\frac{c}{a}\right) &&\longleftarrow a\text{ をくくり出す。}\\
&=a\{x^2-(\alpha+\beta)x+\alpha\beta\}\\
&=a(x-\alpha)(x-\beta) &&\longleftarrow \alpha,\ \beta\text{ は虚数のこともある。}
\end{aligned}$$

であるから，GUIDE で示したことが成り立つ。

実数を係数とする 2 次方程式は，複素数の範囲では常に解をもつ。　　←── p.71 参照。

したがって，複素数の範囲まで考えると，2 次式は常に因数分解できることになる。

なお，特に断りがない限り，因数分解は有理数の範囲で行う。

TRAINING　45 ②

次の 2 次式を，複素数の範囲で因数分解せよ。

(1) x^2-3x-3　　　　(2) $2x^2+4x-1$　　　　(3) $2x^2-3x+2$

例題 **46** 2次方程式の作成(1)

≫≫ 発展例題 **52**

次の2数を解とする2次方程式を1つ作れ。

(1) $-2,\ 5$　　(2) $2-\sqrt{5},\ 2+\sqrt{5}$　　(3) $-1-3i,\ -1+3i$

CHART & GUIDE

2数 $\alpha,\ \beta$ を解とする2次方程式

和　　　　積　　　方程式であるから「=0」を忘れない！

$$x^2-(\alpha+\beta)x+\alpha\beta=0$$

マイナスに注意

2数の和と積を求めて，上の式にあてはめればよい。

解答

(1) 2数の和は $(-2)+5=3$
　　積は $(-2)\cdot5=-10$
　　よって，求める2次方程式の1つは $x^2-3x-10=0$

(2) 2数の和は $(2-\sqrt{5})+(2+\sqrt{5})=4$
　　積は $(2-\sqrt{5})(2+\sqrt{5})=2^2-(\sqrt{5})^2$
　　　　　　　　　　　　　　　$=4-5=-1$
　　よって，求める2次方程式の1つは $x^2-4x-1=0$

(3) 2数の和は $(-1-3i)+(-1+3i)=-2$
　　積は $(-1-3i)(-1+3i)=(-1)^2-(3i)^2$
　　　　　　　　　　　　　　　$=1+9=10$
　　よって，求める2次方程式の1つは $x^2+2x+10=0$

(1) $(x+2)(x-5)=0$ を展開してもよい。

← $2-\sqrt{5},\ 2+\sqrt{5}$ の和，積はともに有理数になる。

← 互いに共役な複素数を解とする2次方程式の係数は実数である。

Lecture　2つの数を解とする2次方程式

2数 $\alpha,\ \beta$ を解とする2次方程式は，$a\neq0$ として $a(x-\alpha)(x-\beta)=0$ と表され，a の値によって方程式は無数に考えられる。特に $a=1$ とすると，

$$(x-\alpha)(x-\beta)=0 \cdots\cdots ① \quad \text{すなわち} \quad x^2-(\alpha+\beta)x+\alpha\beta=0 \cdots\cdots ②$$

となり，これが GUIDE で示した式である。$\alpha,\ \beta$ が複雑な数のときには，① を展開するより，和 $\alpha+\beta$，積 $\alpha\beta$ を求めて ② に代入する方が計算がらくである。

なお，得られた方程式の係数が分数になるときは，両辺を何倍かして，整数を係数とする方程式を答えとするのが普通である（⟶ TRAINING 46）。

TRAINING 46 ①

次の2数を解とする2次方程式を1つ作れ。

(1) $-\dfrac{3}{2},\ \dfrac{4}{3}$　　(2) $\dfrac{3-\sqrt{2}}{2},\ \dfrac{3+\sqrt{2}}{2}$　　(3) $\dfrac{2-\sqrt{5}i}{3},\ \dfrac{2+\sqrt{5}i}{3}$

2章 9 解と係数の関係

標準 例題 **47** 和と積が与えられた 2 数の決定 $\langle\!\langle\,\rangle\!\rangle\langle\!\langle\,\rangle\!\rangle$

和と積が，次のようになる 2 数を求めよ。

(1) 和が 2，積が -4　　　　　　　(2) 和が 6，積が 13

CHART & GUIDE

和と積が与えられた 2 数

$$x^2-(和)x+(積)=0 \text{ の 2 つの解}$$

└── マイナスに注意

解答

求める 2 数を α，β とする。

(1) $\alpha+\beta=2$，$\alpha\beta=-4$ であるから，α，β は 2 次方程式 $x^2-2x-4=0$ の 2 つの解である。

この方程式を解くと

$$x=\frac{-(-1)\pm\sqrt{(-1)^2-1\cdot(-4)}}{1}=1\pm\sqrt{5}$$

よって，求める 2 数は　　$1+\sqrt{5}$，$1-\sqrt{5}$

(2) $\alpha+\beta=6$，$\alpha\beta=13$ であるから，α，β は 2 次方程式 $x^2-6x+13=0$ の 2 つの解である。

この方程式を解くと

$$x=\frac{-(-3)\pm\sqrt{(-3)^2-1\cdot13}}{1}=3\pm2i$$

よって，求める 2 数は　　$3+2i$，$3-2i$

◆ (和)の前の
　マイナスに注意！

◆ 2 次方程式
　$ax^2+2b'x+c=0$ の解は
$$x=\frac{-b'\pm\sqrt{b'^2-ac}}{a}$$

◆ 求めた 2 数の和と積を計算して検算するとよい。

✋ **Lecture　和と積が与えられた 2 数の求め方**

前ページで学んだことは，次のように言いかえることができる。

　　　　2 数 α，β に対して，$\alpha+\beta=p$，$\alpha\beta=q$ とすると

　　　　α，β を解にもつ 2 次方程式の 1 つは　　$x^2-px+q=0$

このことから，

　　　　和が p，積が q である 2 数 α，β を求めるには

　　　　　2 次方程式 $x^2-px+q=0$ を解けばよい

ことがわかる。上の例題は，これを利用している。

TRAINING　47 ③

和と積が，次のようになる 2 数を求めよ。

(1) 和が 2，積が -2　　　　　　(2) 和が -6，積が 2

(3) 和が 4，積が 5　　　　　　　(4) 和が -1，積が 2

標準 例題 **48** 2次方程式の作成(2)

2次方程式 $x^2+2x-4=0$ の2つの解を α, β とするとき, $\alpha+2$ と $\beta+2$ を2つの解とする2次方程式を1つ作れ。

CHART & GUIDE

2次方程式の作成
2つの解の 和と積 を求める

$\alpha+2$, $\beta+2$ を解とする2次方程式であるから, $\alpha+2$, $\beta+2$ の和と積がわかればよい。

和 $(\alpha+2)+(\beta+2)=\alpha+\beta+4$, 　積 $(\alpha+2)(\beta+2)=\alpha\beta+2(\alpha+\beta)+4$ …… $\boxed{!}$

であり, $\alpha+\beta$, $\alpha\beta$ の値は, 与えられた方程式における解と係数の関係からわかる。

解答

解と係数の関係から　　$\alpha+\beta=-2$, $\alpha\beta=-4$

$\boxed{!}$　よって　　$(\alpha+2)+(\beta+2)=(\alpha+\beta)+4$

$=-2+4=2$

$(\alpha+2)(\beta+2)=\alpha\beta+2(\alpha+\beta)+4$

$=-4+2\cdot(-2)+4=-4$

したがって, 求める2次方程式の1つは

$$x^2-2x-4=0$$

$(\alpha+2)+(\beta+2)=p$,
$(\alpha+2)(\beta+2)=q$
とすると, p も q も α, β の対称式で
$$x^2-px+q=0$$
が求める方程式である。

✋ Lecture　2次方程式の作成

α, β は $x^2+2x-4=0$ の解であるから, 次の等式が成り立つ。

$\alpha^2+2\alpha-4=0$　　…… ①　　　　　　← α が解であることの定義。

$\beta^2+2\beta-4=0$　　…… ②

このとき, $\alpha+2=s$ とおいて, s が満たす等式を考えてみよう。

$\alpha=s-2$ であるから, これを ① に代入すると

$(s-2)^2+2(s-2)-4=0$　　　整理すると　　$s^2-2s-4=0$ …… ③

同様に, $\beta+2=t$ とおくと, ② から　　$t^2-2t-4=0$ …… ④

③, ④ から, s, t すなわち $\alpha+2$, $\beta+2$ は, ともに $x^2-2x-4=0$ の解とわかり, 例題の結果と一致する。この考え方を **解の変換** という。

TRAINING 48 ③

2次方程式 $2x^2-3x+5=0$ の2つの解を α, β とするとき, $\dfrac{1}{\alpha}$, $\dfrac{1}{\beta}$ を解とする2次

方程式は, $5x^2-$ ᵃ$\boxed{}x+$ ⁱ$\boxed{}=0$ となる。

また, α^2, β^2 を解とする2次方程式は, $4x^2+$ ᵘ$\boxed{}x+$ ᵉ$\boxed{}=0$ である。

≪≪ 基本例題 42   ≫≫ 発展例題 54

標準
例題
49 2次方程式の解の存在範囲(1)

2次方程式 $x^2-2ax+3a-2=0$ が異なる2つの正の解をもつとき，定数 a の値の範囲を求めよ。

[類 関西学院大]

CHART
& GUIDE

2次方程式 $ax^2+bx+c=0$ の2つの解 α，β と判別式 D について，次のことが成り立つ。

α，β は異なる2つの正の解

$\iff D>0$ かつ $\alpha+\beta>0$ かつ $\alpha\beta>0$ …… ?

解と係数の関係から $\alpha+\beta$，$\alpha\beta$ を a を用いて表し，a の不等式を導く。

解答

この2次方程式の2つの解を α，β とし，判別式を D とする。

この2次方程式が異なる2つの正の解をもつための条件は，次の ①，②，③ が同時に成り立つことである。

? $\qquad D>0$ …… ①，$\alpha+\beta>0$ …… ②，$\alpha\beta>0$ …… ③

ここで $\qquad \dfrac{D}{4}=(-a)^2-1\cdot(3a-2)$ $\quad\leftarrow$ 2次方程式 $ax^2+2b'x+c=0$ について $\dfrac{D}{4}=b'^2-ac$

$\qquad\qquad =a^2-3a+2=(a-1)(a-2)$

① から $\quad (a-1)(a-2)>0 \qquad$ よって $\qquad a<1,\ 2<a$ …… ④

解と係数の関係から

$\qquad\qquad \alpha+\beta=2a,\ \alpha\beta=3a-2$

② から $\quad 2a>0 \qquad$ ゆえに $\qquad a>0$ …… ⑤

③ から $\quad 3a-2>0 \qquad$ よって $\qquad a>\dfrac{2}{3}$ …… ⑥

④，⑤，⑥ の共通範囲を求めて

$\qquad \dfrac{2}{3}<a<1,\ 2<a$

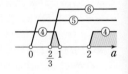

👆 **Lecture** 2次方程式の実数解の符号

2つの実数 α，β について，次のことが成り立つ。

$\qquad \alpha>0$ かつ $\beta>0 \iff \alpha+\beta>0$ かつ $\alpha\beta>0 \qquad$ ……(∗)

$\qquad \alpha<0$ かつ $\beta<0 \iff \alpha+\beta<0$ かつ $\alpha\beta>0$

$\qquad \alpha$ と β が異符号 $\iff \alpha\beta<0$

[(∗)の $\Longrightarrow$] α，β がともに正ならば，その和も積も正である。

[(∗)の $\Longleftarrow$] $\alpha\beta>0$ から，α，β は同符号(ともに正であるかともに負)である。

$\qquad\qquad \alpha+\beta>0$ であるから，α，β はともに正である。

よって，次のことが成り立つ。

> 2次方程式 $ax^2+bx+c=0$ の2つの解 α，β と判別式 D について
> 1　α，β は異なる2つの正の解　$\Longleftrightarrow$　$D>0$ かつ $\alpha+\beta>0$ かつ $\alpha\beta>0$
> 2　α，β は異なる2つの負の解　$\Longleftrightarrow$　$D>0$ かつ $\alpha+\beta<0$ かつ $\alpha\beta>0$
> 3　α，β は符号の異なる解　　　$\Longleftrightarrow$　$\alpha\beta<0$

注意　1，2において，「$D>0$」を忘れてはならない。なぜなら，1であれば，
「$\alpha+\beta>0$ かつ $\alpha\beta>0 \Longrightarrow \alpha$，$\beta$ は異なる2つの正の解」は成り立たないからである。
例えば，$\alpha=1+i$，$\beta=1-i$ のとき，$\alpha+\beta=2>0$，$\alpha\beta=1^2-i^2=1-(-1)=2>0$ であるが，
$\alpha>0$，$\beta>0$ とはいえない。

補足　解と係数の関係より，$\alpha\beta=\dfrac{c}{a}$ であるから，$\alpha\beta<0$ ならば $ac<0$ である。

よって，$\alpha\beta<0$ のとき $D=b^2-4ac>0$ は常に成り立っているから，3において，「$D>0$」
の条件を付け加える必要はない。

Lecture　グラフを利用して解く

> | 2次方程式 $ax^2+bx+c=0$ の実数解 | $\Longleftrightarrow$ | 2次関数 $y=ax^2+bx+c$ のグラフと x 軸の共有点の x 座標 |
> |---|---|---|

であるから，この例題の場合，

　　　　$y=x^2-2ax+3a-2$ のグラフが x 軸の正の部分と，異なる2点で交わる条件

を求めればよい。$f(x)=x^2-2ax+3a-2$ とすると，その条件は，次の [1]，[2]，[3] が同時に
成り立つことである。

　　　　　　[1]　$f(0)>0$　　　[2]　$D>0$　　　[3]　軸が $x>0$ の範囲にある

これらについて a の値の範囲を導き，その共通範囲をとると，$\dfrac{2}{3}<a<1$，$2<a$ となる。

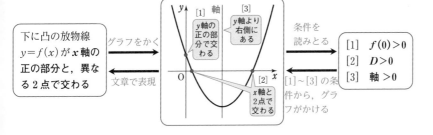

TRAINING　49 ③

2次方程式 $x^2+2(m-1)x+2m^2-5m-3=0$ が次の条件を満たすように，定数 m の
値の範囲を定めよ。

(1)　2つの正の解をもつ。　　　　(2)　異なる2つの負の解をもつ。

(3)　異符号の解をもつ。

≪≪ 基本例題 36

発展学習

発展 例題 50 複素数の平方根を求める

2乗して $3+4i$ となる複素数 $z=a+bi$ は2つあり，a，b はともに整数であるという。このような複素数 z を求めよ。

CHART & GUIDE

複素数の問題　虚数単位 i について整理

1　$(a+bi)^2=3+4i$ として，左辺を展開し，i について整理する。

2　複素数の相等条件を利用して，a，b についての連立方程式を導く。
　　A，B，C，D が実数のとき
$$A+Bi=C+Di \iff A=C \text{ かつ } B=D \quad \cdots\cdots \boxed{!}$$

3　a，b が整数であることを利用して，a，b の値を求める。

解答

$z^2=3+4i$ から　$(a+bi)^2=3+4i$

すなわち　$a^2-b^2+2abi=3+4i$

$\underline{a^2-b^2,\ 2ab\ \text{は整数（実数）であるから}}$　　←この断り書きは重要！

$\boxed{!}$　　$a^2-b^2=3 \cdots\cdots ①$,　$2ab=4 \cdots\cdots ②$

② すなわち $ab=2$ を満たす整数 a，b の組は　　←積が2となる2つの整数を見つける。このとき，負の数を忘れないように注意。

$(a,\ b)=(1,\ 2),\ (2,\ 1),\ (-1,\ -2),\ (-2,\ -1)$

このうち，① を満たすものは

$(a,\ b)=(2,\ 1),\ (-2,\ -1)$

したがって　$z=2+i,\ -2-i$

（参考） a，b が整数という条件がなくても，和と積が与えられた2数を求める要領で，a，b の値を求めることができる。　　←例題47参照。

① から　　$a^2+(-b^2)=3$

② すなわち $ab=2$ の両辺を2乗して　$a^2b^2=4$

この両辺に -1 を掛けて　$a^2(-b^2)=-4$

よって，a^2，$-b^2$ は，2次方程式 $x^2-3x-4=0$ の解である。　　←$x^2-(和)x+(積)=0$

この方程式を解くと　$x=-1,\ 4$

a，b は実数であるから　$a^2=4,\ -b^2=-1$　　←複素数 $a+bi$ の a，b は実数であるから
$a^2=-1,\ -b^2=4$
となることはない。

ゆえに　$a=\pm2,\ b=\pm1$

$ab=2$ を満たすものは　$(a,\ b)=(2,\ 1),\ (-2,\ -1)$

したがって　$z=2+i,\ -2-i$

TRAINING　50 ④

$z^2=i$ となるような複素数 z をすべて求めよ。　　〔類 京都産大，愛媛大〕

発展 例題 **51** 2元2次式の因数分解（解の公式の利用） ◁◁◁◁◁

解の公式を用いて，$x^2+2xy-3y^2+x+7y-2$ を因数分解せよ。

CHART & GUIDE

因数分解 （与式）＝0 とおいた方程式の解を利用
例題 45 と同じ要領で考える。
1 1つの文字 x について整理する。
2 解の公式により，2次方程式 $ax^2+bx+c=0$ の解 α，β を求める。
$$ax^2+bx+c=a(x-\alpha)(x-\beta)$$

解答

（与式）＝0 として，左辺を x について整理すると
$$x^2+(2y+1)x-(3y^2-7y+2)=0$$
x について解くと

◀ x^2 の係数が1であるから，x について整理した方がらく。

$$x=\frac{-(2y+1)\pm\sqrt{(2y+1)^2+4(3y^2-7y+2)}}{2\cdot1}$$
$$=\frac{-(2y+1)\pm\sqrt{(4y-3)^2}}{2}=\frac{-(2y+1)\pm(4y-3)}{2}$$

◀ 根号内の式（判別式 D）
$D=4y^2+4y+1$
　　　$+12y^2-28y+8$
$=16y^2-24y+9$
$=(4y-3)^2$

よって　　　　$x=y-2,\ -3y+1$　　←── $x=\alpha,\ \beta$
したがって　　（与式）＝$\{x-(y-2)\}\{x-(-3y+1)\}$
$$=(\boldsymbol{x-y+2})(\boldsymbol{x+3y-1})$$

（参考） 上の例題に関連して，$x^2+2xy-3y^2+x+7y+k$ …… ① が x，y の1次式の積
に**因数分解できる条件** を考えてみよう。まず，$x^2+(2y+1)x-(3y^2-7y-k)=0$ を
x について解くと　　$x=\dfrac{-(2y+1)\pm\sqrt{(2y+1)^2+4(3y^2-7y-k)}}{2}$

根号内の式（判別式 D）は　　$D=4y^2+4y+1+12y^2-28y-4k=16y^2-24y-4k+1$
したがって，この式が **完全平方式**$[(y$ の1次式$)^2]$ になることが条件である。
完全平方式でなければ，根号をはずすことができないから，$x=(y$ の1次式$)$ の形
にならず，x，y の1次式の積に因数分解できない。
よって　　$D=16(y-\square)^2$ となる

$\iff$ 方程式 $D=0$ が重解をもつ
$\iff$ 方程式 $D=0$ の判別式 D' について $D'=0$

┌─────────────┐
│ **2次式が完全平方式** │
│ $\iff$ ＝0 が重解をもつ │
│ $\iff$ （判別式）＝0 │
└─────────────┘

$\dfrac{D'}{4}=(-12)^2-16(1-4k)=64(2+k)$，$D'=0$ より $k=-2$ であるから，① は，
$k=-2$ のとき（上の例題の場合）は因数分解できるが，$k\neq-2$ のときは，因数分解
できないことになる。

TRAINING 51 ④

解の公式を用いて，$2x^2-7xy+6y^2-4x+5y-6$ を因数分解せよ。

発展 例題 **52**　2次方程式の解についての証明問題　◖◗◖◗◖◗◖◗

a, b は定数とする。方程式 $(x-a)(x-b)+x+1=0$ の2つの解を α, β とすると，方程式 $(x-\alpha)(x-\beta)-x-1=0$ の2つの解は a, b であることを証明せよ。

CHART & GUIDE

解と係数の問題
解と係数の関係を書き出す

すると，この例題の ─── 解答の方程式 ①，② から。
条件は　$\alpha+\beta=a+b-1$, $\alpha\beta=ab+1$ …… ③
結論は　$a+b=\alpha+\beta+1$, $ab=\alpha\beta-1$ …… ④
となり，③ から ④ を示すとよいことになる。

解答

$(x-a)(x-b)+x+1=0$ の左辺を展開して整理すると
$$x^2-(a+b-1)x+ab+1=0 \quad \cdots\cdots ①$$
この2つの解が α, β であるから，解と係数の関係により
$$\alpha+\beta=a+b-1, \quad \alpha\beta=ab+1$$
ゆえに　$a+b=\alpha+\beta+1$, $ab=\alpha\beta-1$
このことは，a, b が2次方程式
$$x^2-(\alpha+\beta+1)x+\alpha\beta-1=0 \quad \cdots\cdots ②$$
すなわち　$(x-\alpha)(x-\beta)-x-1=0$
の解であることを示している。

> $x^2+px+q=0$ の2つの解が r, s
> $$\iff \begin{cases} r+s=-p \\ rs=q \end{cases}$$
> ◀ GUIDE の方針により，1を移項する。
>
> ◀ x^2-（和）$x+$（積）$=0$
> ◀ ② の左辺を変形。

🖐 Lecture　因数分解の利用

2次方程式の解 α, β に対して，$(x-\alpha)(x-\beta)$, $(◎-\alpha)(◎-\beta)$, $(\alpha-◎)(\beta-◎)$ の形の式が出てきたときは
$$ax^2+bx+c=0 \text{ の2つの解が } \alpha, \beta \iff ax^2+bx+c=a(x-\alpha)(x-\beta)$$
を利用することで，あざやかに解決できることがある。
[上の例題の別解]　$(x-a)(x-b)+x+1=0$ の2つの解が α, β であるから
　　左辺は，　$(x-a)(x-b)+x+1=(x-\alpha)(x-\beta)$　と因数分解できる。
　　ゆえに　$(x-\alpha)(x-\beta)-x-1=(x-a)(x-b)$　　⟵ 移項
　　よって，$(x-\alpha)(x-\beta)-x-1=0$ の2つの解は a, b である。

TRAINING　**52** ④

2次方程式 $(x-1)(x-2)+(x-2)(x-3)+(x-3)(x-1)=0$ の2つの解を α, β とするとき，次の式の値を求めよ。

(1)　$\alpha\beta$　　　　　(2)　$(1-\alpha)(1-\beta)$　　　　　(3)　$(\alpha-2)(\beta-2)$

発展 例題 53 2次方程式の整数解 …… 解と係数の関係の利用 ◆◆◆◆◆

2次方程式 $x^2-mx+2m=0$ が整数解のみをもつような定数 m の値と，その
ときの整数解をすべて求めよ。

CHART & GUIDE

方程式の整数解
(　)(　)＝整数 の形にする

1 2つの整数解を α, β $(\alpha \leqq \beta)$ として，解と係数の関係を利用。
　　$\longrightarrow \alpha+\beta=m$, $\alpha\beta=2m$

2 1 の2式から m を消去し，(　)(　)＝整数 の形を導く。…… !

3 2 で導いた式を，右辺の整数の約数を考える方法で解く。
　　A, B, C が整数のとき，$AB=C$ ならば　A, B は C の約数

解答

2次方程式 $x^2-mx+2m=0$ が2つの整数解 α, β $(\alpha \leqq \beta)$
をもつとすると，解と係数の関係から　　　　　　　　　　　◆ $\alpha=\beta$ のときは，重解を
$$\alpha+\beta=m, \quad \alpha\beta=2m \cdots\cdots ①$$　　　もつ。

① から，m を消去すると　$\alpha\beta=2(\alpha+\beta)$　　　◆ m も整数である。

ゆえに　　　$\alpha\beta-2\alpha-2\beta=0$　　　　　　　　　◆ 一般に $xy+ax+by$
すなわち　　$\alpha(\beta-2)-2(\beta-2)-4=0$　　　　　　　$=(x+b)(y+a)-ab$
! よって　　　$(\alpha-2)(\beta-2)=4$　　　　　　　　　　左の変形では，$x=\alpha$,
α, β は整数であるから，$\alpha-2$, $\beta-2$ も整数である。　　$y=\beta$, $a=-2$, $b=-2$
$\alpha \leqq \beta$ より，$\alpha-2 \leqq \beta-2$ であるから，$\alpha-2$, $\beta-2$ の値の組　　としている。
は　$(\alpha-2, \beta-2)=(-4, -1), (-2, -2), (1, 4), (2, 2)$　◆ 4の約数は
よって　　　　　　　　　　　　　　　　　　　　　　　　　± 1, ± 2, ± 4
　$(\alpha, \beta)=(-2, 1), (0, 0), (3, 6), (4, 4)$　　　　　　**負の数も忘れないように。**
この α, β の値の組に対する m の値は，① からそれぞれ
　　　　　$m=-1, 0, 9, 8$　　　　　　　　　　　　　　　◆ $m=\alpha+\beta$
したがって，求める m の値とそのときの整数解は

$m=-1$ のとき　$x=-2, 1$　　　$m=0$ のとき　$x=0$　　◆ $m=0$, 8 のときは重解。
$m=8$　のとき　$x=4$　　　　　　$m=9$ のとき　$x=3, 6$

注意　2次方程式の整数解を求める問題の中には，

　　　　　整数解ならば実数解 であるから，判別式 $D \geqq 0$

によって，係数の値の範囲をしぼり込んでいく考え方が有効な場合もある。

「ただし，上の例題では，判別式 $D=(-m)^2-4\cdot 2m \geqq 0$ から $m \leqq 0$, $8 \leqq m$ となり，
m の値をしぼり込むことはできない。」

TRAINING　53 ⑤

2次方程式 $x^2+(m-2)x+10-m=0$ が整数解のみをもつような定数 m の値と，そ
のときの整数解をすべて求めよ。　　　　　　　　　　　　　　　　　[類 芝浦工大]

2次方程式の解の存在範囲⑵

2次方程式 $x^2+2(a+3)x-a+3=0$ がともに1より大きい異なる2つの解を もつとき，定数 a の値の範囲を求めよ。

CHART
& GUIDE

2次方程式の実数解 α, β と実数 k の大小関係
$\alpha-k$, $\beta-k$ の符号を考える

この例題では，$\alpha-1$, $\beta-1$ の符号を考える。
$\longrightarrow$ 和 $(\alpha-1)+(\beta-1)$，積 $(\alpha-1)(\beta-1)$ の符号に注目する。…… $[!]$

解答

この2次方程式の2つの解を α, β とし，判別式を D とする。

$\alpha\neq\beta$, $\alpha>1$, $\beta>1$ であるための条件は，次の [1]，[2]，[3] が同時に成り立つことで ある。

$[!]$ [1] $D>0$ [2] $(\alpha-1)+(\beta-1)>0$ [3] $(\alpha-1)(\beta-1)>0$

ここで　$\dfrac{D}{4}=(a+3)^2-(-a+3)$

$\qquad\qquad =a^2+7a+6=(a+1)(a+6)$

解と係数の関係から　$\alpha+\beta=-2(a+3)$, $\alpha\beta=-a+3$

[1] $D>0$ から　$(a+1)(a+6)>0$

　よって　$a<-6$, $-1<a$ …… ①

[2] $(\alpha-1)+(\beta-1)>0$ から　$\alpha+\beta-2>0$

　ゆえに　$-2(a+3)-2>0$　　よって　$a<-4$ …… ②

[3] $(\alpha-1)(\beta-1)>0$ から　$\alpha\beta-(\alpha+\beta)+1>0$

　ゆえに　$-a+3-\{-2(a+3)\}+1>0$

　よって　$a>-10$ …… ③

①～③の共通範囲を求めて　**$-10<a<-6$**

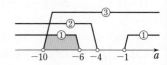

Lecture 2 次方程式の実数解 α, β と数 1 の大小関係

2 つの実数 α, β について
$$\alpha>1 \ \text{かつ} \ \beta>1 \iff \alpha-1>0 \ \text{かつ} \ \beta-1>0$$
また，$p.86$ Lecture の $(*)$ から
$$\alpha-1>0 \ \text{かつ} \ \beta-1>0$$
$$\iff (\alpha-1)+(\beta-1)>0 \ \text{かつ} \ (\alpha-1)(\beta-1)>0$$
$$\left[\begin{array}{l}\alpha-1=A, \ \beta-1=B \ \text{とすると} \\ A>0 \ \text{かつ} \ B>0 \iff A+B>0 \ \text{かつ} \ AB>0\end{array}\right]$$

2章

発展学習

注意 「$\alpha>1$ かつ $\beta>1$」であるからといって，「$\alpha+\beta>2$ かつ $\alpha\beta>1$」としては間違い！なぜなら，$\alpha=3$，$\beta=\dfrac{1}{2}$ のとき，「$\alpha+\beta>2$ かつ $\alpha\beta>1$」は満たすが，「$\alpha>1$ かつ $\beta>1$」は満たさないからである。

よって，2 次方程式 $ax^2+bx+c=0$ の 2 つの解 α, β と判別式 D について，次のことが成り立つ。

　　　α, β はともに 1 より大きい，異なる 2 つの解
$$\iff D>0 \ \text{かつ} \ (\alpha-1)+(\beta-1)>0 \ \text{かつ} \ (\alpha-1)(\beta-1)>0$$

参考 **グラフを利用した考え方**
　2 次方程式 $f(x)=0$ の実数解は，2 次関数 $y=f(x)$ のグラフと x 軸の共有点の x 座標であるから，
$f(x)=x^2+2(a+3)x-a+3$ とすると，下に凸の $y=f(x)$ のグラフが右図のようになる条件は，次の 3 つが同時に成り立つことである。
　　　$f(1)>0$, 　$D>0$, 　軸が $x>1$ の範囲にある
これらについて a の値の範囲を導き，その共通範囲を求めると，$-10<a<-6$ となる。

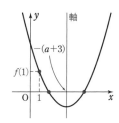

TRAINING 54 ⑤

　2 次方程式 $x^2-ax+4=0$ がともに 3 より小さい異なる 2 つの解をもつとき，定数 a の値の範囲を求めよ。

EXERCISES

A **21**③ $A=\dfrac{\sqrt{-3}\sqrt{-2}+\sqrt{-2}}{a+\sqrt{-3}}$ が実数となるような実数 a を定めると，$a=$ ⁷ $\boxed{}$ であり，$A=$ ⁴ $\boxed{}$ である。 　　　　　　〔慶応大〕　≪ 基本例題 **36**，**37**

22③ x の方程式 $a(x^2-x+1)=1+2x-2x^2$ が実数解をもつとき，定数 a の値の範囲を求めよ。 　　　　　　〔国士舘大〕　≪ 標準例題 **40**

23③ 2つの2次方程式 $x^2-ax+4=0$ …… ①，$x^2+ax+2a-3=0$ …… ② が，次の条件を満たすように，定数 a の値の範囲を定めよ。
(1) ①，②がともに虚数解をもつ
(2) ①，②の少なくとも一方が虚数解をもつ
(3) ①だけが虚数解をもつ 　　　　　≪ 基本例題 **41**

24② m を整数とする。2次方程式 $x^2+mx-1=0$ の解 a，b が $2a^2+2b^2+a+b=19$，$a<b$ を満たすとき，m と a の値を求めよ。
　　　　　　　　　　　　　　　　　≪ 基本例題 **43**

25② ★ x の2次方程式 $x^2+2mx+15=0$ が次のような解をもつとき，定数 m の値と2つの解を求めよ。
(1) 2つの解の差が2 　　　　　(2) 2つの解の比が $1:3$
　　　　　　　　　　　　　　　　　≪ 基本例題 **44**

26② A さんと B さんが，x についての同じ2次方程式を解いた。A さんは，x^2 の係数を間違って $-\dfrac{2}{3}$，1 の解を得た。B さんは，定数項を間違って $-\dfrac{1}{3}$，$\dfrac{1}{2}$ の解を得た。もとの正しい2次方程式の解を求めよ。 　　≪ 基本例題 **46**

B **27**④ $x^2-xy+y^2=k$，$x+y=1$ を満たす実数 x，y が存在するための必要十分条件は $k\geqq\dfrac{⁷\boxed{}}{⁴\boxed{}}$ である。 　　　〔星薬大〕　≪ 標準例題 **47**

28⑤ $x^2-xy-2y^2+ax-y+1$ が x，y についての1次式の積に因数分解されるような定数 a の値を求めよ。また，そのときの1次式の積を示せ。
　　　　　　　　　　　　　　　　　〔類 九州国際大〕
　　　　　　　　　　　　　　　　　≪ 発展例題 **51**

HINT

21 まず，$\sqrt{-3}=\sqrt{3}\,i$，$\sqrt{-2}=\sqrt{2}\,i$ とし，$A=$（実数）$+$（実数）$\times i$ の形に変形する。
22 2次の係数に注意。
25 (1) 2つの解を α，$\alpha+2$ と表してもよいが，$\alpha-1$，$\alpha+1$ と表す方が計算がらくになる。
26 A さんと B さんの解いた方程式を作り，x の項の係数をそろえて比較する。
27 まず，条件から，xy を k を用いて表す。そして，解と係数の関係を利用する。

数学Ⅱ

高次方程式

3章

レベル ………… 各例題の難易度を表す ⚠ の個数(1〜5の5段階)。

★印 ………… 大学入学共通テストの準備・対策向き。

●, ◎, ○印 … 各項目で重要度の高い例題につけた(●, ◎, ○の順に重要度が高い)。
時間の余裕がない場合は，●, ◎, ○の例題を中心に勉強すると効果的である。
また，●の例題には，解説動画がある。

Let's Start

10 剰余の定理と因数定理

第2章では，複素数の範囲に広げて2次方程式について学習しました。
ここでは，3次式や4次式で表される方程式を解くための準備として，
3次式や4次式を因数分解する方法について学んでいきましょう。

■ 剰余の定理

以下では，x の多項式を $P(x)$，$Q(x)$ などと書く。また，多項式
$P(x)$ の x に数 k を代入したときの値を $P(k)$ と書くことにする。

例　$P(x)=x^2+2x+3$ のとき　$P(1)=1^2+2 \cdot 1+3=6$, $P(0)=3$

剰余の定理の原理

　多項式 $P(x)$ を $x-k$ で割ったときの商を $Q(x)$，余りを
R（定数）とすると，次の割り算の等式が成り立つ。
$$P(x)=\underset{\text{1次式}}{\underline{(x-k)}}Q(x)+R$$

この等式は恒等式で x に何を代入しても成り立つから，
$x-k=0$ の解 $x=k$ を代入すると
$$P(k)=0 \cdot Q(k)+R$$
　よって　　　　　$R=P(k)$

したがって，次の **剰余の定理** が成り立つ。

←R は1次式で割ったときの余りであるから，定数である。

──◆ **剰余の定理** ◆──

多項式 $P(x)$ を1次式 $x-k$ で割った余りは，$P(k)$ に等しい。

←**剰余** とは，余りのこと。

例　$P(x)=x^3-2x^2+x+2$ を $x-2$ で割った余りは
$$P(2)=2^3-2 \cdot 2^2+2+2=4$$
なお，割り算を実行して余りを求め
ると，右のようになり，剰余の定理
を利用する方が簡単に求められる。

$$
\begin{array}{r}
x^2 +1 \\
x-2 \overline{\smash{)}\ x^3-2x^2+x+2} \\
\underline{x^3-2x^2 } \\
x+2 \\
\underline{x-2} \\
4
\end{array}
$$

■ 因数定理

剰余の定理により,

$$P(x) = (x-k)Q(x) + P(k)$$

が成り立ち, $P(x)$ が $x-k$ で割り切れるのは, その余り $P(k)$ が 0 になるときである。したがって, 次の **因数定理** が成り立つ。

> ┌─ 因数定理 ─────────────────
> 多項式 $P(x)$ が 1 次式 $x-k$ を因数にもつ $\iff P(k)=0$

■ 組立除法

3 次式 $P(x) = ax^3 + bx^2 + cx + d$ を 1 次式 $x-k$ で割ったときの商を $Q(x) = lx^2 + mx + n$, 余りを R とする。

この商の係数 l, m, n と余り R は, 次のような方法でも求めることができ, この方法を **組立除法** という。

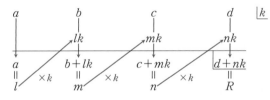

補足 まず, $l=a$ から l が求められ, それと $m=b+lk$ から m が求められる。
以下同様にして, n, R が順に求められる。

証明 割り算の等式 $P(x) = (x-k)Q(x) + R$ が成り立つから

$$ax^3 + bx^2 + cx + d = (x-k)(lx^2 + mx + n) + R$$

この等式は, x についての恒等式である。

右辺を展開して整理すると

$$ax^3 + bx^2 + cx + d = lx^3 + (m-lk)x^2 + (n-mk)x + (R-nk)$$

この両辺の係数を比較すると

$$a=l, \ b=m-lk, \ c=n-mk, \ d=R-nk$$

したがって

$$l=a, \ m=b+lk, \ n=c+mk, \ R=d+nk$$

次ページからは, 具体的な問題を通して, 剰余の定理の使い方や, 高次式 (3 次以上の多項式) の因数分解などについて学んでいきましょう。

STEP *forward*

剰余の定理を理解して，例題 **55** を攻略！

ここでは，具体的な問題を通して，剰余の定理の利用について考えてみましょう。

剰余の定理

多項式 $P(x)$ を 1 次式 $x-k$ で割った余りは，$P(k)$ に等しい。

Get ready

多項式 $P(x)=2x^3-x^2+5x+4$ を 1 次式 $x+1$ で割ったときの余りを求めよ。

$x+1$ で「+1」となっているから，$P(1)$ を求めればよいでしょうか。

残念ですが，$P(1)$ ではありません。剰余の定理に代入する値について考えるときには，剰余の定理の原理を思い出しましょう。

多項式 $P(x)$ を $x-k$ で割ったときの商を $Q(x)$，余りを R（定数）とすると，割り算の等式 $P(x)=(x-k)Q(x)+R$ が成り立つ，ということでしたが，この問題の場合はどうなりますか。

$P(x)=(x+1)Q(x)+R$ が成り立つから…。$x=-1$ を代入すると $P(-1)=0\cdot Q(k)+R$ となります。だから，$P(-1)$ を求めて，答えは -4 です。

memo

解答

$P(-1)$
$=2(-1)^3-(-1)^2+5(-1)+4$
$=-4$

正解です。ポイントとなるのは，

　　　　　（割る式）$=0$ の解を代入する

ということです。このことは，割る式の x の係数が 1 以外，つまり $ax+b$ のときにもあてはまります。

まとめ

剰余の定理を利用する際のポイント

割る式が

$x-k$ なら $x=k$ を代入　　←$x-k=0$ の解

$ax+b$ なら $x=-\dfrac{b}{a}$ を代入　　←$ax+b=0$ の解

基本 例題 55 多項式を 1 次式で割ったときの余り ★ ◐◐

(1) 多項式 $P(x)=4x^3-2x^2-5x+3$ を次の 1 次式で割ったときの余りを求めよ。
　(ア) $x+1$ 　　　　　　　　　　(イ) $2x-1$

(2) 多項式 $P(x)=x^3-x^2+ax-4$ を $x+1$ で割ったときの余りが -2 である
　とき, 定数 a の値を求めよ。

(3) 多項式 $P(x)=3x^3-ax+b$ を $x-2$ で割ったときの余りが 24, $x+2$ で割
　ったときの余りが -16 であるとき, 定数 a, b の値を求めよ。

CHART & GUIDE

多項式を 1 次式で割ったときの余り
剰余の定理を利用

割る式が 　$x-k$ なら 　$x=k$ 　を代入。　← $x-k=0$ の解。

　　　　　$ax+b$ なら 　$x=-\dfrac{b}{a}$ を代入。　← $ax+b=0$ の解。

解答

(1) 剰余の定理により
　(ア) $P(-1)=4(-1)^3-2(-1)^2-5(-1)+3=\mathbf{2}$
　(イ) $P\left(\dfrac{1}{2}\right)=4\left(\dfrac{1}{2}\right)^3-2\left(\dfrac{1}{2}\right)^2-5\cdot\dfrac{1}{2}+3$
　　　　　　$=\dfrac{1}{2}-\dfrac{1}{2}-\dfrac{5}{2}+3=\mathbf{\dfrac{1}{2}}$

(2) 剰余の定理により 　$P(-1)=-2$
　すなわち 　　　　　$(-1)^3-(-1)^2+a(-1)-4=-2$
　整理すると 　　　　$-a=4$
　したがって 　　　　$\mathbf{a=-4}$

(3) 剰余の定理により 　$P(2)=24$ かつ $P(-2)=-16$
　$P(2)=24$ 　　　から 　$3\cdot2^3-a\cdot2+b=24$
　$P(-2)=-16$ から 　$3(-2)^3-a(-2)+b=-16$
　整理すると 　　　　$2a-b=0,\ 2a+b=8$
　この連立方程式を解くと 　$\mathbf{a=2,\ b=4}$

（ア）$x+1=0$ の解 $x=-1$
（イ）$2x-1=0$ の解 $x=\dfrac{1}{2}$
を代入する。

← $x+1=0$ の解 $x=-1$
を代入する。

← $x-2=0$ の解 $x=2$,
$x+2=0$ の解 $x=-2$
を代入する。

TRAINING 55 ② ★

(1) 多項式 $P(x)=2x^3-3x+1$ を次の 1 次式で割ったときの余りを求めよ。
　(ア) $x-1$ 　　　　　　　　　　(イ) $2x+1$

(2) 多項式 $P(x)=\dfrac{1}{2}x^3+ax+a^2-20$ を $x-4$ で割ったときの余りが 17 であるとき,
　定数 a の値を求めよ。

(3) 多項式 $P(x)=x^3+ax^2+x+b$ を $x+2$ で割ると -5 余り, $x-3$ で割ると 20 余
　るという。定数 a, b の値を求めよ。

≪≪ 基本例題 8, 55 ★

解説動画へGO!!

標準 例題 **56** 多項式の割り算の余りの決定

多項式 $P(x)$ を $x+2$ で割ると余りが -9, $x-3$ で割ると余りが 1 である。このとき，$P(x)$ を $(x+2)(x-3)$ で割ったときの余りを求めよ。

[類 中央大]

CHART & GUIDE

割り算の問題
割り算の等式 $A=BQ+R$ の利用 …… !

1 2次式 $(x+2)(x-3)$ で割ったときの商を $Q(x)$，余りを $ax+b$ とする。
2 割り算の等式を書く。
3 剰余の定理を利用して，a，b の連立方程式を作り，それを解く。

解答

$P(x)$ を 2 次式 $(x+2)(x-3)$ で割ったときの商を $Q(x)$，
余りを $ax+b$ とすると，次の等式が成り立つ。

!
$$P(x)=(x+2)(x-3)Q(x)+ax+b \quad …… ①$$

$P(x)$ を $x+2$ で割ると余りが -9, $x-3$ で割ると余りが 1 であるから，剰余の定理により

$$P(-2)=-9, \quad P(3)=1$$

ここで，① から

$$P(-2)=-2a+b, \quad P(3)=3a+b$$

よって $-2a+b=-9, \ 3a+b=1$

これを解いて

$$a=2, \quad b=-5$$

したがって，求める余りは $\quad \boldsymbol{2x-5}$

← $x+2=0$ の解 $x=-2$,
$x-3=0$ の解 $x=3$
を代入する。

TRAINING 56 ③ ★

多項式 $P(x)$ を $x+2$ で割ると 3 余り，$x+3$ で割ると -2 余る。$P(x)$ を $(x+2)(x+3)$ で割ったときの余りを求めよ。

[慶応大]

割られる式が与えられていない場合の考え方

左の例題では，割られる式 $P(x)$ が具体的に与えられていないため，実際に割り算をして余りを求めるわけにはいきません。

条件として与えられているのは，

$x+2$ で割ると余りが -9，$x-3$ で割ると余りが 1

であり，$x+2$ と $x-3$ を掛けた，$(x+2)(x-3)$ で割ったときの余りを求める，という問題です。

このような問題では，割り算の等式を利用します。詳しく見てみましょう。

● 余りの次数が決め手

割り算の等式を利用する。

$$A = BQ + R$$

割られる式＝割る式×商＋余り

ここでのポイントは，余り R は，

$R = 0$ または R は割る式 B より次数が低い多項式

であるということ。左の例題では，$P(x)$ を 2 次式 $(x+2)(x-3)$ で割るから，そのときの余りは

1次式または定数

である。よって，余りを $ax+b$ とする。

注意 $ax+b$ は $a \neq 0$ なら 1 次式，$a=0$ なら定数 となる。

● 剰余の定理により，与えられた条件を使うことができる

与えられた条件

$x+2$ で割ると余りが -9，$x-3$ で割ると余りが 1

と剰余の定理により，$P(-2)$，$P(3)$ の値を求めることができる。

また，割り算の等式 $P(x) = (x+2)(x-3)Q(x) + ax + b$ において，

$x=-2$ を代入すると $(x+2)(x-3)=0$ ← $Q(x)$ の項が消える。

$x=3$ を代入すると $(x+2)(x-3)=0$ ← $Q(x)$ の項が消える。

となるため，$P(-2)$，$P(3)$ を a，b の式で表すことができる。

$P(-2)$，$P(3)$ をそれぞれ 2 通りで表すことによって，a，b の連立方程式を導くことができるんですね。

基本 例題 **57** 割り切れる条件から係数を求めるなど 🕐🕐

(1) 次のうち，多項式 $2x^3+5x^2-23x+10$ の因数であるものはどれか。

   ① $x-2$ ② $x+1$ ③ $2x-1$

(2) 次の多項式が[ ]内の式で割り切れるように，定数 a, b の値を定めよ。

   (ア) $x^3+2ax^2-(a-1)x-12$ $[x+3]$ (イ) x^3-x^2+ax+b $[x^2+x-6]$

CHART & GUIDE

因数定理

1   多項式 $P(x)$ が $x-k$ を因数にもつ $\iff P(k)=0$
     ($x-k$ で割り切れる)

2   多項式 $P(x)$ が $ax+b$ を因数にもつ $\iff P\left(-\dfrac{b}{a}\right)=0$
     ($ax+b$ で割り切れる)

解答

(1) $P(x)=2x^3+5x^2-23x+10$ とすると

  ① $P(2)=2\cdot2^3+5\cdot2^2-23\cdot2+10=0$

  ② $P(-1)=2(-1)^3+5(-1)^2-23(-1)+10=36$

  ③ $P\left(\dfrac{1}{2}\right)=2\left(\dfrac{1}{2}\right)^3+5\left(\dfrac{1}{2}\right)^2-23\cdot\dfrac{1}{2}+10$

       $=\dfrac{1}{4}+\dfrac{5}{4}-\dfrac{23}{2}+10=0$

  したがって，$P(x)$ の因数であるものは   ① と ③

(2) 与えられた多項式を $P(x)$ とする。

  (ア) $P(x)$ が $x+3$ で割り切れるための条件は $P(-3)=0$

    すなわち $(-3)^3+2a(-3)^2-(a-1)(-3)-12=0$

    整理して $21a-42=0$ よって   **$a=2$**

  (イ) $P(x)$ が x^2+x-6 すなわち $(x-2)(x+3)$ で割り切れるための条件は $P(2)=0$ かつ $P(-3)=0$

    ここで $P(2)=2^3-2^2+a\cdot2+b=2a+b+4$

           $P(-3)=(-3)^3-(-3)^2+a(-3)+b=-3a+b-36$

    よって $2a+b+4=0$ かつ $-3a+b-36=0$

    この連立方程式を解いて   **$a=-8$, $b=12$**

---

① $x-2=0$ の解 $x=2$

② $x+1=0$ の解 $x=-1$

③ $2x-1=0$ の解 $x=\dfrac{1}{2}$

を代入する。

◆ $P(x)$ は，$x-2$, $2x-1$ で割り切れる。

◆割り切れる
  $\iff$ 余りは 0

◆ $\alpha\neq\beta$ のとき，
$P(x)$ が $(x-\alpha)(x-\beta)$ で割り切れる
$\iff P(x)$ が $x-\alpha$ かつ $x-\beta$ で割り切れる
$\iff P(\alpha)=0$ かつ $P(\beta)=0$

TRAINING 57 ②

(1) 次のうち，多項式 $4x^3-3x-1$ の因数であるものはどれか。

  ① $x-1$ ② $x+2$ ③ $4x-1$ ④ $2x+1$

(2) 次の多項式が[ ]内の式で割り切れるように，定数 a, b の値を定めよ。

  (ア) $5x^3-4x^2+ax-2$ $[x-2]$ (イ) $x^3+a^2x^2+ax-1$ $[x+1]$

  (ウ) $2x^3+x^2+ax+b$ $[2x^2-3x+1]$

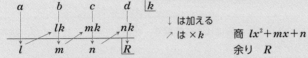

基本 例題 **58** 組立除法で割り算の商と余りを求める

組立除法を用いて，次の多項式 A を 1 次式 B で割った商と余りを求めよ。

(1) $A=x^3-5x+8$, $B=x+3$ (2) $A=8x^3-2x^2-7x+6$, $B=4x-3$

CHART & GUIDE

組立除法

ax^3+bx^2+cx+d を $x-k$ で割ったときの商と余り

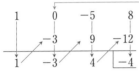

↓は加える　↗は ×k　　商 lx^2+mx+n　　余り R

$l=a$, $m=b+lk$, $n=c+mk$, $R=d+nk$

(2) $(4x-3)Q(x)+R=\left(x-\dfrac{3}{4}\right)\cdot 4Q(x)+R$　　A を $x-\dfrac{3}{4}$ で割る。

3章 10 剰余の定理と因数定理

解答

(1)
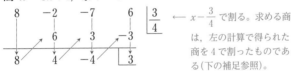

欠けている x^2 の項の係数は 0 とする。

よって　**商 x^2-3x+4，余り -4**

(2)

8	-2	-7	6	$\dfrac{3}{4}$
	6	3	-3	
8	4	-4	3	

← $x-\dfrac{3}{4}$ で割る。求める商は，左の計算で得られた商を 4 で割ったものである（下の補足参照）。

よって　**商 $2x^2+x-1$，余り 3**

補足 (2)　上の計算から

$$8x^3-2x^2-7x+6=\left(x-\dfrac{3}{4}\right)(8x^2+4x-4)+3$$
$$=\left(x-\dfrac{3}{4}\right)\cdot 4(2x^2+x-1)+3$$
$$=(4x-3)\underbrace{(2x^2+x-1)}_{商}+\underbrace{3}_{余り}$$

TRAINING 58 ②

組立除法を用いて，次の多項式 A を 1 次式 B で割った商と余りを求めよ。

(1) $A=x^3-10x+2$, $B=x-2$ (2) $A=2x^3-7x^2-7x+15$, $B=2x+3$

STEP *forward*

$P(k)=0$ となる k の見つけ方

高次式の因数分解では，$P(k)=0$ となる k を見つけて，因数定理を利用します。
ここでは，$P(k)=0$ となる k の見つけ方について取り上げます。

Get ready

$P(x)=x^3+2x^2+7x+6$ に対し，$P(k)=0$ となる整数 k を 1 つ求めよ。

1, 2, 3, …… と順に代入して探す，ということもできますが，効率よく見つける方法を考えてみましょう。
$P(k)=0$ となる k が見つかったとすると，因数定理から
$\qquad x^3+2x^2+7x+6=(x-k)(x^2+px+q)$ ただし，p, q は整数
となります。この式の両辺の定数項を比較するとどうなりますか。

$6=-kq$ です。あ！ k, q はともに整数だから，k は 6 の約数です。

その通りです。つまり，$P(x)$ の定数項 6 の正・負の約数すなわち
±1, ±2, ±3, ±6 が $P(k)=0$ となる k の候補となります。

$P(-1)=(-1)^3+2(-1)^2+7(-1)+6=0$ となるから，$P(k)=0$ となる整数 k のうち 1 つは $k=-1$ です。

正解です。
同じように考えると，最高次の項の係数が 1 でない場合，次のようになります。

$P(x)=ax^3+bx^2+cx+d$ とし，$P\left(\dfrac{q}{p}\right)=0$ となるとき

$\qquad ax^3+bx^2+cx+d=(px-q)(lx^2+mx+n)$ 　係数はすべて整数
両辺の x^3 の項の係数，定数項について比較して
$\qquad a=pl, \quad d=-qn$
よって　　p は，$P(x)$ の最高次の項の係数 a の約数，
$\qquad\quad q$ は，$P(x)$ の定数項の約数

まとめ

$P(k)=0$ となる $k\left(=\dfrac{q}{p}\right)$ の候補は

$\qquad \pm\dfrac{\text{定数項の約数}}{\text{最高次の項の係数の約数}}$ $\quad\left(\begin{array}{l}\text{最高次の項の係数が 1 の場合は}\\ \text{定数項の正・負の約数}\end{array}\right)$

≪≪ 基本例題 **57**, **58**

基本 例題
59 高次式の因数分解

次の式を因数分解せよ。

(1) x^3-2x^2-5x+6 (2) $2x^3-3x^2+3x-1$

解説動画へGO!!

CHART & GUIDE

高次式 $P(x)$ の因数分解　因数定理の利用

1 $P(k)=0$ となる k を見つける。…… ?

k の候補は　$\pm\dfrac{定数項の約数}{最高次の項の係数の約数}$

2 $P(x)$ を $x-k$ で割る。── 組立除法を利用。

3 **2** の割り算の商 $Q(x)$ を因数分解する。
…… 特に断りがなければ，因数分解は係数が有理数の範囲で行う。

3章
10

剰余の定理と因数定理

解答

(1) $P(x)=x^3-2x^2-5x+6$ とすると

? $\quad P(1)=1^3-2\cdot1^2-5\cdot1+6=0$

よって，$P(x)$ は $x-1$ を因数
にもち

$\begin{array}{rrrr|l} 1 & -2 & -5 & 6 & \underline{1} \\ & 1 & -1 & -6 & \\ \hline 1 & -1 & -6 & \underline{0} \end{array}$

$\quad P(x)=(x-1)(x^2-x-6)$
$\qquad\quad =\boldsymbol{(x-1)(x+2)(x-3)}$

◆ $P(k)=0$ となる k の候補は，定数項 6 の正・負の約数であるから
$\quad\pm1,\ \pm2,\ \pm3,\ \pm6$

◆ x^2-x-6 はさらに因数分解できる。

(2) $P(x)=2x^3-3x^2+3x-1$ とすると

? $\quad P\left(\dfrac{1}{2}\right)=2\left(\dfrac{1}{2}\right)^3-3\left(\dfrac{1}{2}\right)^2+3\cdot\dfrac{1}{2}-1=0$

よって，$P(x)$ は $x-\dfrac{1}{2}$ を因数
にもち

$\begin{array}{rrrr|l} 2 & -3 & 3 & -1 & \underline{\frac{1}{2}} \\ & 1 & -1 & 1 & \\ \hline 2 & -2 & 2 & \underline{0} \end{array}$

$\quad P(x)=\left(x-\dfrac{1}{2}\right)(2x^2-2x+2)$
$\qquad\quad =\boldsymbol{(2x-1)(x^2-x+1)}$

◆ $P(k)=0$ となる k の候補は，
$\quad\pm\dfrac{定数項-1の約数}{x^3の項の係数2の約数}$
であるから
$\qquad\pm1,\ \pm\dfrac{1}{2}$

◆ $x^2-x+1=0$ の解は虚数であるから，x^2-x+1 は有理数の範囲ではこれ以上因数分解できない。

TRAINING **59** ①

因数定理を用いて，次の式を因数分解せよ。

(1) x^3+3x^2-x-3 (2) $x^4-5x^3+5x^2+5x-6$ (3) $6x^3+x^2+3x+2$

標準 例題 **60** 高次式の値 🕐🕐🕐

$P=x^3-2x+6$ とする。

(1) $x=1+\sqrt{2}\,i$ のとき，$x^2-2x+3=0$ であることを証明せよ。

(2) P を x^2-2x+3 で割ったときの商と余りを求めよ。

(3) $x=1+\sqrt{2}\,i$ のとき，P の値を求めよ。

CHART & GUIDE

高次式の値
割り算の等式 $A=BQ+R$ を利用する

(1) x^2-2x+3 に $x=1+\sqrt{2}\,i$ を代入して 0 になることを導いてもよいが，$x-1=\sqrt{2}\,i$ として両辺を 2 乗すると，$\sqrt{}$ や i が消え，計算がらくになる。

(3) $P=x^3-2x+6$ に $x=1+\sqrt{2}\,i$ を代入すると，計算が大変。そこで，割り算の等式を利用する。(2) で求めた商を Q，余りを R とすると $P=\underline{(x^2-2x+3)}Q+R$
(1) から，$x=1+\sqrt{2}\,i$ のとき下線部は 0 になる。

解答

(1) $x=1+\sqrt{2}\,i$ から $x-1=\sqrt{2}\,i$

両辺を 2 乗して $(x-1)^2=(\sqrt{2}\,i)^2$

よって $x^2-2x+1=2i^2$ 整理して $x^2-2x+3=0$ ← $2i^2=-2$

[別解] $x=1+\sqrt{2}\,i$ のとき

$x^2-2x+3=(1+\sqrt{2}\,i)^2-2(1+\sqrt{2}\,i)+3$
$=1+2\sqrt{2}\,i+2i^2-2-2\sqrt{2}\,i+3=0$

(2) 右の計算から

商 $x+2$，余り $-x$

(3) (2) から

$P=(x^2-2x+3)(x+2)-x$

P に $x=1+\sqrt{2}\,i$ を代入すると，(1) から

$\boldsymbol{P=0-(1+\sqrt{2}\,i)=-1-\sqrt{2}\,i}$

$$
\begin{array}{r}
x+2 \\
x^2-2x+3\,)\overline{x^3-2x+6} \\
\underline{x^3-2x^2+3x} \\
2x^2-5x+6 \\
\underline{2x^2-4x+6} \\
-x
\end{array}
$$

← $A=BQ+R$ の形。

← (1) から，$x=1+\sqrt{2}\,i$ のとき $x^2-2x+3=0$

☝ Lecture 次数下げによる解法

(1) から，$x=1+\sqrt{2}\,i$ のとき $x^2=2x-3$ が成り立つ。これを利用すると，(3) は

$x^3-2x+6=\underset{\smile}{x^2}\cdot x-2x+6=\underset{\smile}{(2x-3)}x-2x+6$ ⟵ x^2 に $2x-3$ を代入。

$=2\underset{\smile}{x^2}-5x+6=2\underset{\smile}{(2x-3)}-5x+6$ ⟵ x^2 に $2x-3$ を代入。

$=-x=-(1+\sqrt{2}\,i)=-1-\sqrt{2}\,i$ ⟵ 最後に $x=1+\sqrt{2}\,i$ を代入。

TRAINING 60 ③

$x=2+3i$ のとき，$P=x^3-5x^2+18x-11$ の値を求めよ。

Let's Start

11 高次方程式

数学Ⅰでは，因数分解を学習し，それを利用して2次方程式を解くことについても学びました。ここでは，因数定理を利用して，3次以上の方程式を解く方法について考えていきましょう。

↩ Play Back

因数分解の要領　（数学Ⅰ）
因数分解をするための基本方針は，

　　　　　　　因数分解の公式が適用できる形にする

ということである。そのための手段として，

　　　　　　　共通因数をくくり出す
　　　　　　　同じ式やまとまった式は，1つの文字でおき換える
　　　　　　　おき換えで次数を下げる

といったものがある。

■ 高次方程式とその解法

x の多項式 $P(x)$ が n 次式であるとき，方程式 $P(x)=0$ を x の **n 次方程式** という。また，3 次以上の方程式を **高次方程式** という。

例　3 次方程式 $x^3-8=0$, $x^3-3x^2-9x-5=0$
　　4 次方程式 $x^4+x^2-20=0$

高次方程式を解く基本は，因数分解の公式・おき換え・因数定理などを利用して，$P(x)$ を因数分解し，1 次，2 次の方程式の問題に帰着させることである。
なお，虚数解について，一般に次のことが知られている。

> 実数を係数とする n 次方程式が虚数解 $a+bi$ (a, b は実数) をもつならば，それと共役な複素数 $a-bi$ もこの方程式の解である。

← 「共役な複素数」については，$p.65$ 参照。

多項式 $P(x)$ が $(x-\alpha)^2$ を因数にもつとき，方程式 $P(x)=0$ の解 α を **2 重解** という。また，$P(x)$ が $(x-\alpha)^3$ を因数にもつとき，方程式 $P(x)=0$ の解 α を **3 重解** という。

例　方程式 $(x+1)^2(x-5)=0$ で，解 $x=-1$ は 2 重解である。

一般に，高次方程式の解の個数を，2 重解は 2 個，3 重解は 3 個などと数えることにすると，n 次方程式は複素数の範囲で n 個の解をもつことが知られている。

基本 例題
61 高次方程式の解法 (1) …… 因数分解の利用

≪ 基本例題 1　≫ 発展例題 67, 69

次の方程式を解け。

(1) $x^3=27$　　　　(2) $x^4-10x^2+9=0$　　　　(3) $x^4+2x^2+4=0$

CHART & GUIDE

高次方程式 $P(x)=0$ の解法

$P(x)$ を 1 次式 または 2 次式の積に因数分解

(1) $x^3-3^3=0$ として，左辺を因数分解。　⟵ 3乗の差

(2) $x^2=t$ とおくと　$t^2-10t+9=0$　⟵ 2次方程式

(3) x^4+4 に着目し，A^2-B^2 の形にもち込んで因数分解。

解答

(1) $x^3-3^3=0$ から　　$(x-3)(x^2+3x+9)=0$

　　ゆえに　　　　　$x-3=0$　または　$x^2+3x+9=0$

　　したがって　　$\boldsymbol{x=3,\ \dfrac{-3\pm3\sqrt{3}\,i}{2}}$

⟵ a^3-b^3
$=(a-b)(a^2+ab+b^2)$

(2) $x^4-10x^2+9=0$ から　　$(x^2-1)(x^2-9)=0$

　　ゆえに　　　　　$(x+1)(x-1)(x+3)(x-3)=0$

　　したがって　　$\boldsymbol{x=\pm1,\ \pm3}$

⟵ $x^2=t$ とおくと
$t^2-10t+9=0$
$(t-1)(t-9)=0$

(3) $x^4+2x^2+4=0$ から　　$x^4+4x^2+4-2x^2=0$

　　よって　　　　　$(x^2+2)^2-(\sqrt{2}\,x)^2=0$

　　ゆえに　　　　　$(x^2+\sqrt{2}\,x+2)(x^2-\sqrt{2}\,x+2)=0$

　　よって　　　　　$x^2+\sqrt{2}\,x+2=0$　または　$x^2-\sqrt{2}\,x+2=0$

　　したがって　　$\boldsymbol{x=\dfrac{-\sqrt{2}\pm\sqrt{6}\,i}{2},\ \dfrac{\sqrt{2}\pm\sqrt{6}\,i}{2}}$

⟵ x^4+4 に着目して
$(x^2+2)^2$ を作る
⟶ $2x^2$ を加えて引く。
係数が実数の範囲まで因数分解する。

Lecture 複2次式 ax^4+bx^2+c の因数分解

3次と1次の項がない4次式を **複2次式** という。複2次式の因数分解は，上の(2)のように，$x^2=t$ とおいて，t の2次式に帰着して行う。しかし，(3)では t^2+2t+4 となり，うまくいかない。このようなときには，上の解答のように，x^4+4 に着目して **平方の差の形** にもち込む方法がある。

まとめると，**複2次式 ax^4+bx^2+c** の **因数分解** には，次の ① または ② の方針が考えられる。

　　　　　① $x^2=t$ とおき換え　at^2+bt+c の因数分解

　　　　　② 平方の差 $\square^2-\blacktriangle^2$ の形を作る

TRAINING　**61** ②

次の方程式を解け。

(1) $x^3=-1$　　　　(2) $x^3=64$　　　　(3) $x^4-16=0$

(4) $x^4-3x^2+2=0$　　　　(5) $4x^4-15x^2-4=0$　　　　(6) $x^4+3x^2+4=0$

基本 例題
62 高次方程式の解法 (2) …… 因数定理の利用 📗📗

次の方程式を解け。

(1) $x^3-3x^2-10x+24=0$　　　　(2) $x^4-9x^2+4x+12=0$

CHART & GUIDE

高次方程式 $P(x)=0$ の解法
$P(x)$ を 1 次式 または 2 次式の積に因数分解

1 因数分解の公式の適用，おき換えといった変形の工夫を考える。

2 **1** が難しいなら，因数定理を利用して $P(x)$ を因数分解する($p.104$ 参照)。

　　　　$P(k)=0$ となる k を見つける …… 🔑

3章
11
高次方程式

解答

(1) $P(x)=x^3-3x^2-10x+24$ と

	1	-3	-10	24	$\underline{|2}$
		2	-2	-24	
	1	-1	-12	$\boxed{0}$	

すると　　$P(2)=0$

$P(x)$ は $x-2$ を因数にもち

$P(x)=(x-2)(x^2-x-12)$
$\qquad =(x-2)(x+3)(x-4)$

よって　　　　$(x-2)(x+3)(x-4)=0$

したがって　**$x=-3,\ 2,\ 4$**

(2) $P(x)=x^4-9x^2+4x+12$
とすると

	1	0	-9	4	12	$\underline{|-1}$
		-1	1	8	-12	
	1	-1	-8	12	$\boxed{0}$	

$\qquad P(-1)=0$

よって
$P(x)=(x+1)(x^3-x^2-8x+12)$

$Q(x)=x^3-x^2-8x+12$ とす

	1	-1	-8	12	$\underline{|2}$
		2	2	-12	
	1	1	-6	$\boxed{0}$	

ると　　$Q(2)=0$

よって
$Q(x)=(x-2)(x^2+x-6)$

ゆえに　　$P(x)=(x+1)(x-2)(x^2+x-6)$
$\qquad\qquad\qquad =(x+1)(x-2)^2(x+3)$

よって　　　　$(x+1)(x-2)^2(x+3)=0$

したがって　**$x=-3,\ -1,\ 2$**

右側注釈:

因数 $x-k$ の k の候補は
(1) 定数項 24 の約数
　　$k=\pm1,\ \pm2,\ \cdots\cdots$
(2) 定数項 12 の約数
　　$k=\pm1,\ \pm2,\ \cdots\cdots$

$P(k)=0$ となる k は解であり，1 つの解を求めて 1次式，2 次式の積に因数分解していることになる。

← $P(x)$ は $x+1$ を因数にもつ。

← $P(x)=(x+1)Q(x)$

← $Q(x)$ は $x-2$ を因数にもつ。

← x^2+x-6 は，さらに因数分解できる。

← 2 は 2 重解。

(参考) 上の (2) の解 $x=2$ は 2 重解で，これを 2 個と数えると，(2) の 4 次方程式は 4 個の解をもつことがわかる。

TRAINING　62 ②

次の方程式を解け。

(1) $x^3-6x^2+11x-6=0$　　　　(2) $x^3+x^2-8x-12=0$

(3) $2x^3+x^2+5x-3=0$　　　　(4) $x^4-x^3-3x^2+x+2=0$

基本 例題 63 1の3乗根の性質

(1) 1の3乗根を求めよ。

(2) 1の3乗根のうち，虚数であるものの1つを ω とする。

  (ア) 虚数であるもののもう1つは ω^2 であることを示せ。

  (イ) $\omega^2+\omega+1$ および $\omega^5+\omega^4$ の値をそれぞれ求めよ。

CHART & GUIDE

1の3乗根の性質

① 1の3乗根は $1,\ \omega,\ \omega^2$

② $\omega^3=1$

③ $\omega^2+\omega+1=0$

<u>1の3乗根</u>とは，3乗して1になる数のこと。この数は方程式 $x^3=1$ の解である。なお，ω はオメガと読む。

解答

(1) x を1の3乗根とすると $x^3=1$ すなわち $x^3-1=0$

  ゆえに $(x-1)(x^2+x+1)=0$ よって $x=1,\ \dfrac{-1\pm\sqrt{3}\,i}{2}$

  したがって，1の3乗根は $1,\ \dfrac{-1+\sqrt{3}\,i}{2},\ \dfrac{-1-\sqrt{3}\,i}{2}$

$\blacktriangleleft$ 1次式または2次式の積 $=0$ の形に因数分解して解く。

(2) (ア) $\omega=\dfrac{-1+\sqrt{3}\,i}{2}$ とすると

$$\omega^2=\left(\dfrac{-1+\sqrt{3}\,i}{2}\right)^2=\dfrac{1-2\sqrt{3}\,i+3i^2}{4}=\dfrac{-1-\sqrt{3}\,i}{2}$$

$\omega=\dfrac{-1-\sqrt{3}\,i}{2}$ とすると

$$\omega^2=\left(\dfrac{-1-\sqrt{3}\,i}{2}\right)^2=\dfrac{1+2\sqrt{3}\,i+3i^2}{4}=\dfrac{-1+\sqrt{3}\,i}{2}$$

$x^3=1$ の虚数解のうち，どちらを ω としても，他方が ω^2 となる。
したがって，上の ① の性質がいえる。

  よって，1の3乗根の虚数であるものの1つを ω とすると，もう1つは ω^2 である。

(イ) ω は方程式 $x^2+x+1=0$ の解であるから

$$\omega^2+\omega+1=0 \quad \cdots\cdots\ ①$$

  また $\omega^5+\omega^4=\omega^3(\omega^2+\omega)$

  ここで，ω は1の3乗根であるから $\omega^3=1$

  ① から $\omega^2+\omega=-1$

  したがって $\omega^5+\omega^4=1\cdot(-1)=\boldsymbol{-1}$

$x=\alpha$ が方程式 $P(x)=0$ の解 $\iff P(\alpha)=0$

$\blacktriangleleft$ ① の結果を利用。

TRAINING 63 ②

1の3乗根のうち，虚数であるものの1つを ω とする。次の値を求めよ。

(1) $\omega^6+\omega^3+1$ (2) $\omega^{38}+\omega^{19}+1$

標準 例題 **64** 高次方程式の係数決定 (1) …… 実数解の条件 ///

3 次方程式 $x^3+ax^2-17x+b=0$ は -1 と -3 を解にもつという。
(1) 定数 a, b の値を求めよ。　　(2) この方程式の他の解を求めよ。

CHART & GUIDE

方程式の係数決定の問題

$x=\alpha$ が方程式 $P(x)=0$ の解 $\iff$ $P(\alpha)=0$ の利用

(1) $x=-1$, -3 を方程式に代入し, a, b の連立方程式を導く。 …… !

(2) (1)で求めた a, b の値をもとの 3 次方程式に代入し, 左辺を因数分解することで他の解を求める。なお, 左辺を因数分解する際, $x+1$, $x+3$ を因数にもつことに注意する。

解答

(1) -1 と -3 が解であるから, $x=-1$, -3 を方程式
　　$x^3+ax^2-17x+b=0$ …… ① に代入すると
$$\left.\begin{array}{r}(-1)^3+a(-1)^2-17(-1)+b=0\\(-3)^3+a(-3)^2-17(-3)+b=0\end{array}\right\} Ⓐ$$
　　整理すると $a+b=-16$, $9a+b=-24$
　　この連立方程式を解いて
$$a=-1,\ b=-15$$
(2) (1)の結果から, ① は
$$x^3-x^2-17x-15=0$$
　　左辺は $\underline{(x+1)(x+3)}$ を因数にもつことに注意して, 左辺を
　　　　　　　　　Ⓑ
　　因数分解すると
$$\underline{(x+1)(x+3)(x-5)}=0$$
　　　　　　　　Ⓒ
　　よって, 他の解は $x-5=0$ から $\quad x=5$

（右側注釈）
(1) -1 と -3 が解
　　$\longrightarrow$ $x=-1$, -3 を方程式に代入すると成り立つ。

(2) $x^3-x^2-17x-15$
　　$=(x+1)(x+3)$
　　　　$\times(x+c)$
　　定数項の比較
　　$-15=1\cdot3\cdot c$ から,
　　$c=-5$ とわかる。

👆 Lecture　**方程式の解と因数定理**

上の例題は, 次のような同値関係を利用して解決している [$P(x)$, $Q(x)$ は多項式]。

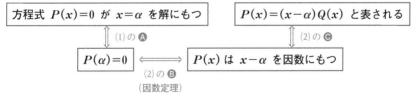

方程式 $P(x)=0$ が $x=\alpha$ を解にもつ
　　　　$\updownarrow$ (1)の Ⓐ

| $P(\alpha)=0$ |
　　(2)の Ⓑ
　　（因数定理）

$P(x)=(x-\alpha)Q(x)$ と表される
　　　　$\updownarrow$ (2)の Ⓒ

$P(\alpha)=0$ $\iff$ $P(x)$ は $x-\alpha$ を因数にもつ

TRAINING 64 ③

x の方程式 $x^3-ax^2+(3a-1)x-24=0$ の解のうち, 1 つは $x=2$ であるという。このとき, 定数 a の値と他の解を求めよ。

≪≪ 基本例題 **36**, 標準例題 **64** │ ★

標準 例題 **65** 高次方程式の係数決定 (2) …… 虚数解の条件 ◔◔◔

a, b は実数とする。x の 3 次方程式 $x^3+ax^2+bx-4=0$ が $1+i$ を解にもつとき，定数 a, b の値と他の解を求めよ。 〔山梨大〕

CHART
& GUIDE

方程式の係数決定の問題
$$x=\alpha \ \text{が方程式} \ P(x)=0 \ \text{の解} \iff P(\alpha)=0 \ \text{の利用}$$

1 $x=1+i$ を方程式に代入して，i について整理する。…… [!]

2 複素数の相等条件により，a, b の連立方程式が得られるので，それを解く。
A, B が実数のとき $A+Bi=0 \iff A=0$ かつ $B=0$

3 求めた a, b の値を方程式に代入し，左辺を因数分解して他の解を求める。

解答

[!]

$1+i$ がこの方程式の解であるから
$$(1+i)^3+a(1+i)^2+b(1+i)-4=0$$
ここで，$(1+i)^3=1^3+3\cdot1^2\cdot i+3\cdot1\cdot i^2+i^3=-2+2i$,
$(1+i)^2=1^2+2\cdot1\cdot i+i^2=2i$ であるから
$$-2+2i+a\cdot2i+b+bi-4=0$$
よって $(b-6)+(2a+b+2)i=0$
$\underline{b-6, \ 2a+b+2 \ \text{は実数であるから}}$ ← この断り書きは重要！
$$b-6=0, \ 2a+b+2=0$$
この連立方程式を解いて $a=-4$, $b=6$
$a=-4$, $b=6$ のとき方程式は $x^3-4x^2+6x-4=0$
$P(x)=x^3-4x^2+6x-4$ とすると $P(2)=0$
ゆえに $P(x)=(x-2)(x^2-2x+2)$
よって，方程式は $(x-2)(x^2-2x+2)=0$
ゆえに $x=2$ または $x^2-2x+2=0$
したがって $x=2, \ 1\pm i$
ゆえに，他の解は $x=2, \ 1-i$

← $(a+b)^3$
$=a^3+3a^2b+3ab^2+b^3$
を利用。なお，$(1+i)^3$ は
$(1+i)^3=(1+i)^2(1+i)$
$\qquad =2i(1+i)$
と計算してもよい。

← $P(2)=2^3-4\cdot2^2+6\cdot2-4$
$\qquad =8-16+12-4=0$
← $P(x)$ は $x-2$ を因数に
もつ。

$$\begin{array}{rrrr|r} 1 & -4 & 6 & -4 & \underline{2} \\ & 2 & -4 & 4 & \\ \hline 1 & -2 & 2 & \underline{0} & \end{array}$$

👆 **Lecture** 共役な複素数も解であることを利用した解法

虚数解について，一般に次のことが知られている。

> 実数を係数とする n 次方程式が虚数解 $a+bi$ をもつならば，
> それと共役な複素数 $a-bi$ もこの方程式の解である。

このことを利用すると，次のように解くことができる。

実数を係数とする 3 次方程式が虚数解 $1+i$ を解にもつから，共役な複素数 $1-i$ も方程式の解である。

方程式の左辺 x^3+ax^2+bx-4 は，
$$\{x-(1+i)\}\{x-(1-i)\}=x^2-2x+2 \quad \leftarrow (1+i)(1-i)=1^2-i^2$$
$$=1-(-1)=2$$
で割り切れる。

[別解]　1. 割り算を利用した解法

右の割り算から，余りは
$$(2a+b+2)x-2a-8$$
これが 0 に等しいから
$$2a+b+2=0, \quad -2a-8=0$$
これを解いて　$a=-4, \ b=6$
このとき，方程式は
$$(x^2-2x+2)(x-2)=0$$
よって　　　　　$x=2, \ 1\pm i$
他の解は　　　$x=2, \ 1-i$

$$
\begin{array}{r}
x \ +(a+2) \\
x^2-2x+2 \overline{\big)\ x^3 +ax^2 \quad\quad +bx-4} \\
\underline{x^3 -2x^2 \quad\quad +2x} \\
(a+2)x^2 +(b-2)x-4 \\
\underline{(a+2)x^2 -2(a+2)x+2(a+2)} \\
(2a+b+2)x-2a-8
\end{array}
$$

商 $x+(a+2)$ に $a=-4$ を代入すると　$x-2$

[別解]　2. 係数比較を利用した解法

x^3+ax^2+bx-4 の定数項が -4 であるから，方程式の左辺は
$$x^3+ax^2+bx-4=(x^2-2x+2)(x-2) \quad \leftarrow -4=2\times(-2) \text{ であるから，}$$
$$(x^2-2x+2)(x-2) \text{ となる。}$$
と因数分解できる。
この等式の右辺を展開して整理すると
$$x^3+ax^2+bx-4=x^3-4x^2+6x-4$$
両辺を比較して　　$a=-4, \ b=6$
他の解は　　　$x=2, \ 1-i$

[別解]　3. 3 次方程式の解と係数の関係(次ページ参照)を利用した解法

$1\pm i$ 以外の解を c とすると，3 次方程式の解と係数の関係から
$$(1+i)+(1-i)+c=-a$$
$$(1+i)(1-i)+(1-i)c+c(1+i)=b$$
$$(1+i)(1-i)c=4$$
整理すると　　$2+c=-a, \ 2+2c=b, \ 2c=4$ 　　$\leftarrow (1+i)(1-i)=1^2-i^2$
これを解いて　$a=-4, \ b=6, \ c=2$ 　　　　　　　　　$=1-(-1)=2$
他の解は　　　$x=2, \ 1-i$

TRAINING 65 ③ ★

$a, \ b$ は実数で，方程式 $x^3-2x^2+ax+b=0$ は $x=2+i$ を解にもつとする。このとき，$a, \ b$ の値と方程式のすべての解を求めよ。　　　　　　　　　　　　　　　　［学習院大］

3章 11 高次方程式

発展学習

発展 例題
66 3次方程式の解と係数の関係 〈/〉〈/〉〈/〉〈/〉

3次方程式 $x^3+x^2+x+3=0$ の3つの解を $\alpha,\ \beta,\ \gamma$ とするとき,
$\alpha^2+\beta^2+\gamma^2,\ \alpha^3+\beta^3+\gamma^3$ の値を求めよ。

CHART
& GUIDE
3次方程式の解と係数の関係
3次方程式 $ax^3+bx^2+cx+d=0$ の3つの解を $\alpha,\ \beta,\ \gamma$ とすると

$$\alpha+\beta+\gamma=-\frac{b}{a},\qquad \alpha\beta+\beta\gamma+\gamma\alpha=\frac{c}{a},\qquad \alpha\beta\gamma=-\frac{d}{a}\quad\cdots\cdots\ \boxed{!}$$

マイナスに注意

解答

解と係数の関係により

$\boxed{!}$ $\qquad \alpha+\beta+\gamma=-1,\qquad \alpha\beta+\beta\gamma+\gamma\alpha=1,\qquad \alpha\beta\gamma=-3$
よって
$\boldsymbol{\alpha^2+\beta^2+\gamma^2}=(\alpha+\beta+\gamma)^2-2(\alpha\beta+\beta\gamma+\gamma\alpha)\qquad \cdots\cdots Ⓐ$
$\qquad\qquad =(-1)^2-2\cdot1=\boldsymbol{-1}$
$\boldsymbol{\alpha^3+\beta^3+\gamma^3}$
$=(\alpha+\beta+\gamma)(\alpha^2+\beta^2+\gamma^2-\alpha\beta-\beta\gamma-\gamma\alpha)+3\alpha\beta\gamma\ \cdots\cdots Ⓑ$
$=(-1)\cdot(-1-1)+3\cdot(-3)$
$=\boldsymbol{-7}$

Ⓐ, Ⓑ の等式は, 右辺を展開すると左辺が導かれることから, 成り立つことがわかるが, Ⓐ の等式は
$(\alpha+\beta+\gamma)^2=\alpha^2+\beta^2+\gamma^2+2(\alpha\beta+\beta\gamma+\gamma\alpha)$
を変形することからも導かれる。

☞ Lecture 3次方程式の解と係数の関係

3次方程式 $ax^3+bx^2+cx+d=0$ の3つの解が $\alpha,\ \beta,\ \gamma$ のとき, 等式
$$ax^3+bx^2+cx+d=a(x-\alpha)(x-\beta)(x-\gamma)$$
が成り立つ。これは **恒等式** であり, 右辺を展開すると
$$ax^3+bx^2+cx+d=a\{x^3-(\alpha+\beta+\gamma)x^2+(\alpha\beta+\beta\gamma+\gamma\alpha)x-\alpha\beta\gamma\}$$
両辺の係数を比較すると $\qquad b=-a(\alpha+\beta+\gamma),\ c=a(\alpha\beta+\beta\gamma+\gamma\alpha),\ d=-a\alpha\beta\gamma$
これらから, 上の GUIDE で示したような **3次方程式の解と係数の関係** が得られる。

(参考) 上の例題に出てきた3文字 $\alpha,\ \beta,\ \gamma$ の式 $\alpha^2+\beta^2+\gamma^2,\ \alpha^3+\beta^3+\gamma^3$ などは, $\alpha,\ \beta,\ \gamma$ のどの2つの文字を入れ替えても, **もとの式と同じ** になる。
このような式を **3文字 $\alpha,\ \beta,\ \gamma$ の対称式** といい, 次のことが知られている。
3文字 $\alpha,\ \beta,\ \gamma$ の対称式は, 基本対称式 $\alpha+\beta+\gamma,\ \alpha\beta+\beta\gamma+\gamma\alpha,\ \alpha\beta\gamma$ で表される

TRAINING 66 ④

3次方程式 $x^3-2x+1=0$ の3つの解を $\alpha,\ \beta,\ \gamma$ とするとき, 次の式の値を求めよ。
(1) $\alpha+\beta+\gamma,\ \alpha\beta+\beta\gamma+\gamma\alpha,\ \alpha\beta\gamma$ 　　　(2) $\alpha^2+\beta^2+\gamma^2$
(3) $\alpha^3+\beta^3+\gamma^3$ 　　　(4) $(\alpha-2)(\beta-2)(\gamma-2)$

発展 例題 **67** 3 次方程式が重解をもつ条件 ◑◑◑◑◑

3 次方程式 $x^3+(a+1)x^2-a=0$ が重解をもつとき，定数 a の値を求めよ。

CHART & GUIDE

3 次方程式の問題

因数分解して （1 次式）×（2 次式）の形へ

1 方程式の左辺を因数分解する。まず，1 次の因数をくくり出す。
　→ 因数定理を利用して因数分解してもよいが，定数 a を含むから，次も有効。
　　多くの文字を含む式の因数分解 次数が最低の文字について整理
2 $(x-\alpha)Q(x)=0$ [$Q(x)$ は 2 次式] の形に表し，場合分けをする。…… !
　[1] $x=\alpha$ が $Q(x)=0$ の解となる。　[2] 2 次方程式 $Q(x)=0$ が重解をもつ。

解答

左辺を a について整理すると　　$a(x^2-1)+x^3+x^2=0$
ゆえに　　　　　$a(x+1)(x-1)+x^2(x+1)=0$
よって　　　　　$(x+1)(x^2+ax-a)=0$
したがって　　　$x+1=0$ または $x^2+ax-a=0$
! 重解をもつのは，次の [1]，[2] の場合である。
[1] $x+1=0$ の解 $x=-1$ が $x^2+ax-a=0$ の解のとき
　　　$(-1)^2+a(-1)-a=0$　　　ゆえに　　$a=\dfrac{1}{2}$
[2] $x^2+ax-a=0$ が重解をもつとき
　判別式を D とすると　　$D=a^2-4(-a)=0$
　よって　　$a(a+4)=0$　　　ゆえに　　$a=0,\ -4$
以上から，求める a の値は　　$a=\dfrac{1}{2},\ 0,\ -4$

◀ 方程式の左辺は $x+1$ を
　因数にもつことに注目し
　て因数分解してもよい。

$$
\begin{array}{rrrr|r}
1 & a+1 & 0 & -a & \underline{-1} \\
 & -1 & -a & a & \\
\hline
1 & a & -a & 0 &
\end{array}
$$

方程式は
$a=\dfrac{1}{2}$ のとき
　$(x+1)^2\left(x-\dfrac{1}{2}\right)=0$
$a=0$ のとき　$(x+1)x^2=0$
$a=-4$ のとき
　$(x+1)(x-2)^2=0$

👆 *Lecture* **3 次方程式が重解をもつ条件**

3 次方程式について，

　　　重解には 2 重解の場合と 3 重解の場合がある

ことに注意しよう。
例えば，上の例題で，問題文が「2 重解をもつように…」という条件の場合は，a の値を求めた後
で，3 重解をもつようになっていないか，確認する必要がある。

TRAINING **67** ④ ★

3 次方程式 $x^3-(a+2)x+2(a-2)=0$ が 2 重解をもつとき，定数 a の値を求めよ。

[松阪大]

発展 例題 68 3次方程式が異なる3つの実数解をもつ条件

x に関する方程式 $x^3+ax^2+(a+1)x+2=0$ が異なる3つの実数解をもつとき，実数 a の値の範囲を求めよ。　〔類 工学院大〕

CHART & GUIDE

3次方程式の問題
因数分解して　(1次式)×(2次式) の形へ

1. 左辺を因数分解して，$(x-\alpha)Q(x)=0$ $[Q(x)$ は2次式] の形に表す。
2. 次の [1]，[2] がともに成り立つことを利用して，a の不等式などを解く。
   - [1] $Q(x)=0$ が異なる2つの実数解をもつ。…… 判別式 $D>0$
   - [2] $x=\alpha$ が $Q(x)=0$ の解ではない。…… $Q(\alpha)\neq0$

解答

左辺を a について整理すると　　$x^3+x+2+a(x^2+x)=0$
ゆえに　　　　$(x+1)(x^2-x+2)+ax(x+1)=0$
よって　　　　$(x+1)\{x^2+(a-1)x+2\}=0$
この方程式が異なる3つの実数解をもつから，次の [1]，[2] がともに成り立つ。

- [1] $x^2+(a-1)x+2=0$ …… ① が異なる2つの実数解をもつ。
- [2] $x+1=0$ の解 $x=-1$ が ① の解でない。

[1] ① の判別式を D とすると
$$D=(a-1)^2-4\cdot2=(a-1)^2-8$$
$D>0$ であるから　　$(a-1)^2-8>0$
ゆえに　　　$\{(a-1)+2\sqrt{2}\}\{(a-1)-2\sqrt{2}\}>0$
よって　　　$a-1<-2\sqrt{2}$,　$2\sqrt{2}<a-1$
したがって　$a<1-2\sqrt{2}$,　$1+2\sqrt{2}<a$
[2] 条件は　　$(-1)^2+(a-1)(-1)+2\neq0$
したがって　$a\neq4$
以上から　　**$a<1-2\sqrt{2}$,　$1+2\sqrt{2}<a<4$,　$4<a$**

◀次数の低い a について整理。

◀x^3+x+2 は $x+1$ を因数にもつ。

1	0	1	2	$\underline{-1}$
	-1	1	-2	
1	-1	2	0	

◀左辺を整理して
$a^2-2a-7>0$
$a^2-2a-7=0$ の解は
$a=1\pm2\sqrt{2}$
よって，不等式の解は
$a<1-2\sqrt{2},1+2\sqrt{2}<a$
としてもよい。

◀$\sqrt{2}<1.5$ から　$2\sqrt{2}<3$
よって　$1+2\sqrt{2}<4$

(補足) $(x+1)\{x^2+(a-1)x+2\}=0$ が異なる3つの実数解をもつのは，2次方程式 ① が $x=-1$ 以外の異なる2つの実数解をもつときである。

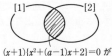

$(x+1)\{x^2+(a-1)x+2\}=0$ が異なる3つの実数解をもつ

TRAINING 68 ④ ★

x に関する3次方程式 $x^3+(1-a^2)x-a=0$ が異なる3つの実数解をもつとき，実数 a の値の範囲を求めよ。　〔類 名城大〕

発展 例題 **69** 高次方程式の解法 (3) 🕐🕐🕐🕐🕐

$P(x)=x^4-2x^3+3x^2-2x+1$ とし，方程式 $P(x)=0$ の解について考える。
$P(0) \neq 0$ であるから，$x=0$ は $P(x)=0$ の解ではない。そこで，$P(x)=0$ の

両辺を x^2 で割ると，$x^2-2x+3-\dfrac{2}{x}+\dfrac{1}{x^2}=0$ を得る。

(1) $x+\dfrac{1}{x}=t$ とおくとき，t の満たす 2 次方程式を求めよ。

(2) 方程式 $P(x)=0$ の解を求めよ。

CHART & GUIDE

$ax^4+bx^3+cx^2+bx+a=0$ のように，係数が左右対称な方程式を相反方程式という。また，相反方程式では，$x+\dfrac{1}{x}=t$ のおき換えが有効である。

3章

発展学習

解答

(1) $x^2-2x+3-\dfrac{2}{x}+\dfrac{1}{x^2}=0$ から

$$\left(x^2+\dfrac{1}{x^2}\right)-2\left(x+\dfrac{1}{x}\right)+3=0$$

$x^2+\dfrac{1}{x^2}=\left(x+\dfrac{1}{x}\right)^2-2\cdot x\cdot\dfrac{1}{x}=t^2-2$ であるから

$$(t^2-2)-2t+3=0$$

すなわち **$t^2-2t+1=0$**

(2) $t^2-2t+1=0$ から $(t-1)^2=0$ よって $t=1$

ゆえに $x+\dfrac{1}{x}=1$ よって $x^2-x+1=0$

したがって $\boldsymbol{x}=\dfrac{-(-1)\pm\sqrt{(-1)^2-4\cdot1\cdot1}}{2\cdot1}=\dfrac{1\pm\sqrt{3}\,i}{2}$

（補足）方程式の両辺を 0 で割ることはできない。そのため，問題文で，$x=0$ が $P(x)=0$ の解でないことを確かめている。

◆ $x+\dfrac{1}{x}=1$ の両辺に $x(\neq0)$ を掛けて $x^2+1=x$

（参考） $x^4+px^3+qx^2+px+1=0$（相反方程式）の両辺を x^2 で割ると

$$x^2+px+q+\dfrac{p}{x}+\dfrac{1}{x^2}=0$$

$x+\dfrac{1}{x}=t$ とおくと，$x^2+\dfrac{1}{x^2}=\left(x+\dfrac{1}{x}\right)^2-2$ であり，t の 2 次方程式を導くことができる。そして，その方程式を解くことで，もとの方程式の解を求めることができる。

TRAINING 69 ④ ★

方程式 $x^4-8x^3+17x^2-8x+1=0$ を解け。 ［横浜市大］

EXERCISES

A **29**③ a, b, c, d は実数の定数とする。多項式 $P(x)=ax^3+bx^2+cx+d$ は x^2-1 で割ると $x+2$ 余り，x^2+1 で割ると $3x+4$ 余るという。このとき $a=-{}^{ア}\boxed{}$，$b=-{}^{イ}\boxed{}$，$c={}^{ウ}\boxed{}$，$d={}^{エ}\boxed{}$ である。 〔摂南大〕

≪≪ 基本例題 55

30③ 多項式 $f(x)$ を $x-1$ で割ると 1 余り，$x-2$ で割ると 7 余り，$x+1$ で割ると 3 余るとき，$f(x)$ を $(x-1)(x-2)(x+1)$ で割ったときの余りを求めよ。 〔北里大〕

≪≪ 標準例題 56

31③ 多項式 $P(x)$ を x^2-2x+1 で割った余りが $x-2$ であり，$2x^2+3x+1$ で割った余りが $2x+3$ である。このとき，$P(x)$ を $2x^2-x-1$ で割った余りを求めよ。 〔福島大〕

≪≪ 標準例題 56

32③ ★ 4 次方程式 $x^4+8x^3+20x^2+16x-12=0$ の解を求めよう。
$t=x^2+4x$ とおくと，この方程式は $t^2+{}^{ア}\boxed{}t-12=0$ となる。左辺を因数分解することにより，最初の 4 次方程式は
$(x^2+4x+{}^{イ}\boxed{})(x^2+4x-{}^{ウ}\boxed{})=0$ と表せる。よって，その解は方程式 $x^2+4x+{}^{イ}\boxed{}=0$ の 2 つの虚数解 ${}^{エ}\boxed{}\pm\sqrt{{}^{オ}\boxed{}}\,i$ と，方程式 $x^2+4x-{}^{ウ}\boxed{}=0$ の 2 つの実数解 ${}^{エ}\boxed{}\pm\sqrt{{}^{カ}\boxed{}}$ である。〔センター試験〕

≪≪ 基本例題 61

33③ ★ q, r を実数として，多項式 $P(x)=x^3-2x^2+qx+2r$ を考える。
3 次方程式 $P(x)=0$ の解が -2 と 2 つの自然数 α, β $(\alpha<\beta)$ であるとき，α, β と q, r を求めよ。 〔類 センター試験〕 ≪≪ 基本例題 **42**, **62**

HINT

30 $f(x)$ を $(x-1)(x-2)(x+1)$ で割ったときの余りを ax^2+bx+c として，割り算の等式を書く。

31 割る式について，$x^2-2x+1=(x-1)^2$，$2x^2+3x+1=(x+1)(2x+1)$，$2x^2-x-1=(x-1)(2x+1)$ と因数分解できることに注目する。

EXERCISES

A **34**③ ★ (1) 複素数 $1+2i$ を解にもつ実数係数の x の2次方程式で，x^2 の係数が
1であるものを求めよ。

(2) a, b を実数とする。4次方程式 $x^4-x^3+2x^2+ax+b=0$ が $1+2i$ を解
にもつとき，a, b の値を求めよ。　　　　　〔琉球大〕　≪ 標準例題 **65**

B **35**④ (1) 多項式 x^{2017} を多項式 x^2+x で割ったときの余りを求めよ。　　〔防衛大〕

(2) 多項式 $x^{1010}+x^{101}+x^{10}+x$ を x^3-x で割ったときの余りを求めよ。
　　　　　〔学習院大〕
≪ 標準例題 **56**

3章

発展学習

36⑤ 多項式 $P(x)$ を $(x+1)^2$ で割ったときの余りが $18x+9$ であり，$x-2$ で割っ
たときの余りが9であるとき，$P(x)$ を $(x+1)^2(x-2)$ で割ったときの余りは
□ である。　　　　　〔神奈川大〕　≪ 標準例題 **56**

37④ p, q は有理数とする。方程式 $x^3-4x^2+px+q=0$ が $1+\sqrt{3}$ を解にもつと
き

(1) p, q の値を求めよ。　　(2) 他の2つの解を求めよ。　〔九州東海大〕
≪ 標準例題 **64**

38④ 3次方程式 $3x^3+3x-2=0$ の3つの解を α, β, γ とするとき，$\alpha+1$, $\beta+1$,
$\gamma+1$ を3つの解とする3次方程式を1つ作れ。　　〔類 武庫川女子大〕
≪ 標準例題 **48**，発展例題 **66**

39⑤ 実数 x, y, z は連立方程式 $\begin{cases} x+y+z=-1 \\ x^2+y^2+z^2=7 \\ x^3+y^3+z^3=-1 \end{cases}$ …… ① を満たしている。

このとき $xy+yz+zx=$ ᵃ□, $xyz=$ ᶦ□ である。したがって，連立方
程式 ① の解は全部で ᵘ□ 組あり，それらの中で $x<y<z$ を満たすもの
は $(x, y, z)=$ ᵋ□ である。　　　　　〔明治薬大〕　≪ 発展例題 **66**

HINT

34 (2) (1) の結果を利用する。

36 $P(x)$ を $(x+1)^2(x-2)$ で割ったときの余りを ax^2+bx+c とする。このとき，$P(x)$
を $(x+1)^2$ で割った余りは，ax^2+bx+c を $(x+1)^2$ で割った余りに等しい。

37 (1) a, b が有理数で，$\sqrt{l}$ が無理数のとき　$a+b\sqrt{l}=0 \Longrightarrow a=b=0$

38 一般に，3つの数 p, q, r を解とする3次方程式の1つは　$(x-p)(x-q)(x-r)=0$
すなわち　$x^3-(p+q+r)x^2+(pq+qr+rp)x-pqr=0$

39 (ウ) (ア) と(イ)，3次方程式の解と係数の関係を利用して，x, y, z を解とする3次方程
式を作る。

EXERCISES

B **40**④ ★ x についての 3 次方程式 $x^3+(a-5)x^2+(a+8)x-6a-4=0$ を考える。

(1) この方程式はどのような a の値についても,$x=$ ア☐ を解にもつ。

(2) この方程式が異なる 2 つの実数解をもつとき,$a=$ イ☐,ウ☐,
エ☐ である。ただし,イ☐ < ウ☐ < エ☐ とする。 〔立命館大〕

<<< 発展例題 **67**

41⑤ ★ 係数 a,b が整数である 3 次方程式 $x^3+ax^2+bx+1=0$ が 2 つの虚数解
と 1 つの負の整数解をもつ。この条件を満たす整数の組 (a, b) は ☐ 組あ
る。 〔類 早稲田大〕 <<< 発展例題 **68**

42⑤ ★ $a+b+c=-1$ を満たす実数 a,b,c に対し,$P(x)=x^3+ax^2+bx+c$ と
する。

(1) $P(x)$ は $P(x)=(x-$ ア☐$)\{x^2+($ イ☐$+1)x-$ ウ☐$\}$ と表される。

(2) 方程式 $P(x)=0$ の解が複素数の範囲で ア☐ だけであるとき,a,b,
c の値を求めよ。

(3) 方程式 $P(x)=0$ が異なる 3 つの実数解をもち,そのうち 2 つの解が 1
よりも小さくなるための条件を a,b,c を用いて表せ。 〔類 センター試験〕

<<< 発展例題 **54**,**68**

43④ ★ $P(x)=2x^4-7x^3+8x^2-21x+18$ とし,方程式 $P(x)=0$ の解について考
える。

$P(0) \neq 0$ であるから,$x=0$ は $P(x)=0$ の解ではない。そこで,$P(x)=0$

の両辺を x^2 で割ると,$2x^2-7x+8-\dfrac{21}{x}+\dfrac{18}{x^2}=0$ を得る。

(1) $x+\dfrac{3}{x}=t$ とおくとき,t の満たす 2 次方程式を求めよ。

(2) 方程式 $P(x)=0$ の解を求めよ。 〔類 センター試験〕

<<< 発展例題 **69**

HINT

40 (2) (1)から,与えられた 3 次方程式を $(x-\alpha)Q(x)=0$ $[Q(x)$ は 2 次式]の形に表し,
場合分けをする。

41 負の整数解を α として,方程式に代入。

図形と方程式

4章

Let's Start

12 直線上の点

図形の問題を考えるとき，これまでは中学や数学Aで学んだ三角形や円の性質を用いてきました。第4章，第5章では，図形を座標や方程式で表し，その性質を調べる方法を学びます。まずは，直線上の点について学習していきましょう。

■ 数直線上の2点間の距離

数直線上で，点Pに実数aが対応しているとき，aを点Pの **座標** といい，座標がaである点Pを **$P(a)$** で表す。

← 原点は$O(0)$となる。

数直線上の原点Oと点$P(a)$の距離を，aの絶対値といい，$|a|$で表す。すなわち，2点O，P間の距離OPは **$OP=|a|$** と表される。

← $a \geqq 0$ のとき
　$|a|=a$
　$a<0$ のとき
　$|a|=-a$

また，数直線上の2点$A(a)$，$B(b)$間の距離は

$a \leqq b$ のとき　$AB=b-a$

$a>b$ のとき　$AB=a-b$

である。よって，次のようになる。

> 2点$A(a)$，$B(b)$間の距離ABは
> $$AB=|b-a|$$

$a<b$のとき

$a>b$のとき

■ 線分の内分点・外分点

m，nを正の数とする。

線分AB上の点Pが

$$AP:PB=m:n$$

を満たすとき，点Pは線分ABを$m:n$に **内分する** といい，点Pを線分ABの **内分点** という。

内 分

また，線分ABの延長上の点Qが

$$AQ:QB=m:n \ (m \neq n)$$

を満たすとき，点Qは線分ABを$m:n$に **外分する** といい，点Qを線分ABの **外分点** という。

一般に次のことが成り立つ。

外 分

$m>n$のとき

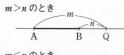

$m<n$のとき

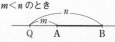

線分の内分点・外分点の座標

数直線上の 2 点 A(a), B(b) に対して

 線分 AB を $m : n$ に内分する点Pの座標は $\dfrac{na+mb}{m+n}$

 線分 AB を $m : n$ に外分する点Qの座標は $\dfrac{-na+mb}{m-n}$

特に, 線分 AB の中点の座標は $\dfrac{a+b}{2}$

◀ 内分点Pの座標でnを
 $-n$におき換えたもの
 が, 外分点Qの座標。

証明 **[内分点]** 点Pの座標をpとする。

 $a<b$ のとき, AP$=p-a$, PB$=b-p$ であるから

   $(p-a):(b-p)=m:n$

 すなわち $n(p-a)=m(b-p)$

 ゆえに $(m+n)p=na+mb$

 よって $p=\dfrac{na+mb}{m+n}$

 $a>b$ のときも同様の結果が得られる。

◀ $a<p<b$ から。

◀ $e:f=g:h$
 $\Longleftrightarrow eh=fg$

4章
12

直
線
上
の
点

[外分点] 点Qの座標をqとする。

 $m>n$, $a<b$ のとき, AQ$=q-a$, QB$=q-b$ であるから

   $(q-a):(q-b)=m:n$

 すなわち $n(q-a)=m(q-b)$

 よって $(m-n)q=-na+mb$

 $m-n\neq0$ であるから $q=\dfrac{-na+mb}{m-n}$ ...... ①

 $m>n$, $a>b$ のときも同様の結果が得られる。

 また, q は $m<n$ の場合も ① で表される。

◀ $a<b<q$ から。

◀ $e:f=g:h$
 $\Longleftrightarrow eh=fg$

実際の問題で, 数直線上の点の座標を求めてみましょう。

基本 例題 70 数直線上の点の座標

数直線上の 2 点を A(-6), B(10) とする。

(1) 2 点 A, B 間の距離を求めよ。

(2) 線分 AB を $5:3$ に内分する点 P の座標を求めよ。

(3) 線分 AB を $7:11$ に外分する点 Q の座標を求めよ。

(4) 線分 PQ の中点 M の座標を求めよ。

CHART & GUIDE

数直線上の 2 点間の距離
線分の内分点・外分点

A(a), B(b), $m>0$, $n>0$ (外分のときは $m \neq n$) について

2 点 A, B 間の距離 $AB = |b-a|$

線分 AB を $m:n$ に内分, 外分する点の座標, 線分 AB の中点の座標

内分 $\dfrac{na+mb}{m+n}$ 外分 $\dfrac{-na+mb}{m-n}$ 中点 $\dfrac{a+b}{2}$

解答

(1) $AB = |10-(-6)| = |16| = \mathbf{16}$

$\Leftarrow |a| = \begin{cases} a & (a \geqq 0) \\ -a & (a < 0) \end{cases}$

(2) $\dfrac{3 \times (-6) + 5 \times 10}{5+3} = \dfrac{32}{8} = \mathbf{4}$

(3) $\dfrac{-11 \times (-6) + 7 \times 10}{7-11} = \dfrac{136}{-4} = \mathbf{-34}$

(4) $\dfrac{4+(-34)}{2} = \mathbf{-15}$

$\Leftarrow$ 中点は, $1:1$ に内分する点であるから
$\dfrac{1 \cdot a + 1 \cdot b}{1+1} = \dfrac{a+b}{2}$

TRAINING 70 ①

(1) A(-3), B(7), C(2) とする。2 点 A, B 間；B, C 間；C, A 間の距離を, それぞれ求めよ。

(2) 2 点 P(-4), Q(8) を結ぶ線分 PQ を, $1:3$ に内分する点 R, $3:1$ に外分する点 S, 線分 RS の中点 M の座標を, それぞれ求めよ。

Let's Start

13 平面上の点

座標平面上の点Pの位置は，2つの実数の組，例えば (a, b) で表される。この組 (a, b) を点Pの **座標** といい，a を x 座標，b を y 座標という。また，座標が (a, b) である点Pを $\mathrm{P}(a, b)$ と表す。

 この節では，平面上の点について学習していきましょう。

■ 座標平面上の点

座標平面は，座標軸によって4つの部分に分けられている。これらの各部分を **象限** といい，右の図のように，左回りにそれぞれを **第1象限，第2象限，第3象限，第4象限** という。ただし，座標軸はどの象限にも含めない。
なお，図の $(+, +)$ などは各象限での x 座標，y 座標の符号を示している。

例 点 $(3, 2)$ は，第1象限の点である。
　点 $(-1, 4)$ は，第2象限の点である。

■ 座標平面上の2点間の距離

2点間の距離

2点 $\mathrm{A}(x_1, y_1)$, $\mathrm{B}(x_2, y_2)$ 間の距離 AB は
$$\mathrm{AB}=\sqrt{(x_2-x_1)^2+(y_2-y_1)^2}$$
特に，原点Oと点 $\mathrm{A}(x_1, y_1)$ の距離 OA は
$$\mathrm{OA}=\sqrt{x_1{}^2+y_1{}^2}$$

◀ この式で点Bを原点とみなすと　$x_2=y_2=0$
よって
$\mathrm{OA}=\sqrt{(-x_1)^2+(-y_1)^2}$
$=\sqrt{x_1{}^2+y_1{}^2}$

証明　右の図において
$\mathrm{AC}=\mathrm{A'B'}=|x_2-x_1|$, $\mathrm{BC}=\mathrm{A''B''}=|y_2-y_1|$
直角三角形 ABC において，三平方の定理により
$\mathrm{AB}^2=\mathrm{AC}^2+\mathrm{BC}^2=|x_2-x_1|^2+|y_2-y_1|^2$
$=(x_2-x_1)^2+(y_2-y_1)^2$　◀ $|a|^2=a^2$
よって　$\mathrm{AB}=\sqrt{(x_2-x_1)^2+(y_2-y_1)^2}$
この式は，AB が x 軸，または y 軸に平行なときにも成り立つ。

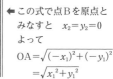
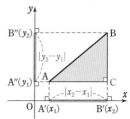

■ 内分点・外分点の座標

〈 内分点・外分点の座標 〉

2点 $A(x_1, y_1)$, $B(x_2, y_2)$ を結ぶ線分 AB を, $m:n$ に内分する点を P, 外分する点を Q とすると, それらの座標は

$$P\left(\frac{nx_1+mx_2}{m+n}, \frac{ny_1+my_2}{m+n}\right), Q\left(\frac{-nx_1+mx_2}{m-n}, \frac{-ny_1+my_2}{m-n}\right)$$

特に, 線分 AB の中点の座標は $\left(\dfrac{x_1+x_2}{2}, \dfrac{y_1+y_2}{2}\right)$

◆外分点の公式は, 内分点の公式において, n を $-n$ におき換えればよい。

証明 右の図のように, 点 A, B, P から x 軸, y 軸にそれぞれ垂線を引くと, 平行線と線分の比の性質により $A'P':P'B'=AP:PB=m:n$
$$A''P'':P''B''=AP:PB=m:n$$
したがって, 点 P' は線分 A'B' を, 点 P'' は線分 A''B'' をそれぞれ $m:n$ に内分する点である。
よって, 点 P' の x 座標, 点 P'' の y 座標は, 図で示されたようになり, 点Pの座標が得られる。

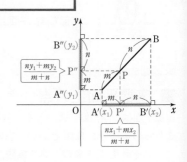

また, 外分点Qの座標についても同様にして上の公式が得られる。

■ 三角形の重心の座標

3点 $A(x_1, y_1)$, $B(x_2, y_2)$, $C(x_3, y_3)$ を頂点とする △ABC の重心をGとすると $G\left(\dfrac{x_1+x_2+x_3}{3}, \dfrac{y_1+y_2+y_3}{3}\right)$

証明 右の図において, 辺 BC の中点を M とすると, その座標は
$$\left(\frac{x_2+x_3}{2}, \frac{y_2+y_3}{2}\right)$$
中線 AM を $2:1$ に内分する点をG とすると, その座標は
$$\left(\frac{1\cdot x_1+2\cdot\frac{x_2+x_3}{2}}{2+1}, \frac{1\cdot y_1+2\cdot\frac{y_2+y_3}{2}}{2+1}\right)$$
すなわち $\left(\dfrac{x_1+x_2+x_3}{3}, \dfrac{y_1+y_2+y_3}{3}\right)$

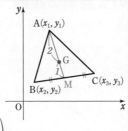

Play Back
三角形の重心
三角形の3本の中線は1点で交わり, その点は各中線を $2:1$ に内分する。この三角形の3本の中線の交点を三角形の **重心** という。

重心

実際に座標を求めたり, 座標を利用したりする問題に取り組んでいきましょう。

基本 例題 71 2点間の距離

次の2点間の距離を求めよ。

(1) $(2, 5)$, $(8, -3)$　　　　(2) $(0, 0)$, $(-\sqrt{3}, 7)$　　〔(1) 湘南工科大〕

CHART & GUIDE

2点間の距離の公式

公式は，直角三角形の斜辺を求める計算と同じ

2点 $A(x_1, y_1)$, $B(x_2, y_2)$ 間の距離 AB は
$$AB = \sqrt{(x_2 - x_1)^2 + (y_2 - y_1)^2}$$

特に，原点 $O(0, 0)$ と点 $A(x_1, y_1)$ の距離 OA は
$$OA = \sqrt{x_1^2 + y_1^2}$$

$$(斜辺) = \sqrt{(底辺)^2 + (高さ)^2}$$
三平方の定理

解答

(1) $\sqrt{(8-2)^2 + (-3-5)^2} = \sqrt{6^2 + (-8)^2}$
$= \sqrt{100} = \mathbf{10}$

(2) $\sqrt{(-\sqrt{3})^2 + 7^2} = \sqrt{52} = \mathbf{2\sqrt{13}}$

← $\sqrt{(2-8)^2 + \{5-(-3)\}^2}$
でもよい。

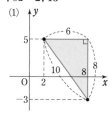

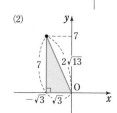

Lecture 2点間の距離の公式と三平方の定理

座標平面上の2点間の距離の公式は，その導き方からもわかるように，直角三角形において底辺と高さから斜辺の長さを求める計算と同じである。
三平方の定理を利用するイメージで公式を使うとよい。

TRAINING 71 ①

2点 $(-1, 4)$, $(2, 1)$ 間の距離を求めよ。　　〔類 京都産大〕

標準 例題
72 距離の条件から点の座標を求める 🕐🕐🕐

(1)　2点 A(1, −3)，B(−2, y) 間の距離が $\sqrt{13}$ であるとき，y の値を求めよ。
(2)　2点 A(−1, 2)，B(3, 4) から等距離にある x 軸上の点Pの座標を求めよ。

CHART
& GUIDE

距離についての条件が与えられた問題
距離の2乗を利用する

a, b が正のとき
$a = b \iff a^2 = b^2$

(1)　条件は　$AB = \sqrt{13}$
　　これを　$AB^2 = (\sqrt{13})^2$ として扱う。…… ⁉

(2)　点Pは2点A，Bから等距離にある $\iff AP = BP \iff AP^2 = BP^2$ …… ⁉
　■ 点Pは x 軸上の点であるから，その座標を $(x, 0)$ とする。
　■ AP^2，BP^2 を x の式で表し，$AP^2 = BP^2$ を解く。

解答

(1)　$AB = \sqrt{13}$ すなわち $AB^2 = 13$ から
⁉　　　　　　$(-2-1)^2 + \{y-(-3)\}^2 = 13$
　　ゆえに　　　$(y+3)^2 = 4$
　　よって　　　$y+3 = \pm 2$
　　したがって　　**$y = -1, -5$**

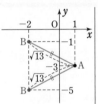

← 2乗して扱うと根号が出てこない。

(2)　点Pは x 軸上にあるから，その座標を $(x, 0)$ とする。
　　$AP = BP$ すなわち $AP^2 = BP^2$ から
⁉　　　　　　$\{x-(-1)\}^2 + (0-2)^2 = (x-3)^2 + (0-4)^2$
　　ゆえに　　　$(x+1)^2 + 4 = (x-3)^2 + 16$

　　整理して　　$8x = 20$　　　　よって　　　$x = \dfrac{5}{2}$

　　したがって，点Pの座標は　　$\left(\dfrac{5}{2}, 0\right)$

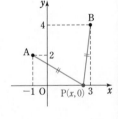

TRAINING　72 ③
(1)　2点 A(2, 3)，B(x, −3) 間の距離が 10 であるとき，x の値を求めよ。
(2)　2点 A(−1, −2)，B(2, 3) から等距離にある y 軸上の点 P の座標を求めよ。

標準 例題 **73** 三角形の形状を調べる

3点 A(5, -2), B(1, 5), C(-1, 2) を頂点とする △ABC がある。
(1) 3辺の長さを求めよ。
(2) △ABC は, どのような形の三角形か。

CHART & GUIDE

三角形の形状問題
3辺の長さの関係を調べる

求めた辺の長さをもとに三角形の形を調べる。次のことに着目する。

$$\triangle ABC\ \text{の形状} \begin{cases} \text{正三角形} & AB=BC=CA \\ \text{二等辺三角形} & AB=AC\ \text{など} \\ \text{直角三角形} & AB^2=BC^2+CA^2\ (\angle C=90°)\ \text{など} \end{cases}$$

4章
13
平面上の点

解答

(1) $AB=\sqrt{(1-5)^2+\{5-(-2)\}^2}$
$=\sqrt{16+49}=\sqrt{65}$
$BC=\sqrt{(-1-1)^2+(2-5)^2}$
$=\sqrt{4+9}=\sqrt{13}$
$CA=\sqrt{\{5-(-1)\}^2+(-2-2)^2}$
$=\sqrt{36+16}=\sqrt{52}$
$=2\sqrt{13}$

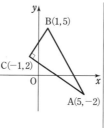

◀ 図をかいてみると, 三角形の形が見えてくる。

(2) (1)より, $AB^2=65$, $BC^2=13$, $CA^2=52$ であるから
$$AB^2=BC^2+CA^2$$
よって, △ABC は ∠**C**=90° の**直角三角形** である。

◀ 答え方に注意！
Lecture 参照。

Lecture 三角形の形状問題の注意点

上の例題のようなタイプの問題では, 結果は, 正三角形, 二等辺三角形, 直角三角形のいずれかになることが多いので, 辺の長さ（または辺の長さの2乗）を計算した後に

① 等しい辺があるかどうか　　② 三平方の定理を満たすかどうか

の2点に注目するとよい。なお, 問題で頂点が A, B, C と与えられたとき, 最終の答えでは, 結果が 二等辺三角形になる場合は等しい辺 を, 直角三角形になる場合は直角となる角 をきちんと示しておかなければならない。

TRAINING 73 ③

次の3点を頂点とする △ABC は, どのような形の三角形か。
(1) A(4, 3), B(-3, 2), C(-1, -2)
(2) A(1, -1), B(4, 1), C(-1, 2)

STEP *forward*

内分点・外分点の座標の公式をマスターして例題 **74** を攻略！

文字が多く，内分点の公式と外分点の公式は似ているので難しく感じるかもしれません。具体的な問題を通して考えてみましょう。

Get ready

A$(2,\ 3)$，B$(12,\ 8)$ とするとき，線分 AB を $3:2$ に内分する点P，$6:1$ に外分する点Qの座標を求めよ。

まず，$m:n$ に内分するときの公式の特徴を押さえましょう。

$$\frac{\boxed{}(\quad)+m(\quad)}{m+\boxed{}} \qquad \frac{n(\quad)+\boxed{}(\quad)}{\boxed{}+n}$$

このように m と n は交差するように分母分子に使い，（ ）に線分の両端の座標を代入します。

内分点の x 座標では $3:2$ の 3 と 2 を

$$\frac{\boxed{}(\quad)+3(\quad)}{3+\boxed{}} \qquad \frac{2(\quad)+\boxed{}(\quad)}{\boxed{}+2}$$

のように使って，（ ）に x 座標の 2，12 を順に代入すればよいのですね。

外分点の公式は，内分点の公式と比べて n と $-n$ が違うだけです。
ですので，公式の形は 1 つ覚えるだけで十分です。

memo

解答

内分点Pの x 座標は

$$\frac{2\cdot2+3\cdot12}{3+2}=8$$

内分点Pの y 座標は

$$\frac{2\cdot3+3\cdot8}{3+2}=6$$

よって内分点Pの座標は　$(8,6)$

外分点Qの x 座標は

$$\frac{-1\cdot2+6\cdot12}{6-1}=14$$

外分点Qの y 座標は

$$\frac{-1\cdot3+6\cdot8}{6-1}=9$$

よって外分点Qの座標は　$(14,9)$

まとめ

A$(x_1,\ y_1)$，B$(x_2,\ y_2)$ のとき，線分 AB を $m:n$ に内分する点P，外分する点Qの座標は

$$P\left(\frac{nx_1+mx_2}{m+n},\ \frac{ny_1+my_2}{m+n}\right),\ Q\left(\frac{-nx_1+mx_2}{m-n},\ \frac{-ny_1+my_2}{m-n}\right)$$

・m と n は分母と分子で交差するように。

・内分点の公式で n を $-n$ におき換えるだけで外分点の公式になる。

基本 例題 74 内分点, 外分点, 重心の座標

A$(-2,\ 1)$, B$(6,\ -3)$, C$(1,\ 7)$ とするとき, 次の点の座標を求めよ。

(1) 線分 BC を $3:2$ に内分する点 P
(2) 線分 CA を $3:2$ に外分する点 Q
(3) 線分 AB の中点 R
(4) △PQR の重心 G

CHART & GUIDE

座標平面上の点の座標

A$(x_1,\ y_1)$, B$(x_2,\ y_2)$, C$(x_3,\ y_3)$ とし, 線分 AB を $m:n$ に内分する点を P, 外分する点を Q, 線分 AB の中点を M, △ABC の重心を G とすると

内分点 $P\left(\dfrac{nx_1+mx_2}{m+n},\ \dfrac{ny_1+my_2}{m+n}\right)$

外分点 $Q\left(\dfrac{-nx_1+mx_2}{m-n},\ \dfrac{-ny_1+my_2}{m-n}\right)$ ← 内分点の公式で n を $-n$ におき換えた形。

中点 $M\left(\dfrac{x_1+x_2}{2},\ \dfrac{y_1+y_2}{2}\right)$　重心 $G\left(\dfrac{x_1+x_2+x_3}{3},\ \dfrac{y_1+y_2+y_3}{3}\right)$

4章 **13** 平面上の点

解答

(1) 点Pの x 座標は　$\dfrac{2\cdot6+3\cdot1}{3+2}=3$,

　　　　y 座標は　$\dfrac{2\cdot(-3)+3\cdot7}{3+2}=3$

　よって, 点Pの座標は　**$(3,\ 3)$**

(2) 点Qの x 座標は　$\dfrac{-2\cdot1+3\cdot(-2)}{3-2}=-8$,　y 座標は　$\dfrac{-2\cdot7+3\cdot1}{3-2}=-11$

　よって, 点Qの座標は　**$(-8,\ -11)$**

(3) 点Rの x 座標は　$\dfrac{-2+6}{2}=2$,　　y 座標は　$\dfrac{1+(-3)}{2}=-1$

　よって, 点Rの座標は　**$(2,\ -1)$**

(4) (1)〜(3)の結果により, △PQR の重心 G について

　x 座標は　$\dfrac{3+(-8)+2}{3}=-1$,　　← 重心は3点の平均

　y 座標は　$\dfrac{3+(-11)+(-1)}{3}=-3$

　よって, 点Gの座標は　**$(-1,\ -3)$**

(1) [図: B — P — C, 3 : 2]

(2) [図: C — A — Q, 3, 2]

TRAINING　74 ①

A$(-2,\ -3)$, B$(3,\ 7)$, C$(5,\ 2)$ とするとき, 次の点の座標を求めよ。

(1) 線分 AB を $4:1$ に内分する点
(2) 線分 BC を $2:3$ に外分する点
(3) 線分 CA の中点
(4) △ABC の重心

標準 例題 **75** 対称な点の座標 ◑◑◑

点 A$(-2, 1)$ に関して，点 P$(6, -3)$ と対称な点 Q の座標を求めよ。

CHART & GUIDE

対称な点の座標

図をかいて，点の位置関係を言いかえる

「点Aに関して，点Pと対称な点がQ」

は図をかくと

「点Aが線分 PQ の中点」 …… [!]

と言いかえることができる。

3 点の位置関係だけが問題なので，図は線分を水平にかくとわかりやすい。

P ●———A ●———Q ●

解答

点Qの座標を (x, y) とする。

[!] 点Aは線分 PQ の中点であるから，

x 座標について $\dfrac{6+x}{2}=-2$,

y 座標について $\dfrac{-3+y}{2}=1$

が成り立つ。

これを解くと $x=-10, y=5$

したがって，点Qの座標は **$(-10, 5)$**

◀P(x_1, y_1), Q(x_2, y_2) のとき，線分 PQ の中点は，

x 座標が $\dfrac{x_1+x_2}{2}$

y 座標が $\dfrac{y_1+y_2}{2}$

(参考) 「点Aに関して，点Pと対称な点がQ」を「点Qは線分 PA を $2:1$ に外分する」と言いかえると次のように直接点Qの座標を求めることもできる。

x 座標について $x=\dfrac{-1\cdot6+2\cdot(-2)}{2-1}=-10$,

y 座標について $y=\dfrac{-1\cdot(-3)+2\cdot1}{2-1}=5$

したがって，点Qの座標は **$(-10, 5)$**

TRAINING 75 ③

点 A$(-2, -3)$ に関して，点 P$(3, 7)$ と対称な点Qの座標を求めよ。

標準 例題 **76** 座標を利用した図形の性質の証明 …… 中線定理の証明 ◎◎◎

△ABC の辺 BC の中点を M とするとき，次の等式を証明せよ。

$$AB^2+AC^2=2(AM^2+BM^2) \qquad \textbf{(中線定理)}$$

CHART & GUIDE

座標を利用した証明

① 座標に 0 を多く含む ② 対称にとる

1 問題の点がなるべく多く座標軸上にくるように，座標軸を定める。

2 特殊な三角形にならないようにする。

3 左辺または右辺または両辺を計算し，等式が成り立つことを確かめる。

解答

直線 BC を x 軸に，辺 BC の垂直二等分線を y 軸にとると，中点 M は原点 O となり

$\quad$ A(a, b), B$(-c, 0)$, C$(c, 0)$

と表すことができる。このとき

$\quad$ AB^2+AC^2

$\qquad =\{(-c-a)^2+(-b)^2\}$

$\qquad \quad +\{(c-a)^2+(-b)^2\}$

$\qquad =2(a^2+b^2+c^2)$

$\quad$ 2(AM^2+BM^2)

$\qquad =2\{(a^2+b^2)+(-c)^2\}$

$\qquad =2(a^2+b^2+c^2)$

よって $\qquad$ AB^2+AC^2=2(AM^2+BM^2)

← 手順 **1**

← 手順 **2**
このとき，**一般性を失わない**ようにする。

●間違った定め方
例えば，A$(0, a)$，B$(-c, 0)$，C$(c, 0)$ では，△ABC は二等辺三角形となり，特殊な三角形を表すから不適当。

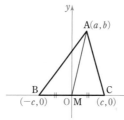

4章
13
平面上の点

🖐 *Lecture* **座標をうまく決めよう**

上の例題は，三平方の定理を使って証明することもできるが，一般に，この種の問題を図形の性質のみを使って解決するには，手間がかかり困難なことが多い。しかし，解答のように座標を利用すると，計算のみであっさり証明できることもある。このときのポイントは

$\qquad$ **1** 座標軸をどこにとるか $\qquad$ **2** 図形を座標を用いてどう表すか

という点にある。上の解答の座標軸または座標のとり方を検証してみると

[1] x 軸上に点 B，C をとる $\quad \longrightarrow$ 点 B，C の y 座標が 0 になる $\qquad$ **0 を多く**

[2] 辺 BC の中点 M を原点にとる $\longrightarrow$ 点 B と点 C は原点に関して対称 $\quad$ **対称にとる**

このことによって，等式の両辺の計算がらくになる。

TRAINING **76** ③

△ABC において，辺 BC を 1:2 に内分する点を D とする。このとき，

$2AB^2+AC^2=3AD^2+6BD^2$ が成り立つことを証明せよ。

14 直線の方程式

一般に，x，y の方程式を満たす点 (x, y) の全体からなる図形のこと
を方程式の表す図形といい，その方程式を図形の方程式といいます。
この節では，直線の方程式について学習していきましょう。

🔙 Play Back 中学

■ 1次関数のグラフ
1次関数 $y=mx+n$ のグラフは，傾きが m，切片が
n の直線を表す。
■ 直線の傾き
直線の傾きは，1次関数 $y=mx+n$ の変化の割合
$m\left(=\dfrac{y \text{ の増加量}}{x \text{ の増加量}}\right)$ である。

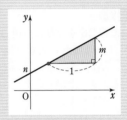

■ x，y の1次方程式で表される図形

座標平面上の直線は，$y=mx+n$ の形に表されるもの以外に，2
次関数のグラフの軸のように傾きのない直線があり，$x=k$ の形で
表される。

a，b，c を定数とすると，これらはいずれも x，y の1次方程式

$$ax+by+c=0 \quad (a \neq 0 \text{ または } b \neq 0) \cdots\cdots ①$$

の形に表すことができる。

逆に ① は

    $b \neq 0$ のとき　傾きが $-\dfrac{a}{b}$，切片が $-\dfrac{c}{b}$ の直線

    $b=0$ のとき　点 $\left(-\dfrac{c}{a}, 0\right)$ を通り x 軸に垂直な直線

を表す。

⬅ $y=mx+n$ は
$mx+(-1)y+n=0$
$x=k$ は
$1 \cdot x+0 \cdot y+(-k)=0$

⬅ $y=-\dfrac{a}{b}x-\dfrac{c}{b}$

⬅ $x=-\dfrac{c}{a}$

例　方程式 $x-2y+6=0$ の表す図形

    $y=\dfrac{1}{2}x+3$ と変形できるから，

    傾きが $\dfrac{1}{2}$，切片が 3 の直線を表す。

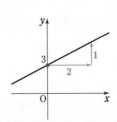

x, y の1次方程式 $ax+by+c=0$ $(a\neq0$ または $b\neq0)$ が表す直線を，簡単に **直線** $ax+by+c=0$ といい，$ax+by+c=0$ をその **直線の方程式** という。また，これを直線の方程式の一般形とよぶことがある。

■ 直線の方程式のいろいろな形

点 $(x_1,\ y_1)$ を通り，傾きが m の直線の方程式は
$$y-y_1=m(x-x_1)$$

証明 傾き m，切片 n の直線の方程式は $\quad y=mx+n$ …… ①

直線 ① が点 $(x_1,\ y_1)$ を通るとき $\quad y_1=mx_1+n$ …… ②

② から $\quad n=y_1-mx_1$

これを ① に代入して $\quad y=mx+y_1-mx_1$

すなわち $\quad y-y_1=m(x-x_1)$

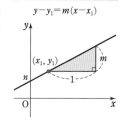

注意 点 $(x_1,\ y_1)$ を通り，y 軸に垂直な直線の方程式は $y=y_1$ であるが，これは傾きを $m=0$ とすると得られる。

異なる2点 $(x_1,\ y_1)$，$(x_2,\ y_2)$ を通る直線の方程式は

$x_1\neq x_2$ のとき $\quad y-y_1=\dfrac{y_2-y_1}{x_2-x_1}(x-x_1)$

$x_1=x_2$ のとき $\quad x=x_1$

証明 $x_1\neq x_2$ のとき，直線の傾きを m とすると
$$m=\frac{y_2-y_1}{x_2-x_1}$$
よって，点 $(x_1,\ y_1)$ を通り，傾き m の直線と考えて
$$y-y_1=\frac{y_2-y_1}{x_2-x_1}(x-x_1)$$

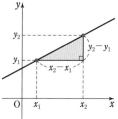

直線が x 軸，y 軸とそれぞれ点 $(a,\ 0)$，$(0,\ b)$ で交わるとき，a をこの直線の **x切片**，b をこの直線の **y切片** という。x切片，y切片がわかっているとき，直線の方程式は，次のようにも表すことができる。

x 軸，y 軸とそれぞれ点 $(a,\ 0)$，$(0,\ b)$ で交わる直線の方程式は
$$\frac{x}{a}+\frac{y}{b}=1 \qquad \text{ただし，}a\neq0,\ b\neq0$$

直線の方程式にはいろいろな形があることがわかりましたね。学習したことを使って，問題を解いてみましょう。

基本 例題
77 直線の方程式を求める(1) …… 通る1点と傾きが条件 ⊘

次のような直線の方程式を求めよ。

(1) 点 $(3, 0)$ を通り，傾きが 2　　(2) 点 $(-1, 4)$ を通り，傾きが -3

(3) 点 $(3, 2)$ を通り，x 軸に垂直　　(4) 点 $(1, -2)$ を通り，x 軸に平行

CHART & GUIDE

点 (x_1, y_1) を通る直線の方程式

点 (x_1, y_1) を通り
$\begin{cases} \text{傾き } m \text{ の直線} & y-y_1=m(x-x_1) \\ x \text{ 軸に垂直な直線} & x=x_1 \end{cases}$

傾き m

通る点 (x_1, y_1)

解答

(1) $y-0=2(x-3)$
　　よって　$y=2x-6$

(2) $y-4=-3\{x-(-1)\}$
　　$y-4=-3x-3$
　　よって　$y=-3x+1$

(3) $x=3$

(4) $y-(-2)=0\cdot(x-1)$
　　よって　$y=-2$

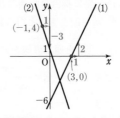

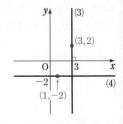

注意 (2) $y-4=-3(x-1)$ などのミスをしないように！
　　(4) 直ちに $y=-2$ としてもよい。

補足 中学では，例題(1)は，求める直線を $y=2x+n$ とおいて，
　　点 $(3, 0)$ を通るから，$0=2\cdot3+n$ より　$n=-6$
　　よって　$y=2x-6$
　　と求めていたが，公式 $y-y_1=m(x-x_1)$ を用いた方が，方程式を解く手間が省け，らくに求めることができる。

TRAINING 77 ①

次のような直線の方程式を求めよ。

(1) 傾きが -2，y 切片が 3

(2) 点 $(4, 2)$ を通り，傾きが 3

(3) 点 $(-3, 0)$ を通り，傾きが -5

(4) 点 $(2, -1)$ を通り，傾きが $\dfrac{1}{2}$

(5) 点 $(-2, 7)$ を通り，x 軸に垂直

(6) 点 $(3, 2)$ を通り，x 軸に平行

≪≪ 基本例題 **77**　≫≫ 発展例題 **94**

基本 例題 **78** 直線の方程式を求める (2) …… 通る 2 点が条件

次の 2 点を通る直線の方程式を求めよ。(3) では，$a \neq 0$，$b \neq 0$ とする。

(1)　$(2, -3)$, $(-1, 1)$　　　(2)　$(3, 4)$, $(3, 1)$　　　(3)　$(a, 0)$, $(0, b)$

CHART & GUIDE　異なる 2 点 (x_1, y_1), (x_2, y_2) を通る直線の方程式

$x_1 \neq x_2$ のとき　$y - y_1 = \dfrac{y_2 - y_1}{x_2 - x_1}(x - x_1)$　　←── 2 点の x 座標が異なるとき

$x_1 = x_2$ のとき　$x = x_1$　　←── 2 点の x 座標が等しいとき

解答

(1)　$y - (-3) = \dfrac{1 - (-3)}{-1 - 2}(x - 2)$

$y + 3 = -\dfrac{4}{3}x + \dfrac{8}{3}$

よって　　$y = -\dfrac{4}{3}x - \dfrac{1}{3}$

(2)　x 座標がともに 3 であるから，
x 軸に垂直で　$x = 3$

(3)　$y - 0 = \dfrac{b - 0}{0 - a}(x - a)$ から　　$y = -\dfrac{b}{a}x + b$

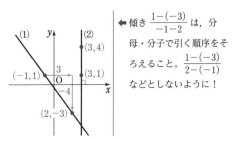

← 傾き $\dfrac{1 - (-3)}{-1 - 2}$ は，分母・分子で引く順序をそろえること。$\dfrac{1 - (-3)}{2 - (-1)}$ などとしないように！

（参考）(3) において，求める直線の x 切片は a，y 切片は b であるから，直線の方程式は

$$\dfrac{x}{a} + \dfrac{y}{b} = 1$$

である（$p.135$ 参照）。

これを変形すると $y = -\dfrac{b}{a}x + b$ となり，上の答えと同じになる。

TRAINING　78 ①

次の 2 点を通る直線の方程式を求めよ。

(1)　$(4, 4)$, $(-2, 5)$　　　(2)　$(4, 1)$, $(6, -3)$　　　(3)　$(3, 0)$, $(0, 5)$

(4)　$(4, 0)$, $(0, -2)$　　　(5)　$(2, 2)$, $(2, -8)$　　　(6)　$(5, -1)$, $(3, -1)$

15 2直線の関係

前の節では，いろいろな形の直線の方程式について学習しました。この節では，2直線が平行または垂直となる条件について考えてみましょう。

2直線 $y=m_1x+n_1$ … ①，$y=m_2x+n_2$ … ② が平行または垂直となる条件を考える。

■ 2直線の平行条件

2直線が平行になるのは，傾きが等しいときである。

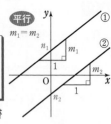

平行

$m_1=m_2$

傾きが等しい

> **2直線の平行**
>
> 2直線 $y=m_1x+n_1$，$y=m_2x+n_2$ について
> $$\text{2直線が平行} \iff m_1=m_2$$

注意 $m_1=m_2$ かつ $n_1=n_2$ のとき，2直線は一致するが，本書では，一致する場合も2直線は平行であると考えることにする。なお，$m_1 \neq m_2$ のとき，2直線は必ず1点で交わる。

■ 2直線の垂直条件

> **2直線の垂直**
>
> 2直線 $y=m_1x+n_1$，$y=m_2x+n_2$ について
> $$\text{2直線が垂直} \iff m_1m_2=-1$$

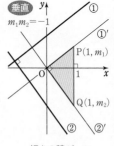

垂直

$m_1m_2=-1$

傾きの積が−1

証明 2直線 ①，② のそれぞれに平行で原点を通る直線は，
$y=m_1x$ …… ①′，$y=m_2x$ …… ②′ であり，直線 ①′ 上に点 $P(1, m_1)$，直線 ②′ 上に点 $Q(1, m_2)$ をとると，次の同値関係が成り立つ。

$$①\perp② \iff OP\perp OQ \ (\text{すなわち } ①′\perp②′)$$
$$\iff PQ^2=OP^2+OQ^2 \quad \longleftarrow \triangle OPQ \text{で三平方の定理。}$$

よって $(m_2-m_1)^2=(1^2+m_1{}^2)+(1^2+m_2{}^2)$

ゆえに $-2m_1m_2=2$ すなわち $m_1m_2=-1$

■ 点と直線の距離

点Pから直線 ℓ に下ろした垂線と ℓ との交点をHとする。このとき，線分 PH の長さ d を，点Pと直線 ℓ の距離という。

補足 点Pと直線 ℓ の距離 d は，点Pから直線 ℓ 上の点への最短距離である。

まず，原点と直線の距離は，次のようになる。

> 原点 $(0, 0)$ と直線 $ax+by+c=0$ の距離 d は $\qquad d=\dfrac{|c|}{\sqrt{a^2+b^2}}$ ……（＊）

証明　$ax+by+c=0$ …… ③ とする。

原点Oを通り，直線③に垂直な直線の方程式は

$bx-ay=0$ …… ④ ← p.141 の 参考 参照

2 直線③，④の交点をHとし，この座標を求めるために，連立方程式③，④を解くと

③×a＋④×b から　$(a^2+b^2)x+ac=0$ …… ⑤

③×b－④×a から　$(a^2+b^2)y+bc=0$ …… ⑥

③において，$a \neq 0$ または $b \neq 0$ であるから　$a^2+b^2>0$

よって，⑤から　$x=-\dfrac{ac}{a^2+b^2}$　　⑥から　$y=-\dfrac{bc}{a^2+b^2}$

ゆえに，点Hの座標は $\left(-\dfrac{ac}{a^2+b^2},\ -\dfrac{bc}{a^2+b^2}\right)$ であり，$d=\mathrm{OH}$ であるから

$$d=\sqrt{\left(-\dfrac{ac}{a^2+b^2}\right)^2+\left(-\dfrac{bc}{a^2+b^2}\right)^2}=\sqrt{\dfrac{c^2(a^2+b^2)}{(a^2+b^2)^2}}=\dfrac{\sqrt{c^2}}{\sqrt{a^2+b^2}}=\dfrac{|c|}{\sqrt{a^2+b^2}}$$

そして，一般の点についての公式は次のようになる。

点と直線の距離の公式

> 点 $(x_1,\ y_1)$ と直線 $ax+by+c=0$ の距離 d は $\qquad d=\dfrac{|ax_1+by_1+c|}{\sqrt{a^2+b^2}}$

証明　$\mathrm{A}(x_1,\ y_1)$ とし，直線 $ax+by+c=0$ を ℓ とする。

点Aが原点Oに移るように，直線 ℓ を x 軸方向に $-x_1$，y 軸方向に $-y_1$ だけ平行移動すると，移動後の直線 ℓ' の方程式は

$$a\{x-(-x_1)\}+b\{y-(-y_1)\}+c=0$$

すなわち　$ax+by+(ax_1+by_1+c)=0$

点Aと直線 ℓ の距離 $d=\mathrm{AH}$ は，原点Oと直線 ℓ' の距離 OH' に等しいから，（＊）より

$$d=\dfrac{|ax_1+by_1+c|}{\sqrt{a^2+b^2}}$$

注意　$x_1=y_1=0$ とおくと（＊）が得られるから，（＊）を公式として覚える必要はない。

 実際の問題で2直線の関係を調べたり，点と直線の距離を求めたりしてみましょう。

基本 例題
79 2直線が平行か，垂直かの判定

次の 2 直線は，それぞれ平行と垂直のいずれであるか。

(1) $y=2x-3,\ x+2y=5$ (2) $4x+2y=-5,\ 8x+4y=9$

CHART
& GUIDE

2直線の平行・垂直

傾きに注目 平行 $\Longleftrightarrow$ 傾きが等しい
垂直 $\Longleftrightarrow$ 傾きの積が -1

解答

(1) $x+2y=5$ から $y=-\dfrac{1}{2}x+\dfrac{5}{2}$

$\blacktriangleleft y=mx+n$ の形に。

2 直線の傾きについて $2\left(-\dfrac{1}{2}\right)=-1$

したがって，2 直線は **垂直** である。

垂直 $\Longleftrightarrow$ 傾きの積が -1

(2) $4x+2y=-5$ から $y=-2x-\dfrac{5}{2}$

$8x+4y=9$ から $y=-2x+\dfrac{9}{4}$

2 直線の傾きが等しいから，2 直線は **平行** である。

平行 $\Longleftrightarrow$ 傾きが等しい

✋ **Lecture** 2直線 $a_1x+b_1y+c_1=0,\ a_2x+b_2y+c_2=0$ の平行・垂直条件

2 直線 $a_1x+b_1y+c_1=0$ … ①，$a_2x+b_2y+c_2=0$ … ② について，$b_1b_2\neq0$ のとき

① は $y=-\dfrac{a_1}{b_1}x-\dfrac{c_1}{b_1}$, ② は $y=-\dfrac{a_2}{b_2}x-\dfrac{c_2}{b_2}$ $\longleftarrow$ $b_1\neq0$ かつ $b_2\neq0$

よって，平行条件 は $-\dfrac{a_1}{b_1}=-\dfrac{a_2}{b_2} \Longleftrightarrow a_1b_2-a_2b_1=0$

垂直条件 は $\left(-\dfrac{a_1}{b_1}\right)\left(-\dfrac{a_2}{b_2}\right)=-1 \Longleftrightarrow a_1a_2+b_1b_2=0$

$b_1b_2=0$ すなわち，少なくとも一方の直線が $\underline{x}$ 軸に垂直のときも上の条件は成り立つ。
これを用いて解くと，次のようになる。

(1) $y=2x-3$ から $2x-y-3=0$
2 直線の係数について $2\cdot1+(-1)\cdot2=0$
したがって，2 直線は **垂直** である。

(2) 2 直線の係数について $4\cdot4-8\cdot2=0$
したがって，2 直線は **平行** である。

TRAINING 79 ①

次の 2 直線は，それぞれ平行と垂直のいずれであるか。

(1) $2x+y-1=0,\ 4x+2y=2$ (2) $3x-y+2=0,\ x+3y+2=0$

(3) $3x+y+1=0,\ y=2-3x$ (4) $2x+3=0,\ y=3$

基本 例題 **80** 直線の方程式を求める (3) …… 平行・垂直の条件が関係するもの 〇〇

解説動画へGO!!

次の直線の方程式を求めよ。
(1) 点 $(1, -3)$ を通り，直線 $6x+3y-5=0$ に平行な直線
(2) 点 $(-3, 2)$ を通り，直線 $5x-4y+2=0$ に垂直な直線

CHART & GUIDE

直線の方程式の決定
通る１点と傾きについての情報がカギ

1 与えられた直線の傾きを求める。
2 求める直線の傾きを，平行条件・垂直条件により求める。
3 2 で求めた傾きと通る１点の座標を $y-y_1=m(x-x_1)$ に代入する。

解答

(1) 直線 $6x+3y-5=0$ の傾きは -2
　よって，この直線に平行な直線の傾きは -2 である。
　したがって，求める直線の方程式は
　　　$y-(-3)=-2(x-1)$　すなわち　$2x+y+1=0$

← $y=-2x+\dfrac{5}{3}$
平行 ⟺ 傾きが等しい

(2) 直線 $5x-4y+2=0$ の傾きは $\dfrac{5}{4}$
　求める直線の傾きを m とすると
　　　$\dfrac{5}{4} \times m=-1$　すなわち　$m=-\dfrac{4}{5}$
　したがって，求める直線の方程式は
　　　$y-2=-\dfrac{4}{5}\{x-(-3)\}$　すなわち　$4x+5y+2=0$

← $y=\dfrac{5}{4}x+\dfrac{1}{2}$
垂直 ⟺ 傾きの積が -1

参考 点 (x_1, y_1) を通り，直線 $ax+by+c=0$ に平行，垂直な直線

$ab \neq 0$ のとき，直線 $ax+by+c=0$ の傾きは $-\dfrac{a}{b}$ であるから

平行な直線　$y-y_1=-\dfrac{a}{b}(x-x_1)$ より
　　　$a(x-x_1)+b(y-y_1)=0$

垂直な直線　$y-y_1=\dfrac{b}{a}(x-x_1)$ より
　　　$b(x-x_1)-a(y-y_1)=0$

$ab=0$（ただし，$a=b=0$ は除かれる）のときも，上の式は成り立つ。
このことを使うと，例題は次のように解くこともできる。
(1) $6(x-1)+3\{y-(-3)\}=0$ から　$2x+y+1=0$
(2) $-4\{x-(-3)\}-5(y-2)=0$ から　$4x+5y+2=0$

TRAINING 80 ② ★

次の直線の方程式を求めよ。
(1) 点 $(2, 3)$ を通り，直線 $3x+2y+1=0$ に平行な直線
(2) 点 $(-2, -3)$ を通り，直線 $2x+5y=3$ に垂直な直線

4章 15
2 直線の関係

≪≪ 基本例題 77, 79 ★

標準 例題 81 直線の方程式を求める (4) …… 垂直二等分線 ⚡⚡⚡

2 点 A(0, 6), B(4, 4) を結ぶ線分の垂直二等分線の方程式を求めよ。

CHART & GUIDE

線分 AB の垂直二等分線
通る 1 点と傾きについての情報がカギ

1 線分 AB の中点を求める。…… 通る 1 点
2 直線 AB に垂直な直線の傾きを求める。…… 傾き
3 ■ と 2 で求めた通る 1 点の座標と傾きを $y - y_1 = m(x - x_1)$ に代入する。

解答

線分 AB の中点の座標は

$\left(\dfrac{0+4}{2}, \dfrac{6+4}{2} \right)$ から　(2, 5)

直線 AB の傾きは　$\dfrac{4-6}{4-0} = -\dfrac{1}{2}$

よって, 線分 AB の垂直二等分線
の傾きは 2 であるから, 求める直線
の方程式は　$y - 5 = 2(x - 2)$

すなわち　$2x - y + 1 = 0$

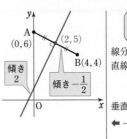

線分 AB の
垂直二等分線

線分 AB の中点を通り,
直線 AB に垂直な直線。

垂直 ⟺ 傾きの積が −1

← $-\dfrac{1}{2}m = -1$ から

$m = 2$

参考 垂直な直線の傾きの求め方

傾き　　傾き

$-\dfrac{1}{2}$ ⟺垂直 2

$\dfrac{5}{3}$ ⟺垂直 $-\dfrac{3}{5}$

-4 ⟺垂直 $\dfrac{1}{4}$

左のように, 傾きの
　　分母・分子を入れ替えて, 符号を逆にする
ことで, 与えられた直線に垂直な直線の傾きをらくに求めること
ができる。

TRAINING 81 ③ ★

2 点 $(-1, -2)$, $(3, 4)$ を結ぶ線分の垂直二等分線の方程式を求めよ。〔類 大同工大〕

標準 例題 **82** 線対称な点の座標を求める

直線 $2x+y+1=0$ を ℓ とする。直線 ℓ に関して点 $P(-3, 1)$ と対称な点 Q の座標を求めよ。

CHART & GUIDE

線対称

直線 ℓ に関して点 P と点 Q が対称
$\Longleftrightarrow$ $\begin{cases}[1] \quad \text{直線 } PQ \text{ は } \ell \text{ に垂直} \\ [2] \quad \text{線分 } PQ \text{ の中点が } \ell \text{ 上にある}\end{cases}$

Q の座標を (p, q) として
1 直線 ℓ, 直線 PQ の傾きを求め, (直線 PQ の傾き)×(ℓ の傾き)$=-1$ とする。
2 線分 PQ の中点の座標を ℓ の方程式に代入する。
3 **1**, **2** で得られた p, q についての連立方程式を解く。

4章
15
2 直線の関係

解答

点 Q の座標を (p, q) とする。

[1] 直線 ℓ の傾きは -2

直線 PQ の傾きは $\dfrac{q-1}{p+3}$

$PQ \perp \ell$ であるから

$$\dfrac{q-1}{p+3} \cdot (-2) = -1$$

ゆえに $2(q-1) = p+3$

よって $p-2q+5=0$ …… ①

[2] 線分 PQ の中点 $\left(\dfrac{-3+p}{2}, \dfrac{1+q}{2}\right)$ が直線 ℓ 上にあるから

$$2 \cdot \dfrac{-3+p}{2} + \dfrac{1+q}{2} + 1 = 0$$

ゆえに $2(-3+p)+1+q+2=0$

よって $2p+q-3=0$ …… ②

①$+$②$\times 2$ から $5p-1=0$ ゆえに $p=\dfrac{1}{5}$

これを ② に代入して $2 \cdot \dfrac{1}{5} + q - 3 = 0$ よって $q = \dfrac{13}{5}$

したがって, 求める点 Q の座標は $\left(\dfrac{1}{5}, \dfrac{13}{5}\right)$

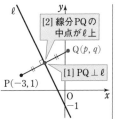

← $\ell : y = -2x - 1$

← 直線 PQ は x 軸に垂直
ではないから
$p \neq -3$

垂直 $\Longleftrightarrow$ 傾きの積が -1

←上の式の両辺に $p+3$ を
掛けて分母を払う。

← $2x+y+1=0$ に
$x = \dfrac{-3+p}{2}, \ y = \dfrac{1+q}{2}$
を代入。

← p, q についての連立方
程式を解く。

TRAINING 82 ③

直線 $\ell : y = 2x-1$ に関して点 $A(0, 4)$ と対称な点 B の座標を求めよ。 [鹿児島大]

STEP *forward*

点と直線の距離の公式をマスターして，例題 **83** を攻略！

 式の形が複雑で，なかなか覚えられません。

 式の特徴を確かめながら，繰り返し問題を解いてみましょう。

点と直線の距離

点 $(x_1,\ y_1)$ と直線 $ax+by+c=0$

の距離 d は $\quad d=\dfrac{|ax_1+by_1+c|}{\sqrt{a^2+b^2}}$

Get ready

直線 $\ell：3x+4y-12=0$ と次の各点の距離をそれぞれ求めよ。
(1) $(1,\ 1)$ (2) $(5,\ 3)$

 点 $(\bigcirc,\ \triangle)$ と直線 $3x+4y-12=0$
の距離 d は
$$d=\frac{|3\times\bigcirc+4\times\triangle-12|}{\sqrt{3^2+4^2}}$$
となります。

memo
解答

(1) $d=\dfrac{|3\cdot1+4\cdot1-12|}{\sqrt{3^2+4^2}}$

$\quad=\dfrac{|-5|}{\sqrt{25}}=\dfrac{5}{5}=1$

(2) $d=\dfrac{|3\cdot5+4\cdot3-12|}{\sqrt{3^2+4^2}}$

$\quad=\dfrac{|15|}{\sqrt{25}}=\dfrac{15}{5}=3$

 分子は直線 ℓ の方程式の形ですね。

 そうですね。では代入して計算してみてください。

できました！

 正解です。
公式の分子は「直線の方程式の左辺に絶対値を付けた形」，分母は「係数の2乗の和の平方根」と覚えましょう。

まとめ

点 $(x_1,\ y_1)$ と直線 $ax+by+c=0$ の距離 d は

$$d=\frac{|ax_1+by_1+c|}{\sqrt{a^2+b^2}}$$ ←── 直線の方程式の左辺に絶対値を付けた形

←── 係数の2乗の和の平方根

>>> 発展例題 95, 96

基本 83 点と直線の距離

次の点と直線の距離 d を求めよ。

(1) 原点，直線 $3x+2y-6=0$ (2) 点 $(2,\ -3)$，直線 $4x-3y=2$

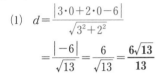

CHART & GUIDE

点と直線の距離の公式

点 $(x_1,\ y_1)$ と直線 $ax+by+c=0$ の距離 d は

$$d=\frac{|ax_1+by_1+c|}{\sqrt{a^2+b^2}} \quad \cdots\cdots \boxed{!}$$

1 直線の方程式を，$ax+by+c=0$ の形に変形する。

2 公式に代入する。

     …… 分子 ⟶ 直線の方程式の左辺に絶対値を付けた形

           分母 ⟶ 係数の 2 乗の和の平方根

解答

(1) $\displaystyle d=\frac{|3\cdot0+2\cdot0-6|}{\sqrt{3^2+2^2}}$

     $\displaystyle =\frac{|-6|}{\sqrt{13}}=\frac{6}{\sqrt{13}}=\frac{6\sqrt{13}}{13}$

         ← 分子は，$3x+2y-6$ に絶対値を付けて，$x=0$，$y=0$ を代入。

(2) 直線の方程式は $4x-3y-2=0$ であるから

     $\displaystyle d=\frac{|4\cdot2-3\cdot(-3)-2|}{\sqrt{4^2+(-3)^2}}$

     $\displaystyle =\frac{|15|}{\sqrt{25}}=\frac{15}{5}=3$

         ← 分子は，$4x-3y-2$ に絶対値を付けて，$x=2$，$y=-3$ を代入。

TRAINING 83 ①

次の点と直線の距離を求めよ。

(1) 原点，直線 $3x+4y-12=0$ (2) 点 $(-3,\ 7)$，直線 $12x-5y=7$

(3) 点 $(1,\ 2)$，直線 $y=4$ (4) 点 $(2,\ 8)$，直線 $x=-1$

標準 例題 **84** 2直線の交点を通る直線の方程式　≫≫ 発展例題 **99**

2 直線 $2x-3y+4=0$ …… ①, $x+2y-1=0$ …… ② の交点Aと点
B$(2, 3)$ を通る直線の方程式を求めよ。

CHART & GUIDE

2 直線 $ax+by+c=0$, $dx+ey+f=0$ の交点を通る直線
$$k(ax+by+c)+(dx+ey+f)=0 \text{ (k は定数)} \text{ を考える}$$

1 ①, ② の交点を通る直線の方程式を
$$k(2x-3y+4)+(x+2y-1)=0 \quad \text{とおく。…… ⚠}$$

2 1 の方程式に, 通る点の座標を代入して, k の値を求める。

3 2 で求めた k の値を 1 の方程式に代入し, x, y について整理する。

解答

⚠ k を定数として, 方程式
$$k(2x-3y+4)+(x+2y-1)=0$$
$$\text{…… ③}$$

の表す図形は, 2 直線 ①, ②の
交点Aを通る直線である。

直線 ③ が点 B$(2, 3)$ を通るとき
$$k(2\cdot2-3\cdot3+4)+(2+2\cdot3-1)=0$$
ゆえに　　$-k+7=0$　　よって　　$k=7$

これを ③ に代入して整理すると　　$15x-19y+27=0$

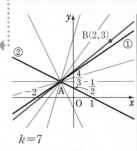

[**別解**]　2直線 ①, ②の
交点Aの座標は, 連立方程
式①, ②を解くことによ
り　$\left(-\dfrac{5}{7}, \dfrac{6}{7}\right)$

よって, 求める直線 AB
の方程式は
$$y-3=\frac{3-\dfrac{6}{7}}{2-\left(-\dfrac{5}{7}\right)}(x-2)$$

すなわち $15x-19y+27=0$

🖐 Lecture　2 直線の交点を通る直線

交わる 2 直線 $ax+by+c=0$, $dx+ey+f=0$ に対し
$$k(ax+by+c)+(dx+ey+f)=0 \text{ (k は定数)} \quad \text{…… ($*$)}$$
は, 2 直線の交点を通る直線を表す(直線 $ax+by+c=0$ は表すことができない)。

例えば, 上の解答の③は, k の値を変化させると, 直線 ①, ② の交点を通るいろいろな直線を
表す。

なお, 上の解答の最大の特徴は, 2 つの直線 ①, ② の 交点の座標を求めなくてもよい というと
ころにある。

注意　上の($*$)は, 直線以外の図形の方程式(例えば, 後で学ぶ円の方程式など)の場合でも, 同
じように考えることができる($p.168$ 例題 99 参照)。

TRAINING　84 ③

2 直線 $3x+2y-4=0$ …… ①, $x+y+2=0$ …… ② の交点をAとする。

(1) 点Aと点 B$(3, -2)$ を通る直線の方程式を求めよ。

(2) 点Aを通り, 直線 $x-2y+3=0$ に平行な直線の方程式を求めよ。

2つの直線の交点を通る直線の方程式

左の例題において，なぜ求める直線の方程式が
$k(2x-3y+4)+(x+2y-1)=0$ …③ と表されるのか，疑問に思いません
でしたか。これについて，詳しく見ていきましょう。

● ③が2直線①，②の交点を通る直線を表す理由

次の2つの着眼点から考えてみよう。

着眼点1 ③が表す図形は何か。

③を変形すると $(2k+1)x+(-3k+2)y+(4k-1)=0$
となる。
ここで，$2k+1$，$-3k+2$ は同時に 0 になることはない。
よって，③は直線を表すことがわかる。

← $a \neq 0$ かつ $b \neq 0$ として，
$ax+by+c=0$,
$ax+c=0$, $by+c=0$
のいずれかの形になる。

着眼点2 直線③は2直線①，②の交点を通るか。

2直線①，②の交点の座標を (p, q) とする。
点 (p, q) は直線①，②上にあるから，
$$2p-3q+4=0, \quad p+2q-1=0$$
が成り立つ。
よって，$k(2p-3q+4)+(p+2q-1)=0$ が成り立つから，
直線③は2直線①，②の交点を通ることがわかる。

← ③に $x=p$, $y=q$ を代
入して成り立つ。
$\iff$ 直線③は点
(p, q) を通る。

(参考) ③を k の恒等式とみる（p.56 例題 29 参照）と，両辺
の係数を比較して $2x-3y+4=0$, $x+2y-1=0$

この連立方程式の解 $x=-\dfrac{5}{7}$, $y=\dfrac{6}{7}$ は，直線①，②
の交点の座標である。
つまり，直線③は k がどのような値であっても，点
$\left(-\dfrac{5}{7}, \dfrac{6}{7}\right)$ を通ることを意味している。

以上が，③が2直線①，②の交点を通る直線を表す理由
である。

注意 $(2x-3y+4)+k(x+2y-1)=0$ のように，kを後
ろにおいてもよい。この場合，$k=\dfrac{1}{7}$ となる。

(参考) x, y の式を $f(x, y)$ のように表すと，一般に，$f(x, y)=0$, $g(x, y)=0$ が
表す2つの図形が交点をもつとき，そのすべての交点を通る図形の方程式は，kを
定数として $kf(x, y)+g(x, y)=0$ と表される（ただし，曲線 $f(x, y)=0$ は
表すことができない）。
この解法は，Lecture にも示した通り，2つの図形の **交点の座標を求める必要が
ない**。したがって，計算量も節約できるため，是非とも習得してほしい解法である。

Let's Start

16 円の方程式

ここまでは直線の方程式について学んできましたが，この節では，円の方程式について考えていきましょう。

■ 円の方程式 …… 基本形

定点 $C(a, b)$ からの距離が一定 $r(>0)$ である点の集まりが
C を中心とする半径 r の円 である。中心が C である円を単に
円 C といい，円上の任意の点 (x, y) の満たす等式を，その
円の方程式 という。この円の方程式を求めてみよう。

点 $P(x, y)$ が円 C 上にある条件は　　$CP = r$ …… ①

これを座標で表すと　　$\sqrt{(x-a)^2+(y-b)^2} = r$ …… ②

両辺を 2 乗すると　　$(x-a)^2+(y-b)^2 = r^2$ …… ③

② の両辺は正であるから，① $\iff$ ② $\iff$ ③ となり，③ が求める円の方程式である。
円の特徴である中心 (a, b) と半径 r がわかる形の ③ を円の方程式の **基本形** とよぶ。

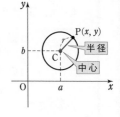

┌─ **円の方程式（基本形）** ─

1　点 (a, b) を中心とする半径 r の円の方程式は
$$(x-a)^2+(y-b)^2 = r^2$$

2　原点を中心とする半径 r の円の方程式は
$$x^2+y^2 = r^2$$

注意　1 において $a=b=0$ とおくと，2 が得られる。2 で $r=1$ のとき，**単位円** という。

また，1 は 2 を x 軸方向に a，y 軸方向に b だけ平行移動したものと考えられる。

■ 円の方程式 …… 一般形

円の方程式 $(x-a)^2+(y-b)^2 = r^2$ を変形すると　　$x^2+y^2-2ax-2by+a^2+b^2-r^2 = 0$

ここで，$-2a=l$，$-2b=m$，$a^2+b^2-r^2=n$（l, m, n は定数）とおくと，この式は
$$x^2+y^2+lx+my+n = 0 \quad \cdots\cdots ④$$

と表される。④ の形の式を，円の方程式の **一般形** とよぶ。この式は，x, y の 2 次方程式で，x^2 と y^2 の係数が 1 で等しく，xy の項がないという特徴をもっている。

本 85 円の方程式を求める (1) …… 中心と半径が条件

次のような円の方程式を求めよ。
(1) 中心が点 $(2, -3)$，半径が 1 の円
(2) 中心が点 $(3, 4)$ で，原点を通る円
(3) 2 点 $(3, 1)$，$(-5, 7)$ を直径の両端とする円
(4) 点 $(5, 2)$ が中心で，y 軸に接する円

CHART & GUIDE

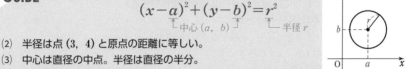

円は中心と半径で決まる
$$(x-a)^2+(y-b)^2=r^2$$
中心 (a, b)　半径 r

(2) 半径は点 $(3, 4)$ と原点の距離に等しい。
(3) 中心は直径の中点。半径は直径の半分。
(4) 半径は中心 $(5, 2)$ の x 座標。

16

円の方程式

解答

(1) $(x-2)^2+\{y-(-3)\}^2=1^2$
　　すなわち $(x-2)^2+(y+3)^2=1$
(2) この円の半径 r は，中心 $(3, 4)$ と原点の距離で
　　　$r=\sqrt{3^2+4^2}=5$
　　よって，求める円の方程式は $(x-3)^2+(y-4)^2=25$
(3) この円の中心は 2 点 $(3, 1)$，$(-5, 7)$ を結ぶ線分の中点で
　　　$\left(\dfrac{3-5}{2}, \dfrac{1+7}{2}\right)$ すなわち $(-1, 4)$
　　半径 r は中心 $(-1, 4)$ と点 $(3, 1)$ の距離で
　　　$r=\sqrt{\{3-(-1)\}^2+(1-4)^2}=5$
　　よって，求める円の方程式は $\{x-(-1)\}^2+(y-4)^2=25$
　　すなわち $(x+1)^2+(y-4)^2=25$
(4) この円の半径 r は中心 $(5, 2)$ の x 座標に等しいから
　　　$r=5$
　　よって，求める円の方程式は $(x-5)^2+(y-2)^2=25$

(2)

(3)

(4)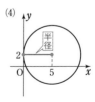

TRAINING 85 ①

次のような円の方程式を求めよ。
(1) 中心が点 $(-5, 2)$，半径が $\sqrt{2}$ の円
(2) 中心が原点で，点 $(4, 3)$ を通る円
(3) 2 点 $(1, 2)$，$(3, -4)$ が直径の両端である円
(4) 点 $(3, 4)$ が中心で，x 軸に接する円

基本 例題 **86** 方程式 $x^2+y^2+lx+my+n=0$ が表す図形を調べる ◐

次の方程式はどのような図形を表すか。

(1) $x^2+y^2+2y-3=0$

(2) $x^2+y^2+4x-6y-4=0$

(3) $x^2+y^2-2x+4y+5=0$

(4) $x^2+y^2-4x-8y+23=0$

CHART & GUIDE

$$x^2+y^2+lx+my+n=0 \text{ の表す図形}$$
$$x, \ y \text{ について平方完成する}$$

■ x^2+lx と y^2+my をそれぞれ平方完成する。

■ 定数項をまとめて右辺に移項すると、次の形に変形できる。

$$(x-\bullet)^2+(y-\blacktriangle)^2=\blacksquare$$

■>0 のとき　中心 $(\bullet, \blacktriangle)$，半径 $\sqrt{\blacksquare}$ の円を表す。

■=0 のとき　点 $(\bullet, \blacktriangle)$ を表す。

■<0 のとき　表す図形はない。

解答

(1) $\qquad x^2+(y^2+2y+1^2)-1^2-3=0$

ゆえに $\qquad x^2+(y+1)^2=3+1^2$

よって $\qquad x^2+(y+1)^2=2^2$

これは、**中心が点 $(0, \ -1)$，半径が 2 の円** である。

◆ x の項はないから、x について平方完成は不要。

◆ $(x-0)^2+\{y-(-1)\}^2$ $=2^2$ とみる。

(2) $\qquad (x^2+4x+2^2)-2^2+(y^2-6y+3^2)-3^2-4=0$

ゆえに $\qquad (x+2)^2+(y-3)^2=4+9$

よって $\qquad (x+2)^2+(y-3)^2=(\sqrt{17})^2$

これは、**中心が点 $(-2, \ 3)$，半径が $\sqrt{17}$ の円** である。

◆ x^2+4x $=x^2+2\cdot2x+2^2-2^2$ y^2-6y $=y^2-2\cdot3y+3^2-3^2$

(3) $\qquad (x^2-2x+1^2)-1^2+(y^2+4y+2^2)-2^2+5=0$

ゆえに $\qquad (x-1)^2+(y+2)^2=0$

これは、**点 $(1, \ -2)$** である。

◆ 右辺が 0

◆ 点も 1 つの図形。

(4) $\qquad (x^2-4x+2^2)-2^2+(y^2-8y+4^2)-4^2+23=0$

ゆえに $\qquad (x-2)^2+(y-4)^2=-3$

したがって、**表す図形は ない。**

◆ 右辺が負

◆ 方程式を満たす実数 x, y が存在しない。

TRAINING 86 ①

次の方程式はどのような図形を表すか。 〔(2) 千葉工大〕

(1) $x^2+2x+y^2=0$

(2) $x^2+y^2-4x-10y-20=0$

(3) $x^2+4x+y^2+6y+13=0$

(4) $x^2+6x+y^2+8y+28=0$

解説動画へGO!!

基本 例題 87 円の方程式を求める (2) …… 通る 3 点が条件

3 点 $(1,\ 3)$, $(4,\ 2)$, $(5,\ -5)$ を通る円の方程式を求めよ。

CHART & GUIDE

通る 3 点から円の方程式を決定

一般形 $x^2+y^2+lx+my+n=0$ を利用

1. $x^2+y^2+lx+my+n=0$ に通る 3 点の座標を代入する。…… [!]
2. l, m, n の連立 3 元 1 次方程式を解く。

4章 16 円の方程式

解答

求める円の方程式を $x^2+y^2+lx+my+n=0$ とする。

3 点 $(1,\ 3)$, $(4,\ 2)$, $(5,\ -5)$ を通るから

$$\begin{cases} l+3m+n+10=0 & \cdots\cdots ① \\ 4l+2m+n+20=0 & \cdots\cdots ② \\ 5l-5m+n+50=0 & \cdots\cdots ③ \end{cases}$$

←通る点の座標を順に代入して整理した形。

②－① から $3l-m+10=0$ …… ④

←まず, n を消去する。

③－② から $l-7m+30=0$ …… ⑤

④×7－⑤ から $20l+40=0$ よって $l=-2$

④ から $m=4$ ① から $n=-20$

よって $x^2+y^2-2x+4y-20=0$ …… Ⓐ

(参考) Ⓐ は $(x-1)^2+(y+2)^2=5^2$ と変形できる。これは中心 $(1,\ -2)$, 半径 5 の円の方程式である。

[別解] 弦の垂直二等分線は, 円の中心を通るという性質を利用した解法

$A(1,\ 3)$, $B(4,\ 2)$, $C(5,\ -5)$ とする。

弦 AB の中点の座標は $\left(\dfrac{5}{2},\ \dfrac{5}{2}\right)$, 直線 AB の傾きは $-\dfrac{1}{3}$

よって, 弦 AB の垂直二等分線 ℓ の方程式は

$$y-\dfrac{5}{2}=3\left(x-\dfrac{5}{2}\right) \quad \text{すなわち} \quad 3x-y-5=0 \ \cdots\cdots ①$$

同様にして, 弦 BC の垂直二等分線 m の方程式は

$$x-7y-15=0 \ \cdots\cdots ②$$

①, ② を連立して解くと $x=1$, $y=-2$

ゆえに, 円の中心は点 $D(1,\ -2)$ で, 半径は $DA=\sqrt{(1-1)^2+(3+2)^2}=5$

したがって, 求める円の方程式は $(x-1)^2+(y+2)^2=25$

注意 この円のように, △ABC の 3 つの頂点を通る円を △ABC の **外接円** といい, その円の中心を △ABC の **外心** という(数学 A 参照)。

TRAINING 87 ② ★

次の 3 点を通る円の方程式を求めよ。 〔(2) 類 立命館大〕

(1) $(0,\ 0)$, $(1,\ -3)$, $(4,\ 0)$
(2) $(1,\ 1)$, $(3,\ 1)$, $(5,\ -3)$

17 円と直線

 この節では，円と直線の共有点や位置関係について，既に学習した図形の方程式を用いて考えていきましょう。

■ 円と直線の位置関係

1 判別式を利用

円 $x^2+y^2=r^2$ と直線 $y=mx+n$ の共有点の座標 は，連立方程式 $\begin{cases} x^2+y^2=r^2 \\ y=mx+n \end{cases}$ の実数解 で与えられる。

⬅ $x^2+y^2=r^2$ と $y=mx+n$ の 2 式から y を消去すると $x^2+(mx+n)^2=r^2$ よって $(1+m^2)x^2+2mnx+n^2-r^2=0$ となり，x の 2 次方程式が得られる。

円の方程式と直線の方程式から y を消去して整理すると，x の 2 次方程式 $ax^2+bx+c=0$ （判別式 $D=b^2-4ac$） が得られる。

そして，この 2 次方程式の実数解の個数と，円と直線の共有点の個数は一致する。

したがって，円と直線の位置関係は，次のようにまとめられる。

$D=b^2-4ac$ の符号	$D>0$	$D=0$	$D<0$
$ax^2+bx+c=0$ の実数解	異なる 2 つの実数解	重解（ただ 1 つ）	なし
円と直線の位置関係	異なる 2 点で交わる	接する	共有点をもたない
共有点の個数	2 個	1 個	0 個

2 点と直線の距離を利用

円の半径を r，円の中心と直線の距離を d とする。

このとき，円と直線の位置関係は，r と d の大小関係で次のように分類される。

接点

接線

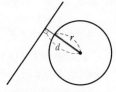

異なる 2 点で交わる $d<r$ 接する $d=r$ 共有点をもたない $d>r$

■ 円の接線の方程式

円 $x^2+y^2=r^2$ 上の点 (a, b) における接線の方程式を求めてみよう。

[1] 点Pが座標軸上にないとき

このとき, $a \neq 0$, $b \neq 0$ である。

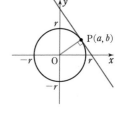

右の図で, 直線 OP の傾きは $\dfrac{b}{a}$ である。

接線は直線 OP に垂直であるから, その傾きは $-\dfrac{a}{b}$ である。

よって, 接線の方程式は $\qquad y-b=-\dfrac{a}{b}(x-a)$

分母を払って整理すると $\qquad ax+by=a^2+b^2$

ここで, 点 (a, b) は円上にあるから $\qquad a^2+b^2=r^2$

よって, 求める接線の方程式は $\qquad ax+by=r^2$ …… ①

[2] 点Pが x 軸上にあるとき

このとき, 接線の方程式は

$\qquad x=r$ または $x=-r$

これは, ① で $a=r$, $b=0$ または $a=-r$, $b=0$ とすると得られる。

[3] 点Pが y 軸上にあるとき

このとき, 接線の方程式は

$\qquad y=r$ または $y=-r$

これは, ① で $a=0$, $b=r$ または $a=0$, $b=-r$ とすると得られる。

[1], [2], [3] から, 次のことが成り立つ。

▶円の接線◀

円 $x^2+y^2=r^2$ 上の点 $\mathrm{P}(a, b)$ における接線の方程式は
$$ax+by=r^2$$

円と直線に関する問題を実際に解いていきましょう。

例題
88 円と直線の位置関係と共有点の座標 ◐◐

円 $x^2+y^2=2$ …… Ⓐ と次の直線との位置関係(交わる,接するなど)を調べ,共有点がある場合には,その座標を求めよ。

(1) $y=x$ (2) $y=x-2$ (3) $y=x+3$

CHART & GUIDE

円 Ⓐ と直線 Ⓑ の共有点の座標
⟺ 連立方程式 Ⓐ,Ⓑ の実数解

1 直線の方程式(1次方程式)を円の方程式に代入する。
2 x の2次方程式が得られるので,実数解を求める。
3 直線の方程式を用いて,x の値に対応する y の値を求める。

解答

(1) Ⓐ に $y=x$ …… ① を代入すると
$$x^2+x^2=2$$
よって $x^2=1$ ゆえに $x=\pm1$
① から $x=1$ のとき $y=1$
   $x=-1$ のとき $y=-1$
よって,円 Ⓐ と直線 ① は **異なる2点で交わり**,その2点の座標は
$$(1,\ 1),\ (-1,\ -1)$$

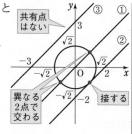

共有点はない

異なる2点で交わる

接する

◆ 異なる2つの実数解 x
 ⟶ $(x,\ y)$ も2組
 ⟶ 異なる2点で交わる。

(2) Ⓐ に $y=x-2$ …… ② を代入すると $x^2+(x-2)^2=2$
整理すると $x^2-2x+1=0$
これを解くと $(x-1)^2=0$ から $x=1$(重解)
このとき,② から $y=-1$
よって,円 Ⓐ と直線 ② は **接する**。
また,その接点の座標は $(1,\ -1)$

◆ 実数解 x は1つ(重解)
 ⟶ $(x,\ y)$ も1組
 ⟶ (1点で)接する。

(3) Ⓐ に $y=x+3$ …… ③ を代入すると $x^2+(x+3)^2=2$
よって $2x^2+6x+7=0$ …… ④
④ の判別式 D について $\dfrac{D}{4}=3^2-2\cdot7=-5$

$D<0$ であるから,2次方程式 ④ は実数解をもたない。
ゆえに,円 Ⓐ と直線 ③ は **共有点をもたない**。

◆ 実数解 x がない
 ⟶ 共有点がない。

TRAINING 88 ②

次の円と直線の位置関係を調べ,共有点がある場合には,その座標を求めよ。

(1) $x^2+y^2=4,\ x+y=4$ (2) $x^2+y^2=1,\ x-y=\sqrt{2}$
(3) $x^2+y^2+5x+y-6=0,\ 3x+y-2=0$

基本 89 円と直線が共有点をもつ条件，接する条件 …… 判別式の利用

円 $x^2+y^2=2$ …… ① と直線 $y=-x+k$ …… ② について
(1) 円①と直線②が共有点をもつとき，定数 k の値の範囲を求めよ。
(2) 円①と直線②が接するとき，定数 k の値と接点の座標を求めよ。

解説動画へGO!!

CHART & GUIDE

円と直線の位置関係　判別式の利用 …… !

円と直線が 異なる2点で交わる $\iff D>0$ ⎫ 共有点をもつ
　　　　　　　　接する $\iff D=0$ ⎬ $D \geqq 0$
　　　　共有点をもたない $\iff D<0$

1 円と直線の方程式から y を消去し，$ax^2+bx+c=0$ の形に整理する。
2 1 でできた2次方程式の判別式 $D=b^2-4ac$ を k の式で表す。
3 上の同値関係を利用して，k の値の範囲または k の値を求める。

4章
17
円と直線

解答

②を①に代入して　　$x^2+(-x+k)^2=2$
整理すると　　　　　$2x^2-2kx+k^2-2=0$ …… ③
③の判別式を D とすると

$$\frac{D}{4}=(-k)^2-2(k^2-2)=-(k^2-4)=-(k+2)(k-2)$$

(1) 円①と直線②が共有点をもつための条件は　　$D \geqq 0$
　　ゆえに　　$(k+2)(k-2) \leqq 0$
　　よって　　$-2 \leqq k \leqq 2$

(2) 円①と直線②が接するための条件は　　$D=0$
　　したがって　　$k=\pm 2$
　　このとき，③は重解
$$x=-\frac{-2k}{2 \cdot 2}=\frac{k}{2}$$ をもつ。

$x=\dfrac{k}{2}$ のとき，②から　$y=-\dfrac{k}{2}+k=\dfrac{k}{2}$

よって　　$k=2$ のとき，接点の座標は　$(1, 1)$
　　　　　$k=-2$ のとき，接点の座標は　$(-1, -1)$

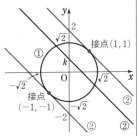

← 円と直線が共有点をもつのは
　「異なる2点で交わる $(D>0)$」
　または
　「接する $(D=0)$」
場合であるから，その条件は　$D \geqq 0$

← 2次方程式
$ax^2+bx+c=0$ が重解をもつとき，その重解は
$$x=-\frac{b}{2a}$$

TRAINING 89 ② ★

円 $x^2+y^2-2x=4$ …… ① と直線 $y=2x+k$ …… ② について
(1) 円①と直線②が共有点をもたないとき，定数 k の値の範囲を求めよ。
(2) 円①と直線②が接するとき，定数 k の値と接点の座標を求めよ。

基本 例題 **90** 円と直線の共有点の個数 …… 点と直線の距離の利用 ①① ①

円 $x^2+y^2=5$ と直線 $2x-y+k=0$ の共有点の個数は，定数 k の値によって，どのように変わるか調べよ。

CHART & GUIDE

円と直線の位置関係　点と直線の距離の利用

円の中心と直線の距離を d，円の半径を r とすると，次のことが成り立つ。

$d<r \iff$ 異なる2点で交わる（共有点2個）
$d=r \iff$ 接する　　　　　　（共有点1個）
$d>r \iff$ 共有点をもたない　（共有点0個）

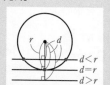

■ 円の中心と直線の距離 d を求める。
■ 距離 d と円の半径 r を比較し，k のとる値で場合分けして答える。…… ?

解答

円の半径 r は　　$r=\sqrt{5}$
円の中心 $(0,\ 0)$ と直線の距離 d は

$$d=\frac{|2\cdot 0-0+k|}{\sqrt{2^2+(-1)^2}}=\frac{|k|}{\sqrt{5}}$$

? $d<r$ となるのは　$\dfrac{|k|}{\sqrt{5}}<\sqrt{5}$

すなわち $|k|<5$ のとき。
これを解いて　　　$-5<k<5$

? $d=r$ となるのは　$\dfrac{|k|}{\sqrt{5}}=\sqrt{5}$ すなわち $|k|=5$ のとき。

これを解いて　　　$k=\pm 5$

? $d>r$ となるのは　$\dfrac{|k|}{\sqrt{5}}>\sqrt{5}$ すなわち $|k|>5$ のとき。

これを解いて　　　$k<-5,\ 5<k$
以上から，共有点の個数は　$-5<k<5$ のとき2個；

　　　　$k=\pm 5$ のとき1個；$k<-5,\ 5<k$ のとき0個

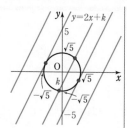

◆ $r=5$ ではない！

◆ 点 $(x_1,\ y_1)$ と直線
$ax+by+c=0$ の距離

は $\dfrac{|ax_1+by_1+c|}{\sqrt{a^2+b^2}}$

絶対値を含む
方程式・不等式

$c>0$ のとき
$|x|=c$ の解は
　$x=\pm c$
$|x|<c$ の解は
　$-c<x<c$
$|x|>c$ の解は
　$x<-c,\ c<x$

注意 上の例題を，前ページのように，判別式を用いて解いてもよい。しかし，y を消去して x の2次方程式を導き，判別式を用いることは少し手間がかかる。また，上の例題は前ページのように，共有点の座標まで要求されているわけではなく，単に，位置関係だけを問われている から，解答のような図形の特性を利用した解法が簡単で有効である。

TRAINING **90** ②

円 $(x-1)^2+(y-1)^2=r^2$ と直線 $y=2x-3$ の共有点の個数は，半径 r の値によって，どのように変わるか調べよ。

≫≫ 発展例題 **97**

基本 例題 91 円上の点における接線の方程式

円 $x^2+y^2=5$ 上の点 $P(1, -2)$ における接線の方程式を求めよ。

CHART & GUIDE

円 $x^2+y^2=r^2$ 上の点 (a, b) における接線の方程式

$$ax+by=r^2$$

[解法1] 公式の利用
…… 公式を用いればすぐに接線の方程式が求まる。

[解法2] (円の接線)⊥(半径) の利用
…… 原点以外の点を中心とする円の接線の方程式を求めるときなどに応用できる。

解答

[解法1] 公式利用

$1 \cdot x + (-2)y = 5$ すなわち $x - 2y = 5$

← $a=1$, $b=-2$, $r^2=5$

[解法2] (円の接線)⊥(半径) を利用

求める接線は，点 P を通り，半径 OP に垂直な直線である。

直線 OP の傾きは -2

したがって，接線の傾きは $\dfrac{1}{2}$

求める接線の方程式は

$$y - (-2) = \frac{1}{2}(x-1)$$

すなわち $x - 2y = 5$

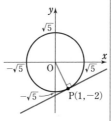

円の接線は，その接点を通る円の半径に垂直であることを利用する。

垂直 ⟺ 傾きの積が -1

← 点 (x_1, y_1) を通り，傾き m の直線
$$y - y_1 = m(x - x_1)$$

TRAINING 91 ①

次の円上の点 P における接線の方程式を求めよ。

(1) $x^2+y^2=9$, $P(-2, \sqrt{5})$ (2) $x^2+y^2=36$, $P(0, -6)$

標準 例題
92 円外の点から円に引いた接線の方程式 ≪≪ 基本例題 91 ①①①

点 A$(3, 1)$ から円 $x^2+y^2=2$ に引いた接線の方程式と接点の座標を求めよ。

CHART & GUIDE

円外の点から引いた接線の方程式

■1 接点の座標を (a, b) とおき，円の方程式に代入する。
■2 点 (a, b) における接線の方程式を作る。
■3 接線（通る点）の条件から，a, b の関係式を作る。
■4 ■1 と ■3 でできた式を連立して解き，a, b の値を求める。

解答

接点を P(a, b) とすると，P は
円上にあるから
$$a^2+b^2=2 \quad \cdots\cdots ①$$
また，P における接線の方程式は
$$ax+by=2 \quad \cdots\cdots ②$$
この直線が点 A を通るから
$$3a+b=2 \quad \cdots\cdots ③$$
① と ③ から b を消去して
$$a^2+(2-3a)^2=2 \quad 整理すると \quad 5a^2-6a+1=0$$

ゆえに $(a-1)(5a-1)=0$ よって $a=1, \dfrac{1}{5}$

③ から $a=1$ のとき $b=-1$，$a=\dfrac{1}{5}$ のとき $b=\dfrac{7}{5}$

よって，接線の方程式 ② と接点の座標は，次のようになる。

　　接線の方程式 $x-y=2$,　接点の座標 $(1, -1)$

　　接線の方程式 $x+7y=10$,　接点の座標 $\left(\dfrac{1}{5}, \dfrac{7}{5}\right)$

[別解1] 判別式を利用した解法　[接する ⟺ 重解]

点 $(3, 1)$ を通る接線は，x 軸に垂直でないから，方程式は
$$y-1=m(x-3) \quad すなわち \quad y=mx-(3m-1) \cdots\cdots ①$$
と表すことができる。① を円の方程式に代入して
$$x^2+\{mx-(3m-1)\}^2=2$$
展開して整理すると
$$(m^2+1)x^2-2m(3m-1)x+(3m-1)^2-2=0 \quad \cdots\cdots ②$$
② の判別式を D とすると
$$\frac{D}{4}=\{-m(3m-1)\}^2-(m^2+1)\{(3m-1)^2-2\}$$
$$=(3m-1)^2\{m^2-(m^2+1)\}+2(m^2+1)$$
$$=-7m^2+6m+1=-(m-1)(7m+1)$$
円と直線 ① が接するための条件は $D=0$

← 円の方程式に代入すると
成り立つ。

← 円 $x^2+y^2=r^2$ 上の点
(a, b) における接線の
方程式は
$$ax+by=r^2$$

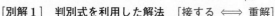

← $1\cdot x-1\cdot y=2$

← $\dfrac{1}{5}x+\dfrac{7}{5}y=2$

← 図をかくとわかる。

← x^2 の係数は $m^2+1\neq0$

← $(3m-1)^2$ でくくると計
算しやすい。

ゆえに　　$(m-1)(7m+1)=0$　　よって　　$m=1,\ -\dfrac{1}{7}$

求めた m の値を ① に代入すると

　　$m=1$　のとき　　$y=x-2$　……③

　　$m=-\dfrac{1}{7}$　のとき　　$y=-\dfrac{1}{7}x+\dfrac{10}{7}$　……④

また，2次方程式 ② の重解は

　　$m=1$　のとき　　$x=\dfrac{1\cdot(3\cdot1-1)}{1^2+1}=1$

　　$m=-\dfrac{1}{7}$　のとき　　$x=\dfrac{-\dfrac{1}{7}\left\{3\left(-\dfrac{1}{7}\right)-1\right\}}{\left(-\dfrac{1}{7}\right)^2+1}=\dfrac{1}{5}$

接点の y 座標は，$x=1$ を ③ に代入して　　$y=-1$

　　　　　$x=\dfrac{1}{5}$ を ④ に代入して　　$y=\dfrac{7}{5}$

以上から，**接線の方程式　$y=x-2$，接点の座標　$(1,\ -1)$**

　　　　　接線の方程式　$y=-\dfrac{1}{7}x+\dfrac{10}{7}$，接点の座標　$\left(\dfrac{1}{5},\ \dfrac{7}{5}\right)$

[**別解2**]　**点と直線の距離を利用した解法** [接する $\Longleftrightarrow d=r$]
([**別解1**]の ① まで同じ)

① から，求める接線の方程式は　　$mx-y-3m+1=0$ … ②

円の中心 $(0,\ 0)$ と接線の距離が円の半径 $\sqrt{2}$ に等しいから

　　　　$\dfrac{|-3m+1|}{\sqrt{m^2+(-1)^2}}=\sqrt{2}$

両辺に $\sqrt{m^2+1}$ を掛けて　　$|-3m+1|=\sqrt{2(m^2+1)}$

両辺を2乗して　　　　　　　$(-3m+1)^2=2(m^2+1)$

展開して整理すると　　　　　$7m^2-6m-1=0$

よって　　$(m-1)(7m+1)=0$　　ゆえに　　$m=1,\ -\dfrac{1}{7}$

$m=1$ を ② に代入すると　　**$x-y-2=0$**　……③

　このとき，直線 OP の方程式は　$y=-x$ ……④

　③，④ の連立方程式を解いて　$x=1,\ y=-1$

　すなわち，**接点の座標は　　$(1,\ -1)$**

$m=-\dfrac{1}{7}$ を ② に代入すると　　**$x+7y-10=0$**　……⑤

　このとき，直線 OP の方程式は　$y=7x$ ……⑥

　⑤，⑥ の連立方程式を解いて　$x=\dfrac{1}{5},\ y=\dfrac{7}{5}$

　すなわち，**接点の座標は　　$\left(\dfrac{1}{5},\ \dfrac{7}{5}\right)$**

側注:
$\begin{matrix}1 & \diagup & -1 & \longrightarrow & -7\\ 7 & \diagup & 1 & \longrightarrow & 1\\ \hline 7 & & -1 & & -6\end{matrix}$

← ③，④ が，接線の方程式である。

← 接する $\Longleftrightarrow$ 重解

← 2次方程式
$ax^2+bx+c=0$ が重解をもつとき，その重解は
$x=-\dfrac{b}{2a}$
よって，2次方程式 ②
の重解は
$x=-\dfrac{-2m(3m-1)}{2(m^2+1)}$
$=\dfrac{m(3m-1)}{m^2+1}$

4章
17
円と直線

(中心と接線の距離)
　　　　=(半径)

← $A\geqq0,\ B\geqq0$ のとき
$A=B\Longleftrightarrow A^2=B^2$

垂直 $\Longleftrightarrow$ 傾きの積が -1

← $-\dfrac{1}{7}x-y+\dfrac{10}{7}=0$

TRAINING　92③
点 A(7, 1) から円 $x^2+y^2=25$ に引いた接線の方程式を求めよ。　　　　　[類 早稲田大]

円の接線の方程式の求め方

例題 91，92 では，円の接線の方程式について学びました。ここで，円の接線に関する問題を解く方法を整理しておきましょう。方法は，接点の座標を活用するかしないかに大別できます。

1 接点の座標を活用する方法

① **公式 $ax+by=r^2$ を利用** ⟶ 基本例題 91[解法 1]，標準例題 92

原点が中心の円について，接点の座標が与えられている場合は，この公式の利用がもっとも簡単である。また，接点の座標を (a, b) などとおいて，接線の方程式を立てることで問題が解決できる場合もある。

② **(円の接線)⊥(半径) を利用** ⟶ 基本例題 91[解法 2]

円の接線と半径は，接点において垂直であるという図形的な性質を利用する解法である。

例えば，2 点 A$(0, 3)$，B$(8, 9)$ を直径の両端とする円の，点Aにおける接線の方程式は，点Aを通り，直径 AB に垂直な直線の方程式と同じである。

円の中心が原点以外の場合に適した考え方といえるだろう(例題 97 参照)。

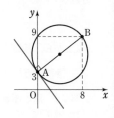

2 接点の座標を活用しない方法

③ **(中心と接線の距離)＝(半径) を利用** ⟶ 標準例題 92[別解 2]

円の中心と直線の距離を d，円の半径を r とするとき，$d=r \iff$ **接する** が成り立つ(例題 90 参照)。標準例題 92[別解 2]は，これを利用している。

この方法は，接点の座標を求める必要がない場合や，傾きがわかる場合に，特に有効である。

例：円 $x^2+y^2=9$ に接し，直線 $4x+3y-5=0$ に平行な直線

求める直線を $4x+3y+k=0$ …… Ⓐ とすると，円の中心 $(0, 0)$ と直線Ⓐの距離が円の半径 3 に等しいから

$$\frac{|k|}{\sqrt{4^2+3^2}}=3 \quad \text{すなわち} \quad \frac{|k|}{5}=3 \quad \text{よって} \quad k=\pm15$$

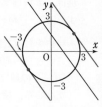

ゆえに，求める接線の方程式は

$$4x+3y+15=0, \quad 4x+3y-15=0$$

④ **接する $\iff$ 重解(判別式 $D=0$) を利用** ⟶ 標準例題 92[別解 1]

円と直線の方程式から，y を消去した x の 2 次方程式の判別式を D とするとき，接する $\iff$ 重解 $\iff$ $D=0$ を利用した解法である。

問題によっては計算が煩雑になる欠点があるが，放物線と直線など，円と直線以外の問題にも用いることができる利点がある。

それぞれの解法の長所・短所を理解するためにも，1 つの問題をいろいろな解法で解いてみることが大切である。

知ってると便利

Let's Start

18 2つの円の位置関係

円と円の位置関係については，数学Aでも学習しました。この節では，円の方程式を用いて2つの円の位置関係について考えていきましょう。

■ 2つの円の位置関係

↩ Play Back

半径が異なる2つの円 O，O' の位置関係は次の5つの場合がある。ただし，円 O，O' の半径をそれぞれ r，$r'(r>r')$，2つの円の中心間の距離を d とする。

[1] 互いに外部にある	[2] 1点を共有する	[3] 2点で交わる	[4] 1点を共有する	[5] 一方が他方の内部にある
	外接する		内接する	
$d>r+r'$	$d=r+r'$	$r-r'<d<r+r'$	$d=r-r'$	$d<r-r'$

- [2]，[4] のように2つの円がただ1点を共有するとき，2つの円は接するといい，この共有点を接点という。
  [2] のように接する場合，2つの円は外接するという。
  [4] のように接する場合，2つの円は内接するという。
- 2つの円が接するとき，接点は2つの円の中心を通る直線上にある。
- 2つの円が互いに外部にある([1])，一方が他方の内部にある([5])とき，2つの円の共有点はない。

注意 $r=r'$ の場合も，[1]〜[3] の位置関係と関係式は成り立つ。

2つの円の中心間の距離と半径の和や差の大小関係から問題にアプローチしてみましょう。

基本 例題 **93** ある円に内接，外接する円の方程式を求める 〉〉発展例題 **98**

円 $x^2+y^2=4$ を C とする。このとき，次のような円の方程式を求めよ。

(1) 中心が点 $(3,\ 4)$ で，円 C に外接する円 C_1

(2) 中心が点 $(\sqrt{2},\ -1)$ で，円 C に内接する円 C_2

CHART
& GUIDE

2円の位置関係
2円の半径と中心間の距離に注目

半径が r，$r'(r>r')$ である2円の中心間の距離を d とすると

2円が　外接する $\iff d=r+r'$　内接する $\iff d=r-r'$ … !

を利用。円 C_1，C_2 の半径をそれぞれ r_1，r_2 として，r_1，r_2 の値を決める。なお，円 C_2 は円 C に内接，とあるから，円 C_2 は円 C の内部にあることになる。

解答

円 C の中心は原点O，半径は2である。

(1) 円 C_1 の中心を O_1 とすると，$O_1(3,\ 4)$ であるから，
円 C と円 C_1 の中心間の距離は
$$OO_1=\sqrt{3^2+4^2}=\sqrt{25}=5$$
円 C_1 の半径を r_1 とすると，円 C_1 は円 C に外接するから
! $$5=2+r_1$$
よって　$r_1=3$
ゆえに，円 C_1 の方程式は　$(x-3)^2+(y-4)^2=9$

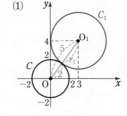

(2) 円 C_2 の中心を O_2 とすると，$O_2(\sqrt{2},\ -1)$ であるから，
円 C と円 C_2 の中心間の距離は
$$OO_2=\sqrt{(\sqrt{2})^2+(-1)^2}=\sqrt{3}$$
円 C_2 の半径を r_2 とすると，円 C_2 は円 C に内接するから，
! $r_2<2$ で　$\sqrt{3}=2-r_2$
よって　$r_2=2-\sqrt{3}$
ゆえに，円 C_2 の方程式は　$(x-\sqrt{2})^2+(y+1)^2=(2-\sqrt{3})^2$

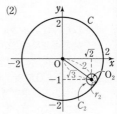

TRAINING　93 ②

円 $(x-1)^2+(y+2)^2=9$ を C とする。

(1) 円 $(x+1)^2+(y-1)^2=4$ を C_1 とするとき，円 C と C_1 の位置関係を調べよ。

(2) 中心が点 $(3,\ -5)$ で，円 C に外接する円 C_2 の方程式を求めよ。

(3) 中心が原点Oで，円 C に内接する円 C_3 の方程式を求めよ。

発展学習

≪≪ 基本例題 **78**

発展 例題 **94** 3直線が1点で交わる条件，3点が同じ直線上にある条件

(1) 3直線 $x+y=6$ …… ①，$2x-y=3$ …… ②，$x-ay=1-2a$ …… ③
が1点で交わるとき，定数 a の値を求めよ。

(2) 3点 A$(-2, 3)$，B$(1, 2)$，C$(k, k+9)$ が同じ直線上にあるとき，定数 k の値を求めよ。

CHART & GUIDE

(1) **3直線が1点で交わる条件（共点条件 という）**
⟶ **2直線の交点が第3の直線上にある**
■ 2直線 ①，② の交点の座標を求める。
② ■で求めた交点の座標を直線 ③ の式に代入して，a の値を求める。

(2) **3点が同じ直線上にある条件（共線条件 という）**
⟶ **2点を通る直線上に第3の点がある**
■ 2点 A，B を通る直線の方程式を求める。
② 点 C の座標を ■ で求めた方程式に代入して，k の値を求める。

4章

発展学習

解答

(1) 連立方程式 ①，② を解くと $\quad x=3,\ y=3$
よって，2直線 ①，② の交点の座標は $\quad (3, 3)$
点 $(3, 3)$ が直線 ③ 上にあるための条件は $\quad 3-a\cdot3=1-2a$
これを解いて $\quad \boldsymbol{a=2}$

(2) 2点 A，B を通る直線の方程式は
$$y-3=\frac{2-3}{1-(-2)}\{x-(-2)\} \quad \text{すなわち} \quad x+3y-7=0$$
直線 AB 上に点 C があるための条件は $\quad k+3(k+9)-7=0$
これを解いて $\quad \boldsymbol{k=-5}$

[別解] $k=-2$ のとき，直線 AC の方程式は $\quad x=-2$
点 B は直線 $x=-2$ 上にないから，$k=-2$ は不適。
よって，$k \neq -2$ である。
3点 A，B，C が同じ直線上にあるとき，直線 AB の傾きと
直線 AC の傾きは等しいから
$$\frac{2-3}{1-(-2)}=\frac{k+9-3}{k-(-2)} \quad \text{すなわち} \quad -\frac{1}{3}=\frac{k+6}{k+2}$$
よって $\quad -(k+2)=3(k+6) \quad$ これを解いて $\quad \boldsymbol{k=-5}$

◀ 交点の座標を求める2直線には，係数に文字がない ①，② を使用する。①，③ を使用すると，①−③ から
$(1+a)y=5+2a$
となり，$a=-1$ のときの吟味が必要となる。

◀ 傾きが一致することを利用する。ただし，この考え方は，x 軸に垂直な直線については通用しないから，その吟味が必要。

TRAINING 94 ④

3直線 $x-y=1$ …… ①，$2x+3y=1$ …… ②，$ax+by=1$ …… ③
が1点で交わるとき，3点 $(1, -1)$，$(2, 3)$，(a, b) は同じ直線上にあることを示せ。

発展 例題 **95** 三角形の面積

3点 O$(0, 0)$, A$(2, 6)$, B$(4, 3)$ を頂点とする三角形 OAB の面積 S を求めよ。

CHART & GUIDE

1 底辺の長さを求める。…… 線分 OA を底辺とみる。
2 底辺となる直線 OA の方程式を求める。
3 三角形の高さを，点 B と直線 OA の距離として求め，面積を計算。

(参考) 3点 O$(0, 0)$, A(x_1, y_1), B(x_2, y_2) を頂点とする △OAB の面積は

$$\triangle OAB = \frac{1}{2}\left|x_1 y_2 - x_2 y_1\right| \quad \cdots\cdots (*)$$

解答

$$OA = \sqrt{2^2 + 6^2} = 2\sqrt{10}$$

直線 OA の方程式は

$$y = 3x \quad \text{すなわち} \quad 3x - y = 0$$

点 B と直線 OA の距離を h とすると

$$h = \frac{|3\cdot4 - 3|}{\sqrt{3^2 + (-1)^2}} = \frac{9}{\sqrt{10}}$$

したがって

$$S = \frac{1}{2}\cdot OA \cdot h = \frac{1}{2}\cdot 2\sqrt{10}\cdot\frac{9}{\sqrt{10}} = 9$$

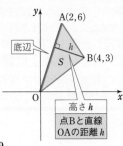

◀ 直線 OA の傾きは
$$\frac{6-0}{2-0} = 3$$

◀ 点 (x_1, y_1) と直線 $ax + by + c = 0$ の距離
は $$\frac{|ax_1 + by_1 + c|}{\sqrt{a^2 + b^2}}$$

◀ 公式$(*)$を利用すると
$$S = \frac{1}{2}\left|2\cdot3 - 4\cdot6\right| = 9$$

Lecture 座標平面上の三角形の面積

公式$(*)$は，底辺を線分 OA，高さを点 B と直線 OA の距離 h とみて証明できる。

証明 直線 OA の方程式は $\quad y_1 x - x_1 y = 0$

よって $$S = \frac{1}{2}\cdot OA \cdot h = \frac{1}{2}\sqrt{x_1^2 + y_1^2}\cdot\frac{|y_1 x_2 - x_1 y_2|}{\sqrt{y_1^2 + (-x_1)^2}} = \frac{1}{2}\left|x_1 y_2 - x_2 y_1\right|$$

[与えられた頂点の中に，原点がないときの処理方法]

例えば，3点が P$(3, 1)$, Q$(5, 7)$, R$(7, 4)$ と与えられた場合は，頂点の1つが原点にくるように，三角形を平行移動 して考えるとよい。

点 P が原点にくるような平行移動を考えると

$$Q \longrightarrow A(2, 6), \quad R \longrightarrow B(4, 3) \quad \text{であり，}$$

△PQR の面積は，△OAB の面積に等しい。

後は，公式$(*)$を使って面積を求めればよい。

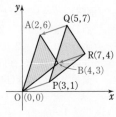

TRAINING 95 ③ ★

3直線 $x - y = 0$ …… ①, $2x + y = 9$ …… ②, $x - 4y = 0$ …… ③ によって作られた三角形の面積を求めよ。

発展 例題 96 円が直線から切り取る線分の長さ ◔◔◔◔◔

円 $x^2+y^2=5$ が直線 $y=x+2$ から切り取る線分の長さを求めよ。

CHART & GUIDE

円と直線(弦)
弦の垂直二等分線は，円の中心を通る

半径 r の円 O が直線 ℓ から線分 AB を切り取るとき，線分 AB
の中点を M とすると $OM \perp AB$
線分 AB の長さは，△OAM に 三平方の定理 を適用して

$$AB = 2AM = 2\sqrt{r^2 - OM^2} \quad \cdots\cdots \boxed{!}$$

解答

円と直線の交点を A，B とし，線分
AB の中点を M とする。
線分 OM の長さは，円の中心 $(0,\ 0)$
と直線 $y=x+2$，すなわち
$x-y+2=0$ の距離に等しいから

$$OM = \frac{|2|}{\sqrt{1^2+(-1)^2}} = \sqrt{2}$$

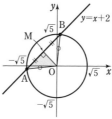

◀ 点 $(x_1,\ y_1)$ と直線
$ax+by+c=0$ の距離
は $\dfrac{|ax_1+by_1+c|}{\sqrt{a^2+b^2}}$

△OAB は，$OA=OB=\sqrt{5}$ (半径)
の二等辺三角形で，三平方の定理から

$$AB = 2AM = 2\sqrt{OA^2-OM^2}$$
$$= 2\sqrt{(\sqrt{5})^2-(\sqrt{2})^2} = 2\sqrt{3}$$

◀ $OM \perp AB$

[別解] $x^2+y^2=5$，$y=x+2$ から y を消去して

$$x^2+(x+2)^2=5$$

展開して整理すると $2x^2+4x-1=0$ …… ①

円と直線の交点の座標を $(\alpha,\ \alpha+2)$，$(\beta,\ \beta+2)$ とすると，
α，β は 2 次方程式 ① の解であるから，解と係数の関係により

$$\alpha+\beta=-2, \quad \alpha\beta=-\frac{1}{2}$$

求める線分の長さを l とすると

$$l^2 = (\beta-\alpha)^2+\{(\beta+2)-(\alpha+2)\}^2 = 2(\beta-\alpha)^2$$
$$= 2\{(\alpha+\beta)^2-4\alpha\beta\} = 2\left\{(-2)^2-4\left(-\frac{1}{2}\right)\right\} = 12$$

$l>0$ であるから，求める線分の長さは $l=2\sqrt{3}$

◀ 円と直線の方程式を連立
して解き，交点の座標を
求めてもよい。
しかし，例えば，2 次方
程式 ① の解は

$$x = \frac{-2\pm\sqrt{6}}{2}$$

で，計算が複雑になるか
ら，**解と係数の関係** を
利用した方がよい。
(解と係数の関係は，
$p.78$ 参照)

4章

発展学習

TRAINING 96 ④

円 $(x-2)^2+(y-1)^2=4$ が直線 $y=-2x+3$ から切り取る線分の中点の座標と線分の
長さを求めよ。

[類 東京電機大]

発展 例題 97 原点以外の点を中心とする円の接線の方程式 🕐🕐🕐🕐

円 $(x-1)^2+(y+2)^2=25$ 上の点 $(4, 2)$ における接線の方程式を求めよ。

CHART & GUIDE

円の中心は原点でないから，$p.153$ で学んだ接線の公式は使えない。そこで，
（円の接線）⊥（半径）…… $!$ を利用する。

1 円の中心と接点を通る直線の傾きを求める。

2 接線の傾きを求める。…… 接線は，**1** の直線に垂直である。

3 **2** で求めた傾きと接点の座標を，$y-y_1=m(x-x_1)$ に代入する。

解答

円の中心の座標は $(1, -2)$

2 点 $(1, -2)$, $(4, 2)$ を通る直線の

傾きは $\dfrac{2-(-2)}{4-1}=\dfrac{4}{3}$

求める接線の傾きを m とすると

$!$ $\quad m \cdot \dfrac{4}{3}=-1$ から $\quad m=-\dfrac{3}{4}$

したがって，求める接線の方程式は

$$y-2=-\dfrac{3}{4}(x-4) \quad \text{すなわち} \quad y=-\dfrac{3}{4}x+5$$

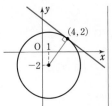

垂直 ⟺ 傾きの積が -1
点と直線の距離や判別式を
利用する解法も考えられる
が，計算がやや複雑である。

👆 Lecture 原点以外の点を中心とする円の接線の方程式

円 $(x-a)^2+(y-b)^2=r^2$ 上の点 (x_1, y_1) における接線の方程式は，

$$(x_1-a)(x-a)+(y_1-b)(y-b)=r^2$$

で与えられる。上の例題に適用すると，$(4-1)(x-1)+\{2-(-2)\}\{y-(-2)\}=25$
すなわち $3x+4y-20=0$ が得られる。この公式を証明しておこう。

証明 円 $C:(x-a)^2+(y-b)^2=r^2$ を，中心 (a, b) が原点に一
致するように平行移動すると，円 $C':x^2+y^2=r^2$ になる。
この移動で円 C 上の点 (x_1, y_1) は，円 C' 上の点
(x_1-a, y_1-b) に移り，その点における円 C' の接線の方程式
は $\qquad (x_1-a)x+(y_1-b)y=r^2$
この直線を x 軸方向に a，y 軸方向に b だけ平行移動したもの
が，円 C 上の点 (x_1, y_1) における接線で，その方程式は
$$(x_1-a)(x-a)+(y_1-b)(y-b)=r^2$$

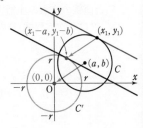

TRAINING 97 ④

円 $x^2+6x+y^2-6y+5=0$ 上の点 $(-1, 0)$ における接線の方程式を求めよ。

発展 例題 98　2円が接する条件，共有点をもつ条件　◑◑◑◑◔

円 $(x+2)^2+(y-1)^2=1^2$ …… ① がある。また，a，b は正の定数とする。

(1) 円① と円 $x^2+(y-3)^2=a^2$ …… ② が接するとき，a の値を求めよ。

(2) 円① と円 $x^2+y^2=b^2$ …… ③ が共有点をもつとき，b の値の範囲を求めよ。

CHART & GUIDE

2円の位置関係
2円の半径と中心間の距離に注目

半径が r，r' $(r \neq r')$ である2円の中心間の距離を d とすると

2円が　外接する $\Longleftrightarrow d=r+r'$　　内接する $\Longleftrightarrow d=|r-r'|$

共有点をもつ $\Longleftrightarrow |r-r'| \leqq d \leqq r+r'$ …… ☑

(1) 2円が接するのは，外接する場合と内接する場合がある。

4章

発展学習

解答

(1) 円① の中心は点 $(-2, 1)$，半径は 1，　　　　　　　　　◀ まず，円の中心と半径を調べる。
　　円② の中心は点 $(0, 3)$，半径は a である。

　　2円①，② の中心間の距離は　　$\sqrt{2^2+2^2}=2\sqrt{2}$

　　2円①，② が接するのは，次の [1]，[2] の場合がある。

　　[1]　2円①，② が外接するとき　　$2\sqrt{2}=1+a$
　　　　したがって　　$a=2\sqrt{2}-1$

　　[2]　2円①，② が内接するとき　　$2\sqrt{2}=|1-a|$
　　　　これを解いて　$a=1\pm2\sqrt{2}$　　$a>0$ から　$a=1+2\sqrt{2}$

　以上から　　$a=2\sqrt{2}+1,\ 2\sqrt{2}-1$

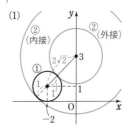

(2) 円③ の中心は原点O，半径は b である。

　　2円①，③ の中心間の距離は　　$\sqrt{(-2)^2+1^2}=\sqrt{5}$

　　2円①，③ が共有点をもつから　$|b-1| \leqq \sqrt{5} \leqq b+1$

　$\sqrt{5} \leqq b+1$ を解くと　　$b \geqq \sqrt{5}-1$ …… ④

　$|b-1| \leqq \sqrt{5}$ を解くと，$-\sqrt{5} \leqq b-1 \leqq \sqrt{5}$ から

　　　　　　$-\sqrt{5}+1 \leqq b \leqq \sqrt{5}+1$ …… ⑤

　④，⑤ と $b>0$ の共通範囲を求めて　$\sqrt{5}-1 \leqq b \leqq \sqrt{5}+1$

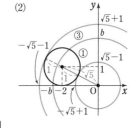

注意　一般に，円① と円② が内接するのは　(ア) 円① が円② に内接　(イ) 円② が円① に内接の2つの場合がある。しかし，上の解答(1)の場合では，円② の中心が円① の外部にあるから，(ア)の場合のみが起こり，(イ)の場合は起こらない。

TRAINING　98 ④

a は正の定数とする。2円 $x^2+y^2-1=0$，$x^2+y^2-4x-4y+8-a=0$ が共有点をもつように，a の値の範囲を定めよ。

発展 例題 **99** 2円の交点を通る直線や円を求める ⏱⏱⏱⏱⏱

2円 $x^2+y^2-1=0$ …… ① と $x^2+y^2-2x-2y+1=0$ …… ② について
(1) 2円の共有点の座標を求めよ。
(2) 2円の共有点を通る直線の方程式を求めよ。
(3) 2円の共有点と原点 O を通る円の中心の座標と半径を求めよ。

CHART & GUIDE

(1) 2円の 共有点の座標 ⟺ 連立方程式の実数解
①，②はともに2次 ⟶ ①，②の辺々を引いて，1次の方程式を導く。
(2), (3) 2円①，②の共有点を通る図形の方程式を，次のようにおく。
$k(x^2+y^2-1)+(x^2+y^2-2x-2y+1)=0$ …… [!] ($p.147$ ズームUP)
(2) $k=-1$ のとき，この図形は直線を表す。
(3) この図形が原点を通るとして，$x=0$，$y=0$ を代入し，k の値を求める。

解答

(1) ①－② から $2x+2y-2=0$ よって $y=1-x$ … ③
③を①に代入して整理すると $x^2-x=0$
ゆえに $x(x-1)=0$ よって $x=0$, 1
③から $x=0$ のとき $y=1$，$x=1$ のとき $y=0$
したがって，共有点の座標は $(0, 1)$, $(1, 0)$

(2) k を定数として，次の方程式を考える。

[!] $k(x^2+y^2-1)+(x^2+y^2-2x-2y+1)=0$ …… Ⓐ
方程式Ⓐは，(1)で求めた2円①，②の共有点を通る図形を表す。
Ⓐが直線を表すのは，$k=-1$ のときであるから
$-(x^2+y^2-1)+(x^2+y^2-2x-2y+1)=0$
整理して $x+y-1=0$

(3) 図形Ⓐが原点を通るとして，Ⓐに $x=0$，$y=0$ を代入すると $-k+1=0$ よって $k=1$
Ⓐに代入して整理すると $x^2+y^2-x-y=0$
変形すると $\left(x-\dfrac{1}{2}\right)^2+\left(y-\dfrac{1}{2}\right)^2=\dfrac{1}{2}$

ゆえに，求める円の **中心の座標** は $\left(\dfrac{1}{2},\ \dfrac{1}{2}\right)$，**半径** は $\dfrac{1}{\sqrt{2}}=\dfrac{\sqrt{2}}{2}$

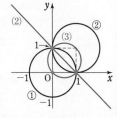

[別解] (2) 2点 $(0, 1)$, $(1, 0)$ を通る直線の方程式であるから
$x+y=1$

TRAINING 99 ④

2円 $x^2+y^2+3x+2y-18=0$, $x^2+y^2-9x-4y+18=0$ について
(1) 2円は異なる2点($^{(ア)}\boxed{}$, $^{(イ)}\boxed{}$)，($^{(ウ)}\boxed{}$, $^{(エ)}\boxed{}$) [(ア)<(ウ)]で交わる。
(2) 2円の2つの交点を通る直線の方程式を求めよ。
(3) 2円の2つの交点と点 $(1, -1)$ を通る円の中心の座標と半径を求めよ。

発展 例題 100 円と放物線が共有点をもつ条件

$r>0$ とする。放物線 $y=x^2$ …… ① と円 $x^2+(y-4)^2=r^2$ …… ② について

[類 駒澤大]

(1) 円 ② が原点を通るとき，放物線 ① と円 ② の共有点の個数を求めよ。

(2) 放物線 ① と円 ② が 4 個の共有点をもつとき，r の値の範囲を求めよ。

CHART & GUIDE

(1) 2 曲線の 共有点の座標 ⟺ 連立方程式の実数解

まず，② の式に $x=0$，$y=0$ を代入して，r^2 の値を求める。

(2) ①，② から x を消去すると $y^2-7y+16-r^2=0$ …… ③

ここで，放物線 ① と円 ② はともに y 軸に関して対称であるから［解答(2)の図参照］，
③ で y の値として正のものが 1 つ決まると，① の式から x の値が 2 つ決まる。…… ⚠

よって 4 個の共有点をもつ ⟺ 2 次方程式 ③ が異なる 2 つの正の解をもつ

4章

発展学習

解答

(1) 円 ② が原点を通るから，$0^2+(0-4)^2=r^2$ より $r^2=4^2$

$r^2=4^2$ のとき，①，② から x を消去すると
$$y+(y-4)^2=4^2$$
整理すると $y(y-7)=0$ よって $y=0$，7

① から $y=0$ のとき $x^2=0$ ゆえに $x=0$

$y=7$ のとき $x^2=7$ ゆえに $x=\pm\sqrt{7}$

したがって，放物線 ① と円 ② の共有点は **3 個**

(2) ①，② から x を消去すると $y+(y-4)^2=r^2$

整理すると $y^2-7y+16-r^2=0$ …… ③

放物線 ① と円 ② が 4 個の共有点をもつための条件は，y の
2 次方程式 ③ が異なる 2 つの正の解をもつことである。すなわち，③ の判別式を D，2 つの解を α，β とすると，

[1] $D>0$ [2] $\alpha+\beta>0$ [3] $\alpha\beta>0$

が同時に成り立つことである。

ここで $D=(-7)^2-4(16-r^2)=4r^2-15$

解と係数の関係から $\alpha+\beta=7$，$\alpha\beta=16-r^2$

[1] $4r^2-15>0$ から $r<-\dfrac{\sqrt{15}}{2}$，$\dfrac{\sqrt{15}}{2}<r$ …… ④

[2] $7>0$ であるから，これは常に成り立つ。

[3] $16-r^2>0$ から $-4<r<4$ …… ⑤

④，⑤ と $r>0$ の共通範囲を求めて $\dfrac{\sqrt{15}}{2}<r<4$

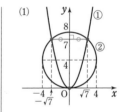

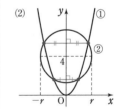

◀ p.86 例題 49 と同様。
グラフを利用する考え方もあるが，解の条件が「ともに正(負)」，「異符号」の場合は，解と係数の関係を利用する方針の方が早い。

TRAINING 100 ⑤

$r>0$ とする。放物線 $y=x^2-1$ と円 $x^2+y^2=r^2$ が 4 個の共有点をもつとき，r の値の範囲を求めよ。

EXERCISES

A **44**③ 次の点の座標を求めよ。

(1) 3点 A$(3, 3)$, B$(-4, 4)$, C$(-1, 5)$ から等距離にある点 〔類 自治医大〕

(2) 直線 $y=2x$ 上にあって2点 A$(1, -3)$, B$(3, 2)$ から等距離にある点

≪ 標準例題 **72**

45② 3点 A$(1, 1)$, B$(2, 4)$, C$(a, 0)$ を頂点とする △ABC が直角三角形となるとき，定数 a の値を求めよ。 ≪ 標準例題 **73**

46② 3点 A$(-2, 3)$, B$(5, 4)$, C$(3, -1)$ を頂点にもつ平行四辺形 ABCD がある。このとき，頂点Dの座標と対角線の交点Pの座標を求めよ。

≪ 基本例題 **74**

47② 次の2直線 ℓ_1, ℓ_2 が平行，垂直になるような m の値をそれぞれ求めよ。

$$\ell_1 : mx+y=1, \quad \ell_2 : (m+1)x+my=3$$ 〔類 福島大〕 ≪ 基本例題 **79**

48③ 平面上に2点 A$(-1, 3)$, B$(5, 11)$ がある。

(1) 直線 $y=2x$ に関して，点Aと対称な点Pの座標を求めよ。

(2) 点Qが直線 $y=2x$ 上にあるとき，QA＋QB を最小にする点Qの座標を求めよ。 〔東京薬大〕 ≪ 標準例題 **82**

49③ 直線 $2x+y+2=0$ を ℓ とし，放物線 $y=x^2$ 上の点をPとする。Pと ℓ の距離が最小となるとき，Pの座標を求めよ。また，そのときのPと ℓ の距離を求めよ。 ≪ 基本例題 **83**

50② 次のような円の方程式を求めよ。

(1) 円 $x^2+y^2-2x+4y+1=0$ と中心が同じで，点 $(-2, 2)$ を通る円

(2) 点 $(2, 1)$ を通り，x 軸と y 軸に接する円 〔類 京都産大〕

(3) 2点 $(0, 2)$, $(-1, 1)$ を通り，中心が直線 $y=2x-8$ 上にある円

≪ 基本例題 **85**

HINT

---

45 直角となる角が明記されていないから，どの内角が直角になるかで場合分けして考える。

46 平行四辺形の対角線は，それぞれの中点で交わることを利用。

48 (2) 2点 A, B は直線 $y=2x$ に関して同じ側にあるから，QA＋QB は折れ線の長さを表す。

折れ線は1本の線分にのばす ─→ QA＋QB＝QP＋QB に着目。

49 点Pの座標は (t, t^2) と表すことができて，点Pと ℓ の距離は t の2次関数となる。

─→ 基本形 $y=a(t-p)^2+q$ へ

EXERCISES

A **51**① a は正の定数とする。x, y の方程式 $x^2+y^2+6ax-2ay+28a+6=0$ が円を
表すとき，a の値の範囲を求めよ。　　　　　　　　　　《 **基本例題 86**

52③ 次のような円の方程式を求めよ。
(1) 点 $(1, 1)$ を中心とし，直線 $2x-y-11=0$ に接する円　　　［類 名城大］
(2) 直線 $4x-3y+7=0$ と点 $(-1, 1)$ において接し，点 $(0, 2)$ を通る円
(3) 点 $(-2, 2)$ を中心とし，円 $x^2+y^2-6x-4y+9=0$ と内接する円
　　　　　　　　　　　　　　　　　《 **基本例題 85, 91, 93**

B **53**④ 三角形 ABC の 3 つの頂点から，それぞれの対辺またはその延長に下ろした
3 つの垂線は，1 点で交わることを証明せよ。　　《 **標準例題 76, 発展例題 94**

54④ t を実数とする。座標平面上の 3 つの直線 $x+(2t-2)y-4t+2=0$，
$x+(2t+2)y-4t-2=0$, $2tx+y-4t=0$ が 1 つの点で交わるような t の値
をすべて求めると $t=\boxed{}$ である。　　　［立教大］　《 **発展例題 94**

55④ 座標平面上に直線 $\ell : y=mx$ と円 $C : x^2+y^2-4x-4y+6=0$ がある。
(1) 円 C の中心の座標と半径を求めよ。
(2) 直線 ℓ が円 C と異なる 2 点で交わるような定数 m の値の範囲を求めよ。
(3) 直線 ℓ が円 C によって切り取られる線分の長さが 2 であるとき，定数 m
の値を求めよ。　　　　　　　　　　　　［関西大］　《 **基本例題 89, 90, 発展例題 96**

56④ 円 $(x-5)^2+(y-5)^2=10$ に原点から引いた 2 本の接線の方程式を求めよ。
また，円周上の点 $(6, 8)$ で接線を引くとき，3 本の接線で作られる三角形の
面積を求めよ。　　　　　　　　　　　　［南山大］　《 **基本例題 91, 発展例題 95, 97**

4章

発展学習

HINT

52 (1) 点と直線の距離を利用。(2) （半径）⊥（接線）を利用。円の中心の座標を (a, b) と
すると，2 点 $(-1, 1)$，(a, b) を通る直線は，直線 $4x-3y+7=0$ に垂直である。

53 直線 BC を x 軸に，A から BC に下ろした垂線を y 軸にとる。

56 （前半）原点を通る接線であるから，$y=mx$ とおいて，円の中心と直線の距離が半径
に等しいことから，m の値を決める。

EXERCISES

B **57**④ 円 $C : x^2+y^2+(k-2)x-ky+2k-16=0$ は定数 k のどのような値に対しても 2 点 A($^{ア}\boxed{}$, $^{イ}\boxed{}$), B($^{ウ}\boxed{}$, $^{エ}\boxed{}$)を通る。ただし, $^{ア}\boxed{}>^{ウ}\boxed{}$ とする。線分 AB が円 C の直径となるのは $k=^{オ}\boxed{}$ のときである。 〔千葉工大〕 ≪≪ 発展例題 **99**

58④ 2 つの円 $x^2+y^2=2$, $(x-1)^2+(y+1)^2=1$ の 2 つの交点を通る円が直線 $y=x$ と接するとき, その円の中心と半径を求めよ。 〔創価大〕 ≪≪ 発展例題 **99**

59④ ★ 座標平面上に, 次の 2 つの円 C と C' がある。

$$C : x^2+y^2=4 \cdots\cdots ① \qquad C' : \left(x-\frac{4}{3}\right)^2+(y-1)^2=\left(\frac{4}{3}\right)^2 \cdots\cdots ②$$

円 C と C' の 2 つの交点を通る直線 ℓ の方程式は $^{ア}\boxed{}x+^{イ}\boxed{}y=15$ である。

また, 2 つの交点と原点 O を頂点とする三角形の面積 S は $S=^{ウ}\boxed{}$ である。 〔類 センター試験〕 ≪≪ 発展例題 **95, 96, 99**

60④ ★ 点 $(0, 0)$ を中心とし半径 2 の円を A, 点 $(4, 0)$ を中心とし半径 1 の円を B とする。円 A と円 B に共通な接線の方程式を求めよ。 〔早稲田大〕 ≪≪ 基本例題 **90, 91**, 標準例題 **92**

61④ 円 $x^2-2x+y^2-4y+4=0$ の周上の点のうち, 点 $A(-1, 1)$ に最も近い位置にある点 P の座標を求めよ。また, 2 点 A, P 間の距離を求めよ。 〔類 名城大〕

62⑤ 2 点 $A(0, 1)$, $B(4, -1)$ について

(1) 2 点 A, B を通り, 直線 $y=x-1$ 上に中心をもつ円 C_1 の方程式を求めよ。

(2) 直線 AB について, (1)で求めた円 C_1 と対称な円 C_2 の方程式を求めよ。

(3) 2 点 P, Q をそれぞれ円 C_1, C_2 上の点とするとき, 線分 PQ の長さの最大値を求めよ。 〔群馬大〕 ≪≪ 標準例題 **82**

HINT

----

57 線分 AB が円 C の直径となる ⟶ 線分 AB の中点と円 C の中心が一致。

60 円 A 上の点 (a, b) における接線 $ax+by=2^2$ が, 円 B に接すると考える。

61 2 点 A, B 間の最短経路は, 線分 AB である。

62 2 つの円が直線 AB に関して対称
⟺ 中心が直線 AB に関して対称 かつ 半径は不変

レベル ………… 各例題の難易度を表す ⏱ の個数(1〜5 の 5 段階)。

★印 ………… 大学入学共通テストの準備・対策向き。

◉, ◎, ○印 … 各項目で重要度の高い例題につけた(◉, ◎, ○の順に重要度が高い)。
時間の余裕がない場合は, ◉, ◎, ○の例題を中心に勉強すると効果的である。
また, ◉の例題には, 解説動画がある。

19 軌跡と方程式

> 与えられた条件を満たしながら点が動いてできる図形について，座標を用いて考えていきましょう。

■ 軌跡とは…

平面上に，定点Cがあり，点Pが条件
CP＝r（r は正の定数）を満たしながら動くとき，Pが描く図形は，中心がC，半径rの円である。

一般に，ある条件を満たしながら動く点が描く図形を，その条件を満たす点の **軌跡** という。

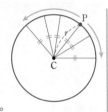

← 移動することがない決まった点を **定点** という。また，定点に対し，ある条件に従って動く点を **動点** という。
左の例では，Pが動点である。

■ 軌跡の求め方

軌跡の求め方の手順を，具体例を通して示しておこう。

例
> 2点 A$(-3, 0)$，B$(3, 0)$ からの距離の平方の和が 20 である点 P の軌跡を求めよ。

点Pの座標を (x, y) とする。

条件 $\mathrm{AP}^2 + \mathrm{BP}^2 = 20$ …… ① を x, y で表すと

$$\{(x+3)^2 + y^2\}$$
$$+ \{(x-3)^2 + y^2\} = 20$$
$$…… ②$$

展開して整理すると

$x^2 + y^2 = 1$ …… ③

したがって，点Pは

円 $x^2 + y^2 = 1$ 上にある。

逆に，円③上のすべての点 P(x, y) は，②すなわち①を満たす。

よって，求める軌跡は，**中心が原点，半径1の円**。

軌跡の求め方の手順

1 軌跡上の任意の点 P の座標を (x, y) とする。

↓

2 与えられた条件を x, y で表す。

↓

3 整理して得られる方程式の表す図形を読みとる。

↓

4 その図形上のすべての点が条件を満たすかどうかを確かめる。

注意 上の「逆に」以下の確認の部分は，③ ⟶ ② ⟶ ① と逆にたどることが明らか（同値変形）な場合，上の解答の「逆に，…… ①を満たす」のように，簡単に触れる程度でよい。場合によっては，逆の確認を省略することもある。

基本 例題 101 2定点から等距離にある点の軌跡

2点 A$(-3, 1)$, B$(3, -2)$ から等距離にある点 P の軌跡を求めよ。

CHART & GUIDE

軌跡の求め方の基本

1 点 P の座標を (x, y) とする。
2 条件から，x, y の関係式を導く。 ...... [!]
    ...... P の条件は AP$=$BP $\longrightarrow$ AP$^2=$BP^2 として扱う。
3 2 の関係式を整理して得られる方程式の表す図形を求める。
4 逆を確認する。

解答

点 P の座標を (x, y) とする。 　　　　　　　　　　　　　　　　← 手順 1

P の満たす条件は 　　AP$=$BP

すなわち 　AP$^2=$BP^2 　　　　　　　　　　　　　　　　　　← 手順 2

[!] よって 　　　　$(x+3)^2+(y-1)^2$ 　　　　　　　　　　　　$\sqrt{}$ を避けるために，2

$=(x-3)^2+(y+2)^2$ 　　　　　　　　　　　乗の形 AP$^2=$BP^2 にし

展開すると 　　$x^2+y^2+6x-2y+10$ 　　　　　　　　　　　て扱っている。

$=x^2+y^2-6x+4y+13$

整理すると 　　$4x-2y-1=0$ 　　　　　　　　　　　　　　　← 手順 3

ゆえに，点 P は直線 $4x-2y-1=0$ 上にある。

逆に，この直線上の任意の点 P は，与えられた条件を満たす。 　← 手順 4

したがって，点 P の軌跡は

直線 $4x-2y-1=0$

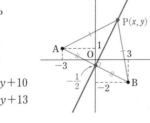

(参考) 点 P が 2 点 A, B から等距離にある $\Longleftrightarrow$ 点 P が線分 AB の垂直二等分線上にある

よって，上で求めた軌跡(直線 $4x-2y-1=0$)は，線分 AB の垂直二等分線である。

この方程式を $p.142$ 例題 81 と同じ要領で求めると，次のようになる。

線分 AB の中点の座標は 　　　$\left(\dfrac{-3+3}{2}, \dfrac{1+(-2)}{2}\right)$ すなわち $\left(0, -\dfrac{1}{2}\right)$

直線 AB の傾きは 　　　　　　$\dfrac{-2-1}{3-(-3)}=-\dfrac{1}{2}$

したがって，線分 AB の垂直二等分線は，点 $\left(0, -\dfrac{1}{2}\right)$ を通り，傾き 2 の直線である。

その方程式は 　　$y-\left(-\dfrac{1}{2}\right)=2(x-0)$ すなわち $4x-2y-1=0$

TRAINING 101 ①

2点 A$(-1, -2)$, B$(-3, 2)$ から等距離にある点 P の軌跡を求めよ。

176

基本例題 101 ★

基本 102 2定点からの距離の比が一定な点の軌跡 🕐🕐

2点 A$(-4,\ 0)$，B$(2,\ 0)$ からの距離の比が $2:1$ である点 P の軌跡を求めよ。

CHART & GUIDE

方針は前ページの例題 101 と同じである。

1 点 P の座標を $(x,\ y)$ とする。
2 条件から $x,\ y$ の関係式を導く。
　　…… 条件は　AP：BP$=2:1 \iff$ AP$=2$BP $\iff$ AP$^2=4$BP^2
3 2 の関係式を整理して得られる方程式の表す図形を求める。
4 逆を確認する。

解答

点 P の座標を $(x,\ y)$ とする。
P の満たす条件は
　　　　AP：BP$=2:1$
ゆえに　　AP$=2$BP
すなわち　AP$^2=4$BP^2
したがって
　　$(x+4)^2+y^2=4\{(x-2)^2+y^2\}$
整理すると　　$x^2-8x+y^2=0$
すなわち　　$(x-4)^2+y^2=4^2$ …… Ⓐ
ゆえに，点 P は円 $(x-4)^2+y^2=4^2$ 上にある。
逆に，この円上の任意の点 P は，与えられた条件を満たす。
よって，点 P の軌跡は　　**中心 $(4,\ 0)$，半径 4 の円** …… Ⓑ

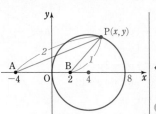

← $A\geqq0$，$B\geqq0$ のとき
$A=B \iff A^2=B^2$

注意 「軌跡の方程式を求めよ」なら，答えは Ⓐ のままでよいが，「軌跡を求めよ」なので，Ⓑ のように，答えに 図形の形を示す。
なお，Ⓑ の代わりに
円 $(x-4)^2+y^2=4^2$ を答えとしてもよい。

Lecture　2定点からの距離の比が一定な点の軌跡

上の例題において，線分 AB を 2：1 に内分，外分する点
O$(0,\ 0)$，C$(8,\ 0)$ は条件を満たし，これが軌跡の円の直径の
両端になっている。
一般に，2定点 A，B があるとき

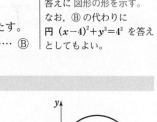

　　AP：BP$=m:n$ $(m>0,\ n>0)$ を満たす
　　点 P の軌跡は　[① は前ページの例題 101]
　① $m=n$ ならば，線分 AB の 垂直二等分線
　② $m\neq n$ ならば，線分 AB を $m:n$ に内分，外分する点を直径の両端とする 円
なお，この円を **アポロニウスの円** という。

TRAINING 102 ② ★

2点 O$(0,\ 0)$，A$(3,\ 6)$ からの距離の比が $1:2$ である点 P の軌跡を求めよ。

標
準 例題
103 曲線上の動点 Q に連動する点 P の軌跡 🕐🕐🕐

点 Q が放物線 $y=x^2-2x+4$ 上を動くとき，点 A(2, 2) と点 Q を結ぶ線分 QA を 3:2 に外分する点 P の軌跡を求めよ。

CHART
& GUIDE

連動して動く点の軌跡の求め方
1 動点 Q を Q(s, t)，それにともなって動く点 P を P(x, y) とする。
2 Q の条件を s, t を用いて表す。
3 P，Q の関係から，s, t を x, y で表す。
4 **3** の式を **2** の式に代入して，s, t を消去する。…… ⟦!⟧
5 逆を確認する。

解 答

P(x, y)，Q(s, t) とする。
Q は与えられた放物線上にあるから
$$t=s^2-2s+4 \quad \cdots\cdots ①$$
P は線分 QA を 3:2 に外分する点で

あるから　$x=\dfrac{-2s+3\cdot2}{3-2}=6-2s$

　　　　$y=\dfrac{-2t+3\cdot2}{3-2}=6-2t$

よって　　$s=\dfrac{6-x}{2}$，$t=\dfrac{6-y}{2}$

これを ① に代入して　$\dfrac{6-y}{2}=\left(\dfrac{6-x}{2}\right)^2-2\cdot\dfrac{6-x}{2}+4$

整理すると，点 P は放物線 $y=-\dfrac{1}{2}x^2+4x-8$ 上にある。

逆に，この放物線上の任意の点 P は，与えられた条件を満たす。

よって，求める軌跡は　　**放物線** $y=-\dfrac{1}{2}x^2+4x-8$

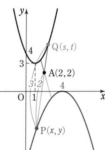

◀手順 **1**
軌跡を求めたい点の座標を (x, y) とする。
◀手順 **2**
◀ 2 点 A(x_1, y_1)，
B(x_2, y_2) を m:n に外分する点の座標は
$\left(\dfrac{-nx_1+mx_2}{m-n}, \dfrac{-ny_1+my_2}{m-n}\right)$

◀手順 **3**

◀手順 **4**
これにより，P の条件 (x, y の方程式) が得られる。
◀手順 **5**

👆 Lecture 　文字の使い方

上の例題で，点 Q と点 P は異なる点であるから，それらの座標は異なる文字を用いて，Q(s, t) と P(x, y) としている。これを，ともに Q(x, y)，P(x, y) とおくと訳がわからなくなる。つまり，曲線の **方程式** は同じ文字 x, y を用いても，$y=x^2-2x+4$ と $y=-\dfrac{1}{2}x^2+4x-8$ のように式の形が異なるから両者がまぎれる心配はないが，それぞれの曲線上の点の座標を (x, y) と同じ文字で表すと，計算において区別がつかなくなってしまう。

TRAINING 103 ③ ★
点 Q が円 $x^2+y^2=1$ 上を動くとき，点 A(2, 0) と点 Q を結ぶ線分の中点 P の軌跡を求めよ。　〔類 立教大〕

Let's Start

20 不等式の表す領域

ここまで，方程式の表す図形について考えてきました。ここからは，不等式が座標平面上で何を表すかについて学習していきましょう。

■ 直線を境界線とする領域

座標平面上で，x，y の 1 次方程式 $y=x+1$ を満たす点 $(x,\ y)$ の全体は，右の図の直線 $y=x+1$ である。

それでは，x，y の 1 次不等式 $y>x+1$ を満たす点 $(x,\ y)$ の全体は，どんな図形を表すのか調べてみよう。

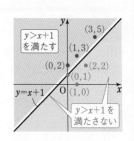

不等式 $y>x+1$ を満たす点 $(x,\ y)$ とは，その y 座標が，x 座標に 1 を加えたものより大きい点という意味であるから，例えば，点 $(0,\ 2)$，$(1,\ 3)$，$(3,\ 5)$ は $y>x+1$ を満たし，点 $(1,\ 0)$，$(2,\ 2)$ や，点 $(0,\ 1)$ など直線 $y=x+1$ 上の点は $y>x+1$ を満たさない。

不等式 $y>x+1$ を満たす点 $(x,\ y)$ の全体は，直線 $y=x+1$ より上側にある点の集合と予想される。この予想が正しいことを，以下で説明しよう。

[説明] 不等式 $y>x+1$ を満たす任意の点 $\mathrm{P}(a,\ b)$ をとると，次が成り立つ。

$$b>a+1 \quad \cdots\cdots ①$$

ここで，直線 $y=x+1$ 上に点 $\mathrm{Q}(a,\ c)$ をとると

$$c=a+1 \quad \cdots\cdots ②$$

└ P と x 座標が等しい点をとる。

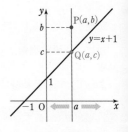

①，② から $\qquad b>c$

よって，点 P は，直線 $x=a$ 上で点 Q より上にある。

このことは，どんな a についてもいえるから，不等式 $y>x+1$ を満たす点 $(x,\ y)$ の全体は，直線 $y=x+1$ より上側の部分である（図の斜線部分）。

同様に，不等式 $y<x+1$ を満たす点 $(x,\ y)$ の全体は，直線 $y=x+1$ より下側の部分であることも示される。

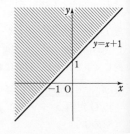

一般に，x，y の不等式を満たす点 $(x,\ y)$ の集合を，その不等式の表す **領域** という。そして，上で考えたことから次のことが成り立つ。

> 1 不等式 $y>mx+n$ の表す領域は直線 $y=mx+n$ の **上側**
>   **の部分**（右の図の赤い部分）
> 2 不等式 $y<mx+n$ の表す領域は直線 $y=mx+n$ の **下側**
>   **の部分**（右の図の青い部分）

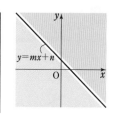

■ 円を境界線とする領域

不等式

$$(x-3)^2+(y-2)^2<2^2 \quad \cdots\cdots \text{①}$$

の表す領域について考えてみよう。

① を満たす任意の点 $P(a, b)$ をとると

$$(a-3)^2+(b-2)^2<2^2 \quad \cdots\cdots \text{②}$$

が成り立つ。円 $C:(x-3)^2+(y-2)^2=2^2$ の中心 $C(3, 2)$ と
点Pの距離 CP は

$$CP=\sqrt{(a-3)^2+(b-2)^2}$$

であるから，② は

$$CP^2<2^2 \quad \text{すなわち} \quad CP<2$$

を示している。

よって，点Pは，円 C の内部にある。

同様に不等式 $(x-3)^2+(y-2)^2>2^2$ を満たす任意の点Pは円
C の外部にあることがわかる。

したがって，半径 r の円で分けられる領域について，次のこと
が成り立つ。

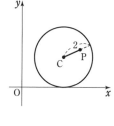

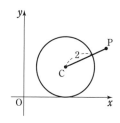

円と領域

> 1 不等式 $(x-a)^2+(y-b)^2<r^2$ の表す領域は
>   円 $(x-a)^2+(y-b)^2=r^2$ の **内部**（右の図の赤い部分）
> 2 不等式 $(x-a)^2+(y-b)^2>r^2$ の表す領域は
>   円 $(x-a)^2+(y-b)^2=r^2$ の **外部**（右の図の青い部分）

では，領域の問題を実際に解いてみましょう。

基本 例題 **104** 不等式の表す領域(1) …… 境界線が直線

次の不等式の表す領域を図示せよ。
(1) $y > x+2$　　(2) $y \leqq -2x+4$　　(3) $2x+3y-12 < 0$　　(4) $x \leqq 1$

CHART & GUIDE

不等式の表す領域

不等号 ＞, ≦ を等号 ＝ におき換えた境界線をかく

1 境界線をかいた後は，どの部分が不等式を満たすか調べる。
　…… $y > mx+n$ なら　直線 $y = mx+n$ の上側
　　　$y < mx+n$ なら　直線 $y = mx+n$ の下側

2 不等式の表す領域部分に斜線を入れる。

3 境界線の断りを入れる。
　…… $\leqq$, $\geqq$ なら含み，$<$, $>$ なら含まない

解答

(1) 直線 $y = x+2$ の上側。

(2) 直線 $y = -2x+4$ およびその下側。

(3) 不等式を変形すると　$y < -\dfrac{2}{3}x+4$

　　よって，直線 $y = -\dfrac{2}{3}x+4$ の下側。

(4) この領域は，x 座標が 1 以下の点 (x, y) の全体であるから，直線 $x=1$ およびその左側。

以上から，求める領域は，下の図の **斜線部分** である。

(2) $\leqq$ は「$<$ または $=$」のことで，境界線の直線 $y = -2x+4$ 上の点も含まれる。
(3) まず，$y < mx+n$ の形に直す。
(4) $x < k$ ……　直線 $x = k$ の左側
　　$x > k$ ……　直線 $x = k$ の右側

(1)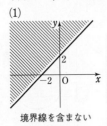
境界線を含まない

(2)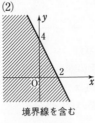
境界線を含む

(3)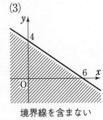
境界線を含まない

(4)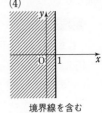
境界線を含む

(参考) 求めた領域が正しいかどうかの検算方法

この方法として，領域内の適当な1点の座標を不等式に代入して調べるとよい。
例えば，(3)において，領域内の1点として原点 $(0, 0)$ を選び，不等式に $x=0, y=0$ を代入すると $2 \cdot 0 + 3 \cdot 0 - 12 < 0$ が成り立つ。したがって，(3)で求めた領域は正しい。

TRAINING 104 ①
次の不等式の表す領域を図示せよ。
(1) $y > 2-3x$　　(2) $3x-y-5 \geqq 0$　　(3) $y < 3$　　(4) $x \geqq -1$

基本 105 不等式の表す領域 (2) …… 境界線が円

次の不等式の表す領域を図示せよ。

(1) $x^2+y^2>4$

(2) $x^2+y^2<4$

(3) $(x-1)^2+(y+2)^2\geqq9$

(4) $x^2+y^2+2x-2y+1<0$

CHART & GUIDE

不等式の表す領域

不等号 $>$ ，$\leqq$ を等号 $=$ におき換えた境界線をかく

境界線をかいた後は，どの部分が不等式を満たすか調べる。

$$(x-a)^2+(y-b)^2<r^2 \quad \text{なら} \quad \text{円の内部}$$

$$(x-a)^2+(y-b)^2>r^2 \quad \text{なら} \quad \text{円の外部}$$

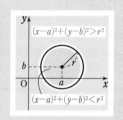

解答

(1) 円 $x^2+y^2=2^2$ の外部。

(2) 円 $x^2+y^2=2^2$ の内部。

(3) 円 $(x-1)^2+(y+2)^2=3^2$ の周および外部。

(4) 不等式を変形すると $(x+1)^2+(y-1)^2<1$

　よって，円 $(x+1)^2+(y-1)^2=1$ の内部。

以上から，求める領域は，下の図の **斜線部分** である。

境界線の円は

(3) 中心 $(1,\ -2)$，半径 3

(4) 中心 $(-1,\ 1)$，半径 1

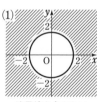

境界線を含まない

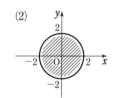

境界線を含まない

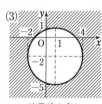

境界線を含む

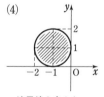

境界線を含まない

注意 円を境界線とする領域を図示する場合，円の中心や半径が図から読みとれるよう，必要な座標を記入すること。

TRAINING 105 ①

次の不等式の表す領域を図示せよ。

(1) $x^2+y^2<9$

(2) $x^2+y^2\geqq25$

(3) $(x-1)^2+y^2>1$

(4) $x^2+y^2-4x+2y+1\leqq0$

基本 例題 106 連立不等式の表す領域 <<< 基本例題 104，105

次の連立不等式の表す領域を図示せよ。

(1) $\begin{cases} x+2y<6 \\ 2x+y>6 \end{cases}$ (2) $\begin{cases} x^2+y^2\leqq 4 \\ x+y<2 \end{cases}$

解説動画へGO!!

CHART & GUIDE

連立不等式の表す領域
それぞれの不等式の表す領域の共通部分

1 それぞれの不等式の表す領域を求める。
2 1 で求めた 2 つの領域の共通部分を図示する。
3 境界線の断りを入れる。不等式の一部にのみ等号 ＝ を含むときは要注意。

解答

(1) $x+2y<6$ から $y<-\dfrac{1}{2}x+3$

$2x+y>6$ から $y>-2x+6$

求める領域は，

直線 $y=-\dfrac{1}{2}x+3$ の下側

直線 $y=-2x+6$ の上側

の共通部分で，右の図の 斜線部分。

ただし，**境界線を含まない。** ← 境界線の断り！

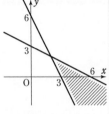

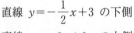

求める領域は，赤と青の斜線が重なった部分。

(2) $x+y<2$ から $y<-x+2$

求める領域は，

円 $x^2+y^2=4$ の周と内部

直線 $y=-x+2$ の下側

の共通部分で，右の図の 斜線部分。

ただし，**境界線は，直線 $x+y=2$ は含まないで，他は含む。**

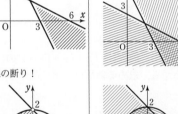

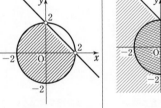

注意 (2) 境界線の交点の座標は，$(0,\ 2)$，$(2,\ 0)$ で，これは，$x^2+y^2\leqq 4$ を満たすが，$x+y<2$ は満たさない。連立不等式の解は，それぞれの不等式の共通部分であるから，2 つの不等式を同時に満たさなければならない。

したがって，直線 $x+y=2$ と円 $x^2+y^2=4$ の交点である点 $(0,\ 2)$，$(2,\ 0)$ は，連立不等式の表す領域に含まれないことになる。

TRAINING 106 ②

次の不等式の表す領域を図示せよ。

(1) $\begin{cases} x-3y-9<0 \\ 2x+3y-6>0 \end{cases}$ (2) $\begin{cases} x^2+y^2\leqq 9 \\ x-y<2 \end{cases}$ (3) $1<x^2+y^2\leqq 4$

標準 **107** 不等式 $AB<0$ の表す領域 🔕🔕🔕

次の不等式の表す領域を図示せよ。

$$(x^2+y^2-4)(y-x+1)<0$$

CHART & GUIDE

不等式 $AB<0$ の表す領域　連立不等式に分ける

$$AB<0 \iff \begin{cases} A>0 \\ B<0 \end{cases} \text{または} \begin{cases} A<0 \\ B>0 \end{cases} \text{の利用}$$

1 与えられた不等式を，2組の連立不等式で表す。…… ?

2 2組の連立不等式が表す領域をそれぞれ求める。

3 2 で求めたそれぞれの領域の和集合を求める。

解答

与えられた不等式は，次のように表される。

$$\begin{cases} x^2+y^2-4>0 \\ y-x+1<0 \end{cases} \cdots\cdots ⓟ \text{ または}$$

$$\begin{cases} x^2+y^2-4<0 \\ y-x+1>0 \end{cases} \cdots\cdots ⓠ$$

求める領域は，ⓟ の表す領域と ⓠ の表す領域の和集合で，右の図の **斜線部分**。

ただし，**境界線を含まない。**

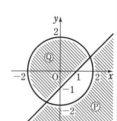

ⓟ $\begin{cases} x^2+y^2>2^2 \cdots 円の外部 \\ y<x-1 \cdots 直線の下側 \end{cases}$

または ⟺ 和集合

ⓠ $\begin{cases} x^2+y^2<2^2 \cdots 円の内部 \\ y>x-1 \cdots 直線の上側 \end{cases}$

◀ 境界線の断り！

👆 **Lecture** $AB<0$ **の表す領域を求める簡便な方法**

結果を求めるだけなら，次のような方法もある。

上の例題で，$A=x^2+y^2-4$，$B=y-x+1$ とおく。

境界線 $A=0$，$B=0$ をかくと，座標平面は，図のように，4つの部分①，②，③，④ に分けられ，次のことが成り立つ。

[1]　各部分では AB の符号は一定。

例えば，原点 $(0, 0)$ で　$AB=(0^2+0^2-4)(0-0+1)<0$

よって，原点を含む領域 ② では　$AB<0$

[2]　境界線を越えると，A，B の一方のみの符号が変わるから，

AB の符号が変わる。

領域 ② で $AB<0$ であるから，隣の領域 ①，③ では　$AB>0$，③ の隣の領域 ④ では $AB<0$ となる。

したがって，求める領域は，図の ②，④ である。

TRAINING 107 ③

次の不等式の表す領域を図示せよ。

(1)　$(x+2y-2)(2x-y-4)\leqq0$

(2)　$(x^2+y^2-9)(y-x-2)>0$

標準 例題
108 領域と最大・最小(1) …… 領域が多角形

x, y が4つの不等式 $x \geq 0$, $y \geq 0$, $x+2y \leq 6$, $3x+2y \leq 10$ を同時に満たすとき, $x+y$ の最大値, 最小値と, それらを与える x, y の値を求めよ。

CHART & GUIDE

領域における x, y の式の最大・最小
図示して, $(x, y$ の式$)=k$ の図形の動きを追う

1 条件である4つの不等式の表す領域 D を図示する。

2 $x+y=k$ …… ① とおく。
 → ① は, 傾き -1 の直線 $y=-x+k$ を表す。

3 直線 ① が領域 D と共有点をもつような k の値の範囲を調べる。
 → 直線 ① を平行移動させたときの y 切片 k の最大値・最小値を求める。
 領域 D に初めて触れたり, 離れようとする k の値がカギ。…… [!]

解答

与えられた連立不等式の表す領域 D は, 4点 $(0, 0)$, $\left(\dfrac{10}{3}, 0\right)$, $(0, 3)$, $(2, 2)$ を頂点とする四角形の周および内部である。

$$x+y=k \cdots\cdots ①$$

とおくと, これは傾き -1, y 切片 k の直線を表す。

この直線 ① が領域 D と共有点をもつときの k の値の最大値, 最小値を求めればよい。

[!] 図から, 直線 ① が点 $(2, 2)$ を通るとき$^{(*)}$ k の値は最大になり, 点 $(0, 0)$ を通るとき k の値は最小になる。

よって, $x+y$ は $x=2$, $y=2$ のとき**最大値4**
    $x=0$, $y=0$ のとき**最小値0**   をとる。

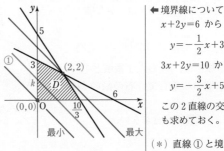

← 境界線について
$x+2y=6$ から
$$y=-\dfrac{1}{2}x+3$$
$3x+2y=10$ から
$$y=-\dfrac{3}{2}x+5$$
この2直線の交点の座標も求めておく。

$(*)$ 直線 ① と境界線の傾きに注意。
$$-\dfrac{3}{2}<-1<-\dfrac{1}{2}$$
であるから, y 切片が最大となるのは, 点 $(2, 2)$ を通るとき。

(参考) 領域の境界線の引き方

境界となる2直線 $x+2y=6$, $3x+2y=10$ は, それぞれ $\dfrac{x}{6}+\dfrac{y}{3}=1$, $\dfrac{x}{\frac{10}{3}}+\dfrac{y}{5}=1$ と

変形することで, x 切片と y 切片から, らくに引くことができる($p.135$ 参照)。

TRAINING 108 ③

x, y が3つの不等式 $x-y \geq -2$, $x-4y \leq 1$, $2x+y \leq 5$ を同時に満たすとき, $x+y$ のとりうる値の範囲を求めよ。

Lecture $(x, \ y \ \text{の式})=k$ **とおく考え方**

例題 108 … $\boxed{A}$ では，$x+y=k$ とおいて問題を解決した。その考え方は，次の通りである。

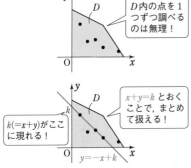

領域 D に含まれるすべての $(x, \ y)$ の組に対して，$x+y$ の値を計算し，$x+y$ の最大値，最小値を探し出すのは不可能である。

↓ そこで……

$x+y=k$ とおいて，$(x, \ y)$ を直線 $y=-x+k$ 上の点として **まとめて扱う**。
→ k は y 切片なので，図から判断できる！

よって，直線 $y=-x+k$ …… ① が領域 D 内の点を通るとき（＝領域 D と共有点をもつとき）の，y 切片 k の最大値・最小値を考えればよいことになる。

そこで，直線 ① を平行移動して，領域 D に初めて触れるところから，領域 D から離れようとするところまでの様子を調べると，次の図 [1]〜[5] のようになる。

領域が多角形の場合，多角形の頂点となることが多い。

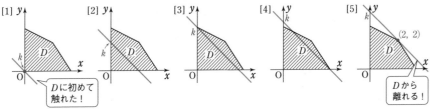

図から，直線 ① が [1] 原点Oを通るとき，y 切片 k の値は最小，
[5] 点 $(2, 2)$ を通るとき，y 切片 k の値は最大 となる。

では，今度は同じ条件で，$2x+y$ の最大値と最小値を考えてみよう。 …… $\boxed{B}$

$2x+y=k$ とおいて，直線 $y=-2x+k$ …… ② の動きを調べてみると，k の値が最小となるのは，$\boxed{A}$ と同様，直線 ② が原点Oを通るときである。しかし，k の値が最大となるのは，図 [6]，[7] からわかるように，直線 ② が点 $(2, 2)$ ではなく，

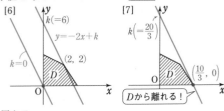

点 $\left(\dfrac{10}{3}, \ 0\right)$ を通るときであり，これは $\boxed{A}$ と異なる。

この理由は，直線 ①，② と境界線の **傾きの大小関係** にある。境界線 $y=-\dfrac{1}{2}x+3$，$y=-\dfrac{3}{2}x+5$ と直線 ①，② の傾きを比較すると

$$\boxed{A} \ \text{は} \ -\frac{3}{2}<-1<-\frac{1}{2}, \quad \boxed{B} \ \text{は} \ -2<-\frac{3}{2}<-\frac{1}{2}$$

この違いにより，最大値をとるときの x，y の値が異なるのである。直線と境界線の傾きの大小関係によって，最大・最小をとるときの x，y の値が変わる場合があるので，注意しよう。

標準 例題
109 領域を利用した不等式の証明

$x^2+y^2<1$ ならば $x^2+y^2>4x-3$ であることを証明せよ。

CHART
& GUIDE

x, y の不等式の証明
領域の包含関係を利用

条件 $p : x^2+y^2<1$, $q : x^2+y^2>4x-3$ とし,
$P=\{(x, y)|x^2+y^2<1\}$, $Q=\{(x, y)|x^2+y^2>4x-3\}$ とすると
$$命題 \ p \Longrightarrow q \ が真 \iff P \subset Q \quad \cdots\cdots (*) \quad (数学 I)$$
つまり,不等式 $x^2+y^2<1$ の表す領域が不等式 $x^2+y^2>4x-3$ の表す領域に含まれることを示す。…… ⚠

解答

不等式 $x^2+y^2<1$ の表す領域を
P,不等式 $x^2+y^2>4x-3$ の表
す領域を Q とする。
P は原点を中心とし,半径 1 の円
の内部である。
また,$x^2+y^2>4x-3$ を変形すると
$$(x-2)^2+y^2>1$$
ゆえに,Q は点 $(2, 0)$ を中心とし,
半径 1 の円の外部である。

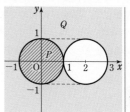

← $x^2+y^2=4x-3$ を
基本形
$(x-a)^2+(y-b)^2=r^2$
に変形する。

⚠ したがって,図から $P \subset Q$ である。
よって,$x^2+y^2<1$ ならば $x^2+y^2>4x-3$ である。

👆 *Lecture* **命題 $p \Longrightarrow q$ が真であることと $P \subset Q$ であることは同じ**

一般に,2 つの条件 p, q について
 条件 p を満たすもの全体の集合を P
 条件 q を満たすもの全体の集合を Q
と定めると,GUIDE の $(*)$ は次のように示される(数学 I 参照)。

証明 $p \Longrightarrow q$ が真なら $P \subset Q$ である。逆に,$P \subset Q$ のとき,P のすべての要素は Q の要素であるから,条件 p を満たすものはすべて条件 q を満たす。
 したがって,$p \Longrightarrow q$ は真である。

TRAINING 109 ③

次の命題を証明せよ。ただし,x, y は実数とする。
(1) $x+y>\sqrt{2}$ ならば $x^2+y^2>1$
(2) $x^2+y^2-4x+3\leqq0$ ならば $x^2+y^2-2x-3\leqq0$

発展学習

発展 例題 110 線対称な直線の方程式 ⟪⟫⟪⟫⟪⟫⟪⟫

直線 $y=x+1$ について，点 $Q(s, t)$ と対称な点を $P(x, y)$ とする。

(1) s, t をそれぞれ x, y を用いて表せ。

(2) 点 Q が直線 $y=3x-1$ 上を動くとき，点 P の軌跡を求めよ。

CHART & GUIDE

(1) **線対称** 直線 ℓ について，点 P と点 Q が対称
$$\iff \begin{cases} [1] & 直線 PQ は \ell に垂直 \\ [2] & 線分 PQ の中点が \ell 上にある \end{cases}$$

(2) **動点 $Q(s, t)$ につれて動く点 $P(x, y)$ の軌跡**
　　　s, t を消去して x, y の式を導く

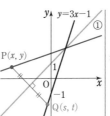

1 P, Q の関係から，s, t を x, y で表す。…… (1) で行う。

2 Q の条件を s, t を用いて表し，(1) の結果を代入する。…… (2) で行う。

解答

(1) $y=x+1$ …… ① とする。

[1] $PQ \perp$（直線①）であるから
$$\frac{t-y}{s-x} \cdot 1 = -1$$
ゆえに　　$s+t=x+y$ …… ②

[2] 線分 PQ の中点が直線① 上にあるから　$\dfrac{y+t}{2}=\dfrac{x+s}{2}+1$

ゆえに　　$s-t=-x+y-2$ …… ③

②+③ から　　$2s=2y-2$　　よって　　$s=y-1$

②-③ から　　$2t=2x+2$　　よって　　$t=x+1$

(2) 点 Q は直線 $y=3x-1$ 上にあるから　$t=3s-1$ …… ④

(1) の結果を ④ に代入して
$$x+1=3(y-1)-1 \quad すなわち \quad x-3y+5=0$$
したがって，点 P の軌跡は　　**直線 $x-3y+5=0$**

> 垂直 $\iff$ 傾きの積が -1

> ← 線分 PQ の中点の座標
> は $\left(\dfrac{x+s}{2}, \dfrac{y+t}{2}\right)$

> ← s, t についての連立方程式 ②，③ を解く。

> ← 点 Q の条件

> ← s, t を消去する。

注意 点 Q が直線① 上にあるとき，点 P と点 Q は一致し，PQ は傾きをもたないが，$s=x$，$t=y$ であるから，② を満たす。

参考 解答の図からもわかるように，P の軌跡として得られた直線 $x-3y+5=0$ は，直線 $y=x+1$ について，直線 $y=3x-1$ と対称な直線である。したがって，上の例題は，軌跡の考えを用いて，線対称な直線の方程式を求める手順を示している。

TRAINING 110 ④

直線 $y=2x+3$ について，直線 $3x+y-1=0$ と対称な直線の方程式を求めよ。

発展 例題 **111** 放物線の頂点の軌跡（媒介変数の利用）

放物線 $y=x^2+tx-t$ の頂点をPとする。t がすべての実数値をとって変化するとき，点Pの軌跡を求めよ。

CHART & GUIDE

$$\begin{cases} x=(t\,の式) \\ y=(t\,の式) \end{cases} \xrightarrow[\;t\,を消去\;]{} y=(x\,の式)$$

1 放物線の頂点の座標を求める。

2 頂点Pの座標を $(x,\ y)$ とする。…… x，y は t の式で表される。

3 t を消去して，x，y の関係式を導く。…… $\boxed{!}$

なお，t は x，y を結びつける変数で媒介変数という（Lecture 参照）。

解答

$$y=x^2+tx-t=\left(x+\frac{t}{2}\right)^2-\frac{t^2}{4}-t$$

放物線の頂点Pの座標を $(x,\ y)$ とすると

$$x=-\frac{t}{2} \cdots\cdots ①, \qquad y=-\frac{t^2}{4}-t \cdots\cdots ②$$

① から $\qquad\qquad t=-2x$

$\boxed{!}$ これを ② に代入して $\qquad y=-\dfrac{4x^2}{4}+2x$

すなわち $\qquad\qquad y=-x^2+2x$

よって，求める軌跡は **放物線 $y=-x^2+2x$**

> 2 次式は基本形に直す
> 放物線 $y=a(x-p)^2+q$
> ⟶ 頂点の座標は
> $\qquad (p,\ q)$
>
> ◀ t はすべての実数値をとるから，x もすべての実数値をとる。
>
> ◀ t を消去する。
>
> ◀ $y=-(x-1)^2+1$

👆 **Lecture** 媒介変数の役割と軌跡

上の例題から，右の Ⓐ で表される曲線は，放物線 $y=-x^2+2x$ である。このことは，いくつかの t の値に対し，それに応じた点 $(x,\ y)$ を求め，それらの点を結ぶと，右のような図が得られることからもわかる。

Ⓐ $\begin{cases} x=-\dfrac{t}{2} \\ y=-\dfrac{t^2}{4}-t \end{cases}$

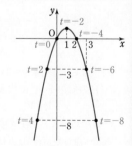

t	$\cdots$	-8	-6	-4	-2	0	2	4	$\cdots$
x	$\cdots$	4	3	2	1	0	-1	-2	$\cdots$
y	$\cdots$	-8	-3	0	1	0	-3	-8	$\cdots$

TRAINING 111 ④

放物線 $y=5x^2+3kx-6k$ の頂点をPとおく。ただし k は定数である。k がすべての実数の値をとるとき，点Pの軌跡を求めよ。 〔北海道情報大〕

発展 例題
112 三角形の重心の軌跡 …… 除かれる点に注意が必要な問題 ◔◔◔◔

xy 平面上に原点 O$(0, 0)$ を中心とする半径 1 の円 C とその上の点 A$(1, 0)$ がある。円 C 上を動く点 P に対して，3 点 O，A，P が三角形を作るとき，その三角形の重心を G とする。点 G の軌跡を求めよ。　　　〔広島大〕

CHART & GUIDE

連動して動く点の軌跡の求め方 ⟶ $p.177$ と同様。

1 動点 P を P(s, t)，それにともなって動く点 G を G(x, y) とする。

2 P の条件を s, t で表す。このとき，「3 点 O，A，P が三角形を作る」という条件に注意。△OAP ができないような s の値を除く必要がある。…… ⚠

3 P，G の関係から，s, t を x, y で表す。

4 s, t を消去し，x, y の関係式を導く。答えの軌跡には，**2** で調べた，除かれる s の値に対応する点(除外点)を含めないようにする。

解答

P(s, t)，G(x, y) とする。　　　　　　　　　　　　　　　← 手順 **1**
P は円 C 上にあるから
$$s^2 + t^2 = 1 \quad \cdots\cdots ①$$

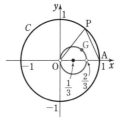

3 点 O，A，P が三角形を作るための
条件は，点 P が直線 OA 上にこない　　　← 手順 **2**
ことである。すなわち　$s \neq \pm 1$　　　　　← 図をかくと，三角形ができない場合がつかみや
$$\cdots\cdots ②$$
　　　　　　　　　　　　　　　　　　　　　　　　　　　すい。
② のとき，G は △OAP の重心であるから　　　← この確認を忘れずに。

$$x = \frac{0+1+s}{3}, \quad y = \frac{0+0+t}{3} \quad \text{すなわち} \quad s = 3x-1, \ t = 3y$$
　　　　　　　　　　　　　　　　　　　　　　　　　　← 手順 **3**

これらを ① に代入して　　$(3x-1)^2 + (3y)^2 = 1 \quad \cdots\cdots ③$　　← 手順 **4**

② から　　$3x-1 \neq \pm 1$　すなわち　$x \neq \dfrac{2}{3}, \ x \neq 0$

③ で　$x = \dfrac{2}{3}$ とすると　$y=0$　　　$x=0$ とすると　$y=0$　　← $s = \pm 1$ つまり
$$x = \frac{2}{3}, \ 0 \ \text{となる円 ③}$$
以上から，求める軌跡は　**円 $\left(x - \dfrac{1}{3}\right)^2 + y^2 = \dfrac{1}{9}$**　　上の点を調べる。

　　　　　　　ただし，2 点 $\left(\dfrac{2}{3}, \ 0\right)$，$(0, 0)$ を除く。

TRAINING 112 ④ ★

円 $x^2 + y^2 = 1$ を C_0 とし，C_0 を x 軸の正の方向に $2a$ だけ平行移動した円を C_1 とする。ただし，a は $0 < a < 1$ とする。また，C_0 と C_1 の 2 つの交点のうち第 1 象限にある方を A，もう一方を B とし，P(s, t) を 2 点 A，B と異なる C_0 上の点とする。P が C_0 から 2 点 A，B を除いた部分を動くとき，△PAB の重心 G の軌跡を求めよ。

〔類 センター試験〕

発展 例題 **113** 領域と最大・最小 (2) …… 領域が半円 ◆◆◆◆

x, y が 2 つの不等式 $x^2+y^2 \leqq 5$, $y \geqq 0$ を同時に満たすとき，$2x+y$ の最大値，最小値を求めよ。

CHART & GUIDE

領域における x, y の式の最大・最小

図示して，$(x, y$ の式$)=k$ の図形の動きを追う

方針は $p.184$, 185 例題 108 と同じである。

1 条件である 2 つの不等式の表す領域 D を図示する。

2 $2x+y=k$ …… ① とおく。
　── ① は，傾き -2 の直線 $y=-2x+k$ を表す。

3 直線 ① が領域 D と共有点をもつような k の値の範囲を調べる。
　── かどの点，接点に注目。…… !

解答

与えられた連立不等式の表す領域 D は右の図の半円の周および内部である。

　　$2x+y=k$ …… ①

とおくと，これは傾き -2，y 切片 k の直線を表す。

この直線 ① が領域 D と共有点をもつときの k の値の最大値，最小値を求めればよい。

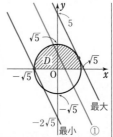
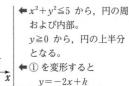

◀ $x^2+y^2 \leqq 5$ から，円の周および内部。
$y \geqq 0$ から，円の上半分となる。

◀ ① を変形すると
$y=-2x+k$

◀ 直線 ① を上下に平行移動して調べる。

! $x^2+y^2=5$ …… ② とすると，k の値が最大になるのは，直線 ① と円 ② が第 1 象限で接するときである。このとき，円の中心 $(0, 0)$ と直線 ① の距離が円の半径 $\sqrt{5}$ に等しいから

　　$\dfrac{|-k|}{\sqrt{2^2+1^2}}=\sqrt{5}$　すなわち　$|k|=5$　よって　$k=\pm 5$

第 1 象限では $x>0$ かつ $y>0$ であるから　　$k>0$

したがって　　$k=5$

! また，k の値が最小になるのは，直線 ① が点 $(-\sqrt{5}, 0)$ を通るときである。

このとき，$2 \cdot (-\sqrt{5})+0=k$ から　$k=-2\sqrt{5}$

よって　　$2x+y$ の **最大値は 5，最小値は $-2\sqrt{5}$**

◀ 点 $(\sqrt{5}, 0)$ を通るときではないことに注意。

◀ 円と直線が接する
$\Longleftrightarrow$ (円の中心と直線の距離)=(半径)
② に $y=-2x+k$ を代入して判別式 $D=0$ としてもよい。

TRAINING 113 ④

連立不等式 $x^2+y^2 \leqq 2$, $x+y \geqq 0$ で表される領域を D とする。点 (x, y) が D を動くとき，$4x+3y$ の最大値と最小値を求めよ。

EXERCISES

A **63**② 2定点を A$(6,\ 0)$，B$(3,\ 3)$ とし，点Pが円 $x^2+y^2=9$ 上を動くとき，
$\triangle$ABP の重心Gの軌跡を求めよ。　　　〔類 秋田大〕　≪≪ 標準例題 **103**

■ 次の不等式の表す領域を図示せよ。[**64～66**]

64③ (1) $y\geqq|x-1|$ 　　　　　　(2) $2|x|+3|y|\leqq6$
　　　　　　　　　　　　　　　　　　　　　　　〔(2) 関西大〕　≪≪ 基本例題 **104**

65② (1) $\begin{cases} x^2+y^2-4y\leqq4 \\ x\geqq y \end{cases}$ 　　(2) $x-y<x^2+y^2<x+y$
　　　　　　　　　　　　　　　　　　　　　　　　　　≪≪ 基本例題 **106**

66③ (1) $x^2-3xy+2y^2+6x-8y+8\leqq0$ 　(2) $\begin{cases} x^2+y^2-4<0 \\ (x-y)(x+y)>0 \end{cases}$
　　　　　　　　　　　　　　　　　　　　　　　　　≪≪ 標準例題 **107**

67② 右の図の斜線部分は，ど
のような連立不等式で表
されるか。ただし，境界
線は領域に含めないもの
とする。　〔(1) 湘南工科大〕
≪≪ 基本例題 **106**

(1) 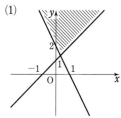　(2)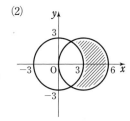

68③ $x,\ y$ が不等式 $0\leqq y\leqq-\dfrac{1}{2}|x|+3$ を満たすとき，$x+y$ の最大値，最小値と，
それらを与える $x,\ y$ の値をそれぞれ求めよ。　　≪≪ 標準例題 **108**

5章

発
展
学
習

HINT

64 絶対値は　場合分け
(1) $x\geqq1$ と $x<1$
(2) $x\geqq0$，$y\geqq0$ と $x\geqq0$，$y<0$ と $x<0$，$y\geqq0$ と $x<0$，$y<0$ で場合分けして考える。
66 (1) 左辺は，$x,\ y$ の1次式の積に因数分解できる。

EXERCISES

B **69**③ ★ 座標平面上の2点 A(0, 3), B(8, 9) に対し, △ABP の面積が 20 である点Pの軌跡は, 2直線 $y={}^{ア}\boxed{}x-{}^{イ}\boxed{}$ と $y={}^{ア}\boxed{}x+{}^{ウ}\boxed{}$ である。 〔類 センター試験〕 ≪ 発展例題 **95**, 基本例題 **101**

70④ ★ 直線 $y=mx$ が放物線 $y=x^2+1$ と異なる2点P, Qで交わるとする。m がこの条件を満たしながら変化するとき, m のとりうる値の範囲を求めよ。また, このとき, 線分 PQ の中点 M の軌跡を求めよ。 〔星薬大〕 ≪ 発展例題 **111**

71③ 不等式 $y>x^2$ の表す領域は, 放物線 $y=x^2$ の上側である。このことを参考にして, 次の不等式の表す領域を図示せよ。
(1) $y \leqq x^2$ (2) $y>-x^2+1$ (3) $(x+y-2)(y-x^2)<0$
≪ 基本例題 **104**, 標準例題 **107**

72④ ある工場で2種類の製品 A, B が, 2人の職人 M, W によって生産されている。製品 A については, 1台当たり組立作業に6時間, 調整作業に2時間が必要である。また, 製品 B については, 組立作業に3時間, 調整作業に5時間が必要である。いずれの作業も日をまたいで継続することができる。職人 M は組立作業のみに, 職人 W は調整作業のみに従事し, かつ, これらの作業にかける時間は職人 M が1週間に18時間以内, 職人 W が1週間に10時間以内と制限されている。4週間での製品 A, B の合計生産台数を最大にしたい。その合計生産台数を求めよ。 〔岩手大〕 ≪ 標準例題 **108**

73⑤ x, y が3つの不等式 $4x+y \leqq 9$, $x+2y \geqq 4$, $2x-3y \geqq -6$ を同時に満たすとき, x^2+y^2 の最大値と最小値を求めよ。 〔類 京都大〕 ≪ 発展例題 **113**

HINT
-----

70 (後半) 2点 P, Q の x 座標を α, β として, 解と係数の関係を利用。m の範囲に注意する。

72 まず, 4週間での製品 A, B の生産台数をそれぞれ x, y とし, x と y の満たす条件を xy 平面上の領域として図示する。

73 $x^2+y^2=k$ $(k>0)$ とおくと, これは原点を中心とする半径 $\sqrt{k}$ の円を表す。この円と3つの不等式の表す領域が共有点をもつときの k の値の最大値, 最小値を求める。

数学II

三角関数

6章

Let's Start
21 角の拡張

数学 I では，まず $0° < \theta < 90°$ の範囲の角の三角比を考え，次に，$0° \leqq \theta \leqq 180°$ の範囲まで拡張された角 θ に対して，座標で三角比を再定義し，いろいろな問題を解決してきました。この章では，さらに角を拡張し，三角比を発展させた三角関数について考えましょう。

■ 正の角，負の角

平面上で，点 O を中心に半直線 OP を回転させることを考える。このとき，半直線 OP を **動径** といい，動径 OP の最初の位置となる半直線 OX を **始線** という。

また，始線 OX から測って，時計の針の回る向きと逆の向きを 正の向き，正の向きに測った角を 正の角 といい，時計の針の回る向きと同じ向きを 負の向き，負の向きに測った角を 負の角 という。そして，その大きさを，正の角は，例えば，$+45°$ または単に $45°$ と表し，負の角は，例えば，$-60°$ と表す。

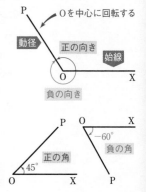

■ 一般角とは

動径 OP が点 O を中心に回転すると，その回転数に応じて，いくらでも大きい角やいくらでも小さい角が考えられる。例えば，正の向きの 1 回転で $360°$，2 回転で $720°$，……，n 回転では $360° \times n$ で，負の向きの 1 回転では $-360°$ である。

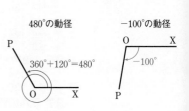

このように，回転の向きと大きさを表した角を **一般角** といい，一般角 θ に対し，始線 OX から角 θ だけ回転した位置にある動径 OP を，**θ の動径** という（上図参照）。

■ 動径の表す角

角の大きさを指定すると，動径の位置が決まるが，逆に，動径の位置を決めても，その表す角は無数にあり，1通りには決まらない。なぜなら，動径は1回転すると，もとの位置に戻るからである。

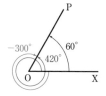

> 動径 OP と始線 OX のなす角の1つを α とすると，動径 OP の表す角は　$\alpha+360°\times n$　（n は整数）

…，$-300°$, $60°$, $60°+360°=420°$, … の動径は一致する

■ 弧度法

これまでに学んだ三角比 $\sin\theta$, $\cos\theta$ などの角 θ の大きさは，$30°$, $360°$ のように単位には度を用いた。これを，直角の $\dfrac{1}{90}$ である1度を単位とする **度数法** という。

これに対し，半径 r の円において，長さが r の弧に対する中心角を $a°$ とすると，右の図のように，この a の値は，半径 r に関係なく一定である。この角の大きさを **1ラジアン** または **1弧度** といい，1ラジアンを単位とする角の表し方を，**弧度法** という。
次の式が弧度法と度数法の換算式である。
なお，弧度法では，普通，単位のラジアンを省略して書く。

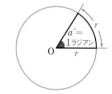

$$1=\left(\dfrac{180}{\pi}\right)°\qquad \pi=180°\qquad 1°=\dfrac{\pi}{180}$$

そして，$0°\leqq\theta\leqq360°$ の主な角 θ を弧度法で表したのが，次の表である。

度数法	0°	30°	45°	60°	90°	120°	135°	150°	180°	270°	360°
弧度法	0	$\dfrac{\pi}{6}$	$\dfrac{\pi}{4}$	$\dfrac{\pi}{3}$	$\dfrac{\pi}{2}$	$\dfrac{2}{3}\pi$	$\dfrac{3}{4}\pi$	$\dfrac{5}{6}\pi$	π	$\dfrac{3}{2}\pi$	2π

動径の表す角について，弧度法では次のことがいえる。

> 動径 OP と始線 OX のなす角の1つを α とすると，動径 OP の表す角は $\alpha+2n\pi$ である。ただし，n は整数である。

また，弧度法を用いると，扇形について次のことが成り立つ。

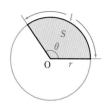

> 半径 r，中心角 θ（ラジアン）の扇形の弧の長さ l，面積 S は
> $$l=r\theta\qquad S=\dfrac{1}{2}r^2\theta=\dfrac{1}{2}lr$$

まずは，一般角や，角の大きさを表す新しい方法である弧度法に慣れていきましょう。

例題
114 角 θ の動径を図示し，どの象限の角かを答える

次の角の動径を図示せよ。また，それぞれ第何象限の角か。

(1) $315°$ (2) $-210°$ (3) $1140°$ (4) $-840°$

CHART & GUIDE

動径の図示

回転の向き と 回転数 を考える

回転の向き …… 正の角なら左回り（反時計回り），
　　　　　　　　負の角なら右回り（時計回り）

$\alpha + 360° \times n$（n は整数）の形で表すとき，n は，与えられた角
を $360°$ で割った商を，α は余りを求める要領で考えるとよい。

（後半）　動径 OP がどの象限にあるか調べる。

解答

(1)
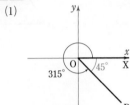

第4象限の角

(2)

第2象限の角

(3) $1140° = 60° + 360° \times 3$ (4) $-840° = 240° + 360° \times (-3)$

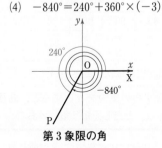

第1象限の角   **第3象限の角**

x 軸の正の部分を始線にと
り，動径 OP の表す角を
θ とするとき，例えば，
動径 OP が第3象限にあれ
ば，θ を **第3象限の角** と
いう。ただし，動径 OP
が座標軸に重なるときは，
θ はどの象限の角でもない。

象限の分かれ方

(参考) 動径 OP の表す角を $\theta = \alpha + 360° \times n$（$n$ は整数）で表すとき，(4) のように，α は
　　　 $0° \le \alpha < 360°$ の範囲にとることが多い。同様に考えると，(2) の動径の表す角は
　　　 「$150° + 360° \times n$」と表される。

TRAINING　114 ①

次の角の動径 OP を図示し，その動径 OP の表す角を $\theta = \alpha + 360° \times n$
（n は整数，$0° \le \alpha < 360°$）で表せ。また，それぞれ第何象限の角か。

(1) $670°$ (2) $-600°$ (3) $930°$ (4) $-1030°$

基本 例題 115 弧度法の基本，扇形の弧の長さと面積

(1) 次の角を，度数法は弧度法で，弧度法は度数法で表せ。

　(ア) $32°$　　(イ) $390°$　　(ウ) $\dfrac{5}{12}\pi$　　(エ) $\dfrac{7}{3}\pi$

(2) 半径 9，中心角 $\dfrac{4}{3}\pi$ の扇形の弧の長さ l と面積 S を求めよ。

CHART & GUIDE

(1) 弧度法と度数法の換算式

$$\pi=180°\qquad 1=\left(\dfrac{180}{\pi}\right)°\qquad 1°=\dfrac{\pi}{180}$$

(2) 半径 r，中心角 θ (ラジアン) の扇形の弧の長さ l と面積 S

$$l=r\theta\qquad S=\dfrac{1}{2}r^2\theta=\dfrac{1}{2}lr$$

解答

(1) (ア) $32°=(32\times1°=)32\times\dfrac{\pi}{180}=\dfrac{8}{45}\pi$

　(イ) $390°=390\times\dfrac{\pi}{180}=\dfrac{13}{6}\pi$

　(ウ) $\dfrac{5}{12}\pi=\dfrac{5}{12}\times180°=\mathbf{75°}$

　(エ) $\dfrac{7}{3}\pi=\dfrac{7}{3}\times180°=\mathbf{420°}$

(2) $l=9\cdot\dfrac{4}{3}\pi=\mathbf{12\pi}$

　$S=\dfrac{1}{2}\cdot9^2\cdot\dfrac{4}{3}\pi=\mathbf{54\pi}$

　または　$S=\dfrac{1}{2}\cdot12\pi\cdot9=\mathbf{54\pi}$

よく出てくる角は覚えておこう！

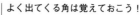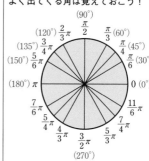

(2)

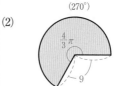

6章 21 角の拡張

TRAINING 115 ①

(1) 次の角を，度数法は弧度法で，弧度法は度数法で表せ。

　(ア) $18°$　　(イ) $480°$　　(ウ) $\dfrac{\pi}{12}$　　(エ) $\dfrac{7}{15}\pi$

(2) 次のような扇形の弧の長さと面積を求めよ。

　(ア) 半径 2，中心角 $\dfrac{5}{4}\pi$　　(イ) 半径 6，中心角 $60°$

Let's Start

22 三角関数

数学Ⅰでは，$0° \leqq \theta \leqq 180°$ を満たす角 θ に対して三角比 $\sin\theta$, $\cos\theta$, $\tan\theta$ を定義しました。ここでは，角 θ を一般角に拡張してみましょう。

■ 三角比から三角関数へ

注意　今後，角は，主として弧度法で表すものとする。

座標平面上で，x 軸の正の部分を始線にとり，角 θ を表す動径と原点 O を中心とする半径 r の円との交点 P の座標を (x, y) とすると，$\dfrac{y}{r}$，$\dfrac{x}{r}$，$\dfrac{y}{x}$ の値はどれも半径の大きさ r に関係なく，角 θ を決めると定まる。これは，数学Ⅰで学習した $0° \leqq \theta \leqq 180°$ の範囲での三角比の定義と同じ考えである。

そこで，一般角 θ の **正弦** $\sin\theta$，**余弦** $\cos\theta$，**正接** $\tan\theta$ を

$$\sin\theta = \frac{y}{r}, \ \ \cos\theta = \frac{x}{r}, \ \ \tan\theta = \frac{y}{x} \ \ \cdots\cdots (*)$$

と定義する。

これらは，θ の関数であり，まとめて，θ の **三角関数** という。

注意　$x = 0$ となるような θ に対しては，$\tan\theta$ は定義されない。

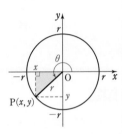

◀ この定義には，
$0° \leqq \theta \leqq 180°$ における三角比の定義も含まれている。

■ 三角関数の値

原点を中心とする半径 1 の円を **単位円** という。

右の図のように，角 θ の動径と単位円の交点を $P(x, y)$ とし，直線 OP と直線 $x = 1$ の交点を $T(1, m)$ とすると

$$\sin\theta = \frac{y}{1} = y, \ \ \cos\theta = \frac{x}{1} = x, \ \ \tan\theta = \frac{y}{x} = \frac{m}{1} = m$$

よって　　$y = \sin\theta, \ x = \cos\theta, \ m = \tan\theta$

右の図で，点 $P(x, y)$ が単位円の周上を動き，それにともなって，点 $T(1, m)$ は直線 $x = 1$ 上のすべての点を動くから

$$-1 \leqq x \leqq 1, \ \ -1 \leqq y \leqq 1, \ \ m はすべての実数の値$$

をとる。

したがって，次のことが成り立つ。

$$-1 \leqq \sin\theta \leqq 1, \ \ \ \ -1 \leqq \cos\theta \leqq 1, \ \ \ \ \tan\theta の値の範囲は実数全体$$

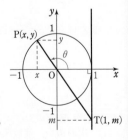

■ 三角関数の値の符号

また，三角関数の定義（＊）において，$r>0$ であるから，$\sin\theta$，$\cos\theta$，$\tan\theta$ の符号は，点 P の座標 x，y の符号で決まる。すなわち，動径 OP がどの象限にあるかによって，右の図のように決まる。

第2象限	第1象限
sin ＋	sin ＋
cos －	cos ＋
tan －	tan ＋
第3象限	第4象限
sin －	sin －
cos －	cos ＋
tan ＋	tan －

■ 三角関数の相互関係

三角比と同様に，三角関数についても次の相互関係が成り立つ。

＝三角関数の相互関係＝

$$1 \quad \tan\theta=\frac{\sin\theta}{\cos\theta} \qquad 2 \quad \sin^2\theta+\cos^2\theta=1 \qquad 3 \quad 1+\tan^2\theta=\frac{1}{\cos^2\theta}$$

[証明] 右の図において，三角関数の定義により

$$\sin\theta=\frac{y}{r}, \qquad \cos\theta=\frac{x}{r}, \qquad \tan\theta=\frac{y}{x}$$

第1式，第2式から $\quad y=r\sin\theta, \ x=r\cos\theta$ …… ①

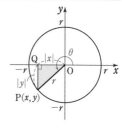

1 第3式に ① を代入して

$$\tan\theta=\frac{y}{x}=\frac{r\sin\theta}{r\cos\theta}=\frac{\sin\theta}{\cos\theta}$$

2 直角三角形 OPQ で，三平方の定理 $OQ^2+PQ^2=OP^2$ が成り立つから

$$|x|^2+|y|^2=r^2$$

すなわち $\quad x^2+y^2=r^2$ …… （＊＊）

x，y に ① を代入して $\quad (r\cos\theta)^2+(r\sin\theta)^2=r^2$

両辺を $r^2(\neq0)$ で割って $\quad \sin^2\theta+\cos^2\theta=1$ …… ②

← $|a|^2=a^2$

（＊＊）$x^2+y^2=r^2$ は，$x=0$ または $y=0$ のときも成り立つ。

3 2で得られた等式 ② の両辺を $\cos^2\theta$ で割ると

$$\frac{\sin^2\theta}{\cos^2\theta}+\frac{\cos^2\theta}{\cos^2\theta}=\frac{1}{\cos^2\theta}$$

すなわち $\quad 1+\left(\frac{\sin\theta}{\cos\theta}\right)^2=\frac{1}{\cos^2\theta}$

したがって $\quad 1+\tan^2\theta=\frac{1}{\cos^2\theta}$

← $\dfrac{\sin\theta}{\cos\theta}=\tan\theta$

6章
22
三角関数

では，三角関数のいろいろな問題に取り組んでみましょう。

基本 例題
116 三角関数の値(1) …… 定義から求める

次の θ について，$\sin\theta$，$\cos\theta$，$\tan\theta$ の値を，それぞれ求めよ。

(1) $\theta=-\dfrac{2}{3}\pi$ 　　　　　　　(2) $\theta=\dfrac{15}{4}\pi$

CHART & GUIDE

三角関数の値

定義　$\sin\theta=\dfrac{y}{r}$　　$\cos\theta=\dfrac{x}{r}$　　$\tan\theta=\dfrac{y}{x}$　……!

1 与えられた角 θ の動径 OP を図示し，半径 OP$=r$ の円をかく。
2 円の半径 r を，点 P の座標が求めやすいように設定する。
……(1)　$r=2$　(2)　$r=\sqrt{2}$　とするとよい。
3 点 P の座標を求め，半径 r，x 座標，y 座標の値を定義の式に代入する。

解答

(1) 右の図で，円の半径が
$r=2$ のとき，点Pの座標は
$(-1,\ -\sqrt{3})$ であるから

! $\sin\left(-\dfrac{2}{3}\pi\right)=\dfrac{-\sqrt{3}}{2}=-\dfrac{\sqrt{3}}{2}$

$\cos\left(-\dfrac{2}{3}\pi\right)=\dfrac{-1}{2}=-\dfrac{1}{2}$

$\tan\left(-\dfrac{2}{3}\pi\right)=\dfrac{-\sqrt{3}}{-1}=\sqrt{3}$

(2) 右の図で，円の半径が
$r=\sqrt{2}$ のとき，点Pの座標
は $(1,\ -1)$ であるから

! $\sin\dfrac{15}{4}\pi=\dfrac{-1}{\sqrt{2}}=-\dfrac{1}{\sqrt{2}}$

$\cos\dfrac{15}{4}\pi=\dfrac{1}{\sqrt{2}}$

$\tan\dfrac{15}{4}\pi=\dfrac{-1}{1}=-1$

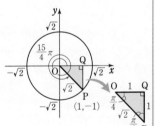

基本は三角定規

(1) $r=2$，$x=-1$，
$y=-\sqrt{3}$ を定義の式に
代入。

(2) $r=\sqrt{2}$，$x=1$，$y=-1$
を定義の式に代入。

◀ $\dfrac{15}{4}\pi=3\pi+\dfrac{\pi}{2}+\dfrac{\pi}{4}$
であるから，図で
$\angle POQ=\dfrac{\pi}{4}$

TRAINING 116 ①
次の θ について，$\sin\theta$，$\cos\theta$，$\tan\theta$ の値を，それぞれ求めよ。

(1) $\theta=\dfrac{5}{4}\pi$ 　　(2) $\theta=-\dfrac{5}{6}\pi$ 　　(3) $\theta=\dfrac{11}{3}\pi$ 　　(4) $\theta=-3\pi$

基本 例題
117 三角関数の相互関係

$\sin\theta$, $\cos\theta$, $\tan\theta$ のうち，1つが次のように与えられたとき，他の2つの値を求めよ。ただし，[ ] 内は θ の動径が属する象限を示す。

(1) $\sin\theta = -\dfrac{3}{5}$ ［第4象限］　　(2) $\tan\theta = 2$ ［第3象限］

CHART & GUIDE

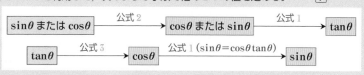

三角関数の相互関係の公式

1 $\tan\theta = \dfrac{\sin\theta}{\cos\theta}$　　2 $\sin^2\theta + \cos^2\theta = 1$　　3 $1 + \tan^2\theta = \dfrac{1}{\cos^2\theta}$

上の $1 \sim 3$ を利用して，次のような手順で他の2つの値を定める。…… $!$

| $\sin\theta$ または $\cos\theta$ | 公式2 → | $\cos\theta$ または $\sin\theta$ | 公式1 → | $\tan\theta$ |

| $\tan\theta$ | 公式3 → | $\cos\theta$ | 公式1 $(\sin\theta = \cos\theta\tan\theta)$ → | $\sin\theta$ |

解答

(1) $\sin^2\theta + \cos^2\theta = 1$ から

$$\cos^2\theta = 1 - \sin^2\theta = 1 - \left(-\dfrac{3}{5}\right)^2 = \dfrac{16}{25}$$

θ の動径は第4象限にあるから　$\cos\theta > 0$

よって　$\cos\theta = \sqrt{\dfrac{16}{25}} = \dfrac{4}{5}$

また　$\tan\theta = \dfrac{\sin\theta}{\cos\theta} = \left(-\dfrac{3}{5}\right) \div \dfrac{4}{5} = -\dfrac{3}{5} \times \dfrac{5}{4} = -\dfrac{3}{4}$

(2) $1 + \tan^2\theta = \dfrac{1}{\cos^2\theta}$ から

$$\dfrac{1}{\cos^2\theta} = 1 + 2^2 = 5$$　　よって　$\cos^2\theta = \dfrac{1}{5}$

θ の動径は第3象限にあるから　$\cos\theta < 0$

したがって　$\cos\theta = -\dfrac{1}{\sqrt{5}}$

また　$\sin\theta = \cos\theta\tan\theta = -\dfrac{1}{\sqrt{5}} \cdot 2 = -\dfrac{2}{\sqrt{5}}$

図をかいて求めることもできる。

(1) $\sin\theta = \dfrac{-3}{5}$ $\left(\dfrac{y}{r}\right)$

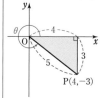

P(4, -3)

(2) $\tan\theta = \dfrac{-2}{-1}$ $\left(\dfrac{y}{x}\right)$

P(-1, -2)

TRAINING 117 ②

$\sin\theta$, $\cos\theta$, $\tan\theta$ のうち，1つが次のように与えられたとき，他の2つの値を求めよ。ただし，[ ] 内は θ の動径が属する象限を示す。

(1) $\cos\theta = \dfrac{12}{13}$ ［第4象限］　　(2) $\tan\theta = 2\sqrt{2}$ ［第3象限］

標
準 例題
118 三角関数の対称式の値

$\sin\theta+\cos\theta=\dfrac{1}{4}$ のとき，次の式の値を求めよ。

(1) $\sin\theta\cos\theta$　　　　　　(2) $\sin^3\theta+\cos^3\theta$

CHART
& GUIDE

$\sin\theta$ と $\cos\theta$ の対称式・交代式
かくれた条件 $\underline{\sin^2\theta+\cos^2\theta=1}$ の活用 …… ！

(1) 与えられた条件式の両辺を2乗すると，$\sin^2\theta+\cos^2\theta$，$\sin\theta\cos\theta$ が現れる。

(2) $\sin\theta$，$\cos\theta$ の対称式 ⟶ 基本対称式 $\sin\theta+\cos\theta$，$\sin\theta\cos\theta$ で表す。
…… 公式 $a^3+b^3=(a+b)^3-3ab(a+b)$ を利用（$p.80$ 参照）。

解答

(1) $\sin\theta+\cos\theta=\dfrac{1}{4}$ の両辺を2乗すると

$$\sin^2\theta+2\sin\theta\cos\theta+\cos^2\theta=\dfrac{1}{16}$$

！ $\sin^2\theta+\cos^2\theta=1$ であるから　　$1+2\sin\theta\cos\theta=\dfrac{1}{16}$

よって　　$\sin\theta\cos\theta=\left(\dfrac{1}{16}-1\right)\div2=-\dfrac{15}{32}$

(2) $\sin^3\theta+\cos^3\theta=(\sin\theta+\cos\theta)^3-3\sin\theta\cos\theta(\sin\theta+\cos\theta)$

$\sin\theta+\cos\theta=\dfrac{1}{4}$ と (1) の $\sin\theta\cos\theta=-\dfrac{15}{32}$ を代入して

$$\sin^3\theta+\cos^3\theta=\left(\dfrac{1}{4}\right)^3-3\left(-\dfrac{15}{32}\right)\cdot\dfrac{1}{4}$$

$$=\dfrac{1}{64}\left(1+\dfrac{45}{2}\right)=\dfrac{47}{128}$$

[別解]　$a^3+b^3=(a+b)(a^2-ab+b^2)$ を利用すると

（与式）$=(\sin\theta+\cos\theta)(\sin^2\theta-\sin\theta\cos\theta+\cos^2\theta)$

$=(\sin\theta+\cos\theta)(1-\sin\theta\cos\theta)$

$=\dfrac{1}{4}\left\{1-\left(-\dfrac{15}{32}\right)\right\}=\dfrac{47}{128}$

（補足）**2文字 a, b の対称式** とは，a と b を入れ替えても，もとの式と同じになる式のこと。

← a^3+b^3
$=(a+b)^3-3ab(a+b)$

TRAINING　118 ③

(1) $\sin\theta+\cos\theta=\dfrac{1}{\sqrt{5}}$ のとき，$\sin\theta\cos\theta$，$\sin^3\theta+\cos^3\theta$，$\tan\theta+\dfrac{1}{\tan\theta}$ の値を求めよ。
〔類 東京薬大〕

(2) $\sin\theta-\cos\theta=\dfrac{1}{2}$ のとき，$\sin\theta\cos\theta$，$\sin^3\theta-\cos^3\theta$ の値を求めよ。
〔埼玉工大〕

≪ 基本例題 117

標準 例題 **119** 三角関数を含む等式の証明 ◯◯◯

次の等式を証明せよ。

$$\sin^2\theta + (1-\tan^4\theta)\cos^4\theta = \cos^2\theta$$

CHART & GUIDE

三角関数を含む等式の証明
相互関係の公式を活用する

$$1 \quad \tan\theta = \frac{\sin\theta}{\cos\theta} \qquad 2 \quad \sin^2\theta + \cos^2\theta = 1 \qquad 3 \quad 1+\tan^2\theta = \frac{1}{\cos^2\theta}$$

因数分解の公式 $a^2-b^2=(a+b)(a-b)$ も比較的よく使われる。
なお，等式 $A=B$ の証明方法については，*p.*39 参照。

解答

[解法 1] $\sin^2\theta + (1-\tan^4\theta)\cos^4\theta$
$= \sin^2\theta + \cos^4\theta - (\tan\theta\cos\theta)^4$ [1]
$= \sin^2\theta + \cos^4\theta - \sin^4\theta$
$= \sin^2\theta + \underline{(\cos^2\theta + \sin^2\theta)}$ [2] $(\cos^2\theta - \sin^2\theta)$
$= \sin^2\theta + 1\cdot(\cos^2\theta - \sin^2\theta)$
$= \cos^2\theta$

よって $\sin^2\theta + (1-\tan^4\theta)\cos^4\theta = \cos^2\theta$

◀ 複雑な方の左辺を変形して，右辺を導く。

1) $\tan\theta = \dfrac{\sin\theta}{\cos\theta}$ から
$\tan\theta\cos\theta = \sin\theta$
2) $\sin^2\theta + \cos^2\theta = 1$

[解法 2] $\sin^2\theta + (1-\tan^4\theta)\cos^4\theta - \cos^2\theta$
$= \sin^2\theta + (1+\tan^2\theta)(1-\tan^2\theta)\cos^4\theta - \cos^2\theta$
$= \sin^2\theta + \underline{(1+\tan^2\theta)\cos^2\theta} \times (1-\tan^2\theta)\cos^2\theta - \cos^2\theta$
$= \sin^2\theta + 1\cdot(1-\tan^2\theta)\cos^2\theta - \cos^2\theta$
$= \sin^2\theta + \cos^2\theta - (\tan\theta\cos\theta)^2 - \cos^2\theta$
$= \sin^2\theta - \sin^2\theta$
$= 0$

よって $\sin^2\theta + (1-\tan^4\theta)\cos^4\theta = \cos^2\theta$

◀ (左辺)−(右辺) を変形して，＝0 を示す。

◀ $1+\tan^2\theta = \dfrac{1}{\cos^2\theta}$ から
$(1+\tan^2\theta)\cos^2\theta = 1$

6章
22
三角関数

TRAINING 119 ③

次の等式を証明せよ。

(1) $\tan^2\theta - \cos^2\theta = \sin^2\theta + (\tan^4\theta - 1)\cos^2\theta$

(2) $\dfrac{\cos^2\theta - \sin^2\theta}{1+2\sin\theta\cos\theta} = \dfrac{1-\tan\theta}{1+\tan\theta}$

ヒント $(\cos\theta + \sin\theta)^2 = 1 + 2\sin\theta\cos\theta$

(3) $\dfrac{1-\sin\theta}{\cos\theta} + \dfrac{\cos\theta}{1-\sin\theta} = \dfrac{2}{\cos\theta}$

Let's Start

23 三角関数のグラフ, 性質

この節では, $y=\sin\theta$, $y=\cos\theta$, $y=\tan\theta$ のグラフを学習しましょう。また, いろいろな角の三角関数を鋭角の三角関数で表す方法も考えてみましょう。

■ 三角関数のグラフ

$y=\sin\theta$, $y=\cos\theta$ のグラフ は, いくつかの点 $(\theta,\ y)$ をとって, これをつないでかくことができるが, ここでは, 単位円 を利用してかく方法を紹介しよう。

(補足) 原点を中心とする半径 1 の円を 単位円 という。

右の図のように, 角 θ の動径と単位円の交点を P$(a,\ b)$ とする

と $\qquad \sin\theta=\dfrac{b}{1}=b, \qquad \cos\theta=\dfrac{a}{1}=a$

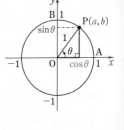

であるから, P を A$(1,\ 0)$ を出発点として, 円上を正の向きと負の向きに回転させると, 下の図のように, P の y 座標から $y=\sin\theta$ のグラフをかくことができる。

また, この単位円を 90° 回転すると, P の x 座標から $y=\cos\theta$ のグラフをかくことができる。

動径は 1 回転すると, もとの位置に戻る。よって, 2 つのグラフは 2π ごとに同じ形を繰り返す。この性質を $y=\sin\theta$, $y=\cos\theta$ の 周期は 2π であるという。

← $\sin(\theta+2\pi)=\sin\theta$, $\cos(\theta+2\pi)=\cos\theta$ を意味している。

なお, $y=\sin\theta$ のグラフを 正弦曲線 という。$y=\cos\theta$ のグラフは, $y=\sin\theta$ のグラフを θ 軸方向に $-\dfrac{\pi}{2}$ だけ平行移動したもので, $y=\sin\theta$ のグラフと同じ形であるから, これも正弦曲線である。

← 正弦曲線のことを サインカーブ ともいう。

■ $y=\sin\theta$ のグラフ　　原点に関して対称, 値域は $-1\leqq y\leqq1$, 周期は 2π

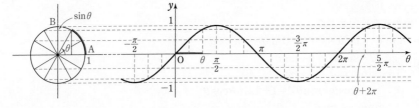

■ $y=\cos\theta$ のグラフ　　y 軸に関して対称，値域は $-1 \leqq y \leqq 1$，周期は 2π

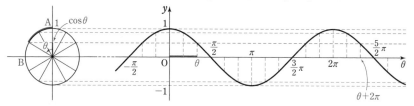

$y=\tan\theta$ のグラフ は，次のような工夫でかくことができる。

角 θ の動径と単位円の交点を $P(a, b)$ とし，直線 $x=1$ と直線

OP の交点を $T(1, m)$ とすると　　$\tan\theta = \dfrac{b}{a} = \dfrac{m}{1} = m$

この m を用いてグラフをかく。

また，角 θ の動径 OP に対し，角 $\theta+\pi$ の動径を OP′ とすると，

2 点 P，P′ は原点に関して対称であるから　$\tan(\theta+\pi) = \tan\theta = m$

すなわち，$y=\tan\theta$ のグラフは π ごとに同じ形を繰り返す。

なお，$\theta = \dfrac{\pi}{2}$，$-\dfrac{\pi}{2}$ のとき P は y 軸上にあり，T は存在しない。上の図で P が B，B′

に近づくと，$|m|$ は限りなく大きくなり，グラフ上では，直線 $\theta = \dfrac{\pi}{2}$，$-\dfrac{\pi}{2}$ に限りな

く近づく。このような，グラフが限りなく近づく直線を **漸近線** という。

■ $y=\tan\theta$ のグラフ　　原点に関して対称，値域は **実数全体**，周期は π

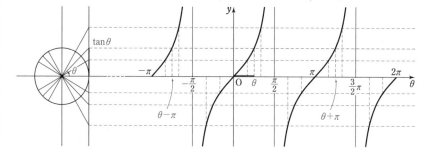

■ 三角関数の周期

一般に，関数 $f(x)$ が 0 でない定数 p に対して，常に $f(x+p) = f(x)$ を満たすとき，$f(x)$ は p を **周期** とする **周期関数** であるという。

このとき，関数 $f(\theta) = \sin k\theta$ について

$$f\left(\theta + \frac{2\pi}{k}\right) = \sin k\left(\theta + \frac{2\pi}{k}\right) = \sin(k\theta + 2\pi) = \sin k\theta = f(\theta)$$

$\cos k\theta$，$\tan k\theta$ についても同様に考えると，次のことが成り立つ。

> k が正の定数のとき，$\sin k\theta$，$\cos k\theta$，$\tan k\theta$ の周期は，順に $\dfrac{2\pi}{k}$，$\dfrac{2\pi}{k}$，$\dfrac{\pi}{k}$ である。

6章

23

三角関数のグラフ，性質

■ 三角関数で成り立つ等式

数学 I で学習した $\sin(90°-\theta)=\cos\theta$, $\cos(180°-\theta)=-\cos\theta$ などと同様の等式について解説する。

以下で示す等式は三角関数の計算の中でよく使われる。

n を整数とするとき，θ と $\theta+2n\pi$ の動径の位置は一致し，タンジェントの場合は，θ と $\theta+n\pi$ の動径は一直線上にあるから，その位置関係により，次の等式が成り立つ。

$$\boxed{1} \quad \begin{cases} \sin(\theta+2n\pi)=\sin\theta & \longleftarrow \text{周期 } 2\pi \\ \cos(\theta+2n\pi)=\cos\theta & \longleftarrow \text{周期 } 2\pi \\ \tan(\theta+n\pi)=\tan\theta & \longleftarrow \text{周期 } \pi \end{cases}$$

● $-\theta$ の三角関数　　　　　右の図で

$$\boxed{2} \quad \begin{cases} \sin(-\theta)=-\sin\theta \\ \cos(-\theta)=\cos\theta \\ \tan(-\theta)=-\tan\theta \end{cases}$$

$\sin(-\theta)=-b=-\sin\theta$

$\cos(-\theta)=a=\cos\theta$

$\tan(-\theta)=\dfrac{-b}{a}=-\tan\theta$

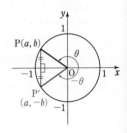

なお，これらの等式は，三角関数のグラフの対称性($p.204$, 205 参照)に関係している。

● $\theta+\pi$ の三角関数　　　　　右の図で

$$\boxed{3} \quad \begin{cases} \sin(\theta+\pi)=-\sin\theta \\ \cos(\theta+\pi)=-\cos\theta \\ \tan(\theta+\pi)=\tan\theta \end{cases}$$

$\sin(\theta+\pi)=-b=-\sin\theta$

$\cos(\theta+\pi)=-a=-\cos\theta$

$\tan(\theta+\pi)=\dfrac{-b}{-a}=\tan\theta$

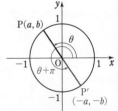

● $\theta+\dfrac{\pi}{2}$ の三角関数　　　　　右の図で

$$\boxed{4} \quad \begin{cases} \sin\left(\theta+\dfrac{\pi}{2}\right)=\cos\theta \\ \cos\left(\theta+\dfrac{\pi}{2}\right)=-\sin\theta \\ \tan\left(\theta+\dfrac{\pi}{2}\right)=-\dfrac{1}{\tan\theta} \end{cases}$$

$\sin\left(\theta+\dfrac{\pi}{2}\right)=a=\cos\theta$

$\cos\left(\theta+\dfrac{\pi}{2}\right)=-b=-\sin\theta$

$\tan\left(\theta+\dfrac{\pi}{2}\right)=\dfrac{a}{-b}=-\dfrac{1}{\tan\theta}$

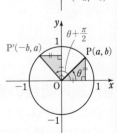

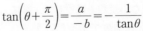

それでは，いろいろな三角関数のグラフをかいてみましょう。

三角関数のグラフ(1) …… 拡大・縮小

次の関数のグラフをかけ。また，その周期を求めよ。

(1) $y=2\sin\theta$ 　　　　(2) $y=\sin\dfrac{\theta}{2}$

CHART & GUIDE

基本の $y=\sin\theta$ のグラフとの関係を調べてかく

(1) $\theta=\alpha$ に対して，$2\sin\alpha$ の値は $\sin\alpha$ の2倍。

(2) $\theta=2\alpha$ における $\sin\dfrac{\theta}{2}$ の値と，$\theta=\alpha$ における $\sin\theta$ の値は $\sin\alpha$ で等しい。

⟶ $y=\sin\theta$ のグラフを y 軸をもとにして θ 軸方向に2倍に拡大。

解答

(1) 周期は　**2π**

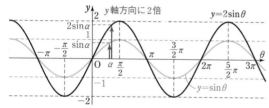

$y=a\sin\theta$ $(a>0)$ のグラフ

$y=\sin\theta$ のグラフを y 軸方向に a 倍したもの。
　　$a>1$　　なら拡大，
　　$0<a<1$　なら縮小
周期は　2π

(2) 周期は　**4π**

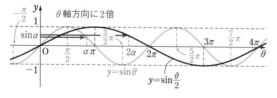

$y=\sin k\theta$ $(k>0)$ のグラフ

$y=\sin\theta$ のグラフを θ 軸方向に $\dfrac{1}{k}$ 倍したもの。
　　$k>1$　　なら縮小，
　　$0<k<1$　なら拡大
周期は　$\dfrac{2\pi}{k}$

6章
23
三角関数のグラフ・性質

? 質問コーナー (2)で $y=\sin\theta$ のグラフを θ 軸方向に $\dfrac{1}{2}$ 倍しないのはなぜ？

➡ θ が 0 から 4π まで動くとき，$\dfrac{\theta}{2}$ は 0 から 2π まで動く。つまり，$y=\sin\theta$ の2周期分が $y=\sin\dfrac{\theta}{2}$ の1周期分となる。よって，**θ 軸方向に2倍**となる。

←1周期→←1周期→

θ	0	π	2π	3π	4π
$\dfrac{\theta}{2}$	0	$\dfrac{\pi}{2}$	π	$\dfrac{3}{2}\pi$	2π

←――1周期――→

TRAINING 120 ①

次の関数のグラフをかけ。また，その周期を求めよ。

(1) $y=\dfrac{1}{2}\cos\theta$ 　　(2) $y=\tan 2\theta$ 　　(3) $y=3\sin 4\theta$ 　　(4) $y=2\cos\dfrac{\theta}{3}$

基本 例題 121 三角関数のグラフ(2) …… 平行移動

次の関数のグラフをかけ。また，その周期を求めよ。

(1) $y=\cos\left(\theta-\dfrac{\pi}{3}\right)$ 　　　　(2) $y=\tan\theta+1$

CHART & GUIDE

基本の $y=\cos\theta$, $y=\tan\theta$ のグラフとの関係を調べてかく
$y=f(\theta-p)+q$ のグラフ
$y=f(\theta)$ のグラフを θ 軸方向に p, y 軸方向に q だけ平行移動

(1) $y=\cos\theta$ のグラフを θ 軸方向に $\dfrac{\pi}{3}$ だけ平行移動したもの。点 $\left(\dfrac{\pi}{3},\ 1\right)$ を点

(0, 1) とみて，$y=\cos\theta$ のグラフをかくとよい。
(2) $y=\tan\theta$ のグラフを y 軸方向に 1 だけ平行移動したものである。

解答

(1) 周期は $y=\cos\theta$ と同じで　**2π**

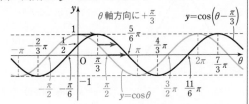

(2) 周期は $y=\tan\theta$ と同じで　**π**

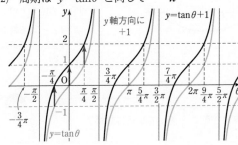

(1) θ の値に対応した y の値を調べると

θ	0	$\dfrac{\pi}{3}$	$\dfrac{5}{6}\pi$	$\dfrac{4}{3}\pi$	$\dfrac{11}{6}\pi$	2π
y	$\dfrac{1}{2}$	1	0	-1	0	$\dfrac{1}{2}$

$\cos\left(\theta-\dfrac{\pi}{3}\right)$ は，$\cos\theta$ と比べて $\dfrac{\pi}{3}$ だけ遅れて同じ値をとる。
グラフをかくときは，1周期分以上かく。

(2) θ の値に対応した y の値を調べると

θ	0	$\dfrac{\pi}{4}$	$\dfrac{3}{4}\pi$	π	$\dfrac{5}{4}\pi$	$\dfrac{7}{4}\pi$	2π
y	1	2	0	1	2	0	1

どんな θ の値に対しても，$\tan\theta+1$ は $\tan\theta$ よりも常に1だけ大きい。
タンジェントのグラフをかくときは，漸近線も忘れずにかく。

TRAINING 121 ①

次の関数のグラフをかけ。また，その周期を求めよ。

(1) $y=\sin\left(\theta+\dfrac{\pi}{4}\right)$ 　　　　(2) $y=\sin\theta-1$

標準 例題
122 三角関数のグラフ(3) …… 拡大・縮小と平行移動 🕐🕐🕐

関数 $y=2\sin\left(3\theta-\dfrac{\pi}{2}\right)$ のグラフをかけ。また，その周期を求めよ。

〔類 神戸学院大〕

CHART & GUIDE

基本の $y=\sin\theta$ のグラフとの関係を調べてかく

$2\sin\left(3\theta-\dfrac{\pi}{2}\right)=2\sin 3\left(\theta-\dfrac{\pi}{6}\right)$ と変形すると，$y=\sin\theta$ のグラフとの関係がわかる。

1 $y=\sin\theta$ を y 軸方向に 2 倍に拡大すると $y=2\sin\theta$

2 θ 軸方向に $\dfrac{1}{3}$ 倍に縮小すると $y=2\sin 3\theta$

3 θ 軸方向に $\dfrac{\pi}{6}$ だけ平行移動すると $y=2\sin 3\left(\theta-\dfrac{\pi}{6}\right)$

解答

$$2\sin\left(3\theta-\dfrac{\pi}{2}\right)=2\sin 3\left(\theta-\dfrac{\pi}{6}\right)$$

したがって，求めるグラフは $y=\sin\theta$ のグラフを θ 軸をもとに y 軸方向に 2 倍に拡大し，

次に y 軸をもとに θ 軸方向に $\dfrac{1}{3}$ 倍に縮小し，

さらに θ 軸方向に $\dfrac{\pi}{6}$ だけ平行移動したものであるから下図。周期は $\dfrac{2}{3}\pi$

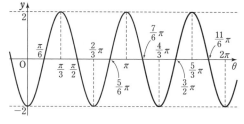

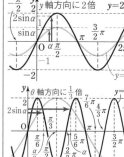

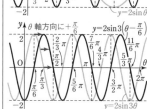

TRAINING **122** ③

関数 $y=\sin\left(2\theta-\dfrac{\pi}{3}\right)$ のグラフをかけ。また，その周期を求めよ。

STEP *into* ここで**整理**

三角関数のグラフの特徴

これまでに学んだ三角関数のグラフについて，特徴をまとめておきましょう。

1 $y=\sin\theta$，$y=\cos\theta$，$y=\tan\theta$ のグラフ

関　数	$y=\sin\theta$	$y=\cos\theta$	$y=\tan\theta$
グラフの概形			
定義域	実数全体	実数全体	$\dfrac{\pi}{2}+n\pi$ （n は整数）以外の実数全体
値　域	$-1\leqq y\leqq1$	$-1\leqq y\leqq1$	実数全体
周　期	2π $\sin(\theta+2\pi)=\sin\theta$	2π $\cos(\theta+2\pi)=\cos\theta$	π $\tan(\theta+\pi)=\tan\theta$
グラフの対称性	原点Oに関して対称	y軸に関して対称	原点Oに関して対称

次に，$y=\sin(\theta-p)+q$，$y=a\sin k\theta$ のグラフと基本の $y=\sin\theta$ のグラフの関係もまとめておきましょう。

2 三角関数のグラフと平行移動・伸縮

① $y=\sin(\theta-p)+q$ のグラフ
$y=\sin\theta$ のグラフを θ 軸方向に p（ラジアン），y 軸方向に q だけ平行移動したもの。
周期は　2π

② $y=a\sin k\theta$ （$a>0$，$k>0$）のグラフ
$y=\sin\theta$ のグラフを θ 軸方向に $\dfrac{1}{k}$ 倍し，y 軸方向に a 倍したもの。
周期は　$\dfrac{2\pi}{k}$

三角関数の最大の特徴は，そのグラフが一定の間隔で同じ形を繰り返すこと，すなわち，周期性をもつことです。グラフをかくときには，周期 p に対して α を適当にとり，$\alpha\leqq\theta\leqq\alpha+p$ の部分の形をしっかりかくことがコツになります。

数学の扉 身のまわりにある三角関数

右の図のように，筒状に丸めた紙を斜めに切るとします。
紙を再び広げたとき，その切り口はどのようになるか，考えてみましょう。

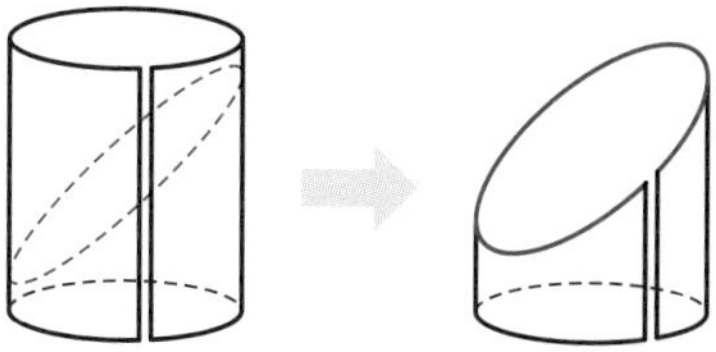

ここでは，底面の半径を1，切り口と底面のなす角を $\dfrac{\pi}{4}(=45°)$ とする。

切り口の紙の端をA，その向かい側をB，線分 AB の中点をOとし，∠QOR $=\theta$（ラジアン）となるように，点Q，Rを図1のようにとる（ただし，平面 ABQ と底面は平行）。このとき　　QR $=\sin\theta$　←△QOR に着目

図1
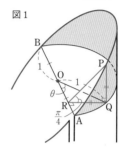

また，Qの真上の切り口上に点Pをとると，△PQR は
PQ $=$ QR，∠PRQ $=\dfrac{\pi}{4}$ の直角二等辺三角形となるから

　　　PQ $=\sin\theta$

さらに，扇形 QOA について

　　　$\overset{\frown}{\text{AQ}}=1\cdot\theta=\theta$　←$l=r\theta$

よって，紙を広げると右の図2のようになり，切り口は
正弦曲線（$y=\sin\theta$ のグラフ）になる ということがわかる。

図2
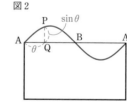

三角関数は，グラフ以外にも様々なところに現れます。遊園地にある乗り物コーヒーカップの動き（軌跡）もその1つです。簡易的に，図3のようなコーヒーカップを考えてみましょう。

円盤1が左回りに1周する間に，半径が半分の円盤2が右回りに2周するとします。このとき，円盤2の周上にある点Cは図4のような軌跡を描きます。この図4を表す式に，実は三角関数が関係しています。

図3
円盤1　　円盤2
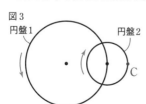

図4
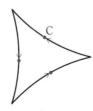

STEP *forward*

三角関数で成り立つ等式をマスターして例題 **123** を攻略！

$\sin\left(-\dfrac{10}{3}\pi\right)$ を，鋭角（第1象限の角）の三角関数に直せ。

 第1象限の角に1歩ずつ近づいていけば，どのような順序でも大丈夫です。

$-\dfrac{10}{3}\pi$ の角を図示し，それを見ながら考えてみましょう。

 私は，まず負の角を正の角に直してみました。使った公式は $\sin(-\theta)=-\sin\theta$ です。

 次に $\dfrac{10}{3}\pi$ を 2π より小さい角にしたいですね。

 $\sin(\theta+2n\pi)=\sin\theta$ で小さくできます。

 次に $\dfrac{4}{3}\pi$ が第何象限にあるかを考えましょう。

 第3象限だから第1象限の角にするには公式 $\sin(\theta+\pi)=-\sin\theta$ が使えます。

 その通りです。
どのような順序で変形してもよいのですが，おおまかに下のようにまとめておくとよいでしょう。

memo

この間の角で表したい。

$-\dfrac{10}{3}\pi$

・ $\sin\left(-\dfrac{10}{3}\pi\right)=-\sin\dfrac{10}{3}\pi$

・ $\sin\dfrac{10}{3}\pi=\sin\left(\dfrac{4}{3}\pi+2\pi\right)=\sin\dfrac{4}{3}\pi$

・ $\sin\dfrac{4}{3}\pi=\sin\left(\dfrac{\pi}{3}+\pi\right)=-\sin\dfrac{\pi}{3}$

解答

$$\sin\left(-\dfrac{10}{3}\pi\right)=-\sin\dfrac{10}{3}\pi=-\sin\dfrac{4}{3}\pi$$
$$=-\left(-\sin\dfrac{\pi}{3}\right)$$
$$=\sin\dfrac{\pi}{3}$$

まとめ

1 負の角の場合，正の角の三角関数に直す。
2π 以上の角の場合，0以上 2π 未満の角の三角関数に直す。

2 第1象限の角の三角関数に直す。

基本例題 123 三角関数の値 (2) …… 鋭角の三角関数に直してから求める

次の値を，鋭角 $\left(0<\theta<\dfrac{\pi}{2}\right)$ の正弦・余弦・正接に直して求めよ。

(1) $\sin\dfrac{15}{4}\pi$ 　　　 (2) $\cos\left(-\dfrac{19}{6}\pi\right)$ 　　　 (3) $\tan\left(-\dfrac{11}{3}\pi\right)$

CHART & GUIDE

一般角の三角関数は 鋭角の三角関数で表す

1 負の角は，$-\theta$ の公式で正の角の三角関数に直す。

2π 以上の角は，$\theta+2n\pi$ の公式で 0 以上 2π 未満の角の三角関数に直す。

2 さらに，$\theta+\pi$，$\theta+\dfrac{\pi}{2}$ の公式を用いて第1象限の角の三角関数に直す。

解答

(1) $\sin\dfrac{15}{4}\pi=\sin\left(\dfrac{7}{4}\pi+2\pi\right)=\sin\dfrac{7}{4}\pi$ 　　　 ← $\sin(\theta+2\pi)=\sin\theta$

$\qquad=\sin\left(\dfrac{3}{4}\pi+\pi\right)=-\sin\dfrac{3}{4}\pi$ 　　　 ← $\sin(\theta+\pi)=-\sin\theta$

$\qquad=-\sin\left(\dfrac{\pi}{4}+\dfrac{\pi}{2}\right)=-\cos\dfrac{\pi}{4}=-\dfrac{1}{\sqrt{2}}$ 　　　 ← $\sin\left(\theta+\dfrac{\pi}{2}\right)=\cos\theta$

(2) $\cos\left(-\dfrac{19}{6}\pi\right)=\cos\dfrac{19}{6}\pi=\cos\left(\dfrac{7}{6}\pi+2\pi\right)=\cos\dfrac{7}{6}\pi$ 　　　 ← $\cos(-\theta)=\cos\theta$
$\qquad\qquad\qquad\qquad\qquad\qquad\qquad\qquad\qquad\quad\cos(\theta+2\pi)=\cos\theta$

$\qquad=\cos\left(\dfrac{\pi}{6}+\pi\right)=-\cos\dfrac{\pi}{6}=-\dfrac{\sqrt{3}}{2}$ 　　　 ← $\cos(\theta+\pi)=-\cos\theta$

(3) $\tan\left(-\dfrac{11}{3}\pi\right)=-\tan\dfrac{11}{3}\pi=-\tan\left(\dfrac{2}{3}\pi+3\pi\right)=-\tan\dfrac{2}{3}\pi$ 　　　 ← $\tan(-\theta)=-\tan\theta$
$\qquad\qquad\qquad\qquad\qquad\qquad\qquad\qquad\qquad\qquad\qquad\quad\tan(\theta+3\pi)=\tan\theta$

$\qquad=-\tan\left(\dfrac{\pi}{6}+\dfrac{\pi}{2}\right)=\dfrac{1}{\tan\dfrac{\pi}{6}}=1\div\dfrac{1}{\sqrt{3}}=\sqrt{3}$ 　　　 ← $\tan\left(\theta+\dfrac{\pi}{2}\right)=-\dfrac{1}{\tan\theta}$

注意 上の解答は，与えられた角から，$2n\pi$ や $(2n+1)\pi$，π，$\dfrac{\pi}{2}$ の順に除いていき，最後に鋭角の三角関数で表したが，次のような解答も考えられる。例えば

(1) $\sin\dfrac{15}{4}\pi=\sin\left(-\dfrac{\pi}{4}+4\pi\right)=\sin\left(-\dfrac{\pi}{4}\right)=-\sin\dfrac{\pi}{4}=-\dfrac{1}{\sqrt{2}}$

このように，計算の手順は必ずしも1通りではない。

TRAINING 123 ①

次の値を，鋭角 $\left(0<\theta<\dfrac{\pi}{2}\right)$ の正弦・余弦・正接に直して求めよ。

(1) $\sin\left(-\dfrac{10}{3}\pi\right)$ 　　　 (2) $\cos\left(-\dfrac{19}{4}\pi\right)$ 　　　 (3) $\tan\dfrac{17}{6}\pi$

Let's Start

24 三角関数を含む方程式・不等式

三角関数を含む方程式や不等式を，ここまでに学習した単位円や三角関数のグラフを利用して解いていきましょう。

■ 三角方程式・三角不等式の解き方

$\tan\theta=-\sqrt{3}$, $\cos\theta<-\dfrac{1}{2}$ のように，三角関数を含む方程式や不等式を，それぞれ **三角方程式**，**三角不等式** という。

例 **$0\leqq\theta<2\pi$ のとき，方程式 $\tan\theta=-\sqrt{3}$ の解**

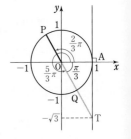

右の図のように，直線 $x=1$ 上に点 $T(1,\ -\sqrt{3}\,)$ をとり，直線 OT と単位円の交点を P，Q とすると，動径 OP，OQ の表す角が求める θ である。

$\angle AOT=\dfrac{\pi}{3}$ より，動径 OP の表す角は $\dfrac{2}{3}\pi$，動径 OQ の表す角は $\dfrac{5}{3}\pi$ であるから，求める θ の値は $\quad\theta=\dfrac{2}{3}\pi,\ \dfrac{5}{3}\pi$

注意 θ の範囲に条件(制限)がついていなければ，次のように一般角で答える。

$$\theta=\dfrac{2}{3}\pi+2n\pi,\ \dfrac{5}{3}\pi+2n\pi\ (n\text{ は整数})\quad\left[\text{まとめて}\quad\dfrac{2}{3}\pi+n\pi\ \text{でもよい}\right]$$

例 **$0\leqq\theta<2\pi$ のとき，不等式 $\cos\theta<-\dfrac{1}{2}$ の解**

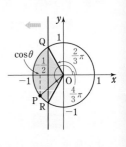

x 座標が $-\dfrac{1}{2}$ である円上の点を Q，R とすると，動径 OQ，OR の表す角は，$\dfrac{2}{3}\pi$ と $\dfrac{4}{3}\pi$ である。

θ の表す動径を OP とするとき，P の x 座標が $-\dfrac{1}{2}$ より小さくなるのは，点 P が弧 QR 上にあるとき(Q，R を除く)であるから，求める θ の値の範囲は

$$\dfrac{2}{3}\pi<\theta<\dfrac{4}{3}\pi$$

基本 例題 124 三角関数を含む方程式（基本）

$0 \leqq \theta < 2\pi$ のとき，次の等式を満たす θ の値を求めよ。

(1) $\sin\theta = -\dfrac{1}{2}$　　　(2) $\cos\theta = \dfrac{\sqrt{3}}{2}$　　　(3) $\tan\theta = \sqrt{3}$

CHART & GUIDE

三角方程式の解法　単位円を利用

$\sin\theta = a$ なら　直線 $y = a$ と円の交点
$\cos\theta = a$ なら　直線 $x = a$ と円の交点
$\tan\theta = a$ なら　点 $\mathrm{T}(1,\ a)$ をとり，直線 OT と円の交点

}に注目

1 単位円をかき，方程式の形に応じた直線と円の交点 P，Q をとる。
2 動径 OP，OQ の表す角を求める。

解答

(1) 直線 $y = -\dfrac{1}{2}$ と単位円の交点を P，Q とすると，求める

θ は，動径 OP，OQ の表す角であるから　　$\theta = \dfrac{7}{6}\pi,\ \dfrac{11}{6}\pi$

(2) 直線 $x = \dfrac{\sqrt{3}}{2}$ と単位円の交点を P，Q とすると，求める

θ は，動径 OP，OQ の表す角であるから　　$\theta = \dfrac{\pi}{6},\ \dfrac{11}{6}\pi$

(3) 点 $\mathrm{T}(1,\ \sqrt{3})$ をとり，直線 OT と単位円の交点を P，Q
とすると，求める θ は，動径 OP，OQ の表す角であるから

$$\theta = \dfrac{\pi}{3},\ \dfrac{4}{3}\pi$$

(1), (2) 斜辺が 1 の三角定規で考える。

(1)

(2)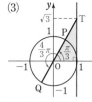

(3)

(1)

(1)

(2)

(3)

注意 $0 \leqq \theta < 2\pi$ の制限がなくて θ が **一般角** であるときは，次のように答える。ただ
し，n は整数。

(1) $\theta = \dfrac{7}{6}\pi + 2n\pi,\ \dfrac{11}{6}\pi + 2n\pi$　(2) $\theta = \dfrac{\pi}{6} + 2n\pi,\ \dfrac{11}{6}\pi + 2n\pi$　(3) $\theta = \dfrac{\pi}{3} + n\pi$

TRAINING 124 ①

$0 \leqq \theta < 2\pi$ のとき，次の等式を満たす θ の値を求めよ。

(1) $\sin\theta = \dfrac{\sqrt{3}}{2}$　　　(2) $\cos\theta = -\dfrac{1}{\sqrt{2}}$　　　(3) $\tan\theta = -1$

標
準 例題
125 三角関数を含む方程式（$\sin^2\theta+\cos^2\theta=1$ の利用）　◐◐◐

$0\leqq\theta<2\pi$ のとき，次の方程式を解け。
$$2\sin^2\theta+\cos\theta-1=0$$

CHART & GUIDE

$\sin\theta$ と $\cos\theta$ を含む式
相互関係の公式を利用して，1種類に統一する

複数の種類の三角関数が混在した式は，1種類の三角関数に統一すると，一般に，問題の処理がしやすくなる。この例題の場合は

1 $\sin^2\theta+\cos^2\theta=1$ を用いて，$\cos\theta$ だけの式に直す。…… $\boxed{!}$

2 $\cos\theta=t$ とおいて，t の2次方程式を作り，これを解く。

3 **2** で求めた t の値に対して，$\cos\theta=t$ を解く。

解答

$\boxed{!}$ $\sin^2\theta+\cos^2\theta=1$ より，$\sin^2\theta=1-\cos^2\theta$ であるから
$$2(1-\cos^2\theta)+\cos\theta-1=0$$

整理すると　　$2\cos^2\theta-\cos\theta-1=0$

$\cos\theta=t$ とおくと，$0\leqq\theta<2\pi$ であるから　　$-1\leqq t\leqq1$

方程式は　　$2t^2-t-1=0$

ゆえに　　$(t-1)(2t+1)=0$　　よって　　$t=1,\ -\dfrac{1}{2}$

この t の値は $-1\leqq t\leqq1$ を満たす。

[1] $t=1$ のとき $\cos\theta=1$　　　[2] $t=-\dfrac{1}{2}$ のとき $\cos\theta=-\dfrac{1}{2}$

よって　　$\theta=0$　　　　　　　　よって　　$\theta=\dfrac{2}{3}\pi,\ \dfrac{4}{3}\pi$

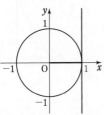　　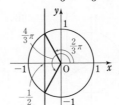

以上から　　$\theta=0,\ \dfrac{2}{3}\pi,\ \dfrac{4}{3}\pi$

← $\cos\theta$ は消去しにくいから，$\sin\theta$ を消去する。

← t とおかないで，直接
$(\cos\theta-1)(2\cos\theta+1)=0$
としてもよい。

$\begin{array}{ccc}1 & \diagdown & -1 & \longrightarrow & -2 \\ 2 & \diagup & 1 & \longrightarrow & 1 \\ \hline 2 & & -1 & & -1\end{array}$

← 前ページの例題 124 と同様にして，$0\leqq\theta<2\pi$ の範囲で解く。$\theta=2\pi$ は含まれないことに注意。

← 解をまとめる。

TRAINING 125 ③

$0\leqq\theta<2\pi$ のとき，次の方程式を解け。

(1) $2\cos^2\theta-\sqrt{3}\sin\theta+1=0$　　(2) $2\sin^2\theta+\cos\theta-2=0$

<<< 基本例題 124

基本 例題 126　三角関数を含む不等式（基本）

$0 \leqq \theta < 2\pi$ のとき，不等式 $\cos\theta > \dfrac{1}{2}$ を満たす θ の値の範囲を
求めよ。

解説動画へGO!!

CHART & GUIDE

三角不等式の解法　単位円またはグラフを利用

まず，不等号 > を等号 ＝ におき換えた θ の値を求める

1 等式 $\cos\theta = \dfrac{1}{2}$ を満たす θ の値を求める。

2 単位円上の点 P の x 座標が $\dfrac{1}{2}$ より大きくなるような θ の値の範囲を求める。

　　…… **1** で求めた θ の値がカギになる。

解答

［単位円を利用した解法］

$\cos\theta = \dfrac{1}{2}$ を満たす θ の値は

$0 \leqq \theta < 2\pi$ で　　$\theta = \dfrac{\pi}{3}, \dfrac{5}{3}\pi$ …… （＊）

単位円において θ の動径を OP とするとき，点 P の x 座標が $\dfrac{1}{2}$ より大きくなるような θ の値の範囲を求めて

$$0 \leqq \theta < \dfrac{\pi}{3}, \quad \dfrac{5}{3}\pi < \theta < 2\pi$$

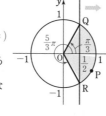

［グラフを利用した解法］

$0 \leqq \theta < 2\pi$ の範囲で

$y = \cos\theta$ …… ①

$y = \dfrac{1}{2}$ …… ②

のグラフをかくと，右図のようになる。
① のグラフが ② のグラフより上側

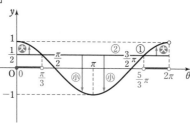

にある θ の値の範囲を求めて　　$0 \leqq \theta < \dfrac{\pi}{3}, \quad \dfrac{5}{3}\pi < \theta < 2\pi$

（＊）直線 $x = \dfrac{1}{2}$ と単位円の交点を Q，R とすると，動径 OQ，OR の表す角は

$\dfrac{\pi}{3}, \dfrac{5}{3}\pi$

◆ 点 P の x 座標が $\dfrac{1}{2}$ より大きくなるのは，P が，Q，R を除く $\overset{\frown}{QR}$ 上にあるとき。

注意　単位円の図から

$\dfrac{5}{3}\pi < \theta < \dfrac{\pi}{3}$

と答えないように！
$\dfrac{5}{3}\pi > \dfrac{\pi}{3}$ であるから，不等式の表現として 誤りである。

◆ グラフの上下関係に注目して解を求める。

TRAINING 126 ②

$0 \leqq \theta < 2\pi$ のとき，次の不等式を満たす θ の値の範囲を求めよ。

(1) $\sin\theta < -\dfrac{1}{2}$　　(2) $\sin\theta \geqq \dfrac{1}{\sqrt{2}}$　　(3) $\cos\theta \leqq \dfrac{\sqrt{3}}{2}$　　(4) $\tan\theta \geqq \dfrac{1}{\sqrt{3}}$

6章
24
三角関数を含む方程式・不等式

標
準

例題

127 三角関数を含む不等式 ($\sin^2\theta+\cos^2\theta=1$ の利用)

$0\leqq\theta<2\pi$ のとき，次の不等式を解け。

$$2\cos^2\theta\leqq\sin\theta+1$$

CHART & GUIDE

$\sin\theta$ と $\cos\theta$ を含む式
相互関係の公式を利用して，1 種類に統一する

*p.*216 例題 125 の方程式の場合の解法と，方針は同じである。

1 $\sin^2\theta+\cos^2\theta=1$ を用いて，$\sin\theta$ だけの式に直す。…… $\boxed{!}$

2 $\sin\theta=t$ とおいて，t の 2 次不等式を作り，これを解く。
…… t のとりうる値の範囲に注意。$-1\leqq\sin\theta\leqq1$ である。

3 t を $\sin\theta$ に戻して，$\sin\theta\leqq a$，$b\leqq\sin\theta$ などの不等式を解く。

解答

$\boxed{!}$ $\sin^2\theta+\cos^2\theta=1$ より，$\cos^2\theta=1-\sin^2\theta$ であるから ← $\cos\theta$ を消去。

$$2(1-\sin^2\theta)\leqq\sin\theta+1$$

整理すると $2\sin^2\theta+\sin\theta-1\geqq0$

$\sin\theta=t$ とおくと，$0\leqq\theta<2\pi$ であるから $-1\leqq t\leqq1$

← t とおかないで，直接
$(\sin\theta+1)(2\sin\theta-1)\geqq0$
としてもよい。

不等式は $2t^2+t-1\geqq0$

ゆえに $(t+1)(2t-1)\geqq0$

この不等式の解は $t\leqq-1,\ \dfrac{1}{2}\leqq t$

←
$\begin{array}{ccc} 1 & \diagdown & 1 \longrightarrow & 2 \\ 2 & \diagup & -1 \longrightarrow & -1 \\ \hline 2 & & -1 & 1 \end{array}$

よって，$-1\leqq t\leqq1$ との共通範囲は $t=-1,\ \dfrac{1}{2}\leqq t\leqq1$

← $t\leqq-1$ かつ $-1\leqq t$
$\Longleftrightarrow t=-1$

$t=-1$ のとき，$\sin\theta=-1$ から $\theta=\dfrac{3}{2}\pi$

$\dfrac{1}{2}\leqq t\leqq1$ のとき $\dfrac{1}{2}\leqq\sin\theta\leqq1$

$\dfrac{1}{2}\leqq\sin\theta$ を解くと $\dfrac{\pi}{6}\leqq\theta\leqq\dfrac{5}{6}\pi$

$\sin\theta\leqq1$ は常に成り立つ。

以上から，求める解は

$$\theta=\dfrac{3}{2}\pi,\ \dfrac{\pi}{6}\leqq\theta\leqq\dfrac{5}{6}\pi$$

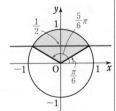

← $\sin\theta=\dfrac{1}{2}$ を満たす θ の
値は $\theta=\dfrac{\pi}{6},\ \dfrac{5}{6}\pi$

TRAINING 127 ③

$0\leqq\theta<2\pi$ のとき，次の不等式を解け。

(1) $2\cos^2\theta+2\geqq7\sin\theta$ 　　　　(2) $2\sin^2\theta+5\cos\theta>4$

標準 例題 **128** 三角関数を含む方程式・不等式（$\theta-\alpha=t$ や $2\theta=t$ のおき換え利用）

<<< 基本例題 124, 126 | ★

$0\leqq\theta<2\pi$ のとき，次の方程式・不等式を解け。

(1) $\sin\left(\theta-\dfrac{\pi}{3}\right)=\dfrac{1}{2}$

(2) $\cos 2\theta<\dfrac{1}{\sqrt{2}}$

CHART & GUIDE
変数のおき換え　変域が変わることに注意

1 (1) $\theta-\dfrac{\pi}{3}=t$，(2) $2\theta=t$ とおいて，t の変域を求める。…… $\boxed{!}$

2 **1** で求めた変域のもとで，方程式・不等式を解く。

3 **2** で得られた t の値，範囲をそれぞれ θ の値，範囲に直す。

解答

(1) $\theta-\dfrac{\pi}{3}=t$ とおくと，$0\leqq\theta<2\pi$ から

$$-\dfrac{\pi}{3}\leqq\theta-\dfrac{\pi}{3}<2\pi-\dfrac{\pi}{3} \quad \text{すなわち} \quad -\dfrac{\pi}{3}\leqq t<\dfrac{5}{3}\pi$$

この範囲で $\sin t=\dfrac{1}{2}$ を解くと $t=\dfrac{\pi}{6},\ \dfrac{5}{6}\pi$

$\theta-\dfrac{\pi}{3}=\dfrac{\pi}{6}$ から $\theta=\dfrac{\pi}{2}$

$\theta-\dfrac{\pi}{3}=\dfrac{5}{6}\pi$ から $\theta=\dfrac{7}{6}\pi$

したがって $\theta=\dfrac{\pi}{2},\ \dfrac{7}{6}\pi$

(2) $2\theta=t$ とおくと，$0\leqq\theta<2\pi$ から $0\leqq 2\theta<2\cdot2\pi$

すなわち $0\leqq t<4\pi$

この範囲で $\cos t<\dfrac{1}{\sqrt{2}}$ を解くと

$$\dfrac{\pi}{4}<t<\dfrac{7}{4}\pi,\ \dfrac{9}{4}\pi<t<\dfrac{15}{4}\pi$$

よって $\dfrac{\pi}{4}<2\theta<\dfrac{7}{4}\pi,\ \dfrac{9}{4}\pi<2\theta<\dfrac{15}{4}\pi$ ← 各辺を2で割る。

したがって $\dfrac{\pi}{8}<\theta<\dfrac{7}{8}\pi,\ \dfrac{9}{8}\pi<\theta<\dfrac{15}{8}\pi$

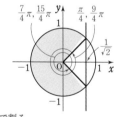

6章 24 三角関数を含む方程式・不等式

TRAINING 128 ③ ★

$0\leqq\theta<2\pi$ のとき，次の方程式・不等式を解け。

(1) $\cos\left(\theta+\dfrac{\pi}{4}\right)=-\dfrac{\sqrt{3}}{2}$

(2) $2\sin 2\theta>\sqrt{3}$

標
準 例題
129 三角関数の最大・最小（$\cos\theta=t$ のおき換えで2次関数に帰着）⬤⬤⬤

関数 $y=4\cos\theta-4\sin^2\theta+10$ $(0\leqq\theta<2\pi)$ の最大値と最小値およびそのときの θ の値を求めよ。

CHART & GUIDE

三角関数の最大・最小
おき換えで　2次関数の最大・最小の問題にもちこむ

$p.216$ の例題 125 同様，式を1種類の三角関数に統一して扱う。

1 $\sin^2\theta+\cos^2\theta=1$ を用いて，右辺を $\cos\theta$ だけの式に直す。…… ❗

2 $\cos\theta=t$ とおいて，$y=(t$ の2次式$)$ に変形。t の変域に注意。

3 基本形に直して，最大値・最小値とそのときの t の値を求める。

4 **3** で求めた t の値に対して，$\cos\theta=t$ を解く。

解答

$\sin^2\theta+\cos^2\theta=1$ より，$\sin^2\theta=1-\cos^2\theta$ であるから

❗ $\qquad y=4\cos\theta-4(1-\cos^2\theta)+10$

$\qquad\quad =4\cos^2\theta+4\cos\theta+6$

$\cos\theta=t$ とおくと，$0\leqq\theta<2\pi$ であるから　　$-1\leqq t\leqq1$

このとき　$y=4t^2+4t+6$

$\qquad\qquad =4(t^2+t)+6$

$\qquad\qquad =4\left(t+\dfrac{1}{2}\right)^2-4\left(\dfrac{1}{2}\right)^2+6$

$\qquad\qquad =4\left(t+\dfrac{1}{2}\right)^2+5$

$-1\leqq t\leqq1$ の範囲において，y は

$\quad t=1$　　のとき　最大値 14

$\quad t=-\dfrac{1}{2}$ のとき　最小値 5　をとる。

また，$0\leqq\theta<2\pi$ であるから

$\quad t=1$　　となるのは　$\cos\theta=1$　　より　　$\theta=0$

$\quad t=-\dfrac{1}{2}$ となるのは　$\cos\theta=-\dfrac{1}{2}$ より　　$\theta=\dfrac{2}{3}\pi,\ \dfrac{4}{3}\pi$

のときである。したがって，

$\theta=0$ のとき 最大値 14 ; $\theta=\dfrac{2}{3}\pi,\ \dfrac{4}{3}\pi$ のとき 最小値 5

← $\sin\theta$ を消去。

← 変域を書き直しておく。

← 2次式は基本形に直す
$\quad ax^2+bx+c$
$\quad =a\left(x^2+\dfrac{b}{a}x\right)+c$
$\quad =a\left(x+\dfrac{b}{2a}\right)^2$
$\quad\quad -a\left(\dfrac{b}{2a}\right)^2+c$

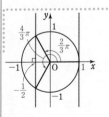

TRAINING 129 ③ ★

次の関数の最大値と最小値およびそのときの θ の値を求めよ。

(1)　$y=2\sin\theta-\cos^2\theta$ 　　　$(0\leqq\theta<2\pi)$

(2)　$y=2\tan^2\theta+4\tan\theta+5$ 　$(0\leqq\theta<2\pi)$

〔類 山形大〕

2次関数の最大・最小, 三角関数を含む方程式を振り返ろう!

● 数学I 例題 72 を振り返ろう!

2次関数の最大値や最小値をどのようにして求めたかを思い出しましょう。

1 まず, 平方完成して, グラフをかく。

2次関数 $y=4t^2+4t+6$ のグラフをかくために, 右辺を平方完成して基本形にする。

$$y=4\left(t+\frac{1}{2}\right)^2+5$$

よって, グラフは, 下に凸, 頂点 $\left(-\dfrac{1}{2},\ 5\right)$, 軸 $t=-\dfrac{1}{2}$

である。

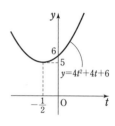

2 定義域に対する値域を求める。

定義域は $-1 \leqq t \leqq 1$

$t=-1$ のとき $y=6$, $t=1$ のとき $y=14$, $t=-\dfrac{1}{2}$ のとき $y=5$

であるから, 値域は $5 \leqq y \leqq 14$

3 値域の中で, 最大値, 最小値をさがす。

頂点と定義域の端の点が最大・最小の候補になる。

● 例題 124 を振り返ろう!

三角関数を含む方程式を解くときは, 単位円を利用しましょう。

1 単位円をかき, 方程式に応じた直線と円の交点(共有点)P, Q をとる。

$\cos\theta=a$ なら, 直線 $x=a$ と円の交点(共有点)を考える。

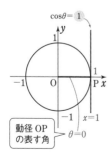

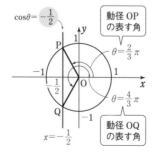

2 角の範囲 $0 \leqq \theta < 2\pi$ における動径 OP, OQ の表す角を求める。

Let's Start

25 三角関数の加法定理

この節では，2つの角 α，β の正弦，余弦，正接を用いて $\alpha+\beta$ や $\alpha-\beta$ の正弦，余弦，正接などを表してみましょう。

■ $\alpha+\beta$，$\alpha-\beta$ の三角関数

2つの角 α，β の和 $\alpha+\beta$，差 $\alpha-\beta$ の三角関数は，α，β のそれぞれの三角関数を用いて，次のように表される。これを三角関数の **加法定理** という。

＝三角関数の加法定理＝

1 $\sin(\alpha+\beta)=\sin\alpha\cos\beta+\cos\alpha\sin\beta$ 2 $\sin(\alpha-\beta)=\sin\alpha\cos\beta-\cos\alpha\sin\beta$

3 $\cos(\alpha+\beta)=\cos\alpha\cos\beta-\sin\alpha\sin\beta$ 4 $\cos(\alpha-\beta)=\cos\alpha\cos\beta+\sin\alpha\sin\beta$

5 $\tan(\alpha+\beta)=\dfrac{\tan\alpha+\tan\beta}{1-\tan\alpha\tan\beta}$ 6 $\tan(\alpha-\beta)=\dfrac{\tan\alpha-\tan\beta}{1+\tan\alpha\tan\beta}$

証明 まず，4 $\longrightarrow$ 3，4 $\longrightarrow$ 1 $\longrightarrow$ 2 の順で公式が成り立つことを示す。

単位円上で動径 OA，OB の表す角を，それぞれ α，β とすると，2点 A，B 間の距離は

$$\begin{aligned}
AB^2 &=(\cos\beta-\cos\alpha)^2+(\sin\beta-\sin\alpha)^2\\
&=(\sin^2\beta+\cos^2\beta)+(\sin^2\alpha+\cos^2\alpha)\\
&\quad -2(\cos\alpha\cos\beta+\sin\alpha\sin\beta)\\
&=2-2(\cos\alpha\cos\beta+\sin\alpha\sin\beta)
\end{aligned}$$

一方，$\triangle$OAB で余弦定理を用いると

$$\begin{aligned}
AB^2 &=1^2+1^2-2\cdot1\cdot1\cdot\cos(\alpha-\beta)\\
&=2-2\cos(\alpha-\beta)
\end{aligned}$$

よって $2-2\cos(\alpha-\beta)=2-2(\cos\alpha\cos\beta+\sin\alpha\sin\beta)$

ゆえに 4 $\cos(\alpha-\beta)=\cos\alpha\cos\beta+\sin\alpha\sin\beta$

4で，β を $-\beta$ におき換えると

$$\cos\{\alpha-(-\beta)\}=\cos\alpha\cos(-\beta)+\sin\alpha\sin(-\beta)$$

すなわち 3 $\cos(\alpha+\beta)=\cos\alpha\cos\beta-\sin\alpha\sin\beta$

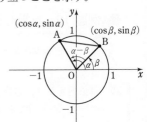

Play Back

余弦定理（数学Ⅰ）

$\bullet^2=\bigcirc^2+\square^2-2\bigcirc\square\cos\theta$

$\leftarrow \cos(-\beta)=\cos\beta,$
    $\sin(-\beta)=-\sin\beta$

次に，4 で α を $\dfrac{\pi}{2}-\alpha$ におき換えると

$$\cos\left\{\left(\dfrac{\pi}{2}-\alpha\right)-\beta\right\}=\cos\left(\dfrac{\pi}{2}-\alpha\right)\cos\beta+\sin\left(\dfrac{\pi}{2}-\alpha\right)\sin\beta$$

$$=\sin\alpha\cos\beta+\cos\alpha\sin\beta$$

$\blacktriangleleft\cos\left(\dfrac{\pi}{2}-\alpha\right)=\sin\alpha,$
$\sin\left(\dfrac{\pi}{2}-\alpha\right)=\cos\alpha$

一方　　$\cos\left\{\left(\dfrac{\pi}{2}-\alpha\right)-\beta\right\}=\cos\left\{\dfrac{\pi}{2}-(\alpha+\beta)\right\}=\sin(\alpha+\beta)$

ゆえに　　1　　$\sin(\alpha+\beta)=\sin\alpha\cos\beta+\cos\alpha\sin\beta$

1 で，β を $-\beta$ におき換えると

$$\sin\{\alpha+(-\beta)\}=\sin\alpha\cos(-\beta)+\cos\alpha\sin(-\beta)$$

すなわち　　2　　$\sin(\alpha-\beta)=\sin\alpha\cos\beta-\cos\alpha\sin\beta$

$\blacktriangleleft\cos(-\beta)=\cos\beta,$
$\sin(-\beta)=-\sin\beta$

次に，$5\longrightarrow 6$ の順に公式が成り立つことを証明する。

1，3 から

$$\tan(\alpha+\beta)=\dfrac{\sin(\alpha+\beta)}{\cos(\alpha+\beta)}=\dfrac{\sin\alpha\cos\beta+\cos\alpha\sin\beta}{\cos\alpha\cos\beta-\sin\alpha\sin\beta}$$

$\blacktriangleleft$ 分母・分子を分母の第
1 項 $\cos\alpha\cos\beta$ で割
る。

$$=\dfrac{\dfrac{\sin\alpha\cos\beta+\cos\alpha\sin\beta}{\cos\alpha\cos\beta}}{1-\dfrac{\sin\alpha\sin\beta}{\cos\alpha\cos\beta}}=\dfrac{\dfrac{\sin\alpha}{\cos\alpha}+\dfrac{\sin\beta}{\cos\beta}}{1-\dfrac{\sin\alpha}{\cos\alpha}\cdot\dfrac{\sin\beta}{\cos\beta}}$$

$$=\dfrac{\tan\alpha+\tan\beta}{1-\tan\alpha\tan\beta}$$

よって　　5　　$\tan(\alpha+\beta)=\dfrac{\tan\alpha+\tan\beta}{1-\tan\alpha\tan\beta}$

5 で β を $-\beta$ におき換えると

$$\tan\{\alpha+(-\beta)\}=\dfrac{\tan\alpha+\tan(-\beta)}{1-\tan\alpha\tan(-\beta)}$$

すなわち　　6　　$\tan(\alpha-\beta)=\dfrac{\tan\alpha-\tan\beta}{1+\tan\alpha\tan\beta}$

$\blacktriangleleft\tan(-\beta)=-\tan\beta$

(参考) 公式 1，3，5 から **2倍角の公式**($p.229$)が，2倍角の公式から **半角の公式**
($p.230$)が導かれる。

実際に，加法定理を使ってみましょう。

STEP *forward*

加法定理をマスターして，例題 **130** を攻略！

加法定理をどのように使ったらよいかわかりません。

練習しやすいように，度数法の問題で考えてみましょう。

Get ready

加法定理を用いて $\sin 75°$，$\tan 15°$ の値を求めよ。

75° は三角定規の角にないので，三角関数の定義から直接求めることができません。

$\sin 30°$，$\sin 45°$，$\sin 60°$ などは値が求められるので，75° をそれらの角の和や差で表して加法定理を用いると，75° の三角関数を求めることができますよ。

$75°=45°+30°$ と考えればいいのですね。

その通りです。
では，15° はどのように表せますか。

$15°=60°-45°$ です。

正解です。他にも，$15°=45°-30°$ でもよいです。
それでは，加法定理を用いて，計算してみましょう。

memo

解答

$$\sin 75° = \sin(45°+30°)$$
$$= \sin 45° \cos 30° + \cos 45° \sin 30°$$
$$= \frac{1}{\sqrt{2}} \times \frac{\sqrt{3}}{2} + \frac{1}{\sqrt{2}} \times \frac{1}{2}$$
$$= \frac{\sqrt{3}+1}{2\sqrt{2}} = \frac{\sqrt{6}+\sqrt{2}}{4}$$

$$\tan 15° = \tan(60°-45°)$$
$$= \frac{\tan 60° - \tan 45°}{1 + \tan 60° \tan 45°} = \frac{\sqrt{3}-1}{1+\sqrt{3}\cdot 1}$$
$$= \frac{(\sqrt{3}-1)^2}{(\sqrt{3}+1)(\sqrt{3}-1)}$$
$$= 2-\sqrt{3}$$

まとめ

1 　三角定規の角 30°，45°，60° の和や差で表す。

2 　加法定理を適用する。

例題 **130** 加法定理と三角関数の値(1) …… $\cos 15°$, $\sin 75°$ など

加法定理を用いて，次の値を求めよ。

(1) $\cos 15°$ (2) $\sin 75°$ (3) $\tan 105°$

CHART & GUIDE

15°，75° などの三角関数の値

三角定規の角 30°，45°，60° の和・差で表す

$15°=45°-30°$ または $15°=60°-45°$，$75°=45°+30°$ などと変形し，加法定理を適用。

解答

(1) $\cos 15°=\cos(45°-30°)$

$=\cos 45° \cos 30° + \sin 45° \sin 30°$

$=\dfrac{1}{\sqrt{2}} \cdot \dfrac{\sqrt{3}}{2} + \dfrac{1}{\sqrt{2}} \cdot \dfrac{1}{2}$ ← $\dfrac{1}{\sqrt{2}}=\dfrac{\sqrt{2}}{2}$

$=\dfrac{\sqrt{6}+\sqrt{2}}{4}$

(2) $\sin 75°=\sin(45°+30°)$

$=\sin 45° \cos 30° + \cos 45° \sin 30°$

$=\dfrac{1}{\sqrt{2}} \cdot \dfrac{\sqrt{3}}{2} + \dfrac{1}{\sqrt{2}} \cdot \dfrac{1}{2}$

$=\dfrac{\sqrt{6}+\sqrt{2}}{4}$

(3) $\tan 105°=\tan(60°+45°)$

$=\dfrac{\tan 60° + \tan 45°}{1-\tan 60° \tan 45°}$

$=\dfrac{\sqrt{3}+1}{1-\sqrt{3} \cdot 1}$

$=\dfrac{(\sqrt{3}+1)(1+\sqrt{3})}{(1-\sqrt{3})(1+\sqrt{3})}$

$=\dfrac{(\sqrt{3})^2+2\sqrt{3} \cdot 1+1^2}{1^2-(\sqrt{3})^2}$

$=\dfrac{4+2\sqrt{3}}{-2}=-2-\sqrt{3}$

基本は三角定規

参考 $\sin 75°$
$=\sin(90°-15°)$
$=\cos 15°$

6章
25

三角関数の加法定理

← 分母は有理化しておく。

注意 $\cos(45°-30°)=\cos 45°-\cos 30°$ は間違い。

このような式変形をしないよう気を付けること。

TRAINING 130 ①

$\sin 105°$, $\cos 75°$, $\tan 15°$ の値を求めよ。

[類 京都産大]

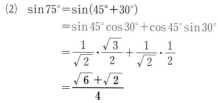

226

 加法定理と三角関数の値(2) …… $\sin(\alpha+\beta)$, $\cos(\alpha+\beta)$ の値

α は第1象限の角で $\sin\alpha=\dfrac{5}{13}$, β は第3象限の角で $\cos\beta=-\dfrac{3}{5}$ とする。

このとき, $\sin(\alpha+\beta)$, $\cos(\alpha+\beta)$ の値を求めよ。

CHART & GUIDE

1 与えられた $\sin\alpha$, $\cos\beta$ の値から, $\cos\alpha$, $\sin\beta$ の値を求める。
…… $\sin^2\theta+\cos^2\theta=1$ を利用。角 α, β が属する象限に注意。

2 1 で求めた値を, 加法定理に代入する。

解答

α は第1象限の角であるから $\cos\alpha>0$

β は第3象限の角であるから $\sin\beta<0$

← 「象限の角」は, p.196 を参照。

ゆえに $\cos\alpha=\sqrt{1-\sin^2\alpha}=\sqrt{1-\left(\dfrac{5}{13}\right)^2}=\dfrac{12}{13}$

← $\sin^2\alpha+\cos^2\alpha=1$

$\sin\beta=-\sqrt{1-\cos^2\beta}=-\sqrt{1-\left(-\dfrac{3}{5}\right)^2}=-\dfrac{4}{5}$

← $\sin^2\beta+\cos^2\beta=1$

よって $\sin(\alpha+\beta)=\sin\alpha\cos\beta+\cos\alpha\sin\beta$

$=\dfrac{5}{13}\cdot\left(-\dfrac{3}{5}\right)+\dfrac{12}{13}\cdot\left(-\dfrac{4}{5}\right)=-\dfrac{63}{65}$

$\cos(\alpha+\beta)=\cos\alpha\cos\beta-\sin\alpha\sin\beta$

← $-$ に注意。

$=\dfrac{12}{13}\cdot\left(-\dfrac{3}{5}\right)-\dfrac{5}{13}\cdot\left(-\dfrac{4}{5}\right)=-\dfrac{16}{65}$

Lecture 図を利用した $\cos\alpha$, $\sin\beta$ の求め方

上の例題では, 次のようにして $\cos\alpha$, $\sin\beta$ の値を求めることもできる。

(ア) $\sin\alpha=\dfrac{5}{13}\left(=\dfrac{y}{r}\right)$ から,

OP=13, P(x, 5) とすると $x=12$

よって $\cos\alpha=\dfrac{12}{13}$

(イ) $\cos\beta=\dfrac{-3}{5}\left(=\dfrac{x}{r}\right)$ から, OP=5,

P(-3, y) とすると $y=-4$

よって $\sin\beta=-\dfrac{4}{5}$

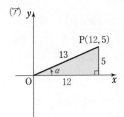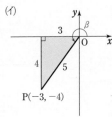

TRAINING 131 ②

α は第2象限の角で $\sin\alpha=\dfrac{3}{5}$, β は第3象限の角で $\cos\beta=-\dfrac{4}{5}$ のとき, $\sin(\alpha-\beta)$, $\cos(\alpha-\beta)$ の値を求めよ。

基本 例題 132 2直線のなす角 …… 正接(tan)の加法定理の利用

2直線 $y=5x$ …… ①, $y=\dfrac{2}{3}x$ …… ② のなす角を求めよ。

ただし，2直線のなす角は鋭角とする。

解説動画へGO!!

CHART & GUIDE

2直線のなす角
tan の加法定理を利用

1 2直線①, ②が x 軸の正の向きとのなす角をそれぞれ α, β とする。

2 $\tan\alpha$, $\tan\beta$ の値を求める。

3 加法定理を用いて $\tan(\alpha-\beta)$ を計算し，$\alpha-\beta$ を求める。

解答

2直線①, ②と x 軸の正の向きとの
なす角を，それぞれ α, β とすると

$$\tan\alpha=5, \quad \tan\beta=\frac{2}{3}$$

である。
求める角を θ とすると，図から
$\theta=\alpha-\beta$ である。よって

$$\tan\theta=\tan(\alpha-\beta)=\frac{\tan\alpha-\tan\beta}{1+\tan\alpha\tan\beta}$$

$$=\frac{5-\dfrac{2}{3}}{1+5\cdot\dfrac{2}{3}}=\frac{15-2}{3+10}=1$$

$0<\theta<\dfrac{\pi}{2}$ であるから $\qquad \theta=\dfrac{\pi}{4}$

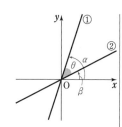

← 直線の傾きがそのまま正
接の値になる。

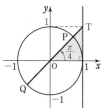

← 点 $T(1, 1)$ をとり，OT
と単位円の交点を P, Q
とする。θ は動径 OP
の表す角となる。

6章
25
三角関数の加法定理

TRAINING 132 ②

2直線 $y=-\dfrac{2}{5}x$ …… ①, $y=\dfrac{3}{7}x$ …… ② のなす角を求めよ。

ただし，2直線のなす角は鋭角とする。

標 準 例題 **133** 原点を中心とする点の回転移動 …… 加法定理の利用

点 P(2, 6) を，原点Oを中心として $\dfrac{\pi}{3}$ だけ回転した位置にある点をQとする。

(1) x 軸の正の部分から直線 OP まで測った角を α とするとき，$\mathrm{OP}\cos\alpha$，$\mathrm{OP}\sin\alpha$ の値を求めよ。

(2) 点Qの座標を求めよ。

CHART & GUIDE

原点を中心とする点の回転移動
移動しても原点からの距離は不変

(1) 右の関係（*p.*198 参照）に注目。
(2) 点Qの座標を $(x,\ y)$ として，$x,\ y$ を OP，α で表すと
$x=\mathrm{OP}\cos(\alpha+\bullet)$，$y=\mathrm{OP}\sin(\alpha+\bullet)$ の形。
$\longrightarrow$ (1) の結果と加法定理を用いて，$x,\ y$ を求める。

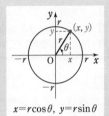

$x=r\cos\theta,\ y=r\sin\theta$

解答

(1) $\mathrm{OP}\cos\alpha$，$\mathrm{OP}\sin\alpha$ はそれぞれ，点Pの x 座標，y 座標に等しいから　　$\underline{\mathrm{OP}\cos\alpha=2}$，$\underline{\mathrm{OP}\sin\alpha=6}$

(2) 点Qの座標を $(x,\ y)$ とすると
$$x=\mathrm{OQ}\cos\left(\alpha+\frac{\pi}{3}\right),\ y=\mathrm{OQ}\sin\left(\alpha+\frac{\pi}{3}\right)\ \cdots\cdots\ ⓐ$$
$\mathrm{OQ}=\mathrm{OP}^{(*)}$ であるから，(1) の結果により
$$x=\mathrm{OP}\cos\left(\alpha+\frac{\pi}{3}\right)=\mathrm{OP}\left(\cos\alpha\cos\frac{\pi}{3}-\sin\alpha\sin\frac{\pi}{3}\right)$$
$$=\mathrm{OP}\cos\alpha\cos\frac{\pi}{3}-\mathrm{OP}\sin\alpha\sin\frac{\pi}{3}$$
$$=2\cdot\frac{1}{2}-6\cdot\frac{\sqrt{3}}{2}=1-3\sqrt{3}$$
$$y=\mathrm{OP}\sin\left(\alpha+\frac{\pi}{3}\right)=\mathrm{OP}\left(\sin\alpha\cos\frac{\pi}{3}+\cos\alpha\sin\frac{\pi}{3}\right)$$
$$=\mathrm{OP}\sin\alpha\cos\frac{\pi}{3}+\mathrm{OP}\cos\alpha\sin\frac{\pi}{3}=6\cdot\frac{1}{2}+2\cdot\frac{\sqrt{3}}{2}$$
$$=3+\sqrt{3}$$
したがって，点Qの座標は　　$(1-3\sqrt{3},\ 3+\sqrt{3})$

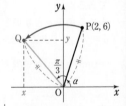

(＊) 点を回転移動しても，回転の中心からの距離は変わらない。

注意 (2)
$\mathrm{OQ}=\mathrm{OP}=\sqrt{2^2+6^2}=\sqrt{40}$
であるから
$$\cos\alpha=\frac{2}{\mathrm{OP}}=\frac{2}{\sqrt{40}},$$
$$\sin\alpha=\frac{6}{\mathrm{OP}}=\frac{6}{\sqrt{40}}$$
ⓐ から，これらの値を利用して，直接 $x,\ y$ の値を求めてもよい。

TRAINING 133 ③

次の点Pを，原点Oを中心として [ ] 内の角だけ回転した位置にある点Qの座標を求めよ。

(1) P(3, 4) $\left[\dfrac{\pi}{4}\right]$

(2) P(-2, 5) $\left[-\dfrac{\pi}{6}\right]$

26 2倍角・半角の公式

前の節で学んだ加法定理から派生するいろいろな公式があります。この節では2倍角の公式と半角の公式について学習しましょう。

■ 2倍角の公式

> **2倍角の公式**
>
> 1 $\sin 2\alpha = 2\sin\alpha\cos\alpha$
>
> 2 $\begin{cases} \cos 2\alpha = \cos^2\alpha - \sin^2\alpha & \cdots\cdots \ Ⓐ \\ \cos 2\alpha = 1 - 2\sin^2\alpha & \cdots\cdots \ Ⓑ \\ \cos 2\alpha = 2\cos^2\alpha - 1 & \cdots\cdots \ Ⓒ \end{cases}$
>
> 3 $\tan 2\alpha = \dfrac{2\tan\alpha}{1-\tan^2\alpha}$

← 2については、Ⓐ、Ⓑ、Ⓒのいずれもよく使う。

6章
26
2倍角・半角の公式

証明 $\sin(\alpha+\beta)=\sin\alpha\cos\beta+\cos\alpha\sin\beta$ において、β を α におき換えると $\sin(\alpha+\alpha)=\sin\alpha\cos\alpha+\cos\alpha\sin\alpha$

すなわち $\sin 2\alpha = 2\sin\alpha\cos\alpha$

次に、$\cos(\alpha+\beta)=\cos\alpha\cos\beta-\sin\alpha\sin\beta$ において、β を α におき換えると $\cos(\alpha+\alpha)=\cos\alpha\cos\alpha-\sin\alpha\sin\alpha$

すなわち $\cos 2\alpha = \cos^2\alpha - \sin^2\alpha$ …… ①

① において、$\cos^2\alpha = 1-\sin^2\alpha$ を代入すると

$$\cos 2\alpha = (1-\sin^2\alpha)-\sin^2\alpha$$
$$= 1-2\sin^2\alpha \cdots\cdots ②$$

① において、$\sin^2\alpha = 1-\cos^2\alpha$ を代入すると

$$\cos 2\alpha = \cos^2\alpha - (1-\cos^2\alpha)$$
$$= 2\cos^2\alpha - 1 \cdots\cdots ③$$

さらに、$\tan(\alpha+\beta)=\dfrac{\tan\alpha+\tan\beta}{1-\tan\alpha\tan\beta}$ において、β を α におき換えると

$$\tan(\alpha+\alpha)=\frac{\tan\alpha+\tan\alpha}{1-\tan\alpha\tan\alpha}$$

すなわち $\tan 2\alpha = \dfrac{2\tan\alpha}{1-\tan^2\alpha}$

← $\alpha+\alpha=2\alpha$

← 1 が示された。

← $\alpha+\alpha=2\alpha$

← 2Ⓐ が示された。

← $\sin^2\alpha+\cos^2\alpha=1$

← 2Ⓑ が示された。

← $\sin^2\alpha+\cos^2\alpha=1$

← 2Ⓒ が示された。

← $\alpha+\alpha=2\alpha$

← 3 が示された。

■ 半角の公式

半角の公式

$$\sin^2\frac{\alpha}{2}=\frac{1-\cos\alpha}{2}, \qquad \cos^2\frac{\alpha}{2}=\frac{1+\cos\alpha}{2}, \qquad \tan^2\frac{\alpha}{2}=\frac{1-\cos\alpha}{1+\cos\alpha}$$

証明 ②, ③ をそれぞれ変形すると

$$\sin^2\alpha=\frac{1-\cos 2\alpha}{2}$$

←$\sin^2\alpha$ について解く。

$$\cos^2\alpha=\frac{1+\cos 2\alpha}{2}$$

←$\cos^2\alpha$ について解く。

であり,これらから

$$\tan^2\alpha=\left(\frac{\sin\alpha}{\cos\alpha}\right)^2=\frac{\sin^2\alpha}{\cos^2\alpha}$$

$$=\frac{1-\cos 2\alpha}{2}\div\frac{1+\cos 2\alpha}{2}$$

$$=\frac{1-\cos 2\alpha}{1+\cos 2\alpha}$$

これら 3 つの等式において,α を $\dfrac{\alpha}{2}$ におき換えると

$$\sin^2\frac{\alpha}{2}=\frac{1-\cos 2\cdot\frac{\alpha}{2}}{2}, \quad \cos^2\frac{\alpha}{2}=\frac{1+\cos 2\cdot\frac{\alpha}{2}}{2},$$

$$\tan^2\frac{\alpha}{2}=\frac{1-\cos 2\cdot\frac{\alpha}{2}}{1+\cos 2\cdot\frac{\alpha}{2}}$$

すなわち $\sin^2\dfrac{\alpha}{2}=\dfrac{1-\cos\alpha}{2}, \ \cos^2\dfrac{\alpha}{2}=\dfrac{1+\cos\alpha}{2},$

$$\tan^2\frac{\alpha}{2}=\frac{1-\cos\alpha}{1+\cos\alpha}$$

参考 **3 倍角の公式**

3 倍角の公式

$$\sin 3\alpha=3\sin\alpha-4\sin^3\alpha$$
$$\cos 3\alpha=-3\cos\alpha+4\cos^3\alpha$$

←この公式は,加法定理と 2 倍角の公式を用いて証明することができる($p.240$ 参照)。

 実際の問題で,2 倍角の公式,半角の公式を使ってみましょう。

>>> 発展例題 139

基本 例題 **134** 2倍角・半角の公式と三角関数の値

(1) $0<\alpha<\pi$ で，$\cos\alpha=-\dfrac{4}{5}$ のとき，$\sin 2\alpha$，$\cos 2\alpha$，$\sin\dfrac{\alpha}{2}$，$\cos\dfrac{\alpha}{2}$ の値を求めよ。

(2) 半角の公式を使って，$\sin 15°$ の値を求めよ。

CHART & GUIDE

2α には2倍角の公式，$\dfrac{\alpha}{2}$ には半角の公式 を活用

(1) このようなタイプの問題では，角の範囲に注意する(特に，半角の公式)。

(2) $15°=30°\div 2$　解答で2重根号が出てくるが，その2重根号ははずせる。

解答

(1) $0<\alpha<\pi$ であるから　$\sin\alpha>0$

ゆえに　　$\sin\alpha=\sqrt{1-\cos^2\alpha}=\sqrt{1-\left(-\dfrac{4}{5}\right)^2}=\dfrac{3}{5}$

$\Leftarrow \sin^2\alpha+\cos^2\alpha=1$

よって　　$\boldsymbol{\sin 2\alpha}=2\sin\alpha\cos\alpha=2\cdot\dfrac{3}{5}\cdot\left(-\dfrac{4}{5}\right)=-\dfrac{24}{25}$

また　　$\boldsymbol{\cos 2\alpha}=2\cos^2\alpha-1=2\cdot\left(-\dfrac{4}{5}\right)^2-1=\dfrac{7}{25}$

$\Leftarrow \cos 2\alpha=1-2\sin^2\alpha$ を用いてもよい。

次に　　$\sin^2\dfrac{\alpha}{2}=\dfrac{1-\cos\alpha}{2}=\dfrac{1}{2}\left\{1-\left(-\dfrac{4}{5}\right)\right\}=\dfrac{9}{10}$

$\cos^2\dfrac{\alpha}{2}=1-\sin^2\dfrac{\alpha}{2}=1-\dfrac{9}{10}=\dfrac{1}{10}$

$\Leftarrow \cos^2\dfrac{\alpha}{2}=\dfrac{1+\cos\alpha}{2}$ から求めてもよい。

$0<\dfrac{\alpha}{2}<\dfrac{\pi}{2}$ であるから　$\sin\dfrac{\alpha}{2}>0$，$\cos\dfrac{\alpha}{2}>0$

$\Leftarrow 0<\alpha<\pi$ から。

したがって　　$\boldsymbol{\sin\dfrac{\alpha}{2}=\dfrac{3}{\sqrt{10}}}$，$\boldsymbol{\cos\dfrac{\alpha}{2}=\dfrac{1}{\sqrt{10}}}$

(2) $\sin^2 15°=\dfrac{1-\cos 30°}{2}=\dfrac{2-\sqrt{3}}{4}$

$\Leftarrow \dfrac{1}{2}\left(1-\dfrac{\sqrt{3}}{2}\right)$

$\sin 15°>0$ であるから　　$\sin 15°=\sqrt{\dfrac{2-\sqrt{3}}{4}}$

ここで　$\dfrac{2-\sqrt{3}}{4}=\dfrac{4-2\sqrt{3}}{8}=\dfrac{(3+1)-2\sqrt{3\cdot 1}}{8}=\dfrac{(\sqrt{3}-1)^2}{8}$

したがって　　$\sin 15°=\dfrac{\sqrt{3}-1}{\sqrt{8}}=\dfrac{\sqrt{3}-1}{2\sqrt{2}}=\dfrac{\sqrt{6}-\sqrt{2}}{4}$

6章 26

2倍角・半角の公式

TRAINING 134 ②

(1) $\dfrac{\pi}{2}<\alpha<\pi$ で，$\sin\alpha=\dfrac{1}{3}$ のとき，$\sin 2\alpha$，$\cos 2\alpha$，$\sin\dfrac{\alpha}{2}$，$\cos\dfrac{\alpha}{2}$ の値を求めよ。

(2) $\sin 22.5°$，$\cos 22.5°$，$\tan 22.5°$ の値を求めよ。

標
準 例題 **135** 三角関数を含む方程式・不等式（2倍角の公式の利用）

$0 \leqq \theta < 2\pi$ のとき，次の方程式・不等式を解け。

(1) $\cos 2\theta + \sin\theta = 0$
(2) $\cos\theta + \sin 2\theta > 0$

CHART & GUIDE

正弦と余弦，角θと角2θが混在した式
まず，三角関数の種類と角を統一する

1 2倍角の公式を使って，関数の種類 と 角をθ に統一する。…… $!$
2 因数分解して，(1) $AB=0$ (2) $AB>0$ の形に変形する。
3 $\sin\theta$，$\cos\theta$ について解き，θの値または範囲を求める。

解答

(1) $\cos 2\theta = 1 - 2\sin^2\theta$ であるから，与えられた方程式は

$!$ $\quad 1 - 2\sin^2\theta + \sin\theta = 0$ すなわち $2\sin^2\theta - \sin\theta - 1 = 0$

ゆえに $\quad (\sin\theta - 1)(2\sin\theta + 1) = 0$

よって $\quad \sin\theta = 1,\ -\dfrac{1}{2}$

$0 \leqq \theta < 2\pi$ であるから

$\sin\theta = 1$ より $\quad \theta = \dfrac{\pi}{2}$

$\sin\theta = -\dfrac{1}{2}$ より $\quad \theta = \dfrac{7}{6}\pi,\ \dfrac{11}{6}\pi$

以上から $\quad \theta = \dfrac{\pi}{2},\ \dfrac{7}{6}\pi,\ \dfrac{11}{6}\pi$

← $\sin\theta$ の項があるから $\cos 2\theta = 1 - 2\sin^2\theta$ を使うと，種類と角の統一が一度にできる。

← 解をまとめる。

(2) $\sin 2\theta = 2\sin\theta\cos\theta$ であるから，与えられた不等式は

$!$ $\quad \cos\theta + 2\sin\theta\cos\theta > 0$ すなわち $\cos\theta(2\sin\theta + 1) > 0$

よって $\begin{cases} \cos\theta > 0 \\ \sin\theta > -\dfrac{1}{2} \end{cases} \cdots$ ① または $\begin{cases} \cos\theta < 0 \\ \sin\theta < -\dfrac{1}{2} \end{cases} \cdots$ ②

$0 \leqq \theta < 2\pi$ の範囲で解くと

① の解は $\quad 0 \leqq \theta < \dfrac{\pi}{2},\ \dfrac{11}{6}\pi < \theta < 2\pi$

② の解は $\quad \dfrac{7}{6}\pi < \theta < \dfrac{3}{2}\pi$

以上から $\quad 0 \leqq \theta < \dfrac{\pi}{2},\ \dfrac{7}{6}\pi < \theta < \dfrac{3}{2}\pi,$
$\quad\quad\quad\quad \dfrac{11}{6}\pi < \theta < 2\pi$

(2) この場合，種類の統一はできないが，$AB>0$ の形になるので，解決できる。

$AB>0 \iff$
$\begin{cases} A>0 \\ B>0 \end{cases}$ または $\begin{cases} A<0 \\ B<0 \end{cases}$

$\cos\theta$ の符号

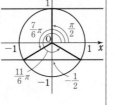

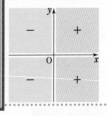

TRAINING 135 ③ ★

$0 \leqq \theta < 2\pi$ のとき，次の方程式・不等式を解け。

(1) $2\cos 2\theta + 4\cos\theta + 3 = 0$
(2) $\cos 2\theta < \sin\theta$

三角関数を含む連立不等式

(2) では次の不等式が表す θ の範囲を求めています。不等式が 4 つもあるので混乱するかもしれませんが，1 つずつ考えていきましょう。
まずは，(B) の不等式から考えてみましょう。

$$\begin{cases} \text{(A)} \ \cos\theta > 0 \\ \text{(B)} \ \sin\theta > -\dfrac{1}{2} \end{cases} \cdots\cdots ① \quad \text{または} \quad \begin{cases} \text{(C)} \ \cos\theta < 0 \\ \text{(D)} \ \sin\theta < -\dfrac{1}{2} \end{cases} \cdots\cdots ②$$

まず不等号を等号におき換えた θ の値を求めると

$\sin\theta = -\dfrac{1}{2}$ を満たす θ の値は $\theta = \dfrac{7}{6}\pi, \ \dfrac{11}{6}\pi$

θ の動径を OP とすると，単位円上の点 P の y 座標が

$-\dfrac{1}{2}$ より大きくなるような θ の値の範囲を求めて，

不等式 (B) の解は次のようになる。

$$0 \leqq \theta < \dfrac{7}{6}\pi, \quad \dfrac{11}{6}\pi < \theta < 2\pi$$

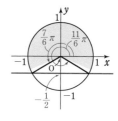

他の不等式 (A)，(C)，(D) も同じように解くとそれぞれ次のようになりました。

(A) $0 \leqq \theta < \dfrac{\pi}{2}, \ \dfrac{3}{2}\pi < \theta < 2\pi$ (C) $\dfrac{\pi}{2} < \theta < \dfrac{3}{2}\pi$ (D) $\dfrac{7}{6}\pi < \theta < \dfrac{11}{6}\pi$

これら 4 つの不等式が表す範囲を図示して「(A) かつ (B)」または「(C) かつ (D)」の範囲を求めましょう。

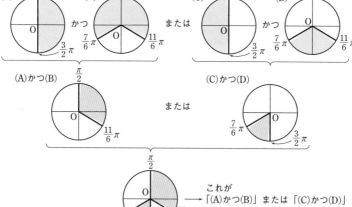

これが
「(A) かつ (B)」または「(C) かつ (D)」
$0 \leqq \theta < \dfrac{\pi}{2}, \ \dfrac{7}{6}\pi < \theta < \dfrac{3}{2}\pi, \ \dfrac{11}{6}\pi < \theta < 2\pi$

STEP *into* ここで整理

加法定理，倍角・半角の公式の覚え方

加法定理をはじめとして多くの公式が出てきましたが，それらをすべて丸暗記するのは得策ではありません。むしろ，必要に応じて，その場で公式を作り出す力を養っておくことが重要です。作り方を中心に公式をまとめておきましょう。

加法定理

次の 2 つの公式は丸暗記しよう！

左の等式で β を $-\beta$ におき換える

$$\sin(\alpha+\beta)=\sin\alpha\cos\beta+\cos\alpha\sin\beta$$
（同符号）

$$\cos(\alpha+\beta)=\cos\alpha\cos\beta-\sin\alpha\sin\beta$$
（異符号）

$$\Longrightarrow$$

$$\sin(\alpha-\beta)=\sin\alpha\cos\beta-\cos\alpha\sin\beta$$
（同符号）

$$\cos(\alpha-\beta)=\cos\alpha\cos\beta+\sin\alpha\sin\beta$$
（異符号）

$$\tan(\alpha+\beta)=\frac{\sin(\alpha+\beta)}{\cos(\alpha+\beta)}$$
$$=\frac{\sin\alpha\cos\beta+\cos\alpha\sin\beta}{\cos\alpha\cos\beta-\sin\alpha\sin\beta}$$

分母・分子を $\cos\alpha\cos\beta$ で割ると

$$\begin{bmatrix} \text{負の角の三角関数} \\ \sin(-\beta)=-\sin\beta \\ \cos(-\beta)=\cos\beta \\ \tan(-\beta)=-\tan\beta \end{bmatrix}$$

$$\tan(\alpha+\beta)=\frac{\tan\alpha+\tan\beta}{1-\tan\alpha\tan\beta}$$
（同符号）（異符号）

$$\Longrightarrow$$

$$\tan(\alpha-\beta)=\frac{\tan\alpha-\tan\beta}{1+\tan\alpha\tan\beta}$$
（同符号）（異符号）

上の 3 つの加法定理で $\beta=\alpha$ とおくと

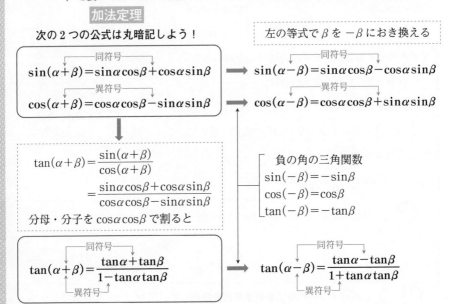

2 倍角の公式

$$\sin 2\alpha=2\sin\alpha\cos\alpha$$
$$\cos 2\alpha=\cos^2\alpha-\sin^2\alpha$$
$$=2\cos^2\alpha-1 \quad \Leftarrow \sin^2\alpha=1-\cos^2\alpha \text{ を代入}$$
$$=1-2\sin^2\alpha \quad \Leftarrow \cos^2\alpha=1-\sin^2\alpha \text{ を代入}$$
$$\tan 2\alpha=\frac{2\tan\alpha}{1-\tan^2\alpha}$$

$$\sin^2\alpha=\frac{1-\cos 2\alpha}{2}, \quad \cos^2\alpha=\frac{1+\cos 2\alpha}{2}, \quad \tan^2\alpha=\frac{1-\cos 2\alpha}{1+\cos 2\alpha} \quad \text{で} \quad \alpha=\frac{\theta}{2} \text{ とおくと}$$

半角の公式

$$\sin^2\frac{\theta}{2}=\frac{1-\cos\theta}{2}, \quad \cos^2\frac{\theta}{2}=\frac{1+\cos\theta}{2}, \quad \tan^2\frac{\theta}{2}=\frac{1-\cos\theta}{1+\cos\theta}$$

Let's Start

27　三角関数の合成

三角関数の問題を扱う中で，$a\sin\theta+b\cos\theta$（a，b は定数）の形の式が出てくる場合があります。この式は，θ が変化すると，$\sin\theta$ と $\cos\theta$ が別々に変化し，全体としてはとらえにくいため，この形の式を変形し，三角関数の種類の統一を行うことを考えてみましょう。

■ 三角関数の合成（$a\sin\theta+b\cos\theta$ の変形）

座標平面上に点 P$(a,\ b)$ をとり，線分 OP が x 軸の正の向きとなす角を α，OP$=r$ とすると，三角関数の定義から

$$\cos\alpha=\frac{a}{r},\ \sin\alpha=\frac{b}{r}$$

すなわち　$a=r\cos\alpha$，$b=r\sin\alpha$

よって　　$a\sin\theta+b\cos\theta=r\cos\alpha\sin\theta+r\sin\alpha\cos\theta$

$\qquad\qquad\qquad\qquad =r(\sin\theta\cos\alpha+\cos\theta\sin\alpha)=r\sin(\theta+\alpha)$

この変形を三角関数の **合成** といい，$r=\sqrt{a^2+b^2}$ であるから，次のことが成り立つ。

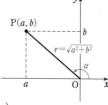

三角関数の合成

$$a\sin\theta+b\cos\theta=\sqrt{a^2+b^2}\sin(\theta+\alpha)$$

$$\text{ただし}\quad\cos\alpha=\frac{a}{\sqrt{a^2+b^2}},\ \sin\alpha=\frac{b}{\sqrt{a^2+b^2}}$$

◆ α は，$0\leqq\alpha<2\pi$ または $-\pi<\alpha\leqq\pi$ の範囲にとることが多い。

（参考）$a\sin\theta+b\cos\theta$ の形の式は $r\cos(\theta-\beta)$ の形に変形することもできる。

座標が $(b,\ a)$ である点を Q とし，OQ$=r$ とする。また，線分 OQ が x 軸の正の向きとなす角を β とすると

$$r=\sqrt{b^2+a^2},\quad b=r\cos\beta,\quad a=r\sin\beta$$

よって　　$a\sin\theta+b\cos\theta=r\sin\beta\sin\theta+r\cos\beta\cos\theta$

$\qquad\qquad\qquad\qquad\quad =r(\cos\theta\cos\beta+\sin\theta\sin\beta)$

$\qquad\qquad\qquad\qquad\quad =\sqrt{a^2+b^2}\cos(\theta-\beta)$

$$\text{ただし}\quad\sin\beta=\frac{a}{r}=\frac{a}{\sqrt{a^2+b^2}},\ \cos\beta=\frac{b}{r}=\frac{b}{\sqrt{a^2+b^2}}$$

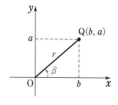

基本 例題 **136** 三角関数の合成 …… 基本

次の式を $r\sin(\theta+\alpha)$ の形に表せ。ただし，$r>0$，$-\pi<\alpha\leqq\pi$ とする。

(1) $\sin\theta-\cos\theta$

(2) $\dfrac{\sqrt{3}}{2}\sin\theta+\dfrac{1}{2}\cos\theta$

CHART & GUIDE

$a\sin\theta+b\cos\theta$ の変形（合成）
点 $P(a,\ b)$ をとって，
$OP=r$ と α を決める
$a\sin\theta+b\cos\theta=r\sin(\theta+\alpha)$

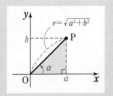

解答

(1) 点 $P(1,\ -1)$ をとると $OP=\sqrt{2}$
線分 OP と x 軸の正の向きとのなす角
を α とすると $\alpha=-\dfrac{\pi}{4}$ したがって

$$\sin\theta-\cos\theta=\sqrt{2}\,\sin\!\left(\theta-\dfrac{\pi}{4}\right)$$

(1) $1\cdot\sin\theta+(-1)\cos\theta$
であるから，$a=1$，
$b=-1$ とする。
また，$0\leqq\alpha<2\pi$ なら
$\alpha=\dfrac{7}{4}\pi$ とする。

(2) 点 $P(\sqrt{3},\ 1)$ をとると $OP=2$
線分 OP と x 軸の正の向きとのなす角
を α とすると $\alpha=\dfrac{\pi}{6}$ したがって

$$\dfrac{\sqrt{3}}{2}\sin\theta+\dfrac{1}{2}\cos\theta=\dfrac{1}{2}(\sqrt{3}\,\sin\theta+\cos\theta)$$
$$=\dfrac{1}{2}\cdot2\sin\!\left(\theta+\dfrac{\pi}{6}\right)=\sin\!\left(\theta+\dfrac{\pi}{6}\right)$$

(2) 点 $P\!\left(\dfrac{\sqrt{3}}{2},\ \dfrac{1}{2}\right)$ をと
ってもよいが，座標は，
分数でない方が計算がら
く。

Lecture $a\sin\theta+b\cos\theta$ の変形の手順

1 点 $P(a,\ b)$ をとる **2** OP，α を決める **3** 1つの式にまとめる

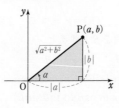

$a\sin\theta+b\cos\theta$
$=\sqrt{a^2+b^2}\sin(\theta+\alpha)$

TRAINING 136 ①

次の式を $r\sin(\theta+\alpha)$ の形に表せ。ただし，$r>0$，$-\pi<\alpha\leqq\pi$ とする。
(1) $-\sin\theta+\sqrt{3}\cos\theta$ (2) $-\sqrt{3}\sin\theta-\cos\theta$

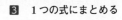

<<< 基本例題 136　　>>> 発展例題 141

標準 例題 **137** 三角関数の最大・最小（合成の利用）

(1) 関数 $y=\sqrt{3}\sin\theta-\cos\theta$ $(0\leqq\theta<2\pi)$ の最大値，最小値とそのときの θ の値を求めよ。また，そのグラフをかけ。

(2) 関数 $y=3\sin\theta+4\cos\theta$ の最大値，最小値を求めよ。

CHART & GUIDE

関数 $y=a\sin\theta+b\cos\theta$ の最大・最小
合成して　$y=r\sin(\theta+\alpha)$ の形へ

1 関数の式を $r\sin(\theta+\alpha)$ の形に変形する。…… ?

2 $r\sin(\theta+\alpha)$ のとりうる値の範囲を求める。

　…… 周期 2π の範囲で $-1\leqq\sin(\theta+\alpha)\leqq1$ であるから　$-r\leqq r\sin(\theta+\alpha)\leqq r$

解答

(1) 関数の式を変形して　$y=2\sin\left(\theta-\dfrac{\pi}{6}\right)$

$-\dfrac{\pi}{6}\leqq\theta-\dfrac{\pi}{6}<2\pi-\dfrac{\pi}{6}$

であるから，y は

$\theta-\dfrac{\pi}{6}=\dfrac{\pi}{2}$　すなわち

$\theta=\dfrac{2}{3}\pi$ のとき最大値 2

$\theta-\dfrac{\pi}{6}=\dfrac{3}{2}\pi$　すなわち

$\theta=\dfrac{5}{3}\pi$ のとき最小値 -2　をとる。

また，与えられた関数のグラフは，$y=2\sin\theta$ のグラフを

θ 軸方向に $\dfrac{\pi}{6}$ だけ平行移動した曲線の $0\leqq\theta<2\pi$ の部

分。〔図〕

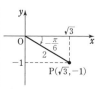

（参考）$a\sin\theta$, $b\cos\theta$ は同じ周期 2π をもち，その和

$a\sin\theta+b\cos\theta$

も 同じ周期 2π をもつ。また，$a\sin\theta+b\cos\theta$

$=\sqrt{a^2+b^2}\sin(\theta+\alpha)$

と変形できるから，関数 $y=a\sin\theta+b\cos\theta$ のグラフは **正弦曲線** である。

(2) 関数の式を変形して　$y=5\sin(\theta+\alpha)$

ただし　$\sin\alpha=\dfrac{4}{5}$, $\cos\alpha=\dfrac{3}{5}$ $\left(0<\alpha<\dfrac{\pi}{2}\right)$ …… （＊）

θ はすべての角を動くから　$-1\leqq\sin(\theta+\alpha)\leqq1$

よって　$-5\leqq5\sin(\theta+\alpha)\leqq5$

したがって　**最大値 5，最小値 -5**

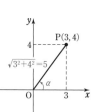

（注意）(2)では，α を具体的に求めることができない。このようなときは，上の（＊）のように，α について「$\sin\alpha=\cdots\cdots$，$\cos\alpha=\cdots\cdots$（を満たす角 α）」などとしておく。

TRAINING **137** ③

関数 $y=\sin\theta+\sqrt{3}\cos\theta$ $(0\leqq\theta<2\pi)$ の最大値，最小値とそのときの θ の値を求めよ。また，そのグラフをかけ。

6章 **27** 三角関数の合成

標準 例題

138 三角関数を含む方程式・不等式（合成の利用） ⚙⚙⚙

$0 \leqq \theta < 2\pi$ のとき，次の方程式・不等式を解け。

(1) $\sin\theta + \sqrt{3}\cos\theta = -1$

(2) $\sqrt{3}\sin\theta - \cos\theta < 0$

CHART & GUIDE

$a\sin\theta$ と $b\cos\theta$ （a, b は定数）が混在した方程式・不等式

三角関数の合成によって，種類を統一する

1 与式を (1) $r\sin(\theta+\alpha)=-1$ (2) $r\sin(\theta+\alpha)<0$ の形に変形する。

2 方程式・不等式を解く。…… $\theta+\alpha=t$ とおく。t の変域に注意。…… [!]

3 $\theta=t-\alpha$ から，解を求める。慣れてきたら，t とおき換えなくてもよい。

解答

(1) 方程式の左辺を変形して

$$2\sin\left(\theta+\frac{\pi}{3}\right)=-1 \quad \text{すなわち} \quad \sin\left(\theta+\frac{\pi}{3}\right)=-\frac{1}{2}$$

$\theta+\dfrac{\pi}{3}=t$ とおくと $\quad \sin t=-\dfrac{1}{2}$

[!] また $\quad \dfrac{\pi}{3}\leqq t<2\pi+\dfrac{\pi}{3}$

この範囲で，$\sin t=-\dfrac{1}{2}$ の解は

$$t=\frac{7}{6}\pi, \ \frac{11}{6}\pi$$

$\theta=t-\dfrac{\pi}{3}$ であるから $\quad \theta=\dfrac{5}{6}\pi, \ \dfrac{3}{2}\pi$

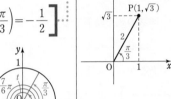

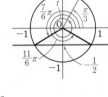

◀ $\dfrac{\pi}{3}\leqq t<\dfrac{7}{3}\pi$ の範囲で

$\sin t=-\dfrac{1}{2}$ の解を求める。

(2) 不等式の左辺を変形して $\quad 2\sin\left(\theta-\dfrac{\pi}{6}\right)<0$

$\theta-\dfrac{\pi}{6}=t$ とおくと $\quad 2\sin t<0$

[!] また $\quad -\dfrac{\pi}{6}\leqq t<2\pi-\dfrac{\pi}{6}$

この範囲で，$\sin t<0$ の解は

$$-\frac{\pi}{6}\leqq t<0, \ \pi<t<\frac{11}{6}\pi$$

$\theta=t+\dfrac{\pi}{6}$ であるから，各辺に $\dfrac{\pi}{6}$ を

加えて $\quad 0\leqq\theta<\dfrac{\pi}{6}, \ \dfrac{7}{6}\pi<\theta<2\pi$

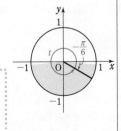

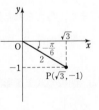

◀ $-\dfrac{\pi}{6}\leqq t<\dfrac{11}{6}\pi$ の範囲

で $\sin t<0$ の解を求め

るから，$\pi<t<2\pi$ とす

るのは誤り。

TRAINING 138 ③

$0\leqq\theta<2\pi$ のとき，次の方程式・不等式を解け。

(1) $\sin\theta-\cos\theta=\sqrt{2}$

(2) $\sin\theta+\cos\theta\leqq 1$

三角関数の合成, 三角関数を含む不等式の解き方を振り返ろう！

● 例題 136 を振り返ろう！

$\sin\theta+\sqrt{3}\cos\theta$ を $1\cdot\sin\theta+\sqrt{3}\cos\theta$ とみて，次の手順で合成しましょう。

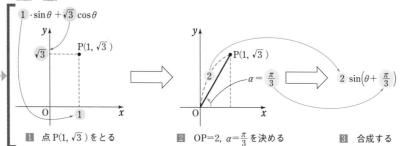

1. 点 $P(1, \sqrt{3})$ をとる　　2. $OP=2$, $\alpha=\dfrac{\pi}{3}$ を決める　　3. 合成する

● 例題 126 を振り返ろう！

不等式 $\sin t<0$ を $-\dfrac{\pi}{6}\leqq t<\dfrac{11}{6}\pi$ の範囲で解く方法を詳しく見ていきましょう。

1 等式 $\sin t=0$ を満たす t の値を求める。

$\sin t=0$ を満たす t は，右図の動径 OQ, OR の表す角である。

よって，$-\dfrac{\pi}{6}\leqq t<\dfrac{11}{6}\pi$ において　　$t=0,\ \pi$

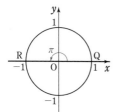

2 t の動径を OP とし，P の y 座標が 0 より小さくなる t の値の範囲を求める。

$-\dfrac{\pi}{6}\leqq t<\dfrac{11}{6}\pi$ であるから

$$-\dfrac{\pi}{6}\leqq t<0,\ \pi<t<\dfrac{11}{6}\pi$$

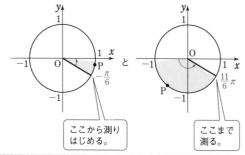

ここから測りはじめる。

ここまで測る。

このように，t の範囲が 2 つ以上の不等式で表される場合もあるので気を付けましょう。

発展学習

≪≪ 基本例題 134

発展 例題 139 2倍角・半角の公式を利用した等式の証明 〇〇〇〇

(1) 等式 $\dfrac{\sin\alpha+\sin 2\alpha}{1+\cos\alpha+\cos 2\alpha}=\tan\alpha$ を証明せよ。

(2) $\sin 3\alpha=3\sin\alpha-4\sin^3\alpha$ を証明せよ。

(3) $t=\tan\dfrac{\alpha}{2}$ $(t\neq\pm 1)$ のとき，次の等式が成り立つことを証明せよ。

$$\sin\alpha=\frac{2t}{1+t^2},\quad \cos\alpha=\frac{1-t^2}{1+t^2},\quad \tan\alpha=\frac{2t}{1-t^2}$$

CHART & GUIDE

$2\times\square$ を作って，**2倍角の公式** を活用

(2) $3\alpha=2\alpha+\alpha$ として，加法定理と2倍角の公式を利用する。

(3) $\alpha=2\cdot\dfrac{\alpha}{2}$ として2倍角の公式を利用する。

解答

(1) $\dfrac{\sin\alpha+\sin 2\alpha}{1+\cos\alpha+\cos 2\alpha}=\dfrac{\sin\alpha+2\sin\alpha\cos\alpha}{1+\cos\alpha+2\cos^2\alpha-1}$

$=\dfrac{\sin\alpha(1+2\cos\alpha)}{\cos\alpha(1+2\cos\alpha)}=\dfrac{\sin\alpha}{\cos\alpha}=\tan\alpha$

◆ $\cos 2\alpha=2\cos^2\alpha-1$ を用いると，分母の定数 1 が消える。

(2) $\sin 3\alpha=\sin(2\alpha+\alpha)=\sin 2\alpha\cos\alpha+\cos 2\alpha\sin\alpha$

$=2\sin\alpha\cos^2\alpha+(1-2\sin^2\alpha)\sin\alpha$

$=2\sin\alpha(1-\sin^2\alpha)+\sin\alpha-2\sin^3\alpha$

$=3\sin\alpha-4\sin^3\alpha$

◆ 等式の右辺には $\sin\alpha$ の 3次の項があるから $\cos 2\alpha=1-2\sin^2\alpha$ を用いる。

(3) $\tan\alpha=\tan 2\cdot\dfrac{\alpha}{2}=\dfrac{2\tan\dfrac{\alpha}{2}}{1-\tan^2\dfrac{\alpha}{2}}=\dfrac{2t}{1-t^2}$

$1+\tan^2\dfrac{\alpha}{2}=\dfrac{1}{\cos^2\dfrac{\alpha}{2}}$ から $\cos^2\dfrac{\alpha}{2}=\dfrac{1}{1+\tan^2\dfrac{\alpha}{2}}=\dfrac{1}{1+t^2}$

よって $\cos\alpha=\cos 2\cdot\dfrac{\alpha}{2}=2\cos^2\dfrac{\alpha}{2}-1=\dfrac{2}{1+t^2}-1=\dfrac{1-t^2}{1+t^2}$

ゆえに $\sin\alpha=\tan\alpha\cos\alpha=\dfrac{2t}{1-t^2}\cdot\dfrac{1-t^2}{1+t^2}=\dfrac{2t}{1+t^2}$

(3) $\cos\alpha$ の別証明

$\tan^2\dfrac{\alpha}{2}=\dfrac{1-\cos\alpha}{1+\cos\alpha}$ から

$t^2(1+\cos\alpha)=1-\cos\alpha$

よって

$(1+t^2)\cos\alpha=1-t^2$

ゆえに $\cos\alpha=\dfrac{1-t^2}{1+t^2}$

TRAINING 139 ④

次の等式を証明せよ。

(1) $(\sin\alpha-\cos\alpha)^2=1-\sin 2\alpha$　(2) $\cos 3\alpha=-3\cos\alpha+4\cos^3\alpha$　〔(2) 類 東北学院大〕

≪≪ 標準例題 **129**，基本例題 **136** ★

発展 例題 140 三角関数の最大・最小（$t=\sin\theta+\cos\theta$ の利用）

θ の関数 $y=2\sin\theta+2\cos\theta+2\sin\theta\cos\theta$ を考える。

(1) $t=\sin\theta+\cos\theta$ とおいて，y を t の式で表せ。

(2) t のとりうる値の範囲を求めよ。

(3) y のとりうる値の範囲を求めよ。 〔類 関西大〕

CHART & GUIDE

$\sin\theta$ と $\cos\theta$ の対称式で表された関数
$\sin\theta+\cos\theta=t$ とおいて t の 2 次関数に直す

(1) $t=\sin\theta+\cos\theta$ の両辺を 2 乗すると
   かくれた条件 $\sin^2\theta+\cos^2\theta=1$ と $2\sin\theta\cos\theta$ が現れる。…… $\boxed{!}$

(2) $=t$ とおいたら t の変域に注意。
   $t=\sin\theta+\cos\theta$ の右辺を合成して $r\sin(\theta+\alpha)$ の形に変形すると
   $-1\leqq\sin(\theta+\alpha)\leqq1$ から $-r\leqq r\sin(\theta+\alpha)\leqq r$

(3) (1)，(2) を利用すると，2 次関数の値域を求める問題となる。

解答

(1) $t=\sin\theta+\cos\theta$ の両辺を 2 乗して
$$t^2=\sin^2\theta+2\sin\theta\cos\theta+\cos^2\theta=1+2\sin\theta\cos\theta$$ ← $\sin^2\theta+\cos^2\theta=1$

よって $2\sin\theta\cos\theta=t^2-1$

ゆえに $y=2(\sin\theta+\cos\theta)+2\sin\theta\cos\theta$
$$=2t+(t^2-1)=t^2+2t-1$$ ← t の 2 次関数になる。

(2) $t=\sin\theta+\cos\theta=\sqrt{2}\sin\left(\theta+\dfrac{\pi}{4}\right)$ ← 三角関数の合成。

$-1\leqq\sin\left(\theta+\dfrac{\pi}{4}\right)\leqq1$ であるから
$$-\sqrt{2}\leqq t\leqq\sqrt{2}$$

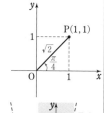

(3) (1) から $y=(t+1)^2-2$ …… ①

(2) から，$-\sqrt{2}\leqq t\leqq\sqrt{2}$ における
2 次関数 ① の値域を求めればよい。
右のグラフから
$$-2\leqq y\leqq1+2\sqrt{2}$$

← 2 次式は基本形に直す。

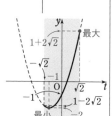

TRAINING 140 ④ ★

$f(x)=\sqrt{2}\sin x\cos x+\sin x+\cos x$ $(0\leqq x\leqq2\pi)$ とする。

(1) $t=\sin x+\cos x$ とおき，$f(x)$ を t の関数で表せ。

(2) t のとりうる値の範囲を求めよ。

(3) $f(x)$ の最大値と最小値，およびそのときの x の値を求めよ。 〔北海道大〕

発展 例題 **141** 三角関数の最大・最小（2次同次式） ◐◐◐◐

関数 $y=7\sin^2\theta-4\sin\theta\cos\theta+3\cos^2\theta$ $\left(0\leqq\theta\leqq\dfrac{\pi}{2}\right)$ の最大値，最小値とそのときの θ の値を求めよ。

CHART & GUIDE

$\sin\theta$ と $\cos\theta$ の2次式
角を 2θ に統一して $r\sin(2\theta+\alpha)$ の形を作る

1 半角の公式と2倍角の公式を用いて，各項を $\sin2\theta$ または $\cos2\theta$ で表す。… ▢!
2 $a\sin2\theta+b\cos2\theta$ の部分を，$r\sin(2\theta+\alpha)$ の形に変形する。
3 最大値，最小値を求める。このとき，$2\theta+\alpha$ のとりうる値の範囲に注意。

解答

▢!

$$y=7\sin^2\theta-4\sin\theta\cos\theta+3\cos^2\theta$$
$$=7\cdot\frac{1-\cos2\theta}{2}-4\cdot\frac{\sin2\theta}{2}+3\cdot\frac{1+\cos2\theta}{2}$$
$$=5-2(\sin2\theta+\cos2\theta)=5-2\sqrt{2}\sin\left(2\theta+\frac{\pi}{4}\right)$$

← Lecture の ① を代入。

$0\leqq\theta\leqq\dfrac{\pi}{2}$ より，$\dfrac{\pi}{4}\leqq2\theta+\dfrac{\pi}{4}\leqq2\cdot\dfrac{\pi}{2}+\dfrac{\pi}{4}$ であるから，y は

$2\theta+\dfrac{\pi}{4}=\dfrac{5}{4}\pi$ すなわち $\theta=\dfrac{\pi}{2}$ のとき**最大値**

$$5-2\sqrt{2}\sin\frac{5}{4}\pi=5-2\sqrt{2}\left(-\frac{1}{\sqrt{2}}\right)=\mathbf{7}$$

$2\theta+\dfrac{\pi}{4}=\dfrac{\pi}{2}$ すなわち $\theta=\dfrac{\pi}{8}$ のとき**最小値**

$$5-2\sqrt{2}\sin\frac{\pi}{2}=5-2\sqrt{2}\cdot1=\mathbf{5-2\sqrt{2}}$$

をとる。

← $5-2\sqrt{2}\sin x$ は，$\sin x$ が最大のとき最小，$\sin x$ が最小のとき最大となる。
なお，最大，最小が調べやすいように，
$-2\sin2\theta-2\cos2\theta$
$=2\sqrt{2}\sin\left(2\theta-\dfrac{3}{4}\pi\right)$
と変形してもよい。

✋ Lecture $\sin\theta$, $\cos\theta$ の2次同次式の変形

上の例題の式の各項は，$\sin^2\theta$，$\sin\theta\cos\theta$，$\cos^2\theta$ で，$\sin\theta$ と $\cos\theta$ の2次の項だけの和（これを**2次の同次式** という）でできている。これらは，**半角の公式，2倍角の公式**

$$\sin^2\theta=\frac{1-\cos2\theta}{2}, \quad \sin\theta\cos\theta=\frac{\sin2\theta}{2}, \quad \cos^2\theta=\frac{1+\cos2\theta}{2} \quad\cdots\cdots ①$$

を用いて，$\sin2\theta$ と $\cos2\theta$ の実数倍の和で表される。そして，$\sin2\theta$ と $\cos2\theta$ は角が同じ 2θ であるから，その和は三角関数の合成によって，$r\sin(2\theta+\alpha)+$ 定数 の形に変形される。

TRAINING 141 ④ ★

関数 $f(x)=8\sqrt{3}\cos^2x+6\sin x\cos x+2\sqrt{3}\sin^2x$ $(0\leqq x\leqq\pi)$ の最大値，最小値とのときの x の値を求めよ。

[釧路公立大]

STEP into ここで整理

三角関数の式変形

 三角関数の式変形に使える公式はたくさんあり, やみくもに当てはめても解決にはなりません。関数の最大値・最小値問題に注目して本書の問題例を示しながら, 典型的なパターンを整理しておきましょう。

基本となる方針は

$\sin\theta$ と $\cos\theta$ が混在 → 1種類の三角関数($\sin\theta$ だけ, $\cos\theta$ だけ)の式に直す。

であり, まずは 1 ～ 3 をしっかりマスターしよう。

1 $\sin\theta$ だけ(または $\cos\theta$ だけ)の式に直して, $\sin\theta=t$ ($\cos\theta=t$) とおく。

相互関係 $\sin^2\theta+\cos^2\theta=1$ から
$\sin^2\theta=1-\cos^2\theta$ …… ①
$\cos^2\theta=1-\sin^2\theta$
例:$y=4\cos\theta-4\sin^2\theta+10$ (例題 129)
— ① によって $\cos\theta$ だけの式に。

倍角の公式 $\cos2\theta=\cos^2\theta-\sin^2\theta$ から
$\cos2\theta=2\cos^2\theta-1$
$\cos2\theta=1-2\sin^2\theta$ …… ②
例:$y=\sin\theta-\cos2\theta$ (EXERCISES 86)
— ② によって $\sin\theta$ だけの式に。

★ $=t$ とおいたら t の変域に注意! $\sin\theta=t$, $\cos\theta=t$ ならば $-1\leqq t\leqq1$

2 $\sin\theta\pm\cos\theta=t$ とおく。

両辺を 2 乗 すると $\sin^2\theta+\cos^2\theta=1$
と $2\sin\theta\cos\theta(=\sin2\theta)$ が現れる。
例:$y=2\sin\theta+2\cos\theta+2\sin\theta\cos\theta$
(例題 140)
— t の 2 次関数に。
★ t の変域に注意!(3 利用)

3 合成

$\sin■$ と $\cos■$ の和(■ が同じとき)は
sin または cos に合成
例:$y=\sqrt{3}\sin\theta-\cos\theta$ (例題 137)
— $\sin\theta$ だけの式に。
1種類の三角関数 になったことで扱いやすくなる。

以上のパターンがマスターできたら, 応用問題でこれらを組み合わせることになる。特に重要なのが, 次の「$\sin\theta$, $\cos\theta$ の 2 次の同次式」の変形である。

4 倍角の公式と合成の組み合わせ

$\sin\theta$ と $\cos\theta$ の 2 次式は 倍角の公式 によって $\sin2\theta$ と $\cos2\theta$ の 1 次式で表される。
$$\sin^2\theta=\frac{1-\cos2\theta}{2} \cdots ③ \quad \sin\theta\cos\theta=\frac{\sin2\theta}{2} \cdots ④ \quad \cos^2\theta=\frac{1+\cos2\theta}{2} \cdots ⑤$$
よって, $\sin\theta$ と $\cos\theta$ の 2 次の同次式を ③～⑤ を利用して整理すると, $\sin■$ と $\cos■$ の和が現れ, 合成 が利用できる。
例:$y=7\sin^2\theta-4\sin\theta\cos\theta+3\cos^2\theta$ (例題 141) ← $\sin\theta$, $\cos\theta$ の 2 次の同次式。
$$=7\cdot\frac{1-\cos2\theta}{2}-4\cdot\frac{\sin2\theta}{2}+3\cdot\frac{1+\cos2\theta}{2}$$ ← $\sin2\theta$ と $\cos2\theta$ だけの式に。
$$=5-2(\sin2\theta+\cos2\theta)$$ ← $\sin■$ と $\cos■$ の和が現れて, 合成ができる。

6章

発展学習

STEP UP!

積 $\rightleftarrows$ 和の公式

 三角関数においては，正弦・余弦について積を和・差に，和・差を積に変形する公式もあります。

積 → 和の公式	和 → 積の公式
$\sin\alpha\cos\beta=\dfrac{1}{2}\{\sin(\alpha+\beta)+\sin(\alpha-\beta)\}$	$\sin A+\sin B=2\sin\dfrac{A+B}{2}\cos\dfrac{A-B}{2}$
$\cos\alpha\sin\beta=\dfrac{1}{2}\{\sin(\alpha+\beta)-\sin(\alpha-\beta)\}$	$\sin A-\sin B=2\cos\dfrac{A+B}{2}\sin\dfrac{A-B}{2}$
$\cos\alpha\cos\beta=\dfrac{1}{2}\{\cos(\alpha+\beta)+\cos(\alpha-\beta)\}$	$\cos A+\cos B=2\cos\dfrac{A+B}{2}\cos\dfrac{A-B}{2}$
$\sin\alpha\sin\beta=-\dfrac{1}{2}\{\cos(\alpha+\beta)-\cos(\alpha-\beta)\}$	$\cos A-\cos B=-2\sin\dfrac{A+B}{2}\sin\dfrac{A-B}{2}$

三角関数の問題を解くうえで，積 $\rightleftarrows$ 和の公式が有効なことも多い。これらの公式は，加法定理において両辺の和，差をとることにより，次のようにして導かれる。

$$\sin(\alpha+\beta)=\sin\alpha\cos\beta+\cos\alpha\sin\beta \quad\cdots\cdots ①$$
$$\sin(\alpha-\beta)=\sin\alpha\cos\beta-\cos\alpha\sin\beta \quad\cdots\cdots ②$$
$$\cos(\alpha+\beta)=\cos\alpha\cos\beta-\sin\alpha\sin\beta \quad\cdots\cdots ③$$
$$\cos(\alpha-\beta)=\cos\alpha\cos\beta+\sin\alpha\sin\beta \quad\cdots\cdots ④$$

$\begin{bmatrix}\text{正弦と余弦}\\\text{の加法定理}\end{bmatrix}$

①＋② から　$\sin(\alpha+\beta)+\sin(\alpha-\beta)=2\sin\alpha\cos\beta \quad\cdots\cdots ①'$

①－② から　$\sin(\alpha+\beta)-\sin(\alpha-\beta)=2\cos\alpha\sin\beta \quad\cdots\cdots ②'$

③＋④ から　$\cos(\alpha+\beta)+\cos(\alpha-\beta)=2\cos\alpha\cos\beta \quad\cdots\cdots ③'$

③－④ から　$\cos(\alpha+\beta)-\cos(\alpha-\beta)=-2\sin\alpha\sin\beta \quad\cdots\cdots ④'$

この ①′～④′ の等式において，右辺から左辺を見ると，積を和の形に直す公式，左辺から右辺を見ると，和を積の形に直す公式と考えることができる。そして，公式の使い勝手をよくするために，①′～④′ の左辺と右辺を入れ替えて，両辺を 2 で割ると，積 → 和の公式が，①′～④′ で $\alpha+\beta=A$，$\alpha-\beta=B$ とおくと，$\alpha=\dfrac{A+B}{2}$，$\beta=\dfrac{A-B}{2}$ であることから，和 → 積の公式が導かれる。

公式を作る手順をまとめておこう。

1 正弦または余弦の加法定理を 2 つ書く	**2** それらを加えるか引く	**3** 左辺と右辺を入れ替えて，両辺を 2 で割ると
$\boxed{}(\alpha+\beta)=\cdots\cdots$ ① $\boxed{}(\alpha-\beta)=\cdots\cdots$ ② これらは暗記すること！	①＋② から $\boxed{}(\alpha+\beta)+\boxed{}(\alpha-\beta)$ $=\cdots\cdots$ ①－② から $\boxed{}(\alpha+\beta)-\boxed{}(\alpha-\beta)$ $=\cdots\cdots$	積 → 和の公式 $\alpha+\beta=A$，$\alpha-\beta=B$ とおくと 和 → 積の公式

例題
142 積 ⟺ 和の公式の利用　　　🕐🕐🕐🕐

次の式の値を求めよ。

(1) $\sin 15° \cos 75°$　　(2) $\sin 105° + \sin 15°$　　(3) $\cos 10° + \cos 110° + \cos 230°$

CHART & GUIDE

三角関数の積を和の形に，和を積の形に変形
積 ⟺ 和の公式を利用　　　◀── 前ページ参照。

(1) 積 ⟶ 和の公式を利用。$15° + 75° = 90°$，$15° - 75° = -60°$

(2) 和 ⟶ 積の公式を利用。$\dfrac{105° + 15°}{2} = 60°$，$\dfrac{105° - 15°}{2} = 45°$

(3) 3項の和は，2項ずつ組み合わせて，和 ⟶ 積の公式を利用。
$(230° - 10°) \div 2 = 110°$ であるから，第1項と第3項を組み合わせるとよい。

解答

(1) $\sin 15° \cos 75° = \dfrac{1}{2}\{\sin(15° + 75°) + \sin(15° - 75°)\}$

$= \dfrac{1}{2}\{\sin 90° + \sin(-60°)\} = \dfrac{1}{2}\left(1 - \dfrac{\sqrt{3}}{2}\right) = \dfrac{2 - \sqrt{3}}{4}$

◀ $\sin\alpha\cos\beta$
$= \dfrac{1}{2}\{\sin(\alpha+\beta) + \sin(\alpha-\beta)\}$

[**別解**] $\cos 75° \sin 15° = \dfrac{1}{2}\{\sin(75° + 15°) - \sin(75° - 15°)\}$

$= \dfrac{1}{2}(\sin 90° - \sin 60°) = \dfrac{1}{2}\left(1 - \dfrac{\sqrt{3}}{2}\right) = \dfrac{2 - \sqrt{3}}{4}$

◀ $\cos\alpha\sin\beta$
$= \dfrac{1}{2}\{\sin(\alpha+\beta) - \sin(\alpha-\beta)\}$
負の角が出てこないように，順序を入れ替える。

(2) $\sin 105° + \sin 15° = 2\sin\dfrac{105° + 15°}{2}\cos\dfrac{105° - 15°}{2}$

$= 2\sin 60° \cos 45° = 2 \cdot \dfrac{\sqrt{3}}{2} \cdot \dfrac{1}{\sqrt{2}} = \dfrac{\sqrt{6}}{2}$

◀ $\sin A + \sin B$
$= 2\sin\dfrac{A+B}{2}\cos\dfrac{A-B}{2}$

(3) （与式）$= \cos 230° + \cos 10° + \cos 110°$

$= 2\cos\dfrac{230° + 10°}{2}\cos\dfrac{230° - 10°}{2} + \cos 110°$

$= 2\cos 120° \cos 110° + \cos 110°$

$= 2\left(-\dfrac{1}{2}\right)\cos 110° + \cos 110°$

$= -\cos 110° + \cos 110° = \mathbf{0}$

◀ $\cos A + \cos B$
$= 2\cos\dfrac{A+B}{2}\cos\dfrac{A-B}{2}$

[**別解**] （与式）$= (\cos 10° + \cos 110°) + \cos(180° + 50°)$

$= 2\cos 60° \cos(-50°) - \cos 50° = \mathbf{0}$

◀ $\cos A + \cos B$
$= 2\cos\dfrac{A+B}{2}\cos\dfrac{A-B}{2}$

6章
発展学習

TRAINING 142 ④

次の式の値を求めよ。

(1) $\sin 15° \sin 75°$　　(2) $\cos 75° - \cos 15°$　　(3) $\sin 10° + \sin 50° + \sin 250°$

EXERCISES

A **74**③ $0 \leqq \theta \leqq \pi$ で $\sin\theta + \cos\theta = \dfrac{\sqrt{3}}{2}$ のとき，次の式の値を求めよ。

(1) $\sin\theta\cos\theta$ 　　　　　(2) $\sin\theta - \cos\theta$

(3) $\sin^3\theta - \cos^3\theta$ 　　　　(4) $\dfrac{1}{\sin^3\theta} + \dfrac{1}{\cos^3\theta}$ 　　　≪≪ 標準例題 **118**

75② 次の図は，(1) $y = a\sin b\theta$ 　(2) $y = a\cos b\theta$ のグラフである。定数 a, b の値を，それぞれ求めよ。ただし，$a > 0$, $b > 0$ とする。

(1)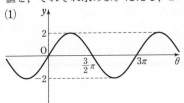
(2)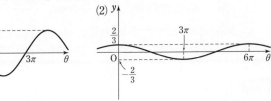

≪≪ 基本例題 **120**

76② 次の式の値を求めよ。

(1) $\cos 100° + \cos 440°$ 　　　　(2) $\sin^2 780° + \sin^2 315° + \sin^2 210°$

(3) $\sin\theta + \sin\left(\theta + \dfrac{\pi}{2}\right) + \sin(\theta + \pi) + \sin\left(\theta + \dfrac{3}{2}\pi\right)$ 　　≪≪ 基本例題 **123**

77③ ★ $0 \leqq \theta < 2\pi$ のとき，次の方程式・不等式を解け。

(1) $\sin\left(2\theta - \dfrac{\pi}{3}\right) = \dfrac{\sqrt{3}}{2}$ 　　　　(2) $\sin\left(2\theta - \dfrac{\pi}{3}\right) < \dfrac{\sqrt{3}}{2}$

≪≪ 標準例題 **128**

78③ ★ 次の関数の最大値と最小値およびそのときの θ の値を求めよ。

(1) $y = \sin^2\theta + \cos\theta + 1$ 　$(0 \leqq \theta < 2\pi)$

(2) $y = \dfrac{3\sin^2\theta - 4\sin\theta\cos\theta - 1}{\cos^2\theta}$ 　$\left(0 \leqq \theta \leqq \dfrac{\pi}{3}\right)$ 　≪≪ 標準例題 **129**

79③ 直線 $x - \sqrt{3}\,y = 0$ と $\dfrac{\pi}{4}$ の角をなす直線の傾きを求めよ。 　≪≪ 基本例題 **132**

80③ $\alpha = 36°$ のとき，等式 $\sin 3\alpha = \sin 2\alpha$ が成り立つことを示し，$\cos 36°$ の値を求めよ。また，$\cos 72°$ の値を求めよ。 　≪≪ 発展例題 **139**

81② (1) $\dfrac{3}{2}\pi < \alpha < 2\pi$ で，$\sin\alpha = -\dfrac{4}{5}$ のとき，$\sin 2\alpha$, $\cos 2\alpha$, $\tan 2\alpha$, $\sin\dfrac{\alpha}{2}$,

$\cos\dfrac{\alpha}{2}$, $\tan\dfrac{\alpha}{2}$ の値を求めよ。

(2) $0 \leqq \alpha \leqq \pi$ で，$\tan\alpha = 2$ のとき，$\tan 2\alpha$, $\tan\dfrac{\alpha}{2}$ の値を求めよ。

≪≪ 基本例題 **134**，発展例題 **139**

HINT 　　**74** (2) (1)で求めた $\sin\theta\cos\theta$, $\sin\theta$ の符号に注意。

EXERCISES

B

82③ ★ 公式 $\cos x=\sin\left(\dfrac{\pi}{2}-x\right)$ を利用して，$0<\theta<\dfrac{\pi}{2}$ の範囲で等式 $\sin 4\theta=\cos\theta$ を満たす θ の値を求めよ。 ［類 センター試験］

≪ **基本例題 124**

83④ $0\leqq\theta<2\pi$ のとき，次の方程式・不等式を解け。

(1) $\cos^2\theta+\sqrt{3}\,\sin\theta\cos\theta=1$　　(2) $\sin\theta<\tan\theta$　　［(1) 立教大］

≪ **標準例題 125，127**

84③ ★ O を原点とする座標平面上の 2 点 $\mathrm{P}(2\cos\theta,\ 2\sin\theta)$，

$\mathrm{Q}(2\cos\theta+\cos 7\theta,\ 2\sin\theta+\sin 7\theta)$ を考える。ただし，$\dfrac{\pi}{8}\leqq\theta\leqq\dfrac{\pi}{4}$ とする。

$\mathrm{OP}={}^{\mathcal{P}}\boxed{}$，$\mathrm{PQ}={}^{\mathcal{A}}\boxed{}$ である。また

$\mathrm{OQ}^2={}^{\mathcal{D}}\boxed{}+{}^{\mathcal{I}}\boxed{}(\cos 7\theta\cos\theta+\sin 7\theta\sin\theta)$

$={}^{\mathcal{D}}\boxed{}+{}^{\mathcal{I}}\boxed{}\cos({}^{\mathcal{I}}\boxed{}\theta)$

である。よって，$\dfrac{\pi}{8}\leqq\theta\leqq\dfrac{\pi}{4}$ の範囲で，OQ は $\theta=\dfrac{\pi}{{}^{\mathcal{D}}\boxed{}}$ のとき最大値

$\sqrt{{}^{\mathcal{\dagger}}\boxed{}}$ をとる。 ［類 センター試験］ ≪ **基本例題 131**

85③ (1) $\sin\alpha-\sin\beta=\dfrac{5}{4}$，$\cos\alpha+\cos\beta=\dfrac{5}{4}$ のとき，$\cos(\alpha+\beta)$ の値を求めよ。

［南山大］ ≪ **基本例題 131**

(2) 鋭角三角形 ABC について，次の等式が成り立つことを証明せよ。

$$\tan A+\tan B+\tan C=\tan A\tan B\tan C$$　　［埼玉大］ ≪ **基本例題 132**

86④ ★ 関数 $y=\sin x-\cos 2x\ (0\leqq x<2\pi)$ を考える。

(1) $y>0$ となる x の範囲を求めよ。

(2) y の最大値と最小値を求めよ。

［類 センター試験］ ≪ **標準例題 127，129，基本例題 134**

87④ ★ (1) $\tan\dfrac{\pi}{12}$ の値を求めよ。

(2) θ が $\dfrac{\pi}{12}\leqq\theta\leqq\dfrac{\pi}{3}$ の範囲を動くとき，$\tan\theta+\dfrac{1}{\tan\theta}$ の最大値・最小値と

それらを与える θ の値を求めよ。 ［類 センター試験］ ≪ **基本例題 130，134**

6章

発展学習

HINT

82 4θ，$\dfrac{\pi}{2}-\theta$ のとりうる値の範囲に注目。

85 (2) $A+B+C=\pi$ から $C=\pi-(A+B)$

これを利用して $\tan C$ を $\tan A$ と $\tan B$ で表す。

86 2 倍角の公式を用いて $\sin x$ だけの式にして，$\sin x=t$ とおく。t の変域に注意。

87 (2) 与式に $\tan\theta=\dfrac{\sin\theta}{\cos\theta}$ を代入して，$\sin 2\theta$ で表すことを考える。

B **88**③ $0 \le x < 2\pi$ のとき，次の不等式を満たす x の値の範囲を求めよ。
$$\cos^2 x - 2\cos x - \sin^2 x + 2\sin x \ge 0$$
≪≪ 標準例題 **138**

89④ ★ a を正の定数とし，角 θ の関数 $f(\theta) = \sin a\theta + \sqrt{3}\cos a\theta$ を考える。
(1) $f(\theta) = {}^{\mathcal{P}}\boxed{}\sin(a\theta + {}^{\mathcal{1}}\boxed{})$ である。
(2) $f(\theta) = 0$ を満たす正の角 θ のうち，最小のものは ${}^{\mathcal{P}}\boxed{}$ であり，小さい方から数えて4番目と5番目のものは，それぞれ，${}^{\mathcal{I}}\boxed{}$，${}^{\mathcal{1}}\boxed{}$ である。
(3) $0 \le \theta \le \pi$ の範囲で，$f(\theta) = 0$ を満たす θ がちょうど4個存在するような a の値の範囲は ${}^{\mathcal{D}}\boxed{}$ である。 〔類 センター試験〕 ≪≪ 標準例題 **138**

90④ ★ x の関数 $f(x) = \sin 2x - 2\sin x - 2\cos x + 1 \ (0 \le x \le \pi)$ について
(1) $t = \sin x + \cos x$ のとき，$f(x)$ を t で表した関数を $g(t)$ とすると，$g(t) = {}^{\mathcal{P}}\boxed{}$ である。また，t のとりうる値の範囲は，${}^{\mathcal{1}}\boxed{} \le t \le {}^{\mathcal{P}}\boxed{}$ である。
(2) 関数 $|f(x)|$ について，最大値は $x = {}^{\mathcal{I}}\boxed{}$ のとき ${}^{\mathcal{1}}\boxed{}$ である。また，最小値は $x = {}^{\mathcal{D}}\boxed{}$ のとき ${}^{\mathcal{1}}\boxed{}$ である。
〔立命館大〕 ≪≪ 発展例題 **140**

91④ (1) $\sin 20° + \sin 40° = \sin 80°$ を示せ。 〔信州大〕
(2) $0 \le x < \pi$ のとき，次の方程式を解け。
(ア) $\sin x + \sin 5x = 0$ (イ) $\cos 2x = \cos 4x$ ≪≪ 発展例題 **142**

92⑤ △ABC の3つの内角が $\alpha + \beta$，γ，δ であるとき，次の等式が成り立つことを示せ。 $\sin\alpha\sin\beta + \sin\gamma\sin\delta = \sin(\alpha + \gamma)\sin(\beta + \gamma)$ 〔類 成城大〕
≪≪ 発展例題 **142**

HINT

88 まず，左辺を因数分解。項を適当に組み合わせて，$\cos x - \sin x$ をくくり出す。
90 (1) $\sin 2x = 2\sin x\cos x$ は，t^2 の式に現れる。
91 和 ⟶ 積の公式を利用。(2) (積)$= 0$ の形に変形する。
92 $(\alpha + \beta) + \gamma + \delta = \pi$ に注意。積 ⟶ 和の公式を利用して左辺，右辺をそれぞれ変形し，同じ式を導く。

指数関数と対数関数

レベル ………… 各例題の難易度を表す ⏱ の個数（1〜5 の 5 段階）。

★印 ………… 大学入学共通テストの準備・対策向き。

●，◎，○印 … 各項目で重要度の高い例題につけた（●，◎，○ の順に重要度が高い）。
時間の余裕がない場合は，●，◎，○ の例題を中心に勉強すると効果的である。
また，● の例題には，解説動画がある。

Let's Start

28 指数の拡張

a の累乗 a^n については，指数 n が正の整数の場合を学習しました。ここでは，指数の範囲を整数，有理数と順に拡張していきましょう。

■ 0 や負の整数の指数

↩ **Play Back**

$m,\ n$ を正の整数とするとき，次の指数法則が成り立つ。

1 $a^m \times a^n = a^{m+n}$
2 $(a^m)^n = a^{mn}$
3 $(ab)^n = a^n b^n$

> a の累乗
>
> $a^n \leftarrow$ 指数
> $\ \ \ \ \ \searrow$ 底

累乗 a^n の指数 n が **0 や負の整数** であるときにも a^n の意味を定めて，指数がどのような整数であっても，上の指数法則が成り立つように考えてみよう。ただし，$a \neq 0$ である。

例えば，上の指数法則 1 において

$m=2,\ n=0$ のとき　　$a^2 \times a^0 = a^{2+0} = a^2$　　　　　よって　　$a^0 = 1$

$m=2,\ n=-2$ のとき　$a^2 \times a^{-2} = a^{2+(-2)} = a^0 = 1$　　　よって　　$a^{-2} = \dfrac{1}{a^2}$

よって，$a \neq 0$ のとき，上の指数法則が，整数の指数で成り立つようにするためには，次のように定めればよいことがわかる。

$$a^0 = 1,\quad n \text{ が正の整数のとき}\quad a^{-n} = \frac{1}{a^n}\quad \text{特に}\quad a^{-1} = \frac{1}{a}$$

← 上の結果から。

このように定めると，次の指数法則が成り立つ。

> **指数法則（指数が整数）**
>
> $a \neq 0,\ b \neq 0$ で，$m,\ n$ は **整数** とする。
>
> 1 $a^m \times a^n = a^{m+n}$　　　　2 $\dfrac{a^m}{a^n} = a^{m-n}$
>
> 3 $(a^m)^n = a^{mn}$　　　　　　4 $(ab)^n = a^n b^n$

← 2 は $a^m \div a^n = a^{m-n}$ とも表す。

[証明] ［2 について］

$$\frac{a^m}{a^n} = a^m \times \frac{1}{a^n} = a^m \times a^{-n} = a^{m-n}\qquad \text{よって}\qquad \frac{a^m}{a^n} = a^{m-n}$$

← 1 を利用

基本 例題 143 指数法則を利用した計算（整数の指数） ⏱

指数法則を用いて，次の計算をせよ。ただし，$a \neq 0$ とする。

(1) $a^4 \times a^5$ 　　　　(2) $a^6 \div a^3$ 　　　　(3) $(2a^5)^2$

(4) $3^5 \times 3^{-3}$ 　　　　(5) $5^3 \div 5^{-2}$ 　　　　(6) $(3^{-1})^5$

(7) $a^3 \times a^{-4} \div a^{-5}$ 　　(8) $4^5 \times 2^{-10} \div 8^{-2}$

CHART & GUIDE

定義 　$a^0 = 1$, 　$a \neq 0$ のとき　$a^{-n} = \dfrac{1}{a^n}$ （n は正の整数）

指数法則（$a \neq 0$, $b \neq 0$ で，m, n は整数）

$$a^m \times a^n = a^{m+n} \qquad \frac{a^m}{a^n} = a^{m-n}$$

$$(a^m)^n = a^{mn} \qquad (ab)^n = a^n b^n$$

解答

(1) $a^4 \times a^5 = a^{4+5} = \boldsymbol{a^9}$

(2) $a^6 \div a^3 = \dfrac{a^6}{a^3} = a^{6-3} = \boldsymbol{a^3}$

(3) $(2a^5)^2 = 2^2(a^5)^2 = 2^2 a^{5 \times 2} = \boldsymbol{4a^{10}}$

(4) $3^5 \times 3^{-3} = 3^{5+(-3)} = 3^2 = \boldsymbol{9}$

　　[別解] 　$3^5 \times 3^{-3} = 3^5 \times \dfrac{1}{3^3} = \dfrac{3^5}{3^3} = 3^{5-3} = 3^2 = \boldsymbol{9}$ 　　　　⬅ $a^{-n} = \dfrac{1}{a^n}$

(5) $5^3 \div 5^{-2} = \dfrac{5^3}{5^{-2}} = 5^{3-(-2)} = 5^5 = \boldsymbol{3125}$

(6) $(3^{-1})^5 = 3^{(-1) \times 5} = 3^{-5} = \dfrac{1}{3^5} = \boldsymbol{\dfrac{1}{243}}$

　　[別解] 　$(3^{-1})^5 = \left(\dfrac{1}{3}\right)^5 = \dfrac{1}{3^5} = \boldsymbol{\dfrac{1}{243}}$ 　　　　⬅ $a^{-n} = \dfrac{1}{a^n}$

(7) $a^3 \times a^{-4} \div a^{-5} = a^{3+(-4)} \div a^{-5} = a^{-1} \div a^{-5} = \dfrac{a^{-1}}{a^{-5}}$
　　　　　$= a^{-1-(-5)} = \boldsymbol{a^4}$

(8) $4^5 \times 2^{-10} \div 8^{-2} = (2^2)^5 \times 2^{-10} \div (2^3)^{-2} = 2^{10} \times 2^{-10} \div 2^{-6}$ 　　⬅ まず，底を 2 にそろえる。
　　　　　$= 2^{10+(-10)} \div 2^{-6}$
　　　　　$= \dfrac{2^0}{2^{-6}} = 2^{0-(-6)} = 2^6 = \boldsymbol{64}$

7章
28
指数の拡張

TRAINING 143 ①

指数法則を用いて，次の計算をせよ。ただし，$a \neq 0$ とする。

(1) $2^7 \times 2^{-3}$ 　　(2) $10^{-2} \times 10^{-1}$ 　　(3) $7^2 \div 7^{-1}$ 　　(4) $(2^{-2})^3$

(5) $(2^{-1} \times 3^2)^{-2}$ 　　　(6) $a^2 \times a^{-1} \div a^{-3}$ 　　(7) $3^3 \times (9^{-1})^2 \div 27^{-2}$

■ 累乗根

一般に，n を正の整数とするとき，n 乗すると a になる数，すなわち $x^n=a$ となる数 x を，a の **n 乗根** といい，2 乗根，3 乗根，…… をまとめて **累乗根** という。

例　25 の 2 乗根は 5 と -5，-64 の 3 乗根は -4，
　　16 の 4 乗根は 2 と -2。

正の数 a の n 乗根のうち，正であるものについて考える。

右の図から，正の数 a に対して，$x^n=a$ を満たす正の数 x がただ 1 つ定まることがわかる。これを $\sqrt[n]{a}$ で表す。また，$\sqrt[n]{0}=0$ である。

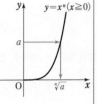

よって，次が成り立つ。

$$a>0 \text{ のとき } \quad \sqrt[n]{a}>0, \ (\sqrt[n]{a})^n=a, \ \sqrt[n]{a^n}=a$$

また，$\sqrt[n]{a}$ の定義から，累乗根について次の性質が得られる。

累乗根の性質

$a>0$，$b>0$ で，m，n，p は正の整数とする。

1　$\sqrt[n]{a}\,\sqrt[n]{b}=\sqrt[n]{ab}$　　2　$\dfrac{\sqrt[n]{a}}{\sqrt[n]{b}}=\sqrt[n]{\dfrac{a}{b}}$　　3　$(\sqrt[n]{a})^m=\sqrt[n]{a^m}$

4　$\sqrt[m]{\sqrt[n]{a}}=\sqrt[mn]{a}$　　5　$\sqrt[n]{a^m}=\sqrt[np]{a^{mp}}$

証明　[1 について]
　　$(\sqrt[n]{a}\,\sqrt[n]{b})^n=(\sqrt[n]{a})^n\times(\sqrt[n]{b})^n=ab$
　　$\sqrt[n]{a}>0$，$\sqrt[n]{b}>0$ であるから　$\sqrt[n]{a}\,\sqrt[n]{b}>0$
　　よって　　$\sqrt[n]{a}\,\sqrt[n]{b}=\sqrt[n]{ab}$

[2 について]
　　$\left(\dfrac{\sqrt[n]{a}}{\sqrt[n]{b}}\right)^n=\dfrac{(\sqrt[n]{a})^n}{(\sqrt[n]{b})^n}=\dfrac{a}{b}$

　　$\sqrt[n]{a}>0$，$\sqrt[n]{b}>0$ であるから　$\dfrac{\sqrt[n]{a}}{\sqrt[n]{b}}>0$

　　よって　　$\dfrac{\sqrt[n]{a}}{\sqrt[n]{b}}=\sqrt[n]{\dfrac{a}{b}}$

3～5 についても，同様に証明することができる。

上の性質を用いて，累乗根の値を求めたり，計算をしてみたりしましょう。

──────

◆ a は実数である。

◆ 2 乗根は **平方根**，3 乗根は **立方根** ともいう。

◆ $(\pm 5)^2=25$，$(-4)^3=-64$，$(\pm 2)^4=16$

◆ $\sqrt[n]{a}$ は「n 乗根 a」と読む。また，$\sqrt[2]{a}$ は，今まで通り $\sqrt{a}$ とかく。

◆ $\sqrt[n]{a}\,\sqrt[n]{b}$ は ab の正の n 乗根である。

◆ $\dfrac{\sqrt[n]{a}}{\sqrt[n]{b}}$ は $\dfrac{a}{b}$ の正の n 乗根である。

基本 例題 144 累乗根の値を求める

次の値を求めよ。

(1) $\sqrt[4]{16}$　　　　　　　　　　　(2) $-\sqrt[3]{64}$

CHART & GUIDE

$\sqrt[n]{a}$ は，n 乗すると a になる

$x^n = a$ を満たす実数 x について考える。

(1) $x^4 = 16$　(2) $x^3 = 64$　を満たす正の数 x を求める。

解 答

(1) $\sqrt[4]{16}$ は，4 乗して 16 になる正の数である。

$16 = 2^4$ であるから　　　$\sqrt[4]{16} = \mathbf{2}$

(2) $\sqrt[3]{64}$ は，3 乗して 64 になる正の数である。

$64 = 4^3$ であるから　　　$\sqrt[3]{64} = 4$

したがって　　　　　　　$-\sqrt[3]{64} = \mathbf{-4}$

← $\sqrt[4]{16} = \sqrt[4]{2^4} = 2$
$\sqrt[4]{16} = -2$ は誤り。

← $\sqrt[3]{64} = \sqrt[3]{4^3} = 4$

👆 Lecture　負の数 a の n 乗根

n を正の整数とし，負の数 a の n 乗根について考える。

[1] **n が奇数のとき**

右の図から，負の数 a に対して，$x^n = a$ を満たす負の数 x がただ 1 つ
定まることがわかる。

この数 x を $\sqrt[n]{a}$ で表す。

例　$-64 = (-4)^3$ であるから　$\sqrt[3]{-64} = -4$

[2] **n が偶数のとき**

常に $x^n \geqq 0$ であるから，負の数 a に対して，$x^n = a$ を満たす実数 x は
存在しない。

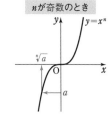

n が奇数のとき

TRAINING 144 ①

$\sqrt[3]{216}$, $\sqrt[4]{(-2)^4}$, $\sqrt[5]{\dfrac{1}{243}}$ の値をそれぞれ求めよ。

基本 例題
145 累乗根の性質を利用した計算

次の計算をせよ。

(1) $\sqrt[3]{4} \times \sqrt[3]{16}$　　(2) $\dfrac{\sqrt[4]{48}}{\sqrt[4]{3}}$　　(3) $(\sqrt[4]{5})^8$　　(4) $\sqrt{\sqrt[3]{729}}$

CHART
& GUIDE　累乗根の性質の公式（下の 1 〜 4）を用いて計算する。

$a>0$, $b>0$ で, m, n が正の整数のとき

1　$\sqrt[n]{a}\sqrt[n]{b} = \sqrt[n]{ab}$　　2　$\dfrac{\sqrt[n]{a}}{\sqrt[n]{b}} = \sqrt[n]{\dfrac{a}{b}}$

3　$(\sqrt[n]{a})^m = \sqrt[n]{a^m}$　　4　$\sqrt[m]{\sqrt[n]{a}} = \sqrt[mn]{a}$

解答

(1) $\sqrt[3]{4} \times \sqrt[3]{16} = \sqrt[3]{4 \times 16} = \sqrt[3]{4^3} = \mathbf{4}$

(2) $\dfrac{\sqrt[4]{48}}{\sqrt[4]{3}} = \sqrt[4]{\dfrac{48}{3}} = \sqrt[4]{16} = \sqrt[4]{2^4} = \mathbf{2}$

　[別解]　$\dfrac{\sqrt[4]{48}}{\sqrt[4]{3}} = \dfrac{\sqrt[4]{16 \times 3}}{\sqrt[4]{3}} = \dfrac{\sqrt[4]{16}\sqrt[4]{3}}{\sqrt[4]{3}}$
　　　　　$= \sqrt[4]{16} = \sqrt[4]{2^4} = \mathbf{2}$

(3) $(\sqrt[4]{5})^8 = \sqrt[4]{5^8} = \sqrt[4]{25^4} = \mathbf{25}$

　[別解]　$(\sqrt[4]{5})^8 = \{(\sqrt[4]{5})^4\}^2 = 5^2 = \mathbf{25}$

(4) $\sqrt{\sqrt[3]{729}} = \sqrt[2 \times 3]{729} = \sqrt[6]{3^6} = \mathbf{3}$

　[別解]　$\sqrt{\sqrt[3]{729}} = \sqrt{\sqrt[3]{9^3}} = \sqrt{9} = \mathbf{3}$

← $\sqrt[n]{a^n} = a$ から。(2)〜(4)
も同様。

TRAINING 145 ①

次の計算をせよ。

(1) $\sqrt[4]{7} \times \sqrt[4]{343}$　　(2) $\dfrac{\sqrt[3]{162}}{\sqrt[3]{6}}$　　(3) $\sqrt[4]{2} \div \sqrt[4]{32}$

(4) $(\sqrt[4]{36})^2$　　(5) $\sqrt[3]{\sqrt{64}}$

■ 有理数の指数

ここでは，指数が有理数（分数）の場合にも，$p.250$ の指数法則が成り立つように，正の数 a の累乗を定義することにしよう。

① $a^{\frac{1}{3}}$ の意味を定めてみる。

指数法則 3 において

$$m=\frac{1}{3},\ n=3 \text{ のとき} \quad (a^{\frac{1}{3}})^3=a^{\frac{1}{3}\times 3}=a \quad \text{すなわち} \quad (a^{\frac{1}{3}})^3=a$$

このことから，$a^{\frac{1}{3}}=\sqrt[3]{a}$ と定めればよいことがわかる。

② $a^{\frac{2}{3}}$ の意味を定めてみる。

指数法則 3 において

$$m=\frac{2}{3},\ n=3 \text{ のとき} \quad (a^{\frac{2}{3}})^3=a^{\frac{2}{3}\times 3}=a^2 \quad \text{すなわち} \quad (a^{\frac{2}{3}})^3=a^2$$

このことから，$a^{\frac{2}{3}}=\sqrt[3]{a^2}$ と定めればよいことがわかる。

③ $a^{-\frac{1}{2}}$ の意味を定めてみる。

指数法則 1 において

$$m=-\frac{1}{2},\ n=\frac{1}{2} \text{ のとき} \quad a^{-\frac{1}{2}}\times a^{\frac{1}{2}}=a^{-\frac{1}{2}+\frac{1}{2}}=a^0=1 \quad \text{すなわち} \quad a^{-\frac{1}{2}}\times a^{\frac{1}{2}}=1$$

このことから，$a^{-\frac{1}{2}}=\dfrac{1}{a^{\frac{1}{2}}}$ と定めればよいことがわかる。

よって，$a>0$ のとき，指数法則が，有理数の指数で成り立つようにするためには，次のように定めればよいことがわかる。

> $a>0$ で，m，n は正の整数，r は正の有理数とする。
>
> $$a^{\frac{1}{n}}=\sqrt[n]{a}, \quad a^{\frac{m}{n}}=(\sqrt[n]{a})^m=\sqrt[n]{a^m}, \quad a^{-r}=\frac{1}{a^r}$$

←①～③ の結果から。

注意 累乗 a^r（r は有理数）では，a が正の数 のときに限って定義する。例えば，$(-1)^{\frac{1}{2}}=\sqrt{-1}$ は実数ではない。

このようにして定義された有理数の指数に対しても，指数法則はそのまま成り立つ。

┌─ **指数法則（指数が有理数）** ─────

$a>0$，$b>0$ で，r，s は **有理数** とする。

1 　$a^r\times a^s=a^{r+s}$ 　　　　　2 　$\dfrac{a^r}{a^s}=a^{r-s}$

3 　$(a^r)^s=a^{rs}$ 　　　　　　　　4 　$(ab)^r=a^r b^r$

←2 は $a^r\div a^s=a^{r-s}$ とも表す。

また，例えば $2^{\sqrt{2}}$ などのように，a^r の指数 r は実数まで拡張され，実数の指数に対しても，指数法則が成り立つことが知られている。

←$p.259$ 参照。

基本例題 **146** 有理数の指数 🕐

次の値を求めよ。

(1) $8^{\frac{1}{3}}$　　(2) $125^{\frac{2}{3}}$　　(3) $4^{-\frac{3}{2}}$　　(4) $0.04^{1.5}$　　(5) $\left(\dfrac{27}{8}\right)^{-\frac{4}{3}}$

CHART & GUIDE

有理数の指数

$a>0$ で，m，n が正の整数，r が正の有理数のとき

$$a^{\frac{m}{n}}=(\sqrt[n]{a}\,)^m=\sqrt[n]{a^m}, \qquad a^{-r}=\dfrac{1}{a^r}$$

底を素因数分解して，指数法則を利用することにより計算してもよい。
—→ [別解] 参照。
(4) 小数の指数は分数に直す。

解答

(1) $8^{\frac{1}{3}}=\sqrt[3]{8}=\sqrt[3]{2^3}=\mathbf{2}$

(2) $125^{\frac{2}{3}}=(\sqrt[3]{125}\,)^2=(\sqrt[3]{5^3}\,)^2=5^2=\mathbf{25}$

(3) $4^{-\frac{3}{2}}=\dfrac{1}{4^{\frac{3}{2}}}=\dfrac{1}{(\sqrt{4}\,)^3}=\dfrac{1}{2^3}=\dfrac{\mathbf{1}}{\mathbf{8}}$

(4) $0.04^{1.5}=0.04^{\frac{3}{2}}=(\sqrt{0.04}\,)^3=0.2^3=\mathbf{0.008}$

(5) $\left(\dfrac{27}{8}\right)^{-\frac{4}{3}}=\dfrac{1}{\left(\dfrac{27}{8}\right)^{\frac{4}{3}}}=\dfrac{1}{\sqrt[3]{\dfrac{27}{8}}^{\,4}}=\dfrac{1}{\left\{\sqrt[3]{\left(\dfrac{3}{2}\right)^3}\right\}^4}=\dfrac{1}{\left(\dfrac{3}{2}\right)^4}=\dfrac{\mathbf{16}}{\mathbf{81}}$

← $\sqrt[n]{a^m}$ または $(\sqrt[n]{a}\,)^m$ で，$n=2$ のときは，2 を省略して表す。

(4) 0.04 を分数で表すと
$\dfrac{4}{100}=\dfrac{1}{25}=\left(\dfrac{1}{5}\right)^2$

(5) $\left(\dfrac{a}{b}\right)^{-r}=\left\{\left(\dfrac{a}{b}\right)^{-1}\right\}^r$

$=\left(\dfrac{1}{\dfrac{a}{b}}\right)^r=\left(\dfrac{b}{a}\right)^r$

が成り立つから
$\left(\dfrac{27}{8}\right)^{-\frac{4}{3}}=\left(\dfrac{8}{27}\right)^{\frac{4}{3}}$
として計算してもよい。

[別解] a^p の形のまま，指数法則を利用して計算する。

(1) $8^{\frac{1}{3}}=(2^3)^{\frac{1}{3}}=2^{3\times\frac{1}{3}}=\mathbf{2}$

(2) $125^{\frac{2}{3}}=(5^3)^{\frac{2}{3}}=5^{3\times\frac{2}{3}}=5^2=\mathbf{25}$

(3) $4^{-\frac{3}{2}}=(2^2)^{-\frac{3}{2}}=2^{2\times(-\frac{3}{2})}=2^{-3}=\dfrac{1}{2^3}=\dfrac{\mathbf{1}}{\mathbf{8}}$

(4) $0.04^{1.5}=(0.2^2)^{\frac{3}{2}}=0.2^{2\times\frac{3}{2}}=0.2^3=\mathbf{0.008}$

(5) $\left(\dfrac{27}{8}\right)^{-\frac{4}{3}}=\left\{\left(\dfrac{3}{2}\right)^3\right\}^{-\frac{4}{3}}=\left(\dfrac{3}{2}\right)^{3\times(-\frac{4}{3})}=\left(\dfrac{3}{2}\right)^{-4}=\dfrac{1}{\left(\dfrac{3}{2}\right)^4}=\dfrac{\mathbf{16}}{\mathbf{81}}$

← $\left(\dfrac{3}{2}\right)^{-4}=\left(\dfrac{2}{3}\right)^4$ として計算してもよい。

TRAINING 146 ①

次の値を求めよ。

(1) $27^{\frac{1}{3}}$　　(2) $64^{\frac{2}{3}}$　　(3) $81^{-\frac{3}{4}}$　　(4) $32^{0.2}$

基本 例題 **147** 有理数の指数と累乗根の計算

≪≪ 基本例題 145, 146　≫≫ 発展例題 163

次の計算をせよ。

(1) $8^{\frac{2}{3}} \times 4^{\frac{3}{2}}$

(2) $2^{-\frac{1}{2}} \times 2^{\frac{5}{6}} \div 2^{\frac{1}{3}}$

(3) $(3^{-2} \times 9^{\frac{2}{3}})^{\frac{3}{2}}$

(4) $\sqrt[4]{4} \times \sqrt[6]{8}$

(5) $\sqrt[3]{5} \div \sqrt[12]{5} \times \sqrt[8]{25}$

(6) $\sqrt{6} \times \sqrt[4]{54} \div \sqrt[4]{6}$

CHART & GUIDE

指数法則

$a>0$, $b>0$ で, r, s が有理数のとき

$$a^r \times a^s = a^{r+s}, \quad \frac{a^r}{a^s} = a^{r-s}, \quad (a^r)^s = a^{rs}, \quad (ab)^r = a^r b^r$$

1 累乗根 ($\sqrt[n]{a^m}$) の形のものは, a^p (p は有理数) の形に直す。

2 底を素因数分解する。

3 指数法則を用いて計算する。なお, $\div(\ \ )$ は $\times(\ \ )^{-1}$ とするとよい。

解答

(1) $8^{\frac{2}{3}} \times 4^{\frac{3}{2}} = (2^3)^{\frac{2}{3}} \times (2^2)^{\frac{3}{2}} = 2^2 \times 2^3 = 2^{2+3} = 2^5 = \mathbf{32}$

← 底を 2 にそろえる。

(2) $2^{-\frac{1}{2}} \times 2^{\frac{5}{6}} \div 2^{\frac{1}{3}} = 2^{-\frac{1}{2}} \times 2^{\frac{5}{6}} \times 2^{-\frac{1}{3}} = 2^{-\frac{1}{2}+\frac{5}{6}-\frac{1}{3}} = 2^0 = \mathbf{1}$

← $\dfrac{1}{a^r} = a^{-r}$

(3) $(3^{-2} \times 9^{\frac{2}{3}})^{\frac{3}{2}} = \{3^{-2} \times (3^2)^{\frac{2}{3}}\}^{\frac{3}{2}} = (3^{-2+\frac{4}{3}})^{\frac{3}{2}} = (3^{-\frac{2}{3}})^{\frac{3}{2}}$

$= 3^{-1} = \dfrac{\mathbf{1}}{\mathbf{3}}$

← 底を 3 にそろえる。

(4) $\sqrt[4]{4} \times \sqrt[6]{8} = 4^{\frac{1}{4}} \times 8^{\frac{1}{6}} = (2^2)^{\frac{1}{4}} \times (2^3)^{\frac{1}{6}} = 2^{\frac{1}{2}} \times 2^{\frac{1}{2}} = 2^{\frac{1}{2}+\frac{1}{2}} = \mathbf{2}$

(5) $\sqrt[3]{5} \div \sqrt[12]{5} \times \sqrt[8]{25} = 5^{\frac{1}{3}} \times 5^{-\frac{1}{12}} \times 25^{\frac{1}{8}} = 5^{\frac{1}{3}} \times 5^{-\frac{1}{12}} \times (5^2)^{\frac{1}{8}}$

$= 5^{\frac{1}{3}-\frac{1}{12}+\frac{1}{4}} = 5^{\frac{1}{2}} = \sqrt{\mathbf{5}}$

← 結果は, 与えられた形 (例題の場合は, 根号の形) に合わせて表すことが多い。

(6) $\sqrt{6} \times \sqrt[4]{54} \div \sqrt[4]{6} = (2 \cdot 3)^{\frac{1}{2}} \times (2 \cdot 3^3)^{\frac{1}{4}} \times (2 \cdot 3)^{-\frac{1}{4}}$

$= (2^{\frac{1}{2}} \cdot 3^{\frac{1}{2}}) \times (2^{\frac{1}{4}} \cdot 3^{\frac{3}{4}}) \times (2^{-\frac{1}{4}} \cdot 3^{-\frac{1}{4}})$

$= 2^{\frac{1}{2}+\frac{1}{4}-\frac{1}{4}} \times 3^{\frac{1}{2}+\frac{3}{4}-\frac{1}{4}} = 2^{\frac{1}{2}} \times 3 = \mathbf{3}\sqrt{\mathbf{2}}$

[**別解**] (与式)$= \sqrt{6} \times \sqrt[4]{\dfrac{54}{6}} = \sqrt{6} \times \sqrt[4]{9} = \sqrt{6} \times \sqrt[4]{3^2}$

$= \sqrt{6} \times \sqrt{3} = \mathbf{3}\sqrt{\mathbf{2}}$

← 累乗根の性質を利用。

← $\sqrt[4]{3^2} = 3^{\frac{2}{4}} = 3^{\frac{1}{2}} = \sqrt{3}$

7章 28 指数の拡張

TRAINING 147 ②

次の計算をせよ。

(1) $5^{\frac{1}{2}} \times 25^{-\frac{1}{4}}$

(2) $4^{\frac{2}{3}} \div 24^{\frac{1}{3}} \times 18^{\frac{2}{3}}$

(3) $\left\{\left(\dfrac{16}{81}\right)^{-\frac{3}{4}}\right\}^{\frac{2}{3}}$

(4) $\sqrt[3]{54} \times 2\sqrt[3]{2} \times \sqrt[3]{16}$

(5) $\sqrt[4]{6} \times \sqrt{6} \times \sqrt[4]{12}$

数学の扉　織姫星(ベガ)は 0 等星 ― 星の等級

夜空にきらめく星は，その明るさによって 1 等星，2 等星，…… とグループ分けされています。紀元前 150 年頃にギリシャの天文学者ヒッパルコスが，一番明るく見える星を 20 個選んで 1 等星とし，肉眼でやっと見える暗い星を 6 等星と定めたのです。
では，1 等星は 6 等星 6 つ分の明るさでしょうか？
いいえ，違います。観測技術の向上に伴って 1 等星は 6 等星の 100 倍明るいことが後に突き止められたのです。

ここでは，星の明るさを表す等級について一歩進んで考えてみることにしましょう。まず，星は 1 等級上がると，何倍明るくなるのでしょうか。1 等級で明るさが x 倍になるとして，x の値を求めてみましょう。

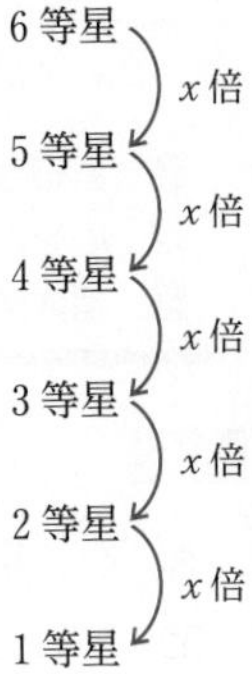

6 等星
x 倍
5 等星
x 倍
4 等星
x 倍
3 等星
x 倍
2 等星
x 倍
1 等星

6 等星が x 倍明るくなって 5 等星，さらに x 倍で 4 等星 …… と 1 等星まで続いて，その結果 100 倍になるから $x^5=100$ つまり $x=\sqrt[5]{100}$ ですね！

その通りです。およその値を求めると，$x=2.5$ になります ($2.5^5=97.6\cdots$)。
次に，夜空の星はすべて 1 ～ 6 等星なのでしょうか？
実は，そうではありません。七夕の織姫星で有名なこと座のベガは，約 0 等星です。
3 等星，2 等星，1 等星の続きと考えて，1 等星より 2.5 倍明るい星が 0 等星です。さらに，−1 等星，−2 等星，…… と続きます。
では，太陽以外の恒星で一番明るく見えるシリウスは約 −1.5 等星ですが，小数点以下はどう考えたらよいのでしょう。
今度は 0.5 等級で y 倍明るくなると考えます。
1 等級上がると 2.5 倍明るくなるから，$y^2=2.5$　およそ $y=1.6$ となります。
$2.5\times1.6=4$ ですから，シリウスはベガの約 4 倍明るいのです。

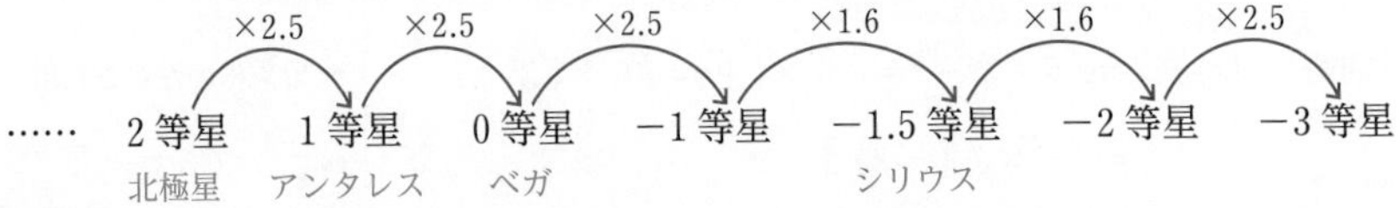

×2.5
×2.5
×2.5
×1.6
×1.6
×2.5
…… 2 等星 1 等星 0 等星 −1 等星 −1.5 等星 −2 等星 −3 等星
北極星 アンタレス ベガ シリウス

さあ，星の等級の仕組みがわかりました。例えば，西の空にひときわまぶしく輝く宵の明星(金星)は −4.3 等星ですが，この星はベガの何倍明るいでしょうか。後で学ぶ常用対数の知識が身につけば，正確な値が計算できます。挑戦してみてください。

Let's Start

29 指数関数

> この節では，関数 $y=a^x(a>0,\ a \neq 1)$ のグラフやその特徴について学習していきましょう。

■ 実数の指数

$p.255$ において，指数が有理数の場合まで拡張され，実数の指数についても簡単に触れた。例えば，$2^{\sqrt{2}}$ は次のように定義される。

$\sqrt{2}=1.4142\cdots\cdots$ であって，有限小数は有理数であるから，累乗の列

$$2^{1.4},\ 2^{1.41},\ 2^{1.414},\ 2^{1.4142},\ \cdots\cdots$$

の各項は定義され，次第に一定の値に近づいていく。その値を $2^{\sqrt{2}}$ と定める。

このようにして，一般には，$a>0$ のとき，任意の実数 x に対して，a^x を定めることができる。そして，次の指数法則が成り立つ。

◀ $2^{1.4}=2^{\frac{7}{5}}=2^{1+\frac{2}{5}}=2 \cdot 2^{\frac{2}{5}}$
$=2\sqrt[5]{2^2}$ など

指数法則（指数が実数）

$a>0$，$b>0$ で，x，y は **実数** とする。

$1\quad a^x \times a^y = a^{x+y}$　　　$2\quad \dfrac{a^x}{a^y}=a^{x-y}$

$3\quad (a^x)^y=a^{xy}$　　　$4\quad (ab)^x=a^x b^x$

■ 指数関数 $y=a^x$ とそのグラフ

a を 1 と異なる正の定数 とするとき，x の関数 $y=a^x$ を，a を **底** とする x の **指数関数** という。

関数の特徴をつかむために，例えば，2 つの関数

$$y=2^x\ \cdots\cdots\ ①,\ y=\left(\frac{1}{2}\right)^x\ \cdots\cdots\ ②$$

において，x と y の対応表を作り（適当に四捨五入して計算），グラフをかいてみると，次ページの図のようになる。

◀ $a=1$ のとき，任意の実数 x に対して常に $1^x=1$ である。

x	-3	-2	-1.5	-1	-0.5	0	0.5	1	1.5	2	3
① 2^x	0.125	0.25	0.35	0.5	0.71	1	1.41	2	2.83	4	8
② $\left(\dfrac{1}{2}\right)^x$	8	4	2.83	2	1.41	1	0.71	0.5	0.35	0.25	0.125

関数 ①，② について，上の表とグラフから次のことがわかる。

[1] 定義域は実数全体，値域は正の数全体 である。

[2] グラフは点 $(0, 1)$ を通り，さらに ① のグラフは点 $(1, 2)$，

  ② のグラフは点 $\left(1, \dfrac{1}{2}\right)$ を通る。

  また，x 軸はその漸近線 である。

[3] x が増加するとき，① では，y も 増加 する。

  ② では，y は 減少 する。

一般に，指数関数 $y=a^x$ のグラフは，下の図のようになる。

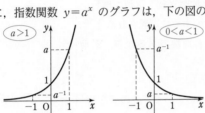

底 a が 1 より大きいか小さいかがグラフの性質を左右するポイントである。また，指数関数 $y=a^x$ のグラフの性質は以下となる。

・x 軸を漸近線としてもつ。

・グラフは点 $(0, 1)$，$(1, a)$ を通る。

・$a>1$　のとき，右上がりの曲線となる。

  $0<a<1$ のとき，右下がりの曲線となる。

← グラフが限りなく近づく直線を，そのグラフの漸近線という。

■ 指数関数の特徴

x の値が増加すると y の値も増加する関数を **増加関数** という。また，x の値が増加すると y の値は減少する関数を **減少関数** という。指数関数 $y=a^x$ は，次のような特徴をもつ。

← 例えば，$y=x$ は増加関数，$y=-2x$ は減少関数である。

> 1　定義域は実数全体，値域は正の数全体である。
> 2　$a>1$ のとき，増加関数である。
> 　すなわち　$p<q \iff a^p<a^q$
> 3　$0<a<1$ のとき，減少関数である。
> 　すなわち　$p<q \iff a^p>a^q$

指数関数のグラフをかいてみましょう。また，指数関数を含む方程式や不等式を解いてみましょう。

$y=3^x$ のグラフをもとにして，次の関数のグラフをかけ。

(1) $y=3^{-x}$ (2) $y=-3^x$ (3) $y=3^{x-1}$

CHART & GUIDE 基本の $y=a^x$ のグラフとの関係を調べてかく

下のような対応表を作ると，$y=3^x$ との関係がつかみやすい。

(3) $y=a^{x-p}+q$ のグラフは，$y=a^x$ のグラフを x 軸方向に p，y 軸方向に q だけ平行移動したものである。この設問は，$p=1$，$q=0$ の場合。

解答

x	-2	-1	0	1	2
3^x	$\dfrac{1}{9}$	$\dfrac{1}{3}$	1	3	9
3^{-x}	9	3	1	$\dfrac{1}{3}$	$\dfrac{1}{9}$
-3^x	$-\dfrac{1}{9}$	$-\dfrac{1}{3}$	-1	-3	-9
3^{x-1}	$\dfrac{1}{27}$	$\dfrac{1}{9}$	$\dfrac{1}{3}$	1	3

◆ $y=3^{-x}=\dfrac{1}{3^x}=\left(\dfrac{1}{3}\right)^x$

(1) $y=3^{-x}$ のグラフは，$y=3^x$ のグラフと y 軸に関して対称である。〔図〕

(2) $y=-3^x$ のグラフは，$y=3^x$ のグラフと x 軸に関して対称である。〔図〕

(3) $y=3^{x-1}$ のグラフは，$y=3^x$ のグラフを x 軸方向に 1 だけ平行移動したものである。〔図〕

(1)
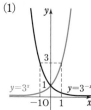

(2)
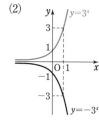

(3)
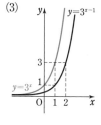

代表的な 2 点，例えば
(1) $(0,\ 1)$，$(-1,\ 3)$
(2) $(0,\ -1)$，$(1,\ -3)$
(3) $(1,\ 1)$，$(2,\ 3)$
をとり，その 2 点を結んでなめらかな曲線をかいてもよい。

TRAINING 148 ③

関数 (1) $y=\dfrac{2^x}{4}$ (2) $y=\dfrac{1}{2}\left(\dfrac{1}{2}\right)^x$ のグラフをかけ。

≪≪ 標準例題 **148**　≫≫ 発展例題 **164**

基本 例題 **149**　累乗根の大小比較

次の各組の数の大小を不等号を用いて表せ。

(1)　2, $\sqrt[3]{4}$, $\sqrt[5]{64}$

(2)　$\dfrac{1}{\sqrt[3]{3}}$, 1, $\dfrac{1}{9}$

CHART & GUIDE

累乗根の大小比較　指数関数 $y=a^x$ の性質を利用

$a>1$　　のとき　$r<s \iff a^r<a^s$　大小一致 …… $!$

$0<a<1$　のとき　$r<s \iff a^r>a^s$　大小反対

└─ 不等号の向きが変わる。

1　各数を a^r の形に直す。このとき，底 a をそろえておくこと。

2　指数部分の大小を比較する。

3　関数の特徴（底 a と 1 の大小に注意）から，各数の大小を比較する。

解答

(1)　$2=2^1$, $\sqrt[3]{4}=4^{\frac{1}{3}}=(2^2)^{\frac{1}{3}}=2^{\frac{2}{3}}$, $\sqrt[5]{64}=64^{\frac{1}{5}}=(2^6)^{\frac{1}{5}}=2^{\frac{6}{5}}$

$y=2^x$ は増加関数であるから，$\dfrac{2}{3}<1<\dfrac{6}{5}$ より

$!$　　　　$2^{\frac{2}{3}}<2^1<2^{\frac{6}{5}}$　すなわち　$\sqrt[3]{4}<2<\sqrt[5]{64}$

(2)　$\dfrac{1}{\sqrt[3]{3}}=\dfrac{1}{3^{\frac{1}{3}}}=3^{-\frac{1}{3}}$, $1=3^0$, $\dfrac{1}{9}=\dfrac{1}{3^2}=3^{-2}$

$y=3^x$ は増加関数であるから，$-2<-\dfrac{1}{3}<0$ より

$!$　　　　$3^{-2}<3^{-\frac{1}{3}}<3^0$

すなわち　$\dfrac{1}{9}<\dfrac{1}{\sqrt[3]{3}}<1$

[別解]　$\dfrac{1}{\sqrt[3]{3}}=\left(\dfrac{1}{3}\right)^{\frac{1}{3}}$, $1=\left(\dfrac{1}{3}\right)^0$, $\dfrac{1}{9}=\left(\dfrac{1}{3}\right)^2$

$y=\left(\dfrac{1}{3}\right)^x$ は減少関数であるから，$0<\dfrac{1}{3}<2$ より

$!$　　　　$\left(\dfrac{1}{3}\right)^0>\left(\dfrac{1}{3}\right)^{\frac{1}{3}}>\left(\dfrac{1}{3}\right)^2$

すなわち　$\dfrac{1}{9}<\dfrac{1}{\sqrt[3]{3}}<1$

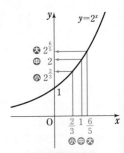

底 >1 大小一致

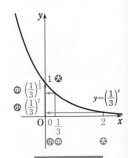

底 <1 大小反対

TRAINING 149 ②

次の各組の数の大小を不等号を用いて表せ。

(1)　0.2^3, 1, 0.2^{-1}

(2)　3, $\sqrt{\dfrac{1}{3}}$, $\sqrt[3]{3}$, $\sqrt[4]{27}$

基本 例題
150 指数方程式 (1) …… 基本

次の方程式を解け。

(1) $3^x = 27$

(2) $\left(\dfrac{1}{2}\right)^{3x-2} = \dfrac{1}{16}$

解説動画へGO!!

CHART & GUIDE

指数方程式
まず，底をそろえる

底をそろえて，指数についての方程式を作り，それを解く。

$$a > 0, \quad a \neq 1 \text{ のとき} \qquad a^r = a^s \iff r = s$$

(1) では底を 3 ，(2) では底を $\dfrac{1}{2}$ にそろえる。

解答

(1) $3^x = 27$ から $\quad 3^x = 3^3$

よって $\quad \boldsymbol{x = 3}$

← $27 = 3^3$

(2) $\left(\dfrac{1}{2}\right)^{3x-2} = \dfrac{1}{16}$ から $\quad \left(\dfrac{1}{2}\right)^{3x-2} = \left(\dfrac{1}{2}\right)^4$

← $\dfrac{1}{16} = \left(\dfrac{1}{2}\right)^4$

ゆえに $\quad 3x - 2 = 4$

よって $\quad \boldsymbol{x = 2}$

[別解] 底を 2 にそろえると，次のように解くことができる。

$$\left(\dfrac{1}{2}\right)^{3x-2} = (2^{-1})^{3x-2} = 2^{-3x+2}$$

$$\dfrac{1}{16} = \left(\dfrac{1}{2}\right)^4 = (2^{-1})^4 = 2^{-4}$$

よって $\quad 2^{-3x+2} = 2^{-4}$

ゆえに $\quad -3x + 2 = -4 \quad$ すなわち $\quad \boldsymbol{x = 2}$

参考 (1)

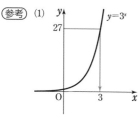

(2)

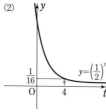

$t = 3x - 2$ とする。

7章
29
指数関数

TRAINING 150 ①

次の方程式を解け。

(1) $5^x = \dfrac{1}{125}$

(2) $3^{2x+3} = 9\sqrt{3}$

標準 例題 **151** 指数方程式 (2) …… ●$^x=t$ のおき換えを利用

方程式 $9^x-2\cdot3^{x+1}-27=0$ を，$3^x=t$ とおくことにより解け。

CHART & GUIDE

指数方程式
まず，底をそろえる

a^{2x}，a^x が混ざった式には，$a^x=t$ のおき換えが有効。

1 底を 3 にそろえ，$3^x=t$ とおく。
　…… t の変域に注意！　一般に　$a^x>0$　…… !

2 t についての 2 次方程式を解く。…… t の変域にある t の値だけを解とする。

3 2 で求めた t の値に対して，x の値を求める。

解答

方程式から	$(3^x)^2-2\cdot3\cdot3^x-27=0$	
! $3^x=t$ とおくと	$t>0$	
方程式は	$t^2-6t-27=0$	
ゆえに	$(t+3)(t-9)=0$ …… (*)	
よって	$t=-3,\ 9$	
$t>0$ であるから	$t=9$	
ゆえに	$3^x=9$ すなわち $3^x=3^2$	
したがって	**$x=2$**	

$\leftarrow 9^x=(3^2)^x=3^{2x}=(3^x)^2$，
$3^{x+1}=3^x\cdot3^1=3\cdot3^x$

$\leftarrow$ 問題文におき換えの指示
がない場合，慣れてきた
ら，$3^x=t$ とおかないで，
$(3^x)^2-6\cdot3^x-27=0$ から
直接
　$(3^x+3)(3^x-9)=0$
と変形して解いてもよい。

注意 (*) より，直ちに「$t>0$ であるから　$t=9$」としてもよい。

? 質問コーナー $3^x=t$ とおくと $t>0$ となるのはなぜですか。

$y=3^x$ のグラフは右の図のようになる。グラフは常に x 軸より上にあるから，$3^x>0$ である。
一般に，$a>0$ のとき $a^x>0$ である。

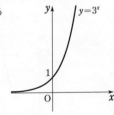

TRAINING 151 ③ ★

方程式 $4^x-4\cdot2^{x+2}+64=0$ を，$2^x=t$ とおくことにより解け。

基本 例題 152 指数不等式 …… 基本

≪≪ 基本例題 149, 150

次の不等式を解け。

(1) $3^x < 27$　　　(2) $\left(\dfrac{1}{3}\right)^{2x+1} \leqq \left(\dfrac{1}{81}\right)^x$　　　(3) $2^{x(x+2)} > \left(\dfrac{1}{4}\right)^{x-6}$

CHART & GUIDE

指数不等式
まず，底をそろえる

① 底をそろえて，底 a と1の大小をチェックする。
② 指数についての不等式を作り，それを解く。
　…… $0<$底<1 の場合は，不等号の向きに注意！

$a>1$　のとき　$a^r < a^s \iff r < s$　不等号の向きは同じ
$0<a<1$　のとき　$a^r < a^s \iff r > s$　不等号の向きが変わる　……

解答

(1) $3^x < 27$ から　$3^x < 3^3$
　底 3 は 1 より大きいから　$x < 3$

(2) $\left(\dfrac{1}{3}\right)^{2x+1} \leqq \left(\dfrac{1}{81}\right)^x$ から　$\left(\dfrac{1}{3}\right)^{2x+1} \leqq \left(\dfrac{1}{3}\right)^{4x}$ ← $\dfrac{1}{81} = \dfrac{1}{3^4} = \left(\dfrac{1}{3}\right)^4$

　底 $\dfrac{1}{3}$ は 1 より小さいから　$2x+1 \geqq 4x$

　これを解いて　$x \leqq \dfrac{1}{2}$

> **注意** 指数不等式では，底と1の大小関係についての断りを忘れないように！

← 不等号の向きが変わる。

7章
29
指数関数

参考 (1)

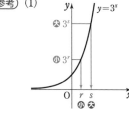

(2)

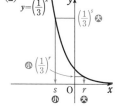

(1) $y=3^x$ は増加関数であるから
　$3^r < 3^s \iff r < s$

(2) $y=\left(\dfrac{1}{3}\right)^x$ は減少関数であるから
　$\left(\dfrac{1}{3}\right)^r < \left(\dfrac{1}{3}\right)^s \iff r > s$

(3) 不等式から　$2^{x(x+2)} > 2^{-2(x-6)}$
　底 2 は 1 より大きいから　$x(x+2) > -2(x-6)$
　整理すると　$x^2 + 4x - 12 > 0$
　よって　$(x-2)(x+6) > 0$
　ゆえに　$x < -6,\ 2 < x$

← $\left(\dfrac{1}{4}\right)^{x-6} = (2^{-2})^{x-6}$
　$= 2^{-2(x-6)}$

← 2 次不等式を解く。

TRAINING 152 ②

次の不等式を解け。

(1) $\left(\dfrac{1}{3}\right)^x < \dfrac{1}{81}$　　　(2) $5^{x+3} > \dfrac{1}{25}$　　　(3) $2\left(\dfrac{1}{2}\right)^{x^2} \geqq \left(\dfrac{1}{128}\right)^{x-1}$

30 対数とその性質

$2^x=8$ を満たす実数は $x=3$ ですが，$2^x=5$ を満たす実数 x はどのような値でしょうか。ここでは，正の数 M に対して，$2^x=M$ を満たす実数 x の値について考えてみましょう。

■ 対数の定義

指数関数 $y=2^x$ は，x の値が増加すると y の値も増加し，値域は正の数全体である。

したがって，任意の正の数 M に対して，

$M=2^p$ となる実数 p がただ 1 つ定まる

例えば，$M=8$ とすると，$8=2^3$ であるから $p=3$ である。

しかし，$M=3$ とすると，$3=2^p$ となる実数 p は確かに存在するが(右図参照)，その数値の表現が困難である。

そこで，次のような新しい記号 **log** を導入することにする。

$2^p=3$ となる p を　2 を底とする 3 の **対数** といい，

$\log_2 3$ と表す。

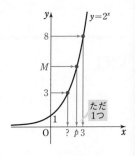

(補足) $M=8$ のとき，$2^3=8$ であるから $\log_2 8=3$ と表すことができる。

← log は対数を意味する logarithm の略で，$\log_2 3$ はログ 2，3 と読む。

一般に，$a>0$，$a\neq1$ とするとき，どんな正の数 M に対しても

$$a^p=M$$

となる実数 p がただ 1 つ定まる。

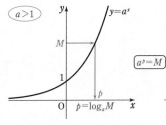

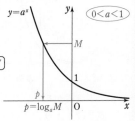

この p の値を $\log_a M$ で表し，a を **底** とする M の **対数** という。

また，$\log_a M$ における M を，この対数の **真数** という。

指数と対数

$a>0$，$a\neq1$，$M>0$ とする。

$$M=a^p \iff \log_a M=p$$

対数の表記

真数 (>0)

$$\log_a M$$

底 $(>0，\neq1)$

注意 以下，$\log_a M$ とかくときは，$a>0$，$a \neq 1$，$M>0$ であるとする。

■ 対数の性質

$1=a^0$，$a=a^1$ であることから，次が成り立つ。

$$\log_a 1 = 0, \qquad \log_a a = 1$$

また，指数法則から，次の性質が得られる。

> **対数の性質**
>
> $M>0$，$N>0$ で，k は実数とする。
> 1. $\log_a MN = \log_a M + \log_a N$
> 2. $\log_a \dfrac{M}{N} = \log_a M - \log_a N$
> 3. $\log_a M^k = k \log_a M$

[証明] $\log_a M = p$，$\log_a N = q$ とすると $M = a^p$，$N = a^q$

指数法則により，$MN = a^p a^q = a^{p+q}$，$\dfrac{M}{N} = \dfrac{a^p}{a^q} = a^{p-q}$ であるから

$$p + q = \log_a MN, \quad p - q = \log_a \frac{M}{N}$$

すなわち $\log_a MN = \log_a M + \log_a N,$

$$\log_a \frac{M}{N} = \log_a M - \log_a N \qquad \leftarrow 1,\ 2 \text{ が示された。}$$

また $M^k = (a^p)^k = a^{pk}$

よって $pk = \log_a M^k$ すなわち $\log_a M^k = k \log_a M$ $\qquad \leftarrow 3 \text{ が示された。}$

■ 底の変換公式

> **底の変換公式**
>
> a，b，c は正の数で，$a \neq 1$，$c \neq 1$ とする。
>
> $$\log_a b = \frac{\log_c b}{\log_c a}$$

[証明] $\log_a b = p$ とすると $a^p = b$

両辺の c を底とする対数をとると $\log_c a^p = \log_c b$

すなわち $p \log_c a = \log_c b$ $\qquad \leftarrow$ 対数の性質 3

$a \neq 1$ であるから $\log_c a \neq 0$

よって $p = \dfrac{\log_c b}{\log_c a}$ すなわち $\log_a b = \dfrac{\log_c b}{\log_c a}$

対数の定義，性質はしっかり学習できましたか。実際の問題で練習していきましょう。

基本 例題
153 対数の値を求める (1) …… 定義の利用

次の値を求めよ。

(1) $\log_3 243$　　(2) $\log_{10}\dfrac{1}{1000}$　　(3) $\log_{\frac{1}{3}}\sqrt{27}$　　(4) $\log_{0.2}25$

CHART
& GUIDE

対数　$\log_a M$
a を何乗すると M になるかという数

[解法 1]　対数の定義 $a^p = M \Longleftrightarrow p = \log_a M$ を使う。
　(1)　$x = \log_3 243$ とおくと　$3^x = 243$　すなわち　$3^x = 3^5$
[解法 2]　$\log_a M$ を $\log_a a^p$ に表し，$\log_a a^p = p$ を使う。
　(1)　243 を底 3 の累乗 $3^{\blacksquare}$ の形に表す ⟶ $\log_3 3^{\blacksquare} = \blacksquare$

真数
↓
$$\log_a M$$
↑
底

解答

(1)　$243 = 3^5$ であるから　$\log_3 243 = \log_3 3^5 = \mathbf{5}$

(2)　$\log_{10}\dfrac{1}{1000} = \log_{10}\dfrac{1}{10^3} = \log_{10}10^{-3} = \mathbf{-3}$

(3)　$\log_{\frac{1}{3}}\sqrt{27} = \log_{\frac{1}{3}}3^{\frac{3}{2}} = \log_{\frac{1}{3}}\left(\dfrac{1}{3}\right)^{-\frac{3}{2}} = \mathbf{-\dfrac{3}{2}}$

(4)　$x = \log_{0.2}25$ とおくと　$0.2^x = 25$

　よって　$\left(\dfrac{1}{5}\right)^x = 5^2$　すなわち　$5^{-x} = 5^2$

　ゆえに　$x = -2$　すなわち　$\log_{0.2}25 = \mathbf{-2}$

(2)　$x = \log_{10}\dfrac{1}{1000}$

$\Longleftrightarrow 10^x = \dfrac{1}{1000}$

$\Longleftrightarrow 10^x = 10^{-3}$

(3)　$x = \log_{\frac{1}{3}}\sqrt{27}$

$\Longleftrightarrow \left(\dfrac{1}{3}\right)^x = \sqrt{27}$

$\Longleftrightarrow 3^{-x} = 3^{\frac{3}{2}}$

Lecture 対数も数である

上のように，$\log_a M$ の値を求めるには，次の 2 通りの方法が考えられる。
[**解法 1**]　$x = \log_a M$ とおくと，対数の定義から　$a^x = M$
　そこで，M を a の累乗 a^p で表すと　$a^x = a^p$　よって　$x = p$
[**解法 2**]　最初から M を a の累乗 a^p で表して　$\log_a M = \log_a a^p = p$
内容的には同じことをしているが，[解法 1]では，機械的に計算できる。しかし，x を仲立ちにするので，[解法 2]の方が，$\log_a M$ を数として身近に感じられる。

TRAINING 153 ①
次の値を求めよ。

(1) $\log_3 9$　　(2) $\log_4 \dfrac{1}{32}$　　(3) $\log_{0.1}10$　　(4) $\log_{\sqrt{5}}\dfrac{1}{5}$

基本 例題
154 対数の計算(1) …… 基本

次の式を簡単にせよ。

(1) $\log_8 2 + \log_8 4$　　(2) $\log_3 72 - \log_3 8$　　(3) $\log_5 \sqrt{125}$

(4) $\log_8 16$　　(5) $\log_2 3 \cdot \log_3 2$

CHART & GUIDE

対数の性質

$M > 0$, $N > 0$, k は実数, $a > 0$, $a \neq 1$

① $\log_a MN = \log_a M + \log_a N$　…… 積 の対数 ⟷ 対数の 和

② $\log_a \dfrac{M}{N} = \log_a M - \log_a N$　…… 商の対数 ⟷ 対数の 差

③ $\log_a M^k = k \log_a M$　　…… k 乗 の対数 ⟷ 対数の k 倍

(4), (5) 底の変換公式 (a, b, c は正の数で, $a \neq 1$, $b \neq 1$, $c \neq 1$)

$$\log_a b = \frac{\log_c b}{\log_c a} \qquad 特に \quad \log_a b = \frac{1}{\log_b a}$$

新しい底 c は計算しやすいように自由に選んでよい。

解答

(1) $\log_8 2 + \log_8 4 = \log_8(2 \times 4) = \log_8 8 = \mathbf{1}$

(2) $\log_3 72 - \log_3 8 = \log_3 \dfrac{72}{8} = \log_3 9 = \log_3 3^2 = \mathbf{2}$

(3) $\log_5 \sqrt{125} = \log_5 125^{\frac{1}{2}} = \dfrac{1}{2} \log_5 125$

$\qquad = \dfrac{1}{2} \log_5 5^3 = \dfrac{\mathbf{3}}{\mathbf{2}}$

(4) $\log_8 16 = \dfrac{\log_2 16}{\log_2 8} = \dfrac{\log_2 2^4}{\log_2 2^3} = \dfrac{\mathbf{4}}{\mathbf{3}}$

(5) $\log_2 3 \cdot \log_3 2 = \log_2 3 \cdot \dfrac{\log_2 2}{\log_2 3} = \log_2 2 = \mathbf{1}$

$a^1 = a$ から　$\log_a a = 1$
$a^0 = 1$ から　$\log_a 1 = 0$
$a^{-1} = \dfrac{1}{a}$ から

$\qquad \log_a \dfrac{1}{a} = -1$

← $\log_2 3$, $\log_3 2$ は底が 2, 3 と異なる から, 底 を 2 に そろえる。

TRAINING 154 ①

次の式を簡単にせよ。

(1) $\log_4 8 + \log_4 2$　　(2) $\log_5 75 - \log_5 15$　　(3) $\log_8 64^3$

(4) $\log_3 \sqrt[4]{3^5}$　　(5) $\log_{\sqrt{3}} 27$　　(6) $\log_2 8 + \log_3 \dfrac{1}{81}$

標
準 例題
155 対数の計算 (2) …… 式が複雑なもの   ◎◎◎

次の式を簡単にせよ。

(1) $\dfrac{3}{2}\log_3 2+\dfrac{1}{2}\log_3\dfrac{1}{6}-\log_3\dfrac{2\sqrt{3}}{3}$ (2) $(\log_2 9+\log_4 3)(\log_3 2+\log_9 4)$

CHART
& GUIDE
    対数の計算   ① **まとめる か 分解する**
                    ② **異なる底はそろえる**

(1) 対数の性質を用いて，[1] 1つの対数$(\log_a M$ の形$)$にまとめる。
    [2] 第2項と第3項を分解して，$\log_3 2$ で表す。
(2) 底がそろっていないから，底の変換公式を利用して，底をそろえる。

解答

(1) （与式）$=\log_3 2\sqrt{2}+\log_3\dfrac{1}{\sqrt{6}}-\log_3\dfrac{2\sqrt{3}}{3}$

       $=\log_3\left(2\sqrt{2}\times\dfrac{1}{\sqrt{6}}\times\dfrac{3}{2\sqrt{3}}\right)=\log_3 1=\mathbf{0}$

   [別解] （与式）$=\dfrac{3}{2}\log_3 2-\dfrac{1}{2}\log_3 6-(\log_3 2-\log_3\sqrt{3})$ ← $\log_3\dfrac{1}{6}$ について

             $=\dfrac{3}{2}\log_3 2-\dfrac{1}{2}(\log_3 2+1)-\left(\log_3 2-\dfrac{1}{2}\right)$ $\log_3\dfrac{1}{6}=\log_3 1-\log_3 6$

             $=\left(\dfrac{3}{2}-\dfrac{1}{2}-1\right)\log_3 2-\dfrac{1}{2}+\dfrac{1}{2}=\mathbf{0}$ $=-\log_3 6$

(2) （与式）$=\left(\log_2 3^2+\dfrac{\log_2 3}{\log_2 2^2}\right)\left(\dfrac{\log_2 2}{\log_2 3}+\dfrac{\log_2 2^2}{\log_2 3^2}\right)$ ← 底を 2 に変換する。

       $=\left(2\log_2 3+\dfrac{\log_2 3}{2}\right)\left(\dfrac{1}{\log_2 3}+\dfrac{1}{\log_2 3}\right)$ $\log_\triangle\square=\dfrac{\log_2\square}{\log_2\triangle}$

       $=\dfrac{5}{2}\log_2 3\cdot\dfrac{2}{\log_2 3}=\mathbf{5}$ そろえる底は，計算しや
                                              すい 1 でない正の数を選
                                              ぶ。

注意 対数の性質 $\log_a M+\log_a N=\log_a MN$，$\log_a M-\log_a N=\log_a\dfrac{M}{N}$ は，例えば，

$\log_a\bigcirc+\log_a\square$ を $\log_a\bigcirc\square$ という1つの対数に **まとめる**，逆に1つの対数 $\log_a\bigcirc\square$ を $\log_a\bigcirc+\log_a\square$ の形に **分解する**，という変形に用いられる。なお，この性質を利用 するときは，**底がそろっている** ことに注意する。

TRAINING 155 ③

次の式を簡単にせよ。

(1) $\log_3\sqrt{5}-\dfrac{1}{2}\log_3 10+\log_3\sqrt{18}$ (2) $\log_2 16+\log_4 8+\log_8 4$

(3) $(\log_3 4+\log_9 4)(\log_2 27-\log_4 9)$ [(1) 東北工大]

31 対数関数

この節では，関数 $y=\log_a x$ $(a>0,\ a \neq 1)$ のグラフやその特徴について学習していきましょう。

■ 対数関数とそのグラフ

一般に，a を1でない正の数とするとき，x の関数 $y=\log_a x$ を，a を底とする x の対数関数 という。

指数関数 $y=2^x$ …… ① において，任意の正の数 y に対して x がただ1つ決まり，$x=\log_2 y$ と表されることを $p.266$ で学んだ。

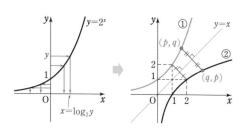

この $x=\log_2 y$ は，x が y の関数であることを示している。

そこで，x と y を交換して

$$y=\log_2 x \ \text{……} \ ②$$

とすると，y は x の関数となる。

② は ① で x と y を交換したものであるから，①，② のグラフは **直線 $y=x$ に関して対称** になる。

それは，点 $(p,\ q)$ が ① のグラフ上を動く $(q=2^p)$ とき，点 $(p,\ q)$ と直線 $y=x$ に関して対称な点 $(q,\ p)$ が ② のグラフ上を動く $(p=\log_2 q)$ ことからもわかる。

ここで，関数 $y=\log_2 x$ において，x と y の対応表を作り，グラフをかいてみると，右の図のようになる。

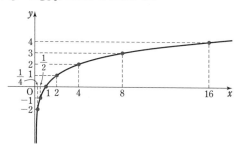

x	$\dfrac{1}{4}$	$\dfrac{1}{2}$	1	2	4	8	16
y	-2	-1	0	1	2	3	4

関数 $y=\log_2 x$ について，上の表とグラフから次のことがわかる。

[1]　定義域は正の数全体，値域は実数全体である。

[2]　グラフは点 $(1,\ 0)$，$(2,\ 1)$ を通り，**y 軸はその漸近線** である。

[3]　x が増加すると，y も増加する（**増加関数**）。

一般に，対数関数 $y=\log_a x$ は指数関数 $y=a^x$ と逆の関係にあり，$y=\log_a x$ のグラフと $y=a^x$ のグラフは直線 $y=x$ に関して対称である。よって，対数関数 $y=\log_a x$ のグラフは，下の図のようになる。

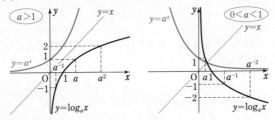

←p.260 の $y=a^x$ のグラフを参照。

対数関数 $y=\log_a x$ のグラフの性質は以下となる。

・y 軸を漸近線としてもつ。

・グラフは点 $(1,\ 0)$，$(a,\ 1)$ を通る。

・$a>1$　のとき，右上がりの曲線となる。

　$0<a<1$ のとき，右下がりの曲線となる。

←グラフが限りなく近づく直線を，そのグラフの漸近線という。

■ 対数関数の特徴

対数関数 $y=\log_a x$ は，次のような特徴をもつ。

1　定義域は正の数全体，値域は実数全体である。
2　$a>1$ のとき，増加関数である。
すなわち　$0<p<q \iff \log_a p<\log_a q$
3　$0<a<1$ のとき，減少関数である。
すなわち　$0<p<q \iff \log_a p>\log_a q$

対数関数のグラフをかいてみましょう。また，対数関数を含む方程式や不等式を解いてみましょう。

標準 例題 **156** 対数関数のグラフ ◐◐◐

次の関数のグラフをかけ。

(1) $y=\log_{\frac{1}{2}}x$ 　　(2) $y=\log_2 2x$ 　　(3) $y=\log_2(x-1)$

CHART & GUIDE

基本の $y=\log_a x$ のグラフとの関係を調べてかく

グラフをかくときには，通る点をいくつかとってかいてもよいが，前ページの $y=\log_2 x$ のグラフを参考にして考えてみよう。

解答

(1) $y=\log_{\frac{1}{2}}x=\dfrac{\log_2 x}{\log_2 \frac{1}{2}}=-\log_2 x$ 　◀底の変換公式で，底を2に直している。

$y=\log_{\frac{1}{2}}x$ のグラフは，$y=\log_2 x$ のグラフと x 軸に関して対称である。〔図〕

(2) $y=\log_2 2x=\log_2 x+\log_2 2=\log_2 x+1$ 　◀対数の性質を利用。

$y=\log_2 2x$ のグラフは，$y=\log_2 x$ のグラフを y 軸方向に1だけ平行移動したものである。〔図〕

(3) $y=\log_2(x-1)$ のグラフは，$y=\log_2 x$ のグラフを x 軸方向に1だけ平行移動したものである。〔図〕

(3) x 軸との交点の座標は $(2,\ 0)$ 直線 $x=1$ が漸近線。

7章 **31** 対数関数

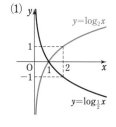 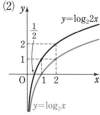 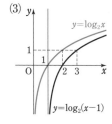

☞ *Lecture* 対数関数のグラフの平行移動

$y=\log_a(x-p)+q$ のグラフは，$y=\log_a x$ のグラフを x 軸方向に p，y 軸方向に q だけ平行移動したものである。

(参考) 一般に，関数 $y=f(x)$ のグラフを x 軸方向に p，y 軸方向に q だけ平行移動すると，移動後のグラフを表す関数は $y-q=f(x-p)$ と表される。← $y+q=f(x+p)$ ではない！ すなわち，$y=f(x)$ で x を $x-p$ に，y を $y-q$ におき換えた ものである。

TRAINING 156 ③

次の関数のグラフをかけ。

(1) $y=\log_3 x$ 　　(2) $y=\log_{\frac{1}{3}}x$ 　　(3) $y=\log_3(3x+6)$

基本 例題 157 対数の大小比較 ◐◐

次の各組の数の大小を不等号を用いて表せ。

(1) $1,\ \log_2 5,\ \log_4 3$

(2) $\log_{\frac{1}{3}}\dfrac{1}{2},\ 0,\ \dfrac{1}{2}\log_{\frac{1}{3}}9$

CHART & GUIDE

対数の大小比較

底をそろえて，真数の大小で比較　底と 1 の大小に注意

■ 各数の底をそろえる。また，$\log_a M^k = k \log_a M$ を用いて変形する。

② 真数部分の大小を比較する。

③ 底 a と 1 の大小に注意して，各数の大小を比較する。

$a > 1$ のとき $0 < p < q \iff \log_a p < \log_a q$ 大小一致 …… !

$0 < a < 1$ のとき $0 < p < q \iff \log_a p > \log_a q$ 大小反対

└── 不等号の向きが変わる。

解答

(1) $1 = \log_2 2,$

$\quad \log_4 3 = \dfrac{\log_2 3}{\log_2 4} = \dfrac{1}{2}\log_2 3$

$\qquad = \log_2 \sqrt{3}$

底 2 は 1 より大きく，$\sqrt{3} < 2 < 5$

であるから

! $\qquad \log_2 \sqrt{3} < \log_2 2 < \log_2 5$

すなわち $\mathbf{\log_4 3 < 1 < \log_2 5}$

(2) $0 = \log_{\frac{1}{3}} 1,$

$\quad \dfrac{1}{2}\log_{\frac{1}{3}} 9 = \log_{\frac{1}{3}}\sqrt{9} = \log_{\frac{1}{3}} 3$

底 $\dfrac{1}{3}$ は 1 より小さく，$\dfrac{1}{2} < 1 < 3$

であるから

! $\qquad \log_{\frac{1}{3}}\dfrac{1}{2} > \log_{\frac{1}{3}} 1 > \log_{\frac{1}{3}} 3$

すなわち $\mathbf{\dfrac{1}{2}\log_{\frac{1}{3}} 9 < 0 < \log_{\frac{1}{3}}\dfrac{1}{2}}$

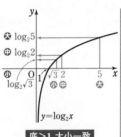

底 >1 大小一致

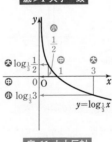

底 <1 大小反対

← 1 を底 2 の対数で表し，$\log_4 3$ には，底の変換公式を用いて，底を 2 にそろえる。

(1) 関数 $y = \log_2 x$ は，底 2 が 1 より大きいから，増加関数である。
つまり，各数の大小は真数の大小に一致する。

(2) 関数 $y = \log_{\frac{1}{3}} x$ は，底 $\dfrac{1}{3}$ が 1 より小さいから，減少関数である。つまり，各数の大小は真数の大小と反対になる。

TRAINING 157 ②

次の各組の数の大小を不等号を用いて表せ。

(1) $\log_3 5,\ 2,\ 2\log_3 2$

(2) $\dfrac{1}{2}\log_{\frac{1}{2}} 2,\ \log_{\frac{1}{2}}\dfrac{1}{9},\ -1$

基本 例題

158 対数方程式, 対数不等式 (1) …… 基本 〇〇

次の方程式・不等式を解け。

(1) $\log_3 x = 2$

(2) $\log_4(x-1) = -1$

(3) $\log_{\sqrt{2}} x \geqq 4$

(4) $\log_{\frac{1}{3}} x > 2$

解説動画へGO!!

CHART & GUIDE

対数方程式, 対数不等式
底をそろえて, 真数を比較

1 真数の条件（真数>0）を書き出す。… [!]
2 底をそろえる。
3 方程式 …… 真数についての方程式を解く。
　　不等式 …… 底と1の大小に注意 して,
　　　　　　　　真数についての不等式を解く。
4 3 で得られた解が, 1 の真数の条件を満たすかどうかを確認する。

(補足) (1), (2) は $\log_a M = p$ の形であるから, 対数の定義 $\log_a M = p \iff M = a^p$ により解が導かれ, 真数の条件の確認は不要である。

$$\log_a \bigcirc = \log_a \triangle \longrightarrow \bigcirc = \triangle$$
$$\log_a \bigcirc > \log_a \triangle \longrightarrow$$
$$a > 1 \ \text{のとき} \quad \bigcirc > \triangle$$
$$0 < a < 1 \ \text{のとき} \quad \bigcirc < \triangle$$

解 答

(1) 対数の定義から　　$x = 3^2$　　すなわち　　**$x = 9$**

(2) 対数の定義から　　$x - 1 = 4^{-1}$　すなわち　$x - 1 = \dfrac{1}{4}$

　　したがって　　**$x = \dfrac{5}{4}$**

[!] (3) 真数は正であるから　　$x > 0$ …… ①

　　不等式を変形して　　$\log_{\sqrt{2}} x \geqq \log_{\sqrt{2}} (\sqrt{2})^4$

　　底 $\sqrt{2}$ は1より大きいから

　　　　　　$x \geqq (\sqrt{2})^4$　すなわち　$x \geqq 4$ …… ②

　　①, ② から, 解は　　**$x \geqq 4$**

[!] (4) 真数は正であるから　　$x > 0$ …… ①

　　不等式を変形して　　$\log_{\frac{1}{3}} x > \log_{\frac{1}{3}} \left(\dfrac{1}{3}\right)^2$

　　底 $\dfrac{1}{3}$ は1より小さいから

　　　　　　$x < \left(\dfrac{1}{3}\right)^2$　すなわち　$x < \dfrac{1}{9}$ …… ②

　　①, ② から, 解は　　**$0 < x < \dfrac{1}{9}$**

← 左の解き方で（真数）≦0 の解が得られることはありえない。(2)も同様。よって, 真数の条件は書き出す必要がない。

7章
31
対数関数

(3)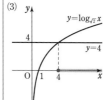

(4)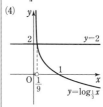

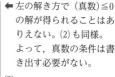

TRAINING 158 ②

次の方程式・不等式を解け。

(1) $\log_2(3x+2) = 5$

(2) $\log_3 x < 2$

(3) $\log_{0.2} x \leqq -1$

標
準 **159** 対数方程式，対数不等式 (2) …… log＋log が現れるもの ❶❷❸

次の方程式・不等式を解け。

(1)　$\log_3(x+2)+\log_3(x-1)=\log_3 4$　　　　　(2)　$\log_{\frac{1}{2}}(2-x)>-2$

(3)　$\log_2 x+\log_2(x+1)<1$

CHART
& GUIDE

対数方程式，対数不等式
log＋log が現れたら，対数の性質を用いてまとめる

1　真数の条件（真数>0）を書き出す。…… [!]
2　底をそろえる。対数の項が 2 つ以上ある場合は，対数の性質
　$\log_a M+\log_a N=\log_a MN$ を用いて，各辺を 1 つにまとめる。
3　真数についての方程式，不等式を作り，それを解く。
4　3 で得られた解が，1 の真数の条件を満たすかどうかを確認する。

解答

[!]　(1)　真数は正であるから　　$x+2>0$　かつ　$x-1>0$
　　　共通範囲をとって　　　　　$x>1$ …… ①
　　　方程式を変形して　　　$\log_3(x+2)(x-1)=\log_3 4$
　　　ゆえに　　$(x+2)(x-1)=4$　　よって　　$x^2+x-6=0$
　　　したがって　　$(x-2)(x+3)=0$　すなわち　$x=2,\ -3$
　　　① を満たすのは　　**$x=2$**

◀ この方程式の真数の条件
は ① である。方程式を
$\log_3(x+2)(x-1)$
$=\log_3 4$
と変形して真数の条件を
考えるのは誤り（右ペー
ジズーム UP 参照）。

[!]　(2)　真数は正であるから　　$2-x>0$　　ゆえに　$x<2$ …… ①
　　　不等式を変形して　　　$\log_{\frac{1}{2}}(2-x)>\log_{\frac{1}{2}}\left(\dfrac{1}{2}\right)^{-2}$
　　　底 $\dfrac{1}{2}$ は 1 より小さいから　　$2-x<\left(\dfrac{1}{2}\right)^{-2}$
　　　ゆえに　　$2-x<4$　　よって　　$x>-2$ …… ②
　　　①，② から，解は　　**$-2<x<2$**

◀ 不等号の向きが変わる。
の断りは重要。
また　$\left(\dfrac{1}{2}\right)^{-2}=(2^{-1})^{-2}$
　　　　　　$=2^2=4$

[!]　(3)　真数は正であるから　　$x>0$　かつ　$x+1>0$
　　　共通範囲をとって　　　　　$x>0$ …… ①
　　　不等式を変形して　　　$\log_2 x(x+1)<\log_2 2$
　　　底 2 は 1 より大きいから　$x(x+1)<2$
　　　ゆえに　　$x^2+x-2<0$　　よって　　$(x-1)(x+2)<0$
　　　したがって　　　　$-2<x<1$ …… ②
　　　①，② から，解は　　**$0<x<1$**

◀ 不等号の向きは不変。
の断りは重要。

TRAINING　159 ③ ★

次の方程式・不等式を解け。

(1)　$\log_{10}(x+2)(x+5)=1$　　　　　(2)　$\log_2 3x+\log_2(x-1)=2+\log_2(x-1)^2$

(3)　$\log_3(1-2x)\leqq 1$　　　　　(4)　$\log_{\frac{1}{2}}(x-4)+\log_{\frac{1}{2}}(x-6)>-2$

対数方程式と真数の条件の確認

対数方程式・不等式を解くとき，真数の条件の確認が重要ですが，その確認が必要な理由やそのタイミングなど，例題(1)をもとに，もう少し詳しく学習していきましょう。

● 真数の条件の確認が必要な理由は？

例題(1)の対数方程式を，次のようにして解くと，解答とは異なる結果になってしまいます。

Ⅰ　$\log_3(x+2)+\log_3(x-1)=\log_3 4$　　……　問題で与えられた形。x を含む対数が 2 つある。

Ⅱ　$\log_3(x+2)(x-1)=\log_3 4$　　……　x を含む対数が 1 つになるようにまとめる。

Ⅲ　真数の条件は，$(x+2)(x-1)>0$ から　　$x<-2,\ 1<x$

Ⅳ　Ⅱから　　$(x+2)(x-1)=4$　　これを解いて　　$x=2,\ -3$

異なる結果となった要因は，左のページの側注で書いてあるように，真数の条件を，問題として与えられたⅠの段階ではなく，変形したⅡの段階で考えたことにあります。

対数の性質 $\log_a M+\log_a N=\log_a MN$ を用いて左辺を右辺のようにまとめてよいのは，$M>0$，$N>0$ のときに限る。つまり，Ⅰ → Ⅱと変形できるのは，Ⅰの真数において，

　　　$x+2>0$ かつ $x-1>0$　すなわち　$x>1$ …… ①

のときに限られる。

ところが，Ⅱの真数の条件は，

　　　$(x+2)(x-1)>0$ から　$x<-2,\ 1<x$ …… ②

であるから，①と②は異なっている。実際に，$x=-3$ は②を満たすが，①を満たさないので，$x=-3$ はⅡの解としては適するが，Ⅰの解としては適さないということになる。

例題(1)に限らず，今後，対数の方程式や不等式を解く場合に，対数の性質を利用して式変形するときは

　　　与えられた式の段階で，真数（必要に応じて底も）の条件を調べる

ということに注意しましょう。

(補足)　**真数の条件の確認が不要な場合もある。**

　　例　方程式 $\log_3 x(x-2)=1$ を解け。　…… x を含む対数は 1 つだけ。

　　　　対数の定義から　　$x(x-2)=3^1$　すなわち　$x^2-2x-3=0$

　　　　ゆえに　　$(x+1)(x-3)=0$　　よって　　$x=-1,\ 3$

　　対数の関係式 $\log_3 x(x-2)=1$ と指数の関係式 $x(x-2)=3^1$ は同値[*]であるから，真数の条件の確認は不要である。

　（*）　底 3 は明らかに，底 a の条件 $a>0$，$a\neq 1$ を満たし，真数 $x(x-2)$ は
　　　　$x(x-2)=3^1>0$ より，真数 M の条件 $M>0$ を満たしているから同値である。

Let's Start

32 常用対数

$413000000 = 4.13 \times 10^8$, $0.000022 = 2.2 \times 10^{-5}$ のように，大きい数や小さい数を 10^n を用いて表すことがあります。そこで，10 を底とする対数を考えてみましょう。

■ 常用対数とその値

10 を底とする対数を **常用対数** という。

一般に，正の数 N の常用対数は，まず N を，次の形に表す。

$$N = a \times 10^n \quad (1 \leqq a < 10, \ n \ \text{は整数})$$

この両辺の 10 を底とする対数をとると

$$\log_{10} N = \log_{10} (a \times 10^n)$$
$$= \log_{10} a + \log_{10} 10^n$$
$$= \log_{10} a + n$$

したがって，$\log_{10} a$ の値がわかれば，$\log_{10} N$ の値がわかる。

$\log_{10} a$ の値を調べるには，**常用対数表**（本書巻末にある。下にその一部を掲載）を用いる。

常用対数表には，$\log_{10} a$ の真数 a の値が，

$$1.00, \ 1.01, \ 1.02, \ \cdots\cdots, \ 9.99$$

のときの $\log_{10} a$ の近似値が載っている。

◀ 常用対数表に載っている数値は，小数第5位を四捨五入してある。なお，$1 \leqq a < 10$ であるから，$\log_{10} a$ の値の範囲は $0 \leqq \log_{10} a < 1$ である。

例 常用対数表により，$\log_{10} 1.32 = 0.1206$
であるから

$$\log_{10} 1320 = \log_{10} (1.32 \times 10^3) = \log_{10} 1.32 + 3$$
$$= 0.1206 + 3 = 3.1206$$
$$\log_{10} 0.0132 = \log_{10} (1.32 \times 10^{-2}) = \log_{10} 1.32 - 2$$
$$= 0.1206 - 2 = -1.8794$$

a	0	1	2	3
…	…	…	…	…
1.2	.0792	.0828	.0864	.0899
1.3	.1139	.1173	.1206	.1239
1.4	.1461	.1492	.1523	.1553
…	…	…	…	…

常用対数を用いて，対数の値や桁数などを求めてみましょう。

基 例題
本 **160** 対数の値を求める(2) …… $\log_{10}2$ などの値を利用 ◑◑

$\log_{10}2=0.3010$, $\log_{10}3=0.4771$ とする。次の値を求めよ。

(1) $\log_{10}12$　　　(2) $\log_{10}\dfrac{5}{3}$　　　(3) $\log_3 4$

CHART & GUIDE

$\log_{10}2$, $\log_{10}3$ の値から対数の値の求め方
対数の性質を用いて，対数を分解する

1 真数を素因数分解する。
2 対数の性質を用いて対数の和・差に分解し，$\log_{10}2$, $\log_{10}3$ で表す。…… !
(2) 「商の対数」は，「対数の差」に変形。$\log_{10}5$ については，$5=10\div2$ を利用。
(3) 底の変換公式により，底を 10 とする対数で表す。

解答

(1) $\log_{10}12=\log_{10}(2^2\cdot3)=2\log_{10}2+\log_{10}3$
$\qquad=2\times0.3010+0.4771=\mathbf{1.0791}$

(2) $\log_{10}\dfrac{5}{3}=\log_{10}5^{(*)}-\log_{10}3$
$\qquad=(1-\log_{10}2)-\log_{10}3$
$\qquad=(1-0.3010)-0.4771=\mathbf{0.2219}$

(3) $\log_3 4=\dfrac{\log_{10}2^2}{\log_{10}3}=\dfrac{2\log_{10}2}{\log_{10}3}=\dfrac{2\times0.3010}{0.4771}$
$\qquad=1.26178\cdots\cdots\fallingdotseq\mathbf{1.2618}$

(*) **重要！**
$\log_{10}5=\log_{10}\dfrac{10}{2}$
$\quad=\log_{10}10-\log_{10}2$
$\quad=1-\log_{10}2$

(3) 小数第5位を四捨五入して小数第4位まで求めた。

7章
32
常用対数

Lecture $\log_{10}2$, $\log_{10}3$ の値から得られる対数の値

N は，素因数分解したときに 2, 3, 5 以外の素数を含まない自然数とし，$\log_{10}2=a$, $\log_{10}3=b$ とする。
このとき，$\log_{10}N$ は，右のように，a と b を用いて表すことができる。
その原理は，次の計算による。

$\log_{10}(2^l\cdot3^m\cdot5^n)=\log_{10}2^l+\log_{10}3^m+\log_{10}5^n$
$=l\log_{10}2+m\log_{10}3+n\log_{10}5=la+mb+n(1-a)$

なお，$\log_{10}5=1-\log_{10}2$ の変形は，上の例題と同じタイプの問題で，しばしば現れるから，この変形は押さえておこう。

$\log_{10}4=2a$
$\log_{10}5=1-a$
$\log_{10}6=a+b$
$\log_{10}8=3a$
$\log_{10}9=2b$
$\log_{10}12=2a+b$
$\log_{10}15=1-a+b$
$\log_{10}16=4a$

TRAINING 160 ② ★

$\log_{10}2=0.3010$, $\log_{10}3=0.4771$, $\log_{10}7=0.8451$ とする。このとき，次の値を求めよ。

(1) $\log_{10}147$　　(2) $\log_{10}15$　　(3) $\log_{10}\sqrt{108}$　　(4) $\log_2 2\sqrt{6}$

基
本
例題
161 桁数，小数首位の問題(1) …… 基本

解説動画へGO!!

$\log_{10} 2 = 0.3010$, $\log_{10} 3 = 0.4771$ とする。

(1) 2^{50} は何桁の整数であるかを調べよ。 〔西南学院大〕

(2) $\left(\dfrac{3}{4}\right)^{100}$ を小数で表すと，小数第何位に初めて 0 でない数

字が現れるか。

CHART
& GUIDE

正の数 N の桁数，小数首位の問題　常用対数の値を利用

1 N を，10 を底とする対数で表す。……「N の常用対数をとる」ともいう。

2 $\log_{10} N$ を $\log_{10} 2$，$\log_{10} 3$ で表し，$\log_{10} N$ の値を求める。

3 (1) $n-1 \le \log_{10} N < n$　　　(2) $-n \le \log_{10} N < -n+1$

を満たす自然数 n の値を求める。

解答

(1) $\log_{10} 2^{50} = 50 \log_{10} 2 = 50 \times 0.3010 = 15.05$

ゆえに　　$15 < \log_{10} 2^{50} < 16$　　　　よって　　$10^{15} < 2^{50} < 10^{16}$

したがって，2^{50} は **16 桁** の整数である。

(2) $\log_{10} \left(\dfrac{3}{4}\right)^{100} = 100 \log_{10} \dfrac{3}{2^2} = 100(\log_{10} 3 - 2\log_{10} 2)$

　　　　　　　　$= 100(0.4771 - 2 \times 0.3010) = -12.49$

ゆえに　　$-13 < \log_{10} \left(\dfrac{3}{4}\right)^{100} < -12$　　　よって　　$10^{-13} < \left(\dfrac{3}{4}\right)^{100} < 10^{-12}$

したがって，**小数第 13 位** に初めて 0 でない数字が現れる。

Lecture 正の数 N の桁数・小数首位

一般に，次のことが成り立つ。

正の数 N の整数部分が n 桁	正の数 N の小数第 n 位に初めて 0 でない数字が現れる
$\iff 10^{n-1} \le N < 10^n$	$\iff \dfrac{1}{10^n} \le N < \dfrac{1}{10^{n-1}} \iff -n \le \log_{10} N < -n+1$
$\iff n-1 \le \log_{10} N < n$	

例　$\log_{10} 100 = 2$ から　　$2 \le \log_{10} 100 < 3$　　　よって　　$10^2 \le 100 < 10^3$

100 は 3 桁の整数。

$\log_{10} 0.01 = -2$ から　　$-2 \le \log_{10} 0.01 < -1$　　　よって　　$\dfrac{1}{10^2} \le 0.01 < \dfrac{1}{10^1}$

0.01 は小数第 2 位に初めて 0 でない数字が現れる。

TRAINING 161 ②

$\log_{10} 2 = 0.3010$, $\log_{10} 3 = 0.4771$ とする。

(1) 3^{80}，6^{50} はそれぞれ何桁の整数か。また，どちらの数が大きいか。

(2) $\left(\dfrac{5}{8}\right)^8$ は小数第何位に初めて 0 でない数字が現れるか。 〔(2) 類 北里大〕

標準 例題 162 桁数, 小数首位の問題(2) …… 条件を満たす指数の決定 ◐◐◐◐

次の条件を満たす自然数 n の値を求めよ。ただし，$\log_{10}2=0.3010$，$\log_{10}3=0.4771$ とする。

(1) 6^n が 10 桁の数となる。

(2) 0.4^n を小数で表すと，小数第 3 位に初めて 0 でない数字が現れる。

CHART & GUIDE

正の数 N の桁数, 小数首位の問題

N の整数部分が n 桁 $\iff 10^{n-1} \leqq N < 10^n$

N の小数第 n 位に初めて 0 でない数字が現れる $\iff 10^{-n} \leqq N < 10^{-n+1}$

1 問題の条件を，上の不等式の形に書き表す。

2 1 の不等式を，各辺の常用対数をとった形の不等式で表す。

3 $\log_{10}N$ の値を求め，不等式を満たす自然数 n の値を求める。

解答

(1) 6^n が 10 桁の数となるための条件は $\quad 10^9 \leqq 6^n < 10^{10}$

各辺の常用対数をとると $\quad 9 \leqq n\log_{10}6 < 10$ …… ①

ここで $\quad \log_{10}6 = \log_{10}(2\times3) = \log_{10}2 + \log_{10}3$

$\qquad\qquad = 0.3010 + 0.4771 = 0.7781$

◀ 対数の性質を用いて，$\log_{10}6$ を $\log_{10}2$, $\log_{10}3$ で表す。

よって，① から $\quad 9 \leqq 0.7781n < 10$

したがって $\quad \dfrac{9}{0.7781} \leqq n < \dfrac{10}{0.7781}$

すなわち $\quad 11.56\cdots\cdots \leqq n < 12.85\cdots\cdots$

この不等式を満たす自然数 n は $\quad \boldsymbol{n=12}$

(2) 題意を満たすための条件は $\quad 10^{-3} \leqq 0.4^n < 10^{-2}$

各辺の常用対数をとると $\quad -3 \leqq n\log_{10}0.4 < -2$ …… ①

ここで $\quad \log_{10}0.4 = \log_{10}\dfrac{4}{10} = \log_{10}\dfrac{2^2}{10} = 2\log_{10}2 - \log_{10}10$

$\qquad\qquad = 2\times0.3010 - 1 = -0.398$

◀ 対数の性質を利用。$0.4=0.2^2$ と勘違いしないように。

よって，① から $\quad -3 \leqq -0.398n < -2$

したがって $\quad \dfrac{2}{0.398} < n \leqq \dfrac{3}{0.398}$

すなわち $\quad 5.02\cdots\cdots < n \leqq 7.53\cdots\cdots$

この不等式を満たす自然数 n は $\quad \boldsymbol{n=6,\ 7}$

◀ 各辺を負の数 -0.398 で割るから，不等号の向きが変わる。

7章 32 常用対数

TRAINING 162 ③

$\log_{10}2=0.3010$ とするとき，次の条件を満たす自然数 n の値を求めよ。

(1) 2^n が 8 桁の数となる。

(2) 0.25^n を小数で表すと，小数第 8 位に初めて 0 でない数字が現れる。

発展学習

発展 例題 163 指数の計算と式の値 …… $a^x + a^{-x}$ の形の式が関係

(1) $a>0$, $a^{\frac{1}{2}}+a^{-\frac{1}{2}}=3$ のとき $a+a^{-1}=$ ア$\boxed{}$, $a^{\frac{3}{2}}+a^{-\frac{3}{2}}=$ イ$\boxed{}$

(2) $(3^x+3^{-x})^2=(3^x-3^{-x})^2+4$ であることを示せ。また，$3^x-3^{-x}=5$ のとき，3^x+3^{-x} の値を求めよ。

CHART & GUIDE

$a^r + a^{-r}$ の計算　$a^r \cdot a^{-r}=1$ がキーポイント　基本対称式などを利用

(1) $a^{\frac{1}{2}}=x$, $a^{-\frac{1}{2}}=y$ とおくと　$x+y=3$　また　$xy=1$

$a+a^{-1}=x^2+y^2=(x+y)^2-2xy$

$a^{\frac{3}{2}}+a^{-\frac{3}{2}}=x^3+y^3=(x+y)^3-3xy(x+y)$　…… $\boxed{!}$

(2) （後半）　前半で証明した等式を利用する。$3^x \cdot 3^{-x}=1$ がカギ。

解答

(1) (ア) $a+a^{-1}=(a^{\frac{1}{2}})^2+(a^{-\frac{1}{2}})^2$

$\boxed{!}$　　　$=(a^{\frac{1}{2}}+a^{-\frac{1}{2}})^2-2a^{\frac{1}{2}}\cdot a^{-\frac{1}{2}}=3^2-2\cdot 1=\mathbf{7}$

(イ) $a^{\frac{3}{2}}+a^{-\frac{3}{2}}=(a^{\frac{1}{2}})^3+(a^{-\frac{1}{2}})^3$

$\boxed{!}$　　　$=(a^{\frac{1}{2}}+a^{-\frac{1}{2}})^3-3a^{\frac{1}{2}}\cdot a^{-\frac{1}{2}}(a^{\frac{1}{2}}+a^{-\frac{1}{2}})$

$=3^3-3\cdot 1\cdot 3=\mathbf{18}$

(2) $(3^x+3^{-x})^2=(3^x)^2+2\cdot 3^x\cdot 3^{-x}+(3^{-x})^2=3^{2x}+2\cdot 1+3^{-2x}$

$=3^{2x}+2+3^{-2x}$

$(3^x-3^{-x})^2+4=(3^x)^2-2\cdot 3^x\cdot 3^{-x}+(3^{-x})^2+4$

$=3^{2x}-2\cdot 1+3^{-2x}+4=3^{2x}+2+3^{-2x}$

したがって　　$(3^x+3^{-x})^2=(3^x-3^{-x})^2+4$

また，この等式に $3^x-3^{-x}=5$ を代入して

$(3^x+3^{-x})^2=5^2+4$　すなわち　$(3^x+3^{-x})^2=29$

$3^x>0$, $3^{-x}>0$ であるから　$3^x+3^{-x}>0$

したがって　　$3^x+3^{-x}=\sqrt{\mathbf{29}}$

← $a^{\frac{1}{2}}\cdot a^{-\frac{1}{2}}=a^{\frac{1}{2}-\frac{1}{2}}=a^0=1$

(1) CHART & GUIDE で示したように，$a^{\frac{1}{2}}=x$, $a^{-\frac{1}{2}}=y$ とおき換えて解いてもよい。

← 両辺を変形して，同じ式を導く。

$3^x \cdot 3^{-x}=3^{x-x}=3^0=1$

← すべての実数 x に対して

$3^x>0$, $3^{-x}=\dfrac{1}{3^x}>0$

TRAINING 163 ③

(1) $3^x+3^{-x}=4$ のとき $3^{\frac{x}{2}}+3^{-\frac{x}{2}}=$ ア$\boxed{}$, $3^{\frac{3}{2}x}+3^{-\frac{3}{2}x}=$ イ$\boxed{}$

(2) $2^x-2^{-x}=6$ のとき $2^x+2^{-x}=$ ウ$\boxed{}$, $4^x+4^{-x}=$ エ$\boxed{}$, $8^x-8^{-x}=$ オ$\boxed{}$

発展 例題 164 累乗，累乗根の大小比較 …… 同じ底で表されない場合 ①①①①①

次の各組の数の大小を不等号を用いて表せ。

(1) 2^{30}, 3^{20}, 10^{10}

(2) $2^{\frac{1}{2}}$, $3^{\frac{1}{3}}$, $5^{\frac{1}{5}}$

CHART & GUIDE

同じ底で表されない累乗，累乗根の大小比較
① 指数をそろえる   ② n 乗して比較

(1) 指数を同じ 10 にする。$2^{30}=(2^3)^{10}=8^{10}$ など。 ⟵ $(a^m)^n=a^{mn}$

(2) 例えば，$2^{\frac{1}{2}}$ と $3^{\frac{1}{3}}$ の比較は，$(2^{\frac{1}{2}})^6=2^3$，$(3^{\frac{1}{3}})^6=3^2$ として比較する。

解答

(1) $2^{30}=2^{3\times10}=(2^3)^{10}=8^{10}$, $3^{20}=3^{2\times10}=(3^2)^{10}=9^{10}$

$8<9<10$ であるから $8^{10}<9^{10}<10^{10}$

すなわち $\qquad 2^{30}<3^{20}<10^{10}$

◀指数を 10 にそろえている。

◀Lecture の（＊）を利用。

(2) $(2^{\frac{1}{2}})^6=2^3=8$, $(3^{\frac{1}{3}})^6=3^2=9$ よって $(2^{\frac{1}{2}})^6<(3^{\frac{1}{3}})^6$

$2^{\frac{1}{2}}>0$, $3^{\frac{1}{3}}>0$ であるから $\qquad 2^{\frac{1}{2}}<3^{\frac{1}{3}}$

次に

$(2^{\frac{1}{2}})^{10}=2^5=32$, $(5^{\frac{1}{5}})^{10}=5^2=25$ よって $(5^{\frac{1}{5}})^{10}<(2^{\frac{1}{2}})^{10}$

$5^{\frac{1}{5}}>0$, $2^{\frac{1}{2}}>0$ であるから $\qquad 5^{\frac{1}{5}}<2^{\frac{1}{2}}$

以上から $\qquad 5^{\frac{1}{5}}<2^{\frac{1}{2}}<3^{\frac{1}{3}}$

◀指数の分母 2 と 3 の最小公倍数は 6 であるから，6 乗する。
同様に，2 と 5 の最小公倍数は 10 であるから，10 乗する。
2, 3, 5 の最小公倍数が 30 であるから，各数を 30 乗して比較してもよい。

7章

発展学習

👆 Lecture   大小比較の根拠をグラフで確認

上の解答の根拠を示しておこう。n を自然数とするとき，関数
$y=x^n$ $(x\geqq0)$ のグラフは，右の図のような右上がりの曲線となり，
関数 $y=x^n$ $(x\geqq0)$ は増加関数である。

したがって，$a>0$, $b>0$ のとき
$$a<b \iff a^n<b^n \qquad\cdots\cdots(\ast)$$
が成り立つ。

なお，別解として，各数の常用対数をとって比較する方法もある。
この場合も，関数 $y=\log_{10}x$ が増加関数であるから，次のことが根拠となる。
$$a<b \iff \log_{10}a<\log_{10}b$$

(図：$y=x^n$ $(x\geqq0)$ のグラフ。縦軸 y，横軸 x。★ b^n，⑩ a^n，横軸に a, b を示す)

TRAINING 164 ④

次の各組の数の大小を不等号を用いて表せ。

(1) 3^8, 5^6, 7^4

(2) $\sqrt[3]{3}$, $\sqrt[4]{5}$, $\sqrt[5]{6}$

発展 例題
165 指数関数の最大・最小 …… $2^x=t$ のおき換えを利用 🕐🕐🕐🕐

関数 $y=2^{x+1}-4^x+10$ $(x \leqq 2)$ の最大値と最小値を求めよ。

CHART & GUIDE

指数関数の最大・最小
おき換えで，2次関数の最大・最小の問題へ

1 底を 2 にそろえ，$2^x=t$ とおく。
2 t の変域を書き出す。…… ⚠ ←── $=t$ とおいたら，t の変域に注意。
3 y を t の式で表すと，t の 2 次になるから，平方完成する。
4 2 の変域における最大値と最小値を求める。

解答

$y=2^{x+1}-4^x+10=2 \cdot 2^x-(2^x)^2+10$

$2^x=t$ とおくと，$x \leqq 2$ のとき

$$0 < t \leqq 2^2$$

⚠ すなわち $0 < t \leqq 4$ …… ①

y を t の式で表すと

$$y=2t-t^2+10$$
$$=-t^2+2t+10$$
$$=-(t-1)^2+11$$

① の範囲において，y は

$t=1$ のとき最大値 11，
$t=4$ のとき最小値 2

をとる。

$t=1$ のとき，$2^x=1$ から $x=0$
$t=4$ のとき，$2^x=4$ から $x=2$

したがって，y は

$x=0$ のとき最大値 11，
$x=2$ のとき最小値 2

をとる。

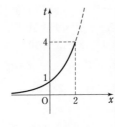

← 関数 $t=2^x$ は，底 2 が 1 より大きいから，増加関数である。

← 変域を書き直しておく。

2 次式は基本形に直す
$-t^2+2t+10$
$=-(t^2-2t+1^2)+1^2+10$
$=-(t-1)^2+11$

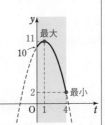

← 問題文に示されていなくても最大値・最小値を与える x の値が求められるときは，それも答えておく方がよい。

参考 高校の数学では，いろいろな関数を学ぶが，上の例題，または例題 167 のように，適当な おき換え によって，結局は 2 次関数の問題に帰着 されることが多い。

TRAINING 165 ④ ★

関数 $y=9^x-2 \cdot 3^{x+1}+81$ $(-3 \leqq x \leqq 3)$ の最大値と最小値を求めよ。 〔類 明治薬大〕

発展 例題 166 対数方程式, 対数不等式 (3) …… $\log_a x = t$ のおき換えを利用

次の方程式・不等式を解け。

(1) $\log_3 x + 3\log_x 3 = 4$ (2) $(\log_4 x)^2 \leqq \log_2 x + 3$

CHART & GUIDE

対数方程式, 対数不等式

$(\log_a x)^2$, $\log_a x$ が混ざった式には **おき換え** を利用

1 真数>0 と(底に文字があれば)底>0, 底 ≠1 の条件を書き出す。…… $\boxed{!}$

2 底をそろえる。ここでは, 底の変換公式を利用する。

3 (1) $\log_3 x = t$ (2) $\log_2 x = t$ とおき, t の2次方程式, 2次不等式を解く。

4 **3** で求めた解に対する x の値, 範囲を求め, **1** の条件を満たすかどうかを確認。

解答

(1) 真数は正, 底は1でない正の数であるから

$$0 < x < 1, \quad 1 < x \quad \cdots\cdots ①$$

$\log_x 3 = \dfrac{\log_3 3}{\log_3 x} = \dfrac{1}{\log_3 x}$ であるから, 方程式は

$$\log_3 x + 3\cdot\dfrac{1}{\log_3 x} = 4 \quad \text{よって} \quad (\log_3 x)^2 + 3 = 4\log_3 x$$

$\log_3 x = t$ とおくと $t^2 - 4t + 3 = 0$

ゆえに $(t-1)(t-3) = 0$ よって $t = 1, 3$

$t = 1$ のとき, $\log_3 x = 1$ から $x = 3$

$t = 3$ のとき, $\log_3 x = 3$ から $x = 27$

したがって $x = 3, 27$ （これらは ① を満たす）

(2) 真数は正であるから $x > 0$ $\cdots\cdots ①$

$\log_4 x = \dfrac{\log_2 x}{\log_2 4} = \dfrac{1}{2}\log_2 x$ であるから, 不等式は

$\left(\dfrac{1}{2}\log_2 x\right)^2 \leqq \log_2 x + 3$ すなわち $(\log_2 x)^2 - 4\log_2 x - 12 \leqq 0$

$\log_2 x = t$ とおくと $t^2 - 4t - 12 \leqq 0$

ゆえに $(t+2)(t-6) \leqq 0$ よって $-2 \leqq t \leqq 6$

すなわち $-2 \leqq \log_2 x \leqq 6$ ゆえに $\log_2 2^{-2} \leqq \log_2 x \leqq \log_2 2^6$

底2は1より大きいから $2^{-2} \leqq x \leqq 2^6$ すなわち $\dfrac{1}{4} \leqq x \leqq 64$

これと ① から $\dfrac{1}{4} \leqq x \leqq 64$

← $\log_x 3$ は底が文字であることに注意！

← 底の変換公式
$$\log_a b = \dfrac{\log_c b}{\log_c a}$$

←両辺に $\log_3 x$ を掛けて分母を払う。

← $x = 3^1$

← $x = 3^3$

← ___ の確認を忘れずに！

(1) 慣れてきたら,
$\log_3 x = t$ とおかないで,
$(\log_3 x)^2 - 4\log_3 x + 3 = 0$
から
$(\log_3 x - 1)(\log_3 x - 3) = 0$
と変形して解いてもよい。
[(2)についても同じ。]

7章 発展学習

TRAINING 166 ④ ★

次の方程式・不等式を解け。 [(3) 北海学園大]

(1) $2(\log_2 x)^2 + 3\log_2 4x = 8$

(2) $6\log_{x^2} 4 - \log_{16} x + \dfrac{1}{2} = 0$

(3) $\left(\log_2 \dfrac{2}{x}\right)^2 + \log_2 4x < 5$

(4) $(\log_{\frac{1}{2}} x)^2 + 6\log_{\frac{1}{4}} x < 4$

発展 例題 **167** 対数関数の最大・最小 …… $\log_3 x = t$ のおき換えを利用

x の関数 $y = (\log_3 3x)(\log_3 9x)$ について，次の問いに答えよ。

(1) $\log_3 x = t$ とおくとき，y を t の式で表せ。

(2) $\dfrac{1}{9} \leqq x \leqq 1$ のとき，y の最大値と最小値を求めよ。

CHART & GUIDE

対数関数の最大・最小
おき換えで，2 次関数の最大・最小の問題へ

(1) **1** $\log_3 MN = \log_3 M + \log_3 N$ を用いて，右辺を変形する。

  2 $\log_3 x = t$ のおき換えの指示に従い，y を t の式で表す。

(2) **3** t の変域を書き出す。…… [!] ← $= t$ とおいたら，t の変域に注意。

  4 (1) より，y は t の 2 次式で表されるから 平方完成して，**3** の変域における最大値と最小値を求める。

解答

(1) $y = (\log_3 3x)(\log_3 9x) = (\log_3 3 + \log_3 x)(\log_3 9 + \log_3 x)$

  $= (1 + \log_3 x)(2 + \log_3 x)$

  $\log_3 x = t$ とおくとき $\quad y = (1+t)(2+t) = t^2 + 3t + 2$

  ← $3x > 0$ かつ $9x > 0$ から $x > 0$

(2) 底 3 は 1 より大きいから，

  $\dfrac{1}{9} \leqq x \leqq 1$ のとき $\quad \log_3 \dfrac{1}{9} \leqq \log_3 x \leqq \log_3 1$

  ← 関数 $t = \log_3 x$ は，増加関数である。

[!] すなわち $\quad -2 \leqq t \leqq 0$ …… ①

  (1) の結果から

  $y = t^2 + 3t + 2 = \left(t + \dfrac{3}{2}\right)^2 - \dfrac{1}{4}$

  ① の範囲において，y は

  $t = 0$ のとき最大値 2，

  $t = -\dfrac{3}{2}$ のとき最小値 $-\dfrac{1}{4}$ をとる。

  $t = 0$ のとき，$\log_3 x = 0$ から $\quad x = 1$

  $t = -\dfrac{3}{2}$ のとき，$\log_3 x = -\dfrac{3}{2}$ から $\quad x = 3^{-\frac{3}{2}} = \dfrac{\sqrt{3}}{9}$

  よって $\quad x = 1$ のとき最大値 2，

  $\quad x = \dfrac{\sqrt{3}}{9}$ のとき最小値 $-\dfrac{1}{4}$

  2 次式は基本形に直す
  $t^2 + 3t + 2$
  $= \left\{ t^2 + 3t + \left(\dfrac{3}{2}\right)^2 \right\}$
  $\quad - \left(\dfrac{3}{2}\right)^2 + 2$
  $= \left(t + \dfrac{3}{2}\right)^2 - \dfrac{1}{4}$

  ← $3^{-\frac{3}{2}} = \dfrac{1}{3^{\frac{3}{2}}} = \dfrac{1}{3\sqrt{3}} = \dfrac{\sqrt{3}}{9}$

TRAINING 167 ④ ★

次の関数の最大値と最小値を求めよ。

[(1) 立教大, (2) 名城大]

(1) $y = 2(\log_4 x)^2 - \log_4 x$

(2) $y = \left(\log_{10} \dfrac{x}{100}\right)\left(\log_{10} \dfrac{1}{x}\right)$ $\quad (1 < x \leqq 100)$

EXERCISES

A **93**② 次の式を簡単にせよ。ただし，$a>0$，$b>0$ とする。

(1) $a^{\frac{3}{2}} \times a^{\frac{3}{4}} \div a^{\frac{1}{4}}$

(2) $(a^{-\frac{3}{2}} b^{\frac{1}{2}})^{\frac{1}{2}} \div a^{-\frac{3}{4}} \times b^{\frac{3}{4}}$

(3) $(5^{\frac{1}{2}} - 5^{-\frac{1}{2}})^2$

(4) $(a^{\frac{3}{2}} + a^{-\frac{3}{2}})(a^{\frac{3}{2}} - a^{-\frac{3}{2}})$

(5) $(3^{\frac{1}{2}} + 3^{\frac{1}{4}} \times 2^{\frac{3}{4}} + 2^{\frac{1}{2}})(3^{\frac{1}{2}} - 3^{\frac{1}{4}} \times 2^{\frac{3}{4}} + 2^{\frac{1}{2}})$

〔(3) 東北工大〕 **≪≪ 基本例題 147**

94③ 次の方程式・不等式を解け。

(1) $\left(\dfrac{1}{9}\right)^{2x+1} = 3$

(2) $4^{2x-1} = 2^{3x-5}$

(3) ★ $\dfrac{1}{25^x} - 6\left(\dfrac{1}{5}\right)^{x-1} + 125 = 0$

(4) $2^{x-2} \geqq \dfrac{1}{2\sqrt{2}}$

(5) $\dfrac{1}{3^{2x}} \leqq 3\left(\dfrac{1}{3}\right)^{\frac{x}{2}}$

(6) ★ $4^x - 2^{x+1} - 8 \leqq 0$

≪≪ 基本例題 150，標準例題 151，基本例題 152

95③ 次の値を求めよ。

(1) $10^{2\log_{10}5}$

(2) $25^{\log_{\frac{1}{5}}4}$

(3) $a = \dfrac{\log_5 9}{\log_5 4}$ のとき 2^{3a}

〔(1) 昭和薬大〕 **≪≪ 基本例題 153，154**

96② ★ 次の方程式を解け。

(1) $\log_{81} x = -\dfrac{1}{4}$

(2) $\log_x 125 = 3$

(3) $\log_{\frac{1}{2}}(2x^2 - 3x) = -1$

(4) $\log_5(2x-1) + \log_5(x-2) = 1$

(5) $\log_3(x^2 + 6x + 5) - \log_3(x+3) = 1$

〔(1) 慶応大〕 **≪≪ 基本例題 158，標準例題 159**

97③ ★ 次の不等式を解け。

(1) $\log_2(3-x) < \log_2 4x$

(2) $2\log_3 x > \log_3(2x+3)$

(3) $\log_2(x-1) + \log_{\frac{1}{2}}(3-x) \leqq 0$

(4) $\log_{\frac{1}{3}}(3x-2) \geqq \log_{\frac{1}{9}}(2-x)$

〔(1) 京都産大, (3) 類 センター試験, (4) 昭和薬大〕 **≪≪ 標準例題 159**

98③ $\log_{10}2 = 0.3010$，$\log_{10}3 = 0.4771$ とする。次の不等式を満たす最小の自然数 n の値を求めよ。

(1) $1.2^n > 100$

(2) $\left(\dfrac{1}{2}\right)^n < 0.001$

≪≪ 標準例題 162

99③ 年利率 1 %，1 年ごとの複利(*)で 100 万円を預金したとき，元利合計(*)が初めて 110 万円を超えるのは何年後か。ただし，常用対数表を用いてよいものとする。

≪≪ 標準例題 162

7章

発展学習

HINT

93 (5) $3^{\frac{1}{4}}=a$，$2^{\frac{1}{4}}=b$ とおくと，与式は $(a^2+ab^3+b^2)(a^2-ab^3+b^2)$ の形。項を組み合わせて和と差の積を作る。

95 (3) まず，a を 2 を底とする対数で表す。—→ 分母・分子のそれぞれに底の変換公式を使う。

99 (*) 一定期間(この問題では 1 年)ごとに利息を元金に繰り入れ，その合計を次の期間の元金とする利息の計算を **複利計算** という。また，元金と利息を合わせた金額を **元利合計** という。n 年後の元利合計は，$100 \times (1+0.01)^n$ 万円となる。これが 110 万円を超えるための条件を不等式で表し，両辺の常用対数をとる。

EXERCISES

B **100**③ (1) $\log_3 2 = a$, $\log_5 4 = b$ とするとき，$\log_{15} 8$ を a，b を用いて表せ。

〔芝浦工大〕

(2) $4^x = 6^y = 24$ のとき，$\dfrac{1}{x} + \dfrac{1}{y}$ の値を求めよ。 《《 基本例題 **154**

101④ ☆ 関数 $y = 4^x + 4^{-x} - 2^{x+1} - 2^{1-x}$ は，$x = a$ のとき最小値 b をとる。$|a + b|$ の値を求めよ。 〔自治医大〕 《《 発展例題 **163**, **165**

102④ ☆ 次の方程式と不等式を解け。

(1) $\dfrac{4}{(\sqrt{2})^x} + \dfrac{5}{2^x} = 1$ (2) $8^x - 5 \cdot 4^x - 2 \cdot 2^x + 10 \leqq 0$

(3) $x^{\log_3 9x} = \left(\dfrac{x}{3}\right)^8$ (4) $2\log_3 x - 4\log_x 27 \leqq 5$

〔(3) 倉敷芸科大, (4) 類 センター試験〕 《《 標準例題 **151**, 基本例題 **158**, 発展例題 **166**

103④ ☆ 連立方程式 $xy = 128$，$\dfrac{1}{\log_2 x} + \dfrac{1}{\log_2 y} = \dfrac{7}{12}$ を解け。 〔類 センター試験〕

《《 発展例題 **166**

104④ 不等式 $2 - \log_y(1+x) < \log_y(1-x)$ が表す領域を xy 平面上に図示せよ。

〔山梨大〕 《《 発展例題 **166**

105④ ☆ $x > 0$，$y > 0$ で，かつ $x^2 y = 100$ のとき，$\log_{10} x \cdot \log_{10} y$ の最大値を求めよ。 〔神奈川大〕 《《 発展例題 **167**

106④ $\log_{10} 2 = 0.3010$，$\log_{10} 3 = 0.4771$ とする。2^{2011} は何桁の整数か。また，2^{2011} の最高位の数字を求めよ。 〔群馬大〕 《《 基本例題 **161**, 標準例題 **162**

107④ 同じ品質のガラス板がたくさんある。このガラス板を 10 枚重ねて光を通過させたとき，光の強さが初めの $\dfrac{2}{5}$ 倍になった。通過した光の強さを初めの $\dfrac{1}{8}$ 倍以下にするには，このガラス板を何枚以上重ねればよいか。ただし，$\log_{10} 2 = 0.3010$，$\log_{10} 5 = 0.6990$ とする。 〔信州大〕 《《 標準例題 **162**

HINT
- **100** (1) 底を 3 にそろえて考える。
- **102** (4) $0 < x < 1$，$x > 1$ の各場合に分けて不等式を解く。←─ 底 > 0，底 $\neq 1$
- **103** まず，$xy = 128$ の両辺の 2 を底とする対数をとる。
- **106** (後半) 2^{2011} が ● 桁のとき，最高位の数字を a とすると
  $a \times 10^{● - 1} \leqq 2^{2011} < (a + 1) \times 10^{● - 1}$
- **107** 1 枚のガラス板を通過したとき，光の強さが x 倍になるとすると $x^{10} = \dfrac{2}{5}$
  このとき，$x^n \leqq \dfrac{1}{8}$ を満たす最小の自然数 n の値を求める。

レベル ………… 各例題の難易度を表す 🕐 の個数（1～5 の 5 段階）。

★印 ………… 大学入学共通テストの準備・対策向き。

◉, ◎, ○印 … 各項目で重要度の高い例題につけた（◉, ◎, ○の順に重要度が高い）。
時間の余裕がない場合は，◉, ◎, ○の例題を中心に勉強すると効果的である。
また，◉の例題には，解説動画がある。

33 微分係数

これまで，いろいろな関数，例えば2次関数や三角関数，指数関数・対数関数について，関数の特徴をとらえる，グラフをかくなどしてさまざまな問題を解決してきました。この章では関数の増減を調べる方法を知り，多項式で表された関数についてグラフやその活用の仕方を学習していきましょう。

■ 平均変化率

一般に関数 $y=f(x)$ において，x の値が a から b まで変化するとき，y の変化量 $f(b)-f(a)$ の，x の変化量 $b-a$ に対する割合

$$m = \frac{y \text{の変化量}}{x \text{の変化量}} = \frac{f(b)-f(a)}{b-a} \quad \cdots\cdots ①$$

を，x が a から b まで変化するときの関数 $f(x)$ の **平均変化率** という。

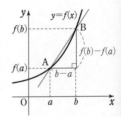

右の図において，平均変化率 m は直線 AB の傾きを表している。
① において，x の変化量を $b-a=h$ とおくと $b=a+h$ となり，平均変化率 m は次のようにも表される。

$$m = \frac{f(a+h)-f(a)}{h} \quad \cdots\cdots ②$$

■ 極限値

関数 $f(x)$ において，x が a と異なる値をとりながら a に限りなく近づくとき，$f(x)$ の値が一定の値 α に限りなく近づくならば，この値 α を $x \longrightarrow a$ のときの $f(x)$ の **極限値** という。
このことを，次のように書き表す。

$$\lim_{x \to a} f(x) = \alpha \quad \text{または} \quad x \longrightarrow a \text{ のとき } f(x) \longrightarrow \alpha$$

←lim は「極限」を意味する limit を略したものである。

■ 微分係数

関数 $f(x)$ の平均変化率 ② において，h が 0 に限りなく近づくとき，② が一定の値に限りなく近づくならば，その極限値を

　　　　関数 $f(x)$ の $x=a$ における **微分係数** または **変化率**

といい，$f'(a)$ で表す。

┌─ 関数 $f(x)$ の $x=a$ における 微 分 係 数 ─┐

$$f'(a)=\lim_{h\to 0}\frac{f(a+h)-f(a)}{h}$$

■ 微分係数の図形的な意味

関数 $f(x)$ が $x=a$ における微分係数 $f'(a)$ をもつとき，$y=f(x)$ のグラフにおける図形的な意味を調べてみよう。

x が a から $a+h$ まで変化するときの $f(x)$ の平均変化率

$$\frac{f(a+h)-f(a)}{h}$$

は，曲線 $y=f(x)$ 上の 2 点 A$(a,\ f(a))$，P$(a+h,\ f(a+h))$ を通る直線 AP の傾きに等しい。

ここで h を限りなく 0 に近づけると，点 P は曲線上を移動しながら点 A に限りなく近づく。このとき

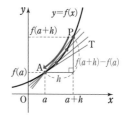

$$\lim_{h\to 0}\frac{f(a+h)-f(a)}{h}=f'(a)$$

であるから，直線 AP は点 A を通り傾きが $f'(a)$ の直線 AT に限りなく近づく。この直線 AT を曲線 $y=f(x)$ 上の点 A における **接線** といい，A を **接点** という。

また，直線 AT は曲線 $y=f(x)$ に点 A で **接する** という。

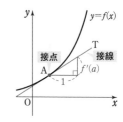

┌─ 接 線 の 傾 き と 微 分 係 数 ─┐

曲線 $y=f(x)$ 上の点 A$(a,\ f(a))$ における接線の傾きは，関数 $f(x)$ の $x=a$ における微分係数 $f'(a)$ に等しい。

では，実際の問題で平均変化率や微分係数を求めてみましょう。

基 例題
本 **168** 平均変化率の計算

関数 $f(x)=-x^2+2x+3$ において，x の値が次のように変化するときの平均変化率を求めよ。

(1) a から b まで　　　　　　(2) 2 から $2+h$ まで

**CHART
& GUIDE**

関数 $y=f(x)$ において，x が a から b まで変化するときの

平均変化率 $\dfrac{f(b)-f(a)}{b-a}$ ……$\dfrac{y\,の変化量}{x\,の変化量}$

特に，$b=a+h$ とすると　　$\dfrac{f(a+h)-f(a)}{h}$

解答

(1) $f(b)-f(a)$
$=(-b^2+2b+3)-(-a^2+2a+3)$
$=-(b^2-a^2)+2(b-a)$
$=-(b+a)(b-a)+2(b-a)$
$=(b-a)(-a-b+2)$

よって，求める平均変化率は

$\dfrac{f(b)-f(a)}{b-a}$

$=\dfrac{(b-a)(-a-b+2)}{b-a}$

$=\boldsymbol{-a-b+2}$

(2) $f(2+h)-f(2)$
$=\{-(2+h)^2+2(2+h)+3\}$
$\qquad -(-2^2+2\cdot2+3)$
$=-4h-h^2+2h$
$=-2h-h^2$

よって，求める平均変化率は

$\dfrac{f(2+h)-f(2)}{(2+h)-2}=\dfrac{-2h-h^2}{h}$

$=\boldsymbol{-2-h}$

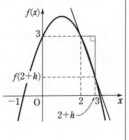

◆ $\dfrac{f(b)-f(a)}{b-a}$ の計算

分子 $f(b)-f(a)$ を分母 $b-a$ と分けた方が計算しやすいことが多い。

平均変化率の図形的意味

一般に，平均変化率は
2点 A$(a,\ f(a))$，
B$(b,\ f(b))$ を結ぶ
　　直線 AB の傾き
を表す。
(2) の平均変化率も 2 点
　　$(2,\ f(2))$，
　　$(2+h,\ f(2+h))$
を結ぶ直線の **傾き** を表している。

◆ h で約分。

注意 (1) において，$a=2$，$b=2+h$ とおくと，(2) の結果が得られる。

TRAINING 168 ①

関数 $f(x)=x^2+2x-1$ において，x の値が次のように変化するときの平均変化率を求めよ。

(1) 1 から 2 まで　　(2) -3 から -1 まで　　(3) $2-h$ から 2 まで

(4) a から b まで　　(5) a から $a+h$ まで

標 準 例題
169 極限値の計算

次の極限値を求めよ。

(1) $\displaystyle\lim_{h\to 0}(8+2h+h^2)$

(2) $\displaystyle\lim_{h\to 0}\dfrac{(-2+h)^2-(-2)^2}{h}$

CHART
& GUIDE

極限値

$\displaystyle\lim_{h\to 0}g(h)=\alpha$ とは，h が 0 と異なる値をとりながら 0 に限りなく近づくとき，$g(h)$ の値が限りなく一定の値 α に近づくことであるから

$$\lim_{h\to 0}h=0 \qquad \lim_{h\to 0}h^2=0 \qquad \lim_{h\to 0}h^3=0$$

さらに $\displaystyle\lim_{h\to 0}(a+bh+ch^2+dh^3)=a$ 　[a, b, c, d は定数]

(2) まず，$\dfrac{(-2+h)^2-(-2)^2}{h}$ を簡単にする。…… h で約分できる。

解答

(1) $\displaystyle\lim_{h\to 0}(8+2h+h^2)=\mathbf{8}$

(2) $\dfrac{(-2+h)^2-(-2)^2}{h}=\dfrac{4-4h+h^2-4}{h}$

$=\dfrac{h(h-4)}{h}$

$=h-4$

よって $\displaystyle\lim_{h\to 0}\dfrac{(-2+h)^2-(-2)^2}{h}=\lim_{h\to 0}(h-4)$

$=\mathbf{-4}$

←$h\longrightarrow 0$ は，h が 0 と異なる値をとりながら 0 に限りなく近づくことを表すから，$h\neq 0$ として変形してよい。
したがって，分母・分子を h で約分することができる。

8章
33
微分係数

注意 (2)では

$$\lim_{h\to 0}\dfrac{(-2+h)^2-(-2)^2}{h}=h-4=-4$$
$\lim_{h\to 0}$ がない！

のような書き間違いに気を付けること。

TRAINING 169 ③

次の極限値を求めよ。ただし，(3) の a は定数とする。

(1) $\displaystyle\lim_{h\to 0}(5+h)$

(2) $\displaystyle\lim_{h\to 0}(27-3h+h^2)$

(3) $\displaystyle\lim_{h\to 0}\dfrac{3(a+h)^2-3a^2}{h}$

(4) $\displaystyle\lim_{h\to 0}\dfrac{(3+h)^3-3^3}{h}$

294

基本例題 **168**, 標準例題 **169**

基 例題
本 **170** 定義により微分係数を求める

関数 $f(x)=-x^2-4x+3$ について，微分係数 $f'(1)$ を定義に従って求めよ。

CHART & GUIDE

関数 $f(x)$ の $x=a$ における微分係数 $f'(a)$ の定義

平均変化率 $\dfrac{f(a+h)-f(a)}{h}$ の $h \longrightarrow 0$ のときの極限値

$$f'(a)=\lim_{h \to 0}\frac{f(a+h)-f(a)}{h} \quad \cdots\cdots \boxed{!}$$

解答

$$f(1+h)-f(1)=\{-(1+h)^2-4(1+h)+3\}-(-1^2-4\cdot1+3)$$
$$=(-1-2h-h^2-4-4h+3)+1+4-3$$
$$=-6h-h^2$$

$\boxed{!}$　よって　$f'(1)=\lim_{h \to 0}\dfrac{f(1+h)-f(1)}{h}$

$$=\lim_{h \to 0}\frac{-6h-h^2}{h}$$
$$=\lim_{h \to 0}(-6-h)$$
$$=-6$$

$f'(1)$ の計算の手順
$\boxed{1}$ $\dfrac{f(1+h)-f(1)}{h}$ を h の式で表し，それを計算して簡単にする。
$\boxed{2}$ $\boxed{1}$ の h の多項式で，h を 0 に近づける。 h を 0 に近づけると $-6-h$ は -6 に近づく。

(補足) 微分係数は接線の傾きを表すことを p.291 で学んだ。
上の例題では，曲線 $y=-x^2-4x+3$ 上の点 $(1, -2)$
における接線(図の赤い直線)の傾きが -6 であることが
わかったことになる。

TRAINING 170 ①

次の関数の( )内に与えられた x の値における微分係数を，定義に従って求めよ。
(1) $f(x)=2x-3 \quad (x=1)$ (2) $f(x)=2x^2-x+1 \quad (x=-2)$

Let's Start

34 導関数とその計算

 この節では，前の節で学習した微分係数を一般的に考えてみましょう。

■ 導関数

関数 $f(x)=x^3$ の $x=a$ における微分係数 $f'(a)$ は

$$f'(a)=\lim_{h\to 0}\frac{f(a+h)-f(a)}{h}$$

$$=\lim_{h\to 0}\frac{(a+h)^3-a^3}{h}$$

$$=\lim_{h\to 0}\frac{3a^2h+3ah^2+h^3}{h}$$

$$=\lim_{h\to 0}(3a^2+3ah+h^2)=3a^2$$

← $(a+h)^3$
$=a^3+3a^2h+3ah^2+h^3$

← $h\longrightarrow 0$ のとき
$3ah\longrightarrow 0,\ h^2\longrightarrow 0$

すなわち，$f(x)=x^3$ のとき $f'(a)=3a^2$

この式で，$a=2$ とすると $f'(2)=3\cdot 2^2=12$ となり，$f(x)$ の $x=2$ における微分係数が得られる。

このように，$f'(a)=3a^2$ は a の値を1つ決めると，それに対応して，$f'(a)$ の値がただ1つ定まるから，a を変数とみると，**$f'(a)$ は a の関数** である。

← 下線部分が，関数の定義である。

そこで，$f'(a)$ において，a を x に書き改めると，関数 $f(x)=x^3$ から，新しい関数 $f'(x)=3x^2$ ができる。

このようにしてできる新しい関数 $f'(x)$ を，もとの関数 $f(x)$ の **導関数** という。導関数 $f'(x)$ は，$x=a$ における微分係数の式で a を x に書き改めた次の式で定義される。

導関数 $f'(x)$

$$f'(x)=\lim_{h\to 0}\frac{f(x+h)-f(x)}{h}$$

← $f'(a)$
$=\lim_{h\to 0}\dfrac{f(a+h)-f(a)}{h}$
で a を x に書き改める。

そして，関数 $f(x)$ から導関数 $f'(x)$ を求めることを，関数 $f(x)$ を **x で微分する**，または，単に **微分する** という。

8章 34 導関数とその計算

関数 $y=f(x)$ の導関数は，次のようないろいろな記号で表される。

$$y', \quad f'(x), \quad \frac{dy}{dx}, \quad \frac{d}{dx}f(x)$$

このうち，$\dfrac{dy}{dx}$，$\dfrac{d}{dx}$ は，$dy \div dx$，$d \div dx$ という意味ではなく，

$\dfrac{dy}{dx}$，$\dfrac{d}{dx}$ で1つの記号 である。また，変数 x で微分しているこ
とを表している。

◆ 例えば，関数 $y=x^3$ を，「関数 x^3」のように単に x の式だけで表記することもある。このときは，関数 x^3 の導関数を $(x^3)'$ で表す。

■ 関数 x^n と定数関数の導関数

関数 x の導関数は

$$(x)' = \lim_{h \to 0} \frac{(x+h)-x}{h} = \lim_{h \to 0} \frac{h}{h} = \lim_{h \to 0} 1 = 1$$

関数 x^2 の導関数は

$$(x^2)' = \lim_{h \to 0} \frac{(x+h)^2 - x^2}{h} = \lim_{h \to 0} \frac{2xh + h^2}{h} = \lim_{h \to 0}(2x+h) = 2x$$

一般に，次の公式が成立する。

◆ $(x)'=1$
$(x^2)'=2x$
$(x^3)'=3x^2$
$\vdots$

┌─ 関数 x^n と定数関数 の導関数 ─┐

1　関数 x^n の導関数は　　　$(x^n)' = nx^{n-1}$　（ n は自然数）

2　定数関数 c の導関数は　　$(c)' = 0$

◆ $f(x)=c$（ c は定数）の形の関数 $f(x)$ を 定数関数 という。

■ 導関数の性質

一般に，関数 $f(x)$，$g(x)$ について，次の性質が成り立つ。

┌─ 関数の定数倍および和，差の導関数 ─┐

k は定数とする。

1　$\{kf(x)\}' = kf'(x)$

2　$\{f(x)+g(x)\}' = f'(x)+g'(x)$

3　$\{f(x)-g(x)\}' = f'(x)-g'(x)$

関数 x^n と定数関数の導関数の公式と上の性質を用いると，x の多項式で表された関数の導関数を次のように求めることができる。

例　a, b, c, d を定数とするとき

$$(ax^3 + bx^2 + cx + d)' = a(x^3)' + b(x^2)' + c(x)' + (d)'$$
$$= a \cdot 3x^2 + b \cdot 2x + c \cdot 1 + 0$$
$$= 3ax^2 + 2bx + c$$

◆ 性質 1, 2 から。

◆ 公式 1, 2 から。

実際に，いろいろな関数の導関数を求めてみましょう。

基本 **171** 定義により導関数を求める

定義に従って，次の関数の導関数を求めよ。

(1) $f(x)=3$ (2) $f(x)=2x$ (3) $f(x)=x^2$

(4) $f(x)=x^2+x$ (5) $f(x)=4x^3$ 〔(3) 佐賀大〕

CHART & GUIDE

導関数の定義

$$f'(x)=\lim_{h\to 0}\frac{f(x+h)-f(x)}{h}$$

この定義式に当てはめて求める。p.294 例題 170 と同様にして計算。

解答

(1) $f'(x)=\lim_{h\to 0}\dfrac{3-3}{h}=\lim_{h\to 0}0=\boldsymbol{0}$

◆ $f(x+h)-f(x)=3-3$
$=0$
$f(x)=3$ は定数関数。
すべての x の値に対して，
一定の値 3 をとる。

(2) $f'(x)=\lim_{h\to 0}\dfrac{2(x+h)-2x}{h}=\lim_{h\to 0}\dfrac{2h}{h}=\lim_{h\to 0}2=\boldsymbol{2}$

(3) $f'(x)=\lim_{h\to 0}\dfrac{(x+h)^2-x^2}{h}=\lim_{h\to 0}\dfrac{2xh+h^2}{h}$

$=\lim_{h\to 0}(2x+h)=\boldsymbol{2x}$

(4) $f'(x)=\lim_{h\to 0}\dfrac{\{(x+h)^2+(x+h)\}-(x^2+x)}{h}$

$=\lim_{h\to 0}\dfrac{(x+h)^2-x^2+(x+h)-x}{h}=\lim_{h\to 0}\dfrac{(2xh+h^2)+h}{h}$

$=\lim_{h\to 0}(2x+h+1)=\boldsymbol{2x+1}$

(5) $f'(x)=\lim_{h\to 0}\dfrac{4(x+h)^3-4x^3}{h}=\lim_{h\to 0}\dfrac{4(3x^2h+3xh^2+h^3)}{h}$

$=\lim_{h\to 0}4(3x^2+3xh+h^2)=4\cdot 3x^2=\boldsymbol{12x^2}$

◆ $(x+h)^3$
$=x^3+3x^2h+3xh^2+h^3$

Lecture x^n の導関数（n は自然数）

前ページで紹介した公式 $(x^n)'=nx^{n-1}$ を，ここで証明してみよう。
二項定理（p.15 参照）により

$(x+h)^n=x^n+{}_nC_1x^{n-1}h+{}_nC_2x^{n-2}h^2+\cdots\cdots+{}_nC_nh^n$ ← ${}_nC_0=1$

ゆえに $(x+h)^n-x^n={}_nC_1x^{n-1}h+{}_nC_2x^{n-2}h^2+\cdots\cdots+{}_nC_nh^n$

よって $\lim_{h\to 0}\dfrac{(x+h)^n-x^n}{h}=\lim_{h\to 0}(nx^{n-1}+{}_nC_2x^{n-2}h+\cdots\cdots+{}_nC_nh^{n-1})=nx^{n-1}$ ← ${}_nC_1=n$

すなわち $(\boldsymbol{x^n})'=\boldsymbol{nx^{n-1}}$ ___ の部分を $=A$ とすると $\lim_{h\to 0}A=0$

TRAINING 171 ①

定義に従って，次の関数の導関数を求めよ。

(1) $f(x)=-5x$ (2) $f(x)=2x^2+5$ (3) $f(x)=x^3-x$

例題
172 関数の微分（公式の利用） ◉◉

次の関数を微分せよ。また，$x=-2$ における微分係数を求めよ。

(1) $f(x)=x^3-5x^2-4x+2$ (2) $f(x)=(2x^2-3)(x+5)$

CHART & GUIDE

関数 x^n（n は自然数）と定数関数の導関数
$$(x^n)'=nx^{n-1}, \quad c\ が定数のとき \quad (c)'=0 \quad \cdots\cdots \boxed{!}$$

■ (2)のように，積で表されているものはまず展開する。

② $(x^n)'=nx^{n-1}$ を用いて，各項を微分する。

③ $x=-2$ における微分係数は $f'(-2)$ である。
よって，$f'(x)$ において $x=-2$ を代入して求めればよい。

解答

$\boxed{!}$ (1) $f'(x)=(x^3)'-5(x^2)'-4(x)'+(2)'=3x^2-5\cdot2x-4\cdot1+0$

             $=\boldsymbol{3x^2-10x-4}$

    また $f'(-2)=3(-2)^2-10(-2)-4=\boldsymbol{28}$

(2) $f(x)=2x^3+10x^2-3x-15$ であるから

$\boxed{!}$ $f'(x)=2(x^3)'+10(x^2)'-3(x)'-(15)'$

            $=2\cdot3x^2+10\cdot2x-3\cdot1-0=\boldsymbol{6x^2+20x-3}$

    また $f'(-2)=6(-2)^2+20(-2)-3=\boldsymbol{-19}$

> $\leftarrow (x^3-5x^2-4x+2)'$
> $=(x^3)'-(5x^2)'-(4x)'$
> $\quad +(2)'$
> 和・差の微分は，微分の
> 和・差に等しい。
> また，定数倍は，
> $\quad (5x^2)'=5(x^2)'$
> のように前に出す。

注意 (2) $f'(x)=(2x^2-3)'\times(x+5)'=4x\cdot1$ とするのは **大間違い!** なお，積の形の
関数の微分についての公式を $p.301$ で紹介しているので，参考にしてほしい。

👆 **Lecture** 微分係数の求め方

関数 $f(x)$ の $x=a$ における微分係数の求め方を整理しておこう。

その1 定義に従って求める

問題文に「定義に従って」とある場合は，微分係数の定義
$$f'(a)=\lim_{h\to0}\frac{f(a+h)-f(a)}{h}$$
を用いて求める（$p.294$ 例題170）。

その2 導関数を利用して求める

問題文に特に指示がない場合は，上の例題のように $f(x)$ を微分して導関数 $f'(x)$ を求め，
$x=a$ を代入すると計算がらくである。

TRAINING 172 ②

次の関数を微分せよ。また，$x=2$ における微分係数を求めよ。

(1) $f(x)=4-6x$ (2) $f(x)=3x^2-4$ (3) $f(x)=5x^2-3x+4$

(4) $f(x)=2x^3-4x^2+6x-7$ (5) $f(x)=(2x+1)(x-6)$

(6) $f(x)=(x+3)^2$

                                            〔(3) 類 中央大〕

基本 例題 173　x 以外の変数で微分 ◐◑

(1) 次の関数を [ ]内で示された変数で微分せよ。

　(ア)　$V = \dfrac{4}{3}\pi r^3$　[r]　　　　　　(イ)　$h = v_0 t - \dfrac{1}{2}gt^2$　[t]

(2) 底面の半径が r，高さが h の円錐の体積を V とする。V を r の関数と考え，
　r=3 における微分係数を求めよ。

CHART & GUIDE

x 以外の変数で微分
変数以外の文字は定数と考える

変数が x，y 以外の文字で表される関数についても，例題 172 と同様に導関数を考える。

例えば，t の関数 $s=f(t)$ の導関数は，$f'(t)$，$\dfrac{ds}{dt}$，$\dfrac{d}{dt}f(t)$ などで表す。

また，この導関数を求めることを，変数を明示して，s を t で微分するともいう。

(2) ■ V を r，h で表し，V を r で微分して導関数を求める。
　　■ ■ で求めた導関数に r=3 を代入する。

解答

(1) (ア)　$\dfrac{dV}{dr} = \dfrac{d}{dr}\left(\dfrac{4}{3}\pi r^3\right) = \dfrac{4}{3}\pi \cdot 3r^2 = \boldsymbol{4\pi r^2}$　　← V を r で微分。

　　(イ)　$\dfrac{dh}{dt} = \dfrac{d}{dt}\left(v_0 t - \dfrac{1}{2}gt^2\right) = v_0 \cdot 1 - \dfrac{1}{2}g \cdot 2t = \boldsymbol{v_0 - gt}$　　← h を t で微分。

(2)　$V = \dfrac{1}{3}\pi r^2 h$ であるから

　　← $\dfrac{1}{3} \times (底面積) \times (高さ)$

　　$\dfrac{dV}{dr} = \dfrac{d}{dr}\left(\dfrac{1}{3}\pi r^2 h\right) = \dfrac{1}{3}\pi \cdot 2r \cdot h = \dfrac{2}{3}\pi rh$

　　← V を r で微分。

　　したがって，r=3 における微分係数は

　　　　$\dfrac{2}{3}\pi \cdot 3 \cdot h = \boldsymbol{2\pi h}$

8章 **34** 導関数とその計算

(参考) (1)(ア)は，球の体積 $V = \dfrac{4}{3}\pi r^3$ を半径 r で微分すると，球の表面積 $4\pi r^2$ が得ら
　れることを示している。また，(イ)で与えられた関数 $h = v_0 t - \dfrac{1}{2}gt^2$ は，初速 v_0

　で真上に打ち上げられた物体の t 秒後の高さを表す式であることが知られていて，
　微分した結果は t 秒後の物体の速度を表している。

TRAINING　173 ②

(1) 次の関数を [ ]内で示された変数で微分せよ。
　(ア)　$S = \pi r^2$　[r]　　　　　　　(イ)　$V = V_0(1 + 0.02t)$　[t]

(2) 底面の半径が r，高さが h の円錐の体積を V とする。V を h の関数と考え，h=3
　における微分係数を求めよ。

標 例題
準 **174** 微分係数の条件から関数の決定 ⊘⊘⊘

次の条件を満たす 2 次関数 $f(x)$ を，それぞれ求めよ。

(1) $f'(1)=-1$, $f'(2)=3$, $f(3)=5$

(2) $3f(x)=xf'(x)+x^2+4x-9$

CHART
& GUIDE

$(x^n)'=nx^{n-1}$, c が定数のとき $(c)'=0$ （n は自然数）

0 $f(x)$ は 2 次関数であるから，$f(x)=ax^2+bx+c$ として，$f'(x)$ を求める。

(1) **1** 条件を定数 a, b, c の等式で表す。

2 a, b, c の連立方程式を解く。

(2) **1** $f(x)$, $f'(x)$ を等式に代入して，x について整理する。

2 **1** の等式が x の恒等式であることから，a, b, c の値を求める。

$Ax^2+Bx+C=0$ が x の恒等式

$\iff A=B=C=0$

解答

$f(x)=ax^2+bx+c$ とすると $f'(x)=2ax+b$

(1) $f'(1)=-1$ から $2a+b=-1$ …… ①

$f'(2)=3$ から $4a+b=3$ …… ②

$f(3)=5$ から $9a+3b+c=5$ …… ③

②$-$① から $2a=4$ ゆえに $a=2$

このとき，① から $b=-5$

さらに，③ から $c=2$

したがって $\boldsymbol{f(x)=2x^2-5x+2}$

← 微分係数 $f'(a)$ ……
導関数 $f'(x)$ を求めて，
$x=a$ を代入する。

← $b=-1-2a=-5$,
$c=5-9a-3b$
$=5-18+15=2$

(2) 等式に $f(x)=ax^2+bx+c$, $f'(x)=2ax+b$ を代入して

$3(ax^2+bx+c)=x(2ax+b)+x^2+4x-9$

x について整理すると

$(a-1)x^2+(2b-4)x+3c+9=0$

これが x についての恒等式であるから

$a-1=0$, $2b-4=0$, $3c+9=0$

よって $a=1$, $b=2$, $c=-3$

したがって $\boldsymbol{f(x)=x^2+2x-3}$

← 右辺を整理して，左辺と
係数を比較してもよい。

TRAINING **174** ③

次の条件を満たす 2 次関数 $f(x)$ を，それぞれ求めよ。

(1) $f'(-1)=-7$, $f'(1)=5$, $f(2)=11$

(2) $x^2f'(x)+(1-2x)f(x)=1$

STEP UP!

積や累乗の形の関数の微分

積の形や累乗の形で表された関数の微分については，次の公式があります（詳しくは数学Ⅲで学習する）。これらの公式を利用すると，式を展開せずに導関数を求めることができるので，便利です。

---

① $\{f(x)g(x)\}'=f'(x)g(x)+f(x)g'(x)$

② $\{(ax+b)^n\}'=n(ax+b)^{n-1}(ax+b)'$

　　（n は自然数；a, b は定数）

　一般に　$(\{f(x)\}^n)'=n\{f(x)\}^{n-1}f'(x)$

◆ 積の導関数の公式とよばれる。

［公式 ① の使用例］　$y=(2x^2-3)(x+5)$ の微分。

$\begin{aligned}
y' &=(2x^2-3)'(x+5)+(2x^2-3)(x+5)'\\
&=4x(x+5)+(2x^2-3)\cdot1\\
&=4x^2+20x+2x^2-3\\
&=6x^2+20x-3
\end{aligned}$

◆ $p.298$ 例題 172 (2) の式。

◆ $f(x)=2x^2-3$, $g(x)=x+5$ として，① を利用。$(2x^2-3)(x+5)$ を展開する必要はない。

［公式 ② の使用例］　$y=(x+2)^3$ の微分。

$\begin{aligned}
y' &=3(x+2)^{3-1}\cdot\underline{(x+2)'}\\
&=3(x+2)^2\cdot1\\
&=3(x+2)^2
\end{aligned}$

←～～を掛け忘れないように。

← 展開しなくてもよい。

◆ $y=x^3+6x^2+12x+8$ としてから微分すると $y'=3x^2+12x+12$ 　$[=3(x+2)^2]$ となり，結果は同じ。

なお，公式 ① は，次のようにして証明できる。また，公式 ② は，数学Ｂで学ぶ数学的帰納法によって証明できる。詳しくは，解答編 $p.163$ Lecture を参照してほしい。

公式 ① の証明

$F(x)=f(x)g(x)$ とおくと，導関数の定義から

$\begin{aligned}
F'(x) &=\lim_{h\to0}\frac{F(x+h)-F(x)}{h}\\
&=\lim_{h\to0}\frac{f(x+h)g(x+h)-f(x)g(x)}{h}\\
&=\lim_{h\to0}\frac{f(x+h)g(x+h)-f(x)g(x+h)+f(x)g(x+h)-f(x)g(x)}{h}\\
&=\lim_{h\to0}\left\{\frac{f(x+h)-f(x)}{h}\cdot g(x+h)+f(x)\cdot\frac{g(x+h)-g(x)}{h}\right\}\\
&=f'(x)g(x)+f(x)g'(x)
\end{aligned}$

← $f(x)g(x+h)$ を引いて加える。

← $\displaystyle\lim_{h\to0}\frac{f(x+h)-f(x)}{h}=f'(x)$,　$\displaystyle\lim_{h\to0}g(x+h)=g(x)$,　$\displaystyle\lim_{h\to0}\frac{g(x+h)-g(x)}{h}=g'(x)$

（参考）　3 つの関数の積の形で表された関数については，次の公式がある。

$$\{f(x)g(x)h(x)\}'=f'(x)g(x)h(x)+f(x)g'(x)h(x)+f(x)g(x)h'(x)$$

この公式は，$f(x)g(x)h(x)=\{f(x)g(x)\}\cdot h(x)$ として，公式 ① を利用することで導かれる。

Let's Start

35 接線の方程式

曲線 $y=f(x)$ 上の点 $(a,\ f(a))$ における接線の傾きは，関数 $f(x)$ の $x=a$ における微分係数 $f'(a)$ であることを学習しました。このことから導かれる接線の方程式を考えていきましょう。

■ 接線の方程式

$p.291$ で学習したように，**微分係数 $f'(a)$** は，曲線 $y=f(x)$ 上の点 $(a,\ f(a))$ における **接線の傾き** を表すから，接線の方程式について，次のことが成り立つ。

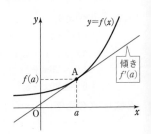

─── 曲 線 上 の 点 に お け る 接 線 の 方 程 式 ───

曲線 $y=f(x)$ 上の点 $A(a,\ f(a))$ における接線の方程式は

$$y-f(a)=f'(a)(x-a)$$

(補足) 点 $(x_1,\ y_1)$ を通り，傾き m の直線の方程式は
$$y-y_1=m(x-x_1)$$

(参考) **法線の方程式**

次の内容は，数学Ⅲで学ぶものであるが，接線と関連が深い内容であるから，ここでも紹介しておく。

曲線 $y=f(x)$ 上の点 A を通り，A における接線と直交する直線を，点 A における曲線の **法線** という。

曲線 $y=f(x)$ 上の点 $A(a,\ f(a))$ における接線の傾きが $f'(a)$ であるから，$f'(a) \neq 0$ のとき，点 A における曲線の法線の傾きを m とすると

$$m \cdot f'(a)=-1$$

よって $m=-\dfrac{1}{f'(a)}$

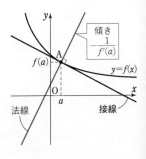

ゆえに，点Aにおける曲線 $y=f(x)$ の法線の方程式は

$$y-f(a)=-\frac{1}{f'(a)}(x-a)$$

≪≪ 基本例題 **172**　≫≫ 発展例題 **185**

基
本 **175** 接線の方程式 (1)　……　接点や傾きが与えられた場合　◐◐

関数 $y=-2x^2+4x+1$ のグラフについて，次の接線の方程式を求めよ。
(1)　グラフ上の点 $(0,\ 1)$ における接線　　　(2)　傾きが -4 である接線

CHART & GUIDE

曲線 $y=f(x)$ 上の点 $(a,\ f(a))$ における接線
傾き $f'(a)$，方程式 $y-f(a)=f'(a)(x-a)$　……　!

(2)は次の要領で求める。
■ $y=f(x)$ とし，導関数 $f'(x)$ を求める。
■ 接点の x 座標を a とし，$f'(a)=$(傾き) となる a の値を求める。
■ 接点の座標を求め，公式を利用して接線の方程式を求める。

解答

$f(x)=-2x^2+4x+1$ とすると
$$f'(x)=-4x+4$$
(1)　$f'(0)=4$ であるから，求める接線の
!　方程式は　　$y-1=4(x-0)$
すなわち　　$y=4x+1$
(2)　接点の x 座標を a とし，
$f'(a)=-4$ とすると
$$-4a+4=-4$$
ゆえに　$a=2$　また　$f(2)=1$
よって，求める接線の方程式は
!　$y-1=-4(x-2)$　すなわち　$y=-4x+9$

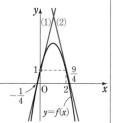

◀接線の傾き $f'(0)$ を求め，公式に当てはめる。

◀$f'(a)=-4a+4$
◀$f(2)=-2\cdot 2^2+4\cdot 2+1$
$=1$
◀接点の座標は $(2,\ 1)$

8章
35
接線の方程式

✋ Lecture　導関数の図形的意味

関数 $y=f(x)$ の $x=a$ における微分係数 $f'(a)$ は，
$y=f(x)$ のグラフ上の点 $(a,\ f(a))$ における接線の傾きを表す。
したがって，導関数 $f'(x)$ は，もとの関数 $y=f(x)$ のグラフ上の
各点における 接線の傾き を与える関数ともいえる。
例　$f(x)=-2x^2+4x+1$ のとき
$$f'(x)=-4x+4$$
$y=f(x)$ のグラフ上の，x 座標が t である点における接線の傾き
は $-4t+4$ である(右の図参照)。

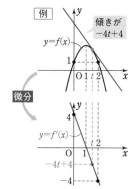

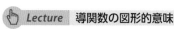

TRAINING 175 ②

曲線 $y=x^2-3x+2$ について，次の接線の方程式を求めよ。
(1)　曲線上の点 $(3,\ 2)$ における接線　　　(2)　傾きが -1 である接線

304

標 準 例題
176 接線の方程式⑵ …… 曲線上にない点を通る接線　🕐🕐🕐

関数 $y=x^2-x$ のグラフに点 C$(1,\ -1)$ から引いた接線の方程式を求めよ。

CHART & GUIDE

曲線上にない点 C から引いた接線
曲線の接線が点 C を通る と考える

1 $y=f(x)$ とし，導関数 $f'(x)$ を求める。

2 接点の x 座標を a とし，点 $(a,\ f(a))$ における接線の方程式を求める。…… ⚠

$$y-f(a)=f'(a)(x-a)\ \cdots\cdots Ⓐ$$

3 接線 Ⓐ が点 C を通る条件から，a の値を求め，Ⓐ の方程式に代入する。

解答

$f(x)=x^2-x$ とすると

$\qquad f'(x)=2x-1$

⚠ 関数 $y=f(x)$ のグラフ上の

点 $(a,\ f(a))$ における接線の方程式は

$\qquad y-(a^2-a)=(2a-1)(x-a)$

すなわち　$y=(2a-1)x-a^2\ \cdots\cdots ①$

この直線が点 C$(1,\ -1)$ を通るから

$\qquad -1=(2a-1)\cdot 1-a^2$

整理すると　$a^2-2a=0$

ゆえに　$a(a-2)=0$　　よって　$a=0,\ 2$

したがって，求める接線の方程式は，① から

$\qquad a=0$ のとき **$y=-x$**，　$a=2$ のとき **$y=3x-4$**

手順は，円外の点から円に引いた接線の方程式の求め方（$p.158$ 例題 92）と似ている。

◆ 点 $(x_1,\ y_1)$ を通り，傾き m の直線の方程式は
$y-y_1=m(x-x_1)$

◆ a についての 2 次方程式が得られる。

◆ 2 本ある！

👆 **Lecture** 「点 A における接線，点 B を通る接線，……」など

問題文の表現で状況が異なるから，十分注意しよう。

　　点A **における**　接線　という場合，　　　　　**A は接点** である。　　←── この接線は 1 本。

　　点B **を通る，から引いた**　接線　という場合，**B は接点であるとは限らない。**

　　　　　　　　　　　　　　　　　　　└── 接線は 1 本とは限らない！

TRAINING 176 ③ ★

曲線 $y=x^2-2x$ について，次の接線の方程式を求めよ。

(1) 点 $(3,\ 3)$ における接線　　　　(2) 点 $(2,\ -4)$ を通る接線

Let's Start

36 関数の増減と極大・極小

グラフの接線の傾きから，関数の増加・減少の様子を調べてみましょう。

■ 関数の増加・減少と導関数の符号

関数 $f(x)$ において，ある区間の任意の値 u，v に対して

$u<v$ ならば $f(u)<f(v)$ が成り立つとき
$f(x)$ はその区間で **増加** する

$u<v$ ならば $f(u)>f(v)$ が成り立つとき
$f(x)$ はその区間で **減少** する

という。

関数 $y=f(x)$ のグラフ上の点 $P(a,\ f(a))$ の近くでは，点Pにおける接線と $y=f(x)$ のグラフは，ほぼ一致すると考えてよい。よって，点Pの近くでは，次のような状況が起こっている。

$f'(a)>0$ ⟶ 接線の傾きは正 ⟶ 接線は右上がりの直線
　　　　⟶ $y=f(x)$ のグラフも右上がり ⟶ $y=f(x)$ は **増加**

$f'(a)<0$ ⟶ 接線の傾きは負 ⟶ 接線は右下がりの直線
　　　　⟶ $y=f(x)$ のグラフも右下がり ⟶ $y=f(x)$ は **減少**

◀ $a<b$ とするとき，不等式 $a\leqq x\leqq b$，$a<x<b$，$a<x$，$x\leqq b$ などを満たす実数 x 全体の集合を **区間** という。

◀ x の値が増加すると，y の値も増加する。

◀ x の値が増加すると，y の値は減少する。

8章
36

関数の増減と極大・極小

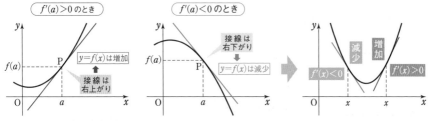

関数 $f(x)$ の増減と $f'(x)$ の符号

関数 $f(x)$ について，ある区間で

常に $f'(x)>0$ ならば，$f(x)$ はその区間で **増加** する。

常に $f'(x)<0$ ならば，$f(x)$ はその区間で **減少** する。

左の 注意 に関して，
定数関数 $f(x)=c$ を微分すると $f'(x)=0$
また，$y=f(x)$ のグラフは，x 軸に平行な直線である。

注意 ある区間で，常に $f'(x)=0$ のときは，$f(x)$ は定数であるから，増加も減少もしない。

例 関数 $f(x)=-x^3+3x$ の増減について

$$f'(x)=-3x^2+3=-3(x+1)(x-1)$$

$f'(x)=0$ とすると　　$x=\pm 1$

$f'(x)>0$ の解は，$(x+1)(x-1)<0$ から　　$-1<x<1$

$f'(x)<0$ の解は，$(x+1)(x-1)>0$ から　　$x<-1,\ 1<x$

よって，$f(x)$ は　$-1\leqq x\leqq 1$ で増加，

　　　　　　　　　　$x\leqq -1,\ 1\leqq x$ で減少(*)

> (*)　増加・減少の範囲には，区間の端も含めてよい。
> これは，例えば $u<v=-1$ のとき，$f(u)>f(v)$ が成り立つからである。

関数の増減を調べるには，次のような表（**増減表** という）をかくとよい。

x	$\cdots$	-1	$\cdots$	1	$\cdots$
$f'(x)$	$-$	0	$+$	0	$-$
$f(x)$	$\searrow$	-2	$\nearrow$	2	$\searrow$

$\longleftarrow$ x軸と同じであり，$f'(x)=0$ の解を記入する。

$\longleftarrow$ $f'(x)$ の正，0，負を x のそれぞれの範囲で記入する。

$\longleftarrow$ $f(x)$ の増減を，第2行の $f'(x)$ の符号に応じて，増加ならば「$\nearrow$」，減少ならば「$\searrow$」を記入する。
また，第1行の $f'(x)=0$ となる x の値に対する $f(x)$ の値 [$f(-1)=-2$, $f(1)=2$] も記入する。ただし，数値が複雑な場合，省略することもある。

■ 関数の極大・極小

上の **例** の関数 $y=-x^3+3x$ の増減表をみると，関数の値は $x=-1$ を境目として減少から増加に，$x=1$ を境目として増加から減少に入れかわっている。

一般に，関数 $f(x)$ が

$x=a$ を境目として増加から減少に移るとき

　$f(x)$ は $x=a$ で **極大** であるといい，$f(a)$ を **極大値**

$x=b$ を境目として減少から増加に移るとき

　$f(x)$ は $x=b$ で **極小** であるといい，$f(b)$ を **極小値**

という。また，極大値と極小値をまとめて **極値** という。

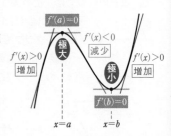

> 1　$f(x)$ が $x=a$ で極値をとる $\implies f'(a)=0$
>
> 2　$f'(x)$ の符号が $x=a$ の前後で
>
> 　　**正から負** に変わるとき $f(a)$ は **極大値**
>
> 　　**負から正** に変わるとき $f(a)$ は **極小値**

注意　1の命題の逆は成り立たない。すなわち，$f'(a)=0$ であっても $f(x)$ が $x=a$ で極値をとるとは限らない。例えば，$f(x)=x^3$ は，$f'(x)=3x^2$ で $f'(0)=0$ であるが，$f'(x)$ の符号は $x=0$ を境目として変わらないから，$f(x)=x^3$ は $x=0$ で極値をとらない。

いろいろな関数の増減を調べ，グラフをかいてみましょう。

基本 例題
177 3次関数の増減 <<< 基本例題 172 ⏱

次の関数の増減を調べよ。

(1) $f(x)=x^3-12x$ (2) $f(x)=-\dfrac{1}{3}x^3-x^2-x+2$

CHART & GUIDE

関数の増減　増減表を作る

① 導関数 $f'(x)$ を求める。
② 方程式 $f'(x)=0$ の実数解を求める。…… $!$
③ 増減表を作り，$f'(x)$ の符号を調べる。

$f(x)$ は
$f'(x)>0$ となる x の値の範囲では　増加 ↗
$f'(x)<0$ となる x の値の範囲では　減少 ↘

解答

(1) $f'(x)=3x^2-12=3(x+2)(x-2)$
$f'(x)=0$ とすると $x=\pm2$
$f(x)$ の増減表は，右のようになる。
したがって，$f(x)$ は
$x\leqq-2,\ 2\leqq x$ で**増加**し，
$-2\leqq x\leqq 2$ で**減少**する。

◀導関数の符号と関数の増減を，増減表にまとめる。

x	$\cdots$	-2	$\cdots$	2	$\cdots$
$f'(x)$	$+$	0	$-$	0	$+$
$f(x)$	↗	16	↘	-16	↗

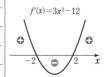

(2) $f'(x)=-x^2-2x-1=-(x+1)^2$
$f'(x)=0$ とすると $x=-1$
すべての実数 x について
$f'(x)\leqq0$
$f(x)$ の増減表は，右のようになる。
よって，$f(x)$ は**常に減少**する。

x	$\cdots$	-1	$\cdots$
$f'(x)$	$-$	0	$-$
$f(x)$	↘	$\dfrac{7}{3}$	↘

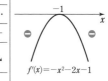

✋ Lecture　3次関数の増減

3次関数 $f(x)=ax^3+bx^2+cx+d$ の増減は，その導関数 $f'(x)=3ax^2+2bx+c$ の符号で決まる。ここで，2次方程式 $3ax^2+2bx+c=0$ の判別式を D とすると

[1] **$D>0$ すなわち　$f'(x)=0$ が異なる2つの実数解をもつとき**
$f'(x)$ の符号は変化するから，関数 $f(x)$ は，増加する部分と減少する部分をもつ。

[2] **$D\leqq0$ すなわち　$f'(x)=0$ が重解をもつ，または 実数解をもたないとき**
$f'(x)$ の符号は変化しないから，関数 $f(x)$ は，常に増加するか，または常に減少する。

TRAINING　177 ①

次の関数の増減を調べよ。

(1) $f(x)=-x^2+4x+5$ (2) $f(x)=x^3+3x$ (3) $f(x)=-x^3+4x$

8章
36
関数の増減と極大・極小

≪≪ 基本例題 177　　**≫≫ 発展例題 187, 188**

基本 例題
178 3次関数の極値とグラフ

次の関数の増減を調べ，極値を求めよ。また，そのグラフをかけ。

(1) $y=x^3-6x^2+9x-1$　　　(2) $y=x^3-3x^2+3x+5$

解説動画へGO!!

CHART & GUIDE

関数の増減・極値・グラフ　増減表で解決

1 導関数 y' を求め，方程式 $y'=0$ の実数解を求める。…… [!]
…… $y'=0$ の実数解が極値をとる x の値の候補。

2 **1** で求めた x の値の前後で，y' の符号の変化を調べ，増減表を作る。

3 増減表をもとに，極値を求め，グラフをかく。

解答

(1)　$y'=3x^2-12x+9=3(x^2-4x+3)=3(x-1)(x-3)$

[!]　$y'=0$ とすると　　$x=1,\ 3$

y の増減表は，次のようになる。

x	$\cdots$	1	$\cdots$	3	$\cdots$
y'	$+$	0	$-$	0	$+$
y	$\nearrow$	極大 3	$\searrow$	極小 -1	$\nearrow$

←y' の式を因数分解しておくと，y'（2次関数）のグラフの概形もイメージしやすくなる。

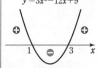

よって，**$x=1$ で極大値 3**，

　　　　$x=3$ で極小値 -1

をとる。また，グラフは 〔図〕

←$x=●$ で極値をとる
$\Longleftrightarrow$ $x=●$ の前後で y' の符号が変わる。

(2)　$y'=3x^2-6x+3=3(x^2-2x+1)=3(x-1)^2$

[!]　$y'=0$ とすると　　$x=1$

y の増減表は，次のようになる。

x	$\cdots$	1	$\cdots$
y'	$+$	0	$+$
y	$\nearrow$	6	$\nearrow$

すべての実数 x について $y'\geqq0$ であるから，y は常に増加する。
よって，**極値はない**。[(*)]
また，グラフは 〔図〕

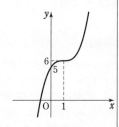

(＊)　$x=1$ の前後では y' の符号が変わらないから，極値をとらない。
なお，$x=1$ のとき $y'=0$ から，「点 $(1,\ 6)$ における接線が x 軸と平行である」ことを意識してグラフをかく。

TRAINING　178 ②

次の関数の増減を調べ，極値を求めよ。また，そのグラフをかけ。

(1) $y=x^3-3x^2-9x$　　　　　　(2) $y=6x^2-x^3$

(3) $y=-x^3-2x$　　　　　　　　(4) $y=x^3+3x^2+4x-9$

ズーム UP

3次関数のグラフのかき方 — 増減表の作成

例題 177, 178 を通して，3次関数の増減やグラフのかき方について学習しました。最大のポイントは 増減表 です。もう一度詳しく見てみることにしましょう。

● 増減表の「x」の行には，$y'=0$ の解を記入する

導関数 y' を求め，$y'=0$ を解く，という手順で進める。
特に，y' の式が因数分解できるときは，必ず因数分解しておこう。因数分解しておくと，$y'=0$ の解が求めやすくなるだけでなく，「y'」の行の記入でも有利になる。

● 増減表の「y'」の行には，y' のグラフを利用して記入する

「y'」の行には，0 または y' の符号（＋，－）を記入するが，このとき，符号の記入は慎重に！
符号の記入ミスを防ぐには，y' の簡単なグラフを利用するとよい。3次関数 y の導関数 y' は 2次関数であるから，この 2次関数 y' のグラフを，x 軸との共有点，x 軸との位置関係がわかる程度にかき（y' 軸は不要），図から符号を判断する。これは，2次不等式を解くときに，グラフをかいて考えたときの要領とまったく同じである。

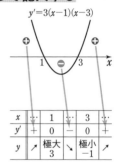

x	$\cdots$	1	$\cdots$	3	$\cdots$
y'	+	0	－	0	+
y	↗	極大 3	↘	極小 -1	↗

注意 符号は，0 を挟んで交互に現れるとは限らない！
(1)では ＋，0，－，0，＋ のように，＋ と － が 0 を挟んで交互に現れた。しかし，(2)の ＋，0，＋ のように，0 を挟んで y' の符号が変わらないこともある。単純に ＋ の次は － と即断してはいけない。1つずつ慎重に判断しよう。

● 増減表の「y」の行を記入したら，グラフをかこう

2次関数のグラフで，まず頂点をとったように，y が 極大，極小 となる点を先にとるとよい。また，y 軸との交点の y 座標（y の式に $x=0$ を代入）も記入しておくと，グラフがかきやすくなる。

（参考）x 軸との共有点に着目した3次関数のグラフの概形
次の形がよく現れる。なお，図の黒い線は $a>0$，青い線は $a<0$ の場合である。

[1] $y=a(x-\alpha)(x-\beta)(x-\gamma)$　　[2] $y=a(x-\alpha)(x-\beta)^2$　　[3] $y=a(x-\alpha)^3$

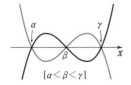

$[\alpha<\beta<\gamma]$

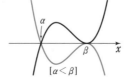

$[\alpha<\beta]$

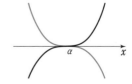

8章 36 関数の増減と極大・極小

標準 例題 **179** 極値の条件から 3 次関数の係数決定

関数 $f(x)=x^3+ax^2+bx+1$ は，$x=-1$ で極大値 9 をとる。このとき，定数 a，b の値を求めよ。また，極小値を求めよ。

CHART & GUIDE

$f(x)$ が $x=\alpha$ で極値をとる $\Longrightarrow f'(\alpha)=0$

ただし，$f'(\alpha)=0$ であっても，$x=\alpha$ で極値をとるとは限らない。

1 $f(x)$ が $x=-1$ で極値をとる条件を書き出す。 $\longrightarrow f'(-1)=0$
2 $f(x)$ が $x=-1$ で極大値 9 をとる条件を書き出す。 $\longrightarrow f(-1)=9$
3 1，2 により得られる a，b の連立方程式を解く。
4 逆を確認する。…… [!] すなわち，3 で求めた a，b の値を $f(x)$ に代入し，増減表をかく。なお，〰〰 については Lecture を参照。

解答

$$f'(x)=3x^2+2ax+b$$

$f(x)$ が $x=-1$ で極大値 9 をとるとき

$$f'(-1)=0, \quad f(-1)=9$$

したがって $3-2a+b=0, \quad -1+a-b+1=9$

整理して $2a-b=3, \quad a-b=9$

これを解いて $a=-6, \quad b=-15$

[!] このとき $f(x)=x^3-6x^2-15x+1$

$$f'(x)=3x^2-12x-15=3(x+1)(x-5)$$

よって，右の増減表が得られ，条件を満たす。

以上から $a=-6, \ b=-15,$
極小値 -99

←$f'(-1)=0$ は必要条件(Lecture 参照)であるから，これより得られる a，b の値も必要条件にすぎない。
←$x=-1$ で極大値 9 をとることを確認する。

x	$\cdots$	-1	$\cdots$	5	$\cdots$
$f'(x)$	$+$	0	$-$	0	$+$
$f(x)$	↗	極大 9	↘	極小 -99	↗

←$f(5)$
$=5^3-6\cdot5^2-15\cdot5+1$
$=5^2(5-6)-75+1$
$=-25-74=-99$

Lecture 逆の確認を忘れないように

$f'(\alpha)=0$ は，$f(x)$ が $x=\alpha$ で極値をとるための **必要条件** であって，**十分条件** ではない。つまり，例題において，$f'(-1)=0$ であるからといって，$x=-1$ で極値をとるとは限らない。そこで，解答内の「このとき」以下で，十分条件であることの確認を行っているのである。確かに，$x=-1$ を境目として $f'(x)$ の符号は正から負に変わり，$x=-1$ で極大となる。

TRAINING 179 ③

(1) 3 次関数 $f(x)=ax^3+bx+3$ は，$x=-1$ で極小値 1 をとる。このとき，定数 a，b の値を求めよ。また，極大値を求めよ。

(2) 関数 $f(x)=2x^3+ax^2+bx+c$ は，$x=1$ で極大値 6 をとり，$x=2$ で極小値をとる。このとき，定数 a，b，c の値を求めよ。また，極小値を求めよ。

[(2) 類 センター試験]

STEP *into* ここで整理

3 次関数のグラフの形

3 次関数 $f(x)=ax^3+bx^2+cx+d$ のグラフの概形は

① x^3 の係数 a の符号

② 2 次方程式 $f'(x)=0$ の判別式 D の符号 〔$f'(x)$ は導関数〕

がカギをにぎりました。ここでは，代表的な形をまとめておきましょう。

$f'(x)=3ax^2+2bx+c$, $D=4(b^2-3ac)$ であり，図中の「↗」は増加，「↘」は減少を表す。

$D>0$	$D=0$	$D<0$
異なる 2 つの実数解 α, β	重解 α	虚数解
$f'(x)=3a(x-\alpha)(x-\beta)$	$f'(x)=3a(x-\alpha)^2$	$f'(x)=3a(x-p)^2+q$

$f'(x)$ のグラフ、$f(x)$ のグラフ

増減表

$D>0$ のとき

$a>0$

x	$\cdots$	α	$\cdots$	β	$\cdots$
$f'(x)$	+	0	−	0	+
$f(x)$	↗	極大	↘	極小	↗

$a<0$

x	$\cdots$	α	$\cdots$	β	$\cdots$
$f'(x)$	−	0	+	0	−
$f(x)$	↘	極小	↗	極大	↘

$D=0$ のとき

$a>0$

x	$\cdots$	α	$\cdots$
$f'(x)$	+	0	+
$f(x)$	↗		↗

$a<0$

x	$\cdots$	α	$\cdots$
$f'(x)$	−	0	−
$f(x)$	↘		↘

$D<0$ のとき

$a>0$

x	$\cdots$
$f'(x)$	+
$f(x)$	↗

$a<0$

x	$\cdots$
$f'(x)$	−
$f(x)$	↘

$D=0$ の場合は $f'(\alpha)=0$ ですから，点 $(\alpha, f(\alpha))$ における接線の傾きが 0 となることに気を付けてグラフをかきましょう。

Let's Start

37 関数の増減・グラフの応用

関数の増減やグラフを利用して，最大値や最小値を求めたり，方程式の実数解の個数を調べたりしてみましょう。

■ 最大値・最小値の求め方

ここでは，定義域に制限がある 3 次関数の最大・最小について，その手順を説明しよう。

例 関数 $y=f(x)$ $(a \leqq x \leqq b)$ の最大・最小

1 導関数 $f'(x)$ を求め，方程式 $f'(x)=0$ の実数解を求める。

2 $f'(x)$ の符号を調べ，定義域 $a \leqq x \leqq b$ の範囲で増減表を作る。

x	a	$\cdots$	α	$\cdots$	β	$\cdots$	b
$f'(x)$		$+$	0	$-$	0	$+$	
$f(x)$	p	↗	極大 r	↘	極小 s	↗	q

3 増減表をもとにグラフをかく。

4 グラフから，最大値，最小値を読みとる。

…… 右の図では，定義域の右端の $x=b$ に対する y の値 q が最大値，極小値 s が最小値となっている。

注意 慣れてくれば，グラフをかかずに増減表から最大値，最小値を求めることもできるが，最初のうちはグラフをかいて考えよう。

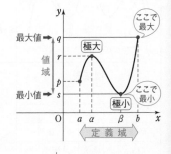

■ 最大・最小 と 極大・極小 の違い

上の例において，極大値 r が最大値になっているわけではない。このように，最大・最小と極大・極小は異なる概念である。つまり

● **最大・最小** は，**定義域全体** で考えたときの最大・最小である。

● **極大・極小** は，それぞれ

その点の近くの変域での最大・最小

であって，定義域全体の最大・最小とは限らない。

よって，最大値，最小値を求めるには，**極値と定義域の端の値に注目** すればよい。

◆定義域によっては，最大値または最小値が存在しないこともある。例えば，上の例で，定義域が $a<x<b$ の場合，最小値は s であるが，最大値は存在しない。

■ 方程式の異なる実数解の個数

方程式 $f(x)=0$ …… Ⓐ の異なる実数解の個数を調べるには，次の [1]～[3] のような方法が考えられる。

[1] **実際に，方程式 Ⓐ を解く。**

　──→ 解が求められれば個数はわかるが，解けなければお手上げ。

[2] **Ⓐ が 2 次方程式であれば，判別式 D の符号を調べる。**

　──→ Ⓐ が高次方程式のときには無理。

[3] **$y=f(x)$ のグラフと x 軸との共有点の個数を調べる。**

　──→ $f(x)=0$ の実数解 α, β, γ, …… は，$y=f(x)$ のグラフと x 軸の共有点の x 座標であるから（右図参照）

異なる　　　グラフと x 軸の
実数解の個数 $\Longleftrightarrow$ 共有点の個数

であることがいえる。

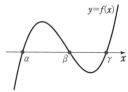

← 実数解そのものを求めよ，という意味ではないことに注意。

← $D>0$ なら 2 個，$D=0$ なら 1 個，$D<0$ なら 0 個。

一般に，3 次方程式の異なる実数解の個数は，$y=f(x)$ のグラフに応じて次の 3 つのケースが考えられる。

異なる実数解3個 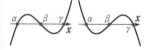　　異なる実数解2個 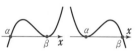　　実数解1個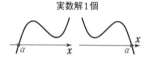

注意　3 次方程式は，少なくとも 1 個実数解をもつ。

■ 不等式 $f(x)>g(x)$ の証明への利用

x の多項式についての **不等式 $f(x)>g(x)$ の証明** は，

大小比較は差を作る

に従い，$f(x)-g(x)>0$ すなわち，次のことを示せばよい。

$[f(x)-g(x)$ の最小値$]>0$

そのためには，関数 $y=f(x)-g(x)$ の増減を調べ，最小値を求めることになる。このとき，x の値の範囲（定義域）が大きな意味をもつから，絶対に忘れてはならない。

← $p.40$ 参照。$A>B \Longleftrightarrow A-B>0$ これが基本。

← $p.318$ 例題 184 参照。

8章 37 関数の増減・グラフの応用

 グラフをかいて，関数の最大値や最小値の問題，方程式や不等式の問題に取り組んでいきましょう。

≪≪ 基本例題 **178**   ≫≫ 発展例題 **189**, **190**

基本
例題
180 3次関数の最大・最小

関数 $f(x)=2x^3-3x^2-12x+10$ の定義域として次の範囲を
とるとき，各場合について，最大値と最小値を求めよ。

(1) $-3\le x\le 3$ (2) $-2\le x\le 4$

解説動画へGO!!

CHART
& GUIDE

3次関数の最大・最小
極値と定義域の端の値に注目

① 導関数 $f'(x)$ を求め，方程式 $f'(x)=0$ の実数解を求める。
② 各定義域の範囲で，増減表を作る。…… !
③ 増減表またはグラフから，最大値，最小値を求める。

解答

$f'(x)=6x^2-6x-12$
    $=6(x+1)(x-2)$
$f'(x)=0$ とすると
    $x=-1,\ 2$

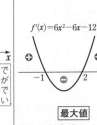

! (1) $-3\le x\le 3$ における $f(x)$ の
    増減表は，下のようになる。
    したがって，
    $x=-1$ で最大値 17,
    $x=-3$ で最小値 -35 をとる。

x	-3	$\cdots$	-1	$\cdots$	2	3
$f'(x)$		$+$	0	$-$	0	$+$
$f(x)$	-35	↗	極大 17	↘	極小 -10	1

最大値
表から極大値 17 と端の値
$f(3)=1$ を比較して，17 と
決定。

最小値
端の値 $f(-3)=-35$ と
極小値 -10 を比較して，
-35 と決定。

! (2) $-2\le x\le 4$ にお
    ける $f(x)$ の増減表
    は，右のようになる。
    したがって，
    $x=4$ で最大値 42,
    $x=2$ で最小値 -10 をとる。

x	-2	$\cdots$	-1	$\cdots$	2	$\cdots$	4
$f'(x)$		$+$	0	$-$	0	$+$	
$f(x)$	6	↗	極大 17	↘	極小 -10	↗	42

(2) 定義域が変わると，最
大値・最小値も変わる。

⇓

最大・最小の問題では，
定義域が重要！

注意 定義域の端点が含まれない場合，最大値，最小値がないこともある。
TRAINING 180(2) 参照。

TRAINING **180** ②

次の関数の最大値と最小値があれば，それを求めよ。
(1) $y=x^3-6x$ $(-1\le x\le 2)$ (2) $y=-2x^3-x^2+4x$ $(-2<x<1)$

標準 例題 **181** 最大・最小の応用問題（文章題） ◔◔◔

底面の直径が $6\,\mathrm{cm}$，高さが $12\,\mathrm{cm}$ の円錐に，右の図のように直円柱が内接しているとする。

(1) 直円柱の底面の半径を $r\,\mathrm{cm}$ とするとき，直円柱の体積 V を r の式で表せ。

(2) 直円柱の体積 V の最大値を求めよ。
（図中の文字は，解答で用いるものである。）

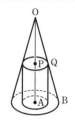

CHART & GUIDE

文章題（最大・最小）を解く手順

1️⃣ 変数を決める。…… この問題の場合は，直円柱の底面の半径 r
2️⃣ 1️⃣ で決めた変数の変域を調べる。…… 3️⃣ の関数の定義域となる。
3️⃣ 最大・最小を考える量を，変数の式で表す。…… 体積 V を r で表す。
4️⃣ 3️⃣ の関数の最大値・最小値を求める。…… 関数 V を r で微分して，増減表を作る。

解答

円錐の頂点 O と底面の中心 A を結び，円錐を線分 OA を含む平面で切ったときの断面図は，図のようになる。

◀ 立体の問題は，断面図で考えることが多い。

(1) 直円柱の高さを $h\,\mathrm{cm}$ とする。

右図において，$\triangle\mathrm{OPQ}\backsim\triangle\mathrm{OAB}$

であるから $\quad\mathrm{PQ}:\mathrm{AB}=\mathrm{OP}:\mathrm{OA}$

すなわち $\quad r:3=(12-h):12$

ゆえに $\quad h=12-4r$

よって $\quad V=\pi r^2 h=\pi r^2(12-4r)$
$$=4\pi(3r^2-r^3)$$

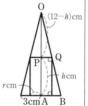

◀ 図の三角形は，直線 OA に関して対称。

◀ 円錐の底面の円の半径は
$6\div2=3\,(\mathrm{cm})$

◀ （直円柱の体積）
＝（底面積）×（高さ）

(2) r のとりうる値の範囲は $\quad 0<r<3$ …… ①

V を r で微分すると $\quad V'=4\pi(6r-3r^2)=-12\pi r(r-2)$

$V'=0$ とすると $\quad r=0,\ 2$

① の範囲における V の増減表は，右のようになる。

よって，V は $r=2$ で極大かつ最大となり，その値は
$$4\pi(3\cdot2^2-2^3)=\mathbf{16\pi\,(cm^3)}$$

◀ V' は $\dfrac{dV}{dr}$ と書いてもよい。

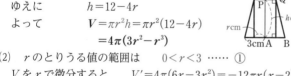

r	0	$\cdots$	2	$\cdots$	3
V'		$+$	0	$-$	
V		↗	極大	↘	

TRAINING 181 ③

放物線 $y=9-x^2$ と x 軸の交点を A，B とする。この放物線と x 軸によって囲まれる図形に，線分 AB を底辺にもつ台形を内接させるとき，このような台形の面積の最大値を求めよ。

基本 例題

182 3次方程式の実数解の個数(1) …… 基本

次の3次方程式の異なる実数解の個数を求めよ。

(1) $2x^3 - 3x^2 - 12x + 1 = 0$　　　(2) $x^3 - 3x - 2 = 0$

解説動画へGO!!

CHART & GUIDE

3次方程式 $f(x) = 0$ の　　　$y = f(x)$ のグラフと x 軸の
異なる実数解の個数　$\Longleftrightarrow$　共有点の個数

1 左辺の式を x の関数 y と考えて，y の増減を調べる。

2 グラフをかいて，グラフと x 軸の共有点の個数を調べる。…… !

解答

(1) $y = 2x^3 - 3x^2 - 12x + 1$
とする。

$y' = 6x^2 - 6x - 12$
　$= 6(x+1)(x-2)$

$y' = 0$ とすると　$x = -1,\ 2$

x	$\cdots$	-1	$\cdots$	2	$\cdots$
y'	$+$	0	$-$	0	$+$
y	↗	8	↘	-19	↗

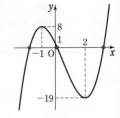

[!] y の増減表とこの関数のグラフは右のようになり，グラフと
x 軸は異なる3点で交わる。

よって，方程式の異なる実数解の個数は　**3個**

(2) $y = x^3 - 3x - 2$ とする。

$y' = 3x^2 - 3 = 3(x+1)(x-1)$

$y' = 0$ とすると　$x = \pm 1$

x	$\cdots$	-1	$\cdots$	1	$\cdots$
y'	$+$	0	$-$	0	$+$
y	↗	0	↘	-4	↗

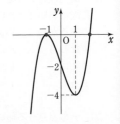

[!] y の増減表とこの関数の
グラフは右のようになり，グラフと x 軸は異なる2点を共有
する。よって，方程式の異なる実数解の個数は　**2個**

Lecture 3次方程式の実数解の個数と極値

3次方程式 $f(x) = 0$ の実数解の個数は，3次関数 $f(x)$ の極大値と極小値の符号に注目すると，次のように分類される。ただし，$f(x)$ の3次の係数は正とする。

[1] $f(x)$ が極値をもたないとき　1個

[2] $f(x)$ が $x = \alpha,\ \beta\ (\alpha < \beta)$ で極値をもつとき，次の図で求められる。

[1]　　　[2]① 1個　　② 2個　　③ 3個　　④ 2個　　⑤ 1個

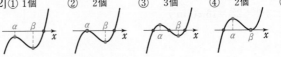

TRAINING 182 ②

次の3次方程式の異なる実数解の個数を求めよ。

(1) $-x^3 + 3x^2 - 1 = 0$　　　(2) $x^3 - 3x^2 + 3x + 1 = 0$

標 例題
準 **183** 3次方程式の実数解の個数 (2) …… $f(x)=$（定数）

≪≪ 基本例題 182　≫≫ 発展例題 191

3次方程式 $x^3-6x^2+9x=a$ の異なる実数解の個数が，定数 a のとる値によって，どのように変わるか調べよ。

CHART & GUIDE

方程式 $f(x)=a$ の実数解の個数
$y=f(x)$ のグラフと直線 $y=a$ の共有点の個数を調べる

1 $f(x)=x^3-6x^2+9x$ の増減を調べ，$y=f(x)$ のグラフをかく。
2 直線 $y=a$（x 軸に平行な直線）を上下に動かして，**1** でかいたグラフとの共有点の個数を調べる。…… !

解答

$f(x)=x^3-6x^2+9x$ とすると
$f'(x)=3x^2-12x+9$
　　　$=3(x-1)(x-3)$
$f'(x)=0$ とすると
　　　$x=1,\ 3$

x	$\cdots$	1	$\cdots$	3	$\cdots$
$f'(x)$	+	0	−	0	+
$f(x)$	↗	極大 4	↘	極小 0	↗

$f(x)$ の増減表と $y=f(x)$ のグラフは，右のようになる。

このグラフと直線 $y=a$ の共有点の個数が，方程式の実数解の個数に一致するから

　　$a<0,\ 4<a$ のとき1個；
　　$a=0,\ 4$ 　のとき2個；
　　$0<a<4$ 　のとき3個

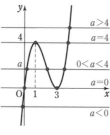

$y=f(x)$ のグラフは固定した状態で，直線 $y=a$ を a の値とともに上下に動かしながら，$y=f(x)$ のグラフとの共有点の個数を調べる。
$f(x)$ が極大，極小となる点を直線 $y=a$ が通るときの a の値が，実数解の個数の境目となる。

8章
37
関数の増減・グラフの応用

Lecture 方程式 $f(x)=g(x)$ の異なる実数解の個数

方程式 $f(x)=g(x)$ の異なる実数解 $\alpha,\ \beta,\ \gamma,\ \cdots\cdots$ は，
$y=f(x)$ と $y=g(x)$ のグラフの共有点の x 座標であるから，次のことがいえる。

　　方程式 $f(x)=g(x)$ の　　$\Longleftrightarrow$　$y=f(x)$ と $y=g(x)$ の
　　異なる実数解の個数　　　　　　グラフの共有点の個数

上の例題は，$g(x)=a$ の場合である。なお，定数項 a が左辺にある場合は，まず，右辺に移項して $f(x)=a$ の形にする。

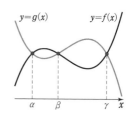

TRAINING 183 ③

3次方程式 $x^3+3x^2-9x-a=0$ が異なる3つの実数解をもつとき，定数 a の値の範囲を求めよ。

標準 例題 **184** 不等式の証明（微分利用）

$x \geqq 0$ のとき，不等式 $x^3+5>3x^2$ が成り立つことを証明せよ。

CHART & GUIDE

不等式 $f(x)>g(x)$ の証明
$[f(x)-g(x)$ の最小値$]>0$ を示す

1 $y=（左辺）-（右辺）$ とする。…… $A>B \iff A-B>0$ …… [!]
2 y の値の変化を調べる。 …… 増減表の利用。x の値の範囲がカギ。
3 $x \geqq 0$ における y の最小値を求め，（最小値）>0 を示す。

解答

[!] $y=(x^3+5)-3x^2$ とすると $y'=3x^2-6x=3x(x-2)$

$y'=0$ とすると $x=0,\ 2$

$x \geqq 0$ における y の増減表は，次のようになる。

ゆえに，$x \geqq 0$ において，y は

$\qquad x=2$ で最小値 1

をとる。

よって，$x \geqq 0$ のとき $y>0$

したがって $(x^3+5)-3x^2>0$

すなわち $x^3+5>3x^2$

x	0	$\cdots$	2	$\cdots$
y'		$-$	0	$+$
y	5	$\searrow$	極小 1	$\nearrow$

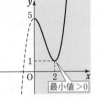

$y=x^3+5-3x^2\ (x \geqq 0)$ のグラフ

最小値 >0

Lecture 不等式 $f(x)>g(x)$ の証明

x の整式についての不等式 $f(x)>g(x)$ は，CHART & GUIDE でも示したように，**大小比較は差を作る** の方針のもとで増減表を利用し，次のようにして証明される。

① $y=f(x)-g(x)$ とおく。	② y の値の変化を調べる。	③ $y>0$ を証明する。
$f(x)>g(x)$ $\iff f(x)-g(x)>0$ $\iff f(x)-g(x)$ の **最小値>0**	y' の符号を調べて y の増減表を作る	① y の最小値>0 を示す。 次の ② でもよい。 ② y が常に増加なら， 出発点で $y>0$ [TRAINING 184 (2) 参照]

TRAINING 184 ③

次の不等式が成り立つことを証明せよ。

(1) $x>0$ のとき $x^3-9x \geqq 3x-16$

(2) $x \geqq 0$ のとき $x^3+7x+1>3x^2$

[(1) 水産大学校]

発展学習

≪≪ 基本例題 175

発展 例題 185 3次関数のグラフの接線 ◔◔◔

曲線 $y=x^3-4x$ を C とする。
(1) 曲線 C 上の点 $(1,\ -3)$ における接線 ℓ の方程式を求めよ。
(2) 曲線 C と直線 ℓ との共有点のうち，接点以外の点の x 座標を求めよ。

CHART & GUIDE

曲線 $y=f(x)$ 上の点 $(a,\ f(a))$ における接線
傾き $f'(a)$，方程式 $y-f(a)=f'(a)(x-a)$ …… $\boxed{!}$

(2) 点 $(1,\ -3)$ は C と ℓ の共有点の1つであるから，$x^3-4x=-x-2$ すなわち
$x^3-3x+2=0$ の左辺は $x-1$ を因数にもつ。

解答

$f(x)=x^3-4x$ とすると
$\quad f'(x)=3x^2-4$

(1) $f'(1)=-1$ であるから，求める
接線の方程式は
$\qquad y-(-3)=-(x-1)$
すなわち $\quad y=-x-2$

(2) 曲線 C と直線 ℓ との共有点の x 座
標は，方程式 $x^3-4x=-x-2$ すなわち
$x^3-3x+2=0$ の実数解である。
左辺は $x-1$ を因数をもつから，因数分解すると
$\qquad (x-1)^2(x+2)=0 \qquad$ ゆえに $\qquad x=1,\ -2$
よって，曲線 C と直線 ℓ との共有点のうち，接点以外の点の
x 座標は $\quad -2$

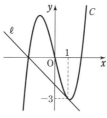

← 点 $(x_1,\ y_1)$ を通り，傾き m の直線の方程式は
$\qquad y-y_1=m(x-x_1)$

← 共有点の座標は，連立方程式の実数解。

← 1 は接点の x 座標。

8章

発展学習

🖑 Lecture 接点 ⟺ 重解 の利用

接点 ⟺ 重解 は，放物線や円だけでなく，3次関数や4次関数のグラフについても通用する。
上の例題の場合，$y=x^3-4x$ と $y=-x-2$ から y を消去して得られる3次方程式
$x^3-3x+2=0$ の左辺を因数分解すると $(x-1)^2(x+2)=0$ となり，$x=1$(接点の x 座標)が重解
になっている。
⟶ (2)では，「左辺は $(x-1)^2$ を因数にもつから」として $(x-1)^2(x+2)=0$ を導いてよい。

TRAINING 185 ③

曲線 $y=x^3+2x^2-3x$ を C とする。
(1) 曲線 C 上の点 $(-2,\ 6)$ における接線 ℓ の方程式を求めよ。
(2) 曲線 C と直線 ℓ との共有点のうち，接点以外の点の x 座標を求めよ。

発展 例題
186 2曲線が接する条件

2つの曲線 $y=x^3+ax^2+bx$ と $y=x^2$ が, x 座標が -1 の点Pにおいて接している。このとき, 定数 a, b の値を求めよ。

CHART & GUIDE

2曲線 $y=f(x)$, $y=g(x)$ が $x=p$ の点で接する
$$\Longleftrightarrow f(p)=g(p) \text{ かつ } f'(p)=g'(p) \quad \cdots\cdots \boxed{!}$$

$f(x)=x^3+ax^2+bx$, $g(x)=x^2$ とするとき

1 点Pを共有する条件を求める。…… $f(-1)=g(-1)$
2 点Pにおける接線の傾きが等しい条件を求める。
　　　　　　　　　　…… $f'(-1)=g'(-1)$
3 1, 2 から得られる a, b についての連立方程式を解く。

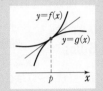

解答

$f(x)=x^3+ax^2+bx$, $g(x)=x^2$ とすると
$\qquad f'(x)=3x^2+2ax+b$,
$\qquad g'(x)=2x$
2曲線が点Pで接するための条件は
$\qquad f(-1)=g(-1)$ 　かつ
$\qquad f'(-1)=g'(-1)$
したがって　　　　$-1+a-b=1$,
$\qquad\qquad\qquad 3-2a+b=-2$
整理すると　　　$a-b=2$, $2a-b=5$
これを解いて　　$\boldsymbol{a=3}$, $\boldsymbol{b=1}$

「2曲線が接する」とは, 2曲線の共有点で共通の接線をもつ, ということである。

← y 座標が等しい。

← 接線の傾きが一致。

点Pにおける共通な接線の方程式は　$y=-2x-1$

🖐 **Lecture**　2曲線 $y=f(x)$, $y=g(x)$ が接する条件

2曲線 $y=f(x)$, $y=g(x)$ が点Pを共有し, その共有点Pにおける接線が一致するとき, 「**2曲線は接する**」という。
そのための条件は, 共有点Pの x 座標を p とすると, 次の
1, 2 が同時に成り立つことである。

1　**2曲線 $y=f(x)$, $y=g(x)$ がともに点Pを通る。**
　点Pにおける y 座標が等しいから　　　$f(p)=g(p)$
2　**点Pにおける接線の傾きが一致する。**
　$x=p$ における微分係数が等しいから　　$f'(p)=g'(p)$

注意　2曲線が点Pで接するとき, 点Pを2曲線の **接点** という。

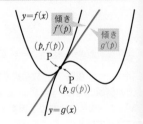

TRAINING 186 ④ ★

曲線 $y=x^3-6x^2+10x+k$ が直線 $y=x$ と接するとき, 定数 k の値を求めよ。

[類 東北学院大]

≪≪ 基本例題 **178**

発展 例題 **187** 4次関数の極値とグラフ ⟨⟩ ⟨⟩ ⟨⟩ ⟨⟩

次の関数の増減を調べ，極値を求めよ。また，そのグラフをかけ。

(1) $y=x^4-8x^2+8$ (2) $y=x^4-4x^3+12$

CHART & GUIDE

関数の増減・極値・グラフ　増減表で解決

4次関数の増減・極値・グラフも，p.308 例題 178 で学んだ3次関数の場合と同じ方針で考える。

1 導関数 y' を求め，方程式 $y'=0$ の実数解を求める。…… **!**

2 **1** で求めた x の値の前後で，y' の符号の変化を調べ，増減表を作る。

3 増減表をもとに，極値を求め，グラフをかく。

解答

(1) $y'=4x^3-16x=4x(x^2-4)=4x(x+2)(x-2)$

$y'=0$ とすると　　$x=-2,\ 0,\ 2$

y の増減表は，次のようになる。

x	$\cdots$	-2	$\cdots$	0	$\cdots$	2	$\cdots$
y'	$-$	0	$+$	0	$-$	0	$+$
y	$\searrow$	極小 -8	$\nearrow$	極大 8	$\searrow$	極小 -8	$\nearrow$

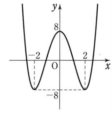

よって，$x=0$ で**極大値 8**，

$x=\pm2$ で**極小値 -8**

をとる。また，グラフは 〔図〕

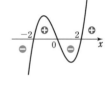

◀ $y'=4x(x+2)(x-2)$ のグラフは

◀ 2箇所で極小となる。
◀ グラフは y 軸対称。

(2) $y'=4x^3-12x^2=4x^2(x-3)$

$y'=0$ とすると　　$x=0,\ 3$

y の増減表は，次のようになる。

x	$\cdots$	0	$\cdots$	3	$\cdots$
y'	$-$	0	$-$	0	$+$
y	$\searrow$	12	$\searrow$	極小 -15	$\nearrow$

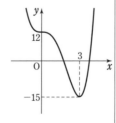

◀ $y'=4x^2(x-3)$ のグラフは

よって，$x=3$ で**極小値 -15**

をとる。また，グラフは 〔図〕

◀ $x=0$ の前後で y' の符号は変化しないから，$x=0$ で極値はとらない。

8章

発展学習

TRAINING 187 ④

次の関数の増減を調べ，極値を求めよ。また，そのグラフをかけ。

(1) $y=3x^4-16x^3+18x^2+8$ (2) $y=-x^4+\dfrac{8}{3}x^3-2x^2$

発展

例題
188 3次関数が極値をもつ条件 ⚫⚫⚫

関数 $f(x)=x^3+ax^2+(3a-6)x+5$ が極大値と極小値をもつように，定数 a の値の範囲を定めよ。 〔類 名古屋大〕

CHART
& GUIDE

3次関数 $f(x)$ が極値をもつ条件
2次方程式 $f'(x)=0$ の判別式 D について $D>0$

「3次関数 $f(x)$ が極値をもたない条件」と合わせ，詳しくは Lecture を参照。

解答

$$f'(x)=3x^2+2ax+3a-6$$

3次関数 $f(x)$ が極大値と極小値をもつための条件は，その導関数 $f'(x)$ の符号が正から負に，負から正に変わる x の値が存在することである。よって，2次方程式 $f'(x)=0$ すなわち $3x^2+2ax+3a-6=0$ …… ① が異なる2つの実数解をもつ。
ゆえに，① の判別式を D とすると $D>0$

ここで $\dfrac{D}{4}=a^2-3(3a-6)=a^2-9a+18=(a-3)(a-6)$

よって $(a-3)(a-6)>0$
したがって $\boldsymbol{a<3,\ 6<a}$

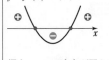

$y=f'(x)$ のグラフ

極大 …… $f'(x)$ が正から負へ，
極小 …… $f'(x)$ が負から正へ

🖐 *Lecture* **3次関数が極値をもつ条件・もたない条件**

3次関数 $f(x)=ax^3+bx^2+cx+d$ が極値をもつ条件・もたない条件は，次のようになる。なお，$f'(x)=3ax^2+2bx+c$ で，2次方程式 $f'(x)=0$ の判別式 D は $\dfrac{D}{4}=b^2-3ac$

3次関数 $f(x)$ が極値をもつ $\iff$ $f'(x)$ の符号が変わる x の値がある
$\iff$ $f'(x)=0$ が異なる2つの実数解をもつ $\iff$ $D>0$

3次関数 $f(x)$ が極値をもたない（**常に増加または常に減少**）
$\iff$ $f'(x)$ の符号が変わらない
$\iff$ $f'(x)=0$ が重解または虚数解をもつ $\iff$ $D\leqq0$

注意 $D=0$ のとき，$f'(x)=0$ となる x の値がただ1つ存在するが，その前後で $f'(x)$ の符号は変わらないから，極値をもたない。

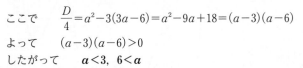

TRAINING 188 ③

次の条件を満たすような定数 k の値の範囲を求めよ。
(1) 関数 $f(x)=x^3+6kx^2+24x+32$ が極値をもつ。
(2) 関数 $f(x)=2x^3+kx^2+kx+1$ が極値をもたない。 〔千葉工大〕

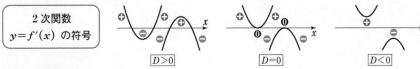

発展 例題
189 文字係数を含む3次関数の最大・最小 🕐🕐🕐🕐🕐

a は定数で，$a>0$ とする。関数 $f(x)=x^3-3a^2x$ $(0 \leqq x \leqq 1)$ について
(1) 最小値を求めよ。　　　　　　　(2) 最大値を求めよ。

CHART & GUIDE

最大・最小　増減表を利用　極値と端の値に注目

文字定数 a のとる値によって，関数 $f(x)$ のグラフの形が変わるから，場合分けして考えなければならない。…… ⚠

(1) 極小値をとる x の値 a が $0 \leqq x \leqq 1$ に含まれるかどうかで，場合分けする。
(2) この問題の場合，極大値は影響しないから，定義域の端の値を比較する。

解答

$f'(x)=3x^2-3a^2=3(x+a)(x-a)$　　　　　　$f'(x)=0$ とすると　　$x=\pm a$

(1) $a>0$ であるから，$0 \leqq x \leqq 1$ における $f(x)$ の増減表は，次のようになる。

[1] $0<a<1$ のとき

x	0	$\cdots$	a	$\cdots$	1
$f'(x)$		$-$	0	$+$	
$f(x)$	0	$\searrow$	$-2a^3$	$\nearrow$	$1-3a^2$

[2] $a \geqq 1$ のとき

x	0	$\cdots$	1
$f'(x)$		$-$	
$f(x)$	0	$\searrow$	$1-3a^2$

[1], [2] の増減表から

　　　$0<a<1$ のとき　$x=a$ で最小値 $-2a^3$

　　　$a \geqq 1$ のとき　$x=1$ で最小値 $1-3a^2$

◀ 極小値をとる x の値が定義域内にある。

(2) (1)の [1], [2] とそれぞれの増減表から

[1] $0<a<1$ のとき

最大値は　　$f(0)=0$ または $f(1)=1-3a^2$

ここで　$f(1)-f(0)=1-3a^2=-(\sqrt{3}\,a+1)(\sqrt{3}\,a-1)$

$0<a<\dfrac{1}{\sqrt{3}}$ のとき，$f(0)<f(1)$ から，最大値は　$f(1)$

$\dfrac{1}{\sqrt{3}} \leqq a<1$ のとき，$f(0) \geqq f(1)$ から，最大値は　$f(0)$

◀ 定義域の端の値 $f(0)$ と $f(1)$ が最大値の候補。両者を比較して決定する。
◀ $f(1)-f(0)>0$
◀ $f(1)-f(0) \leqq 0$

[2] $a \geqq 1$ のとき，最大値は　$f(0)=0$

◀ $0 \leqq x \leqq 1$ で $f(x)$ は減少関数。

[1], [2] から

　　　$0<a<\dfrac{1}{\sqrt{3}}$ のとき　$x=1$ で最大値 $1-3a^2$

　　　$a \geqq \dfrac{1}{\sqrt{3}}$ のとき　$x=0$ で最大値 0

TRAINING　189 ⑤ ★

a は定数で，$a>0$ とする。関数 $f(x)=-x^3+3ax$ $(0 \leqq x \leqq 1)$ の最大値を求めよ。

発展 例題 190 最大値・最小値の条件から 3 次関数の係数決定 ◔◔◔◔

a, b は定数で，$a>0$ とする。関数 $f(x)=ax^3-9ax^2+b$ について

(1) 区間 $-1 \le x \le 3$ における最大値，最小値を a, b で表せ。

(2) (1) の最大値が 10，最小値が -44 となるように，a, b の値を定めよ。

CHART & GUIDE

(1) **1** 導関数 $f'(x)$ を求め，$a>0$ であることに注意して，$-1 \le x \le 3$ における $f(x)$ の増減表を作る。

2 増減表から，最大値と最小値を求める。

最大・最小 極値と定義域の端の値に注目

(2) (1) の結果を利用する。$a>0$ の吟味を忘れずに。

解答

(1) $f'(x)=3ax^2-18ax=3ax(x-6)$

$f'(x)=0$ とすると $x=0$, 6

$a>0$ であるから，$-1 \le x \le 3$ における $f(x)$ の増減表は，右のようになる。

x	-1	$\cdots$	0		3
$f'(x)$		$+$	0	$-$	
$f(x)$	$b-10a$	$\nearrow$	極大 b	$\searrow$	$b-54a$

よって，**最大値は** $f(0)=b$

また，$a>0$ から $b-10a>b-54a$

したがって，**最小値は** $f(3)=b-54a$

(2) 条件と (1) の結果から $b=10$, $b-54a=-44$

これを解いて $a=1$, $b=10$ （$a>0$ を満たす）

（1） 最大値はすぐ決まる。最小値の候補は，増減表から

$f(-1)=b-10a$ と $f(3)=b-54a$

両者を比較するために，差をとると

$(b-10a)-(b-54a)$
$=44a>0$
└── $a>0$

注意 上の例題において，$a>0$ の条件がないときは，さらに $a=0$ の場合と $a<0$ の場合も調べ，次のような解答を加えることになる（TRAINING 190 参照）。

$a=0$ のとき $f(x)=b$ (1) **最大値 b，最小値 b**

(2) **適する a, b の値は存在しない。**

$a<0$ のとき $-1 \le x \le 3$ における $f(x)$ の増減表は右のようになる。

x	-1	$\cdots$	0	$\cdots$	3
$f'(x)$		$-$	0	$+$	
$f(x)$	$b-10a$	$\searrow$	極小 b	$\nearrow$	$b-54a$

(1) **最小値は** $f(0)=b$

$a<0$ より，$b-10a<b-54a$ であるから

最大値は $f(3)=b-54a$

(2) $b-54a=10$, $b=-44$ を解いて

$a=-1$, $b=-44$ （$a<0$ を満たす）

TRAINING 190 ④ ★

関数 $f(x)=ax^3+3ax^2+b$ （$-1 \le x \le 2$）の最大値が 10，最小値が -10 であるとき，定数 a, b の値を求めよ。

発展 例題
191 3本の接線が引けるための条件 ◐◐◐◐◐

曲線 $y=2x^3-3x$ を C とする。

(1) C 上の点 $(t,\ 2t^3-3t)$ における C の接線 ℓ の方程式を求めよ。

(2) 点 $(1,\ a)$ から C へ異なる 3 本の接線が引けるような定数 a の値の範囲を求めよ。

［類 センター試験］

CHART & GUIDE

3次関数のグラフでは 接線の本数 = 接点の個数

(2) 3次関数のグラフでは，接点が異なると接線が異なる … $(*)$ から，(1)の接線 ℓ で，点 $(1,\ a)$ を通るような t の値が 3 つとなる条件を求めればよい。

■ ℓ が点 $(1,\ a)$ を通るとして，t の 3 次方程式 $f(t)=a$ を導く。…… ☑
…… この方程式が異なる 3 つの実数解をもつことが条件である。

■ $p.317$ 例題 **183** と同様にして，$y=f(t)$ のグラフと直線 $y=a$ の共有点の個数が 3 個となるような a の値の範囲を求める。

解答

(1) $y'=6x^2-3$ であるから，接線 ℓ の方程式は
$y-(2t^3-3t)=(6t^2-3)(x-t)$ すなわち $\boldsymbol{y=(6t^2-3)x-4t^3}$

(2) 接線 ℓ が点 $(1,\ a)$ を通るとすると $a=(6t^2-3)\cdot1-4t^3$
すなわち $-4t^3+6t^2-3=a$ …… ①
3次関数のグラフでは，接点が異なると接線が異なるから，
点 $(1,\ a)$ から C へ異なる 3 本の接線が引けるための条件は，
t の方程式 ① が異なる 3 つの実数解をもつことである。
$f(t)=-4t^3+6t^2-3$ とすると
$f'(t)=-12t^2+12t=-12t(t-1)$
$f'(t)=0$ とすると
$t=0,\ 1$
$f(t)$ の増減表は右のようになる。

t	$\cdots$	0	$\cdots$	1	$\cdots$
$f'(t)$	$-$	0	$+$	0	$-$
$f(t)$	↘	極小 -3	↗	極大 -1	↘

よって，$y=f(t)$ のグラフは右の図のようになる。
このグラフと直線 $y=a$ の共有点の個数が，方程式 ① の異なる実数解の個数に一致するから，求める a の値の範囲は
$\boldsymbol{-3<a<-1}$

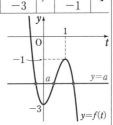

◀ 曲線 $y=g(x)$ 上の点 $(t,\ g(t))$ における接線の方程式は
$\boldsymbol{y-g(t)=g'(t)(x-t)}$

(参考) CHART＆GUIDE の $(*)$ の**理由**（背理法で示す）。

3 次関数 $y=g(x)$ のグラフに直線 $y=mx+n$ が，$x=\alpha,\ \beta\ (\alpha\neq\beta)$ である点で接すると仮定すると
$g(x)-(mx+n)$
$=k(x-\alpha)^2(x-\beta)^2$
$(k\neq0)$
の形の等式が成り立つはずである。ところが，この左辺は 3 次式，右辺は 4 次式であり矛盾している。
よって，**3 次関数のグラフでは接点が異なると接線も異なる**。

◀ 直線 $y=a$ を上下に動かして考える。

TRAINING 191 ④ ★

曲線 $C:y=-x^3+9x^2+kx$ と点 $P(1,\ 0)$ がある。点 P を通る C の接線の本数がちょうど 2 本となるとき，定数 k の値を求めよ。

［類 センター試験］

≪≪ 基本例題 **178**, 標準例題 **183**

発展 例題
192 3次方程式の実数解の個数 (3) …… 極値利用

3次方程式 $2x^3-3ax^2+a=0$ が異なる3つの実数解をもつとき，定数 a の値の範囲を求めよ。

CHART & GUIDE

3次方程式 $f(x)=0$ が 異なる3つの実数解をもつ
⟺ 3次関数 $f(x)$ の極値について （極大値）>0 かつ （極小値）<0

$2x^3-3ax^2+a=0$ を a について解くと $\dfrac{2x^3}{3x^2-1}=a\left(x\neq\pm\dfrac{1}{\sqrt{3}}\right)$ となり，数学Ⅱの知識
では $p.317$ 例題 **183** のようにして解くことはできない。そこで，$f(x)=2x^3-3ax^2+a$
とし，$y=f(x)$ のグラフや $f(x)$ の極値について，次のように考える。

3次方程式が異なる3つの実数解をもつ
⟺ グラフと x 軸が異なる3点で交わる
⟺ （極大値）>0 かつ （極小値）<0
└─ 3次関数では（極大値）$>$（極小値）であるから，
（極大値）×（極小値）<0 として計算するとらく。

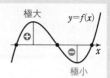

解答

$f(x)=2x^3-3ax^2+a$ とする。
3次方程式 $f(x)=0$ が異なる3つの実数解をもつための条件
は，3次関数 $f(x)$ が極値をもち，極大値が正で極小値が負に
なることである。
ここで $f'(x)=6x^2-6ax=6x(x-a)$
$f'(x)=0$ とすると $x=0,\ a$
$f(x)$ は極値をもつから $a\neq0$ ……①   ◀ $f(x)$ が極値をもつ ⟺ $f'(x)=0$ が異なる2つの実数解をもつ。
$f(x)$ の増減表は次のようになる。

$a>0$ のとき

x	$\cdots$	0	$\cdots$	a	$\cdots$
$f'(x)$	$+$	0	$-$	0	$+$
$f(x)$	↗	極大	↘	極小	↗

$a<0$ のとき

x	$\cdots$	a	$\cdots$	0	$\cdots$
$f'(x)$	$+$	0	$-$	0	$+$
$f(x)$	↗	極大	↘	極小	↗

ゆえに，$\begin{cases} f(0)>0 \\ f(a)<0 \end{cases}$ または $\begin{cases} f(a)>0 \\ f(0)<0 \end{cases}$ から $f(0)f(a)<0$ ◀ （極大値）>0 （極小値）<0

よって $a(2a^3-3a^3+a)<0$ すなわち $a^2(a^2-1)>0$
① より，$a^2>0$ であるから $a^2-1>0$ ◀ $a^2(a^2-1)>0$ の両辺を $a^2(>0)$ で割る。
これを解いて $a<-1,\ 1<a$ （①を満たす）

TRAINING 192 ④

3次方程式 $x^3-3a^2x+4a=0$ が異なる3つの実数解をもつとき，定数 a の値の範囲を求めよ。 〔昭和薬大〕

EXERCISES

A **108**② 関数 $f(x)=x^2-6x+7$ の $x=a$ における微分係数を，定義に従って求めよ。また，微分係数が 2 となる a の値を求めよ。　　　<<< 基本例題 **170**

109① 次の関数を微分せよ。
(1) $f(x)=3x^2-5x+6$
(2) $f(x)=x^3-4x^2-1$
(3) $f(x)=x^4-2x^2+7x-3$
(4) $f(x)=(x+1)(3x^2-2)$
(5) $f(x)=3(2x+1)^3$　　　　〔(1) 岩手大〕　<<< 基本例題 **172**

110② 曲線 $y=(x+2)(x-4)$ の接線のうち，直線 $y=3x$ と平行になるものの方程式を求めよ。　　　〔類 関東学院大〕　<<< 基本例題 **175**

111③ ★ 放物線 $C：y=x^2+1$ 上の点 $(t,\ t^2+1)$ における接線の方程式は ア⬚ である。この直線が点 $P(a,\ 2a)$ を通るとすると，$t=$イ⬚，ウ⬚ である。よって，$a \neq$エ⬚ のとき，P を通る C の接線は 2 本あり，それらの方程式は オ⬚ と カ⬚ である。　　　〔類 センター試験〕　<<< 標準例題 **176**

112③ ★ 関数 $y=3\sin\theta-2\sin^3\theta\ \left(0 \leqq \theta \leqq \dfrac{7}{6}\pi\right)$ の最大値と最小値，およびそのときの θ の値を求めよ。　　　〔類 センター試験〕　<<< 基本例題 **180**

113③ 図のように，半径 2 の球に内接する円柱を考え，その高さを $2x$ とする。
(1) 円柱の底面の半径 a を x の式で表せ。
(2) 円柱の体積 V を x の式で表せ。
(3) V の最大値を求めよ。
　　　〔北海道工大〕　<<< 標準例題 **181**

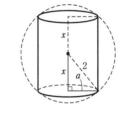

114③ 3 次方程式 $x^3+5x^2+3x+k=0$ が正の解を 1 個，異なる負の解を 2 個もつような定数 k の値の範囲を求めよ。　　　〔東京女子大〕　<<< 標準例題 **183**

8章

発展学習

HINT

108 「定義に従って」とあるから，微分係数の定義の式を利用する。
111 接線の本数は接点の個数と一致する。
112 $\sin\theta=x$ とおくと，y は x の 3 次関数になる。x の変域に注意。
114 まず，方程式を $-x^3-5x^2-3x=k$ と変形。曲線 $y=-x^3-5x^2-3x$ と直線 $y=k$ が $x>0$ で 1 点を共有し，かつ $x<0$ で異なる 2 点を共有するような k の値の範囲を求める。

EXERCISES

B **115**③ 多項式で表された関数 $f(x)$ が $f'(x)-f(x)=x^2+1$ を満たすとき,$f(x)$ は
ア□□ 次関数であり,$f(x)=$イ□□ となる。 〔大阪工大〕 ≪≪ 標準例題 **174**

116④ 関数 $f(x)=|x|(x^2-5x+3)$ について,$y=f(x)$ のグラフをかけ。
〔類 東北学院大〕 ≪≪ 基本例題 **178**

117④ ★ $-\dfrac{\pi}{4} \leqq x \leqq \dfrac{\pi}{4}$ とする。$\sin x+\cos x=t$ とおく。

(1) t のとりうる値の範囲を求めよ。

(2) $\sin x \cos x$ を t の式で表せ。

(3) 関数 $f(x)=2\sin^3 x+2\cos^3 x-8\sin x\cos x+1$ の最大値を求めよ。
≪≪ 基本例題 **180**

118④ ★ 関数 $f(x)=2^x+2^{-x}$ は,$x=$ア□□ のとき最小値 イ□□ をとる。また,
関数 $g(x)=8^x+8^{-x}-4(4^x+4^{-x})$ は,$x=$ウ□□ のとき最小値 エ□□ をと
る。 〔早稲田大〕 ≪≪ 基本例題 **180**

119④ 座標平面において,円 C は $x>0$ の範囲で x 軸と接しているとする。円 C の
中心を P,円 C と x 軸との接点を Q とする。また,円 C は,放物線 $y=x^2$ 上
の点 $R(\sqrt{2},\ 2)$ を通り,点 R において放物線 $y=x^2$ と共通の接線をもつと
する。このとき,△PQR の面積を求めよ。 〔信州大〕 ≪≪ 発展例題 **186**

120④ 3次関数 $f(x)=\dfrac{2}{3}ax^3+(a+b)x^2+(b+1)x$ が常に増加するための a,b の
条件を求め,その範囲を ab 平面上に図示せよ。 〔類 九州大〕 ≪≪ 発展例題 **188**

121④ a は定数で,$a>0$ とする。関数 $y=x^3-3x^2+2$ $(0\leqq x\leqq a)$ の最大値と最小
値を求めよ。 ≪≪ 発展例題 **189**

122⑤ 関数 $y=x^3-3x$ のグラフについて,以下の問いに答えよ。

(1) グラフ上の点 $(p,\ p^3-3p)$ における接線の方程式を求めよ。

(2) グラフへの接線がちょうど2つ存在するような点を $(a,\ b)$ とする。こ
のとき,a と b の関係を式で表せ。 〔中央大〕
≪≪ 標準例題 **176**,発展例題 **192**

HINT

---

116 絶対値は 場合分け に従い,$x\geqq0$ と $x<0$ の各場合について考える。

117 (1) 三角関数の合成を利用する。

118 (前半) (相加平均)≧(相乗平均) を利用する。
(後半) $2^x+2^{-x}=t$ とおき,$g(x)$ を t で表す。t の変域に注意。

122 3次方程式が異なる2つの実数解をもつのは,極値の一方が0のとき。

数学II

積 分 法

9 章

レベル ………… 各例題の難易度を表す ⚡ の個数 (1～5 の 5 段階)。

★印 ………… 大学入学共通テストの準備・対策向き。

◉, ◎, ○印 … 各項目で重要度の高い例題につけた (◉, ◎, ○の順に重要度が高い)。
時間の余裕がない場合は，◉, ◎, ○の例題を中心に勉強すると効果的である。
また，◉の例題には，解説動画がある。

Let's Start

38 不定積分

前の章では，関数を微分して導関数を求め，関数のグラフをかくなどしました。ここからは逆に，関数 $f(x)$ に対して微分すると $f(x)$ になる関数を考えてみましょう。

■ 導関数と不定積分

x で微分すると $f(x)$ になる関数，すなわち $F'(x)=f(x)$ となる関数 $F(x)$ を $f(x)$ の **原始関数** という。

例 $(x^2+3x+1)'=2x+3$

ここで，$F'(x)=2x+3$ …… ①
とすると ① を満たす $F(x)$ の 1
つは x^2+3x+1 である。また，
$F(x)=x^2+3x-1$ としても，

$$F(x)=x^2+3x+1$$
$$F(x)=x^2+3x-1$$
$$F(x)=x^2+3x+3$$
$$\vdots$$

微分 $\Longrightarrow$ $\boxed{F'(x)=2x+3}$

$F(x)=x^2+3x+3$ としても ① を満たすから，x^2+3x+1 も
x^2+3x-1 も x^2+3x+3 も $2x+3$ の原始関数である。

例 からわかるように，$f(x)$ の原始関数は無数に存在するが，その違いは定数部分だけである。

一般に，関数 $f(x)$ の原始関数の 1 つを $F(x)$ とすると，$f(x)$ の原始関数は，$F(x)+C$ （C は任意の定数）と表される。この定数 C を **積分定数** という。また，$F(x)+C$ の形の関数を $f(x)$ の **不定積分** といい，次のように表す。

● 不定積分と原始関数は，同じ意味で用いることもある。

$$\int f(x)dx \ \cdots\cdots \ \underline{f(x)}\ \text{の}\ \underline{x}\ [dx\ \text{の}\ x]\ \text{についての}\ \underline{\text{不定積分}}$$

⬅ x を **積分変数**，$f(x)$ を **被積分関数** といい，記号 $\int$ を，「インテグラル」または「積分」と読む。

─ 関数 $f(x)$ の不定積分 ─

$F'(x)=f(x)$ のとき

$$\int f(x)dx=F(x)+C \quad (C\ \text{は積分定数})$$

関数 $f(x)$ の不定積分を求めることを，$f(x)$ を **積分する** という。

積分は微分の逆の演算

微分して $f(x)$ になる関数を求める演算が **積分** である。

$$(x^2+3x+C)'=2x+3$$

$\boxed{x^2+3x+C}$ を微分すると $\boxed{2x+3}$

$\longrightarrow$ $\boxed{2x+3}$ を積分すると $\boxed{x^2+3x+C}$

$$\int (2x+3)dx=x^2+3x+C$$

微分すると，1, x, x^2 となる関数を考えると

$$(x)'=1, \quad \left(\frac{x^2}{2}\right)'=x, \quad \left(\frac{x^3}{3}\right)'=x^2$$

であるから，C を積分定数として次が成り立つ。

$$\int 1dx=x+C, \quad \int xdx=\frac{x^2}{2}+C, \quad \int x^2dx=\frac{x^3}{3}+C$$

一般に，次の公式が成り立つ。

← 1, x, x^2 の原始関数を考える。

← $\int 1dx$ は単に $\int dx$ とかくこともある。

┌─ 関数 x^n の不定積分 ─┐

n が 0 または正の整数のとき

$$\int x^n dx=\frac{x^{n+1}}{n+1}+C \quad （Cは積分定数）$$

← $n=0$ のとき，
$x^n=x^0=1$ から
$\int x^n dx=\int 1dx$

■ 不定積分の性質

┌─ 関数の定数倍および和，差の不定積分 ─┐

1　$\displaystyle\int kf(x)dx=k\int f(x)dx$ 　（k は定数）

2　$\displaystyle\int \{f(x)+g(x)\}dx=\int f(x)dx+\int g(x)dx$

3　$\displaystyle\int \{f(x)-g(x)\}dx=\int f(x)dx-\int g(x)dx$

[1 の証明]

$F'(x)=f(x)$ とすると　$\displaystyle\int f(x)dx=F(x)+C$ （C は積分定数）

$\{kF(x)\}'=kF'(x)=kf(x)$ であるから

$$\int kf(x)dx=kF(x)+C' \quad\cdots\cdots ① \quad （C' は積分定数）$$

一方　　$\displaystyle k\int f(x)dx=k\{F(x)+C\}$

すなわち　$\displaystyle k\int f(x)dx=kF(x)+kC \quad\cdots\cdots ②$

①，②の右辺は，積分定数 C', kC が，どちらもすべての実数を表すという意味で同じものである。

したがって　　$\displaystyle\int kf(x)dx=k\int f(x)dx$

2，3 も同様にして示すことができる。

← $kF(x) \underset{積分}{\overset{微分}{\rightleftarrows}} kf(x)$

9章

38

不定積分

微分と積分の関係は理解できましたか。実際に，不定積分の計算をしてみましょう。

基本 193 不定積分の計算(1) …… 基本

次の不定積分を求めよ。

(1) $\displaystyle\int 1dx$ (2) $\displaystyle\int xdx$ (3) $\displaystyle\int x^2dx$

CHART & GUIDE

x^n の不定積分

$$\int x^n dx = \frac{x^{n+1}}{n+1} + C \quad (C\text{ は積分定数})$$

(1) $1=x^0$ であるから，上の公式で $n=0$ の場合。

解答

(1) $\displaystyle\int 1dx = \int x^0 dx$

     $= \dfrac{x^{0+1}}{0+1} + C = x + C$ （Cは積分定数）

                                                  ← $(x+C)'=1$

(2) $\displaystyle\int xdx = \int x^1 dx$

     $= \dfrac{x^{1+1}}{1+1} + C = \dfrac{x^2}{2} + C$ （Cは積分定数）

                                                ← $\left(\dfrac{x^2}{2}+C\right)'=x$

(3) $\displaystyle\int x^2 dx = \dfrac{x^{2+1}}{2+1} + C = \dfrac{x^3}{3} + C$ （Cは積分定数）

                                                      ← $\left(\dfrac{x^3}{3}+C\right)'=x^2$

🖐 Lecture 不定積分の検算

積分の演算は，微分の演算の逆とみることができる。
よって，得られた結果を微分して，与えられた関数（被積分関数）
になることを確認（**検算**）することができる。
例えば，(1)で $(x+C)'=1$ となって，被積分関数と一致するから，
計算が正しいことが確認できる。

$$\begin{array}{c} \text{積 分} \\ \downarrow \\ \int \boxed{f(x)}\,dx = \boxed{F(x)+C} \\ \uparrow \\ \text{微 分} \\ \text{(検算)} \end{array}$$

TRAINING 193 ①

次の不定積分を求めよ。

(1) $\displaystyle\int x^3 dx$ (2) $\displaystyle\int x^4 dx$

基本 194 不定積分の計算 (2) …… 定数倍および和，差 📎

次の不定積分を求めよ。ただし，(3) の α は定数とする。

(1) $\displaystyle\int(3x^2-4x+5)\,dx$　　(2) $\displaystyle\int(3x+1)(3x-1)\,dx$　　(3) $\displaystyle\int(x-\alpha)^2\,dx$

CHART & GUIDE

⓪ (2) や (3) のように，被積分関数が積で表されているものは展開する。

❶ 定数倍は $\displaystyle\int$ の前に出し $\displaystyle\int x^n\,dx=\dfrac{x^{n+1}}{n+1}+C$ を用いて各項を積分する。

❷ 積分定数 C を書き添える。…… ⚠

解答

C は積分定数とする。

(1) $\displaystyle\int(3x^2-4x+5)\,dx=3\int x^2\,dx-4\int x\,dx+5\int dx$

　　　　　　　　　　　　$=3\cdot\dfrac{x^3}{3}-4\cdot\dfrac{x^2}{2}+5\cdot x+C$

　　　　　　　　　　　　$=\boldsymbol{x^3-2x^2+5x+C}$

(2) $\displaystyle\int(3x+1)(3x-1)\,dx=\int(9x^2-1)\,dx=9\int x^2\,dx-\int dx$

　　　　　　　　　　　　$=9\cdot\dfrac{x^3}{3}-x+C=\boldsymbol{3x^3-x+C}$

(3) $\displaystyle\int(x-\alpha)^2\,dx=\int(x^2-2\alpha x+\alpha^2)\,dx=\int x^2\,dx-2\alpha\int x\,dx+\alpha^2\int dx$

　　　　　$=\dfrac{x^3}{3}-2\alpha\cdot\dfrac{x^2}{2}+\alpha^2\cdot x+C=\boldsymbol{\dfrac{x^3}{3}-\alpha x^2+\alpha^2 x+C}$

> (1) の積分定数について
> $=3\left(\dfrac{x^3}{3}+C_1\right)$
> $-4\left(\dfrac{x^2}{2}+C_2\right)+5(x+C_3)$
> であるが
> 　$3C_1-4C_2+5C_3$
> をまとめて C とする。
> (2), (3) の積分定数も同様。

👆 **Lecture** $(x-\alpha)^n$ の不定積分

公式 $\displaystyle\int(x-\alpha)^n\,dx=\dfrac{1}{n+1}(x-\alpha)^{n+1}+C$ （C は積分定数）が成り立つ。

証明 $\{(x-\alpha)^{n+1}\}'=(n+1)(x-\alpha)^n$ 　　←p.301 公式 ② において，$a=1$, $b=-\alpha$ とし，n を $n+1$ におき換える。

よって 　$\displaystyle\int(n+1)(x-\alpha)^n\,dx=(x-\alpha)^{n+1}+C$

ゆえに 　$\displaystyle\int(x-\alpha)^n\,dx=\dfrac{1}{n+1}(x-\alpha)^{n+1}+C$

この公式を用いると (3) は 　$\displaystyle\int(x-\alpha)^2\,dx=\dfrac{1}{2+1}(x-\alpha)^{2+1}+C=\dfrac{1}{3}(x-\alpha)^3+C$

9章 38 不定積分

TRAINING 194 ①

次の不定積分を求めよ。

(1) $\displaystyle\int(2x+1)\,dx$　　(2) $\displaystyle\int(3t^2-2)\,dt$　　(3) $\displaystyle\int(2x^2+3x-4)\,dx$

(4) $\displaystyle\int(x-1)(x+2)\,dx$　　(5) $\displaystyle\int(2y+1)(3y-1)\,dy$

≪≪≪ 基本例題 **178**, **194**

標準 例題 **195** $F'(x)$ の条件から $F(x)$ を求める ◉◉◉

次の条件を満たす関数 $F(x)$ を求めよ。また，$y=F(x)$ のグラフをかけ。
$$F'(x)=3x^2-4x, \quad F(1)=-1$$

CHART & GUIDE

1 不定積分 $\displaystyle\int(3x^2-4x)\,dx$ を求める。…… $F(x)+C$ の形になる。

2 $F(1)=-1$ の条件から，積分定数 C の値を定める。…… !

3 増減表を作って，$y=F(x)$ のグラフをかく。
…… $p.308$ 例題 178 参照。

解答

$$F(x)=\int F'(x)\,dx=\int(3x^2-4x)\,dx=x^3-2x^2+C$$

（C は積分定数）

$3x^2 \longleftarrow (x^3)'$
$4x \longleftarrow (2x^2)'$

! $F(1)=-1$ から $1^3-2\cdot1^2+C=-1$ ゆえに $C=0$
したがって $F(x)=x^3-2x^2$

$F'(x)=0$ とすると $x(3x-4)=0$ よって $x=0,\ \dfrac{4}{3}$

$F(x)$ の増減表は，次のようになる。

x	$\cdots$	0	$\cdots$	$\dfrac{4}{3}$	$\cdots$
$F'(x)$	$+$	0	$-$	0	$+$
$F(x)$	↗	極大 0	↘	極小 $-\dfrac{32}{27}$	↗

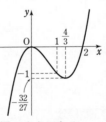

⬅ $F'(x)=3x^2-4x$ は問題文で与えられている。

⬅ $F\left(\dfrac{4}{3}\right)=\left(\dfrac{4}{3}\right)^2\left(\dfrac{4}{3}-2\right)$
$=\dfrac{16}{9}\cdot\left(-\dfrac{2}{3}\right)$
$=-\dfrac{32}{27}$

ゆえに，$y=F(x)$ のグラフは，右上の 図 のようになる。

Lecture **初 期 条 件**

$F'(x)=3x^2-4x$ を満たす関数 $F(x)=x^3-2x^2+C$ は，C のとる値によって無数にあるが，条件 $F(1)=-1$ から積分定数 C が定まり，求める関数 $F(x)$ はただ 1 つに定まる。この $F(1)=-1$ のような条件を **初期条件** という。

なお，上の例題は「点 $(1,\ -1)$ を通る曲線 $y=f(x)$ 上の点 $(x,\ y)$ における接線の傾きが $3x^2-4x$ であるとき，この曲線の方程式を求めよ」のような形で出題されることもある（$p.364$ EXERCISES 123 参照）。

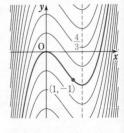

TRAINING 195 ③

$F'(x)=x^2-1$，$F(3)=6$ を満たす関数 $F(x)$ を求めよ。また，その極値を求めよ。

〔類 高知大〕

グラフのかき方を振り返ろう！

● 例題 194 を振り返ろう！

不定積分の計算を思い出しましょう。

$$\int (3x^2-4x)\,dx = 3\int x^2 dx - 4\int x\,dx = 3\cdot\frac{x^3}{3}-4\cdot\frac{x^2}{2}+C = x^3-2x^2+C$$

定数倍は $\int$ の前に出す

公式 $\int x^n dx = \dfrac{x^{n+1}}{n+1}+C$ を用いて各項を積分する

積分定数 C は 1つにまとめる

注意 $(x^3-2x^2+C)' = 3x^2-2\cdot 2x+0 = 3x^2-4x$ と検算することも忘れずに。

● 例題 178 を振り返ろう！

3次関数 $F(x)=x^3-2x^2$ のグラフのかき方を整理しましょう。

1 方程式 $F'(x)=0$ の実数解を求める。

2 **1**で求めた x の値の前後で，$F'(x)$ の符号の変化を調べ，増減表をつくる。

　x の行　…$F'(x)=0$ の解を記入する。

　$F'(x)$ の行…$F'(x)$ のグラフを x 軸との共有点に注意してかき，それを利用して $F'(x)$ の符号を記入。

　$F(x)$ の行 …$F'(x)$ の行の $+$，$-$，0 に応じて
　　「$+$」の下には　増加記号 ↗，
　　「$-$」の下には　減少記号 ↘，
　　「0」の下には　x の行の x の値に対する $F(x)$ の値
　を記入する。
　　$F(x)$ の値を記入したところは，左右の ↗↘ によって「極大」，「極小」，「極値ではない」を判断する。

3 増減表をもとにグラフをかく。
　　極大，極小となる点をとり，増減表を利用してグラフにする。

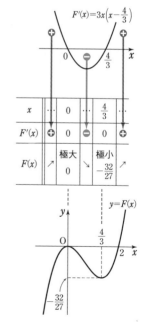

9章 **38** 不定積分

39 定 積 分

関数 $f(x)$ の不定積分は名前の通り1つには定まりませんが，$F(3)-F(1)$ のような値は $f(x)$ のどの不定積分を選んでも1つに定まります。この計算について学んでいきましょう。

■ 定積分

関数 $f(x)$ の原始関数の1つを $F(x)$ とし，a，b を $f(x)$ の定義域内の任意の値とするとき，$F(b)-F(a)$ を $f(x)$ の a から b までの **定積分** といい，記号

$\displaystyle\int_a^b f(x)dx$ で表す。

このとき，a を定積分の **下端**，b を **上端** という。また，

$$\int_a^b f(x)dx = F(b)-F(a)$$

上が先 / 下が後

$F(b)-F(a)$ を $\left[F(x)\right]_a^b$ とも表す。

そして，定積分 $\displaystyle\int_a^b f(x)dx$ の値を求めることを，関数 $f(x)$ を a から b まで **積分する** という。

← a と b の大小関係は，$a<b$，$a=b$，$a>b$ のいずれでもよい。また，$a \leqq b$ のとき区間 $a \leqq x \leqq b$ を **積分区間** という。

─ 定 積 分 ─

$$F'(x)=f(x) \text{ のとき } \int_a^b f(x)dx = \left[F(x)\right]_a^b = F(b)-F(a)$$

■ 定積分の性質

関数の定数倍および和，差の定積分について，次の等式が成り立つ。

1 $\displaystyle\int_a^b kf(x)dx = k\int_a^b f(x)dx$ （k は定数）

2 $\displaystyle\int_a^b \{f(x)+g(x)\}dx = \int_a^b f(x)dx + \int_a^b g(x)dx$

3 $\displaystyle\int_a^b \{f(x)-g(x)\}dx = \int_a^b f(x)dx - \int_a^b g(x)dx$

また，定積分の上端と下端に関する次の性質が成り立つ。

定積分の性質

1 上端・下端が同じ値
$$\int_a^a f(x)\,dx = 0$$

← 「a から a まで」は 0

2 上端・下端の入れ替え
$$\int_b^a f(x)\,dx = -\int_a^b f(x)\,dx$$

← 「b から a まで」は
$-$「a から b まで」

3 積分区間の連結
$$\int_a^c f(x)\,dx + \int_c^b f(x)\,dx = \int_a^b f(x)\,dx$$

← 「a から c まで」＋
「c から b まで」は
「a から b まで」

証明 $F'(x) = f(x)$ とすると

1 （左辺）$= F(a) - F(a) = 0$ 2 （左辺）$= F(a) - F(b) = -\{F(b) - F(a)\} =$（右辺）

3 （左辺）$= \{F(c) - F(a)\} + \{F(b) - F(c)\} = F(b) - F(a) =$（右辺）

証明からわかるように，この性質は a，b，c の正負や大小にかかわらず成り立つ。

■ 定積分と微分法

a は定数とする。関数 $f(t)$ に対して $F'(t) = f(t)$ のとき，

┌→上端が b ではなく x
$$\int_a^x f(t)\,dt = F(x) - F(a) \quad \cdots\cdots ①$$
└→$f(x)$ ではなく $f(t)$

から，$\displaystyle\int_a^x f(t)\,dt$ は x の関数である。

← $F(a)$ は定数である。

この関数の導関数は次のようになる。

$$\frac{d}{dx}\int_a^x f(t)\,dt = \underline{f(x)} \quad （a \text{ は定数})$$
└ t が x に変わるだけ

← $\dfrac{d}{dx}$ は「変数 x で微分する」ということを表す記号である。

証明 $\displaystyle\int_a^x f(t)\,dt$ を x で微分すると，① から

$$\frac{d}{dx}\int_a^x f(t)\,dt = \frac{d}{dx}\{F(x) - F(a)\}$$

ここで $$\frac{d}{dx}\{F(x) - F(a)\} = F'(x) - 0 = f(x)$$

← $F(a)$ は定数である
から $\dfrac{d}{dx}F(a) = 0$

よって $$\frac{d}{dx}\int_a^x f(t)\,dt = f(x)$$

実際に，定積分の値を求めてみましょう。

≪≪≪ 基本例題 **194** ≫≫≫ 発展例題 **208**

基本例題 **196** 定積分の計算 (1) …… 基本

次の定積分を求めよ。

(1) $\int_{-1}^{2} 2x^2 dx$

(2) $\int_{1}^{3} (x+1)(3x-2) dx$

CHART & GUIDE

定積分 $\int_{a}^{b} f(x) dx = \Big[F(x) \Big]_{a}^{b} = F(b) - F(a)$

上端代入 − 下端代入

1 不定積分 $F(x)$ を求める。…… $F(x)$ の定数項は 0 とする。

2 $F(b) - F(a)$ を計算する。…… $F(上端) - F(下端)$ …… !

解答

! (1) $\int_{-1}^{2} 2x^2 dx = \Big[\dfrac{2}{3} x^3 \Big]_{-1}^{2} = \dfrac{2}{3} \cdot 2^3 - \dfrac{2}{3} \cdot (-1)^3 = \dfrac{2}{3} \{ 8 - (-1) \}$

$= 6$

◀ $F(x) = \dfrac{2}{3} x^3$ として、$F(2) - F(-1)$ を計算。

(2) $\int_{1}^{3} (x+1)(3x-2) dx = \int_{1}^{3} (3x^2 + x - 2) dx = \Big[x^3 + \dfrac{x^2}{2} - 2x \Big]_{1}^{3}$

! $= \Big(3^3 + \dfrac{3^2}{2} - 2 \cdot 3 \Big) - \Big(1^3 + \dfrac{1^2}{2} - 2 \cdot 1 \Big)$

$= \Big(27 + \dfrac{9}{2} - 6 \Big) - \Big(1 + \dfrac{1}{2} - 2 \Big)$

$= 26$

◀ 積はまず展開。$F(x) = x^3 + \dfrac{x^2}{2} - 2x$ として、$F(3) - F(1)$ を計算。

🤚 **Lecture** 不定積分と定積分の違い

例えば、不定積分 $\int 2x^2 dx$ と定積分 $\int_{-1}^{2} 2x^2 dx$ の違いを見てみると、次の通りである。

不定積分 $\int 2x^2 dx$ ⟶ 関数 $F(x) = \dfrac{2}{3} x^3 + C$ （C は積分定数）

$\boxed{F(2) - F(-1) を計算}$

定積分 $\int_{-1}^{2} 2x^2 dx$ ⟶ 数値 6

$\int$ に上端，下端がつく

TRAINING 196 ①

次の定積分を求めよ。

(1) $\int_{0}^{2} x^2 dx$

(2) $\int_{2}^{3} (2x-3) dx$

(3) $\int_{-1}^{2} (x^2 - x) dx$

(4) $\int_{1}^{2} (x-2)(3x+2) dx$

(5) $\int_{-2}^{1} x(2x+1) dx$

(6) $\int_{-1}^{3} (1 - t^3) dt$

基本 **197** 定積分の計算 (2) … 定数倍および和，差の定積分の性質の利用

次の定積分を求めよ。

(1) $\displaystyle\int_2^5 (x^2 - 3x - 2)\,dx$　　　(2) $\displaystyle\int_{-2}^1 4(x^2 - x + 1)\,dx - \int_{-2}^1 (x-2)^2\,dx$

CHART & GUIDE

定積分 $\displaystyle\int_a^b f(x)\,dx = \Big[F(x)\Big]_a^b = F(b) - F(a)$

(1) 前ページと同様に計算してもよいが，項別に計算するとらく。
(2) 積分区間が同じであることに注目。被積分関数を 1 つにまとめる。……[!]

$$\int_a^b f(x)\,dx - \int_a^b g(x)\,dx = \int_a^b \{f(x) - g(x)\}\,dx$$

解答

(1) $\displaystyle\int_2^5 (x^2 - 3x - 2)\,dx = \int_2^5 x^2\,dx - 3\int_2^5 x\,dx - 2\int_2^5 dx$

　　$= \Big[\dfrac{x^3}{3}\Big]_2^5 - 3\Big[\dfrac{x^2}{2}\Big]_2^5 - 2\Big[x\Big]_2^5$

　　$= \dfrac{5^3 - 2^3}{3} - 3\cdot\dfrac{5^2 - 2^2}{2} - 2(5 - 2)$

　　$= \dfrac{117}{3} - 3\cdot\dfrac{21}{2} - 2\cdot 3$

　　$= 39 - \dfrac{63}{2} - 6 = \dfrac{3}{2}$

◆$\displaystyle\int_a^b \{f(x) + g(x)\}\,dx$
$= \displaystyle\int_a^b f(x)\,dx + \int_a^b g(x)\,dx$
を繰り返し用いる。

◆$\dfrac{5^3 - 2^3}{3}$
$= \dfrac{(5-2)(5^2 + 5\cdot 2 + 2^2)}{3}$
$= \dfrac{3\cdot(25 + 10 + 4)}{3} = 39$
と計算してもよい。

(2) （与式）$= \displaystyle\int_{-2}^1 \{4(x^2 - x + 1) - (x^2 - 4x + 4)\}\,dx$

　　$= \displaystyle\int_{-2}^1 3x^2\,dx = \Big[x^3\Big]_{-2}^1 = 1^3 - (-2)^3 = 9$

◆CHART&GUIDE で示した公式を利用。計算がらくになる。

（補足）(1) の計算を項別に行わず，例題 196(2) と同じように行うと

$\Big[\dfrac{x^3}{3} - \dfrac{3}{2}x^2 - 2x\Big]_2^5 = \Big(\dfrac{5^3}{3} - \dfrac{3}{2}\cdot 5^2 - 2\cdot 5\Big) - \Big(\dfrac{2^3}{3} - \dfrac{3}{2}\cdot 2^2 - 2\cdot 2\Big)$

$= \dfrac{250 - 225 - 60}{6} - \dfrac{16 - 36 - 24}{6} = -\dfrac{35}{6} - \Big(-\dfrac{44}{6}\Big) = \dfrac{9}{6} = \dfrac{3}{2}$

となり，やや煩雑である。項別に計算した方が計算がらくになる場合もある（p.351 参照）。

TRAINING 197 ①

次の定積分を求めよ。

(1) $\displaystyle\int_{-1}^2 (2x^2 - x + 3)\,dx$　　　(2) $\displaystyle\int_1^4 (x-3)(x-2)\,dx$

(3) $\displaystyle\int_{-1}^2 (2x^2 + 3x)\,dx + \int_{-1}^2 (1 - 3x)\,dx$　　(4) $\displaystyle\int_{-1}^1 (2x+1)^2\,dx - \int_{-1}^1 (2x-1)^2\,dx$

STEP *forward*

定積分の性質をマスターして，例題 **198** を攻略！

定積分の性質

$$1 \int_a^a f(x)dx=0 \quad 2 \int_b^a f(x)dx=-\int_a^b f(x)dx \quad 3 \int_a^c f(x)dx+\int_c^b f(x)dx=\int_a^b f(x)dx$$

Get ready

次の定積分を求めよ。

(1) $\int_7^7 (5x^2-3x+1)\,dx$　　(2) $\int_0^2 3x^2dx+\int_2^3 3x^2dx$　　(3) $\int_1^4 3x^2dx-\int_5^4 3x^2dx$

まずイメージをつかみましょう。
1は次のようにイメージしましょう。
$\int_■^■=0$　上下が同じなら 0

では，(1)は計算しなくてよいのですね。

その通りです。2と3は
$\int_■^○=-\int_○^■$　上下逆で符号も逆
$\int_○^■+\int_■^□=\int_○^□$　しりとりで連結
とイメージしましょう。

(2)は「0から2まで」＋「2から3まで」だから「0から3まで」ですね。でも(3)はしりとりができません。

性質 2 をうまく使えないでしょうか。

$\int_5^4 3x^2dx$ の上端と下端を逆にすると符号も逆になって，
「1から4まで」＋「4から5まで」になるからしりとりができます！

よく気が付きました。性質 3 を使うときは，被積分関数が同じであることをよく確かめてからにしましょう。

memo
解答

(1) $\int_7^7 (5x^2-3x+1)\,dx=0$

(2) $\int_0^{②}3x^2dx+\int_{②}^3 3x^2dx=\int_0^3 3x^2dx$
$\qquad =\Big[x^3\Big]_0^3=3^3-0^3=27$

(3) $\int_1^4 3x^2dx-\int_5^4 3x^2dx$
$\qquad =\int_1^4 3x^2dx+\int_4^5 3x^2dx$
$\qquad =\int_1^5 3x^2dx=\Big[x^3\Big]_1^5=5^3-1^3=124$

まとめ
・上端と下端が同じ値のときは 0 となる。
・上端と下端の交換は∫の前に－（マイナス）をつける。
・しりとりをイメージして積分区間を連結する。

基本 198 定積分の計算 (3) …… 積分区間に注目するタイプ

≪≪ 基本例題 196，197

次の定積分を求めよ。

(1) $\displaystyle\int_1^1 (15x^2 - 4x)\,dx$

(2) $\displaystyle\int_1^{-13} x^2\,dx + \int_{-13}^{2} x^2\,dx$

(3) $\displaystyle\int_0^2 (x^2 - 2x)\,dx + \int_3^2 (2x - x^2)\,dx$

解説動画へGO!!

CHART & GUIDE

積分区間に注目した定積分の計算
上端と下端の交換，積分区間の連結

(1) 上端と下端が同じ値 $\longrightarrow$ 0 になる。

(2) 被積分関数は，x^2 で同じ。第 1 項の定積分の上端と第 2 項の下端が等しいから，積分区間が連結できる。

(3) $-(2x - x^2) = x^2 - 2x$ であるから，第 2 項において $-$ を $\int$ の前に出すと，被積分関数が同じになる。
さらに，第 2 項の定積分の上端と下端を入れ替えると，積分区間が連結できる。

解答

(1) 上端と下端が同じであるから $\displaystyle\int_1^1 (15x^2 - 4x)\,dx = \boldsymbol{0}$

← $\displaystyle\int_{\square}^{\square} = 0$

(2) $\displaystyle\int_1^{\boxed{-13}} x^2\,dx + \int_{\boxed{-13}}^{2} x^2\,dx = \int_1^2 x^2\,dx = \left[\frac{x^3}{3}\right]_1^2 = \frac{2^3 - 1^3}{3} = \frac{7}{3}$

← $\displaystyle\int_{\square}^{\circ} + \int_{\circ}^{\square} = \int_{\square}^{\square}$

（上端）＜（下端）の場合もこの性質を用いることができる。

参考 積分区間を連結しないと，次のような計算になる。

$$\int_1^{-13} x^2\,dx + \int_{-13}^{2} x^2\,dx = \left[\frac{x^3}{3}\right]_1^{-13} + \left[\frac{x^3}{3}\right]_{-13}^{2}$$

$$= \frac{(-13)^3 - 1^3}{3} + \frac{2^3 - (-13)^3}{3}$$

$$= \frac{-2198}{3} + \frac{2205}{3} = \frac{7}{3}$$

(3) $\displaystyle\int_0^2 (x^2 - 2x)\,dx + \int_3^2 (2x - x^2)\,dx$

$\displaystyle = \int_0^2 (x^2 - 2x)\,dx - \int_3^2 (x^2 - 2x)\,dx$

$\displaystyle = \int_0^2 (x^2 - 2x)\,dx + \int_2^3 (x^2 - 2x)\,dx$

← $\displaystyle\int_{\square}^{\square} = -\int_{\square}^{\square}$

$\displaystyle = \int_0^3 (x^2 - 2x)\,dx = \left[\frac{x^3}{3} - x^2\right]_0^3 = \frac{3^3}{3} - 3^2 = \boldsymbol{0}$

← 積分区間の連結

9章
39
定
積
分

TRAINING 198 ②

次の定積分を求めよ。

(1) $\displaystyle\int_3^{-1} (x^2 - 2x)\,dx + \int_{-1}^{3} (x^2 - 2x)\,dx$

(2) $\displaystyle\int_{-1}^{0} (x-1)^2\,dx - \int_4^{0} (x-1)^2\,dx$

標準 例題 **199** 定積分の計算 (4) …… 偶関数・奇関数 🕐🕐🕐

(1) n を 0 または正の整数とするとき，次の等式が成り立つことを示せ。

$$\int_{-a}^{a} x^{2n}\,dx = 2\int_{0}^{a} x^{2n}\,dx, \qquad \int_{-a}^{a} x^{2n+1}\,dx = 0$$

(2) 定積分 $\displaystyle\int_{-2}^{2}(6x^2-7x-3)\,dx$ を求めよ。

CHART
& GUIDE ▷ $\displaystyle\int_{-a}^{a} x^n\,dx$ n が 偶数なら $=2\displaystyle\int_{0}^{a} x^n\,dx$，奇数なら $=0$

(2) $\displaystyle\int_{-a}^{a}(x\,\text{の多項式})\,dx$ の形であるから，(1) で示した等式を利用して計算。

解答

(1) $\displaystyle\int_{-a}^{a} x^{2n}\,dx = \left[\dfrac{x^{2n+1}}{2n+1}\right]_{-a}^{a} = \dfrac{a^{2n+1}}{2n+1} - \dfrac{(-a)^{2n+1}}{2n+1}$

　　　　　　$= \dfrac{a^{2n+1}}{2n+1} - (-1)^{2n+1}\cdot\dfrac{a^{2n+1}}{2n+1} = \dfrac{2a^{2n+1}}{2n+1}$ …… ①

$\quad 2\displaystyle\int_{0}^{a} x^{2n}\,dx = 2\left[\dfrac{x^{2n+1}}{2n+1}\right]_{0}^{a} = 2\left(\dfrac{a^{2n+1}}{2n+1}-0\right) = \dfrac{2a^{2n+1}}{2n+1}$ …… ②

←$(-a)^{2n+1}=(-1)^{2n+1}a^{2n+1}$
$2n+1$ は奇数であるから
$(-1)^{2n+1}=-1$

①，② から $\displaystyle\int_{-a}^{a} x^{2n}\,dx = 2\int_{0}^{a} x^{2n}\,dx$

また $\displaystyle\int_{-a}^{a} x^{2n+1}\,dx = \left[\dfrac{x^{2n+2}}{2n+2}\right]_{-a}^{a} = \dfrac{a^{2n+2}}{2n+2} - \dfrac{(-a)^{2n+2}}{2n+2}$

　　　　　　$= \dfrac{a^{2n+2}}{2n+2} - (-1)^{2n+2}\cdot\dfrac{a^{2n+2}}{2n+2} = 0$

←$(-a)^{2n+2}=(-1)^{2n+2}a^{2n+2}$
$2n+2$ は偶数であるから
$(-1)^{2n+2}=1$

(2) $\displaystyle\int_{-2}^{2} 6x^2\,dx = 2\int_{0}^{2} 6x^2\,dx,\ \int_{-2}^{2} 7x\,dx = 0,\ \int_{-2}^{2} 3\,dx = 2\int_{0}^{2} 3\,dx$

であるから

←定数項は 0 次であるから，偶数次。

$\quad \displaystyle\int_{-2}^{2}(6x^2-7x-3)\,dx = 2\int_{0}^{2}(6x^2-3)\,dx = 2\left[2x^3-3x\right]_{0}^{2}$

　　　　　　　　　　$= 2(2\cdot2^3-3\cdot2) = \mathbf{20}$

(参考) 常に $f(-x)=f(x)$ を満たす関数 $f(x)$ を **偶関数**，常に $f(-x)=-f(x)$ を満たす関数 $f(x)$ を **奇関数** という。
上の例題で，x^{2n} は偶関数，x^{2n+1} は奇関数である。

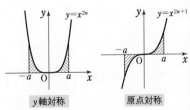

y軸対称　　　　原点対称

TRAINING 199 ③
定積分 $\displaystyle\int_{-3}^{3}(x+1)(2x-3)\,dx$ を求めよ。

標準 例題
200 定積分と微分法

>>> 発展例題 209

解説動画へGO!!

(1) 関数 $g(x) = \int_3^x (t^2 - 2t + 5)\,dt$ を微分せよ。

(2) 等式 $\int_a^x f(t)\,dt = x^2 + 2x - 3$ を満たす関数 $f(x)$ と
定数 a の値を求めよ。

CHART & GUIDE

定積分と微分法

a を定数とするとき

$$\frac{d}{dx}\int_a^x f(t)\,dt = f(x)$$ ← $\frac{d}{dx}$ については，$p.296$ 参照。

(2) **1** 等式の両辺の関数を x で微分する。…… $f(x)$ が求められる。
2 与えられた等式で $x = a$ とおく。…… 左辺は 0 になる。
3 **2** より，$0 = (a \text{ の式})$ が得られるから，これを解く。

解答

(1) $g'(x) = \dfrac{d}{dx}\displaystyle\int_3^x (t^2 - 2t + 5)\,dt = \boldsymbol{x^2 - 2x + 5}$

← $g(x) = \displaystyle\int_3^x f(t)\,dt$ で
$f(t) = t^2 - 2t + 5$ の場合。

(参考) 関数 $g(x)$ を具体的に求めて解くと，次のようになる。

$$g(x) = \int_3^x (t^2 - 2t + 5)\,dt = \left[\frac{t^3}{3} - t^2 + 5t\right]_3^x$$

$$= \frac{x^3}{3} - x^2 + 5x - 15$$

← 上端 x の関数になる。

したがって $g'(x) = x^2 - 2x + 5$

(2) 等式の両辺の関数を x で微分すると

$$\frac{d}{dx}\int_a^x f(t)\,dt = (x^2 + 2x - 3)'$$

$\dfrac{d}{dx}\displaystyle\int_a^x f(t)\,dt = f(x)$, $(x^2 + 2x - 3)' = 2x + 2$ であるから

$$f(x) = 2x + 2$$

また，与えられた等式で $x = a$ とおくと

(左辺) $= \displaystyle\int_a^a f(t)\,dt = 0$ であるから $0 = a^2 + 2a - 3$

← $\displaystyle\int_{\bullet}^{\bullet} = 0$

ゆえに $(a-1)(a+3) = 0$ すなわち $a = 1,\ -3$
したがって $\boldsymbol{f(x) = 2x + 2}$；$\boldsymbol{a = 1,\ -3}$

9章
39
定
積
分

TRAINING 200 ③

等式 $\displaystyle\int_a^x f(t)\,dt = 3x^2 - 2x - 1$ を満たす関数 $f(x)$ と定数 a の値を求めよ。

Let's Start

40 定積分と図形の面積

 前の節で学習した定積分は，図形の面積と密接に関係しています。この節では，定積分と面積の関係を調べ，曲線で囲まれた図形の面積を求める方法を身につけましょう。

■ 定積分と面積

まず，図 [1] のような，区間 $a \leqq x \leqq b$ で $f(x) \geqq 0$ のとき，曲線 $y=f(x)$ と x 軸および 2 直線 $x=a$，$x=b$ で囲まれた部分の面積 S について考えてみよう。

区間内の任意の x に対し，a から x までの部分に対応する面積は x の関数であるから，これを $S(x)$ とする（図 [2] 参照）と　$S(a)=0$，　$S(b)=S$

$h>0$ のとき，x が h だけ微小に変化すると，面積は $S(x+h)-S(x)$ だけ変化し，面積について次の不等式が成り立つ。

[1]
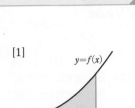

[2]
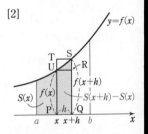

　　　　長方形 PQRU $\leqq S(x+h)-S(x) \leqq$ 長方形 PQST

すなわち　　PQ×PU $\leqq S(x+h)-S(x) \leqq$ PQ×QS

よって　　　$h \cdot f(x) \leqq S(x+h)-S(x) \leqq h \cdot f(x+h)$

各辺を h で割ると

$$f(x) \leqq \frac{S(x+h)-S(x)}{h} \leqq f(x+h)$$

この不等式において，h を限りなく 0 に近づけると，

$$\lim_{h \to 0} \frac{S(x+h)-S(x)}{h} = S'(x) \quad \text{であり，} \quad f(x+h) \text{ は } f(x) \text{ に限りなく近づくから}$$

$$f(x) \leqq S'(x) \leqq f(x) \quad \text{すなわち} \quad S'(x)=f(x) \cdots\cdots ①$$

$h<0$ のときも，同様にして ① が示される。

つまり，面積の関数 $S(x)$ は，$f(x)$ の原始関数（不定積分）の 1 つである。

したがって　　$S=S(b)-S(a)=\Big[S(x)\Big]_a^b=\int_a^b f(x)\,dx$

よって，一般に，次のことが成り立つ。

区間 $a \leqq x \leqq b$ で $f(x) \geqq 0$ のとき，曲線 $y=f(x)$ と x 軸および 2 直線 $x=a$，$x=b$ で囲まれた部分の面積 S は

$$S=\int_a^b f(x)\,dx$$

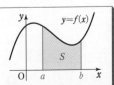

また，区間 $a \leqq x \leqq b$ で $f(x) \leqq 0$ のとき，曲線 $y=f(x)$ と x 軸および2直線 $x=a$，$x=b$ で囲まれた部分の面積 S は，曲線 $y=f(x)$ を x 軸に関して対称に折り返した曲線 $[y=-f(x) \geqq 0]$ と x 軸および2直線 $x=a$，$x=b$ で囲まれた部分の面積に等しいから，次の式で表すことができる。

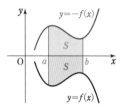

$$S=\int_a^b \{-f(x)\}dx$$

■ 2つの曲線の間の面積

区間 $a \leqq x \leqq b$ で常に $f(x) \geqq g(x)$ のとき，2曲線 $y=f(x)$，$y=g(x)$ および2直線 $x=a$，$x=b$ で囲まれた部分の面積 S を，定積分で表すことを考えよう。

[1] 区間 $a \leqq x \leqq b$ で，常に $f(x) \geqq g(x) \geqq 0$ の場合
　求める面積 S は，曲線 $y=f(x)$ と x 軸および2直線 $x=a$，$x=b$ で囲まれた部分の面積 S_1 から，曲線 $y=g(x)$ と x 軸および2直線 $x=a$，$x=b$ で囲まれた部分の面積 S_2 を除いたものであるから

$$S=S_1-S_2=\int_a^b f(x)dx-\int_a^b g(x)dx=\int_a^b \{f(x)-g(x)\}dx$$

[2] 区間 $a \leqq x \leqq b$ で，$g(x)$ が負の値をとることがある場合
　適当な正の数 c を選び，囲まれた部分を y 軸方向に c だけ平行移動して，2つの曲線がこの区間で x 軸より上側にあるようにできる。2つの曲線をともに y 軸方向に c だけ平行移動しても，囲まれた部分の面積は変わらないから，[1]により

$$S=\int_a^b [\{f(x)+c\}-\{g(x)+c\}]dx=\int_a^b \{f(x)-g(x)\}dx$$

[1]，[2]から，次のことが成り立つ。

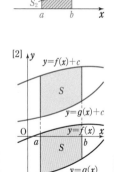

区間 $a \leqq x \leqq b$ で $f(x) \geqq g(x)$ のとき，2曲線 $y=f(x)$，$y=g(x)$ および2直線 $x=a$，$x=b$ で囲まれた部分の面積 S は

$$S=\int_a^b \{f(x)-g(x)\}dx$$

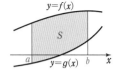

9章
40
定積分と図形の面積

実際に，いろいろな曲線で囲まれた図形の面積を求めていきましょう。

基本
201 放物線と x 軸の間の面積(1) …… 基本

次の曲線と 2 直線および x 軸で囲まれた部分の面積 S を求めよ。

(1) $y=x^2+2x+2$, $x=0$, $x=1$　　(2) $y=-2x^2-1$, $x=-2$, $x=1$

CHART
& GUIDE

曲線と x 軸の間の面積

1 まず，$y=f(x)$ のグラフをかく。

2 積分区間 $a \le x \le b$（どこからどこまで積分するか）を決める。

3 **2** で決めた区間における x 軸との上下関係を調べる。…… ⚠

…… グラフが上側なら $\displaystyle\int_a^b f(x)\,dx$ 　下側なら $\displaystyle\int_a^b \{-f(x)\}\,dx$

4 定積分を計算して面積を求める。

解答

⚠ (1) $0 \le x \le 1$ では $y>0$ であるから

$$S=\int_0^1 (x^2+2x+2)\,dx$$

$$=\left[\frac{x^3}{3}+x^2+2x\right]_0^1$$

$$=\frac{1}{3}+1+2=\frac{10}{3}$$

⚠ (2) $-2 \le x \le 1$ では $y<0$ であるから

$$S=\int_{-2}^1 \{-(-2x^2-1)\}\,dx$$

$$=\int_{-2}^1 (2x^2+1)\,dx=\left[\frac{2}{3}x^3+x\right]_{-2}^1$$

$$=\left(\frac{2}{3}+1\right)-\left(-\frac{16}{3}-2\right)=9$$

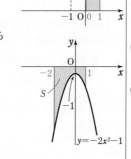

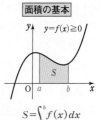

面積の基本

$$S=\int_a^b f(x)\,dx$$

(1) $y=x^2+2x+2$
　　$=(x+1)^2+1>0$
　　積分区間は $0 \le x \le 1$
(2) $y=-2x^2-1<0$
　　積分区間は $-2 \le x \le 1$

TRAINING 201 ①

次の曲線と 2 直線および x 軸で囲まれた部分の面積 S を求めよ。

(1) $y=x^2-2x+2$, $x=0$, $x=2$　　(2) $y=-x^2-1$, $x=-1$, $x=2$

≪≪ 基本例題 201　≫≫ 標準例題 205，発展例題 210

基本 例題
202 放物線と x 軸の間の面積 (2) …… 交点を調べて計算

次の放物線と x 軸で囲まれた部分の面積 S を求めよ。
(1) $y = x^2 + 2x - 3$ 　　　　(2) $y = 4 - x^2$

解説動画へGO!!

CHART & GUIDE

放物線と x 軸で囲まれた部分の面積

① 放物線 $y = f(x)$ と x 軸の交点の x 座標 a, b $(a < b)$ を求める。
② $a \leqq x \leqq b$ における $y = f(x)$ の符号を調べる。…… $!$
③ 定積分を計算して面積 S を求める。

$$f(x) \geqq 0 \text{ のとき } S = \int_a^b f(x)\,dx, \quad f(x) \leqq 0 \text{ のとき } S = \int_a^b \{-f(x)\}\,dx$$

解答

(1) 放物線と x 軸の交点の x 座標は，
方程式　　$x^2 + 2x - 3 = 0$
すなわち　$(x-1)(x+3) = 0$
を解いて　$x = 1, -3$

$-3 \leqq x \leqq 1$ では $y \leqq 0$ であるから

$$S = \int_{-3}^{1} \{-(x^2 + 2x - 3)\}\,dx$$
$$= \left[-\frac{x^3}{3} - x^2 + 3x \right]_{-3}^{1}$$
$$= \left(-\frac{1}{3} - 1 + 3\right) - (9 - 9 - 9) = \frac{32}{3}$$

(1)，(2) とも，まずグラフをかく

← 積分区間は $-3 \leqq x \leqq 1$
← x 軸との上下関係を調べる。
グラフは x 軸の下側にあるから，マイナスを付けて積分する。

(2) 放物線と x 軸の交点の x 座標は，
方程式　　$4 - x^2 = 0$
すなわち　$-(x+2)(x-2) = 0$
を解いて　$x = \pm 2$

$-2 \leqq x \leqq 2$ では $y \geqq 0$ であるから

$$S = \int_{-2}^{2} (4 - x^2)\,dx = 2\int_0^2 (4 - x^2)\,dx$$
$$= 2\left[4x - \frac{x^3}{3}\right]_0^2 = 2\left(8 - \frac{8}{3}\right) = \frac{32}{3}$$

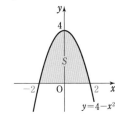

← 積分区間は $-2 \leqq x \leqq 2$
← グラフは x 軸の上側。
← 囲まれた図形は，y 軸に関して対称であるから，右半分の図形の面積を2倍すればよい。… (*)

参考 (*) の内容は，公式 $\int_{-a}^{a} x^{2n}\,dx = 2\int_0^a x^{2n}\,dx$ （例題199(1)参照）に対応している。

9章
40
定積分と図形の面積

TRAINING 202 ②

次の放物線と x 軸で囲まれた部分の面積 S を求めよ。
(1) $y = 1 - x^2$ 　　　(2) $y = x^2 + x - 2$ 　　　(3) $y = 2x^2 + x - 1$

348

標準 例題
203　放物線と x 軸の間の面積 (3) … 上下関係が入れ替わる　◯◯◯

放物線 $y=x^2-3x$ と x 軸および 2 直線 $x=1$, $x=4$ で囲まれた 2 つの部分の面積の和を求めよ。

CHART
& GUIDE

1 まず，グラフをかく。

2 放物線と x 軸の交点の x 座標を求め，積分区間を決める。
　…… 問題の条件を，グラフを用いて正確に表すことがカギとなる。

3 **2** で決めた区間における x 軸との上下関係を調べる。

4 定積分を計算して面積を求める。
　…… $y\geqq0$ の部分と $y\leqq0$ の部分に分けて計算する。…… !

解答

$x^2-3x=x(x-3)$

放物線と x 軸の交点の x 座標は，

$x(x-3)=0$ から　　$x=0$, 3

$1\leqq x\leqq3$ では　$y\leqq0$

$3\leqq x\leqq4$ では　$y\geqq0$

であるから，求める面積の和 S は

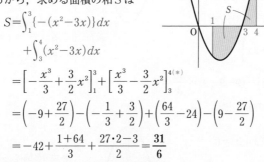

! $\displaystyle S=\int_1^3\{-(x^2-3x)\}dx$

$\displaystyle +\int_3^4(x^2-3x)\,dx$

$\displaystyle =\left[-\frac{x^3}{3}+\frac{3}{2}x^2\right]_1^3+\left[\frac{x^3}{3}-\frac{3}{2}x^2\right]_3^{4(*)}$

$\displaystyle =\left(-9+\frac{27}{2}\right)-\left(-\frac{1}{3}+\frac{3}{2}\right)+\left(\frac{64}{3}-24\right)-\left(9-\frac{27}{2}\right)$

$\displaystyle =-42+\frac{1+64}{3}+\frac{27\cdot2-3}{2}=\frac{31}{6}$

注意 面積を求める場合のグラフは，問題の条件，特に
　曲線と x 軸の交点
　曲線と x 軸の上下関係
などを正確につかむのが最大の目的であるから，頂点や極値を表す点の座標などは記入しなくてもよい。

◀ 積分区間は $1\leqq x\leqq4$
　これを $1\leqq x\leqq3$ と $3\leqq x\leqq4$ に分けて計算する。

◀ 整数どうし，分母が同じものどうしを集めて計算。

✋ **Lecture**　定積分の計算の工夫

$(*)$ では，次のように工夫して計算をらくにできる。

$F(x)=\dfrac{x^3}{3}-\dfrac{3}{2}x^2$ とすると

$S=-\{F(3)-F(1)\}+\{F(4)-F(3)\}$

$=-2F(3)+F(1)+F(4)$　　←── $-F(3)$ が 2 度現れるから，これをまとめて $-2F(3)$ とする。

$=-2\left(9-\dfrac{27}{2}\right)+\left(\dfrac{1}{3}-\dfrac{3}{2}\right)+\left(\dfrac{64}{3}-24\right)=\dfrac{31}{6}$

TRAINING 203 ③

放物線 $y=x^2-4x+3$ と x 軸および 2 直線 $x=0$, $x=4$ で囲まれた 3 つの部分の面積の和を求めよ。

≪≪ 標準例題 203 **≫≫ 発展例題 211，213**

基本 204 2つの曲線の間の面積

次の曲線や直線で囲まれた図形の面積 S を求めよ。

(1) $y=x^2$, $y=x^2-2$, $x=-1$, $x=2$

(2) $y=-\dfrac{x^2}{2}+x+\dfrac{5}{2}$, $y=1-x^2$, $x=0$, $x=2$

CHART & GUIDE

2つの曲線の間の面積

$$\int_{\blacksquare}^{\blacksquare}\{(上の曲線の式)-(下の曲線の式)\}dx$$

上下関係を調べ，被積分関数を決定。定積分を計算して面積を求める。…… $\boxed{!}$

解答

(1) 図から，求める面積 S は

$$S=\int_{-1}^{2}\{x^2-(x^2-2)\}dx$$
$$=\int_{-1}^{2}2\,dx=\Big[2x\Big]_{-1}^{2}$$
$$=2\{2-(-1)\}=6$$

(2) $y=-\dfrac{1}{2}x^2+x+\dfrac{5}{2}$

$$=-\dfrac{1}{2}(x-1)^2+3$$

図から，求める面積 S は

$$S=\int_{0}^{2}\left\{\left(-\dfrac{x^2}{2}+x+\dfrac{5}{2}\right)-(1-x^2)\right\}dx$$
$$=\int_{0}^{2}\left(\dfrac{x^2}{2}+x+\dfrac{3}{2}\right)dx$$
$$=\left[\dfrac{1}{2}\cdot\dfrac{x^3}{3}+\dfrac{x^2}{2}+\dfrac{3}{2}x\right]_{0}^{2}=\dfrac{19}{3}$$

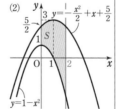

◀区間 $-1\leqq x\leqq2$ では
放物線 $y=x^2$ が上，
放物線 $y=x^2-2$ が下。

◀平方完成をしてグラフの
頂点を求める。

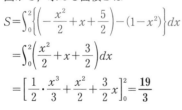

◀区間 $0\leqq x\leqq2$ では放物
線 $y=-\dfrac{x^2}{2}+x+\dfrac{5}{2}$ が
上，放物線 $y=1-x^2$ が
下。

9章

40

定積分と図形の面積

(参考) グラフから上下関係を判断しにくいときは，次の計算から判断してもよい。

$$\left(-\dfrac{x^2}{2}+x+\dfrac{5}{2}\right)-(1-x^2)=\dfrac{1}{2}x^2+x+\dfrac{3}{2}=\dfrac{1}{2}(x+1)^2+1>0$$

TRAINING 204 ①

次の曲線や直線で囲まれた図形の面積 S を求めよ。

$$y=x^2-2x, \quad y=x^2+2x-3, \quad x=-1, \quad x=0$$

>>> 発展例題 210, 214, 215

標準 例題
205 放物線と直線, 2つの放物線で囲まれた部分の面積 ◐◐◐

次の曲線や直線で囲まれた部分の面積 S を求めよ。

(1) $y=x^2-x-4$, $y=x-1$ (2) $y=x^2-4$, $y=-x^2-2x$

CHART & GUIDE

放物線と面積

公式 $\displaystyle\int_{\alpha}^{\beta}(x-\alpha)(x-\beta)\,dx=-\frac{1}{6}(\beta-\alpha)^3$ を利用

1 グラフをかき, 曲線と直線や2曲線の交点の座標を求め, 積分区間を決める。

2 上下関係を調べ, 被積分関数を決定。定積分を計算して面積を求める。…… !

解答

(1) 放物線と直線の交点の x 座標は,

方程式　　$x^2-x-4=x-1$

すなわち　$x^2-2x-3=0$

を解くと, $(x+1)(x-3)=0$ から

$\qquad x=-1,\ 3$

右の図から, 求める面積 S は

! $\displaystyle S=\int_{-1}^{3}\{(x-1)-(x^2-x-4)\}\,dx$

$\displaystyle =\int_{-1}^{3}(-x^2+2x+3)\,dx$

$\displaystyle =-\int_{-1}^{3}\{x-(-1)\}(x-3)\,dx$

$\displaystyle =-\left(-\frac{1}{6}\right)\{3-(-1)\}^3=\frac{32}{3}$

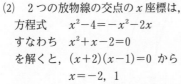

←積分区間は $-1\leqq x\leqq 3$

←$-1\leqq x\leqq 3$ では, 直線 $y=x-1$ が上, 放物線 $y=x^2-x-4$ が下。

←$\alpha=-1,\ \beta=3$ として公式を適用する。

(2) 2つの放物線の交点の x 座標は,

方程式　　$x^2-4=-x^2-2x$

すなわち　$x^2+x-2=0$

を解くと, $(x+2)(x-1)=0$ から

$\qquad x=-2,\ 1$

右の図から, 求める面積 S は

! $\displaystyle S=\int_{-2}^{1}\{(-x^2-2x)-(x^2-4)\}\,dx$

$\displaystyle =\int_{-2}^{1}(-2x^2-2x+4)\,dx$

$\displaystyle =-2\int_{-2}^{1}(x+2)(x-1)\,dx=-2\left(-\frac{1}{6}\right)\{1-(-2)\}^3=9$

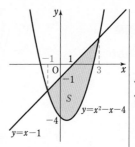

←積分区間は $-2\leqq x\leqq 1$

←$-2\leqq x\leqq 1$ では, 放物線 $y=-x^2-2x$ が上, 放物線 $y=x^2-4$ が下。

←$\alpha=-2,\ \beta=1$ として公式を適用する。

TRAINING 205 ③

次の曲線や直線で囲まれた部分の面積を求めよ。

(1) $y=-x^2+3x+2$, $y=x-1$ (2) $y=x^2+1$, $y=-x^2+x+4$

定積分の公式と面積

放物線と直線，放物線と放物線で囲まれた部分の面積を求めるときに現れる定積分 $\int_{\alpha}^{\beta}(x-\alpha)(x-\beta)\,dx$ を計算するのに便利な公式があり，例題 205 ではその公式（CHART & GUIDE 参照）を使って計算をしています。
ここではその公式を詳しく説明します。

● 公式の証明

$$
\begin{aligned}
\int_{\alpha}^{\beta}(x-\alpha)(x-\beta)\,dx &= \int_{\alpha}^{\beta}\{x^2-(\alpha+\beta)x+\alpha\beta\}\,dx \\
&= \left[\frac{x^3}{3}\right]_{\alpha}^{\beta} - (\alpha+\beta)\left[\frac{x^2}{2}\right]_{\alpha}^{\beta} + \alpha\beta\Big[x\Big]_{\alpha}^{\beta} \\
&= \frac{\beta^3-\alpha^3}{3} - (\alpha+\beta)\cdot\frac{\beta^2-\alpha^2}{2} + \alpha\beta(\beta-\alpha) \\
&= \frac{\beta-\alpha}{6}\{2(\beta^2+\beta\alpha+\alpha^2)-3(\beta+\alpha)^2+6\alpha\beta\} \\
&= \frac{\beta-\alpha}{6}(-\beta^2+2\beta\alpha-\alpha^2) = -\frac{1}{6}(\beta-\alpha)^3
\end{aligned}
$$

◆ 項別に計算すると，
$\beta^3-\alpha^3$
$=(\beta-\alpha)(\beta^2+\beta\alpha+\alpha^2)$
$\beta^2-\alpha^2$
$=(\beta+\alpha)(\beta-\alpha)$
であるから，共通因数 $\beta-\alpha$ が現れる。

● 公式を使うと計算がらく。

(2) を公式を用いないで計算すると，次のようになる。

$$
\begin{aligned}
\int_{-2}^{1}(-2x^2-2x+4)\,dx &= \left[-\frac{2}{3}x^3-x^2+4x\right]_{-2}^{1} \\
&= \left(-\frac{2}{3}\cdot1^3-1^2+4\cdot1\right) - \left\{-\frac{2}{3}(-2)^3-(-2)^2+4(-2)\right\} \\
&= 9
\end{aligned}
$$

マイナスの符号がたくさん出てきて，計算間違いをしそうです。

そうですね。公式を使うと，*p.*347 例題 202 (1) も次のように簡単な計算になりますよ。

$$
\begin{aligned}
S &= \int_{-3}^{1}\{-(x^2+2x-3)\}\,dx = \int_{-3}^{1}\{-(x-1)(x+3)\}\,dx \\
&= -\int_{-3}^{1}(x+3)(x-1)\,dx = -\left(-\frac{1}{6}\right)\{1-(-3)\}^3 = \frac{1}{6}\cdot4^3 = \frac{32}{3}
\end{aligned}
$$

例題 202 も放物線と直線で囲まれた部分の面積だから公式が使えるのですね！

そうです。この公式を使うときには，「$\frac{1}{6}$ の前に $-$（マイナス）がつく」，「（上端－下端）³」であることに注意しましょう。

標準 例題 **206** 3次関数のグラフと x 軸の間の面積 🕐🕐🕐

(1) 曲線 $y=x^3-4x^2$ と x 軸で囲まれた部分の面積を求めよ。

(2) 曲線 $y=x^3-5x^2+6x$ と x 軸で囲まれた2つの部分の面積の和を求めよ。

CHART & GUIDE

関数が3次関数になっても，基本方針は変わらない。

1 まず，グラフをかく。

2 3次関数のグラフと x 軸の共有点の x 座標を求め，積分区間を決める。

3 x 軸との上下関係を調べる。

4 定積分を計算して面積を求める。…… ❗

解答

(1) 関数 $y=x^3-4x^2$ のグラフと x 軸
の共有点の x 座標は，方程式
$$x^3-4x^2=0$$
すなわち $x^2(x-4)=0$
を解いて $x=0,\ 4$
右の図から，求める面積 S は

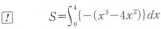

❗ $$S=\int_0^4\{-(x^3-4x^2)\}dx$$
$$=\left[-\frac{x^4}{4}+\frac{4}{3}x^3\right]_0^4=-64+\frac{256}{3}=\frac{64}{3}$$

グラフは，x 軸との上下関係と，共有点の x 座標がわかる程度のものでよい。

◀ $x=0$ は重解であるから，グラフは，原点で x 軸と接する。

(2) 関数 $y=x^3-5x^2+6x$ のグラフ
と x 軸の交点の x 座標は，方程式
$$x^3-5x^2+6x=0$$
すなわち $x(x-2)(x-3)=0$
を解いて $x=0,\ 2,\ 3$
右の図から，求める面積の和 S は

❗ $$S=\int_0^2(x^3-5x^2+6x)dx+\int_2^3\{-(x^3-5x^2+6x)\}dx$$
$$=\left[\frac{x^4}{4}-\frac{5}{3}x^3+3x^2\right]_0^2-\left[\frac{x^4}{4}-\frac{5}{3}x^3+3x^2\right]_2^{3}{}^{(*)}$$
$$=2\left(4-\frac{40}{3}+12\right)-\left(\frac{81}{4}-45+27\right)=\frac{37}{12}$$

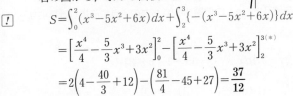

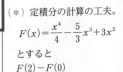

(*) 定積分の計算の工夫。
$$F(x)=\frac{x^4}{4}-\frac{5}{3}x^3+3x^2$$
とすると
$$F(2)-F(0)$$
$$\quad-\{F(3)-F(2)\}$$
$$=2F(2)-F(3)$$
なお $F(0)=0$

TRAINING 206 ③

(1) 曲線 $y=x^3-3x+2$ と x 軸で囲まれた部分の面積 S を求めよ。

(2) 曲線 $y=x^3-2x^2-x+2$ と x 軸で囲まれた2つの部分の面積の和を求めよ。

3次関数のグラフとx軸の共有点

● x軸との共有点からグラフをかく

$p.308$ 例題178では3次関数 $y=ax^3+bx^2+cx+d$ のグラフを, 増減表を用いてかくことを学習しました。また, 3次関数が極値をもつ場合には, a の符号に応じて右のような増減になることも学習しました。

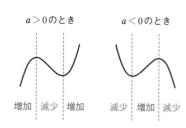

a>0のとき　　a<0のとき

増加　減少　増加　　減少　増加　減少

でも, 左の例題では増減表を使わずにグラフをかいています。どのようにしてグラフをかいたのですか？

関数の式を因数分解した形から, x 軸との共有点に着目してグラフをかいています。主なパターンをまとめておきましょう。

以下, $\alpha<\beta<\gamma$ とする。

① x軸と3点で交わる

$y=a(x-\alpha)(x-\beta)(x-\gamma)$

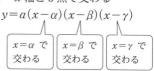

$x=\alpha$ で交わる　$x=\beta$ で交わる　$x=\gamma$ で交わる

a>0のとき　　a<0のとき

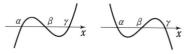

② x軸と2点を共有する

$y=a(x-\alpha)^2(x-\beta)$

$x=\alpha$ で接する　$x=\beta$ で交わる

a>0のとき　　a<0のとき

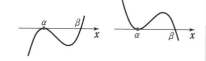

③ x軸と2点を共有する

$y=a(x-\alpha)(x-\beta)^2$

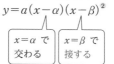

$x=\alpha$ で交わる　$x=\beta$ で接する

a>0のとき　　a<0のとき

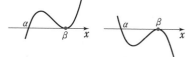

「接する ⟺ 重解」ですから, このようにグラフの概形を判断できます。
例題206(1)は, $y=x^2(x-4)$ から ② の $a>0$ の場合であり, $\alpha=0$, $\beta=4$ です。
(2)は, $y=x(x-2)(x-3)$ から ① の $a>0$ の場合であり, $\alpha=0$, $\beta=2$, $\gamma=3$ です。

9章
40
定積分と図形の面積

標 例題
準 **207** 絶対値を含む関数の定積分

定積分 $\displaystyle\int_1^3 |x^2-4|\,dx$ を求めよ。

CHART
& GUIDE

絶対値 場合に分ける $\quad |A|=\begin{cases} A & (A \geqq 0) \\ -A & (A \leqq 0) \end{cases}$

1 絶対値記号の中の式 x^2-4 の符号に応じて，場合分けを行う。

2 p.337 定積分の性質 3 を，右辺から左辺にみる。

積分区間の連結の逆は，積分区間の分割になる。

…… 積分区間 $(1 \leqq x \leqq 3)$ 内での，正・負の境目 $x=2$ で分割する。

$$\int_1^3 f(x)\,dx = \int_1^2 f(x)\,dx + \int_2^3 f(x)\,dx$$

解答

$|x^2-4|=\begin{cases} x^2-4 & (x \leqq -2,\ 2 \leqq x) \\ -(x^2-4) & (-2 \leqq x \leqq 2) \end{cases}$ 　　　◀定積分の計算では，等号を両方に付ける。

ゆえに 　$\underline{1 \leqq x \leqq 2 \text{ のとき}}$ 　　$|x^2-4|=-(x^2-4)$

　　　　　$\underline{2 \leqq x \leqq 3 \text{ のとき}}$ 　　$|x^2-4|=x^2-4$

よって 　$\displaystyle\int_1^3 |x^2-4|\,dx = \int_1^2 |x^2-4|\,dx + \int_2^3 |x^2-4|\,dx$

　　　　$\displaystyle = \int_1^2 \{-(x^2-4)\}\,dx + \int_2^3 (x^2-4)\,dx$

　　　　$\displaystyle = -\left[\frac{x^3}{3}-4x\right]_1^2 + \left[\frac{x^3}{3}-4x\right]_2^3$ 　　◀$F(x)=\dfrac{x^3}{3}-4x$ とする

　　　　$\displaystyle = -2\left(\frac{2^3}{3}-4\cdot2\right) + \left(\frac{1^3}{3}-4\cdot1\right) + \left(\frac{3^3}{3}-4\cdot3\right)$ 　と，定積分の計算は
$-\{F(2)-F(1)\}$
$+\{F(3)-F(2)\}$
　　　　$\displaystyle = -2\left(\frac{8}{3}-8\right) + \left(\frac{1}{3}-4\right) + (9-12) = \mathbf{4}$ 　　$=-2F(2)+F(1)+F(3)$

🖑 *Lecture* 定積分と面積

「関数 $y=|x^2-4|$ のグラフと x 軸，および 2 直線 $x=1$，$x=3$ で囲まれた部分の面積 S を求めよ」という問題を考えると，求める面積は右の図の赤い部分の面積である。

よって，$\displaystyle S=\int_1^3 |x^2-4|\,dx$ となり，上の例題の定積分と同じである。

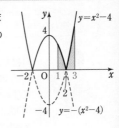

TRAINING 207 ③

次の定積分を求めよ。

(1) $\displaystyle\int_0^3 |x-2|\,dx$ 　　　　(2) $\displaystyle\int_{-2}^3 |x^2-2x|\,dx$

発展学習

≪ 基本例題 196

発展 例題 208　定積分を含む等式から，関数 $f(x)$ を求める

等式 $f(x)=2x^2+1+\displaystyle\int_0^1 xf(t)dt$ を満たす関数 $f(x)$ を求めよ。

CHART & GUIDE

定積分の扱い

a, b が定数のとき $\displaystyle\int_a^b f(t)dt$ は定数　$=k$ とおく

1　積分変数 t に無関係な x を $\displaystyle\int$ の前に出し，$\displaystyle\int_0^1 f(t)dt=k$（定数）…… ①

とおく。…… ▢ ⟶ $f(x)=2x^2+1+xk$ と表される。

2　x を t に変えて ① の左辺に代入し，定積分を計算する。

3　k についての方程式が得られるから，それを解く。

解答

x は積分変数 t に無関係であるから　$\displaystyle\int_0^1 xf(t)dt=x\int_0^1 f(t)dt$　◀ x は定数とみて，定積分の前に出す。

$\displaystyle\int_0^1 f(t)dt$ は定数であるから，$\displaystyle\int_0^1 f(t)dt=k$ とおくと

$$f(x)=2x^2+1+xk$$

よって　$k=\displaystyle\int_0^1 f(t)dt=\int_0^1(2t^2+kt+1)dt$

$$=\left[\frac{2}{3}t^3+\frac{k}{2}t^2+t\right]_0^1=\frac{2}{3}+\frac{k}{2}+1$$

◀ $\displaystyle\int_0^1 f(t)dt=k$ に $f(t)=2t^2+kt+1$ を代入して，定積分を計算する。

すなわち　$k=\dfrac{k}{2}+\dfrac{5}{3}$　　これを解いて　$k=\dfrac{10}{3}$

したがって　$f(x)=2x^2+\dfrac{10}{3}x+1$

Lecture　定積分で表された関数

$f(x)$ を求めるとき，$\displaystyle\int_0^1 xf(t)dt$ を計算したくなるが，$f(t)$ はこれから求めようとする関数であるから，直接計算することはできない。ところが，$F'(t)=f(t)$ とすると $\displaystyle\int_0^1 f(t)dt=\left[F(t)\right]_0^1=F(1)-F(0)$ であるから，$\displaystyle\int_0^1 f(t)dt$ は定数 である。上の解答では，このことに着目し，定積分を定数とみて（k とおいて）処理をしている。

TRAINING　208 ④

等式 $f(x)=3x^2-x+\displaystyle\int_{-1}^1 f(t)dt$ を満たす関数 $f(x)$ を求めよ。

発展 例題
209 定積分で表された関数 $f(x)$ の極値，グラフ 🕐🕐🕐🕐

関数 $f(x)=\displaystyle\int_2^x t(t-2)dt$ の極値を求め，$y=f(x)$ のグラフをかけ。

［類 センター試験］

CHART & GUIDE

関数の増減・極値・グラフ　増減表で解決

1 両辺を x で微分して，導関数 $f'(x)$ を求める。

…… a を定数とするとき $\dfrac{d}{dx}\displaystyle\int_a^x g(t)dt=g(x)$ （$p.343$ 参照）を利用。

2 $f'(x)$ の符号の変化を調べて，増減表を作る。

3 増減表から，極値を求め，グラフをかく。

解答

$$f'(x)=\frac{d}{dx}\int_2^x t(t-2)dt=x(x-2)$$

$f'(x)=0$ とすると

$\qquad x=0,\ 2$

$f(x)$ の増減表は，右のようになる。

また

$f'(x)=x(x-2)$

x	$\cdots$	0	$\cdots$	2	$\cdots$
$f'(x)$	$+$	0	$-$	0	$+$
$f(x)$	↗	極大	↘	極小	↗

$$f(x)=\int_2^x(t^2-2t)dt=\left[\frac{t^3}{3}-t^2\right]_2^x=\left(\frac{x^3}{3}-x^2\right)-\left(\frac{2^3}{3}-2^2\right)$$

$$=\frac{x^3}{3}-x^2+\frac{4}{3}$$

← 極値を求めるために，定積分の計算が必要となる。

したがって $\quad f(0)=\dfrac{4}{3}$，

$$f(2)=\int_2^2 t(t-2)dt=0$$

よって，$f(x)$ は **$x=0$ で極大値 $\dfrac{4}{3}$**，

$\qquad\qquad$ **$x=2$ で極小値 0**

をとる。また，$y=f(x)$ のグラフは［図］

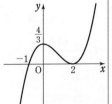

← $f(x)$ は $x=2$ で極小値 0 をとるから，$f(x)$ は $(x-2)^2$ を因数にもつ。このことと x^3 の係数に注目すると，

$f(x)=\dfrac{1}{3}(x+1)(x-2)^2$

と因数分解できる。よって，$y=f(x)$ のグラフと x 軸の共有点の x 座標は -1，2 とわかる。

(参考) この問題では，極値 $f(0)$ を次のようにして求めてもよい（$p.350$ 参照）。

$$f(0)=\int_2^0 t(t-2)dt=-\int_0^2 t(t-2)dt=-\left(-\frac{1}{6}\right)(2-0)^3=\frac{4}{3}$$

TRAINING 209 ④ ★

関数 $F(x)=\displaystyle\int_1^x(t^2+t-2)dt$ の極値を求めよ。

［類 東北学院大］

≪≪ 基本例題 **202**，標準例題 **205**

発展 例題
210 面積の値から関数の係数を求める

p は正の定数とする。放物線 $y=px^2-x$ と x 軸で囲まれた部分の面積 S を求めよ。また，$S=\dfrac{3}{2}$ となるように，p の値を定めよ。

CHART & GUIDE

放物線は p の値の変化とともに動くから，**面積 S は p の式で表される。**

1 放物線と x 軸の交点の x 座標を求める。

2 $\displaystyle\int_\alpha^\beta (x-\alpha)(x-\beta)dx=-\dfrac{1}{6}(\beta-\alpha)^3$ を利用して，面積 S を求める。

3 $S=\dfrac{3}{2}$ となるように，p についての方程式を解く。

解答

放物線と x 軸の交点の x 座標は，方程式

$px^2-x=0$ を解いて $\quad x=0,\ \dfrac{1}{p}$

$0\leqq x\leqq\dfrac{1}{p}$ では $y\leqq 0$ であるから

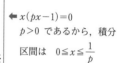

$S=\displaystyle\int_0^{\frac{1}{p}}\{-(px^2-x)\}dx$

$=-p\displaystyle\int_0^{\frac{1}{p}}x\left(x-\dfrac{1}{p}\right)dx=-p\left(-\dfrac{1}{6}\right)\left(\dfrac{1}{p}-0\right)^3=\dfrac{1}{6p^2}$

次に，$S=\dfrac{3}{2}$ となるための条件は $\quad\dfrac{1}{6p^2}=\dfrac{3}{2}$

よって $\quad p^2=\dfrac{1}{9}\qquad p>0$ であるから $\quad \boldsymbol{p=\dfrac{1}{3}}$

◀ $x(px-1)=0$
$p>0$ であるから，積分
区間は $\quad 0\leqq x\leqq\dfrac{1}{p}$

◀ $\alpha=0,\ \beta=\dfrac{1}{p}$ として公
式を適用する。

◀ $\dfrac{1}{6p^2}=\dfrac{3}{2}$ から $\quad 18p^2=2$

9章

発展学習

🖑 *Lecture* 定積分の公式の活用

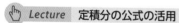

放物線と直線（もちろん x 軸でもよい）あるいは，2 つの放物線で囲まれた部分の面積については，公式

$$\int_\alpha^\beta (x-\alpha)(x-\beta)dx=-\dfrac{1}{6}(\beta-\alpha)^3$$

が必ず利用できる。

この公式を使えば，定積分の計算をしなくても済むから，積極的に活用しよう（$p.350$ 参照）。

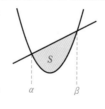

TRAINING 210 ④ ★

2 つの放物線 $y=x^2$ …… ①，$y=-x^2+x-a$ …… ② について，次の問いに答えよ。

(1) 放物線 ①，② が異なる 2 点で交わるとき，定数 a の値の範囲を求めよ。

(2) a が (1) で求めた範囲を満たすとする。放物線 ①，② によって囲まれた部分の面積が $\dfrac{9}{8}$ であるとき，定数 a の値を求めよ。

発展 例題 211 放物線とその接線の間の面積 ◆◆◆◆◆

放物線 $y=x^2$ 上の2点 $(-1, 1)$, $(2, 4)$ における2つの接線とこの放物線で囲まれた部分の面積を求めよ。

CHART & GUIDE

1 2つの接線の方程式と2接線の交点の x 座標を求める。

2 グラフをかいて，積分区間を決める。
…… 接点や2接線の交点の x 座標がカギ。

3 放物線と接線の上下関係に注意して定積分を計算し，面積を求める。

解答

$y=x^2$ から $y'=2x$

放物線上の点 $(-1, 1)$ における接線
の方程式は $y-1=-2(x+1)$

すなわち $y=-2x-1$ …… ①

同様にして，点 $(2, 4)$ における接線
の方程式は $y=4x-4$ …… ②

2直線①，②の交点の x 座標は

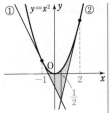

◆ 曲線 $y=f(x)$ 上の点 $(\alpha, f(\alpha))$ における接線の方程式は
$y-f(\alpha)=f'(\alpha)(x-\alpha)$

◆ $y-4=2\cdot 2(x-2)$

$-2x-1=4x-4$ を解いて $x=\dfrac{1}{2}$

グラフから，求める面積 S は

$$S=\int_{-1}^{\frac{1}{2}} \{x^2-(-2x-1)\}dx+\int_{\frac{1}{2}}^{2} \{x^2-(4x-4)\}dx$$

$$=\int_{-1}^{\frac{1}{2}} (x+1)^2dx+\int_{\frac{1}{2}}^{2} (x-2)^2dx$$

$$=\left[\frac{1}{3}(x+1)^3\right]_{-1}^{\frac{1}{2}}+\left[\frac{1}{3}(x-2)^3\right]_{\frac{1}{2}}^{2}$$

$$=\frac{1}{3}\left\{\left(\frac{1}{2}+1\right)^3-0\right\}+\frac{1}{3}\left\{0-\left(\frac{1}{2}-2\right)^3\right\}=\frac{9}{4}$$

◆ 上下関係について
$-1 \leqq x \leqq \dfrac{1}{2}$ では，
放物線 $y=x^2$ が上，
直線 $y=-2x-1$ が下。

$\dfrac{1}{2} \leqq x \leqq 2$ では，
放物線 $y=x^2$ が上，
直線 $y=4x-4$ が下。

(補足) 上の定積分の被積分関数は，放物線とその接線の式の差であるから，
$$x^2+2x+1=(x+1)^2, \quad x^2-4x+4=(x-2)^2$$
のように，平方式となる。

よって，不定積分 $\displaystyle\int(x-\alpha)^2dx=\frac{1}{3}(x-\alpha)^3+C$ （C は積分定数）（$p.333$ Lecture 参照）

を用いることができ，上のように計算はかなりらくになる。

TRAINING 211 ④ ★

放物線 $y=x^2-2x-3$ について

(1) 放物線と x 軸の交点における接線の方程式を求めよ。

(2) 放物線と(1)の2つの接線で囲まれた部分の面積を求めよ。

発展 例題
212 2つの放物線とその共通接線の間の面積 ◔◔◔◔

放物線 $C_1：y=x^2$ と $C_2：y=x^2-4x+8$ に対し，C_1 と C_2 の両方に接する直線を ℓ とする。

(1) C_1 上の点 $(a，a^2)$ における接線の方程式を求めよ。

(2) ℓ の方程式を求めよ。

(3) $C_1，C_2$ と ℓ で囲まれた部分の面積 S を求めよ。　　　　［東京電機大］

CHART & GUIDE

(2) C_1 上の点 $(a，a^2)$ における接線が C_2 に接すると考える。
　　　接する ⟺ 重解　の利用

(3) グラフをかき，$C_1，C_2，\ell$ の上下関係を把握して積分区間を分割する。

解答

(1) C_1 上の点 $(a，a^2)$ における接線の方程式は，$y'=2x$ から
　　　　$y-a^2=2a(x-a)$　すなわち　$\boldsymbol{y=2ax-a^2}$ …… ①

◀曲線 $y=f(x)$ 上の点 $(\alpha，f(\alpha))$ における接線の方程式は $y-f(\alpha)=f'(\alpha)(x-\alpha)$

(2) 直線 ① が C_2 に接する条件は，2次方程式
　　　　　　$2ax-a^2=x^2-4x+8$
　　すなわち　$x^2-2(a+2)x+(a^2+8)=0$ …… ②
　　が重解をもつことである。
　　よって，② の判別式を D とすると　　$D=0$

◀接する ⟺ 重解

　　ここで　$\dfrac{D}{4}=\{-(a+2)\}^2-(a^2+8)=4a-4$

　　$D=0$ から　　$4a-4=0$　すなわち　$a=1$
　　① から，直線 ℓ の方程式は　　$\boldsymbol{y=2x-1}$

(3) ℓ と C_1 の接点の x 座標は　　1
　　ℓ と C_2 の接点の x 座標は，2次方程式 ② の重解であるから
　　　　$x=a+2=3$
　　C_1 と C_2 の交点の x 座標は，
　　$x^2=x^2-4x+8$ から　　$x=2$
　　したがって，求める面積 S は

◀ℓ と C_1 の接点の x 座標は　a

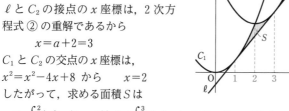

$$S=\int_1^2\{x^2-(2x-1)\}dx+\int_2^3\{(x^2-4x+8)-(2x-1)\}dx$$

$$=\int_1^2(x-1)^2dx+\int_2^3(x-3)^2dx=\left[\frac{1}{3}(x-1)^3\right]_1^2+\left[\frac{1}{3}(x-3)^3\right]_2^3=\frac{2}{3}$$

9章

発展学習

TRAINING 212 ④ ★

2つの放物線 $C_1：y=x^2$ と $C_2：y=x^2-6x+15$ の共通接線を ℓ とする。

(1) ℓ の方程式を求めよ。

(2) $C_1，C_2$ および ℓ によって囲まれた部分の面積を求めよ。　　　　［類 名城大］

≪≪≪ 基本例題 175，204

発展 例題
213 3次関数のグラフと接線の間の面積 〇〇〇〇〇

曲線 $y=x^3-2x$ を C とする。
(1) 曲線 C 上の点 $(-1, 1)$ における接線 ℓ の方程式を求めよ。
(2) 曲線 C と直線 ℓ の共有点のうち，接点以外の点の x 座標を求めよ。
(3) 曲線 C と直線 ℓ で囲まれた部分の面積 S を求めよ。

CHART
& GUIDE

面 積
グラフをかく，積分区間の決定，上下関係に注意

(2) 曲線 C と直線 ℓ の方程式から y を消去してできる 3 次方程式を解く。このとき，
　　曲線 $y=f(x)$ と直線 $y=g(x)$ が $x=\alpha$ の点で接する
　　$\Longleftrightarrow$ $f(x)-g(x)$ は因数 $(x-\alpha)^2$ をもつ 　　を利用して因数分解する。
(3) グラフをかき，定積分を計算する。(参考) も参照。

解答

(1) $y'=3x^2-2$ であるから，接線 ℓ の方程式は
　　　$y-1=\{3\cdot(-1)^2-2\}\{x-(-1)\}$ 　すなわち　**$y=x+2$**

(2) 曲線 C と直線 ℓ の共有点の x 座標は
　　　　$x^3-2x=x+2$ 　すなわち　$x^3-3x-2=0$
　の解である。左辺が $(x+1)^2$ を因数に
　もつことに注意して因数分解すると
　　　　　$(x+1)^2(x-2)=0$
　よって　$x=-1, 2$
　ゆえに，接点以外の点の x 座標は
　　　　$x=2$

← 曲線 $y=f(x)$ 上の点
$(\alpha, f(\alpha))$ における接
線の方程式は
$y-f(\alpha)=f'(\alpha)(x-\alpha)$

← $(x+1)^2(x+c)$ とおき，
x^3-3x-2 の定数項と
比較すると　$c=-2$

(3) 図から，求める面積 S は
$$S=\int_{-1}^{2}\{(x+2)-(x^3-2x)\}dx=\int_{-1}^{2}(-x^3+3x+2)dx^{(*)}$$
$$=\left[-\frac{x^4}{4}+\frac{3}{2}x^2+2x\right]_{-1}^{2}=-\frac{16-1}{4}+\frac{3(4-1)}{2}+2(2+1)$$
$$=\frac{27}{4}$$

(3) 曲線 $y=x^3-2x$ の概
形は，曲線と x 軸の共有
点に着目してかく。
$x^3-2x=0$ から
　$x=0, \pm\sqrt{2}$

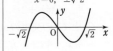

(参考) (3)の定積分(*)は，次のように計算することもできる。
$$(*)=-\int_{-1}^{2}(x^3-3x-2)dx=-\int_{-1}^{2}(x+1)^2(x-2)dx=-\int_{-1}^{2}(x+1)^2\{(x+1)-3\}dx$$
$$=-\int_{-1}^{2}\{(x+1)^3-3(x+1)^2\}dx=-\left[\frac{1}{4}(x+1)^4-(x+1)^3\right]_{-1}^{2}=-\left(\frac{81}{4}-27\right)=\frac{27}{4}$$

TRAINING 213 ④

曲線 $y=-x^3+4x$ とその曲線上の点 $(1, 3)$ における接線で囲まれた部分の面積 S を
求めよ。

発展 例題 214 放物線と円が囲む面積

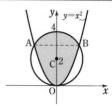

右の図の黒く塗った部分は、連立不等式
$$x^2+(y-2)^2 \leqq 4, \quad y \geqq x^2$$
の表す領域である。この領域の面積 S を求めよ。
（図中の文字 A, B, C は解答で用いるものである。）

CHART & GUIDE

定積分では求めにくい面積
図形（三角形や扇形など）の面積を利用する

$S=\int_{\blacksquare}^{\blacksquare}\{(\text{円弧})-(\text{放物線})\}dx$ であるが、上の円弧を表す式は $y=\sqrt{4-x^2}+2$ で、数学Ⅱ の範囲では積分計算ができない。そこで、領域を次のように分けて面積を求める。

 = − と

扇形　　　　　三角形

解答

$x^2+(y-2)^2=4$ と $y=x^2$ から x^2 を消去
して　　　$y+(y-2)^2=4$
ゆえに　$y^2-3y=0$　　よって　$y=0, 3$
$y=3$ のとき　　$x=\pm\sqrt{3}$
ゆえに　A$(-\sqrt{3}, 3)$, B$(\sqrt{3}, 3)$
線分 AB の中点を M とすると、右の図か
ら　　AM=BM=$\sqrt{3}$, CM=1, AC=BC=2, $\angle ACB=\dfrac{2}{3}\pi$

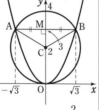

◆放物線と円の共有点の座標を求める。y を消去してもよいが、x の4次方程式となる。

直線 AB と放物線 $y=x^2$ で囲まれた部分の面積を S_1 とする
と　　$S=(\text{扇形 ABC})-\triangle ABC+S_1$

$$=\frac{1}{2}\cdot 2^2\cdot\frac{2}{3}\pi-\frac{1}{2}\cdot 2\sqrt{3}\cdot 1+\int_{-\sqrt{3}}^{\sqrt{3}}(3-x^2)dx$$

ここで $\displaystyle\int_{-\sqrt{3}}^{\sqrt{3}}(3-x^2)dx=-\int_{-\sqrt{3}}^{\sqrt{3}}(x+\sqrt{3})(x-\sqrt{3})dx$

$$=-\left(-\frac{1}{6}\right)\{\sqrt{3}-(-\sqrt{3})\}^3=4\sqrt{3}$$

よって　$S=\dfrac{4}{3}\pi-\sqrt{3}+4\sqrt{3}=\dfrac{4}{3}\pi+3\sqrt{3}$

◆扇形と三角形の面積は公式を、直線 $y=3$ と放物線 $y=x^2$ で囲まれた部分の面積は定積分を利用して求める。

9章
発展学習

TRAINING 214 ④

連立不等式 $x^2+y^2 \leqq 2$, $y \leqq -2x^2+1$ の表す領域の面積 S を求めよ。

発展

例題
215 面積を 2 等分するような直線の傾きを求める ⟨⟨⟨⟨⟨

放物線 $y=x(x-1)$ と直線 $y=ax$ で囲まれた部分の面積が x 軸で 2 等分されるとき，定数 a の値を求めよ。ただし，$a>0$ とする。

[類 下関市大]

CHART & GUIDE

右の図のように，各部分の面積を S_1, S_2 とするとき，問題の条件 $S_1=S_2$ は

$$2S_1=全体の面積(S_1+S_2) \quad \cdots\cdots \boxed{1}$$

として考えた方が計算しやすい。

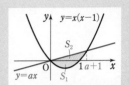

解答

放物線と直線の交点の x 座標は，
方程式 $x(x-1)=ax$ すなわち
$x(x-a-1)=0$ を解いて

$$x=0, \quad a+1$$

放物線と直線 $y=ax$，放物線と
x 軸で囲まれた部分の面積をそれぞれ S, S_1 とすると

面積の計算
まず，グラフをかく

$$S=\int_0^{a+1}\{ax-x(x-1)\}dx=\int_0^{a+1}\{-x^2+(a+1)x\}dx$$

$$=-\int_0^{a+1}x\{x-(a+1)\}dx=-\left(-\frac{1}{6}\right)(a+1-0)^3=\frac{1}{6}(a+1)^3$$

$\blacktriangleleft \int_\alpha^\beta (x-\alpha)(x-\beta)dx$

$$S_1=\int_0^1\{-x(x-1)\}dx=-\int_0^1 x(x-1)dx$$

$$=-\frac{1}{6}(\beta-\alpha)^3$$

$$=-\left(-\frac{1}{6}\right)(1-0)^3=\frac{1}{6}$$

$\boxed{1}$ 求める条件は $\qquad S=2S_1$

ゆえに $\qquad \dfrac{1}{6}(a+1)^3=2\cdot\dfrac{1}{6}$ すなわち $(a+1)^3=2$

$\blacktriangleleft$ 左辺の $(a+1)^3$ は展開しない。

よって $\qquad a+1=\sqrt[3]{2}$

したがって $\qquad \boldsymbol{a=\sqrt[3]{2}-1}$ （$a>0$ を満たす）

注意 $x^3=k$ の実数解は $x=\sqrt[3]{k}$ のみである（$p.253$ 参照）。
実数解がただ 1 つであることは，$y=x^3$ のグラフと直線 $y=k$ の交点がただ 1 つであることからわかる。

TRAINING 215 ⑤

放物線 $y=x^2-2x$ と直線 $y=-x+2$ で囲まれる図形を T とする。

(1) T の面積を求めよ。

(2) 直線 $y=mx$ （$m>0$）は T の面積を 2 等分するという。m の値を求めよ。

[岡山理科大]

発展 例題 216 面積の最小値（微分利用）

$0<m<1$ とする。$0 \leq x \leq 1$ の範囲で，曲線 $y=x^2$ と直線 $y=mx$ で囲まれた 2つの部分の面積の和を $S(m)$ とする。　　　　　　〔類 琉球大〕

(1) $S(m)$ を m で表せ。

(2) $S(m)$ が最小となる m の値と，そのときの $S(m)$ の値を求めよ。

CHART & GUIDE

(1) 簡単なグラフをかき，上下関係に注目して面積 $S(m)$ を計算。

(2) $S(m)$ は m の 3次関数 $\longrightarrow$ 微分法を利用 …… ！

すなわち，$S'(m)=0$ となる m の値を求めて，$S(m)$ の増減表をかく。

解答

(1) 曲線 $y=x^2$ と直線 $y=mx$ の交点の x 座標は，$x^2=mx$
を解いて $x=0,\ m$
よって，グラフから

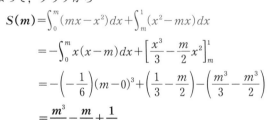

$$S(m)=\int_0^m (mx-x^2)\,dx+\int_m^1 (x^2-mx)\,dx$$

$$=-\int_0^m x(x-m)\,dx+\left[\frac{x^3}{3}-\frac{m}{2}x^2\right]_m^1$$

$$=-\left(-\frac{1}{6}\right)(m-0)^3+\left(\frac{1}{3}-\frac{m}{2}\right)-\left(\frac{m^3}{3}-\frac{m^3}{2}\right)$$

$$=\frac{m^3}{3}-\frac{m}{2}+\frac{1}{3}$$

(2) $S'(m)=m^2-\dfrac{1}{2}=\left(m+\dfrac{\sqrt{2}}{2}\right)\left(m-\dfrac{\sqrt{2}}{2}\right)$

$S'(m)=0$ とすると $m=\pm\dfrac{\sqrt{2}}{2}$

m	0	$\cdots$	$\dfrac{\sqrt{2}}{2}$	$\cdots$	1
$S'(m)$		$-$	0	$+$	
$S(m)$		$\searrow$	極小	$\nearrow$	

ゆえに，$0<m<1$ における $S(m)$ の増減表は，右上のようになる。

$$S\left(\frac{\sqrt{2}}{2}\right)=\frac{\sqrt{2}}{12}-\frac{\sqrt{2}}{4}+\frac{1}{3}=\frac{2-\sqrt{2}}{6}$$

よって，$m=\dfrac{\sqrt{2}}{2}$ で最小値 $\dfrac{2-\sqrt{2}}{6}$ をとる。

9章

発展学習

TRAINING 216 ⑤ ★

次の 2つの放物線 P_1，P_2 を考える。

$$P_1 : y=x^2-2tx+2t, \quad P_2 : y=-x^2+2x$$

ただし $t>0$ とする。また，放物線 P_1 と P_2 で囲まれた部分の面積を S とする。

(1) S を t を用いて表せ。

(2) y 軸と 2つの放物線 P_1，P_2 で囲まれた部分の面積を T とする。$t\geq 1$ のとき，$T-S$ の最大値を求めよ。　　　　〔類 兵庫県大〕

EXERCISES

A **123**③ 曲線 $y=f(x)$ 上の点 (x, y) における接線の傾きが x^2+x で表され，この曲線が点 $(1, 1)$ を通るとき，関数 $f(x)$ を求めよ。

〔法政大〕

<<< 標準例題 **195**

124① 次の定積分を求めよ。

(1) $\displaystyle\int_1^2 (2x-1)\,dx$

(2) $\displaystyle\int_0^{-1} (3x^2+6x+1)\,dx$

(3) $\displaystyle\int_{-1}^3 (x+1)(x-3)\,dx$

(4) $\displaystyle\int_{-1}^2 (x^3-6x-4)\,dx$

(5) $\displaystyle\int_{-2}^1 (2t+1)^2\,dt + \int_{-2}^1 2(t-1)^2\,dt$

<<< 基本例題 **196**，**197**

125① 次の定積分を求めよ。

(1) $\displaystyle\int_5^5 (4x^2+x-3)\,dx$

(2) $\displaystyle\int_{-1}^2 (x^2-2x+2)\,dx + \int_1^{-1} (x^2-2x+2)\,dx$

(3) $\displaystyle\int_{-2}^1 (x^3+5x^2+3x+2)\,dx + \int_1^{-2} (x^3+2x^2-5x-1)\,dx$

<<< 基本例題 **198**

126② 等式 $\displaystyle\int_{-3}^3 (x-1)(x+4)(x-a)\,dx = 66$ を満たす定数 a の値を求めよ。

〔駒澤大〕 <<< 標準例題 **199**

127③ 次の (1)，(2) について，それぞれ答えよ。

(1) 関数 $f(x)=\displaystyle\int_0^x (4t-3)\,dt$, $g(x)=\displaystyle\int_1^x (3t^2-4t+1)\,dt$ を x で微分せよ。

(2) 等式 $\displaystyle\int_a^x f(t)\,dt + \int_0^1 f(x)\,dx = x^2+3x+2$ を満たす関数 $f(x)$，および定数 a の値を求めよ。

〔類 南山大〕 <<< 標準例題 **200**

128② 次の放物線と x 軸で囲まれた部分の面積 S を求めよ。

(1) $y=-x^2+6x+12$

(2) $y=x^2-x-8$

<<< 基本例題 **202**

HINT

126 定積分を計算して，方程式の問題にもち込む。

127 (2) $\displaystyle\int_0^1 f(x)\,dx$ は定数であるから，微分すると 0 になる。

EXERCISES

B **129**③ a, b は定数とする。次の不等式を証明せよ。

$$\int_0^1 (ax+b)^2 dx \geqq \left\{ \int_0^1 (ax+b) dx \right\}^2$$

≪ 基本例題 **196**

130④ x の多項式 $f(x)$ が等式 $f(x)f'(x) = \int_0^x f(t)dt + \dfrac{4}{9}$ …… ① を満たす。

(1) $f(x)$ が n 次式であるとすると，等式 ① の左辺は ア□ 次式，右辺は イ□ 次式であるから，n の値は ウ□ である。

(2) $f(x)$ を求めよ。

≪ 基本例題 **196**

131③ a は正の定数とする。放物線 $y=x^2+a$ 上の任意の点Pにおける接線と放物線 $y=x^2$ で囲まれた図形の面積は，点Pの位置によらず一定であることを示し，その一定の値を求めよ。

≪ 標準例題 **205**

132④ 曲線 $y=x^3-4x$ と曲線 $y=3x^2$ で囲まれた 2 つの図形の面積の和を求めよ。

〔東京電機大〕 ≪ 標準例題 **206**

133③ 曲線 $y=|x^2-1|$ と直線 $y=3$ で囲まれた部分の面積を求めよ。 〔愛知工大〕

≪ 基本例題 **203**，標準例題 **207**

134④ 等式 $f(x)=1+2\int_0^1 (xt+1)f(t)dt$ を満たす関数 $f(x)$ を求めよ。 〔島根大〕

≪ 発展例題 **208**

135④ t の関数 $S(t)$ を，$S(t)=\int_0^1 |x^2-t^2| dx$ とする。$0 \leqq t \leqq 1$ における $S(t)$ の最大値と最小値，およびそのときの t の値を求めよ。 〔類 長崎大〕

≪ 標準例題 **207**，発展例題 **209**

9章

発展学習

HINT

131 $P(p, p^2+a)$ として，面積を表す式に p が含まれないことを示す。

134 変数 t での定積分では，x は定数とみる。

135 絶対値記号をはずすことが先決。$x^2-t^2=0$ となる x の値が場合分けのポイント。$S(t)$ を求めることができたならば，後は，微分法を用いて処理する。

EXERCISES

B **136**④ p を負の定数とする。曲線 $C:y=x^3-x$ を考える。

(1) 点 P$(1,\ p)$ から曲線 C に何本の接線が引けるかを調べよ。

(2) 点 P$(1,\ p)$ から曲線 C にちょうど 2 本の接線が引けるとき，次の問いに答えよ。

(i) 2 本の接線の方程式を求めよ。

(ii) (i) で求めた接線と曲線 C の接点を Q，R とする。ただし，Q の x 座標は R の x 座標より小さいとする。線分 PQ，線分 PR，曲線 C で囲まれた図形の面積 S を求めよ。 〔富山大〕

≪≪ 発展例題 **191**，**213**

137④ 実数 $a>1$ に対して，$f(x)=x^2+2x-a^2+2a$ とおく。

(1) 2 次方程式 $f(x)=0$ の解を a を用いて表せ。

(2) 放物線 $y=f(x)$ と x 軸および直線 $x=a$ で囲まれた 2 つの部分の面積が等しいとき，$\displaystyle\int_{-a}^{a}f(x)dx=0$ を示し，このときの a の値を求めよ。

〔琉球大〕

≪≪ 基本例題 **198**，発展例題 **215**

138⑤ 放物線 $y=-x(x-4)$ と直線 $y=ax$，$y=bx$ $(0<a<b<4)$ がある。この 2 直線により，放物線と x 軸で囲まれる部分は 3 つの部分に分割される。この 3 つの部分の面積が等しいとき，$(4-b)^3$，$(4-a)^3$ の値を求めよ。 〔慶応大〕

≪≪ 発展例題 **215**

139⑤ ★ a は $0\leqq a\leqq1$ を満たす定数とする。放物線 $y=\dfrac{1}{2}x^2+\dfrac{1}{2}$ を C_1 とし，放物線 $y=\dfrac{1}{4}x^2$ を C_2 とする。実数 a に対して，2 直線 $x=a$，$x=a+1$ と C_1，C_2 で囲まれた図形を D とし，4 点 $(a,\ 0)$，$(a+1,\ 0)$，$(a+1,\ 1)$，$(a,\ 1)$ を頂点とする正方形を R で表す。

(1) 図形 D の面積 S を求めよ。

(2) 正方形 R と図形 D の共通部分の面積 T を求めよ。

(3) T が最大となるような a の値を求めよ。 〔類 センター試験〕

≪≪ 基本例題 **204**，発展例題 **216**

HINT

- -

137 (2) 2 つの部分の面積を S_1，S_2 とし，$S_1=S_2$ すなわち $S_1-S_2=0$ を利用する。

139 (2) 図形 D のうち，正方形 R の外側にある部分の面積を U として，$T=S-U$ であることを利用する。

実 践 編

ここでは，大学入学共通テストを見据えた実践形式の問題を扱っています。長文問題や思考力・判断力・表現力を問う問題など，見慣れない形式に初めは戸惑うかもしれませんが，

これまで学んだ内容を駆使して，試行錯誤しながら問題に取り組むこと
が何より大切なことです。
繰り返し演習して，応用力を身につけましょう。

● 解答上の注意

1. 問題の文中の ア ， イウ などには，特に指示がない限り，符号（−，±）または数字(0〜9)が入ります。ア，イ，ウ，…… の1つ1つは，これらのいずれか1つに対応します。

   なお，同一の問題文中に ア ， イウ などが2度以上現れる場合，原則として，2度目以降は， ア ， イウ のように細字で表記します。

2. 分数形で解答する場合，分数の符号は分子につけ，分母につけてはいけません。

   例えば， $\dfrac{エオ}{カ}$ に $-\dfrac{4}{5}$ と答えたいときは， $\dfrac{-4}{5}$ として答えなさい。

   また，それ以上約分できない形で答えなさい。

3. 「解答群」があるものは，その中の選択肢から1つを選んで答えなさい。

実践 例題 1 不等式の証明　　　　　　　　　　　　　数学Ⅱ ⏱⏱⏱⏱

花子さんと太郎さんは，授業で学んだ不等式

$$|A+B|\leqq|A|+|B| \cdots\cdots ①$$

の応用について考えている。

> 先生：まず，不等式 ① で等号が成り立つのはどのようなときでしたか。
>
> 花子：① を証明する過程から，　**ア**　です。
>
> 先生：正解です。では，不等式 ① の A, B を適当におき換えることにより，次の不等式を証明してみましょう。
>
> $$|a-b|\leqq|a-3|+|b-3| \cdots\cdots ②$$
>
> 花子：① と ② の右辺の形を比べて，A を $a-3$ に，B を $b-3$ におき換えてみたけど左辺がうまくいかないわ。
>
> 先生：絶対値の性質 $|-a|=$　**イ**　を用いて考えてみてはどうでしょうか。
>
> 太郎：そうか！ $|3-b|=$　**ウ**　となるから，不等式 ① において，　**エ**　におき換えると不等式 ② が得られます。
>
> 花子：不等式 ② で等号が成り立つのは
>
> $$\begin{cases} a\leqq3 \\ b\boxed{オ}3 \end{cases} \boxed{カ} \begin{cases} a\geqq3 \\ b\boxed{キ}3 \end{cases}$$
>
> のときです。

ア の解答群

⓪ $A+B\geqq0$　　① $A+B\leqq0$　　② $AB\geqq0$　　③ $AB\leqq0$

イ の解答群

⓪ a　　　　　① $-a$　　　　② $|a|$　　　　③ $-|a|$

ウ の解答群

⓪ $b-3$　　　① $3-b$　　　② $|b-3|$　　　③ $-|b-3|$

エ の解答群

⓪ A を $a-3$, B を $3-b$　　① A を $a-3$, B を $b-3$

② A を $3-a$, B を $3-b$　　③ A を $a+3$, B を $-b-3$

オ , **キ** の解答群　（同じものを繰り返し選んでもよい。）

⓪ $\leqq$　　　　　　　　　① $\geqq$

カ の解答群

⓪ かつ　　　　　　　　　① または

絶対不等式を利用した不等式の証明
常に成り立つ不等式（絶対不等式）において，文字をおき換えた不等式も成り
立つ。

実
践
編

解|答

不等式 ① において，両辺の平方の差を考えると

$$(|A|+|B|)^2 - |A+B|^2$$

$$= (|A|^2 + 2|A||B| + |B|^2) - (A+B)^2 \qquad \blacktriangleleft |a|^2 = a^2$$

$$= (A^2 + 2|AB| + B^2) - (A^2 + 2AB + B^2) \qquad \blacktriangleleft |a||b| = |ab|$$

$$= 2(|AB| - AB) \geqq 0 \qquad \blacktriangleleft |a| \geqq a$$

よって　　$(|A|+|B|)^2 \geqq |A+B|^2$

$|A|+|B| \geqq 0,\ |A+B| \geqq 0$ であるから　　$|A|+|B| \geqq |A+B|$

等号が成り立つのは $|AB| - AB = 0$ すなわち $|AB| = AB$ の

ときであるから　　$AB \geqq 0$　（ア②）　…… ③

$|-a| = |a|$（イ②）であるから　　$|3-b| = |b-3|$　（ウ②）

不等式 ① において，A を $a-3$, B を $3-b$（エ⓪）におき換え
ると

$$|(a-3)+(3-b)| \leqq |a-3| + |3-b|$$

よって　　$|a-b| \leqq |a-3| + |b-3|$

③ から，不等式 ② の等号が成り立つ条件は

$$(a-3)(3-b) \geqq 0$$

ゆえに　　$\begin{cases} a-3 \leqq 0 \\ 3-b \leqq 0 \end{cases}$ または $\begin{cases} a-3 \geqq 0 \\ 3-b \geqq 0 \end{cases}$

すなわち　　$\begin{cases} a \leqq 3 \\ b \geqq 3 \end{cases}$ または $\begin{cases} a \geqq 3 \\ b \leqq 3 \end{cases}$　（オ①，カ①，キ⓪）

$\blacktriangleleft a \geqq 0$ のとき
$\quad |a| = a$
$a < 0$ のとき
$\quad |a| = -a$

$\blacktriangleleft XY \geqq 0$
$\iff$
$\begin{cases} X \leqq 0 \\ Y \leqq 0 \end{cases}$ または $\begin{cases} X \geqq 0 \\ Y \geqq 0 \end{cases}$

TRAINING 実践 1 ④

不等式 $a^2 + b^2 + c^2 \geqq ab + bc + ca$ が成り立つことを利用すると，不等式
$(a+b+c)^2$ [ア] $3(a^2+b^2+c^2)$ を示すことができる。
したがって，$a+b+c=12$ のとき，$a^2+b^2+c^2$ の [イ] は [ウエ] である。

[ア] の解答群

⓪ $\leqq$ ① $\geqq$

[イ] の解答群

⓪ 最大値 ① 最小値

> **問題** 2次方程式 $x^2+2mx+6-m=0$ がともに1より大きい異なる2つの実数解をもつように，定数 m の値の範囲を定めよ。

太郎さんと花子さんは上の問題に取り組んでいる。

――― **花子さんのノート** ―――

この2次方程式の判別式を D，2つの解を α，β とすると，求める条件は，次の ①～③ が同時に成り立つことである。

① $D>0$ 　　② $\alpha+\beta>2$ 　　③ $\alpha\beta>1$

太郎：条件 ② と ③ があるから，条件 ① は不要じゃないかな。

花子：$\alpha+\beta$ と $\alpha\beta$ がともに　**ア**　であっても，α, β がともに　**イ**　の場合があるから，条件 ① は必要だと思うわ。

先生：その通りです。では，条件 ② や ③ はどうでしょうか。

太郎：　**ウ**　のような反例があるから，命題「$\alpha+\beta>2$ かつ $\alpha\beta>1$」ならば「$\alpha>1$ かつ $\beta>1$」は偽です。

先生：そうです。このままでは，問題の条件を満たしません。そこで，「$\alpha>1$ かつ $\beta>1$」を「$\alpha-1>0$ かつ $\beta-1>0$」と変形して，条件を考えてみてください。

花子：$\alpha-1$，$\beta-1$ がともに正となる条件は

$$\alpha+\beta>\boxed{\text{エ}} \qquad \cdots\cdots ④$$

かつ

$$(\alpha-1)(\beta-1)>\boxed{\text{オ}} \qquad \cdots\cdots ⑤$$

です。

太郎：条件 ①，④，⑤ が同時に成り立つ場合を考えればよいから，答えは　$\boxed{\text{カキ}}<m<\boxed{\text{クケ}}$　です。

先生：正解です。

ア，**イ** の解答群

⓪ 実数 　　　　　　① 虚数 　　　　　　② 複素数

ウ の解答群

⓪ $\alpha=2$, $\beta=3$ 　　　　　　① $\alpha=\dfrac{1}{2}$, $\beta=2$

② $\alpha=\dfrac{1}{2}$, $\beta=3$ 　　　　　　③ $\alpha=\dfrac{1}{3}$, $\beta=\dfrac{1}{2}$

CHART & GUIDE

2次方程式の実数解 α, β と実数 k の大小関係

$\alpha - k$, $\beta - k$ の符号を考える

和 $(\alpha-k)+(\beta-k)$, 積 $(\alpha-k)(\beta-k)$ の符号に注目

実践編

解答

$\alpha+\beta$ と $\alpha\beta$ がともに実数であっても，α, β がともに虚数の場合があるから，条件 ① は必要である。(ア**0**, イ**0**)

また，命題「$\alpha+\beta>2$ かつ $\alpha\beta>1$」ならば「$\alpha>1$ かつ $\beta>1$」は偽である。反例は $\alpha=\dfrac{1}{2}$, $\beta=3$ （ウ**2**）

よって，条件 ② かつ ③ だけでは，問題の条件を満たさない。
ここで，「$\alpha>1$ かつ $\beta>1$」を変形すると

$$\alpha-1>0 \text{ かつ } \beta-1>0$$

$\alpha-1$, $\beta-1$ がともに正となる条件は

$$(\alpha-1)+(\beta-1)>0 \text{ かつ } (\alpha-1)(\beta-1)>0$$

すなわち $\alpha+\beta>$エ**2** … ④ かつ $(\alpha-1)(\beta-1)>$オ**0** … ⑤

ここで $\dfrac{D}{4}=m^2-(6-m)=m^2+m-6=(m-2)(m+3)$

解と係数の関係から $\alpha+\beta=-2m$, $\alpha\beta=6-m$

① から $(m-2)(m+3)>0$
よって $m<-3$, $2<m$ …… ⑥
④ から $-2m>2$ ゆえに $m<-1$ …… ⑦
⑤ から $\alpha\beta-(\alpha+\beta)+1>0$
すなわち $(6-m)-(-2m)+1>0$
よって $m>-7$ …… ⑧
⑥，⑦，⑧ の共通範囲を求めて カキ**−7**$<m<$クケ**−3**

← 例えば，$\alpha=i$, $\beta=-i$ のとき
$\alpha+\beta=0$, $\alpha\beta=1$

← 「$\alpha+\beta>2$ かつ $\alpha\beta>1$」を満たすが，「$\alpha>1$ かつ $\beta>1$」を満たさないものが反例である。

← 解と係数の関係
2次方程式
$ax^2+bx+c=0$
の2つの解を α, β とすると
$$\alpha+\beta=-\frac{b}{a}$$
$$\alpha\beta=\frac{c}{a}$$

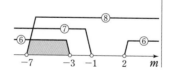

TRAINING 実践 2 ④

2次方程式 $x^2+(m+1)x+m-1=0$ …… ① について考える。
2次方程式 ① の判別式を D とすると $D=(m-1)^2+$ ア であるから，① は異なる2つの実数解をもつ。
その実数解を α, β $(\alpha<\beta)$ とすると，$\alpha+\beta=-m-$ イ ，$\alpha\beta=m-$ ウ であり，$\alpha\beta$ の符号を調べると，α, β は エ であることがわかる。

エ の解答群

0 ともに正 **1** 少なくとも一方は正 **2** ともに負 **3** 少なくとも一方は負

実践 例題 **3** 点と直線の距離 　　　　　　　　数学Ⅱ

座標平面上の直線
$$8x - 6y + 3 = 0 \quad \cdots\cdots ①$$
について考える。

以下，直線 ① を ℓ とし，xy 平面上で，x 座標も y 座標も整数であるような点を格子点と呼ぶことにする。

(1) ① を変形すると $\boxed{ア}(3y-4x) = \boxed{イ}$ であるから，直線 ℓ 上の格子点は $\boxed{ウ}$。

$\boxed{ウ}$ の解答群

⓪ 1個だけ存在する 　　　　　① ちょうど2個存在する

② ちょうど3個存在する 　　　③ ちょうど4個存在する

④ 無数に存在する 　　　　　　⑤ 存在しない

(2) 点 A$(3, 2)$ と直線 ℓ の距離は $\dfrac{\boxed{エ}}{\boxed{オ}}$ である。

よって，点Aは，3直線 ℓ，$x = \dfrac{\boxed{カ}}{2}$，$y = \dfrac{\boxed{キ}}{2}$ で囲まれた三角形の内心である。

(3) 直線 ℓ と格子点の距離の最小値は $\dfrac{\boxed{ク}}{\boxed{ケコ}}$ である。

x 座標が 2023 で，直線 ℓ との距離が $\dfrac{\boxed{ク}}{\boxed{ケコ}}$ である格子点の y 座標は $\boxed{サシスセ}$ であり，この点は直線 ℓ に関して，点Aと $\boxed{ソ}$。

$\boxed{ソ}$ の解答群

⓪ 同じ側にある 　　　　　　　① 反対側にある

点と直線の距離

点 (x_1, y_1) と直線 $ax + by + c = 0$ の距離 d は

$$d = \frac{|ax_1 + by_1 + c|}{\sqrt{a^2 + b^2}}$$

解答

(1) ① を変形すると 　　ア$2(3y-4x) = $イ$3$ 　$\cdots\cdots ②$

x, y がともに整数のとき，② の左辺は偶数，右辺は奇数であるから，② を満たす整数 x, y は存在しない。

よって，直線 ℓ 上に格子点は存在しない。 （ウ⑤）

← 直線 ℓ 上に格子点が存在する場合，② を満たす整数 x, y が存在する。

(2) 点Aと直線 ℓ の距離は $\dfrac{|8\cdot3-6\cdot2+3|}{\sqrt{8^2+(-6)^2}}=\dfrac{|15|}{\sqrt{100}}=^{\text{エ}}\dfrac{3}{^{\text{オ}}2}$

← 内心は、各辺からの距離が等しい。

点Aからの距離が $\dfrac{3}{2}$ で、x 軸に垂直または y 軸に垂直な直線の方程式は

x 軸に垂直：$x=\dfrac{3}{2}$, $x=\dfrac{9}{2}$

y 軸に垂直：$y=\dfrac{1}{2}$, $y=\dfrac{7}{2}$

このうち、直線 ℓ と囲む三角形の内部に点Aが含まれる直線の組合せは、$x=\dfrac{9}{2}$, $y=\dfrac{1}{2}$ である。

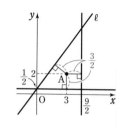

← ① を変形すると
$y=\dfrac{4}{3}x+\dfrac{1}{2}$

← 内心は、三角形の内部に存在する。

← 点Aは直線 ℓ の下側にある。

よって、点Aは、3直線 ℓ, $x=^{\text{カ}}\dfrac{9}{2}$, $y=^{\text{キ}}\dfrac{1}{2}$ に囲まれた三角形の内心である。

(3) 格子点 $(a,\ b)$ と直線 ℓ の距離は

$$\dfrac{|8a-6b+3|}{\sqrt{8^2+(-6)^2}}=\dfrac{|8a-6b+3|}{10}\quad\cdots\cdots\text{③}$$

③ において、(1)から分子は0になることはなく、$a=1$, $b=2$ のときに1となるから、③ の分子の最小値は1である。よって、求める最小値は $^{\text{ク}}\dfrac{1}{^{\text{ケコ}}10}$ である。

← a, b が整数のとき、③ の分子は0以上の整数となる。③ の分子は0とはならないから、次の最小値の候補は1である。

格子点 $(2023,\ b)$ と直線 ℓ の距離が $\dfrac{1}{10}$ とすると、③ から

$$\dfrac{|8\cdot2023-6b+3|}{10}=\dfrac{1}{10}$$

よって $|16187-6b|=1$ すなわち $16187-6b=\pm1$

ゆえに $b=\dfrac{8093}{3}$, 2698

b は整数であるから $b=^{\text{サシスセ}}2698$

このとき、$\dfrac{1}{6}(8\cdot3+3)>2$, $\dfrac{1}{6}(8\cdot2023+3)<2698$ であるから、点 $(2023,\ 2698)$ は、直線 ℓ に関して、点Aと反対側にある。（^{ソ}⑩）

← $8x-6y+3=0$ を変形すると $y=\dfrac{1}{6}(8x+3)$
点 $(2023,\ 2698)$ は直線 ℓ の上側にあり、点Aは直線 ℓ の下側にある。

TRAINING 実践 3 ④

座標平面上で、x 軸、y 軸および直線 $3x+4y-12=0$ のすべてに接する円は4個ある。これらの円の半径の値を小さい順にならべると、□ ア □, □ イ □, □ ウ □, □ エ □ である。

実践編

実践 例題 **4** 領域と最大・最小　　　　　　　　　　　　　　数学II ⏰⏰⏰⏰

xy 平面上で，連立不等式

$$x \geqq 0, \quad y \geqq 0, \quad 3^x + 2^{y+2} \leqq 21, \quad 3^{x+1} + 2^y \leqq 19 \quad \cdots\cdots ①$$

が表す領域を E とする。

$3^x = X$，$2^y = Y$ とおくと，連立不等式 ① は

$$X \geqq \boxed{ア}, \quad Y \geqq \boxed{イ}, \quad X + \boxed{ウ}Y \leqq 21, \quad \boxed{エ}X + Y \leqq 19 \quad \cdots\cdots ②$$

と表される。XY 平面上で，連立不等式 ② が表す領域を F とすると，領域 F は，4 点 A(1, 1)，B($\boxed{オ}$, 1)，C($\boxed{カ}$, $\boxed{キ}$)，D(1, $\boxed{ク}$) を頂点とする四角形の周および内部である。

(1) 点 (x, y) が領域 E を動くとき，$3^x + 2^y$ の最大値，最小値を求めよう。

このとき，点 (X, Y) は領域 F を動き，$3^x + 2^y = X + Y$ である。

$X + Y = k$ とおくと，k の値は，直線 $X + Y = k$ が $\boxed{ケ}$ を通るとき最大，$\boxed{コ}$ を通るとき最小となる。

よって，$3^x + 2^y$ は，$x = \log_3 \boxed{サ}$，$y = \boxed{シ}$ のとき最大値 $\boxed{ス}$，$x = \boxed{セ}$，$y = \boxed{ソ}$ のとき最小値 $\boxed{タ}$ をとる。

(2) 点 (x, y) が領域 E を動くとき，$\dfrac{2^y}{3^x}$ の最大値，最小値を求めよう。

このとき，点 (X, Y) は領域 F を動き，$\dfrac{2^y}{3^x} = \dfrac{Y}{X}$ である。

$\dfrac{Y}{X} = t$ とおくと，t の値は，直線 $\dfrac{Y}{X} = t$ が $\boxed{チ}$ を通るとき最大，$\boxed{ツ}$ を通るとき最小となる。

よって，$\dfrac{2^y}{3^x}$ は，$x = \boxed{テ}$，$y = \log_2 \boxed{ト}$ のとき最大値 $\boxed{ナ}$，$x = \boxed{ニ} + \log_3 \boxed{ヌ}$，$y = \boxed{ネ}$ のとき最小値 $\dfrac{\boxed{ノ}}{\boxed{ハ}}$ をとる。

$\boxed{ケ}$，$\boxed{コ}$，$\boxed{チ}$，$\boxed{ツ}$ の解答群　（同じものを繰り返し選んでもよい。）

⓪　点A　　　　　① 点B　　　　　② 点C　　　　　③ 点D

CHART
& GUIDE

領域における x，y の式の最大・最小

図示して，$(x, y$ の式$) = k$ の図形の動きを追う

1 領域を図示する。

2 (x, y) の式 $= k$ とおく。

3 (x, y) の式 $= k$ の表す図形が領域と共有点をもつような k の値の範囲を調べる。

解答

$x \geqq 0$ から $3^x \geqq 1$ すなわち $X \geqq {}^\mathcal{P}1$ ← $3^x \geqq 3^0$

$y \geqq 0$ から $2^y \geqq 1$ すなわち $Y \geqq {}^\mathcal{I}1$ ← $2^y \geqq 2^0$

$3^x + 2^{y+2} = 3^x + 2^2 \cdot 2^y = X + 4Y$ よって $X + {}^\mathcal{P}4Y \leqq 21$

$3^{x+1} + 2^y = 3 \cdot 3^x + 2^y = 3X + Y$ よって ${}^\mathcal{I}3X + Y \leqq 19$

よって，領域 F は，4点 $\mathrm{A}(1,\ 1)$,
$\mathrm{B}({}^\mathcal{\cancel{}}6,\ 1)$, $\mathrm{C}({}^\mathcal{\cancel{}}5,\ {}^\mathcal{\cancel{}}4)$, $\mathrm{D}(1,\ {}^\mathcal{\cancel{}}5)$ を
頂点とする四角形の周および内部であ
る。

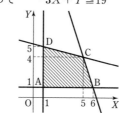

(1) $3^x + 2^y = X + Y$ であるから，点
$(X,\ Y)$ が領域 F を動くときの
$X + Y$ の最大値，最小値を求めれ
ばよい。

$$X + Y = k \ \cdots\cdots\ ③$$

とおくと，これは，傾き -1，y 切片 k の直線を表す。 ← $Y = -X + k$

この直線 ③ が領域 F と共有点をもつときの k の最大値，最
小値を求めればよい。

図から，k の値は，直線 ③ が点 C を通るとき最大，点 A を ← 直線 ③ と境界線の傾き
通るとき最小となる。 （${}^\mathcal{\cancel{}}②$, ${}^\mathcal{\cancel{}}⓪$） に注意。

よって，$3^x + 2^y$ は，$x = \log_3 {}^\mathcal{\cancel{}}5$, $y = {}^\mathcal{\cancel{}}2$ のとき最大値 ${}^\mathcal{\cancel{}}9$, $-3 < -1 < -\dfrac{1}{4}$

$x = {}^\mathcal{\cancel{}}0$, $y = {}^\mathcal{\cancel{}}0$ のとき最小値 ${}^\mathcal{\cancel{}}2$ をとる。 であるから，y 切片が最
大となるのは，点 C を通
(2) $\dfrac{2^y}{3^x} = \dfrac{Y}{X}$ であるから，点 $(X,\ Y)$ が領域 F を動くときの るとき。

$\dfrac{Y}{X}$ の最大値，最小値を求めればよい。

$\dfrac{Y}{X} = t$ とおくと $Y = tX \ \cdots\cdots\ ④$

④ は傾きが t で原点を通る直線を表す。

この直線 ④ が領域 F と共有点をもつときの t の最大値，最
小値を求めればよい。

図から，t の値は，直線 ④ が点 D を通るとき最大，点 B を
通るとき最小となる。 （${}^\mathcal{\cancel{}}③$, ${}^\mathcal{\cancel{}}⓪$）

よって，$\dfrac{2^y}{3^x}$ は，$x = {}^\mathcal{\cancel{}}0$, $y = \log_2 {}^\mathcal{\cancel{}}5$ のとき最大値 ${}^\mathcal{\cancel{}}5$,

$x = {}^\mathcal{\cancel{}}1 + \log_3 {}^\mathcal{\cancel{}}2$, $y = {}^\mathcal{\cancel{}}0$ のとき最小値 $\dfrac{{}^\mathcal{\cancel{}}1}{{}^\mathcal{\cancel{}}6}$ をとる。 ← $x = \log_3 6 = \log_3 2 \cdot 3$
$= \log_3 2 + \log_3 3$

TRAINING 実践 4 ④

実践例題 4 において，$9^x + 4^y = \boxed{\ \mathcal{P}\ }$ である。点 $(x,\ y)$ が領域 E を動くとき，
$9^x + 4^y$ は，$x = \log_3 \boxed{\ \mathcal{I}\ }$, $y = \boxed{\ \mathcal{\cancel{}}\ }$ のとき最大値 $\boxed{\ \mathcal{I\cancel{}}\ }$, $x = \boxed{\ \mathcal{\cancel{}}\ }$,
$y = \boxed{\ \mathcal{\cancel{}}\ }$ のとき最小値 $\boxed{\ \mathcal{\cancel{}}\ }$ をとる。
$\boxed{\ \mathcal{P}\ }$ の解答群

　⓪ $9X + 4Y$ 　　　① $X + Y$ 　　　② $(X + Y)^2$ 　　　③ $X^2 + Y^2$

実践 例題 **5**　三角関数の最大・最小　　　　　　　数学Ⅱ

関数

$$y=2\sqrt{3}\sin2\theta\cos2\theta+6\cos^2\theta-6\sin\theta\cos\theta-2 \cdots\cdots ①$$

を考える。

(1)　2倍角の公式を用いて計算すると $\cos^2\theta=\dfrac{\boxed{ア}+\cos2\theta}{2}$ となる。

　　さらに，$\sin2\theta$，$\cos2\theta$ を用いて関数 ① を表すと

$$y=2\sqrt{3}\sin2\theta\cos2\theta-\boxed{イ}\sin2\theta+\boxed{ウ}\cos2\theta+\boxed{エ}$$

　　となる。

(2)　θ が $0\leqq\theta\leqq\dfrac{\pi}{4}$ の範囲を動くとき，関数 ① の最大値，最小値を求めよう。

　　$\sin2\theta-\cos2\theta=t$ とおくと，$2\sin2\theta\cos2\theta=\boxed{オ}-t^2$ であるから，関数 ① を t を用いて表すと

$$y=-\sqrt{\boxed{カ}}\,t^2-\boxed{キ}\,t+\sqrt{\boxed{ク}}+\boxed{ケ}$$

　　となる。
　　また，加法定理 $\cos(x+\alpha)=\cos x\cos\alpha-\sin x\sin\alpha$ を用いると

$$t=-\sqrt{\boxed{コ}}\cos\left(2\theta+\dfrac{\pi}{\boxed{サ}}\right)$$

　　と表すことができる。

　　したがって，関数 ① の最大値は $\dfrac{\boxed{シ}\sqrt{\boxed{ス}}+\boxed{セ}}{\boxed{ソ}}$，最小値は $\boxed{タチ}$

　　である。

CHART & GUIDE

(1)　2倍角の公式を用いて，各項を $\sin2\theta$ または $\cos2\theta$ で表す。
(2)　$t=\sin2\theta-\cos2\theta$ の両辺を2乗すると
　　　かくれた条件 $\sin^2 2\theta+\cos^2 2\theta=1$ と $2\sin2\theta\cos2\theta$ が現れる。
　　t の変域を求めるために cos で合成するときは，sin の合成と同様に加法定理を利用する。

解答

(1)　$\cos^2\theta=\dfrac{^{ア}1+\cos2\theta}{2}$，$\sin2\theta=2\sin\theta\cos\theta$　　　　　← $\cos2\theta=2\cos^2\theta-1$

　　よって　$y=2\sqrt{3}\sin2\theta\cos2\theta+6\cdot\dfrac{1+\cos2\theta}{2}-3\sin2\theta-2$

　　　　　　$=2\sqrt{3}\sin2\theta\cos2\theta-{}^{イ}3\sin2\theta+{}^{ウ}3\cos2\theta+{}^{エ}1$　　　← 角を 2θ に統一。

(2)　$t=\sin 2\theta-\cos 2\theta$ の両辺を 2 乗して

$$\begin{aligned}t^2&=\sin^2 2\theta-2\sin 2\theta\cos 2\theta+\cos^2 2\theta\\&=1-2\sin 2\theta\cos 2\theta\end{aligned}$$

←$\sin^2\theta+\cos^2\theta=1$

よって　　$2\sin 2\theta\cos 2\theta={}^{\text{オ}}1-t^2$

ゆえに　　$\begin{aligned}y&=\sqrt{3}\cdot 2\sin 2\theta\cos 2\theta-3(\sin 2\theta-\cos 2\theta)+1\\&=\sqrt{3}(1-t^2)-3t+1\\&=-\sqrt{{}^{\text{カ}}3}t^2-{}^{\text{キ}}3t+\sqrt{{}^{\text{ク}}3}+{}^{\text{ケ}}1\quad\cdots\cdots\ ②\end{aligned}$

← t の 2 次関数になる。

また，加法定理 $\cos(x+\alpha)=\cos x\cos\alpha-\sin x\sin\alpha$ から

$$\begin{aligned}t=\sin 2\theta-\cos 2\theta&=-(\cos 2\theta-\sin 2\theta)\\&=-\sqrt{2}\left(\frac{1}{\sqrt{2}}\cos 2\theta-\frac{1}{\sqrt{2}}\sin 2\theta\right)\\&=-\sqrt{2}\left(\cos\frac{\pi}{4}\cos 2\theta-\sin\frac{\pi}{4}\sin 2\theta\right)\\&=-\sqrt{{}^{\text{コ}}2}\cos\left(2\theta+\frac{\pi}{{}^{\text{サ}}4}\right)\end{aligned}$$

$0\leqq\theta\leqq\dfrac{\pi}{4}$ であるから　　$\dfrac{\pi}{4}\leqq 2\theta+\dfrac{\pi}{4}\leqq\dfrac{3}{4}\pi$

←$2\cdot\dfrac{\pi}{4}+\dfrac{\pi}{4}=\dfrac{3}{4}\pi$

よって　$-\dfrac{1}{\sqrt{2}}\leqq\cos\left(2\theta+\dfrac{\pi}{4}\right)\leqq\dfrac{1}{\sqrt{2}}$　　ゆえに　$-1\leqq t\leqq 1$

② から　　$y=-\sqrt{3}\left(t+\dfrac{\sqrt{3}}{2}\right)^2+\dfrac{7\sqrt{3}+4}{4}\quad\cdots\cdots\ ③$

← 2 次式は基本形に直す。

よって，$-1\leqq t\leqq 1$ における 2 次関数 ③ の最大値，最小値を求めればよい。

右のグラフから，$t=-\dfrac{\sqrt{3}}{2}$ のとき最大値 $\dfrac{{}^{\text{シ}}7\sqrt{{}^{\text{ス}}3}+{}^{\text{セ}}4}{{}^{\text{ソ}}4}$，$t=1$ のとき最小値 ${}^{\text{タチ}}-2$ をとる。

実践編

TRAINING 実践　5 ④

$y=\cos^2\theta$ のグラフを直線 $y=1$ をもとに y 軸方向に 2 倍したグラフは，$y=\cos^2\theta$ のグラフを y 軸方向に -1 だけ平行移動し，θ 軸をもとに y 軸方向に 2 倍し，さらに y 軸方向に 1 だけ平行移動したグラフであるから，その方程式は

$y=\boxed{\ \text{ア}\ }(\cos^2\theta-\boxed{\ \text{イ}\ })+1$ である。よって，$\boxed{\ \text{ウ}\ }$ のグラフと一致する。

$\boxed{\ \text{ウ}\ }$ の解答群

⓪　$y=\sin\theta$　　①　$y=\cos\theta$　　②　$y=\sin 2\theta$　　③　$y=\cos 2\theta$

また，次の ⓪ ～ ③ のうち，そのグラフが $\boxed{\ \text{ウ}\ }$ のグラフと一致しないものは $\boxed{\ \text{エ}\ }$。

$\boxed{\ \text{エ}\ }$ の解答群

⓪　$y=\sin\left(2\theta+\dfrac{\pi}{2}\right)$　　　　　　①　$y=\sin\left(2\theta-\dfrac{\pi}{2}\right)$

②　$y=\cos\{2(\theta+\pi)\}$　　　　　　③　$y=\cos\{2(\theta-\pi)\}$

$\log_{10}2=a$, $\log_{10}7=b$, $\log_{10}3=c$ とおく。

(1) $2 \cdot 7^2=98$, $7^9=40353607$, $2^{10}=1024$ であるから，次の不等式が成り立つ。

$$2 \cdot 7^2 < 100 \quad \cdots\cdots \text{①}, \quad 7^9 > 40000000 \quad \cdots\cdots \text{②}, \quad 2^{10} > 1000 \quad \cdots\cdots \text{③}$$

①〜③の不等式を用いて，a, b の小数第1位と小数第2位の値を求めてみよう。

① から $b < \dfrac{\boxed{アイ}}{\boxed{ウ}}a + \boxed{エ}$ である。また，② から $b > \dfrac{\boxed{オ}\,a + \boxed{カ}}{\boxed{キ}}$

である。さらに，③ から $a > \dfrac{\boxed{ク}}{\boxed{ケコ}}$ である。

よって，$\dfrac{\boxed{オ}\,a + \boxed{カ}}{\boxed{キ}} < \dfrac{\boxed{アイ}}{\boxed{ウ}}a + \boxed{エ}$ であるから，a の小数第1

位の値は $\boxed{サ}$，小数第2位の値は $\boxed{シ}$ である。

また，$\dfrac{\boxed{オ}\,a + \boxed{カ}}{\boxed{キ}} < b < \dfrac{\boxed{アイ}}{\boxed{ウ}}a + \boxed{エ}$ であるから，b の小数第1

位の値は $\boxed{ス}$，小数第2位の値は $\boxed{セ}$ である。

(2) $2^3 \cdot 10=80$, $2^{12} \cdot 3^5=995328$ であるから，次の不等式が成り立つ。

$$2^3 \cdot 10 < 3^4 \quad \cdots\cdots \text{④}, \quad 2^{12} \cdot 3^5 < 10^6 \quad \cdots\cdots \text{⑤}$$

④，⑤ の不等式を用いて，c の小数第1位と小数第2位の値を求めてみよう。

④ から $c > \dfrac{\boxed{ソ}\,a + \boxed{タ}}{\boxed{チ}}$，⑤ から $c < \dfrac{\boxed{ツテト}\,a + \boxed{ナ}}{\boxed{ニ}}$ であり，

$a > \dfrac{\boxed{ク}}{\boxed{ケコ}}$ であるから，c の小数第1位の値は $\boxed{ヌ}$，小数第2位の値は

$\boxed{ネ}$ である。

CHART & GUIDE

対数の性質 （$M>0$, $N>0$, k は実数，$a>0$, $a \neq 1$）

1. $\log_a MN = \log_a M + \log_a N$
2. $\log_a \dfrac{M}{N} = \log_a M - \log_a N$
3. $\log_a M^k = k \log_a M$

解答

(1) ① において，両辺の常用対数をとると

$$\log_{10}2 \cdot 7^2 < \log_{10}100$$

よって　$a+2b<2$　すなわち　$b < \dfrac{\overset{アイ}{-1}}{\underset{ウ}{2}}a + \overset{エ}{1}$ $\cdots\cdots$ ⑥

← $\log_{10}2 \cdot 7^2$
$= \log_{10}2 + 2\log_{10}7$,
$\log_{10}100 = \log_{10}10^2 = 2$

② において，両辺の常用対数をとると
$$\log_{10} 7^9 > \log_{10} 40000000$$

よって　　$9b > 2a + 7$　すなわち　　$b > \dfrac{^{オ}2a + ^{カ}7}{^{キ}9}$　……　⑦

③ において，両辺の常用対数をとると　　$\log_{10} 2^{10} > \log_{10} 1000$

よって　　$10a > 3$　すなわち　　$a > \dfrac{^{ク}3}{^{ケコ}10}$

⑥，⑦ から　　$\dfrac{2a+7}{9} < -\dfrac{1}{2}a + 1$　すなわち　　$a < \dfrac{4}{13}$

ゆえに　　$\dfrac{3}{10} < a < \dfrac{4}{13}$　すなわち　　$0.30 < a < 0.307\cdots$

したがって，a の小数第 1 位の値は $^{サ}3$，小数第 2 位の値は $^{シ}0$ である。

また，⑥，⑦ から　　$\dfrac{2a+7}{9} < b < -\dfrac{1}{2}a + 1$

$a > \dfrac{3}{10}$ であるから　　$\dfrac{38}{45} < b < \dfrac{17}{20}$

すなわち　　$0.844\cdots < b < 0.85$

したがって，b の小数第 1 位の値は $^{ス}8$，小数第 2 位の値は $^{セ}4$ である。

(2)　④ において，両辺の常用対数をとると
$$\log_{10} 2^3 \cdot 10 < \log_{10} 3^4$$

よって　　$3a + 1 < 4c$　すなわち　　$c > \dfrac{^{ソ}3a + ^{タ}1}{^{チ}4}$

⑤ において，両辺の常用対数をとると
$$\log_{10} 2^{12} \cdot 3^5 < \log_{10} 10^6$$

よって　　$12a + 5c < 6$　すなわち　　$c < \dfrac{^{ツテト}-12a + ^{ナ}6}{^{ニ}5}$

$a > \dfrac{3}{10}$ であるから　　$\dfrac{3a+1}{4} > \dfrac{19}{40}$，　$\dfrac{-12a+6}{5} < \dfrac{12}{25}$

ゆえに　　$\dfrac{19}{40} < c < \dfrac{12}{25}$　すなわち　　$0.475 < c < 0.48$

したがって，c の小数第 1 位の値は $^{ヌ}4$，小数第 2 位の値は $^{ネ}7$ である。

右欄外：

$\Leftarrow \log_{10} 7^9 = 9\log_{10} 7$,
$\log_{10} 40000000$
$= \log_{10} 2^2 \cdot 10^7$
$= 2\log_{10} 2 + 7$

$\Leftarrow \log_{10} 2^{10} = 10\log_{10} 2$,
$\log_{10} 1000 = \log_{10} 10^3 = 3$

$\Leftarrow \dfrac{2a+7}{9} > \dfrac{1}{9}\left(2 \cdot \dfrac{3}{10} + 7\right)$,
$-\dfrac{1}{2}a + 1 < -\dfrac{1}{2} \cdot \dfrac{3}{10} + 1$

$\Leftarrow \log_{10} 2^3 \cdot 10$
$= 3\log_{10} 2 + 1$,
$\log_{10} 3^4 = 4\log_{10} 3$

$\Leftarrow \log_{10} 2^{12} \cdot 3^5$
$= 12\log_{10} 2 + 5\log_{10} 3$

$\Leftarrow \dfrac{3a+1}{4} > \dfrac{1}{4}\left(3 \cdot \dfrac{3}{10} + 1\right)$,
$\dfrac{-12a+6}{5}$
$< \dfrac{1}{5}\left(-12 \cdot \dfrac{3}{10} + 6\right)$

TRAINING 実践　6 ④

$\log_2 3 = p$ とおく。$2^3 < 3^2$ から　$p > \dfrac{\boxed{\text{ア}}}{\boxed{\text{イ}}}$，$3^5 < 2^8$ から　$p < \dfrac{\boxed{\text{ウ}}}{\boxed{\text{エ}}}$　である。

よって，p の小数第 1 位の値は $\boxed{\text{オ}}$ である。

実践 例題 **7** 3次方程式の虚数解　　　　　　　　数学Ⅱ ◐◐◐◐

a, b は実数とする。3次方程式 $x^3-3ax^2+a+b=0$ が虚数解をもつための a, b の条件を考えよう。ただし，$b\neq0$ とする。

$b\neq0$ であるから，「虚数解をもたず，実数解を1個だけもつ」ということはない。

よって，$f(x)=x^3-3ax^2+a+b$ とおくと，求める条件は $y=f(x)$ のグラフと x 軸の共有点の個数が $\boxed{\text{ア}}$ 個であることである。

(1) $a=0$ のとき，すべての実数 x について $\boxed{\text{イ}}$ であるから，方程式 $f(x)=0$ は虚数解を $\boxed{\text{ウ}}$。

$\boxed{\text{イ}}$ の解答群

⓪ $f'(x)>0$ 　　① $f'(x)\geqq0$ 　　② $f'(x)<0$ 　　③ $f'(x)\leqq0$

$\boxed{\text{ウ}}$ の解答群

⓪ もつ 　　　　　　　　　　　　① もたない

(2) $a\neq0$ のとき，$f(x)$ は $x=\boxed{\text{エ}}$，$\boxed{\text{オ}}\,a$ で極値をとる。

このとき，方程式 $f(x)=0$ が虚数解をもつ条件は $\boxed{\text{カ}}$ である。

$\boxed{\text{カ}}$ の解答群

⓪ $f(\boxed{\text{エ}})\cdot f(\boxed{\text{オ}}\,a)>0$ 　　　① $f(\boxed{\text{エ}})\cdot f(\boxed{\text{オ}}\,a)<0$

② $f(\boxed{\text{エ}})\cdot f(\boxed{\text{オ}}\,a)=0$

(3) 次の6個の $(a,\ b)$ の組のうち，方程式 $f(x)=0$ が虚数解をもつような $(a,\ b)$ の組は $\boxed{\text{キ}}$ 個ある。

$(0,\ 1)$, 　$(1,\ 3)$, 　$(2,\ -3)$, 　$(4,\ -4)$, 　$(-1,\ 3)$, 　$(-3,\ -1)$

CHART & GUIDE

3次方程式 $f(x)=0$ の 　　　　　$y=f(x)$ のグラフと x 軸の
異なる実数解の個数 $\Longleftrightarrow$ 共有点の個数

3次方程式 $f(x)=0$ の解については

① 異なる3個の実数解をもつ

② 異なる2個の実数解をもつ

③ 実数解を1個，虚数解を2個もつ

④ 虚数解をもたず，実数解を1個だけもつ

が考えられる。このうち虚数解をもつのは③のときだけである。

解答

3次方程式 $f(x)=0$ が虚数解をもつとき，実数解を1個，虚数解を2個もつ。よって，$y=f(x)$ のグラフと x 軸の共有点の個数は ${}^7\mathbf{1}$ 個である。

ここで 　　$f'(x)=3x^2-6ax=3x(x-2a)$

(1) $a=0$ のとき $f'(x)=3x^2$

よって，$f'(x)\geqq0$ であるから，y は常に増加する。 (イ⓪)

ゆえに，$y=f(x)$ のグラフと x 軸の共有点の個数は 1 個であるから，条件を満たす。

したがって，方程式 $f(x)=0$ は虚数解をもつ。 (ウ⓪)

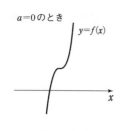

$a=0$ のとき

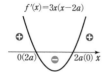

$f'(x)=3x(x-2a)$

(2) $a\neq0$ のとき，$f'(x)=0$ とすると $x=0,\ 2a$

$x=0,\ 2a$ の前後でそれぞれ $f'(x)$ の符号が変わるから，

$f(x)$ は $x=$ ᴱ0，ᵒ$2a$ で極値をとる。

このとき，$y=f(x)$ のグラフと x 軸の共有点が 1 個となるのは，右の図のようになるときであるから，2 つの極値は同符号である。

よって，虚数解をもつ条件は

$$f(0)\cdot f(2a)>0 \quad (カ⓪)$$

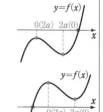

(3) [1] $a=0$ のとき

方程式 $f(x)=0$ は虚数解をもつ。

[2] $a\neq0$ のとき

$f(0)=a+b,\ f(2a)=-4a^3+a+b$ であるから，方程式 $f(x)=0$ が虚数解をもつ条件は

$$(a+b)(-4a^3+a+b)>0$$

よって $\begin{cases} a+b<0 \\ -4a^3+a+b<0 \end{cases}$ または $\begin{cases} a+b>0 \\ -4a^3+a+b>0 \end{cases}$

すなわち $\begin{cases} b<-a \\ b<4a^3-a \end{cases}$ または $\begin{cases} b>-a \\ b>4a^3-a \end{cases}$

◆$XY>0$
$\iff$
$\begin{cases} X<0 \\ Y<0 \end{cases}$ または $\begin{cases} X>0 \\ Y>0 \end{cases}$

[1]，[2] から，6 個の $(a,\ b)$ の組のうち，方程式 $f(x)=0$ が虚数解をもつような $(a,\ b)$ の組は

$$(0,\ 1),\ (2,\ -3),\ (-1,\ 3)$$

のキ3 個ある。

TRAINING 実践 7 ④

関数 $f(x)=ax^3+bx^2+cx+d$ が $x=1$ で極大値 0 をとり，曲線 $y=f(x)$ の概形が右の図のようになるとき，

$a=\boxed{アイ}$，$b=\boxed{ウ}$，$c=\boxed{エ}$，

$d=\boxed{オカ}$

である。また，このとき

$f(x)$ は $x=\dfrac{\boxed{キク}}{\boxed{ケ}}$ で極小値 $\dfrac{\boxed{コサシ}}{\boxed{スセ}}$

をとる。

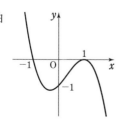

実践 例題 8　2つの3次関数のグラフの間の面積　　数学II

$b>0$ とし，$g(x)=x^3-3bx+3b^2$，$h(x)=x^3-x^2+b^2$ とおく。座標平面上の曲線 $y=g(x)$ を C_1，曲線 $y=h(x)$ を C_2 とする。

C_1 と C_2 は2点で交わる。これらの交点の x 座標をそれぞれ α，$\beta(\alpha<\beta)$ とすると，$\alpha=\boxed{\text{ア}}$，$\beta=\boxed{\text{イ}}$ である。

$\boxed{\text{ア}}$，$\boxed{\text{イ}}$ の解答群

⓪ b　　① $-b$　　② $2b$　　③ $-2b$　　④ $3b$　　⑤ $-3b$

$\alpha \leqq x \leqq \beta$ の範囲で C_1 と C_2 で囲まれた図形の面積を S とする。また，$t>\beta$ とし，$\beta \leqq x \leqq t$ の範囲で C_1 と C_2 および直線 $x=t$ で囲まれた図形の面積を T とする。

このとき

$$S=\int_\alpha^\beta \boxed{\text{ウ}}\,dx,\quad T=\int_\beta^t \boxed{\text{エ}}\,dx,\quad S-T=\int_\alpha^t \boxed{\text{オ}}\,dx$$

であるので

$$S-T=\frac{\boxed{\text{カキ}}}{\boxed{\text{ク}}}(2t^3-\boxed{\text{ケ}}bt^2+\boxed{\text{コサ}}b^2t-\boxed{\text{シ}}b^3)$$

が得られる。

したがって，$S=T$ となるのは $t=\dfrac{\boxed{\text{ス}}}{\boxed{\text{セ}}}b$ のときである。

$\boxed{\text{ウ}}\sim\boxed{\text{オ}}$ の解答群　（同じものを繰り返し選んでもよい。）

⓪ $\{g(x)+h(x)\}$　　　　　　　① $\{g(x)-h(x)\}$
② $\{h(x)-g(x)\}$　　　　　　　③ $\{2g(x)+2h(x)\}$
④ $\{2g(x)-2h(x)\}$　　　　　　⑤ $\{2h(x)-2g(x)\}$
⑥ $2g(x)$　　　　　　　　　　　⑦ $2h(x)$

〔類 共通テスト〕

CHART & GUIDE

2つの曲線の間の面積

$$\int \{(上の曲線の式)-(下の曲線の式)\}\,dx$$

1 グラフをかき，曲線と曲線の交点の座標を求め，積分区間を決める。
2 上下関係を調べ，被積分関数を決定。定積分を計算して面積を求める。

解答

$$g(x)-h(x)=(x^3-3bx+3b^2)-(x^3-x^2+b^2)$$
$$=x^2-3bx+2b^2=(x-b)(x-2b)$$

よって，C_1 と C_2 の交点の x 座標は　$x=b,\ 2b^{(*)}$

$b>0$，$\alpha<\beta$ であるから　$\alpha=b$，$\beta=2b$　（ア⓪，イ②）

（＊）2曲線 C_1，C_2 の交点の x 座標は，方程式 $g(x)=h(x)$ すなわち $g(x)-h(x)=0$ の実数解である。

$b \leqq x \leqq 2b$ のとき，$(x-b)(x-2b) \leqq 0$ であるから
$$g(x) \leqq h(x)$$

$2b \leqq x$ のとき，$(x-b)(x-2b) \geqq 0$ であるから
$$g(x) \geqq h(x)$$

ゆえに
$$S = \int_\alpha^\beta \{h(x)-g(x)\}dx \quad (ウ②)$$

$$T = \int_\beta^t \{g(x)-h(x)\}dx \quad (エ①)$$

よって
$$S-T = \int_\alpha^\beta \{h(x)-g(x)\}dx - \int_\beta^t \{g(x)-h(x)\}dx$$

$$= \int_\alpha^\beta \{h(x)-g(x)\}dx + \int_\beta^t \{h(x)-g(x)\}dx$$

$$= \int_\alpha^t \{h(x)-g(x)\}dx \quad (オ②)$$

◆ $\alpha \leqq x \leqq \beta$ では
曲線 $y=h(x)$ が上，
曲線 $y=g(x)$ が下。
$\beta \leqq x \leqq t$ では
曲線 $y=g(x)$ が上，
曲線 $y=h(x)$ が下。

◆ $\int_\square^\circ + \int_\circ^\triangle = \int_\square^\triangle$

ゆえに
$$S-T = \int_b^t \{h(x)-g(x)\}dx$$

$$= -\int_b^t (x^2 - 3bx + 2b^2)dx$$

$$= -\left[\frac{x^3}{3} - \frac{3}{2}bx^2 + 2b^2x\right]_b^t$$

$$= -\left(\frac{t^3}{3} - \frac{3}{2}bt^2 + 2b^2t\right) + \left(\frac{b^3}{3} - \frac{3}{2}b^3 + 2b^3\right)$$

$$= -\frac{t^3}{3} + \frac{3}{2}bt^2 - 2b^2t + \frac{5}{6}b^3$$

$$= \frac{{}^{カキ}-1}{{}^ク6}(2t^3 - {}^ケ9bt^2 + {}^{コサ}12b^2t - {}^シ5b^3)$$

◆ $\int_b^t \{h(x)-g(x)\}dx$
$= -\int_b^t \{g(x)-h(x)\}dx$

$S=T$ となるのは $S-T=0$ のときであるから
$$2t^3 - 9bt^2 + 12b^2t - 5b^3 = 0$$

左辺を $P(t)$ とおくと　$P(b) = 2b^3 - 9b^3 + 12b^3 - 5b^3 = 0$

ゆえに，$P(t)$ は $t-b$ を因数にもつ。

よって　$P(t) = (t-b)(2t^2 - 7bt + 5b^2) = (t-b)^2(2t-5b)$

$t > 2b$ であるから　$t = \dfrac{{}^ス5}{{}^セ2}b$

◆
$$
\begin{array}{r|r}
2 \quad -9b \quad 12b^2 \quad -5b^3 & \underline{b} \\
\quad\; 2b \quad -7b^2 \quad 5b^3 & \\
\hline
2 \quad -7b \quad 5b^2 \quad\; \underline{0} &
\end{array}
$$

TRAINING 実践　8 ④

座標平面上において，放物線 $y=x^2-x-2$ を C，直線 $y=m(x+1)$ を ℓ とする。ただし，m は定数で $m \neq -3$ である。

C と ℓ は異なる2点で交わる。これらの交点の x 座標は $\boxed{アイ}$，$m+\boxed{ウ}$ である。

C と x 軸で囲まれた図形の面積を S_1 とし，C と ℓ で囲まれた図形の面積を S_2 とする。

$S_1 = \dfrac{\boxed{エ}}{\boxed{オ}}$ である。よって，S_2 が S_1 の2倍であるとき，

$m = \boxed{カキ} + \boxed{ク}\sqrt[3]{\boxed{ケ}}$，$\boxed{コサ} - \boxed{シ}\sqrt[3]{\boxed{ス}}$ である。

答 の 部

・TRAINING, EXERCISES について，答えの数値のみをあげている。なお，図・証明は省略した。

<第1章> 式 と 証 明

● TRAINING の解答

1 (1) (ア) $a^3+12a^2+48a+64$
(イ) $8a^3-36a^2b+54ab^2-27b^3$ (ウ) $8x^3-27y^3$
(2) (ア) $(x+5)(x^2-5x+25)$
(イ) $(3p-2q)(9p^2+6pq+4q^2)$

2 (1) $2ab(a+2b)(a^2-2ab+4b^2)$
(2) $(x-1)(x+2)(x^2+x+1)(x^2-2x+4)$
(3) $(3x-2y)^3$

3 (1) $x^6-12x^5+60x^4-160x^3+240x^2-192x+64$
(2) $243x^5+405x^4+270x^3+90x^2+15x+1$
(3) $16a^4-96a^3b+216a^2b^2-216ab^3+81b^4$

4 (1) -540 (2) 720 (3) 6

5 (1) 512 (2) 略

6 (1) 560 (2) 840

7 (1) $Q=2x^2-3x+3$, $R=-18$,
$4x^3-3x-9=(2x+3)(2x^2-3x+3)-18$
(2) $Q=x^2+\dfrac{1}{2}x-\dfrac{1}{4}$, $R=\dfrac{5}{4}$,
$2x^3+2x^2+1=(2x+1)\left(x^2+\dfrac{1}{2}x-\dfrac{1}{4}\right)+\dfrac{5}{4}$

8 (1) $A=3x^3+5x^2-16x+13$
(2) $B=x^2-2x+2$

9 商，余りの順に
(1) (ア) $a+b$, $2b^2$ (イ) $3b-a$, $2a^2$
(2) $x^2-2ax+4a^2$, 0 (3) $a^2-3ab+2b^2$, 0

10 (1) $\dfrac{2a^2b^3}{3c^2}$ (2) $\dfrac{x+2y}{3x+y}$ (3) $\dfrac{x}{(x+1)^2}$
(4) $\dfrac{x+1}{x-2}$ (5) $(x+1)^2$

11 (1) $\dfrac{2}{x+a}$ (2) $\dfrac{1}{(x-1)(x+3)}$
(3) $\dfrac{(x+1)(x+2)}{x(x-2)(x+4)}$ (4) $\dfrac{x+5}{x+1}$

12 (1) $\dfrac{a+1}{a-1}$ (2) $\dfrac{x^2-1}{x^3}$

13 (1) $\dfrac{3}{(x+1)(x+4)}$ (2) $\dfrac{3}{(a-3)(a+6)}$

14 (1) $a=1$, $b=2$, $c=6$
(2) $a=1$, $b=1$, $c=-3$

15 $a=1$, $b=6$, $c=7$

16 (1) $a=1$, $b=3$ (2) $a=1$, $b=2$, $c=-1$

17~20 略

21 証明略 (2) $a=b=0$ (3) $ay=bx$

22~24 略

25 証明略 (1) $a=3$ (2) $a=3b$

26 証明略，$ab=6$

27 -56

28 $a=-1$, $b=-2$

29 $x=2$, $y=-1$

30 $a=8$, $b=-2$, $c=12$

31 (1) $x=4$ のとき最小値8
(2) $x=2$ のとき最小値3

32 (1) $2ab<\dfrac{1}{2}<b$
(2) $\sqrt{b}-\sqrt{a}<\sqrt{b-a}<1<\sqrt{a}+\sqrt{b}$

● EXERCISES の解答

1 $(x+y-z)(x^2+y^2+z^2-xy+yz+zx)$

2 (ア) 54 (イ) 16

3 -2

4 略

5 $k=2$, ac^4 の項の係数5

6 $\dfrac{3}{(2n+1)(2n+7)}$

7 (1) 恒等式ではない (2) 恒等式である
(3) 恒等式である

8, 9 略

10 (1) 略 (2) $a^3+b^3>a^2b+b^2a$

11 略

12 証明略 (1) $a+b=1$ (2) $a=1$
(3) $ad=bc$

13 0

14 略

15 504

16 略

17 証明略 (1) $ad=bc$
(2) $ab+cd\geqq0$, $ad=bc$

18 (ア) 2 (イ) 1 (ウ) 1 (エ) 1 (オ) 2

19 $a=-9$, $b=3$, $c=1$

20 (ア) 8 (イ) 6 (ウ) 2

<第2章> 複素数と2次方程式の解

● TRAINING の解答

33 (1) $5+8i$ (2) $2+6i$ (3) $-16-7i$ (4) 25

(5) -4 (6) 16

34 和，積の順に (1) -4, 13 (2) 10, 41
(3) 0, 36 (4) -6, 9

35 (1) 順に $-i$, -1, i (2) $\dfrac{1}{2}+\dfrac{3}{2}i$
(3) $1+4i$ (4) $3-3i$

36 (1) $x=2$, $y=-1$ (2) $x=\dfrac{4}{5}$, $y=-\dfrac{7}{5}$

37 (1) $\pm\sqrt{10}\,i$ (2) $\pm6i$ (3) $\pm5\sqrt{3}\,i$
(4) $10i$ (5) 3 (6) $2i$

38 (1) $x=\pm\dfrac{2}{3}i$ (2) $x=1$, $-\dfrac{3}{2}$
(3) $x=\dfrac{-1\pm\sqrt{5}}{2}$ (4) $x=\dfrac{4\pm\sqrt{2}\,i}{9}$
(5) $x=\dfrac{\sqrt{2}\pm\sqrt{14}\,i}{2}$

39 (1) 異なる2つの実数解 (2) 重解
(3) 異なる2つの虚数解
(4) $k<-2$, $2<k$ のとき 異なる2つの実数解；
$k=\pm2$ のとき 重解；
$-2<k<2$ のとき 異なる2つの虚数解

40 $k=0$ のとき 1つの実数解；
$k=-1$ のとき 重解；
$-1<k<0$, $0<k$ のとき 異なる2つの実数解；
$k<-1$ のとき 異なる2つの虚数解

41 (1) $1<m<4$
(2) $m=1$ のとき 重解 $x=-\dfrac{3}{2}$,
$m=4$ のとき 重解 $x=-3$

42 和，積の順に
(1) 4, -3 (2) $\dfrac{3}{2}$, 3 (3) $-\dfrac{4}{3}$, $-\dfrac{5}{3}$

43 (1) 5 (2) $\dfrac{9}{4}$ (3) $\dfrac{5}{8}$ (4) $-\dfrac{7}{4}$ (5) $\dfrac{5}{4}$
(6) $\dfrac{9}{8}$

44 (1) $m=\dfrac{9}{4}$, 2つの解は $-\dfrac{1}{2}$, $-\dfrac{3}{2}$
(2) $m=\dfrac{72}{25}$, 2つの解は $-\dfrac{4}{5}$, $-\dfrac{6}{5}$

45 (1) $\left(x-\dfrac{3+\sqrt{21}}{2}\right)\left(x-\dfrac{3-\sqrt{21}}{2}\right)$
(2) $2\left(x+\dfrac{2-\sqrt{6}}{2}\right)\left(x+\dfrac{2+\sqrt{6}}{2}\right)$
(3) $2\left(x-\dfrac{3+\sqrt{7}\,i}{4}\right)\left(x-\dfrac{3-\sqrt{7}\,i}{4}\right)$

46 (1) $6x^2+x-12=0$ (2) $4x^2-12x+7=0$
(3) $3x^2-4x+3=0$

47 (1) $1+\sqrt{3}$, $1-\sqrt{3}$

(2) $-3+\sqrt{7}$, $-3-\sqrt{7}$
(3) $2+i$, $2-i$ (4) $\dfrac{-1+\sqrt{7}\,i}{2}$, $\dfrac{-1-\sqrt{7}\,i}{2}$

48 (ア) 3 (イ) 2 (ウ) 11 (エ) 25

49 (1) $-1\leqq m<-\dfrac{1}{2}$ (2) $3<m<4$
(3) $-\dfrac{1}{2}<m<3$

50 $z=\dfrac{1}{\sqrt{2}}+\dfrac{1}{\sqrt{2}}i$, $-\dfrac{1}{\sqrt{2}}-\dfrac{1}{\sqrt{2}}i$

51 $(x-2y-3)(2x-3y+2)$

52 (1) $\dfrac{11}{3}$ (2) $\dfrac{2}{3}$ (3) $-\dfrac{1}{3}$

53 $m=6$ のとき $x=-2$；$m=10$ のとき
$x=-8$, 0；$m=-6$ のとき $x=4$；
$m=-10$ のとき $x=2$, 10

54 $a<-4$, $4<a<\dfrac{13}{3}$

● **EXERCISES の解答**

21 (ア) -3 (イ) $\dfrac{\sqrt{6}}{3}$

22 $-2<a\leqq2$

23 (1) $2<a<4$ (2) $-4<a<6$
(3) $-4<a\leqq2$

24 $m=3$, $a=\dfrac{-3-\sqrt{13}}{2}$

25 (1) $m=-4$ のとき 3, 5；$m=4$ のとき
-5, -3
(2) $m=-2\sqrt{5}$ のとき $\sqrt{5}$, $3\sqrt{5}$；
$m=2\sqrt{5}$ のとき $-\sqrt{5}$, $-3\sqrt{5}$

26 $x=-\dfrac{1}{2}$, $\dfrac{2}{3}$

27 (ア) 1 (イ) 4

28 $a=2$ のとき $(x-2y+1)(x+y+1)$,
$a=-\dfrac{5}{2}$ のとき $(x-2y-2)\left(x+y-\dfrac{1}{2}\right)$

<第3章> 高次方程式
● **TRAINING の解答**

55 (1) (ア) 0 (イ) $\dfrac{9}{4}$ (2) $a=1$, -5
(3) $a=-3$, $b=17$

56 $5x+13$

57 (1) ①と④
(2) (ア) $a=-11$ (イ) $a=-1$, 2
(ウ) $a=-5$, $b=2$

58 商，余りの順に
(1) x^2+2x-6, -10 (2) x^2-5x+4, 3

59 (1) $(x-1)(x+1)(x+3)$

(2) $(x-1)(x+1)(x-2)(x-3)$

(3) $(2x+1)(3x^2-x+2)$

60 $4+3i$

61 (1) $x=-1,\ \dfrac{1\pm\sqrt{3}\,i}{2}$

(2) $x=4,\ -2\pm2\sqrt{3}\,i$ (3) $x=\pm2,\ \pm2i$

(4) $x=\pm1,\ \pm\sqrt{2}$ (5) $x=\pm2,\ \pm\dfrac{1}{2}i$

(6) $x=\dfrac{-1\pm\sqrt{7}\,i}{2},\ \dfrac{1\pm\sqrt{7}\,i}{2}$

62 (1) $x=1,\ 2,\ 3$ (2) $x=-2,\ 3$

(3) $x=\dfrac{1}{2},\ \dfrac{-1\pm\sqrt{11}i}{2}$ (4) $x=1,\ -1,\ 2$

63 (1) 3 (2) 0

64 $a=9$, 他の解 $x=3,\ 4$

65 $a=-3,\ b=10$, 解 $x=-2,\ 2\pm i$

66 (1) 順に $0,\ -2,\ -1$ (2) 4 (3) -3

(4) -5

67 $a=1,\ 10$

68 $a<-2,\ 2<a$

69 $x=\dfrac{3\pm\sqrt{5}}{2},\ \dfrac{5\pm\sqrt{21}}{2}$

● **EXERCISES の解答**

29 (ア) 1 (イ) 1 (ウ) 2 (エ) 3

30 $\dfrac{7}{3}x^2-x-\dfrac{1}{3}$

31 $-2x+1$

32 (ア) 4 (イ) 6 (ウ) 2 (エ) -2

(オ) 2 (カ) 6

33 $\alpha=1,\ \beta=3,\ q=-5,\ r=3$

34 (1) $x^2-2x+5=0$ (2) $a=7,\ b=-5$

35 (1) x (2) $2x^2+2x$

36 $-4x^2+10x+5$

37 (1) $p=2,\ q=4$ (2) $x=2,\ 1-\sqrt{3}$

38 $3x^3-9x^2+12x-8=0$

39 (ア) -3 (イ) 3 (ウ) 6

(エ) $(-\sqrt{3},\ -1,\ \sqrt{3}\,)$

40 (ア) 2 (イ) 0 (ウ) $9-4\sqrt{5}$

(エ) $9+4\sqrt{5}$

41 3

42 (1) (ア) 1 (イ) a (ウ) c

(2) $a=-3,\ b=3,\ c=-1$

(3) $(a+1)^2+4c>0,\ a>-3,\ a+2>c$

43 (1) $2t^2-7t-4=0$

(2) $x=1,\ 3,\ \dfrac{-1\pm\sqrt{47}i}{4}$

<第4章> 図形と方程式

● **TRAINING の解答**

70 (1) $AB=10,\ BC=5,\ CA=5$

(2) $R(-1),\ S(14),\ M\left(\dfrac{13}{2}\right)$

71 $3\sqrt{2}$

72 (1) $x=10,\ -6$ (2) $\left(0,\ \dfrac{4}{5}\right)$

73 (1) $AB=CA$ の二等辺三角形

(2) $\angle A=90°$ の直角二等辺三角形

74 (1) $(2,\ 5)$ (2) $(-1,\ 17)$ (3) $\left(\dfrac{3}{2},\ -\dfrac{1}{2}\right)$

(4) $(2,\ 2)$

75 $(-7,\ -13)$

76 略

77 (1) $y=-2x+3$ (2) $y=3x-10$

(3) $y=-5x-15$ (4) $y=\dfrac{1}{2}x-2$ (5) $x=-2$

(6) $y=2$

78 (1) $y=-\dfrac{1}{6}x+\dfrac{14}{3}$ (2) $y=-2x+9$

(3) $y=-\dfrac{5}{3}x+5$ (4) $y=\dfrac{1}{2}x-2$ (5) $x=2$

(6) $y=-1$

79 (1) 平行 (2) 垂直 (3) 平行 (4) 垂直

80 (1) $3x+2y-12=0$ (2) $5x-2y+4=0$

81 $2x+3y-5=0$

82 $(4,\ 2)$

83 (1) $\dfrac{12}{5}$ (2) 6 (3) 2 (4) 3

84 (1) $8x+5y-14=0$ (2) $x-2y-28=0$

85 (1) $(x+5)^2+(y-2)^2=2$ (2) $x^2+y^2=25$

(3) $(x-2)^2+(y+1)^2=10$

(4) $(x-3)^2+(y-4)^2=16$

86 (1) 中心が点 $(-1,\ 0)$, 半径が 1 の円

(2) 中心が点 $(2,\ 5)$, 半径が 7 の円

(3) 点 $(-2,\ -3)$ (4) ない

87 (1) $x^2+y^2-4x+2y=0$

(2) $x^2+y^2-4x+4y-2=0$

88 (1) 共有点をもたない

(2) 点 $\left(\dfrac{\sqrt{2}}{2},\ -\dfrac{\sqrt{2}}{2}\right)$ で接する

(3) 点 $(0,\ 2),\ (1,\ -1)$ で交わる

89 (1) $k<-7,\ 3<k$

(2) $k=-7$ のとき $(3,\ -1)$,
$k=3$ のとき $(-1,\ 1)$

90 $r>\dfrac{2\sqrt{5}}{5}$ のとき 2個, $r=\dfrac{2\sqrt{5}}{5}$ のとき

1個, $0<r<\dfrac{2\sqrt{5}}{5}$ のとき 0個

91 (1) $2x-\sqrt{5}\,y=-9$ (2) $y=-6$

92 $3x+4y=25$, $4x-3y=25$

93 (1) 2点で交わる

(2) $(x-3)^2+(y+5)^2=(\sqrt{13}-3)^2$

(3) $x^2+y^2=(3-\sqrt{5}\,)^2$

94 略

95 $\dfrac{9}{2}$

96 順に $\left(\dfrac{6}{5},\ \dfrac{3}{5}\right)$, $\dfrac{8\sqrt{5}}{5}$

97 $y=\dfrac{2}{3}x+\dfrac{2}{3}$

98 $9-4\sqrt{2}\leqq a\leqq 9+4\sqrt{2}$

99 (1) (ア) 2 (イ) 2 (ウ) 3 (エ) 0

(2) $2x+y-6=0$ (3) 中心 $\left(\dfrac{3}{2},\ \dfrac{1}{2}\right)$, 半径 $\dfrac{\sqrt{10}}{2}$

100 $\dfrac{\sqrt{3}}{2}<r<1$

● **EXERCISES の解答**

44 (1) $(-1,\ 0)$ (2) $\left(\dfrac{1}{8},\ \dfrac{1}{4}\right)$

45 $a=4$, 14

46 $D(-4,\ -2)$, $P\left(\dfrac{1}{2},\ 1\right)$

47 平行 $m=\dfrac{1\pm\sqrt{5}}{2}$；垂直 $m=0$, -2

48 (1) $(3,\ 1)$ (2) $\left(\dfrac{14}{3},\ \dfrac{28}{3}\right)$

49 $P(-1,\ 1)$, 距離 $\dfrac{\sqrt{5}}{5}$

50 (1) $(x-1)^2+(y+2)^2=25$

(2) $(x-1)^2+(y-1)^2=1$, $(x-5)^2+(y-5)^2=25$

(3) $(x-3)^2+(y+2)^2=25$

51 $a>3$

52 (1) $(x-1)^2+(y-1)^2=20$

(2) $(x-3)^2+(y+2)^2=25$

(3) $(x+2)^2+(y-2)^2=49$

53 略

54 $\dfrac{1}{2}$

55 (1) 中心 $(2,\ 2)$, 半径 $\sqrt{2}$

(2) $2-\sqrt{3}<m<2+\sqrt{3}$ (3) $m=\dfrac{4\pm\sqrt{7}}{3}$

56 接線の方程式 $y=3x$, $y=\dfrac{1}{3}x$；面積 60

57 (ア) 2 (イ) 4 (ウ) -3 (エ) -1 (オ) 3

58 中心は 点 $\left(\dfrac{2}{3},\ -\dfrac{2}{3}\right)$, 半径は $\dfrac{2\sqrt{2}}{3}$

59 (ア) 8 (イ) 6 (ウ) $\dfrac{3\sqrt{7}}{4}$

60 $3x\pm\sqrt{7}\,y=8$, $x\pm\sqrt{15}\,y=8$

61 $P\left(\dfrac{5-2\sqrt{5}}{5},\ \dfrac{10-\sqrt{5}}{5}\right)$, $AP=\sqrt{5}-1$

62 (1) $(x-3)^2+(y-2)^2=10$

(2) $(x-1)^2+(y+2)^2=10$ (3) $2(\sqrt{10}+\sqrt{5}\,)$

＜第5章＞ 軌跡と領域

● **TRAINING の解答**

101 直線 $x-2y+2=0$

102 中心 $(-1,\ -2)$, 半径 $2\sqrt{5}$ の円

103 中心 $(1,\ 0)$, 半径 $\dfrac{1}{2}$ の円

104〜107 略

108 $-4\leqq x+y\leqq 4$

109 略

110 $x-3y+7=0$

111 放物線 $y=-5x^2+20x$

112 円 $\left(x-\dfrac{2}{3}a\right)^2+y^2=\dfrac{1}{9}$ ただし, 2点

$\left(a,\ \dfrac{\sqrt{1-a^2}}{3}\right)$, $\left(a,\ -\dfrac{\sqrt{1-a^2}}{3}\right)$ を除く

113 最大値 $5\sqrt{2}$, 最小値 -1

● **EXERCISES の解答**

63 中心 $(3,\ 1)$, 半径 1 の円

64〜66 略

67 (1) $\begin{cases} y>-2x+2 \\ y>x+1 \end{cases}$ (2) $\begin{cases} x^2+y^2>9 \\ (x-3)^2+y^2<9 \end{cases}$

68 $x=6$, $y=0$ のとき最大値 6,

$x=-6$, $y=0$ のとき最小値 -6

69 (ア) $\dfrac{3}{4}$ (イ) 2 (ウ) 8

70 $m<-2$, $2<m$；放物線 $y=2x^2$ の

$x<-1$, $1<x$ の部分

71 略

72 14台

73 最大値 $\dfrac{45}{4}$, 最小値 $\dfrac{16}{5}$

＜第6章＞ 三 角 関 数

● **TRAINING の解答**

114 図略 (1) $310°+360°\times n$, 第4象限の角

(2) $120°+360°\times n$, 第2象限の角

(3) $210°+360°\times n$, 第3象限の角

(4) $50°+360°\times n$, 第1象限の角

115 (1) (ア) $\dfrac{\pi}{10}$　(イ) $\dfrac{8}{3}\pi$　(ウ) $15°$　(エ) $84°$

(2) 順に　(ア) $\dfrac{5}{2}\pi$, $\dfrac{5}{2}\pi$

(イ) 2π, 6π

116 順に　(1) $-\dfrac{1}{\sqrt{2}}$, $-\dfrac{1}{\sqrt{2}}$, 1

(2) $-\dfrac{1}{2}$, $-\dfrac{\sqrt{3}}{2}$, $\dfrac{1}{\sqrt{3}}$

(3) $-\dfrac{\sqrt{3}}{2}$, $\dfrac{1}{2}$, $-\sqrt{3}$　(4) 0, -1, 0

117 (1) $\sin\theta=-\dfrac{5}{13}$, $\tan\theta=-\dfrac{5}{12}$

(2) $\sin\theta=-\dfrac{2\sqrt{2}}{3}$, $\cos\theta=-\dfrac{1}{3}$

118 (1) 順に　$-\dfrac{2}{5}$, $\dfrac{7\sqrt{5}}{25}$, $-\dfrac{5}{2}$

(2) 順に　$\dfrac{3}{8}$, $\dfrac{11}{16}$

119 略

120 グラフ略　(1) 2π　(2) $\dfrac{\pi}{2}$　(3) $\dfrac{\pi}{2}$

(4) 6π

121 グラフ略　(1) 2π　(2) 2π

122 グラフ略, π

123 (1) $\dfrac{\sqrt{3}}{2}$　(2) $-\dfrac{1}{\sqrt{2}}$　(3) $-\dfrac{1}{\sqrt{3}}$

124 (1) $\theta=\dfrac{\pi}{3}$, $\dfrac{2}{3}\pi$　(2) $\theta=\dfrac{3}{4}\pi$, $\dfrac{5}{4}\pi$

(3) $\theta=\dfrac{3}{4}\pi$, $\dfrac{7}{4}\pi$

125 (1) $\theta=\dfrac{\pi}{3}$, $\dfrac{2}{3}\pi$

(2) $\theta=\dfrac{\pi}{3}$, $\dfrac{\pi}{2}$, $\dfrac{3}{2}\pi$, $\dfrac{5}{3}\pi$

126 (1) $\dfrac{7}{6}\pi<\theta<\dfrac{11}{6}\pi$　(2) $\dfrac{\pi}{4}\leqq\theta\leqq\dfrac{3}{4}\pi$

(3) $\dfrac{\pi}{6}\leqq\theta\leqq\dfrac{11}{6}\pi$

(4) $\dfrac{\pi}{6}\leqq\theta<\dfrac{\pi}{2}$, $\dfrac{7}{6}\pi\leqq\theta<\dfrac{3}{2}\pi$

127 (1) $0\leqq\theta\leqq\dfrac{\pi}{6}$, $\dfrac{5}{6}\pi\leqq\theta<2\pi$

(2) $0\leqq\theta<\dfrac{\pi}{3}$, $\dfrac{5}{3}\pi<\theta<2\pi$

128 (1) $\theta=\dfrac{7}{12}\pi$, $\dfrac{11}{12}\pi$

(2) $\dfrac{\pi}{6}<\theta<\dfrac{\pi}{3}$, $\dfrac{7}{6}\pi<\theta<\dfrac{4}{3}\pi$

129 (1) $\theta=\dfrac{\pi}{2}$ のとき最大値 2,

$\theta=\dfrac{3}{2}\pi$ のとき最小値 -2

(2) $\theta=\dfrac{3}{4}\pi$, $\dfrac{7}{4}\pi$ のとき最小値 3；最大値はない

130 順に　$\dfrac{\sqrt{6}+\sqrt{2}}{4}$, $\dfrac{\sqrt{6}-\sqrt{2}}{4}$, $2-\sqrt{3}$

131 順に　$-\dfrac{24}{25}$, $\dfrac{7}{25}$

132 $\dfrac{\pi}{4}$

133 (1) $\left(-\dfrac{1}{\sqrt{2}}, \dfrac{7}{\sqrt{2}}\right)$

(2) $\left(\dfrac{5-2\sqrt{3}}{2}, \dfrac{2+5\sqrt{3}}{2}\right)$

134 (1) 順に

$-\dfrac{4\sqrt{2}}{9}$, $\dfrac{7}{9}$, $\dfrac{2\sqrt{3}+\sqrt{6}}{6}$, $\dfrac{2\sqrt{3}-\sqrt{6}}{6}$

(2) 順に　$\dfrac{\sqrt{2-\sqrt{2}}}{2}$, $\dfrac{\sqrt{2+\sqrt{2}}}{2}$, $\sqrt{2}-1$

135 (1) $\theta=\dfrac{2}{3}\pi$, $\dfrac{4}{3}\pi$　(2) $\dfrac{\pi}{6}<\theta<\dfrac{5}{6}\pi$

136 (1) $2\sin\left(\theta+\dfrac{2}{3}\pi\right)$　(2) $2\sin\left(\theta-\dfrac{5}{6}\pi\right)$

137 $\theta=\dfrac{\pi}{6}$ のとき最大値 2, $\theta=\dfrac{7}{6}\pi$ のとき最小値 -2；グラフ略

138 (1) $\theta=\dfrac{3}{4}\pi$　(2) $\theta=0$, $\dfrac{\pi}{2}\leqq\theta<2\pi$

139 略

140 (1) $f(x)=\dfrac{\sqrt{2}}{2}t^2+t-\dfrac{\sqrt{2}}{2}$

(2) $-\sqrt{2}\leqq t\leqq\sqrt{2}$　(3) $x=\dfrac{\pi}{4}$ のとき最大値

$\dfrac{3\sqrt{2}}{2}$；$x=\dfrac{11}{12}\pi$, $\dfrac{19}{12}\pi$ のとき最小値 $-\dfrac{3\sqrt{2}}{4}$

141 $x=\dfrac{\pi}{12}$ のとき最大値 $6+5\sqrt{3}$,

$x=\dfrac{7}{12}\pi$ のとき最小値 $-6+5\sqrt{3}$

142 (1) $\dfrac{1}{4}$　(2) $-\dfrac{1}{\sqrt{2}}$　(3) 0

● **EXERCISES の解答**

74 (1) $-\dfrac{1}{8}$　(2) $\dfrac{\sqrt{5}}{2}$　(3) $\dfrac{7\sqrt{5}}{16}$

(4) $-288\sqrt{3}$

75 (1) $a=2$, $b=\dfrac{2}{3}$　(2) $a=\dfrac{2}{3}$, $b=\dfrac{1}{3}$

76 (1) 0　(2) $\dfrac{3}{2}$　(3) 0

77 (1) $\theta=\dfrac{\pi}{3}$, $\dfrac{\pi}{2}$, $\dfrac{4}{3}\pi$, $\dfrac{3}{2}\pi$

(2) $0\leqq\theta<\dfrac{\pi}{3}$, $\dfrac{\pi}{2}<\theta<\dfrac{4}{3}\pi$, $\dfrac{3}{2}\pi<\theta<2\pi$

78 (1) $\theta=\dfrac{\pi}{3}$, $\dfrac{5}{3}\pi$ のとき最大値 $\dfrac{9}{4}$;

$\theta=\pi$ のとき最小値 0

(2) $\theta=0$ のとき最大値 -1,

$\theta=\dfrac{\pi}{4}$ のとき最小値 -3

79 $2+\sqrt{3}$, $-2+\sqrt{3}$

80 証明略, $\cos 36°=\dfrac{1+\sqrt{5}}{4}$,

$\cos 72°=\dfrac{-1+\sqrt{5}}{4}$

81 (1) $\sin 2\alpha=-\dfrac{24}{25}$, $\cos 2\alpha=-\dfrac{7}{25}$,

$\tan 2\alpha=\dfrac{24}{7}$, $\sin\dfrac{\alpha}{2}=\dfrac{1}{\sqrt{5}}$,

$\cos\dfrac{\alpha}{2}=-\dfrac{2}{\sqrt{5}}$, $\tan\dfrac{\alpha}{2}=-\dfrac{1}{2}$

(2) $\tan 2\alpha=-\dfrac{4}{3}$, $\tan\dfrac{\alpha}{2}=\dfrac{\sqrt{5}-1}{2}$

82 $\theta=\dfrac{\pi}{10}$, $\dfrac{\pi}{6}$

83 (1) $\theta=0$, $\dfrac{\pi}{3}$, π, $\dfrac{4}{3}\pi$

(2) $0<\theta<\dfrac{\pi}{2}$, $\pi<\theta<\dfrac{3}{2}\pi$

84 (ア) 2 (イ) 1 (ウ) 5 (エ) 4 (オ) 6
(カ) 4 (キ) 5

85 (1) $\dfrac{9}{16}$ (2) 略

86 (1) $\dfrac{\pi}{6}<x<\dfrac{5}{6}\pi$

(2) 最大値 2, 最小値 $-\dfrac{9}{8}$

87 (1) $2-\sqrt{3}$

(2) $\theta=\dfrac{\pi}{12}$ のとき最大値 4,

$\theta=\dfrac{\pi}{4}$ のとき最小値 2

88 $\dfrac{\pi}{4}\leqq x\leqq\dfrac{5}{4}\pi$

89 (1) (ア) 2 (イ) $\dfrac{\pi}{3}$

(2) (ウ) $\dfrac{2}{3a}\pi$ (エ) $\dfrac{11}{3a}\pi$ (オ) $\dfrac{14}{3a}\pi$

(3) (カ) $\dfrac{11}{3}\leqq a<\dfrac{14}{3}$

90 (1) (ア) t^2-2t (イ) -1 (ウ) $\sqrt{2}$

(2) (エ) π (オ) 3 (カ) $\dfrac{3}{4}\pi$ (キ) 0

91 (1) 略

(2) (ア) $x=0$, $\dfrac{\pi}{4}$, $\dfrac{\pi}{3}$, $\dfrac{2}{3}\pi$, $\dfrac{3}{4}\pi$

(イ) $x=0$, $\dfrac{\pi}{3}$, $\dfrac{2}{3}\pi$

92 略

＜第7章＞ 指数関数と対数関数
● TRAINING の解答

143 (1) 16 (2) $\dfrac{1}{1000}$ (3) 343 (4) $\dfrac{1}{64}$

(5) $\dfrac{4}{81}$ (6) a^4 (7) 243

144 $\sqrt[3]{216}=6$, $\sqrt[4]{(-2)^4}=2$, $\sqrt[5]{\dfrac{1}{243}}=\dfrac{1}{3}$

145 (1) 7 (2) 3 (3) $\dfrac{1}{2}$ (4) 6 (5) 2

146 (1) 3 (2) 16 (3) $\dfrac{1}{27}$ (4) 2

147 (1) 1 (2) 6 (3) $\dfrac{9}{4}$ (4) 24 (5) $6\sqrt[4]{2}$

148 略

149 (1) $0.2^3<1<0.2^{-1}$

(2) $\sqrt{\dfrac{1}{3}}<\sqrt[3]{3}<\sqrt[4]{27}<3$

150 (1) $x=-3$ (2) $x=-\dfrac{1}{4}$

151 $x=3$

152 (1) $x>4$ (2) $x>-5$ (3) $1\leqq x\leqq 6$

153 (1) 2 (2) $-\dfrac{5}{2}$ (3) -1 (4) -2

154 (1) 2 (2) 1 (3) 6 (4) $\dfrac{5}{4}$ (5) 6

(6) -1

155 (1) 1 (2) $\dfrac{37}{6}$ (3) 6

156 略

157 (1) $2\log_3 2<\log_3 5<2$

(2) $-1<\dfrac{1}{2}\log_{\frac{1}{2}}2<\log_{\frac{1}{2}}\dfrac{1}{9}$

158 (1) $x=10$ (2) $0<x<9$ (3) $x\geqq 5$

159 (1) $x=0$, -7 (2) $x=4$

(3) $-1\leqq x<\dfrac{1}{2}$ (4) $6<x<5+\sqrt{5}$

160 (1) 2.1673 (2) 1.1761 (3) 1.0167
(4) 2.2925

161 (1) ともに 39 桁の整数, 6^{50} の方が大きい

(2) 小数第 2 位

162 (1) $n=24$, 25, 26 (2) $n=12$, 13

163 (1) (ア) $\sqrt{6}$ (イ) $3\sqrt{6}$

(2) (ウ) $2\sqrt{10}$ (エ) 38 (オ) 234

164 (1) $7^4<3^8<5^6$ (2) $\sqrt[5]{6}<\sqrt[3]{3}<\sqrt[4]{5}$

165 $x=3$ のとき最大値 648,

$x=1$ のとき最小値 72

166 (1) $x=\dfrac{1}{4}$, $\sqrt{2}$ (2) $x=\dfrac{1}{16}$, 64

(3) $\dfrac{1}{2}<x<4$ (4) $\dfrac{1}{2}<x<16$

167 (1) $x=\sqrt{2}$ のとき最小値 $-\dfrac{1}{8}$, 最大値は

ない

(2) $x=10$ のとき最大値 1, $x=100$ のとき最小

値 0

● **EXERCISES の解答**

93 (1) a^2 (2) b (3) $\dfrac{16}{5}$ (4) $a^3-\dfrac{1}{a^3}$

(5) 5

94 (1) $x=-\dfrac{3}{4}$ (2) $x=-3$

(3) $x=-1$, -2 (4) $x\geqq\dfrac{1}{2}$ (5) $x\geqq-\dfrac{2}{3}$

(6) $x\leqq2$

95 (1) 25 (2) $\dfrac{1}{16}$ (3) 27

96 (1) $x=\dfrac{1}{3}$ (2) $x=5$ (3) $x=2$, $-\dfrac{1}{2}$

(4) $x=3$ (5) $x=1$

97 (1) $\dfrac{3}{5}<x<3$ (2) $x>3$ (3) $1<x\leqq2$

(4) $\dfrac{2}{3}<x\leqq1$

98 (1) $n=26$ (2) $n=10$

99 10 年後

100 (1) $\dfrac{3ab}{2a+b}$ (2) 1

101 2

102 (1) $x=2\log_2 5$ (2) $\dfrac{1}{2}\leqq x\leqq\log_2 5$

(3) $x=9$, 81 (4) $0<x\leqq\dfrac{\sqrt{3}}{9}$, $1<x\leqq81$

103 $(x,\ y)=(8,\ 16)$, $(16,\ 8)$

104 略

105 $x=\sqrt{10}$, $y=10$ のとき最大値 $\dfrac{1}{2}$

106 606 桁, 2

107 23 枚以上

<第 8 章> 微 分 法

● **TRAINING の解答**

168 (1) 5 (2) -2 (3) $6-h$ (4) $a+b+2$

(5) $2(a+1)+h$

169 (1) 5 (2) 27 (3) $6a$ (4) 27

170 (1) 2 (2) -9

171 (1) $f'(x)=-5$ (2) $f'(x)=4x$

(3) $f'(x)=3x^2-1$

172 (1) $f'(x)=-6$, $f'(2)=-6$

(2) $f'(x)=6x$, $f'(2)=12$

(3) $f'(x)=10x-3$, $f'(2)=17$

(4) $f'(x)=6x^2-8x+6$, $f'(2)=14$

(5) $f'(x)=4x-11$, $f'(2)=-3$

(6) $f'(x)=2x+6$, $f'(2)=10$

173 (1) (ア) $\dfrac{dS}{dr}=2\pi r$ (イ) $\dfrac{dV}{dt}=0.02V_0$

(2) $\dfrac{1}{3}\pi r^2$

174 (1) $f(x)=3x^2-x+1$

(2) $f(x)=2x^2+2x+1$

175 (1) $y=3x-7$ (2) $y=-x+1$

176 (1) $y=4x-9$ (2) $y=-2x$, $y=6x-16$

177 (1) $x\leqq2$ で増加, $2\leqq x$ で減少

(2) 常に増加

(3) $x\leqq-\dfrac{2}{\sqrt{3}}$, $\dfrac{2}{\sqrt{3}}\leqq x$ で減少,

$-\dfrac{2}{\sqrt{3}}\leqq x\leqq\dfrac{2}{\sqrt{3}}$ で増加

178 グラフ略

(1) $x=-1$ で極大値 5, $x=3$ で極小値 -27

(2) $x=4$ で極大値 32, $x=0$ で極小値 0

(3) 極値はない (4) 極値はない

179 (1) $a=-1$, $b=3$, 極大値 5

(2) $a=-9$, $b=12$, $c=1$, 極小値 5

180 (1) $x=-1$ で最大値 5,

$x=\sqrt{2}$ で最小値 $-4\sqrt{2}$

(2) 最大値はない, $x=-1$ で最小値 -3

181 32

182 (1) 3 個 (2) 1 個

183 $-5<a<27$

184 略

185 (1) $y=x+8$ (2) 2

186 $k=-4$, 0

187 グラフ略 (1) $x=0$ で極小値 8, $x=1$ で

極大値 13, $x=3$ で極小値 -19

(2) $x=0$ で極大値 0

188 (1) $k<-\sqrt{2}$, $\sqrt{2}<k$ (2) $0\leqq k\leqq 6$

189 $0<a<1$ のとき $x=\sqrt{a}$ で最大値 $2a\sqrt{a}$,
$1\leqq a$ のとき $x=1$ で最大値 $3a-1$

190 $(a,\ b)=(1,\ -10),\ (-1,\ 10)$

191 $k=-8,\ 0$

192 $a<-\sqrt{2}$, $\sqrt{2}<a$

● **EXERCISES の解答**

108 $f'(a)=2a-6$, $a=4$

109 (1) $f'(x)=6x-5$ (2) $f'(x)=3x^2-8x$
(3) $f'(x)=4x^3-4x+7$ (4) $f'(x)=9x^2+6x-2$
(5) $f'(x)=72x^2+72x+18$

110 $y=3x-\dfrac{57}{4}$

111 (ア) $y=2tx-t^2+1$ (イ),(ウ) $1,\ 2a-1$
(エ) 1 (オ),(カ) $y=2x,\ y=2(2a-1)x-4a^2+4a$

112 $\theta=\dfrac{\pi}{4}$, $\dfrac{3}{4}\pi$ で最大値 $\sqrt{2}$,
$\theta=\dfrac{7}{6}\pi$ で最小値 $-\dfrac{5}{4}$

113 (1) $a=\sqrt{4-x^2}$ (2) $V=-2\pi x^3+8\pi x$
(3) $x=\dfrac{2\sqrt{3}}{3}$ のとき最大値 $\dfrac{32\sqrt{3}}{9}\pi$

114 $-9<k<0$

115 (ア) 2 (イ) $-x^2-2x-3$

116 略

117 (1) $0\leqq t\leqq\sqrt{2}$ (2) $\dfrac{t^2-1}{2}$ (3) $\dfrac{149}{27}$

118 (ア) 0 (イ) 2 (ウ) $\log_2\dfrac{3\pm\sqrt{5}}{2}$ (エ) -10

119 $\dfrac{3\sqrt{2}}{4}$

120 $a>0$ かつ $(a-1)^2+b^2\leqq 1$, 図略

121 $0<a<2$ のとき　$x=0$ で最大値 2,
　　　　　　　　　　$x=a$ で最小値 a^3-3a^2+2
　　$2\leqq a<3$ のとき　$x=0$ で最大値 2,
　　　　　　　　　　$x=2$ で最小値 -2
　　$a=3$ のとき　　　$x=0$, 3 で最大値 2,
　　　　　　　　　　$x=2$ で最小値 -2
　　$3<a$ のとき　　　$x=a$ で最大値 a^3-3a^2+2,
　　　　　　　　　　$x=2$ で最小値 -2

122 (1) $y=(3p^2-3)x-2p^3$
(2) $a\neq 0$ かつ $(3a+b)(a^3-3a-b)=0$

<第9章> 積 分 法

注意 C は積分定数とする。

● **TRAINING の解答**

193 (1) $\dfrac{x^4}{4}+C$ (2) $\dfrac{x^5}{5}+C$

194 (1) x^2+x+C (2) t^3-2t+C

(3) $\dfrac{2}{3}x^3+\dfrac{3}{2}x^2-4x+C$

(4) $\dfrac{x^3}{3}+\dfrac{x^2}{2}-2x+C$

(5) $2y^3+\dfrac{y^2}{2}-y+C$

195 $F(x)=\dfrac{x^3}{3}-x$；$x=-1$ のとき極大値 $\dfrac{2}{3}$,
$x=1$ のとき極小値 $-\dfrac{2}{3}$

196 (1) $\dfrac{8}{3}$ (2) 2 (3) $\dfrac{3}{2}$ (4) -3 (5) $\dfrac{9}{2}$
(6) -16

197 (1) $\dfrac{27}{2}$ (2) $\dfrac{3}{2}$ (3) 9 (4) 0

198 (1) 0 (2) $\dfrac{35}{3}$

199 18

200 $f(x)=6x-2$；$a=1,\ -\dfrac{1}{3}$

201 (1) $\dfrac{8}{3}$ (2) 6

202 (1) $\dfrac{4}{3}$ (2) $\dfrac{9}{2}$ (3) $\dfrac{9}{8}$

203 4

204 5

205 (1) $\dfrac{32}{3}$ (2) $\dfrac{125}{24}$

206 (1) $\dfrac{27}{4}$ (2) $\dfrac{37}{12}$

207 (1) $\dfrac{5}{2}$ (2) $\dfrac{28}{3}$

208 $f(x)=3x^2-x-2$

209 $x=-2$ で極大値 $\dfrac{9}{2}$, $x=1$ で極小値 0

210 (1) $a<\dfrac{1}{8}$ (2) $a=-1$

211 (1) $y=-4x-4,\ y=4x-12$ (2) $\dfrac{16}{3}$

212 (1) $y=2x-1$ (2) $\dfrac{9}{4}$

213 $\dfrac{27}{4}$

214 $\dfrac{5}{3}+\dfrac{\pi}{2}$

215 (1) $\dfrac{9}{2}$ (2) $m=\dfrac{11}{13}$

216 (1) $0<t<1$ のとき $S=\dfrac{1}{3}(1-t)^3$,
$t\geqq 1$ のとき $S=\dfrac{1}{3}(t-1)^3$

(2) $\dfrac{4}{3}$

● EXERCISES の解答

123 $f(x)=\dfrac{x^3}{3}+\dfrac{x^2}{2}+\dfrac{1}{6}$

124 (1) 2 (2) 1 (3) $-\dfrac{32}{3}$ (4) $-\dfrac{69}{4}$

(5) 27

125 (1) 0 (2) $\dfrac{4}{3}$ (3) 6

126 $a=2$

127 (1) $f'(x)=4x-3$, $g'(x)=3x^2-4x+1$

(2) $f(x)=2x+3$, $a=\dfrac{-3\pm\sqrt{17}}{2}$

128 (1) $28\sqrt{21}$ (2) $\dfrac{11\sqrt{33}}{2}$

129 略

130 (1) (ア) $2n-1$ (イ) $n+1$ (ウ) 2

(2) $f(x)=\dfrac{1}{6}x^2+\dfrac{2}{3}x+\dfrac{2}{3}$

131 $\dfrac{4a\sqrt{a}}{3}$

132 $\dfrac{131}{4}$

133 8

134 $f(x)=-\dfrac{3}{4}x-\dfrac{1}{4}$

135 $t=1$ で最大値 $\dfrac{2}{3}$,

$t=\dfrac{1}{2}$ で最小値 $\dfrac{1}{4}$

136 (1) $p<-1$ のとき 1 本, $p=-1$ のとき 2 本, $-1<p<0$ のとき 3 本

(2) (i) $y=-x$, $y=\dfrac{23}{4}x-\dfrac{27}{4}$

(ii) $\dfrac{27}{64}$

137 (1) $x=-a$, $a-2$

(2) $a=3$

138 順に $\dfrac{64}{3}$, $\dfrac{128}{3}$

139 (1) $\dfrac{a^2}{4}+\dfrac{a}{4}+\dfrac{7}{12}$

(2) $-\dfrac{a^3}{6}-\dfrac{a^2}{4}+\dfrac{a}{4}+\dfrac{7}{12}$

(3) $a=\dfrac{-1+\sqrt{3}}{2}$

答の部（実践編）

● **TRAINING 実践**

1 （ア）⓪ （イ）⓪ （ウエ）48

2 （ア）4 （イ）1 （ウ）1 （エ）③

3 （ア）1 （イ）2 （ウ）3 （エ）6

4 （ア）③ （イ）5 （ウ）2 （エオ）41
（カ）0 （キ）0 （ク）2

5 （ア）2 （イ）1 （ウ）③ （エ）⓪

6 $\dfrac{（ア）}{（イ）}$ $\dfrac{3}{2}$ $\dfrac{（ウ）}{（エ）}$ $\dfrac{8}{5}$ （オ）5

7 （アイ）-1 （ウ）1 （エ）1
（オカ）-1 $\dfrac{（キク）}{（ケ）}$ $\dfrac{-1}{3}$ $\dfrac{（コサシ）}{（スセ）}$ $\dfrac{-32}{27}$

8 （アイ）-1 （ウ）2 $\dfrac{（エ）}{（オ）}$ $\dfrac{9}{2}$
（カキ）-3 （ク）3 （ケ）2
（コサ）-3 （シ）3 （ス）2

索　引

主に，用語・記号の初出のページを示した。なお，初出でなくても重点的に扱われるページを示したものもある。

索
引

＜記号＞

三 角 比 の 表

θ	$\sin\theta$	$\cos\theta$	$\tan\theta$	θ	$\sin\theta$	$\cos\theta$	$\tan\theta$
0°	0.0000	1.0000	0.0000	45°	0.7071	0.7071	1.0000
1°	0.0175	0.9998	0.0175	46°	0.7193	0.6947	1.0355
2°	0.0349	0.9994	0.0349	47°	0.7314	0.6820	1.0724
3°	0.0523	0.9986	0.0524	48°	0.7431	0.6691	1.1106
4°	0.0698	0.9976	0.0699	49°	0.7547	0.6561	1.1504
5°	0.0872	0.9962	0.0875	50°	0.7660	0.6428	1.1918
6°	0.1045	0.9945	0.1051	51°	0.7771	0.6293	1.2349
7°	0.1219	0.9925	0.1228	52°	0.7880	0.6157	1.2799
8°	0.1392	0.9903	0.1405	53°	0.7986	0.6018	1.3270
9°	0.1564	0.9877	0.1584	54°	0.8090	0.5878	1.3764
10°	0.1736	0.9848	0.1763	55°	0.8192	0.5736	1.4281
11°	0.1908	0.9816	0.1944	56°	0.8290	0.5592	1.4826
12°	0.2079	0.9781	0.2126	57°	0.8387	0.5446	1.5399
13°	0.2250	0.9744	0.2309	58°	0.8480	0.5299	1.6003
14°	0.2419	0.9703	0.2493	59°	0.8572	0.5150	1.6643
15°	0.2588	0.9659	0.2679	60°	0.8660	0.5000	1.7321
16°	0.2756	0.9613	0.2867	61°	0.8746	0.4848	1.8040
17°	0.2924	0.9563	0.3057	62°	0.8829	0.4695	1.8807
18°	0.3090	0.9511	0.3249	63°	0.8910	0.4540	1.9626
19°	0.3256	0.9455	0.3443	64°	0.8988	0.4384	2.0503
20°	0.3420	0.9397	0.3640	65°	0.9063	0.4226	2.1445
21°	0.3584	0.9336	0.3839	66°	0.9135	0.4067	2.2460
22°	0.3746	0.9272	0.4040	67°	0.9205	0.3907	2.3559
23°	0.3907	0.9205	0.4245	68°	0.9272	0.3746	2.4751
24°	0.4067	0.9135	0.4452	69°	0.9336	0.3584	2.6051
25°	0.4226	0.9063	0.4663	70°	0.9397	0.3420	2.7475
26°	0.4384	0.8988	0.4877	71°	0.9455	0.3256	2.9042
27°	0.4540	0.8910	0.5095	72°	0.9511	0.3090	3.0777
28°	0.4695	0.8829	0.5317	73°	0.9563	0.2924	3.2709
29°	0.4848	0.8746	0.5543	74°	0.9613	0.2756	3.4874
30°	0.5000	0.8660	0.5774	75°	0.9659	0.2588	3.7321
31°	0.5150	0.8572	0.6009	76°	0.9703	0.2419	4.0108
32°	0.5299	0.8480	0.6249	77°	0.9744	0.2250	4.3315
33°	0.5446	0.8387	0.6494	78°	0.9781	0.2079	4.7046
34°	0.5592	0.8290	0.6745	79°	0.9816	0.1908	5.1446
35°	0.5736	0.8192	0.7002	80°	0.9848	0.1736	5.6713
36°	0.5878	0.8090	0.7265	81°	0.9877	0.1564	6.3138
37°	0.6018	0.7986	0.7536	82°	0.9903	0.1392	7.1154
38°	0.6157	0.7880	0.7813	83°	0.9925	0.1219	8.1443
39°	0.6293	0.7771	0.8098	84°	0.9945	0.1045	9.5144
40°	0.6428	0.7660	0.8391	85°	0.9962	0.0872	11.4301
41°	0.6561	0.7547	0.8693	86°	0.9976	0.0698	14.3007
42°	0.6691	0.7431	0.9004	87°	0.9986	0.0523	19.0811
43°	0.6820	0.7314	0.9325	88°	0.9994	0.0349	28.6363
44°	0.6947	0.7193	0.9657	89°	0.9998	0.0175	57.2900
45°	0.7071	0.7071	1.0000	90°	1.0000	0.0000	な し

常 用 対 数 表

数	0	1	2	3	4	5	6	7	8	9
1.0	.0000	.0043	.0086	.0128	.0170	.0212	.0253	.0294	.0334	.0374
1.1	.0414	.0453	.0492	.0531	.0569	.0607	.0645	.0682	.0719	.0755
1.2	.0792	.0828	.0864	.0899	.0934	.0969	.1004	.1038	.1072	.1106
1.3	.1139	.1173	.1206	.1239	.1271	.1303	.1335	.1367	.1399	.1430
1.4	.1461	.1492	.1523	.1553	.1584	.1614	.1644	.1673	.1703	.1732
1.5	.1761	.1790	.1818	.1847	.1875	.1903	.1931	.1959	.1987	.2014
1.6	.2041	.2068	.2095	.2122	.2148	.2175	.2201	.2227	.2253	.2279
1.7	.2304	.2330	.2355	.2380	.2405	.2430	.2455	.2480	.2504	.2529
1.8	.2553	.2577	.2601	.2625	.2648	.2672	.2695	.2718	.2742	.2765
1.9	.2788	.2810	.2833	.2856	.2878	.2900	.2923	.2945	.2967	.2989
2.0	.3010	.3032	.3054	.3075	.3096	.3118	.3139	.3160	.3181	.3201
2.1	.3222	.3243	.3263	.3284	.3304	.3324	.3345	.3365	.3385	.3404
2.2	.3424	.3444	.3464	.3483	.3502	.3522	.3541	.3560	.3579	.3598
2.3	.3617	.3636	.3655	.3674	.3692	.3711	.3729	.3747	.3766	.3784
2.4	.3802	.3820	.3838	.3856	.3874	.3892	.3909	.3927	.3945	.3962
2.5	.3979	.3997	.4014	.4031	.4048	.4065	.4082	.4099	.4116	.4133
2.6	.4150	.4166	.4183	.4200	.4216	.4232	.4249	.4265	.4281	.4298
2.7	.4314	.4330	.4346	.4362	.4378	.4393	.4409	.4425	.4440	.4456
2.8	.4472	.4487	.4502	.4518	.4533	.4548	.4564	.4579	.4594	.4609
2.9	.4624	.4639	.4654	.4669	.4683	.4698	.4713	.4728	.4742	.4757
3.0	.4771	.4786	.4800	.4814	.4829	.4843	.4857	.4871	.4886	.4900
3.1	.4914	.4928	.4942	.4955	.4969	.4983	.4997	.5011	.5024	.5038
3.2	.5051	.5065	.5079	.5092	.5105	.5119	.5132	.5145	.5159	.5172
3.3	.5185	.5198	.5211	.5224	.5237	.5250	.5263	.5276	.5289	.5302
3.4	.5315	.5328	.5340	.5353	.5366	.5378	.5391	.5403	.5416	.5428
3.5	.5441	.5453	.5465	.5478	.5490	.5502	.5514	.5527	.5539	.5551
3.6	.5563	.5575	.5587	.5599	.5611	.5623	.5635	.5647	.5658	.5670
3.7	.5682	.5694	.5705	.5717	.5729	.5740	.5752	.5763	.5775	.5786
3.8	.5798	.5809	.5821	.5832	.5843	.5855	.5866	.5877	.5888	.5899
3.9	.5911	.5922	.5933	.5944	.5955	.5966	.5977	.5988	.5999	.6010
4.0	.6021	.6031	.6042	.6053	.6064	.6075	.6085	.6096	.6107	.6117
4.1	.6128	.6138	.6149	.6160	.6170	.6180	.6191	.6201	.6212	.6222
4.2	.6232	.6243	.6253	.6263	.6274	.6284	.6294	.6304	.6314	.6325
4.3	.6335	.6345	.6355	.6365	.6375	.6385	.6395	.6405	.6415	.6425
4.4	.6435	.6444	.6454	.6464	.6474	.6484	.6493	.6503	.6513	.6522
4.5	.6532	.6542	.6551	.6561	.6571	.6580	.6590	.6599	.6609	.6618
4.6	.6628	.6637	.6646	.6656	.6665	.6675	.6684	.6693	.6702	.6712
4.7	.6721	.6730	.6739	.6749	.6758	.6767	.6776	.6785	.6794	.6803
4.8	.6812	.6821	.6830	.6839	.6848	.6857	.6866	.6875	.6884	.6893
4.9	.6902	.6911	.6920	.6928	.6937	.6946	.6955	.6964	.6972	.6981
5.0	.6990	.6998	.7007	.7016	.7024	.7033	.7042	.7050	.7059	.7067
5.1	.7076	.7084	.7093	.7101	.7110	.7118	.7126	.7135	.7143	.7152
5.2	.7160	.7168	.7177	.7185	.7193	.7202	.7210	.7218	.7226	.7235
5.3	.7243	.7251	.7259	.7267	.7275	.7284	.7292	.7300	.7308	.7316
5.4	.7324	.7332	.7340	.7348	.7356	.7364	.7372	.7380	.7388	.7396

数	0	1	2	3	4	5	6	7	8	9
5.5	.7404	.7412	.7419	.7427	.7435	.7443	.7451	.7459	.7466	.7474
5.6	.7482	.7490	.7497	.7505	.7513	.7520	.7528	.7536	.7543	.7551
5.7	.7559	.7566	.7574	.7582	.7589	.7597	.7604	.7612	.7619	.7627
5.8	.7634	.7642	.7649	.7657	.7664	.7672	.7679	.7686	.7694	.7701
5.9	.7709	.7716	.7723	.7731	.7738	.7745	.7752	.7760	.7767	.7774
6.0	.7782	.7789	.7796	.7803	.7810	.7818	.7825	.7832	.7839	.7846
6.1	.7853	.7860	.7868	.7875	.7882	.7889	.7896	.7903	.7910	.7917
6.2	.7924	.7931	.7938	.7945	.7952	.7959	.7966	.7973	.7980	.7987
6.3	.7993	.8000	.8007	.8014	.8021	.8028	.8035	.8041	.8048	.8055
6.4	.8062	.8069	.8075	.8082	.8089	.8096	.8102	.8109	.8116	.8122
6.5	.8129	.8136	.8142	.8149	.8156	.8162	.8169	.8176	.8182	.8189
6.6	.8195	.8202	.8209	.8215	.8222	.8228	.8235	.8241	.8248	.8254
6.7	.8261	.8267	.8274	.8280	.8287	.8293	.8299	.8306	.8312	.8319
6.8	.8325	.8331	.8338	.8344	.8351	.8357	.8363	.8370	.8376	.8382
6.9	.8388	.8395	.8401	.8407	.8414	.8420	.8426	.8432	.8439	.8445
7.0	.8451	.8457	.8463	.8470	.8476	.8482	.8488	.8494	.8500	.8506
7.1	.8513	.8519	.8525	.8531	.8537	.8543	.8549	.8555	.8561	.8567
7.2	.8573	.8579	.8585	.8591	.8597	.8603	.8609	.8615	.8621	.8627
7.3	.8633	.8639	.8645	.8651	.8657	.8663	.8669	.8675	.8681	.8686
7.4	.8692	.8698	.8704	.8710	.8716	.8722	.8727	.8733	.8739	.8745
7.5	.8751	.8756	.8762	.8768	.8774	.8779	.8785	.8791	.8797	.8802
7.6	.8808	.8814	.8820	.8825	.8831	.8837	.8842	.8848	.8854	.8859
7.7	.8865	.8871	.8876	.8882	.8887	.8893	.8899	.8904	.8910	.8915
7.8	.8921	.8927	.8932	.8938	.8943	.8949	.8954	.8960	.8965	.8971
7.9	.8976	.8982	.8987	.8993	.8998	.9004	.9009	.9015	.9020	.9025
8.0	.9031	.9036	.9042	.9047	.9053	.9058	.9063	.9069	.9074	.9079
8.1	.9085	.9090	.9096	.9101	.9106	.9112	.9117	.9122	.9128	.9133
8.2	.9138	.9143	.9149	.9154	.9159	.9165	.9170	.9175	.9180	.9186
8.3	.9191	.9196	.9201	.9206	.9212	.9217	.9222	.9227	.9232	.9238
8.4	.9243	.9248	.9253	.9258	.9263	.9269	.9274	.9279	.9284	.9289
8.5	.9294	.9299	.9304	.9309	.9315	.9320	.9325	.9330	.9335	.9340
8.6	.9345	.9350	.9355	.9360	.9365	.9370	.9375	.9380	.9385	.9390
8.7	.9395	.9400	.9405	.9410	.9415	.9420	.9425	.9430	.9435	.9440
8.8	.9445	.9450	.9455	.9460	.9465	.9469	.9474	.9479	.9484	.9489
8.9	.9494	.9499	.9504	.9509	.9513	.9518	.9523	.9528	.9533	.9538
9.0	.9542	.9547	.9552	.9557	.9562	.9566	.9571	.9576	.9581	.9586
9.1	.9590	.9595	.9600	.9605	.9609	.9614	.9619	.9624	.9628	.9633
9.2	.9638	.9643	.9647	.9652	.9657	.9661	.9666	.9671	.9675	.9680
9.3	.9685	.9689	.9694	.9699	.9703	.9708	.9713	.9717	.9722	.9727
9.4	.9731	.9736	.9741	.9745	.9750	.9754	.9759	.9763	.9768	.9773
9.5	.9777	.9782	.9786	.9791	.9795	.9800	.9805	.9809	.9814	.9818
9.6	.9823	.9827	.9832	.9836	.9841	.9845	.9850	.9854	.9859	.9863
9.7	.9868	.9872	.9877	.9881	.9886	.9890	.9894	.9899	.9903	.9908
9.8	.9912	.9917	.9921	.9926	.9930	.9934	.9939	.9943	.9948	.9952
9.9	.9956	.9961	.9965	.9969	.9974	.9978	.9983	.9987	.9991	.9996

●編著者

　チャート研究所

●表紙・カバー・本文デザイン

　有限会社アーク・ビジュアル・ワークス

●イラスト(先生，生徒)

　有限会社アラカグラフィス

●手書き文字(はなぞめフォント)作成

　さつやこ

編集・制作　　チャート研究所
発行者　　　　星野　泰也

初版（数学ⅡB）
第 1 刷　1981年 2 月 1 日　発行
新制（基礎解析）
第 1 刷　1983年 1 月10日　発行
改訂新版
第 1 刷　1986年 1 月10日　発行
三訂新版
第 1 刷　1991年 1 月10日　発行
新制（数学Ⅱ）
第 1 刷　1995年 2 月 1 日　発行
改訂版
第 1 刷　1999年 2 月 1 日　発行
三訂新版
第 1 刷　2001年 2 月 1 日　発行
新課程
第 1 刷　2003年11月 1 日　発行
改訂版
第 1 刷　2007年 9 月 1 日　発行
新課程
第 1 刷　2012年11月 1 日　発行
改訂版
第 1 刷　2018年 2 月 1 日　発行
増補改訂版
第 1 刷　2019年12月 1 日　発行
新課程
第 1 刷　2022年11月 1 日　発行
第 2 刷　2023年 2 月 1 日　発行

ISBN978-4-410-10237-0

チャート式® 基礎と演習　数学Ⅱ

発行所　数研出版株式会社

〒101-0052 東京都千代田区神田小川町 2 丁目 3 番地 3
　　　　　〔振替〕 00140-4-118431
〒604-0861 京都市中京区烏丸通竹屋町上る大倉町 205 番地
〔電話〕代表 (075)231-0161
ホームページ　https://www.chart.co.jp
印刷　岩岡印刷株式会社
乱丁本・落丁本はお取り替えいたします。　　221202

「チャート式」は，登録商標です。

指数関数と対数関数

⇨ 累乗根の性質

$a>0$, $b>0$, m, n, p が正の整数のとき

① $(\sqrt[n]{a})^n=a$　　② $\sqrt[n]{a}\,\sqrt[n]{b}=\sqrt[n]{ab}$

③ $\dfrac{\sqrt[n]{a}}{\sqrt[n]{b}}=\sqrt[n]{\dfrac{a}{b}}$　　④ $(\sqrt[n]{a})^m=\sqrt[n]{a^m}$

⑤ $\sqrt[m]{\sqrt[n]{a}}=\sqrt[mn]{a}$　　⑥ $\sqrt[n]{a^m}=\sqrt[np]{a^{mp}}$

⇨ 有理数の指数

$a>0$, m, n が正の整数, r が正の有理数のとき

$$a^{\frac{1}{n}}=\sqrt[n]{a}\,,\quad a^{\frac{m}{n}}=(\sqrt[n]{a})^m=\sqrt[n]{a^m}\,,\quad a^{-r}=\dfrac{1}{a^r}$$

⇨ 指数法則

$a>0$, $b>0$, r, s が有理数のとき

① $a^r a^s=a^{r+s}$　　② $\dfrac{a^r}{a^s}=a^{r-s}$

③ $(a^r)^s=a^{rs}$　　④ $(ab)^r=a^r b^r$

☐ 指数関数

⇨ 指数関数 $y=a^x$ の性質とそのグラフ

$a>0$, $a\neq1$ とする。

① 定義域は実数全体, 値域は正の数全体
② 点 $(0,1)$, $(1,a)$ を通り, x 軸はその漸近線
③ $a>1$ のとき　x が増加すると y も増加
$$p<q \iff a^p<a^q$$
$0<a<1$ のとき　x が増加すると y は減少
$$p<q \iff a^p>a^q$$

☐ 対数とその性質

⇨ 対数の定義

$a>0$, $a\neq1$, $M>0$ とする。
$$M=a^p \iff \log_a M=p$$

⇨ 対数の性質

$a>0$, $a\neq1$, $M>0$, $N>0$, k が実数のとき

① $\log_a a=1$,　　$\log_a 1=0$,　　$\log_a \dfrac{1}{a}=-1$

② $\log_a MN=\log_a M+\log_a N$

③ $\log_a \dfrac{M}{N}=\log_a M-\log_a N$

④ $\log_a M^k=k\log_a M$

⇨ 底の変換公式

a, b, c は正の数で, $a\neq1$, $b\neq1$, $c\neq1$ のとき
$$\log_a b=\dfrac{\log_c b}{\log_c a}$$
特に　$\log_a b=\dfrac{1}{\log_b a}$

☐ 対数関数

⇨ 対数関数 $y=\log_a x$ の性質とそのグラフ

$a>0$, $a\neq1$ とする。

① 定義域は正の数全体, 値域は実数全体
② 点 $(1,0)$, $(a,1)$ を通り, y 軸はその漸近線
③ $a>1$ のとき　x が増加すると y も増加
$$0<p<q \iff \log_a p<\log_a q$$
$0<a<1$ のとき　x が増加すると y は減少
$$0<p<q \iff \log_a p>\log_a q$$

☐ 常用対数

N は正の数とする。

① N の整数部分が n 桁 $\iff 10^{n-1}\leqq N<10^n$
$$\iff n-1\leqq\log_{10}N<n$$

② N は小数第 n 位に初めて 0 でない数が現れる
$$\iff 10^{-n}\leqq N<10^{-(n-1)}$$
$$\iff -n\leqq\log_{10}N<-(n-1)$$

微 分 法

☐ 微分係数

⇨ 関数 $f(x)$ において, x が a から b まで変化するときの平均変化率

$$\dfrac{f(b)-f(a)}{b-a}$$

⇨ 関数 $f(x)$ の $x=a$ における微分係数

$$f'(a)=\lim_{b\to a}\dfrac{f(b)-f(a)}{b-a}$$
$$=\lim_{h\to0}\dfrac{f(a+h)-f(a)}{h}$$
$$(b-a=h)$$

☐ 導関数とその計算

⇨ 導関数の定義

$$f'(x)=\lim_{h\to0}\dfrac{f(x+h)-f(x)}{h}$$

⇨ 関数 x^n と定数関数の導関数

$(x^n)'=nx^{n-1}$　　（n は自然数）
$(c)'=0$　　（c は定数）

⇨ 導関数の公式

k, l, a, b は定数, n は自然数とする。

① $\{kf(x)\}'=kf'(x)$
② $\{f(x)+g(x)\}'=f'(x)+g'(x)$
③ $\{f(x)-g(x)\}'=f'(x)-g'(x)$

参考 $\{f(x)g(x)\}'=f'(x)g(x)+f(x)g'(x)$
$\{(ax+b)^n\}'=n(ax+b)^{n-1}(ax+b)'$

新課程

チャート式®

基礎と演習

数学Ⅱ 〈解答編〉
問題文＋解答

数研出版
https://www.chart.co.jp

TRAINING, EXERCISES の解答

注意 ・章ごとに，TRAINING，EXERCISES の問題と解答をまとめて扱った。
・主に本冊の CHART & GUIDE に対応した箇所を赤字で示した。
・問題番号の左上の数字は，難易度を表したものである。

TR ①1 (1) 次の式を展開せよ。
　　(ア) $(a+4)^3$　　　　(イ) $(2a-3b)^3$　　　　(ウ) $(2x-3y)(4x^2+6xy+9y^2)$
　　(2) 次の式を因数分解せよ。
　　(ア) x^3+125　　　　(イ) $27p^3-8q^3$

(1) (ア) $(a+4)^3=a^3+3\cdot a^2\cdot 4+3\cdot a\cdot 4^2+4^3$
　　　　　$=\boldsymbol{a^3+12a^2+48a+64}$

$\leftarrow (a+b)^3$
$=a^3+3a^2b+3ab^2+b^3$

(イ) $(2a-3b)^3=(2a)^3-3\cdot (2a)^2\cdot 3b+3\cdot 2a\cdot (3b)^2-(3b)^3$
　　　　　$=\boldsymbol{8a^3-36a^2b+54ab^2-27b^3}$

$\leftarrow (a-b)^3$
$=a^3-3a^2b+3ab^2-b^3$

(ウ) $(2x-3y)(4x^2+6xy+9y^2)$
　　　$=(2x-3y)\{(2x)^2+2x\cdot 3y+(3y)^2\}$
　　　$=(2x)^3-(3y)^3=\boldsymbol{8x^3-27y^3}$

$\leftarrow (a-b)(a^2+ab+b^2)$
$=a^3-b^3$

(2) (ア) $x^3+125=x^3+5^3$
　　　$=(x+5)(x^2-x\cdot 5+5^2)$
　　　$=\boldsymbol{(x+5)(x^2-5x+25)}$

$\leftarrow \bigcirc^3+\triangle^3$
$=(\bigcirc+\triangle)(\bigcirc^2-\bigcirc\triangle+\triangle^2)$
で　$\bigcirc=x$，$\triangle=5$

(イ) $27p^3-8q^3=(3p)^3-(2q)^3$
　　　$=(3p-2q)\{(3p)^2+3p\cdot 2q+(2q)^2\}$
　　　$=\boldsymbol{(3p-2q)(9p^2+6pq+4q^2)}$

$\leftarrow \bigcirc^3-\triangle^3$
$=(\bigcirc-\triangle)(\bigcirc^2+\bigcirc\triangle+\triangle^2)$
で　$\bigcirc=3p$，$\triangle=2q$

TR ③2 次の式を因数分解せよ。
　　(1) $2a^4b+16ab^4$　　　(2) x^6+7x^3-8　　　(3) $27x^3-54x^2y+36xy^2-8y^3$

(1) $2a^4b+16ab^4=2ab(a^3+8b^3)$
　　　　　$=2ab(a+2b)\{a^2-a\cdot 2b+(2b)^2\}$
　　　　　$=\boldsymbol{2ab(a+2b)(a^2-2ab+4b^2)}$

$\leftarrow 2ab$ が共通因数。
$\leftarrow \bigcirc^3+\triangle^3$
$=(\bigcirc+\triangle)(\bigcirc^2-\bigcirc\triangle+\triangle^2)$

(2) $x^6+7x^3-8=(x^3)^2+7x^3-8=(x^3-1)(x^3+8)$
　　　$=(x-1)(x^2+x\cdot 1+1^2)(x+2)(x^2-x\cdot 2+2^2)$
　　　$=\boldsymbol{(x-1)(x+2)(x^2+x+1)(x^2-2x+4)}$

$\leftarrow a^{mn}=(a^m)^n$
$\leftarrow \bigcirc^3-\triangle^3$
$=(\bigcirc-\triangle)(\bigcirc^2+\bigcirc\triangle+\triangle^2)$

(3) $27x^3-54x^2y+36xy^2-8y^3=(27x^3-8y^3)-(54x^2y-36xy^2)$
　　　$=(3x-2y)\{(3x)^2+3x\cdot 2y+(2y)^2\}-18xy(3x-2y)$
　　　$=(3x-2y)(9x^2+6xy+4y^2-18xy)$
　　　$=(3x-2y)(9x^2-12xy+4y^2)$
　　　$=(3x-2y)(3x-2y)^2=\boldsymbol{(3x-2y)^3}$

$\leftarrow$ 項の組み合わせを工夫。
$\leftarrow 3x-2y$ が共通因数。

$\leftarrow 9x^2-12xy+4y^2$ はさらに因数分解できる。

別解 (3) $27x^3-54x^2y+36xy^2-8y^3$
　　　$=(3x)^3-3\cdot (3x)^2\cdot 2y+3\cdot 3x\cdot (2y)^2-(2y)^3$
　　　$=\boldsymbol{(3x-2y)^3}$

$\leftarrow a^3-3a^2b+3ab^2-b^3$
$=(a-b)^3$
を用いて因数分解。

TR 二項定理を用いて，次の式の展開式を求めよ。
①3 (1) $(x-2)^6$　　　　(2) $(3x+1)^5$　　　　(3) $(2a-3b)^4$

(1) $(x-2)^6 = {}_6C_0x^6 + {}_6C_1x^5(-2) + {}_6C_2x^4(-2)^2 + {}_6C_3x^3(-2)^3$
$\qquad + {}_6C_4x^2(-2)^4 + {}_6C_5x(-2)^5 + {}_6C_6(-2)^6$
$\quad = x^6 - 12x^5 + 60x^4 - 160x^3 + 240x^2 - 192x + 64$

(2) $(3x+1)^5 = {}_5C_0(3x)^5 + {}_5C_1(3x)^4 \cdot 1 + {}_5C_2(3x)^3 \cdot 1^2$
$\qquad + {}_5C_3(3x)^2 \cdot 1^3 + {}_5C_4(3x) \cdot 1^4 + {}_5C_5 \cdot 1^5$
$\quad = 243x^5 + 405x^4 + 270x^3 + 90x^2 + 15x + 1$

(3) $(2a-3b)^4 = {}_4C_0(2a)^4 + {}_4C_1(2a)^3(-3b) + {}_4C_2(2a)^2(-3b)^2$
$\qquad + {}_4C_3(2a)(-3b)^3 + {}_4C_4(-3b)^4$
$\quad = 16a^4 - 96a^3b + 216a^2b^2 - 216ab^3 + 81b^4$

CHART 二項定理
$(a+b)^n = {}_nC_0a^n$
$+ {}_nC_1a^{n-1}b + {}_nC_2a^{n-2}b^2$
$+ \cdots\cdots + {}_nC_ra^{n-r}b^r +$
$\cdots\cdots + {}_nC_nb^n$

$\Leftarrow {}_5C_2 = {}_5C_3 = 10$

$\Leftarrow {}_4C_2 = 6$

TR 次の式の展開式における[ ]内の項の係数を求めよ。
②4 (1) $(x-3)^6$ $[x^3]$　　(2) $(2x+3y)^5$ $[x^3y^2]$　　(3) $(x^3+1)^4$ $[x^6]$　　[(3) 類 関西学院大]

(1) 展開式の一般項は
$$ {}_6C_rx^{6-r}(-3)^r = {}_6C_r(-3)^rx^{6-r} $$
x^3 の項は $6-r=3$ すなわち $r=3$ のとき得られる。
よって，x^3 の項の係数は
$$ {}_6C_3(-3)^3 = \frac{6 \cdot 5 \cdot 4}{3 \cdot 2 \cdot 1} \times (-27) = -540 $$

(2) 展開式の一般項は
$$ {}_5C_r(2x)^{5-r}(3y)^r = {}_5C_r2^{5-r}x^{5-r} \cdot 3^ry^r = {}_5C_r2^{5-r}3^rx^{5-r}y^r $$
x^3y^2 の項は $r=2$ のとき得られる。
よって，x^3y^2 の項の係数　$ {}_5C_22^3 \cdot 3^2 = \frac{5 \cdot 4}{2 \cdot 1} \times 8 \times 9 = 720 $

(3) 展開式の一般項は
$$ {}_4C_r(x^3)^{4-r} \cdot 1^r = {}_4C_rx^{3(4-r)} $$
x^6 の項は $3(4-r)=6$ すなわち $r=2$ のとき得られる。
よって，x^6 の項の係数は　$ {}_4C_2 = \frac{4 \cdot 3}{2 \cdot 1} = 6 $

CHART
展開式の係数
$(a+b)^n$ の展開式の一般項は　$ {}_nC_ra^{n-r}b^r $

$\Leftarrow (ab)^n = a^nb^n$

$\Leftarrow (a^m)^n = a^{mn}$
$\Leftarrow 4-r=2$

TR (1) ${}_9C_0 + {}_9C_1 + {}_9C_2 + \cdots\cdots + {}_9C_9$ の値を求めよ。
①5 (2) 等式 ${}_nC_0 - 2{}_nC_1 + 2^2{}_nC_2 - \cdots\cdots + (-2)^n{}_nC_n = (-1)^n$ が成り立つことを証明せよ。ただし，n は自然数とする。

(1) 二項定理により
$$ (1+x)^9 = {}_9C_0 + {}_9C_1x + {}_9C_2x^2 + \cdots\cdots + {}_9C_9x^9 $$
この等式の両辺に，$x=1$ を代入すると
$$ (1+1)^9 = {}_9C_0 + {}_9C_1 \cdot 1 + {}_9C_2 \cdot 1^2 + \cdots\cdots + {}_9C_9 \cdot 1^9 \quad \cdots\cdots (*) $$
よって　${}_9C_0 + {}_9C_1 + {}_9C_2 + \cdots\cdots + {}_9C_9 = 2^9 = 512$

(2) 二項定理により
$$ (1+x)^n = {}_nC_0 + {}_nC_1x + {}_nC_2x^2 + \cdots\cdots $$
$$ + {}_nC_rx^r + \cdots\cdots + {}_nC_nx^n $$
この等式の両辺に，$x=-2$ を代入すると

HINT (1) ${}_9C_r$ の形の和であるから，$(1+x)^9$ の展開式に注目。

$\Leftarrow (*)$ の左辺と右辺を入れ替える。

$$(1-2)^n = {}_nC_0 + {}_nC_1(-2) + {}_nC_2(-2)^2 + \cdots\cdots$$
$$+ {}_nC_r(-2)^r + \cdots\cdots + {}_nC_n(-2)^n$$

よって $\quad {}_nC_0 - 2{}_nC_1 + 2^2{}_nC_2 - \cdots\cdots + (-2)^n{}_nC_n = (-1)^n$

⟸ $(-1)^{奇数} = -1$,
$(-1)^{偶数} = 1$ に注意。

TR
③**6** 次の式の展開式における[ ]内の項の係数を求めよ。
(1) $(x+y+z)^8$ $[x^2y^3z^3]$ (2) $(x-y-2z)^7$ $[x^3y^2z^2]$

(1) $\{(x+y)+z\}^8$ の展開式において，z^3 を含む項は
$${}_8C_3(x+y)^5z^3$$

⟸ $x+y=X$ とおくと
$(X+z)^8$ の形。

$(x+y)^5$ の展開式において，x^2y^3 の項は $\quad {}_5C_3x^2y^3$

よって，$x^2y^3z^3$ の項の係数は $\quad {}_8C_3 \times {}_5C_3 = \dfrac{8\cdot7\cdot6}{3\cdot2\cdot1} \times \dfrac{5\cdot4}{2\cdot1} = \mathbf{560}$

⟸ ${}_5C_3 = {}_5C_2$

別解 展開式における $x^py^qz^r$ の項は $\quad \dfrac{8!}{p!q!r!}x^py^qz^r$

ただし，p, q, r は 0 以上の整数で $\quad p+q+r=8$
$x^2y^3z^3$ の項の係数は，$p=2$, $q=3$, $r=3$ のときで

$$\dfrac{8!}{2!3!3!} = \dfrac{8\cdot7\cdot6\cdot5\cdot4}{2\cdot1\times3\cdot2\cdot1} = \mathbf{560}$$

(2) $\{(x-y)-2z\}^7$ の展開式において，z^2 を含む項は
$${}_7C_2(x-y)^5(-2z)^2 = 4{}_7C_2(x-y)^5z^2$$

⟸ $x-y=X$ とおくと
$(X-2z)^7$ の形。

$(x-y)^5$ の展開式において，x^3y^2 の項は
$${}_5C_2x^3(-y)^2 = {}_5C_2x^3y^2$$

⟸ $(-y)^2 = (-1)^2y^2$

よって，$x^3y^2z^2$ の項の係数は

$$4{}_7C_2 \times {}_5C_2 = 4 \times \dfrac{7\cdot6}{2\cdot1} \times \dfrac{5\cdot4}{2\cdot1} = \mathbf{840}$$

別解 展開式における $x^py^qz^r$ の項は

$$\dfrac{7!}{p!q!r!}x^p(-y)^q(-2z)^r = \dfrac{7!(-1)^q(-2)^r}{p!q!r!}x^py^qz^r$$

⟸ $(-y)^q = (-1)^qy^q$,
$(-2z)^r = (-2)^rz^r$

ただし，p, q, r は 0 以上の整数で $\quad p+q+r=7$
$x^3y^2z^2$ の項の係数は，$p=3$, $q=2$, $r=2$ のときで

$$\dfrac{7!(-1)^2(-2)^2}{3!2!2!} = \dfrac{7\cdot6\cdot5\cdot4\times1\times4}{2\cdot1\times2\cdot1} = \mathbf{840}$$

TR
②**7** 次の多項式 A, B について，A を B で割った商 Q と余り R を求めよ。また，その結果を
$A=BQ+R$ の形に書け。
(1) $A=4x^3-3x-9$, $B=2x+3$ (2) $A=1+2x^2+2x^3$, $B=1+2x$

(1)
$$
\begin{array}{r}
2x^2-3x+3 \\
2x+3{\overline{\smash{)}\,4x^3-3x-9}} \\
\underline{4x^3+6x^2} \\
-6x^2-3x \\
\underline{-6x^2-9x} \\
6x-9 \\
\underline{6x+9} \\
-18
\end{array}
$$

したがって
$$Q=2x^2-3x+3, \quad R=-18$$

また $\quad 4x^3-3x-9=(2x+3)(2x^2-3x+3)-18 \quad\cdots\cdots (*)$

CHART

割り算の等式

多項式 A を多項式 B で割った商を Q，余りを R とすると $\quad A=BQ+R$

(1) A については，欠けている x^2 の項をあけておく。

(2)
$$\begin{array}{r} x^2+\dfrac{1}{2}x-\dfrac{1}{4} \\ 2x+1{\overline{\smash{\big)}\,2x^3+2x^2+1}} \\ \underline{2x^3+x^2} \\ x^2 \\ \underline{x^2+\dfrac{1}{2}x} \\ -\dfrac{1}{2}x+1 \\ \underline{-\dfrac{1}{2}x-\dfrac{1}{4}} \\ \dfrac{5}{4} \end{array}$$

したがって
$$Q=x^2+\dfrac{1}{2}x-\dfrac{1}{4},\quad R=\dfrac{5}{4}$$

また $2x^3+2x^2+1=(2x+1)\left(x^2+\dfrac{1}{2}x-\dfrac{1}{4}\right)+\dfrac{5}{4}$ ……（＊）

← まず，A，B を降べきの順にする。Aについては，欠けている x の項をあけておく。

（＊）右辺を計算して，左辺に一致するかどうかを確かめることで，検算ができる [(1) についても同様]。

TR
②**8** 次の条件を満たす多項式 A，B を求めよ。
(1) A を x^2+3x-2 で割ると，商が $3x-4$，余りが $2x+5$ である。
(2) x^3-x^2+3x+1 を B で割ると，商が $x+1$，余りが $3x-1$ である。

(1) 条件から，次の等式が成り立つ。
$$A=(x^2+3x-2)(3x-4)+2x+5$$
右辺を計算して $A=(3x^3+5x^2-18x+8)+2x+5$
$$=3x^3+5x^2-16x+13$$

(2) 条件から，次の等式が成り立つ。
$$x^3-x^2+3x+1=B\times(x+1)+3x-1$$
よって $x^3-x^2+3x+1-(3x-1)=B\times(x+1)$
ゆえに $x^3-x^2+2=(x+1)B$
すなわち，B は x^3-x^2+2 を
$x+1$ で割った商である。
右の計算から
$$B=x^2-2x+2$$

$\boxed{\text{HINT}}$ 与えられた多項式を，割り算の等式
$$A=BQ+R$$
に代入する。

← 余り $3x-1$ を移項。
← $A-R=QB$ の形。

$$\begin{array}{r} x^2-2x+2 \\ x+1{\overline{\smash{\big)}\,x^3-x^2+2}} \\ \underline{x^3+x^2} \\ -2x^2 \\ \underline{-2x^2-2x} \\ 2x+2 \\ \underline{2x+2} \\ 0 \end{array}$$

← この場合は割り切れる。

TR
③**9** ★ 次の各場合について，A を B で割った商と余りを求めよ。
(1) $A=a^2+2ab+3b^2$，$B=a+b$ について ㋐ a の式とみる。 ㋑ b の式とみる。
(2) $A=x^3+8a^3$，$B=x+2a$ x の式とみる。
(3) $A=2a^3+13ab^2-9a^2b-6b^3$，$B=2a-3b$ a の式とみる。

(1) ㋐ a の式とみると
$$\begin{array}{r} a+b \\ a+b{\overline{\smash{\big)}\,a^2+2ba+3b^2}} \\ \underline{a^2+ba} \\ ba+3b^2 \\ \underline{ba+b^2} \\ 2b^2 \end{array}$$

㋑ b の式とみると
$$\begin{array}{r} 3b-a \\ b+a{\overline{\smash{\big)}\,3b^2+2ab+a^2}} \\ \underline{3b^2+3ab} \\ -ab+a^2 \\ \underline{-ab-a^2} \\ 2a^2 \end{array}$$

$\boxed{\text{CHART}}$
2 種類の文字を含む割り算
1 つの文字について整理
して計算
(1) ㋐ a について整理。
㋑ b について整理。

したがって　(ア)　商 $a+b$, 余り $2b^2$

(イ)　商 $3b-a$, 余り $2a^2$

(2)

$$
\begin{array}{r}
x^2-2ax\ +4a^2 \\
x+2a\,{\overline{\smash{\big)}\,x^3\qquad\qquad\ +8a^3}} \\
\underline{x^3+2ax^2} \\
-2ax^2 \\
\underline{-2ax^2-4a^2x} \\
4a^2x+8a^3 \\
\underline{4a^2x+8a^3} \\
0
\end{array}
$$

したがって

商　$x^2-2ax+4a^2$,

余り　0

← 欠けている次数の項
はあけておく。

← (2) の結果は因数分解
x^3+8a^3
$=(x+2a)(x^2-2ax+4a^2)$
と対応している。

(3)

$$
\begin{array}{r}
a^2-3ba\ +\ 2b^2 \\
2a-3b\,{\overline{\smash{\big)}\,2a^3-9ba^2+13b^2a-6b^3}} \\
\underline{2a^3-3ba^2} \\
-6ba^2+13b^2a \\
\underline{-6ba^2+\ 9b^2a} \\
4b^2a-6b^3 \\
\underline{4b^2a-6b^3} \\
0
\end{array}
$$

したがって

商　$a^2-3ab+2b^2$,

余り　0

← a について降べきの
順に整理する。

TR
①**10**　(1), (2) の分数式を約分せよ。また, (3)〜(5) の式を計算せよ。

(1) $\dfrac{8a^4b^3c}{12a^2c^3}$　　(2) $\dfrac{x^2+xy-2y^2}{3x^2-2xy-y^2}$　　(3) $\dfrac{x-1}{(x+1)^2}\times\dfrac{x^2+x}{x^2-1}$

(4) $\dfrac{x+2}{x-2}\div\dfrac{x^2-4}{x^2-x-2}$　　(5) $\dfrac{x^3-1}{x^2-x+1}\div\dfrac{x^2+x+1}{x^2-1}\times\dfrac{x^3+1}{x^2-2x+1}$

(1) $\dfrac{8a^4b^3c}{12a^2c^3}=\dfrac{4a^2c\cdot 2a^2b^3}{4a^2c\cdot 3c^2}=\dfrac{2a^2b^3}{3c^2}$

← $4a^2c$ で約分。

(2) $\dfrac{x^2+xy-2y^2}{3x^2-2xy-y^2}=\dfrac{(x-y)(x+2y)}{(x-y)(3x+y)}$

$\qquad\qquad\qquad =\dfrac{x+2y}{3x+y}$

$$
\begin{array}{ccc}
1 & \diagdown & -y & \longrightarrow & -3y \\
3 & \diagup & y & \longrightarrow & y \\
\hline
3 & & -y^2 & & -2y
\end{array}
$$

← 分母・分子を因数分
解。

(3) $\dfrac{x-1}{(x+1)^2}\times\dfrac{x^2+x}{x^2-1}=\dfrac{(x-1)x(x+1)}{(x+1)^3(x-1)}=\dfrac{x}{(x+1)^2}$

(4) $\dfrac{x+2}{x-2}\div\dfrac{x^2-4}{x^2-x-2}=\dfrac{x+2}{x-2}\times\dfrac{(x+1)(x-2)}{(x+2)(x-2)}$

$\qquad\qquad\qquad =\dfrac{(x+2)(x+1)(x-2)}{(x-2)^2(x+2)}=\dfrac{x+1}{x-2}$

CHART

$\dfrac{A}{B}\times\dfrac{C}{D}=\dfrac{AC}{BD}$

…… 分母どうし, 分子
どうしを掛ける。

$\dfrac{A}{B}\div\dfrac{C}{D}=\dfrac{A}{B}\times\dfrac{D}{C}$

$\qquad\ =\dfrac{AD}{BC}$

…… 割る式の逆数を掛
ける。

(5) $\dfrac{x^3-1}{x^2-x+1}\div\dfrac{x^2+x+1}{x^2-1}\times\dfrac{x^3+1}{x^2-2x+1}$

$=\dfrac{(x-1)(x^2+x+1)}{x^2-x+1}\times\dfrac{(x+1)(x-1)}{x^2+x+1}\times\dfrac{(x+1)(x^2-x+1)}{(x-1)^2}$

$=\dfrac{(x-1)^2(x^2+x+1)(x+1)^2(x^2-x+1)}{(x^2-x+1)(x^2+x+1)(x-1)^2}$

$=(x+1)^2$

← 答えは展開しなくて
もよい。

TR
②**11** 次の式を計算せよ。

(1) $\dfrac{2x}{x^2-a^2}-\dfrac{2a}{x^2-a^2}$　　　　(2) $\dfrac{2}{x-1}-\dfrac{2x+5}{x^2+2x-3}$

(3) $\dfrac{2x-1}{x^2+4x}+\dfrac{8-x}{x^2+2x-8}$　　　　(4) $\dfrac{2}{x+1}+\dfrac{2x}{x-1}-\dfrac{x^2+3}{x^2-1}$

(1) （与式）$=\dfrac{2x-2a}{x^2-a^2}=\dfrac{2(x-a)}{(x+a)(x-a)}=\dfrac{2}{x+a}$

　　← $\dfrac{A}{C}-\dfrac{B}{C}=\dfrac{A-B}{C}$

(2) （与式）$=\dfrac{2}{x-1}-\dfrac{2x+5}{(x-1)(x+3)}=\dfrac{2(x+3)-(2x+5)}{(x-1)(x+3)}$

　　← 分母を $(x-1)(x+3)$ にそろえる（**通分する**）。

　　　$=\dfrac{1}{(x-1)(x+3)}$

(3) （与式）$=\dfrac{2x-1}{x(x+4)}+\dfrac{8-x}{(x-2)(x+4)}$

　　　$=\dfrac{(2x-1)(x-2)+x(8-x)}{x(x-2)(x+4)}=\dfrac{x^2+3x+2}{x(x-2)(x+4)}$

　　← 分母を $x(x-2)(x+4)$ にそろえる。

　　　$=\dfrac{(x+1)(x+2)}{x(x-2)(x+4)}$

(4) （与式）$=\dfrac{2}{x+1}+\dfrac{2x}{x-1}-\dfrac{x^2+3}{(x+1)(x-1)}$

　　　$=\dfrac{2(x-1)+2x(x+1)-(x^2+3)}{(x+1)(x-1)}$

　　← 分母を $(x+1)(x-1)$ にそろえる。

　　　$=\dfrac{x^2+4x-5}{(x+1)(x-1)}=\dfrac{(x-1)(x+5)}{(x+1)(x-1)}=\dfrac{x+5}{x+1}$

TR
③**12** 次の式を簡単にせよ。

(1) $\dfrac{a+2}{a-\dfrac{2}{a+1}}$　　　　(2) $\dfrac{1}{x+\dfrac{1}{x-\dfrac{1}{x}}}$

(1) ［**方法 1**］ （分母）$=a-\dfrac{2}{a+1}=\dfrac{a(a+1)-2}{a+1}$

　　← まず，分母を計算する。

　　　　　　　$=\dfrac{a^2+a-2}{a+1}=\dfrac{(a+2)(a-1)}{a+1}$

　　よって　　（与式）$=(a+2)\div\dfrac{(a+2)(a-1)}{a+1}$

　　　　　　　$=(a+2)\times\dfrac{a+1}{(a+2)(a-1)}=\dfrac{a+1}{a-1}$

　　← $\div\dfrac{C}{D}$ は $\times\dfrac{D}{C}$

　　［**方法 2**］ （与式）$=\dfrac{(a+1)(a+2)}{a(a+1)-2}=\dfrac{(a+1)(a+2)}{a^2+a-2}$

　　← 分母・分子に $a+1$ を掛ける。

　　　　　　　$=\dfrac{(a+1)(a+2)}{(a-1)(a+2)}=\dfrac{a+1}{a-1}$

(2) （与式）$=\dfrac{1}{x+\dfrac{1}{\dfrac{x^2-1}{x}}}=\dfrac{1}{x+\dfrac{x}{x^2-1}}=\dfrac{1}{\dfrac{x(x^2-1)+x}{x^2-1}}$

　　← $x-\dfrac{1}{x}$ の部分から計算する。

$$= \frac{1}{\dfrac{x^3}{x^2-1}} = \frac{x^2-1}{x^3}$$

TR
③13 次の式を計算せよ。

(1) $\dfrac{1}{(x+1)(x+2)} + \dfrac{1}{(x+2)(x+3)} + \dfrac{1}{(x+3)(x+4)}$

(2) $\dfrac{1}{(a-3)a} + \dfrac{1}{a(a+3)} + \dfrac{1}{(a+3)(a+6)}$

(1) (与式)$= \left(\dfrac{1}{x+1} - \dfrac{1}{x+2}\right) + \left(\dfrac{1}{x+2} - \dfrac{1}{x+3}\right) + \left(\dfrac{1}{x+3} - \dfrac{1}{x+4}\right)$

$= \dfrac{1}{x+1} - \dfrac{1}{x+4} = \dfrac{(x+4)-(x+1)}{(x+1)(x+4)} = \dfrac{3}{(x+1)(x+4)}$

(2) (与式)$= \dfrac{1}{3}\left(\dfrac{1}{a-3} - \dfrac{1}{a}\right) + \dfrac{1}{3}\left(\dfrac{1}{a} - \dfrac{1}{a+3}\right)$

$\qquad\qquad + \dfrac{1}{3}\left(\dfrac{1}{a+3} - \dfrac{1}{a+6}\right)$

$= \dfrac{1}{3}\left(\dfrac{1}{a-3} - \dfrac{1}{a+6}\right) = \dfrac{1}{3} \cdot \dfrac{(a+6)-(a-3)}{(a-3)(a+6)}$

$= \dfrac{1}{3} \cdot \dfrac{9}{(a-3)(a+6)} = \dfrac{3}{(a-3)(a+6)}$

CHART
分数式の計算の工夫
　部分分数分解
$a \neq b$ のとき
$\dfrac{1}{(x+a)(x+b)}$
$= \dfrac{1}{b-a}\left(\dfrac{1}{x+a} - \dfrac{1}{x+b}\right)$

⇐ 通分してまとめる。

TR
②14 次の等式が x についての恒等式であるように, 定数 a, b, c の値を定めよ。

(1) $(a+b-3)x^2 + (2a-b)x + 3b-c = 0$　　(2) $x^2-x-3 = a(x-1)^2 + b(x-1) + c$

(1) $(a+b-3)x^2 + (2a-b)x + 3b-c = 0$ が x についての恒等式であるための条件は

$\qquad a+b-3=0, \quad 2a-b=0, \quad 3b-c=0$

これを解いて　　$a=1, \ b=2, \ c=6$

(2) 右辺を展開して整理すると

$\qquad x^2-x-3 = ax^2 + (-2a+b)x + a-b+c$

この等式が x についての恒等式であるための条件は, 両辺の同じ次数の項の係数がそれぞれ等しいことであるから

$\qquad a=1, \quad -2a+b=-1, \quad a-b+c=-3$

これを解いて　　$a=1, \ b=1, \ c=-3$

⇐ $Ax^2+Bx+C=0$ が x の恒等式 $\iff$ $A=B=C=0$

TR
③15 等式 $x^3-1 = a(x-1)(x-2)(x-3) + b(x-1)(x-2) + c(x-1)$ が, x についての恒等式であるように, 定数 a, b, c の値を定めよ。

$x^3-1 = a(x-1)(x-2)(x-3) + b(x-1)(x-2) + c(x-1)$

$\qquad\qquad\qquad\qquad\qquad\qquad \cdots\cdots ①$

とする。① が x についての恒等式であるならば, $x=0, \ 2, \ 3$ を代入しても成り立つ。

$x=0$ を代入すると　　$-1 = -6a + 2b - c$

$x=2$ を代入すると　　$7 = c$

$x=3$ を代入すると　　$26 = 2b + 2c$

これを解いて　　$a=1, \ b=6, \ c=7$

⇐ $x=1$ を代入すると, 両辺がともに 0 となるから, 代入しても意味がない。

逆に，このとき，① の右辺は
$$(x-1)(x-2)(x-3)+6(x-1)(x-2)+7(x-1)$$
$$=(x-1)\{(x-2)(x-3)+6(x-2)+7\}$$
$$=(x-1)(x^2-5x+6+6x-12+7)$$
$$=(x-1)(x^2+x+1)=x^3-1$$

← 恒等式になることの確認が必要。

となり，左辺と一致するから，等式 ① は恒等式である。
よって　$a=1$，$b=6$，$c=7$

← $(x-1)(x^2+x\cdot1+1^2)$
$=x^3-1^3$

TR
③**16** 次の等式が x についての恒等式であるように，定数 a, b, c の値を定めよ。

(1) $\dfrac{4x+5}{(x+2)(x-1)}=\dfrac{a}{x+2}+\dfrac{b}{x-1}$　(2) $\dfrac{3x+2}{x^2(x+1)}=\dfrac{a}{x}+\dfrac{b}{x^2}+\dfrac{c}{x+1}$　[(1) 関東学院大]

(1) 等式の両辺に $(x+2)(x-1)$ を掛けると
$$4x+5=a(x-1)+b(x+2)　\cdots\cdots ①$$
等式 ① が x についての恒等式であればよい。
① の右辺を整理すると　$4x+5=(a+b)x-a+2b$
両辺の同じ次数の項の係数を比較して　$4=a+b$，$5=-a+2b$
これを解いて　$a=1$，$b=3$

← 分母を払う。

← 係数比較法。

|別解| 等式 ① が恒等式であるならば，両辺に $x=1$，-2 を代入しても成り立つ。
$x=1$ を代入すると　　$9=3b$
$x=-2$ を代入すると　$-3=-3a$
すなわち　$a=1$，$b=3$
逆に，このとき，① の右辺は　$x-1+3(x+2)=4x+5$
となり，左辺と一致するから，① は恒等式である。
よって　　$a=1$，$b=3$

← 数値代入法。
$x-1=0$，$x+2=0$
となる x の値 1，-2
を代入する。

← 数値代入法では，逆の確認を忘れずに。

(2) 等式の両辺に $x^2(x+1)$ を掛けると
$$3x+2=ax(x+1)+b(x+1)+cx^2　\cdots\cdots ①$$
等式 ① が x についての恒等式であればよい。
① の右辺を整理すると
$$3x+2=(a+c)x^2+(a+b)x+b$$
両辺の同じ次数の項の係数を比較して
$$0=a+c,\ 3=a+b,\ 2=b$$
これを解いて　$a=1$，$b=2$，$c=-1$

← 分母を払う。

← 係数比較法。

|別解| 等式 ① が恒等式であるならば，両辺に $x=0$，-1，1 を代入しても成り立つ。
$x=0$ を代入すると　$2=b$
$x=-1$ を代入すると　$-1=c$
$x=1$ を代入すると　$5=2a+2b+c$
これを解いて　$a=1$，$b=2$，$c=-1$
逆に，このとき，① の右辺は
$$x(x+1)+2(x+1)-x^2=3x+2$$
となり，左辺と一致するから，① は恒等式である。
よって　　$a=1$，$b=2$，$c=-1$

← 数値代入法。
$x^2(x+1)=0$ となる
x の値 0，-1 と計算しやすい 1 を代入する。

← 数値代入法では，逆の確認を忘れずに。

TR
②**17**　次の等式を証明せよ。

(1)　$a^4+4b^4=\{(a+b)^2+b^2\}\{(a-b)^2+b^2\}$

(2)　$a^2+b^2+c^2-ab-bc-ca=\dfrac{1}{2}\{(a-b)^2+(b-c)^2+(c-a)^2\}$

(3)　$(a^2+b^2)(c^2+d^2)=(ac+bd)^2+(ad-bc)^2$

(1)　(右辺)$=(a^2+2ab+2b^2)(a^2-2ab+2b^2)$

　　　　　$=\{(a^2+2b^2)+2ab\}\{(a^2+2b^2)-2ab\}$

　　　　　$=(a^2+2b^2)^2-(2ab)^2=(a^4+4a^2b^2+4b^4)-4a^2b^2$

　　　　　$=a^4+4b^4=$(左辺)

　　よって，等式は成り立つ。

　　　　　← 複雑な右辺を変形（展開）して，左辺を導く。

　　　　　← $(A+B)(A-B)$
　　　　　　$=A^2-B^2$ の形。

(2)　(右辺)$=\dfrac{1}{2}\{(a^2-2ab+b^2)+(b^2-2bc+c^2)+(c^2-2ca+a^2)\}$

　　　　　$=a^2+b^2+c^2-ab-bc-ca=$(左辺)

　　よって，等式は成り立つ。

　　　　　← 右辺を変形（展開）して，左辺を導く。

(3)　(左辺)$=a^2c^2+a^2d^2+b^2c^2+b^2d^2$

　　(右辺)$=(a^2c^2+2acbd+b^2d^2)+(a^2d^2-2adbc+b^2c^2)$

　　　　　$=a^2c^2+a^2d^2+b^2c^2+b^2d^2$

　　よって，等式は成り立つ。

　　　　　← 両辺を展開して，同じ式を導く。

　　$\boxed{別解}$　(右辺)$=(a^2c^2+2acbd+b^2d^2)+(a^2d^2-2adbc+b^2c^2)$

　　　　　　　　$=a^2c^2+b^2d^2+a^2d^2+b^2c^2$

　　　　　　　　$=a^2(c^2+d^2)+b^2(d^2+c^2)=(a^2+b^2)(c^2+d^2)$

　　　　　　　　$=$(左辺)

　　よって，等式は成り立つ。

　　　　　← 右辺をいったん展開し，項を組み合わせて，共通因数 c^2+d^2 を作り，左辺を導く。

$\boxed{参考}$　**例題 17 (2) の別解**

　　　　(右辺)$=\{(ac+bd)+(ad+bc)\}\{(ac+bd)-(ad+bc)\}$

　　　　　　　$=\{a(c+d)+b(c+d)\}\{a(c-d)-b(c-d)\}$

　　　　　　　$=(a+b)(c+d)(a-b)(c-d)$

　　　　　　　$=(a^2-b^2)(c^2-d^2)=$(左辺)

　　したがって　　$(a^2-b^2)(c^2-d^2)=(ac+bd)^2-(ad+bc)^2$

　　　　　← A^2-B^2
　　　　　　$=(A+B)(A-B)$

TR
②**18**　$a+b+c=0$ のとき，次の等式が成り立つことを証明せよ。

(1)　$a^2+b^2=c^2-2ab$　　　　(2)　$(a+b)(b+c)(c+a)+abc=0$　　　(3)　$a^3+b^3+c^3-3abc=0$

　　$a+b+c=0$ から　　$c=-a-b$

(1)　(右辺)$=(-a-b)^2-2ab=a^2+2ab+b^2-2ab$

　　　　　$=a^2+b^2=$(左辺)

　　よって　　$a^2+b^2=c^2-2ab$

(2)　(左辺)$=(a+b)(b-a-b)(-a-b+a)+ab(-a-b)$

　　　　　$=(a+b)(-a)(-b)-ab(a+b)$

　　　　　$=ab(a+b)-ab(a+b)=0$

　　よって　　$(a+b)(b+c)(c+a)+abc=0$

　　$\boxed{別解}$　$a+b+c=0$ から　$a+b=-c,\ b+c=-a,\ c+a=-b$

　　　　ゆえに　　(左辺)$=(-c)(-a)(-b)+abc=0$

　　　　よって　　$(a+b)(b+c)(c+a)+abc=0$

　　　　　CHART
　　　　　条件式の扱い
　　　　　文字を減らす
　　　　　c を消去する方針で進める。

(3) （左辺）$=a^3+b^3-(a+b)^3+3ab(a+b)$

$\qquad =a^3+b^3-(a^3+3a^2b+3ab^2+b^3)+3a^2b+3ab^2=0$

よって　　$a^3+b^3+c^3-3abc=0$

　別解　$a^3+b^3+c^3-3abc$

$\qquad =(a+b+c)(a^2+b^2+c^2-ab-bc-ca)$

と因数分解できて，$a+b+c=0$ であるから

$\qquad a^3+b^3+c^3-3abc=0$

←左辺から c を消去すると，右辺が導かれる。

←EXERCISES 1 参照。

←条件そのものを利用。

TR
③**19** $a:b=c:d$ のとき，次の等式が成り立つことを証明せよ。

(1) $\dfrac{a}{b}=\dfrac{2a+3c}{2b+3d}$　　　　　　　(2) $\dfrac{a+c}{b+d}=\dfrac{ad+bc}{2bd}$

$\dfrac{a}{b}=\dfrac{c}{d}=k$ とおくと　　$a=bk,\ c=dk$

CHART
比例式の扱い
(比例式)$=k$ とおく

(1) （左辺）$=k$　　（右辺）$=\dfrac{2bk+3dk}{2b+3d}=\dfrac{(2b+3d)k}{2b+3d}=k$

よって　　　$\dfrac{a}{b}=\dfrac{2a+3c}{2b+3d}$

(2) （左辺）$=\dfrac{bk+dk}{b+d}=\dfrac{(b+d)k}{b+d}=k$

（右辺）$=\dfrac{bkd+bdk}{2bd}=\dfrac{2bdk}{2bd}=k$

よって　　　$\dfrac{a+c}{b+d}=\dfrac{ad+bc}{2bd}$

←左辺と右辺をそれぞれ変形して，同じ式を導く。

TR
②**20** 次のことを証明せよ。

(1) $a>b>0,\ c>d>0$ のとき　$ac>bd,\ \dfrac{a}{d}>\dfrac{b}{c}$

(2) $a>b$ のとき　$\dfrac{8a+3b}{11}>\dfrac{a+b}{2}$

(3) $a>b>c>d$ のとき　$ab+cd>ac+bd$

(1) $a>b,\ c>0$ であるから　　$ac>bc$

$c>d,\ b>0$ であるから　　$bc>bd$

したがって　　　　　　　　$ac>bd$

また，$cd>0$ であるから，不等式 $ac>bd$ の両辺を cd で割

ると　　　$\dfrac{ac}{cd}>\dfrac{bd}{cd}$　　すなわち　　$\dfrac{a}{d}>\dfrac{b}{c}$

←不等号の向きは不変。

←$A>B,\ B>C$
　$\Longrightarrow A>C$

←不等号の向きは不変。

(2) $\dfrac{8a+3b}{11}-\dfrac{a+b}{2}=\dfrac{2(8a+3b)-11(a+b)}{22}$

$\qquad =\dfrac{16a+6b-11a-11b}{22}$

$\qquad =\dfrac{5a-5b}{22}=\dfrac{5}{22}(a-b)$

$a>b$ であるから　　$a-b>0$

よって　　$\dfrac{5}{22}(a-b)>0$　　ゆえに　　$\dfrac{8a+3b}{11}>\dfrac{a+b}{2}$

CHART
不等式 $A>B$ の証明
　$A-B>0$ を示す

(3) $(ab+cd)-(ac+bd)=ab-ac+cd-bd$
$=a(b-c)-d(b-c)=(a-d)(b-c)$

$a>b>c>d$ であるから $\quad a-d>0,\ b-c>0$

よって $\quad (a-d)(b-c)>0$ $\quad$ ゆえに $\quad ab+cd>ac+bd$ $\quad$ ⬅ (正の数)×(正の数)>0

TR
②**21** 次の不等式を証明せよ。また，(2)，(3)は等号が成り立つときを調べよ。
$\quad$ (1) $2x^2-4x+5>0$ $\qquad$ (2) $a^2+2ab+4b^2\geqq0$ $\qquad$ (3) $(a^2+b^2)(x^2+y^2)\geqq(ax+by)^2$

(1) $2x^2-4x+5=2(x^2-2x)+5=2(x^2-2x+1)-2+5$
$\qquad\qquad =2(x-1)^2+3>0$

したがって $\quad 2x^2-4x+5>0$

$\qquad$ ⬅ 2次式は，**基本形**
$\qquad$ $a(x-p)^2+q$ に直す。
$\qquad$ (実数)$^2\geqq0$

(2) $a^2+2ab+4b^2=(a^2+2ab+b^2)-b^2+4b^2$
$\qquad\qquad\quad =(a+b)^2+3b^2\geqq0$

したがって $\quad a^2+2ab+4b^2\geqq0$

等号が成り立つのは，$a+b=0$ かつ $b=0$ すなわち
$a=b=0$ のときである。

$\qquad$ ⬅ a の2次式とみて，
$\qquad$ 平方完成。
$\qquad$ $(a+b)^2\geqq0,\ b^2\geqq0$

(3) $(a^2+b^2)(x^2+y^2)-(ax+by)^2$
$=(a^2x^2+a^2y^2+b^2x^2+b^2y^2)-(a^2x^2+2axby+b^2y^2)$
$=a^2y^2-2axby+b^2x^2=(ay-bx)^2\geqq0$

したがって $\quad (a^2+b^2)(x^2+y^2)\geqq(ax+by)^2$

等号が成り立つのは $ay=bx$ のときである。

$\qquad$ ⬅ (左辺)－(右辺)$\geqq0$
$\qquad$ となることを示す。

$\qquad$ ⬅ この不等式を**シュワ**
$\qquad$ **ルツの不等式** という。

TR
③**22** $(a^2+b^2+c^2)(x^2+y^2+z^2)\geqq(ax+by+cz)^2$ が成り立つことを示せ。

$(a^2+b^2+c^2)(x^2+y^2+z^2)-(ax+by+cz)^2$
$=(a^2x^2+a^2y^2+a^2z^2+b^2x^2+b^2y^2+b^2z^2+c^2x^2+c^2y^2+c^2z^2)$
$\quad -(a^2x^2+b^2y^2+c^2z^2+2abxy+2bcyz+2cazx)$
$=(a^2y^2-2abxy+b^2x^2)+(b^2z^2-2bcyz+c^2y^2)$
$\quad +(c^2x^2-2cazx+a^2z^2)$
$=(ay-bx)^2+(bz-cy)^2+(cx-az)^2\geqq0$

よって $\quad (a^2+b^2+c^2)(x^2+y^2+z^2)\geqq(ax+by+cz)^2$

$\qquad$ ⬅ $(ay-bx)^2\geqq0,$
$\qquad$ $(bz-cy)^2\geqq0,$
$\qquad$ $(cx-az)^2\geqq0$

TR
②**23** $a>0,\ b>0$ のとき，次の不等式が成り立つことを証明せよ。
$\quad$ (1) $\sqrt{a}+\sqrt{b}>\sqrt{a+b}$ $\qquad$ (2) $2\sqrt{a}+3\sqrt{b}>\sqrt{4a+9b}$
$\quad$ (3) $a>b$ のとき $\quad \sqrt{a}-\sqrt{b}<\sqrt{a-b}$

(1) $(\sqrt{a}+\sqrt{b})^2-(\sqrt{a+b})^2=(a+2\sqrt{ab}+b)-(a+b)$
$\qquad\qquad\qquad\qquad =2\sqrt{ab}>0$

したがって $\quad (\sqrt{a}+\sqrt{b})^2>(\sqrt{a+b})^2$

$\sqrt{a}+\sqrt{b}>0,\ \sqrt{a+b}>0$ であるから $\quad \sqrt{a}+\sqrt{b}>\sqrt{a+b}$

CHART
根号を含む不等式
平方して差をとる

$\qquad$ ⬅ この断り書きは重要。

(2) $(2\sqrt{a}+3\sqrt{b})^2-(\sqrt{4a+9b})^2$
$\qquad\qquad =(4a+12\sqrt{ab}+9b)-(4a+9b)=12\sqrt{ab}>0$

したがって $\quad (2\sqrt{a}+3\sqrt{b})^2>(\sqrt{4a+9b})^2$

$2\sqrt{a}+3\sqrt{b}>0,\ \sqrt{4a+9b}>0$ であるから
$\qquad\qquad 2\sqrt{a}+3\sqrt{b}>\sqrt{4a+9b}$

$\qquad$ 別解 (2) (1)の結果を
$\qquad$ 使うと
$\qquad$ $\sqrt{4a+9b}<\sqrt{4a}+\sqrt{9b}$
$\qquad\qquad\quad =2\sqrt{a}+3\sqrt{b}$
$\qquad$ ⬅ この断り書きは重要。

(3) $(\sqrt{a-b})^2-(\sqrt{a}-\sqrt{b})^2=(a-b)-(a-2\sqrt{ab}+b)$

$\phantom{(3)\ (\sqrt{a-b})^2-(\sqrt{a}-\sqrt{b})^2}=2\sqrt{ab}-2b$

$\phantom{(3)\ (\sqrt{a-b})^2-(\sqrt{a}-\sqrt{b})^2}=2\sqrt{b}(\sqrt{a}-\sqrt{b})>0$

$\Leftarrow a>b>0$ のとき
$\quad \sqrt{a}>\sqrt{b}$

したがって $\quad (\sqrt{a}-\sqrt{b})^2<(\sqrt{a-b})^2$

$\sqrt{a}-\sqrt{b}>0,\ \sqrt{a-b}>0$ であるから $\quad \sqrt{a}-\sqrt{b}<\sqrt{a-b}$

$\Leftarrow$ この断り書きは重要。

TR
③**24** 次の不等式が成り立つことを証明せよ。
(1) $|a|-|b|\leqq|a-b|$ （2) $|a+b+c|\leqq|a|+|b|+|c|$ （3) $|a|+|b|\leqq\sqrt{2}\sqrt{a^2+b^2}$

(1) $|a|-|b|<0$ のとき，不等式は成り立つから，$|a|-|b|\geqq0$
のときを示せばよい。

$|a-b|^2-(|a|-|b|)^2=(a-b)^2-(|a|^2-2|a||b|+|b|^2)$

$=a^2-2ab+b^2-a^2+2|ab|-b^2=2(|ab|-ab)$

$|ab|\geqq ab$ であるから $\quad 2(|ab|-ab)\geqq0$

したがって $\quad (|a|-|b|)^2\leqq|a-b|^2$

$|a|-|b|\geqq0,\ |a-b|\geqq0$ であるから $\quad |a|-|b|\leqq|a-b|$

別解 $\quad |a|=|(a-b)+b|\leqq|a-b|+|b|$

すなわち $\quad |a|-|b|\leqq|a-b|$

CHART
絶対値を含む不等式
$|A|^2=A^2,\ |A|\geqq A$
を利用
$\Leftarrow |a||b|=|ab|$

$\Leftarrow$ 等号は，$|ab|=ab$
すなわち $ab\geqq0$ のと
き成り立つ。

$\Leftarrow|\bigcirc+\triangle|\leqq|\bigcirc|+|\triangle|$
で $\bigcirc=a-b,\ \triangle=b$

(2) $(|a|+|b|+|c|)^2-|a+b+c|^2$

$=|a|^2+|b|^2+|c|^2+2|a||b|+2|b||c|+2|c||a|-(a+b+c)^2$

$=a^2+b^2+c^2+2|ab|+2|bc|+2|ca|$

$-(a^2+b^2+c^2+2ab+2bc+2ca)$

$=2(|ab|-ab)+2(|bc|-bc)+2(|ca|-ca)$

$|ab|\geqq ab,\ |bc|\geqq bc,\ |ca|\geqq ca$ であるから

$\quad 2(|ab|-ab)+2(|bc|-bc)+2(|ca|-ca)\geqq0$

したがって $\quad |a+b+c|^2\leqq(|a|+|b|+|c|)^2$

$|a+b+c|\geqq0,\ |a|+|b|+|c|\geqq0$ であるから

$\quad |a+b+c|\leqq|a|+|b|+|c|$

別解 $\quad |(a+b)+c|\leqq|a+b|+|c|\leqq|a|+|b|+|c|$

すなわち $\quad |a+b+c|\leqq|a|+|b|+|c|$

(2) $|a+b+c|\geqq0$,
$\quad |a|+|b|+|c|\geqq0$
であるから，平方の差
をとる方針で証明する。

$\Leftarrow$ 等号が成り立つのは，
$|ab|=ab,\ |bc|=bc$,
$|ca|=ca$ が同時に成
り立つときである。

$\Leftarrow|\bigcirc+\triangle|\leqq|\bigcirc|+|\triangle|$
で $\bigcirc=a+b,\ \triangle=c$

(3) $(\sqrt{2}\sqrt{a^2+b^2})^2-(|a|+|b|)^2$

$=2(a^2+b^2)-(|a|^2+2|a||b|+|b|^2)$

$=2(a^2+b^2)-(a^2+2|ab|+b^2)$

$=a^2-2|ab|+b^2=(|a|-|b|)^2\geqq0$

したがって $\quad (|a|+|b|)^2\leqq(\sqrt{2}\sqrt{a^2+b^2})^2$

$|a|+|b|\geqq0,\ \sqrt{2}\sqrt{a^2+b^2}\geqq0$ であるから

$\quad |a|+|b|\leqq\sqrt{2}\sqrt{a^2+b^2}$

$\Leftarrow$ 両辺の平方の差をと
る。

$\Leftarrow$ 等号は $|a|=|b|$ のと
き成り立つ。

TR ②25 $a>0$，$b>0$ のとき，次の不等式が成り立つことを証明せよ。また，等号が成り立つときを調べよ。

(1) $a+\dfrac{9}{a}\geqq6$　　　　　　　　(2) $\dfrac{6b}{a}+\dfrac{2a}{3b}\geqq4$

(1) $a>0$，$\dfrac{9}{a}>0$ であるから，(相加平均)≧(相乗平均) により

$$a+\frac{9}{a}\geqq2\sqrt{a\cdot\frac{9}{a}}=2\cdot3=6\qquad よって\qquad a+\frac{9}{a}\geqq6$$

← 下線部分について，書くことが必要。

等号は，$a>0$ かつ $a=\dfrac{9}{a}$ すなわち $a=3$ のときに成り立つ。

(2) $\dfrac{6b}{a}>0$，$\dfrac{2a}{3b}>0$ であるから，(相加平均)≧(相乗平均) によ

← 下線部分について，書くことが必要。

り $\qquad\dfrac{6b}{a}+\dfrac{2a}{3b}\geqq2\sqrt{\dfrac{6b}{a}\cdot\dfrac{2a}{3b}}=2\cdot2=4$

よって $\qquad\dfrac{6b}{a}+\dfrac{2a}{3b}\geqq4$

等号は，$a>0$，$b>0$ かつ $\dfrac{6b}{a}=\dfrac{2a}{3b}$ すなわち $a=3b$ のときに成り立つ。

(参考)　等号が成り立つときの調べ方

(1) 等号が成り立つのは，$a=\dfrac{9}{a}$ のときであるが，この a の値を求めるとき，分母を払った2次方程式 $a^2=9$ を解くことになる。厳密には，このようにして求めるべきであるが，ここでは，簡単な方法を紹介しておこう。

$a+\dfrac{9}{a}\geqq6$ の等号は，$a=\dfrac{9}{a}$ のときに成り立つから，$a=\dfrac{9}{a}=x$ とおくと，等号が成り立つとき，$x+x=6$ である。

これを解くと $\qquad x=3$ すなわち $\qquad a=3$

このように，(相加平均)≧(相乗平均) を適用して $A+B\geqq$(定数) の形になったとき，

$\qquad$定数の半分$=A$ または $=B$

とすると，等号が成り立つときの条件が得られる。

← $\dfrac{9}{a}=\dfrac{6}{2}$ としても，$a=3$ が得られる。

(2) $\dfrac{6b}{a}=\dfrac{4}{2}$ とすると $\qquad\dfrac{3b}{a}=1$ すなわち $\qquad a=3b$

よって，等号が成り立つのは $a=3b$ のときである。

TR ③26 ★ $a>0$，$b>0$ のとき，不等式 $\left(\dfrac{a}{4}+\dfrac{1}{b}\right)\left(\dfrac{9}{a}+b\right)\geqq\dfrac{25}{4}$ が成り立つことを証明せよ。また，等号が成り立つときを調べよ。　　　　　　　　[類 摂南大]

左辺を展開して

$$\left(\frac{a}{4}+\frac{1}{b}\right)\left(\frac{9}{a}+b\right)=\frac{9}{4}+\frac{ab}{4}+\frac{9}{ab}+1$$

$$=\frac{ab}{4}+\frac{9}{ab}+\frac{13}{4}$$

ここで，$a>0$，$b>0$ から $\qquad\dfrac{ab}{4}>0$，$\dfrac{9}{ab}>0$

← 和 $\dfrac{ab}{4}+\dfrac{9}{ab}$ に対し，積 $\dfrac{ab}{4}\cdot\dfrac{9}{ab}=\dfrac{9}{4}$ が一定。

よって，(相加平均)≧(相乗平均)から

$$\frac{ab}{4}+\frac{9}{ab}+\frac{13}{4}\geqq 2\sqrt{\frac{ab}{4}\cdot\frac{9}{ab}}+\frac{13}{4}=2\cdot\frac{3}{2}+\frac{13}{4}=\frac{25}{4}$$

ゆえに　　$\left(\dfrac{a}{4}+\dfrac{1}{b}\right)\left(\dfrac{9}{a}+b\right)\geqq\dfrac{25}{4}$

等号は，$ab>0$ かつ $\dfrac{ab}{4}=\dfrac{9}{ab}$ すなわち $ab=6$ のときに成り立つ。

← ○＋△≧$2\sqrt{○×△}$
で，
$○=\dfrac{ab}{4},\ \ △=\dfrac{9}{ab}$

← $\dfrac{ab}{4}=\dfrac{9}{ab}$ から
$(ab)^2=36$
$ab>0$ であるから
$ab=6$

TR
④**27**　$\left(x^2-\dfrac{1}{x^2}\right)^8$ の展開式における x^4 の項の係数を求めよ。　　　　〔立教大〕

$\left(x^2-\dfrac{1}{x^2}\right)^8$ の展開式の一般項は

$$_8C_r(x^2)^{8-r}\left(-\frac{1}{x^2}\right)^r={}_8C_r x^{2(8-r)}\cdot(-1)^r\left(\frac{1}{x^2}\right)^r$$

$$={}_8C_r x^{16-2r}\cdot(-1)^r\frac{1}{x^{2r}}$$

$$={}_8C_r(-1)^r\cdot\frac{x^{16-2r}}{x^{2r}}$$

← $_n C_r a^{n-r}b^r$ において
$a=x^2,\ b=-\dfrac{1}{x^2},$
$n=8$

x^4 の項は，$\dfrac{x^{16-2r}}{x^{2r}}=x^4$ とすると　　$x^{16-2r}=x^{4+2r}$

← 両辺に x^{2r} を掛ける。

よって　　$16-2r=4+2r$　　ゆえに　　$r=3$
したがって，x^4 の項の係数は

$$_8C_3(-1)^3=\frac{8\cdot7\cdot6}{3\cdot2\cdot1}\times(-1)=\boldsymbol{-56}$$

TR
④**28**　★ a，b は定数とする。多項式 x^3-x^2+ax+b が多項式 x^2+x+1 で割り切れるとき，a，b の値を求めよ。　　〔京都産大〕

条件から，c を定数として次の等式が成り立つ。

$$x^3-x^2+ax+b=(x^2+x+1)(x+c)$$

右辺を展開して整理すると

$$x^3-x^2+ax+b=x^3+(c+1)x^2+(c+1)x+c$$

これが x についての恒等式であるから，両辺の係数を比較して

$$-1=c+1,\ a=c+1,\ b=c$$

これを解いて　　$\boldsymbol{a=-1},\ \boldsymbol{b=-2}$　$(c=-2)$

HINT　3次式が2次式で割り切れ，最高次の項の係数が1であるから，商は $x+c$ とおける。
割り算の等式
$A=BQ+R$ を利用。

別解　右の割り算により，
　　余りは　　$(a+1)x+b+2$
　　割り切れるから
　　　　$(a+1)x+b+2=0$
　　が x の恒等式となる。
　　よって　　$a+1=0,\ b+2=0$
　　これを解いて　　$\boldsymbol{a=-1},\ \boldsymbol{b=-2}$

$$
\begin{array}{r}
x-2 \\
x^2+x+1\overline{)x^3-\ x^2+ax+b} \\
\underline{x^3+\ x^2+\ x} \\
-2x^2+(a-1)x+b \\
\underline{-2x^2-2x-2} \\
(a+1)x+b+2
\end{array}
$$

TR ④29 $(k+2)x-(1-k)y-k-5=0$ が k のどのような値に対しても成り立つとき，x，y の値を求めよ。

［類 摂南大］

［解法1］

$(k+2)x-(1-k)y-k-5=0$ を k について整理すると

$$(x+y-1)k+(2x-y-5)=0 \ \cdots\cdots ①$$

これが k のどのような値に対しても成り立つから，① は k についての恒等式である。

よって，両辺の係数を比較して

$$x+y-1=0, \ 2x-y-5=0$$

これを解いて $\quad x=2, \ y=-1$

［解法2］

$(k+2)x-(1-k)y-k-5=0$ が k のどのような値に対しても成り立つから，$k=-2$，1 のときも成り立つ。

$k=-2$ のとき $\quad -3y-3=0 \quad$ よって $\quad y=-1$

$k=1$ のとき $\quad 3x-6=0 \quad$ よって $\quad x=2$

逆に，$x=2$，$y=-1$ を与式の左辺に代入すると

$$(左辺)=(k+2)\cdot 2-(1-k)\cdot(-1)-k-5=0$$

となり，与式は k のどのような値に対しても成り立つ。

したがって $\quad x=2, \ y=-1$

CHART どのような k に対しても成り立つ

$\Longleftrightarrow$ k についての恒等式

⬅ 係数比較法。

⬅ 数値代入法。計算がらくになるように，$k+2=0$，$1-k=0$ となる k の値を代入する。

⬅ 数値代入法では，恒等式であることの確認を忘れないように！

TR ④30 ★ $2x+y-3=0$ を満たすすべての x，y に対して $ax^2+by^2-2cx+18=0$ が成り立つとき，定数 a，b，c の値を求めよ。

$2x+y-3=0$ から $\quad y=-2x+3$

これを $ax^2+by^2-2cx+18=0$ に代入すると

$$ax^2+b(-2x+3)^2-2cx+18=0$$

よって $\quad (a+4b)x^2-2(6b+c)x+9(b+2)=0$

これが x についての恒等式であるから

$$a+4b=0, \ 6b+c=0, \ b+2=0$$

これを解いて $\quad a=8, \ b=-2, \ c=12$

CHART 条件式の扱い 文字を減らす

⬅ この等式が任意の x に対して成り立つ。

$\longrightarrow$ x についての恒等式。

⬅ 係数比較法。係数がすべて0

TR ③31 ★ (1) $x>0$ のとき，$x+\dfrac{16}{x}$ の最小値を求めよ。

(2) $x>1$ のとき，$x+\dfrac{1}{x-1}$ の最小値を求めよ。

(1) $x>0$，$\dfrac{16}{x}>0$ であるから，(相加平均)≧(相乗平均)により

$$x+\frac{16}{x} \geqq 2\sqrt{x\cdot\frac{16}{x}}=2\cdot 4=8$$

等号は，$x>0$ かつ $x=\dfrac{16}{x}$ すなわち $x=4$ のとき成り立つ。

よって $\quad x=4$ のとき最小値8

⬅ 式の値が8になるような x が存在することを必ず確認する。

(2) $x+\dfrac{1}{x-1}=x-1+\dfrac{1}{x-1}+1$

$x-1>0$, $\dfrac{1}{x-1}>0$ であるから, (相加平均)$\geqq$(相乗平均)に

より　　$x-1+\dfrac{1}{x-1}\geqq 2\sqrt{(x-1)\cdot\dfrac{1}{x-1}}=2\cdot 1=2$

よって　　$x-1+\dfrac{1}{x-1}\geqq 2$

ゆえに　　$x+\dfrac{1}{x-1}\geqq 3$

等号は, $x-1>0$ かつ $x-1=\dfrac{1}{x-1}$ から, $x-1=1$ すなわ

ち $x=2$ のとき成り立つ。

したがって　　**$x=2$ のとき最小値 3**

→ $x\cdot\dfrac{1}{x-1}$ は定数にな
らず, 相加・相乗平均
が使えない。そこで,
積が定数となるような
2つの式の和を作る。

TR
④**32** $0<a<b$, $a+b=1$ のとき, 次の数の大小を調べよ。

(1) $\dfrac{1}{2}$, b, $2ab$　　　　(2) 1, $\sqrt{a}+\sqrt{b}$, $\sqrt{b}-\sqrt{a}$, $\sqrt{b-a}$　　　　[(2) 倉敷芸科大]

(1) $1=a+b<b+b=2b$ であるから　　$b>\dfrac{1}{2}$

また, $a=1-b$ であるから
$$\dfrac{1}{2}-2ab=\dfrac{1}{2}-2(1-b)b=2b^2-2b+\dfrac{1}{2}$$
$$=2\left(b-\dfrac{1}{2}\right)^2>0$$

以上から　　$2ab<\dfrac{1}{2}<b$

(2) $b=1-a$ であるから
$$(\sqrt{a}+\sqrt{b})^2-1^2=a+2\sqrt{ab}+b-1$$
$$=2\sqrt{ab}>0 \quad\cdots\cdots ①$$
$$1^2-(\sqrt{b-a})^2=1-(b-a)=1-(1-2a)$$
$$=2a>0 \quad\cdots\cdots ②$$
$$(\sqrt{b-a})^2-(\sqrt{b}-\sqrt{a})^2=b-a-(b-2\sqrt{ab}+a)$$
$$=2\sqrt{ab}-2a$$
$$=2\sqrt{a}(\sqrt{b}-\sqrt{a})>0 \quad\cdots\cdots ③$$

$\sqrt{a}+\sqrt{b}>0$, $1>0$, $\sqrt{b-a}>0$, $\sqrt{b}-\sqrt{a}>0$ であるから,

①~③ より　　$\sqrt{b}-\sqrt{a}<\sqrt{b-a}<1<\sqrt{a}+\sqrt{b}$

CHART 大小比較
適当な数値を代入して
大小の見当をつける

$a=\dfrac{1}{4}, b=\dfrac{3}{4}$ とすると

(1) $2ab=\dfrac{3}{8}$

　よって, $2ab<\dfrac{1}{2}<b$
　と予想できる。

(2) $\sqrt{a}+\sqrt{b}=\dfrac{1+\sqrt{3}}{2}$,

$\sqrt{b}-\sqrt{a}=\dfrac{\sqrt{3}-1}{2}$,

$\sqrt{b-a}=\dfrac{\sqrt{2}}{2}$

よって,
$\sqrt{b}-\sqrt{a}<\sqrt{b-a}$
$<1<\sqrt{a}+\sqrt{b}$
と予想できる。

EX
③**1**　$x^3+y^3=(x+y)^3-3xy(x+y)$ であることを用いて，$x^3+y^3-z^3+3xyz$ を因数分解せよ。

$x^3+y^3-z^3+3xyz=(x+y)^3-3xy(x+y)-z^3+3xyz$ ←与えられた等式を利用。

$=(x+y)^3-z^3\underline{-3xy(x+y)}\underline{+3xyz}$ ←項の組み合わせを工夫。

$=\{(x+y)-z\}\{(x+y)^2+(x+y)z+z^2\}-3xy\{(x+y)-z\}$

$=\underline{(x+y-z)}(x^2+y^2+z^2+2xy+yz+zx)-3xy\underline{(x+y-z)}$ ←$x+y-z$ が共通因数。

$=(x+y-z)\{(x^2+y^2+z^2+2xy+yz+zx)-3xy\}$

$\boldsymbol{=(x+y-z)(x^2+y^2+z^2-xy+yz+zx)}$

(参考)　同様の方法で　$\boldsymbol{x^3+y^3+z^3-3xyz=(x+y+z)(x^2+y^2+z^2-xy-yz-zx)}$

が得られる。この等式を因数分解の公式として覚えておくと便利である。

EX
②**2**　$(x-3y)^4$ を展開すると，x^2y^2 の係数は ⁷□ である。また，x^4，x^3y，x^2y^2，xy^3，y^4 の係数の和は ⁱ□ である。　　　　　　　　　　〔関西学院大〕

$(x-3y)^4$ の展開式で，x^2y^2 の項は

$$_4C_2x^2(-3y)^2=6\cdot9x^2y^2$$

よって，x^2y^2 の係数は ⁷**54** である。

また，x^4，x^3y，x^2y^2，xy^3，y^4 の項は，展開式のすべての項であるから，これらの係数の和は，$(x-3y)^4$ に $x=1$，$y=1$ を代入したものに等しい。

ゆえに，係数の和は　　$(1-3\cdot1)^4=$ ⁱ**16**

(補足)　[(イ) について]

$(x-3y)^4$

$=_4C_0x^4+_4C_1x^3(-3y)+_4C_2x^2(-3y)^2$

　$+_4C_3x(-3y)^3+_4C_4(-3y)^4$

$=_4C_0x^4+_4C_1\cdot(-3)x^3y+_4C_2\cdot(-3)^2x^2y^2$

　$+_4C_3\cdot(-3)^3xy^3+_4C_4\cdot(-3)^4y^4$

よって，$(x-3y)^4$ に $x=1$，$y=1$ を代入したものは，x^4，x^3y，x^2y^2，xy^3，y^4 の項の係数の和に等しい。

CHART
　展開式の係数
　$(a+b)^n$ の展開式の一般項は $_nC_ra^{n-r}b^r$

←$x=1$，$y=1$ を代入すると　$x^4=1$，$x^3y=1$，$x^2y^2=1$，$xy^3=1$，$y^4=1$

EX
③**3**　$(1+x)(1-2x)^5$ を展開した式における x^2，x^4，x^6 の各項の係数の和は □ である。〔芝浦工大〕

$(1-2x)^5$ の展開式の一般項は，$_5C_r1^{5-r}(-2x)^r=_5C_r(-2)^rx^r$

であり，$(1+x)(1-2x)^5$ の展開式における x^2，x^4，x^6 の項は

$_5C_2(-2)^2x^2+_5C_1(-2)x^2$　　…x^2 の項

$_5C_4(-2)^4x^4+_5C_3(-2)^3x^4$　　…x^4 の項

$_5C_5(-2)^5x^6$　　　　　　　　　…x^6 の項

ゆえに，求める係数の和は

$_5C_2(-2)^2+_5C_1(-2)+_5C_4(-2)^4+_5C_3(-2)^3+_5C_5(-2)^5$

$=10\cdot4+5\cdot(-2)+5\cdot16+10\cdot(-8)+(-32)=\boldsymbol{-2}$

←$_5C_2(-2)^2x^2\times1$　$+_5C_1(-2)x\times x$

EX ② 4 二項定理を用いて，等式 $_nC_0 - \dfrac{_nC_1}{2} + \dfrac{_nC_2}{2^2} - \cdots\cdots + (-1)^n \cdot \dfrac{_nC_n}{2^n} = \dfrac{1}{2^n}$ が成り立つことを証明せよ。

ただし，n は自然数とする。

二項定理により　$(1+x)^n = {}_nC_0 + {}_nC_1 x + {}_nC_2 x^2 + \cdots\cdots + {}_nC_n x^n$

この等式の両辺に　$x = -\dfrac{1}{2}$ を代入すると

$$\left(1 - \dfrac{1}{2}\right)^n = {}_nC_0 + {}_nC_1\left(-\dfrac{1}{2}\right) + {}_nC_2\left(-\dfrac{1}{2}\right)^2 + \cdots\cdots + {}_nC_n\left(-\dfrac{1}{2}\right)^n$$

よって　$\left(\dfrac{1}{2}\right)^n = {}_nC_0 - \dfrac{_nC_1}{2} + \dfrac{_nC_2}{2^2} - \cdots\cdots + (-1)^n \cdot \dfrac{_nC_n}{2^n}$　$\cdots$ $(*)$

したがって　${}_nC_0 - \dfrac{_nC_1}{2} + \dfrac{_nC_2}{2^2} - \cdots\cdots + (-1)^n \cdot \dfrac{_nC_n}{2^n} = \dfrac{1}{2^n}$

> **CHART**
> $_nC_r$ に関する等式
> 二項定理の等式の両辺に
> 適当な値を代入

⟸ $(*)$ の左辺と右辺を
入れ替える。

EX ③ 5 k を定数とする。$(a+kb+c)^5$ の展開式における a^2bc^2 の項の係数が 60 であるとき，k の値を求めよ。また，このとき，ac^4 の項の係数を求めよ。

$\{(a+kb)+c\}^5$ の展開式において，c^2 を含む項は
$$_5C_2(a+kb)^3 c^2$$
$(a+kb)^3$ の展開式において，a^2b の項は
$$_3C_1 a^2(kb) = {}_3C_1 ka^2b$$
よって，$(a+kb+c)^5$ の展開式における a^2bc^2 の項の係数は
$$_5C_2 \times {}_3C_1 k = \dfrac{5\cdot4}{2\cdot1} \times 3k = 30k$$
これが 60 と一致するから，$30k = 60$ より　**$k=2$**
また，$\{(a+2b)+c\}^5$ の展開式において，c^4 を含む項は
$$_5C_4(a+2b)c^4 = {}_5C_4 ac^4 + 2{}_5C_4 bc^4$$
ゆえに，$(a+2b+c)^5$ の展開式において，**ac^4 の項の係数**は
$$_5C_4 = 5$$

⟸ $a+kb = A$ とおくと
$(A+c)^5$ の形。

⟸ a^2b の項の係数は
$_3C_1 k$

⟸ $_5C_4 = {}_5C_1$

別解　展開式における $a^pb^qc^r$ の項は
$$\dfrac{5!}{p!q!r!} a^p(kb)^q c^r = \dfrac{5!k^q}{p!q!r!} a^pb^qc^r$$
ただし，p，q，r は 0 以上の整数で　$p+q+r = 5$
よって，a^2bc^2 の項の係数は $p=2$，$q=1$，$r=2$ のときで
$$\dfrac{5!k}{2!1!2!} = \dfrac{5\cdot4\cdot3 \times k}{1 \times 2 \cdot 1} = 30k$$
これが 60 と一致するから，$30k = 60$ より　**$k=2$**
このとき，ac^4 の項の係数は $p=1$，$q=0$，$r=4$ として
$$\dfrac{5! \cdot 2^0}{1!0!4!} = \dfrac{5 \times 1}{1 \times 1} = 5$$

⟸ $(kb)^q = k^qb^q$

⟸ $b^0 = 1$

⟸ $0! = 1$，$2^0 = 1$

EX ③ 6 $\dfrac{1}{(2n+1)(2n+3)} + \dfrac{1}{(2n+3)(2n+5)} + \dfrac{1}{(2n+5)(2n+7)}$ を計算せよ。

$$\dfrac{1}{(2n+1)(2n+3)} + \dfrac{1}{(2n+3)(2n+5)} + \dfrac{1}{(2n+5)(2n+7)}$$

$$= \frac{1}{2}\left(\frac{1}{2n+1} - \frac{1}{2n+3}\right) + \frac{1}{2}\left(\frac{1}{2n+3} - \frac{1}{2n+5}\right)$$

$$+ \frac{1}{2}\left(\frac{1}{2n+5} - \frac{1}{2n+7}\right)$$

← 部分分数に分解する。

$$= \frac{1}{2}\left(\frac{1}{2n+1} - \frac{1}{2n+7}\right) = \frac{1}{2}\cdot\frac{(2n+7)-(2n+1)}{(2n+1)(2n+7)}$$

← 通分してまとめる。

$$= \frac{3}{(2n+1)(2n+7)}$$

EX
①7 次の等式は，恒等式であるかどうかを調べよ。

(1) $(x-1)(x+2)=x^2-x+2$ (2) $(a+b)^2+(a-b)^2=2(a^2+b^2)$

(3) $\dfrac{1}{2}\left(\dfrac{1}{x+1} - \dfrac{1}{x+3}\right) = \dfrac{1}{(x+1)(x+3)}$

(1) (左辺)$=(x-1)(x+2)$

$\qquad = x^2+x-2$

　等式の左辺と右辺では，x の項の係数が等しくないから，**恒等式ではない**。

式の変形によって導かれる等式は恒等式である。

　$\boxed{別解}$　$x=1$ のとき，(左辺)$=0$，(右辺)$=2$ となり，等式は成り立たないから，**恒等式ではない**。

← 恒等式ならどのような x の値に対しても，両辺は等しいはず。

(2) (左辺)$=(a^2+2ab+b^2)+(a^2-2ab+b^2)$

$\qquad = 2a^2+2b^2=2(a^2+b^2)=$(右辺)

　よって，**恒等式である**。

(3) (左辺)$=\dfrac{1}{2}\times\dfrac{(x+3)-(x+1)}{(x+1)(x+3)}$

← 左辺を通分する。

$\qquad = \dfrac{1}{(x+1)(x+3)}=$(右辺)

　よって，**恒等式である**。

EX
②8 次の等式を証明せよ。

(1) $a^4+b^4+c^4+d^4-4abcd=(a^2-b^2)^2+(c^2-d^2)^2+2(ab-cd)^2$

(2) $(a^2+b^2+c^2)(x^2+y^2+z^2)=(ax+by+cz)^2+(ay-bx)^2+(bz-cy)^2+(cx-az)^2$

(1) (右辺)$=(a^4-2a^2b^2+b^4)+(c^4-2c^2d^2+d^4)$

$\qquad +2(a^2b^2-2abcd+c^2d^2)$

$\qquad = a^4+b^4+c^4+d^4-4abcd=$(左辺)

　よって，等式は成り立つ。

$\boxed{HINT}$ (1)，(2) とも，右辺を変形（展開）して左辺を導く方針で進める。

(2) (右辺)$=(a^2x^2+b^2y^2+c^2z^2+2axby+2bycz+2czax)$

$\qquad +(a^2y^2-2aybx+b^2x^2)+(b^2z^2-2bzcy+c^2y^2)$

$\qquad +(c^2x^2-2cxaz+a^2z^2)$

$\qquad = a^2x^2+b^2y^2+c^2z^2+a^2y^2+b^2x^2+b^2z^2+c^2y^2$

$\qquad +c^2x^2+a^2z^2$

$\qquad = a^2(\underline{x^2+y^2+z^2})+b^2(\underline{x^2+y^2+z^2})+c^2(\underline{x^2+y^2+z^2})$

$\qquad = (a^2+b^2+c^2)(x^2+y^2+z^2)$

$\qquad = $(左辺)

　よって，等式は成り立つ。

← $(A+B+C)^2$
$= A^2+B^2+C^2$
$\quad +2AB+2BC+2CA$

←この式を因数分解する。

← a^2，b^2，c^2 でくくると $\underline{x^2+y^2+z^2}$ が共通因数。

EX
②**9** $a+b+c=0$ のとき，次の等式が成り立つことを証明せよ。
   (1) $a^3+b^3+c^3+3(a+b)(b+c)(c+a)=0$ [成城大]
   (2) $a^3(b-c)+b^3(c-a)+c^3(a-b)=0$

$a+b+c=0$ から $c=-a-b$

(1) (左辺)$=a^3+b^3+(-a-b)^3+3(a+b)(-a)(-b)$
         $=a^3+b^3-a^3-3a^2b-3ab^2-b^3+3a^2b+3ab^2=0$
  よって，等式は成り立つ。

  <u>別解</u> $a+b+c=0$ から
       $a+b=-c,\ b+c=-a,\ c+a=-b$
    よって (左辺)$=a^3+b^3+c^3+3(-c)(-a)(-b)$
             $=a^3+b^3+c^3-3abc$
             $=(a+b+c)(a^2+b^2+c^2-ab-bc-ca)$
             $=0$

(2) (左辺)$=a^3(b+a+b)+b^3(-a-b-a)+(-a-b)^3(a-b)$
         $=a^3(a+2b)-b^3(2a+b)-(a+b)^3(a-b)$
  ここで $(a+b)^3(a-b)=(a+b)^2(a^2-b^2)$
                   $=(a^2+2ab+b^2)(a^2-b^2)$
                   $=(a^2+b^2)(a^2-b^2)+2ab(a^2-b^2)$
                   $=a^4-b^4+2a^3b-2ab^3$
  ゆえに (左辺)$=a^4+2a^3b-2ab^3-b^4-(a^4+2a^3b-2ab^3-b^4)$
            $=0$
  よって，等式は成り立つ。

  <u>別解</u> (左辺)$=(b-c)a^3-(b^3-c^3)a+b^3c-bc^3$
          $=(b-c)a^3-(b-c)(b^2+bc+c^2)a+bc(b+c)(b-c)$
          $=(b-c)\{a^3-(b^2+bc+c^2)a+bc(b+c)\}$
   { }内を因数分解すると
         $(c-a)b^2+c(c-a)b-a(c^2-a^2)$
         $=(c-a)\{b^2+cb-a(c+a)\}$
         $=(c-a)\{(b-a)c+(b+a)(b-a)\}$
         $=(c-a)(b-a)(c+b+a)$
  ゆえに   (左辺)$=(b-c)(c-a)(b-a)(c+b+a)=0$
  よって，等式は成り立つ。

<u>CHART</u>
条件式の扱い
文字を減らす
$c(=-a-b)$ を消去する。

<u>別解</u>
因数分解 を利用して
(1) $a^3+b^3+c^3-3abc$
  $=(a+b+c)P$
(2)も (左辺)$=(a+b+c)Q$
の形を作る。

⬅ 条件から $a+b+c=0$

⬅ $(a+b)^3=(a+b)^2(a+b)$

⬅ a^2+b^2 と a^2-b^2 の積
  をうまくいかす。

⬅ a について整理する。

⬅ b について整理する。

⬅ c について整理する。

⬅ 条件から $a+b+c=0$

EX
②**10** (1) 次の不等式が成り立つことを証明せよ。
    (ア) $a\leqq b,\ x\leqq y$ のとき $2(ax+by)\geqq(a+b)(x+y)$
    (イ) $x<1,\ y<1,\ z<1$ のとき $xyz+x+y+z<xy+yz+zx+1$
                                     [(イ) 鹿児島大]
  (2) $a>0,\ b>0,\ a\neq b$ のとき，a^3+b^3 と a^2b+b^2a の大小を調べよ。 [(2) 類 東京医歯大]

(1) (ア) $2(ax+by)-(a+b)(x+y)$
              $=2ax+2by-(ax+ay+bx+by)$
              $=ax+by-ay-bx$
              $=b(y-x)-a(y-x)=(b-a)(y-x)$
  $a\leqq b,\ x\leqq y$ であるから $b-a\geqq0,\ y-x\geqq0$

<u>HINT</u>
(1) (左辺)$-$(右辺) を変
  形(本問は因数分解)し
  て，$\geqq0,\ <0$ を示す。
⬅ $y-x$ が共通因数。

よって　　　　$(b-a)(y-x)\geqq0$

したがって　　$2(ax+by)\geqq(a+b)(x+y)$

(イ)　(左辺)$-$(右辺)$=xyz-(xy+yz+zx)+(x+y+z)-1$

$\qquad\qquad\qquad=(yz-y-z+1)x-(yz-y-z+1)$

$\qquad\qquad\qquad=(yz-y-z+1)(x-1)$

$\qquad\qquad\qquad=(x-1)(y-1)(z-1)$

$x<1,\ y<1,\ z<1$ であるから

$\qquad\qquad x-1<0,\ y-1<0,\ z-1<0$

ゆえに　　$(x-1)(y-1)(z-1)<0$

よって　　$xyz+x+y+z<xy+yz+zx+1$

(2)　$(a^3+b^3)-(a^2b+b^2a)=a^3-a^2b+b^3-b^2a$

$\qquad\qquad\qquad\qquad\quad=a^2(a-b)-b^2(a-b)$

$\qquad\qquad\qquad\qquad\quad=(a-b)(a^2-b^2)$

$\qquad\qquad\qquad\qquad\quad=(a+b)(a-b)^2$

$a>0,\ b>0,\ a\neq b$ であるから　　$a+b>0,\ (a-b)^2>0$

よって　　$(a+b)(a-b)^2>0$

ゆえに　　$\boldsymbol{a^3+b^3>a^2b+b^2a}$

← 等号は $a=b$ または $x=y$ のときに成立。

← $yz-y-z+1$ が共通因数。

← さらに $yz-y-z+1$ を因数分解。

CHART
大小関係　差をとる

$a=1,\ b=2$ とすると
$a^3+b^3=9,\ a^2b+b^2a=6$
よって，
$a^3+b^3>a^2b+b^2a$ であると予想できる。

EX
③**11** $|a|<1,\ |b|<1$ のとき，不等式 $|1+ab|>|a+b|$ が成り立つことを証明せよ。

$|1+ab|^2-|a+b|^2=(1+ab)^2-(a+b)^2$

$\qquad\qquad\qquad=1+2ab+a^2b^2-(a^2+2ab+b^2)$

$\qquad\qquad\qquad=1-a^2-b^2+a^2b^2=1-a^2-b^2(1-a^2)$

$\qquad\qquad\qquad=(1-a^2)(1-b^2)$

条件より，$|a|^2<1^2,\ |b|^2<1^2$ であるから

$\qquad\qquad 1-a^2>0,\ 1-b^2>0$

よって　　$(1-a^2)(1-b^2)>0$

ゆえに　　$|1+ab|^2>|a+b|^2$

$|1+ab|\geqq0,\ |a+b|\geqq0$ であるから　　$|1+ab|>|a+b|$

CHART
絶対値を含む不等式
$|A|^2=A^2$ を利用

← $|a|^2=a^2,\ |b|^2=b^2$

← この断り書きは重要。

EX
③**12** ★ $a>0,\ b>0,\ c>0,\ d>0$ のとき，次の不等式が成り立つことを証明せよ。また，等号が成り立つときを調べよ。

(1)　$a+b+\dfrac{1}{a+b}\geqq2$　　(2)　$a+\dfrac{4}{a+1}\geqq3$　　(3)　$\left(\dfrac{b}{a}+\dfrac{d}{c}\right)\left(\dfrac{a}{b}+\dfrac{c}{d}\right)\geqq4$

(1)　$a+b>0,\ \dfrac{1}{a+b}>0$ であるから，(相加平均)$\geqq$(相乗平均)

により　　$a+b+\dfrac{1}{a+b}\geqq2\sqrt{(a+b)\cdot\dfrac{1}{a+b}}=2$

したがって　　$a+b+\dfrac{1}{a+b}\geqq2$

等号は，$a+b>0$ かつ $a+b=\dfrac{1}{a+b}$ すなわち $\boldsymbol{a+b=1}$ の**ときに成り立つ。**

HINT 文字が正，2数の和に対し，積が定数を確かめた上で
(相加平均)$\geqq$(相乗平均)
を利用する。
(1) $a+b$ をまとめて扱う。$a+b\geqq2\sqrt{ab}$ とすると，逆にわからなくなる。

(2) $a+1>0$, $\dfrac{4}{a+1}>0$ であるから，（相加平均）≧（相乗平均）

により　　　$a+1+\dfrac{4}{a+1}\geqq 2\sqrt{(a+1)\cdot\dfrac{4}{a+1}}=2\cdot 2=4$

よって　　$a+1+\dfrac{4}{a+1}\geqq 4$　　ゆえに　　$a+\dfrac{4}{a+1}\geqq 3$

等号は，$a+1>0$ かつ $a+1=\dfrac{4}{a+1}$ から，$a+1=2$

すなわち $a=1$ のときに成り立つ。

⇐ (2) 積 $(a+1)\cdot\dfrac{4}{a+1}=4$
となることに注目する。

(3) $\left(\dfrac{b}{a}+\dfrac{d}{c}\right)\left(\dfrac{a}{b}+\dfrac{c}{d}\right)=1+\dfrac{bc}{ad}+\dfrac{ad}{bc}+1=\dfrac{bc}{ad}+\dfrac{ad}{bc}+2$

$\dfrac{bc}{ad}>0$, $\dfrac{ad}{bc}>0$ であるから，（相加平均）≧（相乗平均）により

$$\dfrac{bc}{ad}+\dfrac{ad}{bc}+2\geqq 2\sqrt{\dfrac{bc}{ad}\cdot\dfrac{ad}{bc}}+2=4$$

したがって　　$\left(\dfrac{b}{a}+\dfrac{d}{c}\right)\left(\dfrac{a}{b}+\dfrac{c}{d}\right)\geqq 4$

等号は，$bc>0$, $ad>0$ かつ $\dfrac{bc}{ad}=\dfrac{ad}{bc}$ すなわち $ad=bc$ の

ときに成り立つ。

⇐ 左辺を展開する。
$\dfrac{bc}{ad}\cdot\dfrac{ad}{bc}=1$（積が一定）に注目。

⇐ $(bc)^2=(ad)^2$ で，
$bc>0$, $ad>0$ から
$ad=bc$

EX ④13

$(20+1)^{100}$ の十の位の値を求めよ。　　　　　　　　　　　　　　　〔福島大〕

$(20+1)^{100}$

$=20^{100}+{}_{100}\mathrm{C}_1\cdot 20^{99}+{}_{100}\mathrm{C}_2\cdot 20^{98}$

　$+\cdots\cdots+{}_{100}\mathrm{C}_{98}\cdot 20^2+{}_{100}\mathrm{C}_{99}\cdot 20+1$

$=2^{100}\cdot 10^{100}+{}_{100}\mathrm{C}_1\cdot 2^{99}\cdot 10^{99}+{}_{100}\mathrm{C}_2\cdot 2^{98}\cdot 10^{98}$

　$+\cdots\cdots+{}_{100}\mathrm{C}_{98}\cdot 2^2\cdot 10^2+{}_{100}\mathrm{C}_{99}\cdot 2\cdot 10+1$

$=10^2(2^{100}\cdot 10^{98}+{}_{100}\mathrm{C}_1\cdot 2^{99}\cdot 10^{97}+\cdots\cdots+{}_{100}\mathrm{C}_{98}\cdot 2^2)$

　$+100\cdot 2\cdot 10+1$

$=10^2(2^{100}\cdot 10^{98}+{}_{100}\mathrm{C}_1\cdot 2^{99}\cdot 10^{97}+\cdots\cdots+{}_{100}\mathrm{C}_{98}\cdot 2^2+2\cdot 10)+1$

したがって，$(20+1)^{100}$ の十の位の値は　　**0**

⇐ $20^{100}=(2\times 10)^{100}$
$=2^{100}\cdot 10^{100}$

⇐ $10^2\times$（自然数）$+1$

EX ④14

n は2以上の整数とする。二項定理を利用して，次のことを示せ。

(1) $a>0$ のとき　　$(1+a)^n>1+na$　　　　　(2) $\left(1+\dfrac{3}{n}\right)^n>4$

(1)　二項定理により

$(1+a)^n=1+{}_n\mathrm{C}_1 a+{}_n\mathrm{C}_2 a^2+\cdots\cdots+{}_n\mathrm{C}_n a^n$

　　　　　$=1+na+\dfrac{n(n-1)}{2}a^2+\cdots\cdots+a^n$　……①

ここで，$n\geqq 2$, $a>0$ であるから

$$\dfrac{n(n-1)}{2}a^2+\cdots\cdots+a^n>0$$

よって　　$(1+a)^n>1+na$

⇐ $1+na$ が出てくる。

⇐ ① の $1+na$ 以外の部分に着目。

（2） $n \geqq 2$ であるから $\dfrac{3}{n} > 0$

よって，(1)で証明した不等式で $a = \dfrac{3}{n}$ とおくと

$$\left(1 + \dfrac{3}{n}\right)^n > 1 + n \cdot \dfrac{3}{n}$$

ここで $1 + n \cdot \dfrac{3}{n} = 1 + 3 = 4$ ゆえに $\left(1 + \dfrac{3}{n}\right)^n > 4$

◀(1)の $a>0$ という条件を満たすことを確認。

EX
④**15** $(1+x+x^2)^8$ の展開式における x^{11} の項の係数を求めよ。 ［防衛大］

$(1+x+x^2)^8$ の展開式の一般項は

$$\dfrac{8!}{p!q!r!} \cdot 1^p \cdot x^q \cdot (x^2)^r = \dfrac{8!}{p!q!r!} \cdot x^{q+2r}$$

ただし $p+q+r=8$ …… ①，$p \geqq 0,\ q \geqq 0,\ r \geqq 0$
x^{11} の項の係数は，

$$q + 2r = 11 \quad \text{すなわち} \quad q = 11 - 2r \text{ …… ②}$$

のときである。
② を ① に代入して $p + 11 - 2r + r = 8$
よって $p = r - 3$ …… ③
②，③ と $p \geqq 0,\ q \geqq 0$ から $11 - 2r \geqq 0,\ r - 3 \geqq 0$

ゆえに $3 \leqq r \leqq \dfrac{11}{2}$

r は整数であるから $r = 3,\ 4,\ 5$
②，③ から $r=3$ のとき $p=0,\ q=5$
$\qquad\qquad\quad r=4$ のとき $p=1,\ q=3$
$\qquad\qquad\quad r=5$ のとき $p=2,\ q=1$
したがって，x^{11} の項の係数は

$$\dfrac{8!}{0!5!3!} + \dfrac{8!}{1!3!4!} + \dfrac{8!}{2!1!5!} = 56 + 280 + 168 = \mathbf{504}$$

$(a+b+c)^n$ の展開式における $a^p b^q c^r$ の項（一般項）は
$$\dfrac{n!}{p!q!r!} a^p b^q c^r$$
ただし，$p,\ q,\ r$ は 0 以上の整数で
$p+q+r=n$

◀$q+2r=11$ となる p, q, r の組は 3 通りある。

EX
④**16** $x+y+z = \dfrac{1}{x} + \dfrac{1}{y} + \dfrac{1}{z} = 1$ ならば，$x,\ y,\ z$ のうち少なくとも 1 つは 1 であることを証明せよ。 ［法政大］

┌─────
│ **HINT** $a,\ b$ のうち少なくとも 1 つが 0 ($a=0$ または $b=0$) であることは，$ab=0$ で表される。
│ このことを用いると，$a,\ b$ のうち少なくとも 1 つが 1 であることは，$(a-1)(b-1)=0$ で表される。よって，$x,\ y,\ z$ のうち少なくとも 1 つは 1 である $\iff (x-1)(y-1)(z-1)=0$
└─────

$\dfrac{1}{x} + \dfrac{1}{y} + \dfrac{1}{z} = 1$ から $\dfrac{yz+zx+xy}{xyz} = 1$

◀左辺を通分。

したがって $xy + yz + zx = xyz$ …… ①
$P = (x-1)(y-1)(z-1)$ とすると
$\qquad P = (xy - x - y + 1)(z-1)$
$\qquad\quad = xyz - (xy+yz+zx) + (x+y+z) - 1$
$x+y+z=1$ と ① から $P = 0$
よって，$x,\ y,\ z$ のうち少なくとも 1 つは 1 である。

EX
⑤**17** 次の不等式を証明せよ。また，等号が成り立つのはどのようなときか。　　　　　　[京都産大]

(1) $|ab+cd| \leqq \sqrt{a^2+c^2}\sqrt{b^2+d^2}$　　(2) $\sqrt{(a+b)^2+(c+d)^2} \leqq \sqrt{a^2+c^2}+\sqrt{b^2+d^2}$

(1) $(\sqrt{a^2+c^2}\sqrt{b^2+d^2})^2 - |ab+cd|^2$

$= (a^2+c^2)(b^2+d^2) - (ab+cd)^2$　　　　　$\Leftarrow |A|^2 = A^2$

$= a^2b^2+a^2d^2+c^2b^2+c^2d^2 - (a^2b^2+2abcd+c^2d^2)$

$= a^2d^2-2abcd+b^2c^2 = (ad-bc)^2 \geqq 0 \cdots\cdots ①$

よって　　$|ab+cd|^2 \leqq (\sqrt{a^2+c^2}\sqrt{b^2+d^2})^2$

$|ab+cd| \geqq 0$, $\sqrt{a^2+c^2}\sqrt{b^2+d^2} \geqq 0$ であるから　　$\Leftarrow$ この断り書きは重要。

$|ab+cd| \leqq \sqrt{a^2+c^2}\sqrt{b^2+d^2} \cdots\cdots ②$

等号は，① から，$ad=bc$ のときに成り立つ。　　$\Leftarrow ad-bc=0$

(2) $(\sqrt{a^2+c^2}+\sqrt{b^2+d^2})^2 - \{\sqrt{(a+b)^2+(c+d)^2}\}^2$

$= a^2+c^2+2\sqrt{a^2+c^2}\sqrt{b^2+d^2}+b^2+d^2-(a+b)^2-(c+d)^2$

$= 2\{\sqrt{a^2+c^2}\sqrt{b^2+d^2}-(ab+cd)\}$

(1)の結果により，② は次の不等式と同値である。　　$\Leftarrow B>0$ のとき $|A| \leqq B$

$-\sqrt{a^2+c^2}\sqrt{b^2+d^2} \leqq ab+cd \leqq \sqrt{a^2+c^2}\sqrt{b^2+d^2}$　　$\Longleftrightarrow -B \leqq A \leqq B$

ゆえに　$\sqrt{a^2+c^2}\sqrt{b^2+d^2}-(ab+cd) \geqq 0 \cdots\cdots ③$

よって　$\{\sqrt{(a+b)^2+(c+d)^2}\}^2 \leqq (\sqrt{a^2+c^2}+\sqrt{b^2+d^2})^2$

また，$\sqrt{(a+b)^2+(c+d)^2} \geqq 0$, $\sqrt{a^2+c^2}+\sqrt{b^2+d^2} \geqq 0$ である

から　　$\sqrt{(a+b)^2+(c+d)^2} \leqq \sqrt{a^2+c^2}+\sqrt{b^2+d^2}$

③ において，等号は
$\sqrt{a^2+c^2}\sqrt{b^2+d^2}$
$=ab+cd$
のとき成り立つが，
$\sqrt{a^2+c^2}\sqrt{b^2+d^2} \geqq 0$
であるから，$ab+cd \geqq 0$
でなければならない。

等号が成り立つのは，③ において等号が成り立つとき，すなわち，② において $|ab+cd|=ab+cd$, $ad=bc$ のときである。

よって，**$ab+cd \geqq 0$, $ad=bc$ のときに等号が成り立つ。**

EX
③**18** ★ 多項式 $P=2x^2+xy-y^2+5x-y+k$ は，$k=$ ⁷□ のとき，整数を係数とする1次式の積
$(2x-$ ⁴□$y+$ ⁿ□$)(x+$ ᵉ□$y+$ ᵒ□$)$ で表される。　　[近畿大]

a, b, c, d を整数として，次のようにおく。

$2x^2+xy-y^2+5x-y+k = (2x-ay+b)(x+cy+d)$

右辺を展開して整理すると

$2x^2+xy-y^2+5x-y+k$

$= 2x^2+(-a+2c)xy-acy^2+(b+2d)x+(bc-ad)y+bd$

これが，x, y についての恒等式であるから，両辺の係数を比較して　　$-a+2c=1 \cdots\cdots ①$, $-ac=-1 \cdots\cdots ②$,

$b+2d=5 \cdots\cdots ③$, $bc-ad=-1 \cdots\cdots ④$, $bd=k \cdots\cdots ⑤$

① から　　$a=2c-1$

② に代入して整理すると　　$2c^2-c-1=0$

ゆえに　$(c-1)(2c+1)=0$　　よって　$c=1, -\dfrac{1}{2}$

c は整数であるから　　$c=1$

$c=1$ を ① に代入して　　$a=1$

$a=1$, $c=1$ を ④ に代入して　　$b-d=-1 \cdots\cdots ⑥$

HINT 絶対値，根号を含む不等式の両辺が正のとき，平方の差を調べる。

HINT 2つの文字 x, y に関する恒等式の問題である。例えば
$ax^2+bxy+cy^2+dx+ey+f=0$ が x, y についての恒等式 $\Longleftrightarrow$
$a=b=c=d=e=f=0$
多くの文字の恒等式は，両辺の同類項の係数を等しいとおく。

$\Leftarrow$
$\begin{array}{ccc} 1 & \diagdown & -1 \longrightarrow -2 \\ 2 & \diagup & 1 \longrightarrow 1 \\ \hline 2 & & -1 \quad\quad -1 \end{array}$

③ と ⑥ を連立して解くと $b=1,\ d=2$
$b=1,\ d=2$ を ⑤ に代入して $k=2$
したがって $(k,\ a,\ b,\ c,\ d)=(^{\mathcal{P}}2,\ ^{\mathcal{A}}1,\ ^{\dot{\mathcal{D}}}1,\ ^{\pm}1,\ ^{\dot{\mathcal{A}}}2)$ ⟵$a,\ b,\ d$ は整数。

EX
④**19**   ★ $x-2y+z=4$ および $2x+y-3z=-7$ を満たす $x,\ y,\ z$ のすべての値に対して、
$ax^2+2by^2+3cz^2=18$ が成り立つ。このとき、定数 $a,\ b,\ c$ の値を求めよ。   [西南学院大]

$x-2y+z=4$ …… ①, $2x+y-3z=-7$ …… ② とする。
①×3+② から $5x-5y=5$ よって $y=x-1$ …… ③
①+②×2 から $5x-5z=-10$ よって $z=x+2$ …… ④
③, ④ を $ax^2+2by^2+3cz^2=18$ に代入すると
$$ax^2+2b(x-1)^2+3c(x+2)^2=18$$
整理すると $(a+2b+3c)x^2-4(b-3c)x+2(b+6c-9)=0$
これが x についての恒等式であるから
$a+2b+3c=0$ …… ⑤, $b-3c=0$ …… ⑥,
$b+6c-9=0$ …… ⑦
⑥, ⑦ を解いて $b=3,\ c=1$
$b=3,\ c=1$ を ⑤ に代入して $a+6+3=0$ ゆえに $a=-9$

CHART

条件式の扱い
文字を減らす
⟵$y,\ z$ を x で表す。

⟵$Ax^2+Bx+C=0$ が
x の恒等式
$\iff A=B=C=0$

EX
④**20**   ★ $x>1$ のとき、$4x^2+\dfrac{1}{(x+1)(x-1)}$ の最小値は $^{\mathcal{P}}\boxed{}$ で、そのときの x の値は $\dfrac{\sqrt{\boxed{}}}{^{\dot{\mathcal{D}}}\boxed{}}$ で
ある。   [慶応大]

$$4x^2+\frac{1}{(x+1)(x-1)}=4(x^2-1)+\frac{1}{x^2-1}+4$$

$x>1$ のとき、$4(x^2-1)>0,\ \dfrac{1}{x^2-1}>0$ であるから、
(相加平均)≧(相乗平均)により

$$4(x^2-1)+\frac{1}{x^2-1}+4\geq 2\sqrt{4(x^2-1)\cdot\frac{1}{x^2-1}}+4=8$$

よって $4x^2+\dfrac{1}{(x+1)(x-1)}\geq 8$

等号が成り立つのは、$4(x^2-1)=\dfrac{1}{x^2-1}$ のときである。

このとき $(x^2-1)^2=\dfrac{1}{4}$

$x>1$ であるから $x^2-1=\dfrac{1}{2}$ すなわち $x^2=\dfrac{3}{2}$

ゆえに $x=\sqrt{\dfrac{3}{2}}=\dfrac{\sqrt{6}}{2}$

したがって、$4x^2+\dfrac{1}{(x+1)(x-1)}$ の最小値は $^{\mathcal{P}}8$ で、そのと
きの x の値は $\dfrac{\sqrt{^{\mathcal{A}}6}}{^{\dot{\mathcal{D}}}2}$ である。

⟵$4x^2\cdot\dfrac{1}{x^2-1}$ は定数に
ならない。そこで、積
が定数となるような2
つの式の和を作る。

⟵$\sqrt{\dfrac{3}{2}}=\dfrac{\sqrt{3}}{\sqrt{2}}$

$=\dfrac{\sqrt{3}\sqrt{2}}{\sqrt{2}\sqrt{2}}$

TR ①33 次の計算をせよ。

(1) $(7-3i)+(-2+11i)$ (2) $(5-2i)-(3-8i)$ (3) $(-6+5i)(1+2i)$

(4) $(3+4i)(3-4i)$ (5) $(1+i)(2-i)-(2+i)(3-i)$ (6) $(1-i)^8$

(1) $(7-3i)+(-2+11i)=(7-2)+(-3+11)i=\boldsymbol{5+8i}$

(2) $(5-2i)-(3-8i)=(5-3)+\{-2-(-8)\}i=\boldsymbol{2+6i}$

(3) $(-6+5i)(1+2i)=-6+(-12+5)i+10i^2$

$=-6-7i+10\cdot(-1)=\boldsymbol{-16-7i}$

(4) $(3+4i)(3-4i)=3^2-(4i)^2=9-16i^2=9-16\cdot(-1)=\boldsymbol{25}$

(5) $(1+i)(2-i)-(2+i)(3-i)$

$=2+(-1+2)i-i^2-\{6+(-2+3)i-i^2\}=3+i-(7+i)=\boldsymbol{-4}$

(6) $(1-i)^2=1-2i+i^2=-2i,$

$(1-i)^4=\{(1-i)^2\}^2=(-2i)^2=4i^2=-4$ であるから

$(1-i)^8=\{(1-i)^4\}^2=(-4)^2=\boldsymbol{16}$

⬅ i を文字と考えて，実数と同じように計算。

⬅ $(a+bx)(c+dx)$
$=ac+(ad+bc)x+bdx^2$
$i^2=-1$ とする。

⬅ $(a+b)(a-b)=a^2-b^2$

⬅ 小刻みに計算。

TR ②34 次の各数と，それぞれに共役な複素数との和・積を求めよ。

(1) $-2+3i$ (2) $5-4i$ (3) $6i$ (4) -3

(1) $-2+3i$ と共役な複素数は $-2-3i$

和：$(-2+3i)+(-2-3i)=(-2-2)+(3-3)i=\boldsymbol{-4}$

積：$(-2+3i)(-2-3i)=(-2)^2-(3i)^2=4-9i^2$

$=4-9\cdot(-1)=\boldsymbol{13}$

(2) $5-4i$ と共役な複素数は $5+4i$

和：$(5-4i)+(5+4i)=(5+5)+(-4+4)i=\boldsymbol{10}$

積：$(5-4i)(5+4i)=5^2-(4i)^2=25-16i^2=25-16\cdot(-1)=\boldsymbol{41}$

(3) $6i$ と共役な複素数は $-6i$

和：$6i+(-6i)=\boldsymbol{0}$，積：$6i\cdot(-6i)=-36i^2=-36\cdot(-1)=\boldsymbol{36}$

(4) -3 と共役な複素数は -3

和：$-3+(-3)=\boldsymbol{-6}$，積：$-3\cdot(-3)=\boldsymbol{9}$

CHART

共役な複素数
虚部の符号だけが異なる

⬅ $6i=0+6i$

⬅ $-3=-3+0i$

TR ②35 次の計算の結果を $a+bi$ の形で表せ。

(1) $\dfrac{1}{i}$, $\dfrac{1}{i^2}$, $\dfrac{1}{i^3}$ (2) $\dfrac{5i}{3+i}$ (3) $\dfrac{9+2i}{1-2i}$ (4) $\dfrac{2-i}{3+i}-\dfrac{5+10i}{1-3i}$ 〔(3) 千葉工大〕

(1) $\dfrac{1}{i}=\dfrac{-i}{i(-i)}=\dfrac{-i}{-i^2}=\dfrac{-i}{-(-1)}=\boldsymbol{-i}$

$\dfrac{1}{i^2}=\dfrac{1}{-1}=\boldsymbol{-1}$ $\dfrac{1}{i^3}=\dfrac{1}{i^2\cdot i}=-\dfrac{1}{i}=-(-i)=\boldsymbol{i}$

(2) $\dfrac{5i}{3+i}=\dfrac{5i(3-i)}{(3+i)(3-i)}=\dfrac{5(3i-i^2)}{9-i^2}=\dfrac{5(3i+1)}{10}=\boldsymbol{\dfrac{1}{2}+\dfrac{3}{2}i}$

(3) $\dfrac{9+2i}{1-2i}=\dfrac{(9+2i)(1+2i)}{(1-2i)(1+2i)}=\dfrac{9+20i+4i^2}{1-4i^2}=\dfrac{5+20i}{5}=\boldsymbol{1+4i}$

(4) $\dfrac{2-i}{3+i}=\dfrac{(2-i)(3-i)}{(3+i)(3-i)}=\dfrac{6-5i+i^2}{9-i^2}=\dfrac{5-5i}{10}=\dfrac{1-i}{2}$

$\dfrac{5+10i}{1-3i}=\dfrac{5(1+2i)(1+3i)}{(1-3i)(1+3i)}=\dfrac{5(1+5i+6i^2)}{1-9i^2}$

CHART

複素数の除法
分母の実数化
分母と共役な複素数を
分母・分子に掛ける

(4) 各項の分母を実数化
する。そのまま通分
すると，別解のように
なる。

$$= \frac{5(-5+5i)}{10} = \frac{-5+5i}{2}$$

よって $\quad \dfrac{2-i}{3+i} - \dfrac{5+10i}{1-3i} = \dfrac{1-i}{2} - \dfrac{-5+5i}{2} = 3-3i$

別解 $\quad \dfrac{2-i}{3+i} - \dfrac{5+10i}{1-3i} = \dfrac{(2-i)(1-3i)-(5+10i)(3+i)}{(3+i)(1-3i)}$

← 分母を $(3+i)(1-3i)$ にそろえる。

$$= \frac{(2-7i+3i^2)-(15+35i+10i^2)}{3-8i-3i^2} = \frac{-6-42i}{6-8i} = \frac{-6(1+7i)}{2(3-4i)}$$

← この数の分母を実数化。

$$= \frac{-3(1+7i)(3+4i)}{(3-4i)(3+4i)} = \frac{-3(3+25i+28i^2)}{9-16i^2} = \frac{-3(-25+25i)}{25}$$

$$= 3-3i$$

TR ②36 次の等式を満たす実数 x, y の値を，それぞれ求めよ。

(1) $(3+i)x+(1-i)y=5+3i$ (2) $(2+i)(x+yi)=3-2i$ [(1) 類 京都産大]

(1) 左辺を i について整理すると

$$(3x+y)+(x-y)i=5+3i$$

$3x+y$, $x-y$ は実数であるから $\quad 3x+y=5$, $x-y=3$

これを解いて $\quad \boldsymbol{x=2}$, $\boldsymbol{y=-1}$

(2) $(2+i)(x+yi)=2x+2yi+xi+yi^2$

$$\qquad\qquad\qquad = (2x-y)+(x+2y)i$$

よって，等式は $\quad (2x-y)+(x+2y)i=3-2i$

$2x-y$, $x+2y$ は実数であるから $\quad 2x-y=3$, $x+2y=-2$

これを解いて $\quad \boldsymbol{x=\dfrac{4}{5}}$, $\boldsymbol{y=-\dfrac{7}{5}}$

CHART
2つの複素数の相等
$a+bi=c+di$
$\iff a=c$ かつ $b=d$
(1), (2) の記述は重要！

← 実部どうし，虚部どうしが等しい。

別解 等式から $\quad x+yi=\dfrac{3-2i}{2+i}$

$$\frac{3-2i}{2+i} = \frac{(3-2i)(2-i)}{(2+i)(2-i)} = \frac{6-7i+2i^2}{4-i^2} = \frac{4-7i}{5} = \frac{4}{5}-\frac{7}{5}i$$

よって $\quad x+yi=\dfrac{4}{5}-\dfrac{7}{5}i$

x, y は実数であるから $\quad \boldsymbol{x=\dfrac{4}{5}}$, $\boldsymbol{y=-\dfrac{7}{5}}$

← $x+yi$ は，複素数の除法 $\dfrac{3-2i}{2+i}$ でも得られる。
分母・分子に $2-i$ を掛けて分母を実数化。

TR ①37 (1)~(3) の数の平方根を求めよ。また，(4)~(6) の計算をせよ。

(1) -10 (2) -36 (3) -75 (4) $\sqrt{5}\times\sqrt{-20}$ (5) $\dfrac{\sqrt{-72}}{\sqrt{-8}}$ (6) $\dfrac{\sqrt{-28}}{\sqrt{7}}$

(1) -10 の平方根は $\quad \pm\sqrt{-10}=\pm\sqrt{10}\,\boldsymbol{i}$

(2) -36 の平方根は $\quad \pm\sqrt{-36}=\pm\sqrt{36}\,i=\pm\boldsymbol{6i}$

(3) -75 の平方根は $\quad \pm\sqrt{-75}=\pm\sqrt{75}\,i=\pm\boldsymbol{5\sqrt{3}}\,\boldsymbol{i}$

(4) $\sqrt{5}\times\sqrt{-20}=\sqrt{5}\times\sqrt{20}\,i=\sqrt{5}\times2\sqrt{5}\,i=2(\sqrt{5}\,)^2i=\boldsymbol{10i}$

(5) $\dfrac{\sqrt{-72}}{\sqrt{-8}}=\dfrac{\sqrt{72}\,i}{\sqrt{8}\,i}=\dfrac{6\sqrt{2}}{2\sqrt{2}}=\boldsymbol{3}$

(6) $\dfrac{\sqrt{-28}}{\sqrt{7}}=\dfrac{\sqrt{28}\,i}{\sqrt{7}}=\dfrac{2\sqrt{7}\,i}{\sqrt{7}}=\boldsymbol{2i}$

CHART
負の数の平方根
$a>0$ のとき
$-a$ の平方根は
$\pm\sqrt{-a}=\pm\sqrt{a}\,i$
(4)~(6) $a>0$ のとき
$\sqrt{-a}=\sqrt{a}\,i$
根号の中の -1 を，i として根号の外へ出す。

TR
①**38** 次の2次方程式を解け。
(1) $9x^2+4=0$ (2) $2x^2+x-3=0$ (3) $x^2+x-1=0$
(4) $9x^2-8x+2=0$ (5) $x^2-\sqrt{2}\,x+4=0$

(1) $9x^2+4=0$ から $x^2=-\dfrac{4}{9}$

よって $x=\pm\sqrt{-\dfrac{4}{9}}=\pm\sqrt{\dfrac{4}{9}}\,i=\pm\dfrac{2}{3}\,i$

     $\Leftarrow x^2=k$ の解は $x=\pm\sqrt{k}$

(2) 左辺を因数分解して $(x-1)(2x+3)=0$

よって $x=1,\ -\dfrac{3}{2}$

$$
\begin{array}{ccc}
1 & \diagdown & -1 \longrightarrow -2 \\
2 & \diagup & 3 \longrightarrow 3 \\
\hline
2 & & -3 \qquad 1
\end{array}
$$

(3) $x=\dfrac{-1\pm\sqrt{1^2-4\cdot1\cdot(-1)}}{2\cdot1}=\dfrac{-1\pm\sqrt{5}}{2}$

     $\Leftarrow a=1,\ b=1,\ c=-1$

(4) $x=\dfrac{-(-4)\pm\sqrt{(-4)^2-9\cdot2}}{9}=\dfrac{4\pm\sqrt{-2}}{9}=\dfrac{4\pm\sqrt{2}\,i}{9}$

     $\Leftarrow a=9,\ b'=-4,\ c=2$

(5) $x=\dfrac{-(-\sqrt{2}\,)\pm\sqrt{(-\sqrt{2}\,)^2-4\cdot1\cdot4}}{2\cdot1}=\dfrac{\sqrt{2}\pm\sqrt{-14}}{2}$

     $\Leftarrow a=1,\ b=-\sqrt{2}\,,\ c=4$

$\quad=\dfrac{\sqrt{2}\pm\sqrt{14}i}{2}$

TR
③**39** 次の2次方程式の解の種類を判別せよ。ただし，(4)のkは定数とする。
(1) $2x^2+3x-1=0$ (2) $25x^2+40x+16=0$
(3) $3x^2-4x+2=0$ (4) $x^2+2kx+4=0$

与えられた2次方程式の判別式をDとする。

(1) $D=3^2-4\cdot2\cdot(-1)=17>0$ よって，**異なる2つの実数解**

(2) $\dfrac{D}{4}=20^2-25\cdot16=0$ よって，**重解**

(3) $\dfrac{D}{4}=(-2)^2-3\cdot2=-2<0$ よって，**異なる2つの虚数解**

(4) $\dfrac{D}{4}=k^2-1\cdot4=(k+2)(k-2)$

$D>0$ すなわち $k<-2,\ 2<k$ のとき **異なる2つの実数解**
$D=0$ すなわち $k=\pm2$ のとき **重解**
$D<0$ すなわち $-2<k<2$ のとき **異なる2つの虚数解**

CHART
    解の判別
$D=b^2-4ac$ の符号を調べる
(2)~(4) 2次方程式
$ax^2+2b'x+c=0$
の解の判別については，
$\dfrac{D}{4}=b'^2-ac$ の符号を調べる。

TR
③**40** kは定数とする。xの方程式 $kx^2+4x-4=0$ の解の種類を判別せよ。

$k=0$ のとき，方程式は $4x-4=0$

よって，1つの実数解 $x=1$ をもつ。

$k\neq0$ のとき，2次方程式の判別式をDとすると

$$\dfrac{D}{4}=2^2-k\cdot(-4)=4k+4=4(k+1)$$

$D>0$ となるのは，$4(k+1)>0$ と $k\neq0$ から

$\quad-1<k<0,\ 0<k$

     $\Leftarrow$（2次の係数）$=0$ の場合で，このとき1次方程式となる。
     $\Leftarrow k\neq0$ のとき2次方程式となる。
     $\Leftarrow k\neq0$ を忘れないように。

$D=0$ となるのは，$4(k+1)=0$ から　　$k=-1$

$D<0$ となるのは，$4(k+1)<0$ から　　$k<-1$

以上から　　**$k=0$ のとき　1 つの実数解**

　　　　　　$k=-1$ のとき　重解

　　　　　　$-1<k<0$，$0<k$ のとき　異なる 2 つの実数解

　　　　　　$k<-1$ のとき　異なる 2 つの虚数解

TR
②41　★　2 次方程式 $4x^2+4(m+2)x+9m=0$ について，次の問いに答えよ。
　(1)　2 つの虚数解をもつとき，定数 m の値の範囲を求めよ。
　(2)　重解をもつとき，定数 m の値とそのときの重解を求めよ。

与えられた 2 次方程式の判別式を D とすると

$$\frac{D}{4}=\{2(m+2)\}^2-4\cdot 9m=4(m^2-5m+4)$$

$$=4(m-1)(m-4)$$

⬅ 2 次方程式
$ax^2+2b'x+c=0$
について
$$\frac{D}{4}=b'^2-ac$$

(1)　虚数解をもつための条件は　　$D<0$

　　ゆえに　　$(m-1)(m-4)<0$　　　よって　　**$1<m<4$**

(2)　重解をもつための条件は　　$D=0$

　　ゆえに　　$(m-1)(m-4)=0$　　　よって　　$m=1,\ 4$

　　また，重解は　　$x=-\dfrac{4(m+2)}{2\cdot 4}=-\dfrac{m+2}{2}$

⬅ 2 次方程式
$ax^2+bx+c=0$ が重
解をもつとき，その重
解は　$x=-\dfrac{b}{2a}$

　　したがって　　**$m=1$ のとき　重解は $x=-\dfrac{3}{2}$**

　　　　　　　　　$m=4$ のとき　重解は $x=-3$

TR
①42　次の 2 次方程式の 2 つの解の和と積を，それぞれ求めよ。
　(1)　$x^2-4x-3=0$　　　　(2)　$2x^2-3x+6=0$　　　　(3)　$3x^2=5-4x$

解と係数の関係から

(1)　和は　$-\dfrac{-4}{1}=4$　　　積は　$\dfrac{-3}{1}=-3$

(2)　和は　$-\dfrac{-3}{2}=\dfrac{3}{2}$　　　積は　$\dfrac{6}{2}=3$

(3)　与式を整理すると　　$3x^2+4x-5=0$

　　和は　$-\dfrac{4}{3}$　　　積は　$\dfrac{-5}{3}=-\dfrac{5}{3}$

解と係数の関係
2 次方程式
$ax^2+bx+c=0$ の 2 つ
の解を $\alpha,\ \beta$ とすると
$$\alpha+\beta=-\frac{b}{a},\ \alpha\beta=\frac{c}{a}$$

TR
②43　$2x^2-5x+4=0$ の 2 つの解を $\alpha,\ \beta$ とするとき，次の式の値を求めよ。
　(1)　$\alpha\beta^2+\alpha^2\beta$　　(2)　$\alpha^2+\beta^2$　　(3)　$\alpha^3+\beta^3$　　(4)　$(\alpha-\beta)^2$　　(5)　$\dfrac{1}{\alpha}+\dfrac{1}{\beta}$　　(6)　$\dfrac{\beta}{\alpha}+\dfrac{\alpha}{\beta}$

解と係数の関係から　　$\alpha+\beta=\dfrac{5}{2}$，$\alpha\beta=2$

(1)　$\alpha\beta^2+\alpha^2\beta=\alpha\beta(\alpha+\beta)=2\cdot\dfrac{5}{2}=\textbf{5}$

(2)　$\alpha^2+\beta^2=(\alpha+\beta)^2-2\alpha\beta=\left(\dfrac{5}{2}\right)^2-2\cdot 2=\dfrac{9}{4}$

⬅ $\alpha+\beta=-\dfrac{-5}{2}$,

$\alpha\beta=\dfrac{4}{2}$

CHART
　$\alpha,\ \beta$ の対称式
　$\alpha+\beta,\ \alpha\beta$ で表す

(3) $\alpha^3+\beta^3=(\alpha+\beta)^3-3\alpha\beta(\alpha+\beta)=\left(\dfrac{5}{2}\right)^3-3\cdot2\cdot\dfrac{5}{2}=\dfrac{5}{8}$

$\Leftarrow \dfrac{125}{8}-15$

別解 $\alpha^3+\beta^3=(\alpha+\beta)(\alpha^2-\alpha\beta+\beta^2)=\dfrac{5}{2}\left(\dfrac{9}{4}-2\right)=\dfrac{5}{8}$

(4) $(\alpha-\beta)^2=(\alpha+\beta)^2-4\alpha\beta=\left(\dfrac{5}{2}\right)^2-4\cdot2=-\dfrac{7}{4}$

$\Leftarrow (\alpha-\beta)^2$
$=\alpha^2-2\alpha\beta+\beta^2$
$=\alpha^2+2\alpha\beta+\beta^2-4\alpha\beta$
$=(\alpha+\beta)^2-4\alpha\beta$

(5) $\dfrac{1}{\alpha}+\dfrac{1}{\beta}=\dfrac{\alpha+\beta}{\alpha\beta}=\dfrac{5}{2}\div2=\dfrac{5}{4}$

(6) $\dfrac{\beta}{\alpha}+\dfrac{\alpha}{\beta}=\dfrac{\alpha^2+\beta^2}{\alpha\beta}=\dfrac{9}{4}\div2=\dfrac{9}{8}$

TR ②44 ★ 2次方程式 $3x^2+6x+m=0$ の2つの解が次の条件を満たすとき，定数 m の値と2つの解を，それぞれ求めよ。
(1) 1つの解が他の解の3倍である。　(2) 2つの解の比が 2：3 である。

(1) 1つの解が他の解の3倍であるから，2つの解は α，3α と表すことができる。

解と係数の関係から　$\alpha+3\alpha=-2$，$\alpha\cdot3\alpha=\dfrac{m}{3}$

すなわち　$4\alpha=-2$ …… ①，$9\alpha^2=m$ …… ②

① から　$\alpha=-\dfrac{1}{2}$

よって，他の解は　$3\alpha=3\left(-\dfrac{1}{2}\right)=-\dfrac{3}{2}$

$\alpha=-\dfrac{1}{2}$ を ② に代入して　$m=9\left(-\dfrac{1}{2}\right)^2=\dfrac{9}{4}$

したがって　$m=\dfrac{9}{4}$，2つの解は　$-\dfrac{1}{2}$，$-\dfrac{3}{2}$

CHART
2次方程式の2解の関係
2解を1つの文字で表す
$\Leftarrow \alpha+3\alpha=-\dfrac{6}{3}$

(検算) $m=\dfrac{9}{4}$ のとき，
方程式は
$3x^2+6x+\dfrac{9}{4}=0$
$(2x+1)(2x+3)=0$
よって $x=-\dfrac{1}{2}$，$-\dfrac{3}{2}$

(2) 2つの解の比が 2：3 であるから，2つの解は 2α，3α $(\alpha\neq0)$ と表すことができる。

解と係数の関係から

$$2\alpha+3\alpha=-2,\quad 2\alpha\cdot3\alpha=\dfrac{m}{3}$$

すなわち　$5\alpha=-2$ …… ①，$18\alpha^2=m$ …… ②

① から　$\alpha=-\dfrac{2}{5}$ （$\alpha\neq0$ を満たす。）

$\alpha=-\dfrac{2}{5}$ を ② に代入して　$m=18\left(-\dfrac{2}{5}\right)^2=\dfrac{72}{25}$

$2\alpha=2\left(-\dfrac{2}{5}\right)=-\dfrac{4}{5}$，$3\alpha=3\left(-\dfrac{2}{5}\right)=-\dfrac{6}{5}$ であるから

$m=\dfrac{72}{25}$，2つの解は　$-\dfrac{4}{5}$，$-\dfrac{6}{5}$

(検算) $m=\dfrac{72}{25}$ のとき，
方程式は
$3x^2+6x+\dfrac{72}{25}=0$
$(5x+4)(5x+6)=0$
よって $x=-\dfrac{4}{5}$，$-\dfrac{6}{5}$

TR ②45 次の2次式を，複素数の範囲で因数分解せよ。
(1) x^2-3x-3　(2) $2x^2+4x-1$　(3) $2x^2-3x+2$

(1)　$x^2-3x-3=0$ を解くと

$$x=\frac{-(-3)\pm\sqrt{(-3)^2-4\cdot1\cdot(-3)}}{2\cdot1}=\frac{3\pm\sqrt{21}}{2}$$

よって　　$x^2-3x-3=\left(x-\dfrac{3+\sqrt{21}}{2}\right)\left(x-\dfrac{3-\sqrt{21}}{2}\right)$

(2)　$2x^2+4x-1=0$ を解くと

$$x=\frac{-2\pm\sqrt{2^2-2\cdot(-1)}}{2}=\frac{-2\pm\sqrt{6}}{2}$$

よって　　$2x^2+4x-1=2\left(x-\dfrac{-2+\sqrt{6}}{2}\right)\left(x-\dfrac{-2-\sqrt{6}}{2}\right)$

$$=2\left(x+\frac{2-\sqrt{6}}{2}\right)\left(x+\frac{2+\sqrt{6}}{2}\right)$$

(3)　$2x^2-3x+2=0$ を解くと

$$x=\frac{-(-3)\pm\sqrt{(-3)^2-4\cdot2\cdot2}}{2\cdot2}=\frac{3\pm\sqrt{-7}}{4}=\frac{3\pm\sqrt{7}\,i}{4}$$

よって　　$2x^2-3x+2=2\left(x-\dfrac{3+\sqrt{7}\,i}{4}\right)\left(x-\dfrac{3-\sqrt{7}\,i}{4}\right)$

CHART

　2 次式の因数分解
（与式）＝0 とおいた 2 次
方程式の解を利用
2 次方程式
$ax^2+bx+c=0$ の 2 つ
の解を α, β とすると
$$ax^2+bx+c=a(x-\alpha)(x-\beta)$$

←x^2 の係数 2 を忘れないこと。

←x^2 の係数 2 を忘れないこと。

TR
①46　次の 2 数を解とする 2 次方程式を 1 つ作れ。

(1)　$-\dfrac{3}{2}$, $\dfrac{4}{3}$　　　　(2)　$\dfrac{3-\sqrt{2}}{2}$, $\dfrac{3+\sqrt{2}}{2}$　　　　(3)　$\dfrac{2-\sqrt{5}\,i}{3}$, $\dfrac{2+\sqrt{5}\,i}{3}$

(1)　2 数の和は　$-\dfrac{3}{2}+\dfrac{4}{3}=\dfrac{-9+8}{6}=-\dfrac{1}{6}$

　　　　　積は　$\left(-\dfrac{3}{2}\right)\cdot\dfrac{4}{3}=-2$

　よって，求める 2 次方程式の 1 つは

$$x^2+\frac{1}{6}x-2=0　\text{すなわち}　6x^2+x-12=0$$

(2)　2 数の和は　$\dfrac{3-\sqrt{2}}{2}+\dfrac{3+\sqrt{2}}{2}=3$

　　　　　積は　$\dfrac{3-\sqrt{2}}{2}\cdot\dfrac{3+\sqrt{2}}{2}=\dfrac{3^2-(\sqrt{2})^2}{4}=\dfrac{9-2}{4}=\dfrac{7}{4}$

　よって，求める 2 次方程式の 1 つは

$$x^2-3x+\frac{7}{4}=0　\text{すなわち}　4x^2-12x+7=0$$

(3)　2 数の和は　$\dfrac{2-\sqrt{5}\,i}{3}+\dfrac{2+\sqrt{5}\,i}{3}=\dfrac{4}{3}$

　　　　　積は　$\dfrac{2-\sqrt{5}\,i}{3}\cdot\dfrac{2+\sqrt{5}\,i}{3}=\dfrac{2^2-(\sqrt{5}\,i)^2}{9}=\dfrac{4-5i^2}{9}=1$

　よって，求める 2 次方程式の 1 つは

$$x^2-\frac{4}{3}x+1=0　\text{すなわち}　3x^2-4x+3=0$$

CHART

　2 数 α, β を解とする 2 次方程式
$$x^2-(\alpha+\beta)x+\alpha\beta=0$$

←両辺に 6 を掛けて，係数を整数にする。他も同様にして答える。

←両辺に 4 を掛ける。

←互いに共役な複素数の和，積は実数。

←両辺に 3 を掛ける。

TR ③47 和と積が,次のようになる2数を求めよ。
(1) 和が 2,積が -2　　(2) 和が -6,積が 2　　(3) 和が 4,積が 5　　(4) 和が -1,積が 2

求める2数を α, β とする。

(1) $\alpha+\beta=2$, $\alpha\beta=-2$ であるから,α, β は2次方程式
$x^2-2x-2=0^{(*)}$ の2つの解である。この方程式を解くと

$$x=\frac{-(-1)\pm\sqrt{(-1)^2-1\cdot(-2)}}{1}=1\pm\sqrt{3}$$

よって,求める2数は　　**$1+\sqrt{3}$, $1-\sqrt{3}$**

(2) $\alpha+\beta=-6$, $\alpha\beta=2$ であるから,α, β は2次方程式
$x^2+6x+2=0$ の2つの解である。この方程式を解くと

$$x=\frac{-3\pm\sqrt{3^2-1\cdot2}}{1}=-3\pm\sqrt{7}$$

よって,求める2数は　　**$-3+\sqrt{7}$, $-3-\sqrt{7}$**

(3) $\alpha+\beta=4$, $\alpha\beta=5$ であるから,α, β は2次方程式
$x^2-4x+5=0$ の2つの解である。この方程式を解くと

$$x=\frac{-(-2)\pm\sqrt{(-2)^2-1\cdot5}}{1}=2\pm\sqrt{-1}=2\pm i$$

よって,求める2数は　　**$2+i$, $2-i$**

(4) $\alpha+\beta=-1$, $\alpha\beta=2$ であるから,α, β は2次方程式
$x^2+x+2=0$ の2つの解である。この方程式を解くと

$$x=\frac{-1\pm\sqrt{1^2-4\cdot1\cdot2}}{2\cdot1}=\frac{-1\pm\sqrt{-7}}{2}=\frac{-1\pm\sqrt{7}\,i}{2}$$

よって,求める2数は　　$\dfrac{-1+\sqrt{7}\,i}{2}$, $\dfrac{-1-\sqrt{7}\,i}{2}$

CHART
和と積が与えられた2数
$x^2-(和)x+(積)=0$
の2つの解
$(*)$ $x^2-2x+(-2)=0$
　　　　和　　積

⬅ $x^2-(-6)x+2=0$
　　　和　　積

⬅ $x^2-4x+5=0$
　　　和　積

⬅ $x^2-(-1)x+2=0$
　　　和　　積

TR ③48 2次方程式 $2x^2-3x+5=0$ の2つの解を α, β とするとき,$\dfrac{1}{\alpha}$, $\dfrac{1}{\beta}$ を解とする2次方程式は,$5x^2-{}^{\text{ア}}\boxed{}x+{}^{\text{イ}}\boxed{}=0$ となる。
また,α^2, β^2 を解とする2次方程式は,$4x^2+{}^{\text{ウ}}\boxed{}x+{}^{\text{エ}}\boxed{}=0$ である。

解と係数の関係から　　$\alpha+\beta=\dfrac{3}{2}$, $\alpha\beta=\dfrac{5}{2}$

(ア), (イ) $\dfrac{1}{\alpha}+\dfrac{1}{\beta}=\dfrac{\alpha+\beta}{\alpha\beta}=\dfrac{3}{2}\div\dfrac{5}{2}=\dfrac{3}{5}$, $\dfrac{1}{\alpha}\cdot\dfrac{1}{\beta}=\dfrac{1}{\alpha\beta}=\dfrac{2}{5}$

よって,求める2次方程式は

$$x^2-\frac{3}{5}x+\frac{2}{5}=0 \quad \text{すなわち} \quad 5x^2-{}^{\text{ア}}3x+{}^{\text{イ}}2=0$$

(ウ), (エ) $\alpha^2+\beta^2=(\alpha+\beta)^2-2\alpha\beta=\left(\dfrac{3}{2}\right)^2-2\cdot\dfrac{5}{2}=-\dfrac{11}{4}$

$$\alpha^2\beta^2=(\alpha\beta)^2=\left(\frac{5}{2}\right)^2=\frac{25}{4}$$

よって,求める2次方程式は

$$x^2+\frac{11}{4}x+\frac{25}{4}=0 \quad \text{すなわち} \quad 4x^2+{}^{\text{ウ}}11x+{}^{\text{エ}}25=0$$

CHART
2次方程式の作成
2つの解の 和と積 を求める

⬅ 求める2次方程式の
x^2 の係数は5である
から,両辺に5を掛け
る。

⬅ 両辺に4を掛ける。

TR
③49 2 次方程式 $x^2+2(m-1)x+2m^2-5m-3=0$ が次の条件を満たすように，定数 m の値の範囲を定めよ。

(1) 2 つの正の解をもつ。　　(2) 異なる 2 つの負の解をもつ。　　(3) 異符号の解をもつ。

この 2 次方程式の 2 つの解を α, β とし，判別式を D とする。

$$\frac{D}{4}=(m-1)^2-1\cdot(2m^2-5m-3)=-m^2+3m+4$$
$$=-(m^2-3m-4)=-(m+1)(m-4)$$

← 2 次方程式
$ax^2+2b'x+c=0$ について　$\dfrac{D}{4}=b'^2-ac$

また，解と係数の関係から

$$\alpha+\beta=-2(m-1), \quad \alpha\beta=2m^2-5m-3=(2m+1)(m-3)$$

(1) 方程式が 2 つの正の解をもつための条件は，次の①，②，③ が同時に成り立つことである。

$$D\geqq0 \ \cdots\cdots ①, \quad \alpha+\beta>0 \ \cdots\cdots ②, \quad \alpha\beta>0 \ \cdots\cdots ③$$

← 単に「2 つの解」であるから　$D\geqq0$

① から　$-(m+1)(m-4)\geqq0$　よって　$-1\leqq m\leqq4$ $\cdots\cdots④$

② から　$-2(m-1)>0$　　　　よって　$m<1$ $\cdots\cdots⑤$

③ から　$(2m+1)(m-3)>0$

よって　$m<-\dfrac{1}{2}, \ 3<m$ $\cdots\cdots⑥$

④，⑤，⑥ の共通範囲を求めて　$-1\leqq m<-\dfrac{1}{2}$

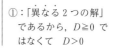

(2) 方程式が異なる 2 つの負の解をもつための条件は，次の①，②，③ が同時に成り立つことである。

$$D>0 \ \cdots\cdots ①, \quad \alpha+\beta<0 \ \cdots\cdots ②, \quad \alpha\beta>0 \ \cdots\cdots ③$$

① から　$-(m+1)(m-4)>0$　よって　$-1<m<4$ $\cdots\cdots④$

② から　$-2(m-1)<0$　　　　よって　$m>1$ $\cdots\cdots⑤$

③ から　$(2m+1)(m-3)>0$

よって　$m<-\dfrac{1}{2}, \ 3<m$ $\cdots\cdots⑥$

④，⑤，⑥ の共通範囲を求めて　$3<m<4$

←①：「異なる 2 つの解」であるから，$D\geqq0$ ではなくて　$D>0$

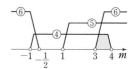

(3) 方程式が異符号の解をもつための条件は　$\alpha\beta<0$

すなわち　$(2m+1)(m-3)<0$　ゆえに　$-\dfrac{1}{2}<m<3$

← $D>0$ は不要（本冊 $p.87$ 参照）。

TR
④50 $z^2=i$ となるような複素数 z をすべて求めよ。　　　　　　［類 京都産大，愛媛大］

$z=a+bi$ （a, b は実数）とおくと

$$(a+bi)^2=a^2+2abi+b^2i^2=(a^2-b^2)+2abi$$

$z^2=i$ から　$(a^2-b^2)+2abi=i$

$\underline{a^2-b^2, \ 2ab \text{ は実数であるから}}$

$$a^2-b^2=0 \ \cdots\cdots ①, \quad 2ab=1 \ \cdots\cdots ②$$

← この断り書きは重要。

① から　$(a+b)(a-b)=0$　よって　$a=b$ または $a=-b$

[1] $a=b$ のとき，これを ② に代入して　$2b^2=1$

ゆえに　$b=\pm\dfrac{1}{\sqrt{2}}$

← $b^2=\dfrac{1}{2}$

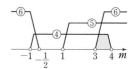に対応する本文中の右側図として、2章 TR のタブ表示あり。

2 章
TR

よって $(a,\ b)=\left(\dfrac{1}{\sqrt{2}},\ \dfrac{1}{\sqrt{2}}\right),\ \left(-\dfrac{1}{\sqrt{2}},\ -\dfrac{1}{\sqrt{2}}\right)$

[2] $a=-b$ のとき，これを ② に代入して $\qquad -2b^2=1$

これを満たす実数 b は存在しない。

$\Leftarrow b^2=-\dfrac{1}{2}$

したがって $\quad z=\dfrac{1}{\sqrt{2}}+\dfrac{1}{\sqrt{2}}i,\ -\dfrac{1}{\sqrt{2}}-\dfrac{1}{\sqrt{2}}i$

TR
④**51** 解の公式を用いて，$2x^2-7xy+6y^2-4x+5y-6$ を因数分解せよ。

（与式）$=0$ として，左辺を x について整理すると
$$2x^2-(7y+4)x+(6y^2+5y-6)=0$$
x について解くと
$$x=\dfrac{-\{-(7y+4)\}\pm\sqrt{\{-(7y+4)\}^2-4\cdot2(6y^2+5y-6)}}{2\cdot2}$$
$$=\dfrac{7y+4\pm\sqrt{49y^2+56y+16-8(6y^2+5y-6)}}{4}$$
$$=\dfrac{7y+4\pm\sqrt{y^2+16y+64}}{4}=\dfrac{7y+4\pm\sqrt{(y+8)^2}}{4}$$
$$=\dfrac{7y+4\pm(y+8)}{4}$$

よって $\quad x=\dfrac{7y+4+(y+8)}{4},\ \dfrac{7y+4-(y+8)}{4}$

すなわち $\quad x=2y+3,\ \dfrac{3}{2}y-1$

したがって （与式）$=2\{x-(2y+3)\}\left\{x-\left(\dfrac{3}{2}y-1\right)\right\}$

$\qquad\qquad\qquad =(x-2y-3)(2x-3y+2)$

$\Leftarrow x^2$ の係数 2 を忘れないように！

（参考） たすきがけ

$\begin{array}{ccc} 2 & 3 \longrightarrow & 9 \\ 3 & -2 \longrightarrow & -4 \\ \hline 6 & -6 & 5 \end{array}$

から $\quad 6y^2+5y-6$
$\quad =(2y+3)(3y-2)$

$\begin{array}{ccc} 1 & -(2y+3) \longrightarrow & -4y-6 \\ 2 & -(3y-2) \longrightarrow & -3y+2 \\ \hline 2 & & -7y-4 \end{array}$

から （与式）
$=(x-2y-3)(2x-3y+2)$

TR
④**52** 2次方程式 $(x-1)(x-2)+(x-2)(x-3)+(x-3)(x-1)=0$ の 2つの解を $\alpha,\ \beta$ とするとき，次の式の値を求めよ。

(1) $\alpha\beta$ (2) $(1-\alpha)(1-\beta)$ (3) $(\alpha-2)(\beta-2)$

方程式の解が $\alpha,\ \beta$ であるから，次の等式が成り立つ。
$$(x-1)(x-2)+(x-2)(x-3)+(x-3)(x-1)=3(x-\alpha)(x-\beta)$$
$$\cdots\cdots ①$$

(1) ① の両辺に $x=0$ を代入すると
$$(-1)(-2)+(-2)(-3)+(-3)(-1)=3(-\alpha)(-\beta)$$
すなわち $\quad 2+6+3=3\alpha\beta \qquad$ よって $\quad \alpha\beta=\dfrac{11}{3}$

(2) ① の両辺に $x=1$ を代入すると
$$0+(-1)(-2)+0=3(1-\alpha)(1-\beta)$$
よって $\quad (1-\alpha)(1-\beta)=\dfrac{2}{3}$

(3) ① の両辺に $x=2$ を代入すると
$$0+0+(-1)\cdot1=3(2-\alpha)(2-\beta)$$

[HINT] 問題の式が
$(\bullet-\alpha)(\bullet-\beta)$,
$(\alpha-\bullet)(\beta-\bullet)$
の形であるから
**2次方程式 ax^2+bx+c
$=0$ の 2つの解が $\alpha,\ \beta$
$\Longleftrightarrow ax^2+bx+c$
$=a(x-\alpha)(x-\beta)$**
を利用する。
なお，与えられた方程式
の左辺は，x^2 の項の係数
が 3 であることに注意。

すなわち　　$(2-\alpha)(2-\beta)=-\dfrac{1}{3}$

よって　　　$(\alpha-2)(\beta-2)=-\dfrac{1}{3}$

TR ⑤53　2 次方程式 $x^2+(m-2)x+10-m=0$ が整数解のみをもつような定数 m の値と，そのときの整数解をすべて求めよ。　　　　　　　　　　　　　　　　　　　　　[類 芝浦工大]

2 次方程式 $x^2+(m-2)x+10-m=0$ が 2 つの整数解 α, β $(\alpha \leqq \beta)$ をもつとすると，解と係数の関係から
$$\alpha+\beta=-(m-2) \cdots\cdots ①, \quad \alpha\beta=10-m \cdots\cdots ②$$
②$-$① から　　$\alpha\beta-\alpha-\beta=8$
よって　　　　$\alpha(\beta-1)-(\beta-1)-1=8$
ゆえに　　　　$(\alpha-1)(\beta-1)=9$
α, β は整数であるから，$\alpha-1$, $\beta-1$ も整数である。
$\alpha \leqq \beta$ より $\alpha-1 \leqq \beta-1$ であるから，$\alpha-1$, $\beta-1$ の値の組は
$$(\alpha-1, \ \beta-1)=(-9, \ -1), \ (-3, \ -3), \ (1, \ 9), \ (3, \ 3)$$
よって　　　$(\alpha, \ \beta)=(-8, \ 0), \ (-2, \ -2), \ (2, \ 10), \ (4, \ 4)$
ここで，① より $m=2-(\alpha+\beta)$ であるから，α, β の値の組に対する m の値はそれぞれ　　$m=10, \ 6, \ -10, \ -6$
したがって，求める m の値とそのときの整数解は

　　　　$m=6$ のとき　　　　$x=-2$
　　　　$m=10$ のとき　　　$x=-8, \ 0$
　　　　$m=-6$ のとき　　　$x=4$
　　　　$m=-10$ のとき　　$x=2, \ 10$

$\Leftarrow \alpha=\beta$ のときは重解をもつ。

$\Leftarrow m$ を消去。

$\Leftarrow (\ )(\ )=$整数 の形を導く

$\Leftarrow$ 9 の約数は ± 1, ± 3, ± 9　負の数も忘れないように。

$\Leftarrow m=10-\alpha\beta$ から求めてもよい。

$\Leftarrow m=6$, -6 のときは重解。

TR ⑤54　2 次方程式 $x^2-ax+4=0$ がともに 3 より小さい異なる 2 つの解をもつとき，定数 a の値の範囲を求めよ。

この 2 次方程式の 2 つの解を α, β とし，判別式を D とする。
$\alpha \neq \beta$, $\alpha<3$, $\beta<3$ であるための条件は，次の [1], [2], [3] が同時に成り立つことである。
　　[1] $D>0$　[2] $(\alpha-3)+(\beta-3)<0$　[3] $(\alpha-3)(\beta-3)>0$
ここで　　$D=(-a)^2-4\cdot 1\cdot 4=a^2-16=(a+4)(a-4)$
解と係数の関係から　　$\alpha+\beta=a$, $\alpha\beta=4$
[1] $D>0$ から　　$(a+4)(a-4)>0$
　　よって　　　　　　$a<-4$, $4<a$ $\cdots\cdots$ ①
[2] $(\alpha-3)+(\beta-3)<0$ から　　$\alpha+\beta-6<0$
　　ゆえに　　$a-6<0$　よって　　$a<6$ $\cdots\cdots$ ②
[3] $(\alpha-3)(\beta-3)>0$ から　　$\alpha\beta-3(\alpha+\beta)+9>0$
　　ゆえに　$4-3a+9>0$　よって　$a<\dfrac{13}{3}$ $\cdots\cdots$ ③
①, ②, ③ の共通範囲を求めて
　　　　　$a<-4$, $4<a<\dfrac{13}{3}$

HINT
実数 α, β について
$\alpha<3$ かつ $\beta<3$
$\Longleftrightarrow \alpha-3<0$ かつ $\beta-3<0$
であるから，「2 数がともに負である条件」によると
$$(\alpha-3)+(\beta-3)<0$$
$$(\alpha-3)(\beta-3)>0$$

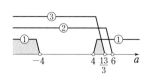

EX
③**21** $A=\dfrac{\sqrt{-3}\sqrt{-2}+\sqrt{-2}}{a+\sqrt{-3}}$ が実数となるような実数 a を定めると，$a={}^{\mathcal{P}}\boxed{}$ であり，$A={}^{\mathcal{A}}\boxed{}$ である。 〔慶応大〕

$$A=\dfrac{\sqrt{-3}\sqrt{-2}+\sqrt{-2}}{a+\sqrt{-3}}$$

$$=\dfrac{\sqrt{3}\,i\cdot\sqrt{2}\,i+\sqrt{2}\,i}{a+\sqrt{3}\,i}=\dfrac{-\sqrt{6}+\sqrt{2}\,i}{a+\sqrt{3}\,i}$$

$$=\dfrac{\sqrt{2}\,(-\sqrt{3}+i)(a-\sqrt{3}\,i)}{(a+\sqrt{3}\,i)(a-\sqrt{3}\,i)}$$

$$=\dfrac{\sqrt{2}\,\{(-\sqrt{3}\,a+\sqrt{3}\,)+(a+3)i\}}{a^2+3}$$

← $\sqrt{-3}=\sqrt{3}\,i$，$\sqrt{-2}=\sqrt{2}\,i$

← 分母 $a+\sqrt{3}\,i$ と共役な複素数を分母・分子に掛けて，分母を実数化する。

ゆえに，A が実数となる条件は　　$a+3=0$

すなわち　　$a={}^{\mathcal{P}}\boldsymbol{-3}$

このとき　　$A=\dfrac{\sqrt{2}\,(3\sqrt{3}+\sqrt{3}\,)}{12}=\dfrac{4\sqrt{6}}{12}={}^{\mathcal{A}}\dfrac{\sqrt{6}}{3}$

EX
③**22** x の方程式 $a(x^2-x+1)=1+2x-2x^2$ が実数解をもつとき，定数 a の値の範囲を求めよ。 〔国士舘大〕

方程式を変形すると　　$(a+2)x^2-(a+2)x+a-1=0$ …… ①

← $Ax^2+Bx+C=0$ の形。

[1]　$a+2=0$ すなわち $a=-2$ のとき

　　① は $0\cdot x-3=0$ となるから，解はない。

← （2次の係数）$=0$ の場合。

[2]　$a+2\neq0$ すなわち $a\neq-2$ のとき

　　2次方程式 ① の判別式を D とすると

$$D=\{-(a+2)\}^2-4\cdot(a+2)\cdot(a-1)$$

$$=(a+2)\{(a+2)-4(a-1)\}$$

$$=-3(a+2)(a-2)$$

← （2次の係数）$\neq0$ の場合。

実数解をもつための条件は　　$D\geqq0$

← $D>0$ または $D=0$

ゆえに　　$-3(a+2)(a-2)\geqq0$

すなわち　$(a+2)(a-2)\leqq0$

よって　　$-2\leqq a\leqq2$

$a\neq-2$ であるから　　$-2<a\leqq2$

← $a\neq-2$ を忘れずに！

[1]，[2] から　　$\boldsymbol{-2<a\leqq2}$

EX
③**23** 2つの2次方程式 $x^2-ax+4=0$ …… ①，$x^2+ax+2a-3=0$ …… ② が，次の条件を満たすように，定数 a の値の範囲を定めよ。

(1)　①，② がともに虚数解をもつ

(2)　①，② の少なくとも一方が虚数解をもつ

(3)　① だけが虚数解をもつ

2次方程式 ①，② の判別式を，それぞれ D_1，D_2 とすると

$$D_1=(-a)^2-4\cdot1\cdot4=a^2-16$$

$$=(a+4)(a-4)$$

$$D_2=a^2-4\cdot1\cdot(2a-3)=a^2-8a+12$$

$$=(a-2)(a-6)$$

(1)　①，②がともに虚数解をもつための条件は

$$D_1 < 0 \quad \text{かつ} \quad D_2 < 0$$

　　$D_1 < 0$ から　　$(a+4)(a-4) < 0$

　　よって　　$-4 < a < 4$ ……③

　　$D_2 < 0$ から　　$(a-2)(a-6) < 0$

　　よって　　$2 < a < 6$ ……④

　　③と④の共通範囲を求めて　　$2 < a < 4$

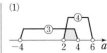

(2)　①，②の少なくとも一方が虚数解をもつための条件は

$$D_1 < 0 \quad \text{または} \quad D_2 < 0$$

　　③と④を合わせた範囲を求めて　　$-4 < a < 6$

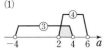

(3)　①だけが虚数解をもつための条件は

$$D_1 < 0 \quad \text{かつ} \quad D_2 \geqq 0$$

　　$D_2 \geqq 0$ から　　$(a-2)(a-6) \geqq 0$

　　よって　　$a \leqq 2,\ 6 \leqq a$ ……⑤

　　③と⑤の共通範囲を求めて　　$-4 < a \leqq 2$

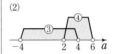

EX ②**24**　m を整数とする。2次方程式 $x^2+mx-1=0$ の解 a，b が $2a^2+2b^2+a+b=19$，$a<b$ を満た すとき，m と a の値を求めよ。

解と係数の関係から　　$a+b=-m,\ ab=-1$

$2a^2+2b^2+a+b=19$ を変形すると

　　　　$2\{(a+b)^2-2ab\}+(a+b)=19$

よって　　$2\{(-m)^2-2(-1)\}-m=19$

ゆえに　　$2m^2-m-15=0$　　よって　　$(m-3)(2m+5)=0$

m は整数であるから　　$m=3$

このとき，方程式は　　$x^2+3x-1=0$

これを解いて　　$x = \dfrac{-3\pm\sqrt{3^2-4\cdot1\cdot(-1)}}{2\cdot1} = \dfrac{-3\pm\sqrt{13}}{2}$

$a<b$ であるから　　$a = \dfrac{-3-\sqrt{13}}{2}$

$\Leftarrow 2a^2+2b^2$
$= 2(a^2+b^2)$
$= 2\{(a+b)^2-2ab\}$

$\Leftarrow$
$\begin{array}{ccc} 1 & \diagdown & -3 \longrightarrow -6 \\ 2 & \diagup & 5 \longrightarrow 5 \\ \hline 2 & -15 & -1 \end{array}$

EX ②**25**　★ x の2次方程式 $x^2+2mx+15=0$ が次のような解をもつとき，定数 m の値と2つの解を求 めよ。

(1)　2つの解の差が2　　　　　　(2)　2つの解の比が $1:3$

(1)　2つの解は $\alpha-1$，$\alpha+1$ と表される。

　　解と係数の関係から

　　　　　　$(\alpha-1)+(\alpha+1)=-2m,\quad (\alpha-1)(\alpha+1)=15$

　　すなわち　　$\alpha=-m$ ……①，$\alpha^2=16$ ……②

　　②から　　$\alpha=\pm4$

　　$\alpha=4$　のとき，①から　　$m=-4$，2つの解は 3，5

　　$\alpha=-4$　のとき，①から　　$m=4$，　2つの解は -5，-3

(2)　2つの解は α，3α $(\alpha\neq0)$ と表される。

　　解と係数の関係から　　　　$\alpha+3\alpha=-2m,\quad \alpha\cdot3\alpha=15$

(1)　α，$\alpha+2$ とおくと
$\alpha+(\alpha+2)=-2m$
$\alpha(\alpha+2)=15$
すなわち
$\alpha+1=-m$,
$\alpha^2+2\alpha-15=0$
となる。

すなわち　　$2\alpha=-m$ ……①，$\alpha^2=5$ ……②

②から　　　$\alpha=\pm\sqrt{5}$　（$\alpha\neq0$ を満たす。）

$\alpha=\sqrt{5}$　のとき，①から

　　　　　$m=-2\sqrt{5}$，2つの解は $\sqrt{5}$，$3\sqrt{5}$

$\alpha=-\sqrt{5}$　のとき，①から

　　　　　$m=2\sqrt{5}$，2つの解は $-\sqrt{5}$，$-3\sqrt{5}$

← ① から　$m=-2\alpha$

EX ②26　AさんとBさんが，x についての同じ2次方程式を解いた。Aさんは，x^2 の係数を間違って $-\dfrac{2}{3}$，1の解を得た。Bさんは，定数項を間違って $-\dfrac{1}{3}$，$\dfrac{1}{2}$ の解を得た。もとの正しい2次方程式の解を求めよ。

Aさんが解いた x の2次方程式は

$$\left(x+\frac{2}{3}\right)(x-1)=0\quad\text{すなわち}\quad(3x+2)(x-1)=0$$

展開して　　$3x^2-x-2=0$ ……①

Bさんが解いた x の2次方程式は

$$\left(x+\frac{1}{3}\right)\left(x-\frac{1}{2}\right)=0\quad\text{すなわち}\quad(3x+1)(2x-1)=0$$

展開して　　$6x^2-x-1=0$ ……②

①，②の x の項の係数は等しいから，定数項は①が正しく，x^2 の項の係数は②が正しい。

ゆえに，もとの正しい2次方程式は　　$6x^2-x-2=0$

よって　　　$(2x+1)(3x-2)=0$

ゆえに　　$\boldsymbol{x=-\dfrac{1}{2}}$，$\dfrac{2}{3}$

← 2数 α, β を解とする2次方程式は
$(x-\alpha)(x-\beta)=0$
または
$x^2-(\alpha+\beta)x+\alpha\beta=0$

←
$2\diagup1\longrightarrow3$
$3\diagdown-2\longrightarrow-4$
$6\quad-2\quad\quad-1$

EX ④27　$x^2-xy+y^2=k$，$x+y=1$ を満たす実数 x, y が存在するための必要十分条件は $k\geqq\dfrac{\boxed{}}{\boxed{}}$ である。　〔星薬大〕

$x^2-xy+y^2=k$ を変形すると $(x+y)^2-3xy=k$

$x+y=1$ であるから　　$1^2-3xy=k$

よって　　$xy=\dfrac{1-k}{3}$

$x+y=1$，$xy=\dfrac{1-k}{3}$ より，x, y を2つの解とする2次方程式は　　$t^2-t+\dfrac{1-k}{3}=0$

すなわち　$3t^2-3t+1-k=0$

この2次方程式が実数解をもてばよいから，判別式を D とすると　　$D\geqq0$

ここで　　$D=(-3)^2-4\cdot3\cdot(1-k)=12k-3$

$D\geqq0$ から　　$k\geqq{}^{\mathcal{T}}\dfrac{1}{{}^{4}4}$

← $t^2-(和)t+(積)=0$

EX
⑤ **28**　$x^2-xy-2y^2+ax-y+1$ が x, y についての 1 次式の積に因数分解されるような定数 a の値を求めよ。また，そのときの 1 次式の積を示せ。　　　　　　　　　　　　　　[類 九州国際大]

(与式)$=0$ として，左辺を x について整理すると

$$x^2-(y-a)x-2y^2-y+1=0$$

x について解くと　　$x=\dfrac{y-a\pm\sqrt{D}}{2}$ …… ①

ただし　　$D=\{-(y-a)\}^2-4(-2y^2-y+1)$

$$=9y^2-2(a-2)y+a^2-4$$

① の右辺が y の 1 次式となるための条件は，D が y の完全平方式となることである。

ここで，$D=0$ の判別式を D_1 とすると

$$\dfrac{D_1}{4}=\{-(a-2)\}^2-9(a^2-4)=(a-2)^2-9(a+2)(a-2)$$

$$=(a-2)\{(a-2)-9(a+2)\}$$

$$=-4(a-2)(2a+5)$$

$D_1=0$ とすると　　$a=2$, $-\dfrac{5}{2}$

$a=2$ のとき　　$D=(3y)^2$

　① から　　$x=\dfrac{y-2\pm 3y}{2}$　　ゆえに　$x=2y-1$, $-y-1$

　よって　　(与式)$=(x-2y+1)(x+y+1)$

$a=-\dfrac{5}{2}$ のとき　　$D=9y^2+9y+\dfrac{9}{4}=\left(3y+\dfrac{3}{2}\right)^2$

　① から　　$x=\dfrac{1}{2}\left\{y+\dfrac{5}{2}\pm\left(3y+\dfrac{3}{2}\right)\right\}$

　ゆえに　　$x=2y+2$, $-y+\dfrac{1}{2}$

　よって　　(与式)$=(x-2y-2)\left(x+y-\dfrac{1}{2}\right)$

したがって　　**$a=2$ のとき　$(x-2y+1)(x+y+1)$**

　　　　　　　$a=-\dfrac{5}{2}$ のとき　$(x-2y-2)\left(x+y-\dfrac{1}{2}\right)$

HINT　(与式)$=0$ として，x についての 2 次方程式と考えたとき，判別式 D が完全平方式 $[(y$ の 1 次式$)^2]$ となるような a の値を求める。

◀ 完全平方式でなければ，根号をはずすことができない。

◀ $x=\dfrac{4y-2}{2}$, $\dfrac{-2y-2}{2}$

◀ $x=\dfrac{1}{2}(4y+4)$,

　$\dfrac{1}{2}(-2y+1)$

TR ②55

★ (1) 多項式 $P(x)=2x^3-3x+1$ を次の1次式で割ったときの余りを求めよ。

   (ア) $x-1$ (イ) $2x+1$

(2) 多項式 $P(x)=\dfrac{1}{2}x^3+ax+a^2-20$ を $x-4$ で割ったときの余りが17であるとき，定数 a の値を求めよ。

(3) 多項式 $P(x)=x^3+ax^2+x+b$ を $x+2$ で割ると -5 余り，$x-3$ で割ると20余るという。定数 a，b の値を求めよ。

(1) 剰余の定理により

  (ア) $P(1)=2\cdot1^3-3\cdot1+1=\boldsymbol{0}$

  (イ) $P\left(-\dfrac{1}{2}\right)=2\left(-\dfrac{1}{2}\right)^3-3\left(-\dfrac{1}{2}\right)+1$

              $=-\dfrac{1}{4}+\dfrac{3}{2}+1=\boldsymbol{\dfrac{9}{4}}$

← (ア) $x-1=0$ の解 $x=1$

(イ) $2x+1=0$ の解 $x=-\dfrac{1}{2}$ を代入する。

(2) 剰余の定理により $P(4)=17$

すなわち $\dfrac{1}{2}\cdot4^3+a\cdot4+a^2-20=17$

整理して $a^2+4a-5=0$

よって，$(a-1)(a+5)=0$ から $\boldsymbol{a=1,\ -5}$

← $x-4=0$ の解 $x=4$ を代入する。

(3) 剰余の定理により $P(-2)=-5$ かつ $P(3)=20$

$P(-2)=-5$ から $(-2)^3+a(-2)^2+(-2)+b=-5$

$P(3)=20$ から $3^3+a\cdot3^2+3+b=20$

整理すると $4a+b=5,$ $9a+b=-10$

この連立方程式を解くと $\boldsymbol{a=-3,\ b=17}$

← $x+2=0,\ x-3=0$ の解 $x=-2,\ x=3$ を代入。

TR ③56

★ 多項式 $P(x)$ を $x+2$ で割ると3余り，$x+3$ で割ると -2 余る。$P(x)$ を $(x+2)(x+3)$ で割ったときの余りを求めよ。   [慶応大]

$P(x)$ を2次式 $(x+2)(x+3)$ で割ったときの商を $Q(x)$，余りを $ax+b$ とすると，次の等式が成り立つ。

   $P(x)=(x+2)(x+3)Q(x)+ax+b$ ……①

$P(x)$ を $x+2$ で割ると3余り，$x+3$ で割ると -2 余るから，剰余の定理により $P(-2)=3,\ P(-3)=-2$

ここで，①から $P(-2)=-2a+b,\ P(-3)=-3a+b$

よって $-2a+b=3,\ -3a+b=-2$

これを解いて $a=5,\ b=13$

したがって，求める余りは $\boldsymbol{5x+13}$

← 2次式で割ったときの余りは 1次式または定数

← $x+2=0$ の解 $x=-2$，$x+3=0$ の解 $x=-3$ を代入する。

TR ②57

(1) 次のうち，多項式 $4x^3-3x-1$ の因数であるものはどれか。

  ① $x-1$ ② $x+2$ ③ $4x-1$ ④ $2x+1$

(2) 次の多項式が[ ]内の式で割り切れるように，定数 a，b の値を定めよ。

  (ア) $5x^3-4x^2+ax-2$ $[x-2]$ (イ) $x^3+a^2x^2+ax-1$ $[x+1]$

  (ウ) $2x^3+x^2+ax+b$ $[2x^2-3x+1]$

(1) $P(x)=4x^3-3x-1$ とすると

  ① $P(1)=4\cdot1^3-3\cdot1-1=4-3-1=0$

  ② $P(-2)=4(-2)^3-3(-2)-1=-32+6-1=-27(\neq0)$

① $x-1=0$ の解 $x=1$

② $x+2=0$ の解 $x=-2$

③　$P\left(\frac{1}{4}\right)=4\left(\frac{1}{4}\right)^3-3\cdot\frac{1}{4}-1=\frac{1}{16}-\frac{3}{4}-1=-\frac{27}{16}\ (\neq 0)$

④　$P\left(-\frac{1}{2}\right)=4\left(-\frac{1}{2}\right)^3-3\left(-\frac{1}{2}\right)-1=-\frac{1}{2}+\frac{3}{2}-1=0$

したがって，$P(x)$ の因数であるものは　①と④

(2)　与えられた整式を $P(x)$ とする。

(ア)　$P(x)$ が $x-2$ で割り切れるための条件は　$P(2)=0$

すなわち　$5\cdot 2^3-4\cdot 2^2+a\cdot 2-2=0$

整理して　$a+11=0$　よって　$\boldsymbol{a=-11}$

(イ)　$P(x)$ が $x+1$ で割り切れるための条件は　$P(-1)=0$

すなわち　$(-1)^3+a^2(-1)^2+a(-1)-1=0$

整理して　$a^2-a-2=0$　よって　$(a+1)(a-2)=0$

したがって　$\boldsymbol{a=-1,\ 2}$

(ウ)　$P(x)$ が $2x^2-3x+1$ すなわち $(x-1)(2x-1)$ で割り切れるための条件は　$P(1)=0$ かつ $P\left(\frac{1}{2}\right)=0$

$$P(1)=2\cdot 1^3+1^2+a\cdot 1+b=a+b+3$$

$$P\left(\frac{1}{2}\right)=2\cdot\left(\frac{1}{2}\right)^3+\left(\frac{1}{2}\right)^2+a\cdot\frac{1}{2}+b=\frac{a}{2}+b+\frac{1}{2}$$

よって　$a+b+3=0$ かつ $\frac{a}{2}+b+\frac{1}{2}=0$

この連立方程式を解いて　$\boldsymbol{a=-5,\ b=2}$

③ $4x-1=0$ の解 $x=\frac{1}{4}$
④ $2x+1=0$ の解 $x=-\frac{1}{2}$
を代入する。

⇐ $x-2=0$ の解 $x=2$ を代入する。

CHART
割り切れる ⟺ 余りは 0

⇐ $x+1=0$ の解 $x=-1$ を代入する。

⇐ $\alpha\neq\beta$ のとき，整式 $P(x)$ が $(x-\alpha)(x-\beta)$ で割り切れる
⟺ $P(x)$ が $x-\alpha$ かつ $x-\beta$ で割り切れる
⟺ $P(\alpha)=0$ かつ $P(\beta)=0$

3章
TR

TR ②58　組立除法を用いて，次の多項式 A を1次式 B で割った商と余りを求めよ。
(1)　$A=x^3-10x+2,\ B=x-2$　(2)　$A=2x^3-7x^2-7x+15,\ B=2x+3$

(1)

1	0	−10	2	2
	2	4	−12	
1	2	−6	−10	

商 x^2+2x-6，余り -10

(2)

2	−7	−7	15	$-\frac{3}{2}$
	−3	15	−12	
2	−10	8	3	

商 x^2-5x+4，余り 3

(2) $x+\frac{3}{2}$ で割って，得られた商を2で割る。

注意　$2x^3-7x^2-7x+15=\left(x+\frac{3}{2}\right)(2x^2-10x+8)+3$
$=(2x+3)(x^2-5x+4)+3$

TR ①59　因数定理を用いて，次の式を因数分解せよ。
(1)　x^3+3x^2-x-3　(2)　$x^4-5x^3+5x^2+5x-6$　(3)　$6x^3+x^2+3x+2$

与えられた式を $P(x)$ とする。

(1)　$P(1)=1^3+3\cdot 1^2-1-3=0$

よって，$P(x)$ は $x-1$ を因数にもち

$P(x)=(x-1)(x^2+4x+3)$

$=\boldsymbol{(x-1)(x+1)(x+3)}$

1	3	−1	−3	1
	1	4	3	
1	4	3	0	

(参考) 1　$P(x)=x(x^2-1)+3(x^2-1)$

⇐ $P(k)=0$ となる k の候補は $\pm 1,\ \pm 3$
⇐ 割り算は，組立除法を用いると早い。

⇐ 項の組み合わせによる因数分解。

$$= (x^2-1)(x+3)$$
$$= (x+1)(x-1)(x+3)$$

(参考) 2　$P(x)=ax^3+bx^2+cx+d$ とすると
$$P(1)=a+b+c+d$$
であるから，$P(x)$ のすべての係数の和 $a+b+c+d$ が 0
であるならば，$P(x)$ は $x-1$ を因数にもつことがわかる。
例えば，(1) では　$1+3-1-3=0$

←$P(x)$ が 4 次式のとき
も成り立つ。(2) では
$1-5+5+5-6=0$

(2)　$P(1)=1^4-5\cdot1^3+5\cdot1^2+5\cdot1-6=0$

←$P(k)=0$ となる k の
候補は
$\pm1,\ \pm2,\ \pm3,\ \pm6$

よって，$P(x)$ は $x-1$ を因数にもち
$$P(x)=(x-1)(x^3-4x^2+x+6)$$
$Q(x)=x^3-4x^2+x+6$ とすると
$$Q(-1)=(-1)^3-4(-1)^2+(-1)+6$$
$$=0$$
よって，$Q(x)$ は $x+1$ を因数にも
ち　$Q(x)=(x+1)(x^2-5x+6)$
$$=(x+1)(x-2)(x-3)$$
したがって　$P(x)=(x-1)(x+1)(x-2)(x-3)$

$$\begin{array}{rrrrr} 1 & -5 & 5 & 5 & -6 \,\underline{|1} \\ & 1 & -4 & 1 & 6 \\ \hline 1 & -4 & 1 & 6 & \underline{|\,0} \end{array}$$

$$\begin{array}{rrrr} 1 & -4 & 1 & 6 \,\underline{|-1} \\ & -1 & 5 & -6 \\ \hline 1 & -5 & 6 & \underline{|\,0} \end{array}$$

←3 次式 x^3-4x^2+x+6
が因数分解できる可能
性があるので，同様の
手順を踏む。

←$P(x)=(x-1)Q(x)$

(3)　$P\left(-\dfrac{1}{2}\right)=6\left(-\dfrac{1}{2}\right)^3+\left(-\dfrac{1}{2}\right)^2+3\left(-\dfrac{1}{2}\right)+2=0$

←$P(k)=0$ となる k の
候補は　$\pm1,\ \pm2,$
$\pm\dfrac{1}{2},\ \pm\dfrac{1}{3},\ \pm\dfrac{2}{3},$
$\pm\dfrac{1}{6}$

よって，$P(x)$ は $x+\dfrac{1}{2}$ を因数にも
ち　$P(x)=\left(x+\dfrac{1}{2}\right)(6x^2-2x+4)$

$$\begin{array}{rrrr} 6 & 1 & 3 & 2 \,\underline{\left|-\dfrac{1}{2}\right.} \\ & -3 & 1 & -2 \\ \hline 6 & -2 & 4 & \underline{|\,0} \end{array}$$

$$=(2x+1)(3x^2-x+2)$$

←$3x^2-x+2$ はこれ以
上因数分解できない。

TR
③**60**　$x=2+3i$ のとき，$P=x^3-5x^2+18x-11$ の値を求めよ。

$x=2+3i$ から　　$x-2=3i$
両辺を 2 乗して　　$(x-2)^2=(3i)^2$
よって　　　　　　$x^2-4x+4=9i^2$
整理して　　　　　$x^2-4x+13=0$ …… ①
$x^3-5x^2+18x-11$ を $x^2-4x+13$ で割ると，
右の計算から，商は $x-1$，余りは $x+2$
よって　$P=(x^2-4x+13)(x-1)+x+2$
P に $x=2+3i$ を代入すると，① から
　　$P=0+(2+3i)+2=4+3i$

←$9i^2=-9$

$$\begin{array}{r} x-1 \\ x^2-4x+13\overline{)x^3-5x^2+18x-11} \\ \underline{x^3-4x^2+13x} \\ -x^2+5x-11 \\ \underline{-x^2+4x-13} \\ x+2 \end{array}$$

別解　(① まで同じ)　① から　$x^2=4x-13$
　　よって　　$P=x^3-5x^2+18x-11$
　　　　　　　$=(4x-13)x-5(4x-13)+18x-11$
　　　　　　　$=4x^2-15x+54=4(4x-13)-15x+54$
　　　　　　　$=x+2$
　　これに $x=2+3i$ を代入して　　$P=(2+3i)+2=4+3i$

←$x^3=x^2\cdot x$

TR
②**61** 次の方程式を解け。

(1) $x^3=-1$　　　(2) $x^3=64$　　　(3) $x^4-16=0$

(4) $x^4-3x^2+2=0$　　　(5) $4x^4-15x^2-4=0$　　　(6) $x^4+3x^2+4=0$

(1) $x^3+1=0$ から　$(x+1)(x^2-x+1)=0$

　ゆえに　$x+1=0$　または　$x^2-x+1=0$

　よって　$x=-1,\ \dfrac{1\pm\sqrt{3}\,i}{2}$

　　　　　$\Leftarrow x^3+1^3=0$
　　　　　a^3+b^3
　　　　　$=(a+b)(a^2-ab+b^2)$

(2) $x^3-64=0$ から　$(x-4)(x^2+4x+16)=0$

　ゆえに　$x-4=0$　または　$x^2+4x+16=0$

　よって　$x=4,\ -2\pm2\sqrt{3}\,i$

　　　　　$\Leftarrow x^3-4^3=0$
　　　　　a^3-b^3
　　　　　$=(a-b)(a^2+ab+b^2)$

(3) $x^4-16=0$ から　$(x^2-4)(x^2+4)=0$

　ゆえに　$x^2-4=0$　または　$x^2+4=0$

　よって　$x=\pm2,\ \pm2i$

　　　　　$\Leftarrow (x^2)^2-4^2=0$

(4) $x^4-3x^2+2=0$ から

　　　　　$(x^2-1)(x^2-2)=0$

　ゆえに　$x^2-1=0$　または　$x^2-2=0$

　よって　$x=\pm1,\ \pm\sqrt{2}$

　　　　　$\Leftarrow x^2=t$ とおくと
　　　　　$t^2-3t+2=0$
　　　　　$(t-1)(t-2)=0$

(5) $4x^4-15x^2-4=0$ から

　　　　　$(x^2-4)(4x^2+1)=0$

　ゆえに　$x^2-4=0$　または　$4x^2+1=0$

　よって　$x=\pm2,\ \pm\dfrac{1}{2}i$

　　　　　$\Leftarrow x^2=t$ とおくと
　　　　　$4t^2-15t-4=0$

　　　　　$\begin{array}{ccccc} 1 & \diagdown & -4 & \longrightarrow & -16 \\ 4 & \diagup & 1 & \longrightarrow & 4 \\ \hline 4 & & -4 & & -15 \end{array}$

　　　　　から $(t-4)(4t+1)=0$

(6) $x^4+3x^2+4=0$ から

　　　　　$x^4+4x^2+4-x^2=0$

　ゆえに　$(x^2+2)^2-x^2=0$

　よって　$(x^2+x+2)(x^2-x+2)=0$

　したがって　$x^2+x+2=0$　または　$x^2-x+2=0$

　よって　$x=\dfrac{-1\pm\sqrt{7}\,i}{2},\ \dfrac{1\pm\sqrt{7}\,i}{2}$

(6) 平方の差の形を作る。

TR
②**62** 次の方程式を解け。

(1) $x^3-6x^2+11x-6=0$　　　(2) $x^3+x^2-8x-12=0$

(3) $2x^3+x^2+5x-3=0$　　　(4) $x^4-x^3-3x^2+x+2=0$

(1) $P(x)=x^3-6x^2+11x-6$ とすると

　　　$P(1)=1^3-6\cdot1^2+11\cdot1-6=0$

　$P(x)$ は $x-1$ を因数にもち

　　　$P(x)=(x-1)(x^2-5x+6)$

　　　　　$=(x-1)(x-2)(x-3)$

　よって

　　　$(x-1)(x-2)(x-3)=0$

　したがって　$x=1,\ 2,\ 3$

CHART

高次方程式

1 次式または 2 次式の積
に因数分解

$\begin{array}{rrrr|l} 1 & -6 & 11 & -6 & \underline{1} \\ & 1 & -5 & 6 & \\ \hline 1 & -5 & 6 & \boxed{0} & \end{array}$

(2) $P(x)=x^3+x^2-8x-12$ とすると
$$P(-2)=(-2)^3+(-2)^2-8(-2)-12=0$$
$P(x)$ は $x+2$ を因数にもち
$$\begin{aligned}P(x)&=(x+2)(x^2-x-6)\\&=(x+2)(x+2)(x-3)\\&=(x+2)^2(x-3)\end{aligned}$$

←$P(k)=0$ となる k の候補は $\pm1,\ \pm2,$ $\pm3,\ \pm4,\ \pm6,\ \pm12$

$$\begin{array}{rrrr|r}1&1&-8&-12&\underline{-2}\\&-2&2&12&\\\hline 1&-1&-6&\boxed{0}&\end{array}$$

よって　　　$(x+2)^2(x-3)=0$
したがって　$\boldsymbol{x=-2,\ 3}$

←$x=-2$ は 2 重解。

(3) $P(x)=2x^3+x^2+5x-3$ とすると
$$P\left(\frac{1}{2}\right)=2\left(\frac{1}{2}\right)^3+\left(\frac{1}{2}\right)^2+5\cdot\frac{1}{2}-3=\frac{1}{4}+\frac{1}{4}+\frac{5}{2}-3=0$$

←$P(k)=0$ となる k の候補は $\pm1,\ \pm3,$ $\pm\dfrac{1}{2},\ \pm\dfrac{3}{2}$

$P(x)$ は $x-\dfrac{1}{2}$ を因数にもち
$$\begin{aligned}P(x)&=\left(x-\frac{1}{2}\right)(2x^2+2x+6)\\&=(2x-1)(x^2+x+3)\end{aligned}$$

$$\begin{array}{rrrr|r}2&1&5&-3&\underline{\frac{1}{2}}\\&1&1&3&\\\hline 2&2&6&\boxed{0}&\end{array}$$

よって　　　$(2x-1)(x^2+x+3)=0$

←$x^2+x+3=0$ は,解の公式を用いて解く。

したがって　$\boldsymbol{x=\dfrac{1}{2},\ \dfrac{-1\pm\sqrt{11}\,i}{2}}$

(4) $P(x)=x^4-x^3-3x^2+x+2$ とすると
$$P(1)=1^4-1^3-3\cdot1^2+1+2=0$$

←係数の和が 0 であることからも, $P(1)=0$ がわかる。

$P(x)$ は $x-1$ を因数にもち
$$P(x)=(x-1)(x^3-3x-2)$$
$Q(x)=x^3-3x-2$ とすると

$$\begin{array}{rrrrr|r}1&-1&-3&1&2&\underline{1}\\&1&0&-3&-2&\\\hline 1&0&-3&-2&\boxed{0}&\end{array}$$

←x^3-3x-2 は, さらに因数分解できる。

$$\begin{aligned}Q(-1)&=(-1)^3-3(-1)-2\\&=0\end{aligned}$$
$Q(x)$ は $x+1$ を因数にもち
$$\begin{aligned}Q(x)&=(x+1)(x^2-x-2)\\&=(x+1)(x+1)(x-2)\\&=(x+1)^2(x-2)\end{aligned}$$

$$\begin{array}{rrrr|r}1&0&-3&-2&\underline{-1}\\&-1&1&2&\\\hline 1&-1&-2&\boxed{0}&\end{array}$$

ゆえに　　$P(x)=(x-1)(x+1)^2(x-2)$
よって　　$(x-1)(x+1)^2(x-2)=0$
ゆえに　　$\boldsymbol{x=1,\ -1,\ 2}$

←$P(x)=(x-1)Q(x)$

←$x=-1$ は 2 重解。

TR
②**63**　1 の 3 乗根のうち, 虚数であるものの 1 つを ω とする。次の値を求めよ。
　　　(1)　$\omega^6+\omega^3+1$　　　　　　　　(2)　$\omega^{38}+\omega^{19}+1$

$\omega^3=1,\ \omega^2+\omega+1=0$ が成り立つから

←この性質を利用。

(1)　$\begin{aligned}\omega^6+\omega^3+1&=(\omega^3)^2+\omega^3+1\\&=1^2+1+1=\boldsymbol{3}\end{aligned}$

(2)　$\begin{aligned}\omega^{38}+\omega^{19}+1&=(\omega^3)^{12}\cdot\omega^2+(\omega^3)^6\cdot\omega+1\\&=\omega^2+\omega+1=\boldsymbol{0}\end{aligned}$

(2)　$38=3\cdot12+2,$
$19=3\cdot6+1$

TR
③**64** x の方程式 $x^3-ax^2+(3a-1)x-24=0$ の解のうち，1 つは $x=2$ であるという。このとき，定数 a の値と他の解を求めよ。

方程式が $x=2$ を解にもつから，次の等式が成り立つ。
$$2^3-a\cdot2^2+(3a-1)\cdot2-24=0$$
整理して　　$2a-18=0$　　　　よって　　　**$a=9$**
このとき，方程式は　　$x^3-9x^2+26x-24=0$
$x=2$ が解であるから，左辺は $x-2$ を因数にもつ。
このことに注意して，左辺を因数分解すると
$$(x-2)(x^2-7x+12)=0$$
ゆえに　　$(x-2)(x-3)(x-4)=0$
よって　　$x=2,\ 3,\ 4$
したがって，他の解は　　**$x=3,\ 4$**

CHART
$x=p$ が方程式の解
$\longrightarrow$ $x=p$ を代入する
と成り立つ

◆方程式の左辺を $P(x)$
とすると　$P(2)=0$
$\Longleftrightarrow$ $P(x)$ は $x-2$
を因数にもつ
$\Longleftrightarrow$ $P(x)$ は $x-2$
で割り切れる

```
1  -9   26  -24 |2
      2  -14   24
1  -7   12  | 0
```

3章
TR

TR
③**65** ☆ $a,\ b$ は実数で，方程式 $x^3-2x^2+ax+b=0$ は $x=2+i$ を解にもつとする。このとき，a，b の値と方程式のすべての解を求めよ。　　　　　　［学習院大］

$x=2+i$ がこの方程式の解であるから
$$(2+i)^3-2(2+i)^2+a(2+i)+b=0$$
よって　　$2+11i-2(3+4i)+a(2+i)+b=0$
整理して　　$2a+b-4+(a+3)i=0$
$\underline{2a+b-4,\ a+3}$ は実数であるから
$$2a+b-4=0,\ a+3=0$$
この連立方程式を解いて　　$a=-3,\ b=10$
$a=-3,\ b=10$ のとき，方程式は　　$x^3-2x^2-3x+10=0$
$P(x)=x^3-2x^2-3x+10$ とすると　　$P(-2)=0$
ゆえに　　$P(x)=(x+2)(x^2-4x+5)$
よって，方程式は
$$(x+2)(x^2-4x+5)=0$$
したがって　　**$x=-2,\ 2\pm i$**

◆$(2+i)^3$
$=2^3+3\cdot2^2\cdot i+3\cdot2\cdot i^2+i^3$
$=2+11i$
$(2+i)^2=2^2+2\cdot2\cdot i+i^2$
$=3+4i$
◆　　の断り書きは重要。

◆$P(-2)$
$=(-2)^3-2\cdot(-2)^2$
$-3\cdot(-2)+10$
$=-8-8+6+10=0$

```
1  -2  -3   10 |-2
      -2   8  -10
1  -4   5  | 0
```

別解 1　**割り算を利用した解法**

実数を係数とする 3 次方程式が虚数解
$2+i$ を解にもつから，共役な複素数 $2-i$
も方程式の解である。
$$\{x-(2+i)\}\{x-(2-i)\}=x^2-4x+5$$
であるから，x^3-2x^2+ax+b は
x^2-4x+5 で割り切れる。……（＊）
右の割り算における余り $(a+3)x+b-10$ が 0 に等しいから
$$a+3=0,\ b-10=0$$
よって　　$a=-3,\ b=10$
このとき，方程式は　　$(x^2-4x+5)(x+2)=0$
したがって　　$x=2\pm i,\ -2$

$$\begin{array}{r}x+2\\x^2-4x+5\overline{)x^3-2x^2+\quad ax+b}\\x^3-4x^2+\quad 5x\\\hline 2x^2+(a-5)x+b\\2x^2\quad-8x+10\\\hline (a+3)x+b-10\end{array}$$

◆係数比較法。

◆割り算の結果から。

別解 2 恒等式を利用した解法 [別解 1 の(*)まで同じ]

$2\pm i$ 以外の解を c とすると，(*)により，次の等式が成り立つ。

$$x^3-2x^2+ax+b=(x^2-4x+5)(x-c)$$

右辺を展開して整理すると

$$x^3-2x^2+ax+b=x^3-(c+4)x^2+(5+4c)x-5c$$

両辺の係数を比較すると

$$-2=-(c+4),\ a=5+4c,\ b=-5c$$

この連立方程式を解いて $a=-3,\ b=10,\ c=-2$

したがって $x=2\pm i,\ -2$

別解 3 解と係数の関係を利用した解法

$2\pm i$ 以外の解を c とすると

$$(2+i)+(2-i)+c=2$$
$$(2+i)(2-i)+(2-i)c$$
$$+c(2+i)=a$$
$$(2+i)(2-i)c=-b$$

これを解く。

TR ④**66** 3次方程式 $x^3-2x+1=0$ の3つの解を $\alpha,\ \beta,\ \gamma$ とするとき，次の式の値を求めよ。

(1) $\alpha+\beta+\gamma,\ \alpha\beta+\beta\gamma+\gamma\alpha,\ \alpha\beta\gamma$ (2) $\alpha^2+\beta^2+\gamma^2$

(3) $\alpha^3+\beta^3+\gamma^3$ (4) $(\alpha-2)(\beta-2)(\gamma-2)$

(1) 3次方程式の解と係数の関係から

$$\alpha+\beta+\gamma=0,\ \alpha\beta+\beta\gamma+\gamma\alpha=-2,\ \alpha\beta\gamma=-1$$

(2) $\alpha^2+\beta^2+\gamma^2=(\alpha+\beta+\gamma)^2-2(\alpha\beta+\beta\gamma+\gamma\alpha)$

$$=0^2-2\cdot(-2)$$
$$=4$$

(3) $\alpha^3+\beta^3+\gamma^3$

$$=(\alpha+\beta+\gamma)(\alpha^2+\beta^2+\gamma^2-\alpha\beta-\beta\gamma-\gamma\alpha)+3\alpha\beta\gamma$$
$$=0+3\cdot(-1)=-3$$

別解 1 $\alpha+\beta+\gamma=0$ より，$\gamma=-\alpha-\beta$ であるから

$$\alpha^3+\beta^3+\gamma^3=\alpha^3+\beta^3+(-\alpha-\beta)^3$$
$$=\alpha^3+\beta^3-\alpha^3-3\alpha^2\beta-3\alpha\beta^2-\beta^3$$
$$=-3\alpha\beta(\alpha+\beta)$$
$$=3\alpha\beta\gamma=-3$$

⬅ γ を消去する。

別解 2 α は $x^3-2x+1=0$ の解であるから

$$\alpha^3-2\alpha+1=0\qquad \text{よって}\qquad \alpha^3=2\alpha-1$$

$\beta,\ \gamma$ についても同様にして $\beta^3=2\beta-1,\ \gamma^3=2\gamma-1$

これらの3つの式を辺々加えると

$$\alpha^3+\beta^3+\gamma^3=2(\alpha+\beta+\gamma)-3$$
$$=2\cdot0-3=-3$$

⬅ $\alpha^3,\ \beta^3,\ \gamma^3$ の次数を下げる方法。

(4) $(\alpha-2)(\beta-2)(\gamma-2)$

$$=\alpha\beta\gamma-2(\alpha\beta+\beta\gamma+\gamma\alpha)+4(\alpha+\beta+\gamma)-8$$
$$=-1-2\cdot(-2)+4\cdot0-8=-5$$

別解 3つの解が $\alpha,\ \beta,\ \gamma$ であるから，次の等式が成り立つ。

$$x^3-2x+1=(x-\alpha)(x-\beta)(x-\gamma)$$

この等式の両辺に $x=2$ を代入すると

$$2^3-2\cdot2+1=(2-\alpha)(2-\beta)(2-\gamma)$$

よって $(\alpha-2)(\beta-2)(\gamma-2)=-5$

3次方程式の解と係数の関係 ⟶ 3次方程式

$ax^3+bx^2+cx+d=0$ の3つの解が $\alpha,\ \beta,\ \gamma$

$$\alpha+\beta+\gamma=-\frac{b}{a}$$

$$\alpha\beta+\beta\gamma+\gamma\alpha=\frac{c}{a}$$

$$\alpha\beta\gamma=-\frac{d}{a}$$

3次方程式

$ax^3+bx^2+cx+d=0$ の解が $\alpha,\ \beta,\ \gamma$

$\Longleftrightarrow ax^3+bx^2+cx+d$
$=a(x-\alpha)(x-\beta)(x-\gamma)$

TR ④**67** ★ 3次方程式 $x^3-(a+2)x+2(a-2)=0$ が2重解をもつとき，定数 a の値を求めよ。

[松阪大]

$$
\begin{aligned}
x^3-(a+2)x+2(a-2) &= x^3-2x-4-a(x-2) \\
&= (x-2)(x^2+2x+2)-a(x-2) \\
&= (x-2)(x^2+2x+2-a)
\end{aligned}
$$

ゆえに $(x-2)(x^2+2x+2-a)=0$ …… ①

よって $x-2=0$ または $x^2+2x+2-a=0$ …… ②

[1] $\underline{x-2=0\ \text{の解}\ x=2}$ が ② の解のとき

$$2^2+2\cdot2+2-a=0$$

したがって $a=10$

このとき，② は $x^2+2x-8=0$

ゆえに，① は $(x-2)^2(x+4)=0$

よって，$x=2$ は2重解である。

[2] ② が重解をもつとき

② の判別式を D とすると

$$\frac{D}{4}=1^2-1\cdot(2-a)=a-1$$

$D=0$ から $a-1=0$ よって $a=1$

このとき，② は $x^2+2x+1=0$

ゆえに，① は $(x-2)(x+1)^2=0$

よって，$x=-1$ は2重解である。

以上から，求める a の値は $a=1,\ 10$

⬅ x^3-2x-4 は $x-2$ を因数にもつ。

$$
\begin{array}{rrrr|r}
1 & 0 & -2 & -4 & \underline{2} \\
 & 2 & 4 & 4 & \\
\hline
1 & 2 & 2 & 0 &
\end{array}
$$

3章

T R

⬅ x^2+2x-8
$=(x-2)(x+4)$

⬅ 3重解をもたないことを確認。

⬅ 3重解をもたないことを確認。

TR ④**68** ★ x に関する3次方程式 $x^3+(1-a^2)x-a=0$ が異なる3つの実数解をもつとき，実数 a の値の範囲を求めよ。

[類 名城大]

$P(x)=x^3+(1-a^2)x-a$ とすると

$$P(a)=a^3+(1-a^2)a-a=a^3+a-a^3-a=0$$

よって，$P(x)$ は $x-a$ を因数にもち

$$P(x)=(x-a)(x^2+ax+1)$$

ゆえに，方程式は

$$(x-a)(x^2+ax+1)=0$$

この方程式が異なる3つの実数解をもつから，次の [1]，[2] がともに成り立つ。

[1] $x^2+ax+1=0$ …… ① が異なる2つの実数解をもつ。

[2] $x-a=0$ の解 $x=a$ が ① の解でない。

[1] ① の判別式を D とすると

$$D=a^2-4\cdot1=a^2-4=(a+2)(a-2)$$

$D>0$ であるから $(a+2)(a-2)>0$

したがって $a<-2,\ 2<a$

[2] 条件は $a^2+a\cdot a+1\neq0$ よって $2a^2+1\neq0$

この式は常に成り立つ。

以上から $a<-2,\ 2<a$

⬅ a について整理すると
$-xa^2-a+x(x^2+1)$
$=(-a+x)\{xa+(x^2+1)\}$

$$
\begin{array}{ccc}
-1 & \diagdown\ x & \to\ x^2 \\
x & \diagup\ x^2+1 & \to\ -x^2-1 \\
\hline
-x & x(x^2+1) & -1
\end{array}
$$

$$
\begin{array}{rrrr|r}
1 & 0 & 1-a^2 & -a & \underline{a} \\
 & a & a^2 & a & \\
\hline
1 & a & 1 & 0 &
\end{array}
$$

⬅ $2a^2+1>0$

⬅ ① が $x=a$ を解にもつことはない。

TR ④69 ★ 方程式 $x^4-8x^3+17x^2-8x+1=0$ を解け。 〔横浜市大〕

$x^4-8x^3+17x^2-8x+1=0$ …… ① とする。

$x=0$ は方程式 ① の解ではないから，① の両辺を x^2 で割ると

$$x^2-8x+17-\frac{8}{x}+\frac{1}{x^2}=0 \quad \cdots\cdots ②$$

ここで，$x+\dfrac{1}{x}=t$ とおくと

$$x^2+\frac{1}{x^2}=\left(x+\frac{1}{x}\right)^2-2=t^2-2$$

よって，方程式 ② を t で表すと $\quad t^2-2-8t+17=0$

ゆえに $\quad t^2-8t+15=0$

よって $\quad (t-3)(t-5)=0 \quad$ ゆえに $\quad t=3,\ 5$

$x+\dfrac{1}{x}=3$ から $\quad x^2-3x+1=0$

よって $\quad x=\dfrac{-(-3)\pm\sqrt{(-3)^2-4\cdot1\cdot1}}{2\cdot1}=\dfrac{3\pm\sqrt{5}}{2}$

$x+\dfrac{1}{x}=5$ から $\quad x^2-5x+1=0$

ゆえに $\quad x=\dfrac{-(-5)\pm\sqrt{(-5)^2-4\cdot1\cdot1}}{2\cdot1}=\dfrac{5\pm\sqrt{21}}{2}$

よって，方程式 ① の解は $\quad \boldsymbol{x=\dfrac{3\pm\sqrt{5}}{2},\ \dfrac{5\pm\sqrt{21}}{2}}$

←$x=0$ を ① の左辺に代入すると，左辺は 1 となり，① は成り立たない。

←$x+\dfrac{1}{x}=3$ の両辺に $x(\neq0)$ を掛けて $x^2+1=3x$

EX
③**29**
a, b, c, d は実数の定数とする。多項式 $P(x)=ax^3+bx^2+cx+d$ は x^2-1 で割ると $x+2$ 余り，x^2+1 で割ると $3x+4$ 余るという。このとき $a=-^7\boxed{}$，$b=-^4\boxed{}$，$c=^5\boxed{}$，$d=^x\boxed{}$ である。　　　　　　　　　　　　　　　　　　[摂南大]

$P(x)$ を x^2-1 すなわち $(x+1)(x-1)$ で割ったときの商を
$Q(x)$，x^2+1 で割ったときの商を $R(x)$ とすると，次の等式
が成り立つ。
$$P(x)=(x+1)(x-1)Q(x)+x+2$$
$$P(x)=(x^2+1)R(x)+3x+4$$
よって　　$P(1)=3$，$P(-1)=1$，$P(i)=4+3i$
$P(1)=3$ から　　$a+b+c+d=3$ ……①
$P(-1)=1$ から　$-a+b-c+d=1$ ……②
$P(i)=4+3i$ から　$ai^3+bi^2+ci+d=4+3i$
すなわち　$(-b+d)+(-a+c)i=4+3i$ ……③
a，b，c，d は実数であるから，③ より
$$-b+d=4,\ -a+c=3 \text{ ……④}$$
また，①+②，①−② から　　$2b+2d=4$，$2a+2c=2$
すなわち　$b+d=2$，$a+c=1$ ……⑤
④，⑤ を解いて　　$a=-^71$，$b=-^41$，$c=^52$，$d=^x3$

⬅ $P(i)$
　$=(i^2+1)R(i)+3i+4$
　$=0\cdot R(i)+3i+4$

⬅ $i^3=i^2\cdot i=-i$

EX
③**30**
多項式 $f(x)$ を $x-1$ で割ると 1 余り，$x-2$ で割ると 7 余り，$x+1$ で割ると 3 余るとき，$f(x)$ を $(x-1)(x-2)(x+1)$ で割ったときの余りを求めよ。　　[北里大]

$f(x)$ を $(x-1)(x-2)(x+1)$ で割ったときの商を $Q(x)$，余
りを ax^2+bx+c とすると，次の等式が成り立つ。
$$f(x)=(x-1)(x-2)(x+1)Q(x)+ax^2+bx+c$$
剰余の定理により　　$f(1)=1$，$f(2)=7$，$f(-1)=3$
$f(1)=1$ から　　$a+b+c=1$　……①
$f(2)=7$ から　$4a+2b+c=7$ ……②
$f(-1)=3$ から　$a-b+c=3$　……③
①，②，③ を連立して解くと
$$a=\frac{7}{3},\ b=-1,\ c=-\frac{1}{3}$$
よって，求める余りは　　$\dfrac{7}{3}x^2-x-\dfrac{1}{3}$

⬅ 3 次式で割ったとき
　の余りは，2 次式また
　は 1 次式または定数。

⬅ ①−③ から
　$2b=-2$

EX
③**31**
多項式 $P(x)$ を x^2-2x+1 で割った余りが $x-2$ であり，$2x^2+3x+1$ で割った余りが $2x+3$
である。このとき，$P(x)$ を $2x^2-x-1$ で割った余りを求めよ。　　[福島大]

$P(x)$ を x^2-2x+1 すなわち $(x-1)^2$ で割った商を $Q_1(x)$，
$2x^2+3x+1$ すなわち $(x+1)(2x+1)$ で割った商を $Q_2(x)$ と
すると，次の等式が成り立つ。
$$P(x)=(x-1)^2Q_1(x)+x-2 \qquad\qquad\text{……①}$$
$$P(x)=(x+1)(2x+1)Q_2(x)+2x+3 \text{ ……②}$$

① に $x=1$ を代入すると $P(1)=-1$ ……③

② に $x=-\dfrac{1}{2}$ を代入すると $P\left(-\dfrac{1}{2}\right)=2$ ……④

$P(x)$ を $2x^2-x-1$ すなわち $(x-1)(2x+1)$ で割ったときの商を $Q(x)$,余りを $ax+b$ とすると

$$P(x)=(x-1)(2x+1)Q(x)+ax+b$$

よって $P(1)=a+b,\quad P\left(-\dfrac{1}{2}\right)=-\dfrac{1}{2}a+b$

ゆえに,③,④ から

$$a+b=-1,\quad -\dfrac{1}{2}a+b=2$$

これを解いて $a=-2,\ b=1$

よって,求める余りは $\boldsymbol{-2x+1}$

> ← $2x^2-x-1$
> $=(x-1)(2x+1)$ で
> あるから,①,② を
> 利用して,$P(1)$,
> $P\left(-\dfrac{1}{2}\right)$ を求める。

EX ③32

■ 4次方程式 $x^4+8x^3+20x^2+16x-12=0$ の解を求めよう。

$t=x^2+4x$ とおくと,この方程式は $t^2+{}^{\overline{\mathcal{P}}}\boxed{}t-12=0$ となる。左辺を因数分解することにより,最初の4次方程式は $(x^2+4x+{}^{\mathcal{A}}\boxed{})(x^2+4x-{}^{\mathcal{P}}\boxed{})=0$ と表せる。よって,その解は方程式 $x^2+4x+{}^{\mathcal{A}}\boxed{}=0$ の2つの虚数解 ${}^{\mathfrak{x}}\boxed{}\pm\sqrt{{}^{\not{\pi}}\boxed{}}\,i$ と,方程式 $x^2+4x-{}^{\mathcal{P}}\boxed{}=0$ の2つの実数解 ${}^{\not{\pi}}\boxed{}\pm\sqrt{{}^{\not{\pi}}\boxed{}}$ である。 〔センター試験〕

$t=x^2+4x$ の両辺を2乗すると

$$t^2=x^4+8x^3+16x^2$$

与えられた4次方程式は

$$(x^4+8x^3+16x^2)+4(x^2+4x)-12=0$$

よって $t^2+{}^{\overline{\mathcal{P}}}\boldsymbol{4}t-12=0$

左辺を因数分解すると $(t+6)(t-2)=0$

よって $(x^2+4x+{}^{\mathcal{A}}\boldsymbol{6})(x^2+4x-{}^{\mathcal{P}}\boldsymbol{2})=0$

$x^2+4x+6=0$ を解くと

$$x=-2\pm\sqrt{-2}={}^{\mathfrak{x}}\boldsymbol{-2}\pm\sqrt{{}^{\not{\pi}}\boldsymbol{2}}\,i$$

$x^2+4x-2=0$ を解くと

$$x=-2\pm\sqrt{{}^{\not{\pi}}\boldsymbol{6}}$$

> ← $\sqrt{-2}=\sqrt{2}\,i$

EX ③33

■ $q,\ r$ を実数として,多項式 $P(x)=x^3-2x^2+qx+2r$ を考える。

3次方程式 $P(x)=0$ の解が -2 と2つの自然数 $\alpha,\ \beta\ (\alpha<\beta)$ であるとき,$\alpha,\ \beta$ と $q,\ r$ を求めよ。 〔類 センター試験〕

$x=-2$ が方程式 $P(x)=0$ の解であるから

$$P(-2)=0$$

よって $(-2)^3-2(-2)^2+q(-2)+2r=0$

整理すると $r=q+8$ ……①

ゆえに $P(x)=x^3-2x^2+qx+2(q+8)$

因数定理により,$P(x)$ は

$x+2$ で割り切れて

$P(x)=(x+2)$
　　　$\times(x^2-4x+q+8)$

	1	-2	q	$2(q+8)$	$\underline{|-2}$
		-2	8	$-2(q+8)$	
	1	-4	$q+8$	0	

> ← $-8-8-2q+2r=0$
>
> ← $P(-2)=0$
> $\Longleftrightarrow$ $P(x)$ は $x+2$ を
> 　因数にもつ

よって，2次方程式 $x^2-4x+q+8=0$ が2つの自然数 α，β

$(\alpha<\beta)$ を解にもつから，解と係数の関係により

$$\alpha+\beta=4 \cdots\cdots ②, \qquad \alpha\beta=q+8 \cdots\cdots ③$$

② を満たす自然数 α，β $(\alpha<\beta)$ は $\alpha=1$，$\beta=3$ のみである。

◆ α，β が自然数である
ことに注意。

このとき，③ から $q=1\cdot3-8=-5$

① から $r=-5+8=3$

別解 **3次方程式の解と係数の関係を利用した解法**

解と係数の関係により

$$-2+\alpha+\beta=2 \quad \cdots\cdots ④,$$
$$\alpha\beta-2\alpha-2\beta=q \quad \cdots\cdots ⑤,$$
$$-2\alpha\beta=-2r \quad \cdots\cdots ⑥$$

④ から $\alpha+\beta=4$

これを満たす自然数 α，β $(\alpha<\beta)$ は $\alpha=1$，$\beta=3$

このとき，⑤ から $q=1\cdot3-2\cdot1-2\cdot3=-5$

⑥ から $r=1\cdot3=3$

3次方程式
$ax^3+bx^2+cx+d=0$
の3つの解を α，β，γ と
すると

$$\alpha+\beta+\gamma=-\frac{b}{a}$$

$$\alpha\beta+\beta\gamma+\gamma\alpha=\frac{c}{a}$$

$$\alpha\beta\gamma=-\frac{d}{a}$$

3章

EX

EX ③**34** ★ (1) 複素数 $1+2i$ を解にもつ実数係数の x の2次方程式で，x^2 の係数が1であるものを求めよ。

(2) a，b を実数とする。4次方程式 $x^4-x^3+2x^2+ax+b=0$ が $1+2i$ を解にもつとき，a，b の値を求めよ。 〔琉球大〕

(1) $1+2i$ を解にもつ実数係数の x の2次方程式であるから，

$1+2i$ と共役な複素数 $1-2i$ もこの2次方程式の解である。

$1+2i$ と $1-2i$ を解とする2次方程式は，2数の和と積を求めて

$$(1+2i)+(1-2i)=2,$$
$$(1+2i)(1-2i)=1-4i^2=5$$

したがって $x^2-2x+5=0$

(2) $1+2i$ が解であるから，それと共役な複素数 $1-2i$ もこの4次方程式の解である。

ゆえに，与えられた4次方程式の左辺は，(1)の結果により，x^2-2x+5 で割り切れる。

よって，x^4 の係数が1であるから，次の等式が成り立つ。

$$x^4-x^3+2x^2+ax+b=(x^2-2x+5)(x^2+cx+d)$$

右辺を展開して整理すると

$$x^4-x^3+2x^2+ax+b$$
$$=x^4+(c-2)x^3+(-2c+d+5)x^2+(5c-2d)x+5d$$

両辺の係数を比較すると

$$-1=c-2 \cdots\cdots ①, \quad 2=-2c+d+5 \cdots\cdots ②,$$
$$a=5c-2d \cdots\cdots ③, \quad b=5d \cdots\cdots ④$$

①，② から $c=1$，$d=-1$

これを ③，④ に代入して $a=7$，$b=-5$

HINT
$x=\alpha$ が $P(x)=0$ の解
$\iff P(\alpha)=0$
が基本方針であるが，計
算が少し面倒。
そこで，$a+bi$ が解
$\longrightarrow a-bi$ も解
を利用する（本冊 p.107
参照）。

別解 (2) 方程式の左
辺 $x^4-x^3+2x^2+ax+b$
を x^2-2x+5 で割ると，
余りは $(a-7)x+b+5$
これから $a-7=0$，
$b+5=0$
よって $a=7$，$b=-5$

EX
④35
(1) 多項式 x^{2017} を多項式 x^2+x で割ったときの余りを求めよ。 [防衛大]

(2) 多項式 $x^{1010}+x^{101}+x^{10}+x$ を x^3-x で割ったときの余りを求めよ。 [学習院大]

(1) x^{2017} を x^2+x すなわち $x(x+1)$ で割ったときの商を $Q(x)$,
余りを $ax+b$ とすると, 次の等式が成り立つ。
$$x^{2017}=x(x+1)Q(x)+ax+b \quad \cdots\cdots ①$$
① の両辺に, $x=0$, -1 を代入すると, 順に
$$0=b, \quad -1=-a+b$$
よって $a=1$, $b=0$
したがって, 求める余りは x

← 2次式で割ったときの余りは, 1次式または定数。

(2) $x^{1010}+x^{101}+x^{10}+x$ を x^3-x すなわち $x(x+1)(x-1)$ で
割ったときの商を $Q(x)$, 余りを ax^2+bx+c とすると, 次の
等式が成り立つ。
$$x^{1010}+x^{101}+x^{10}+x$$
$$=x(x+1)(x-1)Q(x)+ax^2+bx+c \quad \cdots\cdots ①$$
① の両辺に, $x=0$, -1, 1 を代入すると, 順に
$$0=c, \quad 0=a-b+c, \quad 4=a+b+c$$
これを解くと $a=2$, $b=2$, $c=0$
よって, 求める余りは $2x^2+2x$

← 3次式で割ったときの余りは, 2次式または1次式または定数。

← $(-1)^{1010}+(-1)^{101}+(-1)^{10}-1$
$=1-1+1-1=0$

EX
⑤36
多項式 $P(x)$ を $(x+1)^2$ で割ったときの余りが $18x+9$ であり, $x-2$ で割ったときの余りが 9
であるとき, $P(x)$ を $(x+1)^2(x-2)$ で割ったときの余りは ☐ である。 [神奈川大]

$P(x)$ を $(x+1)^2(x-2)$ で割ったときの商を $Q(x)$, 余りを
ax^2+bx+c とすると, 次の等式が成り立つ。
$$P(x)=(x+1)^2(x-2)Q(x)+ax^2+bx+c \quad \cdots\cdots ①$$
$(x+1)^2(x-2)Q(x)$ は $(x+1)^2$ で割り切れるから, $P(x)$ を
$(x+1)^2$ で割った余りは, ax^2+bx+c を $(x+1)^2$ で割った余
りと等しい。
よって $ax^2+bx+c=a(x+1)^2+18x+9$
ゆえに, 等式 ① は, 次のように表される。
$$P(x)=(x+1)^2(x-2)Q(x)+a(x+1)^2+18x+9$$
よって $P(2)=9a+45$
$P(x)$ を $x-2$ で割った余りは 9 であるから $P(2)=9$
ゆえに $9a+45=9$ すなわち $a=-4$
したがって, 求める余りは
$$-4(x+1)^2+18x+9=-4x^2+10x+5$$

← 余り ax^2+bx+c における文字を減らすことを考える。

← ax^2+bx+c を $(x+1)^2$ で割ったときの商は a である。

← $P(2)$
$=0+a\cdot 3^2+36+9$

EX
④37
p, q は有理数とする。方程式 $x^3-4x^2+px+q=0$ が $1+\sqrt{3}$ を解にもつとき

(1) p, q の値を求めよ。 (2) 他の2つの解を求めよ。 [九州東海大]

(1) 方程式が $1+\sqrt{3}$ を解にもつから, 次の等式が成り立つ。
$$(1+\sqrt{3})^3-4(1+\sqrt{3})^2+p(1+\sqrt{3})+q=0$$

← 方程式に解を代入。

よって
$$1+3\sqrt{3}+9+3\sqrt{3}-4(1+2\sqrt{3}+3)+p(1+\sqrt{3})+q=0$$
$\sqrt{3}$ について整理すると $\quad p+q-6+(p-2)\sqrt{3}=0$
$p+q-6$, $p-2$ は有理数，$\sqrt{3}$ は無理数であるから
$$p+q-6=0, \quad p-2=0$$
この連立方程式を解いて $\quad \boldsymbol{p=2}, \quad \boldsymbol{q=4}$

(2) (1)の結果から，方程式は $\quad x^3-4x^2+2x+4=0$
$P(x)=x^3-4x^2+2x+4$ とすると $\quad P(2)=0$
よって，方程式の左辺が $x-2$ を因数にもつことに注意して，
因数分解すると $\quad (x-2)(x^2-2x-2)=0$
これを解いて $\quad x=2, \ 1\pm\sqrt{3}$
したがって，求める他の2つの解は $\quad \boldsymbol{x=2}, \ \boldsymbol{1-\sqrt{3}}$

(参考) 有理数を係数とする n 次方程式が，解 $\boldsymbol{p+q\sqrt{r}}$ ($\boldsymbol{p}$, $\boldsymbol{q}$ は有理数，$\sqrt{r}$ は無理数)をもつとき，$\boldsymbol{p-q\sqrt{r}}$ も，この方程式の解である。
このことを用いて解くと，次のようになる。

別解 有理数を係数とする方程式 $x^3-4x^2+px+q=0$ が $1+\sqrt{3}$ を解にもつから，$1-\sqrt{3}$ もこの方程式の解である。
残りの1つの解を α とすると，3次方程式の解と係数の関係から
$$(1+\sqrt{3})+(1-\sqrt{3})+\alpha=4,$$
$$(1+\sqrt{3})(1-\sqrt{3})+(1-\sqrt{3})\alpha+\alpha(1+\sqrt{3})=p,$$
$$(1+\sqrt{3})(1-\sqrt{3})\alpha=-q$$
整理して $\quad \alpha+2=4, \ 2\alpha-2=p, \ -2\alpha=-q$
この連立方程式を解いて $\quad \boldsymbol{\alpha=2}, \ \boldsymbol{p=2}, \ \boldsymbol{q=4}$
また，他の2つの解は $\quad \boldsymbol{x=2}, \ \boldsymbol{1-\sqrt{3}}$

サイド注:

⬅ $(a+b)^3$
$\quad =a^3+3a^2b+3ab^2+b^3$

⬅ この断り書きは重要！
a, b が有理数，$\sqrt{l}$ が無理数であるとき
$\quad a+b\sqrt{l}=0$
$\Longrightarrow a=0, \ b=0$
(数学Ⅰ参照。背理法で証明できる。)

3章
EX

$$\begin{array}{rrrr|r} 1 & -4 & 2 & 4 & \underline{2} \\ & 2 & -4 & -4 & \\ \hline 1 & -2 & -2 & \underline{0} & \end{array}$$

3次方程式
$ax^3+bx^2+cx+d=0$
の3つの解を α, β, γ とすると
$$\alpha+\beta+\gamma=-\frac{b}{a}$$
$$\alpha\beta+\beta\gamma+\gamma\alpha=\frac{c}{a}$$
$$\alpha\beta\gamma=-\frac{d}{a}$$

EX ④38 3次方程式 $3x^3+3x-2=0$ の3つの解を α, β, γ とするとき，$\alpha+1$, $\beta+1$, $\gamma+1$ を3つの解とする3次方程式を1つ作れ。 [類 武庫川女子大]

3次方程式の解と係数の関係により
$$\alpha+\beta+\gamma=0, \qquad \alpha\beta+\beta\gamma+\gamma\alpha=1, \qquad \alpha\beta\gamma=\frac{2}{3}$$
したがって $\quad (\alpha+1)+(\beta+1)+(\gamma+1)=(\alpha+\beta+\gamma)+3=3$
$$(\alpha+1)(\beta+1)+(\beta+1)(\gamma+1)+(\gamma+1)(\alpha+1)$$
$$=(\alpha\beta+\beta\gamma+\gamma\alpha)+2(\alpha+\beta+\gamma)+3=1+3=4$$
$$(\alpha+1)(\beta+1)(\gamma+1)$$
$$=\alpha\beta\gamma+(\alpha\beta+\beta\gamma+\gamma\alpha)+(\alpha+\beta+\gamma)+1$$
$$=\frac{2}{3}+1+1=\frac{8}{3}$$
よって，求める3次方程式の1つは $\quad x^3-3x^2+4x-\dfrac{8}{3}=0$
すなわち $\quad \boldsymbol{3x^3-9x^2+12x-8=0}$

HINT 例題48と同じ方針，すなわち3次方程式の解と係数の関係を利用する。

⬅ 係数を整数に直す。

EX
⑤**39** 実数 x, y, z は連立方程式 $\begin{cases} x+y+z=-1 \\ x^2+y^2+z^2=7 \\ x^3+y^3+z^3=-1 \end{cases}$ …… ① を満たしている。このとき

$xy+yz+zx=$ ᵗ$\boxed{}$, $xyz=$ ᶦ$\boxed{}$ である。したがって，連立方程式 ① の解は全部で ᵞ$\boxed{}$ 組

あり，それらの中で $x<y<z$ を満たすものは $(x, y, z)=$ ᴵ$\boxed{}$ である。　　　[明治薬大]

$x+y+z=-1$ …… ②, $x^2+y^2+z^2=7$ …… ③,

$x^3+y^3+z^3=-1$ …… ④ とする。

③ から　　$(x+y+z)^2-2(xy+yz+zx)=7$

これに ② を代入すると

$$(-1)^2-2(xy+yz+zx)=7$$

ゆえに　　$xy+yz+zx=$ ᵗ-3 …… ⑤

ここで，

$x^3+y^3+z^3-3xyz=(x+y+z)(x^2+y^2+z^2-xy-yz-zx)$

であるから，④，②，③，⑤ を代入すると

$$-1-3xyz=-1\cdot\{7-(-3)\}$$

ゆえに　　$xyz=$ ᶦ3 …… ⑥

②，⑤，⑥ から，x, y, z は 3 次方程式 $t^3+t^2-3t-3=0$ の

解である。

ゆえに　　$t^2(t+1)-3(t+1)=0$

すなわち　$(t+1)(t^2-3)=0$

よって　　$t=-1$, $\pm\sqrt{3}$

ゆえに，① の解は，$3!=$ ᵞ6 組あり，$x<y<z$ を満たすもの

は　　　　$(x, y, z)=$ ᴵ$(-\sqrt{3}, -1, \sqrt{3})$

◀EXERCISES 1 参照。

◀3 次方程式の解と係数の関係を利用する。

EX
④**40** ★ x についての 3 次方程式 $x^3+(a-5)x^2+(a+8)x-6a-4=0$ を考える。

(1) この方程式はどのような a の値についても，$x=$ ᵗ$\boxed{}$ を解にもつ。

(2) この方程式が異なる 2 つの実数解をもつとき，$a=$ ᶦ$\boxed{}$, ᵞ$\boxed{}$, ᴵ$\boxed{}$ である。ただし，
ᶦ$\boxed{}<$ ᵞ$\boxed{}<$ ᴵ$\boxed{}$ とする。　　　[立命館大]

(1)　方程式の左辺を a について整理すると

$$(x^2+x-6)a+(x^3-5x^2+8x-4)=0$$

よって　　$(x-2)(x+3)a+(x-1)(x-2)^2=0$

すなわち　$(x-2)\{(x+3)a+(x-1)(x-2)\}=0$

ゆえに，この方程式はどのような a の値についても，$x=$ ᵗ2

を解にもつ。

(2)　方程式は $(x-2)\{x^2+(a-3)x+(3a+2)\}=0$ であるから，

これが異なる 2 つの実数解をもつのは，2 次方程式

$$x^2+(a-3)x+(3a+2)=0 \quad\text{……}\quad ①$$

について，次の [1], [2] の場合である。

[1]　$\underline{x=2\text{ 以外の重解}}$をもつとき

$x=2$ を解にもたないから

$$2^2+(a-3)\cdot2+(3a+2)\neq0$$

すなわち　$a\neq0$ …… ②

◀$P(x)$
$=x^3-5x^2+8x-4$ と
すると　$P(1)=0$

また，① の判別式 D について　　　$D=0$

$D=(a-3)^2-4(3a+2)=a^2-18a+1$ であるから

　　　　　$a^2-18a+1=0$

よって　　　$a=9\pm4\sqrt{5}$

これらは ② を満たす。

[2]　$x=2$ とそれ以外の実数解をもつとき

　　$x=2$ を解にもつとき，[1] から　　　$a=0$

　　このとき，① は　　　$x^2-3x+2=0$

　　すなわち　$(x-1)(x-2)=0$

　　よって，$x=2$ 以外の解 $x=1$ をもつ。

以上から　　$a={}^{?}\mathbf{0},\ {}^{?}\mathbf{9-4\sqrt{5}},\ {}^{\perp}\mathbf{9+4\sqrt{5}}$

⬅ $a=9\pm4\sqrt{5}$ のとき，
　① の重解は
　　　$x=-\dfrac{a-3}{2}$
　　　$=-3\mp2\sqrt{5}$
　　　（上と複号同順）

⬅ $9^2>(4\sqrt{5})^2$ であるか
　ら　　$9>4\sqrt{5}$

3章

EX

EX
⑤
41
★　係数 $a,\ b$ が整数である 3 次方程式 $x^3+ax^2+bx+1=0$ が 2 つの虚数解と 1 つの負の整数
解をもつ。この条件を満たす整数の組 $(a,\ b)$ は □ 組ある。　　　　　　　［類 早稲田大］

$x^3+ax^2+bx+1=0$ …… ① の負の整数解を $x=\alpha\ (\alpha<0)$ と

すると　　　　　$\alpha^3+a\alpha^2+b\alpha+1=0$

よって　　　　　$\alpha(\alpha^2+a\alpha+b)=-1$

$\underline{\alpha\ \text{は負の整数},\ \alpha^2+a\alpha+b\ \text{は整数であるから}}$

　　　　　$\alpha=-1,\ \alpha^2+a\alpha+b=1$

$\alpha=-1$ を $\alpha^2+a\alpha+b=1$ に代入して

　　　　　$1-a+b=1$

よって　　　　　$b=a$ …… ②

ゆえに，① は　　　$x^3+ax^2+ax+1=0$

よって　　　$(x+1)(x^2-x+1)+ax(x+1)=0$

ゆえに　　　$(x+1)\{(x^2-x+1)+ax\}=0$

したがって　　$(x+1)\{x^2+(a-1)x+1\}=0$

ここで，2 次方程式 $x^2+(a-1)x+1=0$ が虚数解をもつため

の条件は，判別式を D とすると　　　$D<0$

$D=(a-1)^2-4=a^2-2a-3$ であるから

　　　　　$a^2-2a-3<0$

ゆえに　　　$(a+1)(a-3)<0$

よって　　　$-1<a<3$

したがって　$a=0,\ 1,\ 2$

② から，条件を満たす組 $(a,\ b)$ は

　　　　　$(a,\ b)=(0,\ 0),\ (1,\ 1),\ (2,\ 2)$

の 3 組ある。

⬅ 方程式に $x=\alpha$ を代
　入。

⬅ $AB=$ **整数** の形に。

⬅ 掛けて -1 となる 2
　つの整数は　1 と -1

⬅ 左辺を a について整理。

1	a	a	1	$\lfloor-1$
	-1	$1-a$	-1	
1	$a-1$	1		$\lfloor\ 0$

⬅ 2 次方程式が虚数解
　$p,\ q$ をもつとき
　　　$p\neq q$

⬅ a は整数。

EX
⑤**42** ■ $a+b+c=-1$ を満たす実数 a, b, c に対し, $P(x)=x^3+ax^2+bx+c$ とする.
(1) $P(x)$ は $P(x)=(x-^\text{ア}\boxed{})\{x^2+(^\text{イ}\boxed{}+1)x-^\text{ウ}\boxed{}\}$ と表される.
(2) 方程式 $P(x)=0$ の解が複素数の範囲で $\boxed{}$ だけであるとき, a, b, c の値を求めよ.
(3) 方程式 $P(x)=0$ が異なる3つの実数解をもち, そのうち2つの解が1よりも小さくなるための条件を a, b, c を用いて表せ.
[類 センター試験]

(1) $a+b+c=-1$ より $c=-a-b-1$ であるから

$\Leftarrow P(1)=1+a+b+c=0$ に注目して因数分解してもよい.

$P(x)=x^3+ax^2+bx-a-b-1$
$\quad =a(x^2-1)+b(x-1)+x^3-1$
$\quad =a(x+1)(x-1)+b(x-1)+(x-1)(x^2+x+1)$
$\quad =(x-1)\{a(x+1)+b+(x^2+x+1)\}$
$\quad =(x-1)\{x^2+(a+1)x+a+b+1\}$

$a+b+1=-c$ であるから
$\quad P(x)=(x-^\text{ア}\boldsymbol{1})\{x^2+(^\text{イ}\boldsymbol{a}+1)x-^\text{ウ}\boldsymbol{c}\}$

$$\begin{array}{ccccc}
1 & a & b & c & \underline{\,|\,1} \\
 & 1 & a+1 & a+b+1 & \\
\hline
1 & a+1 & a+b+1 & a+b+c+1 & \\
 & & & (=0) &
\end{array}$$

(2) $P(x)=0$ から $(x-1)\{x^2+(a+1)x-c\}=0$

よって $x-1=0$ または $x^2+(a+1)x-c=0$ …… ①
$P(x)=0$ の解が複素数の範囲で $x=1$ だけであるための条件は, 2次方程式 ① が $x=1$ を重解としてもつことである.
ゆえに, 解と係数の関係から
$$1+1=-(a+1), \quad 1\cdot1=-c$$
これを解いて $a=-3$, $c=-1$
このとき $b=-a-c-1=-(-3)-(-1)-1=3$

$\Leftarrow P(x)=0$ の1つの解は $x=1$ であるから, 2次方程式 ① の解の条件について考える.

別解 $P(x)=0$ が $x=1$ を3重解としてもつとき, 恒等式
$$x^3+ax^2+bx+c=(x-1)^3$$
が成り立つ.
右辺を展開すると $x^3+ax^2+bx+c=x^3-3x^2+3x-1$
係数を比較して $a=-3$, $b=3$, $c=-1$

(3) 題意を満たすための条件は, 2次方程式 ① が異なる2つの実数解をもち, それらがともに1より小さくなることである.
すなわち, 2次方程式 ① の判別式を D, 2つの解を α, β とすると, 次の [1], [2], [3] が同時に成り立つことである.

[1] $D>0$ [2] $(\alpha-1)+(\beta-1)<0$ [3] $(\alpha-1)(\beta-1)>0$
ここで $D=(a+1)^2-4(-c)=(a+1)^2+4c$
解と係数の関係から $\alpha+\beta=-(a+1)$, $\alpha\beta=-c$
[1] $D>0$ から $(a+1)^2+4c>0$
[2] $(\alpha-1)+(\beta-1)<0$ から $\alpha+\beta<2$
よって $-(a+1)<2$ ゆえに $a>-3$
[3] $(\alpha-1)(\beta-1)>0$ から $\alpha\beta-(\alpha+\beta)+1>0$
よって $-c+(a+1)+1>0$ ゆえに $a+2>c$
以上から, 求める条件は
$$(a+1)^2+4c>0, \quad a>-3, \quad a+2>c$$

$\Leftarrow$ 実数 α, β について
$\alpha<1$ かつ $\beta<1$
$\Longleftrightarrow \alpha-1<0$ かつ $\beta-1<0$
$\Longleftrightarrow (\alpha-1)+(\beta-1)<0$
かつ $(\alpha-1)(\beta-1)>0$

EX
④**43** ★ $P(x)=2x^4-7x^3+8x^2-21x+18$ とし，方程式 $P(x)=0$ の解について考える。

$P(0) \neq 0$ であるから，$x=0$ は $P(x)=0$ の解ではない。そこで，$P(x)=0$ の両辺を x^2 で割ると，$2x^2-7x+8-\dfrac{21}{x}+\dfrac{18}{x^2}=0$ を得る。

(1) $x+\dfrac{3}{x}=t$ とおくとき，t の満たす 2 次方程式を求めよ。

(2) 方程式 $P(x)=0$ の解を求めよ。 ［類 センター試験］

(1) $2x^2-7x+8-\dfrac{21}{x}+\dfrac{18}{x^2}=0$ から

$$2\left(x^2+\dfrac{9}{x^2}\right)-7\left(x+\dfrac{3}{x}\right)+8=0$$

$x^2+\dfrac{9}{x^2}=\left(x+\dfrac{3}{x}\right)^2-2\cdot x\cdot\dfrac{3}{x}=t^2-6$ であるから

$$2(t^2-6)-7t+8=0$$

ゆえに $\quad\boldsymbol{2t^2-7t-4=0}$

(2) $2t^2-7t-4=0$ から $\quad(t-4)(2t+1)=0$

よって $\quad t=4,\ -\dfrac{1}{2}$

[1] $t=4$ のとき $\quad x+\dfrac{3}{x}=4$

両辺に x を掛けて整理すると $\quad x^2-4x+3=0$
すなわち $\ (x-1)(x-3)=0$
よって $\quad x=1,\ 3$

[2] $t=-\dfrac{1}{2}$ のとき $\quad x+\dfrac{3}{x}=-\dfrac{1}{2}$

両辺に $2x$ を掛けて整理すると $\quad 2x^2+x+6=0$

これを解くと $\quad x=\dfrac{-1\pm\sqrt{1^2-4\cdot2\cdot6}}{2\cdot2}=\dfrac{-1\pm\sqrt{47}i}{4}$

[1]，[2] から，求める解は $\quad\boldsymbol{x=1,\ 3,\ \dfrac{-1\pm\sqrt{47}i}{4}}$

この問題では，方程式の係数が左右対称になっていないが，相反方程式と同じように，$x+\dfrac{\bigcirc}{x}=t$ とおくと，t の 2 次方程式を導くことができる。

$\Leftarrow \sqrt{-47}=\sqrt{47}i$

3章
EX

TR
①70

(1) A(-3), B(7), C(2) とする。2点 A, B 間；B, C 間；C, A 間の距離を，それぞれ求めよ。

(2) 2点 P(-4), Q(8) を結ぶ線分 PQ を，$1:3$ に内分する点 R，$3:1$ に外分する点 S，線分 RS の中点 M の座標を，それぞれ求めよ。

(1) $\mathrm{AB}=|7-(-3)|=|10|=\mathbf{10}$ $\mathrm{BC}=|2-7|=|-5|=\mathbf{5}$

$\mathrm{CA}=|-3-2|=|-5|=\mathbf{5}$

(2) $\dfrac{3\times(-4)+1\times 8}{1+3}=-1$ から，点 R の座標は $\mathbf{-1}$

$\dfrac{-1\times(-4)+3\times 8}{3-1}=14$ から，点 S の座標は $\mathbf{14}$ ⬅ $3:(-1)$ に内分する と考えることもできる。

$\dfrac{-1+14}{2}=\dfrac{13}{2}$ から，点 M の座標は $\dfrac{\mathbf{13}}{\mathbf{2}}$

TR
①71

2点 $(-1,\ 4)$, $(2,\ 1)$ 間の距離を求めよ。   [類 京都産大]

$\sqrt{\{2-(-1)\}^2+(1-4)^2}=\sqrt{3^2+(-3)^2}=\sqrt{18}=\mathbf{3\sqrt{2}}$

TR
③72

(1) 2点 A($2,\ 3$), B($x,\ -3$) 間の距離が 10 であるとき，x の値を求めよ。

(2) 2点 A($-1,\ -2$), B($2,\ 3$) から等距離にある y 軸上の点 P の座標を求めよ。

(1) $\mathrm{AB}=10$ すなわち $\mathrm{AB}^2=10^2$ から

$\qquad (x-2)^2+(-3-3)^2=100$

ゆえに $(x-2)^2=64$ よって $x-2=\pm 8$

したがって $\boldsymbol{x=10,\ -6}$

(2) 点 P は y 軸上にあるから，その座標を $(0,\ y)$ とする。

$\mathrm{AP}=\mathrm{BP}$ すなわち $\mathrm{AP}^2=\mathrm{BP}^2$ から

$\qquad \{0-(-1)\}^2+\{y-(-2)\}^2=(0-2)^2+(y-3)^2$

整理して $10y=8$ よって $y=\dfrac{4}{5}$

したがって，点 P の座標は $\left(0,\ \dfrac{4}{5}\right)$

> **CHART**
> 距離の条件
> 距離の 2 乗を利用する

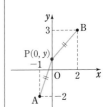

TR
③73

次の 3 点を頂点とする △ABC は，どのような形の三角形か。

(1) A($4,\ 3$), B($-3,\ 2$), C($-1,\ -2$)   (2) A($1,\ -1$), B($4,\ 1$), C($-1,\ 2$)

(1) $\mathrm{AB}=\sqrt{(-3-4)^2+(2-3)^2}=\sqrt{49+1}=\sqrt{50}$

$\mathrm{BC}=\sqrt{\{-1-(-3)\}^2+(-2-2)^2}=\sqrt{4+16}=\sqrt{20}$

$\mathrm{CA}=\sqrt{\{4-(-1)\}^2+\{3-(-2)\}^2}=\sqrt{25+25}=\sqrt{50}$

ゆえに，△ABC は **AB=CA の二等辺三角形** である。

(2) $\mathrm{AB}=\sqrt{(4-1)^2+\{1-(-1)\}^2}=\sqrt{9+4}=\sqrt{13}$

$\mathrm{BC}=\sqrt{(-1-4)^2+(2-1)^2}=\sqrt{25+1}=\sqrt{26}$

$\mathrm{CA}=\sqrt{\{1-(-1)\}^2+(-1-2)^2}=\sqrt{4+9}=\sqrt{13}$

よって $\mathrm{BC}^2=\mathrm{AB}^2+\mathrm{CA}^2$, $\mathrm{AB}=\mathrm{CA}$

ゆえに，△ABC は **∠A$=90°$ の直角二等辺三角形** である。

> **CHART**
> 三角形の形状問題
> 3 辺の長さの関係を調べる

⬅ 答えでは，等しい辺を 示すこと。

⬅ 直角となる角を示す。

TR
①**74** A(-2, -3), B(3, 7), C(5, 2) とするとき，次の点の座標を求めよ。

(1) 線分 AB を $4:1$ に内分する点　　(2) 線分 BC を $2:3$ に外分する点

(3) 線分 CA の中点　　(4) △ABC の重心

(1) $\left(\dfrac{1\cdot(-2)+4\cdot3}{4+1},\ \dfrac{1\cdot(-3)+4\cdot7}{4+1}\right)$　　よって　　$(2,\ 5)$

(2) $\left(\dfrac{-3\cdot3+2\cdot5}{2-3},\ \dfrac{-3\cdot7+2\cdot2}{2-3}\right)$　　よって　　$(-1,\ 17)$

(3) $\left(\dfrac{5-2}{2},\ \dfrac{2-3}{2}\right)$　　よって　　$\left(\dfrac{3}{2},\ -\dfrac{1}{2}\right)$　　　　◀中点は 2 点の平均

(4) $\left(\dfrac{-2+3+5}{3},\ \dfrac{-3+7+2}{3}\right)$　　よって　　$(2,\ 2)$　　　◀重心は 3 点の平均

4章

TR

TR
③**75** 点 A(-2, -3) に関して，点 P(3, 7) と対称な点 Q の座標を求めよ。

点 Q の座標を $(x,\ y)$ とする。

点 A は線分 PQ の中点であるから，

　　　　x 座標について　　$\dfrac{3+x}{2}=-2$

　　　　y 座標について　　$\dfrac{7+y}{2}=-3$

が成り立つ。これを解いて　　$x=-7$, $y=-13$

したがって，点 Q の座標は　　$(-7,\ -13)$

◀図をかいて点の位置
関係を言いかえる。

$\text{P}(3, 7)$　$\text{A}(-2, -3)$

$\text{Q}(x, y)$

別解　点 Q は，線分 PA を $2:1$ に外分する点であるから

　　　$\left(\dfrac{-1\cdot3+2\cdot(-2)}{2-1},\ \dfrac{-1\cdot7+2\cdot(-3)}{2-1}\right)$

よって，点 Q の座標は　　$(-7,\ -13)$

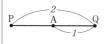

TR
③**76** △ABC において，辺 BC を $1:2$ に内分する点を D とする。このとき，
$2AB^2+AC^2=3AD^2+6BD^2$ が成り立つことを証明せよ。

直線 BC を x 軸に，点 D を通り直線
BC に垂直な直線を y 軸にとると，

　　　点 D は原点，B($-c$, 0)，
　　　C($2c$, 0)，A(a, b)

と表すことができる。

このとき　　$2AB^2+AC^2$

　　　$=2\{(-c-a)^2+(-b)^2\}$
　　　　$+(2c-a)^2+(-b)^2$
　　　$=2(c^2+2ca+a^2+b^2)+4c^2-4ca+a^2+b^2$
　　　$=3a^2+3b^2+6c^2$　……　①

また　　　$3AD^2+6BD^2$

　　　$=3(a^2+b^2)+6(-c)^2=3a^2+3b^2+6c^2$　……　②

①，② から　　$2AB^2+AC^2=3AD^2+6BD^2$

◀x 軸上に点 B，C を
とることで，点 B，C
の y 座標が 0 になる。
また，点 D が原点とな
るように y 軸をとるこ
とで，2 点 B，C の x
座標をそれぞれ $-c$，
$2c$ と表すことができ
る。

TR
①77 次のような直線の方程式を求めよ。
(1) 傾きが -2, y 切片が 3
(2) 点 $(4, 2)$ を通り，傾きが 3
(3) 点 $(-3, 0)$ を通り，傾きが -5
(4) 点 $(2, -1)$ を通り，傾きが $\dfrac{1}{2}$
(5) 点 $(-2, 7)$ を通り，x 軸に垂直
(6) 点 $(3, 2)$ を通り，x 軸に平行

(1) $y = -2x + 3$

(2) $y - 2 = 3(x - 4)$ から　　$y = 3x - 10$

(3) $y - 0 = -5\{x - (-3)\}$ から　　$y = -5x - 15$

(4) $y - (-1) = \dfrac{1}{2}(x - 2)$ から　　$y = \dfrac{1}{2}x - 2$

(5) $x = -2$

(6) $y - 2 = 0 \cdot (x - 3)$ から　　$y = 2$

注意 (6)は直ちに $y = 2$ としてもよい。

CHART
点 (x_1, y_1) を通る直線

傾き m の直線
$\quad y - y_1 = m(x - x_1)$
x 軸に垂直な直線
$\quad x = x_1$

TR
①78 次の2点を通る直線の方程式を求めよ。
(1) $(4, 4)$, $(-2, 5)$
(2) $(4, 1)$, $(6, -3)$
(3) $(3, 0)$, $(0, 5)$
(4) $(4, 0)$, $(0, -2)$
(5) $(2, 2)$, $(2, -8)$
(6) $(5, -1)$, $(3, -1)$

(1) $y - 4 = \dfrac{5 - 4}{-2 - 4}(x - 4)$ から　　$y - 4 = -\dfrac{1}{6}(x - 4)$

　　よって　　$y = -\dfrac{1}{6}x + \dfrac{14}{3}$　または　$x + 6y - 28 = 0$

(2) $y - 1 = \dfrac{-3 - 1}{6 - 4}(x - 4)$ から　　$y - 1 = -2(x - 4)$

　　よって　　$y = -2x + 9$　または　$2x + y - 9 = 0$

(3) $y - 0 = \dfrac{5 - 0}{0 - 3}(x - 3)$ から　　$y = -\dfrac{5}{3}(x - 3)$

　　よって　　$y = -\dfrac{5}{3}x + 5$　または　$5x + 3y - 15 = 0$

　　別解 x 切片が 3, y 切片が 5 の直線であるから

　　　　$\dfrac{x}{3} + \dfrac{y}{5} = 1$　　よって　　$y = -\dfrac{5}{3}x + 5$

(4) $y - 0 = \dfrac{-2 - 0}{0 - 4}(x - 4)$ から　　$y = \dfrac{1}{2}(x - 4)$

　　よって　　$y = \dfrac{1}{2}x - 2$　または　$x - 2y - 4 = 0$

　　別解 x 切片が 4, y 切片が -2 の直線であるから

　　　　$\dfrac{x}{4} + \dfrac{y}{-2} = 1$　　よって　　$y = \dfrac{1}{2}x - 2$

(5) x 座標がともに 2 であるから　　$x = 2$

(6) $y - (-1) = \dfrac{-1 - (-1)}{3 - 5}(x - 5)$ から　　$y + 1 = 0 \cdot (x - 5)$

　　よって　　$y + 1 = 0$　または　$y = -1$
　　別解 y 座標がともに -1 であるから　　$y = -1$

CHART
異なる2点 (x_1, y_1),
(x_2, y_2) を通る直線
$x_1 \neq x_2$ のとき

$y - y_1 = \dfrac{y_2 - y_1}{x_2 - x_1}(x - x_1)$

$x_1 = x_2$ のとき　$x = x_1$

← 2点 $(a, 0)$, $(0, b)$
を通る直線の方程式は
$\quad \dfrac{x}{a} + \dfrac{y}{b} = 1$

← 直線は x 軸に垂直。

← 直線は x 軸に平行。

TR
①**79** 次の2直線は，それぞれ平行と垂直のいずれであるか。
(1) $2x+y-1=0$, $4x+2y=2$　　　　(2) $3x-y+2=0$, $x+3y+2=0$
(3) $3x+y+1=0$, $y=2-3x$　　　　(4) $2x+3=0$, $y=3$

(1) $4x+2y=2$ すなわち $4x+2y-2=0$ の両辺を2で割ると，
　$2x+y-1=0$ となり，2直線の方程式が同じになるから，与
　えられた2直線は一致する。すなわち，2直線は **平行** である。

← 本書では，一致する
場合も2直線は平行で
あると考える。

(2) $3x-y+2=0$ から　$y=3x+2$
　$x+3y+2=0$ から　$y=-\dfrac{1}{3}x-\dfrac{2}{3}$
　2直線の傾きについて　$3\left(-\dfrac{1}{3}\right)=-1$
　したがって，2直線は **垂直** である。

垂直 ⟺ 傾きの積が -1

(3) $3x+y+1=0$ から　$y=-3x-1$
　2直線の傾きが等しいから，2直線は **平行** である。

平行 ⟺ 傾きが等しい

(4) $2x+3=0$ から　$x=-\dfrac{3}{2}$
　これは，x 軸に垂直な直線である。
　一方，$y=3$ は x 軸に平行な直線である。
　したがって，2直線は **垂直** である。

別解 2直線 $a_1x+b_1y+c_1=0$, $a_2x+b_2y+c_2=0$ の
　平行条件 $a_1b_2-a_2b_1=0$，垂直条件 $a_1a_2+b_1b_2=0$ を利用。
(1) 2直線の係数について　$2\cdot2-4\cdot1=0$
　したがって，2直線は **平行** である。
(2) 2直線の係数について　$3\cdot1+(-1)\cdot3=0$
　したがって，2直線は **垂直** である。
(3) $y=2-3x$ から　$3x+y-2=0$
　2直線の係数について　$3\cdot1-3\cdot1=0$
　したがって，2直線は **平行** である。
(4) $2x+3=0$ から　$2x+0\cdot y+3=0$
　$y=3$ から　$0\cdot x+y-3=0$
　2直線の係数について　$2\cdot0+0\cdot1=0$
　したがって，2直線は **垂直** である。

← 公式で考えるより，
グラフをイメージした
方がらく。

4章
TR

TR
②**80** ★ 次の直線の方程式を求めよ。
(1) 点 $(2, 3)$ を通り，直線 $3x+2y+1=0$ に平行な直線
(2) 点 $(-2, -3)$ を通り，直線 $2x+5y=3$ に垂直な直線

(1) 直線 $3x+2y+1=0$ の傾きは　$-\dfrac{3}{2}$

← $y=-\dfrac{3}{2}x-\dfrac{1}{2}$

　よって，この直線に平行な直線の傾きは $-\dfrac{3}{2}$ である。

平行 ⟺ 傾きが等しい

　したがって，求める直線の方程式は
　$y-3=-\dfrac{3}{2}(x-2)$ すなわち　$\mathbf{3x+2y-12=0}$

← $y=-\dfrac{3}{2}x+6$ のよう
に，$y=mx+n$ の形
で答えてもよい。

(2) 直線 $2x+5y=3$ の傾きは $-\dfrac{2}{5}$

この直線に垂直な直線の傾きを m とすると

$$m\left(-\dfrac{2}{5}\right)=-1$$

垂直 $\Longleftrightarrow$ 傾きの積が -1

これを解いて $m=\dfrac{5}{2}$

したがって，求める直線の方程式は

$$y-(-3)=\dfrac{5}{2}\{x-(-2)\}$$

すなわち $5x-2y+4=0$

$(*)$ 点 $(x_1,\ y_1)$ を通り，直線 $ax+by+c=0$ に平行，垂直な直線の方程式は
平行：
$a(x-x_1)+b(y-y_1)=0$
垂直：
$b(x-x_1)-a(y-y_1)=0$

別解 本冊 $p.141$ 参考 の公式$^{(*)}$を用いて

(1) $3(x-2)+2(y-3)=0$ から $3x+2y-12=0$

(2) $5(x+2)-2(y+3)=0$ から $5x-2y+4=0$

TR
③**81** ★ 2点 $(-1,\ -2)$，$(3,\ 4)$ を結ぶ線分の垂直二等分線の方程式を求めよ。 ［類 大同工大］

$A(-1,\ -2)$，$B(3,\ 4)$ とする。線分 AB の中点の座標は

$$\left(\dfrac{-1+3}{2},\ \dfrac{-2+4}{2}\right)\ \ \text{すなわち}\ \ (1,\ 1)$$

線分 AB の垂直二等分線
線分 AB の中点を通り，直線 AB に垂直な直線。

直線 AB の傾きは $\dfrac{4-(-2)}{3-(-1)}=\dfrac{3}{2}$

よって，線分 AB の垂直二等分線の傾きは $-\dfrac{2}{3}$ であるから，

求める直線の方程式は $y-1=-\dfrac{2}{3}(x-1)$

すなわち $2x+3y-5=0$

垂直 $\Longleftrightarrow$ 傾きの積が -1
傾きを m とすると，
$\dfrac{3}{2}m=-1$ から
$m=-\dfrac{2}{3}$

TR
③**82** 直線 $\ell:y=2x-1$ に関して点 $A(0,\ 4)$ と対称な点Bの座標を求めよ。 ［鹿児島大］

点Bの座標を $(p,\ q)$ とする。

[1] 直線 ℓ の傾きは 2

直線 AB の傾きは $\dfrac{q-4}{p}$

AB⊥ℓ であるから

$$\dfrac{q-4}{p}\cdot 2=-1$$

ゆえに $2(q-4)=-p$

よって $p+2q-8=0$ …… ①

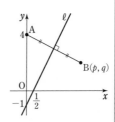

⟸ 直線 AB は x 軸に垂直ではないから $p\neq0$

垂直 $\Longleftrightarrow$ 傾きの積が -1

[2]　線分 AB の中点 $\left(\dfrac{p}{2},\ \dfrac{q+4}{2}\right)$ が直線 ℓ 上にあるから

$$\dfrac{q+4}{2}=2\cdot\dfrac{p}{2}-1 \qquad ゆえに \qquad q+4=2p-2$$

$\Leftarrow y=2x-1$ に
$x=\dfrac{p}{2},\ y=\dfrac{q+4}{2}$ を
代入。

よって　　$2p-q-6=0$ ‥‥‥ ②

①＋②×2 から　　　　　$5p-20=0$　　　ゆえに　　$p=4$

$\Leftarrow p,\ q$ についての連立
方程式を解く。

これを ② に代入して　　$8-q-6=0$　　よって　　$q=2$

したがって，求める点Bの座標は　　**(4, 2)**

TR
①**83** 次の点と直線の距離を求めよ。

(1)　原点，直線 $3x+4y-12=0$　　　　(2)　点 $(-3,\ 7)$，直線 $12x-5y=7$

(3)　点 $(1,\ 2)$，直線 $y=4$　　　　　　(4)　点 $(2,\ 8)$，直線 $x=-1$

(1)　$\dfrac{|3\cdot0+4\cdot0-12|}{\sqrt{3^2+4^2}}=\dfrac{|-12|}{\sqrt{25}}=\dfrac{\mathbf{12}}{\mathbf{5}}$

(2)~(4)　直線の式は
$ax+by+c=0$ の形に
直してから公式を使う。

(2)　$12x-5y=7$ から　　$12x-5y-7=0$

　　　よって　　$\dfrac{|12(-3)-5\cdot7-7|}{\sqrt{12^2+(-5)^2}}=\dfrac{|-78|}{\sqrt{169}}=\dfrac{78}{13}=\mathbf{6}$

(3)　$y=4$ から　　$0\cdot x+1\cdot y-4=0$

　　　よって　　$\dfrac{|0\cdot1+1\cdot2-4|}{\sqrt{0^2+1^2}}=\dfrac{|-2|}{\sqrt{1}}=\mathbf{2}$

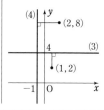

(4)　$x=-1$ から　　$1\cdot x+0\cdot y+1=0$

　　　よって　　$\dfrac{|1\cdot2+0\cdot8+1|}{\sqrt{1^2+0^2}}=\dfrac{|3|}{\sqrt{1}}=\mathbf{3}$

TR
③**84** 2 直線 $3x+2y-4=0$ ‥‥‥ ①，$x+y+2=0$ ‥‥‥ ② の交点をAとする。

(1)　点Aと点B$(3,\ -2)$ を通る直線の方程式を求めよ。

(2)　点Aを通り，直線 $x-2y+3=0$ に平行な直線の方程式を求めよ。

(1)　k を定数とするとき，方程式

$$k(3x+2y-4)+(x+y+2)=0 \ \cdots\cdots ③$$

の表す図形は，2 直線①，②の交点Aを通る直線である。

直線 ③ が点 B$(3,\ -2)$ を通るとき

$$k\{3\cdot3+2(-2)-4\}+(3-2+2)=0$$

ゆえに　　$k+3=0$　　　よって　　$k=-3$

これを ③ に代入して　　$-3(3x+2y-4)+(x+y+2)=0$

整理すると　　　　　　　**$8x+5y-14=0$**

CHART
2 直線 $\bullet=0,\ \blacktriangle=0$ の
交点を通る直線
$k\bullet+\blacktriangle=0$（$k$ は定数）
を考える

(2)　③ を $x,\ y$ について整理すると

$$(3k+1)x+(2k+1)y-4k+2=0$$

これが直線 $x-2y+3=0$ に平行であるための条件は

$$(3k+1)\cdot(-2)-1\cdot(2k+1)=0 \qquad よって \qquad k=-\dfrac{3}{8}$$

これを ③ に代入して　　$-\dfrac{3}{8}(3x+2y-4)+(x+y+2)=0$

整理すると　　　　　　　**$x-2y-28=0$**

$\Leftarrow$ 2 直線
$a_1x+b_1y+c_1=0$,
$a_2x+b_2y+c_2=0$ が
平行
$\Longleftrightarrow \boldsymbol{a_1b_2-a_2b_1=0}$

別解 連立方程式 ①, ② の解は　　$x=8$, $y=-10$

よって, 点Aの座標は　　$(8, -10)$

⬅点Aの座標を直接求める解法。

(1)　$y-(-10)=\dfrac{-2-(-10)}{3-8}(x-8)$

すなわち　$8x+5y-14=0$

(2)　$(x-8)-2(y+10)=0$　すなわち　$x-2y-28=0$

TR
①**85**　次のような円の方程式を求めよ。
(1) 中心が点 $(-5, 2)$, 半径が $\sqrt{2}$ の円　　(2) 中心が原点で, 点 $(4, 3)$ を通る円
(3) 2点 $(1, 2)$, $(3, -4)$ が直径の両端である円　　(4) 点 $(3, 4)$ が中心で, x 軸に接する円

(1)　　　　　　$\{x-(-5)\}^2+(y-2)^2=(\sqrt{2})^2$

すなわち　$(x+5)^2+(y-2)^2=2$

(2)　この円の半径 r は, 原点と点 $(4, 3)$ の距離で

$$r=\sqrt{4^2+3^2}=5$$

よって, 求める円の方程式は　　$x^2+y^2=25$

(3)　この円の中心は 2 点 $(1, 2)$, $(3, -4)$ を結ぶ線分の中点で,

その座標は　　$\left(\dfrac{1+3}{2}, \dfrac{2-4}{2}\right)$　すなわち　$(2, -1)$

半径 r は, 中心 $(2, -1)$ と点 $(1, 2)$ の距離で

$$r=\sqrt{(1-2)^2+\{2-(-1)\}^2}=\sqrt{10}$$

よって, 求める円の方程式は　$(x-2)^2+\{y-(-1)\}^2=(\sqrt{10})^2$
すなわち　$(x-2)^2+(y+1)^2=10$

(4)　この円の半径 r は, 中心 $(3, 4)$ の y 座標に等しいから

$$r=4$$

よって, 求める円の方程式は　　$(x-3)^2+(y-4)^2=16$

CHART
円は中心と半径で決まる
与えられた条件から, 中心 (a, b) と半径 r を求めて, 基本形 $(x-a)^2+(y-b)^2=r^2$ に当てはめる。

(4)　図をかくとよい。

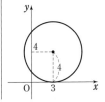

Lecture　**座標軸に接する円の方程式**

[1]　中心が点 (a, b) で x 軸に接する円の方程式は, その半径が $|b|$ であるから　　$(x-a)^2+(y-b)^2=b^2$

⬅半径が中心の y 座標の絶対値に等しい。

[2]　中心が点 (a, b) で y 軸に接する円の方程式は, その半径が $|a|$ であるから　　$(x-a)^2+(y-b)^2=a^2$

⬅半径が中心の x 座標の絶対値に等しい。

[3]　中心が第 1 象限にあり, x 軸, y 軸の両方に接する円の方程式は, 中心の x 座標と y 座標が等しく, それを a とすると　　$(x-a)^2+(y-a)^2=a^2$　（ただし $a>0$)

⬅中心が第 1 象限の点であるから, その x 座標と y 座標は正である。

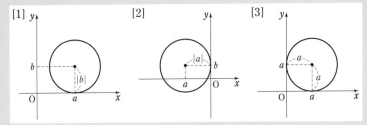

TR
①86 次の方程式はどのような図形を表すか。
(1) $x^2+2x+y^2=0$　　　　(2) $x^2+y^2-4x-10y-20=0$　　　　[(2) 千葉工大]
(3) $x^2+4x+y^2+6y+13=0$　　(4) $x^2+6x+y^2+8y+28=0$

(1)　　　　$(x^2+2x+1^2)-1^2+y^2=0$
　　よって　$(x+1)^2+y^2=1^2$
　　これは，**中心が点 $(-1,\ 0)$，半径が 1 の円** である。
(2)　　　　$(x^2-4x+2^2)-2^2+(y^2-10y+5^2)-5^2-20=0$
　　ゆえに　$(x-2)^2+(y-5)^2=20+2^2+5^2$
　　よって　$(x-2)^2+(y-5)^2=7^2$
　　これは，**中心が点 $(2,\ 5)$，半径が 7 の円** である。
(3)　　　　$(x^2+4x+2^2)-2^2+(y^2+6y+3^2)-3^2+13=0$
　　ゆえに　$(x+2)^2+(y+3)^2=-13+2^2+3^2$
　　よって　$(x+2)^2+(y+3)^2=0$
　　これは，**点 $(-2,\ -3)$** である。
(4)　　　　$(x^2+6x+3^2)-3^2+(y^2+8y+4^2)-4^2+28=0$
　　ゆえに　$(x+3)^2+(y+4)^2=-28+3^2+4^2$
　　よって　$(x+3)^2+(y+4)^2=-3$
　　これが表す図形は **ない**。

CHART
$x^2+y^2+lx+my+n=0$
の表す図形
$x,\ y$ について平方完成する
←$20+4+25=49$
←$-13+4+9=0$
←$-28+9+16=-3$

4章
TR

TR
②87 ★ 次の3点を通る円の方程式を求めよ。
(1) $(0,\ 0),\ (1,\ -3),\ (4,\ 0)$　　(2) $(1,\ 1),\ (3,\ 1),\ (5,\ -3)$　　[(2) 類 立命館大]

(1)　求める円の方程式を $x^2+y^2+lx+my+n=0$ とする。
　　3点 $(0,\ 0),\ (1,\ -3),\ (4,\ 0)$ を通るから
　　　　　$n=0,\ l-3m+n+10=0,\ 4l+n+16=0$
　　これを解いて　$n=0,\ l=-4,\ m=2$
　　したがって，求める円の方程式は
　　　　　$x^2+y^2-4x+2y=0$
(2)　求める円の方程式を $x^2+y^2+lx+my+n=0$ とする。
　　3点 $(1,\ 1),\ (3,\ 1),\ (5,\ -3)$ を通るから
　　　　　$l+m+n+2=0$　……①
　　　　　$3l+m+n+10=0$　……②
　　　　　$5l-3m+n+34=0$　……③
　　②-① から　$2l+8=0$　　よって　$l=-4$
　　$l=-4$ を①，③に代入して
　　　　　$m+n-2=0,\ -3m+n+14=0$
　　この2式を連立して解くと　$m=4,\ n=-2$
　　したがって，求める円の方程式は
　　　　　$x^2+y^2-4x+4y-2=0$

←通る3点の座標を**一般形**
$x^2+y^2+lx+my+n=0$
に代入。
←第1式，第3式，第2式の順に解く。
←基本形に変形すると
$(x-2)^2+(y+1)^2=5$
←(第1式)-(第2式)
から $4m-16=0$
←$(x-2)^2+(y+2)^2=10$

TR ②88 次の円と直線の位置関係を調べ，共有点がある場合には，その座標を求めよ。
(1) $x^2+y^2=4$, $x+y=4$　　　　(2) $x^2+y^2=1$, $x-y=\sqrt{2}$
(3) $x^2+y^2+5x+y-6=0$, $3x+y-2=0$

(1) $x^2+y^2=4$ …… ①, $x+y=4$ …… ② とする。

②から　　$y=4-x$

これを①に代入すると　　$x^2+(4-x)^2=4$

整理すると　　$x^2-4x+6=0$ …… ③

③の判別式 D について　　$\dfrac{D}{4}=(-2)^2-1\cdot6=-2$

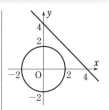

$D<0$ であるから，2次方程式③は実数解をもたない。

したがって，円①と直線②は**共有点をもたない。**

(2) $x^2+y^2=1$ …… ①, $x-y=\sqrt{2}$ …… ② とする。

②から　　$y=x-\sqrt{2}$ …… ③

③を①に代入すると　　$x^2+(x-\sqrt{2})^2=1$

整理すると　$2x^2-2\sqrt{2}\,x+1=0$　すなわち　$(\sqrt{2}\,x-1)^2=0$

よって　　$x=\dfrac{1}{\sqrt{2}}=\dfrac{\sqrt{2}}{2}$　（重解）

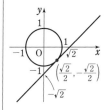

③に代入して　　$y=-\dfrac{\sqrt{2}}{2}$

したがって，円①と直線②は**点 $\left(\dfrac{\sqrt{2}}{2},\ -\dfrac{\sqrt{2}}{2}\right)$ で接する。**

⬅ 重解 ⟺ 接する

(3) $x^2+y^2+5x+y-6=0$ …… ①, $3x+y-2=0$ …… ② とする。

②から　　$y=2-3x$ …… ③

③を①に代入すると　　$x^2+(2-3x)^2+5x+(2-3x)-6=0$

整理すると　　$x^2-x=0$　すなわち　$x(x-1)=0$

よって　　$x=0,\ 1$

③から　　$x=0$ のとき　$y=2$, $x=1$ のとき　$y=-1$

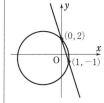

したがって，円①と直線②は**点 $(0,\ 2)$, $(1,\ -1)$ で交わる。**

TR ②89 ★ 円 $x^2+y^2-2x=4$ …… ① と直線 $y=2x+k$ …… ② について
(1) 円①と直線②が共有点をもたないとき，定数 k の値の範囲を求めよ。
(2) 円①と直線②が接するとき，定数 k の値と接点の座標を求めよ。

②を①に代入して　$x^2+(2x+k)^2-2x=4$

整理して　　　$5x^2+2(2k-1)x+k^2-4=0$ …… ③

③の判別式を D とすると

$\dfrac{D}{4}=(2k-1)^2-5(k^2-4)=-(k^2+4k-21)=-(k+7)(k-3)$

CHART
円と直線の位置関係
判別式の利用

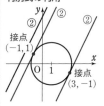

接点 $(-1, 1)$

接点 $(3, -1)$

(1) 円①と直線②が共有点をもたないための条件は　　$D<0$

ゆえに　　$(k+7)(k-3)>0$　　よって　$\boldsymbol{k<-7,\ 3<k}$

(2) 円①と直線②が接するための条件は　　$D=0$

ゆえに　　$(k+7)(k-3)=0$　　よって　$\boldsymbol{k=-7,\ 3}$

このとき，③ は重解 $x=-\dfrac{2(2k-1)}{2\cdot5}=\dfrac{1-2k}{5}$ をもつ。

$\Leftarrow$ 2次方程式
$ax^2+bx+c=0$ が重解をもつとき，その重解は $x=-\dfrac{b}{2a}$

$k=-7$ のとき　　$x=3$ で，② から　$y=2\cdot3-7=-1$

$k=3$ のとき　　$x=-1$ で，② から　$y=2(-1)+3=1$

したがって　　**$k=-7$ のとき，接点の座標は　$(3, -1)$**

　　　　　　　$k=3$ 　のとき，接点の座標は　$(-1, 1)$

TR
②**90** 円 $(x-1)^2+(y-1)^2=r^2$ と直線 $y=2x-3$ の共有点の個数は，半径 r の値によって，どのように変わるか調べよ。

円の半径 r について　　$r>0$

円の中心 $(1, 1)$ と直線 $y=2x-3$

すなわち $2x-y-3=0$ の距離は

$$d=\frac{|2\cdot1-1-3|}{\sqrt{2^2+(-1)^2}}=\frac{2}{\sqrt5}=\frac{2\sqrt5}{5}$$

$\Leftarrow$ 点 (x_1, y_1) と直線
$ax+by+c=0$ の距離は $\dfrac{|ax_1+by_1+c|}{\sqrt{a^2+b^2}}$

$d<r$ となるのは　　$\dfrac{2\sqrt5}{5}<r$

$d=r$ となるのは　　$\dfrac{2\sqrt5}{5}=r$

$d>r$ となるのは　　$\dfrac{2\sqrt5}{5}>r$

のときであるから，円と直線の共有点の個数は

$r>\dfrac{2\sqrt5}{5}$ のとき 2 個，　　$r=\dfrac{2\sqrt5}{5}$ のとき 1 個，

$0<r<\dfrac{2\sqrt5}{5}$ のとき 0 個

$\Leftarrow r>0$ に注意。

TR
①**91** 次の円上の点Pにおける接線の方程式を求めよ。
(1) $x^2+y^2=9$, $P(-2, \sqrt5)$　　　(2) $x^2+y^2=36$, $P(0, -6)$

(1)　　　　　　$-2x+\sqrt5\,y=9$

すなわち　**$2x-\sqrt5\,y=-9$**

(2)　　　　　　$0\cdot x+(-6)y=36$

すなわち　**$y=-6$**

CHART
円 $x^2+y^2=r^2$ 上の点 (a, b) における接線の方程式
$ax+by=r^2$

TR
③**92** 点 A$(7, 1)$ から円 $x^2+y^2=25$ に引いた接線の方程式を求めよ。　　　［類 早稲田大］

接点を P(a, b) とすると，P は円上にあるから

　　　　　$a^2+b^2=25$　　……①

また，P における接線の方程式は

　　　　　$ax+by=25$　　……②

この直線が点Aを通るから

　　　　　$7a+b=25$

よって　　$b=-7a+25$　……③

$\Leftarrow$ 円の方程式に代入すると成り立つ。

$\Leftarrow$ 円 $x^2+y^2=r^2$ 上の点 (a, b) における接線の方程式は $ax+by=r^2$

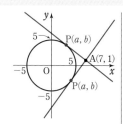

③を①に代入して　　$a^2+(-7a+25)^2=25$

整理すると　　$a^2-7a+12=0$

ゆえに　　$(a-3)(a-4)=0$　　よって　　$a=3,\ 4$

③から　　$a=3$ のとき　$b=4$,　$a=4$ のとき　$b=-3$

したがって，接線の方程式は②から

$$3x+4y=25,\quad 4x-3y=25$$

⟵ $50a^2-350a+600=0$

別解　点と直線の距離の利用

点 $\mathrm{A}(7,\ 1)$ を通る接線は，x 軸に垂直でないから，求める接線の方程式は次のようにおける。

$$y-1=m(x-7)\quad \text{すなわち}\quad mx-y-7m+1=0\ \cdots\cdots ①$$

円の中心 $(0,\ 0)$ と直線①の距離が円の半径 5 に等しいから

$$\frac{|-7m+1|}{\sqrt{m^2+(-1)^2}}=5$$

よって　　$|-7m+1|=5\sqrt{m^2+1}$

両辺を 2 乗して　　$(-7m+1)^2=25(m^2+1)$

整理すると　　$12m^2-7m-12=0$

ゆえに　　$(3m-4)(4m+3)=0$

よって　　$m=\dfrac{4}{3},\ -\dfrac{3}{4}$

求める接線の方程式は，この m の値を①に代入して

$$4x-3y-25=0,\quad 3x+4y-25=0$$

⟵ 接点の座標は要求されていないから，点と直線の距離を利用した別解を紹介する（本冊 $p.160$ STEP into-ここで整理-参照）。

⟵ 両辺はともに負でないから，2 乗しても同値。

⟵
$$
\begin{array}{ccccc}
3 & \diagdown & -4 & \longrightarrow & -16 \\
4 & \diagup & 3 & \longrightarrow & 9 \\
\hline
12 & & -12 & & -7
\end{array}
$$

TR
②**93**　円 $(x-1)^2+(y+2)^2=9$ を C とする。
(1) 円 $(x+1)^2+(y-1)^2=4$ を C_1 とするとき，円 C と C_1 の位置関係を調べよ。
(2) 中心が点 $(3,\ -5)$ で，円 C に外接する円 C_2 の方程式を求めよ。
(3) 中心が原点Oで，円 C に内接する円 C_3 の方程式を求めよ。

円 C の中心を P，半径を r とすると　　$\mathrm{P}(1,\ -2)$, $r=3$

(1) 円 C_1 の中心を O_1 とすると，$O_1(-1,\ 1)$ であるから，円 C と円 C_1 の中心間の距離は

$$\mathrm{PO_1}=\sqrt{(-1-1)^2+\{1-(-2)\}^2}=\sqrt{13}$$

円 C_1 の半径を r_1 とすると，$r_1=2$ で

$$r-r_1=3-2=1,\ r+r_1=3+2=5$$

よって，$r-r_1<\mathrm{PO_1}<r+r_1$ が成り立つから，円 C と円 C_1 は **2 点で交わる。**

⟵ $1<\sqrt{13}<5$
$(\sqrt{13}=3.\cdots\cdots)$

(2) 円 C_2 の中心を O_2 とすると，$O_2(3,\ -5)$ であるから，円 C と円 C_2 の中心間の距離は

$$\mathrm{PO_2}=\sqrt{(3-1)^2+\{-5-(-2)\}^2}=\sqrt{13}$$

円 C_2 の半径を r_2 とすると，円 C_2 は円 C に外接するから

$$\sqrt{13}=3+r_2\quad \text{よって}\quad r_2=\sqrt{13}-3$$

ゆえに，円 C_2 の方程式は　　$(x-3)^2+(y+5)^2=(\sqrt{13}-3)^2$

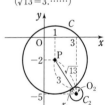

(3) 円 C_3 の中心は原点Oであるから，円 C と円 C_3 の中心間の
距離は　　　$PO=\sqrt{1^2+(-2)^2}=\sqrt{5}$
円 C_3 の半径を r_3 とすると，円 C_3 は円 C に内接するから，
$r_3<3$ で　　$\sqrt{5}=3-r_3$
よって　　　$r_3=3-\sqrt{5}$
ゆえに，円 C_3 の方程式は　　$\boldsymbol{x^2+y^2=(3-\sqrt{5})^2}$

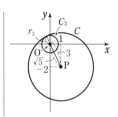

TR
④**94**　3直線 $x-y=1$ ……① , $2x+3y=1$ ……② , $ax+by=1$ ……③ が1点で交わるとき，
3点 $(1,\ -1)$, $(2,\ 3)$, $(a,\ b)$ は同じ直線上にあることを示せ。

2直線①，②の交点をPとする。

点Pの座標は，連立方程式①，②を解いて　　$\left(\dfrac{4}{5},\ -\dfrac{1}{5}\right)$

点Pは直線③上にもあるから

$$a\cdot\dfrac{4}{5}+b\left(-\dfrac{1}{5}\right)=1$$

すなわち　$4a-b-5=0$ ……④

2点 $(1,\ -1)$, $(2,\ 3)$ を通る直線の方程式は

$$y-(-1)=\dfrac{3-(-1)}{2-1}(x-1)\quad すなわち\quad 4x-y-5=0$$

④ により，点 $(a,\ b)$ は直線 $4x-y-5=0$ 上にある。
したがって，3点 $(1,\ -1)$, $(2,\ 3)$, $(a,\ b)$ は同じ直線上に
ある。

⬅ **共点条件**
2直線の交点が第3の
直線上にある。

⬅ **共線条件**
2点を通る直線上に第
3の点がある。

TR
③**95**　■ 3直線 $x-y=0$ ……① , $2x+y=9$ ……② , $x-4y=0$ ……③ によって作られた三角
形の面積を求めよ。

①，②を連立して解くと　　$x=3$, $y=3$
よって，2直線①，②の交点の座標は　　$(3,\ 3)$
②，③を連立して解くと　　$x=4$, $y=1$
よって，2直線②，③の交点の座標は　　$(4,\ 1)$
2直線③，①の交点の座標は　　　　　　$(0,\ 0)$
2点 $(0,\ 0)$, $(4,\ 1)$ 間の距離は

$$\sqrt{4^2+1^2}=\sqrt{17}$$

点 $(3,\ 3)$ と直線③の距離は

$$\dfrac{|3-4\cdot3|}{\sqrt{1^2+(-4)^2}}=\dfrac{|-9|}{\sqrt{17}}=\dfrac{9}{\sqrt{17}}$$

したがって，求める三角形の面積は

$$\dfrac{1}{2}\cdot\sqrt{17}\cdot\dfrac{9}{\sqrt{17}}=\boldsymbol{\dfrac{9}{2}}$$

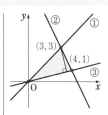

⬅ 底辺の長さ。

⬅ 高さ。なお，分母を有
理化しない方が後の計
算がらく。

(参考)　本冊 $p.164$ の公式（＊）を用いて，次のように求めても
よい。

$$\dfrac{1}{2}|3\cdot1-4\cdot3|=\boldsymbol{\dfrac{9}{2}}$$

TR
④**96** 円 $(x-2)^2+(y-1)^2=4$ が直線 $y=-2x+3$ から切り取る線分の中点の座標と線分の長さを求めよ。 ［類 東京電機大］

円と直線の交点を A，B とし，線分 AB の中点を M とする。また，円の中心を C(2, 1) とする。
直線 CM は，直線 $y=-2x+3$ に垂直であるから，その方程式は

$$y-1=\frac{1}{2}(x-2) \quad \text{すなわち} \quad y=\frac{1}{2}x$$

点 M は 2 直線 $y=-2x+3$，$y=\frac{1}{2}x$ の交点であるから，その座標は，この 2 式を連立して解いて $\left(\dfrac{6}{5},\ \dfrac{3}{5}\right)$

また，線分 CM の長さは，円の中心 C(2, 1) と直線 $y=-2x+3$ の距離に等しいから $\quad$ CM $=\dfrac{|2\cdot 2+1-3|}{\sqrt{2^2+1^2}}=\dfrac{2}{\sqrt{5}}$

△ABC は AC=BC=2 (半径) の二等辺三角形であるから，線分 AB の長さは，三平方の定理により

$$AB=2AM=2\sqrt{CA^2-CM^2}=2\sqrt{2^2-\left(\frac{2}{\sqrt{5}}\right)^2}$$

$$=2\sqrt{\frac{16}{5}}=\frac{8}{\sqrt{5}}=\frac{8\sqrt{5}}{5}$$

別解 $y=-2x+3$ を $(x-2)^2+(y-1)^2=4$ に代入して
$$(x-2)^2+(-2x+3-1)^2=4$$

展開して整理すると $\quad 5x^2-12x+4=0$ …… ①
円と直線の交点の座標を $(\alpha,\ -2\alpha+3)$，$(\beta,\ -2\beta+3)$ とすると，α，β は 2 次方程式 ① の解であるから，解と係数の関係により $\quad \alpha+\beta=\dfrac{12}{5}$，$\quad \alpha\beta=\dfrac{4}{5}$

円が直線から切り取る線分の中点の座標は
$$\left(\frac{\alpha+\beta}{2},\ \frac{-2\alpha+3-2\beta+3}{2}\right)$$

すなわち $\left(\dfrac{\alpha+\beta}{2},\ -(\alpha+\beta)+3\right)$

$\alpha+\beta=\dfrac{12}{5}$ を代入して $\left(\dfrac{6}{5},\ \dfrac{3}{5}\right)$

次に，求める線分の長さを l とすると
$$l^2=(\beta-\alpha)^2+\{(-2\beta+3)-(-2\alpha+3)\}^2=5(\beta-\alpha)^2$$

$$=5\{(\alpha+\beta)^2-4\alpha\beta\}=5\left\{\left(\frac{12}{5}\right)^2-4\cdot\frac{4}{5}\right\}=\frac{64}{5}$$

よって，求める線分の長さは $\quad l=\sqrt{\dfrac{64}{5}}=\dfrac{8}{\sqrt{5}}=\dfrac{8\sqrt{5}}{5}$

CHART
円と直線 (弦)
弦の垂直二等分線は，円の中心を通る

⬅ $y=-2x+3$ に垂直な直線の傾きを m とすると，$m\cdot(-2)=-1$ から $m=\dfrac{1}{2}$

⬅ $2x+y-3=0$

点 $(x_1,\ y_1)$ と直線 $ax+by+c=0$ の距離は $\dfrac{|ax_1+by_1+c|}{\sqrt{a^2+b^2}}$

⬅ y を消去。

別解 ① から
$(x-2)(5x-2)=0$
よって $x=2,\ \dfrac{2}{5}$

ゆえに，円と直線の交点の座標は
$(2,\ -1),\ \left(\dfrac{2}{5},\ \dfrac{11}{5}\right)$
ここから中点の座標と線分の長さを求めてもよい。

⬅ $\alpha+\beta=\dfrac{12}{5}$，$\alpha\beta=\dfrac{4}{5}$ を代入。

TR
④97 円 $x^2+6x+y^2-6y+5=0$ 上の点 $(-1,\ 0)$ における接線の方程式を求めよ。

円の方程式を変形すると
$$(x+3)^2+(y-3)^2=13$$
よって, 円の中心の座標は $(-3,\ 3)$

2点 $(-3,\ 3),\ (-1,\ 0)$ を通る直線の

傾きは $\dfrac{0-3}{-1-(-3)}=-\dfrac{3}{2}$

接線の傾きを m とすると

$m\left(-\dfrac{3}{2}\right)=-1$ から $\quad m=\dfrac{2}{3}$

したがって, 求める接線の方程式は

$$y-0=\dfrac{2}{3}\{x-(-1)\} \quad \text{すなわち} \quad \boldsymbol{y=\dfrac{2}{3}x+\dfrac{2}{3}}$$

CHART
(円の接線)⊥(半径)

垂直 ⟺ 傾きの積が -1

4章
TR

(参考) 円 $(x-a)^2+(y-b)^2=r^2$ 上の点 $(x_1,\ y_1)$ における**接線**
の方程式 $\boldsymbol{(x_1-a)(x-a)+(y_1-b)(y-b)=r^2}$ の利用
$$\{-1-(-3)\}\{x-(-3)\}+(0-3)(y-3)=13$$
ゆえに $2(x+3)-3(y-3)=13$ よって $\boldsymbol{2x-3y+2=0}$

← 本冊 p.166 の
Lecture 参照。

TR
④98 a は正の定数とする。2円 $x^2+y^2-1=0,\ x^2+y^2-4x-4y+8-a=0$ が共有点をもつように, a の値の範囲を定めよ。

$x^2+y^2-1=0$ …… ①, $x^2+y^2-4x-4y+8-a=0$ …… ②
とする。

円 ① の中心は原点 O, 半径は 1
である。円 ② の方程式を変形す
ると $\quad(x-2)^2+(y-2)^2=a$
よって, 円 ② の中心は点 $(2,\ 2)$,
半径は $\sqrt{a}$ である。

ゆえに, 2円 ①, ② の中心間の距
離は $\quad\sqrt{2^2+2^2}=2\sqrt{2}$

2円 ①, ② が共有点をもつための条件は

$$\left|\sqrt{a}-1\right|\leqq 2\sqrt{2}\leqq\sqrt{a}+1$$

$\left|\sqrt{a}-1\right|\leqq 2\sqrt{2}$ を解くと, $-2\sqrt{2}\leqq\sqrt{a}-1\leqq 2\sqrt{2}$ から

$$1-2\sqrt{2}\leqq\sqrt{a}\leqq 1+2\sqrt{2}$$

$\sqrt{a}>0$ であるから $\quad 0<\sqrt{a}\leqq 1+2\sqrt{2}$

各辺は負でないから $\quad 0<a\leqq(1+2\sqrt{2})^2$ (*)

したがって $\quad 0<a\leqq 9+4\sqrt{2}$ …… ③

また, $2\sqrt{2}\leqq\sqrt{a}+1$ から $\quad\sqrt{a}\geqq-1+2\sqrt{2}$

両辺は正であるから $\quad a\geqq(-1+2\sqrt{2})^2$

したがって $\quad a\geqq 9-4\sqrt{2}$ …… ④

③, ④ の共通範囲を求めて $\quad\boldsymbol{9-4\sqrt{2}\leqq a\leqq 9+4\sqrt{2}}$

CHART
2円の半径と中心間の距
離に注目
← まず, 2円 ①, ② の
中心と半径を調べる。
← $(x^2-4x+2^2)-2^2$
$+(y^2-4y+2^2)-2^2$
$+8-a=0$

← |半径の差|≦中心間の
距離≦半径の和
(*) $A>0,\ B>0$ のと
き $A\leqq B \Longleftrightarrow A^2\leqq B^2$
なお, 図で, 2円 ①,
② の中心間の距離
$2\sqrt{2}$ と, 半径に注目
して
$$2\sqrt{2}-1\leqq\sqrt{a}$$
$$\leqq 2\sqrt{2}+1$$
よって,
$$(2\sqrt{2}-1)^2\leqq a\leqq$$
$$(2\sqrt{2}+1)^2$$
としてもよい。

TR
④99 2円 $x^2+y^2+3x+2y-18=0$, $x^2+y^2-9x-4y+18=0$ について
(1) 2円は異なる2点 ($^{\text{ア}}\boxed{}$, $^{\text{イ}}\boxed{}$), ($^{\text{ウ}}\boxed{}$, $^{\text{エ}}\boxed{}$) $[(ア)<(ウ)]$ で交わる。
(2) 2円の2つの交点を通る直線の方程式を求めよ。
(3) 2円の2つの交点と点 $(1,\ -1)$ を通る円の中心の座標と半径を求めよ。

(1) $x^2+y^2+3x+2y-18=0$ …… ①,
   $x^2+y^2-9x-4y+18=0$ …… ② とする。
   ①－② から $12x+6y-36=0$ よって $y=6-2x$ …… ③
   ③ を ① に代入して $x^2+(6-2x)^2+3x+2(6-2x)-18=0$
   整理すると $5x^2-25x+30=0$ すなわち $x^2-5x+6=0$
   ゆえに $(x-2)(x-3)=0$ したがって $x=2,\ 3$
   ③ から $x=2$ のとき $y=2$, $x=3$ のとき $y=0$
   したがって，2円は異なる2点 ($^{\text{ア}}\textbf{2}$, $^{\text{イ}}\textbf{2}$), ($^{\text{ウ}}\textbf{3}$, $^{\text{エ}}\textbf{0}$) で交わる。

CHART
共有点の座標 ⟺
連立方程式の実数解
← 1次の方程式を導く。

← $^{\text{ア}}\boxed{}<^{\text{ウ}}\boxed{}$

(2) k を定数として，次の方程式を考える。
   $k(x^2+y^2+3x+2y-18)+(x^2+y^2-9x-4y+18)=0$ …… ④
   方程式 ④ は，2円 ①，② の交点を通る図形を表す。
   ④ に $k=-1$ を代入して整理すると，求める直線の方程式は
     $-12x-6y+36=0$ すなわち $\boldsymbol{2x+y-6=0}$

CHART
2円 ●=0, ▲=0 の交点を通る図形
k●+▲=0 (k は定数)
を考える

(参考) ④ に $k=-1$ を代入することは，②－①(①－②) を計算することと同じである。
   よって，求める直線の方程式は，(1)の③ から $\boldsymbol{y=-2x+6}$

別解 (1)で求めた2点を通る直線の方程式を求めて

   $y-0=\dfrac{0-2}{3-2}(x-3)$ すなわち $\boldsymbol{y=-2x+6}$

(3) 図形 ④ が点 $(1,\ -1)$ を通るとして，④ に $x=1,\ y=-1$
   を代入すると
     $k\{1^2+(-1)^2+3\cdot1+2(-1)-18\}$
         $+\{1^2+(-1)^2-9\cdot1-4(-1)+18\}=0$
   ゆえに $-15k+15=0$ よって $k=1$
   $k=1$ を ④ に代入して整理すると $x^2+y^2-3x-y=0$
   変形すると $\left(x-\dfrac{3}{2}\right)^2+\left(y-\dfrac{1}{2}\right)^2=\dfrac{5}{2}$

   したがって，求める円の   中心の座標は $\left(\dfrac{3}{2},\ \dfrac{1}{2}\right)$, 半径は $\sqrt{\dfrac{5}{2}}=\dfrac{\sqrt{10}}{2}$

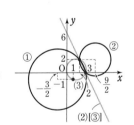

TR
⑤100 $r>0$ とする。放物線 $y=x^2-1$ と円 $x^2+y^2=r^2$ が4個の共有点をもつとき，r の値の範囲を求めよ。

$y=x^2-1$ …… ①, $x^2+y^2=r^2$ …… ② とする。
① から $x^2=y+1$
これを ② に代入して整理すると $y^2+y-r^2+1=0$ …… ③
放物線 ① と円 ② が4個の共有点をもつから，y の2次方程式
③ は -1 より大きい異なる2つの解をもつ。

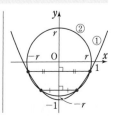

よって，③ の判別式を D，2 つの解を α，β とすると，次の
[1]，[2]，[3] が同時に成り立つ。

[1]　$D>0$　[2]　$(\alpha+1)+(\beta+1)>0$　[3]　$(\alpha+1)(\beta+1)>0$

◀ 本冊 $p.92$ 例題 54 参照。

$\alpha>-1$ かつ $\beta>-1$
$\Longleftrightarrow$ $\alpha+1>0$ かつ
　　　　$\beta+1>0$

ここで　$D=1^2-4(-r^2+1)=4r^2-3=(2r+\sqrt{3}\,)(2r-\sqrt{3}\,)$

解と係数の関係から　$\alpha+\beta=-1$，$\alpha\beta=-r^2+1$

[1]　$D>0$ から　$(2r+\sqrt{3}\,)(2r-\sqrt{3}\,)>0$

　　よって　$r<-\dfrac{\sqrt{3}}{2}$，$\dfrac{\sqrt{3}}{2}<r$　……　④

[2]　$(\alpha+1)+(\beta+1)>0$ から　$\alpha+\beta+2>0$

　　よって　$1>0$　　これは常に成り立つ。

[3]　$(\alpha+1)(\beta+1)>0$ から　$\alpha\beta+\alpha+\beta+1>0$

　　よって　$(-r^2+1)-1+1>0$

　　すなわち　$(r+1)(r-1)<0$　ゆえに　$-1<r<1$　……　⑤

④，⑤ と $r>0$ の共通範囲を求めて　$\dfrac{\sqrt{3}}{2}<r<1$

(参考)　$r>0$ であるから

4章

TR

[1]　$r^2>\dfrac{3}{4}$ より

　　$r>\dfrac{\sqrt{3}}{2}$

[3]　$r^2<1$ より　$r<1$

よって　$\dfrac{\sqrt{3}}{2}<r<1$

別解　グラフを利用した考え方。③ を導くまでは同じ。

　　$f(y)=y^2+y-r^2+1$ とすると，軸 $y=-\dfrac{1}{2}$ は $y>-1$ の

　　範囲にあるから，③ の判別式を D とすると，条件は

　　　　　$D>0$　かつ　$f(-1)>0$

　　$D>0$ から　　$r<-\dfrac{\sqrt{3}}{2}$，$\dfrac{\sqrt{3}}{2}<r$　……　④

　　$f(-1)=-r^2+1$ であるから　　$-r^2+1>0$
　　よって　　$-1<r<1$　……　⑤

　　④，⑤ と $r>0$ の共通範囲を求めて　$\dfrac{\sqrt{3}}{2}<r<1$

◀ $f(y)=\left(y+\dfrac{1}{2}\right)^2+\cdots$
の形。

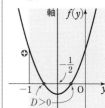

(参考)　放物線と円をそれぞれ y 軸方向に 1 だけ平行移動させ，
放物線 $y=x^2$ …… Ⓐ と円 $x^2+(y-1)^2=r^2$ …… Ⓑ が 4
個の共有点をもつ条件を考える解法も考えられる。

Ⓐ，Ⓑ から，x を消去して整理すると
　　　　　$y^2-y+1-r^2=0$　……　Ⓒ

Ⓒ の判別式を D，2 つの解を α，β とすると，[1]　$D>0$

[2]　$\alpha+\beta>0$　[3]　$\alpha\beta>0$　が同時に成り立つ。

[1]　$D>0$ から　　$r<-\dfrac{\sqrt{3}}{2}$，$\dfrac{\sqrt{3}}{2}<r$

[2]　$\alpha+\beta=1$ であるから，これは常に成り立つ。

[3]　$\alpha\beta=1-r^2$ であるから　　$-1<r<1$

　$r>0$ との共通範囲を求めて　$\dfrac{\sqrt{3}}{2}<r<1$

◀ $y+(y-1)^2=r^2$

◀ Ⓒ が異なる 2 つの正の解をもつ。

◀ 解と係数の関係。

EX ③44 次の点の座標を求めよ。
(1) 3点 A(3, 3), B(−4, 4), C(−1, 5) から等距離にある点 [類 自治医大]
(2) 直線 $y=2x$ 上にあって 2 点 A(1, −3), B(3, 2) から等距離にある点

(1) 求める点を P(x, y) とすると, 条件から
　　AP=BP, AP=CP すなわち AP^2=BP^2, AP^2=CP^2
　AP^2=BP^2 から 　$(x-3)^2+(y-3)^2=(x+4)^2+(y-4)^2$
　両辺を展開して
　　　$x^2-6x+9+y^2-6y+9=x^2+8x+16+y^2-8y+16$
　整理すると 　$7x-y=-7$ …… ①
　AP^2=CP^2 から 　$(x-3)^2+(y-3)^2=(x+1)^2+(y-5)^2$
　両辺を展開して
　　　$x^2-6x+9+y^2-6y+9=x^2+2x+1+y^2-10y+25$
　整理すると 　$2x-y=-2$ …… ②
　①, ② を連立して解くと 　$x=-1, y=0$
　したがって, 求める点の座標は 　**(−1, 0)**

$\Leftarrow$ A(x_1, y_1), B(x_2, y_2) とすると, 距離 AB は
$$AB=\sqrt{(x_2-x_1)^2+(y_2-y_1)^2}$$
これを 2 乗して扱うと根号が出てこない。

(2) 求める点を P とすると, 点 P は直線 $y=2x$ 上にあるから, その座標は $(t, 2t)$ とおける。
　条件から 　AP=BP すなわち AP^2=BP^2
　よって 　$(t-1)^2+(2t+3)^2=(t-3)^2+(2t-2)^2$
　両辺を展開して
　　　$t^2-2t+1+4t^2+12t+9=t^2-6t+9+4t^2-8t+4$
　整理すると 　$24t=3$ 　ゆえに 　$t=\dfrac{1}{8}$
　したがって, 求める点の座標は 　$\left(\dfrac{1}{8}, \dfrac{1}{4}\right)$

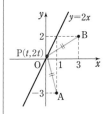

EX ②45 3点 A(1, 1), B(2, 4), C$(a, 0)$ を頂点とする △ABC が直角三角形となるとき, 定数 a の値を求めよ。

　　AB^2=$(2-1)^2+(4-1)^2=10$
　　AC^2=$(a-1)^2+(0-1)^2=a^2-2a+2$
　　BC^2=$(a-2)^2+(0-4)^2=a^2-4a+20$
[1] ∠A が直角のとき 　AB^2+AC^2=BC^2
　よって 　　$10+(a^2-2a+2)=a^2-4a+20$
　整理すると 　$2a=8$ 　ゆえに 　$a=4$
[2] ∠B が直角のとき 　AB^2+BC^2=AC^2
　よって 　　$10+(a^2-4a+20)=a^2-2a+2$
　整理すると 　$2a=28$ 　ゆえに 　$a=14$
[3] ∠C が直角のとき 　AC^2+BC^2=AB^2
　よって 　　$(a^2-2a+2)+(a^2-4a+20)=10$
　整理すると 　$a^2-3a+6=0$ …… ①
　① の判別式を D とすると 　$D=(-3)^2-4\cdot1\cdot6=-15$
　$D<0$ であるから, ① を満たす実数 a の値は存在しない。
[1], [2], [3] から 　**$a=4, 14$**

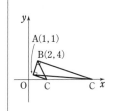

$\Leftarrow D<0 \Longleftrightarrow$ 実数解をもたない

EX ② **46** 3 点 A$(-2, 3)$，B$(5, 4)$，C$(3, -1)$ を頂点にもつ平行四辺形 ABCD がある。このとき，頂点 D の座標と対角線の交点 P の座標を求めよ。

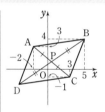

対角線の交点 P は線分 AC の中点であるから，その座標は

$$\left(\frac{-2+3}{2}, \ \frac{3-1}{2} \right)$$

よって，**点 P の座標は**　$\left(\dfrac{1}{2}, \ 1 \right)$

頂点 D の座標を (x, y) とする。

線分 BD の中点が対角線の交点 P と一致するから

$$\frac{5+x}{2} = \frac{1}{2}, \qquad \frac{4+y}{2} = 1$$

ゆえに　　$x = -4, \ y = -2$

よって，**点 D の座標は**　　$(-4, -2)$

(参考)　**平行四辺形の条件**　次のいずれかの性質が成り立つとき，四角形 ABCD は平行四辺形である。

①　2 組の対辺が平行　⟶　AB∥DC，AD∥BC　　　　　　　　◀ 平行四辺形の定義。

②　1 組の対辺が平行で長さが等しい
　　⟶　AB∥DC，AB=DC

③　2 組の対辺の長さが等しい　⟶　AB=DC，AD=BC

④　2 組の対角が等しい　⟶　∠A=∠C，∠B=∠D

⑤　対角線がそれぞれの中点で交わる（O は対角線の交点）　　◀ この問題では，性質
　　⟶　AO=OC，BO=OD　　　　　　　　　　　　　　　　　　⑤ を利用。

EX ② **47** 次の 2 直線 ℓ_1，ℓ_2 が平行，垂直になるような m の値をそれぞれ求めよ。
$\ell_1 : mx+y=1$，$\ell_2 : (m+1)x+my=3$　　　　　　　　　　　　〔類 福島大〕

2 直線 ℓ_1，ℓ_2 が平行になるのは $m \cdot m - 1 \cdot (m+1) = 0$ のときである。

ゆえに　　$m^2 - m - 1 = 0$

よって　　$m = \dfrac{-(-1) \pm \sqrt{(-1)^2 - 4 \cdot 1 \cdot (-1)}}{2 \cdot 1} = \dfrac{1 \pm \sqrt{5}}{2}$

また，2 直線 ℓ_1，ℓ_2 が垂直になるのは $m(m+1) + 1 \cdot m = 0$ のときである。

ゆえに　　$m(m+2) = 0$

よって　　$m = 0, \ -2$

◀ 2 直線
$a_1x + b_1y + c_1 = 0$，
$a_2x + b_2y + c_2 = 0$ が
平行
$\Longleftrightarrow a_1b_2 - a_2b_1 = 0$
(本冊 $p.140$ 参照)

◀ 2 直線
$a_1x + b_1y + c_1 = 0$，
$a_2x + b_2y + c_2 = 0$ が
垂直
$\Longleftrightarrow a_1a_2 + b_1b_2 = 0$

EX ③ **48** 平面上に 2 点 A$(-1, 3)$，B$(5, 11)$ がある。　　　　　　　　　　　〔東京薬大〕
(1)　直線 $y = 2x$ に関して，点 A と対称な点 P の座標を求めよ。
(2)　点 Q が直線 $y = 2x$ 上にあるとき，QA+QB を最小にする点 Q の座標を求めよ。

(1)　直線 $y = 2x$ を ℓ とし，点 P の座標を (p, q) とする。
AP⊥ℓ であるから，$p \neq -1$ で　　　　　　　　　　　　　　◀ 直線 AP は x 軸に垂
直ではないから
$$\frac{q-3}{p+1} \cdot 2 = -1 \qquad \text{ゆえに} \qquad p + 2q = 5 \ \cdots\cdots \ ①$$　　$p \neq -1$

線分 AP の中点 $\left(\dfrac{p-1}{2},\ \dfrac{q+3}{2}\right)$ が直線 ℓ 上にあるから

$$\dfrac{q+3}{2}=2\cdot\dfrac{p-1}{2} \qquad \text{ゆえに} \qquad 2p-q=5 \ \cdots\cdots ②$$

①，② を解いて $\quad p=3,\ q=1$

← $p,\ q$ についての連立方程式を解く。

よって，点Pの座標は $\quad (3,\ 1)$

(2) 右の図のように，2 点 A，B は，直線 ℓ に関して同じ側にある。

CHART
折れ線は 1 本の線分にのばして考える

ここで，$QA=QP$ であるから

$$QA+QB=QP+QB\geqq PB$$

したがって，3 点 P，Q，B が 1 つの直線上にあるとき，$QA+QB$ は最小になる。

また，直線 PB の方程式は

$$y-1=\dfrac{11-1}{5-3}(x-3)$$

← $y-y_1=\dfrac{y_2-y_1}{x_2-x_1}(x-x_1)$

すなわち $\quad y=5x-14 \ \cdots\cdots ③$

③ と $y=2x$ を連立して解くと

$$x=\dfrac{14}{3},\ y=\dfrac{28}{3}$$

← 点Qは直線 BP と ℓ の交点。

よって，求める点Qの座標は $\quad \left(\dfrac{14}{3},\ \dfrac{28}{3}\right)$

EX
③**49** 直線 $2x+y+2=0$ を ℓ とし，放物線 $y=x^2$ 上の点をPとする。Pと ℓ の距離が最小となるとき，Pの座標を求めよ。また，そのときのPと ℓ の距離を求めよ。

Pは放物線 $y=x^2$ 上にあるから，その座標を $(t,\ t^2)$ とする。

Pと ℓ の距離を d とすると

$$d=\dfrac{|2t+t^2+2|}{\sqrt{2^2+1^2}}=\dfrac{|t^2+2t+2|}{\sqrt{5}}$$

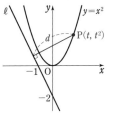

ここで $\quad t^2+2t+2=(t+1)^2+1>0$

← 常に正の値をとる。

よって $\quad d=\dfrac{t^2+2t+2}{\sqrt{5}}=\dfrac{1}{\sqrt{5}}\{(t+1)^2+1\}$

← 2 次式 ⟶ 平方完成して $a(x-p)^2+q$ の形に。

ゆえに，d は $t=-1$ のとき最小となる。

したがって，点Pの座標は $\quad (-1,\ 1)$

このとき $\quad d=\dfrac{1}{\sqrt{5}}=\dfrac{\sqrt{5}}{5}$

EX
②50
次のような円の方程式を求めよ。
(1) 円 $x^2+y^2-2x+4y+1=0$ と中心が同じで，点 $(-2, 2)$ を通る円
(2) 点 $(2, 1)$ を通り，x 軸と y 軸に接する円
[類 京都産大]
(3) 2点 $(0, 2)$，$(-1, 1)$ を通り，中心が直線 $y=2x-8$ 上にある円

(1) $x^2+y^2-2x+4y+1=0$ を変形すると
$$(x^2-2x+1^2)-1^2+(y^2+4y+2^2)-2^2+1=0$$
よって $(x-1)^2+(y+2)^2=2^2$
したがって，求める円の中心は 点 $(1, -2)$
また，求める円が点 $(-2, 2)$ を通るから，この円の半径は
$$\sqrt{(-2-1)^2+\{2-(-2)\}^2}=\sqrt{(-3)^2+4^2}=5$$
ゆえに，求める円の方程式は $\boldsymbol{(x-1)^2+(y+2)^2=25}$

(2) 求める円の方程式は，次のように表すことができる。
$$(x-a)^2+(y-a)^2=a^2 \quad ただし \quad a>0$$
この円が点 $(2, 1)$ を通るから $(2-a)^2+(1-a)^2=a^2$
展開して整理すると $a^2-6a+5=0$
ゆえに $(a-1)(a-5)=0$
よって $a=1, 5$
これは $a>0$ を満たす。 したがって，求める円の方程式は
$$\boldsymbol{(x-1)^2+(y-1)^2=1, \quad (x-5)^2+(y-5)^2=25}$$

(2) 円は2つある。

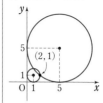

(3) 円の中心は直線 $y=2x-8$ 上にあるから，その座標を
$(t, 2t-8)$ として，求める円の方程式を次のように表す。
$$(x-t)^2+\{y-(2t-8)\}^2=r^2$$
2点 $(0, 2)$，$(-1, 1)$ を通るから
$$(0-t)^2+\{2-(2t-8)\}^2=r^2, \quad (-1-t)^2+\{1-(2t-8)\}^2=r^2$$
ゆえに $t^2+(10-2t)^2=(t+1)^2+(9-2t)^2$
よって $5t^2-40t+100=5t^2-34t+82$
整理して $6t=18$ すなわち $t=3$
$t=3$ を $t^2+(10-2t)^2=r^2$ に代入して $r^2=25$
したがって，求める円の方程式は $\boldsymbol{(x-3)^2+(y+2)^2=25}$

⇐上の2つの式から r^2 を消去した。

⇐$t=3$ のとき，中心の y 座標は $2\cdot3-8=-2$

EX
①51
a は正の定数とする。x, y の方程式 $x^2+y^2+6ax-2ay+28a+6=0$ が円を表すとき，a の値の範囲を求めよ。

与えられた方程式を変形すると
$$\{x^2+6ax+(3a)^2\}-(3a)^2+(y^2-2ay+a^2)-a^2+28a+6=0$$
ゆえに $(x+3a)^2+(y-a)^2=(3a)^2+a^2-28a-6$
よって $(x+3a)^2+(y-a)^2=10a^2-28a-6$
与えられた方程式が円を表すための条件は
$$10a^2-28a-6>0 \quad すなわち \quad 5a^2-14a-3>0$$
ゆえに $(a-3)(5a+1)>0$
よって $a<-\dfrac{1}{5}, \quad 3<a$
a は正の定数であるから $\boldsymbol{a>3}$

CHART
$x^2+y^2+lx+my+n=0$
の表す図形
x, y について平方完成する

$$\begin{array}{r}1 \diagdown -3 \longrightarrow -15 \\ 5 \diagup 1 \longrightarrow 1 \\ \hline 5 \quad -3 \quad -14\end{array}$$

EX ③52

次のような円の方程式を求めよ。

(1) 点 $(1, 1)$ を中心とし，直線 $2x-y-11=0$ に接する円　　[類 名城大]

(2) 直線 $4x-3y+7=0$ と点 $(-1, 1)$ において接し，点 $(0, 2)$ を通る円

(3) 点 $(-2, 2)$ を中心とし，円 $x^2+y^2-6x-4y+9=0$ と内接する円

(1) 求める円の半径は，点 $(1, 1)$ と直線 $2x-y-11=0$ の距離

であるから 　$\dfrac{|2\cdot1-1-11|}{\sqrt{2^2+(-1)^2}}=\dfrac{|-10|}{\sqrt{5}}=2\sqrt{5}$

よって，求める円の方程式は 　$(x-1)^2+(y-1)^2=(2\sqrt{5})^2$

すなわち 　$(x-1)^2+(y-1)^2=20$

← 点 (x_1, y_1) と直線 $ax+by+c=0$ の距離 は $\dfrac{|ax_1+by_1+c|}{\sqrt{a^2+b^2}}$

(2) 求める円の中心の座標を (a, b) とする。

2点 $(-1, 1)$，(a, b) を通る直線は，直線 $4x-3y+7=0$ に垂直であるか

ら，傾きについて 　$\dfrac{b-1}{a+1}\cdot\dfrac{4}{3}=-1$

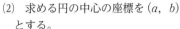

← (半径)⊥(接線)

垂直 ⟺ 傾きの積が -1

ゆえに 　$4(b-1)=-3(a+1)$

よって 　$3a+4b=1$ 　……①

また，円が2点 $(-1, 1)$，$(0, 2)$ を通り，それぞれの点と円の中心 (a, b) の距離は等しいから

　$(a+1)^2+(b-1)^2=a^2+(b-2)^2$

整理すると 　$a+b=1$ ……②

①，②を連立して解くと 　$a=3$, $b=-2$

円の半径は 　$\sqrt{3^2+(-2-2)^2}=5$

よって，求める円の方程式は 　$(x-3)^2+\{y-(-2)\}^2=5^2$

すなわち 　$(x-3)^2+(y+2)^2=25$

← 半径についての等式を意味している。

← $\sqrt{a^2+(b-2)^2}$ に代入している。

(3) 円 $x^2+y^2-6x-4y+9=0$ を変形すると

　$(x-3)^2+(y-2)^2=4$ ……①

したがって，円①の中心は点 $(3, 2)$，半径は2である。

求める円を②とすると，2円①，②の中心間の距離は

　$3-(-2)=5$

円②の中心 $(-2, 2)$ は円①の外部にあるから，円①と円②が内接するのは，円①が円②に内接する場合である。

円②の半径を r とすると，$r>2$ で 　$5=r-2$

よって 　$r=7$

ゆえに，求める円の方程式は 　$(x+2)^2+(y-2)^2=49$

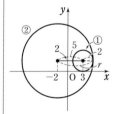

別解 円②の半径を r とすると，円①と円②が内接するか

ら 　$5=|r-2|$

よって 　$r-2=\pm5$ 　ゆえに 　$r=7$, -3

$r>0$ であるから 　$r=7$

よって，求める円の方程式は 　$(x+2)^2+(y-2)^2=49$

← 半径が r, r' である2円の中心間の距離を d とすると，2円が **内接する** ⟺ $d=|r-r'|$

EX
④**53**
三角形 ABC の3つの頂点から，それぞれの対辺またはその延長に下ろした3つの垂線は，1点で交わることを証明せよ。

直線 BC を x 軸に，A から BC に下ろした垂線 AO を y 軸にとり，△ABC の各頂点の座標を，それぞれ A$(0, a)$，B$(b, 0)$，C$(c, 0)$ とする。

このとき $a \neq 0$，$b \neq c$

[1] $b=0$ または $c=0$ のとき
三角形は直角三角形となり，3つの垂線は，直角の頂点BまたはCで交わる。

[2] $b \neq 0$ かつ $c \neq 0$ のとき

直線 AB の傾きは $-\dfrac{a}{b}$ であるから，C から AB に下ろした垂線 CM の方程式は

$$y = \frac{b}{a}(x-c) \quad \text{すなわち} \quad y = \frac{b}{a}x - \frac{bc}{a}$$

また，直線 AC の傾きは $-\dfrac{a}{c}$ であるから，B から AC に下ろした垂線 BN の方程式は

$$y = \frac{c}{a}(x-b) \quad \text{すなわち} \quad y = \frac{c}{a}x - \frac{bc}{a}$$

2直線 CM，BN は，ともに点 H$\left(0, -\dfrac{bc}{a}\right)$ を通り，Hは直線 AO 上にあるから，3直線 AO，BN，CM は点Hで交わる。

以上から，頂点から対辺またはその延長に下ろした3つの垂線は，1点で交わる。

別解 [2] について
垂線 CM の方程式は $bx - ay - bc = 0$
垂線 BN の方程式は $cx - ay - bc = 0$
ここで，k を定数として，方程式

$$(bx - ay - bc) + k(cx - ay - bc) = 0 \quad \cdots\cdots ①$$

の表す図形は，2つの垂線の交点を通る直線である。
① において，$k = -1$ とすると
$$bx - ay - bc - (cx - ay - bc) = 0$$
ゆえに $(b-c)x = 0$ $b \neq c$ であるから $x = 0$
これは，直線 AO が2つの垂線 CM，BN の交点を通ることを示している。

側注: 座標を利用した証明。座標に0を多く含むようにとる。 ／ $a=0$ または $b=c$ のとき，三角形 ABC ができない。 ／ 図は，$b<0$，$c>0$ の場合。 ／ $\dfrac{0-a}{b-0} = -\dfrac{a}{b}$ ／ 垂直 ⟺ 傾きの積が -1 ／ $\dfrac{0-a}{c-0} = -\dfrac{a}{c}$ ／ 垂直 ⟺ 傾きの積が -1 ／ 3直線が1点で交わる ⟶ 2直線 (CM, BN) の交点 (H) が第3の直線 AO 上にある。

4章 EX

EX ④54 t を実数とする。座標平面上の 3 つの直線 $x+(2t-2)y-4t+2=0$, $x+(2t+2)y-4t-2=0$, $2tx+y-4t=0$ が 1 つの点で交わるような t の値をすべて求めると $t=\boxed{}$ である。 〔立教大〕

$$x+(2t-2)y-4t+2=0 \cdots\cdots ①$$
$$x+(2t+2)y-4t-2=0 \cdots\cdots ②$$
$$2tx+y-4t=0 \qquad\cdots\cdots ③ \quad とする。$$

②-① から $\qquad 4y-4=0 \qquad$ よって $\qquad y=1$

① に代入して $\qquad x=2t$

ゆえに, 2 直線 ①, ② の交点の座標は $\qquad (2t, 1)$

点 $(2t, 1)$ が 直線 ③ 上にある条件は

$$2t\cdot 2t+1-4t=0 \quad すなわち \quad 4t^2-4t+1=0$$

よって $\qquad (2t-1)^2=0 \qquad$ これを解くと $\qquad t=\dfrac{1}{2}$

← x の係数が同じである ①, ② の交点の座標を求める。

EX ④55 座標平面上に直線 $\ell : y=mx$ と円 $C : x^2+y^2-4x-4y+6=0$ がある。 〔関西大〕

(1) 円 C の中心の座標と半径を求めよ。
(2) 直線 ℓ が円 C と異なる 2 点で交わるような定数 m の値の範囲を求めよ。
(3) 直線 ℓ が円 C によって切り取られる線分の長さが 2 であるとき,定数 m の値を求めよ。

(1) 円 C の方程式を変形すると $\qquad (x-2)^2+(y-2)^2=2$

よって,円 C の**中心の座標は** $\quad (2, 2)$, **半径は** $\sqrt{2}$

← $(x^2-4x+2^2)-2^2$ $+(y^2-4y+2^2)-2^2$ $+6=0$

(2) 円 C の中心と直線 ℓ の距離を d とすると

$$d=\dfrac{|m\cdot 2-2|}{\sqrt{m^2+(-1)^2}}=\dfrac{2|m-1|}{\sqrt{m^2+1}}$$

← $\ell : mx-y=0$

直線 ℓ が円 C と異なる 2 点で交わるための条件は $\qquad d<\sqrt{2}$

CHART
円と直線の位置関係
点と直線の距離の利用

すなわち $\quad \dfrac{2|m-1|}{\sqrt{m^2+1}}<\sqrt{2}$

よって $\quad 2|m-1|<\sqrt{2}\sqrt{m^2+1}$

両辺は負でないから,両辺を 2 乗して $\quad 2^2(m-1)^2<2(m^2+1)$

整理すると $\quad m^2-4m+1<0$

$m^2-4m+1=0$ の解は $\qquad m=2\pm\sqrt{3}$

したがって $\quad \mathbf{2-\sqrt{3}}<\boldsymbol{m}<\mathbf{2+\sqrt{3}}$

← $A\geqq 0, \ B\geqq 0$ のとき $A<B \iff A^2<B^2$ また $|P|^2=P^2$

(3) 切り取られる線分の両端を A,B とする。円 C の中心から直線 ℓ に垂線を下ろし,直線 ℓ との交点を H とすると,H は線分 AB の中点である。切り取られる線分の長さが 2 であるとき,右の図において,三平方の定理により $\qquad d=\sqrt{(\sqrt{2})^2-1^2}=1$

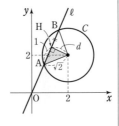

← 弦の垂直二等分線は円の中心を通る。

← 「ℓ が C によって切り取られる線分の長さが 2」という条件から $\text{AH}=1$

よって $\quad \dfrac{2|m-1|}{\sqrt{m^2+1}}=1 \qquad$ ゆえに $\quad 2|m-1|=\sqrt{m^2+1}$

両辺は負でないから,両辺を 2 乗して $\quad 2^2(m-1)^2=m^2+1$

整理すると $\qquad 3m^2-8m+3=0$

これを解いて $\qquad m=\dfrac{-(-4)\pm\sqrt{(-4)^2-3\cdot3}}{3}=\dfrac{4\pm\sqrt{7}}{3}$

EX
④**56** 円 $(x-5)^2+(y-5)^2=10$ に原点から引いた2本の接線の方程式を求めよ。また，円周上の点 $(6, 8)$ で接線を引くとき，3本の接線で作られる三角形の面積を求めよ。 [南山大]

原点を通る接線は x 軸に垂直でないから，求める接線の方程式は，$y=mx$ すなわち $mx-y=0$ …… Ⓐ と表すことができる。

円の中心 $(5, 5)$ と直線Ⓐの距離が円の半径 $\sqrt{10}$ に等しいから

$$\dfrac{|m\cdot5-5|}{\sqrt{m^2+(-1)^2}}=\sqrt{10}$$

よって $\qquad 5|m-1|=\sqrt{10(m^2+1)}$

両辺は負でないから，2乗すると

$$25(m-1)^2=10(m^2+1)$$

整理して $\quad 3m^2-10m+3=0$

ゆえに $\quad (m-3)(3m-1)=0 \qquad$ よって $\qquad m=3,\ \dfrac{1}{3}$

したがって，求める接線の方程式は

$$\boldsymbol{y=3x} \ \cdots\cdots ①, \qquad \boldsymbol{y=\dfrac{1}{3}x} \ \cdots\cdots ②$$

また，点 $(6, 8)$ における接線の傾きを a とすると，この接線は，点 $(6, 8)$ を通る円の半径に垂直である。

2点 $(5, 5)$，$(6, 8)$ を通る直線の傾きは $\quad 3$

ゆえに $\qquad 3a=-1 \qquad$ よって $\qquad a=-\dfrac{1}{3}$

したがって，点 $(6, 8)$ における接線の方程式は

$$y-8=-\dfrac{1}{3}(x-6) \quad \text{すなわち} \quad x+3y=30 \ \cdots\cdots ③$$

連立方程式①，③を解くと $\qquad x=3,\ y=9$

連立方程式②，③を解くと $\qquad x=15,\ y=5$

よって，三角形の3つの頂点の座標は

$$(0, 0), \quad (15, 5), \quad (3, 9)$$

求める三角形の面積を S とすると $\quad S=\dfrac{1}{2}|15\cdot9-3\cdot5|=\boldsymbol{60}$

HINT 原点を通る接線であるから，その方程式は $y=mx$ とおける。(円の中心と直線の距離)＝(半径) から，m の値を決める。

4章

EX

$$\begin{array}{ccccc} 1 & \diagdown & -3 & \longrightarrow & -9 \\ 3 & \diagup & -1 & \longrightarrow & -1 \\ \hline 3 & & 3 & & -10 \end{array}$$

⟸ $\dfrac{8-5}{6-5}=3$

垂直 ⟺ 傾きの積が -1

参考 $(6-5)(x-5)$
$\quad +(8-5)(y-5)=10$
すなわち $\quad x+3y=30$
(本冊 $p.166$ 参照)

⟸ 本冊 $p.164$ 参照。

EX
④**57** 円 $C : x^2+y^2+(k-2)x-ky+2k-16=0$ は定数 k のどのような値に対しても 2 点
A($^ア\boxed{}$, $^イ\boxed{}$), B($^ウ\boxed{}$, $^エ\boxed{}$) を通る。ただし，$^ア\boxed{}>{}^ウ\boxed{}$ とする。線分 AB が円 C
の直径となるのは $k={}^オ\boxed{}$ のときである。　　　　　　　　　　　　　[千葉工大]

$x^2+y^2+(k-2)x-ky+2k-16=0$ を k について整理すると
$$(x^2+y^2-2x-16)+k(x-y+2)=0$$
これを k についての恒等式とみると
$$x^2+y^2-2x-16=0 \cdots\cdots ①, \quad x-y+2=0 \cdots\cdots ②$$
② から　　$y=x+2 \cdots\cdots ③$

③ を ① に代入すると　　$x^2+(x+2)^2-2x-16=0$

ゆえに　　$(x-2)(x+3)=0$　　　　よって　　$x=2, -3$

③ から　　$x=2$ のとき　$y=4$，　$x=-3$ のとき　$y=-1$

ゆえに，2 点 A，B の座標は　　A(^{ア}**2**, ^{イ}**4**)，B(^{ウ}**-3**, ^{エ}**-1**)

また，線分 AB が円 C の直径となるための条件は，線分 AB
の中点が円 C の中心と一致することである。

ここで，線分 AB の中点の座標は
$$\left(\frac{2+(-3)}{2}, \frac{4+(-1)}{2}\right) \text{ すなわち } \left(-\frac{1}{2}, \frac{3}{2}\right)$$
円 C の方程式を変形すると
$$\left\{x^2+(k-2)x+\left(\frac{k-2}{2}\right)^2\right\}-\left(\frac{k-2}{2}\right)^2$$
$$+\left\{y^2-ky+\left(\frac{k}{2}\right)^2\right\}-\left(\frac{k}{2}\right)^2+2k-16=0$$
すなわち　$\left(x+\frac{k-2}{2}\right)^2+\left(y-\frac{k}{2}\right)^2=\frac{k^2}{2}-3k+17$

よって，円 C の中心の座標は　　　$\left(-\frac{k-2}{2}, \frac{k}{2}\right)$

ゆえに　　$-\frac{1}{2}=-\frac{k-2}{2}, \frac{3}{2}=\frac{k}{2}$　　　　よって　　$k={}^オ$**3**

CHART
どんな k，任意の k
k についての恒等式の問題と考える

$\Leftarrow 2x^2+2x-12=0$

$\Leftarrow {}^ア\boxed{}>{}^ウ\boxed{}$

EX
④**58** 2 つの円 $x^2+y^2=2$，$(x-1)^2+(y+1)^2=1$ の 2 つの交点を通る円が直線 $y=x$ と接するとき，
その円の中心と半径を求めよ。　　　　　　　　　　　　　　　　　　　　　　[創価大]

k を -1 でない定数として，次の方程式を考える。
$$k(x^2+y^2-2)+\{(x-1)^2+(y+1)^2-1\}=0 \cdots\cdots ①$$
このとき，方程式 ① は与えられた 2 円の交点を通る円を表す。

① に $y=x$ を代入して，y を消去すると
$$k(x^2+x^2-2)+\{(x-1)^2+(x+1)^2-1\}=0$$
整理して　　$2(k+1)x^2-2k+1=0 \cdots\cdots ②$

円 ① が直線 $y=x$ と接するための条件は，2 次方程式 ② が
重解をもつことである。

したがって，② の判別式を D とすると　　$D=0$

また　　$D=0-4\cdot2(k+1)(-2k+1)=-8(k+1)(-2k+1)$

$k+1\neq0$ であるから　　$-2k+1=0$　　　　よって　　$k=\frac{1}{2}$

$\Leftarrow k=-1$ のとき，
① は x, y の 1 次方程式となり，直線を表す。

$\Leftarrow k\neq-1$ から $k+1\neq0$

① に $k=\dfrac{1}{2}$ を代入して整理すると

$$\dfrac{3}{2}x^2-2x+\dfrac{3}{2}y^2+2y=0$$

両辺に $\dfrac{2}{3}$ を掛けて　$x^2-\dfrac{4}{3}x+y^2+\dfrac{4}{3}y=0$

変形して　$\left(x-\dfrac{2}{3}\right)^2+\left(y+\dfrac{2}{3}\right)^2=\dfrac{8}{9}$

⟵ 基本形に直す。

ゆえに，求める円の**中心は** 点 $\left(\dfrac{2}{3},\ -\dfrac{2}{3}\right)$，**半径は** $\dfrac{2\sqrt{2}}{3}$

⟵ $\sqrt{\dfrac{8}{9}}=\dfrac{2\sqrt{2}}{3}$

4章

EX

EX
④**59**

☆ 座標平面上に，次の 2 つの円 C と C' がある。

$$C:x^2+y^2=4 \ \cdots\cdots ① \qquad C':\left(x-\dfrac{4}{3}\right)^2+(y-1)^2=\left(\dfrac{4}{3}\right)^2 \ \cdots\cdots ②$$

円 C と C' の 2 つの交点を通る直線 ℓ の方程式は $^{\textrm{ア}}\boxed{}x+^{\textrm{イ}}\boxed{}y=15$ である。
また，2 つの交点と原点 O を頂点とする三角形の面積 S は $S=^{\textrm{ウ}}\boxed{}$ である。〔類 センター試験〕

C と C' の 2 つの交点を通る直線の方
程式は，①−② から

$$x^2+y^2-\left\{\left(x-\dfrac{4}{3}\right)^2+(y-1)^2\right\}$$
$$=4-\left(\dfrac{4}{3}\right)^2$$

よって　$\dfrac{8}{3}x-\dfrac{16}{9}+2y-1=\dfrac{20}{9}$

ゆえに　$^{\textrm{ア}}\mathbf{8}x+^{\textrm{イ}}\mathbf{6}y=15$

次に，C と C' の 2 つの交点を A，B
とし，線分 AB の中点を M とする。
線分 OM の長さは，原点 O と直線 ℓ の
距離に等しいから

$$\textrm{OM}=\dfrac{|-15|}{\sqrt{8^2+6^2}}=\dfrac{|-15|}{\sqrt{100}}=\dfrac{15}{10}=\dfrac{3}{2}$$

△OAB は OA=OB=2 の二等辺三角
形であるから，三平方の定理により

$$\textrm{AB}=2\textrm{AM}=2\sqrt{\textrm{OA}^2-\textrm{OM}^2}$$
$$=2\sqrt{2^2-\left(\dfrac{3}{2}\right)^2}=2\sqrt{\dfrac{7}{4}}=\sqrt{7}$$

したがって，求める面積 S は

$$S=\dfrac{1}{2}\textrm{AB}\cdot\textrm{OM}=\dfrac{1}{2}\cdot\sqrt{7}\cdot\dfrac{3}{2}=^{\textrm{ウ}}\dfrac{3\sqrt{7}}{4}$$

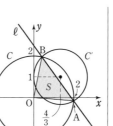

⟵ TRAINING 99 の解
答参照。
求める直線の方程式は
$k\bullet+\blacktriangle=0$ としたと
きの $k=-1$ の場合で
あるから，初めから 2
式の差をとればよい。

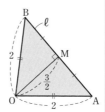

⟵ OM⊥AB

⟵ 点 $(x_1,\ y_1)$ と直線
$ax+by+c=0$ の距離
は $\dfrac{|ax_1+by_1+c|}{\sqrt{a^2+b^2}}$

⟵ OM は線分 AB の垂
直二等分線

(参考)　交点 A，B の座標を求めて，本冊 $p.164$ の CHART & GUIDE で示した (*) を
利用する方法もあるが，計算が煩雑になるので，上記の解答の方がらくである。な
お，交点 A，B の座標は $\left(\dfrac{12+3\sqrt{7}}{10},\ \dfrac{9-4\sqrt{7}}{10}\right)$，$\left(\dfrac{12-3\sqrt{7}}{10},\ \dfrac{9+4\sqrt{7}}{10}\right)$ となる。

EX
④**60** ★ 点 $(0, 0)$ を中心とし半径 2 の円を A，点 $(4, 0)$ を中心とし半径 1 の円を B とする。
円 A と円 B に共通な接線の方程式を求めよ。 〔早稲田大〕

円 A の方程式は $\quad x^2+y^2=4$
円 A 上の点 (a, b) における接線の方程式は

$$ax+by=4 \quad \cdots\cdots ①$$

また $\quad a^2+b^2=4 \quad \cdots\cdots ②$

← ② は，点 (a, b) が円 A 上にある条件を表す。

直線 ① が円 B に接するための条件は，円 B の中心 $(4, 0)$ と直線 ① の距離が円 B の半径 1 に等しいことであるから

$$\frac{|a\cdot 4-4|}{\sqrt{a^2+b^2}}=1 \quad \text{すなわち} \quad \frac{4|a-1|}{\sqrt{a^2+b^2}}=1$$

ここで，② を代入すると $\quad 2|a-1|=1$

ゆえに $\quad a-1=\pm\dfrac{1}{2} \qquad$ よって $\quad a=\dfrac{3}{2},\ \dfrac{1}{2}$

$a=\dfrac{3}{2}$ のとき $\quad$ ② に代入して $\quad \left(\dfrac{3}{2}\right)^2+b^2=4$

ゆえに $\quad b^2=\dfrac{7}{4} \qquad$ よって $\quad b=\pm\dfrac{\sqrt{7}}{2}$

$a=\dfrac{1}{2}$ のとき $\quad$ ② に代入して $\quad \left(\dfrac{1}{2}\right)^2+b^2=4$

ゆえに $\quad b^2=\dfrac{15}{4} \qquad$ よって $\quad b=\pm\dfrac{\sqrt{15}}{2}$

したがって，接線の方程式は，① から

$$\frac{3}{2}x\pm\frac{\sqrt{7}}{2}y=4,\quad \frac{1}{2}x\pm\frac{\sqrt{15}}{2}y=4$$

すなわち $\quad \boldsymbol{3x\pm\sqrt{7}\,y=8,\ x\pm\sqrt{15}y=8}$

(参考) **2 円の共通接線**

2 つの円の両方に接する直線を，この 2 円の **共通接線** という。共通接線には，右図の直線 ℓ_1，ℓ_2 のような **共通外接線**（直線について 2 つの円が同じ側にある）と，右図の m_1，m_2 のような **共通内接線**（直線について，2 つの円が反対側にある）の 2 種類がある。

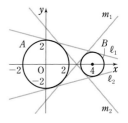

EX
④**61**
円 $x^2-2x+y^2-4y+4=0$ の周上の点のうち，点 A$(-1, 1)$ に最も近い位置にある点Pの座標を求めよ。また，2点 A，P 間の距離を求めよ。　　　　[類 名城大]

円の方程式を変形すると
$$(x-1)^2+(y-2)^2=1$$
よって，円の中心は点 $(1, 2)$，半径は 1 である。
円の中心をB，円周上の点をQとすると，右の図のように点Aは円の外部にあり　　　$AQ+BQ \geqq AB$
ここで　　　$BQ=(半径)=1,$
$$AB=\sqrt{\{1-(-1)\}^2+(2-1)^2}=\sqrt{5}$$
よって　　　$AQ \geqq AB-BQ=\sqrt{5}-1$
AQ が最小となるのは，点Qが線分 AB 上にあるときである。
すなわち，点Pは円と線分 AB の交点であり
$$\mathbf{AP=\sqrt{5}-1}$$
また，点Pは線分 AB を $(\sqrt{5}-1):1$ に内分する点であるから，その座標は
$$\left(\frac{1 \cdot (-1)+(\sqrt{5}-1) \cdot 1}{(\sqrt{5}-1)+1}, \ \frac{1 \cdot 1+(\sqrt{5}-1) \cdot 2}{(\sqrt{5}-1)+1}\right)$$
すなわち $\left(\dfrac{5-2\sqrt{5}}{5}, \ \dfrac{10-\sqrt{5}}{5}\right)$

$\Leftarrow (x^2-2x+1^2)-1^2$
$+(y^2-4y+2^2)-2^2+4$
$=0$

CHART
折れ線は1本の線分にのばして考える

4章
EX

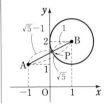

EX
⑤**62**　2点 A(0, 1)，B(4, −1) について　　　　　　　　　　　　　　　　　　　　　　[群馬大]

(1) 2点 A，B を通り，直線 $y=x-1$ 上に中心をもつ円 C_1 の方程式を求めよ。
(2) 直線 AB について，(1)で求めた円 C_1 と対称な円 C_2 の方程式を求めよ。
(3) 2点 P，Q をそれぞれ円 C_1，C_2 上の点とするとき，線分 PQ の長さの最大値を求めよ。

(1) 円 C_1 の中心を C とすると，中心 C は直線 $y=x-1$ 上にあ
るから，その座標は $(a,\ a-1)$ とおける。

A，B は円 C_1 上の点であるから　　　AC＝BC

すなわち　　$AC^2=BC^2$　　　　よって　$a^2+(a-2)^2=(a-4)^2+a^2$

整理して　　$4a-12=0$　　　これを解いて　　$a=3$

したがって，円 C_1 の中心の座標は　　　(3, 2)

また，半径は　　$AC=\sqrt{3^2+(2-1)^2}=\sqrt{10}$

よって，円 C_1 の方程式は　　　$(x-3)^2+(y-2)^2=10$

> **HINT** (3) 円 C_1，C_2 の中心を通る直線に注目する。

> ←$a^2+(a-2)^2$ に $a=3$ を代入してもよい。

(2) 直線 AB の方程式は

$$y-1=\frac{-1-1}{4-0}(x-0)\quad\text{すなわち}\quad y=-\frac{1}{2}x+1\ \cdots\cdots\ ①$$

円 C_2 の中心を D$(b,\ c)$ とすると，線分 CD の中点が直線 ①
上にあり，AB⊥CD であるから

$$\frac{c+2}{2}=-\frac{1}{2}\cdot\frac{b+3}{2}+1,\quad -\frac{1}{2}\cdot\frac{c-2}{b-3}=-1$$

整理すると　　$b+2c=-3,\quad 2b-c=4$

この連立方程式を解いて　　　$b=1,\ c=-2$

したがって，円 C_2 の中心の座標は　　　(1, −2)

また，円 C_2 の半径は円 C_1 の半径と同じである。

よって，円 C_2 の方程式は　　　$(x-1)^2+(y+2)^2=10$

> ←直線 AB に関して，点 C と点 D が対称
> ⟺
> [1] 線分 CD の中点が直線 AB 上にある
> [2] AB⊥CD

> ←円を対称移動しても半径は変わらない。

(3) 右の図のように，直線 CD と円 C_1，
C_2 の交点をそれぞれ P_0，Q_0 とする。

円 C_1 上の点 P，円 C_2 上の点 Q に対し，
直線 CD と直線 PQ の交点を R とする
と

$$\begin{aligned}
PQ&=PR+QR\\
&\leqq PC+CR+QD+DR\\
&=P_0C+CR+Q_0D+DR\\
&=P_0Q_0\quad(\text{一定})
\end{aligned}$$

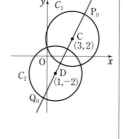

よって，線分 PQ の長さが最大となるのは，点 P が点 P_0 に，
点 Q が点 Q_0 に一致するときである。

したがって，求める長さの最大値は

$$\begin{aligned}
P_0Q_0&=P_0C+CD+DQ_0\\
&=\sqrt{10}+\sqrt{(1-3)^2+(-2-2)^2}+\sqrt{10}\\
&=2\sqrt{10}+2\sqrt{5}=2(\sqrt{10}+\sqrt{5})
\end{aligned}$$

> **CHART**
> 折れ線は1本の線分にのばして考える

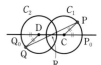

TR ① 101

2 点 A$(-1,\ -2)$, B$(-3,\ 2)$ から等距離にある点 P の軌跡を求めよ。

点 P の座標を $(x,\ y)$ とする。
P の満たす条件は　　AP＝BP　すなわち　AP^2＝BP^2
よって　　$(x+1)^2+(y+2)^2=(x+3)^2+(y-2)^2$
展開すると　　$x^2+2x+y^2+4y+5=x^2+6x+y^2-4y+13$
整理すると　　$x-2y+2=0$
ゆえに，点 P は直線 $x-2y+2=0$ 上にある。
逆に，この直線上の任意の点 P は，与えられた条件を満たす。
したがって，点 P の軌跡は　　**直線 $x-2y+2=0$**

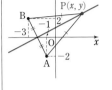

別解　求める軌跡は，線分 AB の垂直二等分線である。

線分 AB の中点の座標は $(-2,\ 0)$，直線 AB の傾きは $\dfrac{2-(-2)}{-3-(-1)}=-2$ であるか

ら，求める軌跡は　　直線 $y-0=-\dfrac{1}{-2}\{x-(-2)\}$

すなわち　　**直線 $x-2y+2=0$**

TR ② 102

★ 2 点 O$(0,\ 0)$, A$(3,\ 6)$ からの距離の比が $1:2$ である点 P の軌跡を求めよ。

点 P の座標を $(x,\ y)$ とする。
P の満たす条件は　　OP：AP＝1：2
ゆえに　　AP＝2OP　すなわち　AP^2＝4OP^2
よって　　$(x-3)^2+(y-6)^2=4(x^2+y^2)$
　　　　　$x^2+y^2-6x-12y+45=4x^2+4y^2$
　　　　　$x^2+y^2+2x+4y-15=0$
　　　　　$(x^2+2x+1^2)-1^2+(y^2+4y+2^2)-2^2-15=0$
よって　　$(x+1)^2+(y+2)^2=20$
ゆえに，点 P は円 $(x+1)^2+(y+2)^2=20$ 上にある。
逆に，この円上の任意の点 P は，与えられた条件を満たす。
したがって，点 P の軌跡は **中心 $(-1,\ -2)$，半径 $2\sqrt{5}$ の円**$^{(*)}$

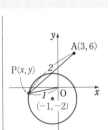

$(*)$
円 $(x+1)^2+(y+2)^2=20$
と答えてもよい。

TR ③ 103

★ 点 Q が円 $x^2+y^2=1$ 上を動くとき，点 A$(2,\ 0)$ と点 Q を結ぶ線分の中点 P の軌跡を求めよ。
[類 立教大]

P$(x,\ y)$, Q$(s,\ t)$ とする。
点 Q は円 $x^2+y^2=1$ 上にあるから
　　$s^2+t^2=1$ …… ①
P は線分 AQ の中点であるから
　　$x=\dfrac{2+s}{2},\ y=\dfrac{0+t}{2}$
よって　　$s=2x-2,\ t=2y$
これを ① に代入して　　$(2x-2)^2+(2y)^2=1$
整理すると，点 P は円 $(x-1)^2+y^2=\left(\dfrac{1}{2}\right)^2$ 上にある。

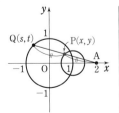

⇐ ① が Q の条件。

⇐ P, Q の関係から s, t を $x,\ y$ で表す。

⇐ $s,\ t$ を消去。

⇐ $2^2(x-1)^2+2^2y^2=1$ から。

逆に，この円上の任意の点Pは，与えられた条件を満たす。

したがって，求める軌跡は　**中心 (1, 0)，半径 $\dfrac{1}{2}$ の円**[(*)]

（＊）
円 $(x-1)^2+y^2=\dfrac{1}{4}$
と答えてもよい。

TR 次の不等式の表す領域を図示せよ。
①**104** (1) $y>2-3x$　　(2) $3x-y-5\geqq0$　　(3) $y<3$　　(4) $x\geqq-1$

(1)
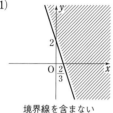
境界線を含まない

(2)
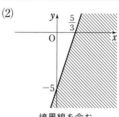
境界線を含む

(3)
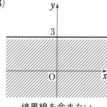
境界線を含まない

(4)
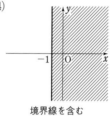
境界線を含む

CHART
不等式の表す領域
不等号を等号におき換えた境界線をかく

(1) 直線 $y=2-3x$ の上側。

(2) $y\leqq3x-5$
直線 $y=3x-5$ およびその下側。

(3) 直線 $y=3$ の下側。

(4) 直線 $x=-1$ およびその右側。

TR 次の不等式の表す領域を図示せよ。
①**105** (1) $x^2+y^2<9$　　　　　(2) $x^2+y^2\geqq25$
(3) $(x-1)^2+y^2>1$　　(4) $x^2+y^2-4x+2y+1\leqq0$

(1)
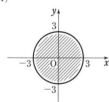
境界線を含まない

(2)
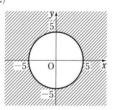
境界線を含む

CHART
$<r^2$ なら　円の内部
$>r^2$ なら　円の外部

(1) 円 $x^2+y^2=3^2$ の内部。

(2) 円 $x^2+y^2=5^2$ の周および外部。

(3) 円 $(x-1)^2+y^2=1$ の外部。

(4) 円 $(x-2)^2+(y+1)^2=2^2$ の周および内部。

(3) 境界線は，中心 (1, 0)，半径 1 の円である。

(4) $(x-2)^2+(y+1)^2\leqq2^2$
境界線は，中心 (2, −1)，半径 2 の円である。

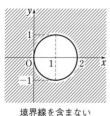
境界線を含まない

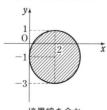
境界線を含む

TR
②**106** 次の不等式の表す領域を図示せよ。

(1) $\begin{cases} x-3y-9<0 \\ 2x+3y-6>0 \end{cases}$　　(2) $\begin{cases} x^2+y^2\leqq9 \\ x-y<2 \end{cases}$　　(3) $1<x^2+y^2\leqq4$

(1) $x-3y-9<0$ から　$y>\dfrac{1}{3}x-3$

$2x+3y-6>0$ から　$y>-\dfrac{2}{3}x+2$

求める領域は，

直線 $y=\dfrac{1}{3}x-3$　の上側，

直線 $y=-\dfrac{2}{3}x+2$ の上側

の共通部分で，図の**斜線部分**。

ただし，**境界線を含まない。**

(2) $x-y<2$ から　$y>x-2$

求める領域は，

　円 $x^2+y^2=9$　の周と内部，

　直線 $y=x-2$　の上側

の共通部分で，図の**斜線部分**。

ただし，**境界線は，直線**

$\boldsymbol{x-y=2}$ **は含まないで，他は**

含む。

(3) $1<x^2+y^2\leqq4$ から　$\begin{cases} x^2+y^2>1 \\ x^2+y^2\leqq4 \end{cases}$

求める領域は，

　円 $x^2+y^2=1$ の外部，

　円 $x^2+y^2=4$ の周と内部

の共通部分で，図の**斜線部分**。

ただし，**境界線は，円** $\boldsymbol{x^2+y^2=4}$

の周を含み，他は含まない。

CHART
連立不等式の表す領域
それぞれの不等式の表す
領域の共通部分

(参考)　2直線の交点の
座標は $\left(5,\ -\dfrac{4}{3}\right)$

5章

T R

(参考)　円と直線の交点
の座標は
$\left(\dfrac{2+\sqrt{14}}{2},\ \dfrac{-2+\sqrt{14}}{2}\right),$
$\left(\dfrac{2-\sqrt{14}}{2},\ \dfrac{-2-\sqrt{14}}{2}\right)$

⟸ $A<B\leqq C$
　　⟺
　　$A<B$ かつ $B\leqq C$

TR
③**107** 次の不等式の表す領域を図示せよ。

(1) $(x+2y-2)(2x-y-4)\leqq0$　　(2) $(x^2+y^2-9)(y-x-2)>0$

(1) 与えられた不等式は，次のように表される。

$\begin{cases} x+2y-2\geqq0 \quad\cdots\cdots\ \text{Ⓟ} \\ 2x-y-4\leqq0 \end{cases}$

または

$\begin{cases} x+2y-2\leqq0 \quad\cdots\cdots\ \text{Ⓠ} \\ 2x-y-4\geqq0 \end{cases}$

求める領域は，Ⓟ の表す領域と Ⓠ

の表す領域の和集合で，右の図の

斜線部分である。

ただし，**境界線を含む。**

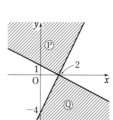

Ⓟ $\begin{cases} y\geqq-\dfrac{1}{2}x+1 \\ \text{直線および上側} \\ y\geqq2x-4 \\ \text{直線および上側} \end{cases}$

Ⓠ $\begin{cases} y\leqq-\dfrac{1}{2}x+1 \\ \text{直線および下側} \\ y\leqq2x-4 \\ \text{直線および下側} \end{cases}$

(2) 与えられた不等式は，次のように表される。

$$\begin{cases} x^2+y^2-9>0 & \cdots\cdots \text{Ⓟ} \\ y-x-2>0 \end{cases}$$

または

$$\begin{cases} x^2+y^2-9<0 & \cdots\cdots \text{Ⓠ} \\ y-x-2<0 \end{cases}$$

求める領域は，Ⓟ の表す領域と Ⓠ
の表す領域の和集合で，右の図の
斜線部分である。
ただし，**境界線を含まない。**

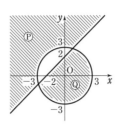

Ⓟ $\begin{cases} x^2+y^2>3^2 & \text{外部} \\ y>x+2 & \text{上側} \end{cases}$

Ⓠ $\begin{cases} x^2+y^2<3^2 & \text{内部} \\ y<x+2 & \text{下側} \end{cases}$

TR
③**108** $x,\ y$ が3つの不等式 $x-y\geqq-2,\ x-4y\leqq1,\ 2x+y\leqq5$ を同時に満たすとき，$x+y$ のとりうる値の範囲を求めよ。

連立方程式 $x-y=-2,\ x-4y=1$ の解は　$x=-3,\ y=-1$
連立方程式 $x-y=-2,\ 2x+y=5$ の解は　$x=1,\ y=3$
連立方程式 $x-4y=1,\ 2x+y=5$ の解は　$x=\dfrac{7}{3},\ y=\dfrac{1}{3}$

◆境界線となる直線の交点の座標を求めている。

与えられた連立不等式の表す領域D
は，3点 $(-3,\ -1)$，$(1,\ 3)$，
$\left(\dfrac{7}{3},\ \dfrac{1}{3}\right)$ を頂点とする三角形の周
および内部である。
$$x+y=k \cdots\cdots \text{①}$$
とおくと，これは傾き -1，y 切片
k の直線を表す。
この直線 ① が領域 D と共有点をも
つような k のとりうる値の範囲を求めればよい。
図から，直線 ① が点 $(1,\ 3)$ を通るとき k の値は最大になり，
点 $(-3,\ -1)$ を通るとき k の値は最小となる。
$$x=1,\ y=3 \quad \text{のとき} \quad k=4 ;$$
$$x=-3,\ y=-1 \quad \text{のとき} \quad k=-4$$
また，図から k は $-4<k<4$ の任意の値をとる。
よって　$-4\leqq k\leqq4$ すなわち　**$-4\leqq x+y\leqq4$**

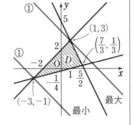

◆$x-y\geqq-2$ から
　　$y\leqq x+2$
　[直線および下側]
　$x-4y\leqq1$ から
　　$y\geqq\dfrac{1}{4}x-\dfrac{1}{4}$
　[直線および上側]
　$2x+y\leqq5$ から
　　$y\leqq-2x+5$
　[直線および下側]

◆k の値を変化させて，直線 ① の動きを追う。

TR
③**109** 次の命題を証明せよ。ただし，$x,\ y$ は実数とする。
(1) $x+y>\sqrt{2}$ ならば $x^2+y^2>1$
(2) $x^2+y^2-4x+3\leqq0$ ならば $x^2+y^2-2x-3\leqq0$

(1) 不等式 $x+y>\sqrt{2}$ の表す領域Pは，
直線 $y=-x+\sqrt{2}$ の上側である。
また，不等式 $x^2+y^2>1$ の表す領域
Q は，円 $x^2+y^2=1$ の外側である。
ここで，円 $x^2+y^2=1$ の中心 $(0,\ 0)$ と
直線 $y=-x+\sqrt{2}$ の距離は

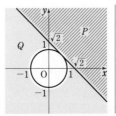

◆2つの境界線は，点
$\left(\dfrac{1}{\sqrt{2}},\ \dfrac{1}{\sqrt{2}}\right)$ で接している。

$$\frac{|-\sqrt{2}|}{\sqrt{1^2+1^2}}=1$$

←円の半径1に等しい。

したがって,円 $x^2+y^2=1$ と直線 $x+y=\sqrt{2}$ は接している。
よって,図より,$P \subset Q$ であるから
$$x+y>\sqrt{2} \quad \text{ならば} \quad x^2+y^2>1$$
が成り立つ。

(2) 不等式 $x^2+y^2-4x+3 \leqq 0$ すなわち
$(x-2)^2+y^2 \leqq 1^2$ の表す領域 P は,
中心 $(2,\ 0)$,半径1の円の周と内部で
ある。

←基本形に直す。

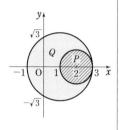

←2つの境界線は,点
$(3,\ 0)$ で内接してい
る。

また,不等式 $x^2+y^2-2x-3 \leqq 0$
すなわち $(x-1)^2+y^2 \leqq 2^2$ の表す領域
Q は,中心 $(1,\ 0)$,半径2の円の周と
内部である。

右の図より,$P \subset Q$ であるから
$$x^2+y^2-4x+3 \leqq 0 \quad \text{ならば} \quad x^2+y^2-2x-3 \leqq 0$$
が成り立つ。

TR
④**110** 直線 $y=2x+3$ について,直線 $3x+y-1=0$ と対称な直線の方程式を求めよ。

直線 $3x+y-1=0$ …… ① 上の点を $Q(s,\ t)$ とし,直線
$y=2x+3$ …… ② について,Q と対称な点を $P(x,\ y)$ とする。
[1] PQ⊥(直線②) であるから
$$\frac{t-y}{s-x} \cdot 2=-1$$

よって $s+2t=x+2y$ …… ③

垂直 $\Longleftrightarrow$ 傾きの積が -1

[2] 線分 PQ の中点が直線② 上に
あるから $\dfrac{y+t}{2}=2 \cdot \dfrac{x+s}{2}+3$

よって $2s-t=-2x+y-6$ … ④

③+④×2 から $5s=-3x+4y-12$

したがって $s=\dfrac{-3x+4y-12}{5}$ …… ⑤

③×2-④ から $5t=4x+3y+6$

したがって $t=\dfrac{4x+3y+6}{5}$ …… ⑥

←線分 PQ の中点の座
標は $\left(\dfrac{x+s}{2},\ \dfrac{y+t}{2}\right)$

←$s,\ t$ についての連立
方程式③,④を解く。

点 Q は直線① 上にあるから $3s+t-1=0$

これに⑤,⑥を代入して,求める直線の方程式は
$$\frac{3(-3x+4y-12)+(4x+3y+6)}{5}-1=0$$

すなわち $\boldsymbol{x-3y+7=0}$

←点Qの条件。

←$s,\ t$ を消去する。

注意 点 Q が直線② 上にあるとき,点 P と点 Q は一致し,PQ は傾きをもたないが,
$s=x,\ t=y$ であるから,③ を満たす。

TR
④**111** 放物線 $y=5x^2+3kx-6k$ の頂点をPとおく。ただし k は定数である。k がすべての実数の値をとるとき，点Pの軌跡を求めよ。 [北海道情報大]

$$y=5x^2+3kx-6k$$
$$=5\left(x+\frac{3}{10}k\right)^2-\frac{9}{20}k^2-6k$$

放物線の頂点Pの座標を (x, y) とすると

$$x=-\frac{3}{10}k \qquad \cdots\cdots ①$$

$$y=-\frac{9}{20}k^2-6k \cdots\cdots ②$$

① から $\quad k=-\frac{10}{3}x$

これを ② に代入して $\quad y=-\frac{9}{20}\left(-\frac{10}{3}x\right)^2-6\left(-\frac{10}{3}x\right)$

すなわち $\quad y=-5x^2+20x$

よって，求める軌跡は **放物線 $y=-5x^2+20x$**

◆ 2次式は基本形に直す
放物線 $y=a(x-p)^2+q$
── 頂点の座標は
(p, q)

◆ k はすべての実数の値をとるから，x もすべての実数の値をとる。

◆ k を消去する。

◆ $y=-5(x-2)^2+20$

TR
④**112** ★ 円 $x^2+y^2=1$ を C_0 とし，C_0 を x 軸の正の方向に $2a$ だけ平行移動した円を C_1 とする。ただし，a は $0<a<1$ とする。また，C_0 と C_1 の2つの交点のうち第1象限にある方をA，もう一方をBとし，$P(s, t)$ を2点A，Bと異なる C_0 上の点とする。Pが C_0 から2点A，Bを除いた部分を動くとき，△PABの重心Gの軌跡を求めよ。 [類 センター試験]

円 C_1 は円 C_0 を x 軸の正の方向に $2a$ だけ平行移動したものであるから，その方程式は
$$(x-2a)^2+y^2=1 \cdots\cdots ①$$
① の左辺を展開した式に，$x^2+y^2=1$ を代入して整理すると
$$-4ax+4a^2=0$$
$4a \neq 0$ であるから $\quad -x+a=0$
よって $\quad x=a$
$x=a$ を $x^2+y^2=1$ に代入して $\quad y^2=1-a^2$
ゆえに $\quad y=\pm\sqrt{1-a^2}$
よって $\quad A(a, \sqrt{1-a^2})$，$B(a, -\sqrt{1-a^2})$
$P(s, t)$ は円 C_0 上にあるから $\quad s^2+t^2=1 \cdots\cdots ②$
ここで，Pは2点A，Bと異なるから $\quad s \neq a$
$G(x, y)$ とすると，G は △PAB の重心であるから
$$x=\frac{s+a+a}{3}, \quad y=\frac{t+\sqrt{1-a^2}-\sqrt{1-a^2}}{3}$$
よって $\quad s=3x-2a, \quad t=3y$
これらを ② に代入して $\quad (3x-2a)^2+(3y)^2=1$
すなわち $\quad \left(x-\frac{2}{3}a\right)^2+y^2=\frac{1}{9} \cdots\cdots ③$

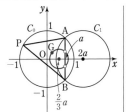

◆ C_1 は点 $(2a, 0)$ を中心とする半径1の円。

◆ C_0 と C_1 の交点A，Bの座標を求める。

◆ $0<a<1$
両辺を $4a$ で割る。

◆ Aは第1象限にあるという条件に注意。

◆ 重心は3点の平均

◆ s, t を消去する。

ここで，$s=a$ とすると　　$a=3x-2a$　　　ゆえに　　　$x=a$

$x=a$ を ③ に代入すると　　$\dfrac{1}{9}a^2+y^2=\dfrac{1}{9}$

よって　　$y=\pm\dfrac{\sqrt{1-a^2}}{3}$

したがって，求める軌跡は

$$円\left(x-\frac{2}{3}a\right)^2+y^2=\frac{1}{9}$$

ただし，2点 $\left(a,\ \dfrac{\sqrt{1-a^2}}{3}\right)$, $\left(a,\ -\dfrac{\sqrt{1-a^2}}{3}\right)$ を除く。

→ $s\neq a$ の条件に注意。除かれる点について検討。

TR
④**113** 連立不等式 $x^2+y^2\leqq2$, $x+y\geqq0$ で表される領域をDとする。点 $(x,\ y)$ がDを動くとき，$4x+3y$ の最大値と最小値を求めよ。

5章

TR

連立方程式 $x^2+y^2=2$, $x+y=0$ を解くと，yを消去して
$$x^2+(-x)^2=2　　　ゆえに　　　x^2=1$$
よって　　$x=\pm1$
したがって，解は　　$(x,\ y)=(-1,\ 1),\ (1,\ -1)$
領域Dは，右の図の斜線部分である。
ただし，境界線を含む。
$$4x+3y=k\ \cdots\cdots\ ①$$
とおくと，これは傾き $-\dfrac{4}{3}$，y切片
$\dfrac{k}{3}$ の直線を表す。
この直線 ① が領域Dと共有点を
もつときのkの値の最大値，最小値を
求めればよい。

→ 境界線となる円と直線の交点の座標を求めている。

→ $x^2+y^2\leqq(\sqrt{2})^2$
　周および内部
　$x+y\geqq0$ から $y\geqq-x$
　直線および上側

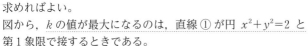

図から，k の値が最大になるのは，直線 ① が円 $x^2+y^2=2$ と第1象限で接するときである。

→ 図の直線 ①′ を参照。

このとき，円の中心 $(0,\ 0)$ と直線 ① の距離が円の半径 $\sqrt{2}$

に等しいから　　$\dfrac{|-k|}{\sqrt{4^2+3^2}}=\sqrt{2}$　すなわち　$\dfrac{|k|}{5}=\sqrt{2}$

ゆえに　　$|k|=5\sqrt{2}$　　　よって　　$k=\pm5\sqrt{2}$
第1象限では $x>0$ かつ $y>0$ であるから　　$k>0$
したがって　　$k=5\sqrt{2}$

また，直線 ① の傾きが $-\dfrac{4}{3}$，直線 $x+y=0$ の傾きが -1 で，

→ 円と直線が接する
　$\Longleftrightarrow$（円の中心と直線の距離）=（半径）

→ $k=-5\sqrt{2}$ のとき，円と直線 ① は，第3象限で接する。

$-\dfrac{4}{3}<-1$ であるから，図より，k の値が最小になるのは，

直線 ① が点 $(-1,\ 1)$ を通るときである。
このとき，k の値は　　$4(-1)+3\cdot1=-1$
以上から　　**最大値 $5\sqrt{2}$，　最小値 -1**

→ 図の直線 ①″ を参照。

参考 （最大値をとるときの x，y の値）

$4x+3y=5\sqrt{2}$ ……② に垂直で，原点を通る直線の方程式は　　$3(x-0)-4(y-0)=0$

すなわち　$3x-4y=0$ ……③

最大値をとる x，y の値は，連立方程式②，③ の解である。

②，③ を解くと　　$x=\dfrac{4\sqrt{2}}{5}$，$y=\dfrac{3\sqrt{2}}{5}$

すなわち，$\boldsymbol{x=\dfrac{4\sqrt{2}}{5}}$，$\boldsymbol{y=\dfrac{3\sqrt{2}}{5}}$ のとき最大値 $5\sqrt{2}$ をとる。

←② の両辺に $\dfrac{\sqrt{2}}{5}$ を掛けて

$\dfrac{4\sqrt{2}}{5}x+\dfrac{3\sqrt{2}}{5}y=2$

よって，直線 ② は円 $x^2+y^2=2$ と点 $\left(\dfrac{4\sqrt{2}}{5},\ \dfrac{3\sqrt{2}}{5}\right)$ で接していることからもわかる。

EX
②**63**
2定点を A(6, 0)，B(3, 3) とし，点Pが円 $x^2+y^2=9$ 上を動くとき，△ABP の重心Gの軌跡を求めよ。 [類 秋田大]

P(s, t) とすると，点Pは円
$x^2+y^2=9$ 上にあるから
$$s^2+t^2=9 \cdots\cdots ①$$
△ABP の重心Gの座標を (x, y)
とすると

$$x=\frac{6+3+s}{3}, \quad y=\frac{0+3+t}{3}$$

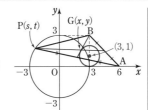

ゆえに　$s=3x-9$，$t=3y-3$

これを ① に代入すると　$(3x-9)^2+(3y-3)^2=9$

よって　$(x-3)^2+(y-1)^2=1 \cdots\cdots ②$

逆に，この円 ② 上の任意の点Pは，与えられた条件を満たす。

したがって，点Gの軌跡は　**中心 (3, 1)，半径 1 の円**

注意　この問題では，すべての点Pについて △ABP を作る
ことができるから，軌跡から除外される点は存在しない。

① P，G の関係から，
s，t を x，y で表す。

② Pの条件 $s^2+t^2=9$
に，① の s，t を代入。

← 重心は3点の平均

← s，t を x，y で表す。

← $3^2(x-3)^2+3^2(y-1)^2$
$=3^2$

5章
EX

EX
③**64**
次の不等式の表す領域を図示せよ。

(1) $y \geqq |x-1|$ 　　　　(2) $2|x|+3|y| \leqq 6$ 　　[(2) 関西大]

(1) $x \geqq 1$ のとき，$|x-1|=x-1$　であるから　$y \geqq x-1$
　　$x < 1$ のとき，$|x-1|=-(x-1)$　であるから　$y \geqq -x+1$

(2) $x \geqq 0$，$y \geqq 0$ のとき，$|x|=x$，$|y|=y$ であるから

$$2x+3y \leqq 6 \quad \text{すなわち} \quad y \leqq -\frac{2}{3}x+2$$

$x \geqq 0$，$y < 0$ のとき，$|x|=x$，$|y|=-y$ であるから

$$2x-3y \leqq 6 \quad \text{すなわち} \quad y \geqq \frac{2}{3}x-2$$

$x < 0$，$y \geqq 0$ のとき，$|x|=-x$，$|y|=y$ であるから

$$-2x+3y \leqq 6 \quad \text{すなわち} \quad y \leqq \frac{2}{3}x+2$$

$x < 0$，$y < 0$ のとき，$|x|=-x$，$|y|=-y$ であるから

$$-2x-3y \leqq 6 \quad \text{すなわち} \quad y \geqq -\frac{2}{3}x-2$$

以上から，図の**斜線部分**。ただし，**境界線を含む**。

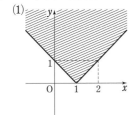 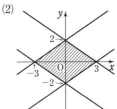

CHART
絶対値は　場合分け
$|a|=\begin{cases} a & (a \geqq 0) \\ -a & (a < 0) \end{cases}$

(1) ①：$x \geqq 1$ かつ
　　　　$y \geqq x-1$
　②：$x < 1$ かつ
　　　　$y \geqq -x+1$
　①，② の表す領域の和
　集合が，求める領域で
　ある。

(2) ①：$x \geqq 0$，$y \geqq 0$ かつ
　　　　$y \leqq -\frac{2}{3}x+2$
　②：$x \geqq 0$，$y < 0$ かつ
　　　　$y \geqq \frac{2}{3}x-2$
　③：$x < 0$，$y \geqq 0$ かつ
　　　　$y \leqq \frac{2}{3}x+2$
　④：$x < 0$，$y < 0$ かつ
　　　　$y \geqq -\frac{2}{3}x-2$
　①〜④ の表す領域の
　和集合が，求める領域
　である。

EX
②**65** 次の不等式の表す領域を図示せよ。

(1) $\begin{cases} x^2+y^2-4y \leqq 4 \\ x \geqq y \end{cases}$ (2) $x-y < x^2+y^2 < x+y$

(1) $x^2+y^2-4y \leqq 4$ から $x^2+(y-2)^2 \leqq 8$

求める領域は，円 $x^2+(y-2)^2=8$ の周と内部
直線 $y=x$ およびその下側

の共通部分で，図の**斜線部分**。ただし，**境界線を含む**。

CHART

連立不等式の表す領域
それぞれの不等式の表す
領域の共通部分

(2) $x-y < x^2+y^2 < x+y$ から $\begin{cases} x^2+y^2 > x-y \\ x^2+y^2 < x+y \end{cases}$

$x^2+y^2 > x-y$ から $\left(x-\dfrac{1}{2}\right)^2+\left(y+\dfrac{1}{2}\right)^2 > \dfrac{1}{2}$

$x^2+y^2 < x+y$ から $\left(x-\dfrac{1}{2}\right)^2+\left(y-\dfrac{1}{2}\right)^2 < \dfrac{1}{2}$

求める領域は，円 $\left(x-\dfrac{1}{2}\right)^2+\left(y+\dfrac{1}{2}\right)^2=\dfrac{1}{2}$ の外部

円 $\left(x-\dfrac{1}{2}\right)^2+\left(y-\dfrac{1}{2}\right)^2=\dfrac{1}{2}$ の内部

の共通部分で，図の**斜線部分**。ただし，**境界線を含まない**。

⟵ $A < B < C$
$\iff$
$A < B$ かつ $B < C$

(1)　　　　　(2)

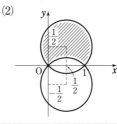

(参考) (1) 円と直線の
交点の座標は
$(1+\sqrt{3},\ 1+\sqrt{3})$,
$(1-\sqrt{3},\ 1-\sqrt{3})$
(2) 境界線の円はどちら
も原点を通る。

EX
③**66** 次の不等式の表す領域を図示せよ。

(1) $x^2-3xy+2y^2+6x-8y+8 \leqq 0$ (2) $\begin{cases} x^2+y^2-4 < 0 \\ (x-y)(x+y) > 0 \end{cases}$

(1) 不等式の左辺を因数分解すると

$x^2-3xy+2y^2+6x-8y+8 = x^2-3(y-2)x+2(y^2-4y+4)$
$= x^2-3(y-2)x+2(y-2)^2$
$= \{x-(y-2)\}\{x-2(y-2)\}$
$= (x-y+2)(x-2y+4)$

よって，不等式は $(x-y+2)(x-2y+4) \leqq 0$
この不等式は，次のように表される。

$\begin{cases} x-y+2 \geqq 0 \\ x-2y+4 \leqq 0 \end{cases}$ ……Ⓟ または

$\begin{cases} x-y+2 \leqq 0 \\ x-2y+4 \geqq 0 \end{cases}$ ……Ⓠ

求める領域は，Ⓟ の表す領域と Ⓠ
の表す領域の和集合で，図の**斜線部
分**。ただし，**境界線を含む**。

⟵ x について整理。

⟵ x を含まない項を因
数分解。

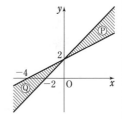

Ⓟ $\begin{cases} y \leqq x+2 \\ \text{直線および下側} \\ y \geqq \dfrac{1}{2}x+2 \\ \text{直線および上側} \end{cases}$

Ⓠ $\begin{cases} y \geqq x+2 \\ \text{直線および上側} \\ y \leqq \dfrac{1}{2}x+2 \\ \text{直線および下側} \end{cases}$

(2) $\begin{cases} x^2+y^2-4<0 & \cdots\cdots ⓟ \\ (x-y)(x+y)>0 & \cdots\cdots ⓠ \end{cases}$

とする。

ⓟ の表す領域は，円 $x^2+y^2=2^2$ の内部である。

不等式 $(x-y)(x+y)>0$ は，

$\begin{cases} x-y>0 \\ x+y>0 \end{cases}$ または $\begin{cases} x-y<0 \\ x+y<0 \end{cases}$

と表されるから，ⓠ の表す領域は，
座標平面全体を境界線 $y=x$，
$y=-x$ で分けた4つの部分のうち，
x 軸を含む部分である。
求める領域は，ⓟ の表す領域と ⓠ
の表す領域の共通部分で，図の**斜線
部分**。ただし，**境界線を含まない**。

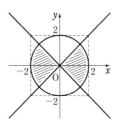

領域 ⓠ を図示すると

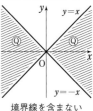

境界線を含まない

5章

EX

EX
②**67**
右の図の斜線部分は，どのような連立不
等式で表されるか。ただし，境界線は領
域に含めないものとする。

〔(1) 湘南工科大〕

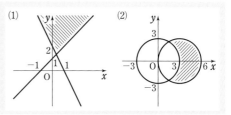

HINT まず，境界線となる直線・円の方程式を求める。そして，直線なら上側か下側か，円なら
内部か外部かを見極める。

---

(1) 2点 $(1, 0)$, $(0, 2)$ を通る直線の方程式は

$$x+\frac{y}{2}=1 \quad \text{すなわち} \quad y=-2x+2$$

斜線部分は，この直線の上側であるから

$$y>-2x+2 \quad \cdots\cdots ①$$

また，2点 $(-1, 0)$, $(0, 1)$ を通る直線の方程式は

$$\frac{x}{-1}+y=1 \quad \text{すなわち} \quad y=x+1$$

斜線部分は，この直線の上側であるから

$$y>x+1 \quad \cdots\cdots ②$$

よって，与えられた図の斜線部分は，①，②の共通部分であ

るから $\begin{cases} y>-2x+2 \\ y>x+1 \end{cases}$

◀ x 切片が a，y 切片
が b の直線の方程式
$\longrightarrow \dfrac{x}{a}+\dfrac{y}{b}=1$

◀ $\begin{cases} 2x+y-2>0 \\ x-y+1<0 \end{cases}$
としてもよい。

(2) 原点を中心とし，半径 3 の円の方程式は　　$x^2+y^2=9$

斜線部分は，この円の外部であるから

　　$x^2+y^2>9$　　…… ①

点 (3, 0) を中心とし，半径 3 の円の方程式は　$(x-3)^2+y^2=9$

斜線部分は，この円の内部であるから

　　$(x-3)^2+y^2<9$ …… ②

よって，与えられた図の斜線部分は，①，② の共通部分であるから　$\begin{cases} \boldsymbol{x^2+y^2>9} \\ \boldsymbol{(x-3)^2+y^2<9} \end{cases}$

EX
③68　x, y が不等式 $0\leqq y\leqq-\dfrac{1}{2}|x|+3$ を満たすとき，$x+y$ の最大値，最小値と，それらを与える x, y の値をそれぞれ求めよ。

不等式 $y\leqq-\dfrac{1}{2}|x|+3$ は

$x\geqq0$ のとき，$|x|=x$ であるから　　$y\leqq-\dfrac{1}{2}x+3$

$x<0$ のとき，$|x|=-x$ であるから　　$y\leqq\dfrac{1}{2}x+3$

したがって，与えられた不等式の表す
領域 D は図の斜線部分。ただし，境界
線を含む。

　　$x+y=k$ …… ①

とおくと，これは傾き -1，y 切片 k
の直線を表す。

この直線 ① が領域 D と共有点をもつ
ときの k の値の最大値，最小値を求め
ればよい。

図から，直線 ① が点 (6, 0) を通るとき k の値は最大になり，
点 (-6, 0) を通るとき k の値は最小になる。

よって，$x+y$ は　$\boldsymbol{x=6, y=0}$ のとき最大値 6

　　　　　　　　　$\boldsymbol{x=-6, y=0}$ のとき最小値 -6　をとる。

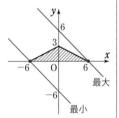

CHART
絶対値は　場合分け
$|a|=\begin{cases} a & (a\geqq0) \\ -a & (a<0) \end{cases}$

⇐ 直線 ① と境界線の傾きに注意。

　　$-1<-\dfrac{1}{2}$ である

から，y 切片が最大となるのは，① が点 (6, 0) を通るとき。

EX
③69　☒ 座標平面上の 2 点 A(0, 3)，B(8, 9) に対し，△ABP の面積が 20 である点 P の軌跡は，2 直線 $y={}^{\mathcal{F}}\boxed{}x-{}^{\mathcal{4}}\boxed{}$ と $y={}^{\mathcal{F}}\boxed{}x+{}^{\mathcal{x}}\boxed{}$ である。　　[類 センター試験]

点 P の座標を (x, y) とする。
線分 AB の長さは

　$\begin{aligned} AB&=\sqrt{(8-0)^2+(9-3)^2} \\ &=\sqrt{100}=10 \end{aligned}$

また，直線 AB の方程式は

　$y-3=\dfrac{9-3}{8-0}(x-0)$

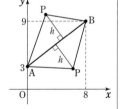

⇐ 2 点 (x_1, y_1)，(x_2, y_2) を通る直線の方程式は

$y-y_1=\dfrac{y_2-y_1}{x_2-x_1}(x-x_1)$

すなわち $3x-4y+12=0$

よって，点 $P(x, y)$ と直線 AB との距離を h とすると

$$h=\frac{|3x-4y+12|}{\sqrt{3^2+(-4)^2}}=\frac{1}{5}|3x-4y+12|$$

$\triangle ABP=\dfrac{1}{2}AB\times h$ であるから，$\triangle ABP$ の面積が 20 のとき

$$\frac{1}{2}\times 10\times\frac{1}{5}|3x-4y+12|=20$$

ゆえに $|3x-4y+12|=20$

すなわち $3x-4y+12=\pm 20$

したがって，求める軌跡は，2 直線

$$y=\frac{^{7}3}{4}x-^{7}2 \quad と \quad y=\frac{3}{4}x+^{7}8$$

$\Leftarrow$ 点 (x_1, y_1) と直線 $ax+by+c=0$ の距離は $\dfrac{|ax_1+by_1+c|}{\sqrt{a^2+b^2}}$

$\Leftarrow |A|=c$
$\Longleftrightarrow A=\pm c$

$\Leftarrow 3x-4y-8=0,$
$3x-4y+32=0$

5章

EX

EX
④**70**

☆ 直線 $y=mx$ が放物線 $y=x^2+1$ と異なる 2 点 P，Q で交わるとする。m がこの条件を満たしながら変化するとき，m のとりうる値の範囲を求めよ。また，このとき，線分 PQ の中点 M の軌跡を求めよ。
[星薬大]

$y=mx$ を $y=x^2+1$ に代入して整理すると

$$x^2-mx+1=0 \cdots\cdots ①$$

直線と放物線が異なる 2 点で交わるから，2 次方程式 ① の判別式を D とすると $D>0$

$$D=(-m)^2-4\cdot 1\cdot 1$$
$$=m^2-4$$
$$=(m+2)(m-2)$$

よって，$(m+2)(m-2)>0$ から $\quad m<-2, 2<m$

また，2 点 P，Q の x 座標を α, β とすると，α, β は ① の解であるから，解と係数の関係により

$$\alpha+\beta=m, \quad \alpha\beta=1$$

線分 PQ の中点 M の座標を (x, y) とすると

$$x=\frac{\alpha+\beta}{2}=\frac{m}{2}$$

ゆえに $\quad m=2x \cdots\cdots ②$

また，M は直線 PQ 上にあるから $\quad y=mx$

② を代入して $\quad y=2x\cdot x$ すなわち $\quad y=2x^2$

ここで，$m<-2, 2<m$ であるから

$$2x<-2, 2<2x \quad すなわち \quad x<-1, 1<x$$

よって，求める軌跡は

放物線 $y=2x^2$ の $x<-1, 1<x$ の部分

$\Leftarrow y$ を消去。

$\Leftarrow$ 異なる 2 点で交わる
$\Longleftrightarrow D>0$

$\Leftarrow$ 2 次方程式
$ax^2+bx+c=0$ の解を α, β とすると
$\alpha+\beta=-\dfrac{b}{a}, \alpha\beta=\dfrac{c}{a}$

$\Leftarrow$ このことに着目することがポイント。

$\Leftarrow m$ の値の範囲に注意。

EX
③**71**
不等式 $y>x^2$ の表す領域は，放物線 $y=x^2$ の上側である。このことを参考にして，次の不等式の表す領域を図示せよ。

(1) $y \leqq x^2$ (2) $y>-x^2+1$ (3) $(x+y-2)(y-x^2)<0$

(1) 放物線 $y=x^2$ およびその下側。

(2) 放物線 $y=-x^2+1$ の上側。

(3) 与えられた不等式は，次のように表される。

$$\begin{cases} x+y-2>0 & \cdots\cdots ⓟ \\ y-x^2<0 \end{cases}$$

または

$$\begin{cases} x+y-2<0 & \cdots\cdots ⓠ \\ y-x^2>0 \end{cases}$$

求める領域は，ⓟ の表す領域と ⓠ の表す領域の和集合である。

以上から，求める領域は，図の**斜線部分**である。

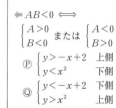

$\Leftarrow AB<0 \Longleftrightarrow$

$\begin{cases} A>0 \\ B<0 \end{cases}$ または $\begin{cases} A<0 \\ B>0 \end{cases}$

ⓟ $\begin{cases} y>-x+2 & 上側 \\ y<x^2 & 下側 \end{cases}$

ⓠ $\begin{cases} y<-x+2 & 下側 \\ y>x^2 & 上側 \end{cases}$

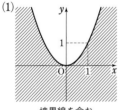

(1) 境界線を含む

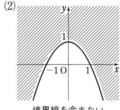

(2) 境界線を含まない

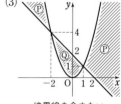

(3) 境界線を含まない

EX
④**72**
ある工場で2種類の製品 A，B が，2人の職人 M，W によって生産されている。製品Aについては，1台当たり組立作業に6時間，調整作業に2時間が必要である。また，製品Bについては，組立作業に3時間，調整作業に5時間が必要である。いずれの作業も日をまたいで継続することができる。職人 M は組立作業のみに，職人 W は調整作業のみに従事し，かつ，これらの作業にかける時間は職人 M が1週間に18時間以内，職人 W が1週間に10時間以内と制限されている。4週間での製品 A，B の合計生産台数を最大にしたい。その合計生産台数を求めよ。　　[岩手大]

4週間でのAの生産台数を x，
Bの生産台数を y とすると

$x \geqq 0$ $\cdots\cdots$ ①，

$y \geqq 0$ $\cdots\cdots$ ②

職人Mが組立作業にかかる時間は，条件から

$$6x+3y \leqq 18 \times 4$$

すなわち　$2x+y \leqq 24$ $\cdots\cdots$ ③

職人Wが調整作業にかかる時間は，条件から

$$2x+5y \leqq 10 \times 4$$

すなわち　$2x+5y \leqq 40$ $\cdots\cdots$ ④

連立方程式 $2x+y=24$，$2x+5y=40$ の解は

$$x=10, \quad y=4$$

	組立	調整
A1台	6時間	2時間
B1台	3時間	5時間

連立不等式 ①~④ の表す領域 D は、
右の図の斜線部分である。
ただし、境界線を含む。
ここで、合計生産台数を k とすると
$$x+y=k \quad \cdots\cdots ⑤$$
⑤ は傾きが -1、y 切片が k の直線
を表す。

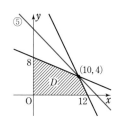

この直線 ⑤ が領域 D と共有点をもつときの k の値の最大値を
求めればよい。
図から、直線 ⑤ が点 $(10,\ 4)$ を通るとき、k の値は最大にな
る。
このとき $\quad k=10+4=14$
したがって、合計生産台数は最大 **14 台**である。

⬅ $2x+y\le 24$ から
$$y\le -2x+24$$
$\quad 2x+5y\le 40$ から
$$y\le -\frac{2}{5}x+8$$

⬅ 直線 ⑤ は k の値の増
加とともに上の方に移
動する。

5章

EX

**EX
⑤73** $x,\ y$ が 3 つの不等式 $4x+y\le 9$、$x+2y\ge 4$、$2x-3y\ge -6$ を同時に満たすとき、x^2+y^2 の最
大値と最小値を求めよ。 〔類 京都大〕

連立方程式 $4x+y=9$、$x+2y=4$ の解は
$$x=2,\ y=1$$
連立方程式 $4x+y=9$、$2x-3y=-6$ の解は
$$x=\frac{3}{2},\ y=3$$
連立方程式 $x+2y=4$、$2x-3y=-6$ の解は
$$x=0,\ y=2$$
与えられた連立不等式の表す領域
D は、3 点 $(2,\ 1)$、$\left(\dfrac{3}{2},\ 3\right)$、
$(0,\ 2)$ を頂点とする三角形の周お
よび内部である。
$$x^2+y^2=k \quad (k>0) \quad \cdots\cdots ①$$
とおくと、これは原点中心、半径
$\sqrt{k}$ の円を表す。
この円 ① が領域 D と共有点をもつときの k の値の最大値、最
小値を求めればよい。
図から、k の値が最大になるのは、円 ① が点 $\left(\dfrac{3}{2},\ 3\right)$ を通る
ときである。
このとき $\quad k=\left(\dfrac{3}{2}\right)^2+3^2=\dfrac{45}{4}$
また、図から、k の値が最小になるのは、円 ① が直線
$x+2y=4 \quad \cdots\cdots ②$ に $0\le x\le 2$ の範囲で接するときである。

⬅ 境界線となる直線の
交点の座標を求めてい
る。

⬅ $4x+y\le 9$ から
$$y\le -4x+9$$
$\quad$ [直線および下側]
$\quad x+2y\ge 4$ から
$$y\ge -\frac{1}{2}x+2$$
$\quad$ [直線および上側]
$\quad 2x-3y\ge -6$ から
$$y\le \frac{2}{3}x+2$$
$\quad$ [直線および下側]

このとき，円 ① の中心 $(0, 0)$ と直線 ② の距離が円の半径 $\sqrt{k}$ に等しいから

$$\frac{|-4|}{\sqrt{1^2+2^2}}=\sqrt{k} \quad \text{すなわち} \quad \frac{4}{\sqrt{5}}=\sqrt{k}$$

両辺は負でないから，両辺を 2 乗して $\quad k=\dfrac{16}{5}$

このときの接点の座標は，原点を通り，直線 ② に垂直な直線 $y=2x$ …… ③ と，直線 ② の交点であるから，②，③ を連立して解いて $\quad x=\dfrac{4}{5}, \ y=\dfrac{8}{5}$

これは，$0 \leqq x \leqq 2$ を満たす。

よって $\quad x=\dfrac{3}{2}, \ y=3$ のとき **最大値** $\dfrac{45}{4}$

$\qquad\qquad x=\dfrac{4}{5}, \ y=\dfrac{8}{5}$ のとき **最小値** $\dfrac{16}{5}$

◀ 円と直線が接する
$\Longleftrightarrow$ （円の中心と直線の距離）＝（半径）

別解 ①，② から x を消去して y の 2 次方程式を作り，判別式 $D=0$ から k の値を求めてもよい。

垂直 $\Longleftrightarrow$ 傾きの積が -1

TR
①**114**
次の角の動径 OP を図示し，その動径 OP の表す角を $\theta = \alpha + 360° \times n$ (n は整数，$0° \leqq \alpha < 360°$) で表せ。また，それぞれ第何象限の角か。

(1) 670°　　　(2) −600°　　　(3) 930°　　　(4) −1030°

(1) $670° = 310° + 360°$ ［図］
　　よって　$310° + 360° \times n$，第 4 象限の角

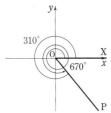

(2) $-600° = 120° + 360° \times (-2)$ ［図］
　　よって　$120° + 360° \times n$，第 2 象限の角

(3) $930° = 210° + 360° \times 2$ ［図］
　　よって　$210° + 360° \times n$，第 3 象限の角

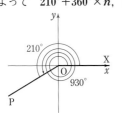

(4) $-1030° = 50° + 360° \times (-3)$ ［図］
　　よって　$50° + 360° \times n$，第 1 象限の角

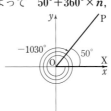

6章
TR

TR
①**115**
(1) 次の角を，度数法は弧度法で，弧度法は度数法で表せ。

　(ア) 18°　　　(イ) 480°　　　(ウ) $\dfrac{\pi}{12}$　　　(エ) $\dfrac{7}{15}\pi$

(2) 次のような扇形の弧の長さと面積を求めよ。

　(ア) 半径 2，中心角 $\dfrac{5}{4}\pi$　　　(イ) 半径 6，中心角 60°

(1) (ア) $18° = 18 \times \dfrac{\pi}{180} = \dfrac{\pi}{10}$　　(イ) $480° = 480 \times \dfrac{\pi}{180} = \dfrac{8}{3}\pi$　　│ $\pi = 180°$，$1° = \dfrac{\pi}{180}$

　　(ウ) $\dfrac{\pi}{12} = \dfrac{1}{12} \times 180° = \mathbf{15°}$　　(エ) $\dfrac{7}{15}\pi = \dfrac{7}{15} \times 180° = \mathbf{84°}$

(2) (ア) 弧の長さ　　$2 \cdot \dfrac{5}{4}\pi = \dfrac{5}{2}\pi$　　│ $l = r\theta$，$S = \dfrac{1}{2}r^2\theta = \dfrac{1}{2}lr$

　　　　扇形の面積　　$\dfrac{1}{2} \cdot 2^2 \cdot \dfrac{5}{4}\pi = \dfrac{5}{2}\pi$　　│ ⬅ または $\dfrac{1}{2} \cdot \dfrac{5}{2}\pi \cdot 2$

　　(イ) $60° = \dfrac{60}{180}\pi = \dfrac{\pi}{3}$　　│ ⬅ 弧度法に直す。
　　　　　　　　　　　　　　　　　　　　　　│ （弧の長さ）$= 6 \times 60°$ と
　　　　　　　　　　　　　　　　　　　　　　│ するのは誤りである。

　　　　弧の長さ　　$6 \cdot \dfrac{\pi}{3} = 2\pi$

　　　　扇形の面積　　$\dfrac{1}{2} \cdot 6^2 \cdot \dfrac{\pi}{3} = 6\pi$　　│ ⬅ または $\dfrac{1}{2} \cdot 2\pi \cdot 6$

TR
①116 次の θ について，$\sin\theta$，$\cos\theta$，$\tan\theta$ の値を，それぞれ求めよ。

(1) $\theta=\dfrac{5}{4}\pi$ (2) $\theta=-\dfrac{5}{6}\pi$ (3) $\theta=\dfrac{11}{3}\pi$ (4) $\theta=-3\pi$

(1) 右の図で，円の半径が $r=\sqrt{2}$ のとき，点Pの座標は $(-1,\ -1)$ であるから

$$\sin\frac{5}{4}\pi=\frac{-1}{\sqrt{2}}=-\frac{1}{\sqrt{2}}$$

$$\cos\frac{5}{4}\pi=\frac{-1}{\sqrt{2}}=-\frac{1}{\sqrt{2}}$$

$$\tan\frac{5}{4}\pi=\frac{-1}{-1}=1$$

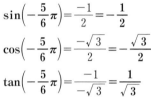

$\Leftarrow \dfrac{5}{4}\pi=\pi+\dfrac{\pi}{4}$
であるから，図で
$$\angle\mathrm{POQ}=\dfrac{\pi}{4}$$
$r=\sqrt{2}$，$x=-1$，$y=-1$ を定義の式に代入する。

(2) 右の図で，円の半径が $r=2$ のとき，点Pの座標は $(-\sqrt{3},\ -1)$ であるから

$$\sin\left(-\frac{5}{6}\pi\right)=\frac{-1}{2}=-\frac{1}{2}$$

$$\cos\left(-\frac{5}{6}\pi\right)=\frac{-\sqrt{3}}{2}=-\frac{\sqrt{3}}{2}$$

$$\tan\left(-\frac{5}{6}\pi\right)=\frac{-1}{-\sqrt{3}}=\frac{1}{\sqrt{3}}$$

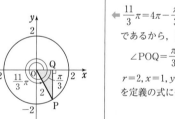

$\Leftarrow -\dfrac{5}{6}\pi=-\pi+\dfrac{\pi}{6}$
であるから，図で
$$\angle\mathrm{POQ}=\dfrac{\pi}{6}$$
$r=2$，$x=-\sqrt{3}$，$y=-1$ を定義の式に代入する。

(3) 右の図で，円の半径が $r=2$ のとき，点Pの座標は $(1,\ -\sqrt{3})$ であるから

$$\sin\frac{11}{3}\pi=\frac{-\sqrt{3}}{2}=-\frac{\sqrt{3}}{2}$$

$$\cos\frac{11}{3}\pi=\frac{1}{2}$$

$$\tan\frac{11}{3}\pi=\frac{-\sqrt{3}}{1}=-\sqrt{3}$$

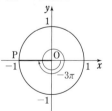

$\Leftarrow \dfrac{11}{3}\pi=4\pi-\dfrac{\pi}{3}$
であるから，図で
$$\angle\mathrm{POQ}=\dfrac{\pi}{3}$$
$r=2$，$x=1$，$y=-\sqrt{3}$ を定義の式に代入する。

(4) 右の図で，円の半径が $r=1$ のとき，点Pの座標は $(-1,\ 0)$ であるから

$$\sin(-3\pi)=\frac{0}{1}=0$$

$$\cos(-3\pi)=\frac{-1}{1}=-1$$

$$\tan(-3\pi)=\frac{0}{-1}=0$$

$\Leftarrow -3\pi=-2\pi-\pi$
であるから，動径は x 軸の負の部分に一致する。$r=1$，$x=-1$，$y=0$ を定義の式に代入する。

TR
②117 $\sin\theta$，$\cos\theta$，$\tan\theta$ のうち，1つが次のように与えられたとき，他の2つの値を求めよ。ただし，[ ]内は θ の動径が属する象限を示す。

(1) $\cos\theta=\dfrac{12}{13}$ [第4象限] (2) $\tan\theta=2\sqrt{2}$ [第3象限]

(1) $\sin^2\theta+\cos^2\theta=1$ から $\sin^2\theta=1-\cos^2\theta=1-\left(\dfrac{12}{13}\right)^2=\left(\dfrac{5}{13}\right)^2$

θ の動径は第 4 象限にあるから $\sin\theta<0$

よって $\boldsymbol{\sin\theta=-\sqrt{\left(\dfrac{5}{13}\right)^2}=-\dfrac{5}{13}}$

また $\boldsymbol{\tan\theta}=\dfrac{\sin\theta}{\cos\theta}=-\dfrac{5}{13}\div\dfrac{12}{13}$

$\qquad\qquad =-\dfrac{5}{13}\times\dfrac{13}{12}=-\dfrac{5}{12}$

(2) $1+\tan^2\theta=\dfrac{1}{\cos^2\theta}$ から $\dfrac{1}{\cos^2\theta}=1+(2\sqrt{2})^2=9$

よって $\cos^2\theta=\dfrac{1}{9}$

θ の動径は第 3 象限にあるから $\cos\theta<0$

ゆえに $\boldsymbol{\cos\theta=-\dfrac{1}{3}}$

また $\boldsymbol{\sin\theta}=\cos\theta\tan\theta=-\dfrac{1}{3}\cdot2\sqrt{2}=-\dfrac{2\sqrt{2}}{3}$

別解 図をかいて求める。

(1) $\cos\theta=\dfrac{12}{13}\left(\dfrac{x}{r}\right)$

P(12, −5)

(2) $\tan\theta=\dfrac{-2\sqrt{2}}{-1}\left(\dfrac{y}{x}\right)$

P(−1, −2√2)

TR
③**118** (1) $\sin\theta+\cos\theta=\dfrac{1}{\sqrt{5}}$ のとき,$\sin\theta\cos\theta$,$\sin^3\theta+\cos^3\theta$,$\tan\theta+\dfrac{1}{\tan\theta}$ の値を求めよ。

　　　　　　　　　　　　　　　　　　　　　　　　　　　　[類 東京薬大]

(2) $\sin\theta-\cos\theta=\dfrac{1}{2}$ のとき,$\sin\theta\cos\theta$,$\sin^3\theta-\cos^3\theta$ の値を求めよ。 [埼玉工大]

(1) $\sin\theta+\cos\theta=\dfrac{1}{\sqrt{5}}$ の両辺を 2 乗すると

$\qquad\qquad \sin^2\theta+2\sin\theta\cos\theta+\cos^2\theta=\dfrac{1}{5}$

$\sin^2\theta+\cos^2\theta=1$ であるから $1+2\sin\theta\cos\theta=\dfrac{1}{5}$

したがって $\boldsymbol{\sin\theta\cos\theta}=\left(\dfrac{1}{5}-1\right)\div2=-\dfrac{2}{5}$,

$\boldsymbol{\sin^3\theta+\cos^3\theta}=(\sin\theta+\cos\theta)^3-3\sin\theta\cos\theta(\sin\theta+\cos\theta)$

$\qquad\qquad =\left(\dfrac{1}{\sqrt{5}}\right)^3-3\left(-\dfrac{2}{5}\right)\cdot\dfrac{1}{\sqrt{5}}$

$\qquad\qquad =\dfrac{1}{5\sqrt{5}}+\dfrac{6}{5\sqrt{5}}=\dfrac{7}{5\sqrt{5}}=\dfrac{7\sqrt{5}}{25}$,

$\boldsymbol{\tan\theta+\dfrac{1}{\tan\theta}}=\dfrac{\sin\theta}{\cos\theta}+\dfrac{\cos\theta}{\sin\theta}=\dfrac{\sin^2\theta+\cos^2\theta}{\sin\theta\cos\theta}$

$\qquad\qquad =1\div\left(-\dfrac{2}{5}\right)=-\dfrac{5}{2}$

(2) $\sin\theta-\cos\theta=\dfrac{1}{2}$ の両辺を 2 乗すると

$\qquad\qquad \sin^2\theta-2\sin\theta\cos\theta+\cos^2\theta=\dfrac{1}{4}$

$\sin^2\theta+\cos^2\theta=1$ であるから $1-2\sin\theta\cos\theta=\dfrac{1}{4}$

CHART
$\sin\theta$ と $\cos\theta$ の対称式
基本対称式
　　$\sin\theta+\cos\theta$,
　　$\sin\theta\cos\theta$
で表す

$\Leftarrow \sin^3\theta+\cos^3\theta$
$=(\sin\theta+\cos\theta)\times$
$\quad(\sin^2\theta-\sin\theta\cos\theta+\cos^2\theta)$
$=\dfrac{1}{\sqrt{5}}\left\{1-\left(-\dfrac{2}{5}\right)\right\}$
$=\dfrac{7\sqrt{5}}{25}$
でもよい。

したがって $\quad \sin\theta\cos\theta = \left(1 - \dfrac{1}{4}\right) \div 2 = \dfrac{3}{8}$,

$\sin^3\theta - \cos^3\theta = (\sin\theta - \cos\theta)(\sin^2\theta + \sin\theta\cos\theta + \cos^2\theta)$

$\Leftarrow a^3 - b^3$
$= (a-b)(a^2+ab+b^2)$

$\quad = (\sin\theta - \cos\theta)(1 + \sin\theta\cos\theta) = \dfrac{1}{2}\left(1 + \dfrac{3}{8}\right) = \dfrac{11}{16}$

(参考) $\quad a^3 + b^3 = (a+b)^3 - 3ab(a+b)$ で b を $-b$ とおき換えると

$\qquad\qquad a^3 - b^3 = (a-b)^3 + 3ab(a-b)$

これを利用すると $\quad \sin^3\theta - \cos^3\theta = (\sin\theta - \cos\theta)^3 + 3\sin\theta\cos\theta(\sin\theta - \cos\theta)$

$\qquad\qquad\qquad\qquad = \left(\dfrac{1}{2}\right)^3 + 3 \cdot \dfrac{3}{8} \cdot \dfrac{1}{2} = \dfrac{1}{8} + \dfrac{9}{16} = \dfrac{11}{16}$

TR
③**119** 次の等式を証明せよ。

(1) $\tan^2\theta - \cos^2\theta = \sin^2\theta + (\tan^4\theta - 1)\cos^2\theta$

(2) $\dfrac{\cos^2\theta - \sin^2\theta}{1 + 2\sin\theta\cos\theta} = \dfrac{1 - \tan\theta}{1 + \tan\theta}$

(3) $\dfrac{1 - \sin\theta}{\cos\theta} + \dfrac{\cos\theta}{1 - \sin\theta} = \dfrac{2}{\cos\theta}$

(1) $\tan^2\theta - \cos^2\theta - \sin^2\theta - (\tan^4\theta - 1)\cos^2\theta$

$\Leftarrow$ (左辺) − (右辺) = 0
を示す。$\tan\theta = \dfrac{\sin\theta}{\cos\theta}$
を利用して $\tan\theta$ を消
去する方針。

$\quad = \dfrac{\sin^2\theta}{\cos^2\theta} - \cos^2\theta - \sin^2\theta - \left(\dfrac{\sin^4\theta}{\cos^4\theta} - 1\right)\cos^2\theta$

$\quad = \dfrac{\sin^2\theta}{\cos^2\theta} - \cos^2\theta - \sin^2\theta - \dfrac{\sin^4\theta}{\cos^2\theta} + \cos^2\theta$

$\quad = \dfrac{\sin^2\theta(1 - \sin^2\theta)}{\cos^2\theta} - \sin^2\theta = \dfrac{\sin^2\theta\cos^2\theta}{\cos^2\theta} - \sin^2\theta = 0$

$\Leftarrow \dfrac{\sin^2\theta\cancel{\cos^2\theta}}{\cancel{\cos^2\theta}} = \sin^2\theta$

よって $\quad \tan^2\theta - \cos^2\theta = \sin^2\theta + (\tan^4\theta - 1)\cos^2\theta$

別解 (左辺) − (右辺)

$\quad = \tan^2\theta - \cos^2\theta - \sin^2\theta - (\tan^2\theta + 1)(\tan^2\theta - 1)\cos^2\theta$

$\Leftarrow \tan^4\theta - 1$ を因数分解。

$\quad = \tan^2\theta - \cos^2\theta - \sin^2\theta - \dfrac{1}{\cos^2\theta} \cdot (\tan^2\theta - 1)\cos^2\theta$

$\Leftarrow \tan^2\theta + 1 = \dfrac{1}{\cos^2\theta}$

$\quad = \tan^2\theta - (\sin^2\theta + \cos^2\theta) - \tan^2\theta + 1 = -1 + 1 = 0$

したがって (左辺) = (右辺)

(2) $\dfrac{\cos^2\theta - \sin^2\theta}{1 + 2\sin\theta\cos\theta} = \dfrac{(\cos\theta + \sin\theta)(\cos\theta - \sin\theta)}{(\cos\theta + \sin\theta)^2}$

$\Leftarrow$ 複雑な方の左辺を変
形して，右辺を導く。
なお，
$\quad (\sin\theta + \cos\theta)^2$
$= \sin^2\theta + 2\sin\theta\cos\theta$
$\qquad\qquad + \cos^2\theta$
$= 1 + 2\sin\theta\cos\theta$
を利用する。

$\qquad\qquad = \dfrac{\cos\theta - \sin\theta}{\cos\theta + \sin\theta} = \dfrac{1 - \dfrac{\sin\theta}{\cos\theta}}{1 + \dfrac{\sin\theta}{\cos\theta}} = \dfrac{1 - \tan\theta}{1 + \tan\theta}$

よって $\quad \dfrac{\cos^2\theta - \sin^2\theta}{1 + 2\sin\theta\cos\theta} = \dfrac{1 - \tan\theta}{1 + \tan\theta}$

(3) $\dfrac{1 - \sin\theta}{\cos\theta} + \dfrac{\cos\theta}{1 - \sin\theta} = \dfrac{(1 - \sin\theta)^2 + \cos^2\theta}{\cos\theta(1 - \sin\theta)}$

$\Leftarrow$ 複雑な方の左辺を変
形して，右辺を導く。
分数式の和であるから，
通分 する。

$\quad = \dfrac{1 - 2\sin\theta + \sin^2\theta + \cos^2\theta}{\cos\theta(1 - \sin\theta)} = \dfrac{2(1 - \sin\theta)}{\cos\theta(1 - \sin\theta)} = \dfrac{2}{\cos\theta}$

よって $\quad \dfrac{1 - \sin\theta}{\cos\theta} + \dfrac{\cos\theta}{1 - \sin\theta} = \dfrac{2}{\cos\theta}$

TR 次の関数のグラフをかけ。また，その周期を求めよ。
①120　(1)　$y=\dfrac{1}{2}\cos\theta$　　(2)　$y=\tan 2\theta$　　(3)　$y=3\sin 4\theta$　　(4)　$y=2\cos\dfrac{\theta}{3}$

(1)　$y=\cos\theta$ のグラフを y 軸方向に $\dfrac{1}{2}$ 倍に縮小したものである。　〔図〕　周期は　**2π**

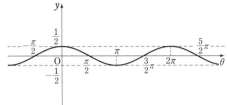

CHART
基本の
　$y=\sin\theta$
　$y=\cos\theta$
　$y=\tan\theta$
のグラフとの関係を調べ
てかく

(2)　$y=\tan\theta$ のグラフを θ 軸方向に $\dfrac{1}{2}$ 倍に縮小したものである。　〔図〕　周期は　**$\dfrac{\pi}{2}$**

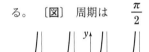

◀漸近線は，直線
$$\theta=\dfrac{1}{2}\left(\dfrac{\pi}{2}+n\pi\right)$$
すなわち　$\theta=\dfrac{\pi}{4}+\dfrac{n\pi}{2}$
（n は整数）

6章

TR

(3)　$y=\sin\theta$ のグラフを θ 軸方向に $\dfrac{1}{4}$ 倍に縮小し，y 軸方向に 3 倍に拡大したものである。　〔図〕　周期は　$\dfrac{2\pi}{4}=\dfrac{\pi}{2}$

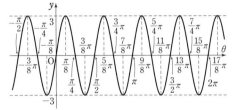

(3)　$y=a\sin k\theta$
$(a>0,\ k>0)$ のグラフ
$y=\sin\theta$ のグラフを θ
軸方向に $\dfrac{1}{k}$ 倍し，y 軸
方向に a 倍したものであ
る。また，周期は，a に
無関係で　$\dfrac{2\pi}{k}$

(4)　$y=\cos\theta$ のグラフを θ 軸方向に 3 倍に拡大し，y 軸方向に 2 倍に拡大したものである。　〔図〕　周期は　$3\times 2\pi=6\pi$

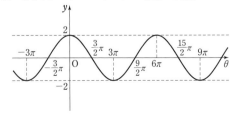

TR ① **121** 次の関数のグラフをかけ。また，その周期を求めよ。
(1) $y=\sin\left(\theta+\dfrac{\pi}{4}\right)$ (2) $y=\sin\theta-1$

(1) $y=\sin\theta$ のグラフを θ 軸方向に $-\dfrac{\pi}{4}$ だけ平行移動したものである。 ［図］ 周期は 2π

$\Leftarrow y=\sin\left\{\theta-\left(-\dfrac{\pi}{4}\right)\right\}$

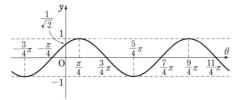

$\Leftarrow$ y 軸との交点の y 座標は，$\theta=0$ とおいて $y=\sin\dfrac{\pi}{4}=\dfrac{1}{\sqrt{2}}$

(2) $y=\sin\theta$ のグラフを y 軸方向に -1 だけ平行移動したものである。 ［図］ 周期は 2π

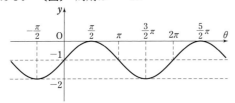

$\Leftarrow$ y 軸との交点の y 座標は，$\theta=0$ とおいて $y=\sin0-1=-1$

TR ③ **122** 関数 $y=\sin\left(2\theta-\dfrac{\pi}{3}\right)$ のグラフをかけ。また，その周期を求めよ。

$y=\sin\left(2\theta-\dfrac{\pi}{3}\right)$ すなわち $y=\sin2\left(\theta-\dfrac{\pi}{6}\right)$ のグラフは，

$y=\sin\theta$ のグラフを y 軸をもとに θ 軸方向に $\dfrac{1}{2}$ 倍に縮小し，

θ 軸方向に $\dfrac{\pi}{6}$ だけ平行移動したものである。 ［図］

周期は $\dfrac{2\pi}{2}=\pi$

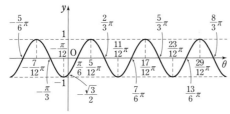

$y=\sin\theta$

$\downarrow$ θ 軸方向に $\dfrac{1}{2}$ 倍

$y=\sin2\theta$

$\downarrow$ θ 軸方向に $\dfrac{\pi}{6}$ だけ 平行移動

$y=\sin2\left(\theta-\dfrac{\pi}{6}\right)$

$=\sin\left(2\theta-\dfrac{\pi}{3}\right)$

注意 「$y=\sin2\theta$ のグラフを θ 軸方向に $\dfrac{\pi}{3}$ だけ平行移動」とするのは誤りである。

$\Leftarrow$ この場合，

$y=\sin2\left(\theta-\dfrac{\pi}{3}\right)$

$=\sin\left(2\theta-\dfrac{2}{3}\pi\right)$

となる。

TR
①**123** 次の値を，鋭角 $\left(0<\theta<\dfrac{\pi}{2}\right)$ の正弦・余弦・正接に直して求めよ。

(1) $\sin\left(-\dfrac{10}{3}\pi\right)$　　　　(2) $\cos\left(-\dfrac{19}{4}\pi\right)$　　　　(3) $\tan\dfrac{17}{6}\pi$

(1) $\sin\left(-\dfrac{10}{3}\pi\right)=-\sin\dfrac{10}{3}\pi$ 　　　　　　　　$\Leftarrow \sin(-\theta)=-\sin\theta$

$\qquad =-\sin\left(\dfrac{4}{3}\pi+2\pi\right)=-\sin\dfrac{4}{3}\pi$ 　　$\Leftarrow \sin(\theta+2\pi)=\sin\theta$

$\qquad =-\sin\left(\dfrac{\pi}{3}+\pi\right)=-\left(-\sin\dfrac{\pi}{3}\right)=\sin\dfrac{\pi}{3}=\dfrac{\sqrt{3}}{2}$ 　$\Leftarrow \sin(\theta+\pi)=-\sin\theta$

(2) $\cos\left(-\dfrac{19}{4}\pi\right)=\cos\dfrac{19}{4}\pi$ 　　　　　　　$\Leftarrow \cos(-\theta)=\cos\theta$

$\qquad =\cos\left(\dfrac{3}{4}\pi+2\cdot2\pi\right)=\cos\dfrac{3}{4}\pi$ 　$\Leftarrow \cos(\theta+2n\pi)=\cos\theta$

$\qquad =\cos\left(\dfrac{\pi}{4}+\dfrac{\pi}{2}\right)=-\sin\dfrac{\pi}{4}=-\dfrac{1}{\sqrt{2}}$ 　$\Leftarrow \cos\left(\theta+\dfrac{\pi}{2}\right)=-\sin\theta$

(3) $\tan\dfrac{17}{6}\pi=\tan\left(\dfrac{5}{6}\pi+2\pi\right)=\tan\dfrac{5}{6}\pi$ 　　$\Leftarrow \tan(\theta+n\pi)=\tan\theta$

$\qquad =\tan\left(\dfrac{\pi}{3}+\dfrac{\pi}{2}\right)=-\dfrac{1}{\tan\dfrac{\pi}{3}}=-\dfrac{1}{\sqrt{3}}$ 　$\Leftarrow \tan\left(\theta+\dfrac{\pi}{2}\right)=-\dfrac{1}{\tan\theta}$

6章

T R

TR
①**124** $0\leqq\theta<2\pi$ のとき，次の等式を満たす θ の値を求めよ。

(1) $\sin\theta=\dfrac{\sqrt{3}}{2}$　　　　(2) $\cos\theta=-\dfrac{1}{\sqrt{2}}$　　　　(3) $\tan\theta=-1$

(1) 直線 $y=\dfrac{\sqrt{3}}{2}$ と単位円の交点を P，Q とすると，求める θ

は，動径 OP，OQ の表す角であるから　　$\theta=\dfrac{\pi}{3},\ \dfrac{2}{3}\pi$

(2) 直線 $x=-\dfrac{1}{\sqrt{2}}$ と単位円の交点を P，Q とすると，求める

θ は，動径 OP，OQ の表す角であるから　　$\theta=\dfrac{3}{4}\pi,\ \dfrac{5}{4}\pi$

(3) 点 T$(1,\ -1)$ をとり，直線 OT と単位円の交点を P，Q と
すると，求める θ は，動径 OP，OQ の表す角であるから

$\qquad\qquad \theta=\dfrac{3}{4}\pi,\ \dfrac{7}{4}\pi$

(1)

(2)

(3)

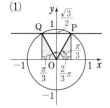

TR ③**125** $0 \leqq \theta < 2\pi$ のとき，次の方程式を解け。
(1) $2\cos^2\theta - \sqrt{3}\sin\theta + 1 = 0$
(2) $2\sin^2\theta + \cos\theta - 2 = 0$

(1) $\sin^2\theta + \cos^2\theta = 1$ より，$\cos^2\theta = 1 - \sin^2\theta$ であるから
$$2(1 - \sin^2\theta) - \sqrt{3}\sin\theta + 1 = 0$$

整理すると $2\sin^2\theta + \sqrt{3}\sin\theta - 3 = 0$

$\sin\theta = t$ とおくと，$0 \leqq \theta < 2\pi$ であるから $-1 \leqq t \leqq 1$

方程式は $2t^2 + \sqrt{3}t - 3 = 0$

左辺を因数分解して $(t + \sqrt{3})(2t - \sqrt{3}) = 0$

$-1 \leqq t \leqq 1$ であるから $t + \sqrt{3} > 0$

ゆえに $2t - \sqrt{3} = 0$

よって $t = \dfrac{\sqrt{3}}{2}$

すなわち $\sin\theta = \dfrac{\sqrt{3}}{2}$

$0 \leqq \theta < 2\pi$ の範囲でこれを解くと
$$\theta = \frac{\pi}{3},\ \frac{2}{3}\pi$$

CHART 相互関係の公式で1種類に統一

← $\cos\theta$ を消去。

← t とおかないで，直接
$(\sin\theta + \sqrt{3})(2\sin\theta - \sqrt{3})$
$= 0$ としてもよい。

$$\begin{matrix} 1 & \diagdown & \sqrt{3} & \to & 2\sqrt{3} \\ 2 & \diagup & -\sqrt{3} & \to & -\sqrt{3} \\ \hline 2 & & -3 & & \sqrt{3} \end{matrix}$$

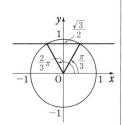

← 直線 $y = \dfrac{\sqrt{3}}{2}$ と単位円の交点を考える。

(2) $\sin^2\theta + \cos^2\theta = 1$ より，$\sin^2\theta = 1 - \cos^2\theta$ であるから
$$2(1 - \cos^2\theta) + \cos\theta - 2 = 0$$

整理すると $2\cos^2\theta - \cos\theta = 0$

ゆえに $\cos\theta(2\cos\theta - 1) = 0$ よって $\cos\theta = 0,\ \dfrac{1}{2}$

$0 \leqq \theta < 2\pi$ の範囲でこれを解くと

$\cos\theta = 0$ から $\theta = \dfrac{\pi}{2},\ \dfrac{3}{2}\pi$

$\cos\theta = \dfrac{1}{2}$ から $\theta = \dfrac{\pi}{3},\ \dfrac{5}{3}\pi$

よって $\theta = \dfrac{\pi}{3},\ \dfrac{\pi}{2},\ \dfrac{3}{2}\pi,\ \dfrac{5}{3}\pi$

← $\sin\theta$ を消去。

← $\cos\theta = t$ とおかずに計算している。

← 直線 $x = 0$ (y 軸)，
$x = \dfrac{1}{2}$ と単位円の交点を考える。
図は，$\cos\theta = \dfrac{1}{2}$ の解についてのもの。

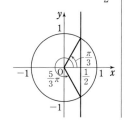

TR ②**126** $0 \leqq \theta < 2\pi$ のとき，次の不等式を満たす θ の値の範囲を求めよ。
(1) $\sin\theta < -\dfrac{1}{2}$
(2) $\sin\theta \geqq \dfrac{1}{\sqrt{2}}$
(3) $\cos\theta \leqq \dfrac{\sqrt{3}}{2}$
(4) $\tan\theta \geqq \dfrac{1}{\sqrt{3}}$

(1) $\sin\theta = -\dfrac{1}{2}$ を満たす θ の値は

$0 \leqq \theta < 2\pi$ で $\theta = \dfrac{7}{6}\pi,\ \dfrac{11}{6}\pi$

単位円において θ の動径を OP とするとき，点 P の y 座標が $-\dfrac{1}{2}$ より小さくなるような θ の値の範囲を求めて
$$\frac{7}{6}\pi < \theta < \frac{11}{6}\pi$$

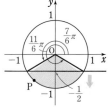

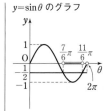

$y = \sin\theta$ のグラフ

(2) $\sin\theta = \dfrac{1}{\sqrt{2}}$ を満たす θ の値は

$0 \leqq \theta < 2\pi$ で $\theta = \dfrac{\pi}{4}, \dfrac{3}{4}\pi$

単位円において θ の動径を OP と

するとき，点Pの y 座標が $\dfrac{1}{\sqrt{2}}$

以上になるような θ の値の範囲

を求めて $\dfrac{\pi}{4} \leqq \theta \leqq \dfrac{3}{4}\pi$

$y = \sin\theta$ のグラフ

(3) $\cos\theta = \dfrac{\sqrt{3}}{2}$ を満たす θ の値は

$0 \leqq \theta < 2\pi$ で $\theta = \dfrac{\pi}{6}, \dfrac{11}{6}\pi$

単位円において θ の動径を OP と

するとき，点Pの x 座標が $\dfrac{\sqrt{3}}{2}$

以下になるような θ の値の範囲を求めて $\dfrac{\pi}{6} \leqq \theta \leqq \dfrac{11}{6}\pi$

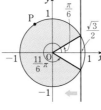

$y = \cos\theta$ のグラフ

6章

TR

(4) $\tan\theta = \dfrac{1}{\sqrt{3}}$ を満たす θ の値は

$0 \leqq \theta < 2\pi$ で $\theta = \dfrac{\pi}{6}, \dfrac{7}{6}\pi$

直線 $x = 1$ 上の点Tの y 座標が

$\dfrac{1}{\sqrt{3}}$ 以上になるような θ の値の

範囲を求めて

$\dfrac{\pi}{6} \leqq \theta < \dfrac{\pi}{2}, \dfrac{7}{6}\pi \leqq \theta < \dfrac{3}{2}\pi$

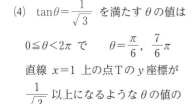

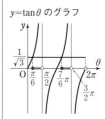

$y = \tan\theta$ のグラフ

$\Leftarrow \theta \neq \dfrac{\pi}{2}, \dfrac{3}{2}\pi$ に注意。

TR
③**127** $0 \leqq \theta < 2\pi$ のとき，次の不等式を解け。

(1) $2\cos^2\theta + 2 \geqq 7\sin\theta$ (2) $2\sin^2\theta + 5\cos\theta > 4$

(1) $\sin^2\theta + \cos^2\theta = 1$ より，$\cos^2\theta = 1 - \sin^2\theta$ であるから

$\qquad 2(1 - \sin^2\theta) + 2 \geqq 7\sin\theta$

よって $2\sin^2\theta + 7\sin\theta - 4 \leqq 0$

ゆえに $(\sin\theta + 4)(2\sin\theta - 1) \leqq 0$

$-1 \leqq \sin\theta \leqq 1$ であるから，

$\sin\theta + 4 > 0$ は常に成り立つ。

$2\sin\theta - 1 \leqq 0^{(*)}$ から $\sin\theta \leqq \dfrac{1}{2}$

$0 \leqq \theta < 2\pi$ であるから

$\qquad 0 \leqq \theta \leqq \dfrac{\pi}{6}, \dfrac{5}{6}\pi \leqq \theta < 2\pi$

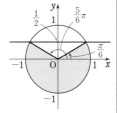

$\Leftarrow \cos\theta$ を消去。

$\Leftarrow \sin\theta = t$ とおくと

$2t^2 + 7t - 4 \leqq 0$

$(t + 4)(2t - 1) \leqq 0$

$(*)$ $AB \leqq 0$ のとき
$A > 0$ ならば $B \leqq 0$

(2) $\sin^2\theta+\cos^2\theta=1$ より, $\sin^2\theta=1-\cos^2\theta$ であるから

$$2(1-\cos^2\theta)+5\cos\theta>4$$

整理すると $\qquad 2\cos^2\theta-5\cos\theta+2<0$

ゆえに $\qquad (\cos\theta-2)(2\cos\theta-1)<0$

$-1\leqq\cos\theta\leqq1$ であるから,

$\cos\theta-2<0$ は常に成り立つ。

よって $\qquad 2\cos\theta-1>0$ …… (＊＊)

すなわち $\quad \cos\theta>\dfrac{1}{2}$

$0\leqq\theta<2\pi$ であるから

$$0\leqq\theta<\dfrac{\pi}{3},\ \ \dfrac{5}{3}\pi<\theta<2\pi$$

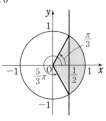

← $\sin\theta$ を消去。

← $\cos\theta=t$ とおくと
$2t^2-5t+2<0$
$(t-2)(2t-1)<0$

$$\begin{array}{ccc}1 & -2 & \longrightarrow & -4 \\ 2 & -1 & \longrightarrow & -1 \\ \hline 2 & 2 & & -5\end{array}$$

← $\cos\theta=\dfrac{1}{2}$ を満たす

θ の値は $\theta=\dfrac{\pi}{3},\ \dfrac{5}{3}\pi$

(＊＊) $AB<0$ のとき

$A<0$ ならば $B>0$

TR
③**128**
★ $0\leqq\theta<2\pi$ のとき, 次の方程式・不等式を解け。

(1) $\cos\left(\theta+\dfrac{\pi}{4}\right)=-\dfrac{\sqrt{3}}{2}$ 　　　　(2) $2\sin2\theta>\sqrt{3}$

(1) $\theta+\dfrac{\pi}{4}=t$ とおくと, $0\leqq\theta<2\pi$ から

$$\dfrac{\pi}{4}\leqq\theta+\dfrac{\pi}{4}<2\pi+\dfrac{\pi}{4}$$

すなわち $\quad \dfrac{\pi}{4}\leqq t<\dfrac{9}{4}\pi$

この範囲で $\cos t=-\dfrac{\sqrt{3}}{2}$ を解くと

$$t=\dfrac{5}{6}\pi,\ \dfrac{7}{6}\pi$$

$t=\dfrac{5}{6}\pi$ すなわち $\theta+\dfrac{\pi}{4}=\dfrac{5}{6}\pi$ から $\qquad \theta=\dfrac{7}{12}\pi$

$t=\dfrac{7}{6}\pi$ すなわち $\theta+\dfrac{\pi}{4}=\dfrac{7}{6}\pi$ から $\qquad \theta=\dfrac{11}{12}\pi$

したがって $\qquad \theta=\dfrac{7}{12}\pi,\ \dfrac{11}{12}\pi$

(2) $2\theta=t$ とおくと, $0\leqq\theta<2\pi$ から

$$0\leqq2\theta<2\cdot2\pi \quad すなわち \quad 0\leqq t<4\pi$$

この範囲で $2\sin t>\sqrt{3}$ すなわち

$\sin t>\dfrac{\sqrt{3}}{2}$ を解くと

$$\dfrac{\pi}{3}<t<\dfrac{2}{3}\pi,\ \ \dfrac{7}{3}\pi<t<\dfrac{8}{3}\pi$$

よって $\quad \dfrac{\pi}{3}<2\theta<\dfrac{2}{3}\pi,\ \ \dfrac{7}{3}\pi<2\theta<\dfrac{8}{3}\pi$

ゆえに $\quad \dfrac{\pi}{6}<\theta<\dfrac{\pi}{3},\ \ \dfrac{7}{6}\pi<\theta<\dfrac{4}{3}\pi$

CHART

変数のおき換え
変域が変わることに注意

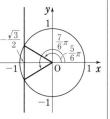

← 与えられた方程式を,
t で表したもの。

← θ の値に直す。
$\theta=t-\dfrac{\pi}{4}$

← 解をまとめる。

← t の値の範囲の幅は
4π（2回転）である。

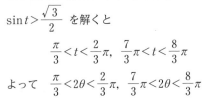

← θ の値の範囲に直す
ために, 各辺を2で割
る。

(参考) (1) $y=\cos t \left(\dfrac{\pi}{4} \leqq t < \dfrac{9}{4}\pi\right)$ のグラフ (2) $y=\sin t$ $(0 \leqq t < 4\pi)$ のグラフ

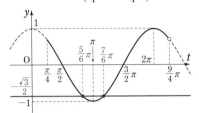
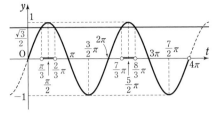

TR ★ 次の関数の最大値と最小値およびそのときの θ の値を求めよ。
③**129** (1) $y=2\sin\theta-\cos^2\theta$ $(0 \leqq \theta < 2\pi)$ 〔類 山形大〕
　　　(2) $y=2\tan^2\theta+4\tan\theta+5$ $(0 \leqq \theta < 2\pi)$

(1) $\sin^2\theta+\cos^2\theta=1$ より, $\cos^2\theta=1-\sin^2\theta$ であるから
$$y=2\sin\theta-(1-\sin^2\theta)$$
$$=\sin^2\theta+2\sin\theta-1$$
$\sin\theta=t$ とおくと, $0 \leqq \theta < 2\pi$ であるから 　$-1 \leqq t \leqq 1$
このとき 　$y=t^2+2t-1$
$$=(t^2+2t+1^2)-1^2-1$$
$$=(t+1)^2-2$$
$-1 \leqq t \leqq 1$ の範囲において, y は
　$t=1$ のとき 　最大値 　2
　$t=-1$ のとき最小値 -2 　をとる。
また, $0 \leqq \theta < 2\pi$ であるから

　$t=1$ となるのは, $\sin\theta=1$ より $\theta=\dfrac{\pi}{2}$

　$t=-1$ となるのは, $\sin\theta=-1$ より $\theta=\dfrac{3}{2}\pi$ のとき。

よって, $\theta=\dfrac{\pi}{2}$ のとき最大値2, $\theta=\dfrac{3}{2}\pi$ のとき最小値 -2

(2) $\tan\theta=t$ とおくと, $0 \leqq \theta < 2\pi$ のとき, $\tan\theta$ はすべての実
数値をとりうるから, t もすべての実数値をとる。
　このとき 　$y=2t^2+4t+5$
$$=2(t^2+2t)+5$$
$$=2(t+1)^2-2\cdot1^2+5$$
$$=2(t+1)^2+3$$
よって, y は $t=-1$ のとき最小値3
をとる。なお, 最大値はない。
また, $0 \leqq \theta < 2\pi$ であるから

　$t=-1$ となるのは, $\tan\theta=-1$ より $\theta=\dfrac{3}{4}\pi$, $\dfrac{7}{4}\pi$ のとき。

したがって, $\theta=\dfrac{3}{4}\pi$, $\dfrac{7}{4}\pi$ のとき最小値3；最大値はない。

CHART おき換えで
2次関数の最大・最小の
問題にもちこむ

◀ 変域を書き直してお
く。

2次式は基本形に直す

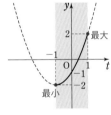

定義域が実数全体のとき
下に凸の放物線
→ 頂点で最小
　　　最大値はない

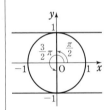

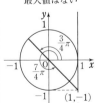

6章

TR

TR ① 130 $\sin 105°$, $\cos 75°$, $\tan 15°$ の値を求めよ。　　　　　　　　　　　　　[類 京都産大]

$$\sin 105° = \sin(60° + 45°) = \sin 60° \cos 45° + \cos 60° \sin 45°$$
$$= \frac{\sqrt{3}}{2} \cdot \frac{1}{\sqrt{2}} + \frac{1}{2} \cdot \frac{1}{\sqrt{2}} = \frac{\sqrt{6} + \sqrt{2}}{4}$$

$$\cos 75° = \cos(45° + 30°) = \cos 45° \cos 30° - \sin 45° \sin 30°$$
$$= \frac{1}{\sqrt{2}} \cdot \frac{\sqrt{3}}{2} - \frac{1}{\sqrt{2}} \cdot \frac{1}{2} = \frac{\sqrt{6} - \sqrt{2}}{4}$$

$$\tan 15° = \tan(60° - 45°) = \frac{\tan 60° - \tan 45°}{1 + \tan 60° \tan 45°} = \frac{\sqrt{3} - 1}{1 + \sqrt{3} \cdot 1}$$
$$= \frac{(\sqrt{3} - 1)^2}{(\sqrt{3} + 1)(\sqrt{3} - 1)} = \frac{(\sqrt{3})^2 - 2\sqrt{3} + 1^2}{3 - 1}$$
$$= \frac{4 - 2\sqrt{3}}{2} = 2 - \sqrt{3}$$

⬅ $\sin(\alpha + \beta)$
　$= \sin\alpha\cos\beta + \cos\alpha\sin\beta$

⬅ $\cos(\alpha + \beta)$
　$= \cos\alpha\cos\beta - \sin\alpha\sin\beta$

⬅ $\tan(\alpha - \beta)$
　$= \dfrac{\tan\alpha - \tan\beta}{1 + \tan\alpha\tan\beta}$
　$\tan 15° = \tan(45° - 30°)$
　として求めてもよいが，
　$\dfrac{1}{\sqrt{3}}$ が出てくる。

TR ② 131 α は第2象限の角で $\sin\alpha = \dfrac{3}{5}$，$\beta$ は第3象限の角で $\cos\beta = -\dfrac{4}{5}$ のとき，$\sin(\alpha - \beta)$，$\cos(\alpha - \beta)$ の値を求めよ。

α は第2象限の角であるから　　$\cos\alpha < 0$
β は第3象限の角であるから　　$\sin\beta < 0$

ゆえに　　$\cos\alpha = -\sqrt{1 - \sin^2\alpha} = -\sqrt{1 - \left(\dfrac{3}{5}\right)^2} = -\dfrac{4}{5}$

　　　　　$\sin\beta = -\sqrt{1 - \cos^2\beta} = -\sqrt{1 - \left(-\dfrac{4}{5}\right)^2} = -\dfrac{3}{5}$

よって　　$\sin(\alpha - \beta) = \sin\alpha\cos\beta - \cos\alpha\sin\beta$
$$= \frac{3}{5}\left(-\frac{4}{5}\right) - \left(-\frac{4}{5}\right)\left(-\frac{3}{5}\right) = -\frac{24}{25}$$

　　　　　$\cos(\alpha - \beta) = \cos\alpha\cos\beta + \sin\alpha\sin\beta$
$$= -\frac{4}{5}\left(-\frac{4}{5}\right) + \frac{3}{5}\left(-\frac{3}{5}\right) = \frac{7}{25}$$

図を利用すると

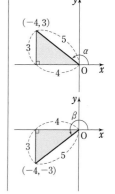

TR ② 132 2直線 $y = -\dfrac{2}{5}x$ …… ①，$y = \dfrac{3}{7}x$ …… ② のなす角を求めよ。
ただし，2直線のなす角は鋭角とする。

2直線①，②と x 軸の正の向きとの
なす角を，それぞれ α，β とすると
$$\tan\alpha = -\frac{2}{5}, \quad \tan\beta = \frac{3}{7}$$
である。

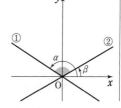

CHART
2直線のなす角
tan の加法定理を利用
⬅ 直線の傾きがそのま
　ま正接の値になる。

$$\tan(\alpha-\beta)=\frac{\tan\alpha-\tan\beta}{1+\tan\alpha\tan\beta}$$

$$=\frac{-\dfrac{2}{5}-\dfrac{3}{7}}{1+\left(-\dfrac{2}{5}\right)\cdot\dfrac{3}{7}}$$

$$=\frac{-14-15}{35-6}=-1$$

$0<\alpha-\beta<\pi$ であるから

$$\alpha-\beta=\frac{3}{4}\pi$$

したがって，求めるなす角は

$$\pi-\frac{3}{4}\pi=\frac{\pi}{4}$$

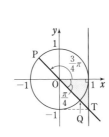

⟸ 分母・分子に 35 を掛ける。

⟸ 点 T(1, −1) をとり，OT と単位円の交点を P, Q とする。$\alpha-\beta$ は動径 OP の表す角となる。

TR
③**133** 次の点Pを，原点Oを中心として [ ]内の角だけ回転した位置にある点Qの座標を求めよ。

(1) P(3, 4) $\left[\dfrac{\pi}{4}\right]$ (2) P(−2, 5) $\left[-\dfrac{\pi}{6}\right]$

x 軸の正の部分から直線 OP まで測った角を α とする。
また，点 Q の座標を (x, y) とする。

(1) $x=\mathrm{OQ}\cos\left(\alpha+\dfrac{\pi}{4}\right),$

$\quad y=\mathrm{OQ}\sin\left(\alpha+\dfrac{\pi}{4}\right)$

$\mathrm{OQ}=\mathrm{OP}$, $\underline{\mathrm{OP}\cos\alpha=3}$, $\underline{\mathrm{OP}\sin\alpha=4}$
であるから

$x=\mathrm{OP}\left(\cos\alpha\cos\dfrac{\pi}{4}-\sin\alpha\sin\dfrac{\pi}{4}\right)$

$\quad=\underline{\mathrm{OP}\cos\alpha}\cos\dfrac{\pi}{4}-\underline{\mathrm{OP}\sin\alpha}\sin\dfrac{\pi}{4}$ …… Ⓐ

$\quad=\underset{\sim}{3}\cdot\dfrac{1}{\sqrt{2}}-\underset{\sim}{4}\cdot\dfrac{1}{\sqrt{2}}=-\dfrac{1}{\sqrt{2}}$

$y=\mathrm{OP}\left(\sin\alpha\cos\dfrac{\pi}{4}+\cos\alpha\sin\dfrac{\pi}{4}\right)$

$\quad=\underline{\mathrm{OP}\sin\alpha}\cos\dfrac{\pi}{4}+\underline{\mathrm{OP}\cos\alpha}\sin\dfrac{\pi}{4}$ …… Ⓑ

$\quad=\underset{\sim}{4}\cdot\dfrac{1}{\sqrt{2}}+\underset{\sim}{3}\cdot\dfrac{1}{\sqrt{2}}=\dfrac{7}{\sqrt{2}}$

したがって，点 Q の座標は

$$\left(-\frac{1}{\sqrt{2}},\ \frac{7}{\sqrt{2}}\right)$$

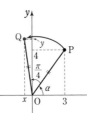

CHART
原点を中心とする点の回転移動
移動しても原点からの距離は不変

⟸ $\mathrm{OP}\cos\alpha$, $\mathrm{OP}\sin\alpha$ はそれぞれ，点Pの x 座標，y 座標に等しい。
⟸ 加法定理を利用。

(参考) $\mathrm{OP}=\sqrt{3^2+4^2}=5$,
$\cos\alpha=\dfrac{3}{\mathrm{OP}}=\dfrac{3}{5}$,
$\sin\alpha=\dfrac{4}{\mathrm{OP}}=\dfrac{4}{5}$
これを Ⓐ，Ⓑ に代入して，x, y の値を求めてもよい〔(2)でも同様〕。

(2) $x=\mathrm{OQ}\cos\left(\alpha-\dfrac{\pi}{6}\right),\ y=\mathrm{OQ}\sin\left(\alpha-\dfrac{\pi}{6}\right)$

$\mathrm{OQ}=\mathrm{OP},\ \underline{\mathrm{OP}\cos\alpha=-2},\ \underline{\underline{\mathrm{OP}\sin\alpha=5}}$ であるから

$x=\mathrm{OP}\left(\cos\alpha\cos\dfrac{\pi}{6}+\sin\alpha\sin\dfrac{\pi}{6}\right)$

$\quad=\underline{\mathrm{OP}\cos\alpha}\cos\dfrac{\pi}{6}+\underline{\underline{\mathrm{OP}\sin\alpha}}\sin\dfrac{\pi}{6}$

$\quad=\underline{-2}\cdot\dfrac{\sqrt{3}}{2}+\underset{\sim}{5}\cdot\dfrac{1}{2}=\dfrac{5-2\sqrt{3}}{2}$

$y=\mathrm{OP}\left(\sin\alpha\cos\dfrac{\pi}{6}-\cos\alpha\sin\dfrac{\pi}{6}\right)$

$\quad=\underline{\underline{\mathrm{OP}\sin\alpha}}\cos\dfrac{\pi}{6}-\underline{\mathrm{OP}\cos\alpha}\sin\dfrac{\pi}{6}$

$\quad=\underset{\sim}{5}\cdot\dfrac{\sqrt{3}}{2}-(\underline{-2})\cdot\dfrac{1}{2}=\dfrac{2+5\sqrt{3}}{2}$

したがって，点Qの座標は $\quad\left(\dfrac{\boldsymbol{5-2\sqrt{3}}}{\boldsymbol{2}},\ \dfrac{\boldsymbol{2+5\sqrt{3}}}{\boldsymbol{2}}\right)$

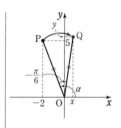

(参考)
$\mathrm{OP}=\sqrt{(-2)^2+5^2}=\sqrt{29}$,
$\cos\alpha=\dfrac{-2}{\mathrm{OP}}=-\dfrac{2}{\sqrt{29}}$,
$\sin\alpha=\dfrac{5}{\mathrm{OP}}=\dfrac{5}{\sqrt{29}}$

TR
②**134**　(1) $\dfrac{\pi}{2}<\alpha<\pi$ で，$\sin\alpha=\dfrac{1}{3}$ のとき，$\sin2\alpha$，$\cos2\alpha$，$\sin\dfrac{\alpha}{2}$，$\cos\dfrac{\alpha}{2}$ の値を求めよ。

(2) $\sin22.5°$，$\cos22.5°$，$\tan22.5°$ の値を求めよ。

(1) $\dfrac{\pi}{2}<\alpha<\pi$ であるから　$\cos\alpha<0$

ゆえに　　$\cos\alpha=-\sqrt{1-\sin^2\alpha}=-\sqrt{1-\left(\dfrac{1}{3}\right)^2}=-\dfrac{2\sqrt{2}}{3}$　　$\Leftarrow\sin^2\alpha+\cos^2\alpha=1$

よって　　$\boldsymbol{\sin2\alpha}=2\sin\alpha\cos\alpha=2\cdot\dfrac{1}{3}\cdot\left(-\dfrac{2\sqrt{2}}{3}\right)=-\dfrac{\boldsymbol{4\sqrt{2}}}{\boldsymbol{9}}$

また　　$\boldsymbol{\cos2\alpha}=1-2\sin^2\alpha=1-2\cdot\left(\dfrac{1}{3}\right)^2=\dfrac{\boldsymbol{7}}{\boldsymbol{9}}$　　$\Leftarrow 2\cos^2\alpha-1$ を用いてもよい。

次に　　$\sin^2\dfrac{\alpha}{2}=\dfrac{1-\cos\alpha}{2}=\dfrac{1}{2}\left\{1-\left(-\dfrac{2\sqrt{2}}{3}\right)\right\}=\dfrac{3+2\sqrt{2}}{6}$

$\qquad\cos^2\dfrac{\alpha}{2}=\dfrac{1+\cos\alpha}{2}=\dfrac{1}{2}\left\{1+\left(-\dfrac{2\sqrt{2}}{3}\right)\right\}=\dfrac{3-2\sqrt{2}}{6}$

$\dfrac{\pi}{2}<\alpha<\pi$ より　　$\dfrac{\pi}{4}<\dfrac{\alpha}{2}<\dfrac{\pi}{2}$　　$\Leftarrow\sin\dfrac{\alpha}{2}$，$\cos\dfrac{\alpha}{2}$ の符号を調べる。

ゆえに　　$\sin\dfrac{\alpha}{2}>0$，$\cos\dfrac{\alpha}{2}>0$

したがって

$\boldsymbol{\sin\dfrac{\alpha}{2}}=\sqrt{\dfrac{3+2\sqrt{2}}{6}}=\dfrac{\sqrt{2}+1}{\sqrt{6}}=\dfrac{\boldsymbol{2\sqrt{3}+\sqrt{6}}}{\boldsymbol{6}}$

$\boldsymbol{\cos\dfrac{\alpha}{2}}=\sqrt{\dfrac{3-2\sqrt{2}}{6}}=\dfrac{\sqrt{2}-1}{\sqrt{6}}=\dfrac{\boldsymbol{2\sqrt{3}-\sqrt{6}}}{\boldsymbol{6}}$

$\Leftarrow$ 2重根号をはずす。
$\sqrt{3+2\sqrt{2}}$
$=\sqrt{(2+1)+2\sqrt{2\cdot1}}$
$=\sqrt{2}+1$

(2) $\sin^2 22.5° = \dfrac{1-\cos 45°}{2} = \dfrac{1-\dfrac{1}{\sqrt{2}}}{2} = \dfrac{\sqrt{2}-1}{2\sqrt{2}} = \dfrac{2-\sqrt{2}}{4}$

    $\Leftarrow \sin^2\dfrac{\alpha}{2} = \dfrac{1-\cos\alpha}{2}$

$\sin 22.5° > 0$ であるから **$\sin 22.5° = \dfrac{\sqrt{2-\sqrt{2}}}{2}$**

    $\Leftarrow$ この場合，2重根号は はずせない。

$\cos^2 22.5° = \dfrac{1+\cos 45°}{2} = \dfrac{1+\dfrac{1}{\sqrt{2}}}{2} = \dfrac{\sqrt{2}+1}{2\sqrt{2}} = \dfrac{2+\sqrt{2}}{4}$

    $\Leftarrow \cos^2\dfrac{\alpha}{2} = \dfrac{1+\cos\alpha}{2}$

$\cos 22.5° > 0$ であるから **$\cos 22.5° = \dfrac{\sqrt{2+\sqrt{2}}}{2}$**

$\tan^2 22.5° = \dfrac{1-\cos 45°}{1+\cos 45°} = \dfrac{1-\dfrac{1}{\sqrt{2}}}{1+\dfrac{1}{\sqrt{2}}}^{(*)} = \dfrac{\sqrt{2}-1}{\sqrt{2}+1}$

    $\Leftarrow \tan^2\dfrac{\alpha}{2} = \dfrac{1-\cos\alpha}{1+\cos\alpha}$

    （*）分母・分子に $\sqrt{2}$ を掛ける。

$\qquad\qquad = \dfrac{(\sqrt{2}-1)^2}{(\sqrt{2}+1)(\sqrt{2}-1)} = (\sqrt{2}-1)^2$

    $\Leftarrow A>0$ のとき $\sqrt{A^2}=A$

$\tan 22.5° > 0$ であるから **$\tan 22.5° = \sqrt{2}-1$**

TR ③**135** ★ $0\leqq\theta<2\pi$ のとき，次の方程式・不等式を解け。

  (1) $2\cos 2\theta + 4\cos\theta + 3 = 0$ (2) $\cos 2\theta < \sin\theta$

(1) 与えられた方程式に $\cos 2\theta = 2\cos^2\theta - 1$ を代入して
$\qquad\qquad 2(2\cos^2\theta - 1) + 4\cos\theta + 3 = 0$
整理して $\qquad 4\cos^2\theta + 4\cos\theta + 1 = 0$
ゆえに $\qquad (2\cos\theta + 1)^2 = 0$ よって $\cos\theta = -\dfrac{1}{2}$
$0\leqq\theta<2\pi$ であるから $\qquad \theta = \dfrac{2}{3}\pi,\ \dfrac{4}{3}\pi$

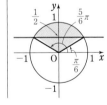

(2) 与えられた不等式は $\qquad 1 - 2\sin^2\theta < \sin\theta$
整理して $\qquad\qquad 2\sin^2\theta + \sin\theta - 1 > 0$
左辺を因数分解して $\qquad (\sin\theta + 1)(2\sin\theta - 1) > 0$
$0\leqq\theta<2\pi$ で，$-1\leqq\sin\theta\leqq 1$ であるから $\sin\theta + 1 \geqq 0$
ゆえに $\qquad 2\sin\theta - 1 > 0$ よって $\sin\theta > \dfrac{1}{2}$
$0\leqq\theta<2\pi$ であるから $\qquad \dfrac{\pi}{6} < \theta < \dfrac{5}{6}\pi$

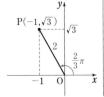

TR ①**136** 次の式を $r\sin(\theta+\alpha)$ の形に表せ。ただし，$r>0$，$-\pi<\alpha\leqq\pi$ とする。

  (1) $-\sin\theta + \sqrt{3}\cos\theta$ (2) $-\sqrt{3}\sin\theta - \cos\theta$

(1) 点 $P(-1,\ \sqrt{3})$ をとると $OP = 2$
線分 OP と x 軸の正の向きとのなす角
を α とすると $\qquad \alpha = \dfrac{2}{3}\pi$
したがって
$\qquad -\sin\theta + \sqrt{3}\cos\theta = 2\sin\left(\theta + \dfrac{2}{3}\pi\right)$

    $\Leftarrow (-1)\sin\theta + \sqrt{3}\cos\theta$ であるから，$a=-1$, $b=\sqrt{3}$ とする。

(2) 点 $P(-\sqrt{3}, -1)$ をとると $OP=2$

線分 OP と x 軸の正の向きとのなす角

を α とすると $\alpha=-\dfrac{5}{6}\pi$

したがって

$$-\sqrt{3}\sin\theta-\cos\theta=2\sin\left(\theta-\dfrac{5}{6}\pi\right)$$

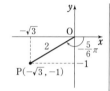

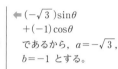

$\Leftarrow (-\sqrt{3})\sin\theta$
$+(-1)\cos\theta$
であるから, $a=-\sqrt{3}$,
$b=-1$ とする。

TR
③**137** 関数 $y=\sin\theta+\sqrt{3}\cos\theta$ $(0\leqq\theta<2\pi)$ の最大値, 最小値とそのときの θ の値を求めよ。また, そのグラフをかけ。

関数の式を変形して $y=2\sin\left(\theta+\dfrac{\pi}{3}\right)$

$0\leqq\theta<2\pi$ より, $\dfrac{\pi}{3}\leqq\theta+\dfrac{\pi}{3}<2\pi+\dfrac{\pi}{3}$ であるから, y は

$\theta+\dfrac{\pi}{3}=\dfrac{\pi}{2}$ すなわち

$\theta=\dfrac{\pi}{6}$ のとき最大値 2

$\theta+\dfrac{\pi}{3}=\dfrac{3}{2}\pi$ すなわち

$\theta=\dfrac{7}{6}\pi$ のとき最小値 -2

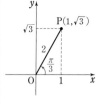

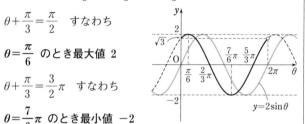

$y=2\sin\theta$

をとる。

また, 与えられた関数のグラフは, $y=2\sin\theta$ のグラフを θ 軸
方向に $-\dfrac{\pi}{3}$ だけ平行移動した曲線の $0\leqq\theta<2\pi$ の部分。[図]

TR
③**138** $0\leqq\theta<2\pi$ のとき, 次の方程式・不等式を解け。

(1) $\sin\theta-\cos\theta=\sqrt{2}$ (2) $\sin\theta+\cos\theta\leqq1$

(1) 方程式の左辺を変形して

$$\sqrt{2}\sin\left(\theta-\dfrac{\pi}{4}\right)=\sqrt{2} \quad \text{すなわち} \quad \sin\left(\theta-\dfrac{\pi}{4}\right)=1$$

$\theta-\dfrac{\pi}{4}=t$ とおくと $\sin t=1$

また $-\dfrac{\pi}{4}\leqq t<2\pi-\dfrac{\pi}{4}$

この範囲で, $\sin t=1$ の解は $t=\dfrac{\pi}{2}$

$\theta=t+\dfrac{\pi}{4}$ であるから $\theta=\dfrac{3}{4}\pi$

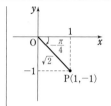

(2) 不等式の左辺を変形して

$$\sqrt{2}\,\sin\!\left(\theta+\frac{\pi}{4}\right)\leqq 1 \quad \text{すなわち} \quad \sin\!\left(\theta+\frac{\pi}{4}\right)\leqq\frac{1}{\sqrt{2}}$$

$\theta+\dfrac{\pi}{4}=t$ とおくと $\quad\sin t\leqq\dfrac{1}{\sqrt{2}}$

また $\quad\dfrac{\pi}{4}\leqq t<2\pi+\dfrac{\pi}{4}$

この範囲で，$\sin t\leqq\dfrac{1}{\sqrt{2}}$ の解は

$$t=\frac{\pi}{4},\quad \frac{3}{4}\pi\leqq t<\frac{9}{4}\pi$$

$\theta=t-\dfrac{\pi}{4}$ であるから $\quad\boldsymbol{\theta=0,\ \dfrac{\pi}{2}\leqq\theta<2\pi}$

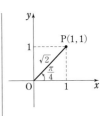

⟸ $t=\dfrac{\pi}{4}$ も不等式を満
たす（等号が成立）。

TR
④**139** 次の等式を証明せよ。
(1) $(\sin\alpha-\cos\alpha)^2=1-\sin 2\alpha$　　　(2) $\cos 3\alpha=-3\cos\alpha+4\cos^3\alpha$

[(2) 類 東北学院大]

6章

TR

(1) $(\sin\alpha-\cos\alpha)^2=\sin^2\alpha-2\sin\alpha\cos\alpha+\cos^2\alpha$
$\qquad\qquad\qquad\quad=1-2\sin\alpha\cos\alpha$
$\qquad\qquad\qquad\quad=1-\sin 2\alpha$

⟸ $(a-b)^2$
$=a^2-2ab+b^2$

(2) $\cos 3\alpha=\cos(2\alpha+\alpha)$
$\qquad\quad=\cos 2\alpha\cos\alpha-\sin 2\alpha\sin\alpha$
$\qquad\quad=(2\cos^2\alpha-1)\cos\alpha-2\sin\alpha\cos\alpha\sin\alpha$
$\qquad\quad=2\cos^3\alpha-\cos\alpha-2\cos\alpha(1-\cos^2\alpha)$
$\qquad\quad=2\cos^3\alpha-\cos\alpha-2\cos\alpha+2\cos^3\alpha$
$\qquad\quad=-3\cos\alpha+4\cos^3\alpha$

⟸ 等式の右辺は，$\cos\alpha$
の 3 次式であるから，
$\cos 2\alpha=2\cos^2\alpha-1$
を用いる。

注意 3 倍角の公式 $\quad\sin 3\alpha=\ 3\sin\alpha-4\sin^3\alpha$
$\qquad\qquad\qquad\quad\cos 3\alpha=-3\cos\alpha+4\cos^3\alpha$

は覚えておくとよい。

TR
④**140** ★ $f(x)=\sqrt{2}\,\sin x\cos x+\sin x+\cos x\ (0\leqq x\leqq 2\pi)$ とする。
(1) $t=\sin x+\cos x$ とおき，$f(x)$ を t の関数で表せ。
(2) t のとりうる値の範囲を求めよ。
(3) $f(x)$ の最大値と最小値，およびそのときの x の値を求めよ。 [北海道大]

(1) $t=\sin x+\cos x$ の両辺を 2 乗して
$\qquad t^2=\sin^2 x+2\sin x\cos x+\cos^2 x$
$\qquad\quad=1+2\sin x\cos x$

よって $\quad\sin x\cos x=\dfrac{t^2-1}{2}$

ゆえに $\quad\boldsymbol{f(x)=\sqrt{2}\cdot\dfrac{t^2-1}{2}+t}$

$\qquad\qquad\quad\boldsymbol{=\dfrac{\sqrt{2}}{2}t^2+t-\dfrac{\sqrt{2}}{2}}$

CHART
$\sin x+\cos x=t$ とおい
て t の 2 次関数に直す

(2) $t=\sin x+\cos x=\sqrt{2}\sin\left(x+\dfrac{\pi}{4}\right)$

$0\leqq x\leqq 2\pi$ のとき $\dfrac{\pi}{4}\leqq x+\dfrac{\pi}{4}\leqq\dfrac{9}{4}\pi$ …… ① であるから

$$-1\leqq\sin\left(x+\dfrac{\pi}{4}\right)\leqq 1$$

よって $-\sqrt{2}\leqq t\leqq\sqrt{2}$

(3) (1)から

$$f(x)=\dfrac{\sqrt{2}}{2}(t^2+\sqrt{2}\,t)-\dfrac{\sqrt{2}}{2}$$
$$=\dfrac{\sqrt{2}}{2}\left(t+\dfrac{\sqrt{2}}{2}\right)^2$$
$$\quad-\dfrac{\sqrt{2}}{2}\left(\dfrac{\sqrt{2}}{2}\right)^2-\dfrac{\sqrt{2}}{2}$$
$$=\dfrac{\sqrt{2}}{2}\left(t+\dfrac{\sqrt{2}}{2}\right)^2-\dfrac{3\sqrt{2}}{4}$$

よって，$-\sqrt{2}\leqq t\leqq\sqrt{2}$ の範囲において，$f(x)$ は

$t=\sqrt{2}$ で最大値 $\dfrac{3\sqrt{2}}{2}$，$t=-\dfrac{\sqrt{2}}{2}$ で最小値 $-\dfrac{3\sqrt{2}}{4}$

をとる。

$t=\sqrt{2}$ のとき $\sin\left(x+\dfrac{\pi}{4}\right)=1$

①から $x+\dfrac{\pi}{4}=\dfrac{\pi}{2}$

よって $x=\dfrac{\pi}{4}$

$t=-\dfrac{\sqrt{2}}{2}$ のとき $\sin\left(x+\dfrac{\pi}{4}\right)=-\dfrac{1}{2}$

①から $x+\dfrac{\pi}{4}=\dfrac{7}{6}\pi,\ \dfrac{11}{6}\pi$

よって $x=\dfrac{11}{12}\pi,\ \dfrac{19}{12}\pi$

したがって $x=\dfrac{\pi}{4}$ で最大値 $\dfrac{3\sqrt{2}}{2}$ ；

$x=\dfrac{11}{12}\pi,\ \dfrac{19}{12}\pi$ で最小値 $-\dfrac{3\sqrt{2}}{4}$

← 三角関数の合成。

← $=t$ とおいたら t の変域に注意。

← 2次式は基本形に直す。

← $\sqrt{2}\sin\left(x+\dfrac{\pi}{4}\right)=\sqrt{2}$

← $\sqrt{2}\sin\left(x+\dfrac{\pi}{4}\right)=-\dfrac{\sqrt{2}}{2}$

TR
④**141** ★ 関数 $f(x)=8\sqrt{3}\cos^2 x+6\sin x\cos x+2\sqrt{3}\sin^2 x \ (0\leqq x\leqq\pi)$ の最大値，最小値とそのときの x の値を求めよ。　　　　〔釧路公立大〕

$$f(x)=8\sqrt{3}\cos^2 x+6\sin x\cos x+2\sqrt{3}\sin^2 x$$
$$=8\sqrt{3}\cdot\frac{1+\cos 2x}{2}+6\cdot\frac{\sin 2x}{2}+2\sqrt{3}\cdot\frac{1-\cos 2x}{2}$$
$$=3\sin 2x+3\sqrt{3}\cos 2x+5\sqrt{3}$$
$$=3(\sin 2x+\sqrt{3}\cos 2x)+5\sqrt{3}$$
$$=3\cdot 2\sin\left(2x+\frac{\pi}{3}\right)+5\sqrt{3}$$
$$=6\sin\left(2x+\frac{\pi}{3}\right)+5\sqrt{3}$$

$0\leqq x\leqq\pi$ より，$\frac{\pi}{3}\leqq 2x+\frac{\pi}{3}\leqq 2\pi+\frac{\pi}{3}$ であるから，y は

$2x+\frac{\pi}{3}=\frac{\pi}{2}$ すなわち $x=\frac{\pi}{12}$ のとき最大値
$$6\sin\frac{\pi}{2}+5\sqrt{3}=6+5\sqrt{3}$$

$2x+\frac{\pi}{3}=\frac{3}{2}\pi$ すなわち $x=\frac{7}{12}\pi$ のとき最小値
$$6\sin\frac{3}{2}\pi+5\sqrt{3}=-6+5\sqrt{3}$$

をとる。

CHART
$\sin\theta$ と $\cos\theta$ の2次式
角を 2θ に統一して
$r\sin(2\theta+\alpha)$
の形を作る

⇐ このとき
$-1\leqq\sin\left(2x+\frac{\pi}{3}\right)\leqq 1$

⇐ $6\sin\theta+5\sqrt{3}$ は，$\sin\theta$ が最大のとき最大，$\sin\theta$ が最小のとき最小となる。

6章 TR

TR
④**142** 次の式の値を求めよ。
(1) $\sin 15°\sin 75°$ 　(2) $\cos 75°-\cos 15°$ 　(3) $\sin 10°+\sin 50°+\sin 250°$

(1) $\sin 15°\sin 75°=-\frac{1}{2}\{\cos(15°+75°)-\cos(15°-75°)\}$
$$=-\frac{1}{2}\{\cos 90°-\cos(-60°)\}$$
$$=\frac{1}{2}\cos 60°=\frac{1}{2}\cdot\frac{1}{2}=\frac{1}{4}$$

⇐ $\sin\alpha\sin\beta=-\frac{1}{2}\{\cos(\alpha+\beta)-\cos(\alpha-\beta)\}$

(2) $\cos 75°-\cos 15°=-2\sin\frac{75°+15°}{2}\sin\frac{75°-15°}{2}$
$$=-2\sin 45°\sin 30°=-2\cdot\frac{1}{\sqrt{2}}\cdot\frac{1}{2}=-\frac{1}{\sqrt{2}}$$

⇐ $\cos A-\cos B=-2\sin\frac{A+B}{2}\sin\frac{A-B}{2}$

(3) $\sin 10°+\sin 50°+\sin 250°$
$$=2\sin\frac{10°+50°}{2}\cos\frac{10°-50°}{2}+\sin(70°+180°)$$
$$=2\sin 30°\cos(-20°)-\sin 70°$$
$$=2\cdot\frac{1}{2}\cos 20°-\sin(90°-20°)$$
$$=\cos 20°-\cos 20°=0$$

⇐ $\sin A+\sin B=2\sin\frac{A+B}{2}\cos\frac{A-B}{2}$
$\sin(\theta+180°)=-\sin\theta$
$\sin(90°-\theta)=\cos\theta$

EX
③**74** $0 \leqq \theta \leqq \pi$ で $\sin\theta + \cos\theta = \dfrac{\sqrt{3}}{2}$ のとき，次の式の値を求めよ。

(1) $\sin\theta\cos\theta$　　(2) $\sin\theta - \cos\theta$　　(3) $\sin^3\theta - \cos^3\theta$　　(4) $\dfrac{1}{\sin^3\theta} + \dfrac{1}{\cos^3\theta}$

(1)　$\sin\theta + \cos\theta = \dfrac{\sqrt{3}}{2}$ の両辺を 2 乗すると

$$\sin^2\theta + 2\sin\theta\cos\theta + \cos^2\theta = \dfrac{3}{4}$$

$\sin^2\theta + \cos^2\theta = 1$ であるから　　$1 + 2\sin\theta\cos\theta = \dfrac{3}{4}$

したがって　　$\sin\theta\cos\theta = \left(\dfrac{3}{4} - 1\right) \div 2 = -\dfrac{1}{8}$

(2)　$(\sin\theta - \cos\theta)^2 = \sin^2\theta - 2\sin\theta\cos\theta + \cos^2\theta$

$$= 1 - 2\sin\theta\cos\theta = 1 - 2\cdot\left(-\dfrac{1}{8}\right) = \dfrac{5}{4}$$

$0 \leqq \theta \leqq \pi$ のとき　　$\sin\theta \geqq 0$
さらに，(1) より　$\sin\theta\cos\theta < 0$ であるから　　$\cos\theta < 0$

ゆえに，$\sin\theta - \cos\theta > 0$ であるから　　$\sin\theta - \cos\theta = \dfrac{\sqrt{5}}{2}$

(3)　$\sin^3\theta - \cos^3\theta = (\sin\theta - \cos\theta)(\sin^2\theta + \sin\theta\cos\theta + \cos^2\theta)$

$$= \dfrac{\sqrt{5}}{2}\left\{1 + \left(-\dfrac{1}{8}\right)\right\} = \dfrac{7\sqrt{5}}{16}$$

(4)　$\dfrac{1}{\sin^3\theta} + \dfrac{1}{\cos^3\theta} = \dfrac{\cos^3\theta + \sin^3\theta}{\sin^3\theta\cos^3\theta}$

$$= \dfrac{(\sin\theta + \cos\theta)^3 - 3\sin\theta\cos\theta(\sin\theta + \cos\theta)}{(\sin\theta\cos\theta)^3}$$

$$= \dfrac{(\sin\theta + \cos\theta)\{(\sin\theta + \cos\theta)^2 - 3\sin\theta\cos\theta\}}{(\sin\theta\cos\theta)^3}$$

$$= \dfrac{\sqrt{3}}{2}\left\{\left(\dfrac{\sqrt{3}}{2}\right)^2 - 3\left(-\dfrac{1}{8}\right)\right\} \div \left(-\dfrac{1}{8}\right)^3$$

$$= \dfrac{\sqrt{3}}{2}\cdot\dfrac{9}{8}\cdot(-8)^3 = -288\sqrt{3}$$

CHART
$\sin\theta$ と $\cos\theta$ の対称式
・交代式
　かくれた条件
　　$\sin^2\theta + \cos^2\theta = 1$
　の活用

(2)　まず，$(\sin\theta - \cos\theta)^2$
　の値を求める。

⟸ $\sin\theta - \cos\theta = \pm\dfrac{\sqrt{5}}{2}$
とするのは誤り！
$\sin\theta$, $\cos\theta$ の符号を
調べる。

⟸ $a^3 - b^3$
$= (a-b)(a^2 + ab + b^2)$

⟸ $\sin^3\theta + \cos^3\theta$
$= (\sin\theta + \cos\theta) \times$
$(\sin^2\theta - \sin\theta\cos\theta + \cos^2\theta)$
$= \dfrac{\sqrt{3}}{2}\left\{1 - \left(-\dfrac{1}{8}\right)\right\}$
$= \dfrac{9\sqrt{3}}{16}$
と計算してもよい。

EX
②**75** 次の図は，(1) $y = a\sin b\theta$　(2) $y = a\cos b\theta$ のグラフである。定数 a, b の値を，それぞれ求めよ。ただし，$a > 0$, $b > 0$ とする。

(1)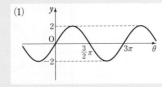

(2)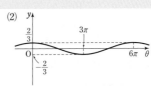

(1) グラフから，関数の値域は $-2 \leqq y \leqq 2$

関数 $y=a\sin b\theta$ の値域は，$a>0$ であるから
$$-a \leqq y \leqq a$$
したがって $\quad a=2$

また，グラフより周期は 3π であるから
$$\frac{2\pi}{b}=3\pi \qquad \text{これを解いて} \qquad b=\frac{2}{3}$$

(2) グラフから，関数の値域は $\quad -\dfrac{2}{3} \leqq y \leqq \dfrac{2}{3}$

関数 $y=a\cos b\theta$ の値域は，$a>0$ であるから
$$-a \leqq y \leqq a$$
よって $\quad a=\dfrac{2}{3}$

また，グラフより周期は 6π であるから
$$\frac{2\pi}{b}=6\pi \qquad \text{これを解いて} \qquad b=\frac{1}{3}$$

HINT $y=a\sin b\theta$, $y=a\cos b\theta$ のグラフ
a は y 軸方向の伸縮に関係し，この問題では，$a>0$ であるから，a は最大値を示す。
また，b は周期に関係し，$\dfrac{2\pi}{b}$ が周期を表す。

6章
EX

EX
②**76** 次の式の値を求めよ。
(1) $\cos 100°+\cos 440°$ (2) $\sin^2 780°+\sin^2 315°+\sin^2 210°$
(3) $\sin\theta+\sin\left(\theta+\dfrac{\pi}{2}\right)+\sin(\theta+\pi)+\sin\left(\theta+\dfrac{3}{2}\pi\right)$

(1) $\cos 100°=\cos(90°+10°)=-\sin 10°$
$\cos 440°=\cos(80°+360°)=\cos 80°$
$\qquad =\cos(90°-10°)=\sin 10°$
よって $\quad \cos 100°+\cos 440°=-\sin 10°+\sin 10°=\boldsymbol{0}$

$\Leftarrow \cos(90°+\theta)=-\sin\theta$

$\Leftarrow \cos(90°-\theta)=\sin\theta$

(2) $\sin 780°=\sin(60°+360°\times 2)=\sin 60°=\dfrac{\sqrt{3}}{2}$

$\sin 315°=\sin(135°+180°)=-\sin 135°$
$\qquad =-\sin(45°+90°)=-\cos 45°=-\dfrac{1}{\sqrt{2}}$

$\sin 210°=\sin(30°+180°)=-\sin 30°=-\dfrac{1}{2}$

よって $\quad \sin^2 780°+\sin^2 315°+\sin^2 210°$
$$=\left(\frac{\sqrt{3}}{2}\right)^2+\left(-\frac{1}{\sqrt{2}}\right)^2+\left(-\frac{1}{2}\right)^2$$
$$=\frac{3}{4}+\frac{1}{2}+\frac{1}{4}=\boldsymbol{\frac{3}{2}}$$

$\Leftarrow \sin(\theta+180°)=-\sin\theta$

$\Leftarrow \sin(\theta+90°)=\cos\theta$
$\sin 315°$，$\sin 210°$ の値は，図をかいて求めてもよい。例えば $\sin 315°$ については，次のような図をかく。

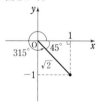

(3) $\sin\left(\theta+\dfrac{\pi}{2}\right)=\cos\theta$，$\sin(\theta+\pi)=-\sin\theta$，
$\sin\left(\theta+\dfrac{3}{2}\pi\right)=\sin\left\{\left(\theta+\dfrac{\pi}{2}\right)+\pi\right\}=-\sin\left(\theta+\dfrac{\pi}{2}\right)=-\cos\theta$
よって $\quad$ (与式)$=\sin\theta+\cos\theta-\sin\theta-\cos\theta=\boldsymbol{0}$

EX
③77 ★ $0 \leqq \theta < 2\pi$ のとき，次の方程式・不等式を解け。

(1) $\sin\left(2\theta - \dfrac{\pi}{3}\right) = \dfrac{\sqrt{3}}{2}$　　　　(2) $\sin\left(2\theta - \dfrac{\pi}{3}\right) < \dfrac{\sqrt{3}}{2}$

(1) $2\theta - \dfrac{\pi}{3} = t$ …… ① とおく。

$0 \leqq \theta < 2\pi$ であるから

$$2 \cdot 0 - \dfrac{\pi}{3} \leqq 2\theta - \dfrac{\pi}{3} < 2 \cdot 2\pi - \dfrac{\pi}{3}$$

すなわち　$-\dfrac{\pi}{3} \leqq t < \dfrac{11}{3}\pi$ …… ②

② の範囲で $\sin t = \dfrac{\sqrt{3}}{2}$ を解くと

$$t = \dfrac{\pi}{3},\ \dfrac{2}{3}\pi,\ \dfrac{7}{3}\pi,\ \dfrac{8}{3}\pi$$

ここで，① から　$\theta = \dfrac{1}{2}\left(t + \dfrac{\pi}{3}\right)$

この式に求めた t の値を代入して　$\boldsymbol{\theta = \dfrac{\pi}{3},\ \dfrac{\pi}{2},\ \dfrac{4}{3}\pi,\ \dfrac{3}{2}\pi}$

⬅ $0 \leqq \theta < 2\pi$ の各辺を 2 倍して，$\dfrac{\pi}{3}$ を引くと t の範囲が得られる。

⬅ t の範囲の幅は 4π（2 回転）であるから，解が 4 つある。

(2) (1) の ② の範囲で $\sin t < \dfrac{\sqrt{3}}{2}$ を解くと

$$-\dfrac{\pi}{3} \leqq t < \dfrac{\pi}{3},\ \dfrac{2}{3}\pi < t < \dfrac{7}{3}\pi,\ \dfrac{8}{3}\pi < t < \dfrac{11}{3}\pi$$

すなわち　$-\dfrac{\pi}{3} \leqq 2\theta - \dfrac{\pi}{3} < \dfrac{\pi}{3},\ \dfrac{2}{3}\pi < 2\theta - \dfrac{\pi}{3} < \dfrac{7}{3}\pi,$

$$\dfrac{8}{3}\pi < 2\theta - \dfrac{\pi}{3} < \dfrac{11}{3}\pi$$

よって　$0 \leqq 2\theta < \dfrac{2}{3}\pi,\ \pi < 2\theta < \dfrac{8}{3}\pi,\ 3\pi < 2\theta < 4\pi$

ゆえに　$\boldsymbol{0 \leqq \theta < \dfrac{\pi}{3},\ \dfrac{\pi}{2} < \theta < \dfrac{4}{3}\pi,\ \dfrac{3}{2}\pi < \theta < 2\pi}$

⬅ (1) の単位円の図を利用して求める。

⬅ t を θ の式に戻す。

EX
③78 ★ 次の関数の最大値と最小値およびそのときの θ の値を求めよ。

(1) $y = \sin^2\theta + \cos\theta + 1$ $(0 \leqq \theta < 2\pi)$　　(2) $y = \dfrac{3\sin^2\theta - 4\sin\theta\cos\theta - 1}{\cos^2\theta}$ $\left(0 \leqq \theta \leqq \dfrac{\pi}{3}\right)$

(1) $\sin^2\theta + \cos^2\theta = 1$ より，$\sin^2\theta = 1 - \cos^2\theta$ であるから

$$y = (1 - \cos^2\theta) + \cos\theta + 1 = -\cos^2\theta + \cos\theta + 2$$

$\cos\theta = t$ とおくと，$0 \leqq \theta < 2\pi$ であるから　$-1 \leqq t \leqq 1$

このとき　$y = -t^2 + t + 2 = -(t^2 - t) + 2$

$$= -\left\{\left(t - \dfrac{1}{2}\right)^2 - \left(\dfrac{1}{2}\right)^2\right\} + 2 = -\left(t - \dfrac{1}{2}\right)^2 + \dfrac{9}{4}$$

$-1 \leqq t \leqq 1$ の範囲において，y は

$$t = \dfrac{1}{2} \text{ のとき最大値 } \dfrac{9}{4},\ t = -1 \text{ のとき最小値 } 0$$

をとる。

CHART 相互関係の公式で 1 種類に統一

⬅ 変域を書き直す。

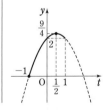

また, $0 \leqq \theta < 2\pi$ であるから

$t = \dfrac{1}{2}$ となるのは $\cos\theta = \dfrac{1}{2}$ より $\theta = \dfrac{\pi}{3}, \dfrac{5}{3}\pi$

$t = -1$ となるのは $\cos\theta = -1$ より $\theta = \pi$

のときである。

よって

$\theta = \dfrac{\pi}{3}, \dfrac{5}{3}\pi$ のとき最大値 $\dfrac{9}{4}$；$\theta = \pi$ のとき最小値 0

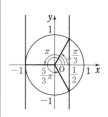

(2) $\dfrac{3\sin^2\theta - 4\sin\theta\cos\theta - 1}{\cos^2\theta} = 3\left(\dfrac{\sin\theta}{\cos\theta}\right)^2 - 4 \cdot \dfrac{\sin\theta}{\cos\theta} - \dfrac{1}{\cos^2\theta}$

$\qquad\qquad\qquad\qquad = 3\tan^2\theta - 4\tan\theta - (1 + \tan^2\theta)$

$\qquad\qquad\qquad\qquad = 2\tan^2\theta - 4\tan\theta - 1$

⬅ $\dfrac{\sin\theta}{\cos\theta} = \tan\theta$,

$1 + \tan^2\theta = \dfrac{1}{\cos^2\theta}$

$\tan\theta = t$ とおくと, $0 \leqq \theta \leqq \dfrac{\pi}{3}$ であるから $0 \leqq t \leqq \sqrt{3}$

⬅ 変域を書き直す。

このとき $y = 2t^2 - 4t - 1$

$\qquad\qquad = 2(t^2 - 2t) - 1$

$\qquad\qquad = 2(t-1)^2 - 2 \cdot 1^2 - 1$

$\qquad\qquad = 2(t-1)^2 - 3$

$0 \leqq t \leqq \sqrt{3}$ の範囲において, y は

$t = 0$ のとき最大値 -1, $t = 1$ のとき最小値 -3

をとる。

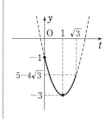

また, $0 \leqq \theta \leqq \dfrac{\pi}{3}$ であるから

$t = 0$ となるのは $\tan\theta = 0$ より $\theta = 0$

$t = 1$ となるのは $\tan\theta = 1$ より $\theta = \dfrac{\pi}{4}$

のときである。

よって $\theta = 0$ のとき最大値 -1, $\theta = \dfrac{\pi}{4}$ のとき最小値 -3

EX
③**79** 直線 $x - \sqrt{3}\,y = 0$ と $\dfrac{\pi}{4}$ の角をなす直線の傾きを求めよ。

$x - \sqrt{3}\,y = 0$ から $y = \dfrac{1}{\sqrt{3}}x$

直線 $y = \dfrac{1}{\sqrt{3}}x$ と x 軸の正の向き

とのなす角を θ とすると

$\qquad\qquad \tan\theta = \dfrac{1}{\sqrt{3}}$

$0 \leqq \theta < \pi$ であるから $\theta = \dfrac{\pi}{6}$

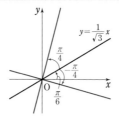

CHART
直線 $y = mx$ と x 軸の
正の向きとのなす角を θ
とすると
$\qquad m = \tan\theta$

題意の直線は，図のように 2 本引けるから，その直線と x 軸の
正の向きとのなす角は

$$\frac{\pi}{6}+\frac{\pi}{4} \quad \text{または} \quad \frac{\pi}{6}-\frac{\pi}{4}$$

$$\tan\left(\frac{\pi}{6}+\frac{\pi}{4}\right)=\frac{\tan\dfrac{\pi}{6}+\tan\dfrac{\pi}{4}}{1-\tan\dfrac{\pi}{6}\tan\dfrac{\pi}{4}}=\frac{\dfrac{1}{\sqrt{3}}+1}{1-\dfrac{1}{\sqrt{3}}\cdot1}$$

$$=\frac{1+\sqrt{3}}{\sqrt{3}-1}=\frac{(\sqrt{3}+1)^2}{(\sqrt{3}-1)(\sqrt{3}+1)}=2+\sqrt{3}$$

$$\tan\left(\frac{\pi}{6}-\frac{\pi}{4}\right)=\frac{\tan\dfrac{\pi}{6}-\tan\dfrac{\pi}{4}}{1+\tan\dfrac{\pi}{6}\tan\dfrac{\pi}{4}}=\frac{\dfrac{1}{\sqrt{3}}-1}{1+\dfrac{1}{\sqrt{3}}\cdot1}=\frac{1-\sqrt{3}}{\sqrt{3}+1}$$

$$=\frac{-(\sqrt{3}-1)^2}{(\sqrt{3}+1)(\sqrt{3}-1)}=-2+\sqrt{3}$$

したがって，求める傾きは　　**$2+\sqrt{3}$, $-2+\sqrt{3}$**

$\Leftarrow \dfrac{\pi}{6}+\dfrac{\pi}{4}=\dfrac{5}{12}\pi$,

$\dfrac{\pi}{6}-\dfrac{\pi}{4}=-\dfrac{\pi}{12}$ であるが，$\tan\dfrac{5}{12}\pi$,

$\tan\left(-\dfrac{\pi}{12}\right)$ の値は簡単にはわからない。そこで，加法定理を用いて値を求める。

EX③80 $\alpha=36°$ のとき，等式 $\sin3\alpha=\sin2\alpha$ が成り立つことを示し，$\cos36°$ の値を求めよ。また，$\cos72°$ の値を求めよ。

$\alpha=36°$ のとき
$$\sin3\alpha=\sin108°=\sin(180°-72°)=\sin72°=\sin2\alpha$$
ゆえに，$\sin3\alpha=\sin2\alpha$ …… ① が成り立つ。
また，① から　　$3\sin\alpha-4\sin^3\alpha=2\sin\alpha\cos\alpha$
$\alpha=36°$ のとき $\sin\alpha>0$ であるから，両辺を $\sin\alpha$ で割ると
$$3-4\sin^2\alpha=2\cos\alpha$$
よって　　$3-4(1-\cos^2\alpha)=2\cos\alpha$
整理して　　$4\cos^2\alpha-2\cos\alpha-1=0$
ゆえに　　$\cos\alpha=\dfrac{1\pm\sqrt{5}}{4}$
$\alpha=36°$ のとき $\cos\alpha>0$ であるから
$$\cos\alpha=\cos36°=\frac{1+\sqrt{5}}{4}$$
また　　$\cos72°=\cos(2\times36°)=2\cos^236°-1=2\left(\dfrac{1+\sqrt{5}}{4}\right)^2-1$

$$=2\cdot\frac{6+2\sqrt{5}}{16}-1=\frac{-1+\sqrt{5}}{4}$$

$\Leftarrow \sin(180°-\theta)=\sin\theta$

$\Leftarrow$ 3 倍角の公式
$\sin3\alpha=3\sin\alpha-4\sin^3\alpha$
と $\sin2\alpha=2\sin\alpha\cos\alpha$
を代入。

$\Leftarrow \cos\alpha$ の 2 次方程式。

$\Leftarrow$ 解の公式を利用。

$\Leftarrow \cos2\alpha=2\cos^2\alpha-1$

$\Leftarrow \dfrac{6+2\sqrt{5}}{16}=\dfrac{3+\sqrt{5}}{8}$

EX②81 (1) $\dfrac{3}{2}\pi<\alpha<2\pi$ で，$\sin\alpha=-\dfrac{4}{5}$ のとき，$\sin2\alpha$, $\cos2\alpha$, $\tan2\alpha$, $\sin\dfrac{\alpha}{2}$, $\cos\dfrac{\alpha}{2}$,

$\tan\dfrac{\alpha}{2}$ の値を求めよ。

(2) $0\leqq\alpha\leqq\pi$ で，$\tan\alpha=2$ のとき，$\tan2\alpha$, $\tan\dfrac{\alpha}{2}$ の値を求めよ。

(1) $\dfrac{3}{2}\pi<\alpha<2\pi$ であるから $\cos\alpha>0$

ゆえに $\cos\alpha=\sqrt{1-\sin^2\alpha}=\sqrt{1-\left(-\dfrac{4}{5}\right)^2}=\dfrac{3}{5}$

← $\cos\alpha$ の値を求める。

よって $\sin2\alpha=2\sin\alpha\cos\alpha=2\cdot\left(-\dfrac{4}{5}\right)\cdot\dfrac{3}{5}=-\dfrac{24}{25}$

また $\cos2\alpha=1-2\sin^2\alpha=1-2\left(-\dfrac{4}{5}\right)^2=-\dfrac{7}{25}$

← $\cos2\alpha=2\cos^2\alpha-1$ を用いてもよい。

$\tan2\alpha=\dfrac{\sin2\alpha}{\cos2\alpha}=-\dfrac{24}{25}\div\left(-\dfrac{7}{25}\right)=\dfrac{24}{7}$

次に $\sin^2\dfrac{\alpha}{2}=\dfrac{1-\cos\alpha}{2}=\dfrac{1}{2}\left(1-\dfrac{3}{5}\right)=\dfrac{1}{5}$

$\cos^2\dfrac{\alpha}{2}=\dfrac{1+\cos\alpha}{2}=\dfrac{1}{2}\left(1+\dfrac{3}{5}\right)=\dfrac{4}{5}$

$\dfrac{3}{2}\pi<\alpha<2\pi$ より，$\dfrac{3}{4}\pi<\dfrac{\alpha}{2}<\pi$ であるから

← $\sin\dfrac{\alpha}{2}$，$\cos\dfrac{\alpha}{2}$ の符号を調べる。

$\sin\dfrac{\alpha}{2}>0,\ \cos\dfrac{\alpha}{2}<0$

したがって $\sin\dfrac{\alpha}{2}=\sqrt{\dfrac{1}{5}}=\dfrac{1}{\sqrt{5}}$

$\cos\dfrac{\alpha}{2}=-\sqrt{\dfrac{4}{5}}=-\dfrac{2}{\sqrt{5}}$

$\tan\dfrac{\alpha}{2}=\sin\dfrac{\alpha}{2}\div\cos\dfrac{\alpha}{2}$

← $\tan\theta=\dfrac{\sin\theta}{\cos\theta}$

$=\dfrac{1}{\sqrt{5}}\div\left(-\dfrac{2}{\sqrt{5}}\right)=-\dfrac{1}{2}$

(2) $\tan2\alpha=\dfrac{2\tan\alpha}{1-\tan^2\alpha}=\dfrac{2\cdot2}{1-2^2}=-\dfrac{4}{3}$

また $\cos^2\alpha=\dfrac{1}{1+\tan^2\alpha}=\dfrac{1}{1+2^2}=\dfrac{1}{5}$

← $\dfrac{1}{\cos^2\theta}=1+\tan^2\theta$

$0\leqq\alpha\leqq\pi$ であり，$\tan\alpha>0$ であるから $0<\alpha<\dfrac{\pi}{2}$ …… ①

← $0\leqq\alpha\leqq\pi$ で，$\cos\alpha$ は正負どちらの値もとりうるが，$\tan\alpha>0$ であるから，α の範囲を絞ることができる。

よって，$\cos\alpha>0$ となるから $\cos\alpha=\sqrt{\dfrac{1}{5}}=\dfrac{1}{\sqrt{5}}$

ゆえに $\tan^2\dfrac{\alpha}{2}=\dfrac{1-\cos\alpha}{1+\cos\alpha}=\left(1-\dfrac{1}{\sqrt{5}}\right)\div\left(1+\dfrac{1}{\sqrt{5}}\right)$

$=\dfrac{\sqrt{5}-1}{\sqrt{5}+1}=\dfrac{(\sqrt{5}-1)^2}{(\sqrt{5}+1)(\sqrt{5}-1)}=\dfrac{(\sqrt{5}-1)^2}{4}$

← $\dfrac{1-\dfrac{1}{\sqrt{5}}}{1+\dfrac{1}{\sqrt{5}}}$ の分母・分子に $\sqrt{5}$ を掛ける。

① より，$0<\dfrac{\alpha}{2}<\dfrac{\pi}{4}$ であるから $\tan\dfrac{\alpha}{2}>0$

よって $\tan\dfrac{\alpha}{2}=\sqrt{\dfrac{(\sqrt{5}-1)^2}{4}}=\dfrac{\sqrt{5}-1}{2}$

EX ③82 ★ 公式 $\cos x = \sin\left(\dfrac{\pi}{2}-x\right)$ を利用して，$0<\theta<\dfrac{\pi}{2}$ の範囲で等式 $\sin 4\theta = \cos\theta$ を満たす θ の値を求めよ。　　　　　　　　　　　　　　　　　　　　　　　　　[類 センター試験]

等式から

$$\sin 4\theta = \sin\left(\frac{\pi}{2}-\theta\right) \cdots\cdots ①$$

ここで，$0<\theta<\dfrac{\pi}{2}$ であるから

$$0<4\theta<2\pi,\ \ 0<\frac{\pi}{2}-\theta<\frac{\pi}{2}$$

よって，① から　　$4\theta=\dfrac{\pi}{2}-\theta$　または　$4\theta=\pi-\left(\dfrac{\pi}{2}-\theta\right)$

$4\theta=\dfrac{\pi}{2}-\theta$ を解くと，$5\theta=\dfrac{\pi}{2}$ から　　$\theta=\dfrac{\pi}{10}$

$4\theta=\pi-\left(\dfrac{\pi}{2}-\theta\right)$ を解くと，$3\theta=\dfrac{\pi}{2}$ から　　$\theta=\dfrac{\pi}{6}$

したがって，求める θ の値は　　$\boldsymbol{\theta=\dfrac{\pi}{10},\ \dfrac{\pi}{6}}$

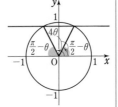

$\Leftarrow \cos\theta=\sin\left(\dfrac{\pi}{2}-\theta\right)$

$\Leftarrow -\dfrac{\pi}{2}<-\theta<0$

$\Leftarrow 4\theta$ が第2象限の角の場合を落とさないように注意。

$\Leftarrow 4\theta=\pi-\dfrac{\pi}{2}+\theta$

EX ④83 $0\leqq\theta<2\pi$ のとき，次の方程式・不等式を解け。
(1) $\cos^2\theta+\sqrt{3}\,\sin\theta\cos\theta=1$　　　　[立教大]　　(2) $\sin\theta<\tan\theta$

(1) $\sin^2\theta+\cos^2\theta=1$ より，$\cos^2\theta=1-\sin^2\theta$ であるから，これを代入して　　$(1-\sin^2\theta)+\sqrt{3}\,\sin\theta\cos\theta=1$
ゆえに　　　　$\sin\theta(\sqrt{3}\,\cos\theta-\sin\theta)=0$
よって　　　　$\sin\theta=0$　または　$\sqrt{3}\,\cos\theta-\sin\theta=0$
$0\leqq\theta<2\pi$ の範囲で，$\sin\theta=0$ を解くと　　$\theta=0,\ \pi$
また，$\sqrt{3}\,\cos\theta-\sin\theta=0^{(*)}$ から　　$\sin\theta=\sqrt{3}\,\cos\theta \cdots\cdots ①$
$\cos\theta=0$ は，与えられた等式を満たさないから　　$\cos\theta\neq0$
① の両辺を $\cos\theta$ で割ると　　$\tan\theta=\sqrt{3}$
$0\leqq\theta<2\pi$ であるから　　$\theta=\dfrac{\pi}{3},\ \dfrac{4}{3}\pi$

以上から，求める θ の値は　　$\boldsymbol{\theta=0,\ \dfrac{\pi}{3},\ \pi,\ \dfrac{4}{3}\pi}$

(2) $\sin\theta<\tan\theta$ から　　$\sin\theta<\dfrac{\sin\theta}{\cos\theta} \cdots\cdots ①$

　[1]　$\cos\theta>0$ のとき
　　① の両辺に $\cos\theta$ を掛けて
　　　　　　$\sin\theta\cos\theta<\sin\theta$　すなわち　$\sin\theta(1-\cos\theta)>0$
　　$1-\cos\theta\geqq0$ であるから　　$\sin\theta>0$　かつ　$1-\cos\theta\neq0$
　　$\cos\theta>0$ との共通範囲を求めて　　$0<\theta<\dfrac{\pi}{2}$

(*) 三角関数の合成を利用して解くこともできるが，ここでは $\tan\theta=\bullet$ の形に直して解く方がらく。

$\tan\theta=\sqrt{3}$

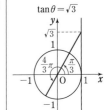

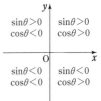

$\sin\theta>0$	$\sin\theta>0$
$\cos\theta<0$	$\cos\theta>0$

$\sin\theta<0$	$\sin\theta<0$
$\cos\theta<0$	$\cos\theta>0$

[2] $\cos\theta<0$ のとき

① の両辺に $\cos\theta$ を掛けて

$$\sin\theta\cos\theta>\sin\theta \quad すなわち \quad \sin\theta(1-\cos\theta)<0$$

← 不等号の向きが変わる。

$1-\cos\theta\geqq0$ であるから $\quad \sin\theta<0 \quad かつ \quad 1-\cos\theta\neq0$

$\cos\theta<0$ との共通範囲を求めて $\quad \pi<\theta<\dfrac{3}{2}\pi$

したがって，解は $\quad 0<\theta<\dfrac{\pi}{2},\ \pi<\theta<\dfrac{3}{2}\pi$

EX
③**84**

☆ O を原点とする座標平面上の 2 点 P$(2\cos\theta,\ 2\sin\theta)$,

Q$(2\cos\theta+\cos7\theta,\ 2\sin\theta+\sin7\theta)$ を考える。ただし，$\dfrac{\pi}{8}\leqq\theta\leqq\dfrac{\pi}{4}$ とする。

OP$=\boxed{^{\mathcal{P}}\ }$, PQ$=\boxed{^{\mathcal{A}}\ }$ である。また

OQ$^2=\boxed{^{\mathcal{D}}\ }+\boxed{^{\mathcal{I}}\ }(\cos7\theta\cos\theta+\sin7\theta\sin\theta)=\boxed{^{\mathcal{D}}\ }+\boxed{\ }\cos(\boxed{^{\mathcal{A}}\ }\theta)$ である。

よって，$\dfrac{\pi}{8}\leqq\theta\leqq\dfrac{\pi}{4}$ の範囲で，OQ は $\theta=\dfrac{\pi}{\boxed{^{\mathcal{D}}\ }}$ のとき最大値 $\sqrt{\boxed{^{\mathcal{I}}\ }}$ をとる。

[類 センター試験]

$$OP=\sqrt{(2\cos\theta)^2+(2\sin\theta)^2}=\sqrt{4(\cos^2\theta+\sin^2\theta)}={}^{\mathcal{P}}\mathbf{2}$$

$$PQ=\sqrt{(2\cos\theta+\cos7\theta-2\cos\theta)^2+(2\sin\theta+\sin7\theta-2\sin\theta)^2}$$

$$=\sqrt{\cos^27\theta+\sin^27\theta}={}^{\mathcal{A}}\mathbf{1}$$

$$OQ^2=(2\cos\theta+\cos7\theta)^2+(2\sin\theta+\sin7\theta)^2$$

$$=\underline{4\cos^2\theta}+4\cos7\theta\cos\theta+\underline{\cos^27\theta}$$

$$\qquad\qquad+\underline{4\sin^2\theta}+4\sin7\theta\sin\theta+\underline{\sin^27\theta}$$

$$=4+1+4(\cos7\theta\cos\theta+\sin7\theta\sin\theta)$$

$$={}^{\mathcal{D}}\mathbf{5}+{}^{\mathcal{I}}\mathbf{4}(\cos7\theta\cos\theta+\sin7\theta\sin\theta)$$

$$=5+4\cos(7\theta-\theta)=5+4\cos{}^{\mathcal{A}}\mathbf{6}\theta$$

よって $\quad OQ^2=5+4\cos6\theta$

$OQ\geqq0$ であるから，OQ^2 が最大となる

とき OQ も最大となる。

$\dfrac{\pi}{8}\leqq\theta\leqq\dfrac{\pi}{4}$ であるから

$$\dfrac{3}{4}\pi\leqq6\theta\leqq\dfrac{3}{2}\pi$$

ゆえに，右の図から

$$-1\leqq\cos6\theta\leqq0$$

したがって，$6\theta=\dfrac{3}{2}\pi$ すなわち $\theta=\dfrac{\pi}{^{\mathcal{D}}\mathbf{4}}$ のとき OQ^2 は最大値

5 をとるから，OQ の最大値は $\quad \sqrt{^{\mathcal{+}}\mathbf{5}}$

← 2 点 A$(x_1,\ y_1)$,
B$(x_2,\ y_2)$ と原点
O$(0,\ 0)$ について
AB$=\sqrt{(x_2-x_1)^2+(y_2-y_1)^2}$
OA$=\sqrt{x_1^2+y_1^2}$

← 加法定理
$\cos(\alpha-\beta)$
$=\cos\alpha\cos\beta+\sin\alpha\sin\beta$
の右辺の形。

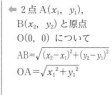

EX
③85

(1) $\sin\alpha-\sin\beta=\dfrac{5}{4}$, $\cos\alpha+\cos\beta=\dfrac{5}{4}$ のとき，$\cos(\alpha+\beta)$ の値を求めよ。 　〔南山大〕

(2) 鋭角三角形 ABC について，次の等式が成り立つことを証明せよ。

$\tan A+\tan B+\tan C=\tan A\tan B\tan C$ 　〔埼玉大〕

(1) $\sin\alpha-\sin\beta=\dfrac{5}{4}$，$\cos\alpha+\cos\beta=\dfrac{5}{4}$ のそれぞれの両辺を2

乗すると 　$\sin^2\alpha-2\sin\alpha\sin\beta+\sin^2\beta=\dfrac{25}{16}$ …… ①

$\cos^2\alpha+2\cos\alpha\cos\beta+\cos^2\beta=\dfrac{25}{16}$ …… ②

①＋② から

$(\sin^2\alpha+\cos^2\alpha)+2(\cos\alpha\cos\beta-\sin\alpha\sin\beta)+(\sin^2\beta+\cos^2\beta)$

$$=\dfrac{25}{8}$$

よって 　$1+2\cos(\alpha+\beta)+1=\dfrac{25}{8}$ 　ゆえに 　$\cos(\alpha+\beta)=\dfrac{9}{16}$

(2) $A+B+C=\pi$ であるから 　$C=\pi-(A+B)$

よって 　$\tan C=\tan\{\pi-(A+B)\}=-\tan(A+B)$

$$=-\dfrac{\tan A+\tan B}{1-\tan A\tan B}$$

分母を払って 　$(1-\tan A\tan B)\tan C=-(\tan A+\tan B)$

整理して 　$\tan A+\tan B+\tan C=\tan A\tan B\tan C$

> HINT 　$\cos(\alpha+\beta)$
> $=\cos\alpha\cos\beta-\sin\alpha\sin\beta$
> である。$\cos\alpha\cos\beta$,
> $\sin\alpha\sin\beta$ を作り出すために，条件式の両辺を2乗する。

← $\sin^2\theta+\cos^2\theta=1$

← 三角形の内角の和。

← $\tan(\pi-\theta)=-\tan\theta$
（下の Lecture）

Lecture 　$\pi-\theta$ の三角関数の公式は数学Ⅰで学んだ

$180°-\theta$ の三角比の公式と同じである。

$$\sin(\pi-\theta)=\sin\theta,\quad \cos(\pi-\theta)=-\cos\theta,\quad \tan(\pi-\theta)=-\tan\theta$$

ここでは，本冊 p.206 の等式を用いて証明してみよう。

$\sin(\pi-\theta)=\sin(-\theta+\pi)=-\sin(-\theta)$

$$=-(-\sin\theta)=\sin\theta$$

$\cos(\pi-\theta)=\cos(-\theta+\pi)=-\cos(-\theta)=-\cos\theta$

したがって 　$\tan(\pi-\theta)=\dfrac{\sin(\pi-\theta)}{\cos(\pi-\theta)}=\dfrac{\sin\theta}{-\cos\theta}=-\tan\theta$

← $\sin(\theta+\pi)=-\sin\theta$
$\sin(-\theta)=-\sin\theta$

← $\cos(\theta+\pi)=-\cos\theta$
$\cos(-\theta)=\cos\theta$

EX
④86

★ 関数 $y=\sin x-\cos 2x$ $(0\leqq x<2\pi)$ を考える。

(1) $y>0$ となる x の範囲を求めよ。

(2) y の最大値と最小値を求めよ。 　〔類 センター試験〕

(1) $\sin x-\cos 2x=\sin x-(1-2\sin^2 x)$

$$=2\sin^2 x+\sin x-1 …… ①$$

$$=(\sin x+1)(2\sin x-1)$$

よって，$y>0$ のとき 　$(\sin x+1)(2\sin x-1)>0$

$\sin x+1\geqq 0$ であるから 　$\sin x+1\neq 0$ かつ $2\sin x-1>0$

ゆえに 　$\sin x\neq-1$ かつ $\sin x>\dfrac{1}{2}$ すなわち $\sin x>\dfrac{1}{2}$

$0\leqq x<2\pi$ であるから 　$\dfrac{\pi}{6}<x<\dfrac{5}{6}\pi$

← 2倍角の公式
$\cos 2x=1-2\sin^2 x$
で $\sin x$ だけの式に。

(2) $\sin x = t$ とおくと，$0 \leqq x < 2\pi$ であるから　$-1 \leqq t \leqq 1$

また，① から

$$y = 2t^2 + t - 1 = 2\left(t^2 + \frac{1}{2}t\right) - 1$$

$$= 2\left(t + \frac{1}{4}\right)^2 - 2\left(\frac{1}{4}\right)^2 - 1$$

$$= 2\left(t + \frac{1}{4}\right)^2 - \frac{9}{8}$$

よって，y は　$t = 1$ のとき **最大値 2**，

　　　　$t = -\dfrac{1}{4}$ のとき **最小値** $-\dfrac{9}{8}$　をとる。

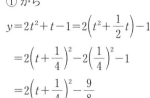

$\Leftarrow = t$ とおいたら t の変域に注意。

$\Leftarrow$ 2 次式は基本形に直す。

EX
④87

★ (1) $\tan\dfrac{\pi}{12}$ の値を求めよ。

(2) θ が $\dfrac{\pi}{12} \leqq \theta \leqq \dfrac{\pi}{3}$ の範囲を動くとき，$\tan\theta + \dfrac{1}{\tan\theta}$ の最大値・最小値とそれらを与える θ の値を求めよ。

［類 センター試験］

(1) $\tan\dfrac{\pi}{12} = \tan\left(\dfrac{\pi}{3} - \dfrac{\pi}{4}\right) = \dfrac{\tan\dfrac{\pi}{3} - \tan\dfrac{\pi}{4}}{1 + \tan\dfrac{\pi}{3}\tan\dfrac{\pi}{4}} = \dfrac{\sqrt{3} - 1}{1 + \sqrt{3} \cdot 1}$

$\Leftarrow \tan(\alpha - \beta) = \dfrac{\tan\alpha - \tan\beta}{1 + \tan\alpha\tan\beta}$

$= \dfrac{(\sqrt{3} - 1)^2}{(\sqrt{3} + 1)(\sqrt{3} - 1)} = \dfrac{4 - 2\sqrt{3}}{2} = \boldsymbol{2 - \sqrt{3}}$

(2) $\tan\theta + \dfrac{1}{\tan\theta} = \dfrac{\sin\theta}{\cos\theta} + \dfrac{\cos\theta}{\sin\theta} = \dfrac{\sin^2\theta + \cos^2\theta}{\sin\theta\cos\theta}$

$$= \dfrac{2}{\sin 2\theta}$$

$\dfrac{\pi}{12} \leqq \theta \leqq \dfrac{\pi}{3}$ であるから　$\dfrac{\pi}{6} \leqq 2\theta \leqq \dfrac{2}{3}\pi$

よって　$\dfrac{1}{2} \leqq \sin 2\theta \leqq 1$　　ゆえに　$1 \leqq \dfrac{1}{\sin 2\theta} \leqq 2$

したがって　$2 \leqq \dfrac{2}{\sin 2\theta} \leqq 4$

$\dfrac{2}{\sin 2\theta} = 4$ すなわち $\sin 2\theta = \dfrac{1}{2}$ となるのは

$2\theta = \dfrac{\pi}{6}$ から　$\theta = \dfrac{\pi}{12}$ のとき

$\dfrac{2}{\sin 2\theta} = 2$ すなわち $\sin 2\theta = 1$ となるのは

$2\theta = \dfrac{\pi}{2}$ から　$\theta = \dfrac{\pi}{4}$ のとき

以上から　$\theta = \dfrac{\pi}{12}$ のとき **最大値 4**，$\theta = \dfrac{\pi}{4}$ のとき **最小値 2**

[HINT] (2) 与えられた式を $\sin 2\theta$ で表す。

$\Leftarrow \sin^2\theta + \cos^2\theta = 1$，
$\sin\theta\cos\theta = \dfrac{1}{2}\sin 2\theta$

$\Leftarrow 0 < a \leqq b$ のとき
$\dfrac{1}{b} \leqq \dfrac{1}{a}$

EX
③**88** $0 \leqq x < 2\pi$ のとき，次の不等式を満たす x の値の範囲を求めよ。
$$\cos^2 x - 2\cos x - \sin^2 x + 2\sin x \geqq 0$$

$$\cos^2 x - 2\cos x - \sin^2 x + 2\sin x$$
$$= \cos^2 x - \sin^2 x - 2\cos x + 2\sin x$$
$$= (\cos x + \sin x)(\cos x - \sin x) - 2(\cos x - \sin x)$$
$$= (\cos x - \sin x)(\cos x + \sin x - 2)$$
$$= (\sin x - \cos x)\{2 - (\sin x + \cos x)\}$$
$$= \sqrt{2}\,\sin\left(x - \frac{\pi}{4}\right)\left\{2 - \sqrt{2}\,\sin\left(x + \frac{\pi}{4}\right)\right\}$$

⟸ $\underline{\cos x - \sin x}$ が共通因数。

⟸ 合成して，1種類の三角関数で表す。

ゆえに，不等式は $\sqrt{2}\,\sin\left(x - \frac{\pi}{4}\right)\left\{2 - \sqrt{2}\,\sin\left(x + \frac{\pi}{4}\right)\right\} \geqq 0$

ここで，$0 \leqq x < 2\pi$ から $\dfrac{\pi}{4} \leqq x + \dfrac{\pi}{4} < 2\pi + \dfrac{\pi}{4}$

このとき $-1 \leqq \sin\left(x + \dfrac{\pi}{4}\right) \leqq 1$

よって $-\sqrt{2} \leqq \sqrt{2}\,\sin\left(x + \dfrac{\pi}{4}\right) \leqq \sqrt{2}$

ゆえに $2 - \sqrt{2}\,\sin\left(x + \dfrac{\pi}{4}\right) > 0$

したがって，与えられた不等式は，$\sqrt{2}\,\sin\left(x - \dfrac{\pi}{4}\right) \geqq 0$ と同値である。

$0 \leqq x < 2\pi$ から $-\dfrac{\pi}{4} \leqq x - \dfrac{\pi}{4} < 2\pi - \dfrac{\pi}{4}$ であり，この範囲で $\sin\left(x - \dfrac{\pi}{4}\right) \geqq 0$ を解くと

$$0 \leqq x - \frac{\pi}{4} \leqq \pi \quad \text{すなわち} \quad \frac{\pi}{4} \leqq x \leqq \frac{5}{4}\pi$$

（参考）
$2 - (\sin x + \cos x)$
$= (1 - \sin x) + (1 - \cos x)$
$0 \leqq x < 2\pi$ において
$1 - \sin x \geqq 0$,
$1 - \cos x \geqq 0$
であり，この2つの不等式の等号は同時に成り立たない。よって
$2 - (\sin x + \cos x) > 0$

EX
④**89** ★ a を正の定数とし，角 θ の関数 $f(\theta) = \sin a\theta + \sqrt{3}\,\cos a\theta$ を考える。
(1) $f(\theta) = \boxed{}\sin(a\theta + \boxed{})$ である。
(2) $f(\theta) = 0$ を満たす正の角 θ のうち，最小のものは $\boxed{}$ であり，小さい方から数えて4番目と5番目のものは，それぞれ，$\boxed{}$，$\boxed{}$ である。
(3) $0 \leqq \theta \leqq \pi$ の範囲で，$f(\theta) = 0$ を満たす θ がちょうど4個存在するような a の値の範囲は $\boxed{}$ である。 ［類 センター試験］

(1) 関数の式を変形して $f(\theta) = \boxed{\,2}\sin\left(a\theta + \boxed{\,\dfrac{\pi}{3}}\right)$

⟸ 三角関数の合成。

(2) (1)から，$f(\theta) = 0$ のとき $\sin\left(a\theta + \dfrac{\pi}{3}\right) = 0$

よって，n を整数として $a\theta + \dfrac{\pi}{3} = n\pi$ と表される。

θ について解くと，$a > 0$ から $\theta = \dfrac{\pi}{a}\left(n - \dfrac{1}{3}\right)$ …… ①

⟸ $a\theta = \left(n - \dfrac{1}{3}\right)\pi$

ここで，$\theta>0$ のとき，$\dfrac{\pi}{a}>0$ であるから　$n>\dfrac{1}{3}$

ゆえに，n は自然数である。

したがって，$f(\theta)=0$ を満たす正の角 θ のうち

最小のものは，① で $n=1$ としたときで　$\theta={}^{\text{ウ}}\dfrac{2}{3a}\pi$

小さい方から4番目，5番目のものは，それぞれ① で

$n=4,\ 5$ としたときで　$\theta={}^{\text{エ}}\dfrac{11}{3a}\pi,\ \theta={}^{\text{オ}}\dfrac{14}{3a}\pi$

(3) (2)から，題意を満たすための条件は

$$\dfrac{11}{3a}\pi\leqq\pi\ \text{かつ}\ \dfrac{14}{3a}\pi>\pi$$

各不等式の両辺に $\dfrac{a}{\pi}\,(>0)$ を掛けて

$\dfrac{11}{3}\leqq a\ \text{かつ}\ \dfrac{14}{3}>a$　すなわち　${}^{\text{カ}}\dfrac{11}{3}\leqq a<\dfrac{14}{3}$

← $n-\dfrac{1}{3}>0$

← n は $\dfrac{1}{3}$ より大きい整数　$\longrightarrow$ n は自然数

← 小さい方から4番目までは $0\leqq\theta\leqq\pi$ の範囲内で，5番目は $0\leqq\theta\leqq\pi$ の範囲外となることが条件。

6章

EX

EX ④90　☆　x の関数 $f(x)=\sin 2x-2\sin x-2\cos x+1\ (0\leqq x\leqq\pi)$ について

(1) $t=\sin x+\cos x$ のとき，$f(x)$ を t で表した関数を $g(t)$ とすると，$g(t)={}^{\text{ア}}\boxed{}$ である。また，t のとりうる値の範囲は，${}^{\text{イ}}\boxed{}\leqq t\leqq{}^{\text{ウ}}\boxed{}$ である。

(2) 関数 $|f(x)|$ について，最大値は $x={}^{\text{エ}}\boxed{}$ のとき ${}^{\text{オ}}\boxed{}$ である。また，最小値は $x={}^{\text{カ}}\boxed{}$ のとき ${}^{\text{キ}}\boxed{}$ である。　　　[立命館大]

(1)　$f(x)=\sin 2x-2(\sin x+\cos x)+1\ (0\leqq x\leqq\pi)$

$t=\sin x+\cos x$ の両辺を2乗して

$\qquad t^2=\sin^2 x+2\sin x\cos x+\cos^2 x$

$\qquad\quad=1+2\sin x\cos x=1+\sin 2x$

よって　$\sin 2x=t^2-1$

ゆえに　$g(t)=(t^2-1)-2t+1={}^{\text{ア}}t^2-2t$

また　$t=\sin x+\cos x=\sqrt{2}\sin\left(x+\dfrac{\pi}{4}\right)$

$0\leqq x\leqq\pi$ のとき $\dfrac{\pi}{4}\leqq x+\dfrac{\pi}{4}\leqq\dfrac{5}{4}\pi$ …… ① であるから

$$-\dfrac{1}{\sqrt{2}}\leqq\sin\left(x+\dfrac{\pi}{4}\right)\leqq 1$$

よって　${}^{\text{イ}}-1\leqq t\leqq{}^{\text{ウ}}\sqrt{2}$

(2)　$g(t)=t^2-2t=(t-1)^2-1$

よって，関数 $y=|g(t)|\ (-1\leqq t\leqq\sqrt{2})$ のグラフは右の図のようになる。

ゆえに，$|g(t)|$ は

$\qquad t=-1$ のとき最大値3，

$\qquad t=0$ のとき最小値0　　をとる。

← $t=\sin x+\cos x$ の両辺を2乗すると，かくれた条件 $\sin^2 x+\cos^2 x=1$ と $2\sin x\cos x$ が現れる。

← $=t$ とおいたら t の変域に注意。

$y=|f(x)|$ のグラフ（数学 I）

$y=f(x)$ のグラフで，$y\geqq 0$ の部分はそのままとし，$y<0$ の部分を x 軸に関して対称に折り返す。

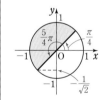

$t=-1$ のとき　　$\sin\left(x+\dfrac{\pi}{4}\right)=-\dfrac{1}{\sqrt{2}}$

　① から　　$x+\dfrac{\pi}{4}=\dfrac{5}{4}\pi$　　ゆえに　　$x=\pi$

$t=0$ のとき　　$\sin\left(x+\dfrac{\pi}{4}\right)=0$

　① から　　$x+\dfrac{\pi}{4}=\pi$　　ゆえに　　$x=\dfrac{3}{4}\pi$

以上から, 関数 $|f(x)|$ について

　　最大値は $x=\mathbf{^{x}\pi}$ のとき $\mathbf{^{ケ}3}$ である。

　　最小値は $x=\mathbf{^{カ}\dfrac{3}{4}\pi}$ のとき $\mathbf{^{キ}0}$ である。

EX
④91
(1)　$\sin 20°+\sin 40°=\sin 80°$ を示せ。　　　　　　　　　　　［信州大］
(2)　$0\leqq x<\pi$ のとき，次の方程式を解け。
　　(ア)　$\sin x+\sin 5x=0$　　　　　　　　　(イ)　$\cos 2x=\cos 4x$

(1)　$\sin 20°+\sin 40°=\sin 40°+\sin 20°=2\sin\dfrac{60°}{2}\cos\dfrac{20°}{2}$

　　　　　　　　　　$=2\sin 30°\cos 10°=2\cdot\dfrac{1}{2}\cos 10°=\cos 10°$

$\quad\Leftarrow\sin A+\sin B$
$\quad=2\sin\dfrac{A+B}{2}\cos\dfrac{A-B}{2}$

　　$\sin 80°=\sin(90°-10°)=\cos 10°$
　　よって　　$\sin 20°+\sin 40°=\sin 80°$

$\quad\Leftarrow\sin(90°-\theta)=\cos\theta$

(2)　(ア)　$\sin 5x+\sin x=2\sin\dfrac{5x+x}{2}\cos\dfrac{5x-x}{2}$

　　　　　　　　　　$=2\sin 3x\cos 2x$

$\quad\Leftarrow\sin A+\sin B$
$\quad=2\sin\dfrac{A+B}{2}\cos\dfrac{A-B}{2}$
$\sin 5x+\sin x$ と順序を
入れ替えると, 負の角が
出てこない。

　　であるから, 与えられた方程式は　　$\sin 3x\cos 2x=0$
　　したがって　　$\sin 3x=0$ または $\cos 2x=0$
　　$0\leqq x<\pi$ より, $0\leqq 3x<3\pi$ であるから, $\underline{\sin 3x=0}$ の解は
　　　　　$3x=0,\ \pi,\ 2\pi$

　　よって　　$x=0,\ \dfrac{\pi}{3},\ \dfrac{2}{3}\pi$

　　また, $0\leqq x<\pi$ より, $0\leqq 2x<2\pi$ であるから, $\underline{\cos 2x=0}$

　　の解は　　$2x=\dfrac{\pi}{2},\ \dfrac{3}{2}\pi$

　　よって　　$x=\dfrac{\pi}{4},\ \dfrac{3}{4}\pi$

　　以上から　　$\mathbf{x=0,\ \dfrac{\pi}{4},\ \dfrac{\pi}{3},\ \dfrac{2}{3}\pi,\ \dfrac{3}{4}\pi}$

　　(イ)　$\cos 4x-\cos 2x=-2\sin\dfrac{4x+2x}{2}\sin\dfrac{4x-2x}{2}$

　　　　　　　　　　$=-2\sin 3x\sin x$

$\quad\Leftarrow\cos A-\cos B$
$\quad=-2\sin\dfrac{A+B}{2}\sin\dfrac{A-B}{2}$

　　であるから, 与えられた方程式は　　$\sin 3x\sin x=0$
　　したがって　　$\sin 3x=0$ または $\sin x=0$

$0 \leqq x < \pi$ より, $0 \leqq 3x < 3\pi$ であるから, $\underline{\sin 3x = 0}$ の解は

$\qquad 3x = 0,\ \pi,\ 2\pi \qquad$ よって $\qquad x = 0,\ \dfrac{\pi}{3},\ \dfrac{2}{3}\pi$

また, $0 \leqq x < \pi$ であるから, $\underline{\sin x = 0}$ の解は $\qquad x = 0$

以上から $\qquad x = 0,\ \dfrac{\pi}{3},\ \dfrac{2}{3}\pi$

別解 $\quad \cos 4x = 2\cos^2 2x - 1$ であるから, 方程式は

$\qquad\qquad \cos 2x = 2\cos^2 2x - 1$

すなわち $\quad 2\cos^2 2x - \cos 2x - 1 = 0$

ゆえに $\qquad (\cos 2x - 1)(2\cos 2x + 1) = 0$

よって $\qquad \cos 2x = 1,\ -\dfrac{1}{2}$

$0 \leqq x < \pi$ より, $0 \leqq 2x < 2\pi$ であるから

$\qquad \cos 2x = 1 \qquad$ の解は $\qquad 2x = 0$

$\qquad \cos 2x = -\dfrac{1}{2} \qquad$ の解は $\qquad 2x = \dfrac{2}{3}\pi,\ \dfrac{4}{3}\pi$

したがって $\qquad x = 0,\ \dfrac{\pi}{3},\ \dfrac{2}{3}\pi$

← 2 倍角の公式を用いる。

← $\begin{array}{rrr} 1 & -1 & \longrightarrow -2 \\ 2 & 1 & \longrightarrow 1 \\ \hline 2 & -1 & -1 \end{array}$

EX ⑤ **92** △ABC の 3 つの内角が $\alpha+\beta$, γ, δ であるとき, 次の等式が成り立つことを示せ。

$\qquad \sin\alpha\sin\beta + \sin\gamma\sin\delta = \sin(\alpha+\gamma)\sin(\beta+\gamma)$ 　　　　　　　　　　[類 成城大]

$\underline{\alpha+\beta+\gamma+\delta = \pi}$ に注意して, 左辺, 右辺をそれぞれ変形すると

$\sin\alpha\sin\beta + \sin\gamma\sin\delta$

$= \dfrac{1}{2}\{\cos(\alpha-\beta) - \cos(\alpha+\beta)\} + \dfrac{1}{2}\{\cos(\gamma-\delta) - \cos(\gamma+\delta)\}$

$= \dfrac{1}{2}[\cos(\alpha-\beta) - \cos(\alpha+\beta) + \cos(\gamma-\delta) - \cos\{\underline{\pi-(\alpha+\beta)}\}]$

$= \dfrac{1}{2}\{\cos(\alpha-\beta) - \cos(\alpha+\beta) + \cos(\gamma-\delta) + \cos(\alpha+\beta)\}$

$= \dfrac{1}{2}\{\cos(\alpha-\beta) + \cos(\gamma-\delta)\}$

$\sin(\alpha+\gamma)\sin(\beta+\gamma)$

$= \dfrac{1}{2}[\cos\{(\alpha+\gamma)-(\beta+\gamma)\} - \cos\{(\alpha+\gamma)+(\beta+\gamma)\}]$

$= \dfrac{1}{2}[\cos(\alpha-\beta) - \cos\{\underline{(\alpha+\beta+\gamma)+\gamma}\}]$

$= \dfrac{1}{2}\{\cos(\alpha-\beta) - \cos(\pi-\delta+\gamma)\}$

$= \dfrac{1}{2}[\cos(\alpha-\beta) - \cos\{\pi+(\gamma-\delta)\}]$

$= \dfrac{1}{2}\{\cos(\alpha-\beta) + \cos(\gamma-\delta)\}$

よって $\qquad \sin\alpha\sin\beta + \sin\gamma\sin\delta = \sin(\alpha+\gamma)\sin(\beta+\gamma)$

← 三角形の内角の和は π

← $\sin\alpha\sin\beta$
$= \dfrac{1}{2}\{\cos(\alpha-\beta) - \cos(\alpha+\beta)\}$

← $\alpha+\beta+\gamma+\delta = \pi$ から
$\gamma+\delta = \pi-(\alpha+\beta)$

← $\cos(\pi-\theta) = -\cos\theta$

← 右辺

← $\alpha+\beta+\gamma+\delta = \pi$ から
$\alpha+\beta+\gamma = \pi-\delta$

← $\cos(\pi+\theta) = -\cos\theta$

TR
①**143** 指数法則を用いて，次の計算をせよ。ただし，$a \neq 0$ とする。
(1) $2^7 \times 2^{-3}$　　　　(2) $10^{-2} \times 10^{-1}$　　　　(3) $7^2 \div 7^{-1}$　　　　(4) $(2^{-2})^3$
(5) $(2^{-1} \times 3^2)^{-2}$　　(6) $a^2 \times a^{-1} \div a^{-3}$　　(7) $3^3 \times (9^{-1})^2 \div 27^{-2}$

(1) $2^7 \times 2^{-3} = 2^{7-3} = 2^4 = \boldsymbol{16}$

(2) $10^{-2} \times 10^{-1} = 10^{-2-1} = 10^{-3} = \dfrac{1}{10^3} = \dfrac{\boldsymbol{1}}{\boldsymbol{1000}}$

(3) $7^2 \div 7^{-1} = 7^{2-(-1)} = 7^3 = \boldsymbol{343}$

(4) $(2^{-2})^3 = 2^{-2 \times 3} = 2^{-6} = \dfrac{1}{2^6} = \dfrac{\boldsymbol{1}}{\boldsymbol{64}}$

(5) $(2^{-1} \times 3^2)^{-2} = 2^{(-1) \times (-2)} \times 3^{2 \times (-2)} = 2^2 \times 3^{-4} = 4 \times \dfrac{1}{3^4} = \dfrac{\boldsymbol{4}}{\boldsymbol{81}}$

(6) $a^2 \times a^{-1} \div a^{-3} = a^{2+(-1)-(-3)} = \boldsymbol{a^4}$

(7) $3^3 \times (9^{-1})^2 \div 27^{-2} = 3^3 \times \{(3^2)^{-1}\}^2 \div (3^3)^{-2}$
$= 3^3 \times (3^{-2})^2 \div 3^{-6} = 3^3 \times 3^{-4} \div 3^{-6}$
$= 3^{3+(-4)-(-6)} = 3^5 = \boldsymbol{243}$

（右側）
(2) $10^{-2} \times 10^{-1} = \dfrac{1}{10^2} \times \dfrac{1}{10}$
$= \dfrac{1}{1000}$

(4) $(2^{-2})^3 = \left(\dfrac{1}{2^2}\right)^3$
$= \left(\dfrac{1}{4}\right)^3 = \dfrac{1}{64}$

⟸ 底を 3 にそろえる。

TR
①**144** $\sqrt[3]{216}$, $\sqrt[4]{(-2)^4}$, $\sqrt[5]{\dfrac{1}{243}}$ の値をそれぞれ求めよ。

$\sqrt[3]{216}$ は，3 乗して 216 になる正の数である。
216 = 6^3 であるから　　　　$\sqrt[3]{216} = \boldsymbol{6}$

$\sqrt[4]{(-2)^4}$ すなわち $\sqrt[4]{16}$ は，4 乗して 16 になる正の数である。
16 = 2^4 であるから　　　　$\sqrt[4]{(-2)^4} = \boldsymbol{2}$

$\sqrt[5]{\dfrac{1}{243}}$ は，5 乗して $\dfrac{1}{243}$ になる正の数である。

$\dfrac{1}{243} = \left(\dfrac{1}{3}\right)^5$ であるから　　$\sqrt[5]{\dfrac{1}{243}} = \dfrac{\boldsymbol{1}}{\boldsymbol{3}}$

⟸ $\sqrt[3]{216} = \sqrt[3]{6^3} = 6$
⟸ $\sqrt[4]{(-2)^4} = -2$ は誤り。
⟸ $\sqrt[5]{\dfrac{1}{243}} = \sqrt[5]{\left(\dfrac{1}{3}\right)^5} = \dfrac{1}{3}$

TR
①**145** 次の計算をせよ。
(1) $\sqrt[4]{7} \times \sqrt[4]{343}$　　(2) $\dfrac{\sqrt[3]{162}}{\sqrt[3]{6}}$　　(3) $\sqrt[4]{2} \div \sqrt[4]{32}$　　(4) $(\sqrt[4]{36})^2$　　(5) $\sqrt[3]{\sqrt{64}}$

(1) $\sqrt[4]{7} \times \sqrt[4]{343} = \sqrt[4]{7 \times 343} = \sqrt[4]{7 \times 7^3} = \sqrt[4]{7^4} = \boldsymbol{7}$

(2) $\dfrac{\sqrt[3]{162}}{\sqrt[3]{6}} = \sqrt[3]{\dfrac{162}{6}} = \sqrt[3]{27} = \sqrt[3]{3^3} = \boldsymbol{3}$

(3) $\sqrt[4]{2} \div \sqrt[4]{32} = \dfrac{\sqrt[4]{2}}{\sqrt[4]{32}} = \sqrt[4]{\dfrac{2}{32}} = \sqrt[4]{\dfrac{1}{16}} = \sqrt[4]{\left(\dfrac{1}{2}\right)^4} = \dfrac{\boldsymbol{1}}{\boldsymbol{2}}$

(4) $(\sqrt[4]{36})^2 = \sqrt[4]{36^2} = \sqrt[4]{(6^2)^2} = \sqrt[4]{6^4} = \boldsymbol{6}$

(5) $\sqrt[3]{\sqrt{64}} = \sqrt[3 \times 2]{64} = \sqrt[6]{2^6} = \boldsymbol{2}$

別解 $\sqrt[3]{\sqrt{64}} = \sqrt[3]{\sqrt{8^2}} = \sqrt[3]{8} = \sqrt[3]{2^3} = \boldsymbol{2}$

$a > 0$, $b > 0$ で，m, n が正の整数のとき
$\sqrt[n]{a}\,\sqrt[n]{b} = \sqrt[n]{ab}$,
$\dfrac{\sqrt[n]{a}}{\sqrt[n]{b}} = \sqrt[n]{\dfrac{a}{b}}$,
$(\sqrt[n]{a})^m = \sqrt[n]{a^m}$,
$\sqrt[m]{\sqrt[n]{a}} = \sqrt[mn]{a}$
⟸ $\sqrt{64} = \sqrt[2]{64}$

TR
①**146** 次の値を求めよ。
(1) $27^{\frac{1}{3}}$　　　　(2) $64^{\frac{2}{3}}$　　　　(3) $81^{-\frac{3}{4}}$　　　　(4) $32^{0.2}$

(1) $27^{\frac{1}{3}}=\sqrt[3]{27}=\sqrt[3]{3^3}=\boldsymbol{3}$

(2) $64^{\frac{2}{3}}=(\sqrt[3]{64})^2=(\sqrt[3]{4^3})^2=4^2=\boldsymbol{16}$

(3) $81^{-\frac{3}{4}}=\dfrac{1}{81^{\frac{3}{4}}}=\dfrac{1}{(\sqrt[4]{81})^3}=\dfrac{1}{(\sqrt[4]{3^4})^3}=\dfrac{1}{3^3}=\dfrac{\boldsymbol{1}}{\boldsymbol{27}}$

(4) $32^{0.2}=32^{\frac{1}{5}}=\sqrt[5]{32}=\sqrt[5]{2^5}=\boldsymbol{2}$

別解　(1) $27^{\frac{1}{3}}=(3^3)^{\frac{1}{3}}=3^{3\times\frac{1}{3}}=\boldsymbol{3}$

(2) $64^{\frac{2}{3}}=(4^3)^{\frac{2}{3}}=4^{3\times\frac{2}{3}}=4^2=\boldsymbol{16}$

(3) $81^{-\frac{3}{4}}=(3^4)^{-\frac{3}{4}}=3^{4\times(-\frac{3}{4})}=3^{-3}=\dfrac{1}{3^3}=\dfrac{\boldsymbol{1}}{\boldsymbol{27}}$

(4) $32^{0.2}=(2^5)^{\frac{1}{5}}=2^{5\times\frac{1}{5}}=\boldsymbol{2}$

> $a>0$，m，n が自然数，
> r が正の有理数のとき
> $$a^{\frac{m}{n}}=(\sqrt[n]{a})^m=\sqrt[n]{a^m},$$
> $$a^{-r}=\frac{1}{a^r}$$
>
> ⬅ 小数の指数は分数に直す。
>
> 別解　a^p の形のまま，指数法則を利用して計算する。

TR
②**147** 次の計算をせよ。

(1) $5^{\frac{1}{2}}\times25^{-\frac{1}{4}}$　　　(2) $4^{\frac{2}{3}}\div24^{\frac{1}{3}}\times18^{\frac{2}{3}}$　　　(3) $\left\{\left(\dfrac{16}{81}\right)^{-\frac{3}{4}}\right\}^{\frac{2}{3}}$

(4) $\sqrt[3]{54}\times2\sqrt[3]{2}\times\sqrt[3]{16}$　　　(5) $\sqrt[4]{6}\times\sqrt{6}\times\sqrt[4]{12}$

(1) $5^{\frac{1}{2}}\times25^{-\frac{1}{4}}=5^{\frac{1}{2}}\times(5^2)^{-\frac{1}{4}}=5^{\frac{1}{2}}\times5^{-\frac{1}{2}}=5^{\frac{1}{2}-\frac{1}{2}}=5^0=\boldsymbol{1}$

⬅ 底を 5 にそろえる。

(2) $4^{\frac{2}{3}}\div24^{\frac{1}{3}}\times18^{\frac{2}{3}}=(2^2)^{\frac{2}{3}}\times(2^3\cdot3)^{-\frac{1}{3}}\times(2\cdot3^2)^{\frac{2}{3}}$

$\qquad=2^{\frac{4}{3}}\times(2^{-1}\cdot3^{-\frac{1}{3}})\times(2^{\frac{2}{3}}\cdot3^{\frac{4}{3}})$

$\qquad=2^{\frac{4}{3}-1+\frac{2}{3}}\times3^{-\frac{1}{3}+\frac{4}{3}}=2\times3=\boldsymbol{6}$

⬅ 底を素因数分解する。
なお　$\div24^{\frac{1}{3}}=\times24^{-\frac{1}{3}}$

7章

T R

(3) $\left\{\left(\dfrac{16}{81}\right)^{-\frac{3}{4}}\right\}^{\frac{2}{3}}=\left\{\left(\left(\dfrac{2}{3}\right)^4\right)^{-\frac{3}{4}}\right\}^{\frac{2}{3}}=\left\{\left(\dfrac{2}{3}\right)^{-3}\right\}^{\frac{2}{3}}=\left(\dfrac{2}{3}\right)^{-2}=\left(\dfrac{3}{2}\right)^2=\dfrac{\boldsymbol{9}}{\boldsymbol{4}}$

⬅ $\left(\dfrac{a}{b}\right)^{-r}=\left(\dfrac{b}{a}\right)^r$

別解　$\left\{\left(\dfrac{16}{81}\right)^{-\frac{3}{4}}\right\}^{\frac{2}{3}}=\left(\dfrac{16}{81}\right)^{-\frac{1}{2}}=\left\{\left(\dfrac{4}{9}\right)^2\right\}^{-\frac{1}{2}}=\left(\dfrac{4}{9}\right)^{-1}=\dfrac{\boldsymbol{9}}{\boldsymbol{4}}$

⬅ まず，指数部分を先に計算する。

(4) $\sqrt[3]{54}\times2\sqrt[3]{2}\times\sqrt[3]{16}=54^{\frac{1}{3}}\times2\cdot2^{\frac{1}{3}}\times16^{\frac{1}{3}}$

$\qquad=(2\cdot3^3)^{\frac{1}{3}}\times2^{1+\frac{1}{3}}\times(2^4)^{\frac{1}{3}}$

$\qquad=(2^{\frac{1}{3}}\cdot3)\times2^{\frac{4}{3}}\times2^{\frac{4}{3}}=2^{\frac{1}{3}+\frac{4}{3}+\frac{4}{3}}\times3$

$\qquad=2^3\times3=\boldsymbol{24}$

別解　$\sqrt[3]{54}\times2\sqrt[3]{2}\times\sqrt[3]{16}=2\sqrt[3]{54\times2\times16}=2\sqrt[3]{(2\cdot3^3)\times2\times2^4}$

$\qquad=2\sqrt[3]{2^6\cdot3^3}=2\sqrt[3]{12^3}$

$\qquad=2\times12=\boldsymbol{24}$

⬅ 累乗根の性質
$\sqrt[n]{a}\,\sqrt[n]{b}=\sqrt[n]{ab}$
を利用して計算。

(5) $\sqrt[4]{6}\times\sqrt{6}\times\sqrt[4]{12}=6^{\frac{1}{4}}\times6^{\frac{1}{2}}\times12^{\frac{1}{4}}$

$\qquad=(2\cdot3)^{\frac{1}{4}}\times(2\cdot3)^{\frac{1}{2}}\times(2^2\cdot3)^{\frac{1}{4}}$

$\qquad=(2^{\frac{1}{4}}\cdot3^{\frac{1}{4}})\times(2^{\frac{1}{2}}\cdot3^{\frac{1}{2}})\times(2^{\frac{1}{2}}\cdot3^{\frac{1}{4}})$

$\qquad=2^{\frac{1}{4}+\frac{1}{2}+\frac{1}{2}}\times3^{\frac{1}{4}+\frac{1}{2}+\frac{1}{4}}=2^{\frac{1}{4}}\times2\times3=\boldsymbol{6\sqrt[4]{2}}$

別解　$\sqrt[4]{6}\times\sqrt{6}\times\sqrt[4]{12}=\sqrt[4]{6}\times\sqrt[4]{6^2}\times\sqrt[4]{6\cdot2}$

$\qquad=\sqrt[4]{6\times6^2\times(6\cdot2)}=\sqrt[4]{6^4\times2}$

$\qquad=\boldsymbol{6\sqrt[4]{2}}$

⬅ $\sqrt{6}=6^{\frac{1}{2}}=6^{\frac{2}{4}}=\sqrt[4]{6^2}$
$\sqrt[n]{a}$ の n の部分を 4 にそろえ，累乗根の性質を利用。

TR
③**148** 関数 (1) $y=\dfrac{2^x}{4}$ (2) $y=\dfrac{1}{2}\left(\dfrac{1}{2}\right)^x$ のグラフをかけ。

(1) $\dfrac{2^x}{4}=2^x\times 2^{-2}=2^{x-2}$ であるから, $y=\dfrac{2^x}{4}$ のグラフは,

$y=2^x$ のグラフを x 軸方向に 2 だけ平行移動したものである。
〔図〕

(2) $\dfrac{1}{2}\left(\dfrac{1}{2}\right)^x=\left(\dfrac{1}{2}\right)^{x+1}$ であるから, $y=\dfrac{1}{2}\left(\dfrac{1}{2}\right)^x$ のグラフは,

$y=\left(\dfrac{1}{2}\right)^x$ のグラフを x 軸方向に -1 だけ平行移動したものである。〔図〕

(1) 点 $\left(0,\ \dfrac{1}{4}\right)$, $(2,\ 1)$, $(3,\ 2)$ などを結んでかいてもよい。

(2) 点 $\left(0,\ \dfrac{1}{2}\right)$, $(-1,\ 1)$, $(-2,\ 2)$ などを結んでかいてもよい。

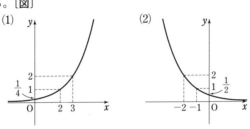

TR
②**149** 次の各組の数の大小を不等号を用いて表せ。
(1) 0.2^3, 1, 0.2^{-1} (2) 3, $\sqrt{\dfrac{1}{3}}$, $\sqrt[3]{3}$, $\sqrt[4]{27}$

(1) $1=0.2^0$

$y=0.2^x$ は減少関数であるから, $-1<0<3$ より

$0.2^{-1}>0.2^0>0.2^3$ すなわち $\boldsymbol{0.2^3<1<0.2^{-1}}$

⟸ 底 $0.2<1$ ⟶ 大小反対

(2) $3=3^1$, $\sqrt{\dfrac{1}{3}}=(3^{-1})^{\frac{1}{2}}=3^{-\frac{1}{2}}$, $\sqrt[3]{3}=3^{\frac{1}{3}}$, $\sqrt[4]{27}=3^{\frac{3}{4}}$

$y=3^x$ は増加関数であるから, $-\dfrac{1}{2}<\dfrac{1}{3}<\dfrac{3}{4}<1$ より

$3^{-\frac{1}{2}}<3^{\frac{1}{3}}<3^{\frac{3}{4}}<3^1$ すなわち $\sqrt{\dfrac{1}{3}}<\sqrt[3]{3}<\sqrt[4]{27}<3$

⟸ 底 $3>1$ ⟶ 大小一致

TR
①**150** 次の方程式を解け。
(1) $5^x=\dfrac{1}{125}$ (2) $3^{2x+3}=9\sqrt{3}$

(1) $\dfrac{1}{125}=\dfrac{1}{5^3}=5^{-3}$ であるから, 方程式は $5^x=5^{-3}$

よって $x=-3$

(2) $9\sqrt{3}=3^2\cdot 3^{\frac{1}{2}}=3^{\frac{5}{2}}$ であるから, 方程式は $3^{2x+3}=3^{\frac{5}{2}}$

ゆえに $2x+3=\dfrac{5}{2}$ よって $x=-\dfrac{1}{4}$

CHART
指数方程式
まず, 底をそろえる
$a>0$, $a\neq 1$ のとき
$a^r=a^s \iff r=s$

TR
③**151** ★ 方程式 $4^x-4\cdot 2^{x+2}+64=0$ を, $2^x=t$ とおくことにより解け。

方程式から　　　$(2^x)^2-4\cdot2^x\cdot2^2+64=0$

$2^x=t$ とおくと　　$t>0$

方程式は　　　$t^2-16t+64=0$　　よって　　　$(t-8)^2=0$

したがって　　$t=8$

これは $t>0$ を満たす。

よって　　$2^x=8$　すなわち　$2^x=2^3$

したがって　　$\boldsymbol{x=3}$

$\Leftarrow 4^x=(2^2)^x=2^{2x}=(2^x)^2,$
$2^{x+2}=2^x\cdot2^2$

$\Leftarrow t$ の値に対する x の値を求める。

TR
②**152**　次の不等式を解け。

(1) $\left(\dfrac{1}{3}\right)^x<\dfrac{1}{81}$　　　(2) $5^{x+3}>\dfrac{1}{25}$　　　(3) $2\left(\dfrac{1}{2}\right)^{x^2}\geqq\left(\dfrac{1}{128}\right)^{x-1}$

(1) $\left(\dfrac{1}{3}\right)^x<\dfrac{1}{81}$ から　　$\left(\dfrac{1}{3}\right)^x<\left(\dfrac{1}{3}\right)^4$

底 $\dfrac{1}{3}$ は 1 より小さいから　　$\boldsymbol{x>4}$

[別解] 不等式から　　$3^{-x}<3^{-4}$

底 3 は 1 より大きいから　　$-x<-4$　すなわち　$\boldsymbol{x>4}$

(2) $5^{x+3}>\dfrac{1}{25}$ から　　$5^{x+3}>5^{-2}$

底 5 は 1 より大きいから　　$x+3>-2$　すなわち　$\boldsymbol{x>-5}$

(3) $2=\left(\dfrac{1}{2}\right)^{-1}$, $\dfrac{1}{128}=\left(\dfrac{1}{2}\right)^7$ であるから，不等式より

$$\left(\dfrac{1}{2}\right)^{-1+x^2}\geqq\left(\dfrac{1}{2}\right)^{7(x-1)}$$

底 $\dfrac{1}{2}$ は 1 より小さいから　　$-1+x^2\leqq7(x-1)$

整理すると　　$x^2-7x+6\leqq0$　すなわち　$(x-1)(x-6)\leqq0$

したがって　　$\boldsymbol{1\leqq x\leqq6}$

[別解] 不等式から　　$2^{1-x^2}\geqq2^{-7(x-1)}$

底 2 は 1 より大きいから　　$1-x^2\geqq-7(x-1)$

整理すると　　$x^2-7x+6\leqq0$　　よって　　$\boldsymbol{1\leqq x\leqq6}$

CHART 指数不等式
まず，底をそろえる

$\Leftarrow$ 不等号の向きが変わる。

$\Leftarrow$ 底を 3 にそろえる。

$\Leftarrow \dfrac{1}{25}=\dfrac{1}{5^2}=5^{-2}$

$\Leftarrow$ 不等号の向きは同じ。

$\Leftarrow \dfrac{1}{128}=\dfrac{1}{2^7}=\left(\dfrac{1}{2}\right)^7$

$\Leftarrow$ 不等号の向きが変わる。

$\Leftarrow$ 2 次不等式を解く。

$\Leftarrow$ 底を 2 にそろえる。

7章

TR

TR
①**153**　次の値を求めよ。

(1) $\log_3 9$　　　(2) $\log_4\dfrac{1}{32}$　　　(3) $\log_{0.1}10$　　　(4) $\log_{\sqrt{5}}\dfrac{1}{5}$

(1) $9=3^2$ であるから　　$\log_3 9=\log_3 3^2=\boldsymbol{2}$

(2) $x=\log_4\dfrac{1}{32}$ とおくと　　$4^x=\dfrac{1}{32}$

したがって　　$2^{2x}=2^{-5}$　　よって　　$2x=-5$

これを解いて　　$x=-\dfrac{5}{2}$　　ゆえに　　$\log_4\dfrac{1}{32}=\boldsymbol{-\dfrac{5}{2}}$

$\Leftarrow \log_a a^p=p$ を利用。

$\Leftarrow$ 底を 2 にそろえる。

(3) $x=\log_{0.1}10$ とおくと $0.1^x=10$

ゆえに $0.1^x=0.1^{-1}$ よって $x=-1$

したがって $\log_{0.1}10=\boldsymbol{-1}$

別解 $\log_{0.1}10=\log_{\frac{1}{10}}\left(\dfrac{1}{10}\right)^{-1}=\boldsymbol{-1}$

$\Leftarrow 10=\dfrac{1}{\frac{1}{10}}=\dfrac{1}{0.1}$

$0.1^x=10$ から
$10^{-x}=10$ としてもよい。

(4) $x=\log_{\sqrt{5}}\dfrac{1}{5}$ とおくと $(\sqrt{5})^x=\dfrac{1}{5}$

したがって $5^{\frac{x}{2}}=5^{-1}$ よって $\dfrac{x}{2}=-1$

これを解いて $x=-2$ ゆえに $\log_{\sqrt{5}}\dfrac{1}{5}=\boldsymbol{-2}$

別解 $\log_{\sqrt{5}}\dfrac{1}{5}=\log_{\sqrt{5}}\dfrac{1}{(\sqrt{5})^2}=\log_{\sqrt{5}}(\sqrt{5})^{-2}=\boldsymbol{-2}$

TR ① **154** 次の式を簡単にせよ。

(1) $\log_4 8+\log_4 2$ (2) $\log_5 75-\log_5 15$ (3) $\log_8 64^3$

(4) $\log_3\sqrt[4]{3^5}$ (5) $\log_{\sqrt{3}}27$ (6) $\log_2 8+\log_3\dfrac{1}{81}$

(1) $\log_4 8+\log_4 2=\log_4(8\times2)=\log_4 16=\log_4 4^2=\boldsymbol{2}$

(2) $\log_5 75-\log_5 15=\log_5\dfrac{75}{15}=\log_5 5=\boldsymbol{1}$

(3) $\log_8 64^3=3\log_8 64=3\log_8 8^2=3\cdot2=\boldsymbol{6}$

(4) $\log_3\sqrt[4]{3^5}=\log_3 3^{\frac{5}{4}}=\dfrac{5}{4}\log_3 3=\boldsymbol{\dfrac{5}{4}}$

(5) $\log_{\sqrt{3}}27=\dfrac{\log_3 27}{\log_3\sqrt{3}}=\dfrac{\log_3 3^3}{\log_3 3^{\frac{1}{2}}}=\dfrac{3}{\dfrac{1}{2}}=\boldsymbol{6}$

(6) $\log_2 8=\log_2 2^3=3$,

$\log_3\dfrac{1}{81}=\log_3 81^{-1}=-\log_3 81=-\log_3 3^4=-4$

したがって $\log_2 8+\log_3\dfrac{1}{81}=3-4=\boldsymbol{-1}$

CHART

対数の性質

積の対数 ⟷ 対数の和

商の対数 ⟷ 対数の差

k 乗の対数 ⟷ 対数の
k 倍

$\Leftarrow$ 底の変換公式を利用
して，底を3にする。

$\Leftarrow$ 底が異なるから，対
数の性質を使うことは
できない。そこで，各
項の値を求めて計算す
る。

TR ③ **155** 次の式を簡単にせよ。

(1) $\log_3\sqrt{5}-\dfrac{1}{2}\log_3 10+\log_3\sqrt{18}$ [東北工大]   (2) $\log_2 16+\log_4 8+\log_8 4$

(3) $(\log_3 4+\log_9 4)(\log_2 27-\log_4 9)$

(1) $\log_3\sqrt{5}-\dfrac{1}{2}\log_3 10+\log_3\sqrt{18}$

$=\log_3\sqrt{5}-\log_3\sqrt{10}+\log_3\sqrt{18}$

$=\log_3\left(\sqrt{5}\times\dfrac{1}{\sqrt{10}}\times\sqrt{18}\right)=\log_3\sqrt{9}=\log_3 3=\boldsymbol{1}$

$\Leftarrow \dfrac{1}{2}\log_3 10$ を変形して
から，1つの対数にま
とめる。

別解　$\log_3\sqrt{5}-\dfrac{1}{2}\log_3 10+\log_3\sqrt{18}$

$=\log_3 5^{\frac{1}{2}}-\dfrac{1}{2}(\log_3 2+\log_3 5)+\log_3(2\cdot 3^2)^{\frac{1}{2}}$

$=\dfrac{1}{2}\log_3 5-\dfrac{1}{2}\log_3 2-\dfrac{1}{2}\log_3 5+\dfrac{1}{2}(\log_3 2+2)=\mathbf{1}$

←$\log_3 10$, $\log_3\sqrt{18}$ を分解。

(2)　$\log_2 16+\log_4 8+\log_8 4=\log_2 2^4+\dfrac{\log_2 2^3}{\log_2 2^2}+\dfrac{\log_2 2^2}{\log_2 2^3}$

$=4+\dfrac{3}{2}+\dfrac{2}{3}=\dfrac{37}{6}$

←底を2にそろえる。
$\log_a b=\dfrac{\log_c b}{\log_c a}$

(3)　$(\log_3 4+\log_9 4)(\log_2 27-\log_4 9)$

$=\Big(\log_3 2^2+\dfrac{\log_3 2^2}{\log_3 3^2}\Big)\Big(\dfrac{\log_3 3^3}{\log_3 2}-\dfrac{\log_3 3^2}{\log_3 2^2}\Big)$

$=(2\log_3 2+\log_3 2)\Big(\dfrac{3}{\log_3 2}-\dfrac{1}{\log_3 2}\Big)$

$=3\log_3 2\cdot\dfrac{2}{\log_3 2}=\mathbf{6}$

←底を3にそろえる。

TR ③**156** 次の関数のグラフをかけ。
(1)　$y=\log_3 x$　　　(2)　$y=\log_{\frac{1}{3}}x$　　　(3)　$y=\log_3(3x+6)$

(1), (2)　[図]

参考　$\log_{\frac{1}{3}}x=\dfrac{\log_3 x}{\log_3\frac{1}{3}}=-\log_3 x$ であるから，$y=\log_{\frac{1}{3}}x$ の

グラフは，$y=\log_3 x$ のグラフと x 軸に関して対称である。

(3)　$\log_3(3x+6)=\log_3 3(x+2)=\log_3 3+\log_3(x+2)$
$=\log_3(x+2)+1$

よって，$y=\log_3(3x+6)$ のグラフは，$y=\log_3 x$ のグラフを x 軸方向に -2，y 軸方向に 1 だけ平行移動したものである。[図]

(1)　2点 $(1, 0)$, $(3, 1)$ を通る。
(2)　2点 $(1, 0)$, $(3, -1)$ を通る。
(3)　定義域は，$3x+6>0$ であるから $x>-2$　直線 $x=-2$ が漸近線。

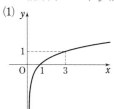
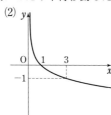
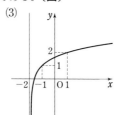

TR ②**157** 次の各組の数の大小を不等号を用いて表せ。
(1)　$\log_3 5$, 2, $2\log_3 2$　　　(2)　$\dfrac{1}{2}\log_{\frac{1}{2}}2$, $\log_{\frac{1}{2}}\dfrac{1}{9}$, -1

(1)　$2=\log_3 3^2=\log_3 9$, $2\log_3 2=\log_3 2^2=\log_3 4$
底3は1より大きく，$4<5<9$ であるから
$\log_3 4<\log_3 5<\log_3 9$
すなわち　$\mathbf{2\log_3 2<\log_3 5<2}$

CHART
底をそろえて，真数の大小で比較
←$y=\log_3 x$ は増加関数。

(2) $\dfrac{1}{2}\log_{\frac{1}{2}}2=\log_{\frac{1}{2}}\sqrt{2}$, $-1=\log_{\frac{1}{2}}\left(\dfrac{1}{2}\right)^{-1}=\log_{\frac{1}{2}}2$

底 $\dfrac{1}{2}$ は 1 より小さく，$\dfrac{1}{9}<\sqrt{2}<2$ であるから

$$\log_{\frac{1}{2}}\dfrac{1}{9}>\log_{\frac{1}{2}}\sqrt{2}>\log_{\frac{1}{2}}2$$

すなわち $-1<\dfrac{1}{2}\log_{\frac{1}{2}}2<\log_{\frac{1}{2}}\dfrac{1}{9}$

←$y=\log_{\frac{1}{2}}x$ は減少関数。

TR ②158

次の方程式・不等式を解け。

(1) $\log_2(3x+2)=5$ (2) $\log_3 x<2$ (3) $\log_{0.2}x\leqq-1$

(1) 対数の定義から $3x+2=2^5$
これを解いて $x=10$

(2) 真数は正であるから $x>0$ …… ①
不等式を変形して $\log_3 x<\log_3 3^2$
底 3 は 1 より大きいから
$x<3^2$ すなわち $x<9$ …… ②
①，② から，解は $0<x<9$

←右辺を左辺と同じ底の対数で表す。

←ここで，終わりにしてはいけない！
① の条件（真数は正）を忘れずに。

(3) 真数は正であるから $x>0$ …… ①
不等式を変形して $\log_{0.2}x\leqq\log_{0.2}0.2^{-1}$
底 0.2 は 1 より小さいから
$x\geqq0.2^{-1}$ すなわち $x\geqq5$ …… ②
①，② から，解は $x\geqq5$

←$0.2^{-1}=\left(\dfrac{1}{5}\right)^{-1}=5$

TR ③159

★ 次の方程式・不等式を解け。

(1) $\log_{10}(x+2)(x+5)=1$ (2) $\log_2 3x+\log_2(x-1)=2+\log_2(x-1)^2$
(3) $\log_3(1-2x)\leqq1$ (4) $\log_{\frac{1}{2}}(x-4)+\log_{\frac{1}{2}}(x-6)>-2$

(1) 対数の定義から $(x+2)(x+5)=10^1$
ゆえに $x^2+7x=0$ これを解いて $x=0,\ -7$

←真数の条件の確認不要。

(2) 真数は正であるから
$3x>0$ かつ $x-1>0$ かつ $(x-1)^2>0$
共通範囲をとって $x>1$ …… ①
方程式を変形して $\log_2 3x(x-1)=\log_2 2^2(x-1)^2$
したがって $3x(x-1)=4(x-1)^2$
① より，$x-1>0$ であるから $3x=4(x-1)$
これを解いて $x=4$（① を満たす）

←$(x-1)^2>0$ の解は $x\neq1$

←$2=\log_2 2^2$

←両辺を $x-1$ で割る。

(3) 真数は正であるから $1-2x>0$ ゆえに $x<\dfrac{1}{2}$ …… ①

不等式を変形して $\log_3(1-2x)\leqq\log_3 3$
底 3 は 1 より大きいから $1-2x\leqq3$
これを解いて $x\geqq-1$ …… ②

①，② から，解は $-1\leqq x<\dfrac{1}{2}$

(4) 真数は正であるから　$x-4>0$　かつ　$x-6>0$
共通範囲をとって　　　$x>6$ …… ①

不等式を変形して　　$\log_{\frac{1}{2}}(x-4)(x-6)>\log_{\frac{1}{2}}\left(\frac{1}{2}\right)^{-2}$

底 $\frac{1}{2}$ は 1 より小さいから　$(x-4)(x-6)<\left(\frac{1}{2}\right)^{-2}$

よって　$(x-4)(x-6)<4$　ゆえに　$x^2-10x+20<0$ … ②
$x^2-10x+20=0$ の解は　$x=-(-5)\pm\sqrt{(-5)^2-20}=5\pm\sqrt{5}$
よって，② の解は　　$5-\sqrt{5}<x<5+\sqrt{5}$ …… ③
したがって，求める解は，①，③ から　$6<x<5+\sqrt{5}$

← 左辺を
$\log_{\frac{1}{2}}(x-4)(x-6)$
と変形してから，
$(x-4)(x-6)>0$
としてはならない。

← $\left(\frac{1}{2}\right)^{-2}=(2^{-1})^{-2}=2^2$

← $\sqrt{5}≒2.236$ から
$5+\sqrt{5}≒7.236$

TR
②**160** ★ $\log_{10}2=0.3010,\ \log_{10}3=0.4771,\ \log_{10}7=0.8451$ とする。このとき，次の値を求めよ。
(1) $\log_{10}147$　　(2) $\log_{10}15$　　(3) $\log_{10}\sqrt{108}$　　(4) $\log_2 2\sqrt{6}$

(1)　$\log_{10}147=\log_{10}(3\cdot7^2)=\log_{10}3+2\log_{10}7$
　　　$=0.4771+2\times0.8451=$ **2.1673**

(2)　$\log_{10}15=\log_{10}(3\cdot5)=\log_{10}3+\log_{10}5$
　　　　$=\log_{10}3+\log_{10}\frac{10}{2}=\log_{10}3+1-\log_{10}2$
　　　　$=0.4771+1-0.3010=$ **1.1761**

← $\log_{10}5=\log_{10}\frac{10}{2}$
$=\log_{10}10-\log_{10}2$
$=1-\log_{10}2$

(3)　$\log_{10}\sqrt{108}=\frac{1}{2}\log_{10}(2^2\cdot3^3)=\frac{1}{2}(2\log_{10}2+3\log_{10}3)$
　　　　$=\frac{1}{2}(2\times0.3010+3\times0.4771)≒$ **1.0167**

(4)　$\log_2 2\sqrt{6}=\log_2 2+\log_2\sqrt{6}=1+\frac{1}{2}\log_2(2\cdot3)$
　　　　$=1+\frac{1}{2}(\log_2 2+\log_2 3)=1+\frac{1}{2}\left(1+\frac{\log_{10}3}{\log_{10}2}\right)$
　　　　$=\frac{3}{2}+\frac{0.4771}{2\times0.3010}≒$ **2.2925**

← 式を整理してから，
底を 10 に変換する。

7章

TR

注意　(3)，(4)　小数第 5 位を四捨五入して，小数第 4 位まで求めた。

TR
②**161** $\log_{10}2=0.3010,\ \log_{10}3=0.4771$ とする。
(1) 3^{80}，6^{50} はそれぞれ何桁の整数か。また，どちらの数が大きいか。
(2) $\left(\frac{5}{8}\right)^8$ は小数第何位に初めて 0 でない数字が現れるか。　〔(2) 類 北里大〕

(1)　$\log_{10}3^{80}=80\log_{10}3=80\times0.4771=38.168$ …… ①
ゆえに　$38<\log_{10}3^{80}<39$　　よって　$10^{38}<3^{80}<10^{39}$
したがって，3^{80} は **39 桁の整数** である。
次に　　$\log_{10}6^{50}=50\log_{10}6=50(\log_{10}2+\log_{10}3)$
　　　　　$=50\times(0.3010+0.4771)=38.905$ …… ②
ゆえに　$38<\log_{10}6^{50}<39$　　よって　$10^{38}<6^{50}<10^{39}$
したがって，6^{50} は **39 桁の整数** である。
また，①，② から　$\log_{10}3^{80}<\log_{10}6^{50}$
底 10 は 1 より大きいから $3^{80}<6^{50}$ となり，**6^{50} の方が大きい**。

CHART
桁数，小数首位
常用対数の値を利用
N が n 桁の整数
$\Longleftrightarrow 10^{n-1}\leqq N<10^n$
$\Longleftrightarrow n-1\leqq\log_{10}N<n$

(2) $\log_{10}\left(\frac{5}{8}\right)^8=8(\log_{10}5-\log_{10}8)=8\left(\log_{10}\frac{10}{2}-\log_{10}2^3\right)$
$=8(1-\log_{10}2-3\log_{10}2)=8(1-4\log_{10}2)$
$=8(1-4\times0.3010)=-1.632$

ゆえに　$-2<\log_{10}\left(\frac{5}{8}\right)^8<-1$　　よって　$10^{-2}<\left(\frac{5}{8}\right)^8<10^{-1}$

したがって，**小数第 2 位** に初めて 0 でない数字が現れる。

Nの小数第 n 位に初めて 0 でない数字が現れる
$\Longleftrightarrow 10^{-n}\leqq N<10^{-n+1}$
$\Longleftrightarrow -n\leqq\log_{10}N<-n+1$

(参考) 次のように，与えられた数を $10^{●}$ の形で表す解法もある。

$\log_{10}2=0.3010$ から　$10^{0.3010}=2$
$\log_{10}3=0.4771$ から　$10^{0.4771}=3$

また，$\log_{10}5=1-\log_{10}2=0.6990$ から　$10^{0.6990}=5$

⇐ $p=\log_aM \Longleftrightarrow a^p=M$

(1) $3^{80}=(10^{0.4771})^{80}=10^{0.4771\times80}=10^{38.168}$

よって　$10^{38}<3^{80}<10^{39}$　　ゆえに，3^{80} は **39 桁の整数。**

$6^{50}=(2\cdot3)^{50}=(10^{0.3010}\cdot10^{0.4771})^{50}=(10^{0.3010+0.4771})^{50}$
$=(10^{0.7781})^{50}=10^{0.7781\times50}=10^{38.905}$

⇐ $a^m\cdot a^n=a^{m+n}$

よって　$10^{38}<6^{50}<10^{39}$　　ゆえに，6^{50} は **39 桁の整数。**

(2) $\left(\frac{5}{8}\right)^8=\left\{\frac{10^{0.6990}}{(10^{0.3010})^3}\right\}^8=(10^{0.6990-0.3010\times3})^8$
$=(10^{-0.204})^8=10^{-0.204\times8}=10^{-1.632}$

⇐ $8=2^3=(10^{0.3010})^3$

よって　$10^{-2}<\left(\frac{5}{8}\right)^8<10^{-1}$

ゆえに，**小数第 2 位** に初めて 0 でない数字が現れる。

TR 162 ③

$\log_{10}2=0.3010$ とするとき，次の条件を満たす自然数 n の値を求めよ。
(1) 2^n が 8 桁の数となる。
(2) 0.25^n を小数で表すと，小数第 8 位に初めて 0 でない数字が現れる。

(1) 2^n が 8 桁の数となるための条件は　$10^7\leqq2^n<10^8$ ……(＊)

各辺の常用対数をとると　$7\leqq n\log_{10}2<8$

よって　$7\leqq0.3010n<8$　　ゆえに　$\frac{7}{0.3010}\leqq n<\frac{8}{0.3010}$

すなわち　$23.25\cdots\cdots\leqq n<26.57\cdots\cdots$

この不等式を満たす自然数 n は　$\boldsymbol{n=24,\ 25,\ 26}$

CHART
桁数，小数首位
常用対数の値を利用
(＊) N が n 桁の整数
$\Longleftrightarrow 10^{n-1}\leqq N<10^n$

(2) 題意を満たすための条件は　$10^{-8}\leqq0.25^n<10^{-7}$ …… ①

$0.25^n=\left(\frac{1}{4}\right)^n=\left(\frac{1}{2^2}\right)^n=2^{-2n}$ であるから，① は

$$10^{-8}\leqq2^{-2n}<10^{-7}$$

⇐ Nの小数第 n 位に初めて 0 でない数字が現れる
$\Longleftrightarrow 10^{-n}\leqq N<10^{-n+1}$

各辺の常用対数をとると　$-8\leqq-2n\log_{10}2<-7$

よって　$-8\leqq-2\times0.3010n<-7$

したがって　$\frac{7}{2\times0.3010}<n\leqq\frac{8}{2\times0.3010}$

⇐ 各辺を，負の数 -2×0.3010 で割ると，不等号の向きが変わる。

すなわち　$11.62\cdots\cdots<n\leqq13.28\cdots\cdots$

この不等式を満たす自然数 n は　$\boldsymbol{n=12,\ 13}$

TR
③**163**　(1)　$3^x+3^{-x}=4$ のとき　$3^{\frac{x}{2}}+3^{-\frac{x}{2}}=$ ⁷□ , $3^{\frac{3}{2}x}+3^{-\frac{3}{2}x}=$ ⁴□

　　　(2)　$2^x-2^{-x}=6$ のとき　$2^x+2^{-x}=$ ⁹□ , $4^x+4^{-x}=$ ᵗ□ , $8^x-8^{-x}=$ ˢ□

(1)　(ア)　$(3^{\frac{x}{2}}+3^{-\frac{x}{2}})^2=(3^{\frac{x}{2}})^2+2\cdot3^{\frac{x}{2}}\cdot3^{-\frac{x}{2}}+(3^{-\frac{x}{2}})^2$

　　　　　　　$=3^x+2\cdot1+3^{-x}=3^x+3^{-x}+2$

　　　　　　　$=4+2=6$

　　　$3^{\frac{x}{2}}+3^{-\frac{x}{2}}>0$ であるから　　$3^{\frac{x}{2}}+3^{-\frac{x}{2}}=\sqrt{6}$

　◆$a^r\cdot a^{-r}=1$

　(イ)　$3^{\frac{3}{2}x}+3^{-\frac{3}{2}x}=(3^{\frac{x}{2}})^3+(3^{-\frac{x}{2}})^3$

　　　　　$=(3^{\frac{x}{2}}+3^{-\frac{x}{2}})^3-3\cdot3^{\frac{x}{2}}\cdot3^{-\frac{x}{2}}(3^{\frac{x}{2}}+3^{-\frac{x}{2}})$

　　　　　$=(\sqrt{6})^3-3\cdot1\cdot\sqrt{6}$

　　　　　$=6\sqrt{6}-3\sqrt{6}=3\sqrt{6}$

　◆a^3+b^3
　　$=(a+b)^3-3ab(a+b)$

(2)　(ウ)　$(2^x+2^{-x})^2=(2^x-2^{-x})^2+4=6^2+4=40$

　　　$2^x+2^{-x}>0$ であるから　　$2^x+2^{-x}=\sqrt{40}=2\sqrt{10}$

　◆$(2^x+2^{-x})^2$
　　$=(2^x)^2+2+(2^{-x})^2$
　　$=(2^x-2^{-x})^2+4$

　(エ)　$4^x+4^{-x}=2^{2x}+2^{-2x}=(2^x)^2+(2^{-x})^2$

　　　　　$=(2^x+2^{-x})^2-2\cdot2^x\cdot2^{-x}$

　　　　　$=40-2\cdot1=38$

　◆$a^2+b^2=(a+b)^2-2ab$
　◆$(2^x+2^{-x})^2=40$

　(オ)　$8^x-8^{-x}=2^{3x}-2^{-3x}=(2^x)^3-(2^{-x})^3$

　　　　　$=(2^x-2^{-x})\{(2^x)^2+2^x\cdot2^{-x}+(2^{-x})^2\}$

　　　　　$=(2^x-2^{-x})(4^x+4^{-x}+1)$

　　　　　$=6(38+1)=234$

　◆a^3-b^3
　　$=(a-b)(a^2+ab+b^2)$
　◆4^x+4^{-x} の値は(エ)で
　　求めた。

TR
④**164**　次の各組の数の大小を不等号を用いて表せ。

　　　(1)　3^8, 5^6, 7^4　　　　　　　　　　　　(2)　$\sqrt[3]{3}$, $\sqrt[4]{5}$, $\sqrt[5]{6}$

(1)　$3^8=(3^4)^2=81^2$, $5^6=(5^3)^2=125^2$, $7^4=(7^2)^2=49^2$

　　$49<81<125$ であるから　　$49^2<81^2<125^2$

　　すなわち　$7^4<3^8<5^6$

　◆指数を, 8, 6, 4 の最
　　大公約数 2 にそろえる。

(2)　$(\sqrt[3]{3})^{12}=(3^{\frac{1}{3}})^{12}=3^4=81$, $(\sqrt[4]{5})^{12}=(5^{\frac{1}{4}})^{12}=5^3=125$

　　よって　　$(\sqrt[3]{3})^{12}<(\sqrt[4]{5})^{12}$

　　$\sqrt[3]{3}>0$, $\sqrt[4]{5}>0$ であるから　　$\sqrt[3]{3}<\sqrt[4]{5}$

　　また　$(\sqrt[3]{3})^{15}=(3^{\frac{1}{3}})^{15}=3^5=243$, $(\sqrt[5]{6})^{15}=(6^{\frac{1}{5}})^{15}=6^3=216$

　　よって　　$(\sqrt[5]{6})^{15}<(\sqrt[3]{3})^{15}$

　　$\sqrt[5]{6}>0$, $\sqrt[3]{3}>0$ であるから　　$\sqrt[5]{6}<\sqrt[3]{3}$

　　以上から　　$\sqrt[5]{6}<\sqrt[3]{3}<\sqrt[4]{5}$

　◆12 は, 3 と 4 の最小
　　公倍数。

　◆15 は, 3 と 5 の最小
　　公倍数。

TR
④**165** ★ 関数 $y=9^x-2\cdot3^{x+1}+81$ $(-3\leqq x\leqq3)$ の最大値と最小値を求めよ。 　　　[類 明治薬大]

$$y=9^x-2\cdot3^{x+1}+81=(3^x)^2-2\cdot3\cdot3^x+81$$
$$=(3^x)^2-6\cdot3^x+81$$

◀ $9^x=(3^2)^x=3^{2x}=(3^x)^2$

$3^x=t$ とおくと，$-3\leqq x\leqq3$ のとき

$$3^{-3}\leqq t\leqq3^3 \quad\text{すなわち}\quad \frac{1}{27}\leqq t\leqq27 \quad\cdots\cdots ①$$

CHART

おき換えで，2 次関数の
最大・最小の問題へ

y を t の式で表すと

$$y=t^2-6t+81=(t-3)^2+72$$

① の範囲において，y は

　　$t=27$ のとき最大値 648，

　　$t=3$ のとき最小値 72 をとる。

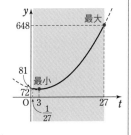

◀ $t^2-6t+81$
$=(t^2-6t+3^2)-3^2+81$
$=(t-3)^2+72$

$t=27$ のとき，$3^x=27$ から　　$x=3$

$t=3$ のとき，$3^x=3$ から　　$x=1$

◀最大値・最小値をとる x の値を調べる。

したがって，y は

　　$x=3$ のとき最大値 648，$x=1$ のとき最小値 72

をとる。

TR
④**166** ★ 次の方程式・不等式を解け。

(1) $2(\log_2x)^2+3\log_24x=8$ 　　　　　(2) $6\log_{x^2}4-\log_{16}x+\frac{1}{2}=0$

(3) $\left(\log_2\dfrac{2}{x}\right)^2+\log_24x<5$ 　　[北海学園大] 　(4) $(\log_{\frac{1}{2}}x)^2+6\log_{\frac{1}{4}}x<4$

(1) 真数は正であるから　　$x>0$ かつ $4x>0$

CHART

対数方程式，対数不等式
$(\log_ax)^2$, $\log_ax$ が混
ざった式には おき換え
を利用

　　すなわち　　$x>0$ …… ①

　　方程式から　　$2(\log_2x)^2+3(2+\log_2x)=8$

　　$\log_2x=t$ とおくと　　$2t^2+3(2+t)=8$

　　よって　　$2t^2+3t-2=0$

　　ゆえに　　$(t+2)(2t-1)=0$

◀ t の 2 次方程式を解く。

　　したがって　　$t=-2,\ \dfrac{1}{2}$

　　$t=-2$ のとき，$\log_2x=-2$ から　　$x=\dfrac{1}{4}$

◀ $x=2^{-2}$

　　$t=\dfrac{1}{2}$ のとき，$\log_2x=\dfrac{1}{2}$ から　　$x=\sqrt{2}$

◀ $x=2^{\frac{1}{2}}$

　　よって　　**$x=\dfrac{1}{4},\ \sqrt{2}$** （これらは ① を満たす）

◀この確認を忘れずに。

(2) 真数は正，底は 1 でない正の数であるから

◀底 >0，底 $\neq1$ の条件にも注意。

　　$x>0,\ x^2>0,\ x^2\neq1$ すなわち $0<x<1,\ 1<x$ …… ①

　　$\log_{x^2}4=\dfrac{\log_44}{\log_4x^2}=\dfrac{1}{2\log_4x}$, $\log_{16}x=\dfrac{\log_4x}{\log_416}=\dfrac{\log_4x}{2}$ であ

◀底の変換公式

$$\log_ab=\frac{\log_cb}{\log_ca}$$

るから，方程式は　　$6\cdot\dfrac{1}{2\log_4x}-\dfrac{\log_4x}{2}+\dfrac{1}{2}=0$

$\log_4 x = t$ とおくと　　　$\dfrac{3}{t} - \dfrac{t}{2} + \dfrac{1}{2} = 0$

両辺に t を掛けて整理すると　　$t^2 - t - 6 = 0$　　　　$\Leftarrow$ 分母を払う。

よって　　$(t+2)(t-3) = 0$　　　ゆえに　　$t = -2,\ 3$

$t = -2$ のとき，$\log_4 x = -2$ から　　$x = \dfrac{1}{16}$　　　　$\Leftarrow x = 4^{-2}$

$t = 3$ のとき，$\log_4 x = 3$ から　　　　$x = 64$　　　　$\Leftarrow x = 4^3$

よって　　$\boldsymbol{x = \dfrac{1}{16},\ 64}$　（これらは ① を満たす）　　　$\Leftarrow$ この確認を忘れずに。

(3)　真数は正であるから　　　$\dfrac{2}{x} > 0$　　かつ　　$4x > 0$　　　$\Leftarrow$ 2 は正であるから
$\dfrac{2}{x} > 0 \iff x > 0$

よって　　$x > 0$ $\cdots\cdots$ ①

不等式から　　$(1 - \log_2 x)^2 + (2 + \log_2 x) < 5$

$\log_2 x = t$ とおくと　　$(1-t)^2 + 2 + t < 5$　　　　$\Leftarrow$ t の2次不等式を解く。

整理すると　　$t^2 - t - 2 < 0$

ゆえに　　$(t+1)(t-2) < 0$　　　よって　　$-1 < t < 2$

すなわち　　$-1 < \log_2 x < 2$

ゆえに　　$\log_2 2^{-1} < \log_2 x < \log_2 2^2$

底 2 は 1 より大きいから

　　　　$2^{-1} < x < 2^2$　すなわち　$\dfrac{1}{2} < x < 4$ $\cdots\cdots$ ②

①，② から，解は　　$\boldsymbol{\dfrac{1}{2} < x < 4}$

(4)　真数は正であるから　　　$x > 0$ $\cdots\cdots$ ①

$\log_{\frac{1}{4}} x = \dfrac{\log_{\frac{1}{2}} x}{\log_{\frac{1}{2}} \dfrac{1}{4}} = \dfrac{1}{2} \log_{\frac{1}{2}} x$ であるから，不等式は　　　$\Leftarrow$ 底を $\dfrac{1}{2}$ にそろえる。

$$(\log_{\frac{1}{2}} x)^2 + 6 \cdot \dfrac{1}{2} \log_{\frac{1}{2}} x < 4$$

$\log_{\frac{1}{2}} x = t$ とおくと　　$t^2 + 3t - 4 < 0$

ゆえに　　$(t-1)(t+4) < 0$　　　よって　　$-4 < t < 1$

すなわち　　$-4 < \log_{\frac{1}{2}} x < 1$

したがって　　$\log_{\frac{1}{2}} \left(\dfrac{1}{2}\right)^{-4} < \log_{\frac{1}{2}} x < \log_{\frac{1}{2}} \dfrac{1}{2}$

底 $\dfrac{1}{2}$ は 1 より小さいから　　　　　　　　　　　　　　　　$\Leftarrow$ 大小関係が逆転する。

　　$\dfrac{1}{2} < x < \left(\dfrac{1}{2}\right)^{-4}$　すなわち　$\dfrac{1}{2} < x < 16$ $\cdots\cdots$ ②　　$\Leftarrow \left(\dfrac{1}{2}\right)^{-4} = (2^{-1})^{-4} = 2^4$

①，② から，解は　　$\boldsymbol{\dfrac{1}{2} < x < 16}$

7章

TR

TR
④**167**

★ 次の関数の最大値と最小値を求めよ。

(1) $y=2(\log_4 x)^2-\log_4 x$　［立教大］　(2) $y=\left(\log_{10}\dfrac{x}{100}\right)\left(\log_{10}\dfrac{1}{x}\right)$　$(1<x\leqq100)$　［名城大］

(1) 真数の条件から，定義域は $x>0$ である。

$\log_4 x=t$ とおくと，$x>0$ のとき，t はすべての実数値をとりうる。y を t の式で表すと

$$y=2t^2-t=2\left(t^2-\dfrac{1}{2}t\right)=2\left(t-\dfrac{1}{4}\right)^2-\dfrac{1}{8}$$

ゆえに，y は $t=\dfrac{1}{4}$ のとき最小値 $-\dfrac{1}{8}$ をとる。

また，最大値はない。

$t=\dfrac{1}{4}$ すなわち $\log_4 x=\dfrac{1}{4}$ のとき　$x=4^{\frac{1}{4}}=(2^2)^{\frac{1}{4}}=2^{\frac{1}{2}}=\sqrt{2}$

よって　**$x=\sqrt{2}$ のとき最小値 $-\dfrac{1}{8}$，最大値はない**

(2) $y=\left(\log_{10}\dfrac{x}{100}\right)\left(\log_{10}\dfrac{1}{x}\right)$

$=(\log_{10}x-\log_{10}100)(-\log_{10}x)$

$=-\log_{10}x(\log_{10}x-2)$

$\log_{10}x=t$ とおくと，$1<x\leqq100$ のとき　$\log_{10}1<\log_{10}x\leqq\log_{10}100$

すなわち　$0<t\leqq2$

また　$y=-t(t-2)$

$=-(t^2-2t)$

$=-(t-1)^2+1$

よって，y は $t=1$ のとき最大値 1 をとり，$t=2$ のとき最小値 0 をとる。

$t=1$ のとき，$\log_{10}x=1$ から　$x=10$

$t=2$ のとき，$\log_{10}x=2$ から　$x=100$

ゆえに　**$x=10$ のとき最大値 1，$x=100$ のとき最小値 0**

CHART
おき換えで，2 次関数の
最大・最小の問題へ

$\Leftarrow 2\left(t^2-\dfrac{1}{2}t\right)$

$=2\left\{t^2-\dfrac{1}{2}t+\left(\dfrac{1}{4}\right)^2\right\}$

$-2\cdot\left(\dfrac{1}{4}\right)^2$

$\Leftarrow \log_{10}\dfrac{M}{N}$

$=\log_{10}M-\log_{10}N$

$\Leftarrow t$ の変域を書き出す。

$\Leftarrow -(t^2-2t)$

$=-(t^2-2t+1^2)+1^2$

$=-(t-1)^2+1$

$\Leftarrow x=10^1$

$\Leftarrow x=10^2$

EX
②**93**
次の式を簡単にせよ。ただし，$a>0$，$b>0$ とする。

(1) $a^{\frac{3}{2}}\times a^{\frac{3}{4}}\div a^{\frac{1}{4}}$　　　　(2) $(a^{-\frac{3}{2}}b^{\frac{1}{2}})^{\frac{1}{2}}\div a^{-\frac{3}{4}}\times b^{\frac{3}{4}}$　　　　(3) $(5^{\frac{1}{2}}-5^{-\frac{1}{2}})^2$　　　[東北工大]

(4) $(a^{\frac{3}{2}}+a^{-\frac{3}{2}})(a^{\frac{3}{2}}-a^{-\frac{3}{2}})$　　　　(5) $(3^{\frac{1}{2}}+3^{\frac{1}{4}}\times2^{\frac{1}{4}}+2^{\frac{1}{2}})(3^{\frac{1}{2}}-3^{\frac{1}{4}}\times2^{\frac{1}{4}}+2^{\frac{1}{2}})$

(1) $a^{\frac{3}{2}}\times a^{\frac{3}{4}}\div a^{\frac{1}{4}}=a^{\frac{3}{2}+\frac{3}{4}-\frac{1}{4}}=\boldsymbol{a^2}$

(2) $(a^{-\frac{3}{2}}b^{\frac{1}{2}})^{\frac{1}{2}}\div a^{-\frac{3}{4}}\times b^{\frac{3}{4}}=(a^{-\frac{3}{4}}b^{\frac{1}{4}})\times a^{\frac{3}{4}}\times b^{\frac{3}{4}}$

　　　　　　　　　　　　$=a^{-\frac{3}{4}+\frac{3}{4}}\times b^{\frac{1}{4}+\frac{3}{4}}$

　　　　　　　　　　　　$=a^0b^1=\boldsymbol{b}$

$\Leftarrow \div a^{-\frac{3}{4}}$ は $\times a^{\frac{3}{4}}$ として計算する。

(3) $(5^{\frac{1}{2}}-5^{-\frac{1}{2}})^2=(5^{\frac{1}{2}})^2-2\cdot5^{\frac{1}{2}}\cdot5^{-\frac{1}{2}}+(5^{-\frac{1}{2}})^2$

　　　　　　　　　$=5-2\cdot1+5^{-1}$

　　　　　　　　　$=3+\dfrac{1}{5}=\boldsymbol{\dfrac{16}{5}}$

$\Leftarrow (A-B)^2$
$=A^2-2AB+B^2$

(4) $(a^{\frac{3}{2}}+a^{-\frac{3}{2}})(a^{\frac{3}{2}}-a^{-\frac{3}{2}})=(a^{\frac{3}{2}})^2-(a^{-\frac{3}{2}})^2$

　　　　　　　　　　　　　　　　$=a^3-a^{-3}=\boldsymbol{a^3-\dfrac{1}{a^3}}$

$\Leftarrow (A+B)(A-B)$
$=A^2-B^2$

(5) $3^{\frac{1}{4}}=a$，$2^{\frac{1}{4}}=b$ とおくと

　　　　　　(与式)$=(a^2+ab^3+b^2)(a^2-ab^3+b^2)$

　　　　　　　　　$=\{(a^2+b^2)+ab^3\}\{(a^2+b^2)-ab^3\}$

　　　　　　　　　$=(a^2+b^2)^2-(ab^3)^2$

　　　　　　　　　$=a^4+2a^2b^2+b^4-a^2b^6$

　　　　　　　　　$=a^4+b^4+a^2b^2(2-b^4)$

$\Leftarrow A=a^2+b^2$，$B=ab^3$
$(A+B)(A-B)=A^2-B^2$

$a^4=(3^{\frac{1}{4}})^4=3$，$a^2b^2=(3^{\frac{1}{4}})^2\times(2^{\frac{1}{4}})^2=3^{\frac{1}{2}}\times2^{\frac{1}{2}}$，$b^4=(2^{\frac{1}{4}})^4=2$

であるから，これらを代入して

　　　　　　(与式)$=3+2+3^{\frac{1}{2}}\times2^{\frac{1}{2}}\times(2-2)=\boldsymbol{5}$

7章

EX

EX
③**94**
次の方程式・不等式を解け。

(1) $\left(\dfrac{1}{9}\right)^{2x+1}=3$　　　(2) $4^{2x-1}=2^{3x-5}$　　　(3) ★ $\dfrac{1}{25^x}-6\left(\dfrac{1}{5}\right)^{x-1}+125=0$

(4) $2^{x-2}\geqq\dfrac{1}{2\sqrt{2}}$　　　(5) $\dfrac{1}{3^{2x}}\leqq3\left(\dfrac{1}{3}\right)^{\frac{x}{2}}$　　　(6) ★ $4^x-2^{x+1}-8\leqq0$

(1) $\left(\dfrac{1}{9}\right)^{2x+1}=\left(\dfrac{1}{3^2}\right)^{2x+1}=(3^{-2})^{2x+1}=3^{-4x-2}$ であるから，方程式

　　は　　　　　　$3^{-4x-2}=3$

　　ゆえに　　　$-4x-2=1$

　　よって　　　$\boldsymbol{x=-\dfrac{3}{4}}$

CHART
指数方程式，不等式
まず，底をそろえる

$\Leftarrow a^m=a^n \Longleftrightarrow m=n$

(2) $4^{2x-1}=(2^2)^{2x-1}=2^{4x-2}$ であるから，方程式は

　　　　　　　$2^{4x-2}=2^{3x-5}$

　　ゆえに　　　$4x-2=3x-5$

　　よって　　　$\boldsymbol{x=-3}$

$\Leftarrow a^m=a^n \Longleftrightarrow m=n$

(3) 方程式から $\left\{\left(\dfrac{1}{5}\right)^x\right\}^2 - 6\cdot5\left(\dfrac{1}{5}\right)^x + 125 = 0$

$\left(\dfrac{1}{5}\right)^x = t$ とおくと $t > 0$

方程式は $t^2 - 30t + 125 = 0$

よって $(t-5)(t-25) = 0$

ゆえに $t = 5,\ 25$

これは $t > 0$ を満たす。

$t = 5$ のとき $\left(\dfrac{1}{5}\right)^x = 5$ よって $x = -1$

$t = 25$ のとき $\left(\dfrac{1}{5}\right)^x = 25$ よって $x = -2$

したがって $\boldsymbol{x = -1,\ -2}$

$\leftarrow \dfrac{1}{25^x} = \left(\dfrac{1}{25}\right)^x = \left\{\left(\dfrac{1}{5}\right)^2\right\}^x$
$= \left(\dfrac{1}{5}\right)^{2x} = \left\{\left(\dfrac{1}{5}\right)^x\right\}^2$

$\leftarrow t$ の2次方程式を解く。

$\leftarrow \left(\dfrac{1}{5}\right)^x = \left(\dfrac{1}{5}\right)^{-1}$

$\leftarrow \left(\dfrac{1}{5}\right)^x = \left(\dfrac{1}{5}\right)^{-2}$

(4) $\dfrac{1}{2\sqrt{2}} = \dfrac{1}{2\cdot2^{\frac{1}{2}}} = \dfrac{1}{2^{\frac{3}{2}}} = 2^{-\frac{3}{2}}$ であるから, 不等式は

$$2^{x-2} \geqq 2^{-\frac{3}{2}}$$

底 2 は 1 より大きいから $x - 2 \geqq -\dfrac{3}{2}$

これを解いて $\boldsymbol{x \geqq \dfrac{1}{2}}$

$\leftarrow a > 1$ のとき
$a^r \geqq a^s \iff r \geqq s$
不等号の向きは同じ

(5) $\dfrac{1}{3^{2x}} = \left(\dfrac{1}{3}\right)^{2x}$, $3\left(\dfrac{1}{3}\right)^{\frac{x}{2}} = \left(\dfrac{1}{3}\right)^{-1}\left(\dfrac{1}{3}\right)^{\frac{x}{2}} = \left(\dfrac{1}{3}\right)^{\frac{x}{2}-1}$ であるから,

不等式は $\left(\dfrac{1}{3}\right)^{2x} \leqq \left(\dfrac{1}{3}\right)^{\frac{x}{2}-1}$

底 $\dfrac{1}{3}$ は 1 より小さいから $2x \geqq \dfrac{x}{2} - 1$

これを解いて $\boldsymbol{x \geqq -\dfrac{2}{3}}$

$\leftarrow 0 < a < 1$ のとき
$a^r \leqq a^s \iff r \geqq s$
不等号の向きが変わる

$\boxed{\text{別解}}$ 不等式から $3^{-2x} \leqq 3^{1-\frac{x}{2}}$

底 3 は 1 より大きいから $-2x \leqq 1 - \dfrac{x}{2}$

これを解いて $\boldsymbol{x \geqq -\dfrac{2}{3}}$

$\leftarrow$ 底を 3 にそろえる。

(6) 不等式から $(2^x)^2 - 2\cdot2^x - 8 \leqq 0$

$2^x = t$ とおくと $t > 0$

不等式は $t^2 - 2t - 8 \leqq 0$

よって $(t+2)(t-4) \leqq 0$

よって $-2 \leqq t \leqq 4$

$t > 0$ であるから $0 < t \leqq 4$

ゆえに $0 < 2^x \leqq 4$ すなわち $0 < 2^x \leqq 2^2$

底 2 は 1 より大きいから $\boldsymbol{x \leqq 2}$

$\leftarrow 4^x = (2^2)^x = 2^{2x} = (2^x)^2$

$\leftarrow t$ の2次不等式を解く。

EX
③**95** 次の値を求めよ。
(1) $10^{2\log_{10}5}$　　[昭和薬大]　　(2) $25^{\log_{\frac{1}{5}}4}$　　(3) $a=\dfrac{\log_5 9}{\log_5 4}$ のとき　2^{3a}

(1)　$10^{2\log_{10}5}=(10^{\log_{10}5})^2=5^2=\mathbf{25}$

(2)　$\log_{\frac{1}{5}}4=\dfrac{\log_5 4}{\log_5 \dfrac{1}{5}}=-\log_5 4=\log_5 \dfrac{1}{4}$ であるから

$$25^{\log_{\frac{1}{5}}4}=25^{\log_5 \frac{1}{4}}=(5^2)^{\log_5 \frac{1}{4}}=(5^{\log_5 \frac{1}{4}})^2=\left(\dfrac{1}{4}\right)^2=\dfrac{1}{16}$$

別解　$25^{\log_{\frac{1}{5}}4}=\left(\dfrac{1}{5}\right)^{-2\log_{\frac{1}{5}}4}=\left\{\left(\dfrac{1}{5}\right)^{\log_{\frac{1}{5}}4}\right\}^{-2}=4^{-2}=\dfrac{1}{16}$

(3)　$a=\dfrac{\log_5 9}{\log_5 4}=\log_4 9=\dfrac{\log_2 9}{\log_2 4}=\dfrac{\log_2 3^2}{\log_2 2^2}=\dfrac{2\log_2 3}{2\log_2 2}=\log_2 3$

よって　$2^{3a}=2^{3\log_2 3}=(2^{\log_2 3})^3=3^3=\mathbf{27}$

HINT　指数の底と対数の底をそろえる。
$$\square^{\log_\square M}=M$$
⬅ 底を 5 にそろえる。

⬅ 底を $\dfrac{1}{5}$ にそろえる。

Lecture　$a^{\log_a M}=M$ の証明。
$p=\log_a M$ とおくと　　$a^p=M$ …… ①　　　　⬅ 対数の定義から。
① の p に　$p=\log_a M$ を代入すると　　$a^{\log_a M}=M$

EX
②**96** ★ 次の方程式を解け。
(1) $\log_{81}x=-\dfrac{1}{4}$　[慶応大]　　(2) $\log_x 125=3$　　(3) $\log_{\frac{1}{2}}(2x^2-3x)=-1$
(4) $\log_5(2x-1)+\log_5(x-2)=1$　　(5) $\log_3(x^2+6x+5)-\log_3(x+3)=1$

(1)　対数の定義から　　$x=81^{-\frac{1}{4}}$
よって　　$\boldsymbol{x}=(3^4)^{-\frac{1}{4}}=3^{-1}=\dfrac{1}{3}$

(2)　底の条件から　　$x>0,\ x\neq 1$ …… ①
対数の定義から　　$x^3=125$　すなわち　$x^3-5^3=0$
よって　　　　　　$(x-5)(x^2+5x+25)=0$
$x^2+5x+25>0$ であるから　　$x-5=0$
したがって　　$\boldsymbol{x}=5$　（① を満たす）

(3)　対数の定義から　　$2x^2-3x=\left(\dfrac{1}{2}\right)^{-1}$
すなわち　　　　　　$2x^2-3x=2$
ゆえに　$2x^2-3x-2=0$　　よって　$(x-2)(2x+1)=0$
したがって　　$\boldsymbol{x}=2,\ -\dfrac{1}{2}$

(4)　真数は正であるから　　$2x-1>0$　かつ　$x-2>0$
共通範囲をとって　　　　$x>2$ …… ①
方程式を変形して　　$\log_5(2x-1)(x-2)=1$
対数の定義から　　$(2x-1)(x-2)=5^1$
整理して　$2x^2-5x-3=0$　　よって　$(x-3)(2x+1)=0$
したがって　　$x=3,\ -\dfrac{1}{2}$　　① を満たすのは　　$\boldsymbol{x}=3$

⬅ (底)>0, (底)≠1
⬅ $a^p=M \iff p=\log_a M$
⬅ $x^2+5x+25=0$ の解は，虚数解である。

⬅ $\begin{array}{ccc}1 & -2 & \longrightarrow -4 \\ 2 & 1 & \longrightarrow 1 \\ \hline 2 & -2 & -3\end{array}$

⬅ $x>\dfrac{1}{2}$ かつ $x>2$

⬅ $\begin{array}{ccc}1 & -3 & \longrightarrow -6 \\ 2 & 1 & \longrightarrow 1 \\ \hline 2 & -3 & -5\end{array}$

(5) 真数は正であるから $x^2+6x+5>0$ かつ $x+3>0$
$x^2+6x+5>0$ から $(x+1)(x+5)>0$
ゆえに $x<-5,\ -1<x$
$x+3>0$ から $x>-3$
共通範囲をとって $x>-1$ …… ①
方程式から $\log_3(x^2+6x+5)=1+\log_3(x+3)$
ゆえに $\log_3(x^2+6x+5)=\log_3 3(x+3)$
よって $x^2+6x+5=3(x+3)$
整理して $x^2+3x-4=0$
ゆえに $(x-1)(x+4)=0$
よって $x=1,\ -4$ ① を満たすのは   **$x=1$**

⟸ $1=\log_3 3$ であるから
$1+\log_3(x+3)$
$=\log_3 3+\log_3(x+3)$
$=\log_3 3(x+3)$

EX
③**97** ☆ 次の不等式を解け。   [(1) 京都産大, (3) 類 センター試験, (4) 昭和薬大]
(1) $\log_2(3-x)<\log_2 4x$ (2) $2\log_3 x>\log_3(2x+3)$
(3) $\log_2(x-1)+\log_{\frac{1}{2}}(3-x)\leqq 0$ (4) $\log_{\frac{1}{3}}(3x-2)\geqq\log_{\frac{1}{9}}(2-x)$

(1) 真数は正であるから $3-x>0$ かつ $4x>0$
共通範囲をとって $0<x<3$ …… ①
底 2 は 1 より大きいから，不等式より
$$3-x<4x$$
これを解くと，$-5x<-3$ から
$$x>\frac{3}{5}\ \text{……}\ ②$$
①，② から，解は $\dfrac{3}{5}<x<3$

(2) 真数は正であるから $x>0$ かつ $2x+3>0$
共通範囲をとって $x>0$ …… ①
不等式を変形して $\log_3 x^2>\log_3(2x+3)$
底 3 は 1 より大きいから $x^2>2x+3$
ゆえに $x^2-2x-3>0$
よって $(x+1)(x-3)>0$
したがって $x<-1,\ 3<x$ …… ②
①，② から，解は $x>3$

(3) 真数は正であるから $x-1>0$ かつ $3-x>0$
共通範囲をとって $1<x<3$ …… ①
$\log_{\frac{1}{2}}(3-x)=\dfrac{\log_2(3-x)}{\log_2\frac{1}{2}}=-\log_2(3-x)$ であるから
不等式は $\log_2(x-1)-\log_2(3-x)\leqq 0$
すなわち $\log_2(x-1)\leqq\log_2(3-x)$
底 2 は 1 より大きいから $x-1\leqq 3-x$
ゆえに $x\leqq 2$ …… ②
①，② から，解は $1<x\leqq 2$

CHART
対数不等式
$\log_a\bigcirc<\log_a\triangle$
$a>1$ のとき $\bigcirc<\triangle$
大小一致
$0<a<1$ のとき $\bigcirc>\triangle$
大小反対

⟸不等号の向きは変わらない。

⟸底の変換公式を用いて，底を 2 にそろえる。

⟸不等号の向きは変わらない。

(4)　真数は正であるから　　$3x-2>0$　かつ　$2-x>0$

共通範囲をとって　　　　$\dfrac{2}{3}<x<2$ …… ①

$\log_{\frac{1}{9}}(2-x)=\dfrac{\log_{\frac{1}{3}}(2-x)}{\log_{\frac{1}{3}}\frac{1}{9}}=\dfrac{1}{2}\log_{\frac{1}{3}}(2-x)$ であるから

◆ 底の変換公式を用いて，底を $\frac{1}{3}$ にそろえる。

不等式は　　　　$2\log_{\frac{1}{3}}(3x-2)\geqq\log_{\frac{1}{3}}(2-x)$

すなわち　　　$\log_{\frac{1}{3}}(3x-2)^2\geqq\log_{\frac{1}{3}}(2-x)$

底 $\dfrac{1}{3}$ は 1 より小さいから　$(3x-2)^2\leqq2-x$

◆ 不等号の向きが変わる。

ゆえに　　$9x^2-11x+2\leqq0$

よって　$(x-1)(9x-2)\leqq0$

したがって　　$\dfrac{2}{9}\leqq x\leqq1$ …… ②

$$\begin{array}{ccc}1 & \diagdown & -1 \longrightarrow -9\\ 9 & \diagup & -2 \longrightarrow -2\\ \hline 9 & 2 & -11\end{array}$$

①，② から，解は　　$\dfrac{2}{3}<x\leqq1$

EX
③**98**

$\log_{10}2=0.3010,\ \log_{10}3=0.4771$ とする。次の不等式を満たす最小の自然数 n の値を求めよ。

(1)　$1.2^n>100$　　　　(2)　$\left(\dfrac{1}{2}\right)^n<0.001$

(1)　$1.2^n>100$ の両辺の常用対数をとると

$\log_{10}1.2^n>\log_{10}100$　すなわち　$n\log_{10}1.2>2$ …… ①

$\log_{10}1.2=\log_{10}\dfrac{12}{10}=\log_{10}\dfrac{2^2\cdot3}{10}$

$=2\log_{10}2+\log_{10}3-\log_{10}10$

$=2\times0.3010+0.4771-1=0.0791$

であるから，① は　　$0.0791n>2$

よって　　$n>\dfrac{2}{0.0791}=25.28\cdots$

この不等式を満たす最小の自然数 n は　　$n=26$

◆ 底 $10>1$ であるから，不等号の向きは変わらない。

◆ 12 を素因数分解して，$\log_{10}2,\ \log_{10}3$ で表すための足がかりを作る。

(2)　$\left(\dfrac{1}{2}\right)^n<0.001$ の両辺の常用対数をとると

$\log_{10}\left(\dfrac{1}{2}\right)^n<\log_{10}0.001$　すなわち　$-n\log_{10}2<-3$

ゆえに　　$-0.3010n<-3$

よって　　$n>\dfrac{3}{0.3010}=9.96\cdots$

この不等式を満たす最小の自然数 n は　　$n=10$

◆ 負の数 -0.3010 で割るから，不等号の向きが変わる。

EX
③**99**　年利率 1 ％，1 年ごとの複利で 100 万円を預金したとき，元利合計が初めて 110 万円を超えるのは何年後か。ただし，常用対数表を用いてよいものとする。

n 年後の元利合計は　　　$100\times(1+0.01)^n$ 万円　　　　　　　　　　← n は自然数。

これが 110 万円を超えるとすると　　　$100(1+0.01)^n>110$

すなわち　　　　　　　　　　$1.01^n>1.1$　　　　　　　　　　← 不等式の両辺を 100

両辺の常用対数をとると　　　$\log_{10}1.01^n>\log_{10}1.1$　　　　　　　で割る。

すなわち　　　　　　　　　$n\log_{10}1.01>\log_{10}1.1$

常用対数表より，$\log_{10}1.01=0.0043$，$\log_{10}1.1=0.0414$ である

から　　　　$0.0043n>0.0414$

よって　　　$n>\dfrac{0.0414}{0.0043}=9.62\cdots\cdots$

この不等式を満たす最小の自然数 n は　　　$n=10$

したがって，初めて 110 万円を超えるのは，**10 年後** である。

EX
③**100**　(1)　$\log_3 2=a$，$\log_5 4=b$ とするとき，$\log_{15}8$ を a，b を用いて表せ。　　　　[芝浦工大]

(2)　$4^x=6^y=24$ のとき，$\dfrac{1}{x}+\dfrac{1}{y}$ の値を求めよ。

(1)　$b=\dfrac{\log_3 4}{\log_3 5}=\dfrac{2\log_3 2}{\log_3 5}=\dfrac{2a}{\log_3 5}$　　　ゆえに　　$\log_3 5=\dfrac{2a}{b}$　　　← 底を 3 にそろえる。

よって　　　$\log_{15}8=\dfrac{\log_3 8}{\log_3 15}=\dfrac{\log_3 2^3}{\log_3(3\times5)}=\dfrac{3\log_3 2}{1+\log_3 5}$　　　← $\log_3(3\times5)$
　　　　　　　　　　　　　　　　　　　　　　　　　　　　　　　　　　　　$=\log_3 3+\log_3 5$
　　　　$=\dfrac{3a}{1+\dfrac{2a}{b}}=3a\div\dfrac{b+2a}{b}=\dfrac{3ab}{2a+b}$　　　　　　　$=1+\log_3 5$

(2)　$4^x=6^y=24$ の各辺の底を 24 とする対数をとると

$$x\log_{24}4=y\log_{24}6=1$$　　　　　　　　← $\log_a M^k=k\log_a M$

$x\neq0$，$y\neq0$ であるから　　　$\dfrac{1}{x}=\log_{24}4$，$\dfrac{1}{y}=\log_{24}6$　　　← $x\log_{24}4=1$ の両辺を
　　　　　　　　　　　　　　　　　　　　　　　　　　　　　　　　　　x で割ると

よって　　　$\dfrac{1}{x}+\dfrac{1}{y}=\log_{24}4+\log_{24}6=\log_{24}(4\times6)=\log_{24}24=\mathbf{1}$　　　$\dfrac{1}{x}=\log_{24}4$

EX
④**101**　★　関数 $y=4^x+4^{-x}-2^{x+1}-2^{1-x}$ は，$x=a$ のとき最小値 b をとる。$|a+b|$ の値を求めよ。
　　　　　　　　　　　　　　　　　　　　　　　　　　　　　　　　　　　　　　　[自治医大]

$$y=4^x+4^{-x}-2^{x+1}-2^{1-x}=4^x+4^{-x}-2\cdot2^x-2\cdot2^{-x}$$
$$=4^x+4^{-x}-2(2^x+2^{-x})$$

ここで，$2^x+2^{-x}=t$ とおく。

$2^x>0$，$2^{-x}>0$ であるから，(相加平均)≧(相乗平均)により　　　← t の変域に注意。

$$2^x+2^{-x}\geqq2\sqrt{2^x\cdot2^{-x}}$$　　　　よって　　　$t\geqq2$

等号が成り立つのは $2^x=2^{-x}$ すなわち $x=0$ のときである。　　　← $2^x=2^{-x}$ から
　　　　　　　　　　　　　　　　　　　　　　　　　　　　　　　　　　$2^{2x}=1$

$4^x+4^{-x}=(2^x+2^{-x})^2-2$ であるから　　　$4^x+4^{-x}=t^2-2$

ゆえに，y を t の式で表すと　　　$y=t^2-2-2t=(t-1)^2-3$

$t\geqq2$ の範囲において，y は $t=2$ のとき最小値 -2 をとる。

したがって　　　$b=-2$

$t=2$ となるのは，$2^x+2^{-x}=2$ のときである。

両辺に 2^x を掛けて整理すると　　$2^{2x}-2\cdot2^x+1=0$　　　← $2^x>0$

よって　　　　　$(2^x-1)^2=0$　すなわち　$2^x=1$

ゆえに　　　　　$x=0$　すなわち　$a=0$

したがって　　　$|a+b|=2$

EX ④102

★　次の方程式と不等式を解け。

(1) $\dfrac{4}{(\sqrt{2})^x}+\dfrac{5}{2^x}=1$

(2) $8^x-5\cdot4^x-2\cdot2^x+10\leqq0$

(3) $x^{\log_3 9x}=\left(\dfrac{x}{3}\right)^8$　　　〔倉敷芸科大〕

(4) $2\log_3 x-4\log_x 27\leqq5$　　　〔類 センター試験〕

(1)　$\dfrac{1}{(\sqrt{2})^x}=t$ とおくと $(\sqrt{2})^x>0$ であるから　$t>0$ … ①

方程式は　$5t^2+4t-1=0$　　よって　$(t+1)(5t-1)=0$　　　← $\dfrac{1}{2^x}=\dfrac{1}{(\sqrt{2})^{2x}}=t^2$

① より，$t>0$ であるから　　$t=\dfrac{1}{5}$

すなわち　　$\dfrac{1}{(\sqrt{2})^x}=\dfrac{1}{5}$　　　ゆえに　　$(\sqrt{2})^x=5$

よって，$2^{\frac{x}{2}}=5$ から　$\dfrac{x}{2}=\log_2 5$　　ゆえに　$\boldsymbol{x=2\log_2 5}$　　　← 対数の定義。

(2)　$2^x=t$ とおくと　　$t>0$ …… ①

不等式は　　$t^3-5t^2-2t+10\leqq0$　　　← $8^x=2^{3x}=(2^x)^3=t^3$，$4^x=2^{2x}=(2^x)^2=t^2$

よって　$t^2(t-5)-2(t-5)\leqq0$　　ゆえに　$(t-5)(t^2-2)\leqq0$　　　← 項の組み合わせを工夫して，因数分解。

よって　　　　$(t-5)(t+\sqrt{2})(t-\sqrt{2})\leqq0$

① より，$t+\sqrt{2}>0$ であるから　　$(t-5)(t-\sqrt{2})\leqq0$

よって　　$\sqrt{2}\leqq t\leqq5$

これと ① から　　$\sqrt{2}\leqq t\leqq5$　すなわち　$\sqrt{2}\leqq2^x\leqq5$

底 2 は 1 より大きいから　　$\log_2\sqrt{2}\leqq x\leqq\log_2 5$

すなわち　　$\dfrac{1}{2}\leqq x\leqq\log_2 5$　　　← $\sqrt{2}=2^{\frac{1}{2}}$

(3)　真数は正であるから　　$9x>0$　すなわち　$x>0$ …… ①

方程式の両辺の 3 を底とする対数をとると

$$\log_3 x^{\log_3 9x}=\log_3\left(\dfrac{x}{3}\right)^8$$

よって　　　　$(\log_3 9x)(\log_3 x)=8\log_3\left(\dfrac{x}{3}\right)$　　　← $\log_a M^k=k\log_a M$

ゆえに　　　　$(2+\log_3 x)(\log_3 x)=8(\log_3 x-1)$

整理すると　　$(\log_3 x)^2-6\log_3 x+8=0$　　　← $\log_3 x$ の 2 次方程式となる。$\log_3 x=t$ とおくと　$t^2-6t+8=0$ よって　$(t-2)(t-4)=0$ ゆえに　$t=2$，4

よって　　　　$(\log_3 x-2)(\log_3 x-4)=0$

ゆえに　　　　$\log_3 x=2$，4

$\log_3 x=2$ のとき　　$x=3^2=9$

$\log_3 x=4$ のとき　　$x=3^4=81$

したがって　　$\boldsymbol{x=9}$，$\boldsymbol{81}$ （これらは ① を満たす）

7章

EX

(4) 真数は正，底は 1 でない正の数であるから　　$x>0$，$x\neq1$

不等式を変形して　　$2\log_3 x-4\cdot\dfrac{\log_3 27}{\log_3 x}\leqq5$

←底を3にそろえる。

すなわち　　$2\log_3 x-5-\dfrac{12}{\log_3 x}\leqq0$　……　①

[1]　$\log_3 x>0$ すなわち $x>1$ のとき

① の両辺に $\log_3 x$ を掛けて　　$2(\log_3 x)^2-5\log_3 x-12\leqq0$

ゆえに　　$(\log_3 x-4)(2\log_3 x+3)\leqq0$

$\log_3 x>0$ より，$2\log_3 x+3>0$ であるから　$\log_3 x-4\leqq0$

よって　　$\log_3 x\leqq4$　　したがって　　$\log_3 x\leqq\log_3 3^4$

底 3 は 1 より大きいから　　$x\leqq3^4$　すなわち　$x\leqq81$

$x>1$ との共通範囲は　　$1<x\leqq81$

←不等号の向きは変わらない。

$$\begin{array}{ccc}1 & \diagdown & -4 \longrightarrow & -8\\ 2 & \diagup & 3 \longrightarrow & 3\\ \hline 2 & & -12 & -5\end{array}$$

←不等号の向きは変わらない。

[2]　$\log_3 x<0$ すなわち $0<x<1$ のとき

① の両辺に $\log_3 x$ を掛けて　　$2(\log_3 x)^2-5\log_3 x-12\geqq0$

ゆえに　　$(\log_3 x-4)(2\log_3 x+3)\geqq0$

$\log_3 x<0$ より，$\log_3 x-4<0$ であるから　$2\log_3 x+3\leqq0$

よって　　$\log_3 x\leqq-\dfrac{3}{2}$　　したがって　　$\log_3 x\leqq\log_3 3^{-\frac{3}{2}}$

底 3 は 1 より大きいから　　$x\leqq3^{-\frac{3}{2}}$　すなわち　$x\leqq\dfrac{\sqrt{3}}{9}$

$0<x<1$ との共通範囲は　　$0<x\leqq\dfrac{\sqrt{3}}{9}$

←不等号の向きが変わる。

$$\begin{array}{ccc}1 & \diagdown & -4 \longrightarrow & -8\\ 2 & \diagup & 3 \longrightarrow & 3\\ \hline 2 & & -12 & -5\end{array}$$

←不等号の向きは変わらない。

[1]，[2] から　　$0<x\leqq\dfrac{\sqrt{3}}{9}$，$1<x\leqq81$

EX
④**103**　★　連立方程式 $xy=128$，$\dfrac{1}{\log_2 x}+\dfrac{1}{\log_2 y}=\dfrac{7}{12}$ を解け。

［類 センター試験］

$xy=128$ …… ①，$\dfrac{1}{\log_2 x}+\dfrac{1}{\log_2 y}=\dfrac{7}{12}$ …… ② とする。

真数は正であるから　　$x>0$ かつ $y>0$ …… ③

① の両辺の 2 を底とする対数をとると　　$\log_2 xy=\log_2 128$

$\log_2 128=\log_2 2^7=7$ であるから　$\log_2 x+\log_2 y=7$　…… ④

また，② の両辺に $12(\log_2 x)(\log_2 y)$ を掛けて

$$12(\log_2 x+\log_2 y)=7(\log_2 x)(\log_2 y)$$

④ を代入して　　$12\cdot7=7(\log_2 x)(\log_2 y)$

よって　　$(\log_2 x)(\log_2 y)=12$　…… ⑤

④，⑤ から，$\log_2 x$，$\log_2 y$ は 2 次方程式 $t^2-7t+12=0$ の 2 つの解である。

これを解くと，$(t-3)(t-4)=0$ から　　$t=3$，4

$\log_2 x=3$，$\log_2 y=4$ のとき　　$x=2^3$，$y=2^4$

$\log_2 x=4$，$\log_2 y=3$ のとき　　$x=2^4$，$y=2^3$

ゆえに　　$(x,\ y)=(8,\ 16),\ (16,\ 8)$　（これらは ③ を満たす）

(参考) ① から　$y=\dfrac{128}{x}$

よって

$$\log_2 y=\log_2\dfrac{128}{x}$$
$$=7-\log_2 x$$

これを ② に代入して

$$\dfrac{1}{\log_2 x}+\dfrac{1}{7-\log_2 x}=\dfrac{7}{12}$$

この式の分母を払って解いていく方針も考えられる。

←和が p，積が q である 2 数は，2 次方程式 $t^2-pt+q=0$ の解。

EX ④**104** 不等式 $2-\log_y(1+x)<\log_y(1-x)$ が表す領域を xy 平面上に図示せよ。　　　　[山梨大]

真数は正，底は 1 でない正の数であるから

$\qquad 1+x>0$ 　かつ　$1-x>0$ 　かつ　$y>0$ 　かつ　$y\neq1$

◀ まず，真数と底の条件を確認。

よって　　$-1<x<1$ 　かつ　$y>0$ 　かつ　$y\neq1$

与えられた不等式から　　$2<\log_y(1-x)+\log_y(1+x)$

ゆえに　　$\log_y y^2<\log_y(1-x^2)$ 　……①

◀ 底を y にそろえる。

[1]　$0<y<1$ のとき，① から　　$y^2>1-x^{2\,(*)}$

　　　よって　　$x^2+y^2>1$

◀ 底と 1 との大小に注目して，場合分けをする。

◀ (*) $0<$底<1 のときは，不等号の向きが変わる。

[2]　$y>1$ のとき，① から　　$y^2<1-x^2$

　　　よって　　$x^2+y^2<1$ 　……②

　　　$y>1$ と ② を同時に満たす実数 x，y は存在しない。

◀ $y>1$ のとき　$y^2>1$

以上から，求める領域は，連立不

等式 $\begin{cases} x^2+y^2>1 \\ -1<x<1 \\ 0<y<1 \end{cases}$ が表す領域で，

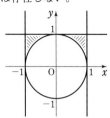

◀ 図示の方法については，本冊 p.182 参照。

右の 図の斜線部分 のようになる。

ただし，**境界線を含まない**。

EX ④**105** ★ $x>0$，$y>0$ で，かつ $x^2y=100$ のとき，$\log_{10}x\cdot\log_{10}y$ の最大値を求めよ。　　[神奈川大]

$x>0$，$y>0$，$x^2y=100$ であるから　　$y=\dfrac{100}{x^2}$ ……①

$Y=\log_{10}x\cdot\log_{10}y$ とすると

$\qquad Y=\log_{10}x\cdot\log_{10}\dfrac{100}{x^2}$

◀ y を消去する。

$\qquad\quad =(\log_{10}x)(\log_{10}100-\log_{10}x^2)$

$\qquad\quad =(\log_{10}x)(2-2\log_{10}x)$ ……Ⓐ

$\log_{10}x=t$ とおくと

$\qquad Y=t(2-2t)=-2t^2+2t=-2(t^2-t)$

$\qquad\quad =-2\Big(t-\dfrac{1}{2}\Big)^2+2\Big(\dfrac{1}{2}\Big)^2$

$\qquad\quad =-2\Big(t-\dfrac{1}{2}\Big)^2+\dfrac{1}{2}$

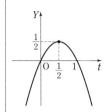

t はすべての実数値をとり，Y は $t=\dfrac{1}{2}$ で最大値 $\dfrac{1}{2}$ をとる。

$t=\dfrac{1}{2}$ のとき　　$\log_{10}x=\dfrac{1}{2}$ すなわち　$x=10^{\frac{1}{2}}=\sqrt{10}$

$x=\sqrt{10}$ を ① に代入して　　$y=10$

よって，Y は $\boldsymbol{x=\sqrt{10}}$，$\boldsymbol{y=10}$ のとき**最大値 $\dfrac{1}{2}$** をとる。

別解 $x>0$, $y>0$ であり, $x^2y=100$ の両辺は正であるから,
その常用対数をとると

$$\log_{10}x^2y=\log_{10}100$$

ゆえに　　$2\log_{10}x+\log_{10}y=2$

よって　　$\log_{10}y=-2\log_{10}x+2$

これを $\log_{10}x\cdot\log_{10}y$ に代入すると, 上の Ⓐ と同じ式になる。

⟸ 条件式も $\log_{10}$ で表す。

EX
④**106**
$\log_{10}2=0.3010$, $\log_{10}3=0.4771$ とする。2^{2011} は何桁の整数か。また, 2^{2011} の最高位の数字を求めよ。　　　　　　　　　　　　　　　　　　　　　　　　　　　［群馬大］

（前半）　$\log_{10}2^{2011}=2011\times\log_{10}2$

$$=2011\times0.3010=605.311$$

よって　　$605<\log_{10}2^{2011}<606$

ゆえに　　$10^{605}<2^{2011}<10^{606}$

したがって, 2^{2011} は **606桁** の整数である。

（後半）　2^{2011} の最高位の数字を a とすると, 2^{2011} は 606 桁の整数であるから　　$a\times10^{605}\leqq2^{2011}<(a+1)\times10^{605}$

各辺の常用対数をとると

$$\log_{10}(a\times10^{605})\leqq\log_{10}2^{2011}<\log_{10}\{(a+1)\times10^{605}\}$$

よって　　$\log_{10}a+605\leqq605.311<\log_{10}(a+1)+605$

ゆえに　　$\log_{10}a\leqq0.311<\log_{10}(a+1)$　……　①

$\log_{10}2=0.3010$, $\log_{10}3=0.4771$ であるから, ① を満たす自然数 a は　　$a=2$

したがって, 2^{2011} の最高位の数字は　　**2**

別解 （後半）（前半）の $\log_{10}2^{2011}=605.311$ から

$$2^{2011}=10^{605.311}=10^{605}\cdot10^{0.311}$$

10^{605} は 10 の倍数で, $1=10^0<10^{0.311}<10^1$ であるから, <u>$10^{0.311}$ の整数部分が 2^{2011} の最高位の数字である。</u>

ここで, $\log_{10}2=0.3010$, $\log_{10}3=0.4771$ から

$$10^{0.3010}=2,\ 10^{0.4771}=3$$

$10^{0.3010}<10^{0.311}<10^{0.4771}$ であるから　　$2<10^{0.311}<3$

したがって, 2^{2011} の最高位の数字は　　**2**

CHART
桁数の問題
常用対数の値を利用

⟸（例）k は 3 桁で最高位が 2 の整数とする。
── k は 200, 201, …, 299 のいずれかである。したがって $2\times10^2\leqq k<3\times10^2$ を満たす。
これと同様の考え方。

⟸ $y=\log_{10}x$ は増加関数。

⟸ $a^{m+n}=a^m\cdot a^n$

EX
④**107**
同じ品質のガラス板がたくさんある。このガラス板を 10 枚重ねて光を通過させたとき，光の強さが初めの $\frac{2}{5}$ 倍になった。通過した光の強さを初めの $\frac{1}{8}$ 倍以下にするには，このガラス板を何枚以上重ねればよいか。ただし，$\log_{10}2 = 0.3010$，$\log_{10}5 = 0.6990$ とする。 　　　　[信州大]

1 枚のガラス板に光を通すとき，光の強さが x 倍になるとする。

10 枚重ねると $\frac{2}{5}$ 倍になるから　　　$x^{10} = \frac{2}{5}$

両辺の常用対数をとると　　　$10\log_{10}x = \log_{10}\frac{2}{5}$

よって　　　$\log_{10}x = \dfrac{\log_{10}2 - \log_{10}5}{10}$　(<0)

光の強さが初めの $\frac{1}{8}$ 倍以下になるときのガラス板の枚数を n とすると，$x^n \leqq \frac{1}{8}$ を満たす最小の自然数 n の値を求めればよい。

$x^n \leqq \frac{1}{8}$ の両辺の常用対数をとると　　　$\log_{10}x^n \leqq \log_{10}\frac{1}{8}$

すなわち　　　$n\log_{10}x \leqq -3\log_{10}2$

$\log_{10}x < 0$ であるから

$$n \geqq \frac{-3\log_{10}2}{\log_{10}x} = \frac{30\log_{10}2}{\log_{10}5 - \log_{10}2} = \frac{30 \times 0.3010}{0.6990 - 0.3010}$$

$$= \frac{9.030}{0.3980} = 22.6\cdots\cdots$$

この不等式を満たす最小の自然数 n は　　　$n = 23$
したがって，**23 枚以上** 重ねればよい。

⇐ $\log_{10}5 = 1 - \log_{10}2$ を用いて変形してもよいが，$\log_{10}5$ の近似値が与えられているので，$\log_{10}5$ のまま進める。

⇐ 底 10 は 1 より大きいから，不等号の向きは変わらない。

7章

EX

⇐ 両辺を負の数 $\log_{10}x$ で割るから，不等号の向きが変わる。

TR
①**168** 関数 $f(x)=x^2+2x-1$ において，x の値が次のように変化するときの平均変化率を求めよ。
(1) 1 から 2 まで　　　(2) -3 から -1 まで　　　(3) $2-h$ から 2 まで
(4) a から b まで　　　(5) a から $a+h$ まで

(1) $f(2)-f(1)=(2^2+2\cdot2-1)-(1^2+2\cdot1-1)=7-2=5$

　　　よって，平均変化率は　　$\dfrac{f(2)-f(1)}{2-1}=\boldsymbol{5}$

(2) $f(-1)-f(-3)$
　　$=\{(-1)^2+2\cdot(-1)-1\}-\{(-3)^2+2\cdot(-3)-1\}$
　　$=-2-2=-4$

　　　よって，平均変化率は　　$\dfrac{f(-1)-f(-3)}{-1-(-3)}=\dfrac{-4}{2}=\boldsymbol{-2}$

(3) $f(2)-f(2-h)=(2^2+2\cdot2-1)-\{(2-h)^2+2(2-h)-1\}$
　　　　　　　　　$=4h-h^2+2h=6h-h^2$

　　　よって，平均変化率は　　$\dfrac{f(2)-f(2-h)}{2-(2-h)}=\dfrac{6h-h^2}{h}=\boldsymbol{6-h}$

(4) $f(b)-f(a)=b^2+2b-1-(a^2+2a-1)$
　　　　　　　　$=b^2-a^2+2(b-a)=(b-a)(b+a+2)$

　　　よって，平均変化率は

　　　$\dfrac{f(b)-f(a)}{b-a}=\dfrac{(b-a)(b+a+2)}{b-a}=\boldsymbol{a+b+2}$

(5) $f(a+h)-f(a)=(a+h)^2+2(a+h)-1-(a^2+2a-1)$
　　　　　　　　　$=2ah+h^2+2h$

　　　よって，平均変化率は

　　　$\dfrac{f(a+h)-f(a)}{(a+h)-a}=\dfrac{2(a+1)h+h^2}{h}=\boldsymbol{2(a+1)+h}$

$f(x)$ の**平均変化率**

x の値が a から b までなら　$\dfrac{f(b)-f(a)}{b-a}$

a から $a+h$ までなら　$\dfrac{f(a+h)-f(a)}{h}$

$\Leftarrow b^2-a^2=(b+a)(b-a)$

注意　(4)の結果において，$a=1$，$b=2$ とおくと，(1)の答が，$a=-3$，$b=-1$ とおくと，(2)の答が，$a=2-h$，$b=2$ とおくと，(3)の答が，それぞれ得られる。

TR
③**169** 次の極限値を求めよ。ただし，(3)の a は定数とする。
(1) $\displaystyle\lim_{h\to0}(5+h)$　　(2) $\displaystyle\lim_{h\to0}(27-3h+h^2)$　　(3) $\displaystyle\lim_{h\to0}\dfrac{3(a+h)^2-3a^2}{h}$　　(4) $\displaystyle\lim_{h\to0}\dfrac{(3+h)^3-3^3}{h}$

(1) $\displaystyle\lim_{h\to0}(5+h)=\boldsymbol{5}$

(2) $\displaystyle\lim_{h\to0}(27-3h+h^2)=\boldsymbol{27}$

(3) $3(a+h)^2-3a^2=3\{(a+h)^2-a^2\}=3(a+h+a)(a+h-a)$
　　　　　　　　　　　$=3h(2a+h)$

　　　よって　　$\displaystyle\lim_{h\to0}\dfrac{3(a+h)^2-3a^2}{h}=\lim_{h\to0}\dfrac{3h(2a+h)}{h}$
　　　　　　　　　　　　　　　　　　$=\displaystyle\lim_{h\to0}3(2a+h)=\boldsymbol{6a}$

(4) $(3+h)^3-3^3=\{(3+h)-3\}\{(3+h)^2+(3+h)\cdot3+3^2\}$
　　　　　　　　$=h\{(3+h)^2+3(3+h)+9\}$

　　　よって　　$\displaystyle\lim_{h\to0}\dfrac{(3+h)^3-3^3}{h}=\lim_{h\to0}\{(3+h)^2+3(3+h)+9\}$
　　　　　　　　　　　　　　　　　　$=9+9+9=\boldsymbol{27}$

$\Leftarrow$ 分子を計算。

$\Leftarrow h$ で約分。

$\Leftarrow$ 分子を計算。

$\Leftarrow$ 約分後，$\{\ \}$ を忘れてはいけない。

TR
①**170** 次の関数の( )内に与えられた x の値における微分係数を，定義に従って求めよ。
(1) $f(x)=2x-3$ $(x=1)$　　　　　　　　(2) $f(x)=2x^2-x+1$ $(x=-2)$

(1) $f(1+h)-f(1)=\{2(1+h)-3\}-(2\cdot1-3)=2h$

よって $f'(1)=\displaystyle\lim_{h\to0}\frac{f(1+h)-f(1)}{h}=\lim_{h\to0}\frac{2h}{h}=\lim_{h\to0}2=\boldsymbol{2}$

(2) $f(-2+h)-f(-2)$

$=\{2(-2+h)^2-(-2+h)+1\}-\{2\cdot(-2)^2-(-2)+1\}$

$=-8h+2h^2-h=-9h+2h^2$

よって $f'(-2)=\displaystyle\lim_{h\to0}\frac{f(-2+h)-f(-2)}{h}=\lim_{h\to0}\frac{-9h+2h^2}{h}$

$=\displaystyle\lim_{h\to0}(-9+2h)=\boldsymbol{-9}$

CHART
微分係数の定義
$f'(a)=\displaystyle\lim_{h\to0}\frac{f(a+h)-f(a)}{h}$

TR
①**171** 定義に従って，次の関数の導関数を求めよ。
(1) $f(x)=-5x$　　　　　(2) $f(x)=2x^2+5$　　　　　(3) $f(x)=x^3-x$

(1) $f'(x)=\displaystyle\lim_{h\to0}\frac{-5(x+h)-(-5x)}{h}=\lim_{h\to0}\frac{-5h}{h}$

$=\displaystyle\lim_{h\to0}(-5)=\boldsymbol{-5}$

(2) $f'(x)=\displaystyle\lim_{h\to0}\frac{\{2(x+h)^2+5\}-(2x^2+5)}{h}$

$=\displaystyle\lim_{h\to0}\frac{2\{(x+h)^2-x^2\}}{h}=\lim_{h\to0}\frac{2(2xh+h^2)}{h}$

$=\displaystyle\lim_{h\to0}2(2x+h)=2\cdot2x=\boldsymbol{4x}$

(3) $f'(x)=\displaystyle\lim_{h\to0}\frac{\{(x+h)^3-(x+h)\}-(x^3-x)}{h}$

$=\displaystyle\lim_{h\to0}\frac{(x+h)^3-x^3-\{(x+h)-x\}}{h}$

$=\displaystyle\lim_{h\to0}\frac{3x^2h+3xh^2+h^3-h}{h}$

$=\displaystyle\lim_{h\to0}(3x^2+3xh+h^2-1)=\boldsymbol{3x^2-1}$

CHART
導関数の定義
$f'(x)=\displaystyle\lim_{h\to0}\frac{f(x+h)-f(x)}{h}$

$\Leftarrow (x+h)^3$
$=x^3+3x^2h+3xh^2+h^3$

8章

T R

TR
②**172** 次の関数を微分せよ。また，$x=2$ における微分係数を求めよ。　　　[(3) 類 中央大]
(1) $f(x)=4-6x$　　　　　(2) $f(x)=3x^2-4$　　　　　(3) $f(x)=5x^2-3x+4$
(4) $f(x)=2x^3-4x^2+6x-7$　　　(5) $f(x)=(2x+1)(x-6)$　　　(6) $f(x)=(x+3)^2$

(1) $f'(x)=(4)'-6(x)'=0-6\cdot1=\boldsymbol{-6}$

　　また $f'(2)=\boldsymbol{-6}$

(2) $f'(x)=3(x^2)'-(4)'=3\cdot2x-0=\boldsymbol{6x}$

　　また $f'(2)=6\cdot2=\boldsymbol{12}$

(3) $f'(x)=5(x^2)'-3(x)'+(4)'=5\cdot2x-3\cdot1+0=\boldsymbol{10x-3}$

　　また $f'(2)=10\cdot2-3=\boldsymbol{17}$

(4) $f'(x)=2(x^3)'-4(x^2)'+6(x)'-(7)'$

$=2\cdot3x^2-4\cdot2x+6\cdot1-0=\boldsymbol{6x^2-8x+6}$

　　また $f'(2)=6\cdot2^2-8\cdot2+6=\boldsymbol{14}$

CHART
x^n と定数関数の導関数
$(x^n)'=nx^{n-1}$
次数が前に出て，次数が
1つ減る。
c が定数のとき
$(c)'=0$

(5) $f(x)=2x^2-11x-6$ であるから

$\quad f'(x)=2(x^2)'-11(x)'-(6)'=2\cdot2x-11\cdot1-0=\boldsymbol{4x-11}$

また $\quad f'(2)=4\cdot2-11=\boldsymbol{-3}$

⟵まず，$f(x)$ の式を展開する。

(6) $f(x)=x^2+6x+9$ であるから

$\quad f'(x)=(x^2)'+6(x)'+(9)'=2x+6\cdot1+0=\boldsymbol{2x+6}$

また $\quad f'(2)=2\cdot2+6=\boldsymbol{10}$

⟵まず，$f(x)$ の式を展開する。

(参考) 数学Ⅲで学ぶ 積や累乗の形の関数の微分

$$\{f(x)g(x)\}'=f'(x)g(x)+f(x)g'(x)$$
$$\{(ax+b)^n\}'=n(ax+b)^{n-1}(ax+b)'$$

を用いると，(5)，(6)は展開しないで微分できる。

⟵本冊 $p.301$ 参照。

⟵n は自然数，a, b は定数。

(5) $f'(x)=\{(2x+1)(x-6)\}'=(2x+1)'(x-6)+(2x+1)(x-6)'$

$\qquad =2\cdot(x-6)+(2x+1)\cdot1=\boldsymbol{4x-11}$

(6) $f'(x)=\{(x+3)^2\}'=2(x+3)^{2-1}\cdot(x+3)'=2(x+3)\cdot1=\boldsymbol{2(x+3)}$

TR ②173

(1) 次の関数を[ ]内で示された変数で微分せよ。

(ア) $S=\pi r^2$ $[r]$ (イ) $V=V_0(1+0.02t)$ $[t]$

(2) 底面の半径が r，高さが h の円錐の体積を V とする。V を h の関数と考え，$h=3$ における微分係数を求めよ。

(1) (ア) $\dfrac{dS}{dr}=\dfrac{d}{dr}(\pi r^2)=\pi\cdot2r=\boldsymbol{2\pi r}$

⟵S を r で微分。

(イ) $\dfrac{dV}{dt}=\dfrac{d}{dt}(V_0+0.02V_0t)=0+0.02V_0\cdot1=\boldsymbol{0.02V_0}$

⟵V を t で微分。

(2) $V=\dfrac{1}{3}\pi r^2h$ であるから，V を h で微分すると

$$\dfrac{dV}{dh}=\dfrac{d}{dh}\left(\dfrac{1}{3}\pi r^2h\right)=\dfrac{1}{3}\pi r^2\cdot1=\dfrac{1}{3}\pi r^2$$

したがって，$h=3$ における微分係数は $\quad\dfrac{1}{3}\pi r^2$

⟵$\dfrac{1}{3}\times$(底面積)$\times$(高さ)

⟵1 次関数の微分係数は一定。

TR ③174

次の条件を満たす 2 次関数 $f(x)$ を，それぞれ求めよ。

(1) $f'(-1)=-7$, $f'(1)=5$, $f(2)=11$ (2) $x^2f'(x)+(1-2x)f(x)=1$

$f(x)=ax^2+bx+c$ とすると $\quad f'(x)=2ax+b$

⟵$f(x)$ は 2 次関数。

(1) $f'(-1)=-7$ から $\quad -2a+b=-7$ …… ①

$\quad f'(1)=5$ から $\quad 2a+b=5$ …… ②

$\quad f(2)=11$ から $\quad 4a+2b+c=11$ …… ③

①，② を解いて $\quad a=3$, $b=-1$

これを ③ に代入して $\quad 12-2+c=11$ よって $\quad c=1$

したがって $\quad \boldsymbol{f(x)=3x^2-x+1}$

(2) 等式に $f(x)=ax^2+bx+c$, $f'(x)=2ax+b$ を代入して

$\quad x^2(2ax+b)+(1-2x)(ax^2+bx+c)=1$

展開して x について整理すると

$\quad (a-b)x^2+(b-2c)x+c-1=0$

⟵①＋② から $2b=-2$
ゆえに $b=-1$
これを ② に代入して
$2a-1=5$
よって $a=3$

これが x についての恒等式であるから

$$a-b=0, \quad b-2c=0, \quad c-1=0$$

これを解いて $a=2, \ b=2, \ c=1$

したがって $f(x)=2x^2+2x+1$

← $Ax^2+Bx+C=0$ が
x の恒等式
$\Longleftrightarrow A=B=C=0$

Lecture 本冊 $p.301$ の公式

② $\{(ax+b)^n\}'=n(ax+b)^{n-1}(ax+b)'$ （n は自然数；$a,\ b$ は定数)の証明

$\{(ax+b)^n\}'=n(ax+b)^{n-1}(ax+b)'$ …… Ⓐ とし，数学的帰納法(下記参照)を利用して証明する。

[1] $n=1$ のとき （左辺)$=(ax+b)'=a$, （右辺)$=1\cdot(ax+b)^0\cdot(ax+b)'=a$
よって，$n=1$ のとき，等式 Ⓐ が成り立つ。

[2] $n=k$ のとき，等式 Ⓐ が成り立つ，すなわち

$$\{(ax+b)^k\}'=k(ax+b)^{k-1}(ax+b)'=\underline{ak(ax+b)^{k-1}}$$

が成り立つと仮定する。

$n=k+1$ のときについて

$$\begin{aligned}
\{(ax+b)^{k+1}\}'&=\{(ax+b)^k(ax+b)\}'\\
&=\{(ax+b)^k\}'(ax+b)+(ax+b)^k(ax+b)'\\
&=\underline{ak(ax+b)^{k-1}}(ax+b)+(ax+b)^k\cdot a\\
&=a(ax+b)^k(k+1)\\
&=(k+1)(ax+b)^{(k+1)-1}(ax+b)'
\end{aligned}$$

← 公式①
$\{f(x)g(x)\}'$
$=f'(x)g(x)$
$\quad +f(x)g'(x)$

よって，$n=k+1$ のときも等式 Ⓐ が成り立つ。

[1]，[2] から，等式 Ⓐ はすべての自然数 n について成り立つ。

8章

TR

(補足) **数学的帰納法**(数学Bで学習)

自然数 n に関する命題 P が，すべての自然数 n について成り立つことを証明するには，次の [1] と [2] を示す。

[1] $n=1$ のとき，P が成り立つ。

[2] $n=k$ のとき P が成り立つと仮定すると，$n=k+1$ のときも P が成り立つ。

TR
②175 曲線 $y=x^2-3x+2$ について，次の接線の方程式を求めよ。
(1) 曲線上の点 $(3, 2)$ における接線　　　(2) 傾きが -1 である接線

$f(x)=x^2-3x+2$ とすると $f'(x)=2x-3$

(1) $f'(3)=2\cdot3-3=3$ であるから，求める接線の方程式は

$$y-2=3(x-3)$$

すなわち $y=3x-7$

(2) 接点の x 座標を a とし，

$f'(a)=-1$ とすると

$$2a-3=-1$$

ゆえに $a=1$

また $f(1)=0$

よって，求める接線の方程式は

$$y-0=-(x-1)$$

すなわち $y=-x+1$

CHART
曲線 $y=f(x)$ 上の
点 $(a,\ f(a))$ におけ
る接線
傾き $f'(a)$
方程式
$y-f(a)=f'(a)(x-a)$

← 接点の座標は $(1,\ 0)$

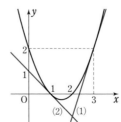

TR
③**176** ★ 曲線 $y=x^2-2x$ について，次の接線の方程式を求めよ。
　　　(1) 点 $(3, 3)$ における接線　　　(2) 点 $(2, -4)$ を通る接線

$f(x)=x^2-2x$ とすると　　$f'(x)=2x-2$

(1) $f'(3)=2\cdot 3-2=4$
　　点 $(3, 3)$ は曲線上の点であるから，求める接線の方程式は
$$y-3=4(x-3)$$
　　すなわち　　**$y=4x-9$**

(2) 接点の座標を (a, a^2-2a) とすると，その点における接線
　　の方程式は　　$y-(a^2-2a)=(2a-2)(x-a)$
　　すなわち　　$y=2(a-1)x-a^2$ …… ①
　　この直線が点 $(2, -4)$ を通るから
$$-4=2(a-1)\cdot 2-a^2$$
　　整理すると　　$a^2-4a=0$　　　よって　　$a(a-4)=0$
　　ゆえに　　　$a=0, 4$
　　したがって，求める接線の方程式は，① から
　　　　$a=0$ のとき　**$y=-2x$**，　$a=4$ のとき　**$y=6x-16$**

⇐(1)において，
点 $(3, 3)$ は曲線上の
点であったが，(2)の
点 $(2, -4)$ は曲線上
の点ではない。よって，
(2)では接点の x 座標
を a としている。

⇐ 2 本ある。

TR
①**177** 次の関数の増減を調べよ。
　　(1) $f(x)=-x^2+4x+5$　　(2) $f(x)=x^3+3x$　　(3) $f(x)=-x^3+4x$

(1) $f'(x)=-2x+4=-2(x-2)$
　　$f'(x)=0$ とすると　　$x=2$
　　$f(x)$ の増減表は，右のようになる。
　　したがって，$f(x)$ は
　　　$x\leqq 2$ で増加し，$2\leqq x$ で減少する。

x	$\cdots$	2	$\cdots$
$f'(x)$	$+$	0	$-$
$f(x)$	↗	9	↘

CHART
関数の増減
増減表を作る

注意 増加，減少の x
の値の範囲を答えるとき
は，端の点を含めて答え
る。

(2) $f'(x)=3x^2+3$
　　ゆえに，すべての実数 x について　　$f'(x)>0$
　　したがって，$f(x)$ は **常に増加する。**

(3) $f'(x)=-3x^2+4=-3\left(x^2-\dfrac{4}{3}\right)=-3\left(x+\dfrac{2}{\sqrt{3}}\right)\left(x-\dfrac{2}{\sqrt{3}}\right)$

　　$f'(x)=0$ とすると
　　　$x=\pm\dfrac{2}{\sqrt{3}}$
　　$f(x)$ の増減表は，右のよ
　　うになる。
　　したがって，$f(x)$ は

x	$\cdots$	$-\dfrac{2}{\sqrt{3}}$	$\cdots$	$\dfrac{2}{\sqrt{3}}$	$\cdots$
$f'(x)$	$-$	0	$+$	0	$-$
$f(x)$	↘	$-\dfrac{16}{3\sqrt{3}}$	↗	$\dfrac{16}{3\sqrt{3}}$	↘

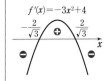

$$x\leqq -\frac{2}{\sqrt{3}}, \quad \frac{2}{\sqrt{3}}\leqq x \text{ で減少し，} -\frac{2}{\sqrt{3}}\leqq x\leqq \frac{2}{\sqrt{3}} \text{ で増加}$$
する。

TR
②**178** 次の関数の増減を調べ，極値を求めよ。また，そのグラフをかけ。
　　(1) $y=x^3-3x^2-9x$　　　　　　(2) $y=6x^2-x^3$
　　(3) $y=-x^3-2x$　　　　　　　　(4) $y=x^3+3x^2+4x-9$

(1) $y'=3x^2-6x-9=3(x^2-2x-3)=3(x+1)(x-3)$

$y'=0$ とすると $x=-1,\ 3$

y の増減表は，右のように なる。よって，

$x=-1$ で極大値5，

$x=3$ で極小値 -27

をとる。また，グラフは〔図〕

x	$\cdots$	-1	$\cdots$	3	$\cdots$
y'	$+$	0	$-$	0	$+$
y	↗	極大 5	↘	極小 -27	↗

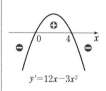
$y'=3x^2-6x-9$

(2) $y'=12x-3x^2=-3x(x-4)$

$y'=0$ とすると $x=0,\ 4$

y の増減表は，右のように なる。

よって，**$x=4$ で極大値32，**

$x=0$ で極小値0 をとる。また，グラフは〔図〕

x	$\cdots$	0	$\cdots$	4	$\cdots$
y'	$-$	0	$+$	0	$-$
y	↘	極小 0	↗	極大 32	↘

$y'=12x-3x^2$

(1)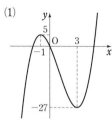

(2)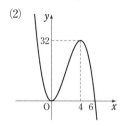

(3) $y'=-3x^2-2$

すべての実数 x について $y'<0$ であるから，y は常に減少する。よって，**極値はない**。また，グラフは〔図〕

(4) $y'=3x^2+6x+4=3(x^2+2x+1^2)-3\cdot1^2+4=3(x+1)^2+1$

すべての実数 x について $y'>0$ であるから，y は常に増加する。よって，**極値はない**。また，グラフは〔図〕

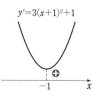
$y'=-3x^2-2$

$y'=3(x+1)^2+1$

(3)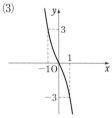

(4)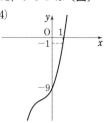

(補足) (3)と(4)では，$y'=0$ となる x の値が存在しない。このような場合，y' のグラフから曲線 y の様子を判断するとよい。

(3) $y'=-3x^2-2$ のグラフから，$x=0$ で接線の傾きが最大である。

(4) $y'=3(x+1)^2+1$ のグラフから，$x=-1$ で接線の傾きが最小である。

(4)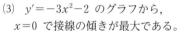

TR
③**179**
★ (1) 3次関数 $f(x)=ax^3+bx+3$ は，$x=-1$ で極小値1をとる。このとき，定数 a，b の値を求めよ。また，極大値を求めよ。
(2) 関数 $f(x)=2x^3+ax^2+bx+c$ は，$x=1$ で極大値6をとり，$x=2$ で極小値をとる。このとき，定数 a，b，c の値を求めよ。また，極小値を求めよ。 [(2) 類 センター試験]

(1) $\qquad f'(x)=3ax^2+b$

$f(x)$ が $x=-1$ で極小値1をとるとき
$$f'(-1)=0,\ f(-1)=1$$
したがって $\qquad 3a+b=0,\ -a-b+3=1$
これを解いて $\qquad a=-1,\ b=3$
このとき $\qquad f(x)=-x^3+3x+3$
$$f'(x)=-3x^2+3=-3(x^2-1)$$
$$=-3(x+1)(x-1)$$
よって，右の増減表が
得られ，条件を満たす。
以上から
$\qquad \boldsymbol{a=-1,\ b=3}$
$\qquad$ **極大値5**

x	$\cdots$	-1	$\cdots$	1	$\cdots$
$f'(x)$	$-$	0	$+$	0	$-$
$f(x)$	$\searrow$	極小 1	$\nearrow$	極大 5	$\searrow$

CHART
$f(x)$ が $x=\alpha$ で極値をとる $\Longrightarrow f'(\alpha)=0$
ただし，$f'(\alpha)=0$ であっても，$x=\alpha$ で極値をとるとは限らない。
⬅ 逆の確認。

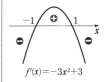
$f'(x)=-3x^2+3$

(2) $\qquad f'(x)=6x^2+2ax+b$

$f(x)$ が $x=1$ で極大値6をとるとき
$$f'(1)=0,\ f(1)=6$$
したがって $\quad 6+2a+b=0 \cdots\cdots$ ①，
$\qquad\qquad 2+a+b+c=6 \cdots\cdots$ ②
また，$f(x)$ が $x=2$ で極小値をとるとき $\qquad f'(2)=0$
したがって $\qquad 24+4a+b=0 \cdots\cdots$ ③
①，③を解いて $\qquad a=-9,\ b=12$
$a=-9,\ b=12$ を②に代入して
$$2-9+12+c=6$$
ゆえに $\qquad c=1$
このとき $\qquad f(x)=2x^3-9x^2+12x+1$
$$f'(x)=6x^2-18x+12=6(x^2-3x+2)$$
$$=6(x-1)(x-2)$$
よって，右の増減表が得られ，条件を満たす。
以上から
$\qquad \boldsymbol{a=-9,\ b=12,\ c=1}$
$\qquad$ **極小値5**

x	$\cdots$	1	$\cdots$	2	$\cdots$
$f'(x)$	$+$	0	$-$	0	$+$
$f(x)$	$\nearrow$	極大 6	$\searrow$	極小 5	$\nearrow$

⬅ $x=1,\ 2$ は，$f'(x)=0$ の解であるから，解と係数の関係より
$$1+2=-\frac{2a}{6},\ 1\cdot2=\frac{b}{6}$$
よって $a=-9$，$b=12$ としてもよい。

⬅ 逆の確認。

$f'(x)=6x^2-18x+12$

TR
②**180**
次の関数の最大値と最小値があれば，それを求めよ。
(1) $y=x^3-6x$ $(-1\leqq x\leqq 2)$
(2) $y=-2x^3-x^2+4x$ $(-2<x<1)$

(1) $y'=3x^2-6=3(x^2-2)=3(x+\sqrt{2})(x-\sqrt{2})$
$y'=0$ とすると $\qquad x=\pm\sqrt{2}$
$-1\leqq x\leqq 2$ における y の増減表は，次のようになる。

CHART
3次関数の最大・最小
極値と定義域の端の値に注目

x	-1	$\cdots$	$\sqrt{2}$	$\cdots$	2
y'		$-$	0	$+$	
y	5	$\searrow$	極小 $-4\sqrt{2}$	$\nearrow$	-4

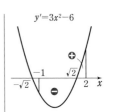

したがって，$x=-1$ で最大値 5，$x=\sqrt{2}$ で最小値 $-4\sqrt{2}$
をとる。

(2)　$y'=-6x^2-2x+4=-2(3x^2+x-2)=-2(x+1)(3x-2)$

$y'=0$ とすると　　$x=-1,\ \dfrac{2}{3}$

$-2<x<1$ における y の増減表は，次のようになる。

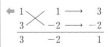

x	-2	$\cdots$	-1	$\cdots$	$\dfrac{2}{3}$	$\cdots$	1
y'		$-$	0	$+$	0	$-$	
y	(4)	$\searrow$	極小 -3	$\nearrow$	極大 $\dfrac{44}{27}$	$\searrow$	(1)

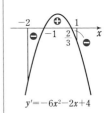

よって，**最大値はない**。また，$x=-1$ で最小値 -3 をとる。

TR ③181 放物線 $y=9-x^2$ と x 軸の交点を A，B とする。この放物線と x 軸によって囲まれる図形に，線分 AB を底辺にもつ台形を内接させるとき，このような台形の面積の最大値を求めよ。

放物線と x 軸の交点の x 座標は，
$9-x^2=0$ を解くと　　$x=\pm3$
であるから，A，B の座標を
　　A$(-3,\ 0)$，B$(3,\ 0)$
とする。
また，台形の他の 2 つの頂点を
C，D とすると　　CD∥AB
よって，点 C の座標を C$(t,\ 9-t^2)$ とすると，放物線
$y=9-x^2$ は y 軸に関して対称であるから，点 D の座標は，
D$(-t,\ 9-t^2)$ と表される。ただし，$0<t<3$ とする。
このとき，台形の面積 S は
$$S=\frac{1}{2}(2t+6)(9-t^2)=-t^3-3t^2+9t+27$$
S を t で微分すると
$$S'=-3t^2-6t+9=-3(t^2+2t-3)$$
$$=-3(t-1)(t+3)$$
$S'=0$ とすると　　$t=1,\ -3$
$0<t<3$ における S の増減表は，
右のようになる。
よって，S は $t=1$ で極大かつ
最大となり，その値は　　$-1^3-3\cdot1^2+9\cdot1+27=$**32**

HINT 台形の A，B 以外の頂点の 1 つの x 座標を t として，台形の面積 S を t で表す。

① 変数を決める。
② 変数の変域を調べる。…… 頂点 C の x 座標を t とする。このとき，図から　$0<t<3$
③ 面積 S を変数 t で表す。

④ S の増減を調べ，最大値を求める。

t	0	$\cdots$	1	$\cdots$	3
S'		$+$	0	$-$	
S		$\nearrow$	極大	$\searrow$	

8章
TR

TR ②**182** 次の 3 次方程式の異なる実数解の個数を求めよ。
(1) $-x^3+3x^2-1=0$ (2) $x^3-3x^2+3x+1=0$

(1) $y=-x^3+3x^2-1$ とする。

$y'=-3x^2+6x$
$\quad=-3x(x-2)$

$y'=0$ とすると
$\qquad x=0,\ 2$

y の増減は右上のようになる。
また，この関数のグラフは，右の図
のようになり，グラフと x 軸は異な
る 3 点で交わる。
よって，方程式の異なる実数解の個
数は　　**3 個**

x	$\cdots$	0	$\cdots$	2	$\cdots$
y'	$-$	0	$+$	0	$-$
y	$\searrow$	-1	$\nearrow$	3	$\searrow$

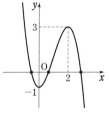

1 左辺の式を x の関数 y と考えて，y の増減を調べる。
2 グラフをかいて，グラフと x 軸の共有点の個数を調べる。

(2) $y=x^3-3x^2+3x+1$ とする。

$y'=3x^2-6x+3$
$\quad=3(x^2-2x+1)$
$\quad=3(x-1)^2$

$y'=0$ とすると　　$x=1$

y の増減表は右上のようになる。
また，この関数のグラフは，右の図
のようになり，グラフと x 軸は 1 点
で交わる。
よって，方程式の異なる実数解の個
数は　　**1 個**

x	$\cdots$	1	$\cdots$
y'	$+$	0	$+$
y	$\nearrow$	2	$\nearrow$

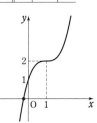

⬅ すべての実数 x について，$y'\geqq0$ であるから，y は常に増加する。

TR ③**183** 3 次方程式 $x^3+3x^2-9x-a=0$ が異なる 3 つの実数解をもつとき，定数 a の値の範囲を求めよ。

方程式を変形すると　　$x^3+3x^2-9x=a$

$f(x)=x^3+3x^2-9x$ とすると

$f'(x)=3x^2+6x-9$
$\qquad=3(x^2+2x-3)$
$\qquad=3(x-1)(x+3)$

$f'(x)=0$ とすると
$\qquad x=1,\ -3$

$f(x)$ の増減表と $y=f(x)$ のグラフは，
右のようになる。
与えられた 3 次方程式が異なる 3 つの
実数解をもつための条件は，$y=f(x)$
のグラフと直線 $y=a$ が異なる 3 点で
交わることである。
したがって，図から
$\qquad -5<a<27$

x	$\cdots$	-3	$\cdots$	1	$\cdots$
$f'(x)$	$+$	0	$-$	0	$+$
$f(x)$	$\nearrow$	極大 27	$\searrow$	極小 -5	$\nearrow$

⬅ $f(x)=$ (定数) の形に変形する。
$y=f(x)$ のグラフは固定した状態で，直線 $y=a$ を a の値とともに上下に動かしながら，$y=f(x)$ のグラフと異なる 3 点で交わるような a の値の範囲を求める。

与えられた方程式の異なる実数解の個数は
$a<-5$，$27<a$ のとき
　　　　　1 個
$a=-5$，27 のとき
　　　　　2 個
$-5<a<27$ のとき
　　　　　3 個

（参考） $f(x)=x^3+3x^2-9x-a$ とすると

極大値は $f(-3)=27-a$, 極小値は $f(1)=-5-a$

方程式 $f(x)=0$ が異なる3つの実数解をもつための条件は

（極大値）>0 かつ （極小値）<0

すなわち $27-a>0$ かつ $-5-a<0$

よって $-5<a<27$

以上のことは，本冊 $p.326$ 例題 192 参照。

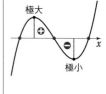

TR
③**184** 次の不等式が成り立つことを証明せよ。

(1) $x>0$ のとき $x^3-9x\geqq 3x-16$ 〔水産大学校〕 (2) $x\geqq 0$ のとき $x^3+7x+1>3x^2$

(1) $y=(x^3-9x)-(3x-16)$ とすると

$$y=x^3-12x+16$$

よって $y'=3x^2-12=3(x^2-4)$

$$=3(x+2)(x-2)$$

$y'=0$ とすると $x=\pm 2$

$x>0$ における y の増減表は，右の
ようになる。

ゆえに，$x>0$ において，y は
$x=2$ で最小値 0 をとる。

よって，$x>0$ のとき $y\geqq 0$

したがって $x^3-9x\geqq 3x-16$

x	0	$\cdots$	2	$\cdots$
y'		$-$	0	$+$
y		$\searrow$	極小 0	$\nearrow$

CHART

$f(x)>g(x)$ の証明

$[f(x)-g(x)$ の最小値$]>0$
を示す

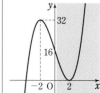

(2) $y=(x^3+7x+1)-3x^2$ とすると

$$y=x^3-3x^2+7x+1$$

ゆえに $y'=3x^2-6x+7$

$$=3(x^2-2x+1^2)-3\cdot 1^2+7$$

$$=3(x-1)^2+4$$

すべての実数について $y'>0$ であるから，y は常に増加する。

$x=0$ のとき $y=1$ であるから，$x\geqq 0$ において $y>0$

よって $(x^3+7x+1)-3x^2>0$

すなわち $x^3+7x+1>3x^2$

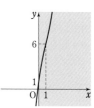

TR
③**185** 曲線 $y=x^3+2x^2-3x$ を C とする。

(1) 曲線 C 上の点 $(-2, 6)$ における接線 ℓ の方程式を求めよ。

(2) 曲線 C と直線 ℓ との共有点のうち，接点以外の点の x 座標を求めよ。

$f(x)=x^3+2x^2-3x$ とすると

$$f'(x)=3x^2+4x-3$$

(1) $f'(-2)=1$ であるから，求める接線の方程式は

$$y-6=1\cdot\{x-(-2)\}$$

すなわち $y=x+8$

(2) 曲線 C と直線 ℓ との共有点の x 座標は，方程式 $x^3+2x^2-3x=x+8$ すなわち $x^3+2x^2-4x-8=0$ の実数解である。

左辺は $x+2$ を因数にもつから，因数分解すると

$$(x+2)^2(x-2)=0$$

ゆえに $\quad x=2,\ -2$

よって，曲線 C と直線 ℓ との共有点のうち，接点以外の点の x 座標は $\quad \mathbf{2}$

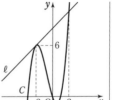

← 共有点の x 座標は連立方程式の実数解。

← 点 $(-2, 6)$ は C と ℓ の共有点の1つであるから，$x+2$ を因数にもつ。

← -2 は接点の x 座標。

別解 求める x 座標を α $(\alpha \neq -2)$ とおくと，方程式 $x^3+2x^2-3x=x+8$ すなわち $x^3+2x^2-4x-8=0$ が -2 （重解），α を解にもつから，3次方程式の解と係数の関係より $\quad -2+(-2)+\alpha=-2 \quad$ よって $\quad \alpha=2$

TR ④186 ★ 曲線 $y=x^3-6x^2+10x+k$ が直線 $y=x$ と接するとき，定数 k の値を求めよ。

[類 東北学院大]

$f(x)=x^3-6x^2+10x+k$, $g(x)=x$ とすると
$$f'(x)=3x^2-12x+10,\quad g'(x)=1$$
曲線 $y=f(x)$ と直線 $y=g(x)$ が $x=p$ の点で接するとする。
そのための条件は $\quad f(p)=g(p)$ かつ $f'(p)=g'(p)$

よって $\quad p^3-6p^2+10p+k=p$ …… ①，
$\qquad\quad 3p^2-12p+10=1$ …… ②

← $f(p)=g(p)$
… 接点を共有
$f'(p)=g'(p)$
… 接線の傾きが一致
を意味する。

② を整理すると $\quad p^2-4p+3=0$

ゆえに $\quad (p-1)(p-3)=0 \qquad$ よって $\quad p=1,\ 3$

① から $\quad k=-p^3+6p^2-9p$ すなわち $\quad k=-p(p-3)^2$

$p=1$ を代入すると $\quad k=-1\cdot(1-3)^2=-4$

$p=3$ を代入すると $\quad k=0$

したがって $\quad \mathbf{k=-4,\ 0}$

TR ④187 次の関数の増減を調べ，極値を求めよ。また，そのグラフをかけ。

(1) $y=3x^4-16x^3+18x^2+8$ 　　(2) $y=-x^4+\dfrac{8}{3}x^3-2x^2$

(1) $y'=12x^3-48x^2+36x=12x(x^2-4x+3)=12x(x-1)(x-3)$

$y'=0$ とすると $\quad x=0,\ 1,\ 3$

y の増減表は，次のようになる。

x	$\cdots$	0	$\cdots$	1		3	
y'	$-$	0	$+$	0	$-$	0	$+$
y	$\searrow$	極小 8	$\nearrow$	極大 13	$\searrow$	極小 -19	$\nearrow$

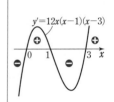

よって，$x=0$ で極小値 8，$x=1$ で極大値 13，$x=3$ で極小値 -19 をとる。また，グラフは〔図〕

(2) $y'=-4x^3+8x^2-4x=-4x(x^2-2x+1)=-4x(x-1)^2$

$y'=0$ とすると $x=0,\ 1$

y の増減表は，次のようになる。

x	$\cdots$	0	$\cdots$	1	$\cdots$
y'	$+$	0	$-$	0	$-$
y	$\nearrow$	極大 0	$\searrow$	$-\dfrac{1}{3}$	$\searrow$

よって，**$x=0$ で極大値 0 をとる。**
また，グラフは〔図〕

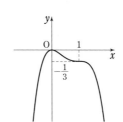

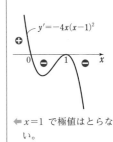

◀ $x=1$ で極値はとらない。

TR
③**188**

次の条件を満たすような定数 k の値の範囲を求めよ。

(1) 関数 $f(x)=x^3+6kx^2+24x+32$ が極値をもつ。

(2) 関数 $f(x)=2x^3+kx^2+kx+1$ が極値をもたない。　　〔千葉工大〕

(1) $f'(x)=3x^2+12kx+24$
$\qquad =3(x^2+4kx+8)$

3 次関数 $f(x)$ が極値をもつための条件は，その導関数 $f'(x)$ の符号が正から負に，負から正に変わる x の値が存在することである。よって，2 次方程式 $f'(x)=0$ すなわち
$x^2+4kx+8=0$ …… ① が異なる 2 つの実数解をもつ。

ゆえに，① の判別式を D とすると　　$D>0$

ここで　　$\dfrac{D}{4}=(2k)^2-1\cdot 8=4(k^2-2)$

よって　　$k^2-2>0$

すなわち　　$(k+\sqrt{2}\,)(k-\sqrt{2}\,)>0$

したがって　　**$k<-\sqrt{2}\,,\ \sqrt{2}<k$**

(2) $f'(x)=6x^2+2kx+k$

3 次関数 $f(x)$ が極値をもたないための条件は，その導関数 $f'(x)$ の符号が変化しないことである。

よって，2 次方程式 $f'(x)=0$ すなわち
$6x^2+2kx+k=0$ …… ① が重解または虚数解をもつ。

ゆえに，① の判別式を D とすると　　$D\leqq 0$

ここで　　$\dfrac{D}{4}=k^2-6k=k(k-6)$

よって　　$k(k-6)\leqq 0$

したがって　　**$0\leqq k\leqq 6$**

CHART
3 次関数 $f(x)$ が極値をもつ条件，もたない条件 ⟶ 2 次方程式 $f'(x)=0$ の判別式の符号がカギ

8章
TR

◀ 2 次方程式
$ax^2+2b'x+c=0$ について $\dfrac{D}{4}=b'^2-ac$

◀ 異なる 2 つの実数解をもたない。

TR
⑤**189** ☆ a は定数で，$a>0$ とする。関数 $f(x)=-x^3+3ax$ $(0\leqq x\leqq1)$ の最大値を求めよ。

$$f'(x)=-3x^2+3a=-3(x^2-a)$$

$a>0$ であるから

$$f'(x)=-3(x+\sqrt{a})(x-\sqrt{a})$$

$f'(x)=0$ とすると $\quad x=\pm\sqrt{a}$

[1] $\underline{0<\sqrt{a}<1}$ すなわち $\underline{0<a<1}$ のとき

$0\leqq x\leqq1$ における $f(x)$ の増減表は，次のようになる。

x	0	$\cdots$	$\sqrt{a}$	$\cdots$	1
$f'(x)$		$+$	0	$-$	
$f(x)$	0	↗	極大	↘	$-1+3a$

よって，$f(x)$ は $x=\sqrt{a}$ で極大かつ最大となる。

その値は $\quad f(\sqrt{a})=-(\sqrt{a})^3+3a\sqrt{a}=2a\sqrt{a}$

[2] $\underline{1\leqq\sqrt{a}}$ すなわち $\underline{1\leqq a}$ のとき

$0\leqq x\leqq1$ における $f(x)$ の増減表は，右のようになる。

よって，$f(x)$ は $x=1$ で最大となる。

x	0	$\cdots$	1
$f'(x)$		$+$	
$f(x)$	0	↗	$-1+3a$

その値は $\quad f(1)=-1+3a$

以上から $\quad 0<a<1$ のとき $\quad x=\sqrt{a}$ で最大値 $2a\sqrt{a}$

$\qquad\qquad 1\leqq a$ のとき $\quad x=1$ で最大値 $3a-1$

TR
④**190** ☆ 関数 $f(x)=ax^3+3ax^2+b$ $(-1\leqq x\leqq2)$ の最大値が 10，最小値が -10 であるとき，定数 a，b の値を求めよ。

$$f'(x)=3ax^2+6ax=3ax(x+2)$$

$f'(x)=0$ とすると $\quad x=0$，-2

[1] $\underline{a=0}$ のとき $\quad f(x)=b$

よって，最大値が 10，最小値が -10 になることはない。

したがって，この場合は不適である。

[2] $\underline{a>0}$ のとき

$-1\leqq x\leqq2$ における $f(x)$ の増減表は，次のようになる。

x	-1	$\cdots$	0	$\cdots$	2
$f'(x)$		$-$	0	$+$	
$f(x)$	$b+2a$	↘	極小 b	↗	$b+20a$

よって，最小値は $\quad f(0)=b$

また，$a>0$ より，$b+20a>b+2a$ であるから

$\qquad$ 最大値は $\quad f(2)=b+20a$

したがって $\quad b=-10$，$b+20a=10$

これを解いて $\quad a=1$，$b=-10$ $(a>0$ を満たす$)$

[HINT] $f'(x)$ の符号を考えるとき，a の符号が問題になる。

$a=0$，$a>0$，$a<0$ の場合分けをする。

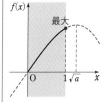

$$f'(x)=3ax^2+6ax$$

⟵ $(b+20a)-(b+2a)$
$=18a>0$
$(a>0$ であるから$)$

[3] $a<0$ のとき

$-1≦x≦2$ における $f(x)$ の増減表は，次のようになる。

x	-1	$\cdots$	0	$\cdots$	2
$f'(x)$		$+$	0	$-$	
$f(x)$	$b+2a$	$\nearrow$	極大 b	$\searrow$	$b+20a$

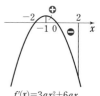

$f'(x)=3ax^2+6ax$

よって，最大値は $\quad f(0)=b$

また，$a<0$ より，$b+20a<b+2a$ であるから

$\quad$ 最小値は $\quad f(2)=b+20a$

$\Leftarrow (b+20a)-(b+2a)$
$\quad =18a<0$
$\quad (a<0$ であるから$)$

したがって $\quad b=10,\ b+20a=-10$

これを解いて $\quad a=-1,\ b=10$ ($a<0$ を満たす)

以上から $\quad (\boldsymbol{a},\ \boldsymbol{b})=(1,\ -10),\ (-1,\ 10)$

TR
④191 ★ 曲線 $C：y=-x^3+9x^2+kx$ と点 $P(1,\ 0)$ がある。点 P を通る C の接線の本数がちょうど 2 本となるとき，定数 k の値を求めよ。 [類 センター試験]

$y'=-3x^2+18x+k$ であるから，曲線 C 上の点 $(t,\ -t^3+9t^2+kt)$ における接線の方程式は

$$y-(-t^3+9t^2+kt)=(-3t^2+18t+k)(x-t)$$

すなわち $\quad y=(-3t^2+18t+k)x+2t^3-9t^2$ …… ①

接線 ① が点 $P(1,\ 0)$ を通るとすると

$$0=(-3t^2+18t+k)\cdot 1+2t^3-9t^2$$

整理して $\quad -2t^3+12t^2-18t=k$ …… ②

3 次関数のグラフでは，接点が異なると接線が異なるから，点 P を通る C の接線の本数がちょうど 2 本となるための条件は，t の方程式 ② が異なる 2 つの実数解をもつことである。

$f(t)=-2t^3+12t^2-18t$ とすると

$f'(t)=-6t^2+24t-18=-6(t^2-4t+3)$
$\qquad =-6(t-1)(t-3)$

$f'(t)=0$ とすると
$\qquad t=1,\ 3$

$f(t)$ の増減表は右のようになる。

t	$\cdots$	1	$\cdots$	3	$\cdots$
$f'(t)$	$-$	0	$+$	0	$-$
$f(t)$	$\searrow$	極小 -8	$\nearrow$	極大 0	$\searrow$

よって，$y=f(t)$ のグラフは右の図のようになる。

このグラフと直線 $y=k$ の共有点の個数が，方程式 ② の異なる実数解の個数に一致するから，求める k の値は $\quad \boldsymbol{k=-8,\ 0}$

$\Leftarrow$ 曲線 $y=g(x)$ 上の点 $(t,\ g(t))$ における接線の方程式は $y-g(t)=g'(t)(x-t)$

8章
TR

$\Leftarrow f(t)=$ (定数) の形。

$\Leftarrow$ 3 次関数のグラフでは，接線の本数＝接点の個数。

$\Leftarrow$ 方程式 $f(t)=k$ の実数解の個数は，$y=f(t)$ のグラフと直線 $y=k$ の共有点の個数と同じ。

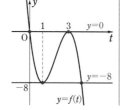

TR
④**192** 3次方程式 $x^3-3a^2x+4a=0$ が異なる 3 つの実数解をもつとき，定数 a の値の範囲を求めよ。
　　　　　　　　　　　　　　　　　　　　　　　　　　　　　　　　[昭和薬大]

$f(x)=x^3-3a^2x+4a$ とする。

3 次方程式 $f(x)=0$ が異なる 3 つの実数解をもつから，3 次関数 $f(x)$ は極値をもち，極大値が正で極小値が負になる。

ここで，$f(x)$ が極値をもつことから，2 次方程式 $f'(x)=0$ は異なる 2 つの実数解をもつ。

$$f'(x)=3x^2-3a^2=3(x+a)(x-a)$$

$f'(x)=0$ とすると　　$x=\pm a$　　　　　よって　　$a\neq0$

$f(x)$ の増減表は次のようになる。

←$a=0$ のとき，$f(x)=x^3$ となり極値をもたない。

$a>0$ のとき

x	$\cdots$	$-a$	$\cdots$	a	$\cdots$
$f'(x)$	+	0	−	0	+
$f(x)$	↗	極大	↘	極小	↗

$a<0$ のとき

x	$\cdots$	a	$\cdots$	$-a$	$\cdots$
$f'(x)$	+	0	−	0	+
$f(x)$	↗	極大	↘	極小	↗

←a の正負に関係なく，$x=a,\ -a$ の一方で極大，他方で極小となる。

したがって，$\begin{cases} f(-a)>0 \\ f(a)<0 \end{cases}$ または $\begin{cases} f(a)>0 \\ f(-a)<0 \end{cases}$ から

$$f(-a)f(a)<0$$

よって　　　$(2a^3+4a)(-2a^3+4a)<0$

すなわち　　$a^2(a^2+2)(a^2-2)>0$

$a^2(a^2+2)>0$ であるから　　$a^2-2>0$

←$a\neq0$ であるから $a^2>0$

よって　　　$(a+\sqrt{2})(a-\sqrt{2})>0$

ゆえに　　　$\boldsymbol{a<-\sqrt{2}\ ,\ \sqrt{2}<a}$

これは $a\neq0$ を満たす。

EX ② **108**　関数 $f(x)=x^2-6x+7$ の $x=a$ における微分係数を，定義に従って求めよ。また，微分係数が 2 となる a の値を求めよ。

$$f(a+h)-f(a)=\{(a+h)^2-6(a+h)+7\}-(a^2-6a+7)$$
$$=2ah+h^2-6h=(2a-6)h+h^2$$

よって，$x=a$ における微分係数 $f'(a)$ は

$$f'(a)=\lim_{h\to 0}\frac{f(a+h)-f(a)}{h}=\lim_{h\to 0}\frac{(2a-6)h+h^2}{h}$$
$$=\lim_{h\to 0}\{(2a-6)+h\}=\boldsymbol{2a-6}$$

また，$f'(a)=2$ のとき　$2a-6=2$　これを解いて　$\boldsymbol{a=4}$

CHART
微分係数の定義
$$f'(a)=\lim_{h\to 0}\frac{f(a+h)-f(a)}{h}$$

EX ① **109**　次の関数を微分せよ。

(1) $f(x)=3x^2-5x+6$ 　　(2) $f(x)=x^3-4x^2-1$ 　　(3) $f(x)=x^4-2x^2+7x-3$

(4) $f(x)=(x+1)(3x^2-2)$ 　(5) $f(x)=3(2x+1)^3$ 　　　　　　　　　　　[(1) 岩手大]

(1)　$f'(x)=3(x^2)'-5(x)'+(6)'=3\cdot 2x-5\cdot 1+0=\boldsymbol{6x-5}$

(2)　$f'(x)=(x^3)'-4(x^2)'-(1)'=3x^2-4\cdot 2x-0=\boldsymbol{3x^2-8x}$

(3)　$f'(x)=(x^4)'-2(x^2)'+7(x)'-(3)'=4x^3-2\cdot 2x+7\cdot 1-0$
　　　　$=\boldsymbol{4x^3-4x+7}$

(4)　$f(x)=3x^3+3x^2-2x-2$ であるから
　　　$f'(x)=3(x^3)'+3(x^2)'-2(x)'-(2)'=3\cdot 3x^2+3\cdot 2x-2\cdot 1-0$
　　　　$=\boldsymbol{9x^2+6x-2}$

(5)　$f(x)=3(8x^3+12x^2+6x+1)=24x^3+36x^2+18x+3$ である
　　から　$f'(x)=24(x^3)'+36(x^2)'+18(x)'+(3)'$
　　　　　　$=24\cdot 3x^2+36\cdot 2x+18\cdot 1+0$
　　　　　　$=\boldsymbol{72x^2+72x+18}$

別解　本冊 $p.301$ の公式①，②を利用すると
(4)　$f'(x)$
　$=(x+1)'(3x^2-2)$
　　　$+(x+1)(3x^2-2)'$
　$=1\cdot(3x^2-2)+(x+1)\cdot 6x$
　$=9x^2+6x-2$
(5)　$f'(x)$
　$=3\cdot 3(2x+1)^{3-1}\cdot(2x+1)'$
　$=9(2x+1)^2\cdot 2$
　$=18(2x+1)^2$

8章
EX

EX ② **110**　曲線 $y=(x+2)(x-4)$ の接線のうち，直線 $y=3x$ と平行になるものの方程式を求めよ。
　　　　　　　　　　　　　　　　　　　　　　　　　　　　　　[類 関東学院大]

$f(x)=(x+2)(x-4)$ とすると，$f(x)=x^2-2x-8$ であるから
　　　　　　　　$f'(x)=2x-2$

接点の x 座標を a とし，$f'(a)=3$ とすると

　　　　$2a-2=3$ 　　ゆえに 　$a=\dfrac{5}{2}$

また，接点の y 座標は　$f\left(\dfrac{5}{2}\right)=\left(\dfrac{5}{2}\right)^2-2\cdot\dfrac{5}{2}-8=-\dfrac{27}{4}$

よって，求める直線の方程式は

　　　$y-\left(-\dfrac{27}{4}\right)=3\left(x-\dfrac{5}{2}\right)$ 　　すなわち　$\boldsymbol{y=3x-\dfrac{57}{4}}$

平行 $\Longleftrightarrow$ 傾きが等しい

CHART
曲線 $y=f(x)$ 上の点 $(a,\ f(a))$ における接線
傾き　$f'(a)$
方程式
$y-f(a)=f'(a)(x-a)$

EX ③ **111**　★　放物線 $C:y=x^2+1$ 上の点 $(t,\ t^2+1)$ における接線の方程式は $^{7}\boxed{}$ である。この直線が点 P$(a,\ 2a)$ を通るとすると，$t=\,^{4}\boxed{},\ ^{7}\boxed{}$ である。よって，$a\neq\,^{x}\boxed{}$ のとき，P を通る C の接線は 2 本あり，それらの方程式は $^{4}\boxed{}$ と $^{7}\boxed{}$ である。
　　　　　　　　　　　　　　　　　　　　　　　　　　　　　　[類 センター試験]

$y'=2x$ であるから，放物線 C 上の点 $(t,\ t^2+1)$ における接線の方程式は　　　$y-(t^2+1)=2t(x-t)$

すなわち　　　ア$y=2tx-t^2+1$　……①

この直線が点Pを通るとき　　$2a=2t\cdot a-t^2+1$

ゆえに　　$t^2-2at+2a-1=0$

　　　　　$(t+1)(t-1)-2a(t-1)=0$

　　　　　$(t-1)\{t-(2a-1)\}=0$

$\Leftarrow$ 次数が最も低い a について整理。

よって　　$t=$イ, ウ$1,\ 2a-1$

$\Leftarrow$ (イ), (ウ) は順不同。

$2a-1\neq1$ すなわち $a\neq$エ1 のとき，P を通る C の接線は2本ある。それらの方程式は，①に $t=1,\ 2a-1$ を代入すると

オ, カ$y=2x,\ y=2(2a-1)x-4a^2+4a$

$\Leftarrow$ (オ), (カ) は順不同。

EX ③112 ★ 関数 $y=3\sin\theta-2\sin^3\theta\ \left(0\leq\theta\leq\dfrac{7}{6}\pi\right)$ の最大値と最小値，およびそのときの θ の値を求めよ。
　　　　　　　　　　　　　　　　　　　　　　　　　　　　　　　[類 センター試験]

$0\leq\theta\leq\dfrac{7}{6}\pi$ のとき　　$-\dfrac{1}{2}\leq\sin\theta\leq1$

よって，$\sin\theta=x$ とおくと　　$-\dfrac{1}{2}\leq x\leq1$ ……①

このとき，$y=3x-2x^3$ であるから

$y'=3-6x^2=-6\left(x^2-\dfrac{1}{2}\right)=-6\left(x+\dfrac{1}{\sqrt{2}}\right)\left(x-\dfrac{1}{\sqrt{2}}\right)$

$-\dfrac{1}{\sqrt{2}}<-\dfrac{1}{2}<\dfrac{1}{\sqrt{2}}<1$ であるから，①の範囲における y の

増減表は，右のようになる。

よって，y は

$x=\dfrac{1}{\sqrt{2}}$ で最大値 $\sqrt{2}$ ，

$x=-\dfrac{1}{2}$ で最小値 $-\dfrac{5}{4}$

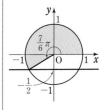

x	$-\dfrac{1}{2}$	$\cdots$	$\dfrac{1}{\sqrt{2}}$	$\cdots$	1
y'		$+$	0	$-$	
y	$-\dfrac{5}{4}$	$\nearrow$	極大 $\dfrac{}{\sqrt{2}}$	$\searrow$	1

$\Leftarrow y=x(3-2x^2)$ であるから，$x=-\dfrac{1}{2}$ のとき

$y=-\dfrac{1}{2}\left(3-2\cdot\dfrac{1}{4}\right)$

$=-\dfrac{5}{4}$

$x=\dfrac{1}{\sqrt{2}}$ のとき

$y=\dfrac{1}{\sqrt{2}}\left(3-2\cdot\dfrac{1}{2}\right)$

$=\sqrt{2}$

$x=1$ のとき

$y=1\cdot(3-2\cdot1)=1$

をとる。$0\leq\theta\leq\dfrac{7}{6}\pi$ であるから

$x=\dfrac{1}{\sqrt{2}}$ すなわち $\sin\theta=\dfrac{1}{\sqrt{2}}$ となるのは $\theta=\dfrac{\pi}{4},\ \dfrac{3}{4}\pi$

$x=-\dfrac{1}{2}$ すなわち $\sin\theta=-\dfrac{1}{2}$ となるのは $\theta=\dfrac{7}{6}\pi$

のときである。したがって，y は

$\theta=\dfrac{\pi}{4},\ \dfrac{3}{4}\pi$ で最大値 $\sqrt{2}$ ；$\theta=\dfrac{7}{6}\pi$ で最小値 $-\dfrac{5}{4}$ をとる。

EX ③113 図のように，半径2の球に内接する円柱を考え，その高さを $2x$ とする。

(1) 円柱の底面の半径 a を x の式で表せ。

(2) 円柱の体積 V を x の式で表せ。

(3) V の最大値を求めよ。

[北海道工大]

(1) 三平方の定理により
$$a=\sqrt{2^2-x^2}=\sqrt{4-x^2}$$

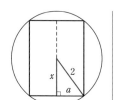

⬅断面図を利用。

(2) $V=\pi(\sqrt{4-x^2})^2\times 2x=2\pi x(4-x^2)$
$$=-2\pi x^3+8\pi x$$

⬅円柱の体積
= (底面積)×(高さ)

(3) 円柱の高さについて $0<2x<4$
よって $0<x<2$
V を x で微分すると

⬅ x の値の範囲を求める。$x>0$ かつ $a^2=4-x^2>0$ から，$0<x<2$ としてもよい。

$$V'=-6\pi x^2+8\pi=-6\pi\left(x^2-\frac{4}{3}\right)$$
$$=-6\pi\left(x+\frac{2}{\sqrt{3}}\right)\left(x-\frac{2}{\sqrt{3}}\right)$$

$V'=0$ とすると，$0<x<2$ から
$$x=\frac{2}{\sqrt{3}}$$

$0<x<2$ における V の増減表は，右のようになる。

⬅分母を有理化しない方が途中の計算がらく。最後に有理化した。

x	0	$\cdots$	$\dfrac{2}{\sqrt{3}}$	$\cdots$	2
V'		$+$	0	$-$	
V		↗	極大	↘	

$x=\dfrac{2}{\sqrt{3}}$ のとき $V=2\pi\cdot\dfrac{2}{\sqrt{3}}\left(4-\dfrac{4}{3}\right)=\dfrac{32}{3\sqrt{3}}\pi=\dfrac{32\sqrt{3}}{9}\pi$

⬅ $V=2\pi x(4-x^2)$ に代入。

よって，V は $x=\dfrac{2\sqrt{3}}{3}$ のとき最大値 $\dfrac{32\sqrt{3}}{9}\pi$ をとる。

8章

EX

EX ③114 3次方程式 $x^3+5x^2+3x+k=0$ が正の解を1個，異なる負の解を2個もつような定数 k の値の範囲を求めよ。　　　　　　　　　　　　　　　　　　　　　　　　　　　[東京女子大]

方程式を変形して $-x^3-5x^2-3x=k$
方程式の実数解は，曲線 $y=-x^3-5x^2-3x$ …… ① と直線 $y=k$ …… ② の共有点の x 座標である。

⬅ $f(x)=$ (定数) の形に変形。

$f(x)=-x^3-5x^2-3x$ とすると
$$f'(x)=-3x^2-10x-3$$
$$=-(3x^2+10x+3)$$
$$=-(x+3)(3x+1)$$
$f'(x)=0$ とすると
$$x=-3,\ -\frac{1}{3}$$

⬅
$$\begin{array}{ccc} 1 & \diagdown & 3 \longrightarrow 9 \\ 3 & \diagup & 1 \longrightarrow 1 \\ \hline 3 & & 3 \quad\quad 10 \end{array}$$

x	$\cdots$	-3	$\cdots$	$-\dfrac{1}{3}$	$\cdots$
$f'(x)$	$-$	0	$+$	0	$-$
$f(x)$	↘	極小 -9	↗	極大 $\dfrac{13}{27}$	↘

$f(x)$ の増減表は，右上のようになり，曲線 ① は右の図のようになる。
方程式が正の解を1個，異なる負の解を2個もつための条件は，曲線 ① と直線 ② が $x>0$ で1点を共有し，かつ $x<0$ で異なる2点を共有することである。そのような k の値の範囲を，図から求めて $-9<k<0$

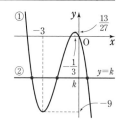

⬅曲線 ① は固定して，直線 ② を上下に動かして考える。

EX ③ **115** 多項式で表された関数 $f(x)$ が $f'(x)-f(x)=x^2+1$ を満たすとき，$f(x)$ は $^{\mathcal{T}}\boxed{}$ 次関数であり，$f(x)=^{\mathcal{T}}\boxed{}$ となる。 ［大阪工大］

> **HINT** $f(x)$ が n 次関数（n は自然数）であるとして，$f'(x)-f(x)$ の次数に注目。

$f(x)=k$（k は定数）とすると $f'(x)-f(x)=0-k=-k$
となり，これは不適。
$f(x)$ が n 次関数（n は自然数）であるとすると，$f'(x)$ は
$(n-1)$ 次関数であり，$f'(x)-f(x)$ は n 次関数である。
$f'(x)-f(x)=x^2+1$ であるから $n=^{\mathcal{T}}\boldsymbol{2}$
$f(x)=ax^2+bx+c$ とすると $f'(x)=2ax+b$
よって，関係式から $2ax+b-(ax^2+bx+c)=x^2+1$
ゆえに $-ax^2+(2a-b)x+b-c=x^2+1$
これが x についての恒等式であるから，係数を比較して
$$-a=1,\quad 2a-b=0,\quad b-c=1$$
これを解いて $a=-1,\ b=-2,\ c=-3^{(*)}$
したがって $f(x)=^{\mathcal{T}}\boldsymbol{-x^2-2x-3}$

◆ 定数関数の場合について調べる。
◆ $(px^n)'=npx^{n-1}$
◆ $(n-1)$ 次式と n 次式の差は n 次式。

（＊）第 1 式から $a=-1$
よって，第 2 式から
$$-2-b=0$$
ゆえに $b=-2$
よって，第 3 式から
$$-2-c=1$$
ゆえに $c=-3$

EX ④ **116** 関数 $f(x)=|x|(x^2-5x+3)$ について，$y=f(x)$ のグラフをかけ。 ［類 東北学院大］

[1] $x \geqq 0$ のとき
$$f(x)=x(x^2-5x+3)=x^3-5x^2+3x$$
ゆえに $f'(x)=3x^2-10x+3=(x-3)(3x-1)$
$f'(x)=0$ とすると $x=3,\ \dfrac{1}{3}$
よって，$x \geqq 0$ における $f(x)$ の増減表は，次のようになる。

x	0	$\cdots$	$\dfrac{1}{3}$	$\cdots$	3	$\cdots$
$f'(x)$		$+$	0	$-$	0	$+$
$f(x)$	0	↗	極大	↘	極小	↗

極大値は $f\left(\dfrac{1}{3}\right)=\left(\dfrac{1}{3}\right)^3-5\left(\dfrac{1}{3}\right)^2+3\cdot\dfrac{1}{3}=\dfrac{1}{27}-\dfrac{5}{9}+1=\dfrac{13}{27}$

極小値は $f(3)=3^3-5\cdot3^2+3\cdot3=-9$

[2] $x<0$ のとき
$$f(x)=-x(x^2-5x+3)=-(x^3-5x^2+3x)$$
ゆえに $f'(x)=-(3x^2-10x+3)=-(x-3)(3x-1)$
$x<0$ のとき $x-3<0,\quad 3x-1<0$
したがって，$x<0$ では，常に $f'(x)<0$ が成り立つ。
よって，$x<0$ の範囲で $f(x)$ は常に減少する。

CHART
絶対値は 場合分け

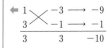

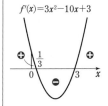

◆ $y=x^3-5x^2+3x$ と $y=-(x^3-5x^2+3x)$ のグラフは x 軸に関して対称である。
よって，$x<0$ のときのグラフは，
$y=x^3-5x^2+3x$ のグラフの $x<0$ の部分を，x 軸に関して対称に折り返したものになる。

以上から，$y=f(x)$ のグラフは，
右の図 のようになる。

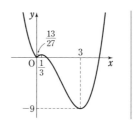

EX
④**117** ★ $-\dfrac{\pi}{4}\leqq x\leqq\dfrac{\pi}{4}$ とする。$\sin x+\cos x=t$ とおく。

(1) t のとりうる値の範囲を求めよ。　　(2) $\sin x\cos x$ を t の式で表せ。

(3) 関数 $f(x)=2\sin^3 x+2\cos^3 x-8\sin x\cos x+1$ の最大値を求めよ。

(1)　$t=\sin x+\cos x=\sqrt{2}\,\sin\left(x+\dfrac{\pi}{4}\right)$

　　$-\dfrac{\pi}{4}\leqq x\leqq\dfrac{\pi}{4}$ であるから　　$0\leqq x+\dfrac{\pi}{4}\leqq\dfrac{\pi}{2}$

　　ゆえに　　$0\leqq\sin\left(x+\dfrac{\pi}{4}\right)\leqq 1$

　　よって　　$0\leqq\sqrt{2}\,\sin\left(x+\dfrac{\pi}{4}\right)\leqq\sqrt{2}$　すなわち　$\mathbf{0\leqq t\leqq\sqrt{2}}$

⟵三角関数の合成
$a\sin\theta+b\cos\theta$
$=\sqrt{a^2+b^2}\sin(\theta+\alpha)$
ただし
$\sin\alpha=\dfrac{b}{\sqrt{a^2+b^2}},$
$\cos\alpha=\dfrac{a}{\sqrt{a^2+b^2}}$

(2)　$t=\sin x+\cos x$ の両辺を 2 乗すると
　　　　$t^2=\sin^2 x+2\sin x\cos x+\cos^2 x$

　　ゆえに　$t^2=1+2\sin x\cos x$　　　よって　$\sin x\cos x=\dfrac{t^2-1}{2}$

⟵$\sin^2 x+\cos^2 x=1$

8章

EX

(3)　$f(x)=2(\sin^3 x+\cos^3 x)-8\sin x\cos x+1$
　　　　$=2(\sin x+\cos x)(\sin^2 x-\sin x\cos x+\cos^2 x)$
　　　　　$-8\sin x\cos x+1$
　　　　$=2(\sin x+\cos x)(1-\sin x\cos x)-8\sin x\cos x+1$

$f(x)$ を t の式で表すと

　　$f(x)=2t\left(1-\dfrac{t^2-1}{2}\right)-8\cdot\dfrac{t^2-1}{2}+1=-t^3-4t^2+3t+5$

$g(t)=-t^3-4t^2+3t+5$ とすると

　　$g'(t)=-3t^2-8t+3=-(3t^2+8t-3)=-(t+3)(3t-1)$

$g'(t)=0$ とすると　　$t=-3,\ \dfrac{1}{3}$

⟵a^3+b^3
$=(a+b)(a^2-ab+b^2)$

⟵
1	3	⟶	9
3	-1	⟶	-1
3	-3		8

$0\leqq t\leqq\sqrt{2}$ における $g(t)$
の増減表は，右のように
なる。よって，$g(t)$ は
$t=\dfrac{1}{3}$ のとき，極大かつ
最大となり，その値は

t	0	$\cdots$	$\dfrac{1}{3}$	$\cdots$	$\sqrt{2}$
$g'(t)$		$+$	0	$-$	
$g(t)$	5	↗	極大	↘	$\sqrt{2}-3$

　　$g\left(\dfrac{1}{3}\right)=-\left(\dfrac{1}{3}\right)^3-4\left(\dfrac{1}{3}\right)^2+3\cdot\dfrac{1}{3}+5=\dfrac{\mathbf{149}}{\mathbf{27}}$

これが求める $f(x)$ の最大値である。

EX
④118 ★ 関数 $f(x)=2^x+2^{-x}$ は, $x=^{\text{ア}}\boxed{}$ のとき最小値 $^{\text{イ}}\boxed{}$ をとる。また, 関数 $g(x)=8^x+8^{-x}-4(4^x+4^{-x})$ は, $x=^{\text{ウ}}\boxed{}$ のとき最小値 $^{\text{エ}}\boxed{}$ をとる。 [早稲田大]

$2^x>0$, $2^{-x}>0$ であるから, (相加平均)≧(相乗平均) により

$$f(x)=2^x+2^{-x}\geqq 2\sqrt{2^x\cdot 2^{-x}}=2\sqrt{1}=2$$

←$a>0$, $b>0$ のとき
$$\frac{a+b}{2}\geqq\sqrt{ab}$$
等号は $a=b$ のとき
に成り立つ。

等号が成り立つのは, $2^x=2^{-x}$ …… ① のときである。

① から $x=-x$ よって $x=0$

したがって, $f(x)$ は $x=^{\text{ア}}0$ のとき最小値 $^{\text{イ}}2$ をとる。

また, $2^x+2^{-x}=t$ とおくと $t\geqq 2$

←前半の結果から。

$$4^x+4^{-x}=(2^x)^2+(2^{-x})^2=(2^x+2^{-x})^2-2\cdot 2^x\cdot 2^{-x}$$
$$=t^2-2$$

←a^2+b^2
$=(a+b)^2-2ab$

$$8^x+8^{-x}=(2^x)^3+(2^{-x})^3=(2^x+2^{-x})^3-3\cdot 2^x\cdot 2^{-x}(2^x+2^{-x})$$
$$=t^3-3t$$

←a^3+b^3
$=(a+b)^3-3ab(a+b)$

であるから

$$g(x)=t^3-3t-4(t^2-2)=t^3-4t^2-3t+8$$

←$g(x)$ を t の式で表す。

$h(t)=t^3-4t^2-3t+8$ とおくと

$$h'(t)=3t^2-8t-3=(3t+1)(t-3)$$

$h'(t)=0$ とすると $t=-\dfrac{1}{3}$, 3

$$\begin{array}{ccc} 3 & \diagdown & 1 \longrightarrow 1 \\ 1 & \diagup & -3 \longrightarrow -9 \\ \hline 3 & -3 & -8 \end{array}$$

$t\geqq 2$ における $h(t)$ の増減表は, 右のようになる。

よって, $h(t)$ すなわち $g(x)$ は $t=3$ のとき最小値 $^{\text{エ}}-10$ をとる。

t	2	$\cdots$	3	$\cdots$
$h'(t)$		$-$	0	$+$
$h(t)$	-6	$\searrow$	極小 -10	$\nearrow$

このとき, $2^x+2^{-x}=3$ の両辺に 2^x を掛けて整理すると $(2^x)^2-3\cdot 2^x+1=0$

←$(2^x)^2+1=3\cdot 2^x$

よって $2^x=\dfrac{3\pm\sqrt{5}}{2}$ $\left(\dfrac{3\pm\sqrt{5}}{2}>0\ \text{である}\right)$

←解の公式を利用。

ゆえに $x=^{\text{ウ}}\log_2\dfrac{3\pm\sqrt{5}}{2}$

EX
④119 座標平面において, 円 C は $x>0$ の範囲で x 軸と接しているとする。円 C の中心を P, 円 C と x 軸との接点を Q とする。また, 円 C は, 放物線 $y=x^2$ 上の点 $R(\sqrt{2}, 2)$ を通り, 点 R において放物線 $y=x^2$ と共通の接線をもつとする。このとき, △PQR の面積を求めよ。 [信州大]

$y=x^2$ から $y'=2x$

点 R における放物線 $y=x^2$ の接線の傾きは $2\sqrt{2}$ であるから, この接線に垂直で点 R を通る直線の方程式は

$$y-2=-\frac{1}{2\sqrt{2}}(x-\sqrt{2})$$

すなわち $y=-\dfrac{1}{2\sqrt{2}}x+\dfrac{5}{2}$

←垂直 ⟺ 傾きの積が -1

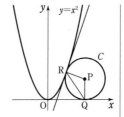

点Pは直線 $y=-\dfrac{1}{2\sqrt{2}}x+\dfrac{5}{2}$ 上にあるから，その座標を

$\left(t,\ -\dfrac{1}{2\sqrt{2}}t+\dfrac{5}{2}\right)$ とおくと，$t>0$ であり

$$RP^2=(t-\sqrt{2})^2+\left(-\dfrac{1}{2\sqrt{2}}t+\dfrac{1}{2}\right)^2=\dfrac{9}{8}(t-\sqrt{2})^2$$

$RP=PQ$ より $RP^2=PQ^2$ であるから

$$\dfrac{9}{8}(t-\sqrt{2})^2=\left(-\dfrac{1}{2\sqrt{2}}t+\dfrac{5}{2}\right)^2$$

整理すると $\qquad t^2-\sqrt{2}\,t-4=0$

これを解くと $\qquad t=2\sqrt{2},\ -\sqrt{2}$

$t>0$ であるから $\qquad t=2\sqrt{2}$

よって，点Pの座標は $\left(2\sqrt{2},\ \dfrac{3}{2}\right)$ であるから

$$\triangle PQR=\dfrac{1}{2}\cdot\dfrac{3}{2}(2\sqrt{2}-\sqrt{2})=\dfrac{3\sqrt{2}}{4}$$

⟸（円の接線）⊥（半径）
から，点Pは直線
$y=-\dfrac{1}{2\sqrt{2}}x+\dfrac{5}{2}$ 上
にある。

⟸$\left(-\dfrac{1}{2\sqrt{2}}t+\dfrac{1}{2}\right)^2$
$=\left(-\dfrac{1}{2\sqrt{2}}\right)^2(t-\sqrt{2})^2$

⟸解の公式から
$t=\dfrac{\sqrt{2}\pm3\sqrt{2}}{2}$

⟸PQ を底辺とみる。
高さは
（点Pの x 座標）
－（点Rの x 座標）

8章
EX

EX
④ **120**
3次関数 $f(x)=\dfrac{2}{3}ax^3+(a+b)x^2+(b+1)x$ が常に増加するための $a,\ b$ の条件を求め，その範囲を ab 平面上に図示せよ。 〔類 九州大〕

$$f'(x)=2ax^2+2(a+b)x+b+1$$

$f(x)$ は3次関数であるから $\qquad a\ne0$

よって，$f'(x)$ は2次関数である。

3次関数 $f(x)$ が常に増加するための条件は，すべての実数 x に対して $f'(x)\geqq0$ が成り立つことである。

したがって，$f'(x)=0$ の判別式を D とすると

$$2a>0 \quad かつ \quad D\leqq0$$

$2a>0$ から $\qquad \boldsymbol{a>0}$ …… ①

また $\qquad \dfrac{D}{4}=(a+b)^2-2a(b+1)$

$$=a^2+b^2-2a$$

$D\leqq0$ から $\qquad a^2+b^2-2a\leqq0$

すなわち $\qquad \boldsymbol{(a-1)^2+b^2\leqq1}$

…… ②

よって，題意を満たす $a,\ b$ の条件は，① かつ ② であり，これを図示すると，右図の **斜線部分**。ただし，**境界線は，原点を除いて他は含む。**

⟸常に $f'(x)\geqq0 \iff$
$y=f'(x)$ のグラフ
（放物線）が x 軸より上
側にある，または x 軸
と1点で接する。

⟸$(a^2-2a+1^2)-1^2+b^2$
$\leqq0$

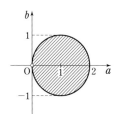

⟸①：b 軸より右側
②：中心 $(1,\ 0)$，半径1の円の内部および円周

EX
④121 a は定数で，$a>0$ とする。関数 $y=x^3-3x^2+2$ $(0\leqq x\leqq a)$ の最大値と最小値を求めよ。

$f(x)=x^3-3x^2+2$ とすると　　$f'(x)=3x^2-6x=3x(x-2)$

$f'(x)=0$ とすると　　$x=0,\ 2$

$x\geqq 0$ における $f(x)$ の増減表は，
右のようになる。

また，$f(x)=2$ とすると
　　　　$x^3-3x^2+2=2$

x	0	$\cdots$	2	$\cdots$
$f'(x)$	0	$-$	0	$+$
$f(x)$	2	$\searrow$	極小 -2	$\nearrow$

HINT　グラフは固定されているが，定義域の右端が変化する。a の値を増やしながら，グラフ上で考える。

ゆえに　　$x^2(x-3)=0$　　　よって　　$x=0,\ 3$

したがって，求める最大値と最小値は

[1]　$0<a<2$ のとき　　$x=0$ で最大値 2，
　　　　　　　　　　　　$x=a$ で最小値 a^3-3a^2+2

[2]　$2\leqq a<3$ のとき　　$x=0$ で最大値 2，
　　　　　　　　　　　　$x=2$ で最小値 -2

[3]　$a=3$ のとき　　$x=0,\ 3$ で最大値 2；
　　　　　　　　　　　　$x=2$ で最小値 -2

[4]　$3<a$ のとき　　$x=a$ で最大値 a^3-3a^2+2，
　　　　　　　　　　　　$x=2$ で最小値 -2

⬅最大値を与える x の値は2つある。

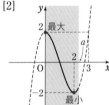
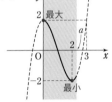

EX ⑤ **122**
関数 $y=x^3-3x$ のグラフについて，以下の問いに答えよ。
(1) グラフ上の点 $(p,\ p^3-3p)$ における接線の方程式を求めよ。
(2) グラフへの接線がちょうど2つ存在するような点を $(a,\ b)$ とする。このとき，a と b の関係を式で表せ。　　　　　　　　　　　　　　　　　　[中央大]

(1)　$y'=3x^2-3$
　　よって，点 $(p,\ p^3-3p)$ における接線の方程式は
$$y-(p^3-3p)=(3p^2-3)(x-p)$$
　　すなわち　$\boldsymbol{y=(3p^2-3)x-2p^3}$

(2)　(1)の接線が点 $(a,\ b)$ を通るとき　　　$b=(3p^2-3)a-2p^3$
　　すなわち　$2p^3-3ap^2+3a+b=0$ ……①
　　3次関数のグラフでは，接点が異なると接線も異なるから，接線がちょうど2つ存在するための必要十分条件は，p の3次方程式 ① が異なる2つの実数解をもつことである。
　　$f(p)=2p^3-3ap^2+3a+b$ とすると
$$f'(p)=6p^2-6ap=6p(p-a)$$
　　$a=0$ のとき，$f'(p)\geqq0$ で，$f(p)$ は常に増加するから，方程式 ① はただ1つの実数解しかもたない。
　　$a\neq0$ のとき，$f(p)$ は $p=0$，a で極値をもつ。
　　このとき，① が異なる2つの実数解をもつための必要十分条件は，$f(0)=0$ または $f(a)=0$ すなわち $f(0)f(a)=0$ である。
　　ここで　　　$f(0)=3a+b,\ f(a)=-a^3+3a+b$
　　ゆえに　　　$(3a+b)(a^3-3a-b)=0$
　　したがって，求める関係式は
$$\boldsymbol{a\neq0\ \text{かつ}\ (3a+b)(a^3-3a-b)=0}$$

CHART
曲線 $y=f(x)$ 上の点 $(a,\ f(a))$ における接線
傾き $f'(a)$
方程式
$y-f(a)=f'(a)(x-a)$
← 3次関数のグラフでは，接線の本数＝接点の個数。

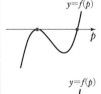

8章

EX

注意 今後，特に断らなくても，C は積分定数を表すものとする。

TR ①193 次の不定積分を求めよ。

(1) $\displaystyle\int x^3 dx$ 　　　　　　(2) $\displaystyle\int x^4 dx$

(1) $\displaystyle\int x^3 dx = \frac{x^{3+1}}{3+1} + C = \frac{x^4}{4} + C$

(2) $\displaystyle\int x^4 dx = \frac{x^{4+1}}{4+1} + C = \frac{x^5}{5} + C$

CHART
x^n の不定積分
$\displaystyle\int x^n dx = \frac{x^{n+1}}{n+1} + C$
（n は 0 または自然数）

TR ①194 次の不定積分を求めよ。

(1) $\displaystyle\int (2x+1)dx$ 　(2) $\displaystyle\int (3t^2-2)dt$ 　(3) $\displaystyle\int (2x^2+3x-4)dx$

(4) $\displaystyle\int (x-1)(x+2)dx$ 　(5) $\displaystyle\int (2y+1)(3y-1)dy$

(1) $\displaystyle\int (2x+1)dx = 2\int x\,dx + \int dx = 2\cdot\frac{x^2}{2} + x + C = x^2 + x + C$

CHART
x^n の不定積分
$\displaystyle\int x^n dx = \frac{x^{n+1}}{n+1} + C$

(2) $\displaystyle\int (3t^2-2)dt = 3\int t^2 dt - 2\int dt = 3\cdot\frac{t^3}{3} - 2\cdot t + C$ (*)
$= t^3 - 2t + C$

(*) dt とあるから，t についての不定積分。

(3) $\displaystyle\int (2x^2+3x-4)dx = 2\int x^2 dx + 3\int x\,dx - 4\int dx$
$= 2\cdot\frac{x^3}{3} + 3\cdot\frac{x^2}{2} - 4\cdot x + C$
$= \frac{2}{3}x^3 + \frac{3}{2}x^2 - 4x + C$

(4) $\displaystyle\int (x-1)(x+2)dx = \int (x^2+x-2)dx = \int x^2 dx + \int x\,dx - 2\int dx$
$= \frac{x^3}{3} + \frac{x^2}{2} - 2x + C$

⬅ まず，展開する。

(5) $\displaystyle\int (2y+1)(3y-1)dy = \int (6y^2+y-1)dy$
$= 6\int y^2 dy + \int y\,dy - \int dy$
$= 6\cdot\frac{y^3}{3} + \frac{y^2}{2} - y + C = 2y^3 + \frac{y^2}{2} - y + C$

⬅ まず，展開する。また，dy とあるから，y についての不定積分。

TR ③195 $F'(x)=x^2-1$，$F(3)=6$ を満たす関数 $F(x)$ を求めよ。また，その極値を求めよ。　［類 高知大］

$\displaystyle F(x) = \int F'(x)dx = \int (x^2-1)dx = \frac{x^3}{3} - x + C$

よって　　$F(3) = \frac{3^3}{3} - 3 + C = 6 + C$

$F(3)=6$ であるから　　$6+C=6$
ゆえに　　$C=0$
したがって　　$F(x) = \frac{x^3}{3} - x$

⬅ $\displaystyle\int (x^2-1)dx$
$= \int x^2 dx - \int dx$

⬅ 積分定数 C の値を定める。

$F'(x)=0$ とすると $(x+1)(x-1)=0$

よって $x=1,\ -1$

$F(x)$ の増減表は，次のようになる。

x	$\cdots$	-1	$\cdots$	1	$\cdots$
$F'(x)$	$+$	0	$-$	0	$+$
$F(x)$	$\nearrow$	$\dfrac{2}{3}$	$\searrow$	$-\dfrac{2}{3}$	$\nearrow$

ゆえに，$F(x)$ は **$x=-1$ のとき極大値 $\dfrac{2}{3}$**，

$x=1$ のとき極小値 $-\dfrac{2}{3}$ をとる。

$\Leftarrow F'(x)=x^2-1$ は問題文で与えられている。

$\Leftarrow F(-1)=\dfrac{(-1)^3}{3}-(-1)$
$=\dfrac{2}{3}$
$F(1)=\dfrac{1^3}{3}-1=-\dfrac{2}{3}$

TR
196 次の定積分を求めよ。

(1) $\displaystyle\int_0^2 x^2 dx$ (2) $\displaystyle\int_2^3 (2x-3)dx$ (3) $\displaystyle\int_{-1}^2 (x^2-x)dx$

(4) $\displaystyle\int_1^2 (x-2)(3x+2)dx$ (5) $\displaystyle\int_{-2}^1 x(2x+1)dx$ (6) $\displaystyle\int_{-1}^3 (1-t^3)dt$

(1) $\displaystyle\int_0^2 x^2 dx=\left[\dfrac{x^3}{3}\right]_0^2=\dfrac{2^3}{3}-\dfrac{0^3}{3}=\dfrac{8}{3}$

(2) $\displaystyle\int_2^3 (2x-3)dx=\left[x^2-3x\right]_2^3=(3^2-3\cdot3)-(2^2-3\cdot2)=\mathbf{2}$

(3) $\displaystyle\int_{-1}^2 (x^2-x)dx=\left[\dfrac{x^3}{3}-\dfrac{x^2}{2}\right]_{-1}^2$
$=\left(\dfrac{2^3}{3}-\dfrac{2^2}{2}\right)-\left\{\dfrac{(-1)^3}{3}-\dfrac{(-1)^2}{2}\right\}$
$=\left(\dfrac{8}{3}-2\right)-\left(-\dfrac{1}{3}-\dfrac{1}{2}\right)$
$=\dfrac{2}{3}-\left(-\dfrac{5}{6}\right)=\dfrac{3}{2}$

(4) $\displaystyle\int_1^2 (x-2)(3x+2)dx=\int_1^2 (3x^2-4x-4)dx$
$=\left[x^3-2x^2-4x\right]_1^2$
$=(2^3-2\cdot2^2-4\cdot2)-(1^3-2\cdot1^2-4\cdot1)$
$=-8-(-5)=\mathbf{-3}$

(5) $\displaystyle\int_{-2}^1 x(2x+1)dx=\int_{-2}^1 (2x^2+x)dx=\left[\dfrac{2}{3}x^3+\dfrac{x^2}{2}\right]_{-2}^1$
$=\left(\dfrac{2}{3}\cdot1^3+\dfrac{1^2}{2}\right)-\left\{\dfrac{2}{3}(-2)^3+\dfrac{(-2)^2}{2}\right\}$
$=\dfrac{2}{3}+\dfrac{1}{2}+\dfrac{16}{3}-2=\dfrac{9}{2}$

(6) $\displaystyle\int_{-1}^3 (1-t^3)dt=\left[t-\dfrac{t^4}{4}\right]_{-1}^3$
$=\left(3-\dfrac{3^4}{4}\right)-\left\{(-1)-\dfrac{(-1)^4}{4}\right\}=\mathbf{-16}$

定積分 $\displaystyle\int_a^b f(x)dx$

[1] 原始関数 $F(x)$ を求める。

[2] $F(b)-F(a)$
上端　下端
を計算する。

$\Leftarrow F(x)=\dfrac{x^3}{3}-\dfrac{x^2}{2}$ として，$F(2)-F(-1)$ を計算。

9章
TR

$\Leftarrow$ まず，$(x-2)(3x+2)$ を展開。

$\Leftarrow F(x)=x^3-2x^2-4x$ として，$F(2)-F(1)$ を計算。

$\Leftarrow F(x)=\dfrac{2}{3}x^3+\dfrac{x^2}{2}$ として，$F(1)-F(-2)$ を計算。

$\Leftarrow dt$ とあるから，t についての積分。

TR
①197 次の定積分を求めよ。

(1) $\displaystyle\int_{-1}^{2}(2x^2-x+3)\,dx$ (2) $\displaystyle\int_{1}^{4}(x-3)(x-2)\,dx$

(3) $\displaystyle\int_{-1}^{2}(2x^2+3x)\,dx+\int_{-1}^{2}(1-3x)\,dx$ (4) $\displaystyle\int_{-1}^{1}(2x+1)^2\,dx-\int_{-1}^{1}(2x-1)^2\,dx$

(1) $\displaystyle\int_{-1}^{2}(2x^2-x+3)\,dx$

$\displaystyle =2\int_{-1}^{2}x^2\,dx-\int_{-1}^{2}x\,dx+3\int_{-1}^{2}dx$

$\displaystyle =2\left[\frac{x^3}{3}\right]_{-1}^{2}-\left[\frac{x^2}{2}\right]_{-1}^{2}+3\left[x\right]_{-1}^{2}$

$\displaystyle =2\cdot\frac{2^3-(-1)^3}{3}-\frac{2^2-(-1)^2}{2}+3\{2-(-1)\}$

$\displaystyle =6-\frac{3}{2}+9=\frac{27}{2}$

(2) $\displaystyle\int_{1}^{4}(x-3)(x-2)\,dx=\int_{1}^{4}(x^2-5x+6)\,dx$

$\displaystyle =\int_{1}^{4}x^2\,dx-5\int_{1}^{4}x\,dx+6\int_{1}^{4}dx$

$\displaystyle =\left[\frac{x^3}{3}\right]_{1}^{4}-5\left[\frac{x^2}{2}\right]_{1}^{4}+6\left[x\right]_{1}^{4}$

$\displaystyle =\frac{4^3-1^3}{3}-5\cdot\frac{4^2-1^2}{2}+6(4-1)=21-\frac{75}{2}+18=\frac{3}{2}$

(3) $\displaystyle\int_{-1}^{2}(2x^2+3x)\,dx+\int_{-1}^{2}(1-3x)\,dx$

$\displaystyle =\int_{-1}^{2}\{(2x^2+3x)+(1-3x)\}\,dx$

$\displaystyle =\int_{-1}^{2}(2x^2+1)\,dx=\left[\frac{2}{3}x^3+x\right]_{-1}^{2}$

$\displaystyle =\left(\frac{2}{3}\cdot2^3+2\right)-\left\{\frac{2}{3}\cdot(-1)^3+(-1)\right\}$

$\displaystyle =\left(\frac{16}{3}+2\right)-\left(-\frac{2}{3}-1\right)=\mathbf{9}$

(4) $\displaystyle\int_{-1}^{1}(2x+1)^2\,dx-\int_{-1}^{1}(2x-1)^2\,dx$

$\displaystyle =\int_{-1}^{1}\{(2x+1)^2-(2x-1)^2\}\,dx=\int_{-1}^{1}8x\,dx=\left[4x^2\right]_{-1}^{1}$

$\displaystyle =4\{1^2-(-1)^2\}=\mathbf{0}$

別解 (1) （与式）

$\displaystyle =\left[\frac{2}{3}x^3-\frac{x^2}{2}+3x\right]_{-1}^{2}$

$\displaystyle =\left(\frac{2^4}{3}-\frac{2^2}{2}+3\cdot2\right)$

$\displaystyle \quad-\left\{\frac{2}{3}(-1)^3-\frac{(-1)^2}{2}\right.$

$\displaystyle \hspace{3cm}\left.+3(-1)\right\}$

$\displaystyle =\frac{27}{2}$

(2) （与式）

$\displaystyle =\int_{1}^{4}(x^2-5x+6)\,dx$

$\displaystyle =\left[\frac{x^3}{3}-\frac{5}{2}x^2+6x\right]_{1}^{4}$

$\displaystyle =\left(\frac{4^3}{3}-\frac{5}{2}\cdot4^2+6\cdot4\right)$

$\displaystyle \quad-\left(\frac{1^3}{3}-\frac{5}{2}\cdot1^2+6\cdot1\right)$

$\displaystyle =\frac{3}{2}$

◆積分区間が同じであ
るから，被積分関数を
1つにまとめられる。

◆積分区間が同じであ
るから，被積分関数を
1つにまとめられる。

TR
②198 次の定積分を求めよ。

(1) $\displaystyle\int_{3}^{-1}(x^2-2x)\,dx+\int_{-1}^{3}(x^2-2x)\,dx$ (2) $\displaystyle\int_{-1}^{0}(x-1)^2\,dx-\int_{4}^{0}(x-1)^2\,dx$

(1) $\displaystyle\int_{3}^{-1}(x^2-2x)\,dx+\int_{-1}^{3}(x^2-2x)\,dx=\int_{3}^{3}(x^2-2x)\,dx=\mathbf{0}$

◆積分区間を連結する
と上端と下端が同じに
なる。

(2) $\displaystyle\int_{-1}^{0}(x-1)^2dx-\int_{4}^{0}(x-1)^2dx$

$\displaystyle=\int_{-1}^{0}(x-1)^2dx+\int_{0}^{4}(x-1)^2dx=\int_{-1}^{4}(x-1)^2dx$

$\displaystyle=\int_{-1}^{4}(x^2-2x+1)dx=\left[\frac{x^3}{3}-x^2+x\right]_{-1}^{4}$

$\displaystyle=\left(\frac{4^3}{3}-4^2+4\right)-\left\{\frac{(-1)^3}{3}-(-1)^2+(-1)\right\}$

$\displaystyle=\left(\frac{64}{3}-16+4\right)-\left(-\frac{1}{3}-1-1\right)=\frac{35}{3}$

← 積分区間 $-1\le x\le0$, $0\le x\le4$ を $x=0$ で
連結している。
積分区間を連結すると
きは，被積分関数が同
じであることを確かめ
てから。

TR
③**199** 定積分 $\displaystyle\int_{-3}^{3}(x+1)(2x-3)dx$ を求めよ。

$\displaystyle\int_{-3}^{3}(x+1)(2x-3)dx=\int_{-3}^{3}(2x^2-x-3)dx=2\int_{0}^{3}(2x^2-3)dx$

$\displaystyle=2\left[\frac{2}{3}x^3-3x\right]_{0}^{3}=2\left(\frac{2}{3}\cdot3^3-3\cdot3\right)=18$

$\displaystyle\int_{-a}^{a}x^{偶数}dx=2\int_{0}^{a}x^{偶数}dx$

$\displaystyle\int_{-a}^{a}x^{奇数}dx=0$

TR
③**200** 等式 $\displaystyle\int_{a}^{x}f(t)dt=3x^2-2x-1$ を満たす関数 $f(x)$ と定数 a の値を求めよ。

等式の両辺の関数を x で微分すると　　　$f(x)=6x-2$

また，与えられた等式で $x=a$ とおくと　　　$0=3a^2-2a-1$

ゆえに　　　$(a-1)(3a+1)=0$　すなわち　$a=1,\ -\dfrac{1}{3}$

よって　　　$f(x)=6x-2$; $a=1,\ -\dfrac{1}{3}$

← $\dfrac{d}{dx}\displaystyle\int_{a}^{x}f(t)dt=f(x)$

← 上端と下端が同じに
なるから $\displaystyle\int_{a}^{a}f(t)dt=0$

9章

TR

TR
①**201** 次の曲線と 2 直線および x 軸で囲まれた部分の面積 S を求めよ。
(1) $y=x^2-2x+2,\ x=0,\ x=2$　　　　(2) $y=-x^2-1,\ x=-1,\ x=2$

(1)　$0\le x\le2$ では　　　$y>0$

よって　　　$S=\displaystyle\int_{0}^{2}(x^2-2x+2)dx$

$\displaystyle=\left[\frac{x^3}{3}-x^2+2x\right]_{0}^{2}$

$\displaystyle=\frac{8}{3}-4+4=\frac{8}{3}$

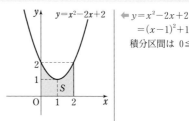

← $y=x^2-2x+2$
$=(x-1)^2+1>0$
積分区間は $0\le x\le2$

(2)　$-1\le x\le2$ では　　　$y<0$

よって　$S=\displaystyle\int_{-1}^{2}\{-(-x^2-1)\}dx$

$\displaystyle=\int_{-1}^{2}(x^2+1)dx=\left[\frac{x^3}{3}+x\right]_{-1}^{2}$

$\displaystyle=\frac{2^3-(-1)^3}{3}+\{2-(-1)\}$

$=3+3=6$

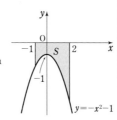

← $y=-x^2-1<0$
積分区間は $-1\le x\le2$

TR
②**202** 次の放物線と x 軸で囲まれた部分の面積 S を求めよ。
(1) $y=1-x^2$　　　　　(2) $y=x^2+x-2$　　　　　(3) $y=2x^2+x-1$

(1) 放物線と x 軸の交点の x 座標は,
　　方程式 $1-x^2=0$ を解いて
$$x=\pm 1$$
　　$-1\leqq x\leqq 1$ では $y\geqq 0$ であるから
$$S=\int_{-1}^{1}(1-x^2)dx$$
$$=2\int_{0}^{1}(1-x^2)dx$$
$$=2\left[x-\frac{x^3}{3}\right]_{0}^{1}$$
$$=2\left(1-\frac{1}{3}\right)=\frac{4}{3}$$

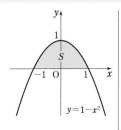

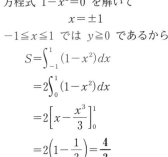

CHART
面積の計算
まず，グラフをかく

← グラフは x 軸の上側。

$\int_{-a}^{a}x^{偶数}dx=2\int_{0}^{a}x^{偶数}dx$

(2) 放物線と x 軸の交点の x 座標は,
　　方程式　　　$x^2+x-2=0$
　　すなわち　　$(x-1)(x+2)=0$
　　を解いて　　$x=1,\ -2$
　　$-2\leqq x\leqq 1$ では $y\leqq 0$ であるから
$$S=\int_{-2}^{1}\{-(x^2+x-2)\}dx$$
$$=\left[-\frac{x^3}{3}-\frac{x^2}{2}+2x\right]_{-2}^{1}$$
$$=\left(-\frac{1}{3}-\frac{1}{2}+2\right)-\left(\frac{8}{3}-2-4\right)=\frac{9}{2}$$

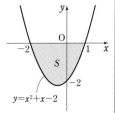

← x 軸との上下関係を
　調べる。
　グラフは x 軸の下側に
　あるから，マイナスを
　付けて積分する。

(3) 放物線と x 軸の交点の x 座標は,
　　方程式　　　$2x^2+x-1=0$
　　すなわち　　$(x+1)(2x-1)=0$
　　を解いて　　$x=-1,\ \dfrac{1}{2}$
　　$-1\leqq x\leqq \dfrac{1}{2}$ では $y\leqq 0$ であるから
$$S=\int_{-1}^{\frac{1}{2}}\{-(2x^2+x-1)\}dx$$
$$=\left[-\frac{2}{3}x^3-\frac{x^2}{2}+x\right]_{-1}^{\frac{1}{2}}$$
$$=-\frac{2}{3}\left(\frac{1}{8}+1\right)-\frac{1}{2}\left(\frac{1}{4}-1\right)+\left(\frac{1}{2}+1\right)$$
$$=-\frac{3}{4}+\frac{3}{8}+\frac{3}{2}=\frac{9}{8}$$

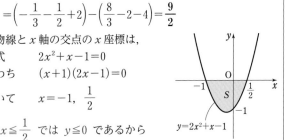

← x 軸との上下関係を
　調べる。
　グラフは x 軸の下側に
　あるから，マイナスを
　付けて積分する。

← 分数がよく出てくる
　から，項別に計算した
　方が有効。

TR
③**203** 放物線 $y=x^2-4x+3$ と x 軸および 2 直線 $x=0$，$x=4$ で囲まれた 3 つの部分の面積の和を求めよ。

放物線と x 軸の交点の x 座標は,

方程式　　$x^2-4x+3=0$

すなわち　$(x-1)(x-3)=0$

を解いて　　$x=1,\ 3$

$\qquad 0 \leqq x \leqq 1$ では　$y \geqq 0$

$\qquad 1 \leqq x \leqq 3$ では　$y \leqq 0$

$\qquad 3 \leqq x \leqq 4$ では　$y \geqq 0$

であるから，求める面積の和 S は

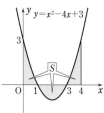

$\Longleftarrow$ x 軸との上下関係を調べる。

$S=\displaystyle\int_0^1(x^2-4x+3)dx+\int_1^3\{-(x^2-4x+3)\}dx+\int_3^4(x^2-4x+3)dx$

$\quad=\left[\dfrac{x^3}{3}-2x^2+3x\right]_0^1+\left[-\dfrac{x^3}{3}+2x^2-3x\right]_1^3+\left[\dfrac{x^3}{3}-2x^2+3x\right]_3^4$

$\quad=\left(\dfrac{1}{3}-2+3\right)+\left\{-\dfrac{27-1}{3}+2(9-1)-3(3-1)\right\}$

$\qquad+\left\{\dfrac{64-27}{3}-2(16-9)+3(4-3)\right\}$

$\quad=\dfrac{12}{3}=4$

$\Longleftarrow$ $F'(x)=x^2-4x+3$
とすると
$F(x)=\dfrac{x^3}{3}-2x^2+3x$
$S=\{F(1)-F(0)\}$
$\qquad-\{F(3)-F(1)\}$
$\qquad+\{F(4)-F(3)\}$
$\quad=2F(1)-2F(3)$
$\qquad+F(4)$
なお　$F(0)=0$
と計算してもよい。

TR
^{①}**204** 次の曲線や直線で囲まれた図形の面積 S を求めよ。
$\qquad\qquad y=x^2-2x,\ y=x^2+2x-3,\ x=-1,\ x=0$

図から，求める面積 S は

$S=\displaystyle\int_{-1}^0\{(x^2-2x)-(x^2+2x-3)\}dx$

$\quad=\displaystyle\int_{-1}^0(-4x+3)dx$

$\quad=\left[-2x^2+3x\right]_{-1}^0$

$\quad=0-\{-2(-1)^2+3(-1)\}=\mathbf{5}$

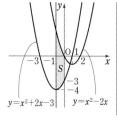

$\Longleftarrow$ $y=(x-1)^2-1$
$y=(x+1)^2-4$
区間 $-1 \leqq x \leqq 0$ では
放物線 $y=x^2-2x$ が
上，放物線
$y=x^2+2x-3$ が下。

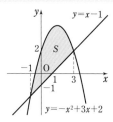

TR
^{③}**205** 次の曲線や直線で囲まれた部分の面積を求めよ。
$\qquad$(1)　$y=-x^2+3x+2,\ y=x-1$　　　　　(2)　$y=x^2+1,\ y=-x^2+x+4$

(1)　放物線と直線の交点の x 座標は,

方程式　　$-x^2+3x+2=x-1$

すなわち　$x^2-2x-3=0$

$\qquad\qquad (x+1)(x-3)=0$

を解いて　$x=-1,\ 3$

右の図から，求める面積 S は

$S=\displaystyle\int_{-1}^3\{(-x^2+3x+2)-(x-1)\}dx$

$\quad=\displaystyle\int_{-1}^3(-x^2+2x+3)dx=-\int_{-1}^3\{x-(-1)\}(x-3)dx$

$\quad=-\left(-\dfrac{1}{6}\right)\{3-(-1)\}^3=\dfrac{32}{3}$

CHART
放物線と面積
$\displaystyle\int_\alpha^\beta(x-\alpha)(x-\beta)dx$
$\quad=-\dfrac{1}{6}(\beta-\alpha)^3$

$\Longleftarrow$ 積分区間は
$\qquad -1 \leqq x \leqq 3$

$\Longleftarrow$ $\alpha=-1,\ \beta=3$ として公式を適用。

9章

TR

(2) 2つの放物線の交点の x 座標は，

方程式 $\quad x^2+1=-x^2+x+4$

すなわち $\quad 2x^2-x-3=0$

$\qquad (x+1)(2x-3)=0$

を解いて $\quad x=-1,\ \dfrac{3}{2}$

右の図から，求める面積 S は

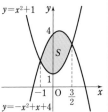

$y=x^2+1$

S

$y=-x^2+x+4$

$\quad\begin{array}{ccc} 1 & 1 \longrightarrow & 2 \\ 2 & -3 \longrightarrow & -3 \\ \hline 2 & -3 & -1 \end{array}$

← 積分区間は
$$-1\leqq x\leqq\dfrac{3}{2}$$

$$S=\int_{-1}^{\frac{3}{2}}\{(-x^2+x+4)-(x^2+1)\}\,dx$$

$$=\int_{-1}^{\frac{3}{2}}(-2x^2+x+3)\,dx=-2\int_{-1}^{\frac{3}{2}}\{x-(-1)\}\left(x-\dfrac{3}{2}\right)dx$$

$$=-2\left(-\dfrac{1}{6}\right)\left\{\dfrac{3}{2}-(-1)\right\}^3=\dfrac{125}{24}$$

← $\alpha=-1,\ \beta=\dfrac{3}{2}$ として公式を適用。

TR (1) 曲線 $y=x^3-3x+2$ と x 軸で囲まれた部分の面積 S を求めよ。

③**206** (2) 曲線 $y=x^3-2x^2-x+2$ と x 軸で囲まれた2つの部分の面積の和を求めよ。

(1) 曲線と x 軸の共有点の x 座標は，

方程式 $\quad x^3-3x+2=0$

すなわち $\quad (x-1)^2(x+2)=0$

を解いて $\quad x=1,\ -2$

右の図から，求める面積 S は

$$S=\int_{-2}^{1}(x^3-3x+2)\,dx$$

$$=\left[\dfrac{x^4}{4}-\dfrac{3}{2}x^2+2x\right]_{-2}^{1}=\left(\dfrac{1}{4}-\dfrac{3}{2}+2\right)-(4-6-4)=\dfrac{27}{4}$$

← 因数定理を用いて，左辺を因数分解する。
x^3-3x+2 は $x-1$ を因数にもち

$\quad\begin{array}{rrrr|l} 1 & 0 & -3 & 2 & \underline{1} \\ & 1 & 1 & -2 & \\ \hline 1 & 1 & -2 & \underline{0} \end{array}$

(2) 曲線と x 軸の交点の x 座標は，

方程式 $x^3-2x^2-x+2=0$ の解で，

左辺を因数分解すると

$\qquad x^2(x-2)-(x-2)=0$

$\qquad (x^2-1)(x-2)=0$

$\qquad (x+1)(x-1)(x-2)=0$

よって，解は $\quad x=\pm1,\ 2$

図から，求める面積の和 S は

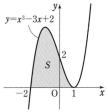

$y=x^3-2x^2-x+2$

S

← 前2つ，後ろ2つの項を組み合わせると，共通因数 $x-2$ が現れる。

$$S=\int_{-1}^{1}(x^3-2x^2-x+2)\,dx+\int_{1}^{2}\{-(x^3-2x^2-x+2)\}\,dx$$

$$=2\int_{0}^{1}(-2x^2+2)\,dx+\int_{1}^{2}(-x^3+2x^2+x-2)\,dx$$

$$=2\left[-\dfrac{2}{3}x^3+2x\right]_{0}^{1}+\left[-\dfrac{x^4}{4}+\dfrac{2}{3}x^3+\dfrac{x^2}{2}-2x\right]_{1}^{2}$$

$$=2\left(-\dfrac{2}{3}+2\right)+\left\{\left(-4+\dfrac{16}{3}+2-4\right)-\left(-\dfrac{1}{4}+\dfrac{2}{3}+\dfrac{1}{2}-2\right)\right\}$$

$$=\dfrac{1}{4}+\dfrac{-4+16-2}{3}-\dfrac{1}{2}=\dfrac{37}{12}$$

← 定積分の計算では，分母が同じものどうしをまとめてから，計算するとよい。

TR
③**207**　次の定積分を求めよ。

(1) $\displaystyle\int_0^3 |x-2|\,dx$　　　　　　(2) $\displaystyle\int_{-2}^3 |x^2-2x|\,dx$

(1)　$|x-2| = \begin{cases} x-2 & (x \geqq 2) \\ -(x-2) & (x \leqq 2) \end{cases}$

　　ゆえに　　$0 \leqq x \leqq 2$ のとき　　$|x-2| = -(x-2)$

　　　　　　　$2 \leqq x \leqq 3$ のとき　　$|x-2| = x-2$

　　よって　　$\displaystyle\int_0^3 |x-2|\,dx = \int_0^2 |x-2|\,dx + \int_2^3 |x-2|\,dx$

　　　　　　　$\displaystyle = \int_0^2 \{-(x-2)\}\,dx + \int_2^3 (x-2)\,dx$

　　　　　　　$\displaystyle = -\left[\frac{x^2}{2} - 2x\right]_0^2 + \left[\frac{x^2}{2} - 2x\right]_2^3$

　　　　　　　$\displaystyle = -2\left(\frac{2^2}{2} - 2\cdot 2\right) + \left(\frac{3^2}{2} - 2\cdot 3\right)$

　　　　　　　$\displaystyle = -2(2-4) + \left(\frac{9}{2} - 6\right) = \frac{5}{2}$

(2)　$|x^2-2x| = |x(x-2)|$ であるから

　　　　　$|x^2-2x| = \begin{cases} x^2-2x & (x \leqq 0,\ 2 \leqq x) \\ -(x^2-2x) & (0 \leqq x \leqq 2) \end{cases}$

　　ゆえに　　$-2 \leqq x \leqq 0$ のとき　　$|x^2-2x| = x^2-2x$

　　　　　　　$0 \leqq x \leqq 2$ 　のとき　　$|x^2-2x| = -(x^2-2x)$

　　　　　　　$2 \leqq x \leqq 3$ 　のとき　　$|x^2-2x| = x^2-2x$

　　よって　　$\displaystyle\int_{-2}^3 |x^2-2x|\,dx$

　　　$\displaystyle = \int_{-2}^0 |x^2-2x|\,dx + \int_0^2 |x^2-2x|\,dx + \int_2^3 |x^2-2x|\,dx$

　　　$\displaystyle = \int_{-2}^0 (x^2-2x)\,dx + \int_0^2 \{-(x^2-2x)\}\,dx + \int_2^3 (x^2-2x)\,dx$

　　　$\displaystyle = \left[\frac{x^3}{3} - x^2\right]_{-2}^0 - \left[\frac{x^3}{3} - x^2\right]_0^2 + \left[\frac{x^3}{3} - x^2\right]_2^3$

　　　$\displaystyle = -\left\{\frac{(-2)^3}{3} - (-2)^2\right\} - 2\left(\frac{2^3}{3} - 2^2\right)$

　　　$\displaystyle = -\left(-\frac{8}{3} - 4\right) - 2\left(\frac{8}{3} - 4\right) = \frac{28}{3}$

(参考)　(1), (2) は，次の図の赤い部分の面積を求めることと同じ。

(1)
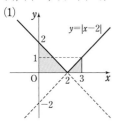

(2)
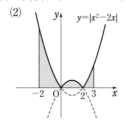

CHART

絶対値は　場合分け

定積分の計算では，等号を両方に付ける。

⬅ $F(x) = \dfrac{x^2}{2} - 2x$ とすると，定積分の計算は
$-\{F(2)-F(0)\}$
$+\{F(3)-F(2)\}$
$= -2F(2)+F(3)$
なお　$F(0)=0$

⬅ 定積分の計算では，等号を両方に付ける。

9章

TR

⬅ $F(x) = \dfrac{x^3}{3} - x^2$ とすると，定積分の計算は
$F(0)-F(-2)$
$-\{F(2)-F(0)\}$
$+\{F(3)-F(2)\}$
$= -F(-2)-2F(2)$
なお　$F(0)=F(3)=0$

⬅ (1)について，面積で考えると
$\displaystyle\int_0^3 |x-2|\,dx$
$\displaystyle = \frac{1}{2}\cdot 2\cdot 2 + \frac{1}{2}\cdot 1\cdot 1$
$\displaystyle = \frac{5}{2}$

TR ④208 等式 $f(x)=3x^2-x+\int_{-1}^{1}f(t)dt$ を満たす関数 $f(x)$ を求めよ。

<u>$\int_{-1}^{1}f(t)dt$ は定数であるから</u>, $\int_{-1}^{1}f(t)dt=k$ とおくと

$$f(x)=3x^2-x+k$$

よって $k=\int_{-1}^{1}f(t)dt=\int_{-1}^{1}(3t^2-t+k)dt=2\int_{0}^{1}(3t^2+k)dt$

$$=2\Big[t^3+kt\Big]_0^1=2(1+k)$$

すなわち $k=2(1+k)$ これを解いて $k=-2$

したがって $\boldsymbol{f(x)=3x^2-x-2}$

> **CHART**
> a, b が定数のとき
> $\int_{a}^{b}f(t)dt$ は定数
> $\longrightarrow =k$ とおく
> $\int_{-a}^{a}x^{偶数}dx=2\int_{0}^{a}x^{偶数}dx$
> $\int_{-a}^{a}x^{奇数}dx=0$

TR ④209 ☆ 関数 $F(x)=\int_{1}^{x}(t^2+t-2)dt$ の極値を求めよ。 ［類 東北学院大］

$$F'(x)=\frac{d}{dx}\int_{1}^{x}(t^2+t-2)dt=x^2+x-2$$
$$=(x-1)(x+2)$$

$F'(x)=0$ とすると
$\quad x=-2,\ 1$
ゆえに, $F(x)$ の増減表は
右のようになる。

x	$\cdots$	-2	$\cdots$	1	$\cdots$
$F'(x)$	$+$	0	$-$	0	$+$
$F(x)$	↗	極大	↘	極小	↗

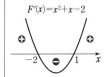
$F'(x)=x^2+x-2$

また $F(x)=\int_{1}^{x}(t^2+t-2)dt=\Big[\frac{t^3}{3}+\frac{t^2}{2}-2t\Big]_1^x$

$$=\Big(\frac{x^3}{3}+\frac{x^2}{2}-2x\Big)-\Big(\frac{1^3}{3}+\frac{1^2}{2}-2\cdot1\Big)$$

$$=\frac{x^3}{3}+\frac{x^2}{2}-2x+\frac{7}{6}$$

◆ 極値を求めるために, 定積分の計算が必要になる。

したがって $F(-2)=\frac{(-2)^3}{3}+\frac{(-2)^2}{2}-2(-2)+\frac{7}{6}=\frac{9}{2}$,

$$F(1)=\int_{1}^{1}(t^2+t-2)dt=0$$

よって, $F(x)$ は $\boldsymbol{x=-2}$ で極大値 $\dfrac{9}{2}$, $\boldsymbol{x=1}$ で極小値 $\boldsymbol{0}$ をとる。

◆ 求めた $F(x)$ の式に $x=1$ を代入してもよいが, こちらの方が計算がらく。

TR ④210 ☆ 2つの放物線 $y=x^2$ …… ①, $y=-x^2+x-a$ …… ② について, 次の問いに答えよ。

(1) 放物線①, ② が異なる2点で交わるとき, 定数 a の値の範囲を求めよ。

(2) a が(1)で求めた範囲を満たすとする。放物線①, ② によって囲まれた部分の面積が $\dfrac{9}{8}$ であるとき, 定数 a の値を求めよ。

(1) 放物線①, ② の共有点の x 座標は, 方程式
$$x^2=-x^2+x-a \quad すなわち \quad 2x^2-x+a=0 \ \cdots\cdots ③$$
の実数解である。
放物線①, ② が異なる2点で交わるための条件は, 2次方程式③の判別式を D とすると $D>0$

ここで　　　$D=(-1)^2-4\cdot2a=1-8a$

よって　　　$1-8a>0$　　　ゆえに　　　$a<\dfrac{1}{8}$

(2)　2次方程式 ③ の異なる 2 つの実数解を
α, β $(\alpha<\beta)$ とすると，$\alpha\leqq x\leqq\beta$ では
$$-x^2+x-a\geqq x^2$$
よって，2 つの放物線によって囲まれた部分の面積 S は

←上下関係を調べる。

$$S=\int_\alpha^\beta\{(-x^2+x-a)-x^2\}dx$$
$$=\int_\alpha^\beta(-2x^2+x-a)\,dx$$
$$=-2\int_\alpha^\beta(x-\alpha)(x-\beta)\,dx$$
$$=-2\left(-\dfrac{1}{6}\right)(\beta-\alpha)^3$$
$$=\dfrac{1}{3}(\beta-\alpha)^3$$

← 2 次方程式
$ax^2+bx+c=0$ の 2 つの解が α, β のとき
ax^2+bx+c
　$=a(x-\alpha)(x-\beta)$

ここで，2 次方程式 ③ を解くと
$$x=\dfrac{-(-1)\pm\sqrt{(-1)^2-4\cdot2a}}{2\cdot2}=\dfrac{1\pm\sqrt{1-8a}}{4}$$

よって　　　$S=\dfrac{1}{3}\left(\dfrac{1+\sqrt{1-8a}}{4}-\dfrac{1-\sqrt{1-8a}}{4}\right)^3$
$$=\dfrac{1}{3}\left(\dfrac{\sqrt{1-8a}}{2}\right)^3=\dfrac{(\sqrt{1-8a})^3}{24}$$

←$\alpha<\beta$ から
$\alpha=\dfrac{1-\sqrt{1-8a}}{4}$
$\beta=\dfrac{1+\sqrt{1-8a}}{4}$

$S=\dfrac{9}{8}$ から　　　$\dfrac{(\sqrt{1-8a})^3}{24}=\dfrac{9}{8}$

ゆえに　　　$(\sqrt{1-8a})^3=3^3$
よって　　　$\sqrt{1-8a}=3$
両辺を 2 乗して　　　$1-8a=3^2$
したがって　　　$a=-1$
これは，(1) の結果を満たす。

←$(\sqrt{1-8a})^3=(1-8a)^{\frac{3}{2}}$
であるから
$(1-8a)^{\frac{3}{2}}=(3^2)^{\frac{3}{2}}$
よって　$1-8a=3^2$
としてもよい。

9章

TR

TR
④**211**　★　放物線 $y=x^2-2x-3$ について
(1)　放物線と x 軸の交点における接線の方程式を求めよ。
(2)　放物線と (1) の 2 つの接線で囲まれた部分の面積を求めよ。

(1)　放物線と x 軸の交点の x 座標は，方程式 $x^2-2x-3=0$ を
解いて　　　$x=-1$, 3
よって，交点の座標は　　　$(-1,\ 0)$, $(3,\ 0)$
それぞれの点における接線の方程式は，$y'=2x-2$ であるから
$$y-0=\{2\cdot(-1)-2\}\{x-(-1)\},$$
$$y-0=(2\cdot3-2)(x-3)$$
すなわち　　　$\boldsymbol{y=-4x-4}$, $\boldsymbol{y=4x-12}$

←曲線 $y=f(x)$ 上の点 $(\alpha,\ f(\alpha))$ における接線の方程式は
$y-f(\alpha)=f'(\alpha)(x-\alpha)$

(2) (1)で求めた 2 つの接線の交点の x 座標は,
$-4x-4=4x-12$ を解いて $x=1$
図のように,放物線と 2 つの接線で囲まれた図形は,放物線の軸 $x=1$ に関して対称であるから,求める面積 S は

$$S=2\int_{-1}^{1}\{(x^2-2x-3)-(-4x-4)\}dx$$
$$=2\int_{-1}^{1}(x^2+2x+1)dx \quad\cdots\cdots(*)$$
$$=2\cdot2\int_{0}^{1}(x^2+1)dx$$
$$=4\Big[\frac{x^3}{3}+x\Big]_{0}^{1}=4\Big(\frac{1}{3}+1\Big)=\frac{16}{3}$$

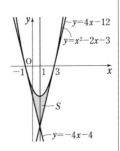

CHART
面積の計算
まず,グラフをかく

⇐図形の対称性を利用。
左半分の図形の面積を
2 倍する。
$(*)=2\int_{-1}^{1}(x+1)^2dx$
$=2\Big[\frac{(x+1)^3}{3}\Big]_{-1}^{1}=\frac{16}{3}$
としてもよい。

TR
④212

★ 2 つの放物線 $C_1:y=x^2$ と $C_2:y=x^2-6x+15$ の共通接線を ℓ とする。

(1) ℓ の方程式を求めよ。

(2) C_1, C_2 および ℓ によって囲まれた部分の面積を求めよ。　　　　　　[類 名城大]

(1) C_1 上の点 $(a,\ a^2)$ における接線の方程式は,$y'=2x$ から
$$y-a^2=2a(x-a) \quad\text{すなわち}\quad y=2ax-a^2 \quad\cdots\cdots①$$
この直線が C_2 に接する条件は,2 次方程式
$$2ax-a^2=x^2-6x+15$$
すなわち $x^2-2(a+3)x+(a^2+15)=0 \quad\cdots\cdots②$
が重解をもつことである。
よって,②の判別式を D とすると $D=0$
ここで $\dfrac{D}{4}=\{-(a+3)\}^2-(a^2+15)=6a-6$
$D=0$ から $6a-6=0$ すなわち $a=1$
①から,直線 ℓ の方程式は $y=2x-1$

⇐曲線 $y=f(x)$ 上の点 $(\alpha,\ f(\alpha))$ における接線の方程式は
$y-f(\alpha)=f'(\alpha)(x-\alpha)$

⇐接する ⟺ 重解

(2) ℓ と C_1 の接点の x 座標は 1
ℓ と C_2 の接点の x 座標は,2 次方程式②の重解であるから
$$x=a+3=4$$
C_1 と C_2 の交点の x 座標は,
$$x^2=x^2-6x+15 \quad\text{から}\quad x=\frac{5}{2}$$
したがって,求める面積 S は
$$S=\int_{1}^{\frac{5}{2}}\{x^2-(2x-1)\}dx+\int_{\frac{5}{2}}^{4}\{(x^2-6x+15)-(2x-1)\}dx$$
$$=\int_{1}^{\frac{5}{2}}(x-1)^2dx+\int_{\frac{5}{2}}^{4}(x-4)^2dx$$
$$=\Big[\frac{1}{3}(x-1)^3\Big]_{1}^{\frac{5}{2}}+\Big[\frac{1}{3}(x-4)^3\Big]_{\frac{5}{2}}^{4}=\frac{9}{4}$$

⇐ℓ と C_1 の接点の x 座標は a

⇐上下関係について
$1\leqq x\leqq\dfrac{5}{2}$ では C_1 が上,ℓ が下。
$\dfrac{5}{2}\leqq x\leqq4$ では C_2 が上,ℓ が下。

⇐$\displaystyle\int(x-\alpha)^n dx$
$=\dfrac{1}{n+1}(x-\alpha)^{n+1}+C$

TR
④213 曲線 $y=-x^3+4x$ とその曲線上の点 $(1, 3)$ における接線で囲まれた部分の面積 S を求めよ。

$y'=-3x^2+4$ であるから，点 $(1, 3)$ における接線の方程式は
$$y-3=(-3\cdot1^2+4)(x-1) \quad すなわち \quad y=x+2$$
この直線と曲線の共有点の x 座標は
$$-x^3+4x=x+2 \quad すなわち \quad x^3-3x+2=0$$
の解である。

x^3-3x+2 が $(x-1)^2$ を因数にもつ
ことに注意して因数分解すると
$$(x-1)^2(x+2)=0$$
よって $\quad x=1, -2$
ゆえに，接点以外の共有点の x 座標
は $\quad x=-2$
右の図から，求める面積 S は

$$S=\int_{-2}^{1}\{(x+2)-(-x^3+4x)\}dx$$
$$=\int_{-2}^{1}(x^3-3x+2)dx \cdots\cdots (*)$$
$$=\left[\frac{x^4}{4}-\frac{3}{2}x^2+2x\right]_{-2}^{1}=\frac{1-16}{4}-\frac{3(1-4)}{2}+2(1+2)=\frac{27}{4}$$

⬅ $(x-1)^2(x+c)$ とおき，
x^3-3x+2 と定数項を
比較すると $c=2$

⬅ 曲線 $y=-x^3+4x$ の
概形は，曲線と x 軸の
共有点に着目してかく。
$-x^3+4x=0$ から
$\quad x=0, \pm2$

(参考) **[定積分($*$)の計算]**

$$S=\int_{-2}^{1}(x^3-3x+2)dx=\int_{-2}^{1}(x-1)^2(x+2)dx$$
$$=\int_{-2}^{1}(x-1)^2\{(x-1)+3\}dx$$
$$=\int_{-2}^{1}\{(x-1)^3+3(x-1)^2\}dx=\left[\frac{(x-1)^4}{4}+(x-1)^3\right]_{-2}^{1}$$
$$=-\left(\frac{81}{4}-27\right)=\frac{27}{4}$$

⬅ $(x-\alpha)^n(x-\beta)$
$=(x-\alpha)^{n+1}$
$\quad +(\alpha-\beta)(x-\alpha)^n$
$\quad$ (n は自然数)

9章

T R

TR
④214 連立不等式 $x^2+y^2\leqq2$，$y\leqq-2x^2+1$ の表す領域の面積 S を求めよ。

連立不等式 $x^2+y^2\leqq2$，
$y\leqq-2x^2+1$ の表す領域は，右の図
の斜線部分である。
ただし，境界線を含む。
$x^2+y^2=2$ と $y=-2x^2+1$ から x^2 を
消去して $\quad y=-2(2-y^2)+1$
整理して $\quad 2y^2-y-3=0$
ゆえに $\quad (y+1)(2y-3)=0$
$x^2=2-y^2\geqq0$ より $-\sqrt{2}\leqq y\leqq\sqrt{2}$ であるから $\quad y=-1$
$y=-1$ のとき $\quad x=\pm1$

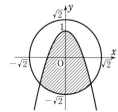

⬅ 円 $x^2+y^2=2$ の内部
と周，放物線
$y=-2x^2+1$ の下側
の共通部分。

A$(-1, -1)$, B$(1, -1)$ とすると,

$OA=OB=\sqrt{2}$, $\angle AOB=\dfrac{\pi}{2}$

である。

直線 AB と放物線 $y=-2x^2+1$ で
囲まれた部分の面積を S_1 とすると

$$S=S_1+(扇形\ OAB)-\triangle OAB$$

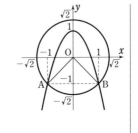
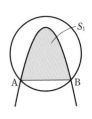

ここで

$$S_1=\int_{-1}^{1}\{(-2x^2+1)-(-1)\}dx=\int_{-1}^{1}(-2x^2+2)\,dx$$

$$=-2\int_{-1}^{1}(x^2-1)\,dx=-2\int_{-1}^{1}(x+1)(x-1)\,dx$$

$$=-2\left(-\dfrac{1}{6}\right)\{1-(-1)\}^3=\dfrac{8}{3}$$

よって　$S=\dfrac{8}{3}+\dfrac{1}{2}\cdot(\sqrt{2})^2\cdot\dfrac{\pi}{2}-\dfrac{1}{2}\cdot(\sqrt{2})^2=\dfrac{8}{3}+\dfrac{\pi}{2}-1$

$$=\dfrac{5}{3}+\dfrac{\pi}{2}$$

別解　領域は y 軸に関して対称であるから

$$S=2\left[\int_{0}^{1}\{(-2x^2+1)-(-x)\}dx+\dfrac{1}{2}\cdot(\sqrt{2})^2\cdot\dfrac{\pi}{4}\right]$$

$$=2\left\{\int_{0}^{1}(-2x^2+x+1)\,dx+\dfrac{\pi}{4}\right\}$$

$$=2\left[-\dfrac{2}{3}x^3+\dfrac{x^2}{2}+x\right]_{0}^{1}+2\cdot\dfrac{\pi}{4}=\dfrac{5}{3}+\dfrac{\pi}{2}$$

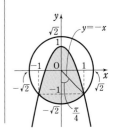

TR
⑤**215**　放物線 $y=x^2-2x$ と直線 $y=-x+2$ で囲まれる図形を T とする。
(1)　T の面積を求めよ。
(2)　直線 $y=mx$ $(m>0)$ は T の面積を 2 等分するという。m の値を求めよ。　〔岡山理科大〕

(1)　放物線と直線の交点の x 座標は，方程
式　$x^2-2x=-x+2$
すなわち　$x^2-x-2=0$ を解くと，
$(x+1)(x-2)=0$ から　　$x=-1,\ 2$
図から，図形 T の面積 S は

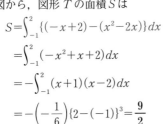
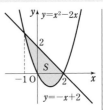

$$S=\int_{-1}^{2}\{(-x+2)-(x^2-2x)\}dx$$

$$=\int_{-1}^{2}(-x^2+x+2)\,dx$$

$$=-\int_{-1}^{2}(x+1)(x-2)\,dx$$

$$=-\left(-\dfrac{1}{6}\right)\{2-(-1)\}^3=\dfrac{9}{2}$$

$\Leftarrow \displaystyle\int_{\alpha}^{\beta}(x-\alpha)(x-\beta)\,dx$
$=-\dfrac{1}{6}(\beta-\alpha)^3$
$\alpha=-1$, $\beta=2$ として
適用。

(2) 2直線 $y=mx$, $y=-x+2$ の交点の x 座標は, 方程式
$$mx=-x+2 \quad \text{すなわち} \quad (m+1)x=2$$
を解いて $\quad x=\dfrac{2}{m+1}$

←$m>0$ であるから $m+1>0$

よって, 放物線 $y=x^2-2x$ と 2 直線 $y=-x+2$, $y=mx$ で囲まれる部分, すなわち, 右の図の斜線部分の面積を S_1 とすると

$$S_1=\int_{-1}^{0}\{(-x+2)-(x^2-2x)\}dx$$
$$+\frac{1}{2}\cdot2\cdot\frac{2}{m+1}$$

←S_1 のうち, y 軸の右側の部分は, 底辺の長さ 2, 高さ $\dfrac{2}{m+1}$ の三角形の面積として求める。

$$=\int_{-1}^{0}(-x^2+x+2)dx+\frac{2}{m+1}=\left[-\frac{x^3}{3}+\frac{x^2}{2}+2x\right]_{-1}^{0}+\frac{2}{m+1}$$
$$=0-\left(\frac{1}{3}+\frac{1}{2}-2\right)+\frac{2}{m+1}=\frac{7}{6}+\frac{2}{m+1}$$

題意より, $2S_1=S$ であるから $\quad 2\left(\dfrac{7}{6}+\dfrac{2}{m+1}\right)=\dfrac{9}{2}$

分母を払って $\quad 14(m+1)+24=27(m+1)$

←両辺に $6(m+1)$ を掛ける。

これを解いて $\quad m=\dfrac{11}{13}$ （$m>0$ を満たす）

9章

TR

TR
⑤216

★ 次の 2 つの放物線 P_1, P_2 を考える。
$$P_1: y=x^2-2tx+2t, \quad P_2: y=-x^2+2x$$
ただし $t>0$ とする。また, 放物線 P_1 と P_2 で囲まれた部分の面積を S とする。
(1) S を t を用いて表せ。
(2) y 軸と 2 つの放物線 P_1, P_2 で囲まれた部分の面積を T とする。$t\geqq1$ のとき, $T-S$ の最大値を求めよ。 〔類 兵庫県大〕

(1) 放物線 P_1 と P_2 の共有点の x 座標は, 方程式
$x^2-2tx+2t=-x^2+2x$ すなわち $x^2-(t+1)x+t=0$ の実数解である。

これを解くと, $(x-1)(x-t)=0$ から $\quad x=1,\ t$

[1] $0<t<1$ のとき
S は右の図の赤い部分の面積であるから

←t と 1 の大小関係がわからないため, 場合分けをする。

$$S=\int_{t}^{1}\{(-x^2+2x)-(x^2-2tx+2t)\}dx$$
$$=-2\int_{t}^{1}(x-t)(x-1)dx$$
$$=-2\left(-\frac{1}{6}\right)(1-t)^3=\frac{1}{3}(1-t)^3$$

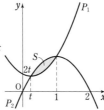

←$\displaystyle\int_{\alpha}^{\beta}(x-\alpha)(x-\beta)dx$
$=-\dfrac{1}{6}(\beta-\alpha)^3$

$\alpha=t$, $\beta=1$ として適用。

[2] $t \geqq 1$ のとき

S は右の図の赤い部分の面積である
から

$$S = \int_1^t \{(-x^2+2x)-(x^2-2tx+2t)\}dx$$

$$= -2\int_1^t (x-1)(x-t)dx$$

$$= -2\left(-\frac{1}{6}\right)(t-1)^3 = \frac{1}{3}(t-1)^3$$

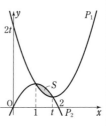

$\Leftarrow \int_\alpha^\beta (x-\alpha)(x-\beta)dx$

$= -\dfrac{1}{6}(\beta-\alpha)^3$

$\alpha=1$, $\beta=t$ として適用。

[1], [2] から $0 < t < 1$ のとき $S = \dfrac{1}{3}(1-t)^3$

$t \geqq 1$ のとき $S = \dfrac{1}{3}(t-1)^3$

(2) (1)から，$t \geqq 1$ のとき

$$S = \frac{1}{3}(t-1)^3$$

T は右の図の赤い部分の面積である
から

$$T = \int_0^1 \{(x^2-2tx+2t)-(-x^2+2x)\}dx$$

$$= \int_0^1 \{2x^2-2(t+1)x+2t\}dx$$

$$= \left[\frac{2}{3}x^3-(t+1)x^2+2tx\right]_0^1$$

$$= t-\frac{1}{3}$$

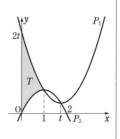

よって，$f(t)=T-S$ とすると

$$f(t) = \left(t-\frac{1}{3}\right)-\frac{1}{3}(t-1)^3 = -\frac{1}{3}t^3+t^2$$

ゆえに

$$f'(t) = -t^2+2t = -t(t-2)$$

$f'(t)=0$ とすると $t=2$

$t \geqq 1$ における $f(t)$ の増減表は右
のようになる。

したがって，$T-S$ は $t=2$ で最

大値 $\dfrac{4}{3}$ をとる。

t	1	$\cdots$	2	$\cdots$
$f'(t)$		$+$	0	$-$
$f(t)$	$\dfrac{2}{3}$	$\nearrow$	極大 $\dfrac{4}{3}$	$\searrow$

$\Leftarrow t \geqq 1$ であるから，
$t=0$ は含まれない。

EX
③**123**　曲線 $y=f(x)$ 上の点 (x, y) における接線の傾きが x^2+x で表され，この曲線が点 $(1, 1)$ を通るとき，関数 $f(x)$ を求めよ。　　　　　　　　　　　　　　　　　　［法政大］

曲線 $y=f(x)$ 上の点 (x, y) における接線の傾きは $f'(x)$ であるから　　　$f'(x)=x^2+x$

よって　　　　$f(x)=\displaystyle\int(x^2+x)dx=\dfrac{x^3}{3}+\dfrac{x^2}{2}+C$

曲線 $y=f(x)$ が点 $(1, 1)$ を通るから　　　$f(1)=1$

すなわち　　　$\dfrac{1^3}{3}+\dfrac{1^2}{2}+C=1$　　　　　　よって　　　$C=\dfrac{1}{6}$

したがって　　　$\boldsymbol{f(x)=\dfrac{x^3}{3}+\dfrac{x^2}{2}+\dfrac{1}{6}}$

> **HINT**
> 接線の傾き ＝ 微分係数
> により，$f'(x)=x^2+x$,
> $f(1)=1$ のとき，$f(x)$
> を求めることになる。

EX
①**124**　次の定積分を求めよ。

(1) $\displaystyle\int_1^2(2x-1)dx$　　　(2) $\displaystyle\int_0^{-1}(3x^2+6x+1)dx$　　　(3) $\displaystyle\int_{-1}^3(x+1)(x-3)dx$

(4) $\displaystyle\int_{-1}^2(x^3-6x-4)dx$　　　　(5) $\displaystyle\int_{-2}^1(2t+1)^2dt+\int_{-2}^1 2(t-1)^2dt$

(1) $\displaystyle\int_1^2(2x-1)dx=\Big[x^2-x\Big]_1^2=(2^2-2)-(1^2-1)=\boldsymbol{2}$

(2) $\displaystyle\int_0^{-1}(3x^2+6x+1)dx=\Big[x^3+3x^2+x\Big]_0^{-1}{}^{(*)}$

　　　　　　　　　　　　$=(-1)^3+3\cdot(-1)^2+(-1)=\boldsymbol{1}$

(3) $\displaystyle\int_{-1}^3(x+1)(x-3)dx=\int_{-1}^3(x^2-2x-3)dx$

　　　$=\Big[\dfrac{x^3}{3}-x^2-3x\Big]_{-1}^3$

　　　$=\Big(\dfrac{3^3}{3}-3^2-3\cdot3\Big)-\Big\{\dfrac{(-1)^3}{3}-(-1)^2-3\cdot(-1)\Big\}$

　　　$=(9-9-9)-\Big(-\dfrac{1}{3}-1+3\Big)=-\dfrac{\boldsymbol{32}}{\boldsymbol{3}}$

(4) $\displaystyle\int_{-1}^2(x^3-6x-4)dx=\Big[\dfrac{x^4}{4}-3x^2-4x\Big]_{-1}^2$

　　　$=\Big(\dfrac{2^4}{4}-3\cdot2^2-4\cdot2\Big)-\Big\{\dfrac{(-1)^4}{4}-3\cdot(-1)^2-4\cdot(-1)\Big\}$

　　　$=(4-12-8)-\Big(\dfrac{1}{4}-3+4\Big)=-\dfrac{\boldsymbol{69}}{\boldsymbol{4}}$

(5) $\displaystyle\int_{-2}^1(2t+1)^2dt+\int_{-2}^1 2(t-1)^2dt$

　　　$=\displaystyle\int_{-2}^1\{(2t+1)^2+2(t-1)^2\}dt$

　　　$=\displaystyle\int_{-2}^1(6t^2+3)dt=\Big[2t^3+3t\Big]_{-2}^1$

　　　$=(2+3)-(-16-6)=\boldsymbol{27}$

> **定積分 $\displaystyle\int_a^b f(x)dx$**
> 1 原始関数 $F(x)$ を求める。
> 2 $F(b)-F(a)$ を計算する。
> （＊）上端＜下端 の場合も，定義に従って計算すればよい。

9章

EX

← $\displaystyle\int x^3dx=\dfrac{x^4}{4}+C$

← 積分区間が同じであるから，被積分関数を 1 つにまとめられる。

EX
①**125** 次の定積分を求めよ。

(1) $\int_5^5 (4x^2+x-3)\,dx$ (2) $\int_{-1}^2 (x^2-2x+2)\,dx+\int_1^{-1}(x^2-2x+2)\,dx$

(3) $\int_{-2}^1 (x^3+5x^2+3x+2)\,dx+\int_1^{-2}(x^3+2x^2-5x-1)\,dx$

(1) $\displaystyle\int_5^5 (4x^2+x-3)\,dx=0$

← 上端＝下端 なら 0

(2) （与式）$=\displaystyle\int_1^{-1}(x^2-2x+2)\,dx+\int_{-1}^2(x^2-2x+2)\,dx$

$=\displaystyle\int_1^2 (x^2-2x+2)\,dx=\left[\dfrac{x^3}{3}-x^2+2x\right]_1^2$

← $x=-1$ で連結できる。

$=\left(\dfrac{2^3}{3}-2^2+2\cdot2\right)-\left(\dfrac{1^3}{3}-1^2+2\cdot1\right)$

$=\left(\dfrac{8}{3}-4+4\right)-\left(\dfrac{1}{3}-1+2\right)=\dfrac{4}{3}$

(3) （与式）$=\displaystyle\int_{-2}^1(x^3+5x^2+3x+2)\,dx-\int_{-2}^1(x^3+2x^2-5x-1)\,dx$

← 第2項の上端と下端を入れ替えると，積分区間が同じになる。

$=\displaystyle\int_{-2}^1\{(x^3+5x^2+3x+2)-(x^3+2x^2-5x-1)\}\,dx$

$=\displaystyle\int_{-2}^1 (3x^2+8x+3)\,dx=\left[x^3+4x^2+3x\right]_{-2}^1$

$=(1^3+4\cdot1^2+3\cdot1)-\{(-2)^3+4\cdot(-2)^2+3\cdot(-2)\}$

$=(1+4+3)-(-8+16-6)$

$=6$

EX
②**126** 等式 $\displaystyle\int_{-3}^3 (x-1)(x+4)(x-a)\,dx=66$ を満たす定数 a の値を求めよ。 ［駒澤大］

$\displaystyle\int_{-3}^3 (x-1)(x+4)(x-a)\,dx=\int_{-3}^3 (x^2+3x-4)(x-a)\,dx$

← 積は展開する。

$=\displaystyle\int_{-3}^3\{x^3+(3-a)x^2-(3a+4)x+4a\}\,dx$

$=2\displaystyle\int_0^3\{(3-a)x^2+4a\}\,dx=2\left[\dfrac{3-a}{3}x^3+4ax\right]_0^3$

$\displaystyle\int_{-a}^a x^{偶数}\,dx=2\int_0^a x^{偶数}\,dx$

$\displaystyle\int_{-a}^a x^{奇数}\,dx=0$

$=2\left\{\dfrac{(3-a)}{3}\cdot3^3+4a\cdot3\right\}=6a+54$

よって，等式は $\quad 6a+54=66 \quad$ これを解いて $\quad \boldsymbol{a=2}$

EX
③**127** 次の(1), (2)について，それぞれ答えよ。

(1) 関数 $f(x)=\displaystyle\int_0^x (4t-3)\,dt,\ g(x)=\int_1^x (3t^2-4t+1)\,dt$ を x で微分せよ。

(2) 等式 $\displaystyle\int_a^x f(t)\,dt+\int_0^1 f(x)\,dx=x^2+3x+2$ を満たす関数 $f(x)$，および定数 a の値を求めよ。 ［類 南山大］

(1) $\boldsymbol{f'(x)=4x-3,\ g'(x)=3x^2-4x+1}$

← $\dfrac{d}{dx}\displaystyle\int_a^x h(t)\,dt=h(x)$

(2) $\displaystyle\int_0^1 f(x)\,dx$ は定数で，等式の両辺の関数を x で微分すると

$f(x)=2x+3$

← $\displaystyle\int_0^1 f(x)\,dx$ は定数であるから，微分すると0になる。

また，与えられた等式で $x=a$ とおくと

$$0+\int_0^1 (2x+3)dx=a^2+3a+2$$

←$\int_a^a f(t)dt=0$

ここで $\int_0^1 (2x+3)dx=\left[x^2+3x\right]_0^1=4$

ゆえに $4=a^2+3a+2$ よって $a^2+3a-2=0$

これを解いて $a=\dfrac{-3\pm\sqrt{3^2-4\cdot 1\cdot(-2)}}{2\cdot 1}=\dfrac{-3\pm\sqrt{17}}{2}$

←解の公式を利用。

したがって $f(x)=2x+3,\ a=\dfrac{-3\pm\sqrt{17}}{2}$

EX
②**128**
次の放物線と x 軸で囲まれた部分の面積 S を求めよ。
(1) $y=-x^2+6x+12$ (2) $y=x^2-x-8$

(1) 放物線と x 軸の交点の x 座標は，方程式 $-x^2+6x+12=0$
すなわち $x^2-6x-12=0$ を解いて

$$x=\dfrac{-(-3)\pm\sqrt{(-3)^2-1\cdot(-12)}}{1}=3\pm\sqrt{21}$$

$3-\sqrt{21}\leqq x\leqq 3+\sqrt{21}$ では $y\geqq 0$ であるから

$$S=\int_{3-\sqrt{21}}^{3+\sqrt{21}}(-x^2+6x+12)dx$$

$$=-\int_{3-\sqrt{21}}^{3+\sqrt{21}}(x^2-6x-12)dx$$

$$=-\int_{3-\sqrt{21}}^{3+\sqrt{21}}\{x-(3-\sqrt{21})\}\{x-(3+\sqrt{21})\}dx$$

$$=-\left(-\dfrac{1}{6}\right)\{3+\sqrt{21}-(3-\sqrt{21})\}^3=\dfrac{1}{6}\cdot(2\sqrt{21})^3$$

$$=28\sqrt{21}$$

CHART

放物線と面積

$$\int_\alpha^\beta (x-\alpha)(x-\beta)dx$$

$$=-\dfrac{1}{6}(\beta-\alpha)^3$$

←$\alpha=3-\sqrt{21}$,
$\beta=3+\sqrt{21}$ として公
式を適用。

(2) 放物線と x 軸の交点の x 座標は，方程式 $x^2-x-8=0$ を解

いて $x=\dfrac{-(-1)\pm\sqrt{(-1)^2-4\cdot 1\cdot(-8)}}{2\cdot 1}=\dfrac{1\pm\sqrt{33}}{2}$

$\dfrac{1-\sqrt{33}}{2}\leqq x\leqq \dfrac{1+\sqrt{33}}{2}$ では $y\leqq 0$ であるから

$$S=\int_{\frac{1-\sqrt{33}}{2}}^{\frac{1+\sqrt{33}}{2}}\{-(x^2-x-8)\}dx$$

$$=-\int_{\frac{1-\sqrt{33}}{2}}^{\frac{1+\sqrt{33}}{2}}\left(x-\dfrac{1-\sqrt{33}}{2}\right)\left(x-\dfrac{1+\sqrt{33}}{2}\right)dx$$

$$=-\left(-\dfrac{1}{6}\right)\left(\dfrac{1+\sqrt{33}}{2}-\dfrac{1-\sqrt{33}}{2}\right)^3=\dfrac{1}{6}\cdot(\sqrt{33})^3=\dfrac{11\sqrt{33}}{2}$$

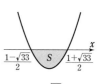

←$\alpha=\dfrac{1-\sqrt{33}}{2}$,
$\beta=\dfrac{1+\sqrt{33}}{2}$ として公
式を適用。

(参考) $x^2-x-8=0$ の 2 つの解を $\alpha,\ \beta$（ただし $\alpha<\beta$）とす
ると解と係数の関係から $\alpha+\beta=1,\ \alpha\beta=-8$ であるから，
$$(\beta-\alpha)^2=(\beta+\alpha)^2-4\alpha\beta=1^2-4(-8)=33$$
したがって $\beta-\alpha=\sqrt{33}$

9章

EX

EX ③ **129**
a, b は定数とする。次の不等式を証明せよ。
$$\int_0^1 (ax+b)^2 dx \geqq \left\{\int_0^1 (ax+b)\,dx\right\}^2$$

$\displaystyle \int_0^1 (ax+b)^2 dx - \left\{\int_0^1 (ax+b)\,dx\right\}^2$

$\displaystyle = \int_0^1 (a^2x^2 + 2abx + b^2)\,dx - \left(\left[\frac{a}{2}x^2 + bx\right]_0^1\right)^2$

$\displaystyle = \left[\frac{a^2}{3}x^3 + abx^2 + b^2x\right]_0^1 - \left(\frac{a}{2} + b\right)^2$

$\displaystyle = \frac{a^2}{3} + ab + b^2 - \left(\frac{a^2}{4} + ab + b^2\right) = \frac{a^2}{12} \geqq 0$

したがって $\displaystyle \int_0^1 (ax+b)^2 dx \geqq \left\{\int_0^1 (ax+b)\,dx\right\}^2$

注意 等号は，$a=0$ のときに成り立つ。

> **CHART**
> 大小比較は差を作る
> $A \geqq B \iff A - B \geqq 0$

← (実数)$^2 \geqq 0$

EX ④ **130**
x の多項式 $f(x)$ が等式 $\displaystyle f(x)f'(x) = \int_0^x f(t)\,dt + \frac{4}{9}$ …… ① を満たす。

(1) $f(x)$ が n 次式であるとすると，等式 ① の左辺は ⁷□ 次式，右辺は ⁴□ 次式であるから，n の値は ⁷□ である。

(2) $f(x)$ を求めよ。

(1) $f(x)$ が n 次式であるとすると，$f'(x)$ は $n-1$ 次式であるから，等式 ① の左辺は $n+(n-1)$ 次式，すなわち ⁷**$2n-1$** 次式である。

一方，等式 ① の右辺は ⁴**$n+1$** 次式であるから
$$2n-1 = n+1 \qquad \text{ゆえに} \qquad n = ^⁷\mathbf{2}$$

(2) (1)の結果から，$f(x) = ax^2 + bx + c$ （a, b, c は定数，$a \neq 0$）とおくと
$$f'(x) = 2ax + b$$

また $\displaystyle \int_0^x f(t)\,dt = \int_0^x (at^2 + bt + c)\,dt = \left[\frac{a}{3}t^3 + \frac{b}{2}t^2 + ct\right]_0^x$

$\displaystyle = \frac{a}{3}x^3 + \frac{b}{2}x^2 + cx$

これらを ① に代入すると
$$(ax^2 + bx + c)(2ax + b) = \frac{a}{3}x^3 + \frac{b}{2}x^2 + cx + \frac{4}{9}$$

左辺を展開して整理すると
$$2a^2x^3 + 3abx^2 + (b^2 + 2ac)x + bc = \frac{a}{3}x^3 + \frac{b}{2}x^2 + cx + \frac{4}{9}$$

両辺の係数を比較して
$$2a^2 = \frac{a}{3} \quad \cdots\cdots ②, \quad 3ab = \frac{b}{2} \quad \cdots\cdots ③,$$
$$b^2 + 2ac = c \quad \cdots\cdots ④, \quad bc = \frac{4}{9} \quad \cdots\cdots ⑤$$

$a \neq 0$ であるから，② により $\displaystyle a = \frac{1}{6}$

このとき，③ は成り立つ。

← ① の左辺と右辺の次数が一致することに注目して，n の方程式を作る。

← ① の各辺を x の多項式で表す。

← x の恒等式と考える。

← ② の両辺を $2a$ で割る。

$a=\dfrac{1}{6}$ を ④ に代入して $b^2+\dfrac{1}{3}c=c$

$\blacktriangleleft b^2=\dfrac{2}{3}c$

よって $c=\dfrac{3}{2}b^2$ …… ⑥

⑥ を ⑤ に代入して $\dfrac{3}{2}b^3=\dfrac{4}{9}$ ゆえに $b^3=\dfrac{8}{27}$

b は実数であるから $b=\dfrac{2}{3}$

$\blacktriangleleft x^3=k$（k は実数）の実数解は $x=\sqrt[3]{k}$

よって, ⑥ から $c=\dfrac{3}{2}\left(\dfrac{2}{3}\right)^2=\dfrac{2}{3}$

ここで $\dfrac{8}{27}=\left(\dfrac{2}{3}\right)^3$

したがって $f(x)=\dfrac{1}{6}x^2+\dfrac{2}{3}x+\dfrac{2}{3}$

EX ③131 a は正の定数とする。放物線 $y=x^2+a$ 上の任意の点Pにおける接線と放物線 $y=x^2$ で囲まれた図形の面積は，点Pの位置によらず一定であることを示し，その一定の値を求めよ。

P($p,\ p^2+a$) とする。

$y=x^2+a$ 上の点Pにおける接線の方程式は，$y'=2x$ から
$$y-(p^2+a)=2p(x-p)$$
すなわち $y=2px-p^2+a$

この接線と放物線 $y=x^2$ の交点の x 座標を求めると

$x^2=2px-p^2+a$ から $(x-p)^2=a$

$a>0$ であるから $x=p\pm\sqrt{a}$

$\alpha=p-\sqrt{a}$, $\beta=p+\sqrt{a}$ とおくと，題意の図形の面積は

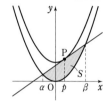

$\blacktriangleleft x^2=2px-p^2+a$ の解が α, β であるから
$x^2-2px+p^2-a$
$=(x-\alpha)(x-\beta)$

9章

EX

$$\int_\alpha^\beta\{(2px-p^2+a)-x^2\}dx$$
$$=\int_\alpha^\beta(-x^2+2px-p^2+a)dx$$
$$=-\int_\alpha^\beta(x^2-2px+p^2-a)dx$$
$$=-\int_\alpha^\beta(x-\alpha)(x-\beta)dx=-\left(-\dfrac{1}{6}\right)(\beta-\alpha)^3$$
$$=\dfrac{1}{6}\{p+\sqrt{a}-(p-\sqrt{a})\}^3=\dfrac{1}{6}(2\sqrt{a})^3=\dfrac{4a\sqrt{a}}{3}$$

$\blacktriangleleft p$ を含まないから，P の位置によらない。

したがって，題意の図形の面積は，点Pの位置によらず一定である。

EX ④132 曲線 $y=x^3-4x$ と曲線 $y=3x^2$ で囲まれた 2 つの図形の面積の和を求めよ。   〔東京電機大〕

2 曲線の共有点の x 座標は，
$x^3-4x=3x^2$ を解くと
$$x^3-3x^2-4x=0$$
$$x(x^2-3x-4)=0$$
$$x(x+1)(x-4)=0$$
ゆえに $x=-1,\ 0,\ 4$

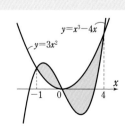

$-1\leqq x\leqq0$ では $x^3-4x\geqq3x^2$

$0\leqq x\leqq4$ では $x^3-4x\leqq3x^2$

であるから，求める面積の和を S とすると

$$S=\int_{-1}^{0}\{(x^3-4x)-3x^2\}dx+\int_{0}^{4}\{3x^2-(x^3-4x)\}dx$$

$$=\int_{-1}^{0}(x^3-3x^2-4x)dx-\int_{0}^{4}(x^3-3x^2-4x)dx$$

$$=\left[\frac{x^4}{4}-x^3-2x^2\right]_{-1}^{0}-\left[\frac{x^4}{4}-x^3-2x^2\right]_{0}^{4}$$

$$=-\left(\frac{1}{4}+1-2\right)-(64-64-32)$$

$$=\frac{3}{4}+32=\frac{131}{4}$$

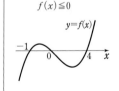

$\Leftarrow f(x)=x^3-4x-3x^2$ とすると
$f(x)=x(x+1)(x-4)$
$y=f(x)$ のグラフから
$-1\leqq x\leqq0$ のとき
$f(x)\geqq0$
$0\leqq x\leqq4$ のとき
$f(x)\leqq0$

EX
③**133** 曲線 $y=|x^2-1|$ と直線 $y=3$ で囲まれた部分の面積を求めよ。 ［愛知工大］

$x^2-1=(x+1)(x-1)$ であるから

$x\leqq-1,\ 1\leqq x$ のとき $\quad|x^2-1|=x^2-1$

$-1\leqq x\leqq1$ のとき $\quad|x^2-1|=-(x^2-1)=-x^2+1$

ここで，$x^2-1=3$ とすると $\quad x^2=4$

ゆえに $\quad x=\pm2$

面積を求める部分は，右の図の赤い部分で，この図形は y 軸に関して対称である。

よって，求める面積を S とすると

$$\frac{S}{2}=\int_{0}^{1}\{3-(-x^2+1)\}dx$$
$$+\int_{1}^{2}\{3-(x^2-1)\}dx$$
$$=\int_{0}^{1}(x^2+2)dx+\int_{1}^{2}(4-x^2)dx$$
$$=\left[\frac{x^3}{3}+2x\right]_{0}^{1}+\left[4x-\frac{x^3}{3}\right]_{1}^{2}$$
$$=\left(\frac{1}{3}+2\right)+\left(8-\frac{8}{3}\right)-\left(4-\frac{1}{3}\right)=4$$

したがって $\quad S=8$

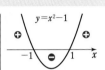

$\Leftarrow$ 放物線 $y=x^2-1$ と直線 $y=3$ の交点の x 座標を求める。

$\Leftarrow$ 図形の対称性を利用して，らくに計算。

別解 $y=x^2-1$ のグラフと直線 $y=3$ で囲まれた部分の面積を S_1，$y=x^2-1$ のグラフと x 軸で囲まれた部分の面積を S_2 とすると，求める面積は

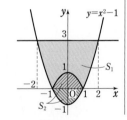

$\Leftarrow$ 放物線 $y=-x^2+1$ と x 軸で囲まれた部分は，放物線 $y=x^2-1$ と x 軸で囲まれた部分と，x 軸に関して対称であることを利用。

$$S_1 - 2S_2 = \int_{-2}^{2} \{3 - (x^2 - 1)\} dx - 2\int_{-1}^{1} \{-(x^2 - 1)\} dx$$

$$= -\int_{-2}^{2} (x+2)(x-2) dx + 2\int_{-1}^{1} (x+1)(x-1) dx \qquad \Leftarrow \int_{\alpha}^{\beta} (x-\alpha)(x-\beta) dx$$

$$= -\left(-\frac{1}{6}\right)\{2-(-2)\}^3 + 2\left(-\frac{1}{6}\right)\{1-(-1)\}^3 = 8 \qquad = -\frac{1}{6}(\beta-\alpha)^3$$

EX ④ 134 等式 $f(x) = 1 + 2\int_{0}^{1} (xt+1)f(t)dt$ を満たす関数 $f(x)$ を求めよ。　　〔島根大〕

右辺を変形して　$f(x) = 1 + 2x\int_{0}^{1} tf(t)dt + 2\int_{0}^{1} f(t)dt$　　$\Leftarrow$ x は定数として扱う。

$\int_{0}^{1} tf(t)dt = a$, $\int_{0}^{1} f(t)dt = b$ とおくと, a, b は定数であり　$\qquad \int xf(t)dt = x\int f(t)dt$

$$f(x) = 2ax + 2b + 1$$

よって　$a = \int_{0}^{1} t(2at + 2b + 1)dt = \int_{0}^{1} \{2at^2 + (2b+1)t\} dt$　　$\Leftarrow$ $f(t) = 2at + 2b + 1$

$$= \left[\frac{2}{3}at^3 + \frac{2b+1}{2}t^2\right]_{0}^{1} = \frac{2}{3}a + \frac{2b+1}{2} \qquad\qquad f(x) = 2ax + 2b + 1 \text{ の}$$
x を t におき換える。

ゆえに　$2a - 6b - 3 = 0$ …… ①

一方　　$b = \int_{0}^{1} (2at + 2b + 1)dt = \left[at^2 + (2b+1)t\right]_{0}^{1}$

$$= a + 2b + 1$$

よって　$a + b + 1 = 0$ …… ②

①, ② を連立して解くと　$a = -\dfrac{3}{8}$, $b = -\dfrac{5}{8}$　　$\Leftarrow$ ②×2－① から

$$8b + 5 = 0$$

ゆえに　$f(x) = 2\left(-\dfrac{3}{8}\right)x + 2\left(-\dfrac{5}{8}\right) + 1 = -\dfrac{3}{4}x - \dfrac{1}{4}$　　よって　$b = -\dfrac{5}{8}$

EX ④ 135 t の関数 $S(t)$ を, $S(t) = \int_{0}^{1} |x^2 - t^2| dx$ とする。$0 \le t \le 1$ における $S(t)$ の最大値と最小値, およびそのときの t の値を求めよ。　　〔類 長崎大〕

$$|x^2 - t^2| = \begin{cases} x^2 - t^2 & (x \le -t, \ t \le x) \\ -(x^2 - t^2) & (-t \le x \le t) \end{cases} \qquad \Leftarrow t \ge 0 \text{ であるから,}$$
$-t \le t$ である。

ゆえに, $0 \le t \le 1$ において

$$0 \le x \le t \text{ のとき} \qquad |x^2 - t^2| = -(x^2 - t^2)$$

$$t \le x \le 1 \text{ のとき} \qquad |x^2 - t^2| = x^2 - t^2$$

よって　$S(t) = \int_{0}^{t} |x^2 - t^2| dx + \int_{t}^{1} |x^2 - t^2| dx$

$$= \int_{0}^{t} \{-(x^2 - t^2)\} dx + \int_{t}^{1} (x^2 - t^2) dx \qquad \Leftarrow F(x) = \frac{x^3}{3} - t^2 x \text{ とす}$$
ると, 定積分の計算は

$$= \left[-\frac{x^3}{3} + t^2 x\right]_{0}^{t} + \left[\frac{x^3}{3} - t^2 x\right]_{t}^{1} \qquad\qquad -\{F(t) - F(0)\}$$
$+ \{F(1) - F(t)\}$

$$= -2\left(\frac{t^3}{3} - t^3\right) + \left(\frac{1^3}{3} - t^2 \cdot 1\right) = \frac{4}{3}t^3 - t^2 + \frac{1}{3} \qquad = -2F(t) + F(1)$$
なお　$F(0) = 0$

ゆえに　$S'(t) = 4t^2 - 2t = 2t(2t - 1)$

$S'(t)=0$ とすると $t=0,\ \dfrac{1}{2}$

したがって，$0 \leqq t \leqq 1$ における $S(t)$ の増減表は右のようになる。

t	0	$\cdots$	$\dfrac{1}{2}$	$\cdots$	1
$S'(t)$		$-$	0	$+$	
$S(t)$	$\dfrac{1}{3}$	$\searrow$	極小 $\dfrac{1}{4}$	$\nearrow$	$\dfrac{2}{3}$

よって，$S(t)$ は $0 \leqq t \leqq 1$ において

$$t=1 \ \text{で最大値} \ \dfrac{2}{3},\quad t=\dfrac{1}{2} \ \text{で最小値} \ \dfrac{1}{4}$$

をとる。

EX
④**136**

p を負の定数とする。曲線 $C : y=x^3-x$ を考える。
(1) 点 $P(1,\ p)$ から曲線 C に何本の接線が引けるかを調べよ。
(2) 点 $P(1,\ p)$ から曲線 C にちょうど 2 本の接線が引けるとき，次の問いに答えよ。
  (i) 2 本の接線の方程式を求めよ。
  (ii) (i)で求めた接線と曲線 C の接点を Q，R とする。ただし，Q の x 座標は R の x 座標より小さいとする。線分 PQ，線分 PR，曲線 C で囲まれた図形の面積 S を求めよ。　　〔富山大〕

(1) C 上の点 $(t,\ t^3-t)$ における接線の方程式は $y'=3x^2-1$
から　　　$y-(t^3-t)=(3t^2-1)(x-t)$
すなわち　$y=(3t^2-1)x-2t^3$ …… ①
接線 ① が点 P を通るとき　　$p=(3t^2-1)\cdot 1-2t^3$
すなわち　$p=-2t^3+3t^2-1$ …… ②
3 次関数のグラフでは，接点が異なると接線も異なるから，点 P を通る C の接線の本数は，t の方程式 ② の異なる実数解の個数に一致する。
$g(t)=-2t^3+3t^2-1$ とすると

$g'(t)=-6t^2+6t$
     $=-6t(t-1)$

t	$\cdots$	0	$\cdots$	1	$\cdots$
$g'(t)$	$-$	0	$+$	0	$-$
$g(t)$	$\searrow$	極小 -1	$\nearrow$	極大 0	$\searrow$

$g'(t)=0$ とすると
    $t=0,\ 1$
$g(t)$ の増減表は右のようになる。
よって，$y=g(t)$ のグラフは右の図のようになる。 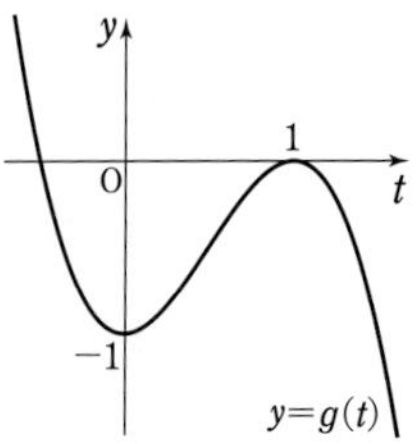
このグラフと直線 $y=p$ の共有点の個数が，方程式 ② の異なる実数解の個数に一致する。
$p<0$ であるから，求める接線の本数は

   $p<-1$ のとき　　　**1 本**
   $p=-1$ のとき　　　**2 本**
   $-1<p<0$ のとき　**3 本**

⟸ 曲線 $y=f(x)$ 上の点 $(\alpha,\ f(\alpha))$ における接線の方程式は $y-f(\alpha)=f'(\alpha)(x-\alpha)$

⟸ 直線 $y=p$ を上下に動かして，共有点の個数を考える。

(2) (1)から，点Pから曲線Cにちょうど2本の接線が引けるとき $p=-1$

(i) ②から $-1=-2t^3+3t^2-1$

　よって $t^2(2t-3)=0$ すなわち $t=0, \dfrac{3}{2}$

　$t=0$ のとき，①から $\boldsymbol{y=-x}$

　$t=\dfrac{3}{2}$ のとき，①から $\boldsymbol{y=\dfrac{23}{4}x-\dfrac{27}{4}}$

(ii) (i)より，接点の x 座標は $0, \dfrac{3}{2}$ であるから，Q，Rの座標はそれぞれ $(0, 0), \left(\dfrac{3}{2}, \dfrac{15}{8}\right)$

求める面積 S は右の図の赤い部分の面積である。

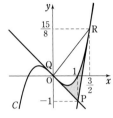

直線 QR の方程式は $y=\dfrac{\dfrac{15}{8}}{\dfrac{3}{2}}x$ すなわち $y=\dfrac{5}{4}x$

よって $S=\triangle\mathrm{PQR}-\displaystyle\int_0^{\frac{3}{2}}\left\{\dfrac{5}{4}x-(x^3-x)\right\}dx$

$=\dfrac{1}{2}\left|1\cdot\dfrac{15}{8}-\dfrac{3}{2}\cdot(-1)\right|+\displaystyle\int_0^{\frac{3}{2}}\left(x^3-\dfrac{9}{4}x\right)dx$

$=\dfrac{27}{16}+\left[\dfrac{x^4}{4}-\dfrac{9}{8}x^2\right]_0^{\frac{3}{2}}=\dfrac{27}{64}$

⬅ 3点 $(0, 0)$, (x_1, y_1), (x_2, y_2) を頂点とする三角形の面積は $\dfrac{1}{2}|x_1y_2-x_2y_1|$

9章 EX

EX ④137

実数 $a>1$ に対して，$f(x)=x^2+2x-a^2+2a$ とおく。

(1) 2次方程式 $f(x)=0$ の解を a を用いて表せ。

(2) 放物線 $y=f(x)$ と x 軸および直線 $x=a$ で囲まれた2つの部分の面積が等しいとき，$\displaystyle\int_{-a}^a f(x)dx=0$ を示し，このときの a の値を求めよ。 [琉球大]

(1) $f(x)=x^2+2x-a(a-2)=(x+a)\{x-(a-2)\}$

　よって，方程式 $f(x)=0$ の解は $\boldsymbol{x=-a, \ a-2}$

(2) $a>1$ のとき $a-2-(-a)=2(a-1)>0$

ゆえに $-a<a-2<a$

放物線 $y=f(x)$ は下に凸であるから，放物線 $y=f(x)$ と x 軸で囲まれた部分の面積を S_1，放物線 $y=f(x)$ と x 軸，直線 $x=a$ で囲まれた部分の面積を S_2 とすると右の図のようになり

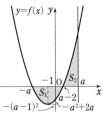

⬅ $y=f(x)$ は，$-a\leqq x\leqq a-2$ では x 軸の下側，$a-2\leqq x\leqq a$ では x 軸の上側。

$S_1=\displaystyle\int_{-a}^{a-2}\{-f(x)\}dx=-\int_{-a}^{a-2}f(x)dx$,

$S_2=\displaystyle\int_{a-2}^a f(x)dx$

$S_1=S_2$ のとき

$$\int_{-a}^{a} f(x)dx=\int_{-a}^{a-2} f(x)dx+\int_{a-2}^{a} f(x)dx$$

$$=-S_1+S_2=-S_1+S_1=0$$

← 積分区間の分割。

ここで $\displaystyle\int_{-a}^{a} f(x)dx=\int_{-a}^{a}(x^2+2x-a^2+2a)dx$

$$=2\int_{0}^{a}(x^2-a^2+2a)dx$$

$$=2\Big[\frac{x^3}{3}-(a^2-2a)x\Big]_0^a$$

$$=2\Big\{\frac{a^3}{3}-(a^2-2a)a\Big\}=-\frac{4}{3}a^2(a-3)$$

← $\displaystyle\int_{-a}^{a} x^{偶数}dx=2\int_{0}^{a} x^{偶数}dx$

$\displaystyle\int_{-a}^{a} x^{奇数}dx=0$

← $2\Big(-\dfrac{2}{3}a^3+2a^2\Big)$

$\quad=-\dfrac{4}{3}a^2(a-3)$

$\displaystyle\int_{-a}^{a} f(x)dx=0$ から $a=0,\ 3$

$a>1$ であるから $\boldsymbol{a=3}$

EX
⑤ **138**
放物線 $y=-x(x-4)$ と直線 $y=ax$, $y=bx$ $(0<a<b<4)$ がある。この 2 直線により, 放物線と x 軸で囲まれる部分は 3 つの部分に分割される。この 3 つの部分の面積が等しいとき, $(4-b)^3$, $(4-a)^3$ の値を求めよ。 [慶応大]

$y=-x(x-4)$ …… ①, $y=ax$ …… ②, $y=bx$ …… ③
とする。放物線 ① と直線 ② の交点の
x 座標は, $-x(x-4)=ax$ から
$$x(x+a-4)=0$$
よって $x=0,\ 4-a$
同様に, 放物線 ① と直線 ③ の交点の
x 座標は, $-x(x-4)=bx$ を解いて
$$x=0,\ 4-b$$

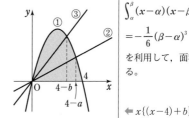

HINT
$$\int_{\alpha}^{\beta}(x-\alpha)(x-\beta)dx$$
$$=-\frac{1}{6}(\beta-\alpha)^3$$
を利用して, 面積を求める。

← $x\{(x-4)+b\}=0$

放物線 ① と x 軸, 放物線 ① と直線 ②, 放物線 ① と直線 ③
で囲まれた部分の面積をそれぞれ S_1, S_2, S_3 とすると

$$S_1=\int_{0}^{4}\{-x(x-4)\}dx=-\Big(-\frac{1}{6}\Big)(4-0)^3=\frac{32}{3}$$

$$S_2=\int_{0}^{4-a}\{-x(x-4)-ax\}dx=-\int_{0}^{4-a} x\{x-(4-a)\}dx$$

$$=-\Big(-\frac{1}{6}\Big)\{(4-a)-0\}^3=\frac{1}{6}(4-a)^3$$

← $\alpha=0,\ \beta=4$ として
公式を適用。

← $\alpha=0,\ \beta=4-a$ とし
て公式を適用。

同様にして $S_3=\frac{1}{6}(4-b)^3$

← S_2 の式で a を b にお
き換える。

$S_3=\dfrac{1}{3}S_1$ であるから $\dfrac{1}{6}(4-b)^3=\dfrac{1}{3}\cdot\dfrac{32}{3}$

よって $(4-b)^3=\dfrac{64}{3}$

$S_2=\dfrac{2}{3}S_1$ であるから $\dfrac{1}{6}(4-a)^3=\dfrac{2}{3}\cdot\dfrac{32}{3}$

よって $(4-a)^3=\dfrac{128}{3}$

⑤ **EX 139** ★ a は $0 \leqq a \leqq 1$ を満たす定数とする。放物線 $y=\dfrac{1}{2}x^2+\dfrac{1}{2}$ を C_1 とし，放物線 $y=\dfrac{1}{4}x^2$ を C_2 とする。実数 a に対して，2直線 $x=a$, $x=a+1$ と C_1, C_2 で囲まれた図形を D とし，4点 $(a,\ 0)$, $(a+1,\ 0)$, $(a+1,\ 1)$, $(a,\ 1)$ を頂点とする正方形を R で表す。

(1) 図形 D の面積 S を求めよ。

(2) 正方形 R と図形 D の共通部分の面積 T を求めよ。

(3) T が最大となるような a の値を求めよ。

[類 センター試験]

(1) $\left(\dfrac{1}{2}x^2+\dfrac{1}{2}\right)-\dfrac{1}{4}x^2=\dfrac{1}{4}x^2+\dfrac{1}{2}>0$

よって，すべての実数 x について

$$\dfrac{1}{2}x^2+\dfrac{1}{2}>\dfrac{1}{4}x^2$$

ゆえに $S=\displaystyle\int_a^{a+1}\left(\dfrac{1}{4}x^2+\dfrac{1}{2}\right)dx$

$=\left[\dfrac{x^3}{12}+\dfrac{x}{2}\right]_a^{a+1}$

$=\dfrac{(a+1)^3-a^3}{12}+\dfrac{a+1-a}{2}=\dfrac{a^2}{4}+\dfrac{a}{4}+\dfrac{7}{12}$

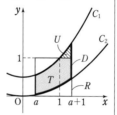

CHART
面 積
まずグラフをかく
上下関係に注意

(2) $\dfrac{1}{2}x^2+\dfrac{1}{2}=1$ から $x=\pm1$

よって，放物線 C_1 と直線 $y=1$ の
交点の座標は $(\pm1,\ 1)$

ゆえに，$0\leqq a\leqq 1$ のとき，図形 D
のうち，正方形 R の外側にある部分
の面積を U とすると，右の図から

$U=\displaystyle\int_1^{a+1}\left(\dfrac{1}{2}x^2+\dfrac{1}{2}-1\right)dx=\int_1^{a+1}\left(\dfrac{1}{2}x^2-\dfrac{1}{2}\right)dx$

$=\left[\dfrac{x^3}{6}-\dfrac{x}{2}\right]_1^{a+1}=\dfrac{(a+1)^3-1}{6}-\dfrac{a+1-1}{2}=\dfrac{a^3}{6}+\dfrac{a^2}{2}$

よって $T=S-U=\dfrac{a^2}{4}+\dfrac{a}{4}+\dfrac{7}{12}-\left(\dfrac{a^3}{6}+\dfrac{a^2}{2}\right)$

$=-\dfrac{a^3}{6}-\dfrac{a^2}{4}+\dfrac{a}{4}+\dfrac{7}{12}$

⟵ 正方形 R の1辺の長
さは1である。よって，
正方形 R の上の辺は
直線 $y=1$ 上にある。

⟵ $1\leqq x\leqq a+1$ では
放物線 C_1 が上，
直線 $y=1$ が下。

⟵ S は(1)の結果を利用。

(3) T を a の関数と考えて，a で微分すると

$$T'=-\dfrac{a^2}{2}-\dfrac{a}{2}+\dfrac{1}{4}$$

$T'=0$ とすると
$a=\dfrac{-1\pm\sqrt{3}}{2}$

$0\leqq a\leqq 1$ における T の増減
表は右のようになる。

a	0	$\cdots$	$\dfrac{-1+\sqrt{3}}{2}$	$\cdots$	1
T'		$+$	0	$-$	
T		↗	極大	↘	

⟵ T は a の3次関数
⟶ 微分法を利用し
て，増減を調べる。

⟵ 極大値を求める必要
はない。

したがって，T は $a=\dfrac{-1+\sqrt{3}}{2}$ で最大となる。

TRAINING 実践の解答

注意 数学IIの問題番号はII-○のように表している。

TR実践
④II-1
不等式 $a^2+b^2+c^2 \geqq ab+bc+ca$ が成り立つことを利用すると，不等式
$(a+b+c)^2$ ア $3(a^2+b^2+c^2)$ を示すことができる。
したがって，$a+b+c=12$ のとき，$a^2+b^2+c^2$ の イ は ウエ である。

ア の解答群
⓪ $\leqq$ ① $\geqq$

イ の解答群
⓪ 最大値 ① 最小値

$$(a^2+b^2+c^2)-(ab+bc+ca)$$
$$=\frac{1}{2}(2a^2+2b^2+2c^2-2ab-2bc-2ca)$$
$$=\frac{1}{2}\{(a-b)^2+(b-c)^2+(c-a)^2\} \geqq 0$$

← (実数)²≧0

等号が成り立つのは $a=b=c$ のときである。

← $a-b=0$
かつ $b-c=0$
かつ $c-a=0$

$$3(a^2+b^2+c^2)-(a+b+c)^2$$
$$=3a^2+3b^2+3c^2-(a^2+b^2+c^2+2ab+2bc+2ca)$$
$$=2\{(a^2+b^2+c^2)-(ab+bc+ca)\}$$

$a^2+b^2+c^2 \geqq ab+bc+ca$ であるから
$$3(a^2+b^2+c^2)-(a+b+c)^2 \geqq 0$$
よって $(a+b+c)^2 \leqq 3(a^2+b^2+c^2)$ （ア⓪）

等号が成り立つのは $a=b=c$ のときである。
この不等式に $a+b+c=12$ を代入すると $12^2 \leqq 3(a^2+b^2+c^2)$
よって $a^2+b^2+c^2 \geqq 48$

等号が成り立つのは $a=b=c$ のときであるから，
$a+b+c=12$ より，$a=b=c=4$ のときである。
したがって，$a+b+c=12$ のとき，$a^2+b^2+c^2$ の最小値
（イ①）は ウエ48 である。

← $a+a+a=12$ から
$a=4$
よって $b=c=4$

TR実践
④II-2
2次方程式 $x^2+(m+1)x+m-1=0$ …… ① について考える。
2次方程式 ① の判別式をDとすると $D=(m-1)^2+$ ア であるから，① は異なる2つの実数解をもつ。
その実数解を $\alpha,\ \beta\ (\alpha<\beta)$ とすると，$\alpha+\beta=-m-$ イ ，$\alpha\beta=m-$ ウ であり，$\alpha\beta$ の符号を調べると，$\alpha,\ \beta$ は エ であることがわかる。

エ の解答群
⓪ ともに正 ① 少なくとも一方は正
② ともに負 ③ 少なくとも一方は負

$$D=(m+1)^2-4 \cdot 1 \cdot (m-1)$$
$$=m^2-2m+5$$
$$=(m-1)^2+{}^{\gamma}4>0$$

← (実数)²≧0

よって，$D>0$ であるから，2次方程式 ① は異なる2つの実数解をもつ。

また，解と係数の関係から
$$\alpha+\beta=-m-{}^{\prime}\!1, \quad \alpha\beta=m-{}^{\prime}\!1$$
よって，$\alpha\beta$ の符号を調べると，次のようになる。

[1] $\alpha\beta<0$ のとき　$m<1$
　$\alpha<\beta$ から　　$\alpha<0, \ \beta>0$

[2] $\alpha\beta=0$ のとき　$m=1$
　よって　$\alpha+\beta=-2$
　$\alpha=0$ または $\beta=0$ であり，$\alpha<\beta$ であるから
$$\alpha=-2, \ \beta=0$$

[3] $\alpha\beta>0$ のとき　$m>1$
　よって　$\alpha+\beta<0$
$$\begin{cases} \alpha<0 \\ \beta<0 \end{cases} \text{または} \begin{cases} \alpha>0 \\ \beta>0 \end{cases} \text{であるから}$$
$$\alpha<0, \ \beta<0$$

[1]～[3] から，$\alpha, \ \beta$ は少なくとも一方は負である。　（${}^{(\text{エ})}$③）

⬅ 解と係数の関係
　2次方程式
$ax^2+bx+c=0$ の2
つの解を $\alpha, \ \beta$ とする
と
$$\alpha+\beta=-\frac{b}{a}$$
$$\alpha\beta=\frac{c}{a}$$

⬅ $\alpha=0$ とすると，
$\beta=-2$ となり，
$\alpha<\beta$ に矛盾。

⬅ $XY>0$
$\Longleftrightarrow$
$$\begin{cases} X<0 \\ Y<0 \end{cases} \text{または} \begin{cases} X>0 \\ Y>0 \end{cases}$$

TR実践
④**Ⅱ-3**　座標平面上で，x 軸，y 軸および直線 $3x+4y-12=0$ のすべてに接する円は4個ある。
これらの円の半径の値を小さい順にならべると，$\boxed{\text{ア}}$，$\boxed{\text{イ}}$，$\boxed{\text{ウ}}$，$\boxed{\text{エ}}$ である。

4個の円は，右図のようになる。
中心が第1象限にある2個の円のうち，半径が小さい方の円を A，その中心をA，大きい方の円を B，その中心をBとする。また，中心が第2象限にある円を C，その中心をC，中心が第4象限にある円を D，その中心をDとする。これらの4個の円の半径を順に $a, \ b, \ c, \ d$ とする。また，直線 $3x+4y-12=0$ を ℓ とする。

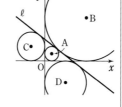

直線 ℓ の方程式を変形すると
$$y=-\frac{3}{4}x+3$$
直線 ℓ の上側の点 $(x, \ y)$ は
$$y>-\frac{3}{4}x+3 \quad \text{すなわち} \quad 3x+4y-12>0$$
を満たす。
また，直線 ℓ の下側の点 $(x, \ y)$ は
$$y<-\frac{3}{4}x+3 \quad \text{すなわち} \quad 3x+4y-12<0$$
を満たす。

[1]　点Aは第1象限にあり，円 A は x 軸，y 軸に接するから，
　　点Aの座標は $(a, \ a)$ とおけ，このとき半径は a となる。
　　点Aは直線 ℓ の下側にあるから　　$3a+4a-12<0$

点Aと直線 ℓ との距離は $\dfrac{|3a+4a-12|}{\sqrt{3^2+4^2}}=\dfrac{-7a+12}{5}$

円 A は直線 ℓ と接するから，点Aと直線 ℓ の距離は a

よって $\dfrac{-7a+12}{5}=a$ ゆえに $a=1$

← $|3a+4a-12|$ $=-(7a-12)$
← 点Aと直線 ℓ の距離は，半径と等しい。

[2] 点Bは第1象限にあり，円 B は x 軸，y 軸に接するから，点Bの座標は $(b,\ b)$ とおけ，このとき半径は b となる。

点Bは直線 ℓ の上側にあるから $3b+4b-12>0$

点Bと直線 ℓ との距離は $\dfrac{|3b+4b-12|}{\sqrt{3^2+4^2}}=\dfrac{7b-12}{5}$

円 B は直線 ℓ と接するから，点Bと直線 ℓ の距離は b

よって $\dfrac{7b-12}{5}=b$ ゆえに $b=6$

← 点Bと直線 ℓ の距離は，半径と等しい。

[3] 点Cは第2象限にあり，円 C は x 軸，y 軸に接するから，点Cの座標は $(-c,\ c)$ とおけ，このとき半径は c となる。

点Cは直線 ℓ の下側にあるから $-3c+4c-12<0$

点Cと直線 ℓ との距離は $\dfrac{|-3c+4c-12|}{\sqrt{3^2+4^2}}=\dfrac{-c+12}{5}$

円 C は直線 ℓ と接するから，点Cと直線 ℓ の距離は c

よって $\dfrac{-c+12}{5}=c$ ゆえに $c=2$

← $|-3c+4c-12|$ $=-(c-12)$
← 点Cと直線 ℓ の距離は，半径と等しい。

[4] 点Dは第4象限にあり，円 D は x 軸，y 軸に接するから，点Dの座標は $(d,\ -d)$ とおけ，このとき半径は d となる。

点Dは直線 ℓ の下側にあるから $3d-4d-12<0$

点Dと直線 ℓ との距離は $\dfrac{|3d-4d-12|}{\sqrt{3^2+4^2}}=\dfrac{d+12}{5}$

円 D は直線 ℓ と接するから，点Dと直線 ℓ の距離は d

よって $\dfrac{d+12}{5}=d$ ゆえに $d=3$

← $|3d-4d-12|$ $=-(-d-12)$
← 点Dと直線 ℓ の距離は，半径と等しい。

したがって，4個の円の半径を小さい順にならべると
ア1，イ2，ウ3，エ6

TR実践 ④Ⅱ-4 座標平面上で，連立不等式 $x\geqq0$，$y\geqq0$，$3^x+2^{y+2}\leqq21$，$3^{x+1}+2^y\leqq19$ が表す領域を E とする。$3^x=X$，$2^y=Y$ とおくと，$9^x+4^y=$ ア である。点 $(x,\ y)$ が領域 E を動くとき，9^x+4^y は，$x=\log_3$ イ ，$y=$ ウ のとき最大値 エオ ，$x=$ カ ，$y=$ キ のとき最小値 ク をとる。

ア の解答群
⓪ $9X+4Y$ ① $X+Y$ ② $(X+Y)^2$ ③ X^2+Y^2

$9^x+4^y=(3^2)^x+(2^2)^y=(3^x)^2+(2^y)^2=X^2+Y^2$ (ア③)

点 $(x,\ y)$ が領域 E を動くとき，点 $(X,\ Y)$ は下の図の四角形 ABCD の周および内部の領域 F を動く。

よって，点 (X, Y) が領域 F を動くときの X^2+Y^2 の最大値，最小値を求めればよい。

$$X^2+Y^2=k$$

とおくと，k は，原点と点 (X, Y) の距離の2乗であるから，この距離の最大値，最小値を求めればよい。

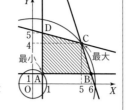

←$X^2+Y^2=k$ は原点を中心とし，半径 $\sqrt{k}$ の円を表す。

図から，点 (X, Y) が $(5, 4)$ のとき k の値は最大となり，点 (X, Y) が $(1, 1)$ のとき k の値は最小となる。

よって，9^x+4^y は，$x=\log_3{}^{\tau}5$，$y={}^{\dot{\tau}}2$ のとき最大値 ${}^{\text{エオ}}41$，$x={}^{\dot{\pi}}0$，$y={}^{\dagger}0$ のとき最小値 ${}^{\dot{\tau}}2$ をとる。

←点 (X, Y) の座標が
$(6, 1)$ のとき
$X^2+Y^2=37$
$(1, 5)$ のとき
$X^2+Y^2=26$

TR実践 ④II-5

$y=\cos^2\theta$ のグラフを直線 $y=1$ をもとに y 軸方向に2倍したグラフは，$y=\cos^2\theta$ のグラフを y 軸方向に -1 だけ平行移動し，θ 軸をもとに y 軸方向に2倍し，さらに y 軸方向に1だけ平行移動したグラフであるから，その方程式は $y=\boxed{\text{ア}}(\cos^2\theta-\boxed{\text{イ}})+1$ である。よって，$\boxed{\text{ウ}}$ のグラフと一致する。

$\boxed{\text{ウ}}$ の解答群

⓪ $y=\sin\theta$ ① $y=\cos\theta$ ② $y=\sin2\theta$ ③ $y=\cos2\theta$

また，次の⓪～③のうち，そのグラフが $\boxed{\text{ウ}}$ のグラフと一致しないものは $\boxed{\text{エ}}$ 。

$\boxed{\text{エ}}$ の解答群

⓪ $y=\sin\left(2\theta+\dfrac{\pi}{2}\right)$ ① $y=\sin\left(2\theta-\dfrac{\pi}{2}\right)$ ② $y=\cos\{2(\theta+\pi)\}$ ③ $y=\cos\{2(\theta-\pi)\}$

$y=\cos^2\theta$ のグラフを y 軸方向に -1 だけ平行移動したグラフの方程式は $y-(-1)=\cos^2\theta$ すなわち $y=\cos^2\theta-1$

このグラフを θ 軸をもとに y 軸方向に2倍したグラフの方程式は $y=2(\cos^2\theta-1)$

さらに，y 軸方向に1だけ平行移動したグラフの方程式は

$$y-1=2(\cos^2\theta-1)$$

よって $y={}^{\tau}2(\cos^2\theta-{}^{\dot{\tau}}1)+1=2\cos^2\theta-1=\cos2\theta$

したがって，$y=\cos2\theta$ のグラフと一致する。   (${}^{\dot{\tau}}$③)

←関数 $y=f(x)$ のグラフを x 軸方向に p，y 軸方向に q だけ平行移動したグラフを表す関数は

$$y-q=f(x-p)$$

ここで $\sin\left(2\theta+\dfrac{\pi}{2}\right)=\cos2\theta$，$\sin\left(2\theta-\dfrac{\pi}{2}\right)=-\cos2\theta$，

$$\cos\{2(\theta+\pi)\}=\cos(2\theta+2\pi)=\cos2\theta,$$
$$\cos\{2(\theta-\pi)\}=\cos(2\theta-2\pi)=\cos2\theta$$

よって，$y=\cos2\theta$ のグラフと一致しないものは ${}^{\text{エ}}$①

←$\sin\left(\theta+\dfrac{\pi}{2}\right)=\cos\theta$，
$\sin\left(\theta-\dfrac{\pi}{2}\right)=-\cos\theta$，
$\cos(\theta+2n\pi)=\cos\theta$

参考 $y=\cos^2\theta$ のグラフを y 軸方向に -1 だけ平行移動したグラフは次のようになる。

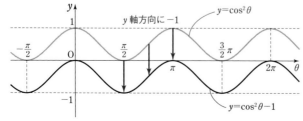

前ページのグラフを θ 軸をもとに y 軸方向に2倍したグラフは次のようになる。

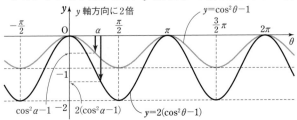

さらに, このグラフを y 軸方向に1だけ平行移動したグラフは次のようになる。

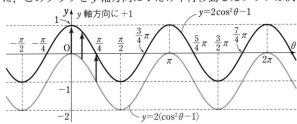

TR実践
④Ⅱ-6

$\log_2 3 = p$ とおく。$2^3 < 3^2$ から $p > \dfrac{\boxed{\text{ア}}}{\boxed{\text{イ}}}$, $3^5 < 2^8$ から $p < \dfrac{\boxed{\text{ウ}}}{\boxed{\text{エ}}}$ である。

よって, p の小数第1位の値は $\boxed{\text{オ}}$ である。

$2^3 < 3^2$ において, 両辺の底が2の対数をとると $\log_2 2^3 < \log_2 3^2$

よって　　$3 < 2p$　すなわち　$p > \dfrac{{}^{\text{ア}}3}{{}_{\text{イ}}2}$

$3^5 < 2^8$ において, 両辺の底が2の対数をとると $\log_2 3^5 < \log_2 2^8$

よって　　$5p < 8$　すなわち　$p < \dfrac{{}^{\text{ウ}}8}{{}_{\text{エ}}5}$

ゆえに　　$\dfrac{3}{2} < p < \dfrac{8}{5}$　すなわち　$1.5 < p < 1.6$

したがって, p の小数第1位の値は ${}^{\text{オ}}5$ である。

← $\log_2 3^2 = 2\log_2 3$

← $3^5 = 243$, $2^8 = 256$
から　$3^5 < 2^8$

← $\log_2 3^5 = 5\log_2 3$

TR実践
④Ⅱ-7

関数 $f(x) = ax^3 + bx^2 + cx + d$ が $x = 1$ で極大値0をとり, 曲線 $y = f(x)$ の概形が右の図のようになるとき,

$a = \boxed{\text{アイ}}$, $b = \boxed{\text{ウ}}$, $c = \boxed{\text{エ}}$,

$d = \boxed{\text{オカ}}$

である。また, このとき $f(x)$ は $x = \dfrac{\boxed{\text{キク}}}{\boxed{\text{ケ}}}$ で極小値 $\dfrac{\boxed{\text{コサシ}}}{\boxed{\text{スセ}}}$

をとる。

$f(x)$ は $x = 1$ で極大値0をとるから, 曲線 $y = f(x)$ は点 $(1,\ 0)$ で x 軸に接している。

ゆえに, $f(x)$ は $(x-1)^2$ を因数にもつ。

また, 図より, 曲線 $y = f(x)$ は点 $(-1,\ 0)$ を通るから

$\qquad f(-1) = 0$

したがって, $f(x)$ は次のように表される。

← 接する $\Longleftrightarrow$ 重解

$x = 1$ で接するから, $(x-1)^2$ を因数にもつということを, 素早くイメージする。

$$f(x)=a(x-1)^2(x+1) \quad \cdots\cdots ①$$

さらに，図より，曲線 $y=f(x)$ は点 $(0,\ -1)$ を通るから

$$f(0)=-1$$

① に $x=0$ を代入して $-1=a\cdot(-1)^2\cdot1$ よって $a=^{アイ}\boldsymbol{-1}$

ゆえに，① は $\quad f(x)=-(x-1)^2(x+1) \quad \cdots\cdots (*)$

$$=-x^3+x^2+x-1 \quad \cdots\cdots ②$$

よって $\quad b=^{ウ}\boldsymbol{1}$, $c=^{エ}\boldsymbol{1}$, $d=^{オカ}\boldsymbol{-1}$

② から，$f'(x)=-3x^2+2x+1$ であり，$f'(x)=0$ とすると

$$3x^2-2x-1=0 \quad すなわち \quad (x-1)(3x+1)=0$$

ゆえに $\quad x=1,\ -\dfrac{1}{3}$

したがって，$f(x)$ の増減
表は右のようになる。

x	$\cdots$	$-\dfrac{1}{3}$	$\cdots$	1	$\cdots$
$f'(x)$	$-$	0	$+$	0	$-$
$f(x)$	$\searrow$	極小	$\nearrow$	極大	$\searrow$

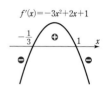
$f'(x)=-3x^2+2x+1$

よって，$f(x)$ は $x=\dfrac{^{キク}\boldsymbol{-1}}{^{ケ}\boldsymbol{3}}$ で極小値をとり，その値は

$$f\left(-\dfrac{1}{3}\right)=-\left(-\dfrac{1}{3}-1\right)^2\left(-\dfrac{1}{3}+1\right)=-\left(-\dfrac{4}{3}\right)^2\cdot\dfrac{2}{3}=\dfrac{^{コサシ}\boldsymbol{-32}}{^{スセ}\boldsymbol{27}}$$

$\Leftarrow$ ② ではなく，$(*)$ に
代入した方が計算しや
すい。

TR実践
④**Ⅱ-8**

座標平面上において，放物線 $y=x^2-x-2$ を C，直線 $y=m(x+1)$ を ℓ とする。ただし，m は定数で $m\neq-3$ である。
C と ℓ は異なる 2 点で交わる。これらの交点の x 座標は $\boxed{アイ}$, $m+\boxed{ウ}$ である。
C と x 軸で囲まれた図形の面積を S_1 とし，C と ℓ で囲まれた図形の面積を S_2 とする。
$S_1=\dfrac{\boxed{エ}}{\boxed{オ}}$ である。よって，S_2 が S_1 の 2 倍であるとき，
$m=\boxed{カキ}+\boxed{ク}\sqrt[3]{\boxed{ケ}}$, $\boxed{コサ}-\boxed{シ}\sqrt[3]{\boxed{ス}}$ である。

放物線 C と直線 ℓ の共有点の x 座標は，方程式
$x^2-x-2=m(x+1)$ すなわち $x^2-(m+1)x-m-2=0$ の実
数解である。
よって，$(x+1)\{x-(m+2)\}=0$ から $\quad x=^{アイ}\boldsymbol{-1}$, $m+^{ウ}\boldsymbol{2}$
放物線 C と x 軸の共有点の x 座標は
$x^2-x-2=0$ すなわち
$(x+1)(x-2)=0$ の実数解である。
よって $\quad x=-1,\ 2$

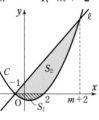

ゆえに $\quad S_1=\displaystyle\int_{-1}^{2}\{-(x^2-x-2)\}dx$

$$=-\int_{-1}^{2}(x+1)(x-2)\,dx$$

$$=-\left(-\dfrac{1}{6}\right)\{2-(-1)\}^3=\dfrac{^{エ}\boldsymbol{9}}{^{オ}\boldsymbol{2}}$$

$\Leftarrow$ $-1\leqq x\leqq2$ では，放
物線 C は x 軸の下側
にある。

$\Leftarrow$ $\displaystyle\int_{\alpha}^{\beta}(x-\alpha)(x-\beta)\,dx$
$=-\dfrac{1}{6}(\beta-\alpha)^3$
$\alpha=-1$, $\beta=2$ として
適用。

[1] $m+2>-1$ すなわち $m>-3$
のとき S_2 は右の図の赤い部分の面
積であるから

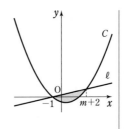

$$S_2=\int_{-1}^{m+2}\{m(x+1)-(x^2-x-2)\}dx$$
$$=-\int_{-1}^{m+2}(x+1)\{x-(m+2)\}dx$$
$$=-\left(-\frac{1}{6}\right)\{(m+2)-(-1)\}^3$$
$$=\frac{1}{6}(m+3)^3$$

◆ $-1\le x\le m+2$ では，
直線 ℓ が上，放物線 C
が下。

◆ $\displaystyle\int_{\alpha}^{\beta}(x-\alpha)(x-\beta)dx$
$=-\dfrac{1}{6}(\beta-\alpha)^3$
$\alpha=-1,\ \beta=m+2$ と
して適用。

よって，$S_2=2S_1$ のとき　　$\dfrac{1}{6}(m+3)^3=9$

すなわち　$(m+3)^3=54$
m は実数であるから　　$m=-3+3\sqrt[3]{2}$
これは，$m>-3$ を満たす。

◆ $m+3=\sqrt[3]{54}$,
$\sqrt[3]{54}=\sqrt[3]{2\cdot3^3}=3\sqrt[3]{2}$

[2] $m+2<-1$ すなわち $m<-3$
のとき S_2 は右の図の赤い部分の
面積であるから

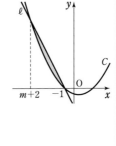

$$S_2=\int_{m+2}^{-1}\{m(x+1)-(x^2-x-2)\}dx$$
$$=-\int_{m+2}^{-1}(x+1)\{x-(m+2)\}dx$$
$$=-\left(-\frac{1}{6}\right)\{(-1)-(m+2)\}^3$$
$$=-\frac{1}{6}(m+3)^3$$

◆ $m+2\le x\le-1$ では，
直線 ℓ が上，放物線 C
が下。

◆ $\displaystyle\int_{\alpha}^{\beta}(x-\alpha)(x-\beta)dx$
$=-\dfrac{1}{6}(\beta-\alpha)^3$
$\alpha=m+2,\ \beta=-1$ と
して適用。

よって，$S_2=2S_1$ のとき　　$-\dfrac{1}{6}(m+3)^3=9$

すなわち　$(m+3)^3=-54$
m は実数であるから　　$m=-3-3\sqrt[3]{2}$
これは，$m<-3$ を満たす。

◆ $m+3=\sqrt[3]{-54}$,
$\sqrt[3]{-54}=\sqrt[3]{2\cdot(-3)^3}$
$=-3\sqrt[3]{2}$

[1]，[2] から　　$m={}^{カキ}3+{}^{ク}3\sqrt[3]{{}^{ケ}2},\ {}^{コサ}3-{}^{シ}3\sqrt[3]{{}^{ス}2}$

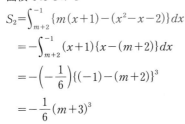

発行所
数研出版株式会社

〒101-0052　東京都千代田区神田小川町2丁目3番地3
　　　　　　[振替]　00140-4-118431
〒604-0861　京都市中京区烏丸通竹屋町上る大倉町205番地
[電話] 代表 (075)231-0161
ホームページ　https://www.chart.co.jp
印刷　岩岡印刷株式会社
乱丁本・落丁本はお取り替えします。　　　　221001

「チャート式」は，登録商標です。